JN112207

理系大学 受験

化学の新演習 改訂版

化学基礎収録

卜部吉庸 [著]
Urabe　Yoshinobu

CHEMISTRY

三省堂

はじめに

　本書は，化学に対するさらに深い理解力と実践力を身につけたいと念願している高校生や受験生のために書かれた，本格的な化学の大学入試専用の問題集である。

　化学に対する理解力を深め実践力を養うには，最近出題された入試問題を数多く解くことが一番の早道であろう。しかし，数多くの入試問題を解くためには莫大な時間が必要であり，限られた時間内に多くの教科・科目を勉強しなければならない受験生にとっては，この方法はあまり効率のよい勉強法とはいえない。

　そこで，上記の目標を比較的短時間で達成するために，筆者は過去の入試問題の中から，（i）出題頻度が高く，今後も類似問題が数多く出題されると思われる頻出問題と，（ii）比較的長文で実力強化に役立つと思われる重要問題など，化学の全分野を網羅する良問だけを厳選した。このうち，そのまま問題として掲載したのは約10％で，残りは筆者独自の判断により，各問題どうしの重複を避けるために一部を削除したり，欠落している内容を加筆するなど大胆とも思える改作を行い，より完成度の高い問題に仕上げたのが本書である。また，各問題には★印の数で難易度を表示した。

　　　★印……標準〜発展的な内容を少し含む典型的な重要問題。
　　　★★印……発展的でしかも思考力を要する応用問題。
　　　★★★印……程度の高い内容を含むやや難しい問題や新傾向の問題。

　このように，本書は化学の神髄を問うた質の高い問題ばかりを厳選しているため，受験勉強をはじめた頃にはかなり手ごわい問題集だと思うかも知れない。しかし，受験勉強の後半になって，もう少し難しい突っ込んだ内容の問題にも挑戦してみたいと思うようになった時，はじめて受験生にとって本当のお役に立てるように意図して編集したつもりである。このような本書の特徴をよく理解したうえで，本書を十分に活用し，所期の目標を達成されんことを心から念願する次第である。

　本書は『化学 IB・II の新演習』『化学 I・II の新演習』『化学の新演習』を経て，今般の新教育課程実施に伴い，『化学の新演習 改訂版』として新たに発行するものである。この間，新しい入試問題を分析・検討する中で，問題の修正，約60の新問題の追加を行い，解答・解説集では約100ページの増補を行い，さらなる充実を図った。より一層の読者の期待に応えられることを切に願っている。

　これまでと同様に，受験生諸君の本書に対する絶大なご支援をお願いすることとして，新版発行にあたっての序文としたい。

　2023年 7 月

著者　卜部吉庸

も　く　じ

第1編　物質の構造
1　物質の構成と化学結合…………4
2　物質量と化学反応式…………20

第2編　物質の状態
3　物質の三態と状態変化…………26
4　気体の法則…………29
5　溶液の性質…………37

第3編　物質の変化
6　化学反応と熱・光…………50
7　反応の速さ…………56
8　化学平衡…………61
9　酸と塩基の反応…………71
10　電離平衡…………77
11　酸化還元反応…………86
12　電池と電気分解……91

第4編　無機物質の性質
13　非金属とその化合物…………106
14　金属とその化合物…………117
15　無機化学総合…………132

第5編　有機物質の性質
16　脂肪族化合物…………140
17　芳香族化合物…………156

第6編　高分子化合物
18　天然高分子化合物…………185
19　合成高分子化合物…………212

1 物質の構成と化学結合

1 〈周期表と元素の特徴〉 ☑ ★★

右下図は，元素の周期表の概略を第5周期まで示した図である。これをもとに以下の各問いに答えよ。ただし，a, b, …, hは領域を示す記号である。

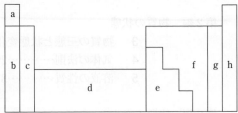

(1) 次の①〜④に該当する領域をすべてa〜hの記号で選べ。
① 非金属元素の領域
② 単体が酸や強塩基の水溶液とも反応する元素が含まれる領域
③ 常温ですべての単体が気体で存在する元素の領域（ただし，aは除く）
④ 常温ですべての単体が固体で存在する元素の領域

(2) 上表に含まれる元素のうち，次の性質に該当するものを元素記号で記せ。
① 第1イオン化エネルギーが最大で，最も陽イオンになりにくい元素
② 第1イオン化エネルギーが最小で，最も陽イオンになりやすい元素
③ 単体の融点が最も高い元素と，単体の沸点が最も低い元素

(3) 領域dの元素群に関する次の文章の □ 内に，適切な語句，数値を記せ。
領域dの元素群を ア という。周期表では第 イ 周期以降に現れ，ウ 族から エ 族まで合計 オ 個の元素が該当し，次のような特色をもつ。
(a) 最外殻電子は，カ 個または キ 個であるが，内殻電子の一部が価電子の役割をすることがある。したがって，複数の ク の陽イオンを生じやすい。
(b) 有色の化合物をつくりやすい。例えば，硫酸銅(Ⅱ)水溶液は ケ 色である。
(c) 単体は，一般に融点の コ い金属で，密度は サ いものが多い。また，黄銅，ステンレス鋼のような シ をつくりやすい。
(d) 単体や化合物の中には，化学反応を促進する ス として働くものが多い。
(e) 他の陰イオンや分子と配位結合して，セ を形成するものが多い。

(4) 次の①〜④の性質は，各族，各周期で原子番号が大きくなるにしたがって，一般にどのような傾向を示すか。下の(ア)〜(エ)からそれぞれ選べ。ただし，貴ガス元素を除く典型元素についてのみ考えよ。
① 原子半径 ② 第1イオン化エネルギー ③ 電気陰性度 ④ イオン半径
(ア) 増加する (イ) 減少する (ウ) 変化しない (エ) 一定の傾向はない

(5) 次にあげる5種のイオンはすべて同じ電子配置をもつ。イオン半径の大きいものから小さいもの順に，左から化学式で記せ。また，その理由も説明せよ。
Na^+ Mg^{2+} Al^{3+} O^{2-} F^-
(島根大 改)

2 〈化学結合の種類〉 ☑ ★

次の文の [____] 内にあてはまる最も適切な語句を記せ。

化学結合は一般に，結合にあずかる価電子の役割の違いによって，[ア] 結合，[イ] 結合，[ウ] 結合，[エ] 結合に分類される。化学結合には，[オ] 結合や [カ] 力など結合力の弱いものは含めない。

[ア] 結合の本質は，価電子の授受によってできる陽イオンと陰イオンとの間に働く [キ] 力である。これに対して，[イ] 結合は，結合する原子どうしが互いに同数の価電子を出し合い，これを共有することによって形成される。

[ウ] 結合は，結合にあずかる価電子が一方の原子のみから提供される点が [イ] 結合と異なるだけであり，いったん結合が完成すると，もはや両者には本質的な違いはない。アンモニアの窒素原子の [ク] と，水素イオンが [ウ] 結合してできるアンモニウムイオンの4本のN-H結合は全く同等で，区別することはできない。

金属原子間に働く [エ] 結合は，結合にあずかる価電子が [イ] 結合のように特定の2原子だけに束縛されずに，金属を構成するすべての原子に共有されている点にある。このような電子を [ケ] といい，金属の示す特性として，[コ] 伝導性や熱伝導性および [サ] 性や [シ] 性が大きいのは，この [ケ] の働きによる。　(横浜市大 改)

3 〈分子の形と分子の極性〉 ☑ ★★

次の(ア)〜(カ)のYX_n形の分子について，下記の手順にしたがって，(1) 電子式，(2) 分子の形，(3) 分子の極性の有無を推定し，例にならって示せ。

> [例]　(1) 電子式　:Cl:Pb:Cl:　　(2) 分子の形　B　　(3) 分子の極性　有

(ア) SCl_2　　(イ) $HgCl_2$　　(ウ) BF_3　　(エ) $SnCl_4$　　(オ) PCl_3　　(カ) $SnCl_2$

[分子の形] YX_2……A. 直線形　　B. 折れ線形　　C. 正三角形
YX_3…… D. 正三角形(Yが重心)　　E. T字形　　F. 三角錐
YX_4…… G. 正方形(Yが重心)　　H. 三角錐(Yが底面の重心)
　　I. 正四面体(Yが重心)　　J. 四角錐

[手順]　(a)　電子式には，最外殻電子だけを・で示す。

(b)　分子の形は，中心原子Yのまわりの共有電子対，非共有電子対だけを考える。

(c)　(b)で考えた電子対は，すべてYの原子核から等距離にある。

(d)　各電子対間の相互反発によって，中心原子のまわりのすべての電子対が互いに最も離れた対称的な空間配置をとる。

(e)　結合Y-Xの長さはすべて等しく，その共有電子対はY-X線上にある。

(f)　分子全体の正電荷と負電荷の中心が一致すれば，その分子は極性をもたず，一致しなければ，その分子は極性をもつ。

(横浜国大 改)

4 〈電気陰性度と分子の極性〉 ☑ ★

次の文章を読んで，下記の問いに答えよ。

水素分子では，共有電子対は2原子間に均等に分布している。ところが，塩化水素分子では，共有電子対は塩素原子の方へ強く引きつけられ，結合において電荷の偏りが生じる。このことを，結合に ア があるという。一般に，各元素の原子によって共有電子対を引きつける強さは異なり，この強さの程度を表す数値を イ という。異種原子間の結合では， イ の差が大きいほど，その結合の ア は大きくなり，塩化ナトリウムのような ウ 結合では，この ア が極端に大きい場合と考えられる。

アンモニア分子では，N-H結合に生じた ア は，この分子が エ 形をしているため，分子全体としては打ち消し合わない。このような分子を オ という。

二酸化炭素分子では，C=O結合に生じた ア が，この分子が カ 形をしているため，分子全体として打ち消されてしまう。このような分子を キ という。 キ であっても，分子全体として瞬間的な電荷の偏りを生じるため，分子間には弱い引力が働く。このような引力を ク という。ドライアイス，ヨウ素やナフタレンでは，分子が分子間力によって規則正しく配列し結晶を形成する。このような結晶を ケ といい，分子間力がイオン結合や共有結合などの化学結合に比べてはるかに弱いため，一般に ケ は軟らかく， コ の低いものが多い。

(1) 文中の空欄 ア ～ コ に適切な語句を記入せよ。

(2) 主な元素の電気陰性度（下表）を見て，次の①～③の問いに答えよ。

元素記号	K	Na	Ca	Mg	H	C	S	I	Br	N	Cl	O	F
電気陰性度	0.8	0.9	1.0	1.3	2.2	2.6	2.6	2.7	3.0	3.0	3.2	3.4	4.0

① 次の化合物の中から，(i) イオン結合性の最も強いもの，(ii) 共有結合性の最も強いものを1つずつ選び化学式で答えよ。

(ア) 塩化水素　　　(イ) 塩化ナトリウム　　　(ウ) ヨウ化水素

(エ) 酸化マグネシウム　　　(オ) 酸化カルシウム　　　(カ) 臭化水素

② 水と硫化水素を比べると，分子の極性はどちらが大きいか。分子式で答えよ。ただし，両者の結合角は等しいものとする。

③ 次の分子のうち，無極性分子をすべて選び記号で答えよ。

(ア) HCl 　(イ) NH_3 　(ウ) CO_2 　(エ) SiF_4 　(オ) CH_3Cl 　(カ) H_2O_2

(3) 原子番号が1から10までの非金属原子だけで構成された①～⑨の分子の電子式が下に示されている。各分子の分子式を記せ。

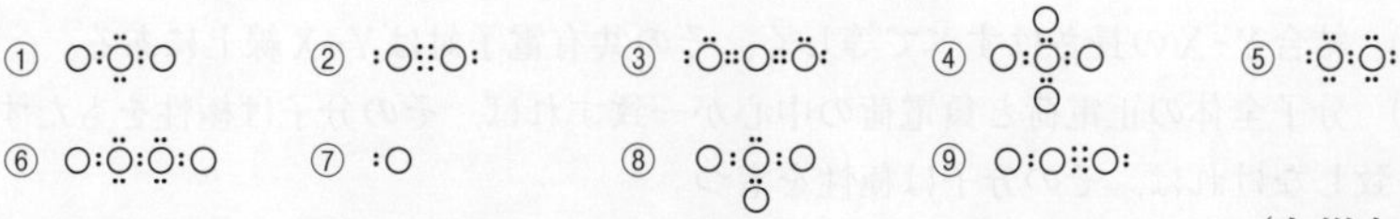

① :Ö:Ö:　② :C⋮⋮C:　③ :Ö:::C:::Ö:　④ O:C:O　⑤ :Ö:C:Ö:
　　　　　　　　　　　　　　　　　　　　O　　
　　　　　　　　　　　　　　　　　　　　　　

⑥ O:Ö:Ö:O　⑦ :O　⑧ O:C:O　⑨ O:O:::O:O
　　　　　　　　　　　　　Ö　

（九州大 改）

5 〈結晶の性質〉 ☑ ★★

次の(1)～(5)の各物質は，それぞれ共通の力(結合)で結晶を形成しているものとする。各組の ▢ には適切な語句を下の語群より選んで記入し，（ ）には該当する物質を(ア)，(イ)の中から1つ選び，その化学式を記せ。

(1)　(ア) フッ素　　　(イ) 塩素

　　これらの結晶を形成する共通の力(結合)は ①　である。②　の数の多いほうが，電荷が偏りやすく相互作用が大きい。よって，（ ③ ）のほうが融点が高い。

(2)　(ア) 水　　　(イ) エタノール

　　これらの結晶を形成する特徴的な力(結合)は ④　であり，⑤　の大きい原子と ⑥　原子の間に働く。（ ⑦ ）ではこの力(結合)による立体網目構造が発達しているので，他方に比べて融点が高い。

(3)　(ア) 酸素　　　(イ) 塩化水素

　　これらの結晶を形成する共通の力(結合)は ⑧　である。しかし，酸素は ⑨　であるが，塩化水素は ⑩　なので，（ ⑪ ）のほうが融点が高い。

(4)　(ア) ダイヤモンド　　　(イ) 二酸化ケイ素

　　これらの結晶は ⑫　だけで形成されているので，いずれも融点が高いが，両者を比較すると，（ ⑬ ）のほうがややすき間の多い結晶構造であり，融点が低い。

(5)　(ア) 塩化ナトリウム　　　(イ) 酸化カルシウム

　　これらの結晶を形成する共通の力(結合)は ⑭　である。クーロン力はイオン間の ⑮　が一定であれば，イオンの ⑯　の積に比例する。これらの物質ではイオン半径の和がほぼ等しいので，（ ⑰ ）のほうが融点が高い。

> 金属結合，共有結合，分子間力，水素結合，イオン結合，距離，電子，陽子，
> 極性分子，無極性分子，電気陰性度，電子親和力，イオン化傾向，価数，
> 金属，水素，酸素，炭素，水溶液，良導体，不導体，半導体

(お茶の水女大 改)

6 〈化学結合〉 ☑ ★

次の物質について，(1)～(6)の記述に該当する物質をすべて記号で選べ。

(ア) 水　　(イ) アンモニア　　(ウ) 二酸化炭素　　(エ) 二酸化硫黄
(オ) 銅　　(カ) ヨウ素　　(キ) メタン　　(ク) 窒素
(ケ) 塩化カリウム　　(コ) ダイヤモンド

(1)　液体状態で電気の良導体であるもの
(2)　分子間で水素結合をつくり得るもの
(3)　常温・常圧下で分子結晶として安定に存在するもの
(4)　分子中に非共有電子対を1つ含むもの
(5)　三重結合を含む分子
(6)　常温・常圧下で電気の良導体であるもの

(大阪府大 改)

7 〈イオン化エネルギー〉 ☐ ★

　次の文章の☐☐☐内に適する語句を記入し，あとの問いにも答えよ。

　一般に，気体状の原子に外部からエネルギーを加えると，あるエネルギーで電子1個が原子から引き離されて，1価の ｱ になる。これに要する最小のエネルギーがイオン化エネルギーである。下図は，原子のイオン化エネルギーを原子番号の順に示したものである。一般に， ｱ になりやすい元素を ｲ 元素， ｱ になりにくい元素を ｳ 元素という。原子番号 2,10,18,… に属する ｴ 元素は，電子を引き離すのに，とくに大きなエネルギーを要する。これは， ｴ 元素の原子の最外電子殻が ｵ 構造をとっており，その電子配置が極めて安定なためである。一方，原子番号 3,11,19,… に属する ｶ 元素は，とくに ｱ になりやすいことを示す。

　典型元素の場合は，一定のパターンの繰り返しになっており，(a)同一周期の元素では原子番号が増大するにつれ，イオン化エネルギーは増加する。一方，(b)同族の元素では原子番号が増大するにつれ，イオン化エネルギーは少しずつ減少する。また， ｷ 元素の場合はなだらかな曲線となり， ｴ 元素と ｶ 元素の中間程度の値を示す。

　一方，原子が電子を1個取り入れて1価の ｸ になるときに放出されるエネルギーを ｹ といい，この値が大きいほどその原子は ｸ になりやすく，原子番号 9,17,35,… に属する ｺ 元素ではとくに大きな値を示す。

　問　下線部(a)，(b)の理由をそれぞれ説明せよ。

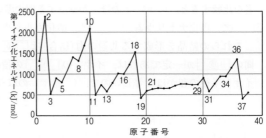

（名古屋大 改）

8 〈イオン化エネルギー〉 ☐ ★

　次の表は，周期表の第2〜第4周期の元素の各イオン化エネルギーを原子番号順に並べたものである。A〜Dの元素は，それぞれどの元素に該当するか。その元素記号を記せ。ただし，表中の E_1〜E_7 は第1〜第7イオン化エネルギー(kJ/mol)を表す。

	E_1	E_2	E_3	E_4	E_5	E_6	E_7
A	518	7290	11800				
B	900	1757	14828	20970			
炭素	1087	2353	4615	6140	37779	46992	
C	493	4560	6905	9535			
D	577	1814	2742	11566	14818		
ケイ素	786	1576	3227	4351	16047	19763	23787
カルシウム	589	1145	4937	6466			

9 〈水素化合物の沸点〉 ☑ ★★

右下図は14族から17族元素の水素化合物について，沸点と周期の関係を示したものである。次の各問いに答えよ。

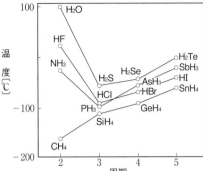

(1) 14族元素の水素化合物の沸点は，分子量が大きくなるほど高くなる傾向にある。その理由を説明せよ。

(2) 14族元素の水素化合物に比べて，15～17族元素の水素化合物（NH_3, H_2O, HFを除く）の沸点は，分子量にさほど差がないにも関わらず，高くなっている。その理由を説明せよ。

(3) 15～17族元素の水素化合物のうち，NH_3, H_2O, HFはそれぞれのグループの中では低分子量であるにも関わらず，高い沸点を示している。その理由を説明せよ。

次に，H_2OとHFの沸点を比較すると，水のほうがかなり高い。これはHFの方がH_2Oよりも分子量が大きく，また，(a)1本あたりの水素結合はHFの方が強いという事実とは矛盾するが，それぞれの(b)1分子あたりの水素結合の数の違いで説明できる。

水はこのような水素結合の形成に由来して，数々の特異な性質を示す。例えば，大きな蒸発熱と融解熱および比熱，表面張力，(c)物質をよく溶かすことなどである。

(4) 下線部(a)の理由を，フッ素原子と酸素原子の性質の違いに基づいて説明せよ。

(5) 下線部(b)の違いがわかるように，H_2OとHFの水素結合のようすをそれぞれ図示せよ。ただし，共有結合は実線，水素結合は点線で表せ。

(6) メタンは水素結合を形成しない。この理由を説明せよ。

(7) 下線部(c)に関連して，塩化ナトリウム水溶液におけるNa^+, Cl^-の周囲に存在する水分子のようすを図示せよ。また，このような状態を表す語句を記せ。　（広島大 改）

(8) 水とエタノールの沸点はどちらが高いか。その理由を分子間に働く引力に基づいて説明せよ。　（山梨大 改）

10 〈結晶の融点と結合の種類〉 ☑ ★★

下表は，それぞれの結晶の融点を示したものである。以下の各問いに答えよ。

結晶	NaCl	KCl	RbCl	MgO	CaO	黄リン(P_4)	斜方硫黄(S_8)	ケイ素(Si)	ダイヤモンド(C)
融点(℃)	800	776	717	2826	2572	44	113	1410	3550

(1) NaCl, KCl, RbClの順に融点が低くなっている理由を述べよ。

(2) MgO, CaOは，NaCl, KClに比べてそれぞれ高い融点を示す理由を述べよ。

(3) 黄リンや斜方硫黄の融点が，他の物質に比べて低い理由を述べよ。

(4) ケイ素の融点が，ダイヤモンドの融点より低い理由を述べよ。　（昭和薬大 改）

11 〈電気陰性度と極性〉　□　★★

共有結合において，各原子が　ア　を引きつける強さの指標を電気陰性度とよび，
電気陰性度に差がある結合は極性をもつ。ポーリング（アメリカ）は，原子A，Bの
つくる結合A－Bの極性の大きさと結合エネルギーとの相関に注目した。ここで，原
子A，Bがつくる3種類の結合A-A，B-BおよびA-Bについて，結合エネルギーを
それぞれ$D_{(A-A)}$，$D_{(B-B)}$，$D_{(A-B)}$とする。ポーリングの考えによれば，結合A－Bの極
性が大きいほど，①式に示す$D_{(A-B)}$と，$D_{(A-A)}$と$D_{(B-B)}$の平均値との差Δは大きくなる。
そこで，原子A，Bの電気陰性度をそれぞれx_A，x_Bとし，その差を②式によって定量
化した。

$$\Delta = D_{(A-B)} - \frac{D_{(A-A)} + D_{(B-B)}}{2} \quad [kJ/mol] \cdots\cdots①$$

$$(x_A - x_B)^2 = \frac{\Delta}{96} \quad\cdots\cdots②$$

例えば，H_2，Cl_2およびHClの結合エネルギーは，それぞれ436，243および
　イ　kJ/molであるから，$|x_H - x_{Cl}| ≒ 0.98$となる。ここで，$x_H = 2.2$とすると，x_{Cl}
＝　ウ　となる。

二原子分子の極性の大きさは，その分子の電気双極子モーメント*とよばれる値で
決定である。

*塩化水素HCl分子のように，正電荷δ＋と負電荷δ－が距離ℓだけ離れて存在するとき，このよう
　な電荷の配置を電気双極子といい，電気双極子は，各電荷の電気量qと電荷間の中心距離ℓの積で
　表される電気双極子モーメントをもつ。電気双極子モーメントは分子の極性の大きさの指標となる。

例えば，原子間距離がℓである二原子分子において，各原子上に$+q$，$-q$の電荷
が存在するとき，その分子の電気双極子モーメントの大きさδは，$\delta = \ell q$で表され
る。したがって(i)電気双極子モーメントと原子間距離から，分子中の各原子の電気量
を見積ることができる。

なお，(ii)多原子分子の場合，各電荷間の距離ℓは分子内の正電荷の中心と負電荷の
中心間の距離となる。

(1)　文中の　　　　に適切な語句，数値を入れよ。(イ)は整数，(ウ)は小数第1位まで求
　めよ。

(2)　下線部(i)について，HCl分子の原子間距離は$1.27×10^{-10}$ [m]，電気双極子モー
　メントの大きさは$3.60×10^{-30}$ [C·m]である。HCl分子ではH原子からCl原子に
　電子何個分が移動したとみなすことができるか。ただし，電子1個のもつ電荷の
　絶対値を$1.60×10^{-19}$ [C]とする。

(3)　下線部(ii)について，H_2O分子のH-Oの原子間距離を$1.00×10^{-10}$ [m]，O-H結
　合の電気双極子モーメントの大きさは$5.20×10^{-30}$ [C·m]，結合角∠HOH = 104°と
　して，H_2O分子の電気双極子モーメントを有効数字2桁まで求めよ。ただし，
　$\sin52° = 0.788$，$\cos52° = 0.616$とする。　　　　　　　　　　　（北海道大 改）

12 〈結晶の分類〉 ☐ ★

結晶はそれを構成する粒子間の結合の仕方により，(1)イオン結晶，(2)共有結合の結晶，(3)分子結晶，(4)金属結晶の4種類に大別される。A群には結晶を構成する粒子の種類が，B群には結合力の種類が，C群には結晶の特徴的な性質が，D群には結晶の実例が示してある。上の(1)～(4)に対応するものを各群より選んで記号で答えよ。

A群 (ア) 原子　　(イ) 分子　　(ウ) 原子と自由電子　　(エ) 陽イオンと陰イオン

B群 (オ) 自由電子の存在に基づく結合　　(カ) 静電気的な引力による結合

　　(キ) ファンデルワールス力による結合　　(ク) 電子対の共有による結合

C群 (ケ) 極めて硬く融点も非常に高い。　　(コ) 展・延性があり電気伝導性がよい。

　　(サ) 電気伝導性はないが，水溶液や融解状態では電気伝導性を示す。

　　(シ) 一般に軟らかく融点が低く，昇華性を示すものがある。

D群 (a) ヨウ素　　(b) 塩化鉄(Ⅲ)　　(c) ナトリウム　　(d) 臭化カリウム

　　(e) クロム　　(f) 炭化ケイ素　　(g) ドライアイス

　　(h) ダイヤモンド　　　　　　　　　　　　　　　　　　　（金沢大）

13 〈体心立方格子と面心立方格子〉 ☐ ★★

鉄は温度によって結晶形が変わり，910℃までを α 鉄，910℃以上1390℃までを γ 鉄，1390℃以上1535℃（融点）までを δ 鉄という。それぞれの結晶の単位格子は，α鉄，δ鉄では図A，γ鉄では図Bのようである。いずれの場合も，鉄の原子半径 r は変化せず，各原子は最も近い距離にある原子と互いに接しているものとする。（π = 3.14，$\sqrt{2}$ = 1.41，$\sqrt{3}$ = 1.73とする。）

(1) α鉄，γ鉄の単位格子中に含まれる鉄原子の数を求めよ。

(2) それぞれの単位格子の一辺の長さを a〔cm〕，b〔cm〕，鉄原子の半径を r〔cm〕とするとき，a と r および，b と r の関係式をそれぞれ示せ。

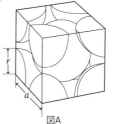 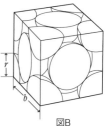

図A　　図B

(3) 単位格子の体積中に含まれる原子の体積の割合（充填率という）は，α鉄，γ鉄についてそれぞれ何％になるか。有効数字2桁で答えよ。

(4) α鉄からγ鉄へ結晶構造が変化した場合，γ鉄の密度はα鉄の何倍になるか。有効数字3桁で答えよ。　　　　　　　　　　　　　　　　　（広島工大 改）

14 〈結晶と結合の種類〉 ☐ ★

次の化学式で表される各結晶がある。その中に含まれる結合の種類をすべて書け。

(1) NaOH　　(2) Ar　　(3) NH_4Cl　　(4) SiO_2　　(5) C_2H_5OH　　(6) Cu

　　　　　　　　　　　　　　　　　　　　　　　　　　（大阪教育大 改）

15 〈塩化ナトリウムの結晶構造〉　☐ ★★

次の文を読んで，下の各問いに答えよ。($NaCl = 58.5$，$NaBr = 103$，アボガドロ定数$N_A = 6.0 \times 10^{23}$ /mol，$\sqrt{2} = 1.4$）

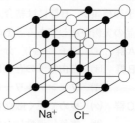

Na^+　Cl^-

右図は塩化ナトリウムの結晶構造である。ナトリウムイオンNa^+と塩化物イオンCl^-は，それぞれ貴ガス元素の　ア　原子，　イ　原子と同じ電子配置である。Na^+とCl^-間に働く主要な引力は　ウ　とよばれ，このような結晶は　エ　という。Na^+に対して最近接の位置には　オ　個のCl^-が，第2近接の位置には　カ　個のNa^+が，第3近接の位置には　キ　個のCl^-が，第4近接の位置には　ク　個のNa^+がそれぞれ存在する。いま，Na^+あるいはCl^-のみの配列を考えると，いずれも　ケ　格子と同じ構造である。

Na^+は0.12 nm，Cl^-は0.16 nmのイオン半径をもつ球で，$NaCl$結晶はこれらのイオン球で構成されており，Na^+とCl^-は接しているが，Na^+どうし，または，Cl^-どうしは接していないとすると，最も近いNa^+どうしの中心間距離は　コ　nmである。また，$NaCl$の結晶の密度は　サ　g/cm³と計算できる。

(1) 空欄　ア　〜　サ　に適切な語句，数値（　コ　，　サ　は有効数字2桁）を記せ。

(2) Na^+以外の陽イオンとCl^-が，$NaCl$と同じ結晶構造をつくる場合，陽イオンの半径が何nmより大きければ，Cl^-どうしは接しないか。有効数字2桁で答えよ。

(3) $NaBr$も$NaCl$と同じ結晶構造をとり，Br^-のイオン半径を0.18 nmとすると，$NaBr$の密度は$NaCl$の密度の何倍になるか。有効数字2桁で答えよ。　（京都大 改）

16 〈C₆₀分子の結晶〉　☐ ★★

サッカーボールのような球状の形をした，炭素原子60個だけからなるフラーレンとよばれるC_{60}分子がある（右図）。この分子は結晶状態では，立方体の各頂点および立方体を形成する正方形の中心にそれぞれC_{60}分子が1個ずつ位置している。結晶を形成する最小の立方体の一辺の長さは1.41 nmである。原子量は$C = 12$，$K = 39$。また，$\sqrt{2} = 1.41$，アボガドロ定数を6.0×10^{23} /molとして，各問いに答えよ。

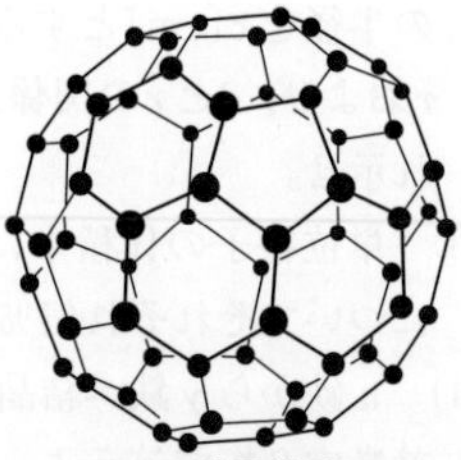

(1) このように分子が並んでいる単位格子を何というか。

(2) 単位格子中に含まれるC原子の数は全部でいくらか。

(3) 結晶状態で，各C_{60}分子が互いに接触するように並んでいると仮定すると，C_{60}分子の直径は何nmになるか。有効数字2桁で答えよ。

C₆₀の分子模型

(4) このC_{60}結晶の密度は何g/cm³か。$1.41^3 = 2.80$とし，有効数字2桁で答えよ。

(5) C_{60}結晶7.20 gにカリウムの蒸気を流通したところ，カリウム原子はC_{60}分子とC_{60}分子のすき間に均一に吸収され8.37 gになった。このとき，C_{60}結晶の単位格子中には何個のカリウム原子が含まれることになるか。　（千葉大 改）

17 〈硫化亜鉛型結晶格子〉 ☑ ★★

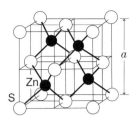

　右図は，硫化亜鉛(ZnS)の結晶構造を示している。硫黄原子は一辺の長さa〔cm〕の立方体の各頂点と各面の中心を占める。一方，亜鉛原子は各辺を2等分してできる8つの小立方体の中心を1つおきに占めている。この結晶格子において，ZnとSの両方の原子を炭素原子に置き換えるとダイヤモンドの結晶格子となる。ただし，$\sqrt{2} = 1.41$，$\sqrt{3} = 1.73$ とする。

(1)　硫化亜鉛の結晶の単位格子中に含まれるZn原子の数，S原子の数を求めよ。

(2)　この結晶の密度〔g/cm^3〕を表す式を書け。ただし，ZnSの式量をM，アボガドロ定数をN_A〔/mol〕とする。

(3)　ダイヤモンドの単位格子の一辺の長さは0.356 nmである。ダイヤモンドの炭素原子間の結合距離は何nmか。

(4)　(3)で求めた距離は，下記のどの化合物の炭素原子間の結合距離に最も近いか。その化合物を(a)〜(e)の記号を選び，そう推定した理由を述べよ。

　　(a) エチレン　　(b) アセチレン　　(c) ベンゼン　　(d) 黒鉛　　(e) ポリエチレン

(5)　ダイヤモンドの結晶において，炭素原子が占める体積の割合(充填率)〔%〕を求めよ。円周率$\pi = 3.14$とする。　　　　　　　　　　　　　　　　　　（関西学院大 改）

18 〈氷の結晶〉 ☑ ★

　次の文中の空欄 □□□ を最も適切な語句で埋めよ。

　水分子を構成する酸素原子には，共有結合に関与していない ア とよばれる電子対をもっている。また，酸素の イ はフッ素に次いで大きいので，水分子はかなり強い極性をもつ。このように電気的陽性になった水素原子は，他の水分子の酸素原子の ア の方向に容易に近づいて， ウ とよばれる特別な結合を形成する。

　氷の結晶中では，どの水分子も エ の頂点方向に規則正しく配列しており，液体の水に比べてすき間の オ い構造をとっている。氷が融解するとき，氷の結晶のすき間に，部分的に ウ が切断されて生じた水分子がうまく入り込むので，その体積は カ する[効果1]。また，さらに温度が上昇すると，水分子の キ が激しくなり，水分子の占める空間が大きくなって，その体積が ク する [効果2]。

　このような相反する2つの効果は，0℃〜4℃では，すき間の多い氷の構造が多く残っているために，[効果1]の影響が[効果2]の影響を上回る。しかし，4℃を超えると，すき間の多い氷の構造が少なくなるために，[効果2]の影響が[効果1]の影響を上回る。以上のような理由で，水は4℃で ケ が最大となる。また，氷に圧力を加えると，ルシャトリエの原理より，その体積が減少する方向，つまり，氷が コ する方向へ平衡が移動する。　　　　　　　　　　　　　（京都工繊大 改）

19 〈黄銅鉱の結晶〉 ☐ ★★

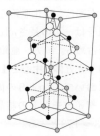

　黄銅鉱CuFeS₂は，Cu²⁺，Fe²⁺とS²⁻から構成され，その単位格子は立方体が縦方向に少し縮んだ直方体（半格子）が2つ重なった構造（右図）をとる。また，単位格子の体積 $= 2.93 \times 10^{-28} m^3$　原子量は，S = 32，Fe = 56，Cu = 64　アボガドロ定数は 6.0×10^{23}/molとせよ。

(1)　黄銅鉱の単位格子中に含まれる Cu^{2+}，Fe^{2+}，S^{2-} の数をそれぞれ求めよ。

(2)　CuFeS₂の結晶の密度〔g/cm³〕を有効数字2桁で答えよ。
                                （京都大 改）

●：Cu^{2+}　●：Fe^{2+}　○：S^{2-}

20 〈水素吸蔵合金〉 ☐ ★★

　図はある水素吸蔵合金の結晶格子を示す。(2)～(4)は有効数字2桁で答えよ。原子量：H = 1.0，Ni = 59，La = 139，アボガドロ定数 6.0×10^{23}/molとする。

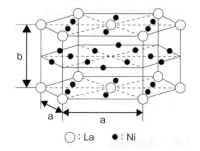

(1)　図の結晶格子に含まれるLa原子とNi原子の比を求めよ。

(2)　結晶格子の各辺の長さを $a = 5.0 \times 10^{-8}$ cm，$b = 4.0 \times 10^{-8}$cmとして，この結晶の密度を求めよ。（$\sqrt{2} = 1.41$，$\sqrt{3} = 1.73$）

○：La　　●：Ni

(3)　この合金が結晶格子中にLa原子とNi原子の数の合計に等しい数のH原子を吸蔵すると考えると，標準状態で吸蔵された水素H₂の体積はこの合金の体積の何倍か。
                                （旭川医大 改）

21 〈TiO₂の結晶構造〉 ☐ ★★

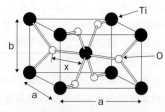

　酸化チタン(Ⅳ)の結晶には，ルチル型の結晶がある。その単位格子（右図）は直方体で，中心のTiは，6個のO原子に取り囲まれるが，そのうち4個は距離が近く，2個は距離が少し遠い。一方，Oは平面状で3個のTiに取り囲まれている。（$\sqrt{2} = 1.41$，$\sqrt{3} = 1.73$　原子量：O = 16，Ti = 48，アボガドロ定数を 6.0×10^{23}/molとする。）

$a = 0.45nm$，$b = 0.30nm$

(1)　単位格子中に含まれるTi原子，O原子の数を求めよ。

(2)　Ti原子とO原子との結合距離(nm)のうち，遠い方(図のx)を答えよ。ただし，O原子は3個のTi原子に正三角形の頂点方向から取り囲まれているものとする。

(3)　このTiO₂結晶の密度〔g/cm³〕を有効数字2桁で求めよ。　（東京医歯大 改）

22 〈黒鉛の結晶構造〉 ☐ ★★★

　黒鉛（グラファイト）は，図1のような結晶構造をもち，図2にその単位格子を示す。また，図3はこの単位格子を真上から見たもので，Eは△ABCの重心に位置している。（ただし，C=12，$\sqrt{3}$=1.73，アボガドロ定数を6.0×10^{23}/molとする。）

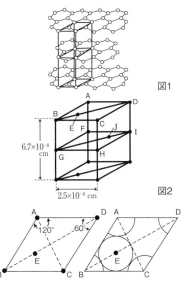

図1

図2

(1) 黒鉛の単位格子中には，何個分の炭素原子が含まれているか。

(2) 黒鉛の単位格子の体積は何cm^3か。

(3) 黒鉛の結晶の密度は何g/cm^3か。

(4) この結晶構造から推定される，炭素原子の共有結合半径は何cmか。　　（千葉大 改）

図3

23 〈六方最密構造〉 ☐ ★★

　マグネシウムの結晶は，右図のような六方最密構造をとっている。以下の各問いに答えよ。

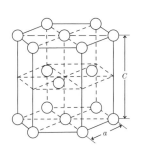

(1) 右図に示した結晶格子に含まれるマグネシウム原子の数を求めよ。

(2) マグネシウムの結晶格子は，正六角柱で$a = 0.320$ nm，$c = 0.520$ nmであるとする。この結晶格子の体積〔cm^3〕を求めよ。ただし，1 nm = 1×10^{-9}m，$\sqrt{2} = 1.41$，$\sqrt{3} = 1.73$とする。

(3) マグネシウムの結晶の密度は何g/cm^3か。ただし，Mg = 24.3，アボガドロ定数：$N_A = 6.0 \times 10^{23}$/molとする。　　（東京理大 改）

24 〈金箔の厚さ〉 ☐ ★★★

　金の単体の結晶格子は面心立方格子で，展性・延性が大きい性質をもつ。次の各問いに有効数字2桁で答えよ。（$\sqrt{2} = 1.41$，$\sqrt{3} = 1.73$　金の原子半径$r = 1.44 \times 10^{-8}$cm）

(1) 1.0gの金を伸ばして，面積$5.0 \times 10^3 cm^2$の均一な厚みの金箔を作成したとき，この金箔の厚さ〔cm〕を求めよ。（アボガドロ定数6.0×10^{23}〔/mol〕，原子量：Au = 197，$r^3 = 3.0 \times 10^{-24} cm^3$とする。）

(2) 金箔中では，金原子が結晶構造を保ちつつ，最も密に並んだ層（最密原子層）の方向に積み重なっているとすると，(1)の金箔中での金原子の積み重なりは何層分に相当するか。　　（兵庫県立大 改）

25 〈Fe_3O_4の結晶構造〉☑ ★★

次の文を読み，あとの問いに答えよ。原子量は，$O = 16$，$Fe = 56$とする。

鉄の黒サビの主成分である四酸化三鉄Fe_3O_4の結晶は，2種類の陽イオンFe^{2+}とFe^{3+}，および1種類の陰イオンO^{2-}からなる。その単位格子は一辺の長さが0.82 nm（1 nm $= 10^{-9}$ m）の立方体であり，すべての頂点と面心の位置には陽イオン（Fe^{2+}またはFe^{3+}）（○で表す）が位置する（下図1）。単位格子を8等分した小立方体に着目すると，その構造にはA型とB型の2種類あり，これらの8分の1の小立方体はさらに小さな立方体（図2中に破線で表す）を内包しており，その頂点にはいずれも4個の陰イオン（●で表す）が位置する。さらに，A型ではさらに小さな立方体の体心に，B型ではさらに小さな立方体の残り4つの頂点にも陽イオン（○）が位置する。

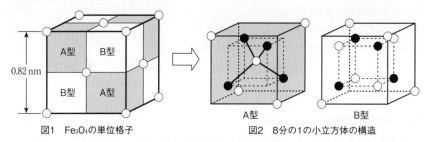

図1　Fe_3O_4の単位格子　　　　　図2　8分の1の小立方体の構造

(1) Fe_3O_4の単位格子内にあるFe^{3+}，Fe^{2+}およびO^{2-}の数はそれぞれ何個か。

(2) Fe_3O_4の結晶の密度〔g/cm^3〕を有効数字2桁で求めよ。（$8.2^3 ≒ 550$とする。）

26 〈Al_2O_3の結晶構造〉☑ ★★

Al_2O_3の結晶構造は酸素原子がほぼ六方最密構造をとり，その一部の隙間にアルミニウム原子が入っている。右図は酸素原子だけの配列を示すが，この六角柱の結晶格子の隙間にアルミニウム原子が存在する。ここでは，酸素原子が完全な六方最密構造をとるとして，以下の問いに答えよ。

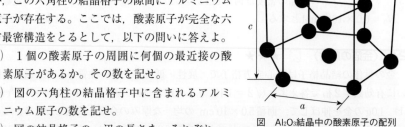

図　Al_2O_3結晶中の酸素原子の配列

(1) 1個の酸素原子の周囲に何個の最近接の酸素原子があるか。その数を記せ。

(2) 図の六角柱の結晶格子中に含まれるアルミニウム原子の数を記せ。

(3) 図の結晶格子の一辺の長さを，それぞれa, cとしたとき，cをaを用いて記せ。根号は開平せずそのままでよい。

(4) $a = 2.7 × 10^{-8}$ cmであるとして，Al_2O_3結晶の密度〔g/cm^3〕を有効数字2桁で答えよ。（原子量：$O = 16$，$Al = 27$，$\sqrt{2} = 1.41$，$2.7^3 = 19.7$）

（京都大）

27 〈パラジウムの水素吸蔵能力〉 ☐ ★★

金属パラジウムの結晶は面心立方格子からなり，それを水素気流中で加熱したのち冷却すると，結晶格子のすき間に水素原子が取り込まれる。これを水素の吸蔵という。

パラジウムが水素を吸蔵した場合，水素原子は下図の●のすべての位置に入るものとして，次の問いに答えよ。ただし，$\sqrt{2} = 1.41$，H $= 1.0$，Pd $= 106$，アボガドロ定数を6.0×10^{23}/molとする。

(1) パラジウムの原子半径を1.42×10^{-8}cmとして，パラジウムの単位格子の1辺の長さ〔cm〕を求めよ。

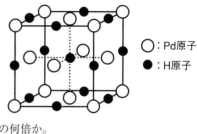

○：Pd原子
●：H原子

(2) 金属パラジウムの結晶の密度〔g/cm³〕を求めよ。

(3) パラジウムが水素を吸蔵すると，その結晶の体積が20%増大する。水素吸蔵後のPdHの密度は，水素吸蔵前のPdの密度の何倍か。

(4) パラジウムは自体積の何倍量の水素H_2（標準状態）を吸蔵することができるか。

(京都大 改)

28 〈ペロブスカイト型の結晶構造〉 ☐ ★★

近年，超伝導材料として研究されている物質に，ペロブスカイト型の結晶構造をもつ複酸化物*がある。さて，携帯電話などのコンデンサーに広く利用されているチタン酸バリウムという物質もこの結晶構造をとり，右図に示すような単位格子をもつことがわかっている。これについて，次の問いに答えよ。

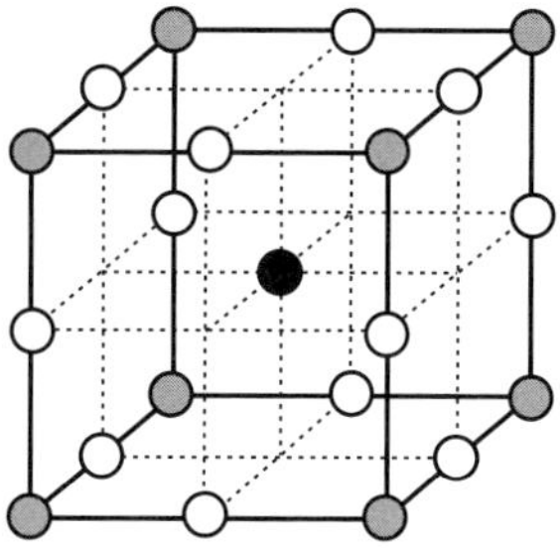

(1) この物質の組成式を，元素記号を使って答えよ。

(2) Tiのイオン半径を0.64×10^{-8}cm，Oのイオン半径を1.26×10^{-8}cmとして，この結晶の密度〔g/cm³〕を求めよ。ただし，原子量は，Ba $= 137$，Ti $= 48$，O $= 16$，ア

●：Baの陽イオン
⬤：Tiの陽イオン
○：Oの陰イオン

ボガドロ定数は6.0×10^{23}/molとし，最近接のTiの陽イオンとOの陰イオンは互いに接触しているものとする。

(3) Baの陽イオンは，単位格子の中心に生じたすき間に割り込むように存在している。この結晶構造において，Baの陽イオン半径として可能な最大値は何cmか。ただし，最近接のBaの陽イオンとOの陰イオンは互いに接触しているものとし，$\sqrt{2} = 1.41$，$\sqrt{3} = 1.73$とする。

(三重大 改)

*Fe_3O_4のように，2種類の金属酸化物からなる化合物を複酸化物という。

29 〈イオン結晶の空間〉 ☑ ★★★

次の文(A)，(B)を読んで，あとの問いに答えよ。

(A)　面心立方格子をもつ金属結晶の単位格子（図1）を考える。この結晶内では球状の原子が互いに接しているとすると，原子半径は単位格子の一辺の長さaを用いて，　ア　aと表される。面心立方格子は，球を最も隙間のないように空間に配列した最密構造の一つであるが，内部には，原子と原子に囲まれた2種類の空間（以後，空間Iと空間IIと区別する）が存在する。

　　空間Iは単位格子の中心と各辺の中央部にあり，6個の原子で囲まれている。その中には最大半径　イ　aの球が入ることができ，その数は単位格子あたりで　ウ　個存在する。

　　空間IIは存在場所がややわかりにくいが，面心立方格子の一部である一辺の長さ$\frac{a}{2}$の小立方体（図2）の中心Pの位置にあり，4個の原子で囲まれている。その中には最大半径　エ　aの球が入ることができ，その数は単位格子あたりで　オ　個存在する。

(1)　文中の　□　に適切な数値を入れよ。根号は開平せずそのままで答えよ。

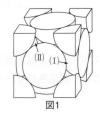

図1

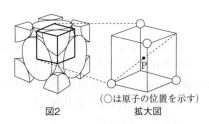

図2　　　　　拡大図

（○は原子の位置を示す）

(B)　上記の面心立方格子の原子の位置をあるイオンが占め，それとは符号の異なるイオンが全体として電気的中性になるように空間I，空間IIに入ると，イオン結晶が構成される。

　　例えば，塩化ナトリウムでは，陰イオンが面心立方格子を形成し，空間Iのすべてに陽イオンが入った構造をしている。フッ化カルシウム（ホタル石）では，　カ　イオンが面心立方格子を形成し，　キ　のすべてに反対符号のイオンが入った構造をしている。また，三フッ化ビスマスでは，　ク　イオンが面心立方格子を形成し，　ケ　のすべてに反対符号のイオンが入った構造をしている。

(2)　文中の　□　に適切な語句を下の語群から選び，記号で答えよ。

語群　$\begin{bmatrix} (あ)　陰 & (い)　空間Iのみ & (う)　空間IIのみ \\ (え)　陽 & (お)　空間Iおよび空間II \end{bmatrix}$

(3)　2価の陰イオンC^{2-}が面心立方格子を形成し，空間Iには2個のうち1個の割合で3価の陽イオンB^{3+}が入り，空間IIには8個のうち1個の割合で2価の陽イオンA^{2+}が入ると，スピネル型構造とよばれるイオン結晶となる。この結晶の組成式を，A，B，C，の記号を用いて表せ。

（京都大 改）

30 〈イオン結晶の限界半径比〉 ▱ ★★★

次の文を読み，あとの問いに答えよ。（$\sqrt{2} = 1.41$，$\sqrt{3} = 1.73$，$\sqrt{6} = 2.45$ とする。）

MXという一般式をもつイオン結晶において，あるイオンの最も近くにある反対符号のイオンの数を配位数といい，陽イオンMと陰イオンXの配位数は $\boxed{\text{ア}}$ である。下図は代表的なイオン結晶の単位格子を示し，それぞれの配位数はA型は $\boxed{\text{イ}}$ ，B型は $\boxed{\text{ウ}}$ ，C型は $\boxed{\text{エ}}$ である。

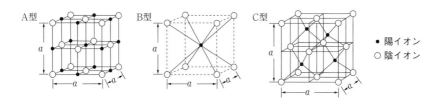

イオン結晶が安定な構造を保つための条件を考えてみよう。イオンを球とみなすと，多くの場合，陽イオン（半径r^+）より陰イオン（半径r^-）の方が大きいので，イオン結晶は陰イオンの格子からできていて，この格子の隙間に陽イオンが充填されているとみなせる。そのとき，陽イオンと陰イオンが接触し，陰イオンどうしが離れている状態が安定であり，陰イオンのつくる隙間より陽イオンが小さくなると，陰イオンどうしがぶつかり不安定になる。

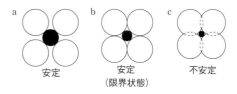

つまり，陰イオンに対する陽イオンのイオン半径比 $\dfrac{r^+}{r^-}$ （限界半径比という）がある値よりも $\boxed{\text{オ}}$ い場合のみ，その結晶構造は安定となる。

また，各イオンができるだけ多くの反対符号のイオンと接触して取り囲まれるとき，イオン結晶は最も安定となる。つまり，陽イオンと陰イオンはできるだけ配位数の大きな結晶構造をとろうとする傾向がある。

(1) 文中の $\boxed{}$ に適切な語句・数値を入れよ。

(2) 図1のA型，B型，C型の単位格子において，陽イオンと陰イオンが接触し，かつ，最も近くにある陰イオンどうしも接触しているときの限界半径比 $\dfrac{r^+}{r^-}$ をそれぞれ有効数字2桁で答えよ。

(3) ヨウ化セシウムCsIのイオン結晶は，A，B，C型いずれの構造をとると考えられるか。理由とともに答えよ。ただし，イオン半径はCs⁺は0.181 nm，I⁻は0.206 nmとする。

(4) CsIのイオン結晶において，最も近くにあるCs⁺どうしの中心間距離を有効数字2桁で求めよ。

（京都府医大 改）

2　物質量と化学反応式

31　〈同位体と分子量〉　☑ ★★

次の文の空欄に適切な数値を記入し，あとの問いにも答えよ。

水素原子には主として ^1H（＝H）（相対質量1.00），^2H（＝D）（相対質量2.00）の2種類の同位体が，また，酸素原子には ^{16}O，^{17}O，^{18}O の3種類の同位体があるが，その存在比が片寄っているため，水素と酸素の原子量はそれぞれ1および16に近い値となる。一方，塩素原子には ^{35}Cl（相対質量35.0）と ^{37}Cl（相対質量37.0）の2種類の同位体がある。

(i) 　塩素の原子量を35.5とすると，^{35}Cl と ^{37}Cl の存在比は，　ア ： 1 となる。

(ii) 　塩素分子 Cl_2 には質量の異なる3種類の分子が存在し，それぞれの存在比は，軽いものから順に　イ ： ウ ： 1 となる。

(iii) 　塩素 Cl_2 0.200 mol と ^1H のみからなる H_2 0.200 mol を反応させると，質量の異なる　エ 種類の塩化水素分子Aが生成し，その平均分子量は　オ である。

(iv) 　塩素 Cl_2 0.200 mol と ^1H のみからなる H_2 0.100 mol，^2H のみからなる重水素 D_2 0.100 mol を反応させると，質量の異なる　カ 種類の塩化水素分子が生成し，その平均分子量は　キ である。

(v) 　塩化水素A 0.400 mol を ^2H のみを含む重水 D_2O 2.00 mol に溶かすと，　ク gの溶液ができる。この溶液を長時間放置したのち，蒸発させて得られた塩化水素Bの平均分子量は　ケ になる。

問　(v)の実験結果からどのようなことがわかるか。50字以内で記せ。　（大阪工大 改）

32　〈混合気体の燃焼の量的関係〉　☑ ★★

物質量比でメタン60%，水素40%からなる混合気体Xの燃焼について，次の問いに答えよ。原子量は，H＝1.0，C＝12，O＝16とする。

0.50molの混合気体Xに1.0molの酸素と混合して，密閉容器A内で燃焼させたら，水素とメタンはともに完全燃焼した。次に，0.50molの混合気体Xに0.60molの酸素を混合して，密閉容器B内で燃焼させたら，すべての酸素が消費された。このとき，すべての水素と一部のメタンは完全燃焼したが，残りのメタンは酸素不足のため完全燃焼できず一酸化炭素を生じたが，煤は生じなかった。さらに，0.50molの混合気体Xに0.40molの酸素を混合して密閉容器C内で燃焼させたら，すべての酸素が消費された。このときすべての水素は完全燃焼したが，メタンは酸素不足のため完全燃焼できず，多量の煤と水のみを生じた。

(1) 　燃焼後の容器Aに含まれる，酸素，二酸化炭素，水の質量をそれぞれ求めよ。

(2) 　燃焼後の容器Bに含まれる，一酸化炭素，二酸化炭素，水の質量をそれぞれ求めよ。

(3) 　燃焼後の容器Cに含まれる，炭素，水の質量をそれぞれ求めよ。　（九州大 改）

33 〈化学反応の量的関係〉 ☐ ★

マグネシウムとアルミニウムの合金1.71 gに十分量の塩酸を加えて反応させたところ，標準状態で1.68 Lの水素が発生した。これについて次の各問いに答えよ。(原子量は，Mg = 24，Al = 27，Cl = 35.5，H = 1.0とし，有効数字2桁で示せ。)

(1) 各金属と塩酸との反応を化学反応式で書け。

(2) この合金中のマグネシウムの質量パーセントを求めよ。

(3) 反応後の溶液を蒸発乾固させると，あわせて何gの塩が析出するか。ただし，塩は結晶水をもたず，加熱により分解しないものとする。 (群馬大 改)

34 〈化学反応の量的関係〉 ☐ ★

塩素酸カリウムKClO₃と酸化マンガン(Ⅳ)の混合物を加熱して酸素を発生させた。(原子量は，O = 16，Cl = 35.5，K = 39，Mn = 55とする。)

(1) この反応で酸素発生源となる固体試薬を4.9 g用いて反応を行った。このとき発生した酸素の物質量は何molか。

(2) (1)で発生した酸素をすべて捕集し十分乾燥後，1.0×10^5 Paで放電すると一部がオゾンO₃に変化した。同温・同圧で体積が5.0%減少したとき生成したオゾンの物質量は何molか。

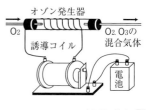

(北海道大 改)

35 〈混合気体の反応〉 ☐ ★

水素，一酸化炭素および窒素からなる混合気体がある。この混合気体100 mLに空気250 mLを加えて完全燃焼させたら，気体の体積は260 mLになった。このとき得られた気体を，濃厚な水酸化ナトリウム水溶液に通気したところ，気体の体積は230 mLとなった。もとの混合気体を構成していた各気体の体積%を求めよ。ただし，気体の体積はすべて標準状態で測定し，燃焼の結果生じた水はすべて液体でその体積は無視してよい。空気は窒素：酸素 = 4：1（体積比）の混合気体とする。 (近畿大 改)

36 〈沈殿生成反応〉 ☐ ★★

ある金属の塩化物1.00 gを水に溶かし，十分量の硝酸銀水溶液を加えたら，塩化銀の沈殿が3.02 g得られた。この金属は2価の陽イオンになるものとして以下の問いに答えよ。(原子量は，H = 1.0，O = 16，S = 32，Cl = 35.5，Ba = 137，Ag = 108)

(1) この金属の原子量を有効数字2桁で求めよ。

(2) この金属の硫酸塩1.00 gを水に溶かし，十分量の塩化バリウム水溶液を加えたら，硫酸バリウムの沈殿は何g得られるか。有効数字3桁で答えよ。

(3) この金属1.2 gに20%塩酸10 cm³（密度1.1 g/cm³）を加えると，標準状態で何 Lの水素が発生するか。有効数字2桁で答えよ。

37 〈ヘモグロビン中の鉄〉 □ ★★

次の文を読んで，あとの各問いに答えよ。（気体定数 $R = 8.3 \times 10^3$ Pa・L/（K・mol）

空気中の酸素は，呼吸によって肺から血液中に取り込まれ，さらに血液中に含まれるタンパク質の一種であるヘモグロビンと結合して，筋肉などの組織に運ばれる。ある動物のヘモグロビンを調べたところ，分子量は 6.6×10^4 であり，0.34 ％の鉄原子を含むことがわかった。（原子量は Fe = 56，アボガドロ定数：6.0×10^{23}/mol とする。）

(1) ヘモグロビン1分子中には何個の鉄原子が含まれているか。

(2) ヘモグロビン1.0 g は，37℃，1.0×10^5 Pa で $O_2$1.55 mL と結合し飽和される。飽和されたヘモグロビン1分子には，約何分子の O_2 が結合しているか。

(3) ヘモグロビンに結合し飽和された O_2 の $\frac{1}{3}$ が組織で放出されるとしたとき，37℃の血液100 mL 中に含まれるヘモグロビンは何分子の O_2 を組織に供給できるか。ただし，血液中のヘモグロビン濃度を15 g/100 mL とする。　　　　　（摂南大 改）

38 〈化学反応の量的計算〉 □ ★★

多量の黒鉛をつめた反応容器に水蒸気1.0 mol を入れて高温で反応させたところ，水蒸気の80 ％が次に示す2つの反応により消費された。

$$C（固）＋H_2O（気） \longrightarrow CO＋H_2 \cdots\cdots ① \qquad CO＋H_2O（気） \longrightarrow CO_2＋H_2 \cdots\cdots ②$$

反応後の反応容器中には，未反応の黒鉛および水蒸気と，生成物の一酸化炭素，二酸化炭素，および水素以外の物質は存在しなかった。また，生成した一酸化炭素と二酸化炭素の物質量の比は2：1であった。次の各問いに答えよ。

(1) 反応によって消費された黒鉛の物質量は何 mol か。

(2) 反応後の気体（未反応の水蒸気を含む）の総物質量は何 mol か。　　　（成蹊大 改）

39 〈化学式の推定〉 □ ★★

シュウ酸カルシウム一水和物 $Ca(COO)_2 \cdot H_2O$ の適当量を，乾燥した窒素気流中で900℃まで一定の昇温速度で加熱すると，右図の曲線が得られた。すなわち，300℃までに27 mg，600℃までに69 mg，900℃までに135 mg 減量した。図中 A, B, C, D はそれぞれの温度で安定な化合物である。また，E, F, G はそれぞれ A→B，B→C，C→D の各分解過程で放出される気体であり，カルシウムを含まない。なお，化合物 D は酸化カルシウムである。

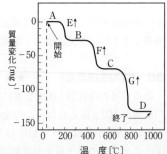

(1) はかり取った化合物 A は何 mg か。（原子量は H = 1.0，C = 12，O = 16，Ca = 40 とする。）

(2) 化合物 B, C の化学式をそれぞれ記せ。

(3) 化合物 E がとくに放出されやすい理由を20字以内で述べよ。　　　（東京大 改）

40 〈アボガドロ定数の精密測定〉 ☑ ★★

新しいアボガドロ定数の求め方に関して，次の問いに有効数字3桁で答えよ。

天然のケイ素には3種類の安定同位体^{28}Si，^{29}Si，^{30}Siが存在するが，同位体の濃縮法が進歩した現在，ほぼ純粋な^{28}Siを得ることができる。図のように，ケイ素の結晶の単位格子は立方体で，ダイヤモンドの単位格子と同型であり，Si－Si結合の長さdは2.35×10^{-8}cmである。いま，極めて高純度の^{28}Siのみからなる単結晶から正確に1.00kgの球体を切り出し，その体積を測定すると429cm^{3}であった。

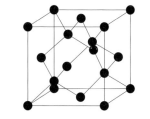

(1) 下線部の^{28}Siのみからなる単結晶の密度は何g/cm^{3}か。

(2) ケイ素の結晶の単位格子の一辺の長さは何cmか。

(3) 下線部の^{28}Siのみからなる単結晶に含まれるSi原子の数を，アボガドロ定数を使わずに求めよ。

(4) ^{28}Siのモル質量を28.0g/molとして，アボガドロ定数を計算せよ。 （近畿大）

41 〈アボガドロ定数の測定〉 ☑ ★★

次の〔1〕〜〔5〕の実験をして，アボガドロ定数を求めた。次の問いに有効数字2桁で答えよ。

〔1〕水を満たした水槽の水面に，滑石（タルク）の粉末を均一に散布する。

〔2〕ステアリン酸（$C_{17}H_{35}COOH$，分子量284）0.0142 gを，ヘキサンに溶かして100 mLとした溶液をつくる。

〔3〕〔2〕の溶液をメスピペットで1滴ずつ水面に滴下すると，滑石の粉末が外へ押しやられて，円形の透明な部分が現れる。このとき滴下した溶液は0.32 mLであった。

〔4〕〔3〕の操作でヘキサンがすべて蒸発すると，ステアリン酸の単分子膜（右図）が生成する。すなわち，親水性の-COOH基を水側に，疎水性の炭化水素基を空気側に向け，水面上にすき間なく一層に並んだ状態となる。

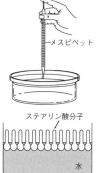

ステアリン酸分子

〔5〕この単分子膜に方眼紙を置き，その面積を測ったら220 cm^{2}であった。ただし，ステアリン酸1分子が水面上で占める面積を，2.2×10^{-15}cm^{2}とする。

(1) 滴下したヘキサン溶液中に含まれるステアリン酸の物質量を求めよ。

(2) ステアリン酸の単分子膜中に含まれる分子の数を求めよ。

(3) この実験から求まるアボガドロ定数はいくらか。

(4) 1.0×10^6 m^{2}の貯水池を完全に単分子膜で覆うとすると，必要なステアリン酸の質量は最低何kgか。（アボガドロ定数を6.0×10^{23}/molとせよ。） （三重大 改）

42 〈分子の同位体の存在割合〉 ☑ ★★

ホウ素原子には^{10}Bと^{11}Bの同位体が存在し，その存在割合はそれぞれ20%，80%である。また，塩素原子には^{35}Clと^{37}Clの同位体が存在し，その存在割合はそれぞれ76%，24%である。

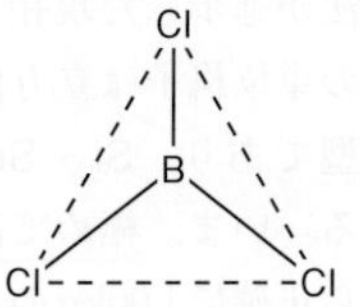

各原子の相対質量は，その原子の質量数と等しいものとして次の各問いに答えよ。$0.76^3 = 0.44$，$0.76^2 = 0.58$，$0.24^2 = 0.058$とする。

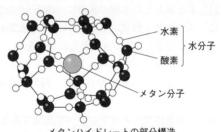

(1) 同位体の違いで区別したとき，何種類の三塩化ホウ素 BCl_3分子（右図）が存在することになるか。

(2) BCl_3の全分子に占める$^{11}B^{35}Cl_2{}^{37}Cl$の存在割合は何%か。有効数字2桁で答えよ。

(3) 天然における存在割合が最も多いBCl_3分子の分子量を求めよ。

(4) 天然における存在割合が3番目に多いBCl_3分子のBCl_3の全分子に占める存在割合は何%か。有効数字2桁で答えよ。　　　　（名古屋工大 改）

43 〈メタンハイドレート〉 ☑ ★★

次の文を読み，下の問いに答えよ。(1)は整数値，(2)〜(4)は有効数字2桁で答えよ。

新しい化石燃料として注目されているメタンハイドレートは，メタン分子が低温かつ高圧の条件下で，水分子がつくるかご状構造の内部に入り込んでできた氷状の結晶であり，その組成式は$4CH_4 \cdot 23H_2O$で表される。さらに，その結晶を調べると，体心立方格子であり，体積$1.7 \times 10^{-21} cm^3$の中にメタン分子8個と水分子46個が含まれることがわかった。メタンハイドレートは水深500〜2000m程度の海底の温度・圧力では安定に存在するが，常温・常圧では自然に分解して，水と膨大な体積のメタンに分解する性質がある。

（原子量はH = 1.0, C = 12, O = 16）

メタンハイドレートの部分構造

(1) メタンハイドレートの式量を求めよ。

(2) メタンハイドレートの結晶の密度（g/cm³）を求めよ。アボガドロ定数を6.0×10^{23}/molとする。

(3) メタンハイドレート1.0m³を解凍したとき，発生するメタンの体積は，元の体積の何倍か。ただし，体積の比較は標準状態で行うものとする。

(4) メタンハイドレート7.17gをある体積の容器に入れ，十分な酸素で満たして完全燃焼させた。燃焼後に容器内に存在する水の物質量を求めよ。　　　　（岡山大 改）

44 〈化学反応の量的関係〉 ☑ ★★

硝酸鉛(Ⅱ)$Pb(NO_3)_2$と亜硝酸鉛(Ⅱ)$Pb(NO_2)_2$の混合物がある。この混合物を加熱すると，①式，②式の反応が起こり，続いて③式の反応も起こる。次の問いに答えよ。

$$2Pb(NO_3)_2 \longrightarrow 2PbO + 4NO_2 + O_2 \quad \cdots\cdots①$$

$$Pb(NO_2)_2 \longrightarrow PbO + NO_2 + NO \quad \cdots\cdots②$$

$$2NO + O_2 \longrightarrow 2NO_2 \quad \cdots\cdots③$$

(1) ある混合物を加熱した後，反応容器中にはNOは存在せず，O_2が$0.10mol$とNO_2が$0.60mol$生成した。この混合物中の$Pb(NO_3)_2$と$Pb(NO_2)_2$の物質量の比を求めよ。

(2) ある混合物を加熱した後，反応容器中にはO_2は存在せず，NOが$0.20mol$とNO_2が$1.0mol$生成した。この混合物中の$Pb(NO_3)_2$と$Pb(NO_2)_2$の物質量の比を求めよ。

（順天堂大 改）

45 〈放射性同位体の壊変〉 ☑ ★★★

〔A〕放射性同位体は，その原子核が不安定であり，放射線を放出して他の元素の原子に変化する（壊変という）性質がある。放射性同位体が壊変する速さは，温度・圧力などによらず一定であり，その量が元の量の半分になる時間を半減期という。

(1) 大気中のCO_2には，放射性同位体の^{14}Cが存在する。生きた生物体は大気中と同じ割合で^{14}Cを保持しているが，その生物が死ぬと外界からの^{14}Cの取り込みが停止し，一定の割合で減少していく。^{14}Cの半減期を5700年とする。（$\log_{10}2 = 0.30$）

 (ⅰ) ある遺跡から発掘された木片中の^{14}Cの量は，現在の大気中の$\dfrac{1}{8}$であった。この木片は何年前に伐採されたものと推定できるか。

 (ⅱ) 現在の大気中の^{14}Cの割合を$1.2 \times 10^{-10}\%$，ある化石中の^{14}Cの割合を$2.4 \times 10^{-11}\%$とするとき，この化石が生成したのは何年前と推定されるか。

(2) 放射性同位体^{137}Csの半減期は30年である。いま^{137}Csが$100g$あるとして，これが$1g$以下になるのに何年以上を要するか。（$\log_{10}2 = 0.30$）

〔B〕放射性同位体が壊変する速さは，同位体ごとに一定である。はじめにあった原子の数をN_0，時間tが経過したときの原子の数をN，その半減期をTとすると，$\dfrac{N}{N_0} = \left(\dfrac{1}{2}\right)^{\frac{t}{T}}$の関係が成り立つ。放射性同位体$^{131}I$の半減期は8.0日であるとして次の問いに答えよ。

(3) (ⅰ)^{131}Iは2.0日間で，その何％が壊変するか。

  (ⅱ)^{131}Iは6.0日間で，その何％が壊変するか。

  （$\sqrt{2} = 1.41$, $\sqrt[3]{2} = 1.26$, $\sqrt[4]{2} = 1.19$）

(4) ある放射性同位体は，12年経つとその量が元の量の$\dfrac{1}{3}$になるという。この放射性同位体の半減期は何年か。（$\log_{10}2 = 0.30$, $\log_{10}3 = 0.48$）

3　物質の三態と状態変化

46　〈物質の三態〉　☐　★★

次の文を読み，あとの問いに答えよ。ただし，気体はすべて理想気体とみなし，気体定数$R = 8.3 \times 10^3 \, Pa \cdot L/(K \cdot mol)$とする。

ある物質Aは固体では分子結晶をつくる。図1は，1 molの物質Aを非常に軽くて摩擦のないピストン付き容器V_1に入れ，容器V_1中に含まれる他の物質をすべて取り除いた後，$1.0 \times 10^5 \, Pa$の下で一様に加熱したときの加熱時間と物質Aの温度との関係を示す。また，図2は，物質Aの温度と飽和蒸気圧との関係を示す。

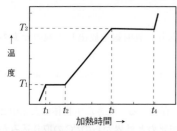

図1　加熱時間と温度との関係

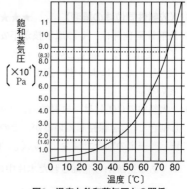

図2　温度と飽和蒸気圧との関係

(1)　図1中のT_1およびT_2の温度はそれぞれ何とよばれているか。

(2)　温度T_2は約何℃か。整数値で答えよ。

(3)　どのようにすればT_2の値を変えることができるか。20字以内で述べよ。

(4)　t_2以上t_3未満の間では，容器V_1中に気体状の物質Aが存在しているかどうかを，その理由とともに75字以内で述べよ。

(5)　t_1からt_2までの加熱時間に比べて，t_3からt_4までの加熱時間の方が長く，多くの熱量を要した。この理由を分子間力という語句を使って70字以内で述べよ。

(6)　縦軸に物質Aのエネルギー（エンタルピー）を，横軸に温度をとって図1を書き直すとどうなるか。その概略図を書け。なお，その図にT_1およびT_2を記入せよ。

(7)　$2.0 \times 10^{-2} \, mol$の物質Aだけを含む容積1.0 Lの密閉容器$V_1$を，以下の温度に保ったとき，容器$V_1$内の圧力はそれぞれ何Pa（有効数字2桁）になるか。

(a)　40℃　　　　　　　(b)　75℃

(8)　$2.0 \times 10^{-2} \, mol$の物質Aと$2.0 \times 10^{-2} \, mol$の空気を，摩擦のないピストン付き容器$V_2$に入れ$1.0 \times 10^5 \, Pa$の下に置いた。容器$V_2$を以下の温度に保ったとき，容器$V_2$の体積はそれぞれ何L（有効数字2桁）になるか。

(a)　40℃　　　　　　　(b)　75℃

(同志社大 改)

47 〈CO₂の状態図と等温線〉 ☐ ★★

次の文を読み，あとの問いに答えよ。原子量は C = 12，O = 16 とする。

図1は，圧力と温度
によりCO₂がどの状態
をとるかを示した状態
図である。図2はCO₂
に関する圧力とモル体
積（V_m）の関係を様々
な温度で表した等温線
を示す。20℃の等温線
に注目すると，点Aで
は容器内のCO₂は気体

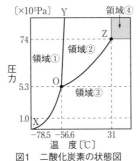

図1 二酸化炭素の状態図

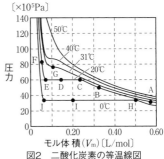

図2 二酸化炭素の等温線図

である。ピストンで加圧して点Bまで圧縮する間はほぼボイルの法則にしたがい，圧
力は増加する。点Cからはそれ以上圧力を上げなくてもピストンを押し込むことがで
き，点Dを通って点Eまで進む。点Eから点Fまで圧縮するにはさらに大きな圧力が
必要となる。次に，31℃の等温線に着目すると，圧力の増加によって点Gに達すると
気体はすべて液体になってしまう。この温度を臨界温度といい，点Gは臨界点とよば
れる。31℃よりも高い温度ではどんなに圧力を加えても気体を液体にすることはでき
ない。このとき気体と液体の区別がつかなくなり，超臨界状態とよばれる。

(1) 図1の実線で囲まれる領域③，領域④，曲線OY，点Oはそれぞれどういう状態
　か。ア〜クの中から1つずつ選べ。

　　ア．固体のみ　　　　　　　　イ．液体のみ　　　　　　　ウ．気体のみ

　　エ．固体と液体が共存　　　　オ．固体と気体が共存　　　カ．液体と気体が共存

　　キ．固体，液体，気体が共存　　ク．液体と気体の区別がつかない状態

(2) 図2の点B，点Dおよび点Fは，図1のどこに相当するか。次より1つずつ選べ。

　　ア．領域①　　　イ．領域②　　　ウ．領域③　　　エ．領域④

　　オ．曲線OX上　　カ．曲線OY上　　キ．曲線OZ上

(3) 図2から，20℃におけるCO₂の蒸気圧を有効数字2桁で求めよ。

(4) 図2の点J（V_m = 0.050 L/mol）の値から，0℃のCO₂の液体の密度〔g/cm³〕を
　有効数字2桁で求めよ。

(5) 0℃で容器内にCO₂を44 g入れ，圧縮して点Hから点Iに到達した。このとき容
　器内には液体のCO₂は何g含まれるか。有効数字2桁で求めよ。　（東京医歯大 改）

(6) 液体のCO₂が蒸発する際に蒸発熱を奪い，残った液体の温度が昇華点まで下がる
　ことで固体のドライアイスができる。1.0gの液体のCO₂から何gのドライアイスが
　できるか。ただし，最初のCO₂の温度を21℃，CO₂の昇華点（1.0 × 10⁵Paで昇華す
　る温度）を − 79℃，CO₂の蒸発熱を380J/g，融解熱を200J/g，CO₂の液体の比熱
　を2.0J/（g・K）とし，外部からの熱の流入はないものとする。　（信州大）

48 〈状態図〉 ☐ ★★

次の文を読んで，以下の各問いに答えよ。

　図1，図2は，種々の温度，圧力において二酸化炭素と水がどのような状態にあるのかを示したグラフであり，状態図とよばれる。曲線AOを蒸気圧曲線，曲線BOを融解曲線，曲線COを昇華圧曲線といい，3本の曲線の交点Oを三重点という。図1に示すように，二酸化炭素の融解曲線は垂直に見えるがわずかに正の傾きをもっている。

これに対し，図2に示すように，水の融解曲線
はわずかに負の傾きをもつ。

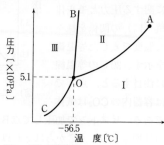

図1　CO_2の状態図

　一方，蒸気圧曲線は融解曲線と異なり，無限遠に伸びることはなく，ある一点で止まる。この点を臨界点といい，二酸化炭素の場合31.0℃，7.28 × 10^6Pa，水の臨界点は374.2℃，2.18 × 10^7Pa である。

(1)　状態図において，領域Ⅰ，Ⅱ，Ⅲは固体，液体，気体のいずれの状態か。

(2)　圧力を自由に選ぶことができるとき，液体の二酸化炭素をつくるために必要な圧力は，最低何Paか。

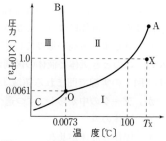

図2　H_2Oの状態図

(3)　気体の二酸化炭素を加圧すれば液化できる。しかし，ある温度以上ではいかなる圧力を加えても液化できない。その温度は何℃か。

(4)　固体の二酸化炭素に圧力を加えていくと，融点はどう変化するか。

(5)　1.0 × 10^5Paの下で加熱すると氷は融解するが，固体の二酸化炭素は融解することなく昇華する。この違いを図1，図2をもとにして，"三重点"という語句を用いて40字以内で説明せよ。

(6)　いま，点Xで表される状態のH_2Oを，外圧を1.0 × 10^5Paに保ったまま温度をゆっくりと下げていったときの体積変化は，下図の(ア)～(オ)のどれで表されるか。ただし，100℃での水の密度は0.959 g/mL，0℃の水では0.999 g/mL，また100℃＜T_x＜150℃とし，最初，容器内には他の気体は存在しないものとする。

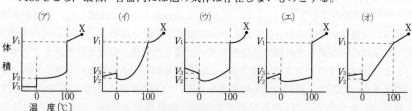

（浜松医大 改）

4 気体の法則

49 〈エタノールの蒸気圧〉 ☐ ★★

次の文章を読んで,以下の問いに答えよ。ただし,温度は27℃で一定とし,27℃でのエタノールの飽和蒸気圧を70 mmHg,760 mmHg = 1.0×10^5 Pa とせよ。

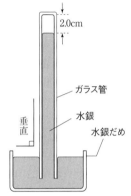

1.0×10^5 Pa の下で,一端を閉じた断面積3.0 cm^{2}のガラス管に水銀を満たして水銀だめの中で倒立させたところ,管内の水銀面は右図に示すように管底から2.0 cmの位置で静止した。したがって,水銀だめの水銀面から管底までの距離は ア cmである。次に,微量の液体エタノールをガラス管の下端からスポイドで注入し,十分に時間が経過すると,管内の水銀面は管底から イ cmの位置で静止した。このとき,管内の水銀面上には液体エタノールが少し残っていた。(この状態を状態Aとする。)

続いて,状態Aの装置全体を圧力調節可能な容器内に移して徐々に減圧していったところ,5.0×10^4 Pa の下で管内の水銀面上の液体エタノールは消えた。このとき,管内の水銀面は管底から ウ cmの位置にあった。(この状態を状態Bとする。)

さらに,減圧を続けたところ, エ Paの下で,管内の水銀面が水銀だめの水銀面と一致した。(この状態を状態Cとする。)

(1) 空欄 ア ～ エ に適切な数値(有効数字2桁)を入れよ。

(2) 状態A～Cにおいて,ガラス管内に存在するエタノール蒸気の物質量はそれぞれ何molか。有効数字2桁で答えよ。(気体定数$R = 8.3 \times 10^3$ Pa・L/(K・mol))(神戸大)

50 〈混合気体の体積組成〉 ☐ ★★

次の文の [____] にあてはまる数値を小数第1位まで求めよ。(C = 12, H = 1.0)

質量23.8 gのガスライターからガスを取り出し,水上置換法によってちょうど1.0 L(27℃,1.0×10^5 Pa)取り出した後,ガスライターの質量をはかったところ21.7 gあった。このことから,ガスライターに充填されていたガスの見かけの分子量は ア である。27℃での水の飽和蒸気圧を4.0×10^3 Paとする。

このガスはプロパンC_3H_8とブタンC_4H_{10}との混合気体であるとすると,混合気体中のプロパンの体積百分率は イ %であり,質量百分率では ウ %となる。また,この混合気体1.0 Lを完全燃焼させるには,同温・同圧の空気が エ L必要となる。ただし,気体定数$R = 8.3 \times 10^3$ Pa・L/(K・mol),空気は酸素と窒素が体積比で1:4の割合で混合したものとする。(東京理大)

問題51〜54で，必要があれば，気体定数
$R = 8.3 \times 10^3$ Pa・L/(K・mol)を用いよ。

51 〈分子量の測定〉 ☑ ★★

　右下図は，揮発性液体の分子量を測定するための装置である。この装置を用いて気体の蒸気密度を求め，理想気体の状態方程式から分子量を求めることができる。次の(a)〜(e)の実験操作を読み，以下の各問いに答えよ。

(a) 乾燥した容積100 mLのピクノメーターを，栓をつけたまま秤量したら，30.000 gあった。

(b) 次に，約1 gの液体試料をピクノメーターに入れ，97℃に保った湯浴に右図のように首のところまで浸した。

(c) 液体試料がすべて蒸発してからさらに2〜3分そのまま放置したのち，ピクノメーターを湯から取り出し，室温まで手早く冷やした。

(d) 容器のまわりの水をよくふき取り，栓を付けたままピクノメーターを秤量したところ，30.494 gであった。

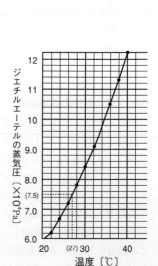

(e) この実験は，27℃，1.0×10^5 Paの大気中で行った。

(1) 気体の状態方程式$PV = \dfrac{w}{M} = RT$から，分子量Mと気体の密度d〔g/L〕を求める式を書け。ただし，P，V，w，Mはそれぞれ気体の圧力，体積，質量，分子量を表し，Tは絶対温度，Rは気体定数とする。

(2) 液体試料の分子量を求めよ。ただし，室温での液体の蒸気圧は無視して考えよ。

(3) 27℃におけるこの液体試料の飽和蒸気圧を1.2×10^4 Pa，27℃，1.0×10^5 Paでの空気の密度を1.1 g/Lとすると，この液体試料の分子量はいくらになるか。　（信州大 改）

52 〈蒸気圧曲線〉 ☑ ★

　右図は，ジエチルエーテルの蒸気圧曲線である。気体はすべて理想気体とし，次の文中の ☐ 内に適当な数値（有効数字2桁）を記入せよ。

　ピストン付容器の内容積を0.83 Lに調節し，この容器を真空にして，ジエチルエーテルを0.010 mol入れ，27℃に保つと，圧力は ア Paとなる。

　さらに，温度を27℃に保ったまま，ピストンをゆっくり押して，容器の内容積を イ Lにしたとき，容器内にジエチルエーテルの液体が生じ始めた。同じ温度でピストンをさらに押して，容器の内容積を0.19 Lにすると，圧力は ウ Paとなる。

　次に，別の内容積0.83 Lの密閉容器に空気0.010 molとジエチルエーテル0.020 molを入れて，27℃に保ったところ容器内の全圧は エ Paとなる。　　（広島大 改）

53 〈分圧の法則〉 ☑ ★★

2つの金属製耐圧容器A，Bが，図のようにバルブCをはさんで細いパイプで接続されている。AとBの内容積はそれぞれ5.0 L，10.0 Lである。

操作1：バルブCを閉じ，真空にした容器Aに体積比1:1のエタン（C_2H_6）とアルゴンの混合気体を充填（じゅうてん）したところ，27℃で2.0 × 10⁵Paであった。

操作2：同様に，真空にした容器Bに体積比1:1のアルゴンと酸素の混合気体を充填し，27℃で圧力を測定した。

操作3：次に，両容器を27℃に保ちながら，バルブCを開いて気体が十分に混合するまで放置した後，圧力を測定したところ5.0 × 10⁵Paであった。

操作4：バルブCを開いた状態で耐圧容器A，Bを227℃まで加熱し，適当な方法で点火し，混合気体中のエタンを完全燃焼させた。反応後，水は水蒸気としてのみ存在した。

操作5：燃焼後，両容器の温度を47℃に戻した。47℃での水の飽和蒸気圧は，1.0 × 10⁴Paとする。

(1) 操作1で，容器Aに充填されたエタンの物質量を求めよ。

(2) 操作2で，バルブCを開く前の容器B内の圧力を求めよ。

(3) 操作3で，バルブCを開いた後，容器内に存在するアルゴンの物質量を求めよ。

(4) 操作4で，燃焼後に両容器に残った酸素の物質量を求めよ。

(5) 操作4で，燃焼後227℃における混合気体の全圧を求めよ。

(6) 操作5で，燃焼後47℃における混合気体の全圧を求めよ。　　　　（神戸大 改）

54 〈気体の水上捕集〉 ☑ ★

ある金属Mは，希塩酸と次式のように反応する。

$$M + 2HCl \longrightarrow MCl_2 + H_2$$

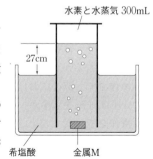

右図のような装置を用いて，この金属0.27 gをすべて希塩酸と反応させ，発生した水素をメスシリンダーに捕集した。その結果，メスシリンダー内の気体の体積は300 mL，水面の高さの差は27 cmとなった。ただし，温度は27℃，大気圧は1.0 × 10⁵Pa，27℃における水の飽和蒸気圧は3.6 × 10³Pa，水銀の密度は13.5 g/cm³とする。また，水素は水に全く溶けず，希塩酸の密度，および蒸気圧は水の値と同一であるとする。

(1) 27 cmの水柱の圧力は，何Paに相当するか。

(2) 捕集した水素の分圧は，何Paか。

(3) 金属Mの原子量を求めよ。（整数値で答えよ。）　　　　（福岡工大 改）

55 〈分圧と蒸気圧〉 ☐ ★★

　水素2.0 gが入った風船が$5.0 \times 10^4\,Pa$の空気中に浮かんでいる。風船の体積は外気圧に応じて自由に変化し，風船内の気体の圧力は常に外気圧と等しいものとする。また，水の飽和蒸気圧は，27℃において$3.5 \times 10^3\,Pa$，67℃において$2.7 \times 10^4\,Pa$とする。気体はすべて理想気体とし，水素の水への溶解は無視して，有効数字2桁で答えよ。

(1) 温度が27℃のとき，風船内の気体の体積は何Lか。

(2) 温度27℃において，風船内に2.0 molの水を入れた。水素の分圧は何Paか。

(3) (2)の状態から温度が67℃まで上昇した。風船内の気体の体積は何Lになるか。

(4) (3)の状態から周囲の外気圧が$2.5 \times 10^4\,Pa$まで下がった。このとき，風船内の気体の体積は何Lか。

(5) 熱気球は，それに作用する浮力が気球自体（球皮，付属品，乗員等を含む）の重さWと，気球内部の気体の重さの総和とつり合うとき，大気中に浮いて静止できる。計算を簡単にするために，空気の見かけの分子量を29とする。今，0℃，$1.0 \times 10^5\,Pa$の大気中において，容積1000 m³の熱気球によって重さ$W = 100$ kgのものを浮揚させるには，気球内部の空気の温度を何℃にすればよいか。ただし，球皮，付属品，乗員等に作用する浮力は無視し，気球内外の圧力差は無視してよい。　　　（大阪大）

56 〈エタノールの蒸気圧〉 ☐ ★★★

　次の文を読み，以下の各問いに答えよ。

操作1　質量や摩擦の無視できるピストン付き容器に，窒素とエタノールを0.10 molずつ加え，8.3 L，87℃に保った。

操作2　ピストンを固定し，内容積を8.3 Lに保ったまま，ゆっくり27℃まで冷却した。

操作3　ピストンを可動の状態にし，外圧$1.0 \times 10^5\,Pa$の下で容器全体を87℃から27℃までゆっくりと冷却した。

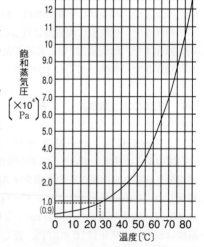

(1) 操作1で，容器内のエタノールの分圧は何Paとなるか。

(2) 操作2で，27℃における容器内の窒素の分圧は何Paを示すか。

(3) 操作2で冷却したとき，約何℃でエタノールの液滴が生じ始めるか。

(4) 操作2で27℃において，容器内ではエタノールの液体が何mol存在しているか。

(5) 操作3で冷却したとき，約何℃でエタノールの液滴が生じ始めるか。

(6) 操作3で27℃において，容器内ではエタノールの液体が何mol存在しているか。

（慶応大 改）

57 〈混合気体の圧力〉 ☑ ★★

次の文章の ア ～ オ にあてはまる数値を有効数字2桁で求め，また，[カ]にあてはまる文を記号a～cから選べ。ただし，温度による容器の体積変化および容器以外の内容積は無視する。また，気体はすべて理想気体であるとし，27℃での飽和水蒸気圧を 3.5×10^3 Pa とする。(H = 1.0, C = 12, O = 16)

右図のようにコックCで連結された耐圧容器A（内容積1.0 L）とB（内容積2.0 L）がある。

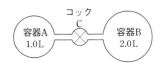

いま，コックを閉じた状態でAにエタン C_2H_6 1.8 g，Bに酸素 8.0 g を入れ，ともに27℃に保った。このとき，A内の圧力は ア Pa であった。次に，A, Bを27℃に保ったままコックCを開け，両気体を混合した。やがて気体は同一組成となり，エタンの分圧は イ Pa を示した。

Cを開け，Aを27℃，Bを227℃に保った。十分時間が経過した後のB内の圧力は ウ Pa であり，このときA内には エ mol の気体が入っていた。

続いてCを開けたまま，Aの温度を227℃に上げ，A, Bを同一の温度にした。十分時間が経過した後，混合気体中のエタンを完全燃焼させた。燃焼後，227℃でA, B内の物質はすべて気体であった。このとき，A, B内の全圧は オ Pa である。

Cを閉じ，Aを227℃に保ったまま，Bの温度だけを27℃に下げた。このとき，B内には，[カ：a. 液体の水が存在する。　b. 液体の水は存在しない。　c. 液体の水が存在するか否かは，ここに与えられたデータからでは判断できない。]

（上智大）

58 〈混合気体と蒸気圧〉 ☑ ★★★

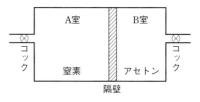

なめらかに動く隔壁で仕切られた図のような装置がある。A室，B室の空間の体積は合わせて4.0 Lで，コックにより試料が導入できるようになっている。

いま，A室に窒素 0.020 mol，B室にはアセトン（C_3H_6O）0.060 mol を導入して全体の温度を27℃に保った。平衡に達した後，全体の温度を47℃，および56℃に変えた。以下の各問いに有効数字2桁で答えよ。なお，アセトンの27℃，47℃，56℃における飽和蒸気圧は，それぞれ 3.8×10^4 Pa，7.6×10^4 Pa，1.0×10^5 Pa とし，温度により容器の体積は変化しないものとする。

(1) 27℃のとき，A室の体積は何Lか。

(2) 27℃のとき，B室に液体として存在するアセトンの物質量は何molか。

(3) 47℃のとき，A室の圧力は何Paか。

(4) 56℃のとき，A室の体積は何Lか。

問題59～62で，必要があれば，気体定数 $R = 8.3 \times 10^3$ Pa・L/(K・mol)を用いよ。

59 〈理想気体と実在気体〉 ☐ ★

図は，4種類の実在気体A～Dの各1 molを0℃に保って，圧力Pを増加させたときの体積Vを測定し，$\frac{PV}{RT}$の値とPとの関係を示したものである。このとき，Tは絶対温度，Rは気体定数を表す。この図を参考にして以下の問いに答えよ。

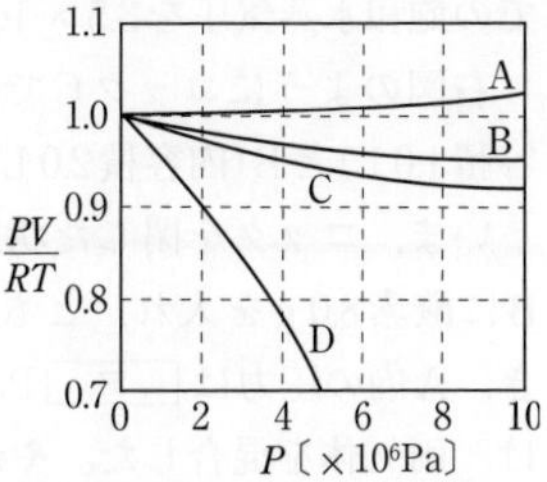

(1)　理想気体に最も近い実在気体を記号で答えよ。

(2)　気体B, C, Dの$\frac{PV}{RT}$の値が，圧力が増加するにつれて減少する理由を述べよ。

(3)　気体Dの2×10^6 Paにおける体積は何Lか。

(4)　図の圧力範囲において，最も圧縮されにくい気体を記号で答えよ。

(5)　気体A～Dが次のいずれかであるとすれば，A，Dに相当する気体をそれぞれ分子式で答えよ。また，そう判断した理由も述べよ。

　(ア)　窒素　(イ)　アンモニア　(ウ)　メタン　(エ)　水素

(6)　100℃のとき，Cの曲線は0℃のときに比べてどう変化するか。下から記号で選べ。

　(ア)　上方に移動する　(イ)　下方に移動する　(ウ)　変化しない

(7)　曲線Dが曲線Cよりも下側にある原因として，最も適当な理由を下から選べ。

　(ア)　分子の大きさ　(イ)　分子の極性　(ウ)　分子の質量

　(エ)　分子の原子数　　(お茶の水女大 改)

60 〈混合気体と蒸気圧〉 ☐ ★★

次の文章を読み，空欄［ア］～［カ］にあてはまる最も適当な数値を有効数字3桁で答えよ。ただし，1 atm = 1.0×10^5 Pa = 760 mmHgとし，水の飽和蒸気圧は，17℃で15.2 mmHg，47℃で76.0 mmHgとし，温度変化およびhの変動による容器の体積変化，水への気体の溶解は無視できるものとする。

図のように，容積2.00 Lの容器A, Bが細いガラス管で連結された装置がある。最初，U字管の先端部まで水銀が封じてある。

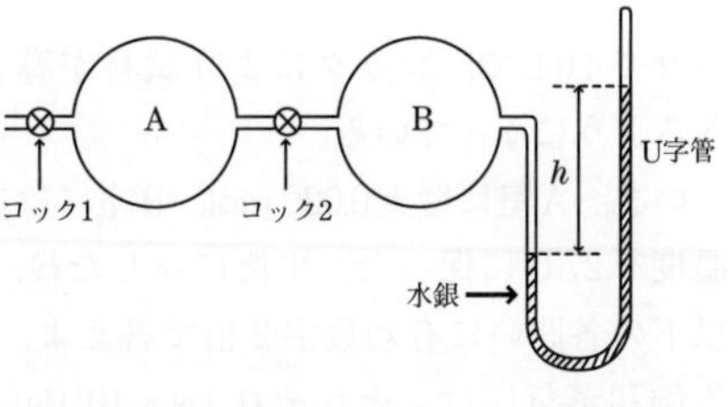

まず，コック1,2を開き，装置全体を47℃に保ち，A, B内を真空にしたとき，水銀柱の差hは［ア］mmとなる。

次に，容器A内に水2.0 gを導入し，コック1を閉じ，47℃に保ったらhは［イ］mmで一定となった。

次に，47℃に保ったままコック1を開き，乾燥空気(体積比で$N_2 : O_2 = 4 : 1$)を導入し，h = 300 mmとなったとき，コック1, 2を閉じる。このとき，容器B内には［ウ］gの水蒸気があり，酸素の分圧は［エ］mmHgである。

次に，コック1, 2は閉じたまま17℃まで冷却すると，h =［オ］mmとなる。このとき，容器B内で液体として存在する水の質量は［カ］gである。　(東京理大 改)

61 〈分圧の法則と蒸気圧〉　□ ★★

右図の蒸気圧曲線を参考にして，次の文の空欄に適する整数値を答えよ。

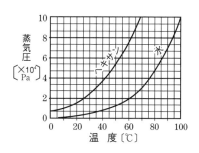

ヘキサン2 mol，水蒸気1 mol，窒素2 molからなる混合気体があり，これを90℃，1.0×10^5 Paに保っておく。この混合気体の圧力を1.0×10^5 Paに保ったまま，徐々に冷却していくとき，水滴の生じ始める温度は約 □ア ℃である。さらに冷却して，ヘキサンが液体になり始めたとき，水蒸気の60％が液体に変化していた。このとき，ヘキサンの蒸気圧は □イ Paであり，温度は約 □ウ ℃である。

(宇都宮大 改)

62 〈実在気体の状態方程式〉　□ ★★

n molの気体について，$PV = nRT$……(1)という状態方程式が適用できる気体を □ア という。これに対し，実在気体では主に次の2つの原因のため厳密には(1)式は成立しない。　(i)分子の間に □イ が働く。　(ii)分子自身が □ウ をもつ。

ファンデルワールスは，1873年，これらを考慮して(1)式を補正し，実在気体にもよりよくあてはまる状態方程式を考えた。

まず，(i)の原因のため，実測圧力Pは □イ が働かない場合に比べて □エ くなると考えられる。すなわち，器壁近くの分子は内側にある分子によって引かれるので，器壁におよぼす圧力は減少する。圧力の減少分は，器壁近くとその内部の気体分子のそれぞれの密度に比例するが，密度と体積は反比例するので，結局，圧力の減少分は，気体の体積の2乗に反比例する。よって，(1)式のPを$\left(P' + \dfrac{a}{V'^2}\right)$で補正すればよい。ただし，$a$は □イ によって決まり，気体の種類によって異なる正の定数である。

次に，(ii)の原因のため，実測体積Vは，気体分子が自由に動き回れる空間の体積Vよりも，分子自身の □ウ に比例する定数bだけ □オ くなると考えられる。したがって，(1)式のVを$(V' - b)$で補正すればよい。以上，2つの補正を組み合わせると，$\left(P' + \dfrac{a}{V'^2}\right)(V' - b) = nRT$というファンデルワールスの状態方程式が得られる。

(1) 文中の □ 内に適当な語句を記せ。

(2) aの値は，その物質の蒸発熱にほぼ比例する。この理由を書け。

(3) メタン，エタン，プロパンと気体の分子量が大きくなると，a, bの値はどう変化するか。その理由を書け。

(4) 低圧・高温では実在気体にも十分に(1)式の適用が可能となる。その理由を書け。

(5) ファンデルワールスの状態方程式を用いて，二酸化炭素1.0 molを27℃で1.0 Lの容器に詰めたときの圧力〔Pa〕を求めよ。ただし，ファンデルワールス定数$a = 3.6 \times 10^5$ Pa·L²/mol²，$b = 0.040$ L/molとする。

(島根大 改)

63 〈実在気体のふるまい〉 □ ★★

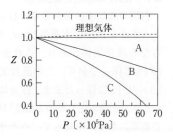

1 molの気体の状態方程式は，理想気体の場合は $\dfrac{PV}{RT} = 1$ と表すことができる。それに対して，実際に存在する実在気体では，$\dfrac{PV}{RT} = Z$ とすると，Z は次式のように表すことができる。

$$Z = 1 - k_1 + k_2 \quad \cdots\cdots ①$$

ここで，k_1, k_2 は圧力 P，温度 T，および気体の種類によって変化する正の値で，k_1 は Z を減らす効果を，k_2 は Z を増やす効果を与える項である。

図のA, B, Cの曲線は，異なる種類，条件の実在気体の Z と P の関係を示したもので，AとBは同温であるが気体の種類が異なり，AとCは気体の種類は同じだが温度が異なり，200 Kと400 Kのどちらかの温度である。

これら3つの曲線の違いは，主に Z の①式中の ア の項の寄与による。AとBの違いは，気体分子の イ が大きいと ア の値が大きくなるためである。この比較から，沸点はBのほうが ウ いと考えられる。

また，AとCの違いは，温度が上がると気体分子の エ が激しくなり，そのため イ の寄与が小さくなることで ア の値が小さくなるためである。この比較から，Aのほうが温度が オ いと考えられる。

これらの気体はともに 1.0×10^8 Paのような超高圧では Z が 1 を超える。これは，Z の①式中の カ の寄与による。これは，超高圧下では，実在気体の体積は気体分子自身の キ の分だけ，理想気体の体積よりも ク くなるためである。

(1) 文中の □ に適当な語句または記号を入れよ。

(2) 理想気体からのずれがあまり大きくない実在気体の性質について述べた以下の文について，正しいものは○，誤っているものは×をつけよ。
① k_1 は T が一定のとき，P が大きいほど大きくなる。
② k_1 は P が一定のとき，V が大きいほど大きくなる。
③ k_1 は単位体積あたりの分子の数が多いほど小さい。
④ k_1 は P, T が同じ条件で，メタンとアンモニアを比較するとアンモニアの方が小さい。
⑤ k_1 は P が一定のとき，T が大きいほど小さくなる。
⑥ k_2 は P, T が同じ条件で，メタンとエタンを比較するとエタンの方が大きい。
⑦ k_2 は T が一定のとき，P が大きいほど大きくなる。

(3) ある実在気体1 molをピストン付きの容器の中で，温度400 K，圧力 2.0×10^6 Paの状態にすると，1.5 Lの体積を示し，気体の凝縮はなかった。このときの Z の値を有効数字2桁で答えよ。（気体定数 $R = 8.3 \times 10^3$ Pa・L/(K・mol)）　（金沢大 改）

5　溶液の性質

64　〈物質の溶解性〉　☐　★

　次の(1)〜(7)の物質の溶解性について，該当するものをA群から，その理由をB群からそれぞれ1つずつ記号で選べ。また，あとの問いにも答えよ。

(1)　硝酸カリウム　　(2)　ナフタレン　　(3)　グルコース　　(4)　二酸化ケイ素

(5)　1-ペンタノール($C_5H_{11}OH$)　　(6)　硫酸バリウム　　(7)　エタノール(C_2H_5OH)

(A群)　(ア)　ヘキサンに溶けにくいが，水によく溶ける。

(イ)　水には溶けにくいが，ヘキサンにはよく溶ける。

(ウ)　水・ヘキサンいずれにも溶けにくい。

(エ)　水・ヘキサンいずれにもよく溶ける。

(B群)　(オ)　イオン結晶で，各イオンに水和が起こるため。

(カ)　イオン間の結合力が強く，水和しても結晶格子を崩すことができないため。

(キ)　共有結合の結晶で，結合エネルギーが大きいため。

(ク)　分子性物質で，ヒドロキシ基に水和が起こるため。

(ケ)　分子性物質で，無極性の溶媒によって溶媒和が起こるため。

(コ)　親水基と親油基の両方をもつが，親油基の影響が親水基の影響を上回るため。

(サ)　親水基と親油基をもつが，親水基と親油基の影響がほぼ等しいため。

問　グルコースの飽和水溶液にエタノールを少量ずつ加えていった。この操作でグルコースの結晶が析出する理由を説明せよ。　　　　　　　　　　　　　　　　（立命館大 改）

65　〈固体の溶解度〉　☐　★

　右図は硝酸カリウムと塩化ナトリウムの溶解度曲線である。いずれも有効数字2桁で答えよ。

(1)　80℃の40％の硝酸カリウム水溶液を冷却すると，約何℃で結晶が析出しはじめるか。

(2)　60℃の硝酸カリウム飽和水溶液100gを10℃に冷却すると，何gの結晶が析出するか。

(3)　60℃で硝酸カリウム飽和水溶液100gから水を蒸発させたのち，10℃まで冷却すると44gの結晶が析出した。このとき蒸発させた水は何gか。

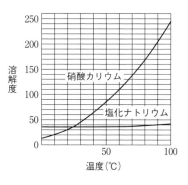

(4)　塩化ナトリウムのように温度によって溶解度があまり変化しない固体物質を精製して，純粋な塩化ナトリウムの結晶を得るにはどんな方法を用いればよいかを説明せよ。　　　　　　　　　　　　　　（富山大 改）

66 〈硫酸の濃度〉 ☑ ★

　密度1.40 g/mLの硫酸水溶液は質量百分率で50.0％の純硫酸を含む。この硫酸水溶液（A液）について次の問いに答えよ。ただし，$H_2SO_4 = 98.0$とする。

(1)　A液のモル濃度と質量モル濃度を求めよ。

(2)　1.00 mol/Lの硫酸500 mLをつくるのに，A液を何mL必要とするか。

(3)　A液を水で希釈して，密度1.22 g/mLの30.0％硫酸水溶液100 mLをつくりたい。A液と水はそれぞれ何mLずつ必要か。　　　　　　　　　　　　　　（茨城大 改）

67 〈気体の溶解度〉 ☑ ★

　次の文章の空欄 ◻︎◻︎◻︎ に適当な数値（有効数字2桁）を入れよ。

　1.0×10^5 Paの酸素が1.0Lの水と接して平衡状態にあるとき，10℃，30℃で酸素はそれぞれ39 mL，29 mLずつ溶ける。いま，10℃，5.0×10^5 Paの酸素と長く接した水溶液1.0 L中に溶けた酸素の物質量は ｜ ア ｜mLで，溶けた酸素の体積は10℃，5.0×10^5 Paの下では ｜ イ ｜mL，0℃，1.0×10^5 Paに換算すると ｜ ウ ｜mLとなる。また，この水溶液の温度を30℃に上昇させたとき，この水溶液1.0 Lから放出される酸素の物質量は ｜ エ ｜molになる。ただし，この実験中の酸素の圧力は常に5.0×10^5 Paに保たれているとする。　　　　　　　　　　　　　　　　　　　　　　（北海道大 改）

68 〈固体の溶解度（応用）〉 ☑ ★★★

　右下図に，硫酸ナトリウムの溶解度曲線を示す。以下の説明を読み，次の各問いに答えよ。答えの数値は有効数字2桁で示せ。（$Na_2SO_4 = 142$，$H_2O = 18$）

（説明）　この図にはA，B 2つの交点がある。比較的濃い水溶液の場合のB点（32.4℃，50g）では，硫酸ナトリウム十水和物$Na_2SO_4\cdot10H_2O$と硫酸ナトリウム無水物の溶解度曲線が交差している。つまり，32.4℃より高い温度の溶液からは無水物Na_2SO_4の結晶が析出し，32.4℃より低い温度の溶液からは硫酸ナトリウム十水和物$Na_2SO_4\cdot10H_2O$の結晶が析出する。一方，比較

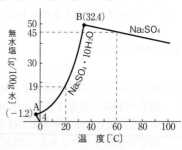

的希薄な水溶液を冷却していくと，水の凝固点（0℃）からA点（－1.2℃，4 g）までは，ほぼ直線的に水溶液の凝固点が降下していく。

(1)　60℃の硫酸ナトリウムの飽和水溶液100 gから，60℃に保ちながら水40 gを蒸発させたとき，析出する結晶は何gか。

(2)　60℃の硫酸ナトリウムの飽和水溶液100 gがある。　(i) 20℃に冷却したら何 gの結晶が析出するか。　(ii) 60℃に保ちながら水40 gを蒸発させた後，20℃に冷却したら何 gの結晶が析出するか。

(3)　A点ではどんな結晶が析出するのか。30字以内で説明せよ。　　　　（東京医大 改）

69 〈気体の溶解度〉 ☐ ★★

下表は，水に対する気体の溶解度を表したもので，それぞれの数値は1.0×10^5 Pa の下で水1Lに溶ける気体の体積〔mL〕を標準状態に換算したものである。原子量は，N = 14，O = 16とし，空気は窒素と酸素の体積比4:1の混合気体とする。

(1) 表の温度a, b, cは，0℃，20℃，50℃のいずれかを示している。0℃はどの記号に該当するか。

(2) 0℃，4.0×10^5 Paの窒素が水200 mLに接しているとき，この水に溶けている窒素の質量は何mgか。また，その体積は0℃，1.0×10^5 Paの下では何mLになるか。

(3) 窒素と酸素の体積比が2:5である混合気体が，50℃，1.0×10^5 Paで水と接している。この水に溶けている窒素と酸素の質量比を求めよ。

温度(℃)	窒素	酸素
a	12	21
b	15	32
c	24	49

(4) 0℃，2.0×10^5 Paの空気が飽和している水を20℃に温めたとき，気泡が生じないようにするために必要な空気の圧力は最低何Paか。 （岐阜薬大 改）

70 〈冷却曲線と凝固点降下〉 ☐ ★★

ベンゼンを溶媒として，図1の装置を用いて凝固点降下の実験を行った。温度と冷却時間との関係は図2のようになり，その凝固点は5.40℃と求められた。次に，ベンゼン10.0 gに酢酸0.10 gを溶かした溶液を試料として同様の実験を行い，図3のような冷却曲線を得た。

図3において，冷却曲線の直線部Dの延長線とグラフの縦軸との交点の温度をt_1，この延長線と曲線との交点の温度をt_2，曲線の極小点の温度をt_3，曲線の極大点の温度をt_4，ベンゼンのモル凝固点降下を5.07 K·kg/molとする。

(1) A, B, Cの各点におけるベンゼンの状態を説明せよ。

(2) B点付近では，冷却しているにも関わらずベンゼンの温度は一定である。この理由を説明せよ。

(3) D点付近では，しだいに溶液の温度が下がっている。この理由を簡単に説明せよ。

(4) この溶液の凝固点の温度を，図3の$t_1 \sim t_4$から選べ。

(5) $t_1 = 5.13$℃，$t_2 = 4.96$℃，$t_3 = 4.40$℃，$t_4 = 4.70$℃であった。この結果より，ベンゼン中での酢酸の見かけの分子量を計算せよ。

(6) 実験から求めた酢酸の見かけの分子量と酢酸の真の分子量とを比較し，酢酸分子はベンゼン中でどのような形で存在するかを構造式を用いて説明せよ。

（原子量：H = 1.0，C = 12，O = 16） （島根大 改）

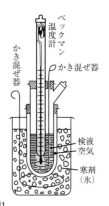

図1

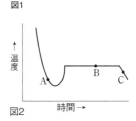

図2

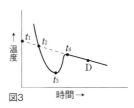

図3

71 〈電解質の凝固点降下〉 ☑ ★★

　水100 gにグルコース(分子量180)4.50 g溶かした溶液の凝固点は − 0.463℃である。また，水500 gに塩化カルシウム六水和物($CaCl_2 \cdot 6 H_2O$)73.0 g溶かした溶液の凝固点は，− 2.90℃であった。以下の各問いに答えよ。($CaCl_2 = 111$，$H_2O = 18$)

(1)　水のモル凝固点降下を求めよ。

(2)　この塩化カルシウム水溶液中における$CaCl_2$の電離度を求めよ。

(3)　塩化カルシウム水溶液をさらに − 5.00℃まで冷却したとき，何gの氷が生成しているか。ただし，濃度が変化しても，塩化カルシウムの電離度は変化しないとする。

72 〈溶液の浸透圧〉 ☑ ★★★

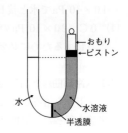

　右図のように，U字管の中央に半透膜を取り付けた浸透圧測定器の左側に水50 mLを，右側にグルコース$C_6H_{12}O_6$と尿素$CO(NH_2)_2$の混合物4.5 mgを溶かした水溶液50 mLを入れ，さらに，U字管の右側におもり77 gをのせて，両液面の高さを釣り合わせた。次の問いに答えよ。ただし，U字管の断面積は5.0 cm^2，測定は27℃で行い，半透膜は水分子のみを通し，ピストンは質量の無視できるなめらかなものとする。原子量はH = 1.0，C = 12，N = 14，O=16で，水溶液の密度は1.0 g/cm^3，気体定数$R = 8.31 × 10^3$ Pa・L/(K・mol)とする。

(1)　この水溶液の浸透圧は何Paか。ただし，$1.0 × 10^5$ Pa = 760 mmHgとし，水銀の密度を13.5 g/cm^{3}とする。

(2)　この水溶液50 mL中に含まれるグルコースは何mgか。

(3)　次に，おもりを取り除いて放置したところ，水溶液の液面が次第に上昇して止まった。このとき，左右の液面差は何cmか。 (名古屋大)

73 〈ヘンリーの法則〉 ☑ ★★★

　なめらかに動くピストン付きの容器に27℃, $1.0 × 10^5$ Paで0.10 molの気体Aが入っている。この容器に液体Bを0.50 mol加え，27℃, $1.0 × 10^5$ Paの条件でよく振り混ぜ，液体と気体の間に平衡が成り立つようにした。平衡時の気体の体積は，Bを加える前に比べて20%減少した。27℃でのBの飽和蒸気圧は$0.20 × 10^5$ Pa，気体の溶解度と圧力の間にはヘンリーの法則が成り立つ。(気体定数$R = 8.3 × 10^3$ Pa・L/(K・mol))

(1)　液体Bに溶けている気体Aの物質量は何molか。

(2)　27℃でピストンにより気体を圧縮し，その圧力を$2.0 × 10^5$ Paとした。気体Aと液体Bの間に平衡が成立しているものとして，このとき液体Bに溶けている気体Aの物質量は何molか。(ただし，液体Bの体積変化はないものとする。)

(3)　次に，27℃のもとでピストンを引いて容器の体積をゆっくりと増加させ液体Bを蒸発させた。液体Bの蒸発が完了した直後の容器内の気体圧力は何Paか。(早稲田大)

74 〈コロイド溶液〉 ☐ ★

次の文を読んで，以下の各問いに答えよ。

A45％塩化鉄(Ⅲ)水溶液1.0gを，沸騰している蒸留水に加え，かき混ぜて100 mL とする。このとき ア 色のコロイド溶液(a)ができる。(a)に横から光束を当てると，光の進路が光って見える。この現象を イ といい，コロイド粒子が光を ウ するために起こる。また，(a)を限外顕微鏡で観察すると，光点が不規則に移動しているのが観察される。この運動をB エ という。次に(a)をセロハン膜で包み，糸で縛りビーカーに入れた純水中にしばらく浸してコロイド溶液を精製する。この操作を オ という。このあと，ビーカー内の水溶液にメチルオレンジ溶液を加えると カ 色に変化し，また，硝酸銀水溶液を加えると キ 色の沈殿が生成する。

セロハン膜中のcコロイド溶液(b)の一部を取り，電解質水溶液を少量加えると沈殿を生じる。このようなコロイドを ク といい，この現象を ケ という。(b)をU字管に取り2本の電極を入れて直流電圧をかけると，コロイド粒子は陰極へ向かって移動する。この現象を コ という。以上より，このコロイド粒子は サ に帯電しており，粒子間の電気的な シ により水中に安定に分散していることがわかる。

一方，ゼラチンやデンプンのコロイド溶液では，少量の電解質を加えても沈殿せず，多量の電解質を加えて初めて沈殿する。このような性質を示すコロイドは ス とよばれ，この現象を セ という。また， ク 溶液に ス 溶液を加えておくと，電解質を加えても沈殿しにくくなる。このような働きをもつ ス を ソ という。

濃い ス 溶液を冷却すると，流動性を失って全体が固まった状態になることがある。この状態を タ といい，Dこれを乾燥したものの表面には気体や色素の分子が濃縮されやすい。この現象を チ という。

(1) 文中の ア ～ チ に適当な語句を記入せよ。

(2) 下線部Aの反応を化学反応式で書け。

(3) 下線部B，Cの現象が起こる原因をそれぞれ説明せよ。

(4) (i)正に帯電したコロイド粒子と，(ii)負に帯電したコロイド粒子からなる疎水コロイド溶液がある。それぞれを凝集・沈殿させるのに，最も少ない物質量ですむ物質を(ア)～(オ)から選べ。

    (ア) $NaCl$ (イ) $CaCl_2$ (ウ) Na_3PO_4 (エ) $MgSO_4$ (オ) $Al(NO_3)_3$

(5) 下線部Dの具体例を物質名で1つ書け。

(6) 水温27℃でコロイド溶液(b)の浸透圧は3.5×10^2 Paを示した。このコロイド粒子1個のなかには，平均いくつの鉄原子が含まれていると考えられるか。ただし，すべての鉄(Ⅲ)イオンはコロイド粒子に変化し，コロイド溶液の精製時に，鉄(Ⅲ)イオンの減少，および水の増減はないものとする。($FeCl_3$の式量は162，気体定数$R = 8.3 \times 10^3$ Pa·L/(K·mol)とする。)

(7) (a)をつくるのに$FeCl_3$のような1価の陰イオンの塩を用い，$Fe_2(SO_4)_3$のような2価の陰イオンの塩を使わないのはなぜか。

(横浜国大 改)

75 〈水和物の溶解度〉 ☑ ★★

次の記述を読んで，あとの問いに答えよ。ただし，$CuSO_4 = 160$，$H_2O = 18$ とする。

固体の溶解度は溶媒 $100\,g$ に溶ける溶質の質量 $[g]$ で表され，一般に温度が高くなるほど大きくなる。図は，硫酸銅(Ⅱ)無水物の水に対する溶解度曲線である。答えは有効数字2桁で求めよ。

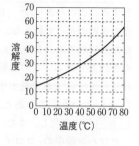

(1) 硫酸銅(Ⅱ)五水和物 $65\,g$ を，水 $100\,g$ に完全に溶解させて飽和溶液をつくりたい。水溶液の温度を約何℃にすればよいか。

(2) $60℃$ の硫酸銅(Ⅱ)の飽和水溶液 $100\,g$ をつくるのに必要な硫酸銅(Ⅱ)五水和物は何 g か。

(3) (2)の飽和水溶液を $20℃$ まで冷却すると，何 g の硫酸銅(Ⅱ)五水和物が析出するか。

（神戸薬大 改）

76 〈浸透圧の測定〉 ☑ ★★

希薄な塩化バリウム水溶液の浸透圧を，図に示した装置を用いて $27℃$ で測定したところ，液柱の高さ h は $60\,cm$ であった。図の M は，溶媒は通すが溶質は通さない性質をもつ半透膜である。$1.01 \times 10^5\,Pa = 760\,mmHg$，水銀の密度は $13.5\,g/cm^3$，水溶液の密度は $1.00\,g/cm^3$ とする。なお，水中において塩は完全に電離しており，水の浸透による溶液の濃度変化は無視できるものとする。数値は有効数字2桁まで求めよ。

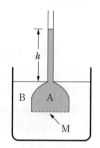

(1) 塩化バリウム水溶液を入れたのは，A と B のいずれか。

(2) 塩化バリウム水溶液の代わりに，同じモル濃度のグルコース水溶液を用いれば，液柱の高さ h は何 cm になるか。

(3) 塩化バリウム水溶液の浸透圧は何 Pa か。

(4) 塩化バリウム水溶液の濃度は何 mol/L か。（気体定数 $R = 8.3 \times 10^3\,Pa \cdot L/(K \cdot mol)$）

（防衛大）

77 〈固体の溶解度と析出量〉 ☑ ★★

硝酸ナトリウム $340\,g$ と塩化カリウム $298\,g$ を水 $1000\,g$ に加え，加熱して完全に溶かした（A液）。次の各問いに答えよ。$20℃$ における各塩の水に対する溶解度は右表の値とし，答えは有効数字3桁まで求めよ。原子量は $N = 14$，$O = 16$，$Na = 23$，$Cl = 35.5$，$K = 39$ とする。

20℃における塩の溶解度（g/100 g水）

KCl	KNO₃	NaCl	NaNO₃
34.0	32.0	36.0	88.0

(1) 下式のア〜ウに，A液に含まれるイオンの質量モル濃度の比を記せ。

$$[K^+] : [Na^+] : [Cl^-] : [NO_3^-] = 1 : \boxed{ア} : \boxed{イ} : \boxed{ウ}$$

(2) A液を $20℃$ まで冷却したとき，析出した結晶の名称とその質量 $[g]$ を求めよ。（東京薬大）

78 〈溶液の蒸気圧降下〉 ☐ ★★

次の文中の空欄 ☐ に，適当な語句，数値(有効数字3桁)を記入せよ。

フランスのラウールは，溶液の蒸気圧降下について，次式で表される結果を得た。

$$P_1 = x_1 P_1° \quad \cdots\cdots(1)$$

ここで，$P_1°$ は与えられた温度における純溶媒の蒸気圧，x_1 は溶液中の溶媒のモル分率$\left(\dfrac{溶媒の物質量}{溶媒と溶質の全物質量}\right)$，$P_1$ は溶液上での溶媒の蒸気圧である。(1)式は，溶液の蒸気圧降下が溶質の種類に関係なく，溶質の濃度，あるいは溶質である分子やイオンの数のみに依存することを示している。

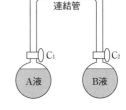

いま，水180 gに尿素CO(NH$_2$)$_2$ 6.00 gを溶解した溶液をA液とし，水180 gにショ糖C$_{12}$H$_{22}$O$_{11}$ 6.84 gを溶解した溶液をB液とすると，A液の水のモル分率は ☐ ア ，B液の水のモル分率は ☐ イ である。25℃における水の飽和蒸気圧は3.13×10^3Paであるから，25℃におけるA液の水蒸気圧は ☐ ウ Pa，B液の水蒸気圧は ☐ エ Paとなる。ただし，分子量はH$_2$O = 18.0，CO(NH$_2$)$_2$ = 60.0，C$_{12}$H$_{22}$O$_{11}$ = 342とする。

この2つの水溶液を上図のような装置に別々に入れる。あらかじめ連結管内は真空にしておき，コックC$_1$，C$_2$を開いて蒸気が自由に混じり合うようにする。一般に，蒸気は蒸気圧の ☐ オ い方の溶液から ☐ カ い方の溶液側へと移動するが，両方の溶液の蒸気圧が等しくなると水の移動が止まり，平衡状態となる。このときまでに移動した水の物質量は， ☐ キ molとなる。　　　　　　　　　　　　　　　　(福岡大 改)

79 〈沸点上昇・蒸気圧降下〉 ☐ ★★★

ビーカーA, B, Cにそれぞれ硫酸銅(II)五水和物5.00 g，塩化ナトリウム1.17 g，ショ糖6.84 gを入れ，水100 mLずつ加えて3種類の水溶液を調製した。その後，各ビーカーを右図のような密閉容器の中におき，長時間放置して平衡に到達させた。また，硫酸銅(II)，塩化ナトリウムの式量およびショ糖，水の分子量はそれぞれ160，58.5，342，18，水の密度は1.00 g/mLとする。

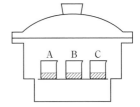

(1) 調製した直後の硫酸銅(II)水溶液の質量モル濃度を求めよ。

(2) 調製直後の3種類の水溶液の中で沸点の最も高いものはどれか。また，その理由を記せ。ただし，電解質は水中では完全に電離するものとする。

(3) 長時間放置し，完全に平衡に達したとき，ビーカーBに入っている水溶液の質量を求めよ。ただし，密閉容器内にある蒸発した水の質量は無視できるものとする。

(東京都立大 改)

80 〈分配平衡〉 □ ★★

次の文章を読み，あとの各問いに答えよ。答えは有効数字２桁まで求めよ。

水と四塩化炭素は互いに溶け合わずに２液層に分離する。このような２つの液体に他の溶質が溶ける場合，水溶液層と有機層での溶質の濃度をC_1，C_2とすると，その溶質が両液層中でも同じ分子の状態で存在するならば，一定温度では，両液層に溶けた溶質の濃度の比　$K = \dfrac{C_2}{C_1}$（これを分配係数という。）は一定となる。この関係をネルンストの分配の法則という。

いま，溶質1.0 g と水100 mLからなる水溶液Ⅰに，ある温度でベンゼン100 mLを加えてよく振り混ぜ，静置したところ，溶質の0.75 gが水溶液層からベンゼン層へ移った。

ベンゼン層Ⅱ

水溶液層Ⅰ

分液ロート

(1) 水溶液層Ⅰの濃度C_1とベンゼン層Ⅱの濃度C_2を，溶質〔g〕/溶媒〔1 mL〕の単位で表し，分配係数$K = \dfrac{C_2}{C_1}$の値を求めよ。

(2) 水溶液Ⅰに，同温度で50 mLのベンゼンを加えて振り混ぜると，何gの溶質が水溶液層Ⅰからベンゼン層Ⅱへ移るか。

(3) (2)で加えたベンゼンを取り除き，残った水溶液にさらに50 mLのベンゼンを加えて，同温度で同様の操作をもう一度行うと，(2)の操作と合わせて，ベンゼン100 mLに移る溶質は合計何gになるか。　　　　　　　　　　　　　　　（東京女大 改）

81 〈コロイドに関する現象〉 □ ★

次の(1)～(10)の内容に該当する語句を，下の語群から１つずつ選び記号で答えよ。繰り返し選んでもよい。

(1) 河川水の濁りを除き透明な水にするのに，硫酸アルミニウム水溶液が使われる。

(2) タバコの煙に光束を当てると，光の通路が光って見える。

(3) シリカゲルは，薬品や食品などの乾燥剤として広く使われる。

(4) 河口には，微細な泥が長い年月の間に堆積して三角州ができる。

(5) 加熱した寒天水溶液を冷やすと，固化させることができる。

(6) デンプン溶液中に少し溶けている食塩は，これをセロハン袋に入れて，流水中に浸しておくことにより取り除くことができる。

(7) インキにはアラビアゴム，墨汁にはニカワが安定剤として加えられている。

(8) 煙突の内部に直流の高電圧をかけておくと，煤煙が除去できる。

(9) 油で汚れた衣服を，セッケン水で洗うと油汚れがきれいに落ちる。

(10) 濃いセッケン水に多量の食塩を加えたら，セッケンが固まった。

〔語群〕（ア）チンダル現象　（イ）吸着　（ウ）ゾル化　（エ）ゲル化　（オ）乳化
　　　　（カ）電気泳動　（キ）塩析　（ク）凝析　（ケ）透析　（コ）保護コロイド
　　　　（サ）ブラウン運動

（工学院大 改）

82 〈冷却曲線と凝固点降下〉 ☑ ★★

ベンゼンを冷却したら，冷却曲線Aが得られた。次に，50.0 gのベンゼンに1.22 gの安息香酸C_6H_5COOHを溶解させ，冷却したら，冷却曲線Bが得られた。次の問いに答えよ。
（原子量：H = 1.0，C = 12，O = 16）

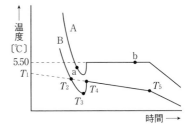

(1) 曲線Aの点aと点bにおけるベンゼンの状態をそれぞれ答えよ。

(2) 安息香酸のベンゼン溶液の凝固点として最も適当なものを，$T_1 \sim T_5$から選べ。

(3) 曲線Bの冷却曲線で，冷却し続けているにも関わらず$T_3 \sim T_4$間では温度が上昇しているのはなぜか。その理由を説明せよ。

(4) ベンゼン50.0 gに0.500 gのナフタレン$C_{10}H_8$を溶かして凝固点を測定したところ，凝固点は5.10℃であった。ベンゼンのモル凝固点降下〔K·kg/mol〕を求めよ。

(5) ベンゼン中の安息香酸には，2個の分子が水素結合によって1個の分子のようにふるまう二量体が存在する。安息香酸のベンゼン溶液の凝固点は4.90℃であるとき，安息香酸の分子のうち何％が二量体になっているか。　　　　　　　（関西大 改）

83 〈二成分系の状態図〉 ☑ ★★★

右図はベンゼンC_6H_6（融点5.5℃）とナフタレン$C_{10}H_8$（融点80.5℃）の混合物の組成とその状態の関係を表したものである。曲線AB，BC，および直線GHで分けられた領域Ⅰ～Ⅳのうち，Ⅳはベンゼン（液）とナフタレン（液）の混合溶液を表し，Ⅱはベンゼン（固）とナフタレン（固）が存在する領域である。

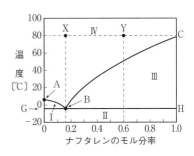

また，B点は共晶点とよばれ，ベンゼンとナフタレンの混合溶液，ベンゼン（固），ナフタレン（固）の3つの状態が同時に安定に存在できる。ベンゼンとナフタレンのモル凝固点降下を5.1K·kg/mol，6.9K·kg/mol，原子量：H = 1.0，C = 12，O = 16として，次の問いに答えよ。

(1) 図中の領域Ⅰ，Ⅲの状態を，本文中の記述を参考にして答えよ。

(2) 図中のX，Y点の組成，温度に設定されたベンゼン-ナフタレン混合溶液を冷却していくときの冷却曲線の概形を書け。ただし，横軸を時間，縦軸を温度とする。

(3) ベンゼンのモル分率が0.95であるベンゼン-ナフタレン混合溶液の凝固点は何℃になるか。ただし，曲線ABは近似的には直線と見なして答えよ。

(4) 図中のY点にあるベンゼン-ナフタレン混合溶液1.0molを20℃まで冷却すると，析出したナフタレンの物質量は何molか。ただし，20℃におけるベンゼン-ナフタレン混合溶液中のナフタレンのモル分率は0.30とする。　　　（東京農工大 改）

84 〈コロイド粒子〉 ▢ ★★

4.1 × 10^{-2} mol/Lの塩化金酸H[AuCl₄]水溶液100 mLを加熱し，還元剤としてクエン酸三ナトリウムC₃H₄(OH)(COONa)₃を加えると，(1)式の反応により，Auのコロイド溶液が生成し，溶液の色が赤色に変化した。

$$[AuCl_4]^- + 3e^- \longrightarrow Au + 4Cl^- \quad \cdots\cdots(1)$$

(1)式で形成されたAuのコロイド粒子の表面には，電離したクエン酸イオンC₃H₄(OH)(COO⁻)₃が結合しており，粒子同士の凝集を防いでいる。ₐAuのコロイド溶液に少量の電解質水溶液を加えると，Auのコロイド粒子は凝集して沈殿した。この現象を ① という。また，Auのコロイド溶液に電極を浸して直流電圧をかけると，Auのコロイド粒子は ② 極側へ移動した。Auのコロイド溶液（溶液Ⓐ）100mLをセロハン膜に包んで水中に浸漬した後，セロハン膜内の溶液のみを取り出し，溶液Ⓑとした。

Auのコロイド粒子1個に含まれるAu原子の数を求めるため次の実験を行った。溶液Ⓑ100mLから1.0 × 10^{-3}mLを取り，純水を加えて1.0Lとした。ᵦこの希薄溶液を，内容積1.0 × 10^{-3}mLの顕微鏡観察用の薄いガラス容器に入れ内部を満たした。この溶液を暗視野顕微鏡（限外顕微鏡）で観察すると，Auのコロイド粒子は暗視野の中の光点として観測され，不規則にゆれ動いている様子が見られた。このような運動を ③ という。ガラス容器中に含まれるAuのコロイド粒子の数を数えたところ，全部で1.0 × 10^5個と求められた。

(1) 文中の ▢ にあてはまる語句を答えよ。

(2) 下線部cについて，温度を上げると ③ は激しくなる。この理由を20字以内で記せ。

(3) Auのコロイド粒子を捕集するため，透析前のAuのコロイド溶液へある2価の金属イオンの水溶液を加えたら，Auのコロイド粒子の沈殿より先に白色沈殿を生じた。この沈殿は熱水に溶けた。この沈殿形成時に起こる反応をイオン反応式で記せ。

(4) 下線部aについて，最も少ない添加量でAuのコロイド粒子を沈殿を生じさせるイオンはどれか。下から記号で選べ。なお，加えるイオンのモル濃度はすべて同じとする。

　　ア K⁺　　イ Ca²⁺　　ウ Al³⁺　　エ NO₃⁻　　オ SO₄²⁻　　カ PO₄³⁻

(5) 下線部bの希薄溶液中では，均一な大きさで球形のAuのコロイド粒子が形成されていたとすると，この溶液中のAuのコロイド粒子1個に含まれるAu原子の数は何個か（有効数字2桁）。なお，透析によってコロイド溶液の体積は変化しないものとする。また，Auの密度は19.3g/cm³，原子量：Au = 197，アボガドロ定数6.0 × 10^{23}/molとする。

(6) (5)のAuのコロイド粒子は球形であるとして，その半径〔cm〕を求めよ（有効数字1桁）。円周率π = 3.14とする。

（北海道大 改）

85 〈浸透圧法による高分子の分子量測定〉 ☐ ★★

低分子の希薄溶液の浸透圧をΠ, モル濃度をC, 気体定数R, 絶対温度をTとすれば, $\Pi = CRT$のファントホッフの法則が成り立つ。Tが一定ならば, $\dfrac{\Pi}{C} = RT$なので, Cが変化しても$\dfrac{\Pi}{C}$は一定である。しかし, 高分子の希薄溶液では, $\dfrac{\Pi}{C}$をCに対してプロットすると, $\dfrac{\Pi}{C}$がCによって変化し, Cが大きくなるほどファントホッフの法則を満たす理想溶液からのずれが大きくなるので, $C \to 0$における$\left(\dfrac{\Pi}{C}\right)_0$を求め, その値から$\Pi$を求める必要がある。

ただし, 溶質の分子量Mが不明のときは, 溶液のモル濃度Cも不明であるから, Cの代わりに, 溶液1L中に含まれる溶質の質量で表した濃度m〔g/L〕を定義する。

いま, 温度300Kにおいて, ある高分子化合物（分子量をMとする）の種々の濃度mの溶液に対する浸透圧Πの測定結果を右表に示す。この結果と, 本文の記述をもとにして, この高分子化合物の分子量を有効数字2桁で求めよ。気体定数$R = 8.3 \times 10^3$Pa・L/(K・mol)とする。

（防衛医大 改）

m〔g/L〕	Π〔Pa〕
10	360
30	1140
50	2000
70	2940

86 〈ヘンリーの法則〉 ☐ ★★★

次の問いに答えよ。ただし, 水の蒸気圧および, 水の体積変化は無視してよい。

図に示した耐圧容器の総容積は4.0Lで, 中央部には左右のA室とB室を等容積(2.0L)に仕切る栓Cがある。

栓Cを閉じた状態で, A室には窒素と二酸化炭素からなる混合気体2.32gを封入し, B室にはある量の二酸化炭素と0.50Lの水を封入した。（原子量：C = 12, N = 14, O = 16）（気体定数$R = 8.3 \times 10^3$Pa・L/(K・mol)）

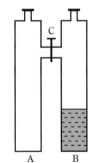

(1) 27℃で, A室内の気体の全圧は7.5×10^4Paを示した。このとき, A室内の二酸化炭素の分圧は何Paか。

(2) 次に, 栓Cを閉じたまま, 27℃で容器全体をよく振り静置したら, やがて, B室内の圧力が2.0×10^5Paで落ちついた。

　　最初にB室に入れた二酸化炭素の物質量を求めよ。ただし, 27℃, 1.0×10^5Paでは, 二酸化炭素は水1Lに対して0.030mol溶解し, 二酸化炭素の水への溶解はヘンリーの法則にしたがうものとする。

(3) 27℃に保ったまま栓Cを開き, 容器をよく振り静置する。このとき, 容器内の気体の全圧は何Paか。ただし, 水に溶解する窒素の物質量は, 二酸化炭素の物質量に比べて無視できるものとする。

（東京農工大 改）

87　〈食塩水の状態図〉　□　★★★

　次の文を読み，必要な数値を図から読み取り下の各問いに答えよ。ただし，氷の融解熱を6.0 kJ/mol，水と食塩水の比熱を4.2 J/g・K，氷の比熱を2.0 J/g・K，NaClの式量を58.5，H_2Oの分子量を18とする。

　濃度が22%以下の食塩水を冷却すると，ある温度以下では水だけが一部凝固し，析出した氷と濃縮された食塩水とが混ざり合って平衡に達する。一方，濃度が22%以上の飽和食塩水を冷却すると，ある温度以下では析出した$NaCl \cdot 2H_2O$と飽和食塩水とが混ざり合って平衡に達する。このように，食塩と水の混合物の組成と温度がどのような領域にあるかによって，得られる平衡状態は異なる。

　図はこれらの領域を食塩水の質量百分率と温度によって表した状態図である。

　図中の領域Ⅰは，食塩と水の混合物が不飽和食塩水として存在する範囲である。領域Ⅱは，飽和食塩水と食塩とが共存する範囲で，飽和食塩水の濃度と温度の関係は溶解度曲線のBCで表される。領域Ⅲは，食塩水と氷とが共存する範囲で，食塩水の濃度と凝固点の関係は曲線ADで表される。例えば，5%食塩水を10℃から−10℃まで冷却したとすると，点(ア)で凝固が始まり，最終的に−10℃の点(イ)では氷と点(ウ)に対応する16%の食塩水との混合物になることを示している。

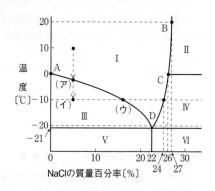

NaClの質量百分率〔%〕

　点D(22%，−21℃)では，氷と$NaCl \cdot 2H_2O$の含水塩との混合物(共晶)のみが一緒に析出するので，D点は共晶点とよばれる。

　領域Ⅳは，飽和食塩水と$NaCl \cdot 2H_2O$の含水塩が共存する範囲である。領域Ⅴは，すべて固体で，氷と共晶が共存する範囲であり，領域Ⅵもすべて固体で，$NaCl \cdot 2H_2O$の含水塩と共晶の共存する範囲である。

(1)　濃度10%の食塩水100gを20℃から−10℃まで冷却すると，何gの氷が析出するか。

(2)　濃度27%の食塩水100gを20℃から−10℃まで冷却すると，合わせて何gのNaClと$NaCl \cdot 2H_2O$含水塩が析出するか。

(3)　濃度22%の食塩水を20℃から冷却し続けたとき，どのような現象が見られるかを説明せよ。

(4)　外部との間に熱の出入りがない断熱容器に温度20℃，濃度26%の食塩水100 gと0℃の氷100 gを入れ，よくかき混ぜながら一定時間放置した。氷が18 gだけ融解したときの食塩水の濃度と，そのときの容器内の温度はいくらか。

（京都大 改）

88 〈分留の理論〉 ☑ ★★★

次の文の空欄 _____ に適当な数値(有効数字2桁)を記入し, あとの問いにも答えよ。

互いに自由に混ざり合う液体Aと液体Bを, 一定温度で密閉容器に入れて放置すると, 空間はAとBの混合蒸気で満たされ, A, Bそれぞれについて気液平衡が成立する。このとき, 混合蒸気の全圧をP, そのうちのAの分圧をP_A, Bの分圧をP_Bとすると, $P = P_A + P_B$で表され, $P = 1.0 \times 10^5$ Paになる温度で, 混合溶液は沸騰する。

また, 気相中での各気体の分圧P_A, P_Bについては, ある温度での純粋な液体A, Bの蒸気圧を$P_A°, P_B°$, 混合溶液中でのA, Bのモル分率をそれぞれx_A, x_Bとすれば, 次の①, ②式の関係が成り立つ。これを, ラウールの法則という。

$$P_A = x_A \cdot P_A° \quad \cdots\cdots\cdots ①$$
$$P_B = x_B \cdot P_B° \quad \cdots\cdots\cdots ②$$

(ただし, $x_A + x_B = 1$である。)

①, ②式がいかなる濃度においても成り立つのは, ベンゼンとトルエンの混合溶液のように, 混合時に熱の発生や吸収がなく, 体積の変化もないという理想的な場合に限られる。このような溶液を理想溶液という。

いま, フラスコ内にベンゼンとトルエンの混合溶液を入れ, 十分な時間が経てから, フラスコ内の液体中のベンゼンのモル分率x_Aと, 気相を占める蒸気中のベンゼンのモル分率y_A, およびフラスコ内部の温度を測定する。続いて, フラスコに入れておくベンゼンとトルエンの混合割合を変えて同様の測定を行い, 下図のグラフを得た。

ベンゼンのモル分率が0.40のベンゼンとトルエンの混合溶液の沸点は, 右のグラフより ___ア___ ℃であり, このとき蒸気中のベンゼンのモル分率は ___イ___ である。

この蒸気を取り出して凝縮させ, 再び加熱すると ___ウ___ ℃で沸騰が始まり, このとき蒸気中でのベンゼンのモル分率は ___エ___ となる。

以上より, 理想溶液とその蒸気が平衡状態にあるとき, 常に蒸気の方に揮発性の大きい成分が多く含まれる。こうして, 混合溶液の蒸発と凝縮を繰り返すことにより, 純粋な液体成分を分離する方法を分別蒸留(分留)という。

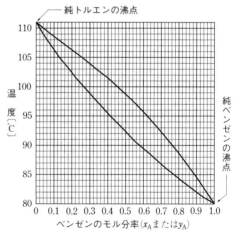

上側の曲線はy_Aと沸点の関係を示す気相線を表す。
下側の曲線はx_Aと沸点の関係を示す液相線を表す。

問　ベンゼンのモル分率が0.18のベンゼン－トルエン混合溶液を, 本文に示した方法により5回蒸留を行うものとする。得られる留出液中のベンゼンのモル分率を上のグラフを利用して求めよ。

(大阪市大改)

6　化学反応と熱・光

89　〈熱化学反応式〉　☐　★

　次の各内容を熱化学反応式*（数値は有効数字3桁）で表せ。

（原子量：H = 1.0，C = 12，O = 16，S = 32）

(1)　硫酸19.6 gを水980.4 gに溶かすと液温が4.5 K上昇した。（硫酸水溶液の比熱は4.2 J/(g·K)とする。）

(2)　メタノールCH_3OH 3.20 gをその成分元素の単体から生成するとき，20.2 kJの熱が発生する。

(3)　黒鉛1 molをすべて気体にするのに，718 kJの熱が吸収される。

(4)　プロパンC_3H_8 2.20 gを完全燃焼すると，111 kJの熱が発生する。

＊本書では，化学反応式に反応エンタルピーを書き加えた式を**熱化学反応式**と呼ぶことにする。

90　〈反応エンタルピーの計算〉　☐　★

　次の各問いに答えよ。

(1)　二酸化炭素，水（液体），エタノールC_2H_5OHの生成エンタルピーは，それぞれ－394，－286，－277 kJ/molである。これらより，エタノールの燃焼エンタルピーを求めよ。

(2)　黒鉛C，水素H_2，エタンC_2H_6の燃焼エンタルピーは，それぞれ－394，－286，－1560 kJ/molである。これらより，エタンの生成エンタルピーを求めよ。

91　〈混合気体の燃焼による発熱量〉　☐　★

　次の文を読み，下の各問いに答えよ。

　酸素5.00 mol，窒素18.7 molよりなる混合気体中で，プロパン(C_3H_8)1.00 molを燃焼させたところ，不完全燃焼が起こった。その結果，プロパンを構成していた水素原子はすべて水（気体）となったが，炭素原子は80.0 ％が二酸化炭素に，20.0 ％は一酸化炭素に変化するにとどまった。気体はすべて理想気体とする。また，生成エンタルピー（25℃，1.0×10^5 Paにおける値）はいずれも発熱で，次の通りとする。

　　CO_2：－394 kJ/mol，H_2O（気）：－242 kJ/mol，CO：－111 kJ/mol，C_3H_8：－106 kJ/mol

(1)　上の条件でプロパン1.00 molが燃焼したとき，反応に関与した酸素の物質量は何molになるか。

(2)　このとき，燃焼によって発生した熱量は，25℃，1.0×10^5 Paにおいて何kJか。

(3)　燃焼終了時に，1.0×10^5 Paで887℃まで温度上昇が起こったとする。このとき未反応の気体を含む気体全体の体積は何m^3になるか。ただし，気体定数$R = 8.3 \times 10^3$ Pa·L/(K·mol)とする。

（広島大）

92　〈中和エンタルピーの測定〉　☐　★★

　次の文章を読み，下の問いに答えよ。ただし，容器の温度上昇および，溶解や混合による水溶液の体積変化は無視し，水溶液 $1\,cm^3$ の温度 $1\,K$ を上昇させるのに必要な熱量を $4.2\,J$ とする。希水酸化ナトリウム水溶液と希塩酸との中和エンタルピーを求めるため，次の実験を行った。

（ⅰ）　断熱容器に水 $200\,cm^3$ を入れる。これに固体の水酸化ナトリウム $2.0\,g$ をすばやくはかって加え，よくかき混ぜて溶かし，水溶液の温度変化を調べた。

（ⅱ）　断熱容器に $0.25\,mol/L$ の塩酸 $200\,cm^3$ を入れる。（ⅰ）と同様に，これに固体の水酸化ナトリウム $2.0\,g$ を加えて溶かし，水溶液の温度変化を調べた。

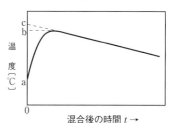

　水溶液の温度変化は，実験（ⅰ），（ⅱ）ともに右図のような変化を示した。ただし，aは混合前の液温，bは測定中での最高温度，cは測定温度を時刻 $t=0$ に外挿したときの温度を示している。

　a, b, cの値は，実験（ⅰ）ではそれぞれ 25.0，27.4，$27.6\,℃$ であり，実験（ⅱ）ではそれぞれ 25.0，30.6，$31.0\,℃$ であった。

（1）　文中の下線部に関して，なぜ固体の水酸化ナトリウムをすばやくはかって水に加える必要があるのか。その理由を25字以内で記せ。

（2）　固体の水酸化ナトリウムの水への溶解エンタルピーは，何 kJ/mol か。

（3）　実験（ⅱ）で生じる変化を1つの熱化学反応式で表せ。

（4）　希水酸化ナトリウム水溶液と希塩酸との中和エンタルピーは何 kJ/mol か。

（5）　水のイオン積（K_w）の値は温度上昇によりどう変化するか。その理由も書け。

（6）　完全に断熱系にした容器内で，$25.0\,℃$ の $0.50\,mol/L$ 水酸化カリウム水溶液 $100\,cm^3$ と，$23.0\,℃$ の $0.50\,mol/L$ 硝酸 $50\,cm^3$ を混合すると，混合溶液の温度は最高何℃まで上昇するか。

（同志社大 改）

93　〈生成エンタルピーと燃焼エンタルピー〉　☐　★

　水（液体），二酸化炭素の生成エンタルピーは，それぞれ $-286\,kJ/mol$，$-394\,kJ/mol$ である。また，次の熱化学反応式を用いて，下記の問いに答えよ。

$$C_3H_8（気）+5O_2（気）\longrightarrow 3CO_2（気）+4H_2O（液）\quad \Delta H=-2220kJ$$
$$C_3H_6（気）+H_2（気）\longrightarrow C_3H_8（気）\quad \Delta H=-126kJ$$

（1）　プロパン C_3H_8 の生成エンタルピーは何 kJ/mol か。

（2）　プロペン C_3H_6 の生成エンタルピーは何 kJ/mol か。

（3）　プロペン C_3H_6 の燃焼エンタルピーは何 kJ/mol か。

（4）　次の熱化学反応式で表す反応の反応エンタルピーは何 kJ/mol か。

$$C_3H_6（気）+\frac{3}{2}O_2（気）\longrightarrow 3C（黒鉛）+3H_2O（液）$$

（奈良県医大 改）

94 〈反応エンタルピーと結合エンタルピー〉 ☐ ★★

次の各問いに答えよ。数値は四捨五入により整数値で求めよ。

(1) 次の熱化学反応式を利用して，メタンCH_4，およびアセチレンC_2H_2の生成エンタルピーを求めよ。

$$CH_4 + 2O_2 \longrightarrow CO_2 + 2H_2O（液）\quad \Delta H = -891 \text{ kJ} \quad \cdots\cdots ①$$

$$C（黒鉛）+ O_2 \longrightarrow CO_2 \quad \Delta H = -394 \text{ kJ} \quad \cdots\cdots ②$$

$$H_2 + \frac{1}{2}O_2 \longrightarrow H_2O（液）\quad \Delta H = -286 \text{ kJ} \quad \cdots\cdots ③$$

$$C_2H_2 + \frac{5}{2}O_2 \longrightarrow 2CO_2 + H_2O（液）\quad \Delta H = -1301 \text{ kJ} \quad \cdots\cdots ④$$

(2) 黒鉛の昇華エンタルピーを717 kJ/mol，H-H結合の結合エンタルピーを436 kJ/molとして，メタンのC-H結合の結合エンタルピーと，アセチレンの$C \equiv C$結合の結合エンタルピーをそれぞれ求めよ。

(3) エチレンに水素を付加すると，次の反応が起こりエタンが生成する。

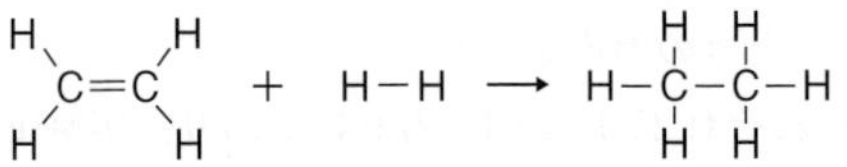

$$
\begin{array}{c}
\text{H}\text{H} \\
\text{C=C} \\
\text{H}\text{H}
\end{array}
\ +\ \text{H–H} \longrightarrow
\begin{array}{c}
\text{H}\ \ \text{H} \\
\text{H–C–C–H} \\
\text{H}\ \ \text{H}
\end{array}
\qquad \Delta H = x \text{ kJ}
$$

エタンのC-C結合の結合エンタルピーを331 kJ/mol，エチレンの$C=C$結合の結合エンタルピーを590 kJ/molとし，(2)で求めた結合エンタルピーを用いて，xの値を求めよ。 （大阪大 改）

95 〈反応エンタルピーの計算〉 ☐ ★★

ベンゼン(C_6H_6)19.5 gを不完全燃焼させたところ，すす（黒鉛の微粉末）1.5 g，一酸化炭素10.5 g，二酸化炭素44.0 g，および水13.5 gを生じ，654 kJの熱が発生した。一酸化炭素，二酸化炭素の生成エンタルピーをそれぞれ-111 kJ/mol，-394 kJ/mol，原子量をH = 1.0, C = 12, O = 16として，次の問いに答えよ。

(1) 上記のベンゼンの不完全燃焼の熱化学反応式を示せ。

(2) ベンゼン1.0 molが完全燃焼すると，何kJの熱が発生するはずか。 （星薬大）

96 〈燃焼エンタルピーと蒸気圧〉 ☐ ★★

内容積8.3 Lの容器内で，27℃，1.4×10^4 Paのメタンと酸素の混合気体を完全燃焼させたところ，メタンは完全に消失した。反応後，残った気体の温度を27℃に戻したところ，容器内に水滴が生じており，圧力は8.6×10^3 Paを示した。この反応で発生した全熱量は何kJか。ただし，27℃での水の飽和蒸気圧は3.6×10^3 Pa，水の蒸発エンタルピーを44 kJ/mol，気体定数は$R = 8.3 \times 10^3$ Pa・L/(K・mol) とする。

また，$CH_4 + 2O_2 \longrightarrow CO_2 + 2H_2O（液）\quad \Delta H = -890 \text{ kJ}$とする。

（東京工大）

97 〈混合気体の燃焼と燃焼エンタルピー〉 ▢ ★

標準状態のメタン CH_4 とエタン C_2H_6 の混合気体44.8 L を完全燃焼させたところ,6.4 mol の酸素が消費され,2854 kJ の発熱があった。メタンの燃焼エンタルピーを -891 kJ/mol,燃焼で生成する水は液体であるとして次の問いに答えよ。

(1) 混合気体中のメタンとエタンの物質量の比を整数比で求めよ。

(2) エタンの燃焼エンタルピーは何 kJ/mol か。

98 〈結合エンタルピーと反応エンタルピー〉 ▢ ★★

(1) 水素と臭素から臭化水素が生成するときの熱化学反応式は次の通りである。

$$H_2(気) + Br_2(液) \longrightarrow 2HBr(気) \quad \Delta H = -73 \text{ kJ}$$

　　H-H結合,Br-Br結合,H-Br結合の結合エンタルピーを,それぞれ436 kJ/mol,193 kJ/mol,366 kJ/mol とすれば,臭素の蒸発エンタルピーは何 kJ/mol になるか。

(2) H-H結合,I-I結合,H-I結合の結合エンタルピーを,それぞれ436 kJ/mol,151 kJ/mol,298 kJ/mol とし,ヨウ素の昇華エンタルピーを62 kJ/mol として,次の熱化学反応式で表される反応の反応エンタルピー〔kJ/mol〕を求めよ。

$$H_2(気) + I_2(固) \longrightarrow 2HI(気)$$

（広島大 改）

99 〈格子エンタルピーとヘスの法則〉 ▢ ★★

次の文章を読んで,あとの各問いに答えよ。

　1 mol の NaCl の結晶を,気体状態の Na^+ と Cl^- にばらばらにするのに必要なエネルギーを格子エンタルピーという。格子エンタルピーを直接測定するのは困難であるが,この値は次にあげる①〜⑤の各値を使うと,ヘスの法則を用いて計算で求めることができる。

① Na の昇華エンタルピーは109 kJ/mol である。

② Cl_2 の Cl-Cl 結合の結合エンタルピーは244 kJ/mol である。

③ Na の第1イオン化エネルギーは498 kJ/mol である。

④ Cl の電子親和力は356 kJ/mol である。

⑤ NaCl 結晶の生成エンタルピーは -410 kJ/mol である。

(1) ①〜⑤の内容を熱化学反応式で表せ。

(2) NaCl 結晶の格子エンタルピーは何 kJ/mol か。

(3) 1 mol の気体状態の Na^+,Cl^- が多量の水に溶解すると,それぞれ406 kJ,373 kJ の発熱がある。これを Na^+(気),Cl^-(気)の水和エンタルピーは -406 kJ/mol,-373 kJ/mol であるという。以上のことから,NaCl 結晶の水への溶解エンタルピー〔kJ/mol〕を求めよ。

（三重大 改）

100 〈結合エンタルピーと反応エンタルピー〉 □ ★★

分子式C_3H_6の化合物には, プロペンとシクロプロパンの2種類の異性体がある。

プロペンとシクロプロパンの生成エンタルピーは, 表1に示した燃焼エンタルピーの値を使っても求められ, 表2に示した平均の結合エンタルピーからも推定できる。しかし, 平均の結合エンタルピーから推定したシクロプロパンの生成エンタルピーの値は, 燃焼エンタルピーから求めた生成エンタルピーの値と大きく異なる。次の問いに答えよ。

表1 燃焼エンタルピー (kJ/mol), (25℃, 1013 hPa)

H₂(気)	C(黒鉛)	プロペン(気)	シクロプロパン(気)
− 286	− 394	− 2058	− 2091

表2 平均の結合エンタルピー (kJ/mol), (25℃, 1013 hPa)

H-H	C-H (CH₄)	C-C (アルカンの平均)	C=C (アルケンの平均)
436	416	348	612

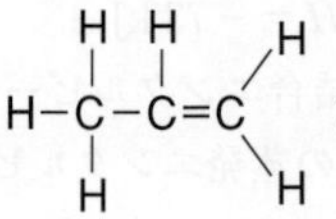

プロペン 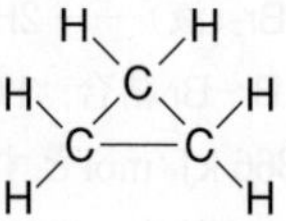　シクロプロパン

(1) 表1の値を用いて, プロペンとシクロプロパンの生成エンタルピーを求めよ。

(2) (1)の結果より, どちらがエネルギー的に安定な化合物といえるかを説明せよ。

(3) 表2の値と炭素(黒鉛)の昇華エンタルピー717 kJ/molを用いて, プロペンとシクロプロパンの生成エンタルピーをそれぞれ求めよ。 (大阪市大改)

101 〈炭素間の結合エンタルピー〉 □ ★★★

ダイヤモンドのすべての結合を切断して炭素原子を生成するのに必要なエネルギーをその結合の数で割ると, ダイヤモンドのC, C間の平均結合エンタルピーを求めることができる。以上のことを参考にして, 次の問いに答えよ。

(1) ダイヤモンドと黒鉛はそれぞれ図1, 図2のような構造をしている。ダイヤモンドの燃焼エンタルピーを − 396 kJ/mol, 黒鉛の燃焼エンタルピーを − 394 kJ/mol, 炭素(黒鉛)の昇華エンタルピーを718 kJ/molとする。

①黒鉛のC, C間の平均結合エンタルピー〔kJ/mol〕を求めよ。

②ダイヤモンドのC, C間の平均結合エンタルピー〔kJ/mol〕を求めよ。

(2) 炭素の同素体として新たに発見されたフラーレンは, 図3のような構造をしており, 炭素原子からなる五角形の面12個と, 六角形の面20個が組み合わさったサッカーボール状の分子C_{60}である。フラーレンの燃焼エンタルピーを表す熱化学反応式と, (1)のデータを用いて, フラーレンのC, C間の平均結合エンタルピー〔kJ/mol〕を求めよ。

C_{60}(固)$+ 60\,O_2$(気)$\longrightarrow 60\,CO_2$(気)　$\Delta H = - 26110$ kJ (龍谷大改)

図1 ダイヤモンド

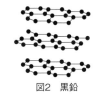

図2 黒鉛

図3 フラーレンC_{60}

102 〈氷熱量計による反応エンタルピーの測定〉 ☐ ★★★

以下の文章を読み，次の(1)〜(4)の問いに有効数字2桁で答えよ。原子量はH = 1.0，N = 14.0，O = 16.0，Na = 23.0とする。

反応熱を簡便に測定する実験装置の一つに，右図に示される氷熱量計がある。氷熱量計では，反応容器内で熱の出入りを伴う変化が起こると，氷の融解または水の凝固が起こり，それに伴う体積変化がガラス細管内の水のメニスカス*の読みとして測定される。

融解・凝固に伴う熱量変化と体積変化は一対一に対応するため，測定しにくい熱量を，測定しやすい「長さ」に変換して測定できるのが特長である。また，氷と水が共存している限り，常に一定温度(0℃)で測定できる利点がある。

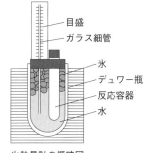

氷熱量計の概略図

（目盛／ガラス細管／氷／デュワー瓶／反応容器／水）

＊メニスカスとは，水の表面張力により形成される三日月形の液面のことである。

氷の融解熱は6.00 kJ/mol，0℃における水と氷の密度はそれぞれ1.00 g/cm³と0.917 g/cm³である。氷熱量計のデュワー瓶(熱の出入りを遮断する容器)の中には水90.0 gと氷10.0 gが入っているものとし，ガラス細管の穴の断面積は高さによらず一定で0.0100 cm²とする。また，反応前の反応物の温度はすべて0℃と仮定する。

(1) 反応容器内で1.00 mol/Lの塩酸と1.00 mol/Lの水酸化カリウム水溶液を6.00 mLずつ混合すると，メニスカスが9.05 cm下降した。この反応の中和エンタルピーを求めよ。

(2) 反応容器内で水10.0 mLに硝酸アンモニウム0.500 gを溶解させると，メニスカスが4.40 cm上昇した。これより，硝酸アンモニウムの水への溶解エンタルピーを求めよ。

(3) 反応容器内で水10.0 mLに水酸化ナトリウム0.400 gを溶解させると，メニスカスは何cm上昇または下降するか。ただし，水酸化ナトリウムの水への溶解エンタルピーを− 44 kJ/molとする。

(4) 反応容器内で6.00 mol/Lの塩酸と水酸化カリウム水溶液をそれぞれ15.0 mLずつ混合すると，氷がすべて融解した。反応後の水の温度を求めよ。水および水溶液の比熱はすべて4.20 J/(g・K)とする。デュワー瓶と反応容器の熱容量は無視してよい。また，反応前後の溶液の密度は1.00 g/cm³とする。 （東京大 改）

7　反応の速さ

103　〈過酸化水素の分解速度〉　☐　★

過酸化水素の分解反応は，$2H_2O_2 \longrightarrow 2H_2O + O_2$という化学反応式で表されるが，反応の初期の段階では，反応速度式$v = k[H_2O_2]$（k：速度定数）に従うことが実験により明らかにされている。次の各問いに答えよ。$\log_{10} 2 = 0.3$とする。

(1) いま，0.50 mol/Lの過酸化水素水を分解したところ，1分経過後にはその濃度が0.30 mol/Lとなった。この1分間の過酸化水素の平均分解速度〔mol/L・分〕を求めよ。

(2) (1)の結果を用いてこの反応の速度定数を求めよ。ただし，0〜1分までの間のH_2O_2濃度は，近似的に$t = 0$と$t = 1$（分）でのH_2O_2の濃度の平均値で表されるとする。

(3) 反応開始から2分経過後の過酸化水素の濃度は，何 mol/Lになると予想されるか。

(4) 反応溶液が5.0 Lあるとして，反応開始後1分〜2分までの間に発生する酸素の物質量を求めよ。

(5) この反応は，温度が10K上がるごとに反応速度が2倍になるとすると，温度を10℃から50℃に上げると，過酸化水素の分解速度はもとの何倍になるか。また，反応速度が10倍になるのは温度が何K上昇したときか。　　　　　（岩手大 改）

104　〈反応速度と反応速度式〉　☐　★

次の文中の　☐　に適当な式または数値を記入し，文を完成せよ。

無色の一酸化窒素に酸素を混ぜると，①式のように反応して赤褐色の二酸化窒素になる。　　　　$2NO + O_2 \longrightarrow 2NO_2$　……①

このNO_2の初期生成速度v〔mol/L・秒〕は，②式で表されるものとする。

　　　　$v = k[NO]^2[O_2]$　……②　　　k：反応速度定数，[　]：モル濃度

いま，50℃に保った容積10Lの容器中で，3.00×10^{-3} mol の NO と 1.50×10^{-3} mol のO_2を混合して反応させたところ，反応開始後100秒間でNO_2が8.00×10^{-5} mol 生成した。ここで，100秒後のNOおよびO_2の濃度は，それぞれ　ア　mol/L，　イ　mol/Lになる。しかし，反応初期ではNOおよびO_2の減少量は無視できるので，それらの濃度は近似的に初濃度と同一と見なすことができる。したがって，②式より，NO_2の初期生成速度vは，　ウ　k〔mol/L・秒〕となる。

一方，このvをNO_2の生成量から求めてみると，$v =$　エ　〔mol/L・秒〕となる。そこで，　ウ　kと　エ　を等しいとおいて，kは　オ　L^2/mol^2・秒と求められる。

上記の反応を同一温度において5Lの容器中で行うと，NOおよびO_2の初濃度はそれぞれ　カ　倍となり，②式からNO_2の初期生成速度v'はもとの　キ　倍になる。

また，同一温度でNOの初濃度を2倍にして，O_2の初濃度を0.5倍にすると，②式よりNO_2の初期生成速度v''はもとの　ク　倍になる。　　　　（関西大 改）

105 〈加水分解の反応速度〉 ☐ ★★

希塩酸を触媒として，温度一定に保ちながら酢酸メチルの加水分解を行った。

$$CH_3COOCH_3 + H_2O \longrightarrow CH_3COOH + CH_3OH$$

反応開始後,30分ごとに反応液の1.0 mLをピペットで取り出し,それを0.020 mol/L 水酸化ナトリウム水溶液で滴定し,下表のような結果を得た。次の問いに答えよ。

反応時間(分)	0	30	60	90	完了時
滴定量(mL)	5.00	9.35	12.95	15.95	30.00

酢酸メチルの濃度をC，ある時間Δtの間の濃度の変化量をΔCとすると，その反応速度vは次の(A)式で表される。

$$v = -\frac{\Delta C}{\Delta t} = kC \quad \cdots\cdots (A) \quad (k は速度定数)$$

(1) $t = 0$, 30, 60, 90分における酢酸メチルの濃度はそれぞれ何mol/Lか。ただし，反応完了時には酢酸メチルは完全に加水分解されているものとする。

(2) 上表の隣り合う反応時間のデータを用いて，(i)0～30分，(ii)30分～60分，(iii)60分～90分における酢酸メチルの平均濃度〔mol/L〕と平均分解速度〔mol/L・分〕をそれぞれ計算し，(A)式を用いて，3つの速度定数($k_{0\sim30}$, $k_{30\sim60}$, $k_{60\sim90}$)を求め，これらを平均して速度定数$k(/分)$を計算せよ。

(3) 反応開始時の酢酸メチルの濃度をC_0とすると，t分後の酢酸メチルの濃度Cは(B)式で表される。(B)式を用いて，酢酸メチルの濃度が反応開始時の濃度の半分に減少するまでの時間(半減期という)を求めよ。ただし，$\log_e 2 = 0.693$とする。

$$C = C_0 e^{-kt} \quad \cdots\cdots (B) \qquad (早稲田大 改)$$

106 〈速度定数と平衡定数〉 ☐ ★★

水溶液中で物質A，B，Cの間で次の可逆反応が起こり，やがて平衡状態に達した。

$$A + B \rightleftarrows 2C \quad \cdots\cdots①$$

〔Ⅰ〕①式の正反応において，Cの生成速度をv_1とすると，v_1はAとBのモル濃度の積に比例する。[A] = [B] = 3.0 mol/Lのとき，反応開始直後のCの生成速度は9.0×10^{-2} mol/L・分であった。

〔Ⅱ〕①式の逆反応において，Cの分解速度をv_2とすると，v_2はCのモル濃度の2乗に比例する。[C] = 2.0 mol/Lのとき，反応開始直後のAの生成速度は，4.0×10^{-3} mol/L・分であった。

〔Ⅲ〕触媒を加えて〔Ⅰ〕と同じ条件で実験を行うと，反応開始直後のCの生成速度は9.0×10^{-1} mol/L・分であった。ただし，触媒を加えても反応速度式は変化しない。

(1) 触媒を加えないとき，①式の正反応および逆反応の速度定数k_1, k_2を求めよ。

(2) 平衡状態では$v_1 = v_2$になることを利用して，①式の平衡定数Kを求めよ。

(3) 触媒を用いて，〔Ⅱ〕と同じ条件で実験を行った場合，反応開始直後のAの生成速度を求めよ。

(金沢大 改)

107 〈反応速度式〉 ☐ ★

30℃の四塩化炭素溶液中で，五酸化二窒素N_2O_5の分解反応 $2\,N_2O_5 \longrightarrow 4NO_2 + O_2$ を行い，下表のような結果を得た。これに基づいて，以下の各問いに答えよ。

(1) N_2O_5の分解反応の反応速度式は，N_2O_5の分解速度をv，その速度定数をkとすると，どのような式で表されるか。

N_2O_5の初濃度〔mol/L〕	N_2O_5の分解速度〔mol/L·分〕
0.170	0.050
0.340	0.100
0.680	0.200

(2) 30℃における速度定数(/分)はいくらか。

(3) $[N_2O_5] = 0.540\ mol/L$のとき，30℃におけるN_2O_5の分解速度はいくらか。

(4) (3)におけるNO_2およびO_2の生成速度はそれぞれいくらか。

(5) 上記の反応を，次のように反応条件を変えて行った場合，反応速度v，速度定数kはそれぞれどのように変化するか。下の (ア)〜(ウ)の中から適当なものを選べ。

①　五酸化二窒素の初濃度を大きくする。

②　反応温度を高くする。

③　触媒を加える。

(ア) 増加する　　(イ) 減少する　　(ウ) 変化しない

(北里大 改)

108 〈二次反応の反応速度〉 ☐ ★★★

ヨウ化水素の気相における熱分解反応　$2\,HI(気) \longrightarrow H_2(気) + I_2(気)$ がある。この反応速度は，ヨウ化水素の分解速度をvとすると$v = k\,[HI]^2$で表されるが，このように，反応速度が反応物の濃度の2乗に比例する反応を二次反応という。この二次反応の速度について，次の問いに答えよ。

(1) HIの濃度をC，反応時間をt，速度定数を$k\,(>0)$とするとき，ヨウ化水素の分解速度 $-\dfrac{dC}{dt}$ を，C，kを用いて表せ。

(2) HIの初濃度をC_0として，それより時間t経過後のHIの濃度Cを，C_0，k，tを用いて表せ。

(3) 反応開始後，HIの濃度が最初の濃度の半分になるのに要する時間，すなわち，半減期$t_{\frac{1}{2}}$を求める式をC_0，kを用いて表せ。

(4) (3)の半減期が200分とすると，反応開始後，HIの濃度が最初の濃度の$\dfrac{1}{5}$になるまでに要する時間は何分か。

(5) $2\,A \longrightarrow B$の反応式で表される二次反応がある。この反応を開始後，反応物Aが20%分解するのに100秒かかったとすれば，Aが50%分解するのは，反応開始後，何秒後のことか。

(慶応大 改)

109 〈アレニウスの式と活性化エネルギー〉 ☑ ★★

アレニウスは，反応速度定数kと温度との関係を研究し，反応の活性化エネルギーをE_a〔J/mol〕，絶対温度T〔K〕，気体定数R〔J/(mol・K)〕とするとき，次の関係を導いた。

$$k = Ae^{-\frac{E_a}{RT}} \quad (A：頻度因子とよばれる定数) \quad \cdots\cdots①$$

①式の自然対数をとれば，②式が得られる。

$$\log_e k = -\frac{E_a}{RT} + \log_e A \quad \cdots\cdots②$$

$\log_e k$を縦軸，絶対温度の逆数$\dfrac{1}{T}$を横軸としたグラフを書くと，

その傾き$-\dfrac{E_a}{R}$から反応の活性化エネルギーE_aが求められる。

〔問〕 過酸化水素の分解反応（$2H_2O_2 \longrightarrow 2H_2O + O_2$）を温度を変えて行い，反応速度定数$k$を求めて，右図に示すような結果を得た。このグラフを用いて，過酸化水素の分解反応の活性化エネルギーE_a〔kJ/mol〕を有効数字2桁で求めよ。気体定数$R = 8.3$J/(K・mol) とする。

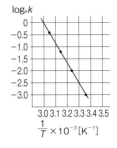

（名古屋市大 改）

110 〈アレニウスの式と活性化エネルギー〉 ☑ ★★

水素とヨウ素からヨウ化水素が生成する反応において，ヨウ化水素の生成速度をv，その反応速度定数をkとすると，その反応速度式は①式で表される。

$$v = k[H_2][I_2] \quad \cdots\cdots①$$

一方，ヨウ化水素から水素とヨウ素が生成する反応において，ヨウ化水素の分解速度をv'，その反応速度定数をk'とすると，その反応速度式は②式で表される。

$$v' = k'[HI]^2 \quad \cdots\cdots②$$

いま，1.0×10^5Paで，異なる温度で①式のk，②式のk'の値を測定し，表に示した。なお，各反応の活性化エネルギーE_a，反応速度定数k，絶対温度Tの間には，次のアレニウスの関係が成立する。ただし，この温度範囲ではE_aは変化しないものとする。

$$k = Ae^{-\frac{E_a}{RT}} \quad (A：頻度因子(定数)\quad R：気体定数(8.3J/(K・mol)))$$

T〔K〕	$1/T$〔1/K〕	k〔L/(mol・s)〕	$\log_e k$
647	1.55×10^{-3}	8.59×10^{-5}	-9.36
700	1.43×10^{-3}	1.16×10^{-3}	-6.78

T〔K〕	$1/T$〔1/K〕	k'〔L/(mol・s)〕	$\log_e k'$
645	1.55×10^{-3}	8.46×10^{-5}	-9.38
714	1.40×10^{-3}	2.51×10^{-3}	-5.99

（慶応大 改）

(1) (i) $H_2 + I_2 \longrightarrow 2HI$の反応の活性化エネルギー〔kJ/mol〕を有効数字2桁で求めよ。

(ii) $2HI \longrightarrow H_2 + I_2$の反応の活性化エネルギー〔kJ/mol〕を有効数字2桁で求めよ。

(2) $H_2 + I_2 \longrightarrow 2HI$の反応の反応エンタルピー〔kJ/mol〕を有効数字2桁で求めよ。

111 〈一次反応の反応速度と半減期〉　☐ ★★

下表は，右図のような装置を用いた鉄(Ⅲ)イオンを触媒とする過酸化水素の分解反応で発生する酸素の体積から，過酸化水素水のモル濃度[H_2O_2]の変化を求めたものである。

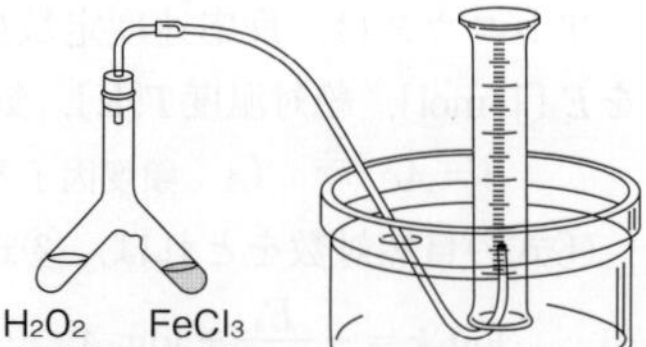

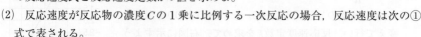

時間〔min〕	0	1	2	3
[H_2O_2]〔mol/L〕	0.542	0.497	0.456	0.419

H_2O_2　　$FeCl_3$
水溶液　　水溶液

(1)　このデータを用いて，過酸化水素の分解反応の反応速度式と反応速度定数kの値を求めよ。

(2)　反応速度が反応物の濃度Cの1乗に比例する一次反応の場合，反応速度は次の①式で表される。

$$-\frac{d[C]}{dt} = k[C] \quad \cdots\cdots①$$

①式を変数分離し，積分すると，$\log_e[C] = -kt + A$(積分定数)となる。

$t = 0$におけるCの初濃度を$[C]_0$とすると，$\log_e[C] = -kt + \log_e[C]_0$

よって　$\log_e\dfrac{[C]}{[C]_0} = -kt \quad \cdots\cdots②$

②式を用いて，(ⅰ)過酸化水素水の濃度が反応開始時の$\dfrac{1}{2}$になる時間〔min〕を求めよ。(ⅱ)過酸化水素水の濃度が反応開始時の$\dfrac{1}{10}$になる時間〔min〕を求めよ。($\log_{10}2 = 0.30$，$\log_{10}e = 0.43$)　　　　　　　　　　　　　　　　　　　　　　　(慶応大 改)

112 〈アレニウスの式〉　☐ ★★★

反応速度が温度によって変化するのは，反応速度定数kが温度とともに変化するからである。その関係は①式で表され，アレニウスの式とよばれる。

$$k = A \cdot e^{-\frac{E}{RT}} \quad \cdots\cdots①$$

(R：気体定数8.3 J/(mol・K)，E：活性化エネルギー，A：定数，T：絶対温度)

①式の自然対数をとると，

$$\log_e k = -\frac{E}{RT} + \log_e A \quad \cdots\cdots②$$

$\log_e x = 2.3\log_{10}x$の関係を利用して常用対数に変換すると，

$$\log_{10}k = -\frac{E}{2.3RT} + \log_{10}A \quad \cdots\cdots③$$

(1)　ある反応の反応速度を測定したところ，温度を250 Kから300 Kに上げると反応速度定数は100倍になった。この反応の活性化エネルギー〔kJ/mol〕を求めよ。

(2)　(1)の反応の反応速度定数が250 Kの時の1000倍になる温度〔K〕を求めよ。ただし，(1)で求めた活性化エネルギーの値は温度により変化しないものとする。

(大阪大 改)

8　化学平衡

113 〈平衡の移動と反応速度〉 ☑ ★

二酸化硫黄と酸素を混ぜて高温に保つと，次の式のように三酸化硫黄を生成する。

$$2\,SO_2(気) + O_2(気) \rightleftharpoons 2\,SO_3(気) \quad \Delta H = -196\,kJ$$

現在，この反応は右へ進む反応速度と左へ進む反応速度が等しく，平衡状態に達している。次の①～⑥のような変化を与えた場合について，次の各問いに答えよ。

① 温度一定で，圧力を上げる。　　② 圧力一定で，温度を上げる。

③ 温度・圧力を一定に保って，固体の触媒を加える。

④ 温度・圧力を一定に保って，三酸化硫黄だけを取り去る。

⑤ 温度・体積を一定に保って，アルゴンを加える。

⑥ 温度・圧力を一定に保って，アルゴンを加える。

(1) 平衡はどのように移動するか。①～⑥のそれぞれについて，(ア)～(ウ) から選べ。

(ア) 左へ移動する。　　(イ) 右へ移動する。　　(ウ) どちらへも移動しない。

(2) 上の①～⑥の変化を与えた直後の逆反応の反応速度は，変化を与える直前の逆反応の反応速度に比べてどう変化するか。それぞれ(エ)～(カ)から選べ。

(エ) 速くなる。　　(オ) 遅くなる。　　(カ) 変わらない。　　　　(立教大 改)

114 〈平衡状態と平衡定数〉 ☑ ★

気体Aと気体Bの混合物を一定体積，一定温度に保ちながら反応させたところ，右図の曲線で示されるような変化をして気体Cが生成し，平衡状態に達した。ただし，図中の直線(d)は反応開始直後の気体Cの生成速度を表す曲線の傾きを示す。次の問いに答えよ。

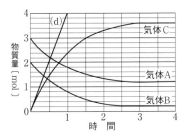

(1) この反応 $a\mathrm{A} + b\mathrm{B} \rightleftharpoons c\mathrm{C}$ における係数 a, b, c の値を定めよ。

(2) この反応の平衡定数 K の値を求めよ。

(3) この正反応は発熱反応であるとして，次の　　　内に適当な語句を記入せよ。

① 反応の温度を高くすると，平衡時の気体Cの物質量はもとに比べて $\boxed{ア}$。また，その場合の平衡定数の値は $\boxed{イ}$。

② 反応の圧力を高くすると，平衡定数の値は $\boxed{ウ}$。

③ 触媒を用いると，反応エンタルピーの値は $\boxed{エ}$。

④ 気体Bの初濃度を変えずに気体Aの初濃度を大きくすると，直線(d)の傾きは，一般に $\boxed{オ}$。その場合の平衡定数の値は $\boxed{カ}$。　　　　(九州大 改)

115 〈NO₂とN₂O₄の平衡〉 ☐ ★★

褐色の気体NO₂と無色の気体N₂O₄は，0〜140℃の範囲において①式で示すような平衡関係が存在する。　　　N_2O_4（気） $\rightleftarrows$ $2NO_2$（気） ……①

この混合気体を用いた実験1，2について，次の各問いに有効数字2桁で答えよ。

（実験1）　この混合気体を2本の試験管に入れ，右図のように連結した。この試験管をそれぞれ氷水および熱湯に浸して色の変化を観察したところ，高温側の気体の色が濃くなった。

（実験2）　ピストン付き容器に0.010 molのN₂O₄を入れ，容器内の温度を67℃，容積を1.0 Lに保ったところ，①式で示すような平衡が成立し，混合気体の圧力は4.6×10^4 Paを示した。

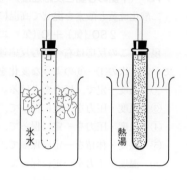

(1)　実験1から考えて，①式の正反応は発熱反応，吸熱反応のいずれか。また，その理由を簡単に説明せよ。

(2)　実験2において，N₂O₄の解離度はいくらか。また，67℃での①式の圧平衡定数K_pを求めよ。（気体定数$R = 8.3 \times 10^3$ Pa·L/(K·mol)とする。）

(3)　67℃に保ったまま，ピストンをゆっくり押して混合気体の圧力を9.0×10^4 Paとした。このときのN₂O₄の解離度はいくらになるか。　　　（早稲田大 改）

116 〈固体を含んだ化学平衡〉 ☐ ★★

次の文を読み，あとの各問いに答えよ。（気体定数$R = 8.3 \times 10^3$ Pa·L/(K·mol)とする。）

容積を任意に変えることのできる反応容器に，無定形炭素（固体）0.60 gと水0.72 gを入れ，900 K，1.0×10^5 Paで次の①式にしたがって反応させた。この反応が平衡状態に達したとき，気体の全体積は5.0 Lとなった。（原子量：H = 1.0，C = 12，O = 16）

　　　　　C（固）+ H₂O（気） $\rightleftarrows$ CO（気）+ H₂（気）　　……①

(1)　平衡時の各気体成分H₂O，COおよびH₂の分圧をそれぞれ，$P_{H_2O}, P_{CO}, P_{H_2}$〔Pa〕として，圧平衡定数$K_p$を表す式を書け。

(2)　①式をもとに，平衡時におけるH₂O，COおよびH₂の各分圧〔Pa〕を求めよ。

(3)　(1)，(2)より，①式の反応の圧平衡定数K_pと濃度平衡定数K_cをそれぞれ求めよ。

(4)　①式の反応が平衡状態にあるとき，次の(a)〜(c)の操作を行うと平衡はどうなるか。下の(ア)〜(エ)の中から適当なものを選び記号で答えよ。

　(a)　温度一定で，圧縮して全圧を高くする。

　(b)　温度・体積一定で，少量の無定形炭素を加える。

　(c)　圧力一定で，温度を高くする。

　(ア) 左へ移動　　(イ) 右へ移動　　(ウ) 移動しない　　(エ) この条件では判断できない

（埼玉大 改）

117 〈アンモニア合成と化学平衡〉 ☐ ★

窒素と水素の混合気体を，一定の条件の下で適当な触媒を用いて反応させると，次の化学反応式によりアンモニアが生成する。

$$N_2(気) + 3H_2(気) \rightleftarrows 2NH_3(気)$$

いま，窒素と水素を1:3の体積比で混合した気体を 1.0×10^7 Pa，3.0×10^7 Pa，6.0×10^7 Pa の下で種々の温度において反応させ，平衡に達したときのアンモニアの体積百分率を測定して，右図のような結果を得た。これに基づいて以下の各問いに答えよ。

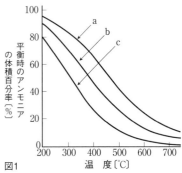

図1

(1) 図1に示した曲線a, b, cのうち，6.0×10^7 Pa での測定結果を表す曲線はどれか。記号で答え，その選択理由を簡潔に記せ。

(2) 図1からアンモニアの生成反応は発熱反応か，吸熱反応であるかを答えよ。また，その推定理由を簡潔に記せ。

(3) 図2は，触媒を用いずに，圧力を一定に保ちながら，300℃と700℃で反応させた場合の，アンモニアの生成率の時間変化を模式的に表したものである。以下の(a), (b)について答えよ。

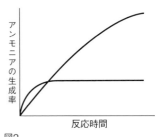

図2

(a) 500℃で反応させた場合，アンモニアの生成量はどのように変化するか。その様子を図に点線で記入せよ。

(b) 300℃で触媒を用いて反応させた場合，アンモニアの生成量はどう変化するか。その変化の様子を図に一点鎖線で記入せよ。

(4) 窒素と水素とを体積比1:3で混合した気体を，1.0×10^7 Pa，ある温度の下で平衡状態に到達させ，続いて，温度を変えないで，これを 3.0×10^7 Pa に圧縮すると，混合気体の密度〔g/L〕はどうなるか。下記の(ア)〜(ウ)の中から該当するものを記号で選べ。また，その理由も簡潔に説明せよ。

(ア) 3倍になる。　　(イ) 3倍より大きくなる。　　(ウ) 3倍より小さくなる。

(5) 図1のグラフより，NH_3 の生成には温度が低いほど有利にみえるが，工業的に N_2 と H_2 から NH_3 を合成する場合は，500℃前後の温度で反応が行われる。その理由を簡潔に述べよ。

(6) 自然界における物質の変化の方向は，エネルギーの減少する方向へと，エントロピー(乱雑さ)の増加する方向へという2つの原理によって支配される。両方が満たされる変化は自発的に進行するが，両者の向きが異なる場合には，より強く作用する方向へ進行する。アンモニアの生成反応の特徴をこの2つの原理から説明せよ。

(東京都立大 改)

118 〈HIの生成と平衡定数〉 ☐ ★★★

水素とヨウ素からヨウ化水素が生成する反応は(a)式で示される可逆反応である。

$$H_2(気) + I_2(気) \rightleftharpoons 2HI(気) \cdots\cdots (a)$$

真空容器に水素とヨウ素を封入し，温度を 600 K，全圧を $1.0 \times 10^5 Pa$ に保って反応させたところ，水素の分圧は右図のように変化し，平衡時 t_e では $0.10 \times 10^5 Pa$ を示した。次の問いに答えよ。（気体定数 $R = 8.3 \times 10^3 Pa \cdot L/(K \cdot mol)$）

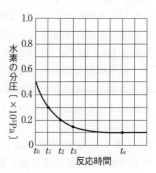

(1) この反応で生成したヨウ化水素の分圧と反応時間の関係を図に実線で示せ。

(2) 平衡時における水素，ヨウ素およびヨウ化水素の濃度はそれぞれ何 mol/L か。

(3) 600 K における(a)式の濃度平衡定数を求めよ。

(4) (a)式の正反応の反応速度 $v_1 = k_1[H_2][I_2]$（k_1：速度定数），逆反応の反応速度 $v_2 = k_2[HI]^2$（k_2：速度定数）とするとき，(a)式の平衡定数 k を k_1，k_2 を用いて表せ。

(5) 反応時間 t_1 における正反応の速度 v_1 は，逆反応の速度 v_2 の何倍か。

(6) 真空にした 10 L の容器に，水素 0.10 mol，ヨウ素 0.10 mol およびヨウ化水素 0.40 mol を封入し，600 K に保つと(a)式の反応はどちら向きに移動するか。また，平衡状態に達したとき，容器内に存在する HI の物質量を求めよ。

(7) 次に，容積を 10 L に保ったまま温度を 45℃に冷却したところ，固体のヨウ素が析出し，容器内の圧力は $1.37 \times 10^4 Pa$ を示し平衡状態となった。このとき，HI と H_2 の分圧の比は 8:1 であった。45℃における(a)式の圧平衡定数を求めよ。

ただし，45℃におけるヨウ素の昇華圧を $2.0 \times 10^2 Pa$ とする。　　　　（同志社大 改）

119 〈平衡定数の計算〉 ☐ ★★

工業的にメタノールは，$CO(気) + 2H_2(気) \rightleftharpoons CH_3OH(気)$ ……① の反応により合成される。次の各問いに答えよ。

1.0 L の密閉容器に 0.78 mol の一酸化炭素と 1.36 mol の水素を封入して 160℃に保った。平衡状態に達したとき，容器内には 0.12 mol の水素が残っていた。

ただし，いずれの温度においてもメタノールはすべて気体状態で存在するとする。

(1) 平衡混合物中に存在する一酸化炭素およびメタノールの物質量を求めよ。

(2) 160℃における①式の反応の平衡定数を求めよ。

(3) 200℃において，①式の反応の平衡定数は 73〔mol/L〕$^{-2}$ であった。同じ温度で 10 L の容器中で 0.45 mol ずつの水素と一酸化炭素，および 0.30 mol のメタノールを混合すると，①式の平衡はどちら向きに移動するかを平衡定数を使って説明せよ。

(4) ①式のメタノール合成反応が発熱反応であるか，吸熱反応であるかを平衡定数の温度変化により説明せよ。　　　　（慶応大 改）

120 〈化学平衡〉 ☐ ★

窒素と水素からアンモニアを合成した。この反応の熱化学反応式は

$N_2 + 3H_2 \rightleftarrows 2NH_3$　$\Delta H = -92$ kJ　である。反応容器に3.0 molの窒素と9.0 molの水素を入れ，触媒の存在下で400℃に保ち反応させたところ平衡状態に達し，全圧が1.0×10^7 Paになり，体積で50％のアンモニアを含むようになった。次の各問いに有効数字2桁まで答えよ。気体定数$R = 8.3 \times 10^3$ Pa・L/(K・mol)とする。

(1)　平衡時の窒素，水素，アンモニアの物質量はそれぞれ何molか。

(2)　反応により発生した熱量は何kJか。

(3)　平衡時の混合気体(400℃，1.0×10^7 Pa)の全体積は何Lか。

(4)　この反応の濃度平衡定数K_cを表す式を書け。

(5)　この反応条件での濃度平衡定数K_cの値を求めよ。その単位も書け。　　（茨城大）

121 〈化学平衡〉 ☐ ★★

真空に排気した容積10 Lの反応容器にCO_2を入れて2000 Kに加熱したところ，CO_2の一部が解離して以下のような平衡状態に到達した。

$$2CO_2(気体) \rightleftarrows 2CO(気体) + O_2(気体)$$

このときCO_2，O_2のモル濃度は，$[CO_2] = 1.0 \times 10^{-5}$ mol/L，$[O_2] = 5.0 \times 10^{-7}$ mol/Lであった。次の各問いに答えよ。気体定数$R = 8.3 \times 10^3$ Pa・L/(K・mol)とする。

(1)　反応容器に入れたCO_2の物質量は何molか。

(2)　上の解離反応の2000 Kにおける濃度平衡定数K_cと，圧平衡定数K_pを求めよ。

　　　　　　　　　　　　　　　　　　　　　　　　　　　　　（名古屋大 改）

122 〈NO_2とN_2O_4の平衡〉 ☐ ★★

褐色の気体である二酸化窒素は，ある一定の温度・圧力のもとで，2分子が結合した無色の気体である四酸化二窒素と，化学平衡の状態にある。

$$2NO_2(気体) \rightleftarrows N_2O_4(気体)　\Delta H = -57.2 \text{ kJ}　\cdots\cdots①$$

(1)　化学平衡の状態とはどのような状態か。説明せよ。

(2)　先端をゴム栓でふさいだ注射器に，二酸化窒素と四酸化二窒素の混合気体が入っている。温度を一定に保ちながら注射器のピストンをすばやく押し下げた。このときの注射器内の気体の色調の変化の様子を，理由とともに書け。

(3)　一方，この混合気体の体積を変えることなく温度を下げたとき，化学平衡の移動の方向について考察せよ。

(4)　容積可変の容器に二酸化窒素1.0 molを入れ，373 Kで圧力を1.0×10^5 Paに保ち，平衡に到達させたところ，四酸化二窒素が0.25 mol生成していた。これより①式の反応の濃度平衡定数K_cと圧平衡定数K_pを求めよ。気体定数$R = 8.3 \times 10^3$ Pa・L/(K・mol)とし，有効数字2桁で答えよ。

　　　　　　　　　　　　　　　　　　　　　　　　　　　　　（滋賀医大）

123 〈エステル化の化学平衡〉 ☐ ★★

　20℃で, 酢酸1.0 molとエタノール1.2 mol, および少量の濃硫酸を加えて反応させると①式のように反応が起こり, 酢酸エチルと水を生成して平衡状態となった。次の問いに答えよ。($\sqrt{2}$ = 1.41, $\sqrt{3}$ =1.73とする。)

$$CH_3COOH + C_2H_5OH \rightleftarrows CH_3COOC_2H_5 + H_2O \quad \cdots\cdots①$$

(1) この反応溶液100 mLのうち2.0 mLを取り, 水で希釈したのち, 0.20 mol/L水酸化ナトリウム水溶液で滴定したら, 40 mLを要した。これより, 20℃での①式の平衡定数Kの値を求めよ。ただし, 水で希釈した際に, 平衡状態は移動しないものとする。

(2) 20℃で, 酢酸1.0 mol, エタノール1.0 molで反応を開始させると, やがて平衡に達した。このとき, 酢酸エチルは何mol生成しているか。

(3) 温度を変化させて, 酢酸とエタノールをそれぞれ同じ物質量ずつ混合して反応させたら平衡状態に達した。このとき, 酢酸エチルが1.0 mol生成していた。このとき, 平衡定数は2.0として, この反応において, 酢酸は何mol反応させたのか。

(4) ①式の正反応の速度v_1, 逆反応の速度がv_2であるとき, 加える濃硫酸の量を増やすと平衡定数Kはどうなるか。次の中から正しいものを選べ。

　(ア) v_1が増加するので, Kが大きくなる。

　(イ) v_2が増加するので, Kが小さくなる。

　(ウ) v_1は増加するが, v_2は減少するので, Kは大きくなる。

　(エ) v_1, v_2ともに増加するが, Kは不変である。　　　　　　　　　　(神戸薬大 改)

124 〈N₂O₄の解離平衡〉 ☐ ★★

　次の文中の ☐ にあてはまる数値(有効数字2桁)を答えよ。

　無色の気体N_2O_4と, 褐色の気体NO_2との間には, 次のような平衡関係が存在する。

$$N_2O_4 \rightleftarrows 2NO_2 \quad \cdots\cdots①$$

いま図のような移動可能な壁で仕切られた二つの部屋A, Bをもち, A, Bの合計した容積が8.0 Lの容器がある。初めに移動壁を中央に固定して, 部屋Aを0.90 molのN_2O_4で, 部屋Bを0.20 molのNO_2で満たした。(気体定数R = 8.3 × 10³ Pa·L/(K·mol)とする。)

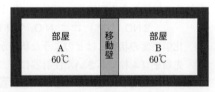

　容器の温度を60℃に保ち, 十分時間が経過して平衡が成立した後, 部屋AのN_2O_4の解離度を調べたら0.50であった。このことから, ①式の平衡定数は ☐ ア ☐ mol/Lである。

　次に, 容器の温度を60℃に保ったまま中央の移動壁の固定をはずしたところ, 部屋Aと部屋Bの圧力が等しくなるまで壁が移動して, 新しい平衡状態が実現した。このとき, 部屋Aと部屋Bの容積比 $\dfrac{V_A}{V_B}$ は ☐ イ ☐ となり, 部屋AにおけるN_2O_4の解離度は ☐ ウ ☐, 各部屋の圧力は ☐ エ ☐ Paとなった。　　　　　　　(東京理大)

125 〈エタンの解離平衡〉 ☐ ★★

次の文の ☐ に適当な式，または数値（有効数字 2 桁）を記せ。（気体定数 $R =$ $8.3 \times 10^3 \, Pa \cdot L/(K \cdot mol)$）

エタン C_2H_6 は約 690℃ でエチレン C_2H_4 と水素に解離する。この反応は可逆反応で，その平衡状態は，次の①式で表される。

$$C_2H_6 \rightleftharpoons C_2H_4 + H_2 \quad \cdots\cdots ①$$

平衡状態における各気体の分圧を，それぞれ $P_{C_2H_6}$, $P_{C_2H_4}$, P_{H_2} とすると，圧平衡定数 K_p は，$K_p = \dfrac{P_{C_2H_4} P_{H_2}}{P_{C_2H_6}}$ で与えられる。

触媒（粉末）

いま，容積一定の容器にエタン 1.0 mol 入れ，温度を 690℃ に保ったら，全圧は $1.0 \times 10^5 \, Pa$ であった。この容器に固体触媒を加えたら，①式の反応が起こり，同温度で平衡に達した。このとき，解離したエタンを a〔mol〕，平衡時の気体の全圧を P〔Pa〕とし，加えた触媒の体積を無視すると，a と P の間には，$P =$ ☐ ア ☐ の関係が成り立ち，これを用いると，K_p を a だけの式で表すことができ，$K_p =$ ☐ イ ☐ Pa となる。690℃ では，$K_P = \dfrac{1}{6} \times 10^5$ 〔Pa〕であることから，$a =$ ☐ ウ ☐ mol，$P =$ ☐ エ ☐ Pa となる。

同じ温度で，容積可変の容器に 2.0 mol のエチレンと 1.0 mol の水素を入れ，固体触媒を加えて反応させると，①式で示す平衡状態に達した。このとき，エタンのモル分率が $\dfrac{1}{3}$ になったとすると，混合気体の全圧 $P =$ ☐ オ ☐ Pa である。 （筑波大 改）

126 〈固体を含む平衡〉 ☐ ★★★

(1) 次の文の ☐ に適切な数値を有効数字 2 桁で記入せよ。

黒鉛と二酸化炭素を容積一定の真空容器に入れ 1000℃ に保つと，①式で示すような化学平衡に達し，全圧が $3.0 \times 10^6 \, Pa$ になった。このとき，気相部分には，体積百分率で 17 ％ の二酸化炭素が占めていたので，①式の圧平衡定数は，☐ ア ☐ Pa となる。

$$C(黒鉛) + CO_2 \rightleftharpoons 2CO \quad \cdots\cdots ①$$

②式は，反応系と生成系の両方に固体が存在する反応の例であり，100℃ における圧平衡定数 K_p は $2.4 \times 10^9 \, Pa^2$ である。この温度で，全圧 $1.0 \times 10^5 \, Pa$ の二酸化炭素と水蒸気の混合気体を固体の炭酸水素ナトリウム上に流したとき，この塩が分解しないようにするには，水蒸気の分圧は ☐ イ ☐ Pa 以上 ☐ ウ ☐ Pa 以下にしなければならない。

$$2NaHCO_3(固) \rightleftharpoons Na_2CO_3(固) + CO_2 + H_2O(気) \quad \cdots\cdots ②$$ （東京大 改）

(2) 酸化銅（II）CuO を 1000℃ 以上に強熱すると酸化銅（I）Cu_2O を生成し，次のような平衡状態となる。 $4CuO \rightleftharpoons 2Cu_2O + O_2 \quad \cdots\cdots ①$

容積 10 L の容器に 16 g の CuO を入れ，十分に排気後，1000℃ に保ったら 5.76 g の Cu_2O が生成し平衡に達した。①式の反応の圧平衡定数 K_p を求めよ。（原子量：O = 16, Cu = 64 気体定数 $R = 8.3 \times 10^3 \, Pa \cdot L/(K \cdot mol)$）） （同志社大）

127　〈ヨウ素の分配平衡〉　☐ ★★★

次の各問いに答えよ。答えの数値は有効数字2桁で求めよ。

ヨウ素I_2の水に対する溶解度は低いが，ヨウ化物イオンI^-が共存する溶液では溶解度が上昇する。つまり，ヨウ素は水に溶けにくいが，ヨウ化カリウム水溶液にはよく溶ける。これは，主に次式の反応で，三ヨウ化物イオンI_3^-を形成し，やがて平衡状態となるからである。

$$I_2 + I^- \rightleftharpoons I_3^- \quad \cdots\cdots(i)$$

ここで，(i)式の平衡定数Kは，ヨウ素，ヨウ化物イオン，三ヨウ化物イオンの濃度をそれぞれ$[I_2]$，$[I^-]$，$[I_3^-]$で表すと，次式のようになり，25℃におけるKは8.0×10^2〔mol/L〕$^{-1}$の値をとる。

$$K = \frac{[I_3^-]}{[I_2][I^-]} \quad \cdots\cdots(ii)$$

また，ヨウ素は無極性の有機溶媒によく溶解する。このため，分液ろうとを用いてヨウ素を含む水溶液を水と混ざり合わない無極性の有機溶媒とよく振って混合したのち静置すると，ヨウ素を有機溶媒層に抽出することができる。この場合，有機溶媒層のヨウ素と水層のヨウ素の間には，次式のような平衡が成立する。

$$I_2(水層) \rightleftharpoons I_2(有機溶媒層) \quad \cdots\cdots(iii)$$

ここで，水層のヨウ素の濃度を$[I_2]_{H_2O}$，有機溶媒層のヨウ素の濃度を$[I_2]_{OIL}$とすると，次式の平衡（分配平衡）が成り立つ。この平衡定数K_Dを分配係数という。K_Dの値は，温度・圧力が一定であれば一定の値をとる。

$$K_D = \frac{[I_2]_{OIL}}{[I_2]_{H_2O}} \quad \cdots\cdots(iv)$$

(1)　ヨウ化カリウム水溶液にヨウ素を加え，ヨウ素－ヨウ化カリウム水溶液（ヨウ素溶液）1.0 Lを調製したところ，溶液中のヨウ素濃度は1.3×10^{-3} mol/L，ヨウ化物イオン濃度は0.10 mol/Lとなった。加えたヨウ素の物質量を求めよ。ただし，ヨウ素とヨウ化物イオンとの間には(i)式以外の反応は起こらないものとし，ヨウ素の水への溶解は無視できるものとする。

(2)　0.10 mol/Lのヨウ素の四塩化炭素溶液100 mLを1.1 Lの水と十分に混合し，分配平衡に達したとき，水層に移動したヨウ素の物質量を求めよ。ただし，25℃における四塩化炭素層と水層間のヨウ素の分配係数K_Dは89とし，水と四塩化炭素とは全く混ざり合わず，両溶媒中にはI_2のみが存在するものとする。

(3)　0.17 mol/Lのヨウ素の四塩化炭素溶液1.0 Lを，等体積のヨウ化カリウム水溶液と十分に混合した。分配平衡に達したとき，水層のヨウ化物イオン濃度は0.10 mol/Lとなった。このとき，四塩化炭素層のヨウ素濃度および，水層の三ヨウ化物イオン濃度をそれぞれ求めよ。なお，四塩化炭素中にはI_2のみが存在するものとする。

（東京大 改）

128 〈硫酸銅(II)水和物の固気平衡〉 ☐ ★★★

硫酸銅(II)は，硫酸銅(II)五水和物 $CuSO_4 \cdot 5H_2O$，硫酸銅(II)三水和物 $CuSO_4 \cdot 3H_2O$，硫酸銅(II)一水和物 $CuSO_4 \cdot H_2O$ という3種類の水和物をつくる。これらの水和物や無水物の間には次のような平衡が存在する。気体定数 $R = 8.3 \times 10^3\ \mathrm{Pa \cdot L/(K \cdot mol)}$ とする。

$$CuSO_4 \cdot 5H_2O\,(\text{固}) \rightleftharpoons CuSO_4 \cdot 3H_2O\,(\text{固}) + 2H_2O\,(\text{気}) \quad \cdots\cdots ①$$
$$CuSO_4 \cdot 3H_2O\,(\text{固}) \rightleftharpoons CuSO_4 \cdot H_2O\,(\text{固}) + 2H_2O\,(\text{気}) \quad \cdots\cdots ②$$
$$CuSO_4 \cdot H_2O\,(\text{固}) \rightleftharpoons CuSO_4\,(\text{固}) + H_2O\,(\text{気}) \quad \cdots\cdots ③$$

固体と気体の化学平衡に化学平衡の法則をあてはめるとき，固体成分の濃度は無視して，気体成分の濃度だけを考えればよい。また，気体の場合，成分気体の分圧で表した圧平衡定数 K_p を用いることが多い。

たとえば，硫酸銅(II)一水和物と無水硫酸銅(II)が共存しているとき，これらの固体に接している水蒸気の圧力を25℃で測ると，2.6 Pa であるので，式③の圧平衡定数は $K_p = 2.6\ \mathrm{Pa}$ である。

純粋な $CuSO_4 \cdot 5H_2O$ の結晶を排気可能なデシケーターに入れ，25℃を保った状態で，容器内の圧力をゆっくり下げていく。このとき，容器内の圧力（水蒸気圧）と試料の硫酸銅(II)の組成を質量パーセントで示したものが右図である。次の各問いに有効数字2桁で答えよ。

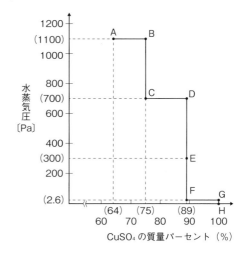

(1) 式③の濃度平衡定数 K_c を求めよ。

(2) 式①の圧平衡定数 K_p を求めよ。

(3) 25℃の硫酸銅(II)飽和水溶液100 gを作るには，硫酸銅(II)五水和物の結晶は何g必要か。25℃における硫酸銅(II)の水への溶解度を22とする。
（原子量：H = 1.0，O = 16，S = 32，Cu = 64）

(4) 点Eでは，試料はどのような状態になっているか。化学式で示せ。

(5) 25℃，$1.0 \times 10^5\ \mathrm{Pa}$ で，硫酸銅(II)五水和物の一部が風解して硫酸銅(II)三水和物になるには，空気中の相対湿度は何％以下でなければならないか。25℃における水の飽和蒸気圧を $3.2 \times 10^3\ \mathrm{Pa}$ とする。

（東京医歯大 改）

129　〈クラウンエーテルの平衡〉　☐　★★★

　エーテル結合（-O-）を有する環状化合物は，王冠状の構造をもつことから，クラウンエーテルとよばれる。図に示した化合物は環の構成原子の数が18個の18員環で，しかも6個のO原子を構造中に含むことから，18-クラウン-6とよばれる。18-クラウン-6のメタノール溶液に水酸化カリウムを加えると，18-クラウン-6中の6個のO原子の非共有電子対とK^+が引き合い，環状構造の空孔にK^+が取り込まれた錯体（18-クラウン-6・K^+錯体）を形成し，やがて反応は平衡状態となる。しかし，鎖状構造のエーテル$CH_3-(OCH_2CH_2)_5-O-CH_3$では安定な錯体は形成されない。

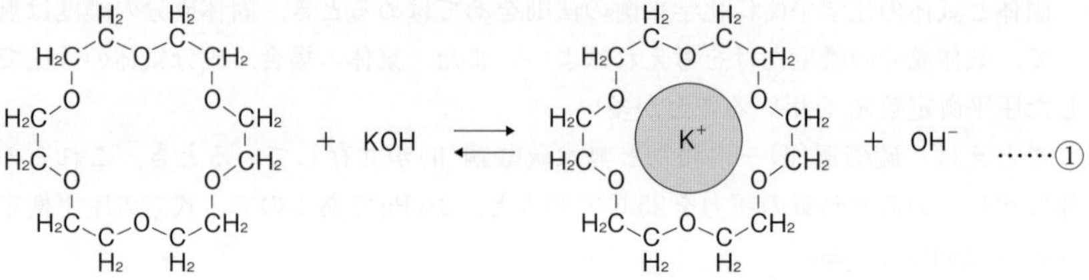

18-クラウン-6　　　　　　　　18-クラウン-6・K^+錯体

　1.0×10^{-2} mol/Lの18-クラウン-6のメタノール溶液10 mLに1.0×10^{-4} molのKOHを加えた溶液を25℃で長時間放置した。この溶液中の遊離状態のK^+の濃度は9.0×10^{-5} mol/Lであった。

(1)　①式の化学平衡の平衡定数K_cは，次式で表すことができる。

$$K_c = \frac{[18\text{-クラウン-6・}K^+\text{錯体}]}{[18\text{-クラウン-6}][K^+]}$$

　①式の化学平衡の25℃における平衡定数K_cを求めよ。

(2)　反応の自発性や化学平衡を議論する際の指標として，ギブズエネルギーGがある。反応の自発的変化はギブズエネルギーが減少する方向へ進みやすい。化学平衡の左辺と右辺のギブズエネルギーをそれぞれG_1，G_2で表すと，その差（$G_2 - G_1$）がギブズエネルギー変化ΔGである。平衡定数K_cとΔGの関係は，次のネルンストの式で表される。

　　　$\Delta G = -RT \log_e K_c$　……②　（R：気体定数）

(i)　下線部と同様の実験を0℃で行い，得られた$\log_e K_c$の値を表1に示す。①式の25℃と0℃におけるΔGを求めよ。（気体定数：$R = 8.3$J/(K・mol) とする）

温度(℃)	$\log_e K_c$
25	14.0
0	15.6

表1

(ii)　平衡時における18-クラウン-6・K^+錯体の濃度が高いのは，25℃と0℃のどちらか。また，その理由を説明せよ。

(3)　下線部の実験を，KOHのかわりにNaOHやRbOHを用いて行ったところ，平衡定数K_cはいずれの場合も大きく減少した。このような違いが現れた理由を説明せよ。

（浜松医大 改）

問題130, 131で必要があれば，水のイオン積
$[H^+][OH^-] = 1.0 \times 10^{-14} (mol/L)^2$ を用いよ。

9 酸と塩基の反応 71

9 酸と塩基の反応

130 〈指示薬と滴定曲線〉 ☐ ★

　右表に示したA, B, C 3組の場合に対して，一定量の濃度未知の試料溶液を三角フラスコに入れ，ビュレットから標準溶液を滴下しつつ，三角フラスコ内の溶液のpHを測定した。その

	試 料 溶 液		標 準 溶 液	
A	水酸化ナトリウム水溶液	20.0 mL	塩 酸	0.010 mol/L
B	酢 酸	20.0 mL	水酸化ナトリウム水溶液	0.010 mol/L
C	アンモニア水	20.0 mL	塩 酸	0.010 mol/L

結果得られた滴定曲線を，下の図a〜fに示した。各図の縦軸はpHで，（　　）内には最初のpHの値を示し，横軸は標準溶液の滴下量〔mL〕を表す。なお，用いた塩酸および水酸化ナトリウム水溶液は完全に電離しているものとする。

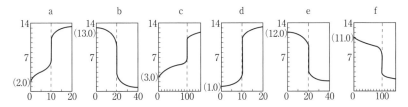

(1)　各実験に対応する滴定曲線を上から選び，それぞれ記号で答えよ。

(2)　各実験で用いた試料水溶液のモル濃度はそれぞれいくらか。

(3)　Cの実験で用いたアンモニア水の電離度はいくらか。

(4)　各実験においてpHを測るかわりに，指示薬を用いて中和点を見つけるとしたとき，各実験に対して適切な指示薬のすべてをそれぞれ下から記号で選べ。

　　　(ア) フェノールフタレイン　　　(イ) メチルオレンジ　　　(ウ) リトマス　　　(愛媛大 改)

131 〈酸・塩基の水溶液のpH〉 ☐ ★★

　次の(1)〜(4)の各水溶液のpHを小数第1位まで求め，また，(5)の問いに答えよ。

　ただし，強酸，強塩基の電離度は1，$\log_{10}2 = 0.30$，$\log_{10}3 = 0.48$とする。

(1)　0.10 mol/Lの塩酸20.0 mLに，0.10 mol/LのNaOH水溶液30.0 mLを混合した溶液。

(2)　pH 1.0の塩酸100 mLとpH 4.0の塩酸100 mLずつを混合した溶液。

(3)　0.20 mol/Lの酢酸水溶液。ただし，酢酸の電離定数$K_a = 2.7 \times 10^{-5}$ mol/Lとする。

(4)　0.20 mol/Lの塩酸50 mLに0.20 mol/L NH$_4$Cl水溶液150 mLを加えた溶液。

(5)　0.10 mol/Lの塩酸10.0 mLに，0.10 mol/Lの水酸化ナトリウム水溶液を何 mL加えると，その混合溶液のpHがちょうど12.0となるか。数値は小数第1位まで求めよ。

132　〈中和滴定の実験〉　☑　★★

　次の文章を読み，あとの各問いに答えよ。数値は有効数字3桁まで求めよ。（原子量：H = 1.0，C = 12，O = 16）

　シュウ酸二水和物(COOH)$_2$・2H$_2$Oの結晶3.15 gをはかり取り，ビーカーで適量の水に完全に溶かした後，器具Aに入れ，さらに純水を加えて500 mLとした。このシュウ酸標準溶液20.0 mLを器具Bではかり取り，器具Cに入れる。指示薬としてフェノールフタレインを1，2滴加えた後，器具Dに入れた濃度未知の水酸化ナトリウム水溶液で滴定したら，中和点に達するのに平均12.5 mLを要した。

　次に，この水酸化ナトリウム水溶液を用いて食酢中に含まれる酢酸の濃度を求めることにした。すなわち，食酢を純水で正確に5倍に希釈し，その10.0 mLをはかり取り，指示薬としてフェノールフタレインを1，2滴加えて，上記の水酸化ナトリウム水溶液で4回滴定を行い，下の(4)のような結果を得た。

(1)　器具A～Dの名称を記し，その正しい使い方を(a)～(d)から1つずつ選べ。

　(a)　水道水で洗ったまま用いる。　　(b)　純水で洗って，ぬれたまま用いる。

　(c)　純水で洗って，加熱乾燥してから用いる。

　(d)　純水で洗った後，さらに，これから中に入れる水溶液で数回洗って用いる。

(2)　シュウ酸標準溶液のモル濃度を求めよ。

(3)　水酸化ナトリウム水溶液のモル濃度を求めよ。

(4)　次に示した4回の滴定値をよく吟味したうえで，食酢の質量％濃度を求めよ。
　　（ただし，食酢中に含まれる酸成分はすべて酢酸で，食酢の密度を1.02 g/cm^{3}とする。）
　　　［1回目：9.24 mL　2回目：8.98 mL　3回目：8.99 mL　4回目：9.03 mL］

(5)　上述の滴定において，指示薬としてフェノールフタレイン（変色域pH 8.0～9.8）を用いた理由を60字以内で述べよ。

(6)　食酢中の酢酸濃度の決定には，水酸化ナトリウムを秤量してつくった水溶液を用いて滴定するのではなく，あらかじめシュウ酸水溶液との滴定により濃度を求めた水酸化ナトリウム水溶液を用いて滴定する必要がある。その理由を述べよ。

(7)　中和滴定では，酸の水溶液に塩基の水溶液を滴下するほうがよい理由を説明せよ。

(8)　食酢を原液のままではなく，水で希釈したものを滴定する理由を説明せよ。（新潟大 改）

133　〈塩の加水分解〉　☑　★

(1)　(a)正塩，(b)酸性塩，(c)塩基性塩とは何かを簡潔に説明せよ。また，その例として，マグネシウムのこれらの炭酸塩をそれぞれ化学式で示せ。

(2)　次にあげた塩を，その水溶液が，(a)酸性を示すものはA，(b)中性を示すものはN，(c)塩基性を示すものはBと分類せよ。

　(ア) CaCl$_2$　　(イ) CuSO$_4$　　(ウ) CH$_3$COONH$_4$　　(エ) NaHSO$_4$　　(オ) NaHCO$_3$

　(カ) Na$_3$PO$_4$　(キ) Na$_2$HPO$_4$　(ク) NaH$_2$PO$_4$　(ケ) (NH$_4$)$_2$SO$_4$　(コ) Na$_2$SO$_3$

　(サ) KCN　　　　　　　　　　　　　　　　　　　　　　　　　（札幌医大 改）

134 〈混合物の定量（逆滴定）〉 ☐ ★★

次の文を読み，あとの各問いに答えよ。原子量：H = 1.0，C = 12，N = 14，O = 16，Na = 23，S = 32，Cl = 35.5，Ba = 137とする。

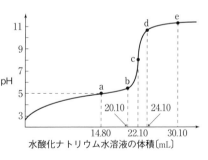

$(NH_4)_2SO_4$と$NaNO_3$の混合物1.00 gを水に溶かして250 mLとした溶液（これを溶液Aとする）がある。この溶液A25.0 mLをフラスコAに取り，濃厚なNaOH水溶液を加えて，右図に示すような装置を組み立てた。ガスバーナーでフラスコAを加熱して発生する気体を，すべて三角フラスコB内の希硫酸20.0 mLに吸収させた。

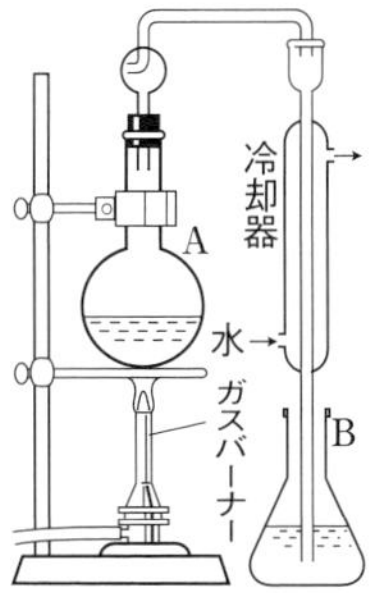

気体を吸収させた溶液をメチルオレンジを指示薬として，0.100 mol/Lの水酸化ナトリウム水溶液で滴定したところ14.0 mLで中和点に達した。また，滴定前の希硫酸20.0 mLに塩化バリウム水溶液を十分に加えたところ，0.28 gの沈殿が生成したことが判明している。

(1) フラスコAを加熱したときに起こる変化を，化学反応式で書け。

(2) 気体を吸収させるのに用いた希硫酸のモル濃度を求めよ。

(3) 三角フラスコ内の希硫酸に吸収された気体の物質量を求めよ。

(4) 最初の混合物中に含まれていた$NaNO_3$の質量パーセントを求めよ。

(5) この実験で行う中和滴定では，指示薬としてフェノールフタレイン（変色域pH 8.0 ～9.8）は不適当である。その理由を説明せよ。 （名古屋工大 改）

135 〈酢酸の中和滴定〉 ☐ ★

濃度不明の酢酸水溶液10.0 mLに純水40.0 mLを加えた後，25℃で0.100 mol/L水酸化ナトリウム水溶液を滴下して，右図のような滴定曲線を得た。これをもとにして次の各問いに有効数字2桁で答えよ。

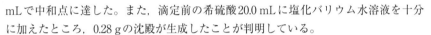

水酸化ナトリウム水溶液の体積〔mL〕

(1) この滴定曲線において，中和点はa～eのどの点か。

(2) もとの酢酸水溶液の濃度は何 mol/Lか。

(3) 酢酸を純水に溶かした場合，$CH_3COOH \rightleftarrows CH_3COO^- + H^+$という電離平衡が成立し，この電離定数$K_a$は次の①式で表される。

$$K_a = \frac{[CH_3COO^-][H^+]}{[CH_3COOH]} \quad \cdots\cdots①$$

①式は，純水に酢酸を溶かした場合だけでなく，上記の滴定中など，酢酸の電離平衡が移動した場合にも成立する。このことから，酢酸の電離定数を求めよ。

（大阪大 改）

問題136〜139で必要があれば，水のイオン積
$[H^+][OH^-] = 1.0 \times 10^{-14}$ 〔mol/L〕² を用いよ。

136　〈炭酸ナトリウムの二段階中和〉　☐　★★

次の文を読み，各問いに答えよ。(原子量：H = 1.0,　C = 12,　O = 16,　Na = 23)

　水酸化ナトリウムと炭酸ナトリウムを含む混合水溶液がある。この水溶液 10.0 mL
をホールピペットで三角フラスコにはかり取り，0.10 mol/L の塩酸で滴定したところ，
下図に示すような 2 つの中和点をもつ滴定曲線が得られた。滴定開始から第一中和点
までに要した塩酸の体積は 12.3 mL，第一中和点から第二中和点までに要した塩酸の
体積は 5.3 mL であった。

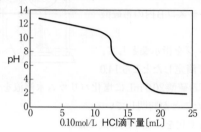

酸・塩基指示薬とその変色域	
指示薬	変色域
チモールブルー （酸性側）	1.2〜2.8
メチルオレンジ	3.1〜4.4
メチルレッド	4.2〜6.3
リトマス	5.0〜8.0
フェノール フタレイン	8.0〜9.8

(1)　上表に示した指示薬の中から，第一中和点および第二中和点を見つけるために適
　　した指示薬をそれぞれ選べ。

(2)　滴定開始から第 1 中和点までに起こった変化，および第一中和点から第二中和点
　　までに起こった変化を，それぞれ化学反応式で書け。

(3)　この混合水溶液 500 mL 中に含まれる水酸化ナトリウムと炭酸ナトリウムの質量
　　を，それぞれ小数第 2 位まで求めよ。

(4)　第二中和点を知るために，変色域 2.0〜3.0 の指示薬を使用した。このとき，水溶
　　液中の水酸化ナトリウムと炭酸ナトリウムの量的関係は，(3)の場合と比べてどの
　　ように変わると予想されるか。　　　　　　　　　　　　　　　　　　　(新潟大 改)

137　〈水の電離〉　☐　★

次の文の　☐　に適当な数値を入れよ。

純水はごくわずかに電離し，次のような電離平衡にある。

$$H_2O \rightleftarrows H^+ + OH^- \quad \cdots\cdots ①$$

25℃での水のイオン積 $K_w = [H^+][OH^-] = 1.0 \times 10^{-14}$ 〔mol/L〕²とする。

　塩化水素は，水中では完全に電離していると考えられるので，1.0 mol/L の塩酸の pH
は　ア　である。しかし，1.0×10^{-7} mol/L の塩酸も中性ではなく酸性を示す。この理
由は，このように希薄な酸の水溶液では，水の電離によって生じる水素イオンの濃度
が無視できなくなるためである。このとき，水の電離で生じた$[H^+]$をx〔mol/L〕とす
ると，塩化水素の電離で生じた$[H^+]$は1.0×10^{-7} mol/L あるから，1.0×10^{-7} mol/L の
塩酸の全水素イオン濃度は　イ　mol/L，pH は　ウ　となり，水溶液はやはり酸性
を示す。($\sqrt{5} = 2.2$,　$\log_{10} 2 = 0.30$ として計算せよ。)　　　　　　　　(名古屋大 改)

138 〈混合塩基の定量法〉 ☐ ★★

不純物としてNa_2CO_3および$NaCl$を含む$NaOH$の結晶がある。この結晶中の$NaOH$の純度を求めるために次の実験を行った。次の各問いに答えよ。原子量は，$H = 1.0$，$C = 12$，$O = 16$，$Na = 23$，$Cl = 35.5$とする。

（実験1） 上述の結晶1.00 gをはかり取り，これを純水に溶かして100 mLの溶液をつくった。（溶液Aとする。）

（実験2） 溶液A 20.0 mLを取り，メチルオレンジを指示薬として加え，0.100 mol/L塩酸で滴定したところ，溶液がちょうど ア 色になるまでに46.0 mLを要した。

（実験3） 別に，溶液A 20.0 mLを取り，塩化バリウム水溶液を十分に加えて白色沈殿を生成させた。この沈殿をろ過・分離した。そのろ液にフェノールフタレインを指示薬として加え，0.100 mol/Lの塩酸で滴定したところ，溶液がちょうど イ 色になるまでに42.0 mLの塩酸を要した。

(1) 空欄 ア ， イ にあてはまる最も適切な色を下から選び，その記号を答えよ。
    a. 青　　b. 赤　　c. 黄　　d. 緑　　e. 無
(2) （実験2）で生じた反応を，化学反応式を使って表せ。
(3) （実験3）の下線部を化学反応式で表せ。
(4) この結晶中に含まれる不純物Na_2CO_3の質量パーセントを求めよ。
(5) （実験2）の滴定後の溶液を蒸発乾固すると何gの塩が析出するか。　（名古屋工大）

139 〈沈殿滴定（フォルハルト法）〉 ☐ ★★★

濃度不明の塩化ナトリウム，硫酸カリウム，硫酸アンモニウムの混合水溶液に対して，次の実験を行った。（原子量：$O = 16$，$S = 32$，$Ba = 137$）

〔1〕混合水溶液40.0 mLに硝酸を加えて強い酸性にした後，0.100 mol/L硝酸銀水溶液50.0 mLを加えると白色沈殿を生じた。この沈殿をろ過し，そのろ液に指示薬として鉄（Ⅲ）イオンの水溶液を少量加え，よく振り混ぜながら0.100 mol/Lチオシアン酸カリウムKSCN水溶液で滴定し，白色のチオシアン酸銀AgSCNの沈殿が生成し終わって，溶液の色がわずかに赤色になったところを終点とした。これまでに加えたKSCN水溶液の体積は32.0 mLであった。

〔2〕混合水溶液40.0 mLに希塩酸で酸性にした後，塩化バリウム水溶液を白色沈殿が生じなくなるまで加えた。乾燥して得られた沈殿の質量は0.466 gであった。

〔3〕混合水溶液100 mLに十分量の水酸化ナトリウム水溶液を加えて加熱し，気体を発生させた。この気体を0.100 mol/L硫酸25.0 mLに完全に吸収させ，メチルオレンジを指示薬として0.200 mol/L水酸化ナトリウム水溶液で滴定したら，終点までに12.5 mLを要した。

(1) 下線部で，溶液の色が赤色になる理由を30字程度で述べよ。
(2) 混合水溶液中の①塩化イオンCl^-，②硫酸イオンSO_4^{2-}，③アンモニウムイオンNH_4^+，④カリウムイオンのモル濃度を求めよ。　（上智大 改）

140 〈逆滴定〉 ☐ ★

呼気中の二酸化炭素の量を調べるために，標準状態で次のような実験を行った。0.020 mol/Lの水酸化バリウム水溶液100 mLを，この気体1.00 Lとともに密閉容器中でよく振ったところ<u>白色沈殿</u>が生じた。しばらく放置した後，その上澄み液10.0 mLを取り，フェノールフタレイン溶液を数滴加えてから，この溶液を中和するのに，0.010 mol/Lの塩酸8.0 mLを要した。次の問いに有効数字2桁で答えよ。(C = 12, O = 16, Ba = 137)

Ba(OH)₂水溶液

(1) 呼気中に含まれる二酸化炭素の体積百分率(%)を求めよ。

(2) 文中の下線部で生じた白色沈殿の質量を求めよ。　　　(近畿大 改)

141 〈酸の混合溶液の滴定〉 ☐ ★★

濃度未知の塩酸と酢酸を含む水溶液10 mLを0.15 mol/L水酸化バリウム水溶液で滴定したところ，図のような2つの中和点a_1, a_2を示す滴定曲線が得られた。下の問いに答えよ。ただし，$\log_{10}2 = 0.30$, $\log_{10}3 = 0.48$。

(1) 弱酸の水溶液に強酸を加えると弱酸の電離度にどのような変化が起こるか，30字以内で記せ。

(2) もとの水溶液中の酢酸のモル濃度を求めよ。

(3) 最初の水溶液のpHを求めよ。　　　(明治薬大)

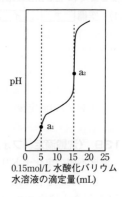

0.15mol/L 水酸化バリウム
水溶液の滴定量(mL)

142 〈炭酸塩の定量法〉 ☐ ★★★

炭酸カルシウムと酸化カルシウムの混合物X中に含まれる炭酸カルシウムの割合を求めるために，次の実験を行った。ただし，空気中の二酸化炭素の影響は無視できるものとする。原子量：C = 12, O = 16, Ca = 40

1. 混合物X 0.960 gを十分に長い時間強熱し，完全に反応させた。このとき，発生した二酸化炭素を1.00 mol/L水酸化ナトリウム水溶液20.0 mLにすべて吸収させた。この水溶液には未反応の水酸化ナトリウムを含んでいた。

2. この水溶液の全量を，フェノールフタレイン溶液を指示薬として0.500 mol/L塩酸で滴定したところ，第一中和点までに ☐ mLを要した。このとき，未反応の水酸化ナトリウムはすべて中和されていた。

3. さらに，この水溶液を，メチルオレンジ溶液を指示薬として0.500 mol/L塩酸で滴定したところ，第一中和点から第二中和点までに14.4 mLを要した。

(1) 実験1で，水酸化ナトリウム水溶液に吸収された二酸化炭素の物質量を求めよ。

(2) 実験2の文章中の ☐ に当てはまる数値を答えよ。

(3) 混合物Xに含まれる炭酸カルシウムの質量パーセントを求めよ。　　　(広島大)

10　電離平衡

143 〈炭酸の電離平衡〉 ☑ ★★

二酸化炭素が水に溶けると，水溶液中では炭酸H_2CO_3が生成し，次式で示すように2段階に電離し平衡状態になる。

$$H_2CO_3 \rightleftharpoons H^+ + HCO_3^- \quad \cdots\cdots(1) \qquad HCO_3^- \rightleftharpoons H^+ + CO_3^{2-} \quad \cdots\cdots(2)$$

なお，(1)式の電離定数K_1は5.0×10^{-7} mol/L，(2)式の電離定数K_2は5.0×10^{-11} mol/Lである。K_1に比べてK_2の値は極めて小さいので，炭酸の電離度および水素イオン濃度を求めるときは，第一電離だけを考えればよい。以下の各問いに答えよ。ただし，本問では，水に溶けた二酸化炭素はすべて炭酸になるものとする。また，$\sqrt{2} = 1.41$，$\sqrt{3} = 1.73$，$\sqrt{5} = 2.24$，$\sqrt{7} = 2.65$，$\log_{10}2 = 0.30$，$\log_{10}3 = 0.48$とする。

問1　25℃の水1.0 Lには，1.0×10^5 Paの二酸化炭素は最大3.5×10^{-2} mol溶ける。

(1)　この水溶液の炭酸の電離度と，水素イオン濃度を求めよ。

(2)　この水溶液の炭酸イオンCO_3^{2-}の濃度は何 mol/Lか。

問2　25℃，1.0×10^5 Paの大気と接触している水1.0 Lには，1.0×10^{-5} molの二酸化炭素が溶解している。この水溶液のpHはいくらか。　　　　　　（京都大 改）

144 〈指示薬の理論〉 ☑ ★★

次の文の $\boxed{}$ に適当な数値を記入し，下の問いにも答えよ。($\log_{10}2 = 0.30, \log_{10}3 = 0.48$)

中和滴定に用いる指示薬は，それ自身が弱い酸や塩基であり，電離の前後で分子の構造が変化して変色を起こす。いま，自身が弱い酸である指示薬をHAで表すと，水溶液中では次のような電離平衡となる。$HA \rightleftharpoons H^+ + A^-$ 　　$\cdots\cdots$①

$$K_a = \frac{[H^+][A^-]}{[HA]} \xrightarrow[\text{変形して}]{} [H^+] = K_a \frac{[HA]}{[A^-]}$$

ただし，K_aはHAの電離定数である。指示薬の分子HAと指示薬のイオンA^-は，それぞれ特有の色をもち，指示薬を加えた水溶液のpHを変えると，①式の平衡が移動して水溶液の色が変わる。肉眼では，溶液中の $\dfrac{[HA]}{[A^-]}$ の値が10を超えると溶液はHAの色を示し，$\dfrac{[HA]}{[A^-]}$ の値が0.1より小さくなると溶液はA^-の色を示すので，$\dfrac{1}{10} \leqq \dfrac{[HA]}{[A^-]} \leqq 10$ の範囲では，水溶液中にHAとA^-の色が同時に現れる。

これを指示薬の変色域という。いま，フェノールフタレインの電離定数を$K_a = 3.2 \times 10^{-10}$ mol/Lとすると，その変色域は，$\boxed{} \leqq pH \leqq \boxed{}$ となる。

〔問〕指示薬ブロモチモールブルー（BTB）はpH = 8.0においてその電離度は0.80であった。このことからBTBの変色域のpHの範囲を求めよ。

（関西大 改）

145 〈中和滴定とpH〉 ☑ ★★

0.100 mol/Lの塩酸10.0 mLに，0.100 mol/Lの水酸化ナトリウムを滴下する実験を行った。これについて，次の(1)～(5)の各文の ▢ に適当な数値を記入せよ。ただし，水酸化ナトリウム水溶液の1滴は0.050 mLとし，また，必要な場合には，$\log_{10}2 = 0.30$が適用できるように近似して計算せよ。なお，答えは小数第1位まで求めよ。また，25℃での水のイオン積$K_w = [H^+][OH^-] = 1.0 \times 10^{-14}\,(mol/L)^2$とする。

(1) ある時点でpHがちょうど1.7になった。このときまでに滴下された水酸化ナトリウム水溶液は ▢ア▢ mLである。

(2) 中和点の1滴前のpH値は，▢イ▢ である。

(3) 中和点の1滴後のpH値は，▢ウ▢ である。

(4) さらに水酸化ナトリウム水溶液を滴下し続けたところ，pHが12.7になった。このときまでに滴下された水酸化ナトリウム水溶液は，▢エ▢ mLである。

(5) 上記の実験は，すべて25℃で行われたものであったが，仮に，60℃になると，水のイオン積$K_w = [H^+][OH^-]$の値が$1.0 \times 10^{-13}\,(mol/L)^2$になるという。したがって，60℃での0.10 mol/Lの水酸化ナトリウム水溶液のpHは ▢オ▢ となるはずである。 （横浜国大 改）

146 〈混合塩基水溶液の滴定曲線〉 ☑ ★★★

コニカルビーカーに0.10 mol/Lの水酸化ナトリウム水溶液10 mLと0.10 mol/Lのアンモニア水10 mLをはかり取って混合した。この混合水溶液を0.10 mol/Lの塩酸で滴定したところ，下図のような滴定曲線が得られた。次の各問いに答えよ。

アンモニアの電離定数$K_b = 2.0 \times 10^{-5}$ mol/L，水のイオン積$K_w = 1.0 \times 10^{-14}\,(mol/L)^2$，$\log_{10}2 = 0.30$，$\log_{10}3 = 0.48$とし，答えの数値は小数第1位まで求めよ。

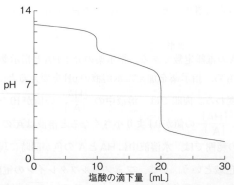

(1) 塩酸の滴下量が0 mL，10 mLのとき，コニカルビーカー内の水溶液のpHをそれぞれ求めよ。

(2) 塩酸の滴下量が15 mL，20 mLのとき，コニカルビーカー内の水溶液のpHをそれぞれ求めよ。

147 〈加水分解定数〉 ☐ ★★

弱酸と強塩基の塩である次亜塩素酸カリウム KClO の加水分解について考える。

$$KClO \longrightarrow K^+ + ClO^- \quad \cdots\cdots① \qquad H_2O \rightleftarrows H^+ + OH^- \quad \cdots\cdots②$$

と表されるように，次亜塩素酸カリウムは水溶液中でほぼ完全に電離する。生じた
イオンのうち[a]　ア　は水の電離で生じた　イ　とは反応しない。一方，　ウ　は，
水の電離で生じた　エ　と一部反応して　オ　を生じる。この反応を塩の加水分解
という。この結果，　カ　の電離平衡は右に移動し，水溶液中に過剰の　キ　が生
成される。この反応は，次の一つのイオン反応式③式として表すことができる。

$$\boxed{\qquad\qquad ク \qquad\qquad} \quad \cdots\cdots③$$

したがって，　ウ　の加水分解定数 K_h は，　$K_h = \dfrac{[HClO][OH^-]}{[ClO^-]}$ 　……④となる。

よって，水のイオン積 K_w と，　オ　の電離定数 K_a を用いて，$K_h = \boxed{\quad ケ \quad}$ となる。

(1) 上の文中の ☐ 内に適当な化学式，イオン反応式を記入せよ。

(2) 下線部 a の理由を述べよ。

(3) 25℃において，次亜塩素酸の電離定数 K_a は 3.5×10^{-8} mol/L である。次亜塩素酸
イオンの加水分解定数 K_h を算出せよ。

(4) 0.14 mol/L の次亜塩素酸カリウム水溶液の pH を求めよ。ただし，$\log_{10} 2 = 0.30$
とする。　　　　　　　　　　　　　　　　　　　　　　　　　　（東京海洋大 改）

148 〈緩衝溶液の pH〉 ☐ ★★

次の文章を読んで，あとの各問いに答えよ。

水溶液に外部から酸や塩基を少量加えたり，あるいは水を加えても pH がほとんど
変化しないような水溶液を緩衝溶液という。例えば，酢酸と酢酸ナトリウムを含む混
合水溶液が，緩衝作用を示すことを考えてみよう。

$$CH_3COONa \longrightarrow CH_3COO^- + Na^+ \quad \cdots\cdots①$$
$$CH_3COOH \rightleftarrows CH_3COO^- + H^+ \quad \cdots\cdots②$$

この水溶液中では②式で示すような酢酸の電離平衡が成立している。ここへ酢酸ナ
トリウムの電離で生じた多量の酢酸イオンが加えられると，②式の平衡は大きく左に
偏り，酢酸の電離は事実上無視できるようになる。

したがって，水溶液中の $[CH_3COOH]$ は最初に溶解した酢酸の濃度と等しく，また，
$[CH_3COO^-]$ は最初に溶解した酢酸ナトリウムの濃度と等しいと近似できる。よって，
緩衝溶液の pH は，酢酸の電離定数 K_a の式から簡単に求めることができる。

(1) 0.20 mol/L の酢酸水溶液 500 mL と 0.20 mol/L の酢酸ナトリウム水溶液 500 mL を
混合して緩衝溶液 1.0 L をつくった。この溶液の pH を求めよ。ただし，酢酸の電離
定数 $K_a = 2.7 \times 10^{-5}$ mol/L，$\log_{10} 2 = 0.30$，$\log_{10} 3 = 0.48$ とする。

(2) (1)の緩衝溶液 1.0 L にあと何 mol の酢酸ナトリウム（結晶）を加えると，pH = 5.0
の緩衝溶液となるか。（溶解による溶液の体積変化は無視する。）　　　（富山大 改）

149 〈リン酸の電離平衡〉 ☐ ★★

リン酸は3価の弱酸であり，その電離平衡および電離定数は次式で表される。

$$H_3PO_4 \rightleftharpoons H^+ + H_2PO_4^- \qquad K_1 = \frac{[H^+][H_2PO_4^-]}{[H_3PO_4]} \quad \cdots\cdots①$$

$$H_2PO_4^- \rightleftharpoons H^+ + HPO_4^{2-} \qquad K_2 = \frac{[H^+][HPO_4^{2-}]}{[H_2PO_4^-]} \quad \cdots\cdots②$$

$$HPO_4^{2-} \rightleftharpoons H^+ + PO_4^{3-} \qquad K_3 = \frac{[H^+][PO_4^{3-}]}{[HPO_4^{2-}]} \quad \cdots\cdots③$$

ただし，$K_1 = 7.08 \times 10^{-3}$ mol/L，$K_2 = 6.31 \times 10^{-8}$ mol/L，$K_3 = 4.47 \times 10^{-13}$ mol/L であり，$\log_{10} 7.08 = 0.85$，$\log_{10} 6.31 = 0.80$，$\log_{10} 4.47 = 0.65$，$\log_{10} 2 = 0.30$ として，次の問いに答えよ。

(1) 濃度 C〔mol/L〕のリン酸水溶液のpHは2.0であった。このリン酸水溶液では，K_2 と K_3 の値が K_1 の値に比べて極めて小さい。よって，②と③式の電離平衡は無視でき，①式の電離平衡のみを考えればよい。ただし，リン酸水溶液では K_1 があまり小さな値ではないので，電離度 α は1に対して無視できない。これらのことを考慮すると，このリン酸水溶液の濃度は ｜ ア ｜ mol/Lとなり，電離度は ｜ イ ｜ となる。

(2) このリン酸水溶液に，塩基を少しずつ加えていくと，①，②，③の電離が段階的に起こる。したがって，$[H^+] = K_1$ としたとき，$[H_2PO_4^-] = [H_3PO_4]$ となり，このときのpHは ｜ ウ ｜ である。また，pHを ｜ エ ｜ にすると，$[H_2PO_4^-] = [HPO_4^{2-}]$ となり，同様に，pHを ｜ オ ｜ にすると，$[HPO_4^{2-}] = [PO_4^{3-}]$ となる。

(3) この C〔mol/L〕のリン酸水溶液10.0 mLを完全に中和するのに必要なNaOHの物質量は，pH 2.0の塩酸10.0 mLを完全に中和するのに必要なNaOHの物質量の何倍か。ただし，塩酸は完全に電離しているものとする。 （岡山大 改）

150 〈沈殿滴定（モール法）〉 ☐ ★★

次の文を読み，あとの各問いに答えよ。

塩化物イオン Cl^- とクロム酸イオン CrO_4^{2-} を含む溶液に硝酸銀 $AgNO_3$ 水溶液を滴下していくと，塩化銀の溶解度がクロム酸銀の溶解度よりも小さいので，ほぼ塩化銀が沈殿し終わってから，クロム酸銀が沈殿し始める。このことを利用して，硝酸銀水溶液中の銀イオン，または食塩水中の塩化物イオンの濃度が決定できる。

（実験） 塩化ナトリウム水溶液(A)10.0 mLを取り，蒸留水を加えて40 mLとした。これに0.10 mol/Lクロム酸カリウム1.0 mLを指示薬として加えたのち，0.025 mol/Lの硝酸銀水溶液を9.0 mLまで加えたとき，クロム酸銀の赤褐色の沈殿を生じ始めた。

(1) 塩化ナトリウム水溶液(A)のモル濃度を求めよ。

(2) クロム酸銀が沈殿し始めたとき，溶液中に存在する塩化物イオンは何 mol/Lか。塩化銀，クロム酸銀の溶解度積はそれぞれ 2.8×10^{-10} $(mol/L)^2$，2.0×10^{-11} $(mol/L)^3$ とする。 （東京大 改）

151 〈硫酸の電離〉 ☐ ★★

硫酸は水溶液中で次のように2段階に電離する。($\sqrt{2} = 1.41$, $\sqrt{3} = 1.73$)

$$H_2SO_4 \longrightarrow H^+ + HSO_4^- \quad \cdots\cdots①$$

$$HSO_4^- \rightleftharpoons H^+ + SO_4^{2-} \quad \cdots\cdots②$$

第一段目の電離度は常に1.0であるが，第二段目は次の電離平衡（②式）が成り立つ。

$$K_2 = \frac{[H^+][SO_4^{2-}]}{[HSO_4^-]} = 1.0 \times 10^{-2}\,mol/L \quad \cdots\cdots③$$

(1) 0.010 mol/L硫酸の第二段目の電離度 α を求めよ。

(2) 0.010 mol/L硫酸のpHを右の対数目盛りを用いて求めよ。

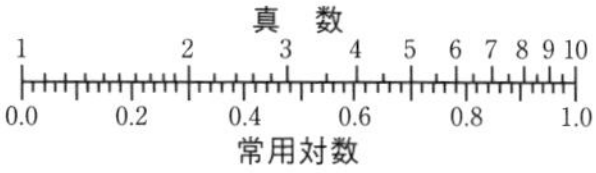

(3) 硫酸を水で希釈していくと，$[H^+]$ の減少に伴って，$\dfrac{[SO_4^{2-}]}{[HSO_4^-]}$ は次第に大きくなるが，$[HSO_4^-] = [SO_4^{2-}]$ となるときの硫酸の濃度を求めよ。　(甲南大 改)

152 〈NaHCO₃水溶液のpH〉 ☐ ★★★

炭酸水素ナトリウム(NaHCO₃)を水に溶かした際に生じるHCO₃⁻の濃度は，次の①，②で表される平衡式により決まる。

$$H_2CO_3 \rightleftharpoons H^+ + HCO_3^- \quad \cdots\cdots①　\quad HCO_3^- \rightleftharpoons H^+ + CO_3^{2-} \quad \cdots\cdots②$$

①および②の電離定数はそれぞれ，$K_1 = 5.0 \times 10^{-7}\,mol/L$, $K_2 = 5.0 \times 10^{-11}\,mol/L$ である。

(1) NaHCO₃水溶液では，$2HCO_3^- \rightleftharpoons H_2CO_3 + CO_3^{2-} \quad \cdots\cdots Ⓐ$
Ⓐ式の平衡も成り立つ。この平衡定数 K を求めよ。

(2) Ⓐ式の反応で求めた$[H_2CO_3]$と$[HCO_3^-]$とK_1を用いて，0.10 mol/LのNaHCO₃水溶液（水に溶解した直後）のpHを求めよ。（上の対数目盛りを使うこと。）(東京大 改)

153 〈AgClの溶解平衡〉 ☐ ★★

次の文の ☐ に適当な数値を記入せよ。$\sqrt{1.2} = 1.1$, $\sqrt{2} = 1.4$ とする。

塩化銀は，飽和水溶液中で①式のような平衡状態にある。このとき，溶液中のAg⁺とCl⁻のモル濃度の積は一定であり，②式で表される。

$$AgCl(固) \rightleftharpoons Ag^+ + Cl^- \quad \cdots\cdots①$$

$$[Ag^+][Cl^-] = 1.2 \times 10^{-10}\,(mol/L)^2 \quad \cdots\cdots②$$

②式から，塩化銀の水への溶解度は ☐ ア ☐ mol/L となる。

この水溶液にアンモニア水を加えていくと，沈殿は溶解し，③式のような平衡状態となり，この平衡定数は④式で表される。

$$Ag^+ + 2NH_3 \rightleftharpoons [Ag(NH_3)_2]^+ \quad \cdots\cdots③$$

$$K = \frac{[[Ag(NH_3)_2]^+]}{[Ag^+][NH_3]^2} = 1.5 \times 10^7\,(mol/L)^{-2} \quad \cdots\cdots④$$

以上より，1.0 mol/Lのアンモニア水1.0 Lには塩化銀は ☐ イ ☐ mol溶解する。ただし，塩化銀の溶解によるアンモニア水の体積変化はないものとする。(東京電機大 改)

154 〈炭酸の電離平衡〉 ☐ ★★★

次の文中の空欄 ☐ に適切な式，数値を記入せよ。($\log_{10} 2 = 0.30$，$\log_{10} 5 = 0.70$）

CO_2が水に溶解すると，水溶液中に炭酸H_2CO_3が生成し，生じた炭酸は①，②式のように2段階に電離する。

$$H_2CO_3 \rightleftarrows H^+ + HCO_3^- \quad \cdots\cdots ① \qquad K_1 = \frac{[H^+][HCO_3^-]}{[H_2CO_3]} = 5.0 \times 10^{-7} \,[mol/L]$$

$$HCO_3^- \rightleftarrows H^+ + CO_3^{2-} \quad \cdots\cdots ② \qquad K_2 = \frac{[H^+][CO_3^{2-}]}{[HCO_3^-]} = 5.0 \times 10^{-11} \,[mol/L]$$

水溶液中に存在する炭酸に関連した化学種の全濃度を$C\,[mol/L]$とすると，

$$C = [H_2CO_3] + [HCO_3^-] + [CO_3^{2-}] \quad \cdots\cdots ③$$

ここで，$[HCO_3^-]$と$[CO_3^{2-}]$を$K_1, K_2, [H^+], [H_2CO_3]$を用いて整理する。

①，②式より，$[HCO_3^-] = \dfrac{K_1[H_2CO_3]}{[H^+]}$，$[CO_3^{2-}] = \dfrac{\boxed{\text{ア}}}{[H^+]^2}$を③式へ代入すると，

$$C = [H_2CO_3]\left\{\frac{\boxed{\text{イ}}}{[H^+]^2}\right\} \quad \cdots\cdots ④$$

全濃度Cに対するH_2CO_3，HCO_3^-，CO_3^{2-}の存在割合は，⑤，⑥，⑦式で表される。

$$\frac{[H_2CO_3]}{C} = \frac{\boxed{\text{ウ}}}{[H^+]^2 + K_1[H^+] + K_1K_2} \quad \cdots\cdots ⑤$$

$$\frac{[HCO_3^-]}{C} = \frac{\boxed{\text{エ}}}{[H^+]^2 + K_1[H^+] + K_1K_2} \quad \cdots\cdots ⑥$$

$$\frac{[CO_3^{2-}]}{C} = \frac{\boxed{\text{オ}}}{[H^+]^2 + K_1[H^+] + K_1K_2} \quad \cdots\cdots ⑦$$

⑤，⑥，⑦式より，pH = 7.0における$[H_2CO_3] : [HCO_3^-] : [CO_3^{2-}] =$

$1 : \boxed{\text{カ}} : \boxed{\text{キ}}$ となる。また，種々のpHにおける$[H_2CO_3], [HCO_3^-], [CO_3^{2-}]$のモル百分率を求めて図示すると，下図のようになる。

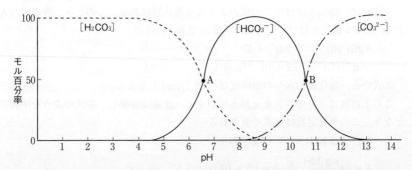

A点のpHを求めるときは$[CO_3^{2-}]$の存在は無視できるので，K_1の式だけを用いてA点のpHは，$\boxed{\text{ク}}$ と求められる。

B点のpHは，$[H_2CO_3]$の存在を無視して，K_2の式だけを用いて $\boxed{\text{ケ}}$ となる。

155 〈溶解度積〉 ▢ ★★

金属イオンを含む水溶液に硫化水素を通すと，硫化物が沈殿することが多い。この沈殿反応は，金属イオンの確認や分離に用いられる。

硫化水素は水に溶解すると，次のような2段階の電離平衡が成立する。

$$H_2S \rightleftarrows H^+ + HS^- \quad \cdots\cdots① \quad K_1 = 1.0 \times 10^{-7}〔mol/L〕$$
$$HS^- \rightleftarrows H^+ + S^{2-} \quad \cdots\cdots② \quad K_2 = 1.0 \times 10^{-15}〔mol/L〕$$

ただし，硫化水素の水への溶解度は，pHに関わらず常に0.10 mol/Lとする。

また，難溶性の金属硫化物MSも水にわずかに溶け，次の溶解平衡が成り立つ。

$$MS（固） \rightleftarrows M_{aq}^{2+} + S_{aq}^{2-} \quad K_{sp} = [M^{2+}][S^{2-}]$$

このとき，K_{sp}の値を溶解度積といい，各金属硫化物に固有の定数となる。

ただし，PbS，MnSの溶解度積はそれぞれ$1.0 \times 10^{-30}〔mol/L〕^2$，$1.0 \times 10^{-16}〔mol/L〕^2$とし，pHを変化させたときの水溶液の体積変化は，無視できるものとする。

(1) Pb^{2+}とMn^{2+}をそれぞれ0.010 mol/Lずつ含んでいる混合水溶液のpHを2.0に保ちながら，H_2Sを十分に通じたとき，生じる沈殿の化学式を答えよ。また，沈殿しないで溶液中に残っているPb^{2+}，Mn^{2+}の濃度はそれぞれ何 mol/Lか。

(2) (1)の反応液を沪過して沈殿を分離する。ろ液のpHを6.0に保ちながら，H_2Sを十分に通じたとき，生じる沈殿の化学式を答えよ。また，沈殿しないで溶液中に残っているPb^{2+}，Mn^{2+}の濃度はそれぞれ何 mol/Lか。

(3) Pb^{2+}とMn^{2+}をそれぞれ0.010 mol/Lずつ含んでいる混合水溶液がある。これから，PbSとMnSのいずれか一方だけを沈殿させるためのpHの最大値を求めよ。

（筑波大 改）

156 〈溶解度積の応用〉 ▢ ★★★

次の文を読み，あとの各問いに答えよ。（$\sqrt{2} = 1.41, \sqrt{3} = 1.73, \sqrt{5} = 2.24$とする。）

アンモニアは水に溶け，その一部が電離して(1)式のような電離平衡の状態にある。

$$NH_3 + H_2O \rightleftarrows NH_4^+ + OH^- \quad \cdots\cdots(1) \quad K_b = \frac{[NH_4^+][OH^-]}{[NH_3]}$$

また，アンモニアの電離定数K_bを$2.0 \times 10^{-5}〔mol/L〕$とする。

(1) 0.10 mol/Lのアンモニア水のpHを小数第1位まで求めよ。（$\log_{10}2 = 0.30$）

(2) 0.20 mol/Lのアンモニア水25 mLに，0.20 mol/Lの塩化マグネシウム水溶液25 mLを加えたとき，水酸化マグネシウムの沈殿が生じるかどうかを検討せよ。ただし，$K_{sp} = [Mg^{2+}][OH^-]^2 = 2.0 \times 10^{-11}〔mol/L〕^3$とする。

(3) 水酸化マグネシウムの沈殿を含む水溶液に，塩化アンモニウムNH_4Clの結晶を加えていくと，沈殿が溶解した。これは，(1)式の電離平衡が左へ移動し，溶液中の水酸化物イオンの濃度が減少したためと考えられる。いま，(2)の反応液に塩化アンモニウムの結晶を何 mol以上加えたとき，水酸化マグネシウムの沈殿は消失するか。ただし，結晶の溶解による溶液の体積変化は無視できるものとする。

157 〈二酸化炭素の溶解平衡〉 ▢ ★★

次の文の ▢ に適する数値(有効数字2桁)を記せ。

二酸化炭素CO_2は，25℃の水1Lに0.030 mol溶ける。この溶解にはヘンリーの法則が成り立つとする。また，大気(25℃，1.01×10^5 Pa)中のCO_2は，体積百分率で0.040％を占めるとすると，大気と接する25℃の純水には，CO_2は ア mol/Lで溶けている。

水に溶けたCO_2は炭酸H_2CO_3となり，①，②式で示す2段階の電離平衡の状態となる。

$$H_2CO_3 \;\rightleftharpoons\; H^+ + HCO_3^- \;\cdots\cdots① \qquad K_1 = 4.0 \times 10^{-7} \text{ mol/L}$$

$$HCO_3^- \;\rightleftharpoons\; H^+ + CO_3^{2-} \;\cdots\cdots② \qquad K_2 = 5.0 \times 10^{-11} \text{ mol/L}$$

$K_1 \gg K_2$なので，この水溶液中のH^+の濃度は①式のみで決まるとみなせる。したがって，大気と接する25℃の水では，$[H^+] = $ イ mol/Lとみなせる。

炭酸カルシウム$CaCO_3$は，純水には②式に示す溶解平衡の状態で溶ける。

$$CaCO_3(固) \;\rightleftharpoons\; Ca^{2+} + CO_3^{2-} \;\cdots\cdots③$$

③式の平衡定数は，$CaCO_3$の溶解度積$K_{sp} = [Ca^{2+}][CO_3^{2-}]$で表され，25℃での値は$6.5 \times 10^{-5}$ $(\text{mol/L})^2$である。$CaCO_3$は水には溶けにくいが，CO_2を含んだ水には比較的溶けやすい。それは，$CaCO_3$とH_2CO_3が共存すると，④式で示す反応が起こるからである。

$$CaCO_3(固) + H_2CO_3 \;\rightleftharpoons\; Ca^{2+} + 2HCO_3^- \;\cdots\cdots④$$

$CaCO_3$由来のCO_3^{2-}はかなり強い塩基の性質を示し，これが①式由来のH^+と速やかに結合し，⑤式の反応を起こす。

$$CO_3^{2-} + H^+ \;\rightleftharpoons\; HCO_3^- \;\cdots\cdots⑤$$

⑤式の平衡は②式の平衡の逆反応とみなせるので，⑤式の反応の平衡定数は ウ $(\text{mol/L})^{-1}$となる。以上のことから，④式は③，①，⑤式を組み合わせたものなので，④式の平衡定数は エ $(\text{mol/L})^2$となり，$CaCO_3$は純水よりもCO_2を含んだ水に溶けやすいことがわかる。

(近畿大)

158 〈Zn(OH)₂の溶解平衡〉 ▢ ★★★

水酸化亜鉛$Zn(OH)_2$は水に溶けにくく，25℃において，その溶解度積は，$K_{sp} = 3.2 \times 10^{-17}$ $(\text{mol/L})^3$である。

また，水酸化亜鉛はアンモニア水には溶けやすい。その理由は，亜鉛イオンがアンモニア分子と①式のように錯イオンを形成するためである。

$$Zn^{2+} + 4NH_3 \;\rightleftharpoons\; [Zn(NH_3)_4]^{2+} \;\cdots\cdots①$$

①式に化学平衡の法則を適用すると，②式が成り立ち，25℃においてその平衡定数は，$K = 1.0 \times 10^9$ $(\text{mol/L})^{-4}$である。次の問いに答えよ。

$$K = \frac{[[Zn(NH_3)_4]^{2+}]}{[Zn^{2+}][NH_3]^4} \;\cdots\cdots②$$

(1) 水酸化亜鉛の飽和水溶液の濃度(mol/L)を有効数字2桁で求めよ。

(2) 水酸化亜鉛1.0×10^{-1} molを1.0 mol/Lアンモニア水1.0 Lに溶解した。溶解平衡時における，溶液中の(ア)$[Zn(NH_3)_4]^{2+}$のモル濃度と(イ)Zn^{2+}のモル濃度をそれぞれ有効数字2桁で求めよ。アンモニアの電離によるOH^-の影響，および水酸化亜鉛の溶解によるアンモニア水の体積変化は無視してよい。 (慈恵医大 改)

159 〈溶解度積の応用〉 ☑ ★★★

工場から排出される廃水には様々な物質が含まれているので，これらを適切に処理してから排出しなければならない。なかでも，金属イオンを含む廃水は酸性であることが多いので，廃水処理では塩基水溶液を加えて，溶けている金属イオンを水酸化物として沈殿させて処理することが多い。いま，Zn^{2+}，Al^{3+}，Fe^{3+}，Cu^{2+}をそれぞれ1.0×10^{-2} mol/Lで含んだpH = 1.0の工場廃水を処理する場合を考える。①この排水に水酸化ナトリウム水溶液を加えてpHの値を上げていくと，4つの金属イオンの水酸化物が沈殿する。②さらに水酸化ナトリウム水溶液を加えると，水酸化亜鉛と水酸化アルミニウムの沈殿はヒドロキシド錯イオンを形成して溶け出す。なお，これら4種の金属の水酸化物の溶解度積K_{sp}は，イオン濃度をmol/Lで表すと，表1の値となる。水のイオン積$K_w = 1.0 \times 10^{-14} (mol/L)^2$，$\log_{10} 4.4 = 0.643$とする。

水酸化物	溶解度積K_{sp}(室温)
水酸化亜鉛	1.0×10^{-17}
水酸化アルミニウム	1.1×10^{-33}
水酸化鉄(III)	7.0×10^{-40}
水酸化銅(II)	6.0×10^{-20}

表1 (溶解度積の単位は省略)

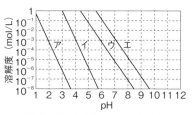

図2 金属イオンの溶解度とpHの関係

(1) 図2に，4種の金属イオンの溶解度とpHの関係をア～エの線で示す。それぞれに該当する金属イオンの化学式を記せ。

(2) 下線部①について，以下の問いに答えよ。

(i) 廃水のpHが5.0になった時点で，生成している沈殿の化学式をすべて記せ。

(ii) 水酸化亜鉛の沈殿が生成しはじめるときのpHを小数第1位まで求めよ。

(3) 下線部②について，水酸化亜鉛が溶け出してヒドロキシド錯イオンが形成される反応の平衡定数$K = 4.4 \times 10^{-5} (mol/L)^{-1}$として次の問いに答えよ。

(i) 亜鉛のヒドロキシド錯イオンの濃度が亜鉛イオンの濃度の10倍になるときの廃水のpHの値を小数第1位まで答えよ。ただし，他の金属イオンの影響はないものとする。

(ii) 廃水のpHを12.0にしたとき，亜鉛のヒドロキシド錯イオンの濃度は亜鉛イオンの濃度の何倍になるか。有効数字2桁で答えよ。ただし，他の金属イオンの影響はないものとする。 (京都大 改)

11　酸化還元反応

160　〈酸化数〉　☐　★

次の各反応において，下線をつけた原子が，酸化される場合はO，還元される場合はR，酸化も還元もされる場合はOR，どちらでもない場合はNと記せ。

(1)　$2\underline{Cu_2}S + 3O_2 \longrightarrow 2Cu_2O + 2SO_2$

(2)　$\underline{Cl_2} + H_2O \longrightarrow HCl + HClO$

(3)　$CaCl(\underline{Cl}O)\cdot H_2O + 2HCl \longrightarrow CaCl_2 + Cl_2 + 2H_2O$

(4)　$2\underline{Na} + 2H_2O \longrightarrow 2NaOH + H_2$

(5)　$Ca\underline{C_2} + 2H_2O \longrightarrow Ca(OH)_2 + C_2H_2$

(6)　$2H_2\underline{O_2} \longrightarrow 2H_2O + O_2$

　　　　　　　　　　　　　　　　　　　　　　　　　　　　　（広島大）

161　〈酸化力の強さ〉　☐　★★

酸化力の強さを比較するため，[A]～[D]の各実験を行った。次の問いに答えよ。

[A]　0.05 mol/L ヨウ化カリウム水溶液に2 mol/L硝酸を加えると，　式1　　の反応が起こり〔　ア　〕を生成し，溶液は褐色を示した。同様に，0.05 mol/L塩化カリウム水溶液や0.05 mol/L臭化カリウム水溶液に2 mol/L硝酸を加えたが，いずれも何も変化は見られなかった。

[B]　0.05 mol/L臭化カリウム水溶液を硫酸酸性とした後，5％過酸化水素水を加えると，　式2　　の反応が起こり〔　イ　〕を生成し，溶液は黄褐色を示した。同様に，0.05 mol/L塩化カリウム水溶液を硫酸酸性とした後，5％過酸化水素水を加えると，溶液は淡黄色を示し，刺激臭が感じられた。

[C]　0.05 mol/L臭化カリウム水溶液に塩素を通じると，溶液は黄褐色を示した。

[D]　0.05 mol/L過マンガン酸カリウム水溶液を硫酸酸性とした後，5％過酸化水素水を加えると，　式3　　の反応が起こり，溶液の色が変化した。

(1)　文中の空欄〔　　　〕に適する物質名を記せ。

(2)　実験[D]で見られた溶液の色の変化を書け。

(3)　文中の　　　　　　　　の変化を，それぞれ化学反応式で書け。

(4)　実験[B]で得られた黄褐色の水溶液にヨウ化カリウムデンプン紙を浸したら，どのような変化が見られるか。また，このとき起こった変化を化学反応式で表せ。

(5)　実験[A]，[B]，[C]より，硝酸，過酸化水素，塩素，臭素，およびヨウ素の酸化力の強い順に化学式で答えよ。

(6)　下線部において，0.05 mol/L臭化カリウム水溶液の代わりに，0.05 mol/Lヨウ化カリウム水溶液を加えたら，どんな変化が起こると予想されるか。また，そのとき起こると考えられる変化を化学反応式で表せ。

　　　　　　　　　　　　　　　　　　　　　　　　　　　　（東北大 改）

162 〈過酸化水素の定量〉 ▢ ★

オキシドール中の過酸化水素の濃度を求めるため，次の**実験1，2**を行った。このことについて，以下の各問いに答えよ。（過酸化水素：$H_2O_2 = 34.0$）

（**実験1**）　0.0500 mol/Lのシュウ酸水溶液10.0 mLをホールピペットを用いて三角フラスコに取り，純水約20 mLを加え，さらに3 mol/Lの希硫酸5 mLを加えた。この溶液を約70℃に温めたのち，濃度不明の過マンガン酸カリウム水溶液をビュレットを用いて少しずつ滴下し，その都度三角フラスコをよく振り混ぜる。やがて，9.80 mL滴下したところで赤紫色が消えなくなり，この点を滴定の終点とした。

（**実験2**）　オキシドール1.00 mLを三角フラスコに取り，実験1と同様に純水と希硫酸を加えた後，実験1で用いた過マンガン酸カリウム水溶液を少しずつ滴下した。17.3 mL滴下したところで赤紫色が消えなくなった。

(1)　実験1におけるシュウ酸と過マンガン酸カリウムの反応を化学反応式で記せ。

(2)　実験1より，過マンガン酸カリウム水溶液のモル濃度を求めよ。

(3)　下線部のように，滴定前に溶液を温めるのはなぜか。簡単に説明せよ。

(4)　オキシドール中の過酸化水素の質量パーセント濃度を求めよ。ただし，オキシドールの密度は1.01 g/cm^{3}とする。

(5)　この実験において，硫酸の代わりに塩酸や硝酸を使用すると正しい結果が得られない。これらの理由を50字程度で説明せよ。　　　　　　　　　　　（神戸大 改）

163 〈CODの測定〉 ▢ ★★★

次の文章を読み，あとの各問いに答えよ。

化学的酸素要求量(COD)とは，水中に存在する被酸化性物質，主として有機物やFe^{2+}やNO_2^-などを一定の条件で酸化分解するとき，消費される酸化剤の質量を，それに相当する酸素(分子量32.0)の質量で表したもので，水質汚染の状態を知る1つの重要な指標とされている。

CODの単位は，試料水1 Lあたりの酸素消費量(mg)の数値で表される。

(1)　いま，濃度54.0 mg/Lのグルコース(分子量180)の水溶液を試料水とする。グルコースが完全に酸化分解されたとして，その化学反応式を示し，CODの理論値を計算で求めよ。

(2)　ある河川水200 mLに希硫酸を加えて酸性とし，5.00×10^{-3} mol/L過マンガン酸カリウム水溶液10.0 mLを加えて30分間煮沸し，試料中の有機物を完全に酸化した。この水溶液には未反応の$KMnO_4$が残っているので，1.25×10^{-2} mol/Lシュウ酸ナトリウム水溶液10.0 mLを加えて未反応の$KMnO_4$を還元した。この水溶液には未反応の$(COONa)_2$が残っているので，5.00×10^{-3} mol/L $KMnO_4$水溶液で滴定したら4.85 mLを要した。また，200 mLの純水についても同じ方法で滴定（空試験という）をしたら，$KMnO_4$水溶液が0.15 mLが消費された。以上より，この試料水のCODの実測値を有効数字3桁で求めよ。　　　　　　　　　　（日本女大 改）

164 〈ヨウ素滴定〉 □ ★★

　大気上層でオゾン層を形成しているオゾンも，大気下層では大気汚染物質の1つである。オゾンは酸性条件だけでなく，中性〜塩基性条件でも酸化剤として作用する。この性質を利用して，汚染大気中のオゾンの濃度を測定するために，次の実験を行った。

　27℃，1.01×10^5 Pa の汚染された空気 1.00×10^3 L を中性のヨウ化カリウム水溶液に吸収させると，ヨウ素が遊離した。このヨウ素をデンプン水溶液を指示薬として 0.0100 mol/L のチオ硫酸ナトリウム水溶液で滴定したところ，6.20 mL で終点に達した。ただし，汚染空気中のオゾンのみがヨウ素を遊離させるものとし，ヨウ素とチオ硫酸ナトリウムは，次式のように反応するものとする。

$$I_2 + 2 Na_2S_2O_3 \longrightarrow 2 NaI + Na_2S_4O_6$$

(1)　下線部の反応を，化学反応式で記せ。

(2)　下線部の反応で遊離したヨウ素の物質量を答えよ。

(3)　汚染空気中のオゾンの濃度は，27℃，1.01×10^5 Pa において体積パーセントでいくらか。

（慈恵医大 改）

165 〈オキシドールの酸化還元滴定〉 □ ★★

　市販のオキシドール中の過酸化水素の濃度を調べるために，以下の実験を行った。答の数値は有効数字2桁で答えよ。（原子量：H = 1.0，O = 16）

　市販のオキシドール 10.0 mL を純水で希釈して正確に 200 mL とした。

　a この試料水溶液 10.0 mL を 2.0×10^{-2} mol/L 過マンガン酸カリウムを用いて滴定したところ，溶液中に褐色の沈殿が生成し，4.0 mL 滴下したところで $KMnO_4$ の赤紫色がわずかに残る状態となった。しかし，b $KMnO_4$ 水溶液の滴下をやめても，気体の発生がしばらく続いた。

　c この試料水溶液 10.0 mL に希硫酸を加えて酸性にしてから，2.0×10^{-2} mol/L $KMnO_4$ 水溶液を用いて滴定したところ，溶液中に褐色の沈殿が生成することなく，9.6 mL 滴下したところで $KMnO_4$ の赤紫色がわずかに残る状態となった。

(1)　下線部 a，b で起こった反応を，化学反応式で示せ。

(2)　下線部 a で，$KMnO_4$ と反応した過酸化水素の物質量は何 mol か。

(3)　下線部 c で，$KMnO_4$ と反応した過酸化水素の物質量は何 mol か。

(4)　下線部 a，b で発生した気体の物質量は，あわせて何 mol か。

(5)　この実験で用いたオキシドール中の過酸化水素のモル濃度と質量パーセント濃度はそれぞれいくらか。ただし，オキシドールの密度を 1.02 g/cm³ とする。

（近畿大 改）

166 〈過マンガン酸塩滴定〉 ☐ ★★

硫酸鉄(II)七水和物 $FeSO_4 \cdot 7H_2O$ と，水和水の数の不明な硫酸鉄(III)水和物 $Fe_2(SO_4)_3 \cdot nH_2O$ の混合物がある。この混合物 $4.11\,g$ を純水に溶かして $100\,mL$ とした水溶液Aについて，次の実験Ⅰ，Ⅱを行った。次の各問いに答えよ。原子量：$H = 1.0$，$O = 16$，$S = 32$，$Fe = 56$ とする。

実験Ⅰ 水溶液Aの $10.0\,mL$ をとり，空気に触れさせることなく $2.00 \times 10^{-3}\,mol/L$ の過マンガン酸カリウムの硫酸酸性水溶液で滴定したところ，$50.0\,mL$ 滴下したところで溶液の色が無色から薄赤紫色となった。

実験Ⅱ 水溶液Aの $50.0\,mL$ をとり，十分な量の硝酸を加えた後，水酸化ナトリウム水溶液を加えて塩基性にすると赤褐色の沈殿を生じた。この沈殿をすべてろ別し，空気中で加熱すると，$0.680\,g$ の酸化鉄(III)となった。

(1) 水溶液A中の Fe^{2+} と Fe^{3+} の物質量の比を整数比で求めよ。

(2) 硫酸鉄(III)水和物の水和水の数 n を整数で求めよ。

（東京工大 改）

167 〈銅の定量〉 ☐ ★★

銅は大気中で酸化されるが，しばしばそれらは混合物として得られる。それぞれの酸化物に希硫酸を加えると，(i) $1\,mol$ の CuO からは $1\,mol$ の Cu^{2+} が生成する。

(ii) $1\,mol$ の Cu_2O からは $1\,mol$ の Cu と $1\,mol$ の Cu^{2+} が生成する。

これは，Cu^+ は水溶液中で次のように不均化反応するためである。

$$2Cu^+ \longrightarrow Cu + Cu^{2+}$$

Cu_2O と CuO の混合試料中の各物質量を求めるために次の操作を行った。

(i), (ii)の反応はいずれも完全に進行するものとし，原子量を $O = 16$，$Cu = 63.5$ とする。

(Ⅰ) Cu_2O と CuO の混合物（試料A）を希硫酸に加えて加熱した。この溶液をろ過すると単体の銅が $63.5\,mg$ 得られ，ろ液は薄青色を示した。

(Ⅱ) (Ⅰ)のろ液に過剰の KI 水溶液を加えたところ，次の反応が起こり，ヨウ化銅(I)の白色沈殿を生じ，溶液の色は褐色を示した。

$$2Cu^{2+} + 4I^- \longrightarrow 2CuI + I_2 \quad \cdots\cdots①$$

(Ⅲ) (Ⅱ)の溶液に，デンプン水溶液を指示薬として $0.100\,mol/L$ チオ硫酸ナトリウム $Na_2S_2O_3$ 水溶液で滴定したところ，$25.0\,mL$ で終点に達した。

なお，ヨウ素とチオ硫酸ナトリウムは次式のように反応するものとする。

$$I_2 + 2Na_2S_2O_3 \longrightarrow 2NaI + Na_2S_4O_6 \quad \cdots\cdots②$$

(1) 操作(Ⅱ)，(Ⅲ)の滴定結果から，操作(Ⅰ)の加熱後の溶液中に存在した Cu^{2+} の物質量を求めよ。

(2) 試料A中に含まれていた Cu_2O と CuO のそれぞれの物質量を求めよ。

（兵庫県立大 改）

168 〈ヨウ素滴定〉 ☑ ★★

火山ガス中に含まれる二酸化硫黄と硫化水素を次のような方法で測定した。

水蒸気を除去した火山ガス5.0 Lを，0.10 mol/Lのヨウ素溶液（ヨウ化カリウムを含む）1.0 Lにゆっくりと通し，二酸化硫黄と硫化水素を完全に吸収させた。このとき，ヨウ素の働きにより二酸化硫黄は硫酸に，硫化水素は硫黄に酸化されるとする。

この吸収液1.0 Lは濾過して硫黄を除いた後，この中から100 mLずつをビーカーA，Bに分け取った。Aのビーカーでは，デンプンを指示薬として0.020 mol/Lのチオ硫酸ナトリウム水溶液で滴定したところ40.0 mLを要した。ただし，ヨウ素とチオ硫酸ナトリウムは次式にしたがって反応するものとする。

$$I_2 + 2\,Na_2S_2O_3 \longrightarrow 2\,NaI + Na_2S_4O_6$$

一方，Bのビーカーに塩化バリウム水溶液を十分に加えたところ，0.932 gの硫酸バリウムの白色沈殿が生成した。

(1) 上記吸収液中での，ヨウ素と硫化水素，およびヨウ素と二酸化硫黄との反応を，それぞれ化学反応式で示せ。

(2) 火山ガス中に含まれていた二酸化硫黄と硫化水素の体積比を求めよ。ただし，原子量は，O = 16，S = 32，Ba = 137を用いよ。　　　　　　　　　　　　（東京大 改）

169 〈溶存酸素の定量〉 ☑ ★★

水に溶解している酸素量を測定するために行った実験について，問いに答えよ。

溶存酸素（dissolved oxygen, DO）は水中に溶解している酸素の濃度（mg/L）で，河川などの水質汚染を調べる指標として測定される。DOの測定は次のように行う。

試料水100 mLを特殊な試料びんに取り，硫酸マンガン（II）水溶液を加え，続いて，ヨウ化カリウムと水酸化ナトリウムの混合水溶液を加えると，白色沈殿が生成した（①式）。この沈殿は水中の溶存酸素によって容易に酸化され，直ちに褐色の沈殿MnO(OH)に変化した（②式）。

次に，塩酸を加えると褐色の沈殿は溶解するが，このとき溶液中にヨウ化カリウムを共存させておくと，I⁻が酸化されI₂を生じ，溶液は黄褐色になる（③式）。

生成したヨウ素を，濃度のわかったチオ硫酸ナトリウム水溶液で滴定した（④式）。この滴定では，溶液の黄色が薄くなったとき，少量のデンプン水溶液を加え，生じた青色が消失する点を終点とした。

$$Mn^{2+} + 2\,OH^- \longrightarrow \boxed{\text{ア}} \quad \cdots\cdots ①$$

$$2\,\boxed{\text{ア}} + \frac{1}{2}\,O_2 \longrightarrow 2\,MnO(OH) + H_2O \quad \cdots\cdots ②$$

$$2\,MnO(OH) + 2\,I^- + 6\,H^+ \longrightarrow \boxed{\text{イ}} + \boxed{\text{ウ}} + \boxed{\text{エ}} \quad \cdots\cdots ③$$

$$I_2 + 2\,Na_2S_2O_3 \longrightarrow 2\,NaI + Na_2S_4O_6 \quad \cdots\cdots ④$$

(1) 上の文中の 〔　　　〕内に適当な化学式（係数も含む）を記入せよ。

(2) この滴定では，0.025 mol/Lのチオ硫酸ナトリウム水溶液が4.0 mL必要であった。この試料水1 Lあたりに含まれる酸素は何 mgか。（O₂ = 32とする）（東京都立大 改）

12 電池と電気分解

170 〈ダニエル型の電池〉 ☐ ★

次の文を読み，電池(i)〜(v)の図を参照しながら，以下の各問いに答えよ。

下図に示す電池(i)〜(iii)は，それぞれ1mol/Lの金属イオンを含む水溶液中にそれと同じ金属の電極を浸してつくったダニエル型の電池である。また，電池(iv)では両電極に同じ金属Aを用いているが，両側のA²⁺イオン濃度が図中に示したように異なっている。なお，電池(i)〜(iii)の起電力の測定結果は図の上に示されている。

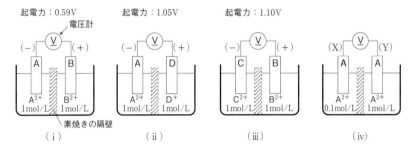

（i） （ii） （iii） （iv）

イオン化傾向の異なる2種の金属を，それぞれの金属イオンを含む電解質水溶液に浸すと電池ができる。例えば，電池(i)ではそれぞれのイオン濃度が同じなので，金属Aの電極が負極になるのは金属AがBよりもイオン化傾向が ア ためである。また，電池の起電力は金属の種類だけでなく，その金属から生成したイオンの濃度によっても変わる。金属AはA²⁺の濃度が イ ほど溶けやすく，また，金属BはB²⁺の濃度が ウ ほど析出しやすく，このような条件では起電力がやや エ なる。一般に，電極金属のイオン化傾向の差が大きいほど，電池の起電力は オ なる。

同じ金属電極からなる電池(iv)の場合も上述の考えから，Xの電極は カ 極となる。両極を導線でつなぎ，途中に電圧計を入れると，電流は外部導線を キ の電極から ク の電極へと流れる。このような電池を ケ という。

(1) 上の文中の空欄 ア 〜 ケ に最も適する語句，記号を記せ。

(2) 金属A〜Dを，イオン化傾向の大きいものから順に示せ。

(3) 金属C, Dを用いてつくった右図の電池(v)は起電力は何ボルトを示すか。また，その電池の電池式を書け。

（福岡大 改）

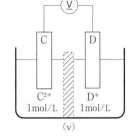

（v）

171 〈金属のイオン化傾向〉 ☑ ★★

次のA～Kは，下記の11種のいずれかに該当する金属である。下の問いに答えよ。

> ナトリウム，アルミニウム，銅，鉛，マグネシウム，金
> ニッケル，亜鉛，スズ，銀，水銀

① A, C, E, G, I, Jは希硫酸に溶け水素を発生する。B, D, F, Kは希硫酸には溶解しないが，希硝酸には溶解する。

② 常温の水と反応するのはEのみで，Iは熱水とは反応し，C, Gは高温の水蒸気と反応し，いずれも水素を発生した。残る金属は，高温の水蒸気とも反応しない。

③ A, G, Hは濃硝酸には溶けないが，このうちA, Gは希硝酸には溶ける。

④ Fは電気抵抗が最小で，Kは電気抵抗が最大である。

⑤ BとDを電極として電池をつくると，Dが正極，Bが負極となる。

⑥ 鉄板の表面にCとJをメッキしたものを比べると，傷がついた場合，後者のほうが鉄の腐食が速くなる。

(1) A～Kに該当する金属を，それぞれ元素記号で記せ。

(2) 金属Hはなぜ濃硝酸には溶解しないのか。その理由を説明せよ。

(3) 金属Fと希硝酸との反応を，元素記号を使った化学反応式で記せ。

(4) 金属A, Gはなぜ濃硝酸には溶解しないのか。その理由を簡単に説明せよ。

(5) 金属Bはなぜ希硫酸に溶解しないのか。その理由を説明せよ。　　　（中央大 改）

172 〈鉛蓄電池〉 ☑ ★★

次の文中の空欄 ☐ に適切な語句・数字を入れ，下の各問いに答えよ。原子量は，H = 1.0, O = 16, S = 32, Pb = 207, ファラデー定数 $F = 9.65 \times 10^4$ C/molとせよ。

鉛蓄電池は，☐ ア ☐ を負極，☐ イ ☐ を正極として，密度約1.2g/cm³の希硫酸に浸したもので，その起電力は約 ☐ ウ ☐ ボルトである。この電池を放電すると，負極では ☐ エ ☐ 反応，正極では ☐ オ ☐ 反応が起こり，両極にはともに ☐ カ ☐ という物質が付着するとともに，電解液の濃度は ☐ キ ☐ する。

また，ある程度放電したのちに，鉛蓄電池の正極および負極に，それぞれ別の直流電源の ☐ ク ☐ 極および ☐ ケ ☐ 極を接続して電流を通じると，逆反応が起こってもとの状態に戻すことができる。この操作を ☐ コ ☐ という。

(1) 放電時の負極，正極で起こる変化を，それぞれ電子 e⁻ を用いた反応式で示せ。

(2) 希硫酸（密度1.20 g/cm³, 30 %）1.0 Lを電解液とする鉛蓄電池を放電させて，3.86×10^4 Cの電気量を取り出した。答えの数値は小数第1位まで求めよ。

　(a)負極と正極では，それぞれ何gずつの質量の増加，減少が見られるか。

　(b)放電後の希硫酸の質量パーセント濃度を求めよ。

(3) 鉛蓄電池は放電・充電を繰り返すうちにその電解液は徐々に減少する。その原因として，水分の蒸発以外にどのようなことが考えられるか。　　　（摂南大 改）

173 〈ダニエル電池の起電力〉 ☐ ★

次の文章を読み，下の問いに答えよ。

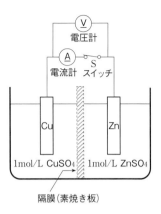

右図のように自作したダニエル電池の起電力は約 1.1 V，両電極を図のように抵抗を介さずに直接結んだときの電流値は約0.020 Aであった。電極板の表面積と隔膜の影響を調べるために，次のような実験を行った。

（実験1） この電池に使用した銅板および亜鉛板の表面積の半分をパラフィン（ろう）で被覆した後，電流値と起電力を測定した。なお，起電力は図中のスイッチSを開いてから測定した。

（実験2） 素焼き板を取り除き，両液が自由に混合できるようにした後，電流値を測定した。

（実験3） 素焼き板の代わりに，細孔の全くないポリエチレン膜を隔膜に用い，電流値を測定した。

(1) 実験1での起電力は，もとの電池の値と比べてどう変化したか。また，その理由を40字程度で答えよ。

(2) 実験1, 2, 3での各電池の電流値は，もとの電池と比べて，それぞれどう変化したか。また，それぞれの変化の理由を40字程度で述べよ。　　　　（金沢大 改）

174 〈電解槽の直列接続〉 ☐ ★

次の文章を読み，下の問いに答えよ。（原子量：H = 1.0，O = 16，Ni = 59，Ag = 108）

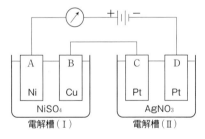

右図のように，電解槽(I), (II)を直列に接続して電気分解を行った。電解槽(I)には硫酸ニッケル(II)水溶液を入れ，陽極にはNi板，陰極にはCu板を用いる。電解槽(II)には硝酸銀水溶液を入れ，陽極，陰極ともに白金板を用い，2.6アンペアの電流を49分30秒間流した。なお，電気分解の間，各電解槽の陰極では気体の発生はなかったものとする。

(1) 極板(A), (B), (C), (D)に起こる反応を，電子e^-を含む反応式で示せ。

(2) 極板(D)で析出した金属の質量は何gか。（ファラデー定数$F = 9.65 \times 10^4$ C/mol）

(3) 極板(B)は電気分解によってニッケルメッキされる。極板(B)全体の表面積を100 cm^2とすると，メッキされるニッケルの厚さは何cmか。ただし，ニッケルの密度は8.8 g/cm^{3}とし，メッキは均一に行われるものとする。

(4) 極板(C)で発生する気体を捕集し，27℃，1.01×10^5Paにした場合，何Lを占めるか。ただし，気体は水に溶けないものとする。　　　　（千葉大 改）

175 〈金属のサビ〉 ☐ ★★

次の実験操作と観察を読んで，以下の各問いに答えよ。

① 蒸留水で3％塩化ナトリウム水溶液をつくり，これに少量のヘキサシアニド鉄(Ⅲ)酸カリウムを溶解し，さらに数滴のフェノールフタレイン溶液を加えよく混ぜる。

② 表面をよく磨き，鏡のようにした鉄板を水平に保つ。この鉄板上に①の溶液約1 mLを静かにのせて液滴をつくる(図1)。

③ 短時間ののちには，液滴の中心部が青黒くなった(図2)。

④ ③の現象を注意深く観察すると，全体が青黒くはならず，時間が経つにつれて，液滴の周辺部から徐々にピンクに色づいてきた(図3)。

⑤ 数時間後に液滴を観察すると，中心部の青黒色の周囲が緑褐色に変化した(図4)。

図1　側面図

図2　平面図

図3　平面図

図4　平面図

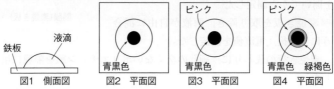

(1) ③の下線部では，どのような化学変化が生じたと考えられるか。説明せよ。

(2) ④の下線部には酸素が関係しているという。液滴の周辺部ではどのような化学変化が生じたと考えられるか。説明せよ。

(3) ⑤の下線部の現象を，化学反応式を使って説明せよ。

(4) 鉄が真水よりも海水で錆びやすい理由を，上述の考え方をもとに説明せよ。

(5) ①～⑤の実験と観察は「金属が錆びる」という現象の1つの側面を示している。この実験結果に即して，鉄板表面での「さび」の発生のメカニズムを簡略に説明せよ。ただし，化学式は使わずに，下記の用語をすべて使うこと。

電気化学的，鉄板表面，液滴の中心部，液滴の周辺部，酸素，水，電子，
酸化反応，還元反応，正極，負極

(奈良県医大 改)

176 〈水酸化ナトリウムの製造〉 ☐ ★

食塩水を右図の電解装置を用いて，気体A，BおよびNaOHの製造をある時間行ったところ，5.0 mol/L NaOH水溶液4.0 Lが得られた。

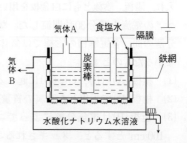

(1) このNaOHの工業的製法を何というか。

(2) 陽極，陰極で起こる反応を電子e^-を含む反応式で示せ。

(3) 得られた気体Aの物質量を求めよ。ただし，気体Aは食塩水には溶けないとする。

(4) この電解では5.0 Aの一定電流が流れていたとすると，この電解に要した時間は何秒間であったか。(ファラデー定数$F = 9.65 \times 10^4$ C/molとする。)　(福岡工大 改)

177 〈燃料電池〉 ☐ ★★

水素を完全燃焼したときの熱化学反応式は，次の(A)式で表される。

$$H_2(気) + \frac{1}{2}O_2(気) \longrightarrow H_2O(液) \quad \Delta H = -286 \text{ kJ} \quad \cdots\cdots(A)$$

この反応エンタルピーを熱エネルギーの形で得る代わりに，電気エネルギーとして効率よく取り出すように工夫された電池が燃料電池(図1)である。

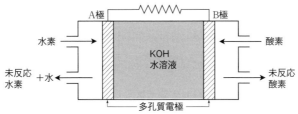

図1　水素燃料電池(アルカリ形)

白金触媒を含む2枚の多孔質電極に仕切られた容器に，30％水酸化カリウム水溶液を入れ，温度70℃で，A極には水素を，B極には酸素を一定の割合で供給する。電極A, Bを導線でつなぐと，①A極では，H_2が電解液中のOH^-と反応する。②B極では，O_2が①式で生成した電子e^-と電解液中のH_2Oと反応する。結局，電池全体としては，水素と酸素から水が生成する反応が起こったことになる。

(1) 文中の下線部①，②を電子e^-を含むイオン反応式で表せ。

(2) この電池を1時間運転したところ，90 gの水が生じた。この水素を燃焼して得られる熱エネルギーは何Jか。

(3) この電池の運転時の平均電圧は0.80 Vであった。この電池から1時間あたりに取り出せる電気エネルギーは何Jか。また，燃料の燃焼で得られる熱エネルギーのうち電気エネルギーに変換された割合（燃料電池のエネルギー変換効率）(％)を求めよ。ただし1 J = 1 C·V，ファラデー定数$F = 9.65 \times 10^4$ C/molとする。

(4) リン酸H_3PO_4を電解液とした水素燃料電池では，酸素の代わりに空気を用いることも可能であるが，水酸化カリウムを用いた水素燃料電池では，酸素しか用いることはできない。これは，空気を用いた場合ある副反応が起こり，電解液の電気抵抗が増大することが主な原因と考えられる。この副反応を化学反応式を用いて記せ。

(5) 化学的にみると，燃料電池は一次電池や二次電池とは異なる特色をもつ。そのうち，電池の活物質の供給方法についての相違点を説明せよ。

(6) 白金触媒を含む多孔質電極の負極にメタノール水溶液，正極に空気を供給し，その間をH^+だけを通す電解質膜で仕切った構造をもつ燃料電池は，放電時，負極ではCO_2とH^+が生成し，正極ではH_2Oが生成する。この電池を稼働させたときのエネルギー変換効率は50％であった。メタノールの燃焼エンタルピーを-726 kJ/molとして，この電池の運転時の平均電圧を求めよ。 (名古屋大 改)

178 〈電解槽の並列接続〉 ☐ ★★

次の文章を読み，下の問いに答えよ。ただし，原子量：H = 1.0，C = 12，O = 16，Cu = 63.5，ファラデー定数F = 96500 C/mol，発生する気体は水に溶けないものとする。

2つの電解槽を図のように接続し，抵抗Rを加減して，はじめ0.40 Aで6分30秒間，その後0.30 Aで23分30秒間通電した。電解後，電解槽(I)の陰極の質量が0.0635 g増加していた。

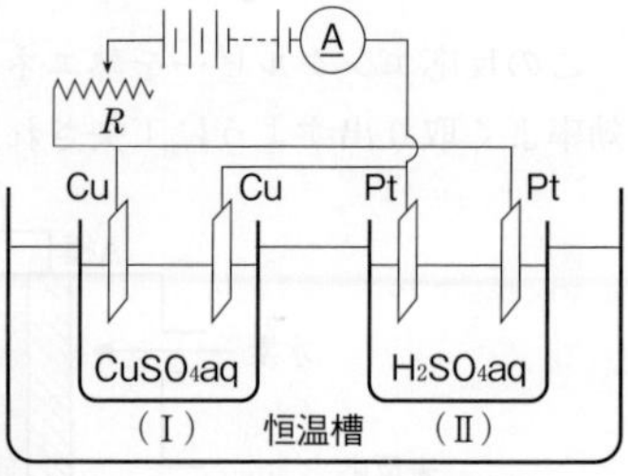

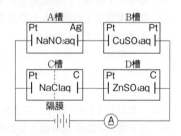

(1) 流れた総電気量は何クーロンか。

(2) 電解槽(II)を流れた電気量は何クーロンか。

(3) 電解槽(II)の陽極での反応を，電子e^-を含む反応式で示せ。

(4) 電解槽(II)の陰極で発生した気体は，標準状態で何mLか。

(5) この回路で電源電圧と電気抵抗Rを一定に保ち，次の(a)〜(g)のように条件を変化させたとき，銅板の質量変化量を増加，減少，変化なしのいずれかで答えよ。

(a) 2枚の銅板を近づける。 (b) 2枚の白金板を近づける。

(c) 水溶液に浸す銅板の面積を増やす。 (d) 恒温槽の温度を高くする。

(e) 電解槽(II)の希硫酸に蒸留水を加える。 (f) 電気抵抗Rを大きくする。

(g) 白金板1枚だけを電解槽から取り出す。 （東京学芸大）

179 〈電解槽の直・並列接続〉 ☐ ★★

4つの電解槽A〜D（電極は図に示す），直流電源，電流計を図のように接続し，1.00 Aの一定電流を80分25秒間通電した。電解後，B槽の陰極の質量は電解前と比べて0.635 g増加していた。（原子量は，H = 1.0，O = 16，S = 32，Cl = 35.5，Cu = 63.5，Zn = 65.4，Ag = 108，ファラデー定数$F = 9.65 \times 10^4$ C/mol。発生した気体は水に溶けないものとする。）

(1) この電解で，電流計Ⓐを通過した電子の物質量を求めよ。

(2) A槽全体で発生した気体の体積は，標準状態で何mLか。

(3) C槽の中央部には隔膜が取り付けてあり，その両側の溶液はそれぞれ500mLずつある。電解後，白金電極側の水溶液のpHはいくらか。ただし，電解による電解液の体積変化はないものとする。$\log_{10} 2 = 0.30$，$\log_{10} 3 = 0.48$とする。

(4) C槽で隔膜を用いずに電解を行った場合，溶液中で起こる主な反応を化学反応式で書け。

(5) D槽の白金電極の質量は，電解前に比べて0.327 gだけ増加し，同時に気体の発生が認められた。D槽全体で発生した気体の体積は標準状態で何mLか。（信州大 改）

180 〈ニッケル・カドミウム電池〉　☑ ★★

　現在，二次電池の中で携帯用に利用されているニッケル・カドミウム電池（ニッカ
ド電池）は，負極にカドミウムを，正極に酸化水酸化ニッケル(Ⅲ)を用い，20〜30%
水酸化カリウム水溶液中に浸した構造であり，起電力は約1.3 Vである。放電するに
つれて，Cd極はCd(OH)$_2$に，NiO(OH)極もNi(OH)$_2$のいずれも不溶性の物質で覆わ
れるが，充電すると逆反応が起こり，容易にもとへ戻すことができる。

　充電時，正極のNi(OH)$_2$がすべてNiO(OH)に酸化されてもなお，充電（過充電）し
ようとすると，次の反応によって酸素が発生してしまう。 $\boxed{\qquad ア \qquad}$

　当然，電池の内部の圧力が上がり，時として破裂する可能性がでてくる。そこで，
現在使用されている密閉型のニッカド電池では，理論量よりも多目のカドミウムを充
填することで，この問題に対処している。つまり，カドミウムが過充電で発生する酸
素を次の反応により吸収するのである。 $\boxed{\qquad イ \qquad} \longrightarrow 2\,Cd(OH)_2$

(1)　本文中の $\boxed{\quad ア \quad}$ または $\boxed{\quad イ \quad}$ に適当な反応式を記入せよ。

(2)　ニッカド電池を放電したとき，負極，正極での反応をe^-を含むイオン反応式で示
　　せ。また，両極で起こる反応を1つの化学反応式で書け。

(3)　いま，NiO(OH)が1.84 g充填されているニッカド電池からは，理論上，0.20 Aの
　　電流が何時間にわたって取り出せるか。原子量はH = 1.0，O = 16，Ni = 59とする。

(4)　この電池から1.5 Aの電流を1時間取り出したとき，負極，正極の質量はそれぞ
　　れ何 mgずつ増加，減少するか。ファラデー定数$F = 9.65 \times 10^4$ C/molとする。

（関西学院大 改）

181 〈マンガン乾電池〉　☑ ★

　次の文章の空欄 $\boxed{\quad ア \quad}$ 〜 $\boxed{\quad ク \quad}$ に適当な化学式または語句を記入せよ。

　マンガン乾電池は，亜鉛を負極活物質，黒鉛を集電体， $\boxed{\quad ア \quad}$ を正極活物質とし，
電解液として主に塩化亜鉛や塩化アンモニウム水溶液を用い，さらに合成糊を加えて
内容物がこぼれないように工夫された代表的な一次電池である。

　マンガン乾電池を放電すると，負極では，Zn $\longrightarrow \boxed{\quad イ \quad} + 2e^-$ なる反応が起こる。
負極から溶け出した亜鉛イオンは，さらにアンモニウムイオンと反応して， $\boxed{\quad ウ \quad}$ と
いう錯イオンを形成するので，電解液中の亜鉛イオンの濃度は常に低く保たれる。

　ところで，電池内部において負極から正極へ向かって電荷を運ぶのは，主に $\boxed{\quad エ \quad}$
である。$\boxed{\text{エ}}$は，正極で電子を受け取るが，直ちに $\boxed{\text{ア}}$ と反応するので，気体の発
生が避けられる。現在では，マンガン乾電池の正極では，MnO$_2$ + e^- + H$^+$ $\longrightarrow \boxed{\quad オ \quad}$
なる反応が主に起こると考えられている。さて，電解液に水酸化カリウム水溶液を用
いたアルカリマンガン乾電池では，負極から溶け出したZn^{2+}は溶液中のOH$^-$と反応
して $\boxed{\quad カ \quad}$ という錯イオンとなる。一方，正極では，MnO$_2$ + e^- + H$_2$O $\longrightarrow$
$\boxed{\text{オ}}$ + $\boxed{\text{キ}}$ なる反応が主に起こると考えられている。 （東京大 改）

182 〈銅の電解精錬〉 ☑ ★

次の文を読んで，あとの問いに答えよ。（原子量：Ni = 59，Cu = 64，Ag = 108）

　黄銅鉱（主成分$CuFeS_2$）は，コークス，石灰石，ケイ砂とともに溶鉱炉に入れて強熱すると，還元されて硫化銅（I）が分離される。(a)これを転炉に移し，高温の空気を吹き込むと粗銅が得られる。この粗銅は銅の純度が約99％で，不純物として Zn，Au，Ag，Fe，Ni，Pbを含むとする。高純度の銅を得るために，電解液として硫酸を加えた ア 水溶液を用い，粗銅板を イ 極，純銅板を ウ 極として，(b)0.3 V程度の低電圧で電気分解を行う（図1）。すると，陽極では主に (i) の反応が，陰極では主に (ii) の反応が起こる。このとき，粗銅中の不純物のうち， エ はイオン化しないで陽極の下へ沈殿するが， オ はイオン化するが，陰極には析出せずに溶液中にそのまま残る。ただし， カ はいったん，イオン化するが直ちに不溶性の塩を形成して沈殿する。このように，電気分解により金属の純度を高める方法を，一般に キ という。

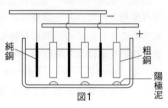

図1

(1) 文中の □ に適当な語句，元素名を，□ 内にe^-を含む反応式を書け。
(2) 下線部(a)を化学反応式で書け。
(3) 下線部(b)で，0.3 V程度の低電圧で電気分解を行う理由を説明せよ。
(4) 硫酸銅（II）水溶液1.0 Lと，不純物としてNiとAgを含んだ粗銅を陽極に，純銅を陰極に用い，上記のような方法で電気分解を行ったところ，粗銅は2.00 g減少し，純銅は1.92 g増加し，さらに，水溶液中の銅（II）イオンは0.010 molだけ減少した。このことから，陽極泥として沈殿した金属の質量を求めよ。　（横浜国大 改）

183 〈電気分解の途中変更〉 ☑ ★★

　0.020 mol/Lの硝酸銅（II）水溶液200 mLを，両極とも白金電極を用いて，1.0 Aの電流で32分10秒間電気分解を行った。陰極では，最初は銅が析出していたが，途中からは水素が発生するようになった。この電気分解は電流効率100％で行われ，電解後の水溶液の体積変化はないものとする。

　なお，通電した電気エネルギーに対して電気分解に使われた割合を電流効率とする。また，原子量：Cu = 64，ファラデー定数$F = 9.65 \times 10^4$ C/molとし，すべて有効数字2桁で答えよ。

(1) 陽極で発生した気体の体積は，標準状態で何Lか。
(2) 陰極で析出した金属の質量は何gか。
(3) 陰極で発生した気体の体積は，標準状態で何Lか。
(4) 電解後の水溶液のpHを求めよ。（$\log_{10}2 = 0.30$，$\log_{10}3 = 0.48$）　（兵庫県立大 改）

184 〈アルミニウムの溶融塩電解〉 □ ★★

アルミニウムの製錬は次の4工程よりなる。あとの各問いに答えよ。ただし、原子量は、C = 12、O = 16、Al = 27、ファラデー定数 F = 96500 C/mol とする。

① ボーキサイト（主成分は $Al_2O_3 \cdot nH_2O$）を焼いて水分と有機物を除き、粉砕後、<u>濃い水酸化ナトリウム水溶液に入れ、主成分の酸化アルミニウムをテトラヒドロキシドアルミン酸ナトリウムとして溶かす。</u>このとき、不純物の Fe_2O_3 や SiO_2 は溶けずに沈殿する。

② 不純物を除いたろ液に水を加えると、<u>加水分解が起こり水酸化アルミニウムが沈殿する。</u>

③ <u>この沈殿を取り出し、約1200℃で強熱すると、白色粉末状の純粋な酸化アルミニウム（アルミナともいう）が得られる。</u>

④ 酸化アルミニウムを氷晶石（Na_3AlF_6）とともに、図のような黒鉛張りの電解槽の中で黒鉛を電極として融解状態で電気分解する。このような電解を溶融塩電解という。陰極には融解状態のアルミニウムが得られるが、陽極では電極の黒鉛と酸素が反応して、いったん、二酸化炭素が生成するが、その一部は高温の黒鉛によって還元されて一酸化炭素に変化し、次式の平衡が成立する。

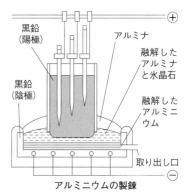

アルミニウムの製錬

$$CO_2 + C（黒鉛） \rightleftarrows 2CO \quad \cdots\cdots (a)$$

したがって、陽極では一酸化炭素と二酸化炭素の混合気体が発生し、陽極の黒鉛は次第に消耗する。

(1) ①〜③の下線部の変化を、化学反応式で表せ。

(2) この電気分解における氷晶石の役割を簡単に説明せよ。

(3) アルミニウム塩の水溶液の電気分解では、アルミニウムの単体は得られない。この理由を説明せよ。

(4) この電解では、陽極から標準状態に換算して2240 Lの気体が発生し、ガス分析の結果、一酸化炭素と二酸化炭素の物質量の比が2：3であることがわかった。

　(i) 陰極で生成したアルミニウムは何kgか。

　(ii) 消費された陽極の黒鉛は何kgか。

　(iii) この融解温度における(a)式の圧平衡定数 K_p を求めよ。ただし、大気圧は 1.0×10^5 Pa であるとする。

(5) この電気分解では、50アンペアの電流を200時間流して電気分解を行っていたとすると、流した電気量のうち、実際に電気分解に使われた電気量の割合（これを、電流効率という）は何 %かを計算せよ。

（帯広畜産大 改）

185 〈イオン交換膜を用いた電解〉 ☑ ★★

2種のイオン交換膜を用いた電気分解(電気透析法)は，海水の淡水化や食塩の製造などに利用されている。この原理を理解するため，図に示すように，電解槽を陽イオン交換膜Xと陰イオン交換膜Yで仕切り，電極としてA槽に炭素(陽極)，E槽に鉄(陰極)を浸して電気分解を行った。A〜E槽には，最初0.50 mol/L塩化ナトリウム水溶液をそれぞれ1.0 Lずつ入れ，5時間通電したら，E槽で発生した気体の体積は，27℃，1.0×10^5 Paで2.5 Lであった。ただし，電解液の体積変化，発生した気体の水溶液への溶解は無視できるものとする。($\log_{10}2 = 0.30$，$\log_{10}3 = 0.48$，気体定数$R = 8.3 \times 10^3$ Pa·L/(K·mol)，ファラデー定数$F = 9.65 \times 10^4$ C/molとする。)

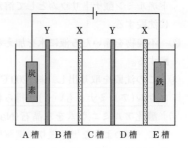

(1) 電解後，E槽のpHはいくらになるか。

(2) この電解で流れた電流は，平均何Aか。

(3) 電解後，各槽における塩化ナトリウムのモル濃度の比を簡単な整数比で示せ。(京都大 改)

186 〈ニッケル・水素電池〉 ☑ ★★

次の文を読み，あとの問いに答えよ。

ニッケル・水素電池は，コードレス電話などに利用されている二次電池で，正極に酸化水酸化ニッケル(Ⅲ)NiO(OH)を，負極に水素吸蔵合金 ($LaNi_5$などの混合物，本問ではMと表し，その平均原子量を72とする)に貯蔵した水素を，電解液に水酸化カリウム水溶液を用いており，その起電力は約1.2 Vである。

この電池を放電しても，水素吸蔵合金中の金属は変化せず，反応式は次の通りである。

負極：$MH + OH^-$ ⟶ ① _____

正極：$NiO(OH) + e^- + H_2O$ ⟶ ② _____

したがって，放電の際には，電池全体で次のような反応が起こる。

③ _____

以上の反応式より，この電池は放電・充電により電解液の濃度は④ (　)。

充電の終了後，外部電源から電流を流し続けることを過充電という。ニッケル・水素電池を過充電すると，水の電気分解が起こり気体が発生する。そこで，負極の金属の量を正極よりも多く充填することで，負極での⑤ (　)の発生を防ぎ，かつ正極で発生した⑥ (　)を負極物質と次のように反応させて，電池の破裂による危険を防止している。

⑦ _____ ⟶ $4M + 2H_2O$

(1) 文中の (　) に適語を，_____ には適切な反応式を記せ。

(2) ニッケル・水素電池を放電し，電子0.10 molに相当する電気量を取り出した。このとき，負極，正極の質量は何 gずつ増減するか。(H = 1.0，O = 16，Ni = 59)

187 〈リチウムイオン電池〉 ☐ ★★

　　リチウム電池は ☐ア☐ 極に酸化マンガン(IV)など，☐イ☐ 極に金属リチウムを，(a)電解液には有機溶媒にLiBF₄などの塩を溶解したものが使用され，3V以上の高い起電力をもつため，カメラや時計などに広く利用されている。しかし，(b)リチウム電池では充電と放電を繰り返すことに安全上の問題があり，これを二次電池として使用することはできない。だが，1991年に日本企業がこの点を解決し，理想的な二次電池リチウムイオン電池の実用化に成功した。現在，この電池はスマートフォン，ノートパソコンなどに広く利用されている。

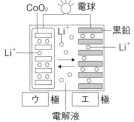

図1　リチウムイオン電池の概略図

　　リチウムイオン電池では，負極に金属リチウムを使用せず，図1に示すように ☐ウ☐ 極にコバルト酸リチウムLiCoO₂，☐エ☐ 極に黒鉛を使用する。なお，黒鉛は巨大な平面層状構造をもち，層と層の間は ☐オ☐ で結合している。そのため，黒鉛の層間には多くの原子や分子を挿入させたり，脱離させたりすることができる。

　　(c)充電時には，☐ウ☐ 極のLiCoO₂の層状構造からLi⁺が脱離するとともに，Co^{3+} が Co^{4+} に ☐カ☐ される。一方，☐エ☐ 極では黒鉛が還元されるとともに，その層間にLi⁺が挿入される。(d)電解液には有機溶媒にLiPF₆などの塩を溶解したものが使用される。

(1)　文中の ☐☐☐☐ に適切な語句を入れよ。

(2)　下線部(a)，(d)で，リチウム電池，およびリチウムイオン電池では電解液の溶媒として水を使用することができない。それぞれの理由を述べよ。

(3)　下線部(b)で，リチウム電池が二次電池として利用できない理由の一つとして，充電時に負極に析出する金属リチウムが樹枝状の形に成長して，正極にまで到達する問題が存在する。電池の動作原理を考慮して，これが問題となる理由を述べよ。

(4)　下線部(c)で，リチウムイオン電池の充電時の反応について説明した。それに対して，放電時の各電極における反応を，電子e⁻を用いた反応式で表せ。ただし，黒鉛の組成式はC₆，Li⁺が挿入された黒鉛の組成式はLiC₆とする。

(5)　下表の結合エネルギーを参考として，放電時のリチウムイオン電池の全体反応を，化学反応式に反応エンタルピーを書き加えた式（熱化学反応式）で表せ。

	LiCoO₂	CoO₂	LiC₆	C₆
結合エネルギー〔kJ/mol〕	2140	1561	4482	4308

(6)　リチウムイオン電池の起電力〔V〕を有効数字3桁まで求めよ。ただし，電池から取り出される電気エネルギーは移動する電子の電気量と起電力に比例する。単位については，電気エネルギー(J) = 電気量(C) × 起電力(V)である。（ファラデー定数 $F = 9.65 \times 10^4$ C/mol）

(7)　リチウムイオン電池の負極の質量が2.3g減少したとき，この電池から取り出される電子の物質量を有効数字2桁まで求めよ。(Li = 6.9)　　　　（東北大 改）

188 〈電池内の化学平衡〉　▢ ★★★

次の文を読んで，あとの各問いに答えよ。

ビーカーAには0.10 mol/L FeSO₄水溶液と0.050 mol/L Fe₂(SO₄)₃水溶液とを合わせて50.0 mL入れ，白金電極を浸した。ビーカーBには0.50 mol/L AgNO₃水溶液50.0 mLを入れ，銀電極を浸した。そして，A，BをKNO₃水溶液を寒天で固めた塩橋で結び，下図のような電池をつくった。ただし，Aの白金電極は溶液との間で電子の授受を行うが，自身は変化しないものとする。

Aに入れるFe^{2+}とFe^{3+}の割合を変えて電池の起電力を測ったところ，表に示す結果が得られた。ただし，これらの実験はすべて同一の温度で行ったものである。

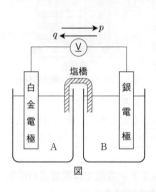

図

実験 No.	0.10 mol/L FeSO₄水溶液 〔mL〕	0.050 mol/L Fe₂(SO₄)₃水溶液 〔mL〕	白金電極の正負	起電力〔V〕
1	45.0	5.0	負	0.07
2	40.0	10.0	負	0.05
3	30.0	20.0	負	0.03
4	25.0	25.0	負	0.01
5	20.0	30.0		0
6	10.0	40.0	正	0.02

(1) 実験No. 1～4では白金電極が負極，銀電極が正極になっている。このとき，負極および正極で起こる変化を，電子e^-を用いたイオン反応式で示せ。

また，電池の両極で起こっている変化を一つにまとめたイオン反応式で示せ。

(2) 実験No. 5では起電力が0と測定されている。これは，(1)で答えた反応が平衡状態に達していると考えられる。この反応の平衡定数Kを下に示すモル濃度の記号を使って表せ。また，平衡定数を求めよ。

例：鉄(Ⅱ)イオンのモル濃度 $[Fe^{2+}]$，鉄(Ⅲ)イオンのモル濃度$[Fe^{3+}]$

　　　銀イオンのモル濃度$[Ag^+]$

(3) 次の文章の｜　　　｜について，適するものの番号を1つずつ選べ。

もし，実験No. 5において，ビーカーBにだけ水10.0 mLを加えた場合，外部回路には電流が｜ア．①pの向きに流れる。②qの向きに流れる。③流れない。｜と考えられ，ビーカーAにだけ水10.0 mLを加えた場合，外部回路には電流が｜イ．①pの向きに流れる。②qの向きに流れる。③流れない。｜ことが予想される。

一方，ビーカーAに0.20 mol/L FeSO₄水溶液20.0 mLと0.050 mol/L Fe₂(SO₄)₃水溶液30.0 mLを入れ，ビーカーBに0.20 mol/L AgNO₃水溶液50.0 mLを入れて同様の電池をつくったとき，外部回路には電流が｜ウ．①pの向きに流れる。②qの向きに流れる。③流れない。｜ことが期待される。

189 〈レドックスフロー電池〉 ☐ ★★

次の文章を読み，以下の各問いに答えよ。ファラデー定数は$F = 9.65 \times 10^4$ C/molとする。

余剰電力を貯蔵するために研究開発された電池に，溶液中で可逆的な反応を起こす酸化還元(レドックス*)系を２つ組み合わせたレドックスフロー電池がある。その代表的な例であるFe^{3+}-Cr^{2+}系のレドックスフロー電池(下図)では，次の反応の反応エンタルピーが直接電気エネルギーに変換される。

$$Fe^{3+} + Cr^{2+} \rightleftarrows Fe^{2+} + Cr^{3+} \quad \Delta H = -114\ \mathrm{kJ} \quad \cdots\cdots ①$$

＊酸化還元(reduction-oxidation)を略して，レドックス(redox)という。

＊$FeCl_3$，$CrCl_3$の加水分解を防ぐために，少量の塩酸を加えてある。

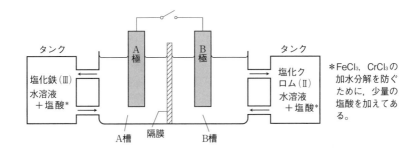

この電池を放電すると，A極では［　(i)　］の反応が，B極では［　(ii)　］の反応が起こる。このとき，電流は外部回路を㋐[①A極からB極，②B極からA極]へ流れる。

一方，A槽とB槽の間は，ふつう㋑[①陽イオン交換膜，②陰イオン交換膜，③素焼き板]で仕切るのが最もよく，主に㋒[①Cr^{2+}，②Cr^{3+}，③Fe^{2+}，④Fe^{3+}，⑤H^+，⑥Cl^-]が㋓[①A槽からB槽，②B槽からA槽]へ移動することにより，各槽内の電気的な中性状態が保たれる。

この電池の特徴は，充電が可能であり，電極の消耗がなく，反応液だけを増加させることにより，かなり大容量の電気エネルギーを貯蔵できる点にある。

(1) 文中の［　　　］には，電子e^-を含むイオン反応式を記入せよ。

(2) 文中の[　　　]のうち，適当なものの番号を選べ。

(3) 0.10 molの塩化鉄(Ⅲ)と1.0 molの塩化鉄(Ⅱ)を含む塩酸酸性水溶液1.0 Lと0.10 molの塩化クロム(Ⅱ)と1.0 molの塩化クロム(Ⅲ)を含む塩酸酸性水溶液1.0 Lからなるレドックスフロー電池がある。この電池に直流電流を通じて充電したところ，0.10 molの塩化鉄(Ⅱ)と1.0 molの塩化鉄(Ⅲ)および，0.10 molの塩化クロム(Ⅲ)と1.0 molの塩化クロム(Ⅱ)をそれぞれ含む塩酸酸性水溶液となった。この充電によって電池内に蓄えられた電気量は何クーロンか。有効数字２桁で答えよ。

190 〈ネルンストの式と電池の起電力〉 ☑ ★★★

　白金板を1 mol/L塩酸に浸し，その表面に1.013×10^5 PaのH₂を吹き込んだものを標準水素電極という。

　金属Mを1 mol/LのM^{n+}の水溶液に浸したものを金属Mの半電池という。

　いま，金属Mの半電池と標準水素電極を組み合わせた電池をつくり，その起電力を金属Mの標準電極電位という。

　また，任意の2つの金属の半電池を組み合わせたダニエル型の電池の起電力は次式で求められる。

　（起電力）＝（正極の標準電極電位）
　　　　　　－（負極の標準電極電位）

　ただし，この値は$[Zn^{2+}] = [Cu^{2+}] = 1$ mol/Lの場合の値（これを標準起電力という）であり，電池の起電力は金属イ

電極反応	標準電極電位
$Zn^{2+} + 2e^- \rightleftharpoons Zn$	-0.76 V
$2H^+ + 2e^- \rightleftharpoons H_2$	0 V（基準）
$Cu^{2+} + 2e^- \rightleftharpoons Cu$	$+0.34$ V
$Ag^+ + e^- \rightleftharpoons Ag$	$+0.80$ V

（標準電極電位の値が高い金属ほど，
M^{n+}＋$ne^- \longrightarrow$ Mの還元反応が進行しやすく，
イオン化傾向が小さいことを示す。）

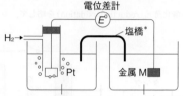

＊塩の濃厚水溶液を寒天などで固めたもの。両電解液を電気的につなぐ働きをする。

オンの濃度によって少しずつ変化する。理論的に，各濃度における電池の起電力Eは，次のネルンストの式を用いて求められる。

　例えば，電池反応のイオン反応式が　$M_1 + 2M_2^+ \xrightarrow{2e^-} M_1^{2+} + 2M_2$の場合，

$$E = E° - \frac{0.059}{n} \log_{10} \frac{[M_1^{2+}]}{[M_2^+]^2}$$

（n：反応したe^-の物質量
E：起電力，$E°$：標準起電力）

(1)　次の電池反応の起電力を小数第3位まで求めよ。（ただし，‖は塩橋を表す。）

　(i)　電池　(−)Zn|0.10 mol/L　ZnSO₄ aq‖1.0 mol/L　CuSO₄ aq|Cu(＋)

　(ii)　電池　(−)Cu|1.0 mol/L　CuSO₄ aq‖0.10 mol/L　AgNO₃ aq|Ag(＋)

(2)　(i)　(−)Ag|0.10 mol/L　AgNO₃ aq‖1.0 mol/L　AgNO₃ aq|Ag(＋)の濃淡電池の起電力を求めよ。

　　(ii)　上記の電池の電解液がいずれも500 mLのとき，この電池から取り出せる電子の物質量は最大何molか。有効数字2桁で答えよ。

(3)　1.0 mol/LのAgNO₃水溶液を2.0 mol/LのNH₃水で10倍に希釈した溶液に銀板を浸した半電池と，0.10 mol/LのAgNO₃水溶液に銀板を浸した半電池を組み合わせた電池の起電力を小数第3位まで求めよ。ただし，Ag$^+$とNH₃は錯イオンを形成する。

　　　$Ag^+ + 2NH_3 \rightleftharpoons [Ag(NH_3)_2]^+$

　この平衡定数$K = \dfrac{[[Ag(NH_3)_2]^+]}{[Ag^+][NH_3]^2} = 3.9 \times 10^7$ (mol/L)$^{-2}$とする。

　また，計算の際，電解液中のAg$^+$のほとんどは錯イオンになっていることに留意せよ。

（東京医歯大 改）

191 〈電気分解とイオンの移動速度〉 ☑ ★★★

次の文章中の空欄 □□□ に適当な数値（有効数字2桁）を記入せよ。

下図のように，電解槽Aには1.0 mol/L塩化ナトリウム水溶液に白金電極を浸し，また，電解槽Bには1.0 mol/Lの塩酸に白金電極を浸し，これらを直列に接続して，9.65×10^3 Cの電気量を流して電気分解を行った。

なお，電解槽A, Bには，それぞれ陰極室と陽極室の溶液（各室の液量はいずれも500 mLとする。）とが混合しないように，隔膜で仕切りがしてある。

ファラデー定数 $F = 9.65 \times 10^4$ C/molとする。ただし，A槽の隔膜はNa^+とCl^-だけを通し，B槽の隔膜はH^+とCl^-だけを通すものとする。

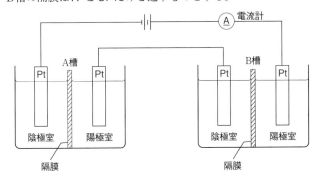

この電解では，A槽の隔膜を通って流れる電流のうち，40％はNa^+が陽極室から陰極室へ移動することにより，また，60％はCl^-が陰極室から陽極室へ移動することによって運ばれるものとする。つまり，水溶液中でのNa^+とCl^-の移動速度の比が$2:3$であることを意味する。

電気分解終了後，A槽の陰極室では，NaClが □ア□ molだけ減少し，NaOHが □イ□ molとH_2が □ウ□ mol生成する。

一方，A槽の陽極室では，NaClが □エ□ molだけ減少し，Cl_2が □オ□ molだけ生成することになる。

電気分解終了後，B槽の陰極室の溶液50 mLを取り出し，1.0 mol/Lの水酸化ナトリウム水溶液で滴定すると，中和点に達するまでに48 mL要した。

B槽の陰極室では，電気分解によりH^+が □カ□ molだけ減少したのに，中和滴定の結果より得られたH^+は □キ□ molである。このことから，陽極室から陰極室へ実際に移動したH^+は □ク□ molであることがわかる。

また，B槽にもA槽と同じ9.65×10^3 Cの電気量が流れていることから，陰極室から陽極室へ移動したCl^-は □ケ□ molということになる。

したがって，水溶液中でのH^+とCl^-の移動速度の比は，□コ□ : 1となる。

（横浜国大 改）

13　非金属とその化合物

192　〈第2,3周期元素の推定〉　☐　★

　周期表の第2周期および第3周期に属する元素のうち，次の(1)～(11)の記述に該当するものを元素記号で答えよ。

(1)　価電子の数が5個で，単体には同素体が存在する。

(2)　単体の結晶は六方最密構造をなし，冷水とは反応しないが，熱水とは反応して水素を発生する。

(3)　単体は常温で有色の気体で酸化力が強い。その水素化合物は水によく溶け，強い酸性を示す。

(4)　天然に存在する同位体の割合は，質量数12のものが最も多い。

(5)　地殻中での存在率は金属元素中で最大であり，その水酸化物は水に難溶であるが，強酸にも強塩基の水溶液にも溶解する。

(6)　単体の結晶は体心立方構造であり，冷水とも反応して水素を発生する。水溶液は黄色の炎色反応を示す。

(7)　地殻を構成する成分元素としては存在量が最も多く，同素体が存在する。

(8)　空気中に約1％含まれ，化学的に不活発で化合物をつくらない。

(9)　単体の結晶はダイヤモンドに似た構造をもち，その酸化物は光通信用のガラスファイバーなどとして広く利用されている。

(10)　酸化物は自動車の排気ガス中にも含まれ，大気汚染の一因となる。また，水素化合物の水溶液は塩基性を示す。

(11)　単体には同素体が存在し，この単原子イオンは金属イオンの分離に利用される。

（東北大 改）

193　〈第3周期の酸化物〉　☐　★

　次の記述は第3周期の元素の酸化物について述べたものである。酸化物A～Gの化学式をそれぞれ記せ。

(1)　Aは水と反応して強い塩基性の水溶液を生じる。

(2)　Bは熱水には不溶であるが，酸の水溶液にも強塩基の水溶液にも溶解する。

(3)　CはA～Gのうちで最も高い酸化数の元素を含み，水に溶けて強酸を生成する。

(4)　Dは，それをつくる元素の単体を空気中で燃焼させて得られる。この酸化物は酸化数+2の元素を含む。

(5)　Eはフッ化水素と反応して，メタンと同じ分子構造をもつ気体を生成する。

(6)　Fは吸湿性の強い白色粉末で，熱水と反応させると3価のオキソ酸を生成する。

(7)　Gは，それをつくる元素の単体を空気中で燃焼させて得られた酸化物を，さらに触媒を用いて酸化して得られる。

（秋田大 改）

194 〈酸化物の性質〉 ☑ ★

次の文章を読んで下の問いに答えよ。ただし，本文中の酸化物とは元素Mの酸化数が最高酸化数のものについて考えるものとする。

典型元素Mの酸化物は組成式M_mO_nで表されるが，元素Mの電気陰性度によって異なった性質を示す。MとOの電気陰性度の差が大きい場合，酸化物におけるMとOの結合は ［ ア ］ 性を示し，水中で容易に結合が切れて$M^{\frac{2n}{m}+}$とO^{2-}となる。生じたO^{2-}はH_2Oと反応してOH^-を生成する。したがって，M_mO_nが水と反応すると$M(OH)_n$という構造の物質を生じる。このような物質を ［ イ ］ という。［ イ ］ の水溶液は ［ ウ ］ 性を示す。第3周期の元素の酸化物のうち，このような性質を示すものは（ a ）と（ b ）であるが，（ b ）は（ a ）に比べて水に対する溶解度が小さい。

一方，MとOの電気陰性度の差が小さい場合，酸化物におけるMとOの結合は ［ エ ］ 性を示し，水と反応すると$MO_k(OH)_l$という構造の物質を生じる。このような物質を ［ オ ］ という。［ オ ］ の水溶液は ［ カ ］ 性を示す。これは，M-Oの極性が小さくなるにつれ，O-Hの極性の方が大きくなり，水との反応によりO-H間の結合が切れやすくなるためである。第3周期の元素の酸化物のうち，水と反応して上記の性質を示すものは（ c ），（ d ），（ e ）である。このうち，（ c ）から生成する$MO_k$$(OH)_l$は最も ［ カ ］ 性が強く，（ e ）から生成する$MO_k(OH)_l$は最も ［ カ ］ 性が弱い。

第3周期の元素の酸化物のうち，（ f ）は高温の水蒸気と反応すると，$M(OH)_n$という構造の物質を生じるが，その構成元素MとOの電気陰性度の差は上記二つの場合の中間にあたるため，M-Oの極性とO-Hの極性がほぼ同程度となっている。

(1) 文中の ［ ］ には適当な語句を，（ ）には適当な化学式を記入せよ。

(2) 下線部に基づき（ f ）と酸，塩基の水溶液との反応性を論じよ。（大阪医大 改）

195 〈気体の製法と性質〉 ☑ ★★

次の(ア)〜(コ)の組み合せにより発生する気体について，下の(1)〜(7)の問いに答えよ。

(ア) 亜鉛と希硫酸　　(イ) 硫化鉄(II)と希塩酸　　(ウ) 炭酸カルシウムと希塩酸

(エ) 塩化アンモニウムと水酸化カルシウム　　(オ) 酸化マンガン(IV)と濃塩酸

(カ) 銅と濃硫酸　　(キ) 銅と濃硝酸　　(ク) 銅と希硝酸

(ケ) 水素化カルシウム(CaH_2)と水　　(コ) 過酸化ナトリウム(Na_2O_2)と水

(1) 水上置換で捕集すべき気体のうち，最も軽い気体を発生する組合せ（2つ）

(2) 発生する気体が水に溶けて塩基性を示す組合せ（1つ）

(3) 気体を発生させるのに，加熱が必要である組合せ（3つ）

(4) 発生する気体が水で湿らせたヨウ化カリウムデンプン紙を青変させる組合せ（2つ）

(5) 発生する気体が酸性を示し，反応が酸化還元反応でない組合せ（2つ）

(6) 発生する気体が濃硫酸では乾燥できない組合せ（2つ）

(7) 酸性雨の原因物質と考えられる気体が発生する組合せ（2つ）　　（工学院大 改）

196 〈ハロゲンの性質〉 ☐ ★

次の文章を読み，下の各問いに答えよ。(原子量：O = 16，Cl = 35.5，K = 39，Mn = 55)

フッ素，塩素，臭素，ヨウ素は周期表の ☐ ア ☐ 族に属し，ハロゲンとよばれる。ハロゲンは互いによく似た性質をもち，すべて最外電子殻に ☐ イ ☐ 個の価電子をもつ。また，ハロゲン原子は ☐ ウ ☐ が大きく，電子を取り込んで ☐ エ ☐ 価の陰イオンになりやすい。

ハロゲン元素の単体は，☐ オ ☐ 結合からなる二原子分子として存在する。例えば，実験室で塩素をつくるには，(a)酸化マンガン(Ⅳ)に濃塩酸を加えて加熱するか，(b)高度さらし粉 $Ca(ClO)_2 \cdot 2H_2O$ に塩酸を加えてつくる。ハロゲン元素の単体の性質を比較すると，原子番号の増減によって規則的に変化する。例えば，融点・沸点は原子番号の増加につれて ☐ カ ☐ くなるほか，①ハロゲン化物イオンになる傾向の強さも原子番号の順番に変化する。また，(c)フッ素は容易に水と激しく反応して気体を発生するが，(d)塩素は水に溶け，その一部が水と反応する。臭素も水に少し溶けるが，水とはわずかしか反応しない。

ハロゲン化水素は無色，刺激臭でいずれも有毒な気体である。これらの沸点を比較すると，☐ キ ☐ だけが異常に高い値を示すが，☐ キ ☐ 以外はハロゲン元素の原子番号が大きくなるにしたがい，☐ ク ☐ くなる傾向がある。ハロゲン化水素の実験室的製法としては，(e)☐ キ ☐ はホタル石(主成分：フッ化カルシウム)に濃硫酸を加熱してつくられ，(f)☐ キ ☐ の水溶液はガラスの主成分である二酸化ケイ素と反応する。また，(g)塩化水素は塩化ナトリウムと濃硫酸を加熱してつくることができる。ハロゲン化水素はどれも水に溶けやすく，②その水溶液はいずれも酸性を示す。

(1) 空欄 ☐ ア ☐ ～ ☐ ク ☐ に適当な語句，数値を入れよ。

(2) 下線部(a)～(g)を化学反応式で書け。

(3) 下線部(a)，(b)で発生する塩素の乾燥剤として適当でないものを次の中から選べ。

(a) 塩化カルシウム　　(b) 酸化カルシウム　　(c) 濃硫酸　　(d) 十酸化四リン

(4) 下線部①の「ハロゲン化物イオンになる傾向の強さ」とは，ハロゲン元素の単体のもつどのような性質について述べたものか。また，その性質は原子番号順にどのように変化するかを説明せよ。

(5) 塩素を水に溶かした塩素水が，殺菌や漂白に用いられる理由を簡潔に説明せよ。

(6) 下線部②について，ハロゲン化水素酸 HF，HCl，HBr，HI としての酸の強さの順に並べ，そのようになる理由を説明せよ。

(7) 下線部(a)の反応を利用して，不純物として MnO_2 のみを含む $KMnO_4$ 試薬の純度を調べることにした。この試薬 10.0 g を水に溶かし，溶けずに残った MnO_2 だけを沪過して取り出した。次いで，この MnO_2 を十分量の濃塩酸と加熱したところ，77.3 mL (標準状態) の塩素が発生した。すべての反応が定量的に起こったとして，この $KMnO_4$ 試薬の純度を質量パーセントで求めよ。

(東北大 改)

197 〈硫酸の製造と性質〉 ☐ ★★

次の文を読み，あとの問いに答えよ。(原子量：H = 1.0，O = 16，S = 32，Fe = 56)

①黄鉄鉱(FeS_2)を燃焼させて二酸化硫黄とし，これに空気を混合し，☐ ア ☐ を主成分とする触媒層に通してさらに酸化すると☐ イ ☐ が得られる。(a) イ は濃硫酸に吸収させて☐ ウ ☐ としたのち，これを希硫酸でうすめて所定の濃度の濃硫酸がつくられる。このような硫酸の工業的製法を☐ エ ☐ という。

濃硫酸は②不揮発性の密度の大きい液体で，③脱水作用を示す。また，濃硫酸は水をほとんど含んでいないので，電離度は☐ オ ☐ い。しかし，熱濃硫酸は強力な☐ カ ☐ をもつので，④水素よりもイオン化傾向の小さな金属でも溶かすことができる。また，希硫酸をつくるときは，必ず(b)水に濃硫酸を少しずつかき混ぜながら加えていかなければならない。一方，希硫酸は電離度が☐ キ ☐ いので，水素よりもイオン化傾向の大きい金属と反応して☐ ク ☐ を発生する。また，⑤弱酸の塩に希硫酸を加えると，弱酸が遊離する反応が，気体の製法に多く利用されている。

(1) 文中の空欄 ☐ ア ☐ ～ ☐ ク ☐ に適当な語句を入れよ。

(2) 下線部①の反応を化学反応式で示せ。

(3) 98 %濃硫酸10 kgを製造するのに必要な黄鉄鉱(純度100 %とする)は何 kgか。

(4) SO_2，O_2，N_2のモル%がそれぞれ8，13，79 %の混合気体を一定体積の容器に入れ一定温度に保った。$2SO_2(気) + O_2(気) \rightleftarrows 2SO_3(気)$の反応が平衡に達したとき圧力は反応前の0.964倍であった。反応によってSO_2の何モル%がSO_3に変化したか。

(5) 下線部(a)について，SO_3を直接水に吸収させない理由を記せ。

(6) 下線部②～⑤にあてはまる代表的な反応の一例を，化学反応式で示せ。

(7) 下線部(b)について，そのようにしなければならない理由を述べよ。

(8) 硫酸は100 %を超えてもさらにSO_3を吸収できる。いま，10.9 %の発煙硫酸(100 %硫酸に質量%で10.9 %となるようにSO_3を吸収させたもの)1100 gがある。これを98.0 %硫酸にするには，60.0 %硫酸何gと混合させればよいか。 (東京海洋大 改)

198 〈ハロゲンの性質〉 ☐ ★

次の文中の空欄☐☐☐に適語を記入し，かつ，下線部を2つの化学反応式で表せ。

ハロゲンの単体はいずれも有色で，常温・常圧ではフッ素は淡黄色の☐ ア ☐，塩素は☐ イ ☐色の気体，臭素は☐ ウ ☐色の☐ エ ☐，ヨウ素は☐ オ ☐色の☐ カ ☐の状態でそれぞれ存在する。これらの単体と他の物質との反応性は，分子量が大きくなるにつれて☐ キ ☐なる。ヨウ素は水に溶けにくいが，☐ ク ☐を加えるとよく溶ける。これをヨウ素溶液という。また，ヨウ素は四塩化炭素にも溶けて☐ ケ ☐色を呈するが，これはヨウ素が☐ コ ☐の状態で溶けているためである。

ハロゲン化銀の中では☐ サ ☐を除いて水に不溶であるが，☐ シ ☐色の臭化銀はアンモニア水，およびチオ硫酸ナトリウム水溶液には☐ ス ☐色の☐ セ ☐となって溶けるが，☐ ソ ☐はアンモニア水には溶解しない。 (日本女大 改)

199 〈硫黄とその化合物〉 ☑ ★

次の文を読み，あとの各問いに答えよ。

硫黄の単体には，常温で安定な ア ，針状結晶の イ および，やや弾力性のある ウ の3種類の エ がある。 ウ を除く結晶中の硫黄分子は オ 個の硫黄原子が カ 状に結合した分子からなる。硫黄を空気中で熱すると，青色の炎をあげて燃焼し キ を生成する。 キ は実験室では，(a)銅に濃硫酸を作用させたり，(b)亜硫酸ナトリウムに希硫酸を作用させると得られる。二酸化硫黄は ク 臭のある無色の有毒な気体で， ケ 性をもつため，繊維や紙の コ に利用される。

(1) 文中の空欄 ▢ に適する語句または数字を入れよ。

(2) 下線部(a), (b)を化学反応式で表せ。

(3) 硫化水素と二酸化硫黄が反応するときの化学反応式を示せ。

(4) 酸性雨が生じる理由について， キ と硫酸を関連づけて50字以内で説明せよ。

(群馬大 改)

200 〈オゾン〉 ☑ ★

次の文を読み，あとの各問いに答えよ。

オゾンは，実験室では空気中で ア を行うと生成する。オゾンは生ぐさい臭いをもつ イ 色の有毒な気体である。また，オゾンは ウ 作用が強く，水で湿らせた エ 紙を青変することで検出される。

自然界のオゾンは地上20〜40km付近に多く存在し，ここでは太陽光に含まれる オ を吸収し，地上の生物を有害な オ から保護する役目を果たしている。

我々が使用している物質の中で，上空のオゾンの分解を促進する物質にフロンがあり，現在，その使用量を削減する努力が続けられている。

フロン（クロロフルオロカーボンの総称）は化学的に安定で分解しにくいが，大気上層の成層圏で オ の吸収により分解され，塩素原子を生じる。この塩素原子はきわめて活性な化学種で，①式のようにオゾンを分解し，②式で再生される。1個の塩素原子が1万個以上のオゾン分子を連鎖的に分解するといわれている。

$$Cl + O_3 \longrightarrow (\ A\ ) + (\ B\ ) \quad \cdots\cdots ①$$

$$(\ B\ ) + O \longrightarrow Cl + (\ C\ ) \quad \cdots\cdots ②$$

(1) ▢ に適当な語句，( ) に適当な化学式を入れよ。

(2) 下線部を化学反応式で表せ。

(3) オゾンの検出法として，上記以外にも次の反応が利用される。(a), (b)の反応前後の物質の化学式，および外観上の変化を記述せよ。

(a) 硫化鉛(Ⅱ)を硫酸鉛(Ⅱ)にする。 (b) 金属銀を酸化銀にする。 (富山大 改)

(4) 標準状態で，酸素とオゾンの混合気体の密度を測定したら2.00g/Lであった。この混合気体中のオゾンの質量パーセントを整数値で記せ。

(慈恵医大)

201 〈ハーバー法とオストワルト法〉 ☐ ★

次の文を読み，あとの問いに答えよ。(原子量：H = 1.0，N = 14，O = 16)

　窒素は常温では化学的に不活発で，実験室では (a)亜硝酸アンモニウム水溶液を加熱分解して，工業的には，　ア　の分留により得られる。また，アンモニアは，窒素と水素を1:3の体積比に混合し，約500℃，2〜5×10^{7}Paで工業的に合成される。この方法を　イ　といい，ふつう　ウ　を主成分とする触媒が使われる。また，実験室では，(b)塩化アンモニウムと水酸化カルシウムの混合物を加熱して得られる。

　硝酸を工業的につくる方法として，　エ　がある。この方法によると，まず，アンモニアと空気を混合し，(c)約800℃に加熱した白金網を通すと，一酸化窒素が生成する。(d)一酸化窒素の温度を下げると，再び空気中の酸素と反応して赤褐色の二酸化窒素となる。(e)二酸化窒素を水に溶かすと硝酸が得られ，一酸化窒素が副生する。ここで得られた一酸化窒素は回収され，再び酸化と水への吸収を繰り返すことにより，完全に硝酸に変化させている。

(1)　文中の空欄　ア　〜　エ　に適当な語句を記入せよ。

(2)　下線部(a)〜(e)を化学反応式で示せ。また，下線部(c)，(d)，(e)の3つの反応式をまとめて1つの化学反応式で示せ。

(3)　アンモニア1.0kgを原料として，そのすべてを硝酸に変えるものとする。このとき必要な酸素の体積は標準状態で何m^{3}か。また，70％硝酸は何kg生成するか。

(4)　下線部(b)で発生した気体を乾燥させるには，次のどれを用いるのが最も適当か。

　　(ア)　CaO　　(イ)　CaCl$_2$　　(ウ)　濃硫酸　　(エ)　P$_4$O$_{10}$　　(オ)　シリカゲル

（福岡大 改）

202 〈硝酸の性質と窒素の酸化物〉 ☐ ★

次の文中の空欄☐☐☐に適語を記入し，あとの各問いにも答えよ。

　硝酸は強酸の一種であるが，濃度に関わらず　ア　として働く点で，塩酸や硫酸と異なっている。イオン化傾向が水素より　イ　金属との反応では，水素は発生せず，濃硝酸では主に　ウ　が，希硝酸では主に　エ　が発生する。イオン化傾向が水素より大きいアルミニウムや鉄と希硝酸との反応では種々の気体が発生するが，濃硝酸では全く反応が起こらない。このような状態を　オ　という。

　一酸化窒素は　カ　色の気体であるが，酸素にあうと直ちに　キ　色の気体である二酸化窒素に変化する。これは，一酸化窒素は分子内に1個の　ク　電子をもち，他の原子や分子と共有結合をつくりやすいためである。一方，二酸化窒素の分子内にも1個の　ク　電子をもつため，2分子が重合して　ケ　になりやすいという性質がある。

(1)　硝酸は褐色びんに入れて保存する。その理由を反応式を用いて説明せよ。

(2)　文中の　オ　の状態について，40字以内で説明せよ。

(3)　下線部での反応では，どんな気体が発生すると考えられるか。　　（福井大 改）

203 〈キップの装置〉 ☐ ★

次の文を読み，あとの各問いに答えよ。

実験室で，キップの装置を使って硫化鉄(Ⅱ)と希硫酸との反応により，硫化水素を以下の手順で発生させた。

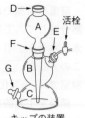

キップの装置

まず，　ア　の栓をはずし，　イ　に硫化鉄(Ⅱ)の小塊を入れ，栓を　ウ　に取り付けた。次に，活栓を閉じた状態で，　エ　から　オ　に希硫酸を満たし，活栓を開いた。

希硫酸は　カ　を満たした後，硫化鉄(Ⅱ)に接触し，徐々に硫化水素が発生した。必要量の硫化水素を捕集装置で集めた後，活栓を閉じたところ，硫化水素の発生はやがて停止した。

(1) 文中の　　　　に適する図中の記号A〜Gを記せ。ただし，同じ記号が複数回使われることもある。

(2) 本文で述べた硫化水素の発生を化学反応式で表せ。

(3) この反応で用いたキップの装置について，その利点について40字以内で記せ。

(4) この反応を二また試験管を用いて行うとした場合，そのときの留意点を簡潔に記せ。

(5) 下線部に述べた適切な捕集方法とは何か。また，その理由を40字以内で記せ。

(6) 硫化水素を発生させるのに，希硫酸の代わりに希硝酸を用いることはできない。その理由を説明せよ。

(7) この方法で発生させた硫化水素を乾燥したい時に使用できる乾燥剤を，下から1つ選べ。他の乾燥剤については，使用できない理由を60字以内で記せ。

　(ア) 水酸化カリウム　　(イ) 濃硫酸　　(ウ) 塩化カルシウム

(静岡県大 改)

204 〈気体の推定〉 ☐ ★

以下の文章を読み，A〜Iに該当する気体を下の〔　〕から選び，名称で答えよ。

(ア) A〜Gはすべて無色であるが，H，Iだけが有色である。

(イ) A，B，Cは無臭であるが，残りD〜Iは刺激臭ないし悪臭を有する。

(ウ) A，Bは水に難溶，C〜Iは水に溶ける。DとGの水への溶解度は特に大きい。

(エ) D，Hを硝酸酸性の薄い硝酸銀水溶液に通すと，白色沈殿を生成する。

(オ) BとHの混合気体に日光を当てると，爆発的に反応してDを生成する。また，DとGが接触すると白煙を生成する。

(カ) E，Fを硫酸酸性の過マンガン酸カリウム水溶液に通すと，いずれも脱色が起こったが，Eでは反応溶液が無色透明に，Fでは反応溶液が少し白濁した。

(キ) AとBを鉄を主成分とする触媒を用いて高温で反応させると，Gが生成した。

〔 H_2, O_2, N_2, Cl_2, HCl, SO_2, H_2S, NO_2, CO_2, NH_3 〕

(日本歯大 改)

205 〈炭素の同素体〉 ☑ ★

次の文中の▢▢▢に適当な語句または数値を入れ，〔問〕にも答えよ。

炭素の単体には，性質の異なるいくつかの ア が存在する。すなわち， イ は無色透明な結晶で，各炭素原子は隣接する ウ 個の原子と エ で結ばれ，正四面体を基本単位とする立体網目構造をもつ。そのため非常に硬く，電気伝導性を オ 。

カ は黒色の軟らかい結晶で，電気伝導性を キ 。各炭素原子は隣接する ク 個の原子と ケ で結ばれ，正六角形を基本単位とする平面構造をつくる。この平面構造は互いに コ で積み重なっている。 カ の細かな粉末は，結晶状の外観を示さないので， サ とよばれ，印刷のインクやプリンターのトナーなどに利用される。

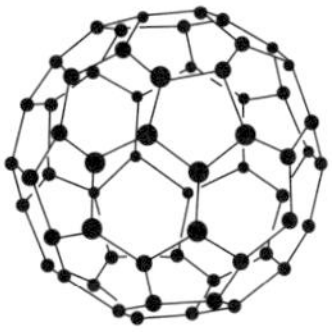

また，1985年には カ にレーザーを照射してできた煤の中から シ が発見された。右図は分子式 ス のサッカーボール状の シ で，電気伝導性を セ 。 （慶応大 改）

〔問〕 炭化ケイ素SiCはCとSiが交互に結合したダイヤモンド型の結晶構造をもち，CとSiの中心間距離は0.188 nm，CとCの中心間距離は0.154 nm，ダイヤモンドの結晶の密度を3.51 g/cm³とすると，炭化ケイ素SiCの結晶の密度を求めよ。原子量は，C＝12，Si＝28とする。 （名古屋大 改）

206 〈炭素の酸化物〉 ☑ ★

次の文の▢▢▢に適語を入れ，あとの各問いにも答えよ。

一酸化炭素は炭素の不完全燃焼で生じるほか，実験室では1価の弱酸である (a) ア を濃硫酸で脱水して発生させる。一酸化炭素は血液中の イ と強く結合してその働きを失わせるので，きわめて有毒である。高温において強い ウ 性を示すので，鉄の製錬などに利用される。

二酸化炭素は常温・常圧で無色・無臭の気体で，水に溶けると エ を生じ，水素イオンを電離して弱い酸性を示す。また，(b)圧力を加えると容易に液体になる。二酸化炭素の液体を空気中へ急激に放出させると，急激な膨張のために温度が下がり オ となる。これを押し固めたものが冷却剤として使われる カ である。

二酸化炭素は実験室では (c)大理石に希塩酸を加えて発生させる。また，水酸化ナトリウム水溶液に吸収される性質をもつ。(d)二酸化炭素を石灰水に通じると白色の沈殿を生じるが，(e)さらに二酸化炭素を通じると沈殿は溶解し，無色透明な溶液となる。これらの反応は，二酸化炭素の検出法として知られている。また，二酸化炭素とアンモニアを高温・高圧で反応させると，化学肥料に使用される キ を生じる。

近年，(f)大気中の二酸化炭素濃度は人間の活動により増加しており，これが地球の ク の一因と考えられている。

(1) 下線部(a)，(c)，(d)，(e)を化学反応式で表せ。

(2) 下線部(b)について，二酸化炭素が凝縮しやすい理由を説明せよ。

(3) 下線部(f)の主な原因を2つ答えよ。 （横浜市大 改）

207 〈ケイ素とその化合物〉 ☐ ★

次の文の空欄 ☐ に適語を入れ，以下の各問いにも答えよ。

　周期表の14族に属する元素 ア は，地殻に酸化物として多量に存在する。 ア の単体は，暗灰色の金属光沢をもつ結晶で，高純度のものはわずかに電気伝導性がある イ としての性質をもち，電子部品の材料などに用いられる。 ア の酸化物は，天然には石英やケイ砂などとして産出する。高純度のSiO_2を融解して繊維状にしたものは ウ とよばれ，光通信に利用される。また，(a)石英の粉末を炭酸ナトリウムと混合して強熱し，融解すると エ が生成する。 エ の水溶液を長時間オートクレーブ（耐圧鍋）中で加熱すると， オ とよばれる粘性の大きな液体が得られる。(b) オ の水溶液に塩酸を加えると，白色ゲル状の カ が沈殿してくる。 カ をよく水洗したのち，乾燥すると キ が得られる。(c) キ は多孔質で水蒸気や他の気体をよく吸着するので，乾燥剤や吸着剤などに使われる。

(1) 下線部(a)，(b)の変化を，化学反応式で記せ。

(2) オ の粘性が大きい理由を説明せよ。

(3) 下線部(c)について，その理由を説明せよ。

(4) ケイ砂（主成分SiO_2）とコークス（C）との反応では，コークスの含有量の違いによって2通りの異なった反応が起こる。それぞれの化学反応式を記せ。　（信州大 改）

208 〈リンとその化合物〉 ☐ ★

次の文の空欄 ☐ に適語を入れ，以下の各問いにも答えよ。

　リンは，自然界には単体では存在しないが，リン酸カルシウム等の形で存在する。リン酸カルシウムにケイ砂SiO_2とコークスCを混合し電気炉で強熱すると，まず，リン酸カルシウムとケイ砂が反応して ア ができ，次いで， ア がコークスによって イ されてリンの蒸気が発生する。この蒸気を空気に触れないようにして水中に導くと ウ が得られる。

　リンには，代表的な2種の エ が存在する。分子式がP_4の ウ は，空気中で酸化されやすく自然発火するので， オ に保存する。一方， ウ を空気を絶って約250℃に加熱してできる カ は，空気中で安定に存在する暗赤色の巨大分子である。また，(a)リンを空気中で燃焼させると， キ が生成する。 キ は潮解性のある白色粉末で， ク や脱水剤などとして用いる。(b) キ に水を加えて煮沸すると， ケ を生じる。 ケ は通常，粘性のある液体でその水溶液は中程度の強さの酸性を示す。

(1) 下線部(a)，(b)の変化を化学反応式で書け。

(2) リン酸カルシウム（式量310）は水に不溶であるが，その酸性塩であるリン酸二水素カルシウムは水溶性で，リン酸肥料として広く用いられる。いま，80.0％のリン酸カルシウムを含むリン鉱石1.00kgを処理して，リン酸二水素カルシウムに変化させるのに必要な60.0％硫酸（分子量98.0）の質量は何kgか。

（京都府医大 改）

209 〈フラーレンの構造〉 ▢ ★★

次の文の ▢ に適する数値（整数）を記入せよ。

フラーレンは炭素の単体で，その分子は空間的に閉じた多面体構造をとっており，C_{60} や C_{70} などの分子式をもつものが発見されている。これらの分子には，5 個の炭素原子からできている五角形の面と，6 個の炭素原子からできている六角形の面が存在する。一般に，多面体の頂点の数，辺の数，面の数に対して，（頂点の数）−（辺の数）＋（面の数）= 2 という関係が成立する。これをオイラーの多面体定理という。

フラーレンのように，五角形と六角形を組み合わせてできた多面体の各頂点は，3 つの面で共有され，各辺は 2 つの面で共有されていることを考慮し，オイラーの多面体定理を用いれば，C_{60} のフラーレンに含まれる五角形の面の数は（　①　）個で，六角形の面の数は（　②　）個である。一方，C_{70} のフラーレンに含まれる五角形の面の数は（　③　）個で，六角形の面の数は（　④　）個である。C_{60} のフラーレン 1 分子中には炭素原子の価電子が（　⑤　）個あり，また，単結合と二重結合しか存在せず，各炭素原子の価電子はすべて共有結合に使われているものとすれば，二重結合の数は（　⑥　）個あると考えられる。

（京都薬大 改）

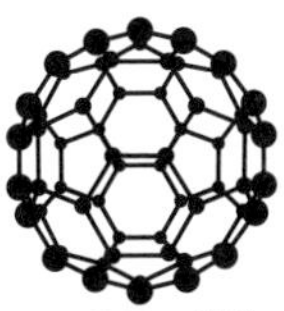

C_{60} 分子の構造 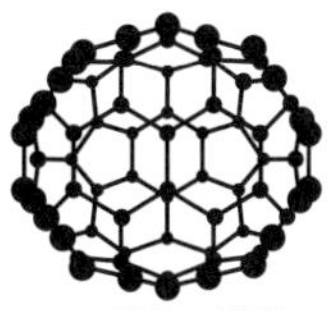　　　C_{70} 分子の構造

210 〈接触法〉 ▢ ★★★

次の文の ▢ に適する数値（有効数字 2 桁）を記入し，あとの問いにも答えよ。ただし，空気は窒素と酸素が 4 : 1（体積比）の混合気体とし，燃焼炉出口，接触炉入口と出口における温度・圧力はすべて等しいとする。原子量：H = 1.0，O = 16，S = 32

濃硫酸の工業的製法では，まず，溶融した硫黄を燃焼炉において乾燥空気 100 L 中で燃焼させて，二酸化硫黄を含む混合ガスをつくる。

$$S + O_2 \longrightarrow SO_2$$

次に，二酸化硫黄を含む混合ガスを，酸化バナジウム（V）の触媒をつめた接触炉に通して空気酸化し，三酸化硫黄にする。

$$2SO_2 + O_2 \rightleftarrows 2SO_3$$

いま，燃焼炉出口の混合ガスが二酸化硫黄を 12.0 %（体積 %）で含んでいたとすると，このガスには酸素は ①　 %（体積 %）含むことになる。

次に，上記の混合ガス 1.00 mol を接触炉に導き，その中の二酸化硫黄の 80.0 % を三酸化硫黄に変換したとすると，接触炉出口の混合ガスには，三酸化硫黄が ②　 %（体積 %）含まれることになる。

〔問〕 三酸化硫黄 1.00 mol を 96.0 % 濃硫酸（密度 1.80 g/cm³）100 mL に吸収させたら，何 % の発煙硫酸が生成するか。ただし，発煙硫酸の質量パーセント濃度は，100 % 純硫酸に溶けている三酸化硫黄の質量百分率（%）で表すものとする。

（近畿大 改）

211 〈硫黄とその化合物〉 ☐ ★★

次の実験1〜4について，下の問いに答えよ。

（実験1）　銅片を加熱した濃硫酸と反応させたところ，刺激臭のある気体Aを発生しながら銅片は溶解し，反応後，水を加えると着色した溶液Bを生じた。

（実験2）　①気体Aを，炭酸ナトリウム水溶液に通じて十分に吸収させた。次いで，この溶液Cにさらに炭酸ナトリウム水溶液を加え，溶液を濃縮後，放置したところ，白色粉末状の結晶Dが得られた。

（実験3）　②結晶Dを水に溶解し，硫黄の粉末を加えて加熱反応させた。しばらく放置したところ，無色透明な粒状の結晶Eが析出した。

（実験4）　結晶Eを水に溶解し，濃塩酸を加えたところ，刺激臭のある気体Aが発生し，③溶液は白濁した。

(1)　気体A，結晶Dおよび結晶Eの名称をそれぞれ記せ。

(2)　下線部①，②の反応の化学反応式を記せ。

(3)　溶液Bはどのような色を呈するか。また，その色の原因となる錯イオンの化学式を記せ。

(4)　結晶Eは銀塩写真の定着剤として用いられ，未感光の臭化銀を水溶性の錯イオンに変える働きをもつ。このときの化学反応式を記せ。

(5)　下線部③に示した溶液の白濁した原因は何か。20字以内で述べよ。　（大阪大 改）

212 〈気体の発生と捕集法〉 ☐ ★

次の(1)〜(12)の気体を発生させるのに必要な試薬をA群から，その気体の発生および捕集に必要な装置をB群から，それぞれ記号で選べ。

(1)　NO_2　　(2)　NH_3　　(3)　O_2　　(4)　HCl　　(5)　NO　　(6)　C_2H_2

(7)　CO_2　　(8)　SO_2　　(9)　H_2S　　(10)　Cl_2　　(11)　CO　　(12)　H_2

（A群）　㋐　銅と濃硝酸　　㋑　大理石と希塩酸　　㋒　酸化マンガン（Ⅳ）と濃塩酸

　　　　㋓　ギ酸と濃硫酸　　㋔　塩化アンモニウムと水酸化カルシウム

　　　　㋕　塩素酸カリウムと酸化マンガン（Ⅳ）　　㋖　炭化カルシウムと水

　　　　㋗　塩化ナトリウムと濃硫酸　　㋘　銅と希硝酸　　㋙　銅と濃硫酸

　　　　㋚　亜鉛と希硫酸　　㋛　硫化鉄（Ⅱ）と希硫酸

（B群）

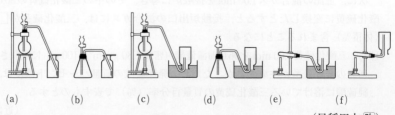

　　(a)　　　　　(b)　　　　　(c)　　　　　(d)　　　　　(e)　　　　　(f)

（早稲田大 改）

14　金属とその化合物

213 〈周期表の各族の性質〉 ☐ ★

　次の文は，周期表の各族の性質について述べたものである。それぞれの族の番号と，
(ア)～(オ)に該当する元素を元素記号で答えよ。

(1) 単体は非常に反応性に富み，炭酸塩は水に難溶である。多くは炎色反応を呈し，
常温では水と反応して水素を発生するが，(ア)は炎色反応を示さず，常温では水と
反応しないが，熱水とは反応する。

(2) 単体はすべて有色で，陰イオンになりやすい。水素との化合物はすべて水によく
溶け，多くは強い酸性を示すが，(イ)の水素化合物の水溶液は弱酸性であり，ガラ
スを溶かすという性質がある。

(3) すべてイオン化傾向が水素より小さな金属で，(ウ)以外は金属状態で特有の色を
呈するが，(ウ)は普通の金属と同様な色であり，その化合物は光で分解しやすい。

(4) 単体は化学的に極めて安定であり，原子の最外殻電子の数は，(エ)以外はみな8
個であるが，(エ)は2個である。

(5) 単体はすべて銀白色の金属で，常温で液体のものもある。通常は2価の陽イオン
になる。(オ)以外の酸化物は塩基性だが，(オ)の酸化物は両性である。(横浜市大 改)

214 〈酸化物の性質〉 ☐ ★

　次の(1)～(10)の文は，それぞれ下に示すある元素の酸化物の性質を述べたものである。
各項に該当する元素を選んで，それぞれの酸化物の化学式を記せ。

(1) 白色の粉末で常温の水と激しく反応して溶け，1価の陽イオンとなる。

(2) 無色の固体で普通の酸には溶けないが，フッ化水素酸には溶ける。

(3) 無色・無臭，可燃性の気体で水にほとんど溶けない。酸とも塩基とも反応しない。

(4) 赤褐色の気体で水に溶け，その水溶液は強酸性を示し，酸化作用をもつ。

(5) 極めて吸湿性の強い白色粉末で，熱水と反応すると3価の酸をつくる。

(6) 無色・刺激臭の気体で，その水溶液は酸性を示し，還元作用がある。

(7) 黒色の粉末で水に溶けないが，酸には溶けて青色の溶液となる。

(8) 白色の粉末で水に溶けないが，水酸化ナトリウム水溶液と塩酸のいずれにも溶け
る。アンモニアで塩基性にした水溶液に硫化水素を通じると白色沈殿を生じる。

(9) 黒色の粉末で濃塩酸と加熱すると塩素を発生して溶け，溶液は淡桃色になる。

(10) 白色の固体で水と反応して，水溶液は強い塩基性を示す。その水溶液に二酸化炭
素を通じると，白色沈殿を生じる。

(元素名) 炭素，窒素，ナトリウム，マグネシウム，カルシウム，アルミニウム，
ケイ素，リン，硫黄，塩素，鉄，銅，亜鉛，マンガン　　　　　(九州大)

215 〈アンモニアソーダ法〉 ☐ ★

　下図は，石灰石，塩化ナトリウム，アンモニアを主原料として，炭酸ナトリウムを工業的に製造する工程の概略を示したものである。なお，実線は製造の工程，破線は回収の工程を表している。この図をもとに次の各問いに答えよ。

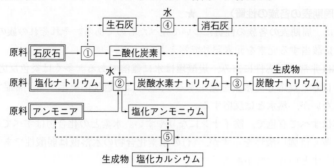

(1)　図中の反応①〜⑤をそれぞれ化学反応式で示せ。

(2)　①〜⑤の化学反応式を1つの反応式にまとめよ。

(3)　②の反応での生成物である炭酸水素ナトリウムと塩化アンモニウムを分離するには，両者の性質のどんな違いを利用しているか。最も適当なものを下から選べ。
　　ア．密度　　イ．比熱　　ウ．沸点　　エ．融点　　オ．水に対する溶解度

(4)　②の反応で使用する二酸化炭素のうち，①の反応で発生する二酸化炭素は何%を占めるか。ただし，③の反応で発生する二酸化炭素は100%回収し利用するものとする。

(5)　炭酸ナトリウム水溶液を濃縮すると，$Na_2CO_3 \cdot 10H_2O$ の無色の結晶が得られる。これを乾燥した空気中に放置すると，$Na_2CO_3 \cdot H_2O$ の白色の粉末となる。この現象を何というか。

(6)　上記の方法で炭酸ナトリウム10 kgを製造するのに，原料の塩化ナトリウムは最低限何kg必要か。ただし，各反応は完全に進行するものとする。原子量は，H = 1.0，C = 12，O = 16，Na = 23，Cl = 35.5とする。

(7)　図で示された炭酸ナトリウムの工業的製法を何というか。

(8)　図中の反応①〜⑤のうち，加熱しなければ進行しない反応を式の番号で示せ。

(9)　⑤の反応で生成する塩化カルシウムの主な用途を1つ答えよ。

(10)　右図は，4種類のナトリウム塩（固体または液体）の反応上の相互関係を示したものである。反応経路1〜8に該当する最も適当な化学操作を，下の(イ)〜(リ)から1つずつ選べ。

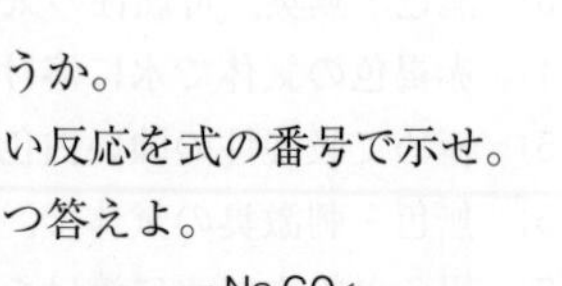

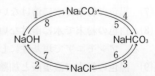

　　(イ)　酸素を通じる。　　(ロ)　アンモニアを通じる。　　(ハ)　一酸化炭素を通じる。
　　(ニ)　二酸化炭素を通じる。　　(ホ)　二酸化炭素およびアンモニアを通じる。
　　(ヘ)　塩酸を加える。　　(ト)　水酸化カルシウムを加える。
　　(チ)　電気分解を行う。　　(リ)　固体を加熱する。　　　　　（名古屋大 改，(10)は千葉大）

216 〈カルシウムの化合物〉 ☐ ★

次の文中の☐☐☐に適当な語句を入れ，次の問いにも答えよ。

1. カルシウムは，ストロンチウムやバリウムとともに ア 元素とよばれる。

2. (a)カルシウムは，常温で水と激しく反応して イ を発生する。

3. カルシウムは，地殻中では石灰岩や大理石の主成分である ウ として存在する。 ウ が二酸化炭素を含んだ水と接触すると，水に可溶性の エ を生成する。自然界で，石灰岩が二酸化炭素を含む地下水によって溶かされてできたものが オ であり，この逆反応が起こると カ などが生じることがある。

4. ウ を約1000℃に加熱すると，生石灰とよばれる キ が生成する。(b) キ にコークス(C)を混ぜて電気炉中で強熱すると，カーバイドとよばれる ク が生成する。(c) ク に水を作用させると， ケ という気体が発生して， コ の懸濁液が残る。また，生石灰に水を加えると，発熱・膨張しながら反応して白色粉末状の サ が生成する。 サ は消石灰とよばれ，土壌の中和剤などに用いられる。

5. 水酸化カルシウムの水溶液を シ といい，(d) シ に二酸化炭素を吹き込むと白濁する。さらに，(e)二酸化炭素を通じ続けると，白濁は消えて無色透明な溶液になる。しかし，(f)この溶液を加熱すると再び白濁を生じる。

6. (g)水酸化カルシウムに塩素をゆっくりと吸収させると， ス を生成する。 ス には セ 作用があるので，水に溶かして殺菌や漂白などに利用される。

7. カルシウムは，自然界には硫酸カルシウム二水和物 $CaSO_4 \cdot 2H_2O$ の形でも存在し，一般に ソ とよばれている。 ソ を約140℃で加熱すると，硫酸カルシウム半水和物 $CaSO_4 \cdot \frac{1}{2}H_2O$ となり，これを タ という。 タ を水で練って放置すると再び二水和物となって固化する。このときわずかに膨張する性質を利用して， タ は塑像や陶磁器の鋳型などに利用されている。

8. 私たちの体の骨や歯の主成分は， チ でできている。

(1) 下線部の(a)〜(g)をそれぞれ化学反応式で示せ。

(2) 水酸化カルシウムの水溶液に二酸化炭素を通じると沈殿を生じるが，塩化カルシウムの水溶液に二酸化炭素を通じても沈殿を生じない。この理由を書け。

(3) Caのみに該当する性質にはA，Mgのみに該当する性質にはB，CaとMgの両方に該当する性質にはC，CaとMgのいずれにも該当しない性質にはDと記せ。

 (a) 塩化物が水に可溶である。 (b) 炎色反応を示す。

 (c) 硫酸塩が水に可溶である。 (d) 単体が水と容易に反応する。

 (e) 水酸化物は強い塩基性を示す。 (f) 炭酸塩が水に不溶である。

 (g) 硫化物が水に不溶である。 (h) 硝酸塩は水に可溶である。(大阪歯大 改)

(4) 水酸化マグネシウム $Mg(OH)_2$ のような水に難溶性の水酸化物の飽和水溶液のpHは，その溶解度積から計算できる。$Mg(OH)_2$ の飽和水溶液のpHを小数第1位まで求めよ。ただし，$Mg(OH)_2$ の溶解度積 $K_{sp}=2.0\times10^{-11}(mol/L)^3$，その電離度を1.0，$\log_{10}2=0.30$，$\log_{10}3=0.48$とする。 （北海道大 改）

217 〈アルミニウムとその化合物〉　☑ ★

次の文章の□□□内に適当な語句を記入し，あとの各問いにも答えよ。

周期表で非金属元素との境界付近に位置する①アルミニウムは，酸にも強塩基の水溶液とも反応して溶け水素を発生する。このような金属を　ア　といい，第4周期にある　イ　や第5周期にある　ウ　なども同じ性質を示す。しかし，アルミニウムは濃硝酸には溶解しない。このような状態を　エ　という。この現象を利用して作られたアルミ製品は　オ　とよばれ，わが国で発明されたものである。

アルミニウムの粉末は，酸素中で点火すると多量の熱と閃光を放って激しく燃焼し，酸化アルミニウムの白色粉末が生成する。この物質の結晶は，硬くて融点が高く，微量のクロムを含み赤色を帯びたものは　カ　，微量の鉄およびチタンを含み青色を帯びたものは　キ　とよばれ，いずれも宝石として利用される。

②酸化鉄(III)の粉末とアルミニウムの粉末の混合物を点火すると，激しく反応して融解状態の鉄が遊離する。この反応は　ク　とよばれ，鋼材の溶接などに用いられる。この反応では，アルミニウムは　ケ　剤として働いていることになる。

硫酸アルミニウムと硫酸カリウムの混合水溶液を濃縮すると，$Al \cdot K(SO_4)_2 \cdot 12H_2O$という組成式をもったカリウム　コ　とよばれる無色・正八面体の結晶が析出する。カリウム　コ　のように，2種以上の塩が結合した形で表される塩で，水に溶かすとその成分イオンに電離する塩を　サ　という。また，この物質の水溶液は，水和したアルミニウムイオンの一部が次式のように　シ　するため，弱酸性を示す。

$$[Al(H_2O)_6]^{3+} + H_2O \rightleftharpoons [Al(OH)(H_2O)_5]^{2+} + H_3O^+$$

一方，亜鉛を空気中で燃焼させると，白色の　ス　を生成する。これは，塩酸にも水酸化ナトリウム水溶液にも反応して溶解するので　セ　とよばれる。

③硫酸亜鉛の水溶液にアンモニア水を加えると，白色の　ソ　の沈殿を生成する。④さらにアンモニア水を加えると，沈殿は溶けて無色の溶液となる。これは，　タ　という錯イオンを生じたためである。

(1) 下線部①に関して，アルミニウムが塩酸および水酸化ナトリウム水溶液に溶けるときの反応を，それぞれ化学反応式で書け。

(2) 下線部②，③，④の各反応を，化学反応式で記せ。

(3) 硫酸カリウムアルミニウムの水溶液に，次の水溶液を徐々に加えていくと，どのような変化が見られるかをイオン反応式で示して説明せよ。

　(a) アンモニア水　　(b) 水酸化ナトリウム水溶液　　(c) 塩化カルシウム水溶液

(4) アルミニウムにマグネシウム，銅などを加えた合金は，軽くて強度が大きいため，航空機の機体などに利用される。この合金を何というか。　　　　　　（滋賀医大 改）

(5) 下線部②に関して，酸化鉄(III)とアルミニウムの質量比4：1からなる混合物2.7 kgを完全に反応させたとき，生成する鉄の質量は何kgか。（原子量は，O=16，Al=27，Fe=56とする。）　　　　　　（摂南大 改）

218 〈鉄の製錬と鉄イオンの性質〉 ☑ ★

次の文章の空欄 ◯◯◯◯ に適当な語句, 物質名を入れ, あとの各問いに答えよ。

溶鉱炉の上部から鉄鉱石, ｜ ア ｜ および石灰石を入れ, 酸素を含んだ熱風を下部から送り込むと, ｜ ア ｜ は主に一酸化炭素となって鉄の酸化物を ｜ イ ｜ する。こうして得られた鉄には約4%の ｜ ウ ｜ を含んでいて ｜ エ ｜ とよばれ, 硬くてもろいが, 比較的融解しやすいので鋳物に用いられる。これを転炉に入れ純酸素を吹き込んで, S, Pなどの不純物を除くと同時に, ｜ ウ ｜ の含有量を2.0%以下に減らすと, 粘り強い丈夫な ｜ オ ｜ となるので, 種々の構造材料として利用される。

鉄を希硫酸と反応させると水素を発生して溶け, ｜ カ ｜ 色の水溶液になる。これに水酸化ナトリウム水溶液を加えると, ｜ キ ｜ の緑白色沈殿を生じる。｜ キ ｜ を空気中に放置すると徐々に酸化され, 赤褐色の ｜ ク ｜ に変化する。

鉄(Ⅱ)イオンは ｜ ケ ｜ イオンと反応して濃青色の沈殿を生じる。また, 鉄(Ⅲ)イオンは ｜ コ ｜ イオンと反応して濃青色の沈殿を生じ, ｜ サ ｜ (化学式はKSCN)水溶液を加えると, 血赤色の溶液になる。

(1) 下線部の反応を, 化学反応式で書け。

(2) 鉄の腐食を防ぐため, 鉄にクロムやニッケルを混ぜてつくった合金を何というか。

(3) 質量で4.0%の炭素を含む銑鉄1.0 tをつくるには, 赤鉄鉱(Fe_2O_3の含有量が85%とする)が何t必要か。原子量は, $Fe = 56$, $O = 16$とする。

(4) 鋼鉄は純鉄に比べて展性, 延性が小さく, 硬度が大きい理由を説明せよ。

(自治医大 改)

219 〈鉄の酸化物と反応〉 ☑ ★

次の文を読み, あとの問いにも答えよ。(原子量：$Fe = 56$, $O = 16$)

鉄の酸化物には2価の鉄イオンを含む〔 a 〕, 3価の鉄イオンを含む〔 b 〕および両イオンを1:2の割合で含む〔 c 〕がある。組成から判断して, 密度の最も大きいのは〔 d 〕である。赤鉄鉱の主成分である〔 e 〕は, 空気中で非常に安定である。黄鉄鉱として天然に産出する二硫化鉄も, 空気中で加熱すると〔 f 〕に変化してしまう。鉄を高温の空気や水蒸気に触れさせると〔 g 〕の緻密な被膜がその表面を被って, 内部がさびにくくなる。このような状態を ｜ ア ｜ という。また〔 h 〕は黒色で磁石に強く引き付けられるので, その粉末は磁性材料などにも用いられる。

鉄を希硫酸に溶かすと, 水素を発生して鉄(Ⅱ)イオンを含む水溶液が生成する。その水溶液に過酸化水素水を加えると, ｜ イ ｜ 色であった溶液が ｜ ウ ｜ 色に変わる。逆に, 鉄(Ⅲ)イオンを含む水溶液に塩化スズ(Ⅱ)水溶液を加えると, ｜ ウ ｜ 色であった溶液が ｜ イ ｜ 色に変化する。これは, 鉄(Ⅲ)イオンが ｜ エ ｜ されたことを示す。

(1) 文中の ◯◯◯◯ に適切な語句, 〔 〕に適切な化学式を記せ。 (京都大 改)

(2) 0.075 mol/L 塩化スズ(Ⅱ)の塩酸酸性水溶液50.0 mL中のすべてのSn^{2+}を, Sn^{4+}にするのに必要な0.100 mol/L 二クロム酸カリウム水溶液の体積は何mLか。

220 〈銅とその化合物〉 ☑ ★

次の文を読み，あとの問いに答えよ。

銅は周期表第 ア 族の遷移元素で，常温では表面だけしか酸化されず，化学的に安定した赤色の金属である。展性・延性，熱伝導性や電気伝導性が大きく，単体だけでなく，種々の合金としても多く利用される。例えば，30～40％の亜鉛を含む イ や，約10％のスズを含む ウ ，および約26％の亜鉛と約4％のアルミニウムを含む合金は，形状記憶合金として知られている。銅を二酸化炭素を含んだ湿った空気中に放置すると，表面に緑色のさびを生じる。これを エ といい，主成分の化学式は$Cu_2CO_3(OH)_2$である。

また銅を空気中で加熱したとき，約1000℃以下で生じる①黒色の酸化物は〔 a 〕で，さらに温度を上げると赤色の酸化物〔 b 〕に変化する。酸化物〔 b 〕は，酒石酸イオンと水酸化ナトリウムを含む硫酸銅(Ⅱ)水溶液（これを オ 液という。）に，弱い カ 剤（グルコースやアルデヒドなど）を加えて加熱する反応でも生成する。

②銅は，希塩酸や希硫酸には溶けないが，酸素が存在していると徐々に溶解する。銅は，酸化力をもつ熱濃硫酸や濃硝酸などとは反応し，それぞれ刺激臭のある気体 キ や ク を発生しながら溶ける。

酸化物〔 a 〕を希硫酸に溶かして得られる水溶液を濃縮すると，青色の結晶〔 c 〕が析出する。なお，〔 c 〕の水和水のうち， ケ 分子は銅(Ⅱ)イオンと コ によって結合し， サ 分子は主に硫酸イオンの酸素原子と シ でつながっている。この結晶を約250℃に加熱すると，水和水をすべて失って白色の粉末〔 d 〕となる。〔 d 〕は水を吸収すると再び青色となるので，有機溶媒中の水分の検出や除去などに用いられる。

硫酸銅(Ⅱ)水溶液に少量ずつアンモニア水を加えると，はじめ青白色の沈殿〔 e 〕を生成するが，さらに③アンモニア水を加えるとこの沈殿は溶け，深青色の錯イオン〔 f 〕を生成して溶ける。濃厚な〔 f 〕の溶液を ス 試薬といい，セルロースを溶かす性質があるので，銅アンモニアレーヨン（キュプラ）の製造に利用される。なお，沈殿〔 e 〕を含む水溶液を加熱すると，酸化物〔 a 〕が生成する。

(1) 文中の空欄 ア ～ ス には適当な語句，数値を，〔 a 〕～〔 f 〕には適当な化学式を記入せよ。

(2) 下線部①，③の反応を，化学反応式で示せ。

(3) 下線部②に関して，熱い希硫酸に銅くずを加え十分に空気を通じていると，銅は溶解する。この変化を化学反応式で示せ。

(4) 遷移元素の特徴3つを箇条書きで説明せよ。

(5) 下線部③の水溶液を加熱すると，錯イオン中の配位子の半数が水分子と置き換わった錯イオンの異性体を生成する。その異性体を立体構造がわかるように記せ。

(同志社大 改)

221 〈銀イオンの反応〉 ☐ ★

硝酸銀水溶液を用いて，次の実験を行った。あとの問いに答えよ。

① (a)硝酸銀水溶液に　A　水溶液を加えたら，褐色の沈殿が生じた。(b) A 水溶液をさらに過剰に加えたら，沈殿は溶けて無色透明な水溶液になった。

② 硝酸銀水溶液に　B　水溶液を加えたら，白色の沈殿を生じた。この沈殿を長く日光に当てると，　C　を生じるために黒紫色に変わる。

③ (c)硝酸銀水溶液に　D　水溶液を加えたら，黄色の沈殿が生じた。 A 水溶液を過剰に加えてもこの沈殿は溶けなかったが，(d) E 水溶液を加えると，この沈殿は溶解した。

④ (e)硝酸銀水溶液に　F　水溶液を加えると，成分元素として炭素を含む白色の沈殿を生じ，(f) F 水溶液を過剰に加えると，沈殿は溶けて無色透明な水溶液になった。

(1) 文中の　A　～　F　に該当する物質を下から選び，物質名を答えよ。

[NaOH, Na₂S₂O₃, KCl, KBr, KI, NH₃, KCN, Zn, Cu, Ag]

(2) 下線部(a)～(f)の変化を，化学反応式で書け。 (弘前大 改)

222 〈錯イオン〉 ☐ ★★

次の文の空欄　　に適語を入れ，あとの問いにも答えよ。

主に金属元素の陽イオンに陰イオンや分子が　ア　して生じたイオンを錯イオンという。結合している陰イオンや分子を　イ　といい，その数を　ウ　という。錯イオンの中心イオンになる元素には　エ　元素が多いが，Al, Sn, Pb などの典型元素の陽イオンも錯イオンをつくる。錯イオンの立体構造は，中心イオンの電子配置と　イ　の種類や　ウ　の違いによって決まり，直線形，正方形，正四面体形，正八面体形など特徴的な形状をなす。　エ　元素の錯イオンは，しばしば特徴的な色を呈する。水溶液中の金属イオンは，ふつう水分子が　ア　した錯イオンとなっていることが多い。これを　オ　といい，(a)$[Fe(H_2O)_6]^{2+}$ や(b)$[Cu(H_2O)_4]^{2+}$ および(c)$[Zn(H_2O)_4]^{2+}$ などがその例である。　イ　には CO, H₂O, NH₃ などの分子のほか，CN⁻, SCN⁻, Cl⁻, F⁻などのイオンがあり，これらに共通する特徴として　カ　をもつことがあげられる。

(1) 下線部(a), (b), (c)の錯イオンの立体構造の形状の名称をそれぞれ書け。

(2) 次の(a)～(c)のコバルト(Ⅲ)アンミン錯塩の水溶液に，十分量の硝酸銀水溶液を加えたところ，各錯塩 1 mol からは(a)は 3 mol, (b)は 2 mol, (c)は 1 mol の塩化銀の沈殿を生じた。このことから，各錯塩の示性式を答えよ。

(a) CoCl₃·6NH₃ (b) CoCl₃·5NH₃ (c) CoCl₃·4NH₃

(3) (2)の(c)の錯塩中に含まれる錯イオンの構造として，正六角形，正三角柱，正八面体を仮定すると，考えられる異性体の数は，それぞれ　キ　個，　ク　個，　ケ　個となるが，実際に存在する異性体の数は 2 種なので，立体構造は　コ　と決まる。

(早稲田大 改)

223 〈クロムの化合物〉　☐ ★★★

次の文を読み，あとの問いに答えよ。

二クロム酸カリウム水溶液は，$Cr_2O_7^{2-}$ に特有の ☐ ア 色を呈するが，①この溶液を塩基性にすると，$Cr_2O_7^{2-}$ は ☐ イ 色の CrO_4^{2-} に変化する。CrO_4^{2-} を含む水溶液に Pb^{2+} を加えると，☐ ウ 色の沈殿〔 a 〕を生じ，また Ag^+ を加えると，☐ エ 色の沈殿〔 b 〕を生じ，Ba^{2+} を加えると，☐ オ 色の沈殿〔 c 〕を生じる。

金属 Cr を希硫酸に溶解後，空気中に放置すると，☐ カ 色の Cr^{3+} を生成する。この水溶液に NaOH 水溶液を加えると，灰緑色の〔 d 〕が沈殿する。さらに②過剰の NaOH 水溶液を加えて熱すると，この沈殿は溶解してしまう。ここへ，十分量の過酸化水素水を加えて熱すると，〔 e 〕は酸化されて黄色の ☐ キ イオンになる。この後，反応液を酸素が出なくなるまで十分に煮沸しておく。その後，③この溶液を酸性にすると，☐ キ イオンは ☐ ク イオンに変化する。

(1) 文中の ☐ には適語または物質名を，〔 〕には適当な化学式を入れよ。

(2) 下線部①，②，③の変化を，それぞれイオン反応式で示せ。

(3) 二クロム酸カリウム水溶液に $Ba(NO_3)_2$ 水溶液を加えると黄色沈殿を生じるが，硝酸酸性にしてから $Ba(NO_3)_2$ 水溶液を加えても沈殿を生じない理由を説明せよ。

(4) 溶液を酸性にする前に，波線部において過剰の過酸化水素を分解しておくのはなぜか。その理由を簡単に述べよ。　　　　　　　　　　　　　　　　（慶応大 改）

224 〈マンガンの化合物〉　☐ ★★

次の a～d の記述を読み，あとの各問いに答えよ。

a. 酸化マンガン（Ⅳ）の粉末と水酸化カリウムの結晶を試験管に入れ，空気中でよく振り混ぜながら，水酸化カリウムが融解するまで加熱する。冷却後，水を加えて水溶液とし，未反応の酸化マンガン（Ⅳ）をろ別すると，2価の陰イオンを含んだ緑色のろ液Aが得られる。

b. ろ液Aに十分量の硫酸を加えて水溶液を酸性にすると，水に難溶性の黒色の物質Bが沈殿するとともに，溶液の色が変化した。この物質Bをろ別すると，赤紫色のろ液Cが得られる。この反応では，緑色を示す2価の陰イオンの自己酸化還元反応（同種の分子間で行われる酸化還元反応のこと）が起ったものと考えられる。

c. ろ液Cに亜硫酸ナトリウムの結晶を加えると，水溶液の赤紫色は脱色された。

d. 物質Bに過酸化水素水を加えると，酸素を発生した。この反応では，記述 b と同じような自己酸化還元反応が起こっている。

(1) ろ液Aで緑色のイオン，ろ液Cで赤紫色のイオンの化学式をそれぞれ答えよ。

(2) 記述 c で起こる反応を，イオン反応式で示せ。

(3) ろ液Cに過酸化水素水を加えたときに起こる変化を，イオン反応式で示せ。

(4) 記述 a の下線部で起こる変化を，化学反応式で示せ。

225 〈鉄の複塩の組成式〉 ☐ ★★

次の文を読み，あとの問いに答えよ。

（原子量：H = 1.0，N = 14，O = 16，S = 32，Fe = 56，Ba = 137）

鉄釘を熱した希硫酸に入れて溶解させた。このとき，鉄釘に含まれていた鉄以外の成分が黒い沈殿として残った。この沈殿をろ過して除き，ろ液に硫酸アンモニウムを加えて完全に溶解させた。この溶液を氷冷し，析出した結晶をろ過して，物質Aを得た。

物質Aは，Fe^{2+}，NH_4^+，SO_4^{2-}，水和水からなる化合物（複塩）である。

(a) 物質A 1.96 gを100℃に加熱すると，水和水がすべて失われて質量が1.42 gになった。

(b) 物質A 1.96 gを水40 mLに溶かし$BaCl_2$水溶液を十分に加えると，白色の沈殿Bが2.33 g生成した。

(c) 物質A 1.96 gを水40 mLに溶かしNaOH水溶液を十分に加えると，緑白色の沈殿Cが生成した。この沈殿Cは空気中で徐々に酸化されて赤褐色の沈殿Dとなるが，沈殿Cをろ別し空気中で十分に加熱すると，赤褐色の固体Eが0.400 g得られた。

(d) 沈殿Cをろ過したろ液を加熱すると，刺激臭の気体Fが発生した。この気体Fを0.400 mol/Lの硫酸20.0 mLに完全に吸収後，0.400 mol/L NaOH水溶液で滴定したら15.0 mLで終点に達した。

(1) 文中の物質B，C，D，E，Fの化学式を記せ。

(2) (a)～(d)の実験から，物質A（複塩）の組成式を記せ。

226 〈チタンの製錬〉 ☐ ★★

次の文章を読み，各問いに答えよ。原子量：C = 12，O = 16，Na = 23，Ti = 48

チタンは酸化物の形で鉱石中に存在するが，炭素と容易に反応して炭化物をつくってしまうので，鉄のように炭素で直接還元して単体の金属を得ることができない。また，チタンは窒素や酸素とも反応しやすく，純粋な金属を得ることがなかなか難しい。そこで，次のような特別な製錬法が開発された。

「チタン鉱石中に含まれる(a)酸化チタン（Ⅳ）を約700℃に熱し，炭素の存在下で塩素と反応させて塩化チタン（Ⅳ）をつくる。それを，蒸留で精製した後，その(b)塩化チタン（Ⅳ）をナトリウムで還元することにより，純粋なチタンを製造している。」

塩化チタン（Ⅳ）は常温で液体の化合物であるが，(c)水が存在すると激しく反応して，酸化チタン（Ⅳ）と塩化水素を生じるので取り扱いには注意を要する。

(1) 下線部(a)，(b)，(c)をそれぞれ化学反応式で書け。

(2) この製錬法で，1.0 tのチタン鉱石から何tのチタンが得られるか。ただし，チタン鉱石中の酸化チタン（Ⅳ）の含有率は90 ％とする。

(3) 1.0 tのチタン鉱石をすべてチタンにするのに必要なナトリウムを溶融塩電解でつくるには何Jの電気エネルギーが必要か。この電気分解の際の電流効率を90 ％，分解電圧を7.0 V，1 J（ジュール）= 1 C・V（クーロン・ボルト），ファラデー定数F = 9.65×10^4 C/molとする。

（関西学院大 改）

227 〈ガリウムの構造と性質〉 ☐ ★★

次の文章を読んで，下の問いに答えよ。

　ガリウムは元素記号Gaで表され，　ア　族のアルミニウム(Al)と同族元素であり，　イ　が周期表を発表した際，エカアルミニウムとして予言した元素である。ガリウムはアルミニウムと同様の反応性を示す。例えば，①空気中で加熱すると酸化物となる。また，②酸にも強塩基の水溶液にも溶ける。

　セシウムCsはアルカリ金属の一種で，体心立方格子の結晶構造をとり，その充填率は68％であり，アルミニウムは面心立方格子の結晶構造をとり，その充填率は74％である。いずれも，液体は原子が乱れた配置をとるため，すき間の多い構造となり，液体の密度は固体よりも小さい。一方，ガリウムの固体は，右図のような結晶構造をもつ。この結晶構造では，距離の近いガリウム原子2個ずつが，比較的強く結合してガリウム原子対を形成している。図では，対を形成している原子どうしを棒で結んで示している。ガリウム原子対は隣接する対とは比較的弱い結合で結びついている。この結晶構造では，ガリウム原子対の中心が，直方体の単位格子の頂点と各面の中心に位置している。この単位格子中には，　ウ　個分のガリウム原子が含まれており，充填率は　A　％である。このように充填率が小さいことから，ガリウムは液体よりも固体の密度が小さいことが理解できる。

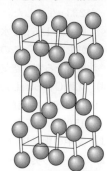

図　ガリウムの結晶構造

　また，セシウムの融点は28℃，沸点は670℃である。セシウム原子間の金属結合は比較的弱いので，③融点が単体の金属の中では低く，沸点も金属としては低い。また，アルミニウムの融点は660℃，沸点は約2500℃であり，セシウムに比べて金属結合が強いため，融点と沸点はともに高い。一方，ガリウムは，④融点が30℃と低いのに対して，沸点は約2400℃と高く，液体として存在する温度範囲が最も広い単体の金属として知られている。

(1) 　ア　～　ウ　に適切な語句あるいは数字を記せ。

(2) 下線部①の化学反応式を記せ。

(3) 下線部②に関連して，ガリウムが希硫酸と水酸化ナトリウム水溶液に溶ける化学反応式を記せ。

(4) 　A　に適切な数値を有効数字2桁で答えよ。ただし，ガリウム原子は球とみなす。ガリウム原子対においては，原子どうしが接しており，原子の中心間距離は0.250 nmである。単位格子の体積は0.157 nm³，円周率は3.14とする。

(5) 下線部③に関連して，単体の金属の中で，融点が最も低い元素は何か。その元素名を答えよ。

(6) 下線部④に関連して，ガリウムの融点が極めて低い理由を，50字以内で説明せよ。

（京都大 改）

228 〈Al³⁺の反応〉 ☑ ★★★

次のアルミニウムイオンと塩基の水溶液との反応について述べた文章の ☐ に適する数値を入れよ。25℃での水のイオン積を $1.0 \times 10^{-14}(\text{mol/L})^2$, $Al(OH)_3$ の溶解度積を $1.0 \times 10^{-32}(\text{mol/L})^4$ とし，$\log_{10}2 = 0.30$, $\log_{10}3 = 0.48$ とする。また，溶液どうしの混合による体積変化はないものとする。pHについては小数第1位まで，その他の数値は有効数字2桁で答えよ。

純水中のアルミニウムイオン Al^{3+} は，水分子を配位子とした配位数6の錯イオン(アクア錯イオン)として存在する。水に溶けたミョウバン $AlK(SO_4)_2 \cdot 12H_2O$ は完全電離するが，そのときの Al^{3+} の存在状態は純水中と同じである。

0.020 mol/Lのミョウバン水溶液100 mLをつくった。この水溶液は弱い酸性を示すが，これは Al^{3+} のアクア錯イオンの中の1個の水分子の一部が次式のように電離するためである。

$$[Al(H_2O)_6]^{3+} + H_2O \rightleftharpoons [Al(OH)(H_2O)_5]^{2+} + H_3O^+ \quad \cdots\cdots①$$

①式の電離定数を $K_a = 1.6 \times 10^{-5}$ mol/L(25℃)とし，また，このときの $[Al(H_2O)_6]^{3+}$ の電離度 α は，$\alpha \ll 1$ とすると，このミョウバン水溶液のpHは ☐(1) となる。

このミョウバン水溶液に，0.020 mol/LのNaOH水溶液を少量ずつ加えていくと，電離していない他の1個目，2個目，3個目の配位子の水分子の電離が中和反応とともに進行していく結果，化合物全体として電荷をもたない Al^{3+} 錯分子が生成し始める。

$$[Al(H_2O)_6]^{3+} + 3\,OH^- \rightleftharpoons [Al(OH)_3(H_2O)_3] + 3\,H_2O \quad \cdots\cdots②$$

この Al^{3+} 錯分子は，通常 $Al(OH)_3$ と表記され，水に難溶で沈殿を生じやすい。

NaOH水溶液の添加量が100 mLとなった時点からこの沈殿が生成しはじめたとすると，このときのミョウバン水溶液のpHは ☐(2) となる。

この後のNaOH水溶液の添加により，上述の Al^{3+} 錯分子のみが生成し続けるとすると，NaOH水溶液の全添加量が ☐(3) mLになった時点で水溶液中の Al^{3+} はすべてこの Al^{3+} 錯分子になったとみなせる。

さらにNaOH水溶液を加えていくと，今度は Al^{3+} 錯分子中の4個目の配位子が電離して，通常 $[Al(OH)_4]^-$ と表記される錯イオンに変化し，それに伴って $Al(OH)_3$ の沈殿は溶け始める。

$$Al(OH)_3 + OH^- \rightleftharpoons [Al(OH)_4]^- \quad \cdots\cdots③$$

25℃において，③式の平衡定数を $K = \dfrac{[[Al(OH)_4]^-]}{[OH^-]} = 20$ とする。

この後のNaOH水溶液の添加により，$[Al(OH)_4]^-$ の錯イオンのみが生成し続けるとすると，$Al(OH)_3$ の沈殿の全量がちょうど溶け終えた時点でのミョウバン水溶液のpHは ☐(4) となる。

(近畿大 改)

229 〈白金とその化合物・銅のキレート錯体〉 ☑ ★★★

次の文を読み，下の問いに答えよ。

白金の単体は，塩酸，硫酸のような強酸に溶けないだけでなく，濃硝酸や熱濃硫酸などの　ア　をもつ酸にすら溶解しない。白金を溶解するには，　イ　を用いる。白金は，このように化学的に安定で長期間光沢を失わないことから，以前より宝飾品として利用されてきた。

白金はこのように反応性が低いにも関わらず，触媒としてきわめて高い能力をもつ。例えば，(a)石油化学の諸工程や，(b)アンモニアの酸化による硝酸の製造などにおける触媒として広く用いられており，最近では，(c)自動車の排気ガスの浄化にも利用されている。これらは白金表面のもつ性質を利用したものであり，近年では，白金は宝飾品としてよりも，触媒としての需要が多いほどである。

また，白金は単体としてだけではなく，化合物としてもさまざまな用途で使われている。例えば，抗がん剤として有名な白金化合物としてシスプラチンがある。(d)これは$[PtCl_2(NH_3)_2]$の化学式で表される化合物の異性体である。

(1) 文章中の空欄　ア　，　イ　に適当な語句を記せ。

(2) 下線部(a)で，エテン（エチレン）と水素との白金触媒存在下での反応を化学反応式で記せ。

(3) 下線部(b)で，この硝酸製造法の名称を記せ。また，この製造法の反応は通常3段階の化学反応式で表されるが，このうち触媒が必要な段階の反応式を記せ。

(4) 固体の白金は，どのようにして(2)，(3)のような気体反応の触媒として働くのか。簡潔に記せ。

(5) 下線部(c)で，実際の自動車の排気ガス浄化触媒には，多孔質のセラミックスなどの表面に白金の微粒子を保持させたものが使われる。同じ質量の白金を使った場合，単純な白金板に比べ，このような構造の方が触媒としての効率が高いのはなぜか。簡潔に記せ。

(6) 1種類の配位子だけからなる4配位型の錯イオンは，2種類の立体構造のうちいずれかをとる。それら2種類の立体構造名を例にならって記せ。（例：直線形）

(7) 下線部(d)のシスプラチンは，(6)で答えた2つの立体構造のうち，どちらの構造をとっていると考えられるか。また，そう考えた理由を簡潔に説明せよ。

(8) 白金と　イ　との反応では，白金はヘキサクロリド白金(Ⅳ)酸$H_2[PtCl_6]$として溶解し，一酸化窒素の発生を伴う。このときの化学反応式を書け。　　（静岡大 改）

(9) 白金が王水と反応すると，$[Fe(CN)_6]^{4-}$と同じ形をした錯イオン$[PtCl_6]^{2-}$を形成する。これを二酸化硫黄SO_2を用いて注意深く還元すると，$[Cu(NH_3)_4]^{2+}$と同じ立体構造をした錯イオン$[PtCl_4]^{2-}$を生じる。この錯イオンはアンモニアと反応すると，順に配位子の置換反応が起こる。この反応が進行すると，どのような錯イオンを生じるか。その構造を例にならってすべて記せ。

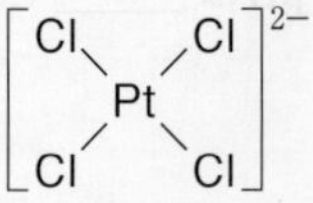

(10) 水酸化銅(Ⅱ)の青白色沈殿をグリシン($C_2H_5NO_2$)水溶液中で加熱すると，沈殿は溶解する。この青色の溶液中では，銅(Ⅱ)イオンを2分子のグリシンがH^+を放出して，NH_2基とCOO^-基を用いてはさみ込むように銅(Ⅱ)錯体を形成している。得られた水溶液を室温で放置すると淡青色の針状結晶(錯体A)が得られ，これに少量の水を加えて加熱すると青紫色の鱗片状結晶(錯体B)に変化した。なお，錯体Aは錯体Bに比べて水への溶解度は大きかった。これより，錯体A，Bの構造を(9)の例にならって記せ。　　　　　　　　　　　　　　　　　　　　　　　　　（大阪大 改）

230 〈クロム(Ⅲ)錯塩の化学式〉 ☐ ★★

3種類の錯塩(錯イオンを含む塩)A，B，Cがあり，これらはいずれもCr^{3+}，Cl^-，NH_3の3種類の成分からなる。各錯塩の化学式を決定するために以下の実験を行った。次の各問いに答えよ。なお，Cr^{3+}に配位結合する配位子の数(配位数)はいずれも6とする。

[実験1]　各錯塩1.0 molを純水に溶かし，これに十分量の硝酸銀水溶液を混合して生じた塩化銀の沈殿を定量したところ，Aでは1.0 mol，Bでは2.0 mol，Cでは3.0 molの塩化銀の沈殿が得られた。

[実験2]　各錯塩1.0 molを純水に溶かし，これに十分量の水酸化ナトリウム水溶液と混合し加熱した。この加熱処理により，錯イオン中のCr^{3+}と配位子との間の配位結合は完全に切断されるものとする。この後，水溶液が微酸性になるまで希硝酸を加え，さらに十分量の硝酸銀水溶液を混合して生じた塩化銀の沈殿を定量したところ，A，B，Cではいずれも3.0 molの塩化銀の沈殿が得られた。

[実験3]　実験2の加熱処理中にすべて気体となって発生したアンモニアを，6.0 mol/Lの希硫酸1.0 L中に完全に捕集した。この後，未反応の硫酸を水酸化ナトリウム水溶液で中和滴定して，発生したアンモニアを定量した。

(1)　実験3の中和滴定において，中和点までに要した水酸化ナトリウムの物質量はいくらか。錯塩A，B，Cのそれぞれについて求めよ。

(2)　錯塩A，B，Cの化学式を(例)にならって記せ。　　　(例) $[Cu(NH_3)_4]SO_4$

(3)　錯塩A，B，Cとは別に，これらの錯塩と同じ種類の配位子で構成されていながらも，水溶液中では錯イオンを生成することなく，分子のままで存在する化合物D(錯分子)が存在する。この錯分子Dの化学式を(例)にならって記せ。

(4)　(3)の錯分子D 1.0 molについて，実験2を行ったら生成するAgClの物質量はいくらか。また，実験3において，中和点までに要したNaOHの物質量はいくらか。

（近畿大 改）

231　〈錯イオンの構造〉　☑　★★★

　次の文を読んで，あとの各問いに答えよ。原子量は，H = 1.0, C = 12, N = 14, O = 16, Na = 23, S = 32, Cl = 35.5, Ca = 40, Co = 59, Ag = 108とせよ。

　コバルト(Ⅲ)イオン，塩化物イオン，アンモニアの3成分からできている3種類の錯塩がある。これらの錯塩は，次のような組成(質量%)をもち，この中に含まれる錯イオンは，すべて正八面体形の立体構造をもつことがわかっている。

　　錯塩A：　　Co：22.1 %，　　Cl：39.8 %，　　NH_3：38.1 %
　　錯塩B：　　Co：23.6 %，　　Cl：42.5 %，　　NH_3：33.9 %
　　錯塩C：　　Co：25.3 %，　　Cl：45.6 %，　　NH_3：29.1 %

　それぞれの結晶0.200 gを水に溶かし，硝酸銀水溶液を十分に加えたところ，Aは0.323 g，Bは0.229 g，Cは0.123 gの白色沈殿を生成した。

　次に，それぞれの結晶の少量を水に溶かし，(a)おのおのにネスラー試薬を加えたが，どれにも変化が認められなかった。

　一方，それぞれの結晶に，(b)水酸化カリウム水溶液を加えて加熱したところ，いずれからも刺激臭のある気体が発生した。この気体に濃塩酸をつけたガラス棒を近づけると白煙を生じた。

(1)　錯塩A, B, Cの組成式をそれぞれ求めよ。

(2)　錯塩A, B, C各1粒子から，水溶液中で解離した塩化物イオンの個数はそれぞれいくつか。

(3)　下線部(a), (b)の実験からどのようなことがわかるか。50字以内で答えよ。

(4)　錯塩A, B, Cの示性式をそれぞれ書け。ただし，示性式中のコバルト原子の数は1とする。

(5)　錯塩A, Bには異性体は存在しないが，錯塩Cに含まれる錯イオンには2種類の立体異性体が存在する。その立体異性体を，下図の○の中にNH_3またはClを記入することで区別して示せ。なお，錯イオンの電荷も，図の▢に書け。

(6)　錯塩A, B, Cの系列には，さらに$[CoCl_3(NH_3)_3]$という錯分子Dが存在し，これにも2種類の立体異性体が存在する。その立体異性体を，(5)と同様の方法で区別して示せ。

錯イオンC　　　　　　錯分子D

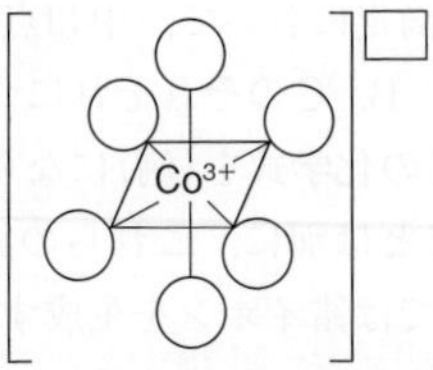

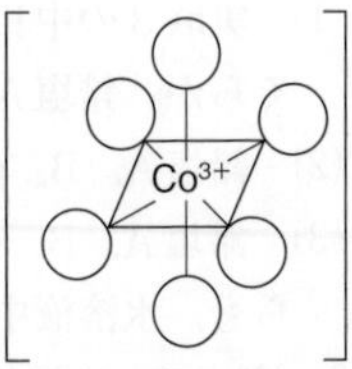

（長岡技科大 改）

(7)　分子内の複数か所で配位結合できる配位子をキレート配位子という。Co^{3+}にキレート配位子であるエチレンジアミン($H_2N(CH_2)_2NH_2$)2分子とアンモニア2分子が配位した錯イオンには，全部で何種類の立体異性体が存在するか。ただし，エチレンジアミンの2つのNH_2基は正八面体の隣接する頂点にのみ存在できるものとする。

（東京農工大 改）

232 〈錯イオンの構造〉 ☐ ★★

(a)塩化コバルト(Ⅱ)，塩化アンモニウム，アンモニア水の混合水溶液に過酸化水素水を加えると，化合物Aの赤紫色沈殿を生じた。Aを分離，精製してから分析したところ，コバルト原子1個に対してアンモニア分子5個，塩化物イオン3個を含む化合物であった。また，(b)Aを構成する陽イオンの立体構造を調べたところ，正八面体構造であった。配位結合していない塩化物イオンは，硝酸銀水溶液を加えると塩化銀となってほとんど完全に沈殿した。次の各問いに答えよ。(原子量：H = 1.0，N = 14，O = 16，Cl = 35.5，Co = 59，Ag = 108)

(1) 下線部(a)に示す化合物Aの合成反応を化学反応式で示せ。

(2) 下線部(b)の陽イオンの立体構造を右例にならって示せ。

(3) この化合物A 2.5 gの水溶液に十分量の硝酸銀水溶液を加えたときに得られる塩化銀の質量を，有効数字2桁で答えよ。

(4) 化合物A中のアンモニア分子2個が他の分子L 2個に置換した化合物について，すべての錯イオンの立体構造を，上の例にならって示せ。　　　　　　　(東京大 改)

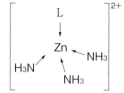

233 〈キレート滴定〉 ☐ ★★★

金属イオンに非共有電子対をもつ配位子が配位結合してできた化合物を錯体という。配位子のうち，配位結合する原子が1個のものを単座配位子，2個以上のものを多座配位子という。金属イオンが多座配位子によってはさみ込まれるようにしてできた錯体をキレート錯体という。エチレンジアミン四酢酸(EDTA)は六座配位子として，多くの金属イオンと極めて安定な水溶性のキレート錯体を形成する。このことを利用して，金属イオンを定量する方法をキレート滴定という。この滴定について次の各問いに答えよ。

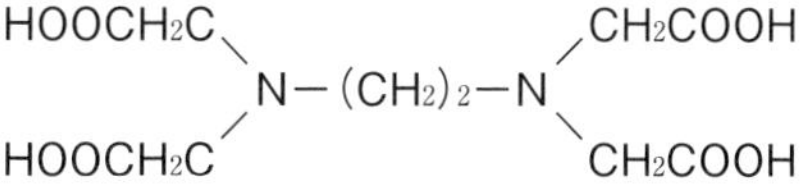

エチレンジアミン四酢酸(EDTA)

(1) この滴定を行うには，金属イオンの種類に応じて，水溶液のpHを調整する必要がある。銅(Ⅱ)イオンをEDTAを用いてキレート滴定するためには，次の@〜©のどの緩衝液を用いたらよいか。また，それを選んだ理由を簡単に述べよ。

@ 水酸化ナトリウムとリン酸ナトリウムの混合水溶液

ⓑ 希硫酸と硫酸アンモニウムの混合水溶液

© アンモニア水と塩化アンモニウムの混合水溶液

(2) 銅(Ⅱ)イオンを含む水溶液30.0 mLに(1)で選んだ緩衝液と少量の指示薬を加え，0.040 mol/LのEDTA水溶液で滴定すると，終点までに51.0 mLを要した。この水溶液の中のCu^{2+}のモル濃度は何mol/Lか。　　　　　　(福島県立医大 改)

15　無機化学総合

234 〈金属の反応〉 □ ★★

(i)　金属(A)を濃硝酸と反応させると褐色の気体を発生して溶解し，水を加えると溶液の色は青色になった。この溶液にアンモニア水を加えると，ₐ青白色の沈殿が生成し，さらに過剰のアンモニア水を加えると，♭沈殿は溶け深青色の溶液となった。

(ii)　ᵪ金属(B)に希硫酸を加えると，無色の気体を発生して溶け，淡緑色の水溶液となった。この溶液を少量とり，K₃[Fe(CN)₆]水溶液を加えると濃青色の沈殿が生成した。

(iii)　♂金属(C)に濃硝酸を加えると，褐色の気体を発生して溶解し無色の溶液となった。この溶液にアンモニア水を加えると，ₑ褐色の沈殿が生成したが，さらにアンモニア水を加えると，沈殿は溶け水溶液は無色透明になった。

(iv)　金属(D)に希硫酸を作用させると，無色の気体を発生して溶解した。この溶液にアンモニア水を加えると，f白色の沈殿が生成したが，さらにアンモニア水を加えると，g沈殿は溶け透明な溶液となった。

(v)　金属(E)は希塩酸や希硫酸にはほとんど溶解しないが，希硝酸を加えると，無色の気体を発生して溶解した。この溶液にNaOH水溶液を加えると，ₕ白色の沈殿が生成したが，さらにNaOH水溶液を加えると¡沈殿は溶け透明な溶液となった。

(1)　上の文章中の(A)～(E)にあてはまる金属をそれぞれ元素記号で答えよ。

(2)　下線部a, e, fおよびhの沈殿を化学式で書け。

(3)　下線部b, c, d, gおよびiの反応を化学反応式で書け。　　　　（富山大 改）

235 〈塩の推定〉 □ ★★

次のA～Iは，下のどの塩の水溶液であるかを推定し，その化学式を答えよ。

Ⅰ．A～Iに塩化バリウム水溶液を加えると，A, B, C, D, Iは白色沈殿，Eは黄色沈殿を生じた。Aで生じた沈殿に希塩酸を加えると気体を発生して溶解した。

Ⅱ．A～Iにアンモニア水を加えると，B, F, G, Iは白色沈殿，C, D, Hは有色沈殿を生じた。過剰に加えると，Dの沈殿は溶解して有色の溶液に，C, Fの沈殿は溶解して無色の溶液となった。

Ⅲ．B, F, G, Iに水酸化ナトリウム水溶液を加えると，いずれも白色沈殿を生成し，過剰に加えると沈殿はすべて溶解した。

Ⅳ．B, F, G, Hに硫化ナトリウム水溶液を加えると，Fは白色沈殿，Gは褐色沈殿，B, Hはそれぞれ黒色沈殿を生成した。　　　　（東京工大 改）

塩化スズ(Ⅱ)，	塩化亜鉛，	クロム酸カリウム，	硝酸鉛(Ⅱ)，	硝酸銀
硫酸鉄(Ⅱ)，	硫酸銅(Ⅱ)，	硫酸アルミニウム，	炭酸ナトリウム	

236 〈化合物の推定〉 ☐ ★★

次の文章を読み，A〜Gに該当する化合物を，下のa〜iからそれぞれ選べ。

(1) A〜Gの各水溶液に金属亜鉛を加えると，A，B，CおよびDの水溶液からは金属が析出した。E，FおよびGの水溶液から金属は析出しなかった。

(2) A，BおよびDの各硝酸酸性水溶液に硫化水素を通じると，いずれの水溶液からも黒色沈殿が生じた。

(3) Aの水溶液をCまたはFの水溶液に加えると，それぞれ白色沈殿が生じ，これらの沈殿はアンモニア水に溶けた。

(4) Fの水溶液をBまたはEの水溶液に加えると，それぞれ白色沈殿が生じ，これらの沈殿はアンモニア水に溶けなかった。

(5) Gの水溶液をDまたはFの水溶液に加えると，それぞれ黄色沈殿が生じ，Gの水溶液をAの水溶液に加えると，赤褐色の沈殿が生じた。

(6) 水酸化ナトリウム水溶液をDまたはEの水溶液に加えると，それぞれ白色沈殿が生じ，過剰に加えるとこれらの沈殿は溶けた。また，水酸化ナトリウム水溶液をBまたはCの水溶液に加えると，それぞれ青白色および赤褐色の沈殿が生じた。

(7) 酸性溶液中でGは強い酸化作用を示した。

a. $CuSO_4$ b. $Al_2(SO_4)_3$ c. $BaCl_2$ d. K_2CrO_4 e. $FeCl_3$
f. $AgNO_3$ g. $Pb(NO_3)_2$ h. $NaCl$ i. $Ni(NO_3)_2$ (摂南大 改)

237 〈金属の推定〉 ☐ ★★★

下の実験結果を読み，この金属たわしに含まれる元素と含まれない元素を下から選べ。
〔鉄，銅，銀，アルミニウム，クロム，カルシウム，ニッケル〕   (東京歯大 改)

① 市販の金属たわしの細片に，希硫酸を加え湯浴中で加熱したところ，気体を発生しながら完全に溶け，青緑色の溶液を得た。

② ①の溶液を水で薄めたのち，希塩酸を加えたが沈殿は生じなかった。

③ ②の溶液に硫化水素を通じたが，硫化物の沈殿は生じなかった。

④ ③の溶液を煮沸したのち，さらに濃硝酸を加えて加熱した。

⑤ ④の溶液にNaOH水溶液を十分に加えたら，緑褐色の沈殿を生じたためろ過した。

⑥ ⑤の沈殿にNH₃水を十分に加えたら，赤褐色の沈殿を生じたためろ過した。

⑦ ⑥の沈殿にNaOH水溶液を滴下し，そのろ液に塩酸を加えたが変化はなかった。

⑧ ⑤で生じたろ液に過酸化水素水を滴下し加熱すると，黄色のろ液を得た。このろ液を煮沸して酸化剤を完全に除去したのち，酢酸鉛(Ⅱ)水溶液を加えると黄色沈殿を生じた。

⑨ ⑥で残った沈殿を希塩酸に溶解後，KSCN水溶液を加えたら血赤色を呈した。

⑩ ⑥で生じたろ液に硫化水素を通じたら，黒色の沈殿を生じたためろ過した。この沈殿を塩酸で溶解し，塩基性条件でジメチルグリオキシムを加えると紅色を呈した。

⑪ ⑩で生じたろ液に，炭酸アンモニウム水溶液を加えたが変化はなかった。

238　〈金属イオンの検出方法〉　▱　★★

Na^+, Hg^{2+}, Cu^{2+}, Ba^{2+}, Zn^{2+}, Cd^{2+}, Ni^{2+}, Al^{3+}, Pb^{2+}, Mn^{2+}, Fe^{3+}, Ag^+, Ca^{2+}イオンのうち，いずれか1種類を含む硝酸塩の水溶液A～Jがある。下の(a)～(j)の文を読んで，水溶液A～Jに含まれる金属イオンをそれぞれ化学式で書け。また，下線部①～⑳の沈殿をそれぞれ化学式で記せ。

(a)　無色の水溶液Aに希塩酸を加えると，白色沈殿①ができた。これにアンモニア水を加えると沈殿は溶解し，無色の溶液になった。水溶液Aに少量のアンモニア水を加えると，褐色沈殿②ができた。また，水溶液Aにクロム酸カリウム水溶液を加えると，赤褐色沈殿③を生じた。

(b)　無色の水溶液Bにアンモニア水を加えると，白色沈殿④ができた。これにアンモニア水を過剰に加えても沈殿は溶けなかったが，水酸化ナトリウム水溶液を過剰に加えると，溶けて無色透明の溶液になった。また，水溶液Bに硫化水素を通じたが，硫化物の沈殿は生成しなかった。

(c)　黄褐色の水溶液Cに水酸化ナトリウム水溶液を加えると，赤褐色沈殿⑤ができた。水溶液Cにヘキサシアニド鉄(Ⅱ)酸カリウム水溶液を加えると濃青色沈殿⑥を生じた。

(d)　無色の水溶液Dに，水酸化ナトリウム水溶液を加えると白色沈殿⑦ができた。過剰に水酸化ナトリウム水溶液を加えると，沈殿は溶けて無色透明になった。水溶液DのpHを7.0に保ちながら硫化水素を通じると，白色沈殿⑧を生じた。

(e)　無色の水溶液Eに，炭酸ナトリウム水溶液を加えると，白色沈殿⑨ができた。この沈殿は希塩酸に溶け，水溶液Eの炎色反応は橙赤色を示した。

(f)　無色の水溶液Fに，アンモニア水を加えると白色沈殿⑩ができた。この沈殿は過剰の水酸化ナトリウム水溶液に溶けた。水溶液Fに希塩酸を少しずつ加えると，白色沈殿⑪ができた。これを沪紙上に分離し，熱湯をかけると溶解した。この沪液を等分し，その一方にクロム酸カリウム水溶液を加えると，黄色沈殿⑫ができた。また，残りの沪液に硫化水素を通すと，黒色沈殿⑬が生成した。

(g)　無色の水溶液Gに硫酸ナトリウム水溶液を加えると白色沈殿⑭ができた。また，水溶液Gに炭酸ナトリウム水溶液を加えても白色沈殿⑮を生じたが，この沈殿は希塩酸に気体を発生しながら溶けた。水溶液Gの炎色反応は黄緑色を示した。

(h)　緑色の水溶液Hに，水酸化ナトリウム水溶液を加えると緑色沈殿⑯ができた。過剰に水酸化ナトリウム水溶液を加えても沈殿は溶けなかったが，アンモニア水を過剰に加えると沈殿は溶解し，青紫色の溶液となった。

(i)　無色の水溶液Iに，アンモニア水を加えると白色沈殿⑰ができた。この沈殿は過剰のアンモニア水に溶け，無色の溶液となった。水溶液Iに硫化水素を通すと黄色沈殿⑱を生じた。

(j)　無色の水溶液Jに，アンモニア水を加えると黄色沈殿⑲ができた。この沈殿は過剰のアンモニア水にも不溶であった。水溶液Jに硫化水素を通すと黒色沈殿⑳を生じたが，これを加熱して昇華させると赤色の固体に変化した。　　　　（新潟大 改）

239 〈化合物の推定〉 ☐ ★★

下記にあげた11種類の無機試薬がある。これらをそれぞれ適当な濃度の水溶液A～Kとして，以下の実験を行った。それらについて得られた観察事項（文1～10）を読んで，あとの各問いに答えよ。ただし，分離操作はいずれも完全に行われたものとする。

> クロム酸カリウム，　硫酸カリウム，　　塩化カリウム，　　炭酸ナトリウム，
> ヨウ化カリウム，　硝酸銀，　濃塩酸，　塩化バリウム，　酢酸鉛（Ⅱ），
> 濃アンモニア水，　過マンガン酸カリウム

1．D, Gは着色しているが，他のすべては無色であった。

2．E, Fにのみ刺激臭があった。また，EにFを近づけると白煙(イ)を生じた。

3．無色のすべての水溶液に，フェノールフタレイン溶液を1滴加えたところ，FとHのみが赤色を呈した。

4．A, B, C, I, KにEを加えたところ，CとKのみが白色の沈殿を生じた。この沈殿を分離して，それにFを過剰に加えると，一部の沈殿は溶けたが，沪紙上に白色の沈殿(ロ)が残った。

5．HにEを加えたところ，気体の発生が見られた。この気体を水酸化カルシウム水溶液に通じると白濁(ハ)した。さらに，この気体を過剰に通じると，白濁は消え無色透明な溶液(ニ)となった。

6．D, Gに希硫酸を加えたのち，さらに過酸化水素水を加えると気体の発生が見られ，Gの色は変化したが，Dの色は脱色されて無色の溶液となった。

7．Jに塩素水を加えると，溶液の色は褐色に変化した。さらに，四塩化炭素を加えて振り混ぜたのち静置すると，紫色の四塩化炭素層（下層）と，ほぼ無色の水層（上層）とに分離した。

8．CにGを加えると，赤褐色の沈殿(ホ)を生じ，IにGを加えると，黄色の沈殿(ヘ)を生じる。これらの沈殿にEを加えると，Iからの黄色沈殿は完全に溶解したが，一方，Cからの赤褐色沈殿はEに溶解したが，代わりに新たに白色の沈殿(ト)が生成してきた。

9．A, B, F, HにIを加えると，BとHのみに白色の沈殿を生じた。それぞれの沈殿にEを加えると，Hからの沈殿は溶解したが，Bからの沈殿(チ)は溶解しなかった。

10．A, IにCを加えると，いずれも白色の沈殿(リ)が生成した。この沈殿は熱水には溶解しなかった。

(1) A～Kに相当する試薬をそれぞれ化学式で示せ。

(2) 文中の(イ)～(リ)に相当する物質を化学式で示せ。

(3) 文7で観察された現象を化学反応式で示し，簡単に説明せよ。

（奈良県医大 改）

240 〈陰イオンの推定〉 ☐ ★★★

　試薬名の不明な7種のカリウムの正塩からなる水溶液A〜Gがある。これらは，下記にあげた陰イオンのうちそれぞれ1種類ずつを含んでいる。

　以下の(1)〜(7)の各反応に基づいて，A〜Gの水溶液に含まれる塩の種類を決定せよ。なお，この塩は結晶水を含まないものとする。

　また，下線部①〜⑤の反応を，それぞれ化学反応式で記せ。

Cl^-，　Br^-，　NO_3^-，　CH_3COO^-，　CO_3^{2-}，　$C_2O_4^{2-}$，　SO_3^{2-}，　SO_4^{2-}，　S^{2-}，　CrO_4^{2-}

---

(1)　A液は塩基性を示し，塩化バリウム水溶液を加えると白色の沈殿が生成する。この沈殿に希塩酸を加えると，無色・無臭の気体を発生しながら溶解した。①この沈殿を含む溶液に十分に二酸化炭素を通じると，沈殿は溶解した。

(2)　B液は中性を示し，硝酸銀水溶液を加えると淡黄色の沈殿を生成した。この沈殿に光を当てると黒っぽくなり，また，希硝酸を加えても溶けなかったが，濃アンモニア水を十分に加えると溶解した。

　　また，②B液に塩素水を加えると溶液の色が黄褐色となり，さらにヘキサンを加えて振り混ぜ静置すると，ヘキサン層(上層)が赤褐色となった。

(3)　C液は塩基性を示し，硝酸銀水溶液を加えると黒色の沈殿が生じた。この沈殿は，希塩酸や希硫酸には溶けないが，希硝酸を加えて加熱すると溶解した。この際，黄白色の沈殿がわずかに生成した。

　　また，C液に希硫酸を加えると，無色・腐卵臭の気体が発生した。③C液に硝酸カドミウム水溶液を加えると黄色の沈殿が生じた。

(4)　D液は塩基性を示し，塩化バリウム水溶液を加えると白色の沈殿が生成した。この沈殿に希塩酸を加えると，無色・刺激臭のある気体が発生した。また，この気体を硫酸酸性の過マンガン酸カリウム水溶液に通じると，過マンガン酸イオンの赤紫色が消えた。

　　また，④薄いヨウ素ヨウ化カリウム水溶液にD液を加えると，ヨウ素の色が消えた。

(5)　E液は中性を示し，塩化バリウム水溶液，硝酸銀水溶液のいずれを加えても沈殿は生じない。E液に硫酸鉄(Ⅱ)飽和水溶液を混合してから，濃硫酸を静かに加えると，混合溶液と濃硫酸の境界に暗褐色の輪が現れた。

(6)　F液は塩基性を示し，⑤硝酸カルシウム水溶液を加えると白色の沈殿を生じる。また，F液に硫酸酸性の二クロム酸カリウム水溶液を加えて温めると，無色・無臭の気体を発生しながら反応し，溶液の色は暗緑色に変化した。

(7)　G液はほぼ中性を示し，塩化バリウム水溶液，硝酸銀水溶液のいずれを加えても有色の沈殿を生じた。これらの沈殿に希硝酸を加えると，何も気体を発生せずに溶解した。

241 〈陽イオン系統分離〉 ☐ ★★

下図はAl^{3+}，Ba^{2+}，Fe^{3+}，Cu^{2+}，Pb^{2+}，Zn^{2+}，Ag^{+}，Na^{+}の8種類の金属イオンを分離する操作を示したものである。下の各問いに答えよ。なお，分離は完全に行われたものとする。

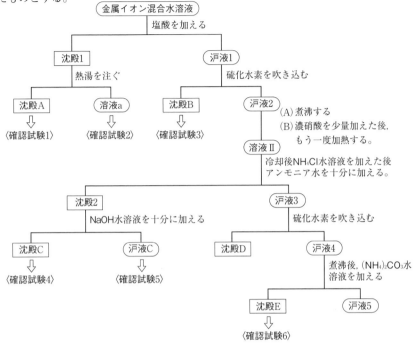

(1) 沈殿A〜沈殿Eの化学式を書け。

(2) 沪液2に対する操作(A)，(B)はそれぞれ何のために行うのか。また，これらの操作が不十分な場合，次の分離操作にどんな影響が現れるか簡潔に説明せよ。

(3) 溶液Ⅱに対する操作で，NH_4Cl水溶液を加える理由を記せ。

(4) 沪液Cに含まれる錯イオンの化学式を書け。

(5) 図に示す確認試験1〜6は，次の(a)〜(f)のどれが適当か。重複なく記号で選べ。
　(a) 塩酸に溶かし，ヘキサシアニド鉄(Ⅱ)酸カリウム水溶液を加える。
　(b) 6 mol/Lの酢酸に溶かし，炎色反応を調べる。
　(c) 2 mol/Lの希硝酸に加熱・溶解させ，アンモニア水を過剰に加える。
　(d) 6 mol/Lのアンモニア水に溶かし，その溶液を硝酸で酸性にする。
　(e) 塩酸に溶かした後，再びアンモニア水を加える。
　(f) 0.1 mol/Lのクロム酸カリウム水溶液を加える。

(6) 沪液5に含まれる金属イオンの確認方法を簡単に説明せよ。

(7) 最初の試料水溶液をつくるのに，硝酸塩が用いられる理由を説明せよ。

(東京学芸大 改)

242 〈無機化学総合〉 ／ ★★★

　下記のⅠ群に示された12種の金属イオンのうち，9種A, B, C, D, E, F, G, H, Iの硝酸塩をそれぞれ純水に溶解した混合溶液がある。

　また，試薬a, b, c, dはⅡ群に示された化合物である。

　次の(1)～(7)の結果より，下の各問いに答えよ。ここで，試薬aとbは水溶液として用い，c, dは気体で用いるものとする。

Ⅰ群　Ag^+, Al^{3+}, Ca^{2+}, Cd^{2+}, Cu^{2+}, Fe^{3+}, K^+, Li^+, Mg^{2+}, Mn^{2+}, Pb^{2+}, Zn^{2+}

Ⅱ群　CO_2, HCl, H_2S, NH_3

(1)　A～Iの中で同族元素のイオンの組み合わせは，AとBおよびCとDだけである。またA～Dの中で，Aのみが炎色反応を示した。

(2)　A～Iの溶液をそれぞれ試験管に取り，試薬aを加えると，Eの溶液のみ白色の沈殿を生じたが，加熱するとEから生じた沈殿は溶解した。

(3)　Aの溶液を4本の試験管に取り，それぞれに，試薬bをごく少量加えたのち，試薬a～dをそれぞれ加える（または通じる）と，試薬cを通じたものだけに白色沈殿が生成した。

(4)　A～Iの溶液をそれぞれ試験管に取り，試薬dを十分に通じると，C, E, Iの溶液で，それぞれ黄色，黒色，黒色の沈殿を生じた。また，①Fの入った試験管では，やや白い濁りが見られた。これはFにより，試薬dが酸化されたためである。

(5)　C, D, Gの溶液をそれぞれ試験管に取り，試薬bをごく少量加えたのち，試薬dを通じると，それぞれ黄色，白色，淡赤色の沈殿を生じた。

(6)　C, D, F, H, Iの溶液をそれぞれ試験管に取り，試薬bを少量加えたところ，すべてに沈殿を生じた。さらに過剰のbを加えると，C, D, Iの入った試験管では沈殿が溶解した。FとHの場合は沈殿が残ったが，②さらに水酸化ナトリウム水溶液を加えていくと，Hの入った試験管では沈殿が溶解した。

(7)　少量のGの溶液を試験管に取り，硝酸と非常に強い酸化剤を加えて加熱すると，溶液の色が赤紫色に変化した。

問1　A～Iに相当する金属イオンを，上記の枠内から選びそれぞれイオン式で書け。

問2　下線部①，②の変化を表す化学反応式をそれぞれ書け。

（京都大 改）

243 〈吸光度分析(ランベルト・ベールの法則)〉 ▢ ★★★

物質の多くは可視光線や紫外線を吸収するが,その吸光の程度(吸光度)を測定すれば,溶液中の物質の濃度を決定できる。下図に吸光度測定の概略を示す。

試料溶液を入れたガラス容器(セル)に強度I_0の光を入射すると,その光の一部が吸収されて,強度Iの光が得られたとする。このとき,試料溶液の透過率をTとおくと,$T = \dfrac{I}{I_0}$で表される。さらに,試料溶液の吸光度をAとおくと,Aは(1)式で表されものとする。

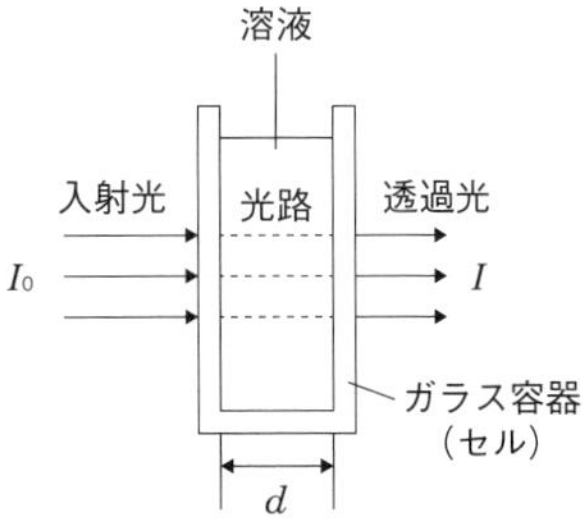

$$A = -\log_{10}\frac{I}{I_0} \quad \cdots\cdots(1)$$

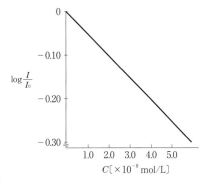

また,希薄溶液の吸光度Aは,溶液の光路の長さd〔cm〕と溶液の濃度c〔mol/L〕に比例する。(2)式をランベルト・ベールの法則という。

$$A = \varepsilon dc \quad \cdots\cdots(2)$$

ここで比例定数ε〔L/mol·cm〕はモル吸光係数とよばれ,溶質ごとに固有の定数となる。したがって,溶媒による吸光がなければ,(εが等しい)ある決まった波長の光の吸光度を測定することにより,試料溶液の濃度が求められる。($\log_{10} 2 = 0.30$)

〔A〕 窒素で満たされた長さ1.0 cmのセルにSO_2を封入し,波長280 nmの紫外線を照射して,SO_2のモル濃度C〔mol/L〕と透過率の常用対数$\log_{10}\dfrac{I}{I_0}$の関係を調べ,グラフに示した(右図)。ただし,窒素は紫外線を吸収しないものとする。

(1) 濃度不明のSO_2試料Xの透過率Tは0.80であった。これより試料XのSO_2のモル濃度を求めよ。

(2) この実験に用いた紫外線におけるSO_2のモル吸光係数を求めよ。

(3) 波長280 nmの紫外線を用いて,長さ2.0 cmのセルに封入したSO_2の試料Yの透過率を測定すると0.50であった。これより試料YのSO_2のモル濃度を求めよ。

(4) 長さ1.0 cmのセルに封入された1.2×10^{-7} mol/LのSO_2の試料Zに波長280 nmの紫外線を照射したら,SO_2の透過率は何%を示すか。 (共通テスト 改)

〔B〕 ある量のクロロフィルa(分子量893)を5.0 mLのアセトンに溶かした。この溶液を長さ1.5 cmのセルに入れ,波長664 nmの光に対する透過率を測定したら0.20であった。溶かしたクロロフィルaの質量(mg)を求めよ。ただし,この光に対するクロロフィルaのモル吸光係数を7.4×10^4 L/mol·cmとする。 (大阪大 改)

16 脂肪族化合物

244 〈炭化水素の誘導体〉 ☐ ★

次の文を読んで，あとの各問いに答えよ。

分子量が26の炭化水素Aに，白金触媒を用いて水素を付加させるとBを経てエタンが生成した。Bに臭化水素を付加させるとCが，また，Bにリン酸を触媒として水蒸気を作用させるとDを生じる。Dを金属ナトリウムと反応させるとEを生じ，このEとCを反応させるとFを生じる。このFは，Dに濃硫酸を加えて約140℃に加熱しても得られる。

一方，Aに水銀(Ⅱ)塩を触媒として水を付加させるとGを生じる。また，GはBをパラジウムを含む触媒を用いて空気酸化する方法でも得られる。Gをマンガン(Ⅱ)塩を触媒として空気酸化するとHが得られる。さらに，DとHに少量の濃硫酸を加えて加熱すると芳香のある化合物Iが生成する。また，Aを約500℃に加熱した鉄管を通すと，その一部がJに変化する。

(1) 化合物A〜Iをそれぞれ示性式で，Jは構造式で表せ。

(2) Hの蒸気を高温の塩化アルミニウム触媒上に通したとき，脱水縮合によって生成する有機化合物の名称を記せ。

(3) B，Cそれぞれの水素原子2個を塩素原子2個で置換した化合物には，立体異性体を含めてそれぞれ何種類の異性体が存在するか。 (京都工繊大 改)

245 〈異性体〉 ☐ ★★

次の文中の ☐☐☐ 内に適切な数字を記せ。ただし，異性体の数については，立体異性体を考慮するものとする。

(a) C_4H_8，C_6H_{14} の化合物には，異性体がそれぞれ ☐ア☐ 種， ☐イ☐ 種ずつ存在する。

(b) C_4H_8，C_4H_{10} の異性体のうち，4個の炭素原子を同一平面上に並べることができる鎖状構造の分子は ☐ウ☐ 種である。そのうち，4個の炭素原子が常に同一平面上に存在するものは ☐エ☐ 種である。

(c) C_4H_9Cl，$C_3H_6Cl_2$，$C_4H_{11}N$ の化合物には，異性体がそれぞれ ☐オ☐ 種， ☐カ☐ 種， ☐キ☐ 種ずつ存在する。

(d) C_4H_8 の異性体のうち，臭素が付加しないものは ☐ク☐ 種である。また，C_4H_8 の環式化合物を光照射下で塩素を反応させると，得られるモノクロロ化合物には合計 ☐ケ☐ 種の異性体が存在する。 (立命館大 改)

246 〈C₄H₁₀Oの異性体〉 ☐ ★★

炭素，水素，酸素からなり，同一の分子式で表される有機化合物A～Eがある。これらの化合物の性質を調べた(a)～(f)の実験結果より，以下の各問いに答えよ。

(a) 有機化合物A～Eの元素組成は，いずれも炭素64.9 %，水素13.5 %，酸素21.6 %であり，分子量は74と測定された。

(b) B, C, D, Eは金属ナトリウムと反応して水素を発生したが，Aは金属ナトリウムとは反応しなかった。

(c) B, Cは，二クロム酸カリウムの希硫酸溶液を加えて温めると，それぞれカルボン酸FおよびGに変化した。

(d) D, Eを二クロム酸カリウムの希硫酸溶液で酸化すると，同一の中性の同一化合物Hが生成した。

(e) 沸点を測定したところ，Bは117℃，Cは108℃，D, Eはともに99℃であった。

(f) D, Eを濃硫酸と加熱して脱水すると，ともに3種類のアルケンI, J, Kが生成したが，生成量はIが最も多く，Kが最も少量であった。

(1) Aとして考えられる化合物の構造式をすべて書け。

(2) B, C, H, I, J, Kの構造式をそれぞれ書け。 (同志社大 改)

247 〈アルケンの構造〉 ☐ ★★

次の文章を読んで，下の各問いに答えよ。

(a) ある鎖式不飽和炭化水素A, B, C各1 molを完全燃焼するのに，いずれも7.5 molの酸素を必要とした。

(b) A, B, C各1 molに対して，Ni触媒下で水素を反応させると，いずれも水素1 molが付加して，A, BはそれぞれEに，CはEの異性体であるFに変化した。

(c) A, B, Cを硫酸酸性の過マンガン酸カリウムで酸化すると，Aからはカルボン酸とケトンが，BからはケトンとCO_2が，Cからはカルボン酸とCO_2が生成した。

二重結合を含む炭化水素を，硫酸酸性の$KMnO_4$で酸化すると，カルボン酸あるいはケトンが生成する。$R_1 = H$のときはさらに酸化されてCO_2になる。

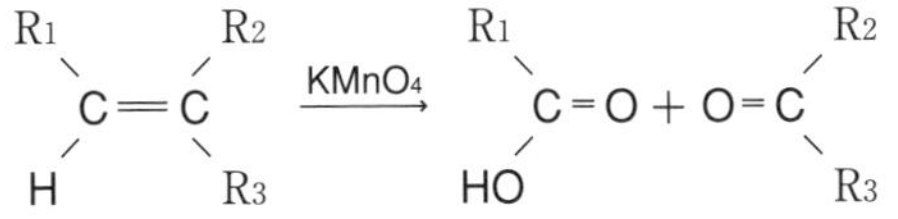

$$\underset{H}{\overset{R_1}{}}\underset{R_3}{\overset{R_2}{}}C=C \xrightarrow{KMnO_4} \underset{HO}{\overset{R_1}{}}C=O + O=C\underset{R_3}{\overset{R_2}{}}$$

---

(1) A, B, Cの分子式を答えよ。

(2) A, B, Cの構造式をそれぞれ記せ。

(3) A, B, Cと同一の分子式をもつ環式化合物には，合計何種類の構造異性体が考えられるか。

248　〈C₅H₁₂の構造決定〉 ☑ ★★

C_5H_{12}の構造決定のアルカンAに光を照射しながら臭素を作用させると，分子式が$C_5H_{11}Br$で表され，互いに構造異性体の関係にあるAの臭素一置換体が4種類得られた。そのうち，Bには不斉炭素原子が存在したが，Cには不斉炭素原子は存在しなかった。

Bを強塩基の存在下で加熱して反応させると，臭化水素(HBr)が脱離して，分子式がC_5H_{10}の2種のアルケンが生成した。これらの一方をDとし，Dをオゾン分解(**272**参照)すると，2種のカルボニル化合物を生じた。これらはいずれもヨードホルム反応を示した。一方，Cに光を照射しながら臭素を作用させると，3種類の臭素二置換体が得られた。これらのうち，不斉炭素原子が存在しないのはEだけであった。

(1) アルカンAの名称を記せ。

(2) 化合物B〜Eの構造式を記せ。

249　〈C₃H₆Oの異性体〉 ☑ ★★

次の文の　□　に適する数値(整数)を記せ。

分子式C_3H_6Oで表される有機化合物には，不安定なものをすべて含めると，11種類の異性体が考えられる。このうち，鎖状構造をもつ異性体は全部で　①　種類ある。このうち，〉C=O結合を含む異性体は　②　種類あり，その他はC=C結合を含む異性体であり全部で　③　種類ある。また，環状構造をもつ異性体は　④　種類ある。11種類の異性体の中には，分子の立体的な形（構造）が異なる立体異性体があわせて　⑤　組ある。なお，安定に存在する鎖式化合物のうち，臭素と付加反応を行う異性体は全部で　⑥　種類ある。　　　　　　　　　　　　　　　　　（近畿大 改）

250　〈トランス付加〉 ☑ ★★

アルケンには水素H₂や臭素Br₂が付加反応することが知られているが，その反応形式は異なる。すなわち，アルケンに白金PtやニッケルNiの金属触媒の存在下で水素を反応させると，2つの水素原子はアルケンの二重結合に対して同じ側から付加する（これを**シス付加**という）。一方，アルケンに対する臭素の付加反応の場合，2つの臭素原子がそれぞれアルケンの二重結合に対して反対側から付加する（これを**トランス付加**という）。下図では，C原子を紙面上に置いたとき，——は紙面上にある結合，◀は紙面の手前側に向かう結合，⦀⦀⦀は紙面奥側に向かう結合を示す。

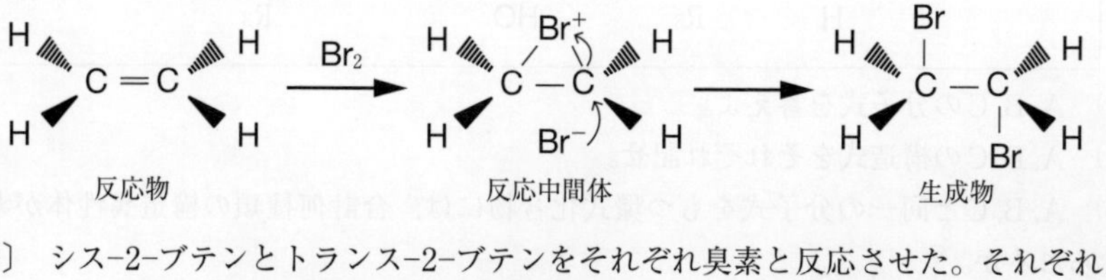

反応物　　　　　　　　　　　　反応中間体　　　　　　　　　　　生成物

〔問〕　シス−2−ブテンとトランス−2−ブテンをそれぞれ臭素と反応させた。それぞれについて考えられる生成物の立体異性体の構造式を上図の例にならってすべて記せ。

251 〈C₅H₁₂Oの異性体〉 ☑ ★★

分子式C₅H₁₂Oの化合物A〜Iがある。次の(a)〜(f)の文を読み，あとの問いに答え
よ。

(a) A〜Hはいずれも金属ナトリウムと反応して水素を発生するが，Iは反応しない。

(b) A〜Iで不斉炭素原子をもつ化合物はE, G, Hだけである。E, G, Hを二クロム酸
カリウムの硫酸酸性溶液でおだやかに酸化すると，中性の化合物がそれぞれ得られ
るが，このうちHの酸化生成物だけが不斉炭素原子をもつ。

(c) Aを二クロム酸カリウムの硫酸酸性溶液で酸化するとケトンが得られるが，Bは
この条件で酸化されない。

(d) AとEをそれぞれ濃硫酸で脱水した生成物には，どちらにもアルケンJが含まれ
る。この反応条件でDからアルケンは得られない。

(e) AとFをそれぞれ濃硫酸で脱水して得られるアルケンに水素を付加すると，同一
の生成物が得られる。同様の操作でCとGからも同一の生成物が得られる。

(f) ナトリウムイソプロポキシドCH₃-CH(CH₃)-ONaとヨウ化エチルとを反応させ
ると，Iが生成する。

(1) 化合物A〜Iの構造式をそれぞれ記せ。

(2) Jには2種類のシス-トランス異性体が存在する。その両者の構造式を相違が明
確にわかるように記せ。

(3) 化合物A〜Iの中で，最も沸点の低いものを記号で選べ。　　　　(名古屋大 改)

252 〈エステルの構造決定〉 ☑ ★

次の文章を読んで，下の各問いに答えよ。(原子量：C = 12，H = 1.0，O = 16)

炭素，水素，酸素からなる分子量228の有機化合物A114 mgを完全燃焼させたとこ
ろ，二酸化炭素264 mg，水90 mgが生成した。Aに水酸化ナトリウム水溶液を加え
て長時間加熱した後，冷却した。これにジエチルエーテルを加えてよく振り混ぜ，静
置したところ2層に分離した。水層に強酸を加えたところ化合物Bが析出し，ジエチ
ルエーテル層からはいずれも分子式C₄H₁₀Oである化合物CとDが得られた。

CとDをそれぞれ二クロム酸カリウムの硫酸酸性水溶液を用いておだやかに酸化し
たところ，Cの酸化生成物は銀鏡反応が陰性であったが，Dの酸化生成物では銀鏡反
応は陽性であった。なお，Dを構成するすべての炭素原子を，同一平面上に置くこと
はできなかった。

また，Bを160℃に加熱したが何の変化も起こらなかった。しかし，Bにはシス-ト
ランス異性体の関係にある化合物Eが存在し，Eを160℃に加熱したところ，容易に
脱水反応が起こってFが生成した。

(1) 化合物Aの分子式を記せ。

(2) 化合物B, C, D, E, Fの名称をそれぞれ記せ。

(3) 化合物Aの構造式を記せ。(不斉炭素原子には＊をつけよ。)　　　(京都大 改)

253 〈エステルの構造決定〉 ▢ ★★

それぞれ分子量が等しく，炭素，水素，酸素からなる4種類のエステルA, B, C, D に関して，下の各問いに答えよ。原子量：C = 12，H = 1.0，O = 16とする。

① A〜Dをそれぞれ153 mgずつ完全燃焼させると，どれからも二酸化炭素330 mg，水135 mgが得られた。

② A3.57 gを加水分解すると，化合物E2.59 gと化合物F1.61 gが得られた。化合物EとFは，1価のアルコールか1価のカルボン酸のいずれかであり，E, Fはいずれも還元性を示さなかった。

③ Bを加水分解すると，カルボン酸GとアルコールHが得られた。Hを脱水すると，炭化水素Iのみが生じ，これを冷却しながら濃硫酸に吸収させた後，加水分解すると，化合物Jが得られた。JはHと同じ分子式をもつが，硫酸酸性の過マンガン酸カリウム水溶液を少量加えてよく振り混ぜても，赤紫色は消えなかった。

④ Gにアンモニア性硝酸銀溶液を加えて加温すると，銀鏡が生じた。

⑤ Cを加水分解すると，カルボン酸GとアルコールKが得られた。

⑥ Dを加水分解すると，化合物Lと化合物Mが得られた。LはFを酸化したときの最終生成物でもある。

⑦ F, J, Mおよび，アルコールK, Hのそれぞれに，ヨウ素と水酸化ナトリウム水溶液を加えて加熱すると，F, M, Kから黄色の結晶が得られた。

(1) エステルAの分子式を記せ。

(2) エステルA, B, C, Dおよび化合物Jの構造式を，それぞれ記せ。

254 〈カルボン酸の構造決定〉 ▢ ★★

次の文章を読み，あとの各問いに答えよ。(原子量：C = 12，H = 1.0，O = 16)

有機化合物A，BおよびCは，いずれも質量％で炭素41.4 %，水素3.46 %，酸素55.2 ％からなる2価カルボン酸である。A, B, C各186 mgの水溶液を中和するのに，0.10 mol/Lの水酸化ナトリウム水溶液32.0 mLを要した。AとBは白金触媒の存在下で，それぞれ等物質量の水素と反応して同一の化合物Dを生成した。

Aは約160℃に加熱すると，容易に脱水して化合物Eに変化したが，Bは同じ条件では脱水が起こらなかった。Cを約140℃に加熱すると，容易に二酸化炭素を脱離して不飽和1価カルボン酸Fが得られた。

Eに無水メタノールを加えて温めると化合物Gが得られ，さらに，エタノールと少量の濃硫酸を加えて加熱するとHが生成した。

(1) 化合物A, Bの名称と，C, D, E, F, GおよびHの構造式を記せ。

(2) 化合物A, Bの分子の極性の違いについて説明せよ。　　　　　(東京都立大 改)

(3) 化合物A, Bの融点は133℃，300℃(封管中)である。この違いについて説明せよ。

(4) 一般に，カルボン酸は同程度の分子量をもつアルコールに比べて沸点が高い。その理由を30字以内で記せ。　　　　　　　　　　　　　　　　(同志社大 改)

255 〈C₄H₈Oの異性体〉 ☐ ★★★

　分子式がC₄H₈Oで表される化合物には，さまざまな構造をもつ異性体が存在する。それらの異性体の中から，次の(1)～(8)の条件に合うものを一つずつ選び，その構造式を書け。

(1)　ケトン。

(2)　枝分かれ構造を含むアルデヒド。

(3)　第三級アルコール。

(4)　不斉炭素原子を1個もつ鎖状構造のアルコール。

(5)　エーテル結合を含む環状構造があり，不斉炭素原子を1個もつ化合物。

(6)　環状構造を含むアルコールのうち，不斉炭素原子を2個もつ化合物。

(7)　シス–トランス異性体の存在する鎖状エーテルのうち，トランス異性体。

(8)　シス–トランス異性体も鏡像異性体も存在しない鎖状構造のアルコール。

（大阪府大 改）

256 〈C₆H₁₄Oの異性体〉 ☐ ★★

　分子量102の化合物Aについて元素分析を行い，構成元素の質量百分率を計算したところ，炭素：70.6 %，水素：13.7 %，酸素：15.7 %であった。

　Aを水酸化ナトリウム水溶液中でヨウ素と反応させると，黄色沈殿を生じた。また，Aを濃硫酸と加熱すると，数種類の炭化水素からなる混合物Zとなった。Zに含まれる化合物の分子量は，すべて84であった。

　Zに臭素水を加えると臭素水の赤褐色が消失し，また，白金触媒を用いて水素を反応させると，分子量86の単一の化合物Bとなった。化合物Bに，光を当てながら塩素を反応させたところ，5種類の化合物C, D, E, F, Gが生成した。これらの分子量はすべて120.5であった。なお，化合物CからGでは，鏡像異性体を含む立体異性体を区別しないものとする。

　原子量は，H = 1.0，C = 12，O = 16，Cl = 35.5とする。

(1)　化合物A, Bの分子式をそれぞれ書け。

(2)　化合物Bと同じ分子式をもつ構造異性体は，Bを含めていくつあるか。

(3)　化合物A, Bの構造式をそれぞれ書け。

(4)　混合物Zの中に，互いにシス–トランス異性体の関係にある化合物が含まれていた。そのうち，シス形の構造をもつものの構造式を書け。

(5)　①　化合物CからGの中で，不斉炭素原子をもつものの数を答えよ。
　　　②　化合物CからGの中で，不斉炭素原子をもたないものがあればそのうち一つの構造式を書け。

(6)　混合物Zに臭素を付加して得られた化合物のうち，不斉炭素原子の数が最も多いものの構造式を書け。

（東北大 改）

257 〈アルケンの構造決定〉 ☑ ★

次の文を読み，あとの各問いに答えよ。

C_4H_8 の分子式をもつ化合物 A, B, C, D, E がある。そのうち，A, B, C, D に触媒を用いて水を付加させて得られるアルコールの異性体を調べると，A, B からはいずれも F のみが得られ，C からは F の他に少量の G が，D からは H の他に少量の I が得られた。なお A と B の分子中の最も離れた炭素間の距離を調べると，A の方が B よりも長かった。F は二クロム酸カリウムにより酸化され，J（分子式 C_4H_8O）を与えるが，H はこの条件では酸化されない。J は銀鏡反応が陰性で，水酸化ナトリウム水溶液中でヨウ素と加熱すると，特異臭のある黄色結晶を生成した。

E には触媒を用いても水は付加せず，分子中にメチル基は存在しなかった。

(1) 化合物 A, B, C, D, E の名称を記せ。

(2) 化合物 F, G, H, I, J の構造式を記せ。 （東北大 改）

258 〈炭素−炭素二重結合の酸化〉 ☑ ★★★

次の文を読んで，空欄 [___] に適当な数値または構造式（不斉炭素があれば＊をつけよ）を記入せよ。

過マンガン酸カリウムは，有機化合物中の炭素−炭素二重結合を切断する酸化剤の1つとして知られている。過剰の過マンガン酸カリウムを用い硫酸酸性条件で酸化を行うと，1-ヘキセンは ［ ア ］ と二酸化炭素を生成し，2-ヘキセンは ［ イ ］ と ［ ウ ］ を，また，2-メチル-2-ペンテンは ［ エ ］ と ［ オ ］ をそれぞれ生成する。シクロヘキセンではナイロン66の原料として知られる ［ カ ］ を生成する。

この過マンガン酸カリウムによるアルケンの酸化反応を，低温・塩基性のおだやかな条件下で注意深く行うと，2価アルコールの生成の段階で反応を止めることができる。この酸化反応には，ヒドロキシ基の付加が不飽和結合の2個の炭素に同時に同じ側からのみ起こるという特徴があり，2価アルコールの合成法としても重要な反応である。

この反応条件下で1-ヘキセンは，不斉炭素原子 ［ キ ］ 個をもつ化合物 ［ ク ］ を生成する。同様に，2-ヘキセンは不斉炭素原子 ［ ケ ］ 個を，2-メチル-2-ペンテンは不斉炭素原子を ［ コ ］ 個をもつ化合物をそれぞれ生成する。なお，シクロヘキセンからは不斉炭素原子 ［ サ ］ 個を有する ［ シ ］ が生成し，その立体異性体である ［ ス ］ は生成しない。

ベンゼン環は一般に過マンガン酸カリウムに対して安定であるが，生体内ではいくつかの酵素の作用により酸素を酸化剤として，ベンゼン環の開環反応が進行する。このベンゼン環の酸化の1つに，ベンゼン環の水素がヒドロキシ基2個で置換された ［ セ ］ がまず生成し，次いで ［ セ ］ の炭素−炭素結合が酸素により切断されて不飽和ジカルボン酸 ［ ソ ］ が生成する経路がある。なお，［ ソ ］ にはカルボキシ基以外に酸素を含む官能基はない。［ ソ ］ には他に2種類のシス-トランス異性体 ［ タ ］ と ［ チ ］ があり，これらのシス-トランス異性体の中で2個のカルボキシ基が互いに最も近い構造を取り得るのは ［ ソ ］ で，2個のカルボキシ基が互いに最も遠い構造を取り得るのは ［ チ ］ である。（京都大 改）

259 〈C₅H₁₀の構造決定〉 ☐ ★★

分子式 C_5H_{10} で表される化合物Aがある。実験１～実験４を読み，あとの問いに答えよ。

（実験１）化合物Aを臭素水に加えたら，臭素水の赤褐色が消えた。

（実験２）化合物Aに水を付加させると，不斉炭素原子をもつ主生成物Bと不斉炭素原子をもたない副生成物Cが得られた。B, Cはいずれも金属ナトリウムと反応して水素を発生した。

（実験３）化合物Cを二クロム酸カリウムの希硫酸酸性溶液と反応させると，化合物Dが得られた。化合物Dにヨウ素と水酸化ナトリウム水溶液を加えて温めても黄色沈殿は生じなかったが，フェーリング液を加えて加熱すると赤色沈殿を生じた。

（実験４）化合物Bに濃硫酸を加え170℃で加熱すると，主生成物Eとともに副生成物Aが得られた。化合物Eは化合物Aと同じ分子量をもち，シス-トランス異性体は存在しなかった。

(1) 分子式 C_5H_{10} で表される鎖式化合物には，あわせて何種類の異性体が存在するか。

(2) 化合物A～Eの構造式を簡略化して表せ。　　　　　　　　　（広島大 改）

260 〈酒石酸のR/S表示法〉 ☐ ★★★

不斉炭素原子に結合している原子(団)の立体配置を区別する方法として，CIP(カーン・インゴルド・プレローグ)順位則に従い，結合している置換基に順位をつけ，それによって立体配置を区別するのがR/S表示法である。CIP順位則によると，

１．不斉炭素原子に直接結合している原子の原子番号の大きい順に①，②…の順位をつける。

２．同一の原子が結合している場合，その次に結合している原子で１と同様に順位をつける。

３．順位の最も低い原子を紙面奥側に向けて置き，それ以外の置換基を①→②→③の順位で見たとき，時計回り(右回り)であれば，R型(Rectus, ラテン語で右)，反時計回りであれば，S型(Sinister, ラテン語で左)と区別する。

示性式HOOC $\overset{2}{C}$H(OH)$\overset{3}{C}$H(OH)$\overset{4}{C}$OOHで表される酒石酸は，２位と３位が不斉炭素原子であり，それぞれR/S表示で立体配置が区別できる。酒石酸の立体異性体は，(2R, 3R)のものをL-酒石酸，(2S, 3S)のものをD-酒石酸，(2R, 3S)および(2S, 3R)のものをそれぞれメソ酒石酸と区別している。

〔問〕立体構造式A, Bで表された酒石酸は，それぞれL-酒石酸，D-酒石酸，メソ酒石酸のどれに該当するか。

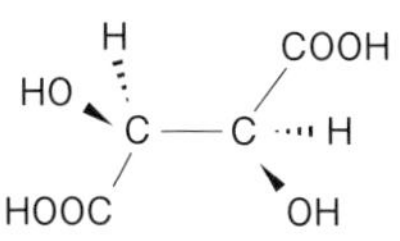

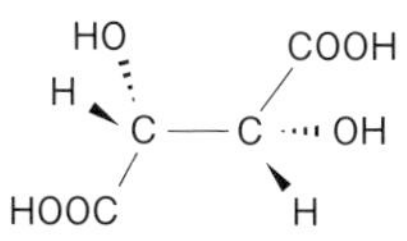

261 〈油脂〉 ☐ ★

次の文の空欄☐☐☐に適語を入れ，あとの各問いに答えよ。

　油脂は，グリセリン1分子と高級脂肪酸3分子とが ア 結合した化合物である。油脂を水酸化ナトリウム水溶液中で加熱すると，グリセリンと脂肪酸のナトリウム塩（これを一般に イ という）になる。特に，油脂1gをけん化するのに必要な水酸化カリウムのミリグラム数を，油脂のけん化価という。天然の油脂には，常温で固体状の ウ と液体状の エ がある。 ウ はその分子中にパルミチン酸やステアリン酸などの オ を多く含み， エ はその分子中にリノール酸やリノレン酸などの カ を多く含むという特徴がある。 カ 分子中のC＝C結合にはハロゲンが容易に付加するが，とくに，油脂100gに付加するヨウ素のグラム数を，油脂のヨウ素価という。ヨウ素価の大きい脂肪油は乾性油とよばれ，塗料や油絵の具などに利用される。また，ニッケルを触媒にして，液体状の油脂に水素を付加すると融点が高くなる。こうして得られた油脂を キ といい，セッケンの原料などに利用される。

(1)　下線部の変化を化学反応式で示せ。ただし，脂肪酸はすべてRCOOHとせよ。

(2)　ある油脂を調べたところ，オレイン酸10％，リノール酸80％，リノレン酸10％（モル％）の脂肪酸組成をもつ混成グリセリドであることがわかった。この油脂について次の問いに答えよ。ただし，原子量はH＝1.0，O＝16，K＝39，I＝127とする。

　(i)　この油脂の平均分子量を求めよ。

　(ii)　この油脂のけん化価およびヨウ素価をそれぞれ求めよ。　　　（徳島大 改）

(3)　下線部の乾性油としての性質が発現する反応の機構を簡単に説明せよ。（札幌医大 改）

262 〈$C_5H_{10}O$の異性体〉 ☐ ★★★

　同一の分子式$C_5H_{10}O$をもつ化合物A〜Dは互いに異性体で，すべて鎖式構造をもつ。A〜Dの構造式を記せ。ただし，二重結合を形成する炭素原子にヒドロキシ基が直結した化合物（エノールという）はいずれも不安定で，ただちに，アルデヒドやケトンに変化する。したがって，本問ではこのような異性体は考えないものとする。

1．A〜Dに金属Naを加えると，C，Dで水素が発生した。また，A〜Dに臭素水を加えると，A，Bでは変化がなく，C，Dでは臭素の色が消失した。

2．A，Bにフェーリング液を加え熱すると，Aだけから赤色沈殿が生成した。

3．A，Bを適当な触媒を用いて水素で還元したところ，それぞれE，Fに変化した。このE，Fのいずれにも不斉炭素原子は存在しない。

4．E，Fに濃硫酸を加えて熱すると，Eからはアルケンは生成しなかったが，Fからはアルケンが生成した。

5．Cにはシス-トランス異性体は存在するが，鏡像異性体は存在しない。ただし，Cを白金触媒を用いて水素付加すると，不斉炭素原子をもつ化合物が生成した。

6．Dにはシス-トランス異性体が存在しないが，鏡像異性体が存在する。ただし，Dを白金触媒を用いて水素付加すると，不斉炭素原子をもたない化合物が生成した。

263 〈油脂〉 ☐ ★★

ある油脂A 21.5 g を完全にけん化するのに，水酸化カリウム4.20 g を要した。けん化後，塩酸を加えて反応液を酸性とし，エーテル抽出を行ったところ，3種類の異なる脂肪酸が得られた。一方，油脂A 21.5 g に触媒を用いて水素を完全に付加させたら，標準状態で0.560 Lの水素が付加した。また，生成した油脂を加水分解したところ，パルミチン酸($C_{15}H_{31}COOH$)と，もう1種の飽和脂肪酸Bが1:2の物質量比で得られた。(原子量：H = 1.0，O = 16，K = 39)

(1) 油脂Aの分子量を求めよ。また，油脂A 1分子中に含まれる炭素間の二重結合の数を求めよ。

(例)
$CH_2 - OCO - CH_3$
$|$
$CH - OCO - C_2H_5$
$|$
$CH_2 - OCO - C_3H_7$

(2) 飽和脂肪酸Bの示性式を記せ。

(3) 油脂Aの可能な構造式を例にならって記せ。 （大阪大 改）

264 〈合成洗剤とセッケン〉 ☐ ★

次の文章の ☐ に適語を入れ，あとの各問いにも答えよ。

セッケンの水溶液を暗室に置き，横から強い光束を当てると光の進路が輝いて見える。この現象を ア とよぶ。この理由は，セッケン水がある一定以上の濃度になると，セッケン分子がそれぞれ単独で水に溶けることができなくなり， イ 性の炭化水素基を内側に，ウ 性のカルボキシラートイオンの部分を外側に向けて，多数のセッケン分子が エ とよばれる会合コロイドを形成するからである。

また，セッケン水溶液に油で汚れた布を浸してかき混ぜると，セッケン分子は イ 性の部分を油汚れの方に向け，ウ 性の部分を外側の水の方に向けて配列し，油汚れを細かく分割して水溶液に分散させる働きをもつ。このような作用を オ という。

また，セッケン水溶液は水よりも カ が小さく，繊維などのすき間にも容易に浸透しやすい。セッケンの洗浄作用はこの2つの共同作業によるとされている。

合成洗剤には高級アルコール系のアルキル硫酸ナトリウムや石油系のアルキルベンゼンスルホン酸ナトリウムがあり，例えば，(a)1-ドデカノール($C_{12}H_{25}OH$)やドデシルベンゼン($C_{12}H_{25}$-◯)を濃硫酸と反応させ，次いで，水酸化ナトリウムで中和することによって得られる。とくに，前者は台所用の洗剤として，後者は衣料用の洗剤として用いられる。ところで，(b)セッケンは絹や羊毛などの動物性繊維をいためやすいが，合成洗剤にはこのような性質はなく，絹や羊毛の洗濯にも使える。

また，(c)セッケンはCa^{2+}やMg^{2+}を多く含む キ 水では洗浄能力が低下するが，合成洗剤では キ 水中でも洗浄能力は低下しない。ただし，合成洗剤には自然界で ク による分解が容易でないものがあり，環境への影響が心配されている。

(1) 下線部(a)をそれぞれ化学反応式で示し，2つの反応形式の違いを簡潔に述べよ。

(2) 下線部(b)，(c)の理由をそれぞれ説明せよ。

(3) セッケンや合成洗剤が洗浄作用を示す理由を図を用いて示せ。

（島根大 改）

265 〈アルケンの構造決定〉 ☐ ★★

　次の文中の化合物A〜Dの構造式を書け。ただし，本問を解くにあたっては，鏡像異性体およびシス-トランス異性体は考慮しなくてよい。

　分子式C_6H_{12}で表される炭化水素の異性体A, B, CおよびDがある。これらの異性体各1molに対しては，いずれも1molの水素が付加し，AとBからは同一の化合物Eが，C，Dからは同一の化合物Fが生成した。また，A〜Dをオゾンと反応させ，続いて亜鉛と酢酸で処理すると，表に示す結果が得られた。

　なお，アルケンとオゾンを反応させ，続いて亜鉛と希酸で処理すると，次の反応が起こる。

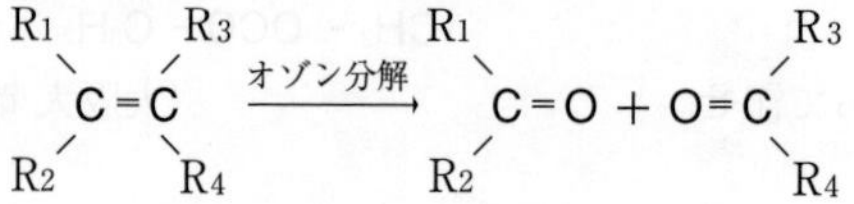

$$\underset{R_2}{\overset{R_1}{>}}C=C\underset{R_4}{\overset{R_3}{<}} \xrightarrow{\text{オゾン分解}} \underset{R_2}{\overset{R_1}{>}}C=O + O=C\underset{R_4}{\overset{R_3}{<}}$$

（R_1, R_2, R_3, R_4は，水素またはアルキル基を示す。）

化合物	オゾンとの反応生成物
A	GとホルムアルデヒF
B	Hのみが生成
C	HとIが生成
D	JとホルムアルデヒF

　生成した化合物G, H, IおよびJに対し，アンモニア性硝酸銀溶液を反応させると，G，Hの場合は銀鏡反応が観察されたが，IとJでは観察されなかった。

　一方，ヨウ素と水酸化ナトリウム水溶液を加えて加熱すると，IとJで黄色の結晶が析出した。 　　　　　　　　　　　　　　　　　　　　　　　　　　　　　　　　（中央大）

266 〈大環状エステルの構造決定〉 ☐ ★★★

　天然より得られる有機化合物には，さまざまな種類の分子が種々の結合によって連なり，大環状構造を形成しているものがある。このような化合物の中で，$C_{13}H_{20}O_6$の分子式をもち，エステル結合を含む14員環の光学活性化合物Aがある。Aの構造を決定する過程で次のことが明らかとなった。下の各問いに答えよ。

　Aを，エステル結合をすべて切断する条件で加水分解すると，化合物B，CおよびDが得られた。Bは，分子式$C_3H_8O_2$をもつ光学活性体で，分子中の酸素はいずれもヒドロキシ基として存在していた。Cは，分子式$C_6H_{12}O_3$をもつ光学活性体であるが，分子中のカルボキシ基をヒドロキシ基まで還元すると，光学不活性となった。また，Cについて分子内エステル化反応を行うと，六員環の光学活性化合物Eが得られた。

（注）分子内エステル化反応とは，同一分子中の-OH基と-COOH基が脱水反応によりエステル（ラクトンという）を形成し，鎖状化合物から三員環以上の環状化合物を生成する反応をいう。

　この段階でDには，いくつかの異性体の可能性が考えられる。しかし，Aが14員環の化合物であることを考慮すると，Dの構造は1種類に特定することができる。

(1)　化合物Dの分子式を書け。

(2)　化合物B, C, D, Eの構造式を書け。なお，不斉炭素原子には＊を付けよ。

(3)　鏡像異性体も含め，化合物Aには何種類の異性体が存在するか。

　　　　　　　　　　　　　　　　　　　　　　　　　　　　　　　　（慶応大）

267 〈鏡像異性体の区別〉 ☐ ★★

[A] 図に示すL型のアラニンの構造を参考にして，図の構造a〜dの中で，鏡像異性体であるD型のアラニンの構造をすべて記号で選べ。ただし，――は紙面上にある結合，━は紙面手前側への結合，…は紙面奥側への結合を示す。　（名古屋大）

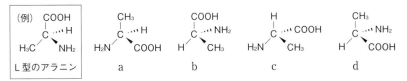

[B] 酒石酸HOOCC*H(OH)C*H(OH)COOHは2個の不斉炭素原子をもつ2価カルボン酸であり，3つの立体異性体をもつ。その1つの立体構造をAに示す。ここで，実線―は結合が紙面上にあり，楔形の太い実線は紙面手前側への結合を，楔形の破線は紙面奥側への結合を示す。以上より，Aの酒石酸の残り2つの立体異性体の立体構造を表したものを下のB〜Dからすべて選べ。

（大阪大 改）

268 〈C₅H₁₀O₃の異性体〉 ☐ ★★★

以下の(1)〜(8)の記述をもとにして，分子式$C_5H_{10}O_3$で表される化合物A, B, C, Dの構造式を答えよ。ただし，二価アルコールH, J, Kについては，いずれも2個のヒドロキシ基が同一の炭素原子に結合した化合物（gem-ジオール）は不安定なので考えないものとする。

(1) 化合物Aを加水分解すると，カルボン酸Eと1価アルコールFを生じた。アルコールFと濃硫酸の混合物を約170℃に加熱すると，エチレンを生じた。また，カルボン酸Eは不斉炭素原子をもつ。

(2) Bを加水分解すると，カルボン酸Gと2価アルコールHが等物質量ずつ生じた。

(3) Cを加水分解すると，カルボン酸Iと2価アルコールJが等物質量ずつ生じた。

(4) Dを加水分解すると，カルボン酸Iと2価アルコールKが等物質量ずつ生じた。

(5) Fを酸化するとGを生成した。

(6) Hは不斉炭素原子をもつが，J, Kは不斉炭素原子をもたない。

(7) 化合物Bは第二級アルコール，化合物Cは第三級アルコール，化合物Dは第一級アルコールの構造をもつ。

(8) 化合物A〜Dのうち，Cだけが不斉炭素原子をもたない。　（兵庫県立大 改）

269 〈アルキン・アルカジエン〉 ☑ ★★★

次の文章を読み，あとの各問いに答えよ。

1. 化合物A〜Dは同一の分子式C_4H_6で表され，不飽和結合をもつ鎖式炭化水素である。A〜D各1molに対して，十分量の臭素を反応させたところ，臭素2mol が付加して，それぞれ化合物E〜Hが得られた。

2. 化合物E〜Hのうち，不斉炭素原子を有するのはEとHのみで，不斉炭素原子の数はEの方がHよりも多かった。

3. (a)B，Cを赤熱した鉄触媒に接触させると，3分子が重合し，Bからは1種類，C からは2種類の構造異性体が得られた。

4. 硫酸水銀(Ⅱ)を触媒としてCに水を付加させると，主にJが生成した。(b)Jにヨウ 素と水酸化ナトリウム水溶液を加えて温めると，特異臭をもつ黄色結晶が沈殿した。反応後，この沈殿をろ過し，ろ液を酸性にすると化合物Kが遊離した。

5. Aにエチレンを付加させたら，分子式C_6H_{10}をもつ環式化合物Lが得られた。Lに 白金触媒を用いて水素を付加させたら，分子式C_6H_{12}をもつ化合物Mが得られた。

(1) 化合物A〜D，J，K，L，Mの構造式を記せ

(2) 下線部(a)の反応で，B，Cから得られた化合物の構造式を，それぞれ記せ。

(3) 下線部(b)の反応を化学反応式で表せ。（ただし，化合物は示性式で示せ。）

(4) 化合物Eには何種類の立体異性体が存在するか。

(5) 化合物Aに比較的低温で塩素を反応させたら，分子式$C_4H_6Cl_2$をもつ3種類の化合物が得られた。これらの構造式を立体異性体が区別できるように記せ。(広島大 改)

270 〈油脂〉 ☑ ★★

次の文章を読み，あとの各問いに答えよ。

一定量の油脂Aをはかり取り，2.0 mol/Lの水酸化ナトリウム水溶液を加えて完全に加水分解したところ，15.0 mLを要した。

また，同量の油脂Aにニッケルを触媒として完全に水素を付加させたところ，標準状態で672 mLの水素を吸収し，油脂Bに変化した。

このようにして得られた油脂Bに2.0mol/Lの水酸化ナトリウム水溶液15.0 mLを加えて完全にけん化した後，反応液に塩酸を加えて酸性にし，ジエチルエーテルで抽出すると，ただ1種類の純粋な高級脂肪酸C8.52 gが得られた。

なお，各実験操作においては，全く損失は起こらなかったものとし，原子量は，H = 1.0，C = 12，O = 16，I = 127とする。

(1) 脂肪酸Cの示性式を（例）にならって記せ。また，その名称を答えよ。

(2) 油脂A1分子中には，何個のC=C結合が存在するか。　　　（例）$C_{12}H_{25}COOH$

(3) 油脂A100 gに付加するヨウ素の質量（ヨウ素価）を求めよ。

(4) 油脂Aとして考えられる構造は何種類あるか。ただし，立体異性体の違いは考慮しないものとする。

(千葉大 改)

271 〈油脂の構造〉 ☑ ★★★

同一の組成式をもつ油脂 1 ～ 4 について，以下の(1)～(12)の記述を読み，次の問い
に答えよ。

(1) 油脂 1 ～ 4 に含まれる C=C 結合は，すべてシス形であった。

(2) 油脂 1 ～ 4 にヨウ素を反応させると，それぞれ油脂 1 分子あたりヨウ素 4 分子が
付加した。

(3) 油脂 2, 3, 4 は不斉炭素原子をもっていたが，油脂 1 はもっていなかった。

(4) 油脂 1 ～ 4 を加水分解して得られた脂肪酸は，全部で 4 種類であった。

(5) 油脂 1 ～ 4 を加水分解して得られた脂肪酸には，カルボキシ基の炭素から数えて
4 番目の炭素までの間に C=C 結合はなかった。

(6) 油脂 1 ～ 4 を加水分解して得られた脂肪酸に，触媒を用いて C=C 結合に水素を
完全に付加すると，すべて $CH_3(CH_2)_{16}COOH$ となった。

(7) 油脂 1, 3, 4 を加水分解すると，それぞれ 2 種類の脂肪酸が得られたが，油脂 2
を加水分解すると 3 種類の脂肪酸が得られた。

(8) 油脂 1, 4 を加水分解すると，同じ 2 種類の脂肪酸が同じ比率で得られた。

(9) 油脂 1, 4 を加水分解して得られた脂肪酸のうち，一方は油脂 2 を加水分解して
も得られ，もう一方は油脂 3 を加水分解しても得られた。

(10) 油脂 2, 3 を加水分解して得られた脂肪酸のうち，1 つは飽和脂肪酸であり，こ
れは油脂 1, 4 を加水分解しても得られなかった。

(11) 油脂 1, 4 を加水分解して得られた脂肪酸に，硫酸酸性の過マンガン酸カリウム水
溶液を加えて酸化すると，$CH_3(CH_2)_4COOH$, $CH_3(CH_2)_7COOH$, $HOOCCH_2COOH$,
$HOOC(CH_2)_7COOH$ の 4 種類のカルボン酸が得られた。

(12) 油脂 2 を加水分解して得られた脂肪酸のうち，油脂 1, 3, 4 からは得られなかっ
たものに，硫酸酸性の過マンガン酸カリウム $KMnO_4$ 水溶液を加えて酸化すると，
CH_3CH_2COOH, $HOOCCH_2COOH$, $HOOC(CH_2)_7COOH$ の 3 種類のカルボン酸が
得られた。

問1　油脂 1, 3, 4 の構造式を書け。なお，構造式は，シス-トランス異性体を区別
せず，HOOCCH=CHCOOH のように書け。

問2　油脂 2, 3 を加水分解して共通に得られた飽和脂肪酸は融点は 71℃ であった。
また，油脂 2 を加水分解して得られる不飽和脂肪酸のうち，油脂 1, 4 を加水分
解して得られるものの融点は 13℃，得られないものの融点は -11℃ であった。
以上のことからわかる脂肪酸の構造と融点の関係を答えよ。また，そうなる理由
も説明せよ。

(日本医大 改)

272 〈炭化水素の構造決定〉 ☐ ★★★

次の文章を読み，あとの各問いに答えよ。(原子量：H = 1.0，C = 12)

化合物 A, B, C は互いに構造異性体の関係にあり，鎖式または脂環式の炭化水素である。これらの化合物の分子量は，150 以下である。また，これらの化合物は鎖式炭化水素である場合は，炭素鎖に枝分かれがないことが，脂環式炭化水素である場合には，環を構成する炭素原子の数が 5 以上であることがすでにわかっている。これらの化合物の構造を決定するために以下の実験を行った。

(実験1)　化合物 A の元素分析値(質量%)は，炭素87.8 %，水素12.2 %である。

(実験2)　化合物 A, B, C をそれぞれ臭素と反応させたところ，すみやかに付加反応が起こった。化合物 A，B はそれぞれ臭素と 1:1 の物質量比で反応して，化合物 A からは化合物 D が，化合物 B からは化合物 E が得られた。

　　化合物 C と臭素は 1:2 の物質量比で反応して，化合物 F を与えた。

(実験3)　化合物 A, B, C をそれぞれオゾン分解*すると，化合物 A からは化合物 G のみが得られたが，化合物 B からは化合物 H と化合物 I が物質量比 1:1 で得られ，化合物 C からは化合物 H と化合物 J が物質量比 2:1 で得られた。

(実験4)　化合物 G, H, J はいずれもフェーリング液を還元して赤色沈殿を生じたが，化合物 I はフェーリング液とは反応しなかった。化合物 G, H, J をそれぞれ酸化すると，化合物 G からは化合物 K が，化合物 H からは化合物 L が，化合物 J からは化合物 M が得られた。化合物 K, L, M はそれぞれ炭酸水素ナトリウム水溶液と反応して気体を発生した。化合物 L は，アンモニア性硝酸銀溶液を還元して銀を析出させた。化合物 K は，ヘキサメチレンジアミンと縮合重合して，ナイロン66を生成した。

＊(注)　オゾン分解とは，炭素-炭素二重結合をオゾン，続いて亜鉛と酢酸と反応させて切断し，2 つのカルボニル化合物を生成する反応である。例えば，

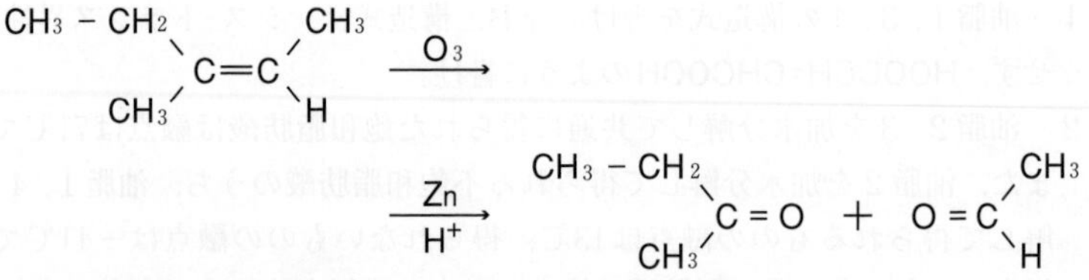

$$
\begin{matrix}
CH_3-CH_2 \\
C=C \\
CH_3
\end{matrix}
\begin{matrix}
CH_3 \\
\\
H
\end{matrix}
\xrightarrow{O_3}
$$

$$
\xrightarrow[H^+]{Zn}
\begin{matrix}
CH_3-CH_2 \\
C=O \\
CH_3
\end{matrix}
+
\begin{matrix}
CH_3 \\
O=C \\
H
\end{matrix}
$$

(1)　化合物 A の分子式を記せ。

(2)　下線部の赤色沈殿の化学式を記せ。

(3)　化合物 A, B, C, K, L, M の構造式を記せ。

(4)　化合物 D, E, F には，それぞれ何種類の立体異性体の存在が考えられるか。

(広島大 改)

273　〈エステルの還元による構造決定〉　☑　★★★

　エステルを加水分解するとカルボン酸とアルコールが得られる。一方，エステルを還元的に分解すると，次の反応式で示すように$R-CH_2OH$および$R'-OH$の2種類のアルコールが生成する。ここで，RおよびR'はアルキル基を表している。

$$R-\underset{\underset{O}{\|}}{C}-O-R' \longrightarrow R-CH_2OH + R'-OH$$

　このエステルの還元には水素化アルミニウムリチウム($LiAlH_4$)が試薬として有効に作用する。この$LiAlH_4$はLi^+とAlH_4^-からなるイオン結合性の物質で，水素化物イオンH^-を生成してカルボニル基の電気的に陽性な炭素原子を攻撃するので，カルボニル化合物の還元などに広く用いられる。例えば，アルデヒドやカルボン酸は第一級アルコールに，ケトンは第二級アルコールに還元することができるが，カルボニル基をもたないアルケンやアルキンをアルカンに還元することはできない。

　以上のことをもとにして，次の各問いに答えよ。

(1)　次の化合物(ア)〜(オ)を$LiAlH_4$を用いて還元したとき，同一の生成物を生じる組み合わせをすべて記号で選べ。

(ア)　$CH_3-CH_2-CH_2-CHO$　　　(イ)　$CH_3-CH_2-\underset{\underset{O}{\|}}{C}-CH_3$　　　(ウ)　CH_3-CH_2-CHO

(エ)　$CH_3-CH_2-CH_2-\underset{\underset{O}{\|}}{C}-O-CH_3$　　　(オ)　$CH_3-\underset{\underset{O}{\|}}{C}-O-CH=CH-CH_3$

　分子式が$C_9H_{16}O_4$で，2個のエステル結合を有する化合物Aがある。Aを$LiAlH_4$を用いて還元したところ，いずれも不斉炭素原子をもたない3種類の化合物B，C，Dが得られた。Bは分子式がC_3H_8Oで酸化するとケトンを生成した。また，Cは分子式が$C_4H_{10}O_2$の2価アルコールであった。

　一方，Aを酸を触媒として加水分解したところ，3種類の化合物B，E，Fが得られ，そのうちEには1個の不斉炭素原子が含まれていた。

(2)　分子式$C_4H_{10}O_2$の2価アルコールには全部で何種類の構造異性体が存在するか。また，そのうち不斉炭素原子をもたない異性体は何種類あるか。ただし，2個以上のヒドロキシ基が同一の炭素原子に結合した化合物(gem-ジオールという)は不安定なので，除外して考えるものとする。

(3)　化合物B，E，Fの構造式をそれぞれ記せ。

(4)　化合物Aの構造式を記せ。

(5)　同位体^{18}Oを分子内にもつ水($H_2^{18}O$)で化合物Aを酸を触媒として加水分解したとき，生成する化合物B，E，Fのうち^{18}Oを含むものをすべて記号で記せ。

（関西大 改）

17　芳香族化合物

274 〈芳香族化合物の反応系統図〉 ☑ ★

　下図は，ベンゼン，アセチレンを出発物質として，種々の有機化合物を合成する一般的な経路を示したものである。下の問いに答えよ。

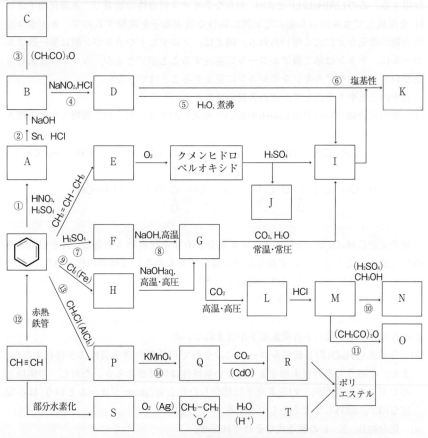

(1)　空欄　A　〜　T　には，適当な構造式または示性式を記入せよ。

(2)　①〜⑭の各反応について，最も適当な反応名を下から選び，記号で答えよ。

　　(ア)　酸化　　(イ)　重合　　(ウ)　中和　　(エ)　エステル化　　(オ)　アルキル化

　　(カ)　付加　　(キ)　縮合　　(ク)　けん化　　(ケ)　加水分解　　(コ)　脱水

　　(サ)　ハロゲン化　　(シ)　アルカリ融解　　(ス)　スルホン化　　(セ)　ニトロ化

　　(ソ)　還元　　(タ)　ジアゾ化　　(チ)　カップリング　　(ツ)　アセチル化　（新潟大 改）

275 〈ベンゼンの構造の特異性〉 ☐ ★

次の文を読んで，下の各問いに答えよ。

ベンゼン(C_6H_6)，シクロヘキセン(C_6H_{10})およびシクロヘキサン(C_6H_{12})は，すべて炭素数6の環状構造をもつ化合物である。シクロヘキサンは ア 炭化水素であるが，シクロヘキセンは イ 炭化水素で，二重結合を1個含んでいる。

ところで，ベンゼンの構造式は，一般に3個の二重結合を含む正六角形で書かれるが，ベンゼンの炭素-炭素間の結合はすべて等価で，実際には二重結合と単結合の中間的な状態にある。このことを，ベンゼンとシクロヘキセンの水素化エンタルピーを比較することによって考察してみよう。

シクロヘキセンに水素を付加して，シクロヘキサンにすると119 kJの発熱がある。

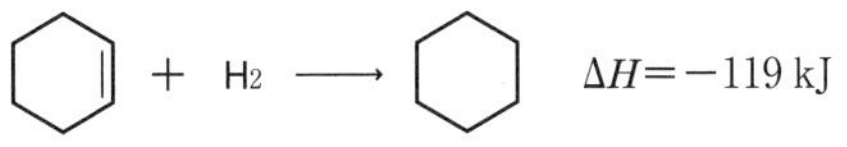

$$\bigcirc + H_2 \longrightarrow \bigcirc \qquad \Delta H = -119 \text{ kJ}$$

もし，3個のC=C結合と，3個のC-C結合でできた1,3,5-シクロヘキサトリエンという分子が1 mol存在し，これに水素3 molが付加するとき， ウ kJ/molの発熱があると予想されるが，実際にはこのような分子は存在しない。

一方，ベンゼン1 molに3 molの水素を付加させると，208 kJの発熱がある。

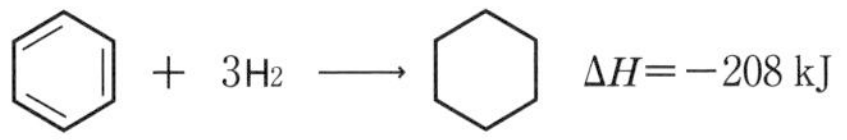

$$\bigcirc + 3H_2 \longrightarrow \bigcirc \qquad \Delta H = -208 \text{ kJ}$$

以上より，ベンゼンは上の仮想分子(1,3,5-シクロヘキサトリエン)に比べて エ kJ分だけ保有しているエネルギーが少なく，エネルギー的に安定であることがわかる。このエネルギーの安定化は，電子の非局在化によるものであり，ベンゼンの共鳴エネルギーとよばれている。

このことは，ベンゼンとシクロヘキセンとの反応性の違いにも反映している。

(1) 上の文中の ☐ にあてはまる語句または数値を記入せよ。

(2) 下記の(1)，(2)式の反応の反応エンタルピーQ_1, Q_2を，ベンゼンの共鳴エネルギーと右表の値を使って求めよ。また，どちらの反応が起こりやすいかを説明せよ。

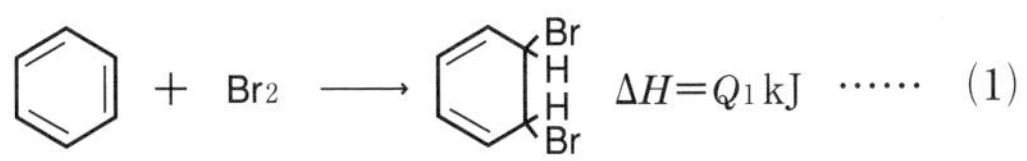

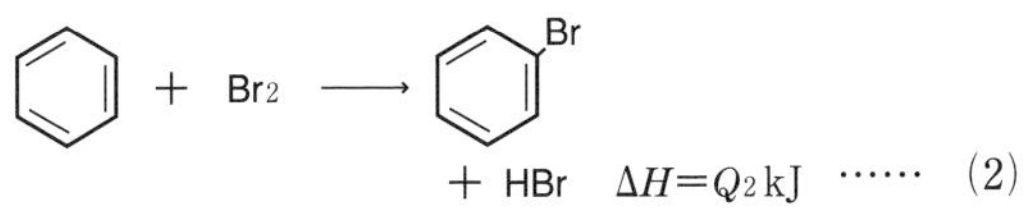

$$\bigcirc + Br_2 \longrightarrow \bigcirc\begin{matrix}Br\\H\\H\\Br\end{matrix} \quad \Delta H = Q_1 \text{ kJ} \quad \cdots\cdots (1)$$

$$\bigcirc + Br_2 \longrightarrow \bigcirc Br$$
$$+ HBr \quad \Delta H = Q_2 \text{ kJ} \quad \cdots\cdots (2)$$

結　合	結合エンタルピー
C-C	347〔kJ/mol〕
C=C	606
C-Br	284
H-Br	364
C-H	416
Br-Br	192

（東京学芸大 改）

276 〈芳香族化合物の反応〉 ☐ ★

次の文中の芳香族化合物A〜Lを構造式で記し，あとの各問いにも答えよ。

ベンゼンとプロペン（プロピレン）から合成されたAを酸素で酸化して得た化合物を，希硫酸で分解するとBが生成する。(ア) Bのナトリウム塩Cを，二酸化炭素の加圧下で加熱するとDが生成し，Dに希硫酸を作用させるとEが得られる。Eを少量の濃硫酸とともにメタノール中で加熱するとFが生成する。一方，(イ) Eに無水酢酸を反応させるとGが得られる。

化合物Hは，ベンゼンのパラ二置換体であり，その元素組成は，炭素61.3 %，水素5.1 %，窒素10.2 %，酸素23.4 %である。化合物Hの0.500 gをベンゼン100 gに溶かした溶液の凝固点降下度は，0.19 Kであった。ただし，ベンゼンのモル凝固点降下を5.13 K・kg/molとする。化合物Hをスズと濃塩酸を用いて還元すると，化合物Iの塩酸塩が得られる。(ウ) 化合物Iを塩酸に溶かし，冷却しながら亜硝酸ナトリウム水溶液を加えると塩Jが生成する。(エ) これに塩Cの水溶液を加えると化合物Kが生成した。

また，(オ) 塩Jの水溶液を加熱すると気体が発生し，溶液中に化合物Lが遊離した。

(1) 下線部(ア)の反応式を書け。

(2) 塩Cの水溶液に常温・常圧のもとで，二酸化炭素を通じた場合に起こる変化を化学反応式で記せ。

(3) 下線部(イ)，(ウ)，(エ)，(オ)の変化を化学反応式で記せ。

(4) 化合物E，F，Gのうち，①最も酸性の強いもの，②最も酸性の弱いものはどれか。それぞれ物質名で答えよ。

（大阪府大 改）

277 〈エステルの構造決定〉 ☐ ★

次の文を読み，あとの各問いに答えよ。

分子式が$C_8H_8O_2$で表される3種類の芳香族エステルA, B, Cがある。これらの構造を決定するために次の実験を行った。

A, B, Cそれぞれを加水分解すると，Aからは酸性物質Dと中性物質Eが得られ，Bからはいずれも酸性物質FとGが得られ，Cからは酸性物質Hと中性物質Iが得られた。これらのうち，Dだけが還元性を示す。

D, F, G, Hそれぞれに炭酸水素ナトリウム水溶液を加えると，D, F, Hは気体を発生した。Gは炭酸水素ナトリウム水溶液とは反応しないが，水酸化ナトリウム水溶液とは反応して塩をつくって溶ける。また，Gに塩化鉄(Ⅲ)水溶液を加えると紫色に呈色した。

Eを過マンガン酸カリウムを用いて酸化すると，白い結晶性の物質Hが生成した。

(1) エステルA, B, Cの構造式とその名称をそれぞれ答えよ。

(2) 分子式が$C_8H_8O_2$で表される芳香族エステルには，A, B, C以外にあと何種類の構造異性体が存在するか。

（名古屋大 改）

278 〈C₈H₁₀Oの異性体〉 ☐ ★★

分子式C$_8$H$_{10}$Oで表されたヒドロキシ基をもつ化合物A, B, C, Dについて，あとの各問いに答えよ。

化合物A, B, Cはベンゼンの一置換体または二置換体で，Dはベンゼンの三置換体である。Aを二クロム酸カリウムの硫酸酸性水溶液を用いて，おだやかに酸化したところ，銀鏡反応を示す化合物Eが得られた。BおよびBを酸化して得られるケトンは，ともにヨードホルム反応を示した。AとBをそれぞれ脱水したところ，どちらからも同じ化合物Fが生じた。また，CとDに塩化鉄(Ⅲ)水溶液を加えると，いずれも青紫色の呈色反応を示した。なお，Cのベンゼン環に結合する水素原子1個を塩素原子で置換した化合物には，2種類の異性体が存在する。

(1) 化合物A, B, C, Fの構造式を記せ。

(2) 化合物Dには，Dを含めていくつの異性体が存在するか。その数を記せ。

(3) 塩化鉄(Ⅲ)水溶液によって呈色反応を示す芳香族化合物のうち，最も簡単な構造をもつ化合物の性質として，次の中で誤っているものを1つ選べ。

(ア) 空気中に放置すると，しだいに酸化されて赤褐色になる。

(イ) 殺菌作用をもつ。

(ウ) ナトリウムと反応して，水素を発生する。

(エ) 臭素水に加えると，ただちに白色沈殿が生じる。

(オ) 青色リトマス試験紙を赤変させる。　　　　　　　　（京都大 改）

279 〈有機化合物の識別〉 ☐ ★

次の8種類の有機化合物A〜H（下の語群のいずれかである）の一部を試験管にとり，次の(a)〜(f)の実験を行った。下の各問いに答えよ。

(a) A〜Hに水を加えてよく振り混ぜたら，B, D, Eは任意の割合で水に溶けた。

(b) C, Fは固体であるが，A, G, Hは液体であり，いずれも水に溶けなかった。

(c) Gは淡黄色の液体であり，その密度は水より大きかった。

(d) B, Eにヨウ素と水酸化ナトリウム水溶液を加え温めると，黄色沈殿を生じた。

(e) B, D, Eに金属ナトリウムを加えたところ，B, Dからは水素が発生したが，Eからは水素は発生しなかった。

(f) A, Fに希塩酸を加えて加熱すると，酢酸が生成した。

> アセトン，　酢酸メチル，　グリセリン，　1-ヘキセン，　エタノール
> サリチル酸，　アセトアニリド，　ニトロベンゼン

(1) A〜Hの化合物名をそれぞれ記せ。

(2) Hに臭素の四塩化炭素溶液を加えたときの反応を化学反応式で示せ。

(3) Fに希塩酸を加えて加熱したときの反応を化学反応式で示せ。

（東京都立大 改）

280 〈芳香族化合物の異性体〉 □ ★★

　次の文を読んで，あとの各問いに答えよ。原子量：H = 1.0, C = 12, O = 16とする。

　炭素，水素，酸素からなり，互いに異性体の関係にある芳香族化合物A, B, Cは，分子量145～155の範囲にある。また，Aの7.5 mgを酸素気流中で完全燃焼させると，二酸化炭素19.8 mg，水4.5 mgが得られた。

　Aに水酸化ナトリウム水溶液を加えて熱し加水分解した後，希塩酸で酸性にすると酸性物質Dと酸性物質Eが得られた。Dはベンゼンの二置換体で，塩化鉄(Ⅲ)水溶液により青色を呈した。Eにアンモニア性硝酸銀溶液を加え温めても変化はなかった。

　また，Dのベンゼン環の水素原子1個をニトロ基で置換した化合物は2種類ある。

　BもAと同様に加水分解した後，酸性にしたところ酸性物質Fと中性の芳香族化合物Gが得られた。Gにヨウ素と水酸化ナトリウム水溶液を加えて温めると，特異臭のある黄色沈殿と，Hのナトリウム塩が生じた。

　Cには不斉炭素原子が存在し，希水酸化ナトリウム水溶液を加えて温めても加水分解されなかった。Cはベンゼンの二置換体であり，塩化鉄(Ⅲ)水溶液による呈色反応を示した。また，Cにフェーリング液を加え加熱すると赤色沈殿を生じ，このとき自らはIのナトリウム塩となった。Iは加熱により容易に分子内で脱水してJとなった。

(1)　A, B, Cの分子式を求めよ。

(2)　化合物A, B, C, Jの構造式(不斉炭素には＊をつけよ)と，化合物D, Hの名称を記せ。

281 〈芳香族エステルの構造決定〉 □ ★

　次の文を読んで，下の各問いに答えよ。

　分子式$C_{13}H_{10}O_3$で表され，ベンゼン環をもつ化合物Aがある。Aを水酸化ナトリウム水溶液と加熱すると反応して溶解した。この反応液から種々の分離操作を行って生成物BとCを得た。化合物Bは$C_7H_6O_3$の分子式をもち，炭酸水素ナトリウム水溶液に発泡を伴って溶解した。Bのベンゼン環に結合している水素原子の1つを塩素原子で置き換えた化合物は，2種しか存在しない。また，Bをメタノールに溶かし少量の濃硫酸を加えて熱したところ，$C_8H_8O_3$の分子式をもつ化合物Dが生成した。Dは無水酢酸と反応して，化合物E(分子式$C_{10}H_{10}O_4$)を与えた。また，Dは塩化鉄(Ⅲ)水溶液を加えると呈色した。一方，化合物Cは分子式C_6H_6Oをもち，Cに臭素水を加えると臭素水は脱色されて白色の沈殿を生成した。また，Cに濃硝酸と濃硫酸の混合物を加えて加熱すると，黄色の結晶Fが生成した。

(1)　化合物A, B, D, E, Fの構造式をそれぞれ記せ。

(2)　Eに塩化鉄(Ⅲ)水溶液を加えたときの呈色はどうか。その理由も説明せよ。

(3)　下線部の反応において，反応液のpHは最初と最後でどのように変わるか。化学反応式を書いて説明せよ。

（北海道大改）

282 〈芳香族アルコールの構造推定〉 ☐ ★★

次の文を読んで，下の各問いに答えよ。

(a) Aは分子式$C_8H_{10}O$で表される穏やかなバラ様の香りをもつ無色の中性の液体（沸点221℃）である。Aはエタノールに易溶，水にも少し溶ける。

(b) Aを加熱した酸化銅（Ⅱ）上に通じると，Bが得られる。Bは分子式C_8H_8Oの無色の中性の液体（沸点195℃）である。Bは強いヒヤシンス様の花香を有し，空気中では酸化されやすく，アンモニア性硝酸銀水溶液を還元する。

(c) Aを約200℃に加熱した硫酸水素カリウム上に少量ずつ滴下すると，Cが生成する。C（沸点146℃）は特異臭のある引火性の無色の液体で，四塩化炭素溶液中の臭素を脱色する。

(d) Cは重合しやすく，熱あるいは種々の重合開始剤によって無色透明で屈折率の高い，熱可塑性樹脂が得られる。Cは，無水塩化アルミニウム触媒の存在下，Dにエチレンを反応させてEを合成し，さらにEを触媒の存在下で水蒸気とともに600℃に加熱すると得られる。

(e) Aと構造異性体であるF（沸点204℃）を，濃硫酸とともに加熱するとCが生成する。Cに塩化水素を反応させた化合物を，水酸化ナトリウム水溶液とともに加熱すると主としてFが生成した。

(1) A, B, E, Fの構造式およびC, Dの名称を記せ。

(2) 化合物DからEが生成する反応を化学反応式で示せ。

(3) A〜Fの化合物のうち，すべての炭素原子が常に同一平面上にあるものをすべて記号で選べ。

(奈良県医大改)

283 〈芳香族エステルの構造決定〉 ☐ ★★

下の①〜⑥の実験結果に基づき，各問いに答えよ。（H = 1.0，C = 12，O = 16）

① 分子量256の化合物Aの元素分析値は，C = 75.00 %，H = 6.25 %，O = 18.75 %。

② 化合物Aに水酸化ナトリウム水溶液を加えて加熱した後，希塩酸を加えて酸性にすると，ベンゼンの二置換体Bと，不斉炭素原子とベンゼン環をもつ分子式$C_8H_{10}O$の化合物Cが得られた。

③ 化合物Cに水酸化ナトリウム水溶液とヨウ素を加えて加熱すると，特有のにおいをもつ黄色沈殿と安息香酸のナトリウム塩が得られた。

④ 化合物Bに塩化鉄（Ⅲ）水溶液を加えたところ，特有の呈色反応を示した。

⑤ 化合物Bを少量の酸と加熱すると，分子内脱水が起こり，化合物Dが得られた。

⑥ 化合物Bに無水酢酸と少量の濃硫酸を加えて加熱すると，化合物Eが得られた。

(1) 化合物Aの分子式を書け。

(2) 化合物A, B, C, D, Eの構造式を書け。不斉炭素原子には＊印をつけよ。

(3) 化合物Cと同じ分子式をもつベンゼンの三置換体Fにはいくつの異性体があるか。ただし，光学異性体は区別しないものとする。

(東北大改)

284 〈C₇H₈Oの異性体〉 □ ★

分子式C₇H₈Oで表される芳香族化合物A～Eについて，次の問いに答えよ。

(ア)　A～Eの中では，Dの沸点が最も低い。

(イ)　A～Eに水酸化ナトリウム水溶液を加え，振り混ぜて静置すると，A, B, Cは溶解するが，D, Eは二層に分離する。

(ウ)　Eを穏やかに酸化すると，銀鏡反応を示す化合物Fを経て化合物Gへ変化する。

(エ)　A, B, Cはベンゼンの二置換体であり，それぞれのベンゼン環の水素原子1個をさらに塩素原子で置換した化合物は，A, Cで4種，Bで2種考えられる。

(オ)　A, Cを無水酢酸でアセチル化した化合物を，適当な試薬で酸化した後，酸触媒を用いて加水分解すると，それぞれ化合物H, Iが得られた。このうち，Hは医薬品の原料として広く用いられている。

(1)　化合物A～Eの構造式をそれぞれ記せ。

(2)　A, B, Cのうち1つの化合物をニトロ化すると，ベンゼン環に直接結合した水素原子の1つだけがニトロ化された3種類の異性体が得られた。この異性体の構造式を書け。ただし，ニトロ化は非共有電子対を有する原子が直接結合しているベンゼン環の炭素原子のo-位またはp-位で進行するものとする。　　　　　(九州工大改)

285 〈芳香族アルコールの構造推定〉 □ ★★★

次の文を読んで，下の各問いに答えよ。

ベンゼンの一つの水素が置換された分子式C₉H₁₂Oで表されるアルコールがある。このアルコールには，構造異性体としてA, B, C, D, Eの5つが存在し，これらを穏やかに酸化すると，AとBからはアルデヒドが生じ，CとDからはケトンが生じた。しかし，Eからは何も生じなかった。さらに，このA, B, C, D, Eに脱水反応をさせたところ，置換基に二重結合を含む化合物F，G，H，Iが得られた。すなわち，FはAとEから，GはBとDから，また，互いにシス-トランス異性体の関係にあるHとIはCとDからそれぞれ得られた。なお，Hはトランス形の構造をもっていた。

化合物AからIの分子を組み立てたとき，(a)化合物F, G, H, Iのすべての炭素原子は同一平面上に置くことができた。一方，アルコールA, B, C, D, Eの分子については，(b)二つのアルコールがその炭素原子のすべてを同一平面上に置くことができなかった。

(1)　アルコールA, C, Eの構造式を示せ。

(2)　化合物FとHの構造式を示せ。ただし，シス-トランス異性体については，構造式で違いがわかるように記せ。

(3)　下線部(a)の理由を50字以内で述べよ。

(4)　下線部(b)の二つのアルコールとは何か，記号AからEで答えよ。

(5)　化合物Fに水素，臭素，臭化水素をそれぞれ付加反応させて得られる化合物のうち，不斉炭素原子を含む化合物の構造式をすべて示せ。ただし，ベンゼン環に対する付加反応は考えないものとする。　　　　　(東京海洋大)

286 〈C₈H₈Oの異性体〉 ☐ ★★

分子式がC₈H₈Oで示される芳香族化合物A, B, C, Dがある。

Aはヨウ素と水酸化ナトリウム水溶液と反応させると，黄色の固体を生成し，反応液を酸性にするとEが析出した。B, Cにアンモニア性硝酸銀水溶液を加えて温めると銀を析出した。このとき，B自身はFに変化した。Fを過マンガン酸カリウム水溶液で強く酸化するとEを生成した。Cを過マンガン酸カリウム水溶液と加熱してから酸性にするとGを析出した。

Gを加熱すると合成樹脂の原料となる昇華性の化合物Hが得られた。

Dは塩化鉄(Ⅲ)水溶液を加えると青紫色を呈し，触媒の存在下で等物質量の水素と反応して，ベンゼンのパラ二置換体であるIを生成した。

(1) 化合物A〜Iの構造式を書け。

(2) Fの構造異性体で，ベンゼン環およびFと同じ官能基をもつ化合物がある。このうち最も融点が高いものの構造式を記し，その理由を説明せよ。　　(防衛医大 改)

287 〈有機化合物の分離〉 ☐ ★

5種の有機化合物A〜Eの混合物を分離するため，分液ろうとを用いて下図のような操作①〜④を行った。以下の各問いに答えよ。ただし，A〜Eは下表に示す分子式と性質をもち，いずれも室温で固体である。また，A以外はいずれも芳香族化合物である。

〔操作〕　① 水とエーテルを加えてよく振る。

② 希塩酸を加えてよく振る。

③ 水酸化ナトリウム水溶液を加えてよく振る。

④ CO₂を十分に吹き込んだのち，エーテルを加えてよく振る。

化合物	分子式	性　　　　　質
A	$C_2H_5NO_2$	ニンヒドリン水溶液を加えて加熱すると紫色を呈した。
B	$C_{10}H_8O$	塩化鉄(Ⅲ)水溶液を加えると緑色を呈する昇華性の結晶。
C	$C_{10}H_8$	V_2O_5を触媒として空気酸化すると無水フタル酸が生成した。
D	$C_7H_6O_2$	微臭のある無色の結晶。
E	$C_9H_{11}NO_2$	加水分解すると，化合物Dのパラ位の水素をアミノ基で置き換えた化合物とエタノールが生成した。

(1) A, B, C, D, Eに該当する化合物の構造式をそれぞれ書け。

(2) 上図のア〜オの各層に主に存在する化合物はどれか。A〜Eの記号で答えよ。

(3) イ，オの各層に溶けている化合物の状態を構造式で書け。　　(日本医大)

288 〈芳香族化合物の分離〉 ☑ ★

分子式がC_6H_6O, $C_8H_8O_2$, $C_{11}H_{14}O_2$のいずれかであるベンゼンの一置換体A, B, Cをエーテルに溶解し, 以下に示す実験操作を行った。あとの各問いに答えよ。

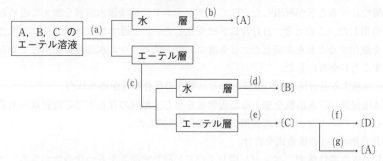

(a) 試料と5％NaHCO₃水溶液を分液ろうとに入れ, ⓐ振り混ぜてはコックを開く操作をひんぱんに繰り返し行ってから, 水層とエーテル層を分離した。

(b) 水層に塩酸を加えて溶液を酸性にし, 生成した沈殿を沪過してAを得た。

(c) エーテル層と10％NaOH水溶液とを分液ろうと内で十分に振り混ぜた後, 水層とエーテル層を分離した。

(d) 水層に塩酸を加えて酸性にした後, エーテル抽出をした。エーテル層を分離し, エーテルを濃縮してBを得た。

(e) (c)のエーテル層を濃縮してCを得た。

(f) Cに10％NaOH水溶液を加えて加温し, そのまま蒸留するとDが留出した。

(g) 留出せずに残った混合物に塩酸を加えて酸性にしたところ, Aが得られた。

(1) 化合物A, Bの構造式を書け。

(2) 化合物Dの分子式はC_3H_8Oで, Dをおだやかに酸化して得られた化合物は銀鏡反応が陰性であった。このことから考えられるCの構造式を記せ。

(3) 下線部ⓐの操作をなぜひんぱんに行う必要があるのか。その理由を説明せよ。

(4) 分液ろうと内で水層とエーテル層が2層に分離した状態を, 分液ろうとを含めて簡単に図示せよ。また, ⓐの操作でコックを開くときの分液ろうとを図示せよ。

(5) 次の有機溶媒を水とともに分液ろうとに入れたとき, 有機溶媒が上層になるもの, または下層になるもの, 一般に抽出には用いられないものに分類し, 番号で答えよ。

　① ジエチルエーテル　　② エタノール　　③ 四塩化炭素　　④ ヘキサン

　⑤ クロロホルム　　⑥ エチレングリコール　　⑦ ジクロロメタン

(6) (d), (e)の抽出操作で得られたエーテル溶液に, 通常, 無水硫酸ナトリウムを加える。これを十分振り混ぜてからろ過し, 得られたろ液を濃縮する。この場合, 無水硫酸ナトリウムは何の目的で加えられているのかを説明せよ。

(7) 化合物Cの水素原子1個をメチル基で置換した化合物のうち, 鏡像異性体が存在する化合物の構造式をすべて書け。　　　　　　　　　　　　　　　（名古屋工大 改）

289 〈芳香族化合物の分離と構造決定〉 ☑ ★★

分子式 $C_{23}H_{20}O_4$ で表される芳香族化合物 A を芳香族化合物 B に溶かした溶液がある。以下の(操作), (実験)をそれぞれ行い, A, B の構造を決定した。下の問いに答えよ。(原子量：$H = 1.0$, $C = 12$, $O = 16$)

（操作）

上の溶液に NaOH 水溶液を加え加熱した。冷却後, 右図にしたがって分離した。すなわち, ジエチルエーテルで抽出し, エーテル層から B と C の液体混合物を分離した。

次いで, 沸点の差を利用して純粋な B と C に分離した。

一方, 水層に常温・常圧で十分に CO_2 を吹き込んだ後, 再びエーテル抽出を行うと, エーテル層からは D が得られ, 水層に塩酸を加えたら化合物 E が白色の結晶として得られた。

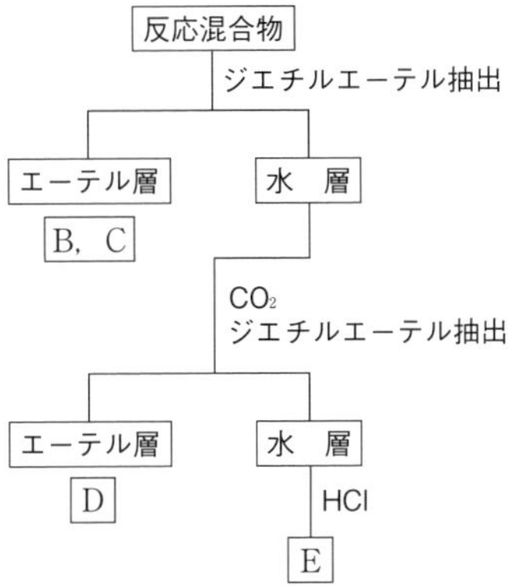

```
          ┌─────────────┐
          │  反応混合物   │
          └─────────────┘
           ジエチルエーテル抽出
          ┌──────┴──────┐
      ┌────────┐    ┌──────┐
      │エーテル層 │    │ 水 層 │
      └────────┘    └──────┘
        ┌─────┐          │
        │ B, C│         CO₂
        └─────┘    ジエチルエーテル抽出
                  ┌──────┴──────┐
              ┌────────┐    ┌──────┐
              │エーテル層 │    │ 水 層 │
              └────────┘    └──────┘
                 ┌───┐       HCl
                 │ D │     ┌───┐
                 └───┘     │ E │
                           └───┘
```

（実験）

1．37.0 mg の B を完全燃焼させると, 123 mg の二酸化炭素と 31.5 mg の水が生じた。B の分子量を測定したところ, 100〜120 の間の値が得られた。また, B のモノニトロ化合物は 3 種類存在し, さらに, B を過マンガン酸カリウムで酸化すると F が生成した。

2．室温で 732 mg の C に十分量のナトリウムを反応させると, 標準状態に換算して ⎡ a ⎤ mL の水素を発生した。C に濃硫酸を加え加熱すると脱水して G になった。G をニッケル触媒下で水素と反応させるとエチルベンゼンが得られた。C に水酸化ナトリウム水溶液とヨウ素を加えて温めると, 特有の臭気をもつ黄色結晶 H が生成した。

3．D を水酸化ナトリウム水溶液に溶かし, これに低温の塩化ベンゼンジアゾニウム水溶液を反応させると, 橙赤色の化合物 I が得られた。また, D の酸化によってカルボン酸 J が得られたが, J はアセチルサリチル酸の加水分解によって得られる化合物と同一であった。

4．E は F の構造異性体であり, E を 230℃ で加熱すると分子量が 18 減少した K に変化した。

(1) 下線部の操作を何とよぶか。

(2) 化合物 A, B, C, D, H, I, K の構造式をそれぞれ記せ。ただし, いくつかの構造が考えられる場合は, そのうちの 1 つだけを示せ。

(3) 文中の空欄 ⎡ a ⎤ に適当な数値を記入せよ。

（神戸大 改）

290　〈エステルの合成実験〉　☐ ★

次の文章を読み，下記の問いに答えよ。

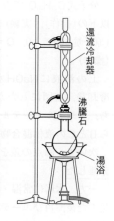

還流冷却器

沸騰石

湯浴

200 mLの乾いた丸底フラスコにサリチル酸16.3 g，エタノール40 mLを加え，さらに_a濃硫酸3 mLを徐々に冷却しながら少しずつ加えた。沸騰石を入れたのち，コルク栓で還流冷却器を取りつけ，湯浴上でおだやかに1時間加熱還流した。

反応液を室温まで冷却後，分液ろうとに移し，_b水70 mLとジエチルエーテル40 mLを加え，よく振り混ぜたのち静置し，下層液を除去した。次に，分液ろうとに残った液体に_c飽和炭酸水素ナトリウム水溶液30 mLを加え，気体が発生するので注意しながら振り混ぜた後，静置し，下層液を除去した。この液体は捨てずにビーカーにすべて集め，ここへ希塩酸を十分に加えたところ，白い固体が生成した。この固体をよく乾燥し，その質量を測定したところ2.5 gであった。

_d分液ろうとに残った液体に50％塩化カルシウム水溶液を加えてよく振りまぜた後静置し，下層液を除去した。

_e分液ろうとに残った液体に飽和食塩水30 mLを加えてよく振り混ぜた後静置し，下層液を除去した。分液ろうとに残った液体を三角フラスコに移し，_f無水硫酸ナトリウムの固体を少量加え，一晩放置したのち，固体をろ別した。

ろ液を枝付きフラスコに入れ，まず水浴上で，_g液体が留出しなくなるまで加熱した。残った液体は沸点が高いので，_h実験装置の一部を取り替えたのち，沸点220〜224℃で蒸留することにより，芳香のある目的の生成物A10.5 gを得た。

(1)　生成物Aの構造式と名称を書け。

(2)　下線部aで，濃硫酸を加える目的は何か。希硫酸ではなぜ不適当なのか。

(3)　反応液の加熱に，直接丸底フラスコを加熱せずに，湯浴を用いるのはなぜか。

(4)　サリチル酸よりもエタノールを過剰に加えて反応させる理由を述べよ。

(5)　この実験で使用した還流冷却器の働きについて述べよ。

(6)　化合物Aの生成量は，反応式から期待される理論量の何％にあたるか。

(7)　(6)で計算した収率は必ずしも多くない原因として考えられることを簡単に記せ。

(8)　下線部cで起こった反応を，化学反応式で示せ。

(9)　下線部cで，飽和炭酸水素ナトリウム水溶液の代わりに10％水酸化ナトリウム水溶液を用いたとしたら，どんな不都合があるのかを説明せよ。

(10)　下線部b, c, d, e, fの操作は，それぞれ何の目的で行うのか。

(11)　下線部gで留出してくる液体は何か。その示性式で示せ。

(12)　下線部hでは，どのようなことを行う必要があるのか。　　　　（千葉大 改）

(13)　生成した有機化合物が固体物質の場合，純物質であるか否かはどのように調べたらよいか。その実験法の概略と純物質である場合に予想される結果を述べよ。

291 〈トルエンの酸化〉 ☐ ★★

　300 mLの三角フラスコ中で, (a)過マンガン酸カリウム0.085 molを水120 mLに溶か
し, これにトルエン0.040 molと, 2.0 mol/L水酸化カリウム水溶液3.0 mLを加えて激
しくかき混ぜる。反応の進行とともに, (b)初めは油滴が浮いて濃赤紫色であった液体
は, しだいに黒褐色の濁りを生じ, 最終的には薄い赤紫色の溶液と, 黒褐色の細かな
沈殿との混合物となる。これをろ過して得られたろ液に, (c)亜硫酸水素ナトリウムの
固体を溶液の色が無色になるまで加える。この混合溶液に沸騰石を加えて数分間沸騰
させると, さらに黒褐色の沈殿を生じたのでこれをろ過して除く。ろ液を加熱・濃縮
し室温まで冷却後, (d)濃塩酸を加え, pHを1～2に調整すると無色の結晶が析出する。
この結晶を再結晶法で精製したのち乾燥し, 3.3 gの結晶が得られた。

(1)　下線部(a)で, 使用する試薬の量的関係にどのような意味があるのか。反応式を書
　いて説明せよ。

(2)　下線部(b)で, 液の状態(外観)の変化はどのような反応によるものか説明せよ。

(3)　下線部(c)で, 亜硫酸水素ナトリウムを加えるのはなぜか。

(4)　下線部(d)で, なぜ酸性にする必要があるのかを説明せよ。

(5)　この反応の収率は何%になるか。(分子量$C_6H_5COOH = 122$)　　(奈良女大改)

292 〈芳香族エステルの構造推定〉 ☐ ★★★

　分子式は$C_{12}H_{11}NO_4$で示される芳香族エステルAは, 不斉炭素原子を1個もつ。

　AをNaOH水溶液と加熱して加水分解後, 反応液にジエチルエーテルを加えて抽出
するとエーテル層からは油状のBが得られ, 水層を酸性にするとCが析出した。Cはベ
ンゼンのパラ二置換体で, 次の2段階の反応でも合成される物質である。まず, トルエ
ンに濃硫酸と濃硝酸の混合物を作用させてDとし, 過マンガン酸カリウム水溶液と反応
させた後, 酸性にするとCが得られる。また, Cを触媒存在下で水素で接触還元すると
Eが得られた。B 4.2gはNi触媒下の標準状態で1.12 Lの水素と反応し, Fに変化した。
なお, B, Fともにメチル基をもたない第二級アルコールであった。次の各問いに答えよ。

(1)　化合物A, E, Fの構造式を書け。

(2)　反応液から化合物Eを分離する方法について説明せよ。

293 〈芳香族化合物の反応〉 ☐ ★★

　ベンゼンに濃硝酸と濃硫酸の混合物を高温で作用させると, ベンゼンの二置換体である
Aが得られた。ニッケルを触媒としてAに常圧下で十分量の水素を作用させると, Bを生
成した。Bに低温で塩酸と亜硝酸ナトリウム水溶液を加えた後, 加熱するとCを生成した。
　白金を触媒としてAに高圧下で水素を作用させると, 立体異性体の混合物Dを生成した。

(1)　化合物A, B, Cの構造式を記せ。

(2)　下線部において, Aから1 molのDを得るのに要した水素は何molか。

(3)　化合物Dの立体異性体は何種類存在するか。　　　　　　　　　　(岡山大改)

294 〈アセトアニリドの合成〉 ☑ ★

アニリンを原料として次の実験を行った。下の各問いに答えよ。

アニリン2.0 gを①乾燥した試験管に入れ，これに無水酢酸2.6 gを少しずつ加えてよく振り混ぜると発熱しながら反応した。この反応液を熱いうちに②約20 mLの冷水中に流し込みよくかき混ぜると，結晶が析出した。得られた固形物をろ別し，これをビーカーに移したのち，約40 mLの水と少量の③活性炭粉末を加えて加熱し，固形物を溶解させた。次いで，これを熱いうちに④吸引ろ過し，ろ液を冷水で冷やして結晶を析出させた。こうして得られた⑤結晶は一定の融点(115℃)を示し，乾燥させると2.3 gであった。

(1) 下線部①で，乾燥した試験管を使用する理由を書け。

(2) 下線部②で，反応液を冷水中に流し込みよくかき混ぜる理由を説明せよ。

(3) 下線部③で，活性炭粉末を加える理由を書け。

(4) 下線部④の操作で，不要な器具は次のうちどれか。記号で選べ。

　　(ア)　ブフナーろうと　　(イ)　分液ろうと　　(ウ)　吸引びん　　(エ)　水流ポンプ

(5) この実験で得られた下線部⑤の結晶2.3 gは，アニリンを基準として反応式から理論的に得られると期待される量の何％にあたるか。ただし，原子量は，H = 1.0，C = 12，N = 14，O = 16とする。

　　　　　　　　　　　　　　　　　　　　　　　　　　　　　　　　　(関西大 改)

295 〈芳香族アミドの構造決定〉 ☑ ★★

次の文を読み，下の各問いに答えよ。原子量：H = 1.0，C = 12，N = 14，O = 16

(ア)　結晶性化合物Aは，炭素，水素，窒素，酸素を含み，分子量は300以下で，その元素組成は，Cが79.98 %，Hが6.69 %，Nが6.22 %であった。

(イ)　化合物Aを6 mol/L塩酸中で数時間加熱還流してから，反応溶液を分液ろうとに移し，エーテルを加えてよく振り混ぜた後，エーテル層(a)と水層(b)を分離した。

(ウ)　エーテル層(a)からエーテルを留去すると，結晶性の芳香族化合物Bが得られた。

(エ)　水層(b)に水酸化ナトリウム水溶液を加えていくと，化合物Cが遊離した。

(オ)　化合物Cは芳香族化合物で，ベンゼン環に直接結合する水素原子は4個ある。この水素原子のうち1個を塩素原子に置き換えると，2種の異性体が生成する。

(カ)　化合物BをKMnO₄水溶液中で加熱還流して得られた化合物を，230℃に加熱すると結晶性化合物Dに変化した。化合物Dは昇華性をもち，融点は131～132℃を示した。また，Dを少量の濃硫酸とともにメタノールと反応させると，分子量が194である化合物Eに変化した。

(1) 化合物Aの分子式を書け。

(2) 化合物A, B, C, D, Eの構造式をそれぞれ書け。

　　　　　　　　　　　　　　　　　　　　　　　　　　　　　　　　　(東京大 改)

296 〈アニリンの合成〉 ☐ ★

次の①～⑫の操作により，ベンゼンからニトロベンゼンさらにアニリンを合成した。下の各問いに答えよ。

〔ニトロベンゼンの合成操作〕

① 試験管に濃硝酸1 mLを取り，冷却しながら，⑦濃硫酸1 mLを少量ずつ加えて，よく振り混ぜる。

② ①の試験管にベンゼン1 mLを少量ずつ，よく攪拌しながら加える。

③ ②の試験管を約60℃の湯で10分間ほど温め，ときどき湯から出して攪拌する。

④ ③の反応液が二層に分離後，☐ A ☐層の液をスポイトで取り，別の試験管に移す。

⑤ ④で移し取った液に，約5 mLの水を加え，よく攪拌して放置すると二層に分かれる。

⑥ ☐ B ☐層の水をスポイトで取り除いた後，⑦塩化カルシウムを少量入れ，少し加熱する。濁りが取れて，淡黄色で透明なニトロベンゼンが得られる。

〔アニリンの合成操作〕

⑦ ニトロベンゼン0.5 mLを試験管に取り，粒状の⑦スズ2 gを加える。

⑧ ⑦の試験管に濃塩酸3 mLを加え，ニトロベンゼンの油滴が消失するまで，おだやかに加熱する。

⑨ ⑧の試験管中の液体部分だけを三角フラスコに移す。

⑩ ⑨の三角フラスコに6 mol/Lの水酸化ナトリウム水溶液を少しずつ加えていくと，⑦はじめに白色沈殿が生成したが，やがて沈殿は溶解し，淡黄色の乳濁液となった。

⑪ ⑩の乳濁液にジエチルエーテル10 mLを加え，よく振った後，静置する。

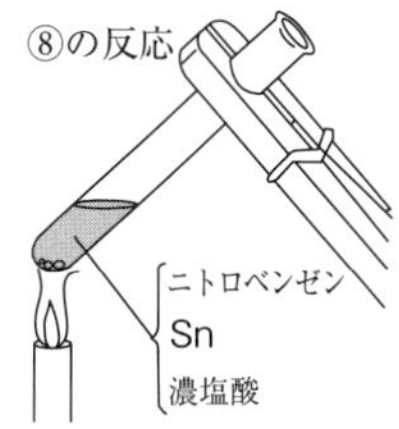

⑫ ☐ C ☐層のジエチルエーテル液をスポイトで取り，蒸発皿に移し，通風のよいところに放置すると，蒸発皿にアニリンが残る。

(1) 下線⑦で，試薬びんのふたを開けた状態で長期間放置した濃硫酸を使用した場合，ニトロベンゼンの収率が低下する。この収率低下の原因を説明せよ。

(2) 下線⑦の塩化カルシウムは，どのような役割をしているか。

(3) 下線⑦のスズは，この反応でどのような役割をしているのか。

(4) 下線⑦の変化を，化学反応式で示せ。

(5) 操作⑩で，反応液を塩基性にする理由を説明せよ。

(6) ☐☐☐内には，「上」か「下」の文字が入る。それぞれに正しい文字を記入せよ。

(7) 下線⑦の変化を，2つの化学反応式で示せ。

(8) アニリンを一部蒸発皿にとり，蒸留水を加えた後，さらし粉の飽和水溶液を少量加える。どのような変化が観察されるか。また，アニリンがさらし粉と反応するのは，アニリンのどのような性質によるものなのかを説明せよ。

(9) 操作①で混酸をつくるとき，冷却する理由を説明せよ。

（東京大 改）

297 〈水蒸気蒸留の原理〉 ☐ ★★

次の文を読み，空欄 ☐☐☐☐ に適切な式，数値を記入せよ。また，〔問〕にも答えよ。

互いに溶け合わない液体の混合物では，一方の成分が他方の成分の蒸気圧に影響を与えない。例えば，アニリンと水とはほとんど溶け合わないので，アニリンと水との混合物を加熱したとき，反応系内の混合蒸気の全圧Pは，アニリンと水とがそれぞれ単独で加熱したときに示す蒸気圧の和に等しくなる。

$$P = P_a^\circ + P_b^\circ \ \cdots\cdots① \quad \left(\begin{array}{l} P_a^\circ, \ P_b^\circ はアニリンと水の \\ 飽和蒸気圧を示す。 \end{array}\right)$$

いま，混合蒸気の全圧Pが大気圧($1.0 \times 10^5 \, Pa$)に等しくなったとき，この液体混合物は沸騰を始める。つまり，アニリンと水との混合物を加熱したときは，それぞれ水の沸点($100℃$)，およびアニリンの沸点($185℃$)よりもはるかに低い温度で蒸留を行うことができる。このような蒸留を水蒸気蒸留という。

実際には，下図のようにアニリンを含む混合溶液に水蒸気を送り込みながら，水蒸気とともにアニリンを留出させるという方法が取られる。この蒸留は，普通の蒸留では酸化・分解の恐れのある有機化合物の分離・精製などによく用いられる。

アニリンと水との混合物を加熱したとき，気相中に存在するアニリンと水の物質量をそれぞれn_a〔mol〕，n_b〔mol〕とおき，n_aとn_bの比をP_a°，P_b°を用いて表すと，

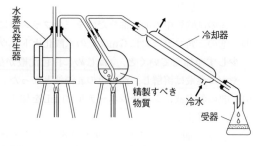

$$\frac{n_a}{n_b} = \boxed{\text{ア}} \ \cdots\cdots②$$

したがって，気相中のアニリンと水の質量をそれぞれW_a〔g〕，W_b〔g〕とし，これをアニリンと水のそれぞれの分子量M_a，M_b，およびP_a°，P_b°を使って表すと，③式のようになる。

$$\frac{W_a}{W_b} = \boxed{\text{イ}} \ \cdots\cdots③$$

いま，アニリンと水との混合物を大気圧$1.0 \times 10^5 \, Pa$の下で加熱していくと，$98.5℃$で沸騰が始まった。この温度での水の飽和蒸気圧を$9.4 \times 10^4 \, Pa$とすると，同温でのアニリンの飽和蒸気圧は $\boxed{\text{ウ}}$ Paである。この温度での留出液中のアニリンと水との質量比は，$1 : \boxed{\text{エ}}$ となる。（ただし，アニリンの分子量を93，水の分子量を18とする。）

〔問〕 水と溶け合わない芳香族化合物Aを$1.0 \times 10^5 \, Pa$の下で水蒸気蒸留したら，69℃で水とともに留出し，その留出液中にはAは質量パーセント濃度で91％含まれていた。Aの分子量を求めよ。ただし，69℃の水の飽和蒸気圧を$3.0 \times 10^4 \, Pa$とする。

（鹿児島大 改）

298 〈構造式の推定〉　☐ ★★

ミツバチの巣の構成成分の一つとして知られている化合物Aは，炭素，水素，酸素から成り，元素分析値は重量百分率で炭素81.0 %，水素6.3 %，分子量は252である。

化合物Aを水酸化カリウム水溶液で加水分解し，反応混合物にジエチルエーテルを加えて分離操作を行い，エーテル層からは化合物Bが得られた。一方，水層に希塩酸を加えると，化合物Cが析出した。

分子式$C_8H_{10}O$で表される芳香族化合物Bを二クロム酸カリウム$K_2Cr_2O_7$の硫酸酸性溶液で酸化すると，化合物Dが得られた。化合物BとDは，ともにヨードホルム反応を示した。

芳香族化合物Cのクロロホルム溶液に臭素溶液を加えると臭素の色が消えた。また，化合物Cにはシス–トランス異性体が存在することがわかっている。

(1)　化合物Aの分子式を示せ。（原子量：H = 1.0，C = 12，O = 16）

(2)　化合物A，B，Cの構造式をそれぞれ示せ。

(3)　化合物Aには最大何種類の立体異性体が考えられるか。　　　　　　（筑波大 改）

299 〈C_8H_8Oの異性体〉　☐ ★★

次の文を読み，各問いに答えよ。

分子式C_8H_8Oで示される芳香族化合物A，B，CおよびDがある。AとBにアンモニア性硝酸銀水溶液を加えて熱すると銀が析出した。AとBを過マンガン酸カリウムの水溶液と加熱してから酸性にすると，それぞれからEとFが得られた。Fを加熱したところ，(イ)合成樹脂の原料でもある昇華性の化合物Gが生成した。Gは水酸化ナトリウム水溶液に徐々に溶け，塩酸で酸性にするとFが得られた。

Cを水酸化ナトリウム水溶液中でヨウ素とともに加熱した後，反応液をジエチルエーテルとよく振ってから，(ロ)エーテル層とアルカリ水溶液の層に分離させた。アルカリ水溶液の層を酸性にするとEが得られた。

Dはベンゼンのパラ二置換体で，水酸化ナトリウム水溶液に溶解し，この溶液に二酸化炭素を通じると再びDが遊離した。Dについてその側鎖をオゾン分解するとHが生成し，Hはアンモニア性硝酸銀溶液を還元した。Hの異性体にあたる化合物を穏やかに酸化して得られたIは，ナトリウムフェノキシドを二酸化炭素加圧下で加熱してできる化合物に希硫酸を作用させてつくられる化合物と同一であった。

(1)　A～Iに最も適した構造式を示せ。

(2)　下線部(イ)のGとグリセリンから合成される高分子化合物の名称を記せ。

(3)　下線部(ロ)のエーテル層に移動した化合物の構造式を示せ。

(4)　Dをニッケル触媒を用いて高温・高圧の水素で還元し，続いて分子内脱水反応と硫酸酸性の過マンガン酸カリウムによる炭素間二重結合の酸化的切断反応を行った。どのような化合物が得られるか構造式で示せ。　　　　　　（防衛医大）

300 〈芳香族炭化水素の反応と構造決定〉 ☐ ★★★

次の文を読み，下記の問いに答えよ。

芳香族炭化水素Aは$C_{10}H_{10}$の分子式をもち，酸化するとテレフタル酸になる。

硫酸水銀（Ⅱ）を触媒としてAに水を付加させるとき，予想される生成物BとCは，いずれも銀鏡反応を示さないが，実際にはBよりもCが多く生成した。ヨードホルム反応を行うとBは陽性，Cは陰性であった。

(1) 化合物A, B, Cの構造式を書け。

(2) 化合物A1molに水素1molを付加させて得られる化合物に水を付加させた場合，生成が予想される2種の異性体のうち一方のDが多く生成する。本文の記述を参考にして，化合物Dの構造式を書け。 (中央大 改)

301 〈トルエンの誘導体〉 ☐ ★★

光を照射しながらトルエンに臭素を反応させると，付加反応は起こらず，化合物A（C_7H_7Br）が生成した。Aに水酸化ナトリウム水溶液を作用させると，化合物B（C_7H_8O）が得られた。Bを過マンガン酸カリウムと反応させると化合物C（$C_7H_6O_2$）が生成するが，Cはトルエンを過マンガン酸カリウムと反応させても生成する。

トルエンと臭素を鉄を触媒として暗所で反応させたときは，Aと同一の分子式をもつ3種類の生成物のうち，ほぼ同量のD，Eと少量のFが得られた。また，これらのうち，Dに再び鉄を触媒として暗所で臭素を反応させたときには，分子式$C_7H_6Br_2$をもつ2種の化合物しか生成しないことがわかった。

(1) 化合物A〜Fの構造式をそれぞれ記せ。

(2) ベンゼンに紫外線を照射しながら塩素を十分に作用させると付加反応が起こる。この生成物の立体異性体の数を求めよ。ただし，この生成物の炭素原子は同一平面上にあるとする。 (青山学院大 改)

302 〈芳香族エステル・アミド〉 ☐ ★★

次の文を読んで，下の問いに答えよ。

化合物Aは炭素，水素，酸素からなる分子量が300以下の化合物で，その元素分析値は質量％で炭素72.48％，水素6.04％である。Aを塩基を用いて加水分解したのち酸性にすると，2つの化合物B，Cだけが生成した。BおよびCの組成式はそれぞれC_4H_4O，CH_3Oである。Bはベンゼンの二置換体であり，Bを過マンガン酸カリウムで酸化すると2価のカルボン酸Dが生成し，これを加熱すると分子内で脱水反応が起こり，酸無水物Eが得られた。また，あるベンゼンの一置換体FとEと反応させると，分子量が241である1価のカルボン酸Gが得られた。Dの異性体の一つであるパラ二置換体HをCと反応させると，一般によく使われる高分子化合物Iが得られた。

問　化合物A, D, E, F, Gの構造式をそれぞれ記せ。

(京都大 改)

303 〈オゾン分解による構造決定〉 ☐ ★★

次の式のように，炭素-炭素二重結合をもつ化合物をオゾンO_3と反応させて，カルボニル化合物に変換する方法をオゾン分解という。

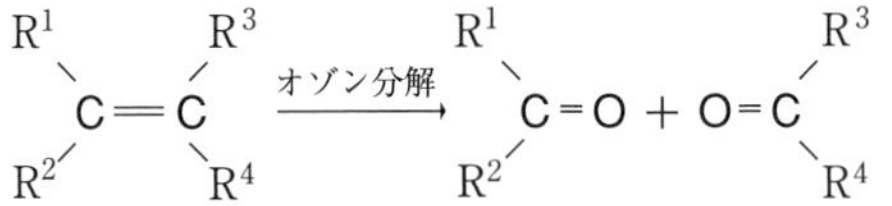

$$\underset{R^2}{\overset{R^1}{C}}=\underset{R^4}{\overset{R^3}{C}} \xrightarrow{\text{オゾン分解}} \underset{R^2}{\overset{R^1}{C}}=O + O=\underset{R^4}{\overset{R^3}{C}} \quad \left(\begin{array}{l} R^1,\ R^2,\ R^3,\ R^4 はH \\ または原子団を表す \end{array}\right)$$

ベンゼン環の不飽和結合は反応性が低く，穏やかな条件ではオゾン分解を受けない。このオゾン分解を利用して，化合物Aの構造を決定した。

化合物Aは，分子式$C_{10}H_{14}O$で表され，1つのベンゼン環と1つの不斉炭素原子をもつ。化合物Aに濃硫酸を作用させると脱水反応が起こり，化合物B（分子式$C_{10}H_{12}$）が生成した。Bをおだやかな条件でオゾン分解すると，化合物CとDが得られた。化合物Cは銀鏡反応を示し，その分子式はC_2H_4Oであった。化合物Dは銀鏡反応を示さず，その分子式はC_8H_8Oであった。ただし，上記の脱水反応では，炭素-炭素結合の開裂，再結合や二重結合の移動は起こらないとする。

(1) 化合物C, Dの構造式を記せ。

(2) 化合物Bには1組のシス-トランス異性体が存在する。それぞれの構造式を記せ。

(3) 化合物Aの1組の鏡像異性体の構造式を，下の例にならって記せ。

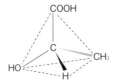

中央の炭素を紙面上においたとき，
——は紙面上にある結合を示し，
◢は紙面の表側に出ている結合を，
◿は紙面の裏側に出ている結合を
示す。

(4) 化合物Aは脱水反応により，化合物B以外にその構造異性体である化合物Eを生成する可能性がある。このEをオゾン分解したときにできると予想される2つの生成物の構造式を記せ。 　　　　　　　　　　　　　　　　　　　　　（京都大改）

304 〈芳香族アルコールの異性体〉 ☐ ★★

$C_9H_{12}O$の分子式をもつ芳香族のアルコールA, B, Cがあり，これらはいずれもベンゼン環に1個または2個の置換基をもつ。Aは弱い酸化剤で酸化されると$C_9H_{10}O$の分子式をもつ化合物Dに変化した。Dはフェーリング液を還元し，不斉炭素原子を有する。Bはヨードホルム反応が陽性で，BをAと同様に酸化するとDの異性体であるEを生じたが，Eは還元性を示さなかった。また，Cを濃硫酸を用いて脱水すると，互いにシス-トランス異性体の関係にある2種類の化合物のみを生成した。

(1) A, Dの構造式を記せ。

(2) Bの可能な構造異性体は全部でいくつあるか。

(3) Cの構造式を記せ。また，Cの脱水で生じる2種類のシス-トランス異性体を構造式で記せ。 　　　　　　　　　　　　　　　　　　　　　（名古屋市大改）

305 〈ナフタレンの反応〉 ☐ ★★★

分子式が$C_{10}H_8$の芳香族炭化水素Iがある。以下の(a)～(c)をもとに問いに答えよ。

(a) 触媒存在下，高温で化合物Iと過剰の水素を反応させると，分子式が$C_{10}H_{18}$の飽和炭化水素Aが得られる。また，Iを酸化バナジウム(V)を触媒として高温で空気酸化すると，分子式$C_8H_4O_3$の化合物Bが得られる。

(b) 鉄粉を触媒として化合物Iと臭素を反応させると，Iの水素原子の1個が臭素原子と置換し，互いに構造異性体の関係にある2種類の化合物C, Dが得られる。

(c) 化合物Iの2個の水素原子をそれぞれメチル基で置換した場合，多くの構造異性体が存在する。その中の3種類の化合物E, F, Gを酸化マンガン(IV)と硫酸で酸化し，さらに250℃に加熱すると，容易に脱水反応が進行していずれも分子式が$C_{12}H_6O_3$の3種類の化合物が得られる。

(1) 化合物A, B, C, Dを構造式で示せ。

(2) 化合物Iの2個の水素原子をそれぞれメチル基で置換した場合，何種類の構造異性体が存在するか。また，それらの異性体の中で，2個のメチル基が最も離れて結合している化合物Hを構造式で示せ。

(3) 化合物E, F, Gを構造式で示せ。

(4) (c)の分子式$C_{12}H_6O_3$で示される3種類の化合物の中の1つの化合物Jは，等物質量のアニリンと反応させたとき2種類の構造異性体を与える。このことから，化合物Jの構造式を示せ。

(横浜国大 改)

306 〈分子内エステル〉 ☐ ★★

ベンゼンの二置換体である化合物Aは不斉炭素原子をもち，冷水酸化ナトリウム水溶液に溶けるが，炭酸水素ナトリウム水溶液には溶けない。化合物Aを水酸化ナトリウム水溶液に溶かし加熱後，冷やして塩酸で酸性にすると，化合物Bの結晶が析出する。

化合物Bをエタノールに溶かし，少量の濃硫酸を加えて加熱すると再びAに戻る。また，化合物Bをその融点(147℃)よりも高い温度に加熱すると，分子内から水1分子が脱離して，2つの環構造をもつ化合物C(分子式$C_9H_8O_2$)ができる。

化合物Cは炭酸水素ナトリウム水溶液や冷水酸化ナトリウム水溶液には溶けないが，水酸化ナトリウム水溶液と加熱し，その溶液を塩酸で酸性にすると再び化合物Bを生成する。一方，化合物Bを無水酢酸と加熱すると化合物Dが生成する。化合物Dは炭酸水素ナトリウム水溶液に溶ける。次の各問いに答えよ。

(1) 化合物A, B, C, Dの構造式を書け。

(2) 化合物A ⟶ 化合物B，化合物B ⟶ 化合物A，および化合物B ⟶ 化合物Dへの変化をそれぞれ一般に何というか。それぞれの反応名を書け。

(富山大 改)

307 〈医薬品の合成〉 ☑ ★★

次の文章を読み，下の各問いに答えよ。

局所麻酔剤として用いられる化合物A(ベンゾカイン)，保存用防腐剤として用いられる化合物B(パラベン)をp-ニトロトルエンを原料として合成することにした。p-ニトロトルエンを塩基性の過マンガン酸カリウム水溶液と反応させた後，中和してから化合物Cを単離した。Cにスズと濃塩酸を加えて加熱したところ，化合物Dの塩酸塩が得られた。反応液に<u>水酸化ナトリウム水溶液を加えて溶液のpHを6から8の間にしてから，Dをエーテルで抽出した。</u>つづいて，濃硫酸を触媒としてDとエタノールを反応させた。反応終了後，液性を塩基性にしてエーテル抽出を行い，化合物Aを単離した。Aの塩酸溶液に亜硝酸ナトリウム水溶液を加えてから加熱すると気体が発生し，化合物Bが得られた。Bに塩化鉄(Ⅲ)水溶液を加えたところ，青紫色に呈色した。

(1) 化合物A〜Dの構造式を記せ。

(2) p-ニトロトルエンにスズと濃塩酸を加えて加熱した後に，塩基性にして化合物Eを得た。Eを塩基性の過マンガン酸カリウムと反応させたが，Dは得られなかった。その理由を簡潔に記せ。

(3) 下線部のDに対する抽出操作で，反応液を中性付近にする理由を簡潔に記せ。

(名古屋工大)

308 〈医薬品の合成〉 ☑ ★★

抗菌剤として使用されたプロントジルは，次のように合成される。まず，ベンゼンをニトロ化してニトロベンゼンをつくり，さらにニトロ化すると化合物Aが得られ，続いて，操作Ⅰを行うと化合物Bが生成する。

一方，アニリンと濃硫酸から合成されるスルファニル酸(p-アミノベンゼンスルホン酸)に操作Ⅱ，操作Ⅲを行うと，化合物C，Dがそれぞれ生成する。この化合物Dを化合物Bの水溶液に混合し，その後，中和するとプロントジルが得られる。

プロントジル

(1) 化合物A〜Dの構造式をそれぞれ書け。

(2) 操作Ⅰ〜Ⅲに当てはまる記述を下から選び，記号で答えよ。

　(ア) 無水酢酸を加えて加熱する。　(イ) 希塩酸を加えて温める。

　(ウ) 濃アンモニア水を加える。　(エ) 水酸化ナトリウム水溶液を加えて温める。

　(オ) スズと濃塩酸を加えて温め，その後，水酸化ナトリウムで中和する。

　(カ) 塩酸酸性で，氷冷しながら亜硝酸ナトリウム水溶液を加える。

(3) 反応①〜③の反応名を答えよ。

(富山大 改)

309 〈芳香族エステルの構造決定〉 ☐ ★★

化合物Aは分子式$C_{17}H_{16}O_2$をもつ有機化合物である。その構造を決定するために，実験(1)〜(6)を行った。次の問いに答えよ。

(1)　化合物Aを加水分解したところ，化合物BとCが得られた。

(2)　化合物BとCをエーテルに溶解し，炭酸水素ナトリウム水溶液を加えたところ，化合物Bは水層に移動し，化合物Cはエーテル層に残った。

(3)　化合物Bはトルエンを中性〜塩基性条件下で過マンガン酸カリウムで酸化したのち，塩酸で処理しても得られる。

(4)　化合物Cをオゾン分解（**272**参照）すると，化合物DとEが得られた。

(5)　化合物Eは室温で無色の液体であり，クメン法でも得られる。

(6)　化合物Dはベンゼンのパラ二置換体であり，金属Naと反応して気体が発生した。

問1　化合物A〜Eの構造式を記せ。

問2　化合物Eにヨウ素と水酸化ナトリウム水溶液を作用させると起こる反応の化学反応式を示せ。

(広島大改)

310 〈芳香族エステル〉 ☐ ★★★

化合物A〜Dは分子式$C_{10}H_{12}O_2$を有し，ベンゼン環を1つもつエステルである。以下の文章を読み，A〜Dの構造式を示せ。（不斉炭素原子の右上に＊をつけよ。）

(1)　エステルAに希塩酸を加えて加熱し，加水分解を行った。反応液をエーテルで抽出すると，エーテル層からは1価のカルボン酸E，水層からはエタノールが得られた。Eを過マンガン酸カリウムで酸化すると化合物Fが得られ，Fを加熱すると分子内で脱水反応が起こり，化合物Gが得られた。

(2)　エステルBに希塩酸を加えて加熱し加水分解を行うと，不斉炭素原子をもつ化合物Hが得られた。Hに濃硫酸を加えて加熱すると脱水反応が進行してC＝C結合が生成し，3種類の異性体が得られた。

(3)　エステルCに過剰の水酸化ナトリウム水溶液を加えて加熱した後，反応液にエーテル抽出を試みたが，エーテル層からは何も得られなかった。そこで，水層に二酸化炭素を十分に通じた後にエーテルで抽出すると，エーテル層からベンゼンの四置換体であるJが得られた。Jに臭素を反応させたところ，反応の初期段階で生成する，ベンゼン環に直接結合した水素原子が1つだけ臭素原子に置き換わった化合物は1種類のみであり，異性体は存在しなかった。さらに反応を続けると，Jのベンゼン環の水素原子はすべて臭素原子で置き換わり，同じ置換基が隣り合わないベンゼンの六置換体が得られた。一方，水層に塩酸を加えて中和した後，アンモニア性硝酸銀水溶液を加えて加熱すると銀が析出した。

(4)　エステルDに希塩酸を加えて加熱し，加水分解を行った後，反応液をエーテルで抽出すると，エーテル層からは不斉炭素原子をもつカルボン酸Kとメタノールが得られた。

(奈良女大改)

311 〈芳香族アミンの異性体〉 ☐ ★★★

分子式 $C_8H_{11}N$ で表される化合物 A, B がある。A はベンゼンの一置換体, B はベンゼンのパラ二置換体で, A, B にはさらに多くの異性体が存在する。

(1) A と B には, それぞれ何種類の異性体が存在するか。(ただし, 鏡像異性体は区別せず, 1 種類と数えるものとする。)

(2) A のうち, 鏡像異性体をもつ化合物の構造式を書け。

(3) A のうち, 無水酢酸を作用させてもアミド結合を形成しない化合物の構造式を書け。ただし, アミド結合には $-\overset{\text{O}}{\underset{}{\text{C}}}-\overset{\text{H}}{\underset{}{\text{N}}}-$ と $-\overset{\text{O}}{\underset{}{\text{C}}}-\overset{\text{R}}{\underset{}{\text{N}}}-$ の 2 通りがあるものとする。

(4) B のうち, 希塩酸と亜硝酸ナトリウムを低温で反応させるとジアゾニウム塩が生成し, さらに塩基性条件でフェノールを反応させるとアゾ化合物が得られるものがある。その化合物の構造式を書け。

(大阪府大 改)

312 〈アルキルベンゼンの置換反応〉 ☐ ★★

分子式 C_9H_{12} の芳香族炭化水素には多くの種類の異性体があり, A はそのうちの 1 つである。鉄粉の存在下, 暗所で A を塩素と反応させると, 分子式 $C_9H_{11}Cl$ の 2 種類の化合物が生成した。一方, 光を照射して A を塩素と反応させると, 分子式 $C_9H_{11}Cl$ の 3 種類の化合物 B, C, D が生成した。B を加水分解すると, ヒドロキシ基をもつ E が得られた。E に, ヨウ素と水酸化ナトリウムを加えて加熱すると, 黄色の結晶が析出するとともに化合物 F が生成した。F は水によく溶け, その水溶液に硫酸を加えて酸性にすると, G が析出した。以上のことから, 化合物 A, B, E, G の構造式を記せ。

(京都大 改)

313 〈フェノールの製法〉 ☐ ★★

フェノールの製法に関する次の文を読み, あとの各問いに答えよ。

現在, 日本ではフェノールは以下に述べるクメン法により合成されている。まず, ①触媒の存在下でプロペンにベンゼンを付加させると, 95% 以上の収率でクメンが得られる。続いて, クメンを空気または酸素で酸化してクメンヒドロペルオキシド ($C_9H_{12}O_2$) とし, この②クメンヒドロペルオキシドを希硫酸を触媒として分解すると, 高収率でフェノールとアセトンが得られる。

(1) 下線部①, ②の反応を化学反応式で書け。

(2) 下線部①の反応では, わずかに副生成物として, (A)C_9H_{12} と (B)$C_{12}H_{18}$ が得られる。A, B の構造式を書け。(B については, 異性体の 1 つだけでよい。)

(3) 下線部②においては, 理論的にもう一つ別の分解経路が考えられる。その場合に生成が予想される芳香族化合物の構造式を 1 つ記せ。

(千葉大 改)

314 〈芳香族化合物の構造決定〉　☐ ★★

いずれも分子式$C_{10}H_{12}O_2$の芳香族化合物A～Eのそれぞれは，構造式(ア)～(オ)のうちいずれかで示される化合物である。次の実験結果(1)～(6)にもとづいて各問いに答えよ。

(ア) 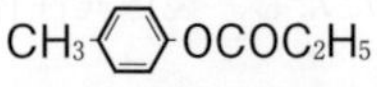　CH_3〈　〉$OCOC_2H_5$　　(イ) 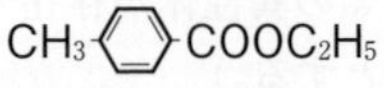　CH_3〈　〉$COOC_2H_5$　　(ウ) 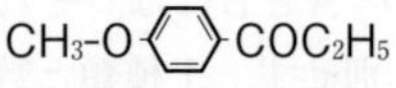　$CH_3\text{-}O$〈　〉COC_2H_5

(エ) 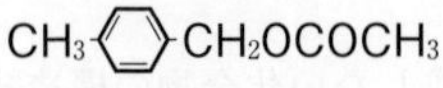　CH_3〈　〉CH_2OCOCH_3　　(オ) 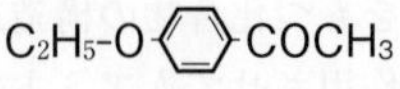　$C_2H_5\text{-}O$〈　〉$COCH_3$

(1)　これらの化合物のそれぞれに水酸化ナトリウム水溶液を加えて加熱すると，AとBは加水分解されて水溶液となり，Cは加水分解されたが，水に難溶性の化合物X_cが生成した。また，DとEは加水分解を受けなかった。

(2)　DとEのそれぞれに水酸化ナトリウム水溶液とヨウ素を加えて加熱すると，Dからは特有な臭いがする黄色結晶の化合物X_dが析出したが，Eからは生じなかった。

(3)　さらにまた(2)の反応後，Dの反応液よりX_dを沪別し，沪液を塩酸で酸性にすると白色固体である分子式$C_9H_{10}O_3$の化合物Zが得られた。

(4)　(1)の加水分解後，A, Bの反応液のそれぞれに二酸化炭素を十分に通じたのち，エーテルで抽出を行った。抽出液を蒸発乾固させると，Aの反応液からは何も得られなかったが，Bの反応液からは，白色固体X_bが得られた。

(5)　塩化鉄(III)水溶液を加えると，X_bは紫色を呈したが，X_cは呈色しなかった。

(6)　金属ナトリウムをエタノールに溶かした溶液に，X_bとヨウ化エチルを加えて加熱すると，分子式$C_9H_{12}O$の化合物Yが生成する。このYを$KMnO_4$水溶液と加温したのち，反応液を塩酸で酸性にすると，(3)でDから得られた化合物Zが析出した。

問1　化合物A～Eの構造式を(ア)～(オ)の記号で示せ。

問2　化合物X_b, X_dの名称をそれぞれ記せ。

問3　化合物Y, Zの構造式をそれぞれ記せ。　　　　　　　　　　(札幌医大 改)

315 〈芳香族ビニルエステルの構造決定〉　☐ ★★

炭素，水素，酸素からなる酸性の芳香族化合物Aがあり，Aの元素分析値は，C = 66.0%，H = 4.6%，O = 29.4%である。また，Aの分子量は250以下である。

Aに水酸化ナトリウム水溶液を加えて加熱したところ加水分解されて，化合物Bのナトリウム塩と中性の化合物Cが生成した。

Bの分子量は116であり，Bは臭素と容易に反応して，化合物Dに変化した。また，1分子のBは加熱により容易に1分子の水を失ってEに変化した。一方，Cに金属ナトリウムを加えても気体は発生せず，Cにフェーリング液を加えて加熱すると赤色沈殿が生成した。

(1)　Aの分子式を求めよ。

(2)　化合物A, B, C, Dの構造式をそれぞれ記せ。

(日本獣医生命科学大 改)

316 〈芳香族化合物の推定〉 ☑ ★★

(1)〜(4)の各文に述べた A 〜 D に最も適合する化合物を下の(ア)〜(カ)から1つずつ記号で選べ。また，生成物(a)〜(d)の構造式をそれぞれ記せ。

(1) A は加水分解されず，金属ナトリウムにより水素を発生しない。 A を過マンガン酸カリウムの硫酸酸性溶液で酸化すると無色の結晶が得られ，これにエタノールと少量の濃硫酸を加えて加熱すると芳香をもつ液体（ a ）が生成した。

(2) B を加水分解したら2種の化合物が得られた。その一つは塩化鉄(Ⅲ)溶液により青色を呈した。また，他の一つと水酸化ナトリウムとの反応で得られる物質を十分乾燥したのち，ソーダ石灰を混ぜて加熱すると，（ b ）が生成した。

(3) C を加水分解したら塩基性の油状物質が得られた。この油状物質に0℃で希塩酸と亜硝酸ナトリウムを作用させたのち，2-ナフトールのナトリウム塩を加えると橙赤色の化合物（ c ）が生成した。

(4) D を加水分解したら酸性の物質が得られた。この酸性物質に炭酸水素ナトリウム水溶液を作用させると二酸化炭素が発生した。また，この酸性物質に過マンガン酸カリウム水溶液を加えて加熱すると酸化反応が起こり，続いて，その溶液を酸性にすると無色の結晶（ d ）が生成した。

(ア) 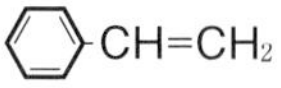 ⬡CH=CH$_2$　　(イ) 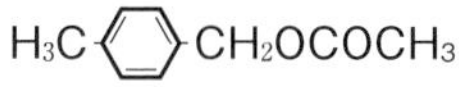 H$_3$C⬡CH$_2$OCOCH$_3$

(ウ)  H$_3$C⬡CONHCH$_3$　　(エ) 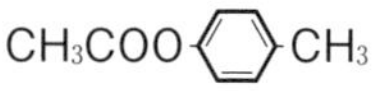 CH$_3$COO⬡CH$_3$

(オ)  CH$_3$CONH⬡　　(カ)  ⬡OCH$_2$CH$_3$　　　　　（早稲田大 改）

317 〈アセチルサリチル酸の定量〉 ☑ ★★

〔1〕〜〔3〕の記述を読み，あとの問いに整数値で答えよ。(H = 1.0，C = 12，O = 16)

〔1〕　あるアスピリン錠を粉末にし，0.50 mol/L水酸化ナトリウム水溶液20.0 mLを加え，ソーダ石灰管を取り付けた還流冷却器を用いて10分間煮沸し，完全に反応させた。

〔2〕　冷却後，〔1〕の反応液中に残った水酸化ナトリウムをフェノールフタレインを指示薬として0.50 mol/L塩酸で滴定したら，12.2 mLを要した。このとき，ベンゼン環に直接結合した-OH基は電離していなかった。

〔3〕　実験中，水酸化ナトリウム水溶液に混入する空気中の二酸化炭素の影響を除くため，アスピリン錠を使わずに，0.50 mol/L水酸化ナトリウム水溶液20.0 mLに対して〔1〕，〔2〕と同様の操作を行うと，0.50 mol/L塩酸19.8 mLを要した。

以上より，このアスピリン錠に含まれるアセチルサリチル酸の質量〔mg〕を求めよ。ただし，アセチルサリチル酸以外の成分は反応しないものとする。

（摂南大 改）

318 〈芳香族化合物の反応〉 ☐ ★★★

次の文を読んで，下の各問いに答えよ。

炭素，水素，酸素，窒素からなり，分子量が139の芳香族化合物Aがある。Aはベンゼンのパラ二置換体で，酸素-酸素結合はもっていない。そして，Aはベンゼンからいくつかの反応を経てつくられるが，その反応の一つにスルホン化法がある。

また，Aを無水酢酸と反応させると，分子量が181の化合物Bが得られるが，一方，Aをスズと濃塩酸を使って還元すると，化合物Cになる。さらに，化合物C中にあるA，Cに共通な置換基を，水素原子で置き換えると，化合物Cは化合物Dとなる。このDの塩酸塩水溶液を冷却しながら，亜硝酸ナトリウムを反応させるとEを生成し，これを加熱すると，気体を発生しながら分解してFを生成する。一方，Dに無水酢酸を反応させると，結晶性の化合物Gを生成する。

(1) Aの構造式，D ⟶ Eの反応名，Eの構造式を書け。

(2) Cに無水酢酸を作用させた場合，生成可能と考えられる化合物の構造式を記せ。

(3) Bをエタノール中で金属ナトリウムを用いて還元した場合，できると考えられるエーテルの構造式を1つ書け。

(4) 化合物A, D, F, Gを酸性の強いものから順に並べよ。　　　　　　（福島県医大 改）

319 〈芳香族アミドの構造決定〉 ☐ ★★

次の文を読んで，あとの各問いに答えよ。

ⓐ 分子式が$C_{15}H_{15}NO_2$で表される芳香族アミドAがある。Aは塩化鉄(Ⅲ)水溶液を加えても呈色せず，炭酸水素ナトリウム水溶液にも溶解しないが，金属ナトリウムとは反応して水素が発生した。

ⓑ Aに希塩酸を加えて熱すると，加水分解されてBおよびCの塩が生成した。Bはベンゼンの二置換体で，その分子式は$C_8H_8O_3$で表される結晶である。Bをろ過した後，ろ液に水酸化ナトリウム水溶液を十分に加えると，油状の液体Cが遊離した。また，Cもベンゼンの二置換体である。

ⓒ 次に，濃硫酸を少量加えた溶媒中でBを加熱すると，分子内でエステル結合をつくり，閉環してDに変化した。また，Dを水酸化ナトリウム水溶液と加熱すると，Bの塩になった。Bを過マンガン酸カリウムを用いて酸化して得られる化合物は，加熱すると容易に脱水反応が起こり，酸無水物（$C_8H_4O_3$）に変化した。

ⓓ Cを希塩酸に溶解して亜硝酸ナトリウム水溶液を加えた後，おだやかに加温すると，窒素を発生して分解し，Eに変化した。Eをアセチル化したのち適当な酸化剤を加えて酸化した後，加水分解すると，サリチル酸が生成した。

(1) 化合物B, D, EおよびAの構造式を記せ。

(2) 化合物Cの構造異性体のうち，ベンゼンの一置換体の構造式をすべて記せ。

320 〈メントールの構造〉 ☐ ★★

次の文の ☐ に適する式または数字を記入せよ。

医薬品に用いられるメントールは植物のハッカから得られる有機化合物であり，その炭素原子の質量百分率は76.9％，分子量は156である。また，少なくとも水素原子が1つ結合している炭素原子が六員環を形成し，ヒドロキシ基1個と2つの異なるアルキル基が存在する。このことから，分子式は ☐ ア ☐ と導かれ，この段階では ☐ イ ☐ 種類の構造異性体が考えられる。ここで，ヒドロキシ基が結合している炭素に1という番号をつけ，その隣の炭素を2，その隣を3と順次，環を形成する6個の炭素原子に番号をつける。その時，番号2の炭素原子に枝分かれのあるアルキル基，5の炭素原子にもう一方のアルキル基を結合させたものがメントールの構造式である。また，この化合物には ☐ ウ ☐ 種類の立体異性体が存在するが，そのうちの1つの立体異性体がメントールであり，清涼感のある化合物である。 （京都府立医大）

321 〈NMRによる構造決定〉 ☐ ★★

近年発展した核磁気共鳴(NMR)装置により有機化合物の測定を行うと，分子中に物理的・化学的性質の異なる炭素原子が何種類存在するかを観測することができ，分子構造を決定するうえで非常に役に立つ。例えば，ベンゼンにこの測定を行うと，1種類のみの炭素原子が観測された。この結果は，ベンゼンの炭素骨格が平面正六角形であり，分子中の炭素原子の性質が全て等しい事実と一致する。一方，エチルベンゼンにこの測定を行うと，異なる性質をもつ炭素原子が6種類観測された。この結果から，エチルベンゼンでは，図に示すようにa〜fの炭素原子がお互いに異なる性質をもつことがわかる。ベンゼン環の炭素原子がa〜dの4種類に分かれるのは，ベンゼンにエチル基が置換すると，置換基との距離が異なるため，a〜dの環境（物理的・化学的性質）が等しくなくなるからである。

図　エチルベンゼン中の性質の異なる6種類の炭素原子

(1) エチルベンゼンの構造異性体である三つの芳香族炭化水素A, B, Cに対して上述の測定を行うと，観測された炭素原子の種類は，Aでは5種類，Bでは4種類，Cでは3種類であった。A, B, Cの構造式を書け。

(2) トルエンに少量の臭素を加えて光を照射すると，メタンのハロゲン化と同様の反応が起こりC_7H_7Brの分子式をもつDが得られた。一方，光照射の代わりに鉄粉を加え臭素と反応させると，Dの構造異性体が複数得られた。その構造異性体の中で最も生成量の多いEに対して上述の測定を行うと，観測された炭素原子の種類の数はDの場合と同数であった。D, Eの構造式を書け。

(3) 分子式C_9H_{12}で表される芳香族炭化水素F, G, Hに対して，上述の測定を行うと，Fは3種類，Gは6種類，Hは7種類の環境の異なる炭素原子が観測された。また，Gは空気酸化した後，酸で分解するとフェノールに変化し，Hは過マンガン酸カリウム水溶液と反応して安息香酸に変化した。F, G, Hの構造式を書け。 （大阪大 改）

322 〈ルミノールの合成・反応〉 ☐ ★★

発光物質として知られているルミノールの合成と反応に関する文章を読み，あとの問いに答えよ。(H = 1.0, C = 12, N = 14, O = 16)

ルミノールは，炭素，水素，窒素，酸素からなる有機化合物で，次の〔I〕〜〔V〕により合成される。

〔I〕 分子式$C_8H_6O_4$の芳香族化合物Aを加熱すると化合物Bが得られた。Bはナフタレンを酸化バナジウム(V)を用いて空気酸化しても得られる。

〔II〕 Aを濃硝酸と濃硫酸の混合物と反応させると，2種類のベンゼンの三置換体の混合物が得られた。これを分離精製すると，Aの官能基と隣接する位置に新たな官能基が導入された化合物Cが得られた。

〔III〕 Cにヒドラジン*(H_2N-NH_2)を加えて加熱すると，1分子のCと1分子のヒドラジンが脱水縮合し，アミド結合をもつ化合物Dが1分子得られた。

　*ヒドラジン…2価の弱塩基で，カルボキシ基と反応してアミド結合をもつヒドラジドを生成する。

〔IV〕 Dを適当な還元剤と反応させると，〔II〕で新たに導入された官能基のみが還元されてルミノールEが生成した。

〔V〕 得られたルミノール3.54 mgを完全燃焼させたところ，7.04 mgの二酸化炭素と1.26 mgの水および窒素酸化物が得られた。生じた窒素酸化物を加熱した銅網に通じて完全に還元すると，1.0×10^5 Pa，27℃で74.8×10^{-2} mLの窒素ガスが得られた。

〔VI〕 塩基性溶液中でルミノールに過酸化水素水を加えると，3-アミノフタル酸と気体Fを生じるが，この3-アミノフタル酸は高エネルギーの状態(励起状態)にあるから，直ちに低エネルギー状態(基底状態)に変化するとき，余ったエネルギーを波長460 nmの青色の光として放出する。この反応をルミノール反応といい，科学捜査の微量の血痕の鑑定に利用されている。

(1) 化合物A，Bの構造式を記せ。

(2) 化合物Cと同一の官能基をもつ構造異性体のうち，Cと官能基の結合位置のみが異なるものは，Cを含めて何種類あるか。

(3) ルミノールEの分子式と構造式を記せ。(気体定数$R = 8.3 \times 10^3$ Pa・L/(K・mol))

(4) ルミノール反応のように，化学反応に伴って光を放出する現象を何というか。また，この現象の実例を1つ答えよ。

(5) ルミノール反応で発生する気体Fは何か。その化学式を書け。

(6) ルミノール反応が科学捜査で血痕の鑑定に利用される理由を説明せよ。

(兵庫医大 改)

323 〈ベンゼン環の配向性〉 ☑ ★★

次の文章を読み，あとの各問いに答えよ。

ベンゼンに1つの置換基を導入するときには異性体は生じない。しかし，フェノールやニトロベンゼンのようにすでに第1の置換基があるとき，さらに第2の置換基を導入するとある特定の異性体が生じる。このとき，どの異性体ができやすいかは〔 ア 〕によって決まる。このような第1の置換基の性質を配向性という。配向性には，以下に述べるように，オルト-パラ配向性とメタ配向性の2通りがある。

例えば，ベンゼンを濃硝酸と濃硫酸でニトロ化する反応では，実際にベンゼン環の炭素原子を攻撃する試薬は，ニトロニウムイオン（NO_2^+）である。このイオンがベンゼン環の水素原子を水素イオンとして追い出すことにより置換反応が進行する。

ところで，フェノール性ヒドロキシ基は，アルコール性ヒドロキシ基に比べていくぶん　イ　性を示す。これは，フェノール性ヒドロキシ基の酸素原子には，自身のπ電子をベンゼン環へ押し出す傾向があるためである。その結果，フェノールではヒドロキシ基に対してオルトとパラ位の電子密度が　ウ　くなる。したがって，フェノールのニトロ化では，オルト・パラ位の置換反応が起こりやすくなる。また，ベンゼン環全体としての電子密度は，フェノールの方がベンゼンよりも　エ　くなる。

一方，ニトロ基はベンゼン環から電子を求引する作用があるので，ニトロベンゼンではニトロ基に対してオルト・パラ位の電子密度が　オ　くなる。よって，ニトロベンゼンのニトロ化では，メタ位での置換反応の方が起こりやすくなる。また，ベンゼン環全体としての電子密度は，ニトロベンゼンの方がベンゼンより　カ　くなる。一般に，ベンゼン環に対する〔ア〕が，　キ　性であればオルト-パラ配向性となり，　ク　性であればメタ配向性となるといえる。

また，ベンゼン環に結合した置換基の種類により反応速度も変化する。例えば，アルキル基はベンゼン環の電子密度を大きくして，ベンゼン環の置換反応の速度を大きくするため，ベンゼンとエチレンとの反応で　ケ　を合成する場合，ベンゼンとエチレンを等物質量ずつ反応させると，主生成物　ケ　の他に　コ　などの副生成物ができてしまうので，反応条件をうまく調節する必要がある。

(1) 文中の〔 ア 〕に適する語句を，下から記号で選べ。また，　イ　～　コ　には適語または物質名を記入せよ。

　(a) 触媒の種類　(b) 反応温度　(c) 第1の置換基の種類　(d) 第2の置換基の種類

(2) 次の反応で，オルト-パラ配向性はA，メタ配向性を示す場合はBと区別せよ。

　(a) トルエンを臭素と鉄で臭素化する反応

　(b) ニトロベンゼンを臭素と鉄で臭素化する反応

(3) ベンゼンとエチレンとの反応で，副生成物のできる割合を少なくするのに最も効果的な方法を25字以内で記せ。

（東京農工大 改）

324 〈有機化合物の分離と構造決定〉 ☑ ★★★

次の文を読んで，あとの各問いに答えよ。

同一の分子式$C_9H_{10}O_2$をもつ芳香族エステルA，B，Cの混合物がある。これらの構造を調べるため以下の実験を行った。まず，この混合物をNaOH水溶液で完全に加水分解し，反応混合物からベンゼン環をもつ化合物D，E，Fを分離するため，下図に示した分離操作を行った。ただし，D，E，FはそれぞれA，B，Cの加水分解で得られたものとする。

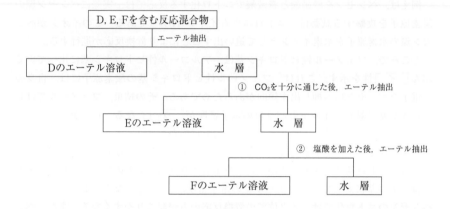

Dを酸化するとケトンGを生じ，Gにヨウ素と水酸化ナトリウム水溶液を加えて温めると，特異臭のある黄色沈殿を生じた。

Eをニッケル触媒を用いて高温・高圧の水素で還元すると，不斉炭素原子を有するアルコールH（分子式$C_7H_{14}O$）が得られた。Hは二クロム酸カリウムで酸化するとケトンIを与えた。また，Hを濃硫酸と加熱すると，炭化水素Jとその異性体であるKも生成した。さらに，Jを再び濃硫酸を触媒にして水を付加させると，Hとともにその異性体である第三級アルコールLも生成した。

Fを過マンガン酸カリウムで十分に酸化するとMが得られ，Mを180℃以上に加熱すると，脱水反応が起こってN（分子式$C_8H_4O_3$）に変化した。

(1) 化合物D，E，Fの構造式をそれぞれ記せ。また，化合物Eが①の分離操作で化合物Fから分離できる理由を説明せよ。

(2) 化合物M，Nの名称をそれぞれ記せ。化合物Mを同じ官能基をもつ異性体から区別するには，Mを加熱してNに誘導する以外にどのような情報が与えられればよいか。

(3) 化合物A，B，Cの構造式をそれぞれ記せ。

(4) Kに臭素を付加させて得られる化合物と，Jに臭化水素を付加させて得られる主生成物の立体異性体の数をそれぞれ記せ。

(広島大 改)

18　天然高分子化合物

325 〈糖の推定〉 ☐ ★

次の(1)～(4)の実験結果より，A～Hの各糖の名称を下欄の中から選べ。

(1) 各糖の粉末0.1 gを冷水10 mLに入れ，よくかき混ぜた。A～Hのうち，EとGは溶けなかったので加熱したところ，Eは溶けたが，Gは溶けなかった。

(2) 各糖にフェーリング溶液を加え加熱すると，E，F，G以外で赤色沈殿を生じた。

(3) E，Gに希硫酸を加え十分に煮沸した。冷却後，炭酸ナトリウムを泡が出なくなるまで加えた後，フェーリング液を加え加熱すると，ともに赤色沈殿を生成した。

(4) B，C，Fを(3)と同様に加水分解後，その生成物を調べたところ，BからはAのみが，CからはAとH，FからはAとDのそれぞれ2種の単糖が得られた。

> フルクトース，スクロース，セルロース，デンプン，ラクトース，マルトース，グルコース，ガラクトース

(岐阜大)

326 〈二糖類〉 ☐ ★

次の文を読み，あとの各問いに答えよ。

マルトースは，α-グルコースの ア 位のヒドロキシ基と，別のグルコースの イ 位のヒドロキシ基の間で脱水縮合した構造をもち，このとき生じた結合をとくに ウ 結合という。また，その水溶液は還元性を示す。一方，スクロース(ショ糖)は，α-グルコースの エ 位のヒドロキシ基とβ-フルクトースの オ 位のヒドロキシ基との間で脱水縮合した構造をもつ。このため，グルコース部分の エ 位の炭素が カ 基に，また，フルクトース部分の オ 位の炭素がα-ヒドロキシケトン基にいずれも変化できないので，スクロースの水溶液は キ 性を示さない。

しかし，スクロースを希酸または酵素 ク で加水分解すると，グルコースとフルクトースの等量混合物である ケ が得られ，還元性を示すようになる。

このほか，脊椎動物の哺乳類の乳汁中に含まれる二糖類を コ といい，希酸あるいは酵素 サ で加水分解すると，グルコースと シ を生じる。

(1) 文中の空欄 ア ～ シ に適当な語句，数値を記入せよ。

(2) 右図の点線で囲まれた空白部分AとBを補って，スクロースの構造式を完成せよ。

(3) α-マルトースを塩化水素を含むメタノール中で還流させると，マルトース1 molあたりメタノール1 molが反応し，フェーリング反応が陰性な化合物Xが生成した。この化合物Xの構造式を例にならって記せ。(群馬大)

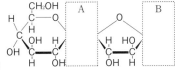

327 〈単糖類〉　▢ ★

次の文章を読んで，あとの各問いに答えよ。

　果実や動植物体中に存在するグルコースやフルクトースは，これ以上別の物質に加水分解されないので　ア　という。グルコースとフルクトースはともに分子式　イ　で表され，いずれも水によく溶け甘味がある。しかし，分子の構造や性質には少し違いがみられ，互いに　ウ　の関係にある。

　グルコースもフルクトースも結晶中では右図に示すような環状構造をとっている。今後，糖の分子を構成する炭素原子は，右図に示すようにそれぞれ番号をつけて区別する。例えば，6で示されたC原子を6位の炭素などとよぶ。

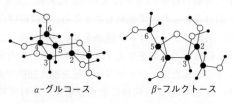

α-グルコース　　　β-フルクトース

炭素（●），酸素（○），水素（●）原子，図中の数字は炭素原子の番号を示す。

　グルコースはふつう　エ　型の環状構造をとっているが，水に溶解するとその一部が　オ　構造を経て　カ　型の環状構造にもなり，3つの構造が一定の割合で混合した　キ　状態となっている。グルコースが還元性を示すのは，水溶液中で環状構造が開環して　オ　構造を生じ，その中に　ク　基が生成されるためである。

　一方，フルクトースを水に溶かすと六員環構造と五員環構造（いずれにも　エ　型と　カ　型が存在するので計4種の構造がある。）と　オ　構造との間で　キ　状態となる。フルクトースの水溶液が還元性を示すのは，鎖状構造の中に含まれる2位の炭素が　ケ　基として存在するために，　コ　位の炭素が酸化されやすくなっているためである。

(1)　文中の空欄　ア　〜　コ　に適当な語句，数値を記入せよ。

(2)　グルコースの　オ　構造と　カ　型の環状構造式を，下図にならって記せ。

(3)　下線部の事実を証明する反応名を2つ書け。

(4)　水溶液中に存在するフルクトースの鎖状構造について，その構造式を(2)の例にならって書き，還元性を示す部分を点線で囲って示せ。

(5)　スクロース2.4 gを完全に加水分解して得られる単糖類に，十分量のフェーリング液を加えて加熱すると，何gの赤色沈殿が得られるか。ただし，単糖類1 molからは酸化銅（Ⅰ）が1 mol生成するものとし，原子量は，H = 1.0，C = 12，O = 16，Cu = 63.5とする。

（京都大 改）

328 〈デンプン〉 ▢ ★★

次の文中の空欄 ▢ に適語，数値，化学式を記し，あとの各問いに答えよ。

　▢ア▢ 型のグルコースが縮合重合してできた多糖類のうち，植物中に貯蔵されているものをデンプン，動物体内に貯蔵されているものを ▢イ▢ といい，いずれも分子式は ▢ウ▢ と表される。一般に，デンプンは熱水に可溶な ▢エ▢ と，熱水に不溶な ▢オ▢ の2成分からなるが，モチ米のようにほぼ後者のみからなるものもある。▢エ▢ は，隣接するグルコースの1位と ▢カ▢ 位のヒドロキシ基だけで縮合した直鎖状構造の部分でできているのに対して，▢オ▢ には，この他にも1位と ▢キ▢ 位のヒドロキシ基で縮合した枝分かれ構造の部分をもつ。(a)デンプン水溶液に ▢ク▢ 溶液を加えると青紫色に呈色する。この呈色反応は，デンプンが分子内の ▢ケ▢ 結合によってらせん状の立体構造をとっていることに関係している。

　デンプンに希硫酸を加えて煮沸するとグルコースが得られる。また，(b)デンプンは酵素アミラーゼによって ▢コ▢ に，さらに酵素 ▢サ▢ によってグルコースへと加水分解される。単糖類のグルコースまたはフルクトースは，酵母菌に含まれる ▢シ▢ という酵素群によって ▢ス▢ と二酸化炭素に分解される。この作用を ▢セ▢ という。

(1) 下線部(a)の呈色反応が起こる理由を説明せよ。

(2) ▢エ▢ と ▢オ▢ ではヨウ素デンプン反応の色が異なる理由を説明せよ。

(3) デンプンに β-アミラーゼを作用させると，直鎖状構造の部分は加水分解されるが，枝分かれ構造の部分は加水分解されない。このときの生成物名を2つ記せ。

(4) 下線部(b)の反応が完全に進行すると，デンプン81 gから ▢ス▢ 何gが得られるか。

(5) デンプンが還元性を示さない理由を説明せよ。　　　　　　　　　（日本大 改）

329 〈アミロースとアミロペクチンの構造〉 ▢ ★★

　あるアミロースをヨウ化メチル（CH_3I）と反応させ，分子中の-OHをすべてメチル化して-OCH_3に変えた後，希硫酸で加水分解すると，下記の化合物Aと化合物Bのみが得られた。そのうち，Aは物質量比で0.25 %含まれていた。

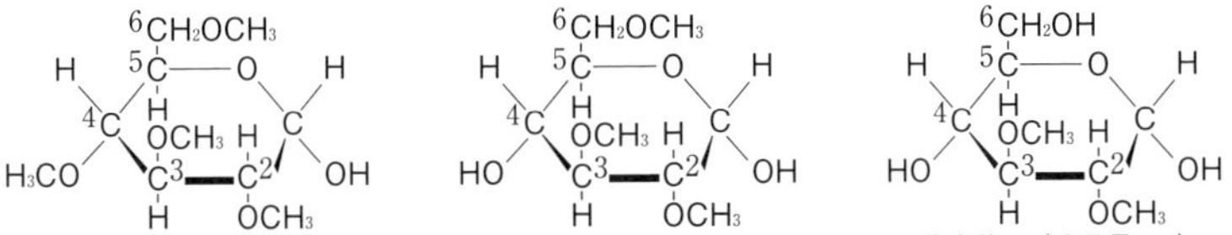

化合物A（分子量236）　　化合物B（分子量222）　　化合物C（分子量208）

　あるアミロペクチン（平均分子量 $4.05×10^5$）2.431 gについて，アミロースと同様の実験を行ったら，上記の化合物Aは0.142 g，化合物Bは3.064 g，化合物Cは0.125 g生じた。ただし，1位の-OHは反応性が大きく，その-OCH_3は次の加水分解において-OHに戻ってしまうものとする。（原子量：H＝1.0，C＝12，O＝16）

(1) このアミロースの平均分子量を有効数字2桁で答えよ。

(2) このアミロペクチン1分子中には何個の枝分かれが存在するか。　　（京都大 改）

330 〈セルロース〉　☑ ★★

次の文中の空欄　　　　に適語，数値，化学式を記入し，あとの問いにも答えよ。

植物の細胞壁の主成分をなすセルロースは，　ア　型のグルコースが1位と　イ　位のヒドロキシ基だけを使って縮合重合してできた多糖類で，このとき生じた結合は，　ア　-　ウ　結合とよばれる。この結合では，グルコースを結びつけている酸素原子の立体配置が交互に逆転しており，分子全体として直線状に伸びた構造となる。

また，セルロースでは分子間に強い　エ　結合がつくられるため，熱水や多くの溶媒にも溶けず，単糖類が示すような還元性は示さない。

一方，セルロースは希酸または酵素　オ　によって(a)二糖類の　カ　となり，さらに　キ　という酵素によって加水分解され，最終的に　ク　となる。

セルロースは構成する　ク　単位1個につき，　ケ　個のヒドロキシ基を含むので，示性式では　コ　と表される。セルロースに濃硝酸と濃硫酸を反応させると，ヒドロキシ基の一部または全部が　サ　化されたニトロセルロースができる。これらは，火薬やセルロイドの原料などに用いられる。

天然繊維を化学処理した後，繊維として再生させたものを再生繊維といい，セルロースからなるものをとくに　シ　という。セルロースを濃NaOH水溶液で処理したのち，　ス　と反応させるとセルロースキサントゲン酸ナトリウムが得られる。これを希NaOH水溶液に溶かすと赤褐色のコロイド溶液が得られ，この液体を　セ　という。これを硫酸ナトリウムを溶かした希硫酸中へ細孔から押し出してつくった再生繊維を　ソ　という。また，セルロースを水酸化銅(Ⅱ)の濃アンモニア水溶液，つまり　タ　試薬に溶解したのち，細孔から希硫酸中へ押し出すとセルロースが再生する。この繊維を　チ　という。また，(b)セルロースを　ツ　と氷酢酸および少量の濃硫酸の混合物を反応させ，ヒドロキシ基のすべてをアセチル化すると　テ　になる。　テ　はアセトンに不溶なので，穏やかな条件で部分的に加水分解するとアセトンに可溶となる。この溶液を細孔から暖かい空気中に押し出すと　ト　が得られる。　ト　のように，天然繊維の官能基の一部を変化させた繊維を　ナ　という。

（原子量：H = 1.0，C = 12，O = 16）

(1) 下線部(a)の物質の構造式を，右の例にならって記せ。

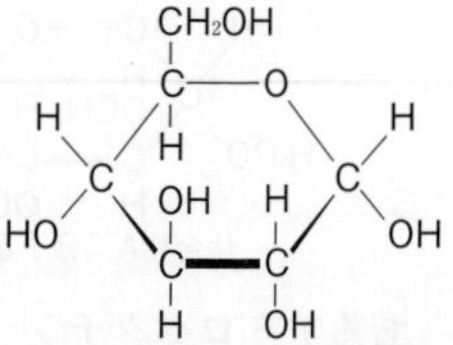

(2) 下線部(b)の変化を化学反応式で示せ。また，324 gのセルロースを完全にアセチル化するには　ツ　が最低何g必要か。また，　テ　は何g得られることになるか。

(3) セルロースを構成するグルコース単位$C_6H_{10}O_5$が直径5.0×10^{-8} cmの球とすると，直線状に長く連結した分子量5.0×10^5のセルロース分子の長さは何cmになるか。

(4) 　テ　576 gを加水分解して，アセトン可溶のアセチルセルロースが508 g得られた。この化合物は，初めのセルロース中のヒドロキシ基の何%がアセチル化されたものか。

（名古屋市大 改）

331 〈糖類の異性体と構造決定〉 ☐ ★★★

次の文の空欄 ☐ に適語，数値を記し，あとの各問いにも答えよ。

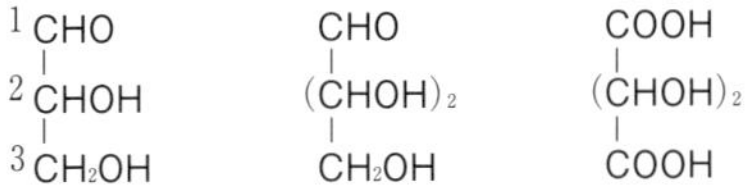

Ⅰで示す化合物は， ☐ ア 位の炭素原子が不斉炭素原子で，2種の ☐ イ 異性体をもつ。Ⅱで示す化合物では，不斉炭素原子の数は ☐ ウ 個で，立体異性体の数は ☐ エ 個である。Ⅱを硝酸で酸化すると，Ⅲが得られる。Ⅲで示す化合物は不斉炭素原子を ☐ オ 個もち，立体異性体の数は ☐ カ 個である。また，Ⅳで示す化合物の不斉炭素原子の数は ☐ キ 個で，その立体異性体の数は ☐ ク 個である。

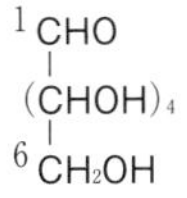

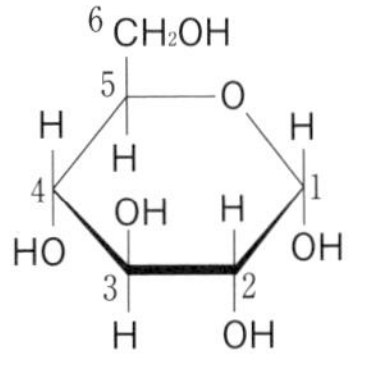

$$
\begin{array}{ccc}
\overset{1}{CHO} & CHO & COOH \\
\overset{2}{CHOH} & (CHOH)_2 & (CHOH)_2 \\
\overset{3}{CH_2OH} & CH_2OH & COOH \\
Ⅰ & Ⅱ & Ⅲ
\end{array}
$$

$$
\begin{array}{c}
\overset{1}{CHO} \\
(CHOH)_4 \\
\overset{6}{CH_2OH} \\
Ⅳ
\end{array}
$$

Ⅴ

グルコースはⅣで示される化合物の一つであるが，水溶液中では大部分が環状の構造をとっている。グルコースが環状の構造をとると， ☐ ケ 位の炭素原子が新たに不斉炭素原子となり，新たに ☐ コ 型と ☐ サ 型の2種の立体異性体が生じる。このうち，化学式Ⅴは ☐ コ 型の構造を示す。

セルロースは多数の ☐ サ 型のグルコースからなり，1位と ☐ シ 位のOH基から脱水縮合してできた構造をもつ。また，ガラクトースもⅣで示される化合物の一つであるが，グルコースとは4位の立体構造だけが異なっている。

いま，ガラクトースとグルコースとからなる二糖類Xがある。このXのすべてのヒドロキシ基をヨウ化メチル（CH_3I）を用いてCH_3O基に変えたのち，α-グリコシダーゼ（糖のα-グリコシド結合のみを加水分解する酵素）で加水分解すると，グルコースの2,3,4,6位のヒドロキシ基がCH_3O基になった化合物と，ガラクトースの2,3,4位のヒドロキシ基がCH_3O基になった化合物が得られた。また，この二糖類Xはフェーリング液を還元した。

(1) グルコースがⅣで示した鎖状構造から環状構造への化学変化は，ホルムアルデヒドとメタノールとの反応の際にも起こる。この場合の生成物の構造式を記せ。

(2) この二糖類Xの環状構造式を，上のⅤの例にならって記せ。ただし，1位のヒドロキシ基は反応性が大きく，CH_3O基が結合していても，次の加水分解ではヒドロキシ基に戻ってしまうものとする。

(3) β-ガラクトースとα-グルコースからなる三糖類Yがある。アンモニア性硝酸銀溶液でYをおだやかに酸化後，Yに残っているすべてのヒドロキシ基をCH_3O基に変え，さらに希硫酸で加水分解すると，ガラクトースの2,3,4,6位のヒドロキシ基がCH_3O基になった化合物と，グルコースの2,3,4位のヒドロキシ基がCH_3O基になった化合物と，2,3,5,6位のヒドロキシ基がCH_3O基になったグルコン酸（グルコン酸は，グルコースのホルミル基が$COOH$基に酸化された化合物。）が得られた。

以上より，三糖類Yの環状構造式を上のⅤの例にならって記せ。　（京都大 改）

332 〈フルクトース〉 ☐ ★

次の文章を読み，あとの各問いに答えよ。

グルコースは結晶中では六員環構造のα-グルコースとβ-グルコースの2種類の立体異性体として存在する。水溶液中では鎖状構造の異性体も存在し，3種類の異性体が平衡関係にある。フルクトースも (a)水溶液中では六員環構造や鎖状構造をとり，さらに五員環構造の異性体も存在して，それらが平衡関係にある。グルコース，フルクトースの水溶液は還元性を示し，銀鏡反応を起こす。これは，これらの糖が鎖状構造をとると，グルコース分子は　A　，フルクトース分子は　B　の部分構造をもつためである。

(1) 文中の☐に該当する適切な部分構造を構造式で書け。

(2) 下線部のフルクトースの鎖状構造と五員環構造を，下図の例にならって記せ。

六員環構造　　　　　　　　　　鎖状構造　　　　　　　　　五員環構造

（広島大 改）

333 〈イヌリンの構造〉 ☐ ★★★

次の文章を読み，あとの各問いに答えよ。

イヌリンはキクイモやダリヤの根に貯蔵される多糖類の一種で，スクロース1分子に対して多数の五員環構造のβ-フルクトースが直鎖状に結合した構造をもつ。

また，イヌリンを部分的に加水分解して得られたものの中から，ある一種類の三糖類Aを得た。この三糖類Aのすべてのヒドロキシ基をヨウ化メチル（CH_3I）を用いてCH_3O基に変えたのち，希硫酸で加水分解すると，グルコースの2, 3, 4, 6位の炭素原子のもつヒドロキシ基がCH_3O基になった化合物Xと，フルクトースの3, 4, 6位の炭素原子のもつヒドロキシ基がCH_3O基になった化合物Yと，フルクトースの1, 3, 4, 6位の炭素原子のもつヒドロキシ基がCH_3O基になった化合物Zがそれぞれ得られた。

ただし，希硫酸による加水分解ではCH_3O基の部分に変化は起こらないものとする。

(1) イヌリンがヨウ素-ヨウ化カリウム水溶液によっても呈色しない理由を述べよ。

(2) フルクトースn分子を構成単位としてもつイヌリン0.900 gを，水に溶かして1.00 Lとした。この溶液の27℃における浸透圧は1.24×10^3 Paであった。

(i) イヌリンの分子量を有効数字2桁で答えよ。（気体定数$R = 8.3 \times 10^3$ Pa·L/(K·mol)）

(ii) 1分子のイヌリンを構成するフルクトースは何分子か。整数値で答えよ。

(3) (i) 三糖類Aの分子量を整数値で答えよ。

(ii) 三糖類Aの構造式を記せ。

(iii) 三糖類Aの還元性の有無とその理由を簡潔に述べよ。

334 〈グルコースの立体異性体〉　☑　★★★

次の文を読み，あとの各問いに答えよ。

　下図のA〜Cは，D-グルコースの構造を示したものであり，構造式Cは構造式Dのようにも表現できる。構造式Dで，くさび形の結合は，太くなっている方が紙面の手前に突き出していることを表している。

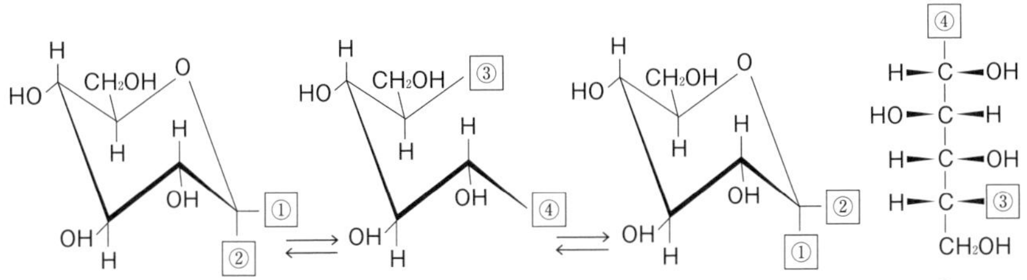

A　C　B　D

　植物に含まれる多糖類のうち，デンプンはAが，セルロースはBが縮合重合したものである。D-グルコースはフェーリング液を還元することから，D-グルコースの官能基として　a　基の存在が予想できる。D-グルコースは塩化水素を含んだメタノールと反応させると，D-メチルグルコシド（分子式$C_7H_{14}O_6$）を与える。このものは，(1)2種の異性体の混合物であるが，いずれもフェーリング液を還元しない。環状構造のD-グルコースは　b　個の不斉炭素原子をもち，その水溶液は偏光面を回転させる性質がある。(2)D-グルコースを無水酢酸でアセチル化すると最大　c　個のアセチル基が導入できる。また，D-グルコースを還元すると，通常の　a　基と同様に反応が進行して，D-ソルビトール（分子式$C_6H_{14}O_6$）が生成する。この化合物は不斉炭素原子を　d　個もっており，無水酢酸でアセチル化すると，最大　e　個のアセチル基が導入できる。当然，この生成物の水溶液も偏光面を回転させる性質を保持している。

(1)　文中の　a　〜　e　に適当な語句，または数値を記せ。

(2)　上図の ① 〜 ④ の原子，原子団を化学式で記せ。

(3)　下線部(1)の異性体2種の構造式を，上図の構造式A，Bにならって記せ。

(4)　下線部(2)の記述について，原料のD-グルコースと生成物との物性の違いにつき，容易に予想できるものを2つあげて説明せよ。

(5)　D-グルコースの立体異性体がある。このものを還元すると，D-グルコースを還元したものと全く同じ化合物が得られる。この立体異性体の構造式を，上図のDの構造式にならって記せ。

(6)　D-グルコースの立体異性体のうち，互いに鏡像異性体（光学異性体）の関係にある化合物がある。これらを還元すると，同一の化合物が得られる。得られる化合物として可能なものをすべて，上図のDの構造式にならって記せ。ただし，2個以上の不斉炭素原子をもつ化合物にあっては，実像と鏡像の関係にある立体異性体を鏡像異性体（光学異性体）とよぶことにする。

（東京大 改）

335 〈シクロデキストリン〉　☐ ★★

次の文を読み，下の各問いに答えよ。原子量：H = 1.0，C = 12，O = 16

複数のグルコース分子が環状に結合した化合物をシ
クロデキストリンとよぶ。図1は6分子のグルコース
から構成されるシクロデキストリンAである。シク
ロデキストリンではグルコースどうしは ア -1,4-
グリコシド結合によりつながり，その水溶液は還元性
を イ 。

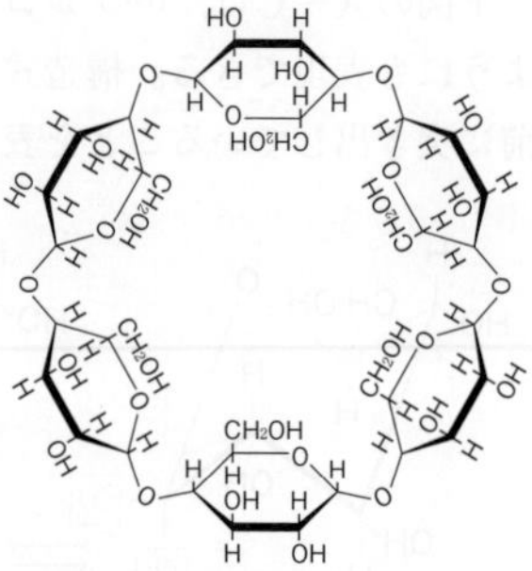

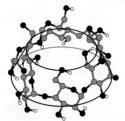

図1　シクロデキストリンA

シクロデキストリンAの立体構造は，図2のよう
に底の抜けたバケツのように見える。シクロデキスト
リンAの場合，広い方の口には ウ 個の第 エ
級アルコールのヒドロキシ基が存在し，狭い方の口に
は オ 個の第 カ 級アルコールの
ヒドロキシ基が存在する。

シクロデキストリンの内部は空洞と
なっており，そこにさまざまな有機化
合物が取り込まれる。ある種のシクロ
デキストリンBは，図3のように2分子
のシクロデキストリンBで1分子のフラ
ーレンC_{60}を取り込んで複合体となる。

図2　シクロデキス
トリンAの立体構
造（灰色が炭素原
子，黒色が酸素原
子，小さい球が水
素原子）

これは，シクロデキストリンの空洞の内側が
キ 性のため， キ 性の高いフラーレンC_{60}
が取り込まれるためである。一方，シクロデキス
トリンの ク 性のヒドロキシ基が外側に存在
するために，通常は水に溶けないフラーレンC_{60}
を水に溶かすことができる。

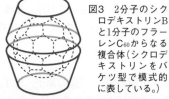

図3　2分子のシク
ロデキストリンB
と1分子のフラー
レンC_{60}からなる
複合体（シクロデ
キストリンをバ
ケツ型で模式的
に表している。）

図3に示す複合体4.14 mgを完全燃焼させた
ら，二酸化炭素が8.58 mg，水が1.80 mg生成した。これよりこの複合体の組成式は
ケ であり，分子式は コ で表される。したがって，シクロデキストリンBは
サ 分子のグルコースから構成されていることになる。

(1) 文中の ☐ に適する記号，語句，数字，式などを記入せよ。

(2) シクロデキストリンと同じ種類のグリコシド結合をもつ化合物を以下の選択肢の
中からすべて選べ。

　グリコーゲン，セルロース，セロビオース，デンプン，マルトース

(3) 還元性について，シクロデキストリンと同じ性質をもつ化合物を以下の選択肢の
中からすべて選べ。

　デンプン，ラクトース，スクロース，フルクトース，トレハロース　（慶応大 改）

336 〈アミロペクチンの構造〉 ☐ ★★★

過ヨウ素酸HIO₄は，多価アルコールの隣接した炭素原子にOH基が結合している場合に限って，そのC-C結合を切断することのできる酸化剤である。

$$
\underset{\substack{\text{OH OH OH}}}{\text{R}-\overset{\;}{\text{CH}}\overset{\;}{\vdots}\overset{\;}{\text{CH}}\overset{\;}{\vdots}\overset{\overset{\text{R}''}{|}}{\text{C}}-\text{R}'} \;+\; 2\text{HIO}_4
$$

$$
\longrightarrow \quad \text{R}-\text{CHO} \;+\; \text{HCOOH} \;+\; \text{R}'-\text{CO}-\text{R}'' \;+\; \text{H}_2\text{O} \;+\; 2\text{HIO}_3 \quad \cdots\cdots\text{①}
$$

すなわち，連続した3個の炭素原子すべてにOH基をもつ3価アルコールでは，過ヨウ素酸との反応により，中央の炭素原子からギ酸が生成し，両隣の炭素原子からカルボニル化合物が生成する。糖類でも同様の反応が起こるが，OH基のつく炭素原子が隣接していない場合は，この反応は起こらない。

この反応を利用すると，アミロペクチン分子中の枝分かれの多少を知ることができる。図1に示すように，アミロペクチンを構成するグルコース単位は，グリコシド結合の数や結合の仕方の違いから，(あ)～(お)の5種類に分類される。(原子量：H = 1.0，C = 12，O = 16)

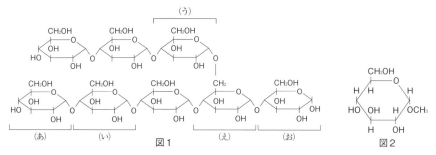

図1　　　　　　図2

(1) 図2に示すα-メチルグルコシドを過ヨウ素酸で酸化したとき，ギ酸とともに生成する鎖状構造をもつ化合物Aの構造式を記せ。

(2) アミロペクチンを過ヨウ素酸で酸化したとき，ギ酸を生成するグルコース単位を，図中の(あ)～(お)からすべて選べ。

(3) アミロペクチンには，(あ)，(お)のようにグリコシド結合を1個しかもたず，分子鎖の末端部に位置するものがある。このようなグルコース単位がアミロペクチン1分子中にn個存在するとき，アミロペクチン1分子中に存在する枝分かれ部分をなすα-1,6-グリコシド結合の数は何個か。nを用いて表せ。ただし，アミロペクチン1分子中に存在する(お)の数は常に1個のみとする。

(4) 平均分子量2.0×10^5のアミロペクチン1.0 gを過ヨウ素酸で完全に酸化したら，1.5×10^{-4} molのギ酸が生成した。(i)このアミロペクチン1分子中に存在するα-1,6-グリコシド結合の数は何個か。(ii)このアミロペクチンはグルコース単位何個あたり1個の枝分かれが存在しているか。

(大阪府大 改)

337　〈糖の過ヨウ素酸酸化〉　□　★★★

過ヨウ素酸HIO_4による酸化反応では，図1，2のように，隣接炭素原子に-OH基，または=O基が結合している化合物では，炭素-炭素結合が切れてアルデヒド，またはカルボン酸が生成する。

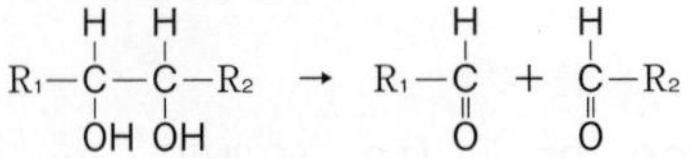

$$R_1-\underset{\underset{OH}{|}}{\overset{\overset{H}{|}}{C}}-\underset{\underset{OH}{|}}{\overset{\overset{H}{|}}{C}}-R_2 \rightarrow R_1-\underset{\underset{O}{\|}}{\overset{\overset{H}{|}}{C}} + \underset{\underset{O}{\|}}{\overset{\overset{H}{|}}{C}}-R_2$$

図1

$$R_3-\underset{\underset{OH}{|}}{\overset{\overset{H}{|}}{C}}-\underset{\underset{O}{\|}}{\overset{\overset{H}{|}}{C}}-R_4 \rightarrow R_3-\underset{\underset{O}{\|}}{\overset{\overset{H}{|}}{C}} + \underset{\underset{O}{\|}}{\overset{\overset{OH}{|}}{C}}-R_4$$

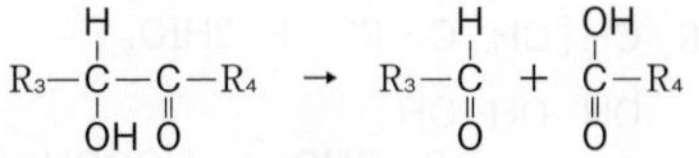

図2

(1)　グルコース水溶液を過ヨウ素酸で十分に酸化すると，ギ酸とホルムアルデヒドが生じる。このとき，グルコース1molからギ酸は何mol生じるか。また，ホルムアルデヒドになる炭素原子は右図に示す$C^1 \sim C^6$のどれか。

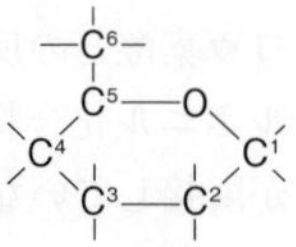

(2)　マルトースの水溶液を過ヨウ素酸で十分に酸化した。このときに生じる化合物すべてを示性式で記せ。　　　　　　　　　　　　　　　　　　　　　（防衛医大）

338　〈四糖類の構造決定〉　□　★★★

複数の単糖類が縮合した少糖類の構造は，ヒドロキシ基をすべてメチル化(-OH→-OCH₃)してから，糖のグリコシド結合を完全に加水分解して得られた生成物より解析できる。例えば，マルトースの-OHをすべてメチル化し，グリコシド結合を加水分解すると，グルコースの2,3,4,6位の-OHがメチル化されたAと，2,3,6位の-OHがメチル化されたBが得られる。なお，1位の-OHがメチル化された生成物は得られない。これは，1位の-OCH₃基は反応性が大きく，糖のグリコシド結合と一緒に加水分解されるからである。

ある四糖類Xを完全に加水分解すると，グルコースとフルクトースが得られた。Xをすべてメチル化してから，糖のグリコシド結合を完全に加水分解すると，X1molからA2molとC，Dが各1molずつ得られた。Cはグルコースがメチル化された化合物で，分子量がグルコースより28大きく，Dはフルクトースがメチル化された化合物で，分子量がフルクトースより56大きかった。次に，Xを部分的に加水分解すると，マルトース，スクロースと二糖類Eが得られた。Eをすべてメチル化してから完全に加水分解すると，Aとグルコースの2,3,4位の-OHがメチル化されたFが得られた。

(1)　二糖類Eの構造式を例にならって記せ。
　　（炭素原子に番号をつける必要はない。）

(2)　四糖類Xの構造式を例にならって記せ。

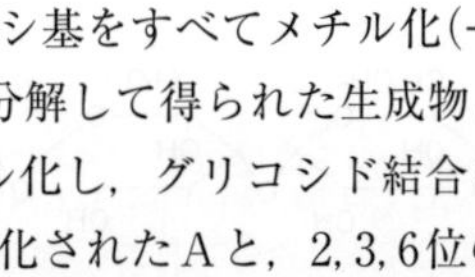

（例）β-フルクトース（五員環構造）
太線は結合が手前にあることを示す。

　　　　　　　　　　　　　　　　　　　　　　　　　　　（北海道大　改）

339 〈糖類の総合問題〉 ☐ ★★★

次の文を読んで，あとの問いに答えよ。原子量：H = 1.0，C = 12，O = 16

グルコースの水溶液中では，図1に示す ア 型の環状構造の他に，1位の炭素原子に結合するヒドロキシ基の立体配置が異なる イ 型の環状構造，および1位の炭素原子が還元性を示す ウ 基として存在する鎖状構造の3者が，一定の割合で混合した平衡状態にある。

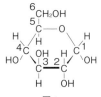

図1

2〜10個の単糖が結合してできた糖類を エ （オリゴ糖）といい，環状構造のグルコース2分子がそのヒドロキシ基の間で縮合してできる二糖類には，α型，β型を考慮しない場合，その結合位置の違いにより オ 種類の構造異性体が考えられる。このうち，麦芽などに含まれるマルトースは還元性を示すが，昆虫の体液などに存在するトレハロースは還元性を示さない。また，マツなど一部の植物に存在するセロビオースは還元性を示す。

二糖類は単糖2分子がグリコシド結合でつながった構造をもつ。ただし，グリコシド結合とは，一方の単糖の1位の-OHと他方の単糖の-OHとの間で脱水縮合してできたエーテル結合のことであり，通常のエーテル結合に比べて加水分解されやすい。

いま，2つの六員環構造のグルコース分子がこのグリコシド結合でつながった二糖分子Aの異性体を考えよう。ただし，六員環構造のグルコースにはα型，β型の2種類の立体異性体が存在することを考慮するものとする。生じた二糖類Aのうち，水溶液が還元性を示さないものは カ 種類あり，水溶液が還元性を示すものは キ 種類存在する。また二糖類Aの水溶液が平衡状態になったとき，同じ組成の平衡混合物になるものはまとめて1種類とみなすと，二糖類の水溶液が還元性を示すものは ク 種類存在する。

エビ・カニや昆虫の殻に含まれるキチンとよばれる物質は，天然にはセルロースに次いで多量に存在する多糖類である。キチンを水酸化ナトリウム水溶液とともに加熱すると，脱アセチル化されて，キトサン[*1]とよばれる化合物を生じる。

キトサンを濃塩酸と加熱して完全に加水分解すると，アミノ糖であるグルコサミン（グルコースの2位の炭素原子に結合する-OH基を-NH₂基に置換した化合物）が得られる。また，キチンを酵素リゾチームで加水分解すると，N-アセチルグルコサミン（N-は，N原子に置換基が結合したことを示す。）を生じる。

*1 キトサンとは，グルコサミンがβ-1,4-グリコシド結合した直鎖状の高分子化合物である。

(1) 文中の ☐ に適する語句，記号，数値を記せ。

(2) マルトース，トレハロース，セロビオースの構造式を，上図の例にならって記せ。

(3) グルコサミン，キトサン，キチンの構造式を，図1，図2の例にならって記せ。

(4) 分子量4.0×10^5のキチン20 gを水酸化ナトリウム水溶液で完全に脱アセチル化した。 ①キトサン何gが得られるか。

　　　　②このキトサンの分子量はいくらか。

340 〈アミノ酸〉 ☑ ★

次の文を読み，あとの各問いに答えよ。

タンパク質の構成単位である α-アミノ酸は，その一般式は R-CH(NH₂)-COOH で表され，R- の部分をアミノ酸の側鎖という。R が H である ア を除いてすべて不斉炭素原子をもつので， イ が存在するが，このうち天然のタンパク質を構成するものは，ほとんどが一方の型（L 型）のみである。

アミノ酸は，分子内に酸性の ウ 基と塩基性の エ 基の両方をもち，酸・塩基のいずれとも反応する オ 電解質である。(a)アミノ酸は有機化合物の中では，融点が高く，水に溶けやすいが，有機溶媒には溶けにくいものが多い。

アミノ酸は水溶液中では，次の3種類のイオンが平衡状態をつくって存在するが，酸性溶液中では① カ イオン，等電点では② キ イオン，塩基性溶液中では③ ク イオンの割合が最も多くなる。アミノ酸の水溶液に電極を浸し，両極に直流電圧をかけると，個々のアミノ酸はそれ自身の電気的性質にしたがって，陽極または陰極へ移動する。この現象を ケ といい，アミノ酸の分離に用いられる。

また，アミノ酸にはいろいろな種類がある。アミノ基とカルボキシ基を1個ずつもつアミノ酸は コ という。側鎖（R-）の部分に ウ 基をもつアミノ酸を サ といい， シ ， ス などがある。一方，側鎖の部分に エ 基をもつアミノ酸を セ といい， ソ などがある。また，硫黄を含むアミノ酸もある。

アミノ酸に無水酢酸を反応させると， エ 基が タ 化されて，塩基としての性質を失う。また，アミノ酸にアルコールを反応させると， ウ 基が チ 化されて酸としての性質を失う。

アミノ酸に ツ 水溶液を加えて加熱すると テ 色に呈色する。この反応を ツ 反応といい，タンパク質においても見られる反応である。

(1) 文中の ア ～ テ に適当な語句，化合物名を記せ。

(2) アミノ酸が下線部(a)のような性質を示す理由を説明せよ。

(3) 下線部①，②，③の各イオンを，アラニンを例としてそれぞれ構造式で示せ。

(4) ある中性アミノ酸 X，Y，Z からなる鎖状のトリペプチドがある。アミノ酸 X は不斉炭素原子をもたない。アミノ酸 Y は芳香族アミノ酸に分類され，元素分析値は C = 65.4 %，H = 6.7 %，N = 8.5 %，O = 19.4 % であった。アミノ酸 Z は不斉炭素原子をもち，その 0.144 g から 18.2 mL（標準状態）の窒素ガスを得た。これより，アミノ酸 X，Y，Z の名称をそれぞれ記せ。

(5) 天然に存在する α-アミノ酸のうち，①フェーリング液を還元する性質（還元性）を示すもの，②不斉炭素原子を2個もち，ヨードホルム反応を示すもの，それぞれの構造式を示せ。

(6) グリシンのみからなるポリペプチド X 0.580 g に含まれるすべての窒素原子をアンモニアに変化させたところ，0.010 mol のアンモニアが得られた。このポリペプチド X は何個のグリシンから成り立っているか。

（神戸薬大 改）

341 〈タンパク質〉 ☐ ★

次の文中の空欄 ☐ に適語，数値を記し，あとの各問いにも答えよ。

タンパク質は，約 ア 種類の イ が互いのカルボキシ基とアミノ基との間で縮合重合し， ウ 結合によって連なってできた高分子化合物である。

タンパク質を水に溶かすと エ 溶液になり，この水溶液に多量の電解質を加えると沈殿を生じる。この現象を オ という。

タンパク質の水溶液に水酸化ナトリウム水溶液を加えた後，硫酸銅(II)水溶液を少量加えると， カ 色に呈色する。この反応を キ という。 キ は，連続する2個以上の ウ 結合がCu^{2+}に配位結合し，錯イオンを形成して呈色することに基づく。また，タンパク質の水溶液に濃硝酸を加えて加熱すると ク 色になり，さらにアンモニア水などを加えて塩基性にすると ケ 色に変化する。この反応を コ という。 コ は，ベンゼン環への サ 化に基づく呈色であり，タンパク質を構成するアミノ酸として シ や ス などの芳香族アミノ酸を含むことがわかる。また，タンパク質の水溶液に水酸化ナトリウムの結晶を加えて加熱した後，酢酸鉛(II)水溶液を加えて セ 色の沈殿を生じた場合，タンパク質を構成するアミノ酸として ソ 元素を含む タ や チ などが含まれていることがわかる。

なお，タンパク質に希酸などを加えて加水分解したとき イ のみが得られるタンパク質を ツ ， イ 以外にも糖やリン酸などを生じるものを テ という。

タンパク質の種類は多く，例えば牛乳中にはリン酸を含む ト や卵白中に含まれる ナ やグロブリン，小麦や大豆に多く含まれる ニ ，動物の毛や爪をつくる ヌ ，絹の繊維をつくる ネ ，動物の軟骨や腱をつくる ノ などがある。

タンパク質を構成するポリペプチド鎖は，部分的に(a)らせん状の構造や，(b)波形状の構造を取っていることが多い。このような構造を ハ という。さらに，ポリペプチド鎖は，一定の位置で ヒ 結合(S-S結合)や，(c)側鎖(R-)間の相互作用によって折りたたまれ，特有の立体構造をとる。このような構造を フ という。

タンパク質は生体内で多くの役割を担っているが，とくに生体内での複雑な化学反応を促進させる触媒としての機能をもつタンパク質を ヘ という。

卵白の水溶液を ホ したり，強酸，強塩基，有機溶媒， マ イオン(Cu^{2+}，Pb^{2+}，Hg^{2+}など)の添加により，凝固・沈殿する。このような現象を(d)タンパク質の ミ といい， ヘ ではその触媒作用がなくなり ム する。

(1) 下線部(a)，(b)の名称を記せ。また，その構造を保持している力は何か。

(2) 下線部(c)の具体的な例を2つ答えよ。

(3) タンパク質の構成元素である窒素を検出する方法について簡単に説明せよ。

(4) 下線部(d)の現象は，タンパク質の構造にどんな変化が起きたためと考えられるか。また，ゼラチンについて同様の実験を行うとどんな結果になると予想されるか。

(5) 卵白水溶液に多量のNaClを加えると沈殿するが，少量のNaClを加えた場合はかえって水に溶けやすくなる。その理由を説明せよ。

(名古屋工大 改)

342 〈ペプチドの構造異性体〉 ▢ ★★

　次のペプチドには，何種類の構造異性体が存在するか。ただし，立体異性体は考慮しないものとする。

(1)　グリシン2分子とアラニン1分子が縮合してできた鎖状のトリペプチド。

(2)　グリシン，アラニン，フェニルアラニン各1分子が縮合してできた鎖状のトリペプチド。

(3)　グルタミン酸1分子とリシン1分子が縮合してできた鎖状のジペプチド。

(4)　グリシン2分子，アラニン1分子，フェニルアラニン1分子が縮合してできた鎖状のテトラペプチド。

(5)　グリシン2分子，アラニン2分子が縮合してできた鎖状のテトラペプチド。

(6)　グリシン，アラニン，フェニルアラニン，セリン各1分子が縮合してできた鎖状のテトラペプチド。

(7)　グリシン2分子，アラニン1分子が縮合してできた環状のトリペプチド。

(8)　グリシン，アラニン，フェニルアラニン各1分子が縮合してできた環状のトリペプチド。

343 〈トリペプチドの配列順序〉 ▢ ★★

　下記の(a)～(g)のα-アミノ酸のいずれかで構成された鎖状トリペプチドXがある。あとの実験結果①～⑤をもとに，下の各問いに答えよ。

(a) 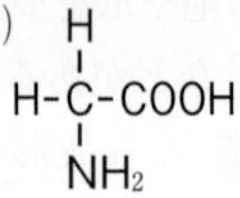
$$H-\underset{NH_2}{\overset{H}{C}}-COOH$$

(b)
$$H_3C-\underset{NH_2}{\overset{H}{C}}-COOH$$

(c)
$$H_2N-(CH_2)_4-\underset{NH_2}{\overset{H}{C}}-COOH$$

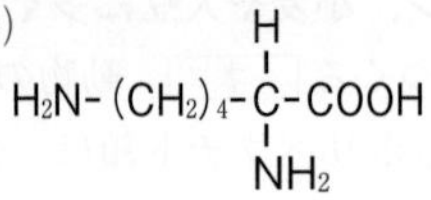

(d)
$$HS-CH_2-\underset{NH_2}{\overset{H}{C}}-COOH$$

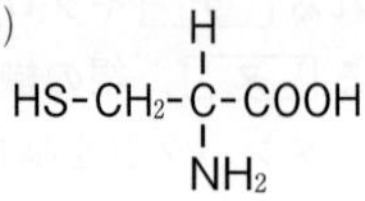

(e)
$$HOOC-(CH_2)_2-\underset{NH_2}{\overset{H}{C}}-COOH$$

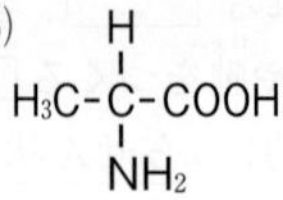

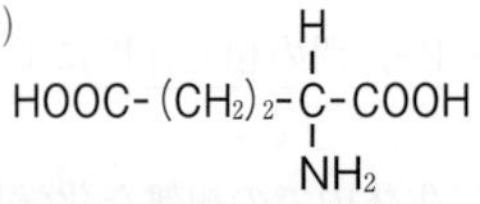

(f)
$$HO\text{〈 〉}CH_2-\underset{NH_2}{\overset{H}{C}}-COOH$$

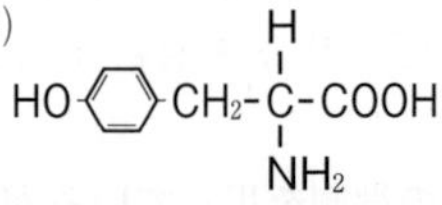

(g)
$$HOH_2C-\underset{NH_2}{\overset{H}{C}}-COOH$$

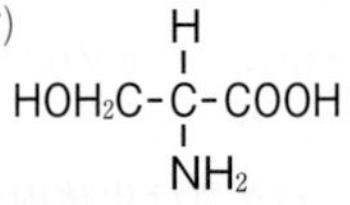

①　Xの水溶液を部分的に加水分解すると，ジペプチドYとZ，およびα-アミノ酸のA，Bが生じ，完全に加水分解すると，α-アミノ酸A，B，Cを生じた。

②　ジペプチドYを加水分解したら，2種のα-アミノ酸を生じ，このうちの一方はAであり，Aには鏡像異性体が存在しなかった。

③　Y，Zそれぞれに濃硝酸を加えて熱したところ，いずれも黄色を呈した。

④　Y，Zそれぞれに濃水酸化ナトリウム水溶液を加えて加熱後，酢酸鉛(Ⅱ)水溶液を加えたら，Zのみから黒色沈殿を生じた。

⑤　Xをジアゾ化したのち加水分解すると，グリコール酸($CH_2(OH)COOH$)が生じた。

(1)　A，B，Cに該当するα-アミノ酸を，上の(a)～(g)の中から記号で選べ。

(2)　ジペプチドYの可能な異性体数を立体異性体の存在を考慮して答えよ。

(3)　①～⑤の実験により決定されたトリペプチドXの構造式を正しく書け。

344 〈ジペプチドとトリペプチド〉 ☐ ★★

次の文を読み，あとの問いに答えよ。（原子量：H = 1.0，C = 12，N = 14，O=16）

炭素，水素，酸素および窒素からなる天然に存在する α-アミノ酸A, B, Cがある。炭素の含有率は，Aは40.4 %，Bは51.3 %，Cは55.0 %であり，A, B, Cはいずれも不斉炭素原子を1個ずつもつ。また，Aだけからなるジペプチド，Bだけからなるジペプチド，Cだけからなるジペプチドは，いずれも分子量が250以下である。

α-アミノ酸の水溶液に硫酸銅（II），濃硫酸，および硫酸カリウムを加えて加熱・分解したのち，溶液を塩基性にし，α-アミノ酸中の窒素をすべてアンモニアに変えて定量したところ，0.280 gのAから3.14×10^{-3} molのアンモニアが発生し，0.240 gのBから2.04×10^{-3} molのアンモニアが発生し，0.240 gのCから1.83×10^{-3} molのアンモニアが発生したことがわかった。

(1) α-アミノ酸A, B, Cの窒素含有率（質量%）をそれぞれ有効数字3桁で求めよ。

(2) α-アミノ酸A, B, Cの構造式を書け。

(3) 天然に存在するα-アミノ酸Dは，α-アミノ酸Cの構造異性体で不斉炭素原子を2個もつ。Dに該当する構造式を書け。 （慶応大 改）

345 〈ジペプチドの旋光性とラセミ体〉 ☐ ★★

α-アミノ酸の一種であるアラニンには，不斉炭素原子が1個存在するので，互いに重ね合わすことのできない1対の鏡像異性体（右図）が存在する。これらは実像と鏡像の関係にあり，融点，密度，溶解度などの物理的性質や化学的性質はみな等しいが，平面偏光を回転させる性質（旋光性という）だけが異なるので，互

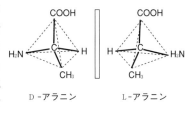

D -アラニン　　　L-アラニン

いに光学異性体ともよばれる。また，これらの光学異性体の等量混合物をラセミ体といい，その溶液は旋光性を示さない。

いま，ラセミ体のアラニンとグリシンの混合物を人工的な方法で縮合重合したとき，生成する鎖状のジペプチドについて，次の各問いに，立体異性体の存在を考慮して答えよ。

(1) アラニンだけからできているジペプチドは何種類あるか。

(2) アラニンとグリシンからできているジペプチドは何種類あるか。

(3) 全部で何種類のジペプチドがあるか。

(4) 実像と鏡像の関係にあるジペプチドの組み合わせは何組あるか。

(5) 酸で加水分解後，その水溶液が左旋性を示すジペプチドは何種類あるか。

(6) 酸で加水分解後，その水溶液が旋光性を示さないジペプチドは何種類あるか。

(7) (6)のうち，その水溶液がラセミ体を生成するジペプチドは何種類あるか。

（東京薬大 改）

346 〈アミノ酸の電離平衡〉 ☑ ★★

水溶液中におけるグリシンの電離平衡は，次の(1)，(2)式で表される。ただし，グリシンの双性イオンをG，グリシンの陽イオンをG^+，グリシンの陰イオンをG^-と簡略化して表す。以下の文の空欄に適当な式，数値を記入せよ。

$$G^+ + H_2O \overset{K_1}{\rightleftharpoons} G + H_3O^+ \cdots (1)$$

$$G + H_2O \overset{K_2}{\rightleftharpoons} G^- + H_3O^+ \cdots (2)$$

これらの電離定数は，各成分のモル濃度[G]，$[G^+]$，$[G^-]$，$[H^+]$を用いて，

$K_1 = \boxed{\quad ア \quad}$，　　　$K_2 = \boxed{\quad イ \quad}$　と表される。

その数値は，$K_1 = 4.0 \times 10^{-3}\,mol/L$，$K_2 = 2.5 \times 10^{-10}\,mol/L$とする。

グリシンの水溶液に塩酸を加えて，pH = 4.5に調節した。このとき，濃度比$\dfrac{[G^+]}{[G^-]}$は $\boxed{\quad ウ \quad}$ となる。よって，pH = 4.5の緩衝溶液中でグリシンを電気泳動させると，グリシンは全体として $\boxed{\quad エ \quad}$ 極へ移動する。一方，pH = 7.0の緩衝溶液中で存在する3種のイオンの濃度比は，$[G^+] : [G] : [G^-] = 1 : \boxed{\quad オ \quad} : \boxed{\quad カ \quad}$ である。

また，アミノ酸水溶液の電荷が全体として0になるときのpHを $\boxed{\quad キ \quad}$ というが，上記の値を用いてグリシンの $\boxed{\quad キ \quad}$ を求めるとpHは $\boxed{\quad ク \quad}$ となる。　　（大阪大 改）

347 〈グルタミン酸の電離平衡〉 ☑ ★★

グルタミン酸$HOOC(CH_2)_2CH(NH_2)COOH$は，分子内に2個のカルボキシ基と1個のアミノ基をもつ。水溶液中の水素イオン濃度が増加すると，それぞれが順にプロトンH^+を放出するため，グルタミン酸は陽イオン，双性イオン，1価の陰イオン，2価の陰イオンの形で存在する。本問の条件では，2価の陰イオンの濃度は極めて低く，その存在を無視してよい。水溶液中のモル濃度を，陽イオンは$[A^+]$，双性イオンは$[A^\pm]$，1価の陰イオンは$[A^-]$で表すものとし，A^+から$A^\pm$への電離定数をK_1，$A^\pm$からA^-への電離定数をK_2はそれぞれ次式で表される。また，水の電離は無視し，答の数値は有効数字2桁で答えよ

$$K_1 = \frac{[H^+][A^\pm]}{[A^+]} = 10^{-23}\,[mol/L] \quad \cdots ①$$

$$K_2 = \frac{[H^+][A^-]}{[A^\pm]} = 10^{-43}\,[mol/L] \quad \cdots ②$$

(1) グルタミン酸水溶液で，$[A^+] = [A^\pm]$となるときのpHはいくらか。

(2) グルタミン酸水溶液の等電点のpHはいくらか。

(3) (2)の条件において，グルタミン酸の総濃度($C = [A^+] + [A^\pm] + [A^-]$とする。)に対する双性イオンの割合は何％か。

(4) グルタミン酸の総濃度$C = 1.0 \times 10^{-3}\,mol/L$の水溶液において，水素イオン濃度を(2)と同じ条件に保ったとき，$[A^+]$のモル濃度はいくらか。　　（近畿大）

348 〈アスパルテームの構造〉 ☐ ★

　ジペプチドをエステル化したアスパルテームは，ショ糖の約180倍の甘味をもち，人工甘味料として用いられている。このアスパルテームAについて問いに答えよ。

1. Aの元素分析値は，炭素57.1 %，水素6.2 %，窒素9.5 %，酸素27.2 %であった。

2. Aを酸によって完全に加水分解すると，ともにメチル基を含まないα-アミノ酸B，Cとメタノールが得られた。

3. Aを酵素により部分的に加水分解すると，酸性物質B，およびCのメチルエステルであるD（分子式$C_{10}H_{13}NO_2$）が得られた。

4. C，Dの結晶を濃硝酸とともに加熱すると，いずれも黄色になった。

5. Aはアミノ基とカルボキシ基を1つずつもち，α-アミノ酸の構造をもたない。

(1) アミノ酸B，Cの名称を書け。

(2) アスパルテームの構造式を書け。また，アスパルテームが水に溶けやすいことを，アミノ酸の構造上の特徴から簡潔に説明せよ。　　　　　　　　（名古屋市大 改）

349 〈アミノ酸の電離平衡〉 ☐ ★★

　下に示した3種類のアミノ酸について，下の各問いに答えよ。

　グルタミン酸の塩酸塩の水溶液を水酸化ナトリウムで滴定したときの滴定曲線を図1に示す。図1の(b)点において，グルタミン酸は左下に記したような構造をとっている。このとき見かけ上，グルタミン酸分子は電気的中性となるので，この(b)点のpH（3.2）をグルタミン酸の等電点という。

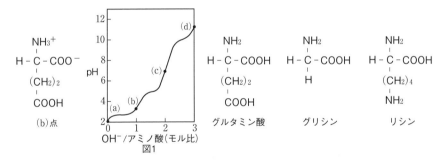

図1

(1) 図1の(a)，(c)，(d)点では，グルタミン酸は主にそれぞれどのような構造をとっているか。上の例にならって記せ。

(2) いま，グリシン，グルタミン酸，リシンを混合したpH＝2の酸性水溶液をつくり，陽イオン交換樹脂に通してアミノ酸をすべて吸着させた。次に，吸着したアミノ酸を樹脂から溶出させるため緩衝溶液を加えた。このとき，加える緩衝溶液のpHを少しずつ大きくしていったところ，吸着していたアミノ酸はアミノ酸A，アミノ酸B，アミノ酸Cの順番に溶出してきた。以上より，アミノ酸A，B，Cの名称をそれぞれ記せ。　　　　　　　　（東京理大 改）

350 〈オリゴペプチドの構造決定〉　☑ ★★★

痛みを和らげる作用のある脳内物質の1種であるエンケファリンは，何個かのα-アミノ酸が直鎖状に結合したオリゴペプチドである。エンケファリンのアミノ酸の配列順を調べるため①〜⑥の実験を行った。次の各問いに答えよ。原子量　H = 1.0，C = 12，N = 14，O = 16，F = 19とする。

①　エンケファリンの分子量を測定したら573であり，その5.73 gを完全に加水分解したら，4種類のアミノ酸A, B, C, Dが得られ，その質量の合計は6.45 gであった。

②　エンケファリンを弱い塩基性の条件で2,4-ジニトロフルオロベンゼン（以下，DNFと略す）と反応させ，N末端のアミノ基と縮合させた。なお，DNFとエンケファリン（$H_2N - X$とする）との反応は次式で表される。

この操作の目的は，N末端のアミノ酸を標識化して，他のアミノ酸から分離し，その種類を同定するためである。

③　DNFとエンケファリンとの化合物を塩酸で加水分解すると，DNFとアミノ酸Bが縮合した化合物と，他のアミノ酸A, C, Dが生成した。なお，DNFとアミノ酸Bが縮合した化合物の分子量を測定したら347であった。

④　芳香族アミノ酸B, Dのカルボキシ基側のペプチド結合を特異的に切断する酵素キモトリプシンを用いてエンケファリンを加水分解したところ，アミノ酸B, C, およびペプチドPが得られた。

⑤　アミノ酸B, C, およびペプチドPが光学活性かどうかを調べたら，いずれも1対の鏡像異性体が存在した。

⑥　アミノ酸A, B, C, Dは次のアミノ酸のいずれかである。

名　　称	略号	分子量	名　　称	略号	分子量
グリシン	Gly	75	システイン	Cys	121
アラニン	Ala	89	メチオニン	Met	149
フェニルアラニン	Phe	165	バリン	Val	117
チロシン	Tyr	181	トリプトファン	Trp	204

(1)　エンケファリンは何個のアミノ酸が縮合したペプチドか。

(2)　②でエンケファリンのN末端のアミノ酸を標識化するのに，無水酢酸でアセチル化することも可能である。この操作でアセチル化という方法をとらなかったのはなぜか。

(3)　アミノ酸A, B, C, Dの名称を答えよ。

(4)　この実験から，エンケファリンのアミノ酸の配列順序をN末端のアミノ酸を左側として略号を使って表せ。

351 〈トリペプチドの構造決定〉 ☑ ★★

3種類の α-アミノ酸A, B, Cから人工合成された鎖状トリペプチドD（分子式は $C_{16}H_{21}N_3O_7S$）について，次の各問いに答えよ。

トリペプチドD 1.0×10^{-2} molを完全にメチルエステルにするには，理論上，2.0×10^{-2} molのメタノールを必要とした。

トリペプチドDを適当な条件で部分的に加水分解すると，α-アミノ酸AとジペプチドE（分子式 $C_7H_{12}N_2O_5S$）が生成した。

α-アミノ酸Aはベンゼン環に2種の置換基をもち，それらは互いにパラの位置にある。また，A 1 molを完全に中和するのに水酸化ナトリウム2 molを必要とした。

α-アミノ酸A, B, Cにはいずれも不斉炭素原子が存在し，α-アミノ酸Cの分子式は $C_3H_7NO_2S$ である。また，A, B, Cいずれにもメチル基は存在しなかった。

(1) α-アミノ酸A, B, Cの構造式を書け。

(2) トリペプチドDには，何種類の構造異性体が考えられるか。

352 〈ペプチド〉 ☑ ★★

グリシンおよびリシンからなる分子量644のペプチドがある。この0.13 gの元素分析を行うと25.0 mL（27 ℃, 1.0×10^5 Pa）の N_2 が得られた。同様に，このペプチド0.13 gを完全に加水分解後，脱炭酸反応を行うと30.0 mL（27 ℃, 1.0×10^5 Pa）の CO_2 が得られた。

次の各問いに答えよ。（気体定数 $R = 8.3 \times 10^3$ Pa·L/(K·mol)とする。）

(1) このペプチドは何個のアミノ酸からできているか。

(2) このペプチドを構成するグリシンとリシンの物質量比を求めよ。 （東京理大 改）

353 〈エステル・アミド〉 ☑ ★★

次の文を読み，空欄 ☐ に適当な数値を記し，あとの問いに答えよ。

分子式 $C_7H_{14}N_2O_5$ をもつ有機化合物AとBがある。化合物AとBをそれぞれ1 molとり，完全に加水分解すると，いずれも1 molのグリセリンと2 molのグリシンを得た。したがって，上記の条件を満足する有機化合物には理論上 ア 種類の異性体が可能で，これらのうち イ 種類が光学活性であると考えられる。A, Bを調べたところ，どちらも光学不活性であることがわかった。

次に，化合物Aに十分量の無水酢酸を作用させたところ，分子量が126だけ増加した化合物を生じた。そこで，これを1 mol取ってエステル結合だけを加水分解する反応条件で加水分解すると，1 molのグリセリンと2 molの酢酸とともに，1 molの化合物Cが得られた。

同様に，化合物Bに十分量の無水酢酸を作用させると，やはり分子量が126だけ増加した化合物を生じたので，これを1 mol取ってエステル結合だけを加水分解すると，1 molのグリセリンと1 molの酢酸とともに，2 molの化合物Dが得られた。

〔問〕 化合物A, Bの構造式を記せ。 （慶応大 改）

354　〈ペプチドのアミノ酸配列〉 ☑ ★★★

次の文章を読み，あとの各問いに答えよ。

　ペプチドは，示性式$H_2N-CH(R)-COOH$（RはHまたは炭化水素基）で示されるα-アミノ酸が縮合したものであり，一端（N末端）にα-アミノ基を，他端（C末端）にα-カルボキシ基をもつ。表に示す8種のα-アミノ酸からなるペプチド（Ⅰ）がある。このペプチド（Ⅰ）のアミノ酸の結合順序（アミノ酸配列）を決めるために次のような実験を行い，以下の(1)〜(4)の結果を得た。なお，文中のアミノ酸の略号および原子団Xは，表に示したものであり，加水分解によるアミノ酸の分解はなかったものとする。

α-アミノ酸	略号	原子団X
グリシン	G	-H
アラニン	A	$-CH_3$
セリン	S	$-CH_2OH$
バリン	V	$-CH(CH_3)_2$
グルタミン酸	E	$-(CH_2)_2COOH$
リシン	K	$-(CH_2)_4NH_2$
アルギニン	R	$-(CH_2)_3NHCNH_2$ 　　　　　　∥ 　　　　　　NH
トリプトファン	W	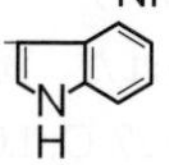

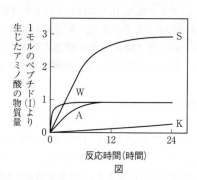

(1)　10個のアミノ酸が，ペプチド結合で縮合していた。

(2)　N末端アミノ酸は，酸性アミノ酸であった。

(3)　ペプチドのC末端より順次アミノ酸を切り離す酵素を作用させると，C末端側にある数個のアミノ酸が，図に示すような速さで生じた。

(4)　塩基性アミノ酸のカルボキシ基側のペプチド結合を特異的に加水分解する酵素を作用させると，3種のペプチド断片（Ⅱ），（Ⅲ），（Ⅳ）に分断された。（Ⅱ）はビウレット反応を示さず，加水分解によりアミノ酸KとVを生じた。（Ⅲ）には，不斉炭素原子をもたないアミノ酸が含まれていた。（Ⅳ）のN末端から2番目のアミノ酸はAであった。

問1　アミノ酸は，pHによって異なったイオンの状態で存在する。pH2以下，中性付近，pH10以上において，略号Aで表されるアミノ酸は主にどのようなイオンの状態にあるか。その示性式をそれぞれ書け。

問2　ペプチド断片（Ⅱ），（Ⅲ），（Ⅳ）のアミノ酸配列順序を，N末端を左にしてそれぞれ略号を使って表せ*。

問3　ペプチド（Ⅰ）のアミノ酸配列を，N末端を左にしてそれぞれ略号を使って表せ*。

　　*例えば，アミノ酸A，W，Vが，AをN末端にしてこの順に縮合
　　したペプチドのアミノ酸配列は，右の例のように示すものとする。

例：　A-W-V

（京都大 改）

355　〈ペプチドのアミノ酸配列〉　☐ ★★★

　下表に示される 8 種類の α-アミノ酸 8 個から構成されているペプチド A がある。このペプチドのアミノ酸の配列順序を決定するための情報として，下の①～⑨の結果を得た。このことから，ペプチド A を構成するアミノ酸の配列順序を，N 末端より順に略号を使って示せ。

α-アミノ酸	側　鎖(R-)	略号	α-アミノ酸	側　鎖(R-)	略号
アラニン	CH_3-	Ala	ロイシン	$(CH_3)_2-CH-CH_2-$	Leu
グリシン	$H-$	Gly	セリン	$HO-CH_2-$	Ser
グルタミン酸	$HOOC-(CH_2)_2-$	Glu	チロシン	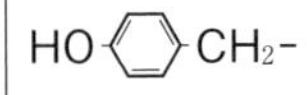 $HO-\bigcirc-CH_2-$	Tyr
リシン	$H_2N-(CH_2)_4-$	Lys	システイン	$H-S-(CH_2)_2-$	Cys

(注)　N 末端，C 末端とは，それぞれペプチド鎖の末端にあって，ペプチド結合していない遊離の α-アミノ基，α-カルボキシ基をいう。
　　　　なお，ペプチドを構成するひとつひとつのアミノ酸を，アミノ酸残基という。

①　ペプチド A を酸で完全に加水分解すると，アラニン，グリシン，グルタミン酸，リシン，ロイシン，セリン，チロシン，メチオニンの各アミノ酸が，それぞれ等物質量ずつ生成した。

②　ペプチド A の N 末端はロイシン，C 末端はセリンである。

③　ペプチドの酸性アミノ酸残基または塩基性アミノ酸残基の，カルボキシ基側のペプチド結合を特異的に切断することができる酵素 X がある。いま，ペプチド A に酵素 X を作用させて，3 つのペプチド断片 I，II，III を得た。このうち，I と III はビウレット反応を示したが，II はビウレット反応が陰性であった。

④　ペプチド断片 I を，中性付近の pH の緩衝溶液に浸した沪紙上で電気泳動を行ったところ，陽極側へ移動することがわかった。

⑤　ペプチド断片 I に，濃水酸化ナトリウム水溶液を加えて加熱後，酢酸鉛(II)水溶液を加えると黒色沈殿を生じた。

⑥　ペプチド断片 II に濃硝酸を加えて加熱すると黄変し，冷却後，アンモニア水を十分に加えると，黄橙色に変色した。

⑦　ペプチド断片 III に希塩酸と亜硝酸ナトリウムを作用させた後，加水分解すると，生成物の中から乳酸が得られた。

⑧　ペプチド断片 III を部分的に加水分解すると，2 種のジペプチドが中間体として得られたが，そのいずれにもグリシンが含まれていた。

⑨　ペプチドの芳香族アミノ酸残基の，カルボキシ基側のペプチド結合を特異的に切断することができる酵素 Y がある。いま，ペプチド A に酵素 Y を作用させると，2 つのペプチド断片を得た。これらはいずれもビウレット反応を示した。

(岡山大 改)

356 〈ヘキサペプチドの構造決定〉 ☑ ★★★

　ある天然のタンパク質を加水分解して，鎖状のヘキサペプチドXを単離した。さらに
これを完全に加水分解して，次表に示す6種のα-アミノ酸を得た。次の問いに答えよ。

名　称	側　鎖(R-)	略号	名　称	側　鎖(R-)	略号
グリシン	-H	Gly	アスパラギン酸	-CH₂-COOH	Asp
システイン	-CH₂SH	Cys	リシン	-(CH₂)₄-NH₂	Lys
チロシン	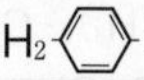 -CH₂〈 〉OH	Tyr	トレオニン	-CH(OH)CH₃	Thr

　酵素トリプシンは，塩基性アミノ酸の-COOH側のペプチド結合を特異的に切断する。
　酵素キモトリプシンは，芳香族アミノ酸の-COOH側のペプチド結合を特異的に切断する。

① 　XのN末端，C末端は，旋光性が0のアミノ酸，酸性アミノ酸のいずれかである。
② 　Xをトリプシンで加水分解で得られた2種のペプチドは，どちらもビウレット反応を示した。
③ 　Xをキモトリプシンで加水分解するとペプチドA, Bが得られた。ビウレット反応を調べると，Aは陰性であるがBは陽性であった。
④ 　キサントプロテイン反応を調べると，Aは陰性，Bは陽性であった。
⑤ 　BにNaOH水溶液とヨウ素を加えて熱すると，黄色沈殿が生成した。
⑥ 　pH6.0の緩衝液中で電気泳動を行うと，Aは陽極へ移動し，Bは陰極へ移動した。

(1) 　Xのアミノ酸配列を，N末端から順に上表の略号を用いて示せ。
(2) 　ヘキサペプチドXには，何種類の立体異性体が存在するか。
(3) 　システインに過酸化水素を作用させると，ジスルフィド結合を生じてシスチンを生じる。シスチンには何種類の立体異性体が存在するか。
(4) 　ペプチドYはニンヒドリン反応が陰性で，その1 molを塩酸中で加水分解するとアラニン2 molを生じた。このペプチドYには何種類の立体異性体が存在するか。

357 〈ビタミンの構造決定〉 ☑ ★★

　パントテン酸Aは，動物や微生物の生命維持に必須のビタミンの一種である。Aの分子量は219で，炭素，水素，酸素，窒素から構成され，分子内にアミド結合を1個持つ。

　Aのアミド結合を穏やかな条件で加水分解すると，1個の不斉炭素原子をもつカルボン酸Bと，β-アミノ酸Cを生じた。

　カルボン酸B 37.0 mgを完全燃焼させると，CO_2が66.0 mg, H_2Oが27.0 mg生じ，Bの分子量は148であった。Bはヨードホルム反応を示さないが，適当な酸化剤との反応によって，カルボキシ基，ホルミル基とカルボニル基をもつ化合物Dに酸化された。また，カルボン酸Bは分子内に2個のメチル基を有し，濃硫酸によって脱水されなかった。

(1) 　カルボン酸Bの構造式を書け。
(2) 　β-アミノ酸Cの炭素数は3で不斉炭素原子は存在しない。Cの構造式を書け。
(3) 　パントテン酸Aの構造式を書け。

（東京農工大 改）

358 〈DNAとRNA〉 ☐ ★★

次の文章を読み，あとの各問いに答えよ。

DNAとRNAは核酸であり，窒素原子を含む塩基と糖（ペントース）およびリン酸部分からなる ☐ ア ☐ どうしがリン酸エステル結合した鎖状の高分子化合物である。RNAの構成成分であるペントース部分は ☐ イ ☐ で，その分子式は$C_5H_{10}O_5$である。DNAのペントース部分は ☐ ウ ☐ であり，その分子式は ☐ エ ☐ である。RNAではリボース部分の ☐ オ ☐ 基が，DNAの場合は ☐ カ ☐ に代わっているだけである。このため，RNAの正式名称を ☐ キ ☐ ，DNAの正式名称を ☐ ク ☐ とよぶ。

RNAとDNAを構成する塩基はどちらも4種類あるが，アデニン，グアニン，シトシンの3種類は共通である。残りの1種類は，RNAでは ☐ ケ ☐ ，DNAでは ☐ コ ☐ と異なっている。アデニン，グアニン，シトシン，ウラシル，チミンを含むヌクレオチドをそれぞれA，G，C，U，Tとすると，DNAやRNAの塩基配列は，右図に示したAGCAのように，略記できる。

左から塩基配列をAGCAと表記する。
Pはリン酸基

DNAは， ☐ サ ☐ 構造とよばれる立体構造を形成するが，この構造の中でアデニンと ☐ シ ☐ ，グアニンとシトシンとの間で水素結合による塩基対がつくられている。アデニンはRNAの ☐ ス ☐ との間でも塩基対を形成することができる。このような塩基間の関係を ☐ セ ☐ といい，RNAの塩基配列はDNAの塩基配列に従って決まる。生物は遺伝情報をDNAに保存しているが，その情報は ☐ ソ ☐ に移されてからタンパク質の合成に使われる。

(1) 文中の ☐☐☐ にあてはまる適切な語句，化学式を書け。

(2) すべて異なる塩基を含むヌクレオチド4個からなるDNAの塩基配列は，上図のように左から並べる場合，何通りあるか。

(3) DNAの塩基配列 AGTCTTGTAG で決められるRNAの塩基配列を記号で書け。

(4) DNAの塩基の中で，アデニンの占める割合が27.5％（モル％）であったとき，シトシンの占めるモル％を求めよ。　　　　　　　　　　　　　　　（東京農工大 改）

(5) DNA中でシトシンとグアニンは下図のように塩基対を形成する（点線は水素結合，Rはデオキシリボース部分を示す）。塩基間の水素結合は，天然のDNA中には存在しない塩基Ⅰ，Ⅱ，Ⅲ，Ⅳにおいても形成可能である。Ⅰと3本の水素結合による塩基対を形成する塩基はⅡ，Ⅲ，Ⅳのいずれであるか。また，形成される塩基対を下図の(例)にならって書け。　　　　　　　　　　　　　（大阪大）

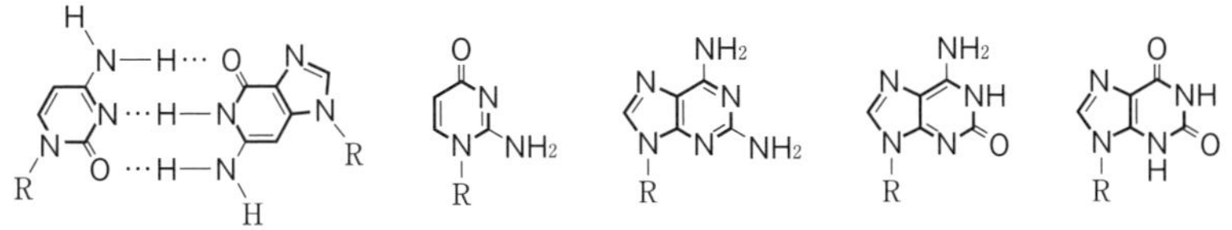

(例)シトシン・グアニン塩基対　　　　Ⅰ　　　　　Ⅱ　　　　　Ⅲ　　　　　Ⅳ

359 〈ポリペプチドの構造〉 ☐ ★★

　あるポリペプチドXは，分子内にジスルフィド結合（S-S結合）を3本もつが，その位置は不明である。適切な還元剤を用いてS-S結合を切断すると，次のペプチドY1，Y2が得られた。ただし，左がN末端，右がC末端で，各アミノ酸は略号で示す。

　　Y1　Gly－Ser－Cys－Phe－Lys－Cys－Met－Phe－Cys－Ala

　　Y2　Met－Cys－Ile－Phe－Cys－Ser－Phe－Asp－Cys－Gly

　ポリペプチドXをキモトリプシン（芳香族アミノ酸の-COOH側のペプチド結合を加水分解する酵素）を作用させると，次の3つのペプチドZ1，Z2，Z3が得られ，その構成アミノ酸の物質量比は右表の通りであった。

α-アミノ酸（名称）	略号	Z1	Z2	Z3
アラニン	Ala	1	0	0
アスパラギン酸	Asp	0	1	0
システイン	Cys	2	2	2
グリシン	Gly	1	1	0
イソロイシン	Ile	0	0	1
リシン	Lys	0	1	0
メチオニン	Met	0	1	1
フェニルアラニン	Phe	1	1	2
セリン	Ser	1	0	1

(1)　3本のジスルフィド結合の位置として，何種類が考えられるか。

(2)　ペプチドY1，Y2に3本のジスルフィド結合を実線で結び，ポリペプチドXの構造を完成せよ。

360 〈グルタチオンの構造決定〉 ☐ ★★★

　グルタチオンは，生体内に広く存在する抗酸化性物質の1つであり，次の6種のα-アミノ酸のうち3種からなる鎖状のトリペプチドである。

　　グリシン（Gly），アラニン（Ala），システイン（Cys），アスパラギン酸（Asp），

　　グルタミン酸（Glu），フェニルアラニン（Phe）　　　　（　）内は略号を示す。

① 　グルタチオンを部分的に加水分解すると，α-アミノ酸A, B, CとジペプチドD, Eが得られた。DはBとCからなり不斉炭素原子を1個含み，EはAとCからなり不斉炭素原子を2個と，2個の窒素原子を含むことがわかった。

② 　A, B, Cの水溶液にフェーリング液を加えて加熱すると，Cから赤色沈殿が生成した。

③ 　625 mgのEに含まれる窒素原子をすべてアンモニアに変換すると，その体積は標準状態で112 mLであった

④ 　Eをエタノールを用いてエステル化すると，分子量が56増加した化合物が生成した。この化合物をある触媒を用いてペプチド結合のみを切断すると，エステル化されたAとエステル化されたCが得られた。なお，このエステル化は，いずれも不斉炭素原子に結合しているカルボキシ基で進行していることがわかった。

(1)　α-アミノ酸A, B, Cの名称を答えよ。　　　　　（例）

(2)　グルタチオンの構造式を例にならって記せ。　　H2N-CH-CH2-CONH-CH-COOH

　　　　　　　　　　　　　　　　　　　　　　　　　　　　｜　　　　　　　　　｜

　　　　　　　　　　　　　　　　　　　　　　　　　　　　OH　　　　　　　　CH3

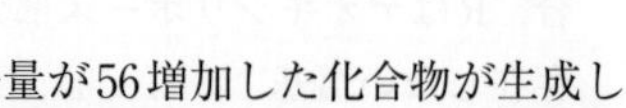

（大阪医大㊧）

361 〈トレオニンの立体異性体〉 ☐ ★★

次の文を読み，あとの問いに答えよ。

分子内に1つの不斉炭素原子を有する化合物には，互いに実像と鏡像の関係にある鏡像異性体のみが存在する。一方，分子内に2つ以上の不斉炭素原子を有する化合物には，鏡像異性体の他にも互いに鏡像の関係にはない立体異性体も存在する。これをジアステレオ異性体（ジアステレオマー）という。2つの不斉炭素原子を有する化合物として，アミノ酸のL-トレオニンがあげられる。図の通り，トレオニンには，L-トレオニンを含めて4種類の立体異性体が存在する。

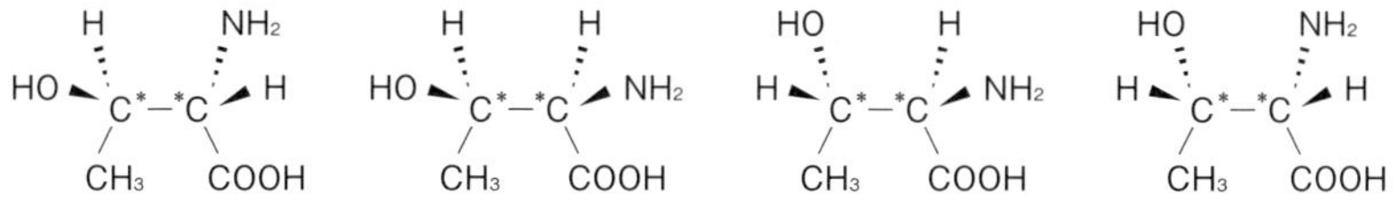

―― 紙面上にある結合，　■▶ 紙面手前側へ向かう結合，　‥‥ 紙面奥側へ向かう結合を示す

〔問〕 下線部に関して，L-トレオニンの立体異性体のうち，

(ⅰ) L-トレオニンの鏡像異性体はどれか。Ⅰ～Ⅲの番号で答えよ。

(ⅱ) L-トレオニンとジアステレオ異性体の関係にあるものをⅠ～Ⅲの番号で答えよ。

（東京大 改）

362 〈ヒアルロン酸の構造〉 ☐ ★★

ヒアルロン酸はヒトの皮膚や関節などの結合組織に含まれる天然高分子であり，A（$C_6H_{10}O_7$）とB（$C_8H_{15}NO_6$）が交互に多数結合した直鎖状構造をもつ。

このAはβ-グルコースの6位，Bはβ-グルコースの2位が異なった構造をもっていて，ヒアルロン酸は，Aの1位の-OHがBの3位の-OHにβ型で結合（β-1,3-結合）し，かつ，Bの1位の-OHがAの4位の-OHにβ型で結合（β-1,4-結合）したものである。

いま，Aに炭酸水素ナトリウム水溶液を加えると気体が発生した。また，Bを加水分解するとB′と酢酸が生成した。次の各問いに答えよ。

(1) 化合物A，Bの構造式を例にならって記せ。

(2) ヒアルロン酸の構造式を例にならって記せ。

(3) ヒアルロン酸にβ-1,4-結合のみを加水分解する酵素（ヒアルロニダーゼ）を作用させると，二糖類Cが生成した。この水溶液の還元性の有無を理由とともに答えよ。

（お茶水女大 改）

（例）

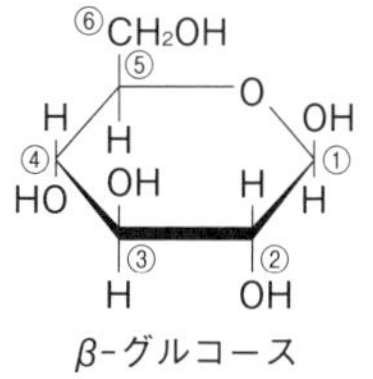

β-グルコース

363 〈酵素反応の反応速度〉　▢　★★★

　　酵素反応の反応速度が，基質の濃度によってどのように変化するかを以下のように考察した。酵素をE，基質をS，生成物をPとし，酵素−基質複合体ESを経て反応が進行すると考えると，酵素反応は，式ⓐ，ⓑで表される2つの段階に分けて考えることができる。

$$\text{E} + \text{S} \underset{ⓐ}{\overset{K}{\rightleftarrows}} \text{ES} \underset{ⓑ}{\overset{k}{\longrightarrow}} \text{E} + \text{P}$$

　　ここで，反応ⓐの正・逆反応の速度は大きく，速やかに平衡状態になるとすると，酵素反応全体の反応速度は，一次反応である反応ⓑの反応速度に等しくなる。

　　酵素反応の反応速度をv，反応ⓑの反応速度定数をkとする。また，E，S，ES，Pの各モル濃度を$[\text{E}]$，$[\text{S}]$，$[\text{ES}]$，$[\text{P}]$とおくと，

　　反応ⓑの反応速度は，次式となる。

　　　　$v = \boxed{\text{ア}}$ ……①

　　反応ⓐは平衡状態にあるから，その平衡定数をKとおくと，Kは次式となる。

　　　　$K = \boxed{\text{イ}}$ ……②

　　また，反応に用いた酵素の全濃度（初濃度）をCとおくと，Cは次式となる。

　　　　$C = \boxed{\text{ウ}}$ ……③

　　酵素反応の反応速度vと基質濃度$[\text{S}]$の関係を考えるためには，$[\text{ES}]$を既知濃度Cと平衡定数Kを用いて$[\text{S}]$の関数で表すと，②，③式より，$[\text{ES}]$は次式となる。

　　　　$[\text{ES}] = \boxed{\text{エ}}$ ……④

　　④式を①式に代入すれば，vは次式となる。

　　　　$v = \boxed{\text{オ}}$ ……⑤

(1)　$\boxed{\text{ア}}$ ～ $\boxed{\text{オ}}$ に適切な式を記せ。

(2)　⑤式を用いて，$[\text{S}]$に対するvのグラフの概形を書け。（$[\text{S}]$をx軸，vをy軸とすること。）

(3)　ⓑの反応速度定数$k = 5.0 〔\text{s}^{-1}〕$，ⓐの平衡定数$K = 0.10〔\text{m mol/L}〕^{-1}$，酵素の全濃度$C = 0.30〔\text{m mol/L}〕$として次の問いに答えよ。（$1 \text{ m mol/L} = 1 \times 10^{-3} \text{ mol/L}$とする）

　(i)　$[\text{S}] = 1.0〔\text{m mol/L}〕$のときの酵素反応の反応速度$v〔\text{m mol/(L·s)}〕$を求めよ。

　(ii)　$[\text{S}]$をいくら大きくしても，vは，最大速度$v_{\max}$とよばれる値を超えることはない。この$v_{\max}$の値はいくらか。

　(iii)　酵素の触媒能力の目安として，vが$v_{\max}$の半分となるSの濃度が用いられる。この$[\text{S}]$の値はいくらか。

（前半：和歌山県立医大　後半：九州大⨪改）

364 〈核酸の構造〉 □ ★★★

　　重合体A，Bは，それぞれ単量体a，bの重合体である。また，単量体aは塩基①，②，③，④のいずれかを含み，単量体bは塩基①，②，③，⑤のいずれかを含む。重合体A，Bに水を加えると，どちらも完全に溶解した。さらに，この水溶液と同体積のフェノールを加えよく混和してから静置すると，フェノール層と水層に分離した。

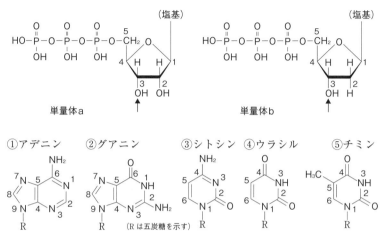

単量体a　　　　　　　　　　　単量体b

①アデニン　　②グアニン　　③シトシン　④ウラシル　⑤チミン

(R は五炭糖を示す)

(1)　重合体A，重合体Bが水に溶解した理由を説明せよ。

(2)　フェノールは水に少し溶解する理由を説明せよ。

(3)　重合体A，Bの水溶液にフェノールを加えて混ぜ合わせて静置したとき，水層からフェノール層に溶解した重合体の記号を答えよ。また，溶解した理由を説明せよ。

(4)　フェノールに緩衝液を混ぜてpH8.0としてから，水に溶解した重合体Aと重合体Bを混合したら，フェノール層に溶解した重合体はなかった。その理由を説明せよ。

(5)　単量体a，bが重合するとき，単量体が結合するごとに右図の化合物が生成する。単量体a，bの矢印で示した酸素原子は，もう一方の単量体のどの原子と結合するか。該当する原子を○で囲め。また，酸素原子とその原子との間に共有結合が形成される理由を説明せよ。

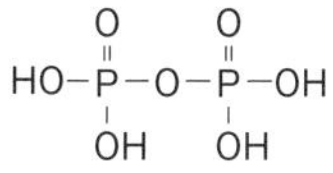

$$HO-\overset{\overset{\displaystyle O}{\|}}{\underset{\underset{\displaystyle OH}{|}}{P}}-O-\overset{\overset{\displaystyle O}{\|}}{\underset{\underset{\displaystyle OH}{|}}{P}}-OH$$

ピロリン酸($H_2P_2O_7$)

（旭川医大 改）

(6)　二本鎖のDNAの水溶液をゆっくり加熱すると，ある温度で1本鎖のDNAに解離する。この温度を融解温度といい，二本鎖DNAの安定性を示す指標となる。いま，二本鎖DNAに含まれるアデニンを下のW～Zの塩基で置き換えたとき融解温度が上昇するものを記号で選べ。また，その理由を説明せよ。

（大阪大）

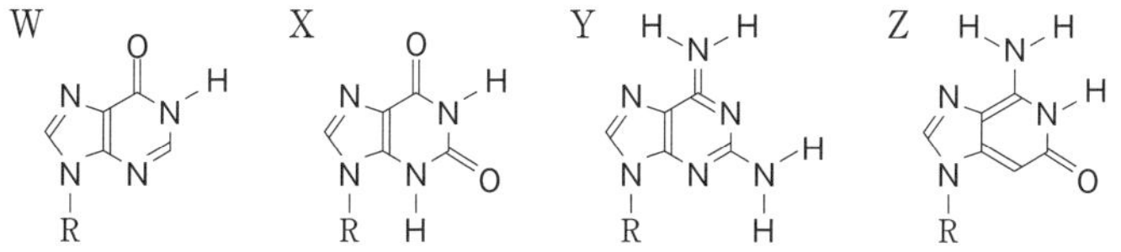

W　　　　　　X　　　　　　Y　　　　　　Z

(R 五炭糖を示す)

19　合成高分子化合物

365　〈合成高分子化合物〉　□　★

　A欄には各種の合成高分子化合物についての構造上の特徴を，B欄には単量体の名
称を，C欄には合成方法を，D欄には合成高分子化合物の名称を示す。A欄の(1)～(10)
について，B欄，C欄，D欄からそれぞれ該当するものを記号で選べ。

〔A欄〕

(1)　- CO - (CH₂)₅ - NH -

(2)　$- CH_2 - \underset{\underset{COOCH_3}{|}}{\overset{\overset{CH_3}{|}}{C}} -$

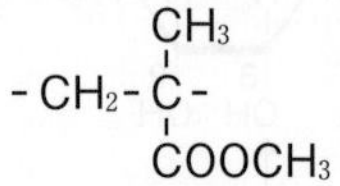

(3)　- CH₂ ⟨OH⟩ CH₂ - CH₂ -

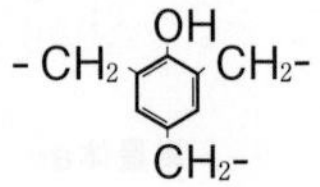

(4)　$- CH_2 - NH - CO - N\Big\langle\begin{array}{c}CH_2 - \\ CH_2 -\end{array}$

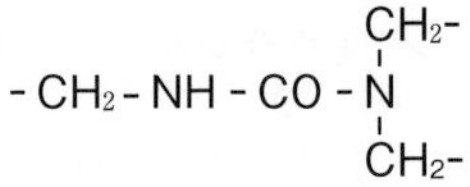

(5)　- CO ⟨⟩ CO - NH ⟨⟩ NH -

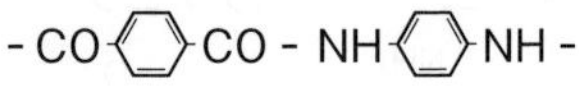

(6)　- CO ⟨⟩ COO - (CH₂)₂ - O -

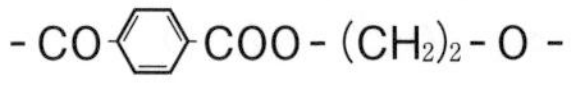

(7)　$- \underset{\underset{\langle\rangle}{|}}{CH} - CH_2 -$

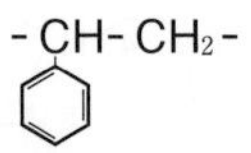

(8)　$- CH_2 - CH = \underset{\underset{CH_3}{|}}{C} - CH_2 -$

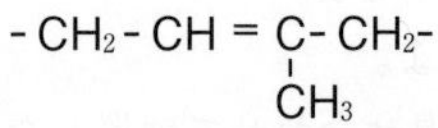

(9)　$- CH_2 - CH = CH - CH_2 - \underset{\underset{\langle\rangle}{|}}{CH} -$

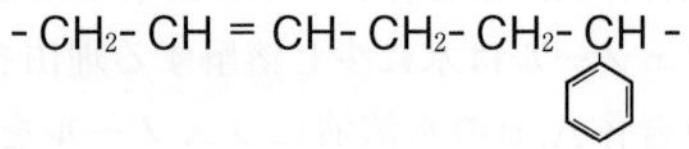

(10)　$- OC\underset{\langle\rangle}{} COO - CH_2 - \underset{\underset{O}{|}}{CH} - CH_2 - O -$

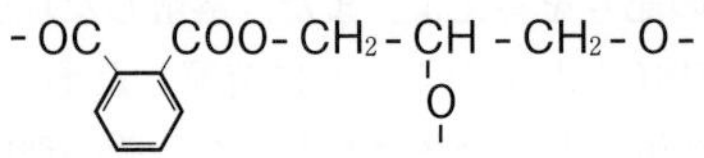

〔B欄〕　(ア)　メタクリル酸メチル　　(イ)　スチレン　　(ウ)　アジピン酸
　　　　(エ)　尿素　(オ)　フェノール　(カ)　ブタジエン　(キ)　イソプレン
　　　　(ク)　ホルムアルデヒド　　(ケ)　エチレングリコール　　(コ)　グリセリン
　　　　(サ)　テレフタル酸　(シ)　無水フタル酸　(ス)　ε-カプロラクタム
　　　　(セ)　ヘキサメチレンジアミン　　(ソ)　p-フェニレンジアミン

〔C欄〕　(A)　縮合重合　　(B)　付加重合　　(C)　開環重合
　　　　(D)　共重合　　(E)　付加縮合

〔D欄〕　(a)　尿素樹脂（ユリア樹脂）　　(b)　ポリエチレン　(c)　ナイロン6
　　　　(d)　ナイロン66　　(e)　天然ゴム　　(f)　メラミン樹脂
　　　　(g)　フェノール樹脂　　(h)　ポリメタクリル酸メチル　　(i)　ポリスチレン
　　　　(j)　ポリエチレンテレフタラート　　(k)　アルキド樹脂
　　　　(l)　スチレン-ブタジエンゴム　　(m)　アラミド繊維　　　（金沢大 改）

問　上記(1)～(10)の合成高分子化合物のうち，熱硬化性樹脂であるものを番号で選べ。

366 〈ナイロン〉 ☐ ★

次の文の空欄 [____] に適当な語句を記し，あとの各問いにも答えよ。気体定数 R
$= 8.3 \times 10^3 \, Pa \cdot L / (K \cdot mol)$

代表的な [ア] 系合成繊維であるナイロンは，単量体の炭素原子数に応じて命名
され，ジアミンとジカルボン酸では，ジアミンの炭素原子数を先に書くのが一般的で
ある。(a)ナイロン610は，ジアミンである [イ] とジカルボン酸であるセバシン酸と
の [ウ] で作られ，(b)ナイロン6は，[エ] の [オ] でつくられる。

(1) 下線部(a)，(b)の物質の構造式を記せ。

(2) 0.20 g のナイロン610を適当な溶媒に溶かして100 mLとし，27℃で浸透圧を測定
   したところ，$6.0 \times 10 \, Pa$ を示した。このナイロン610の平均分子量はいくらか。
   また，このナイロン610 1分子中に存在するアミド結合は平均何個か。

(3) あるナイロン6には100 gにつき0.0030 molのカルボキシ基が存在していた。こ
   のナイロン6の重合度を求めよ。ただし，このナイロン6は1分子あたり1個のカ
   ルボキシ基をもち，分子量はすべて同一であるとする。

(4) ナイロンは，引っ張っても分子と分子がずれにくく強い性質をもつ。この理由を，
   ナイロンの分子構造と関連づけて30字以内で記せ。

(5) 芳香族ジカルボン酸と芳香族ジアミンが縮合重合してできた繊維は一般に何とよ
   ばれるか。また，テレフタル酸ジクロリドとp-フェニレンジアミンからつくられ
   る繊維の構造式を記せ。 (同志社大 改)

367 〈高分子化合物の構造と性質〉 ☐ ★★

次の(A)～(M)に示す高分子化合物に関して，下の(1)～(9)の各問いに答えよ。ただし，
高分子鎖の末端基は考慮しないものとする。

  (A) ポリプロピレン   (B) ビニロン   (C) デンプン   (D) ナイロン66
  (E) 天然ゴム   (F) ポリエチレンテレフタラート   (G) フェノール樹脂
  (H) ポリスチレン   (I) セルロース   (J) タンパク質
  (K) グリコーゲン   (L) ポリ酢酸ビニル   (M) ナイロン6

(1) 合成高分子は，合計 [____] 個ある。

(2) 窒素を含む高分子は，合計 [____] 個ある。

(3) 炭素と水素のみから構成された高分子は，合計 [____] 個ある。

(4) ヒドロキシ基を含む高分子は，合計 [____] 個ある。

(5) ビウレット反応を呈する高分子は，合計 [____] 個ある。

(6) 互いに同じ分子式を有する高分子は，合計 [____] 個ある。

(7) 縮合重合のみによって合成された熱可塑性高分子は，合計 [____] 個ある。

(8) 酸，酵素の作用で主鎖が加水分解される高分子は，合計 [____] 個ある。

(9) 付加と縮合の両反応が関与して合成された高分子は，合計 [____] 個ある。

(名古屋大 改)

368 〈合成高分子の識別法〉 ☐ ★

次の(a)～(g)の7種の繊維または樹脂の性質として，最も適したものを下の(イ)～(ト)の中から1つずつ重複しないように選べ。また，選んだ理由も書け。

(a)　アセテートレーヨン　　(b)　ポリエチレンテレフタラート

(c)　ポリ塩化ビニル　　(d)　ポリエチレン　　(e)　羊毛

(f)　ポリアクリロニトリル　　(g)　ナイロン6

(イ)　空気中で燃やすと多量の熱を発生し，ロウソクを燃やしたときに似た臭いがした。

(ロ)　空気中で燃やすと多量の煤(すす)が発生した。

(ハ)　比重が1より大きく，難燃性である。黒く焼いた銅線の先につけて燃やすと，炎の色が青緑色に変化した。

(ニ)　ソーダ石灰とよく混ぜ合わせて加熱すると気体が発生し，これに濃塩酸をつけたガラス棒を近づけると白煙が生じた。

(ホ)　水酸化ナトリウム水溶液中で煮沸すると溶解した。この溶液を酢酸鉛(II)水溶液と反応させると黒色沈殿を生じた。

(ヘ)　空気中で燃やすと少量の煤(すす)と，窒息性のある有毒ガスが発生した。

(ト)　希硫酸中で十分に煮沸すると溶解した。この溶液を炭酸ナトリウムで中和したのち，フェーリング液と加熱すると赤色沈殿を生じた。　　　　　　　　　　　(滋賀医大 改)

369 〈イオン交換樹脂〉 ☐ ★★

スチレンとp-ジビニルベンゼンを物質量比9:1の割合で共重合させ，平均分子量が1.0×10^5の立体網目状の高分子をつくった。この高分子76.0 gを濃硫酸で処理すると，樹脂中のベンゼン環がスルホン化され，陽イオン交換樹脂(樹脂A)100 gが得られた。

次いで，①樹脂Aを詰めたガラス管に濃度不明の塩化カルシウム水溶液10 mLを通し，さらにこの樹脂を純水で十分に洗浄した。流出液と水洗液を合わせたものを，0.10 mol/L水酸化ナトリウム水溶液で滴定したら40 mLを要した。

(1)　上記の樹脂Aは，含まれるベンゼン環の何%がスルホン化されたものか。

(2)　上記の樹脂AをR-SO₃Hで表すとして，下線部①の反応を化学反応式で示し，塩化カルシウム水溶液のモル濃度を求めよ。

(3)　使用後の樹脂Aをもとの状態に再生するには，どのような操作を行えばよいか。

(4)　スチレンとp-ジビニルベンゼンの共重合体に，トリメチルアンモニウム基(-N⁺(CH₃)₃OH⁻)などの強塩基性の基をつけた陰イオン交換樹脂がある。この樹脂1.0 gに0.010 mol/LのNa₂SO₄水溶液500 mLを加え，イオン交換が終了した後，純水で十分に洗浄した。その流出液に過剰のBaCl₂水溶液を加えると0.0035 molの沈殿を生じた。この陰イオン交換樹脂の交換容量を求めよ。ただし，イオン交換樹脂の交換容量とは樹脂1.0 gが交換しうるイオンの物質量にその価数をかけた値〔mol/g〕で表されるものとする。　　　　　　　　　　　(名古屋工大 改)

370 〈ビニロン〉 ☑ ★★

次の文中の_____に適当な語句，数値を記入せよ。また，あとの各問いにも答えよ。
（原子量：H = 1.0，C = 12，O = 16）

アセチレンを硫酸水銀（Ⅱ）を含んだ希硫酸中に通じると，まずビニルアルコールが生成するが，この化合物は極めて不安定でただちに ア に変化する。よって，ビニルアルコールからポリビニルアルコール(PVA)をつくることはできない。

まず，アセチレンに酢酸を付加させて酢酸ビニルとし，これを イ させてポリ酢酸ビニルとする。ポリ酢酸ビニル中には多数の ウ 結合があり，水酸化ナトリウム水溶液を加えて エ 反応を行うと，PVAが得られる。PVAは分子内に親水性の オ 基が多数存在するので，水に溶かすと親水 カ 溶液となる。

この溶液を細孔から押し出し，張力を与えながら硫酸ナトリウムの飽和水溶液中で塩析すると繊維状となる。しかし，この繊維はまだ水溶性であるため，さらに キ 水溶液で処理される。すなわち，PVA分子中の30〜40％の オ 基だけを キ と反応させ，疎水性の環状構造に変化させる。この操作を ク といい，こうして水に不溶性の繊維ビニロンができる。ビニロンには，分子内に親水性の オ 基が60〜70％残されているので，適度な ケ 性をもち，天然繊維の中では コ に最もよく似ている。また，分子間に サ が形成されるので，繊維の強度はかなり大きい。

(1) アセチレン130 kgを原料とし，上記の反応によってPVAを合成すれば，最終的に何kgのPVAが得られるか。ただし，反応の収率は各段階とも100％とする。

(2) PVA 10 kg中のヒドロキシ基のうち，30％だけをホルムアルデヒドと反応させて水に不溶性の繊維ビニロンを合成した。この反応では，繊維ビニロンは何kg生成するか。

(3) (2)で必要な40％ホルムアルデヒド水溶液は何kgか。 （京都工繊大 改）

371 〈ポリエステルの分子量〉 ☑ ★★

次の文中の空欄_____に適当な数値を記入し，あとの各問いにも答えよ。

92 gのテレフタル酸と31 gのエチレングリコールとの縮合重合反応において，生成した水はすべて反応系外へ排出し，重合に伴う脱水反応を100％行った。重合反応で生成した水の全量は ア gである。この反応により得られた重合体のうち，分子量のほぼ揃った重合体だけを分離・精製して1.0 gの重合体を得た。その重合体に含まれるカルボキシ基を分析すると，8.0×10^{-5} molのカルボキシ基が検出された。

(1) この分離・精製されたポリエチレンテレフタラートの分子量を求めよ。（原子量：H = 1.0，C = 12，O = 16）

(2) 高分子化合物の分子量は，その浸透圧や粘度の測定から求められ，凝固点降下度や沸点上昇度の測定から求めることは困難である。その理由を述べよ。

(3) ポリエステルを合成するとき，一方の反応物質を多く加えると，合成反応で得られる重合体の分子量は小さくなる。この理由を述べよ。 （慶応大 改）

372 〈ゴム〉 □ ★★

次の文中の □□□□ に適語または化合物名を記し，あとの各問いに答えよ。

熱帯地方に産するゴムの樹の幹に傷をつけると，乳白色の液体が採取できる。この乳濁液を ア といい，酢酸などを加えて イ させたのち，水洗，乾燥すると生ゴムが得られる。天然ゴム（生ゴム）は，$(C_5H_8)_n$ の分子式で表され，ジエン化合物の ウ が付加重合した鎖状構造の高分子であるが，低温では固くなり，高温では流動性を示すなど実用性に乏しい。そこで，生ゴムに数％の エ 粉末を添加して熱処理すると，ゴム分子鎖の間に エ 原子による オ 構造ができるため，高弾性・高強度のゴムになる。この操作を カ という。なお，エ の添加量を 30〜40 ％にして長時間熱処理した場合は，ゴム弾性を失い，硬化して キ が得られる。

代表的な合成ゴムの一種にブタジエンゴムがある。この単量体の①1,3-ブタジエンは，2分子のアセチレンの重合で得られるビニルアセチレンに，特別な触媒を用いて水素を付加させて得られる。この 1,3-ブタジエンを付加重合させるとブタジエンゴムが得られる。このとき，ブタジエン分子中の二重結合の 1 個だけが反応した場合にできる重合体の構成単位は〔 a 〕，2 個とも反応に関与して鎖状高分子を生成する場合の構成単位は〔 b 〕と〔 c 〕のシス-トランス異性体ができる。重合体の性質は，これらの構成単位の含まれる割合によって著しく変化し，このうち，ゴム弾性を生み出す構造は〔 b 〕だけであることが知られている。

また，②1,3-ブタジエンとスチレンを適当な比率で ク させると，スチレン-ブタジエンゴム（SBR）が得られる。このゴムは機械的強度が大きい。また，1,3-ブタジエンとアクリロニトリルから得られる合成ゴムは，アクリロニトリル-ブタジエンゴム（NBR）とよばれ，耐油性が大きい。一方，単量体にジエン化合物を使用しない高分子にも弾性をもつものがあり，その 1 つに③シリコーンゴムがある。

(1) 下線部①に相当する化学反応式を 2 つ記せ。

(2) 文中の空欄〔 a 〕〜〔 c 〕には，3 種類の繰り返し単位の構造を右の例にならって記せ。

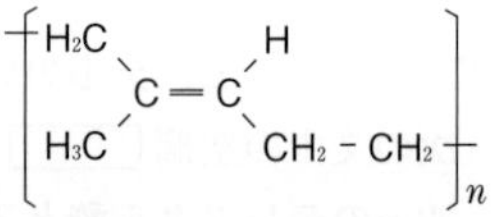

$$\left[\begin{array}{c} H_2C \\ \diagdown \\ H_3C \end{array} C=C \begin{array}{c} H \\ \diagup \\ CH_2-CH_2 \end{array}\right]_n$$

(3) 上記の反応によってブタジエンゴム 108 g をつくるには，27 ℃，1.0×10^5 Pa のアセチレンが何 L 必要か。

(4) 下線部②の反応で得られた SBR 4.0 g に，触媒存在下で 1.12 L（標準状態）の水素が付加した。この SBR を構成するブタジエンとスチレンの物質量の比をスチレンを 1 として求めよ。（ただし，分子量：スチレン 104，ブタジエン 54）

(5) NBR では，アクリロニトリルのモル分率によって耐油性が変化する。アクリロニトリルの比率を大きくすると，耐油性はどう変化するか。理由とともに述べよ。

(6) 下線部③のシリコーンゴムは，ジクロロジメチルシラン $SiCl_2(CH_3)_2$ を加水分解した生成物の縮合重合で得られる。その繰り返し単位の構造を例にならって記せ。

（東京農工大 改）

373 〈ポリエステルの分子量〉 ☑ ★★

次の文章を読み，あとの各問いに答えよ。

テレフタル酸とエチレングリコールの縮合重合によって得られたポリエチレンテレフタラートの0.946 gを適当な溶媒に溶かして100 mLにし，その溶液の浸透圧を測定したところ，27 ℃において，2.94×10^2 Paを示した。また，この溶液50 mLを取り，5.0×10^{-3} mol/Lの水酸化ナトリウムのエタノール溶液で滴定したところ，1.57 mLを要した。この条件下では，重合体の末端基のみが中和反応して，エステル結合の加水分解は起こらないものとする。原子量はH = 1.0，C = 12，O = 16とする。また，答は有効数字2桁で答えよ。（気体定数$R = 8.3 \times 10^3$ Pa·L/(K·mol)）

(1) この溶液は理想溶液であるとして，浸透圧の値からこのポリエチレンテレフタラートの分子量を求めよ。

(2) このポリエチレンテレフタラートでは，片方の末端のみがカルボキシ基であると仮定して，滴定結果からこのポリエステルの分子量を求めよ。

(3) (2)で求めた分子量が(1)で求めた分子量と異なるのは，このポリエステルが，カルボキシ基がポリマーの両末端についているものと，一方の末端のみについているものの混合物であると考えれば理解できる。このポリエステルにおける前者の割合は何％になるか。

(4) このポリエチレンテレフタラート1分子を生成するためには，平均約何個のテレフタル酸分子が必要かを，(1)の仮定にもとづいて求めよ。　　　　　（工学院大 改）

374 〈ナイロン66の原料〉 ☑ ★★

工業的には，ナイロン66はフェノールを原料にして，次のようにつくられる。

フェノールをパラジウム触媒を用いて高温・高圧の水素で接触還元すると，化合物Aが得られる。化合物Aを二クロム酸カリウムなどを用いて穏やかに酸化すると，カルボニル化合物であるBが生成する。取り出した化合物Bを硝酸などを用いて酸化すると，脂肪族の2価カルボン酸であるCに変化する。

化合物Cは，化合物Aを中性〜塩基性の過マンガン酸カリウム水溶液で酸化したのち，沪液を濃縮し，さらに塩酸を加える方法でも得られる。

化合物Cとアンモニアの混合気体を触媒上で約300 ℃で反応させると，脱水によりニトリル化して，アジポニトリル$(CH_2)_4(CN)_2$が得られ，さらに，ニッケルなどの触媒を用いて水素を付加させると化合物Dとなる。

化合物CとDを縮合重合させたものが，ナイロン66である。

(1) 化合物A, B, C, Dの構造式をそれぞれ記せ。

(2) フェノール1.0kgを原料とし，上記の方法によって，ナイロン66を何kgつくることができるか。ただし，原子量はH = 1.0，C = 12，N = 14，O = 16とし，各反応はすべて完全に進行するものとする。

（大阪大 改）

375 〈有機高分子化合物〉 ☐ ★★

次の文(A)～(D)には，有機高分子化合物Ⅰ～Ⅳの特性，合成法などを示した。下の問いに答えよ。（原子量：H = 1.0，C = 12，O = 16，Na = 23，S = 32，Cl = 35.5）

(A) Ⅰは植物より得られ，その ア 形の二重結合と架橋剤との反応により，最も優れた弾性体となる。

(B) Ⅱは高分子中，最も簡単な構造をもつ イ 樹脂として広い用途をもつ。Ⅱは合成法により分類される。触媒を用いて低圧で合成すると，枝分かれが少なく分子量の大きな密度の ウ いものが得られる。一方，触媒を用いずに エ で合成したものは，枝分かれが多く密度の オ いものが得られる。

(C) Ⅲはカプロラクタムの カ 重合によって得られる。

(D) Ⅳはポリビニルアルコールにホルムアルデヒドを反応させて得られる。

(1) 文中の空欄 ☐ に適する語句を記入せよ。

(2) 高分子Ⅰ～Ⅳの名称，および，その特徴を示す最小単位の構造式を記せ。

(3) Ⅰの弾性体では，1つの架橋結合が硫黄2原子よりなるとする。Ⅰ100gに対して，5.0gの硫黄が反応したとすると，Ⅰの二重結合は何%残っているか。

(4) Ⅲと同じ元素組成をもつ高分子の名称を記せ。

(5) Ⅳはポリビニルアルコール100gにホルムアルデヒド12gが反応した高分子であるとすると，ⅣのOHのうち何%がアセタール化されているか。 （東京都市大 改）

376 〈ナイロン66の合成実験〉 ☐ ★

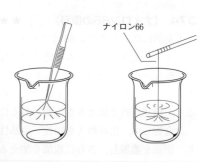

ナイロン66

ヘキサメチレンジアミン1.0gと炭酸ナトリウム0.50gを水50mLに溶解した水溶液に，アジピン酸ジクロリド1.5gをシクロヘキサン10mLに溶かした溶液を静かに注ぎ込む。水層とシクロヘキサン層の界面で縮合重合が起こって，ナイロン66の薄膜が生成する。

合成された薄膜をピンセットで静かに引き上げ，アセトンで洗った後，さらに純水で洗浄してから乾燥すると，ナイロン66が得られる。

(1) この実験におけるナイロン66の生成反応の化学反応式を書け。

(2) 炭酸ナトリウムを加える目的は何か。簡単に説明せよ。

(3) 溶媒としてシクロヘキサンの代わりにジクロロメタンを用いた場合，上記の実験手順をどのように変更すればよいか。

(4) 本実験では，アジピン酸ではなくアジピン酸ジクロリドを用いた理由を説明せよ。

(5) この実験で得られるナイロン66は，理論上何gになるか。（分子量：アジピン酸ジクロリド183，ヘキサメチレンジアミン116とする） （神戸学院大 改）

377 〈ポリエチレンの分子構造〉 ☑ ★★

次の文の [____] に適する語句を下から選び記号で答えよ。また，問いにも答えよ。

ポリエチレンをはじめとする高分子の固体には，高分子鎖が規則的に配列した結晶領域と，不規則に配列した非結晶領域が存在する。エチレンを $1 \sim 3 \times 10^8$ Pa，150～300℃で付加重合させて得られる低密度ポリエチレンは，[a] 構造を多く含む。一方，触媒を用いて $1 \sim 10 \times 10^5$ Pa，60～80℃で付加重合させて得られる高密度ポリエチレンは，[b]

非結晶　結晶
領域　　領域

構造を多く含む。両ポリエチレンにおける分子間力を比較すると，[c] ポリエチレンの方が強い。これは，高分子鎖が密に配列しているためと考えられる。また，高密度ポリエチレンは，低密度ポリエチレンに比べて [d]，軟化点が [e]，透明度が [f] などの特徴を有している。

(ア) 高密度　　(イ) 低密度　　(ウ) 直鎖状　　(エ) 枝分かれ
(オ) 軟らかく　(カ) 硬く　　　(キ) 高い　　　(ク) 低い

(1) あるポリエチレンの密度を測定したところ 0.96 g/cm³ であった。ポリエチレンの結晶領域の密度を 1.0 g/cm³，非結晶領域の密度を 0.85 g/cm³ として，このポリエチレンの結晶領域の質量百分率を求めよ。

(2) スチレン 5.20 g に重合開始剤 1.00×10^{-4} mol を加えて付加重合させたら，3.64 g の重合体が得られ，その平均分子量を測定したところ，4.40×10^4 であった。重合開始剤 1 分子からポリスチレン 1 分子が生じるものとすれば，加えた重合開始剤のうち重合反応に関与したものの割合は何％か。　　　　　　　　　　　　　（関西大 改）

378 〈フェノール樹脂〉 ☑ ★★

フェノール樹脂には，酸を触媒としてフェノールとホルムアルデヒドを反応させる合成方法がある。ただし，フェノールの m-位では反応が起こらないものとする。

(1) 最初にフェノールとホルムアルデヒドとの反応（反応 1）が起こる。反応 1 で生成が予想される化合物 A（分子式：$C_7H_8O_2$）の構造式を書け。

(2) 続いて，化合物 A と別のフェノールとの反応（反応 2）が起こる。反応 2 で生成が予想される化合物 B（分子式：$C_{13}H_{12}O_2$）の構造式を書け。

(3) フェノール 94 g とホルムアルデヒド 45 g を過不足なく完全に重合させたとする。このとき生成するフェノール樹脂は理論上何 g か。ただし，硬化剤は何も加えないものとする。原子量：H = 1.0，C = 12，N = 14，O = 16

(4) フェノールとホルムアルデヒドの重合反応を，塩基触媒を用いてホルムアルデヒド過剰で行うと，分子量 300 以下の反応中間体 X が得られ，X は加熱するだけでフェノール樹脂となる。一方，酸触媒を用いて，フェノール過剰で行うと，分子量 500～1000 の反応中間体 Y が得られるが，Y は硬化剤なしではフェノール樹脂を生成しない。その理由を説明せよ。　　　　　　　　　　　　　　　（京都大 改）

379 〈ABS樹脂〉 ☐ ★★

現在，家庭用3Dプリンターに使われる代表的なプラスチックにABS樹脂がある。ABS樹脂は，ポリスチレンにアクリロニトリルとブタジエンを共重合させて作られる合成樹脂で，各成分の割合を変化させることでより優れた性質となるように工夫されている。

(1)　このABS樹脂は熱可塑性樹脂である。その理由を説明せよ。

(2)　スチレンとアクリロニトリルが共重合して作られたAS樹脂は，スチレン樹脂と比較して耐熱性や機械的強度が大きい。その理由を説明せよ。

(3)　ABS樹脂はAS樹脂にブタジエンが加わることによりどのような性質が得られたか。

(4)　スチレン：アクリロニトリル：ブタジエン＝5:2:3（物質量比）を共重合させてつくられたABS樹脂がある。原子量をH = 1.0，C = 12，N = 14，Br = 80として，次の問いに有効数字2桁で答えよ。

　(i)　このABS樹脂の窒素の質量百分率は何％か。

　(ii)　このABS樹脂1.0 gに臭素を完全に付加させるには，何gの臭素が必要か。

(東京医歯大 改)

380 〈ゴムの加硫〉 ☐ ★★★

生ゴム（天然ゴム）に硫黄を数％加えて加熱すると，高分子鎖の間で架橋反応が進み，弾性ゴムが得られる。生ゴムに加える硫黄の割合を多くして，(a)架橋構造の数を一定以上にすると，弾性を示さなくなる。また，(b)架橋構造は，複数の硫黄原子が直鎖状に連なって形成されるが，その長さによってもゴムの弾性は変化する。

問1　下線部(a)の原因は，架橋構造の増加によって生ゴムの分子鎖にどんな変化が起きるためか。

問2　下線部(b)の架橋構造に含まれる硫黄原子の数(x)は，右図に示す試薬Aによる硫黄の除去反応を利用することで分析できる。

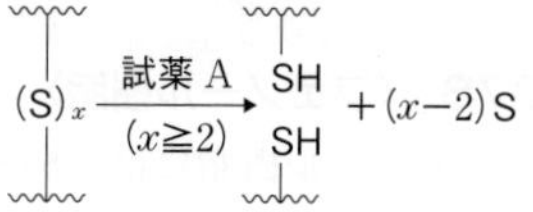

$$(S)_x \xrightarrow[(x \geqq 2)]{\text{試薬 A}} \begin{array}{c} SH \\ SH \end{array} + (x-2)\,S$$

（xが1の場合は反応しない
〰〰〰はイソプレンが重合した
高分子鎖を表す）

　　1〜3個の硫黄原子で構成される架橋構造からなる弾性ゴムに対して，試薬Aを使った反応を行うと，反応後の生成物に含まれる硫黄の質量が反応前の硫黄の質量に比べて20％減少した。また，生成物に含まれる硫黄の90％がSH基であることがわかった。ただし，反応前の弾性ゴムに含まれていた硫黄の質量をSとする。

(1)　$x = 3$の架橋構造を構成する硫黄の質量a_3を，Sを用いて表せ。

(2)　$x = 1$の架橋構造を構成する硫黄の質量a_1を，Sを用いて表せ。

(3)　$x = 2$の架橋構造を構成する硫黄の質量a_2を，Sを用いて表せ。

(4)　$x = 1, 2, 3$の架橋構造の数n_1, n_2, n_3の比を，最も簡単な整数比で表せ。

(5)　硫黄の除去反応を行う前の弾性ゴムにおいて，架橋構造に含まれていた硫黄原子の数の平均値を求めよ。

(浜松医大 改)

381 〈感光性高分子〉 ☑ ★★

次の文章を読み，あとの各問いに答えよ。(原子量：H = 1.0, C = 12, O = 16)

感光性高分子は，光が当たると化学反応を起こして物理・化学的性質が変化する。

感光性高分子の特性は，プリント配線，半導体，印刷用凸板などに利用される。感光性高分子の一つであるポリケイ皮酸ビニルは次の縮合反応によって得られる(下式)。

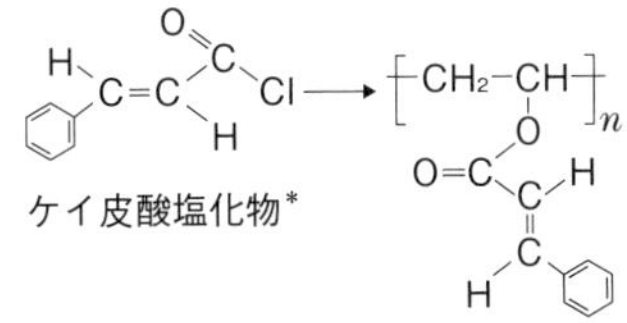

高分子化合物X ＋ ケイ皮酸塩化物* → ポリケイ皮酸ビニル ＋ nHCl ……①

*酸塩化物…カルボン酸の-COOHが-COClになった化合物

光照射によってポリケイ皮酸ビニルの薄膜が溶媒に対して不溶性になる機構を調べるために，実験1，2を行い，それぞれ以下の結果を得た。

(実験Ⅰ) ポリケイ皮酸ビニルの薄膜は，光照射前には高温にすると軟化したが，十分な光を照射した後では高温でも軟化しなかった。

(実験Ⅱ) 光照射後のポリケイ皮酸ビニルの薄膜を強塩基の水溶液に加えて加熱すると，化合物Yの塩が生成していた。

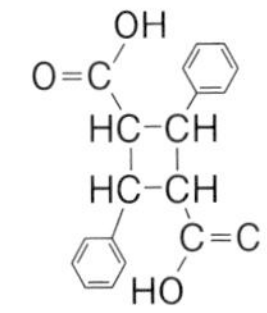

化合物Y

(1) 高分子化合物Xの名称を答えよ。

(2) 反応式①では，高分子化合物X中のすべての官能基がケイ皮酸塩化物と反応したときの様子が描かれているが，実際には，高分子化合物X中の一部の官能基は反応せずに残った。いま，出発物質として平均分子量が2.2×10^4の高分子化合物Xを用い，その中の官能基の80 %がケイ皮酸塩化物と反応したとき，本反応で得られるポリケイ皮酸ビニルの平均分子量はいくつになるか。有効数字2桁で示せ。

(3) 実験1，2の結果をもとに，ポリケイ皮酸ビニルの薄膜に光を照射したときに起こる反応について考察した。以下の(ア)～(オ)のうち，誤っているものを2つ選べ。

(ア) 光照射後はポリケイ皮酸ビニルのエステル結合が開裂しており，生成したヒドロキシ基間の水素結合により高分子鎖間に架橋構造ができたため，溶媒に対して溶けにくくなったと考えられる。

(イ) 化合物Yに見られるシクロブタン環の構造は，一対の炭素-炭素二重結合が反応して形成されたものであり，光によって高分子間，または高分子内の側鎖同士が反応して新たな共有結合を形成していることがわかる。

(ウ) 光を照射することで熱が発生し，その結果，ポリケイ皮酸ビニルの薄膜は高温となり，室温では起こらない反応が起こっていると推察できる。

(エ) 光照射によって高分子が軟化しなくなった原因として，ゴムの加硫に見られるような高分子鎖間で架橋反応が起こり，立体網目構造が形成された可能性がある。

(オ) 光照射後の薄膜を強塩基の水溶液中で十分に加熱すれば，高分子化合物Xも生成するはずである。

(北海道大)

382 〈C₄H₆O₂の構造決定〉　☑ ★★

分子式C₄H₆O₂で表される有機化合物A, B, C, D, Eがある。これらの化合物に関する以下の文(a)〜(i)を読み，あとの各問いに答えよ。

(a) A, B, Eはエステル結合をもつ化合物であり，C, Dはカルボキシ基をもつ化合物である。

(b) A, B, C, Dはいずれも炭素原子間に二重結合をもっており，　ア　することにより高分子化合物が得られる。一方，Eは炭素原子間に二重結合をもっていない。

(c) Cにはシス-トランス異性体が存在し，Cはそのうちのトランス体である。一方，A, B, D, Eにはいずれもシス-トランス異性体は存在しない。

(d) Eを水酸化ナトリウム水溶液で加水分解し，酸で中和すると，4-ヒドロキシ酪酸（HOCH₂CH₂CH₂COOH）が得られる。

(e) Aの重合体を水酸化ナトリウム水溶液で加水分解し，酸で中和すると，カルボキシ基をもつ高分子化合物Fと　イ　が得られる。

(f) Bの重合体を水酸化ナトリウム水溶液で加水分解し，酸で中和すると，ヒドロキシ基をもつ高分子化合物Gと　ウ　が得られる。

(g) Bは　エ　に適当な触媒を用いて酢酸を作用させることにより合成される。

(h) 高分子化合物Gの水溶液をホルムアルデヒド水溶液で処理すると，合成繊維の一つである　オ　が得られる。

(i) C, Dに触媒を用いて水素を付加させると，それぞれ異性体の関係にある化合物（分子式C₄H₈O₂）を生成する。

(1) 化合物A, B, C, D, Eの構造式を(例1)にならって記せ。

(例1)

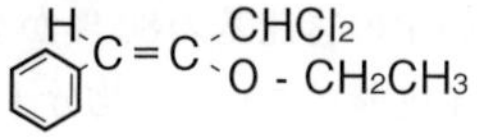

H　　CHCl₂
　C = C
　　　O - CH₂CH₃

(2) 文中の　ア　〜　オ　に最も適した語句を入れよ。

(例2)

$$\left[O - \overset{O}{\overset{\|}{C}} - \bigcirc - \overset{O}{\overset{\|}{C}} - O - CH_2 - CH_2 \right]_n$$

(3) 高分子化合物F, Gの構造式を(例2)にならって記せ。

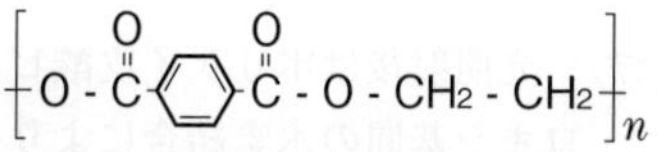

(4) 重合度8000の高分子化合物Gをある条件にてホルムアルデヒド水溶液で処理したところ，ヒドロキシ基の60.0 %が残存した　オ　が得られた。この　オ　の分子量を有効数字3桁で求めよ。

(5) 化合物Cを塩素と反応させたときの生成物の構造式を(例1)にならって記せ。また，この生成物には何種類の立体異性体が存在するか答えよ。

(6) 分子式C₄H₆O₂で表される有機化合物には多くの異性体があるが，このうち，銀鏡反応とヨードホルム反応がともに陽性である化合物の構造式の一つを(例1)にならって記せ。

(九州大 改)

383 〈生分解性高分子〉 ☑ ★★

高分子化合物AおよびBはともにポリエステルであり，自然界で微生物により分解される生分解性高分子として期待されている。(原子量：H = 1.0, C = 12, O = 16)

高分子化合物Aを完全に加水分解させると，単一の鎖状化合物Cが得られた。また，Bを完全に加水分解させると，化合物DおよびEが等物質量ずつ得られた。

化合物C, D, Eはいずれも炭素，水素，酸素から構成されている。化合物Cに水酸化ナトリウムを作用させると，分子式$C_4H_7O_3Na$の化合物が生成した。化合物Cには不斉炭素原子がなく，これを穏やかに酸化するとアルデヒドが得られた。

化合物Dにはメチル基がなく，その炭素数は4であり，分子量は90であった。化合物D 0.020 molを取り，無水酢酸0.050 molと完全に反応させたのち，酸無水物のみを少量の水ですべて加水分解させた。このとき生成した酢酸を1.00 mol/L水酸化ナトリウム水溶液で中和したところ， ア mL必要であった。

化合物Eを化合物 イ と反応させると， ウ 結合をもつナイロン66が得られた。

また，乳酸やグリコール酸などのヒドロキシ酸の縮合重合によってもポリエステルが生成する。

乳酸やグリコール酸の直接的な縮合重合では低分子量の重合体しか得られないので，乳酸の環状ジエステルであるラクチドとグリコール酸の環状ジエステルのグリコリドをつくり，これらを開環重合させると，高分子量の乳酸とグリコール酸の共重合体PLGA(poly lactic / glycolic acid)がつくられる。なお，ラクチドには エ 種類の立体異性体が存在する。

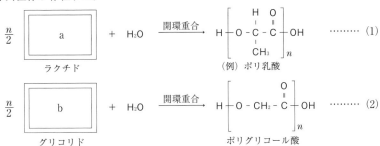

(1) 化合物Cと同じ官能基をもつCの構造異性体の数を記せ。ただし，化合物Cは含めず，立体異性体は考慮しないものとする。

(2) 化合物C, Dの構造式をそれぞれ記せ。

(3) 文中の空欄 ア ～ エ に適当な語句，数値を記入せよ。

(4) 高分子化合物A, Bの構造式をそれぞれ本文中の(例)にならって記せ。

(5) (1)式，(2)式の a , b に該当する化合物の構造式を記せ。 (京都大 改)

(6) ラクチドとグリコリドを物質量比3:1の割合で共重合させたPLGAの平均分子量は$5.48 × 10^4$であった。このPLGA 1分子中にエステル結合は何個含まれるか。

理系大学受験

化学の新演習　改訂版

2023 年 8 月 10 日　第 1 刷発行
2024 年 11 月 1 日　第 3 刷発行

著　　者　　卜　部　吉　庸

発 行 者　　株式会社　三　　省　　堂

代 表 者　瀧　本　多　加　志

印 刷 者　　三　省　堂　印　刷　株　式　会　社

発 行 所　　株式会社　三　　省　　堂

〒 102-8371　東京都千代田区麴町五丁目 7 番地 2
電話　(03) 3230-9411
https://www.sanseido.co.jp/

© Yoshinobu Urabe 2023　　　　　　　　Printed in Japan

〈改訂化学の新演習・224 + 320pp.〉

落丁本・乱丁本はお取り替えいたします。ISBN978-4-385-26095-2

本書の内容に関するお問い合わせは、弊社ホームページの
「お問い合わせ」フォーム (https://www.sanseido.co.jp/support/) にて承ります。

理系大学　受験

化学の
新演習　改訂版

化学基礎収録

【解答・解説集】

CHEMISTRY

三省堂

受験生のみなさんに次の言葉を贈りたい。

1682年にアメリカに渡り、ペンシルベニア植民地を創設したイギリスの
政治家ウィリアム・ペン（1644〜1718）の言葉

『苦痛なしには勝利なし、
　　荊を避けては王座なし。』

第1編　物質の構造

1　物質の構成と化学結合

▶ 1 (1) ① **a, f, g, h** ② **d, e** ③ **h** ④ **b, c, d, e**
(2) ① **He** ② **Rb** ③ 最高 **C**, 最低 **He**
(3) (ア) **遷移元素** (イ) **4** (ウ) **3** (エ) **12** (オ) **20**
(カ), (キ) **2, 1**(順不同) (ク) **価数** (ケ) **青** (コ) **高**
(サ) **大き** (シ) **合金** (ス) **触媒** (セ) **錯イオン**
(4)

	①	②	③	④
各族	ア	イ	イ	ア
各周期	イ	ア	ア	エ

(5) **O²⁻＞F⁻＞Na⁺＞Mg²⁺＞Al³⁺**
　原子番号が大きくなると，原子核の正電荷が増加
し，周囲の電子がより強く原子核に引きつけられる
ようになるため，イオン半径は小さくなる。

解説　(1) ①　周期表の右上に位置する元素群が
非金属元素であるが，水素(H)も忘れてはならない。
②　酸・強塩基の水溶液と反応する金属元素を**両性
金属**といい，非金属元素との境界付近に位置する金
属元素(Al, Zn, Sn, Pb など)が該当する。Al, Sn は
領域 e，Zn は領域 d に含まれるが，Pb は第6周期の
ため領域 e には含まれない。
③　単体が気体として存在するのは非金属元素のみ
で，貴ガス全部と，H₂, N₂, O₂ の他，ハロゲンで
は F₂, Cl₂ のみが該当する。
④　金属元素の単体が常温で液体なのは Hg のみ。
Hg は第6周期なので，e の領域には含まれない。
(2) ①, ②　第1イオン化エネルギーは，同族元素
では原子番号が大きくなるほど小さくなり，また，
同周期元素では原子番号が大きくなるほど大きくな
る。したがって，周期表第5周期までの場合，左下
側の Rb で最小(第6周期までなら Cs)，右上側の
He で最大となる。
③　単体の融点は，**共有結合の結晶**をつくる14族元
素で高い値を示す。とくに，結合エネルギーの大き
いダイヤモンド(C)の融点が最も高い(約4430℃)。

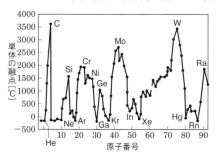

このほか，遷移元素の6族 Cr(1857℃)，Mo(2620
℃)，W(3410℃)でも融点のピークが見られる(下図
参照)。単体の融点が低いのは，**分子性物質**である。
分子性物質では，分子量が小さいほど分子間力が小
さくなり，沸点が低くなる。最小の分子量をもつ物
質は H₂ であるが，沸点は球形の He(−269℃)の方が
亜鈴形の H₂(−253℃)よりもさらに低い。これは，
分子が球形に近づくほど表面積が小さくなり，瞬間
的な電荷の偏り(**極性**)が生じにくくなり，分子間力
が小さくなるためである。

> **参考**
> ## 6族元素の単体の融点が高い理由
> 　遷移元素では，最外殻の s 軌道の電子だけで
> なく，内殻の d 軌道の電子の一部も自由電子と
> して金属結合に関与するので，d 軌道に所属す
> る電子の数が増えるほど，金属結合は強くなる
> はずである。
> 　遷移元素の前半の3〜6族元素では，d 軌道
> の電子はいずれも不対電子として存在するの
> で，3→6族の順に自由電子の数は増加し，金
> 属結合は強くなる。一方，遷移元素の後半の7
> 〜12族元素では，d 軌道の電子は電子対をつ
> くるようになるので，7→12族の順に自由電
> 子の数は減少し，金属結合は弱くなると考えら
> れる。したがって，d 軌道の電子が半閉殻とな
> り，不対電子の数が最大となる6族元素(Cr,
> Mo, W)では金属結合の強さは極大となり，高
> い融点を示すことが理解できる。

(3) **典型元素**では，原子番号が増加するにつれて，
最外殻電子が規則的に1個ずつ増えていくが，**遷移
元素**では，原子番号が増加しても，最外殻電子の数
はふつう2個(Cr, Cu などでは1個)で変化せず，1
つ内側の電子殻に電子が詰まっていく。このような
特殊な電子配置によって，遷移元素には典型元素に
は見られないさまざまな特性が現れる。
①　遷移元素の化合物，イオンには有色のものが多
い。例えば，Cu²⁺青，Fe²⁺淡緑，Fe³⁺黄褐，Cr³⁺
暗緑，Mn²⁺淡赤，Ni²⁺緑，Co²⁺赤 など。これは，
内側の電子殻が電子で完全に満たされていないた
め，d 軌道内での電子の移動(d〜d′ 遷移という
222 参考)に伴う可視光線の吸収が起こりやすいか
らである。例外として，Ag⁺ や12族元素の Zn²⁺,
Cd²⁺, Hg²⁺ などは無色である。
②　最外殻電子の数はどれも1，2個で，族番号と
一致しない。
③　すべて金属元素で，その単体は一般に融点が高
く，密度も大きい。これは，遷移元素では，最外殻
電子だけでなく，内殻電子の一部が自由電子のよう
に働き，かつ，原子半径も比較的小さいので，典型
金属元素の単体に比べて，相対的に金属結合が強く
なるためである。
④　遷移元素は，非共有電子対をもつ分子や陰イオ
ンを配位子として受け入れ，安定な**錯イオン**をつく

りやすい。また，物理・化学的性質がよく似ているので，結晶構造や原子半径に大きな差がなければ，互いに混合し合って**合金**をつくりやすい。
⑤　遷移元素が陽イオンになるとき，最外殻電子だけでなく，内殻電子の一部が放出されることがある。そのため，複数の価数をもつイオンや，複数の酸化数をもつ化合物をつくることが多い。また，遷移元素の単体や化合物が，化学反応を促進する**触媒**として働くのは，この酸化数の変化も影響している。
(4)　①　同族元素の原子では，原子番号が大きいほど，より外側の電子殻へ電子が配置される。(→原子半径大)　同周期元素の原子では，電子配置が行われる電子殻は同じであるが，原子番号が大きくなるほど，原子核の正電荷が増加し，電子を引きつける力が強くなる。(→原子半径小)
②，③　同族元素の原子では，原子番号が大きくなるほど原子半径が大きくなり，内殻電子によって原子核の正電荷が有効に遮蔽されるため，最外殻電子が原子核から受ける引力は弱くなる。(→イオン化エネルギー小，電気陰性度小)　同周期元素の原子では，原子番号が大きくなるほど原子核の正電荷が増加し，最外殻電子が原子核から受ける引力が強くなる。(→イオン化エネルギー大，電気陰性度大)
④　同族元素のイオン半径は，原子半径と同様に説明できる。一方，同周期元素では，1, 2, 13族元素はその周期の1つ前の周期の貴ガスの電子配置をもつ陽イオンになるともとの原子半径よりも小さくなる。一方，16, 17族元素はその周期の貴ガスの電子配置をもつ陰イオンになるともとの原子半径よりも大きくなる。つまり，原子番号とイオン半径は一定の傾向を示さない。
(5)　同一の電子配置をもつイオンの場合，原子番号が大きくなるほど原子核の正電荷が増加し，電子を引きつける力が強くなり，イオン半径は小さくなる。問題に取り上げた5種のイオンは，すべてネオン型の電子配置をもち，O^{2-}, F^-, Na^+, Mg^{2+}, Al^{3+} の順にイオン半径は小さくなる。

▶2　(ア) イオン　(イ) 共有　(ウ) 配位　(エ) 金属　(オ) 水素　(カ) 分子間(ファンデルワールス)　(キ) 静電気(クーロン)　(ク) 非共有電子対　(ケ) 自由電子　(コ) 電気　(サ), (シ) 展, 延(順不同)
　解説　一般に，原子やイオン間に働く強い結合を**化学結合**といい，問題文の(ア)～(エ)までの結合がそれに該当する。一方，水素結合や分子間力は，分子間に働く弱い結合であって，化学結合には含めない。また，**配位結合**は，一方の原子の非共有電子対を他方の原子または，陽イオンに提供してできた結合で，広義には共有結合の一種と見なされる。
　共有結合と配位結合とはでき方が異なるだけで，生じた結合は全く等価であり，区別はできない。

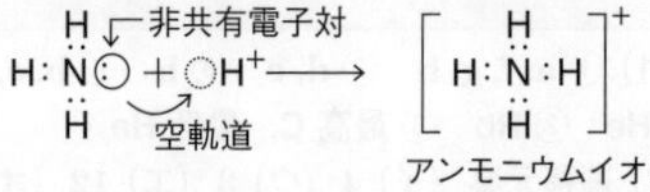

$$H:\overset{\cdot\cdot}{N}:\overset{\ominus}{} + \overset{\oplus}{} H^+ \longrightarrow \left[H:\overset{H}{\underset{H}{N}}:H \right]^+$$
非共有電子対　空軌道　　　　アンモニウムイオン

　アンモニウムイオン NH_4^+ 中の4本のN-H結合は，結合距離，結合エネルギー，∠HNHの結合角などすべて等しい。
　化学結合の種類は，金属原子-非金属原子間の結合が**イオン結合**，金属原子どうしの結合が**金属結合**，非金属原子どうしの結合は**共有結合**と考えてよい。

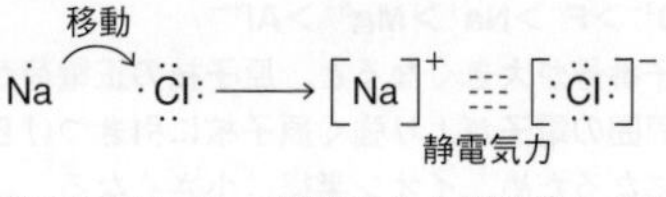

$$Na \quad \cdot\overset{\cdot\cdot}{Cl}: \longrightarrow [Na]^+ \quad \left[:\overset{\cdot\cdot}{\underset{\cdot\cdot}{Cl}}:\right]^-$$
移動　　　　　　　　　　静電気力

　金属原子のNaは，価電子を1個放出してNa^+になりやすく，非金属原子のClは，その電子を1個受け取ってCl^-になりやすい。こうして生成した陽イオンと陰イオンの間に働く静電気力(クーロン力)によってできた結合を**イオン結合**という。

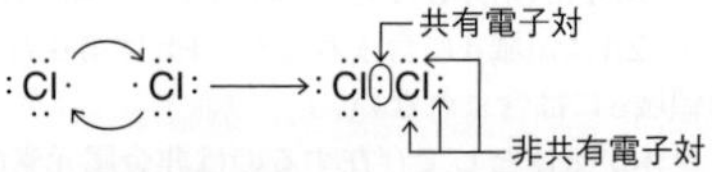

$$:\overset{\cdot\cdot}{Cl}\cdot \quad \cdot\overset{\cdot\cdot}{Cl}: \longrightarrow Cl Cl$$
共有電子対
非共有電子対

　一方，非金属原子のClどうしが結合することもある。Cl原子の電子式 $:\overset{\cdot\cdot}{Cl}\cdot$ でわかるように，6個の価電子は**電子対**をつくっているが，1個だけは対をつくらず**不対電子**として存在する。2個のCl原子どうしがそれぞれの不対電子を1個ずつ出し合って電子対をつくり，それらを互いに共有することで生じた結合を**共有結合**という。
　金属原子は価電子を放出しやすく，その価電子は**自由電子**となって金属中を動き回る。このように，自由電子を仲立ちとした金属原子間の結合を**金属結合**という。金属が電気・熱をよく導くのは，自由電子の移動によって電気や熱エネルギーが運ばれるからである。また，金属には，**展性**(薄く広がる性質)や**延性**(長く延びる性質)がある。これは，金属結合には，共有結合のような方向性がないので，原子相互の位置が多少ずれても，自由電子がすぐに移動して，以前と同じ結合力を回復できるからである(右図)。

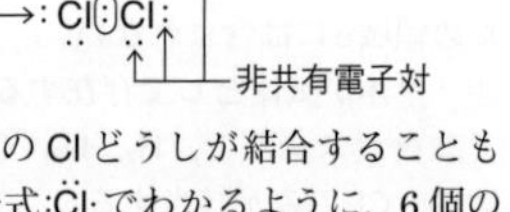

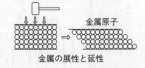
金属の展性と延性

　展性・延性の最も大きい金属は金で，1gで約 $0.52 m^2$ の大きさの箔または，約3200mの線にすることができる。

▶**3** (ア) $:\overset{..}{Cl}:\overset{..}{S}:\overset{..}{Cl}:$ **B**, 有 (イ) $:\overset{..}{Cl}:Hg:\overset{..}{Cl}:$ **A**,
無 (ウ) $:\overset{..}{F}:\overset{..}{B}:\overset{..}{F}:$ **D**, 無 (エ) $:\overset{..}{Cl}:\overset{\overset{:\overset{..}{Cl}:}{}}{\underset{:\overset{..}{Cl}:}{Sn}}:\overset{..}{Cl}:$ **I**, 無
(オ) $:\overset{..}{Cl}:\overset{..}{P}:\overset{..}{Cl}:$ **F**, 有 (カ) $:\overset{..}{Cl}:\overset{..}{Sn}:\overset{..}{Cl}:$ **B**, 有

解説 Yを中心原子，Xを周辺原子と見ることによって，分子の形が推定できる。

まず，X，Y原子の不対電子をすべて解消して，電子対となるように**電子式**を書く。各原子の**原子価**（不対電子の数と等しい）は次の通り。

原子	$\cdot\overset{..}{S}\cdot$	Hg	$\cdot B\cdot$	$\cdot\overset{\cdot}{Sn}\cdot$	$\cdot\overset{\cdot}{P}\cdot$	$\cdot\overset{..}{Cl}:$
原子価	2	2	3	4(2)	3	1

電子式を書いたら，中心原子Yが何組の電子対（共有電子対，非共有電子対を含めて）をもつかを考えること。中心原子Yのもつ電子対の数で，電子対の空間に伸びる方向が決まる。そのうち，非共有電子対には原子が結合していないから，最終的に，共有電子対の数と，その空間に伸びる方向で分子の形が決まることになる。

2組では X—Y—X 直線形

3組では 正三角形

4組では 正四面体 三角錐 折れ線

中心原子Yに非共有電子対がない場合は，分子の形はみな対称形となり，たとえ，結合に極性があっても，分子全体としては結合の極性が打ち消し合い**無極性分子**となる。一方，中心原子Yに非共有電子対が残っていると，分子全体としては結合の極性は打ち消し合わずに**極性分子**となることに留意する。

中心原子の電子対の数	電子対の向き	非共有電子対の数	分子の形	例
2	直線	0	直線形	$BeCl_2$ CO_2
3	正三角形	0	正三角形	BF_3, SO_3
		1	折れ線形	SO_2, NO_2^-
4	正四面体	0	正四面体形	CH_4, NH_4^+
		1	三角錐形	NH_3, SO_3^{2-}
		2	折れ線形	H_2O, H_2S

＜一般則＞

SCl_2では，S原子に非共有電子対（2組）と共有電子対（2組）の計4組の電子対があり，正四面体の頂点方向に伸びている。そのうち2か所にCl原子が結合しており，折れ線形の分子となる。

$HgCl_2$では，Hg原子に2組の共有電子対があり，これらが互いに180°離れた直線方向に伸びており，直線形の分子となる。

BF_3では，B原子の3組の共有電子対が正三角形の頂点方向に伸び，そのすべてにF原子が結合しているので，正三角形の分子となる。

$SnCl_4$ではSn原子に4組の共有電子対があり，これらが正四面体の頂点方向に伸びており，正四面体形の分子となる。

PCl_3では，P原子に非共有電子対（1組）と共有電子対（3組）の計4組の電子対があり，これらが正四面体の頂点方向に伸びているが，そのうち3か所にCl原子が結合しており，三角錐形の分子となる。

$SnCl_2$では，Sn原子に2組の共有電子対と1組の非共有電子対があり，これらが正三角形の頂点方向に伸びているが，そのうち2か所にCl原子が結合しており，折れ線形の分子となる。

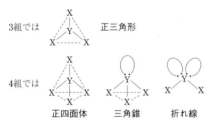
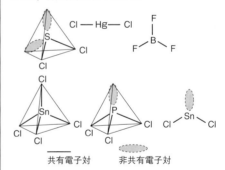

共有電子対　非共有電子対

参考

分子の形と電子対反発則

分子に含まれる電子対や非共有電子対は，負の電荷をもっており，これらは互いに反発し，遠ざかろうとする。分子の形は，このような電子対の反発を考えることによって説明される。このような考え方を**電子対反発則**といい，1939年，槌田龍太郎博士によって初めて提唱された。例えば，メタン分子CH_4では，炭素原子Cのまわりに4組の共有電子対があり，これらの電子対は負電荷をもち互いに反発し合う。その電子対が，Cを中心（重心）として**正四面体**の頂点方向に位置するとき，その反発しようとする力は最小となる。したがって，メタン分子は正四面体形となる。同様に，アンモニア分子NH_3には，3組の共有電子対と1組の非共有電子対があり，これら4組の電子対が互いに反発し合い，四面体の頂点方向に位置する。したがって，アンモニア分子の窒素原子と水素原子の配置は，三角錐形となる。同様に，水分子

H₂Oには，2組の共有電子対と2組の非共有電子対があり，これら4組の電子対が互いに反発し合い，四面体の頂点方向に位置する。したがって，水分子の酸素原子と水素原子の配置は，折れ線形となる。

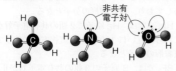

CH₄分子　　NH₃分子　　H₂O分子

また，二酸化炭素分子 CO₂ のように，二重結合をもつ分子の場合，二重結合をひとまとめとして考える。二酸化炭素分子では，Cのまわりに二重結合が2組あり，これらの反発が最小になるように分子の形が決まり，二酸化炭素分子は直線形になると予想できる。

電子対の反発力の大きさには，次のような関係がある。**非共有電子対どうし＞非共有電子対と共有電子対＞共有電子対どうし**　したがって，メタンの結合角（∠HCH = 109.5°）に比べて，アンモニアの結合角（∠HNH = 106.7°）はやや小さく，水の結合角（∠HOH = 104.5°）はさらに小さくなっている。

▶4 (1) (ア) 極性　(イ) 電気陰性度　(ウ) イオン　(エ) 三角錐　(オ) 極性分子　(カ) 直線　(キ) 無極性分子　(ク) ファンデルワールス力(分子間力)　(ケ) 分子結晶　(コ) 融点
(2) ① (i) CaO　(ii) HI　② H₂O　③ ウ，エ
(3) ① H₂O　② N₂　③ CO₂　④ CH₄　⑤ F₂
⑥ H₂O₂　⑦ He　⑧ NH₃　⑨ HCN

解説　(1) **電気陰性度**は，各元素の原子が共有電子対を引きつける強さの程度を数値で表したもので，各

原子間の電荷の偏り(**結合の極性**)を判断する目安として使われる。同一周期の元素では，18族の貴ガスを除いて，原子番号が大きいほど原子核の正電荷が増加し，最外殻電子を引きつける力が強くなり，電気陰性度は大きくなる。また，同族元素では，原子番号が小さいほど原子半径が小さくなるため，電子を強く引きつけるので，電気陰性度は大きくなる。よって，貴ガス元素を除いて，周期表の右上の元素Fで最大，左下の元素Csで最小となる。
(2) ①　原子間の結合の極性を考える場合，2原子間の電気陰性度の差が大きいほど，結合の極性は大きくなる。このとき，その結合はイオン結合性が大きく，共有結合性は小さいという。また，2原子間の電気陰性度の差が小さいほど，結合の極性は小さくなる。このとき，その結合は共有結合性が大きく，イオン結合性が小さいという。

	HCl	NaCl	HI	MgO	CaO	HBr
(差)	1.0	2.3	0.5	2.1	2.4	0.8

(i) は，電気陰性度の差が最大の CaO。(ii) は，電気陰性度の差が最小のHI。

参考　**結合のイオン結合性**

結合の極性が大きいほど，イオン結合性が大きく，共有結合性は小さいという。逆に，結合の極性が小さいほど，イオン結合性は小さく，共有結合性が大きいという。

ポーリングによると，結合A-Bのイオン結合性とA, B元素の電気陰性度の差との間には下図のような関係があり，電気陰性度の差が1.7のとき，その結合のイオン結合性は50%となる。したがって，電気陰性度の差が2.0以上になると，その結合はイオン結合と見なしてよい。

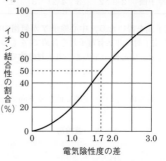

②　H₂OとH₂Sの結合角が等しいと仮定しているので，O-H結合(電気陰性度の差1.2)は，S-H結合(電気陰性度の差 0.4)よりも結合の極性が大きいので，分子の極性もH₂Oの方がH₂Sよりも大きくなる。
③　同種の原子からなる二原子分子では，結合そのものに極性がないので，分子全体でも**無極性分子**となる。一方，異種の原子からなる二原子分子はすべて**極性分子**となる。しかし，異種の原子からなる多原子分子では，極性分子になる場合と，無極性分子になる場合とがある。この違いには，分子の形が影響する。すなわち，メタン(正四面体形)や二酸化炭素(直線形)では，分子全体では各結合の極性が打ち消し合って**無極性分子**になる。しかし，水(折れ線形)やアンモニア(三角錐形)では，分子全体では各結合の極性が打ち消し合わずに**極性分子**となることに留意したい。クロロメタン CH₃Cl は，メタン CH₄ の水素原子1個を塩素原子で置換した構造をもつ。

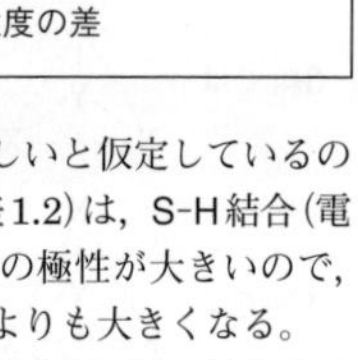

クロロメタン CH₃Cl 分子を構成する各原子の電気陰性度は，Cl＞C＞Hである。よって，四面体の1つの頂点に位置する Cl 原子に負電荷の中心が，H原子

がつくる底面の正三角形の重心に正電荷の中心がそれぞれ存在する。したがって，分子全体でも結合の極性が打ち消し合わずに極性分子となる。

> **補足**
> 過酸化水素 H_2O_2 は，$H-O-O-H$ のような直線形の分子であるならば，O-H結合の極性が打ち消し合って無極性分子となるはずだが，実際には，上図のような屏風を折り返したような構造をしているため，O-H結合の極性は打ち消し合わずに極性分子となる。

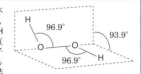

(3) 最外殻電子を点・で示し，共有結合の状態を表した化学式を分子の**電子式**という。
　　○：○は単結合，○：：○は二重結合，○：：：○は三重結合，○：は非共有電子対を表す。

> **参考**
> **原子の電子式の書き方**
> 　各原子の**電子式**は，次の規則に従って書く。
> ① 元素記号の上下左右に4つの場所(電子軌道)を考え，それぞれに2個ずつ，最大8個まで電子が入ることができる。
> ② 電子はできるだけ分散する方が安定になるので，4個目までの電子は，別々の場所へ1個ずつ入れる。(すべて**不対電子**となる。)
> ③ 5個目からの電子は，すでに1個ずつ入った場所のいずれかに入れる。(電子対：をつくるようにする。)
> 〔注意〕$\dot{\text{O}}\cdot$ は $\cdot\ddot{\text{O}}\cdot$ のように点の位置を変えてもよいが，2個の不対電子を電子対1組に変えて，$\ddot{\text{O}}\ddot{}$ のような点の配置にしてはいけない。

　共有結合では，各原子がそれぞれ同数の不対電子を出し合って共有電子対をつくって結合している。よって，各分子中の共有電子対を二等分して，各原子が共有結合する前にもっていた価電子の数を求めると，原子の種類がわかる。
　本問では，原子番号が1〜10までの非金属原子に限定されていることに留意すること。
$H\cdot$　$:He:$　$\cdot\dot{B}\cdot$　$\cdot\dot{C}\cdot$　$\cdot\dot{N}:$　$\cdot\ddot{O}:$　$:\ddot{F}:$　$:Ne:$
各原子の不対電子・を組み合わせて共有電子対：に戻すと，各分子の電子式となる。

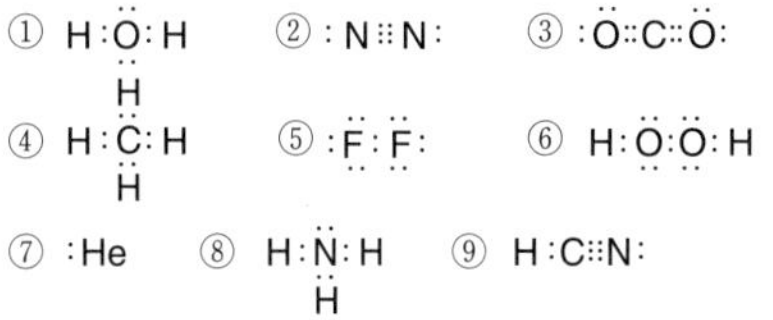

① $H:\ddot{O}:H$　② $:N:::N:$　③ $:\ddot{O}::C::\ddot{O}:$

④ $H:\overset{H}{\underset{H}{\overset{\cdot}{C}}}:H$　⑤ $:\ddot{F}:\ddot{F}:$　⑥ $H:\ddot{O}:\ddot{O}:H$

⑦ $:He$　⑧ $H:\overset{\cdot\cdot}{\underset{H}{N}}:H$　⑨ $H:C:::N:$

▶ **5** ① 分子間力　② 電子　③ Cl_2　④ 水素結合
⑤ 電気陰性度　⑥ 水素　⑦ H_2O　⑧ 分子間

力　⑨ 無極性分子　⑩ 極性分子　⑪ **HCl**　⑫ 共有結合　⑬ SiO_2　⑭ イオン結合　⑮ 距離　⑯ 価数　⑰ **CaO**

解説　(1) フッ素 F_2，塩素 Cl_2 の結晶は，多数の分子が**分子間力**により集合してできた**分子結晶**である。分子間力は，一般に分子量(分子の相対質量)が大きくなるほど，分子中に含まれる電子の数が多くなり，分子間力が強くなる。分子量は F_2 (38) < Cl_2 (71) なので，Cl_2 の方が融点は高くなる。

> **参考**
> **分子間力**
> 　分子間に働く弱い引力を総称して**分子間力**という。分子間力には，極性・無極性を問わず，すべての分子間に働く**分散力**と，極性分子だけに働く**極性引力**，および，特に強い極性をもつ分子間に働く**水素結合**とがある。
> 　すべての分子内に存在する電子は運動しているため，常に電子分布の不均一(ずれ)による瞬間的な極性を生じ，分子間に引き合う力が生じている。この引力を**分散力**という。
> 　分子量が大きい物質ほど，含まれる電子の数が多く，また，分子の表面積が大きいほど分散力は強くなる。
> 　一方，極性分子の場合は，分子間には分散力に加えて，その極性に基づく静電気力(**極性引力**)が加わるので，同程度の分子量をもつ無極性分子に比べて分子間力は強くなる。
> 　また，電気陰性度の大きな原子(F，O，N に限る)と H 原子が結合した化合物では，電気的に陽性な H 原子と，別の分子の電気的に陰性な F，O，N 原子の非共有電子対との間に比較的強い分子間力を生じる。この力はH原子を仲立ちとしていることから，**水素結合**という。分子間力のうち，比較的結合力の強い水素結合を除いたものを，まとめて**ファンデルワールス力**とよんでいる。その強さは，水素結合≫極性引力＞分散力である。
>
> 分子間力┬水素結合
> 　　　　└ファンデルワールス力┬すべての分子間に働く引力(分散力)
> 　　　　　　　　　　　　　　　└極性分子間に働く引力(極性引力)

(2) H_2O と C_2H_5OH は，いずれもヒドロキシ基 −OH をもち，分子間に**水素結合**を形成する。水1分子は最高4本(1分子あたり2本)の水素結合をつくれるが，エタノール分子は最高3本(1分子あたり1.5本)しか水素結合をつくれない。したがって，水の方が1分子あたりの水素結合の数が多く，立体網目構造がより発達した結晶をつくるので，融点は高くなる。

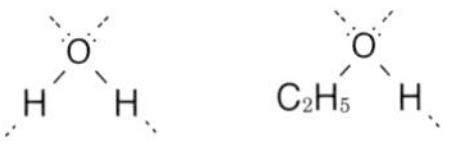

(3) 酸素(分子量32)は無極性分子，塩化水素(分子量36.5)は極性分子である。一般に，分子量が同程度であれば，極性分子の方が無極性分子よりも分子

間力が強くなり，融点が高くなる。

(4) ダイヤモンド，二酸化ケイ素ともに，共有結合だけで**共有結合の結晶**を構成している。下図のように，二酸化ケイ素の方がややすき間の多い結晶構造をとっており，融点が低くなる。

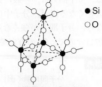

ダイヤモンドの構造
（融点 約4700 K）

二酸化ケイ素の構造
（融点 約1900 K）

● Si
○ O
共有結合

[別解] 結合エネルギーを比較すると，C-C結合より Si-O 結合の方がむしろ強い。しかし，1原子あたりの共有結合の数は，ダイヤモンドよりも SiO_2 の方が少なくなり，SiO_2 の方が融点が低くなると考えることもできる。

結合の種類	結合エネルギー (kJ/mol)
C-C	354
C-O	351
Si-Si	226
Si-O	443

参考

ダイヤモンドと二酸化ケイ素の1原子あたりの共有結合の数

　ダイヤモンドCでは，C原子は4本のC-C結合をもつ。ただし，各C-C結合は2個のC原子で共有されているので，1原子あたりの共有結合の数は2本である。
　二酸化ケイ素 SiO_2 では，Si原子は4本のSi-O結合を，O原子は2本のSi-O結合をもつので，平均1原子あたり $\frac{4 \times 1 + 2 \times 2}{3} = \frac{8}{3}$ 本のSi-O結合をもつ。ただし，各Si-O結合は Si，O原子で共有されているので，1原子あたりの共有結合の数は，$\frac{8}{3} \times \frac{1}{2} = \frac{4}{3}$ 本となる。

(5) **クーロン力**(静電気力)fは，イオン間の距離r，各イオンの価数をq_1, q_2，その比例定数をkとすると，$f = k \cdot \dfrac{q_1 \cdot q_2}{r^2}$ である。（**クーロンの法則**という。）

　イオン半径の和rがほぼ等しければ，Na^+とCl^-よりも高い電荷をもつCa^{2+}とO^{2-}の間に働くクーロン力の方が強くなる。よって，融点は CaO(2572℃)＞NaCl(800℃)の順になる。

▶6 (1) オ，ケ　(2) ア，イ　(3) カ　(4) イ　(5) ク　(6) オ

解説 (1) 金属は固体でも液体でも，自由電子の移動により電気伝導性がある。イオン結晶は固体では電気が流れないが，融解するとイオンが動けるようになり電気を導く。分子結晶，共有結合の結晶

(黒鉛を除く)はいかなる状態でも電気を通さない。ただし，極性分子 H_2O, NH_3, SO_2 の液体では，次のように一部の分子が解離して，わずかに電気を流すのみであるから，電気の良導体には該当しない。

$$2H_2O \rightleftharpoons H_3O^+ + OH^-$$
$$2NH_3 \rightleftharpoons NH_4^+ + NH_2^-$$
$$2SO_2 \rightleftharpoons SO^{2+} + SO_3^{2-}$$

(2) 電気陰性度のとくに大きい F, O, N 原子と H 原子とが結合した分子のみが水素結合をつくる。
　H_2O, HF, NH_3 などは他の同族の水素化合物に比べて著しく高い沸点を示す。これは，電気陰性度が大きく，負電荷を帯びた原子(F, O, N)が，隣接する他の分子の正電荷を帯びた水素原子を静電気力で引きつけるためである。このような結合を**水素結合**といい，通常，H-F···H-Fのように···で示される。

(3) 常温・常圧(20℃，1.0×10^5 Pa)では，H_2O は液体，NH_3, CO_2, CH_4, SO_2 は気体として存在する。**分子結晶**として存在している例として，ヨウ素(I_2)のほかに，ナフタレン($C_{10}H_8$)，斜方硫黄(S_8)，黄リン(P_4)などがある。なお，CO_2 の固体(ドライアイス)は，常温・常圧では安定に存在できず，－78℃で昇華するので除外すること。

(4)，(5)　(オ)銅 Cu は金属結晶，(ケ)塩化カリウム KCl はイオン結晶，(コ)ダイヤモンド C は共有結合の結晶である。これら以外が分子でできた物質であり，その構造式と電子式で表すと次の通り。

〔構造式〕　　〔途中〕　　〔電子式〕

(ア) H-O-H ⟶ H:O:H ⟶ H:Ö:H

(イ) H-N-H(H) ⟶ H:N:H(H) ⟶ H:N̈:H(H)

(ウ) O=C=O ⟶ O::C::O ⟶ Ö::C::Ö

(エ) O=S→O ⟶ O::S:O ⟶ Ö::S̈:Ö

(カ) I-I ⟶ :I:I: ⟶ Ï:Ï

(キ) H-C-H(H H) ⟶ H:C:H(H H) ⟶ H:C:H(H H)

(ク) N≡N ⟶ N⋮⋮N ⟶ N⋮⋮N

（:は共有電子対，◌は非共有電子対を表す）
（→は配位結合を表す）

(6) 常温・常圧下で電気伝導性のある物質は，金属のみが該当する。（そのほか，共有結合の結晶で電導性を示す例外的な物質に黒鉛がある。）

参考

分子の構造式の書き方

　分子中の各原子の結合のようすを価標（－）を用いて表した化学式が**構造式**である。各原子の**原子価**（下表に示す）に過不足がないように，価標を組み合わせると構造式を書くことができる。このとき，原子価の多い原子を中心に置き，その周囲に原子価の少ない原子を並べていくとよい。

最下段は各族の原子価を表す。

1族	14族	15族	16族	17族
H－	－C－	－N－	－O－	F－
	－Si－	－P－	－S－	Cl－
1	4	3	2	1

(1) 酸素原子Oは2価なので，(i)－O－（単結合2本），(ii)O＝（二重結合1本）の2通りの結合方法がある。

(i)の例　－O－＋2H－ ⟶ H－O－H（水）

(ii)の例　O＝＋＝O ⟶ O＝O（酸素）

(2) 窒素原子Nは3価なので，(i)－N－（単結合3本），(ii)＝N－（二重結合1本，単結合1本），(iii) N≡（三重結合1本）の3通りの結合方法がある。

(i)の例　－N－＋3H－ ⟶ H－N－H（アンモニア）
　　　　　　　　　　　　　　　　|
　　　　　　　　　　　　　　　　H

(ii)の例　＝N－＋O＝＋Cl－ ⟶
　　　　　　　　　　　　O＝N－Cl（塩化ニトロシル）

(iii)の例　N≡ ＋ ≡N ⟶ N≡N（窒素）

(3) 炭素原子Cは4価なので，(i)－C－（単結合4本），
　　(ii) ＞C＝（二重結合1本，単結合2本），
　　(iii) ＝C＝（二重結合2本），
　　(iv) －C≡（三重結合1本，単結合1本）
の4通りの結合方法がある。

(i)の例　－C－＋4H－ ⟶ H－C－H（メタン）

(ii)の例　2＞C＝＋4H－ ⟶ H＞C＝C＜H（エチレン）

(iii)の例　＝C＝＋2O＝ ⟶ O＝C＝O（二酸化炭素）

(iv)の例　2－C≡＋2H－ ⟶ H－C≡C－H（アセチレン）

－C≡＋H－＋N≡ ⟶ H－C≡N（シアン化水素）

参考

分子の電子式の書き方

　元素記号の周りに最外殻電子を点・で表した化学式が**電子式**である。電子式は次のような要領で書く。

①構造式の価標1本（－）を共有電子対1組（:）で表す。

②構造式では省略されていた非共有電子対を書き加える。すなわち，分子をつくったとき，各原子は安定な貴ガス型の電子配置をとる。したがって，各原子の周囲に8個の電子（H原子だけは2個の電子）になるように，非共有電子対:を書き加えておく。

参考

SO₂，SO₃分子

　S原子とO原子の原子価は2であるから，S＝Oで各原子の原子価は満たされ，これ以上，共有結合はつくれないはずである。

　ところが，S原子のもつ非共有電子対を別のO原子の空軌道に提供した場合は，次のように配位結合をつくることができる。

O＝S:→:Ö: ⟶ O＝S→O ⟶ :Ö::S:Ö:
　　　空軌道　　　　構造式　　　　電子式

　構造式で配位結合を表すには，電子を提供した原子から，提供された原子に向かって→をつければよい。

　構造式を電子式に直すには，各原子の周囲に8個の電子になるように非共有電子対:を加えればよい。

　なお，SO₂分子の形は，中心原子Sのもつ電子対の数で決まる。S原子は二重結合1本（共有電子対2組をまとめて考える）。配位結合1本（共有電子対1組）と非共有電子対1組の計3組の電子対が，正三角形の頂点の方向に伸びる。ただし，非共有電子対には原子が結合していないので，SO₂分子の形はH₂O分子と同じ折れ線形になる。その結合角∠OSO≒120°であり，分子全体でS-O結合の極性が打ち消し合わないので，極性分子となる。

　さらに，SO₂分子のS原子のもつ非共有電子対を別のO原子に配位結合すると，SO₃分子が生成する。SO₃分子は正三角形でその結合角∠OSO＝120°であり，分子全体でS-O結合の極性が打ち消し合うので，無極性分子となる。

▶**7** (ア) 陽イオン　(イ) 陽性（金属）　(ウ) 陰性（非金属）　(エ) 貴ガス　(オ) 閉殻（オクテット）　(カ) アルカリ金属　(キ) 遷移　(ク) 陰イオン　(ケ) 電子親和力　(コ) ハロゲン

問 (a) 最外電子殻は同じであっても，原子番号が大きくなると，原子核の正電荷が増加し，周囲の電子を引きつける静電気力が強くなるため。

(b) 原子番号が大きくなると，原子半径が大きくなり，かつ，内殻電子によって原子核の正電荷が有効に遮蔽されるので，周囲の電子が原子核から受ける静電気力が弱くなるため。

解説　イオン化エネルギーは，気体状の原子から電子1個を取り去り，1価の陽イオンにするのに必要なエネルギーのことであり，電子がどのくらいの強さで原子核に引きつけられているかを表した物理量である。その値が小さいほど陽イオンになりやすく，その値が大きいほど陽イオンになりにくいことを示す。イオン化エネルギーは，典型元素では1族で極小値をとり，その後，原子番号の増加とともにしだいに大きくなり，18族で極大値をとるという

一定の周期性を示す。

同じ周期では，原子番号が大きいほど，原子核の正電荷が増大し，原子核が原子を引きつける静電気力が強くなり，イオン化エネルギーは増加する。

同じ族では，原子番号が大きいほど，原子半径が大きくなり，原子核が電子を引きつける静電気力が弱くなるので，イオン化エネルギーは減少する。

一方，遷移元素では，原子番号の増加により原子核の正電荷は増大するが，内殻電子の数も増し，原子核の正電荷を有効に遮蔽するので，原子核が最外殻電子におよぼす静電気力はわずかずつしか増加しない。よって，イオン化エネルギーはなだらかな上昇曲線となる。

貴ガス元素では，最外殻電子は He では2個，それ以外はすべて8個である。貴ガスの電子配置は極めて安定で，He, Ne の場合は最外殻が電子で満たされているので**閉殻**という。Ar, Kr, Xe の場合は最外殻は電子で満たされていないが，8個の電子が収容されているので**オクテット**とよび，閉殻と同じように，その電子配置は安定である。これは，電子は2個で対（ペア）をつくると安定な状態になる性質が関係している。すなわち，貴ガスの原子の最外殻電子はすべて電子対となって存在しているため，その電子配置は極めて安定であるとされている。

(注意) 金属元素はどれも陽イオンになりやすいので金属元素＝陽性元素といえる。一方，非金属元素の多くは陰イオンになりやすいが，貴ガスはイオンになりにくく，水素は陽イオンになりやすい。よって，非金属元素＝陰性元素とは必ずしもいえない。

逆に，原子が電子を取り入れて陰イオンになるときは，原子は安定化して，エネルギーが放出される。このエネルギーを**電子親和力**といい，電子親和力が大きいほどその原子は陰イオンになりやすく，ハロゲン元素ではとくに大きな値を示す。なお，電子親和力の大きさは，その1価の陰イオンから電子を取り去るのに要するエネルギーにも等しい。

$$X+e^- \rightarrow X^- \quad \Delta H = -Q\text{kJ} \quad (Q \quad 電子親和力)$$
$$X^- \rightarrow X+e^- \quad \Delta H = Q\text{kJ} \quad (Q \quad 電子親和力)$$

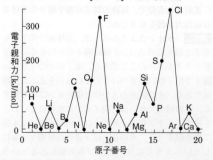

参考　**イオン化エネルギーの周期性**

①同周期の原子では原子番号が増加するほど大きくなる。これは，同周期の原子では，最外殻が同じであり，原子番号の増加に伴って，原子核の正電荷が増加し，原子核が最外殻電子を引きつける力が強くなるためである。

②同族の原子では，原子番号が増加するほど小さくなる。これは，同族の原子では，原子番号の増加に伴って最外殻がより外側に移り，原子半径が増加して，原子核が最外殻電子を引きつける力が弱くなるためである。

よく考えると，同族の原子では，原子番号が増加すると原子核の正電荷が増加する。しかし，最外殻が外側へ移っても，最外殻電子が受ける原子核の正味の正電荷（**有効核電荷**という）は，内殻にある電子の負電荷によって有効に遮蔽されるので，ほとんど変わらない。例えば，$_3$Li では，K殻（2個）は閉殻であり，原子核の正電荷＋3のうち＋2相当分は有効に遮蔽されているため，最外殻電子に働く原子核の正電荷は＋1とみなせる。$_{11}$Na では K殻（2個），L殻（8個）はともに閉殻であり，原子核の正電荷＋11のうち，＋10相当分は有効に遮蔽されているため，最外殻電子に働く原子核の正電荷は＋1とみなせる。したがって，Li, Na, K…の有効核電荷はいずれも＋1で等しいから，原子半径が大きくなるほど，原子核が最外殻電子を引きつける力が弱くなり，イオン化エネルギーは小さくなる。

参考　**フッ素の電子親和力が塩素よりも小さくなる理由**

ハロゲンの原子は，電子1個を取り込むと貴ガスの電子配置となるため，エネルギー的な安定化が大きく，電子親和力は大きな値を示す。

第2周期のF原子は第3周期のCl原子よりも小さいので，電子を取り込む力（酸化力）は大きいはずである。しかし，F原子では小さな電子殻に電子が詰め込まれるために，もとから存在する電子との間に働く静電気的な反発力が大きくなり，結果的にF原子の電子親和力はCl原子よりも少し小さくなると考えられる。

▶8 **A** Li, **B** Be, **C** Na, **D** Al

解説　気体状の原子から電子1個を取り去って，1価の陽イオンにするのに必要なエネルギーが**第1イオン化エネルギー**（ふつう，これをイオン化エネルギーという）である。さらに，1価の陽イオンから2個目の電子を取り去るのに必要なエネルギーを**第2イオン化エネルギー**といい，n個の電子をもつ原子では，最大，**第nイオン化エネルギー**まである。一般に同一原子の場合，第1＜第2＜…＜第nの順に，イオン化エネルギーは大きくなる。これは，電子を失って生じた陽イオンの価数が大きくなるほど，原子核の正電荷，および，生じた陽イオンの正電荷から電子が受ける静電気力（クーロン力）が強くなり，電子を取り去るのにより大きなエネルギーが必要となるためである。

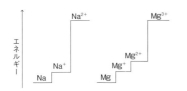

一般に，貴ガス型の電子配置になるまでのイオン化エネルギーは比較的小さいが，安定な貴ガス型の電子配置を壊すには，莫大なエネルギーを要する。したがって，イオン化エネルギーの値が急激に大きくなる所に着目すればよい。

A　$E_1 \rightarrow E_2$で急激に増加。∴　1族元素
B　$E_2 \rightarrow E_3$で急激に増加。∴　2族元素
C　$E_1 \rightarrow E_2$で急激に増加。∴　1族元素
D　$E_3 \rightarrow E_4$で急激に増加。∴　13族元素

A，Bは炭素より原子番号が小さいので，Li，Be。
C，Dは炭素より原子番号が大きく，ケイ素より原子番号が小さいので，NaとAl。

▶**9** (1) 構造のよく似た分子では，分子量が大きいほど，分子間力が強く働くため。
(2) 分子量が同程度ならば，極性分子の方が無極性分子よりも分子間力が強く働くため。
(3) **HF**，**H₂O**，**NH₃**などのように，電気陰性度のとくに大きい原子と水素原子との化合物では，分子間に水素結合が形成されるため。
(4) H–F結合の方がH–Oの結合よりも電気陰性度の差が大きく，結合の極性が大きいから。
(5)

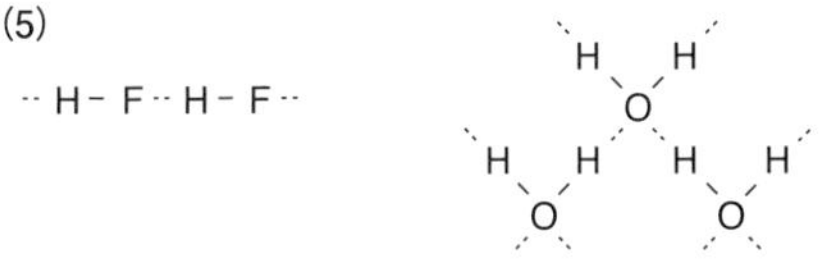

$$\cdots H\!-\!F\cdots H\!-\!F\cdots$$

(6) 炭素と水素の電気陰性度の差が小さく，また，炭素原子には非共有電子対が存在しないから。
(7)

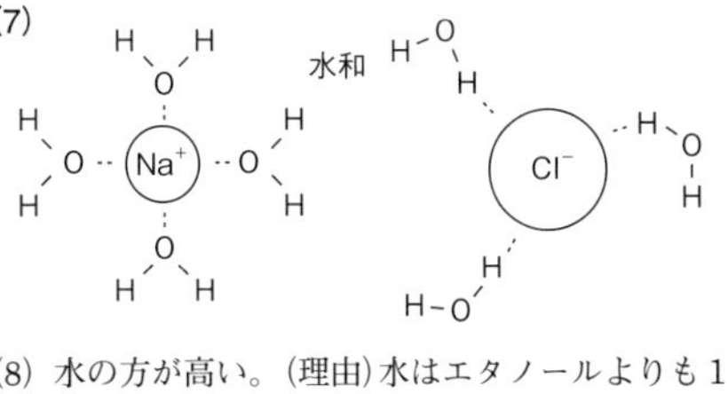

水和

(8) 水の方が高い。(理由) 水はエタノールよりも1分子あたりのO–H結合が多く，分子間でより多くの水素結合を形成できるから。
解説　(1)分子量が大きくなると，分子中に含まれる電子の数が多くなり，電子分布の不均一さに基づく分子間力(**分散力**)(**5解説** (1)参照)も強くな

り，融点・沸点も高くなる。
(2) 無極性分子間には分散力しか働かないが，極性分子間には分散力に加えて，分子の極性にもとづく静電気力(**極性引力**)が余分に働くので，分子間力は強くなる。
(3) 電気陰性度の大きい負電荷を帯びた原子X(F，O，Nのみ)の間に，正電荷を帯びた水素原子がはさまれることで生じる分子間の結合を**水素結合**という。ただし，水素結合はX原子の非共有電子対の方向にしか形成されない。また，水素原子とX原子の非共有電子対が一直線上に並んだとき，その結合力が最も強くなる。つまり，水素結合には方向性があり，方向性をもたないファンデルワールス力の約10倍程度の結合力をもつ。このため，CO₂のようにファンデルワールス力によってできた分子結晶は最密構造をとりやすいが，H₂Oのように，水素結合によってできた分子結晶はすき間の多い構造をとりやすい。

水素結合は方向性のない静電気力と方向性のある共有結合が入り混じった独特な結合といえる。
(5) 水素結合は，電気的に陽性なH原子と，電気的に陰性なF，O，N原子の非共有電子対との間で形成される分子間の結合である。したがって，H原子の数が多くても非共有電子対の数が少なければ，形成される水素結合の数は少なくなる。(HF分子間の水素結合は，この逆の場合に該当する。)　よって，1分子間に形成される水素結合の数は，1分子あたりのH原子の数とF，O，N原子のもつ非共有電子対の数のうち，少ない方の数となる。

	H	非共有電子対	水素結合	結合エネルギー
HF	1個	3個	1本	29 kJ/mol
H₂O	2個	2個	2本	21 kJ/mol
NH₃	3個	1個	1本	11 kJ/mol

水素結合1本あたりの結合エネルギーは
　　　H–F＞H–O＞H–Nであるが，
1分子あたりの結合エネルギーの総和は
　　　H₂O＞HF＞NH₃となり，
沸点の高低は
　　　H₂O(100℃)＞HF(20℃)＞NH₃(−33℃)
とほぼ一致している。
(7)　水分子は，酸素原子の電気陰性度が大きいため，酸素原子がやや負，水素原子がやや正に帯電した極性分子である。よって，Na⁺には酸素原子を向け，Cl⁻には水素原子を向け，弱い静電気力によって取り囲み安定化する。このような現象を**水和**といい，生じたイオンを**水和イオン**という。

(8) 水分子は最大4個の水分子と水素結合(…)を形成できる。ただし，各水素結合は2個の水分子で共有されているから，実質は，水1分子あたり2本の水素結合を形成できる。

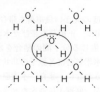

エタノール1分子は最大3個のエタノール分子と水素結合を形成できる。同様に，実質は，エタノール1分子あたり1.5本の水素結合を形成できる。

よって，1分子あたりで形成される水素結合の数は水の方が多く，沸点は高くなる。

▶**10** (1) いずれも1価どうしの陽イオンと陰イオンからなるイオン結晶であるが，イオン間の距離が長くなるほど，陽イオンと陰イオンの間に働く静電力は弱くなり，結晶の融点は低くなる。
(2) 陽イオンと陰イオンの価数がそれぞれ2倍であり，しかも，イオン間の距離もそれぞれ短いので，陽イオンと陰イオンの間に働く静電気力が強く働き，結晶の融点は高くなる。
(3) いずれも分子結晶で，分子間力（ファンデルワールス力）だけで弱く集合しているだけなので，融点が低くなる。
(4) 炭素原子，ケイ素原子はいずれも4個の価電子をすべて使って，ダイヤモンド型の共有結合の結晶をつくる。**C-C結合よりSi-Si結合の方が結合エネルギーが小さいため，ケイ素の方が融点が低くなる。**

解説 (1)同族元素では，イオン半径は原子番号の順に大きくなる（Na⁺<K⁺<Rb⁺）。よって，Cl⁻とのイオン間の距離は，この順に大きくなる。よって，陽イオンと陰イオンの間に働く静電気力（クーロン力）の強さは，NaCl＞KCl＞RbClとなる。

参考 **イオン結合の強さ**
イオン結晶の結合力は，陽イオンと陰イオンとの間の静電気力（クーロン力）の大きさで決まる。静電気力fは，次式で表される。

$$f = k \times \frac{q^+ \times q^-}{(r^+ + r^-)^2}$$

$\begin{pmatrix} q^+,\ q^- \text{は各イオンの電荷} \\ r^+,\ r^- \text{は各イオンの半径} \\ k \text{はクーロンの法則の定数} \end{pmatrix}$

電荷が同じ陽イオンと陰イオンの場合，イオン半径が，Na⁺<K⁺<Rb⁺の順に大きくなると，陽イオンと陰イオンの間に働く静電気力がNaCl＞KCl＞RbClの順に弱くなり，この順に融点が低くなる。
CaO（Ca²⁺とO²⁻）は，NaCl（Na⁺とCl⁻）よりも，イオンの価数がそれぞれ2倍なので，静電気力はかなり強くなる。NaCl（融点801℃）に対して，CaO（融点2572℃）である。

(2)同じ周期では，陽イオン半径は原子番号が大きいほど小さくなる。Na⁺＞Mg²⁺，K⁺＞Ca²⁺
また，異なる周期では，一般的には，陰イオン半径は周期が大きいほど大きい。∴ O²⁻<Cl⁻
MgOはNaCl，CaOはKClに比べて，イオンの価数が2倍ずつ大きく，しかも，イオン間距離が短いので，陽イオンと陰イオンの間に働く静電気力はかなり強くなる。

参考 **物質の融点をおおよそ比較する基準**
1. 結合の強さ
　共有結合＞イオン結合・金属結合≫分子間力
2. イオン結晶の場合（静電気力）
　価数大＞価数小
　イオン半径小＞イオン半径大
3. 分子結晶の場合（分子間力）
　水素結合＞ファンデルワールス力
　極性分子＞無極性分子（分子量が同程度）
　分子量大＞分子量小（構造の似た分子）
4. 金属結晶の場合（金属結合）
　自由電子の数大＞自由電子の数小
　原子半径小＞原子半径大

(3)分子結晶どうしでは，一般に，分子量の大きいものほど分子間力が強くなり，融点が高くなる。
　斜方硫黄（分子量256）＞黄リン（分子量124）
(4) C-C結合の結合エネルギー　354 kJ/mol
　　Si-Si結合の結合エネルギー　226 kJ/mol
これは，内殻電子の少ないC原子ほど，より接近して，電子軌道（オービタル）の重なりの大きな強い共有結合をつくりやすいためである。

▶**11** (1) ア 共有電子対，イ 432，ウ 3.2
(2) **0.18個** (3) **6.4×10⁻³⁰C·m**

解説 異種の原子からなるA-B結合の結合エネルギーは，同種の原子からなるA-A結合やB-B結合の結合エネルギーの平均よりも大きな値になる。これは，A-B結合には，A，B原子の電気陰性度（A<Bとする）の違いによってA^{δ+}-B^{δ-}という結合の極性が生じているためである。すなわち，A^{δ+}-B^{δ-}結合をA原子とB原子に切断するには，極性のないA-B結合を切断するのに必要なエネルギーに加え

て，$A^{\delta+}$と$B^{\delta-}$による静電気力が加わるので，より多くのエネルギーが必要になるためである。

ポーリングは，原子間の結合の極性の大きさと結合エネルギーの値との関係に着目し，各原子の**電気陰性度**を求める方法を提案した（1932年）。現在，水素原子Hの電気陰性度を2.2（基準）と定め，①，②式で得られた値から各原子の電気陰性度が求められている。

(1)　イ　$(x_A - x_B)^2 = \dfrac{\Delta}{96}$　……②

②に$|x_H - x_{Cl}| = 0.98$を代入。
$$\Delta = 0.98^2 \times 96 = 92.19 \fallingdotseq 92.2 \, (kJ)$$
$$\Delta = D_{(H-Cl)} - \dfrac{D_{(H-H)} + D_{(Cl-Cl)}}{2}　……①$$

①に$D_{(H-H)} = 436$，$D_{(Cl-Cl)} = 243 \, (kJ/mol)$を代入。
$$D_{(H-Cl)} = 92.2 + \dfrac{436 + 243}{2}$$
$$= 431.7 \fallingdotseq 432 \, (kJ/mol)$$

ウ　$|x_H - x_{Cl}| = 0.98$
に$x_H = 2.2$を代入すると，
$$x_{Cl} = 3.18 \fallingdotseq 3.2$$

(2) H-Cl結合の電気双極子モーメントは，
$\delta = lq$より，
HCl分子において，H原子からCl原子に電子x〔個〕分が移動したとすると，
$$3.60 \times 10^{-30} = 1.27 \times 10^{-10} \times (x \times 1.60 \times 10^{-19})$$
$$x = 0.177 \fallingdotseq 0.18 \, (個)$$

(3) O-H結合の電気双極子モーメントは，
$\delta = lq$より，
O-H結合において，H原子からO原子に電子y〔個〕分が移動したとすると，
$$5.20 \times 10^{-30} = 1.00 \times 10^{-10} \times (y \times 1.60 \times 10^{-19})$$
$$y = 0.325 \fallingdotseq 0.33 \, (個)$$

H_2O分子の正電荷の中心⊕（H原子どうしを結ぶ線分の中点）と負電荷の中心⊖（O原子上）との間の距離をz〔m〕とすると，

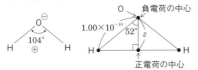

$$z = 1.00 \times 10^{-10} \times \cos 52°$$
$$= 6.16 \times 10^{-11} \, (m)$$

正電荷の中心には，0.65個分の⊕電荷があり，負電荷の中心にも，0.65個分の⊖電荷がある。
H_2O分子の電気双極子モーメントは，$\delta = lq$より，
$$\delta = 6.16 \times 10^{-11} \times (0.65 \times 1.60 \times 10^{-19})$$
$$= 6.40 \times 10^{-30} \fallingdotseq 6.4 \times 10^{-30} \, (C \cdot m)$$

▶12

	A群	B群	C群	D群
(1)	エ	カ	サ	b, d
(2)	ア	ク	ケ	f, h
(3)	イ	キ	シ	a, g
(4)	ウ	オ	コ	c, e

解説　**イオン結晶**は，陽イオンと陰イオンが強い静電気力（クーロン力）で結合（イオン結合）してできた結晶である。結晶状態では，イオンが固定されているため電気を導かないが，水溶液や融解して液体の状態にしてイオンが移動できるようにすると，電気を導くようになる。

分子結晶は，分子が弱い分子間力で集まってできた結晶で，融点や沸点が低い，また，無極性分子からなる分子結晶では，昇華性を示すものが多い。

共有結合の結晶は，すべての原子が共有結合だけで結合してできた結晶で，硬度や融点がきわめて高いという特徴をもつ。ただし，黒鉛は軟らかく電気伝導性をもつなど例外的な性質をもつが，共有結合の結晶に分類される。

金属結晶では，規則的に配列した金属原子の間を自由電子が移動することにより金属結合が維持されている。金属では，自由電子が金属原子の間を動くことで電気や熱をよく伝え，金属光沢をあらわす。金属に外力を加えて金属原子の位置が多少ずれても，隣にある原子は常に同種の原子なので，結合力にはほとんど変化がない。金属が展性・延性を示すのは，この自由電子の働きによる。

展性・延性の最も大きい金属は金で，1gで約$0.52 \, m^2$の大きさの箔，または約3200mの線にすることができる。

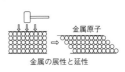

金属原子

金属の展性と延性

一方，イオン結晶では，強い外力を受けると特定の面に沿って割れる（この性質を**へき開**という）。これは，反対符号のイオンがすぐ隣にあり，この配置が少しでもずれると，同種のイオンどうしが隣接して，強い静電気的な反発力が働くためである。

D群は，化学式に直し，金属，非金属元素の区別がつけば，ほぼ結晶の種類は推定できる。

結晶の種類を見分ける目安として，金属元素どうし→**金属結晶**，金属元素と非金属元素→**イオン結晶**，非金属元素どうし→共有結合で分子をつくり，さらにその分子が**分子結晶**をつくる。ただし，14族元素の単体（C, Si），およびケイ素の化合物（SiO_2, SiC）などは例外で，共有結合だけで**共有結合の結晶**をつくると考えればよい。

(a) $\underset{非}{\underline{I_2}}$　(b) $\underset{金}{\underline{Fe}}\underset{非}{\underline{Cl_3}}$　(c) $\underset{金}{\underline{Na}}$　(d) $\underset{金}{\underline{K}}\underset{非}{\underline{Br}}$

(e) $\underset{金}{\underline{Cr}}$　(f) $\underset{非}{\underline{Si}}\ \underset{非}{\underline{C}}$　(g) $\underset{非}{\underline{C}}\ \underset{非}{\underline{O_2}}$　(h) $\underset{非}{\underline{C}}$　$\begin{pmatrix}金\ 金属 \\ 非\ 非金属\end{pmatrix}$

(b)の $FeCl_3$ は Fe^{3+} と Cl^- とのイオン結晶で，$FeCl_3$ という分子が存在するわけではない。

(f)の炭化ケイ素 SiC はカーボランダムともいわれ，共有結合の結晶に分類され，きわめて硬く，研磨剤・耐熱材などに用いる。

▶**13**　(1) α鉄　2個，γ鉄　4個
(2) α鉄　$4r=\sqrt{3}a$，γ鉄　$4r=\sqrt{2}b$
(3) α鉄　68%，γ鉄　74%　(4) **1.08倍**

解説　(1)，(2) 鉄の結晶は，本問のように温度によって結晶構造を変える（この現象を**相転移**という）。他の金属にもこのような例が知られている。

α鉄（**体心立方格子**）では，単位格子の中心と8か所の頂点に原子が位置している。

単位格子中に含まれる原子の数は，

$$\frac{1}{8}\times8\binom{立方体の}{頂点}+1\binom{立方体の}{中心}=2〔個〕$$

体心立方格子では，立方体の体対角線上で，各原子が接している。三平方の定理より，体対角線の長さは $\sqrt{3}a$ で，この長さは原子半径 r の4倍に等しい。

$$\therefore\ 4r=\sqrt{3}a$$

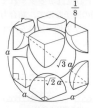
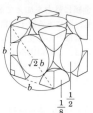

体心立方格子　　　　　　面心立方格子
α鉄　配位数8　　　　　γ鉄　配位数12

γ鉄（**面心立方格子**）では，単位格子の8か所の頂点と，6か所の面の中心に原子が位置している。

単位格子中に含まれる原子の数は，

$$\frac{1}{8}\times8+\frac{1}{2}\times6（面の中心）=4〔個〕$$

面心立方格子では，立方体の面対角線上で，各原子が接している。三平方の定理より，面対角線の長さは $\sqrt{2}b$ で，この長さは原子半径 r の4倍に等しい。

$$\therefore\ 4r=\sqrt{2}b$$

(3) α鉄について，半径 r の球の2個分の体積と一辺 a の立方体の体積の比（**充塡率**）を求めると，

$$\frac{\frac{4}{3}\pi r^3\times2}{a^3}=\frac{\frac{4}{3}\pi\left(\frac{\sqrt{3}}{4}a\right)^3\times2}{a^3}=\frac{\sqrt{3}\pi}{8}$$

$$=\frac{1.73\times3.14}{8}=0.679\ \ \therefore\ \ 68\%$$

γ鉄について，半径 r の球の4個分の体積と一辺 b の立方体の体積の比（充塡率）を求めると，

$$\frac{\frac{4}{3}\pi r^3\times4}{b^3}=\frac{\frac{4}{3}\pi\left(\frac{\sqrt{2}}{4}b\right)^3\times4}{b^3}=\frac{\sqrt{2}\pi}{6}$$

$$=\frac{1.41\times3.14}{6}=0.738\ \ \therefore\ \ 74\%$$

(4) 鉄の原子量を M，アボガドロ定数を N とすると，鉄原子1個の質量は $\dfrac{M}{N}$〔g〕となる。

α鉄では単位格子中に2個の Fe 原子を含むから，単位格子の質量は Fe 原子2個分の質量 $2\times\dfrac{M}{N}$〔g〕に等しく，単位格子の体積は a^3〔cm^3〕だから，

α鉄の密度は，$\dfrac{2\times\dfrac{M}{N}}{a^3}=\dfrac{2M}{a^3N}$〔$g/cm^3$〕

γ鉄では単位格子中に4個の Fe 原子を含むから，上と同様に考えて，

γ鉄の密度は，$\dfrac{4\times\dfrac{M}{N}}{b^3}=\dfrac{4M}{b^3N}$〔$g/cm^3$〕

γ鉄とα鉄の密度の比は，

$$\frac{\gamma（面心）}{\alpha（体心）}=\frac{4M}{b^3N}\div\frac{2M}{a^3N}=\frac{2}{1}\cdot\frac{a^3}{b^3}\ \ \cdots\cdots①$$

(2)より，$a=\dfrac{4}{\sqrt{3}}r$，$b=\dfrac{4}{\sqrt{2}}r$ を①式に代入すると，

$$a^3=\frac{(4r)^3}{3\sqrt{3}},\ \ b^3=\frac{(4r)^3}{2\sqrt{2}}\ \text{より}$$

$$\frac{2\cdot2\sqrt{2}\,(4r)^3}{3\sqrt{3}\,(4r)^3}=\frac{4\sqrt{2}}{3\sqrt{3}}=\frac{4\sqrt{2}\sqrt{3}}{9}$$

$$=1.084\fallingdotseq1.08〔倍〕$$

▶**14**　(1) **イオン結合，共有結合**　(2) **ファンデルワールス力**　(3) **イオン結合，共有結合，配位結合**　(4) **共有結合**　(5) **共有結合，水素結合，ファンデルワールス力**　(6) **金属結合**

解説　(1) Na^+ と OH^- からできたイオン結晶であるが，OH^- には共有結合が含まれる。

(2) 貴ガスはすべて単原子分子として存在し，ファンデルワールス力だけで集合して分子結晶をつくる。

(3) NH_4^+ と Cl^- からできたイオン結晶であるが，NH_4^+ には，共有結合(−)と配位結合(→)が含まれる。ただし，NH_4^+ 中の4本のN-H結合は等しい性質をもち，区別することはできない。

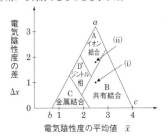

配位結合とは
各原子の不対電子を1個ずつ出し合って電子対をつくり、これを共有することで生じた結合が**共有結合**である。一方、非共有電子対を一方の原子のみが提供し、これを両原子で共有することで生じた結合を**配位結合**という。共有結合と配位結合とはでき方が異なるだけで、生じた結合はまったく同等であり、区別はできない。

(4) Si原子、O原子のすべてが共有結合だけで結合してできた共有結合の結晶をつくる。

(5) C,H,O原子が共有結合で分子をつくる。C_2H_5OH の-OH基どうしは水素結合で引き合い、$-C_2H_5$ 基どうしはファンデルワールス力で引き合う。

(6) Cu原子どうしが金属結合で金属結晶をつくる。

参考 **ケテラーの三角形**
化学結合には、イオン結合、共有結合、金属結合の3種類があるが、実際の物質中では、これらが単独で存在するのではなく、混ざり合って存在すると考えられる。1941年、ケテラー(Ketelaar)は、貴ガスを除く単体、および異種の元素からなる化合物において、その物質を構成する主要な化学結合が、2つの元素の電気陰性度の差Δxを縦軸、電気陰性度の平均値$\bar{x}$を横軸とする三角形(**ケテラーの三角形**という)を用いて判別できることを示した。

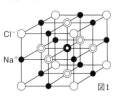

イオン結合は、Δxが大きいことが特徴で、一般にxの小さい金属元素とxの大きい非金属元素から構成されるので、$\bar{x}$は中間程度の値になる。その領域はAである。
　共有結合は、Δxが小さいことが特徴で、一般にxの大きい非金属元素から構成されるので、$\bar{x}$は大きな値になる。したがって、その領域はBである。
　金属結合は、Δxが小さいことが特徴で、一般にxの小さい金属元素から構成されるので、$\bar{x}$は小さな値となる。したがって、その領域はCである。
　各元素の電気陰性度(ポーリングの値)の最小値はCsの0.8、最大値はFの4.0であるから、ケテラーの三角形の頂点a, b, cに相当する物質は、それぞれフッ化セシウムCsF、セシウムCs、フッ素F_2となる。

例えば、ゲルマニウム Ge は$(\bar{x}, \Delta x) = (2.0, 0)$であるから金属結合の領域に属しているが、共有結合の領域との境界付近にあるので、電気の良導体と絶縁体の中間の半導体の性質を示す。
　フッ化水素 HF は$(\bar{x}, \Delta x) = (3.1, 1.8)$であるから、共有結合の領域に属しているが、イオン結合の領域との境界付近にあるので、強い極性をもつ共有結合であることを示す。
　*イオン結合と金属結合の間にある領域 D は、ジントル相とよばれ、半導体的な電気伝導率とセラミックスのような性質をもちながら、金属光沢を示すという不思議な物質群である。

〔問〕 次の化合物では、どの種類の化学結合が支配的かを答えよ。電気陰性度は次の値を用いよ。(Al 1.6, Sn 2.0, Br 3.0, O 3.4)
　(i) $SnBr_4$　　　(ii) Al_2O_3
　　$(\bar{x}, \Delta x) = (2.5, 1.0)$　　$(\bar{x}, \Delta x = 2.5, 1.8)$
　これらをケテラーの三角形にプロットすると、(i)は共有結合の領域に属し、(ii)はイオン結合の領域に属している。
　　　　　　(i)　共有結合、(ii)　イオン結合 [答]

▶ **15** (1) (ア) ネオン　(イ) アルゴン　(ウ) 静電気力(クーロン力)　(エ) イオン結晶　(オ) **6**　(カ) **12**　(キ) **8**　(ク) **6**　(ケ) 面心立方　(コ) **0.39**　(サ) **2.2**　(2) **0.064 nm以上**　(3) **1.4倍**

解説 (1) Na の電子配置は K2, L8, M1 で1個の価電子を失うと Na^+ になり、その電子配置は Ne (K2, L8) と同じになる。また、Cl の電子配置は K2, L8, M7 で1個の電子を受け取ると Cl^- になり、その電子配置は Ar(K2, L8, M8) と同じになる。

(オ)〜(ク)いま、図1のような単位格子の重心にある Na^+(●印)に着目するとし、単位格子の1辺の長さの半分を l とおくと、最近接の位置(距離 l)には6個の Cl^-(◎印)、第2近接の位置(距離 $\sqrt{2}l$)には12個の Na^+(●印)、第3近接の位置(距離 $\sqrt{3}l$)には8個の Cl^-(○印)、第4近接の位置(距離 $\sqrt{4}l = 2l$)には6個の Na^+(上図には書かれていないが、隣接する6個の単位格子の重心に位置する6個の●印)が存在する。

図1

イオン結晶では、あるイオンを取り囲む反対符号のイオンの数が**配位数**になる。本問の NaCl 結晶の配位数は6である(あるイオンを取り囲む同符号のイオンの数12は配位数ではない)。

(ケ)NaCl の結晶格子は、Na^+ または Cl^- だけを考えると、いずれも**面心立方格子**の配列をし

図2

ている。

(コ)NaClの結晶ではNa^+とCl^-が接していて，Na^+どうし，Cl^-どうしが接していないことから，イオンの大きさの関係は図2の通りである。Na^+とNa^+の中心間距離をxとすると，題意よりNa^+とCl^-の中心間距離は$0.12+0.16=0.28$nmであるから，

$$x=\sqrt{2}\times0.28=0.392≒0.39〔nm〕$$

(サ)NaCl=58.5，アボガドロ定数が6.0×10^{23}/molであり，NaCl 1mol(6.0×10^{23}個)の質量が58.5gだから，NaCl粒子1個の質量は，

$$\frac{58.5}{6.0\times10^{23}}〔g〕\cdots\cdots①$$

単位格子中にはNa^+とCl^-が4個ずつ(NaCl粒子として4個)含まれるから，単位格子の質量は①の4倍。単位格子の一辺の長さ(図2のa)は，Na^+とCl^-の直径の和になるから，

$$a=(0.12+0.16)\times2=0.56〔nm〕=0.56\times10^{-9}〔m〕$$
$$=5.6\times10^{-8}〔cm〕$$

NaClの結晶の密度は，次式で求められる。
単位格子中にはNaCl粒子4個分が含まれるから，

$$密度=\frac{単位格子の質量}{単位格子の体積}=\frac{\frac{58.5}{6.0\times10^{23}}\times4}{(5.6\times10^{-8})^3}≒2.2〔g/cm^3〕$$

(2) 陽イオンR^+とCl^-は立方体の辺上で常に接しているが，R^+の半径が小さくなると，Cl^-どうしが面の対角線上で接触するようになる。この瞬間を考える。陽イオンの半径をrとすると，Cl^-の半径が0.16nmであるから，

$$\sqrt{2}(r+0.16)=2\times0.16$$
$$r+0.16=\sqrt{2}\times0.16$$
$$r=(\sqrt{2}-1)\times0.16$$
$$=0.064〔nm〕$$

よって，陽イオンの半径が0.064nm以上あれば，Cl^-どうしは接しない。

(3) NaBrの結晶の単位格子の1辺の長さは，$(0.12+0.18)\times2=0.60〔nm〕=6.0\times10^{-8}〔cm〕$

$$\frac{NaBrの密度}{NaClの密度}=\frac{\frac{103\times4}{6.0\times10^{23}}}{\frac{(6.0\times10^{-8})^3}{58.5\times4}}=\frac{103\times5.6^3}{58.5\times6.0^3}$$

$$=1.43≒1.4〔倍〕$$

[別解] 結晶の密度$=\frac{単位格子の質量}{単位格子の体積}$より，単位格子の質量は構成原子の原子量に比例し，単位格子の体積は構成原子間の距離の3乗に反比例する。

$$\frac{NaBrの密度}{NaClの密度}=\left(\frac{103}{58.5}\right)\times\left(\frac{(5.6\times10^{-8})^3}{(6.0\times10^{-8})^3}\right)$$
$$=1.43≒1.4〔倍〕$$

▶16 (1) 面心立方格子　(2) 240個　(3) 0.99nm
(4) 1.7g/cm³　(5) 12個

[解説] (1)C_{60}，C_{70}など球状の炭素分子を総称してフラーレンという。フラーレンの分子は分子間力によって分子結晶を構成している。本文の記述をよく読むと，面心立方格子の各格子点にC_{60}分子が位置していることが読み取れる。

(2) 面心立方格子では，単位格子中に正味4個分の原子が含まれるので，同様に，フラーレン分子4個分が含まれると考えればよい。ただし，フラーレン1分子(C_{60})は，C原子60個で構成されているから，単位格子中には，合計$60\times4=240〔個〕$のC原子が含まれる。

(3) 面心立方格子では，各面の対角線上でC_{60}分子が接触している。単位格子の一辺の長さをl，C_{60}分子の直径をRとすると，$\sqrt{2}l=2R$

$$\therefore R=\frac{\sqrt{2}l}{2}=\frac{1.41\times1.41}{2}≒0.99〔nm〕$$

(4) 単位格子中には，C_{60}分子4個分が含まれ，$1.41nm=1.41\times10^{-9}m=1.41\times10^{-7}cm$より

$$密度=\frac{C_{60}分子4個分の質量}{単位格子の体積}$$

$$=\frac{\frac{12}{6.0\times10^{23}}\times240}{(1.41\times10^{-7})^3}≒1.71〔g/cm^3〕$$

この密度の値は，ダイヤモンド($3.5g/cm^3$)および黒鉛($2.3g/cm^3$)よりもかなり小さい。また，実際のC_{60}分子の直径は約0.71nmと測定されており，(3)で求めた直径約0.99nmとかなり異なる。これは，フラーレン分子の形成する分子結晶中では，C_{60}分子は互いに接触しておらず，高速で回転運動しているためである。また，C_{60}の結晶は，260K以下では単純立方格子(立方体の各頂点に粒子が配列した構造)に相転移することが知られている。

(5) 吸収されたKは，$\dfrac{8.37-7.20}{39}=0.030〔mol〕$

もとのC_{60}は，$\dfrac{7.20}{60\times12}=0.010〔mol〕$

$\therefore C_{60}:K=1:3$(物質量比)で存在する。

単位格子中に含まれるC_{60}分子の数は4個だから，単位格子中に吸収されたK原子の数は

$$4\times3=12〔個〕$$

面心立方格子の単位格子に存在する隙間は**27解説**の通り。6個の原子に囲まれた空間Ⅰ(正八面体孔)が4個分，4個の原子に囲まれた空間Ⅱ(正四面体孔)が8個分ある。

以上より，K原子は，面心立方格子の空間Ⅰ，空間Ⅱのすべてに取り込まれた状態にある。

参考

フラーレン

フラーレンは，黒鉛電極を用いたアーク放電*により得られた煤の中から単離された。
*電極に高電流を通した後，電極をわずかに離すと，電極間に円弧状の火炎(アーク)を生じる。強い発光と4000℃近い高温が得られるので，黒鉛を昇華させることができる。

フラーレンにアルカリ金属の蒸気を通じると，フラーレンは面心立方格子の結晶構造を保ったまま，アルカリ金属原子を結晶内の隙間に取り込むことができる。例えば，カリウムKを添加(ドープ)したC_{60}では，Kの価電子により電導性が向上するだけでなく，液体ヘリウムで冷却すると，18Kで電気抵抗が0になる現象(**超伝導**)を示す現象が注目されている。(C_{60}にRbやCsをドープしたのは，それぞれ28K，38Kで超伝導性を示す。)

近年，フラーレン骨格に穴を開け，金属原子を挿入した後，穴を塞ぐという外科手術的な方法により，フラーレンの内部に金属原子が挿入された**金属内包フラーレン**がつくられている。例えば，Li内包フラーレンでは，金属Liの反応性を小さくした状態で，金属原子とフラーレンとの間で電子の授受が可能となり，電気スイッチなどへの応用が期待されている。

▶17 (1) Zn原子4個，S原子4個

(2) $\dfrac{4M}{a^3 N_A}$　(3) 0.154 nm　(4) (e)ポリエチレン分子中には，ダイヤモンドと同じC-C結合をもつため。 (5) 34%

解説　(1) Zn原子(実際はZn^{2+})はすべてが単位格子の内部に含まれているから，4個。

S原子(実際はS^{2-})は面心立方格子の配列をとる。

$$\dfrac{1}{8}\times8(各頂点)+\dfrac{1}{2}\times6(各面の中心)=4(個)$$

(2) ZnS結晶の密度を単位格子をもとに考えると，ZnS 1 mol(N_A個)の質量がM〔g〕だから

ZnS粒子の1個分の質量は$\dfrac{M}{N_A}$〔g〕である。

$$\dfrac{ZnS粒子4個分の質量}{単位格子の体積}=\dfrac{\dfrac{M}{N_A}\times4}{a^3}=\dfrac{4M}{a^3 N_A}〔g/cm^3〕$$

(3) ダイヤモンドの単位格子は，問題文のZnとS原子を両方ともC原子に置き換えた構造である。

炭素原子間の結合距離は，大きな単位格子で考えるよりも，一辺の長さが$\dfrac{a}{2}$の小立方体(中心にC原

子を含むもの)をもとに考える方がわかりやすい。

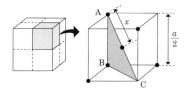

上図より，C-C間の結合距離xは，小立方体の体対角線の長さ$\left(\dfrac{\sqrt{3}}{2}a\right)$の$\dfrac{1}{2}$に相当する。

$$\dfrac{\sqrt{3}}{4}a=\dfrac{1.73\times0.356}{4}≒0.154〔nm〕$$

(4) エタンC_2H_6のC-C結合(0.154 nm)に比べて，エチレンC_2H_4のC=C結合(0.134 nm)は短く，アセチレンのC_2H_2のC≡C結合(0.120 nm)はさらに短くなる。これは単結合，二重結合，三重結合の順に，電子軌道(オービタル)の重なりが大きくなるためである。一方，ベンゼンC_6H_6の炭素原子間の結合距離は，C-C結合とC=C結合のほぼ中間の0.140 nmの値をもつ。これは，ベンゼンは図(a)，(b)のような構造式で表されるが，実際のベンゼンは(a)と(b)の構造を重ね合わせたような構造(この状態を**共鳴**という)をとって安定化しているためである。

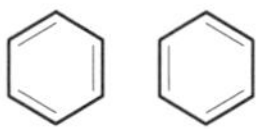

(a)　　(b)

黒鉛は正六角形の平面構造をとっているが，これは多数のベンゼン分子がすべてのH原子を失って結合したものとみなされ，黒鉛の炭素原子間の結合距離(0.142 nm)は，ベンゼンのそれとほぼ同じ値をもつ。また，ポリエチレン$\{CH_2-CH_2\}_n$の分子中には，C=C結合ではなく，C-C結合が含まれる。これは，ダイヤモンド中のC-C結合と全く同等の共有結合である。

(5) 炭素原子間の結合距離xは，炭素原子の半径rの2倍に等しい。

(3)より，$x=\dfrac{\sqrt{3}}{4}a$なので，$r=\dfrac{\sqrt{3}}{8}a$

$$充填率=\dfrac{原子(球)8個分の体積〔nm^3〕}{単位格子の体積〔nm^3〕}$$

$$=\dfrac{\dfrac{4}{3}\pi r^3\times8}{a^3}$$

$$=\dfrac{4}{3}\pi\left(\dfrac{r}{a}\right)^3\times8=\dfrac{4}{3}\pi\left(\dfrac{\sqrt{3}}{8}\right)^3\times8$$

$$=\dfrac{\sqrt{3}}{16}\pi=0.339≒0.34\quad\therefore34〔\%〕$$

▶**18** （ア）非共有電子対　（イ）電気陰性度　（ウ）水素結合　（エ）正四面体　（オ）多　（カ）減少　（キ）熱運動　（ク）増加　（ケ）密度　（コ）融解

解説　分子中に F–H，–O–H，–N–H など，電気陰性度の特に大きい陰性原子（F，O，N に限る）と電気的に陽性な H 原子との共有結合が存在すると，分子の極性が大きくなり，分子どうしが H 原子をはさんだ形で，静電気力を主体とする**水素結合**を形成する。

O 原子と共有結合した H 原子は強い正電荷を帯びており，隣の水分子の負電荷を帯びた酸素原子の非共有電子対のある方向へ近づいて，共有結合の特徴である方向性のある水素結合をつくる。（ファンデルワールス力にはこのような方向性はない。）

一般に，固体は液体に比べて粒子が密に詰まった状態にあり，密度が大きい。しかし，水の場合は液体（水）に固体（氷）が浮くように，密度の関係が逆転している。これは，氷ではすべての H_2O 分子間に互いに方向性をもつ水素結合が形成され，かなりすき間の多い結晶構造をとっているためである。

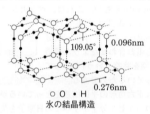

109.05°　0.096nm

0.276nm

○ O　● H

氷の結晶構造

氷が融解して液体の水になると，水素結合の一部が切れて，自由になった水分子がそのすき間に入り込むため，全体の体積が減少する。

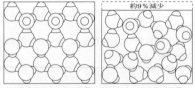

約9％減少

氷の結晶中の水分子の配置　　液体の水の水分子の配置

0℃で氷が融けて水になると，まず〔効果1〕の影響により体積が約9％減少し，密度も急に大きくなる。0℃より少し温度が高くなっても，まだ〔効果1〕＞〔効果2〕のため，体積は少しずつ減少（密度は増加）する。さらに温度が高くなると，〔効果1〕＜〔効果2〕となり，体積が少しずつ増加（密度は減少）する。この微妙な兼ね合いにより，4℃で水の密度が最大の 1.0000 g/cm³ となる。

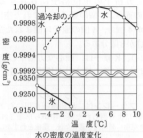

水の密度の温度変化

参考
水の密度変化と生物

氷は水よりも密度が小さいので，池の水は表面から凍り始め，底近くには密度の大きい4℃の水が常に存在する。また，氷はその隙間に空気を多く含むので，熱を伝えにくい性質（断熱性）が大きいので，ある程度以上の深さの池であれば，どんなに寒くなっても水底までは凍ることはなく，水中の魚は生き続けることができる。もし，水が普通の物質のように固体の方が密度が大きかったら，冬季，表面でできた氷は次第に底へ沈んでいき，表面に残された最後の水が凍るとき，水中の生物はすべて凍死してしまうであろう。

氷

▶**19** (1) Cu^{2+} 4個，Fe^{2+} 4個，S^{2-} 8個

(2) **4.2 g/cm³**

解説　図に示された2つの半格子は，各頂点に異種の粒子が配置されているので単位格子ではないが，2つの半格子を積み重ねたものは，各頂点に同種の粒子が配置されているので**単位格子**である。

(1) Cu^{2+} の数

$$\frac{1}{8}(\text{頂点}) \times 8 + \frac{1}{2}(\text{面心}) \times 4 + 1(\text{内部}) \times 1 = 4〔\text{個}〕$$

Fe^{2+} の数

$$\frac{1}{2}(\text{面心}) \times 6 + \frac{1}{4}(\text{辺心}) \times 4 = 4〔\text{個}〕$$

S^{2-} の数

$$1(\text{内部}) \times 8 = 8〔\text{個}〕$$

(2) 単位格子には $CuFeS_2$ の粒子が4個分含まれる。$CuFeS_2$ のモル質量は 184 g/mol より，$CuFeS_2$ 1粒子の質量は，

$$\frac{184}{6.0 \times 10^{23}}〔\text{g}〕$$

単位格子の体積 V は，

1 m³ = 10⁶ cm³ だから

$$2.93 \times 10^{-28} \times 10^6 = 2.93 \times 10^{-22}〔\text{cm}^3〕$$

$$結晶の密度 = \frac{単位格子の質量〔\text{g}〕}{単位格子の体積〔\text{cm}^3〕} より$$

$$\frac{\frac{184}{6.0\times10^{23}}\times4}{2.93\times10^{-22}}=4.18\fallingdotseq4.2\,(\mathrm{g/cm^3})$$

▶20 (1) La：Ni＝1：5　(2) **8.4 g/cm³**
(3) **1.3×10³倍**

解説　多量の水素を可逆的に吸蔵・放出できる合金を**水素吸蔵合金**という。水素吸蔵合金は、水素を活性化する金属Aと、水素を吸収する金属Bの組み合わせからなる。水素分子は金属A(La)により活性化されて原子状態となり、金属B(Ni)に捕えられて吸蔵されると考えられる。

　金属の結晶格子の隙間に原子状態の水素が入り込んで、金属水素化物となることで、金属自身の体積の数百～千倍程度の水素を蓄えることができる。代表的な水素吸蔵合金にはLaNi₅、Mg₂Niなどがある。
(1) 図に示された六角柱で考えると、

La原子　$\frac{1}{6}$(頂点)×12＋$\frac{1}{2}$(上下面)×2
　　　　＝3〔個〕

Ni原子　$\frac{1}{2}$(面)×18＋1(内部)×6
　　　　＝15〔個〕

∴　La：Ni＝3：15＝1：5

(注意) この結晶の単位格子(結晶構造の繰り返しの最小単位)は、六角柱を3等分した四角柱である。
(2) 六角柱でこの結晶の密度を考える。

六角柱の底面積Sは、一辺aの正三角形の6倍だから、

$$S=\frac{3\sqrt3\,a^2}{2}\,(\mathrm{cm^2})$$

∴　六角柱の体積$V=\dfrac{3\sqrt3\,a^2b}{2}\,(\mathrm{cm^3})$

$$V=\frac{3\times1.73\times(5.0\times10^{-8})^2\times4.0\times10^{-8}}{2}$$
$$\fallingdotseq2.59\times10^{-22}\,(\mathrm{cm^3})$$

六角柱の中には、La原子3個、Ni原子15個が含まれるので、その質量は、

$$\frac{139\times3+59\times15}{6.0\times10^{23}}=2.17\times10^{-21}\,(\mathrm{g})$$

密度$=\dfrac{\text{六角柱の質量}(\mathrm{g})}{\text{六角柱の体積}(\mathrm{cm^3})}=\dfrac{2.17\times10^{-21}}{2.59\times10^{-22}}$
　　$=8.37\fallingdotseq8.4\,(\mathrm{g/cm^3})$

(3) 結晶格子中のLa原子とNi原子の合計と等しい数のH原子は18個であり、これは、H₂分子9個に相当する。この標準状態における体積は、

$$\frac{9}{6.0\times10^{23}}\times22.4\times10^3$$
$$=33.6\times10^{-20}\,(\mathrm{cm^3})$$

一方、結晶格子の体積は$2.59\times10^{-22}\mathrm{cm^3}$なので、

∴　$\dfrac{33.6\times10^{-20}}{2.59\times10^{-22}}=12.9\times10^2\fallingdotseq1.3\times10^3\,(倍)$

▶21 (1) **Ti 2個, O 4個**　(2) **0.23 nm**
(3) **4.4 g/cm³**

解説　(1) Ti原子は単位格子の各頂点と、単位格子の中心に1個存在する。

Ti　$\frac{1}{8}$(頂点)×8＋1(内部)×1＝2〔個〕

O原子は、単位格子の上面と底面に2個ずつと、単位格子の内部に2個存在する。

O　$\frac{1}{2}$(面)×4＋1(内部)×2＝4〔個〕

(2) TiO₂の結晶を網線をつけた面で考えると、

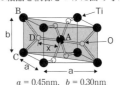

$a=0.45\mathrm{nm},\ b=0.30\mathrm{nm}$

題意より、∠BDC＝120°なので、△BDCは底角30°の二等辺三角形である。

△BDHにおいて、DH：BH＝y：$\dfrac{b}{2}$＝1：$\sqrt3$より

∴$y=\dfrac{b}{2\sqrt3}=\dfrac{\sqrt3\,b}{6}$

求める長さ$x=\mathrm{AH-DH}=\dfrac{\sqrt2\,a}{2}-\dfrac{\sqrt3\,b}{6}=\dfrac{3\sqrt2\,a-\sqrt3\,b}{6}$

$a=0.45\mathrm{nm},\ b=0.30\mathrm{nm}$を代入すると

$$x=\frac{3\times1.41\times0.45-1.73\times0.30}{6}=0.230\fallingdotseq0.23\,(\mathrm{nm})$$

(3) (1)より、単位格子中には、TiO₂粒子が2個分含まれる。

TiO₂粒子1個分の質量は、モル質量がTiO₂＝80g/molより、

$$\frac{80}{6.0\times10^{23}}=\frac{4}{3}\times10^{-22}\,(\mathrm{g})$$

単位格子の体積$V=a^2b$より

$1\mathrm{nm}=1\times10^{-9}\mathrm{m}=1\times10^{-7}\mathrm{cm}$なので

$V=(4.5\times10^{-8})^2\times3.0\times10^{-8}\fallingdotseq6.07\times10^{-23}\,(\mathrm{cm^3})$

密度$=\dfrac{\text{単位格子の質量}(\mathrm{g})}{\text{単位格子の体積}(\mathrm{cm^3})}=\dfrac{\frac{4}{3}\times10^{-22}\times2}{6.07\times10^{-23}}$
　　$=4.39\fallingdotseq4.4\,(\mathrm{g/cm^3})$

▶**22** (1) **4個** (2) **3.6×10⁻²³ cm³**
(3) **2.2 g/cm³** (4) **7.2×10⁻⁹ cm**

解説 (1) 図2の上下の各層の原子配置は全く同

じ。上下の各層は，上下それ
ぞれに切断面をもつので，単
位格子内の原子数は，

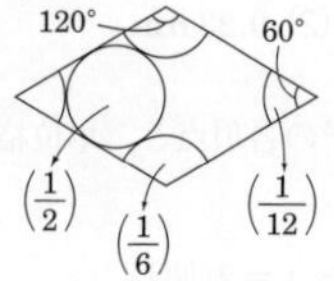

$$\left(\frac{1}{12}\times2\right)+\left(\frac{1}{6}\times2\right)+\frac{1}{2}$$
$$=1〔個〕$$

中層は，上下に切断面をもた

ず，単位格子内の原子数は，

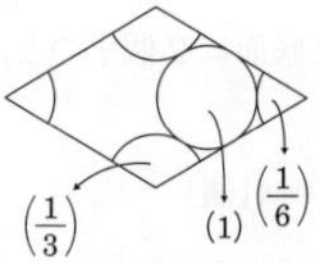

$$\left(\frac{1}{6}\times2\right)+\left(\frac{1}{3}\times2\right)+1$$
$$=2〔個〕$$

単位格子には上・下層と中層
1つずつが含まれるから，

$$1\times2+2=4〔個〕の原子を含む。$$

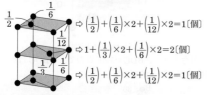

$\Rightarrow\left(\frac{1}{2}\right)+\left(\frac{1}{6}\right)\times2+\left(\frac{1}{12}\right)\times2=1〔個〕$

$\Rightarrow1+\left(\frac{1}{3}\right)\times2+\left(\frac{1}{6}\right)\times2=2〔個〕$

$\Rightarrow\left(\frac{1}{2}\right)+\left(\frac{1}{6}\right)+\left(\frac{1}{12}\right)\times2=1〔個〕$

(2) 単位格子の底面積Sは，一辺の長さをaとした
正三角形を2つ集めたものと考えると，

$$S=\frac{1}{2}\left(a\times\frac{\sqrt{3}}{2}a\right)\times2=\frac{\sqrt{3}}{2}a^2〔cm^2〕$$

単位格子の体積をV〔cm³〕とすると，

$$V=\frac{1.73}{2}\times(2.5\times10^{-8})^2\times6.7\times10^{-8}$$
$$=3.62\times10^{-23}≒3.6\times10^{-23}〔cm^3〕$$

(3) 黒鉛の密度を単位格子について考えると，
C 1 mol（6.0×10^{23}個）の質量が12gだから
C原子1個の質量は$\frac{12}{6.0\times10^{23}}$〔g〕である。

$$密度=\frac{C原子4個分の質量}{単位格子の体積}$$

$$=\frac{\frac{12}{6.0\times10^{23}}\times4〔g〕}{3.62\times10^{-23}〔cm^3〕}≒2.2〔g/cm^3〕$$

(4) 右図で，炭素原
子の共有結合半径をr

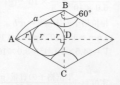

とすると，△ABDは
内角30°，60°の直角
三角形なので，

AB : BD : AD
$=2:1:\sqrt{3}$

$$AD=3r=\frac{\sqrt{3}}{2}a$$

$$r=\frac{\sqrt{3}a}{6}=\frac{1.73\times2.5\times10^{-8}}{6}≒7.2\times10^{-9}〔cm〕$$

参考 ダイヤモンドと黒鉛
ダイヤモンドは炭素原子が4個の価電子すべて
を共有結合に使ってできた正四面体を基本単位
とする立体網目構造をもつ結晶である。これら
の炭素原子は強い共有結合だけで結合している
ので，硬くて融点も極めて高い。また，各炭素
原子の4個の価電子がすべて共有結合に使われ
ているので，電気を導かない。
黒鉛（グラファイト）は炭素原子が3個の価電
子を共有結合に使って正六角形を基本単位とす
る平面層状構造をつくり，さらにこの平面どう
しが積み重なってできた結晶である。しかし，
この平面どうしは弱い分子間力で引き合ってい
るだけなので，各層はすべりやすく軟らかい。
また，各炭素原子に残った1個の価電子は平面
構造に沿って自由に動くことができるので，電
気伝導性を示す。

▶**23** (1) **6個** (2) **1.38×10⁻²² cm³**
(3) **1.76 g/cm³**

解説 (1) $\frac{1}{6}\times12（頂点）+\frac{1}{2}\times2\left(\frac{面の}{中心}\right)+3（内$
$部）=6〔個〕$

(2) 正六角柱の体積$V=$
底面積×高さで求まる。
底面積は，一辺aの正
三角形の面積の6倍。

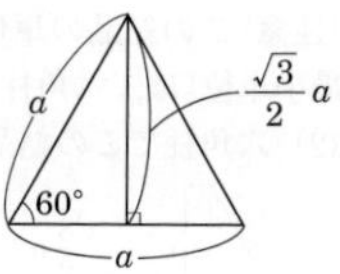

$$\frac{1}{2}\left(a\times\frac{\sqrt{3}}{2}a\right)\times6=\frac{3\sqrt{3}}{2}a^2$$

$$V=\frac{3\sqrt{3}}{2}a^2\times c=\frac{3\times1.73\times(0.320)^2\times0.520}{2}$$

$$≒0.138〔nm^3〕$$

$1 nm=1\times10^{-9}m=1\times10^{-7}cm$ より，$V=1.38\times$
$10^{-22}〔cm^3〕$

(3) $結晶の密度=\frac{Mg原子6個分の質量}{単位格子の体積}$

Mg 1 mol（6.0×10^{23}個）の質量は24.3gだから

Mg原子1個の質量は$\frac{24.3}{6.0\times10^{23}}$〔g〕である。

$$\frac{\frac{24.3}{6.0\times10^{23}}\times6〔g〕}{1.38\times10^{-22}〔cm^3〕}≒1.76〔g/cm^3〕$$

（注意）この結晶の単位格子は，正六角形を3等分し
た四角柱である。

▶**24** (1) **1.0×10⁻⁵ cm** (2) **4.4×10² 層**

解説 (1) 金の結晶の単位格子は面心立方格子な
ので，各原子は面対角線上で接している。単位格子

の 1 辺の長さを l とすると、$\sqrt{2}\,l = 4r$ より、$l = 2\sqrt{2}\,r$
単位格子中には Au 原子が 4 個含まれ、Au のモル質量は 197 g/mol なので、

金の密度 $[g/cm^3]$ は、$\dfrac{\dfrac{197}{6.0 \times 10^{23}} \times 4 \,[g]}{(2\sqrt{2}\,r)^3 \,[cm^3]}$ ……①

また、金箔の厚さを $x\,[cm]$ としたとき、その密度は、$\dfrac{1.0\,[g]}{5.0 \times 10^3 \times x\,[cm^3]}$ ……②

①＝②とおき、$r^3 = 3.0 \times 10^{-24}\,cm^3$ を代入すると、

$$x = \frac{6.0 \times 10^{23} \times 16 \times 1.41 \times 3.0 \times 10^{-24}}{197 \times 4 \times 5.0 \times 10^3}$$

$$= 1.03 \times 10^{-5} \fallingdotseq 1.0 \times 10^{-5}\,[cm]$$

(2) Au 原子は、単位格子の体対角線（長さ $\sqrt{3}\,l$）方向に最も密に積み重なっている（右図）。その層と層の間隔を d $[cm]$ とすると、

$\sqrt{3}\,l = 3d$ より

$$d = \frac{\sqrt{3}\,l}{3} = \frac{\sqrt{3} \times 2\sqrt{2}\,r}{3}$$

$$= \frac{1.73 \times 2 \times 1.41 \times 1.44 \times 10^{-8}}{3}$$

$$= 2.34 \times 10^{-8}\,[cm]$$

（面心立方格子の最密原子層○A層、●B層、●C層を構成する Au 原子を示す）

厚さ $1.03 \times 10^{-5}\,cm$ の金箔において、最も密に並んだ Au 原子の層の数は、

$$\frac{1.03 \times 10^{-5}}{2.34 \times 10^{-8}} = 0.440 \times 10^3 = 4.4 \times 10^2\,[層]$$

参考

展性・延性の大きさ
面心立方格子では、単位格子には下図のように体対角線が 4 本引ける。

上記の体対角線それぞれに対して垂直な 4 方向に最密原子層が存在する。一方、六方最密構造では、単位格子の上下の 1 方向にしか最密原子層が存在しない。したがって、面心立方格子の方が最密原子層でのすべりが起こりやすく、展性・延性が大きくなると考えられる。

▶**25** (1) Fe^{3+} 16個、Fe^{2+} 8個、O^{2-} 32個
(2) **5.6 g/cm³**

解説 (1) 図 2 より、陽イオン（○）の合計の個数を求める。

A 型では、$\dfrac{1}{8}$ の小立方体の頂点のうちの 4 か所と、さらに小さい立方体の内部に 1 個あるので、

$$\frac{1}{8} \times 4 + 1 = \frac{3}{2}\,[個]$$

B 型では、$\dfrac{1}{8}$ の小立方体の頂点のうちの 4 か所と、さらに小さい立方体の内部に 4 個含まれるので、

$$\frac{1}{8} \times 4 + 4 = \frac{9}{2}\,[個]$$

単位格子には、A 型と B 型の小立方体がそれぞれ 4 個ずつからなるので、単位格子内の陽イオンは、

$$\frac{3}{2} \times 4 + \frac{9}{2} \times 4 = 24\,[個]$$

Fe_3O_4 の組成式は $FeO \cdot Fe_2O_3$ と表すこともでき、2 種類の金属酸化物からなる化合物（**複酸化物**）と考えられる。よって、Fe_3O_4 の結晶中には、Fe^{2+} : $Fe^{3+} = 1 : 2$ の割合で存在する。

陽イオンのうち、Fe^{3+} は $\dfrac{2}{3}$、Fe^{2+} は $\dfrac{1}{3}$ を占めるから、

単位格子内の Fe^{3+} の数は、$24 \times \dfrac{2}{3} = 16\,[個]$

単位格子内の Fe^{2+} の数は、$24 \times \dfrac{1}{3} = 8\,[個]$

$\dfrac{1}{8}$ の小立方体に含まれる陰イオン（●）は、A 型では内部に 4 個、B 型でも内部に 4 個あり、単位格子には A 型、B 型の小立方体を 4 個ずつ含むから、単位格子内の陰イオンの数は、$4 \times 4 + 4 \times 4 = 32\,[個]$。

(2) 結晶の密度 $[g/cm^3] = \dfrac{単位格子の質量\,[g]}{単位格子の体積\,[cm^3]}$ で求める。

単位格子の体積は $1\,nm = 10^{-9}\,m = 10^{-7}\,cm$ より、一辺の長さ $0.82\,nm = 8.2 \times 10^{-8}\,cm$ の 3 乗で求まる。

単位格子中に Fe^{2+} 8 個、Fe^{3+} 16 個、O^{2-} 32 個あるということは、Fe_3O_4 粒子が 8 個存在することと同じである。式量 $Fe_3O_4 = 232$ より、モル質量は、232 g/mol。アボガドロ定数 $N_A = 6.0 \times 10^{23}$/mol とすると、

Fe_3O_4 1 粒子の質量は、$\dfrac{232}{6.0 \times 10^{23}}\,[g]$ なので、

$\therefore$ 結晶の密度 $= \dfrac{\dfrac{232}{6.0 \times 10^{23}} \times 8\,[g]}{(8.2 \times 10^{-8})^3\,[cm^3]}$

$$= 5.62 \fallingdotseq 5.6\,[g/cm^3]$$

▶**26** (1) **12** (2) **4個** (3) $\dfrac{2\sqrt{6}}{3}\mathbf{a}$

(4) **4.1 g/cm³**

【解説】 (1) O原子は六方
最密構造をとるので，配位
数は最密構造に固有の値，
すなわち12である。具体
的には，右図の六角柱の上
面A層の中心の原子に着目
すれば，A層内で6個，上
のB層で3個，下のB層で3個で，計12個の原子に
囲まれている。

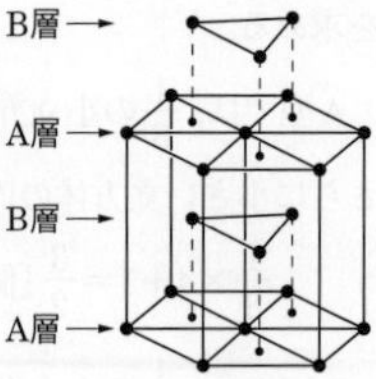

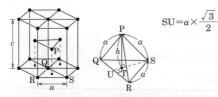

(2) 六角柱の各頂点には$\dfrac{1}{6}$個分のO原子が含まれ，
これが12か所ある。また，上面と下面のA層の中
心には各$\dfrac{1}{2}$個分のO原子が含まれ，これが2か所
ある。さらに，B層には，各1個分のO原子が合わ
せて3個含まれる。よって，六角柱内に含まれるO
原子の数は，合計で

$$\left(\dfrac{1}{6}\right)\times12+\left(\dfrac{1}{2}\right)\times2+1\times3=6\,(\text{個})$$

となる。一方，Al原子の位置は表示されていないの
で，その数を図から読み取ることはできない。
Al₂O₃結晶は単位格子の繰り返しであるから，単位
格子内でもAl原子とO原子の個数の比は2：3でな
くてはならない。

これより，単位格子内のAl原子の数をxとすると
$$\text{Al}：\text{O}=2：3=x：6\quad\therefore\quad x=4\,(\text{個})$$

(3) cは次図のPQRSを頂点とする正四面体の高さ
hの2倍である。

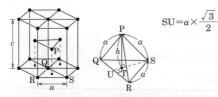

$$\mathrm{SU}=a\times\dfrac{\sqrt{3}}{2}$$

点Tは正三角形QRSの重心であるから
$$\mathrm{ST}=\mathrm{SU}\times\dfrac{2}{3}\quad(\because\ \ \mathrm{ST}：\mathrm{SU}=2：3\ \text{より})$$

$$\mathrm{ST}=\dfrac{\sqrt{3}}{2}a\times\dfrac{2}{3}=\dfrac{a}{\sqrt{3}}$$

$$h^2=a^2-\mathrm{ST}^2=\dfrac{2}{3}a^2$$

$$h=\sqrt{\dfrac{2}{3}}a=\dfrac{\sqrt{6}}{3}a$$

$$\therefore\ \ c=2h=\dfrac{2\sqrt{6}}{3}a$$

(4) 六角柱の底面積は一辺aの正三角形の面積の6倍。

$$a\times\dfrac{\sqrt{3}}{2}a\times3=\dfrac{3\sqrt{3}}{2}a^2$$

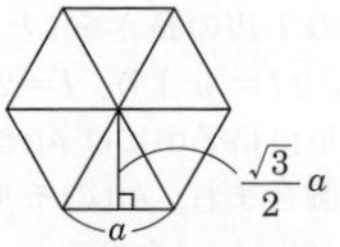

よって，六角柱の体積は

$$\dfrac{3\sqrt{3}}{2}a^2\times\dfrac{2\sqrt{6}}{3}a=3\sqrt{2}a^3$$

また，六角柱にはAlが4個，Oが6個入っているの
で，Al₂O₃(式量102)粒子が2個入っているから，

$$\text{Al}_2\text{O}_3\text{の密度}=\dfrac{\dfrac{102}{6.0\times10^{23}}\times2}{3\sqrt{2}\times(2.7\times10^{-8})^3}$$

$$=4.08\fallingdotseq4.1\,(\text{g/cm}^3)$$

▶**27** (1) **4.00×10^{-8} cm** (2) **11.0 g/cm³**
(3) **0.841倍** (4) **1.16×10^3倍**

【解説】 (1)水素吸蔵前のパ
ラジウムPdは，面心立方格
子を形成しており，各原子
は，各面の対角線上で接触し
ている。単位格子の1辺の長
さをl〔cm〕，Pdの原子半径
をr〔cm〕とすると，面の対角
線の長さ$\sqrt{2}l$が$4r$に等しいので，$\sqrt{2}l=4r$

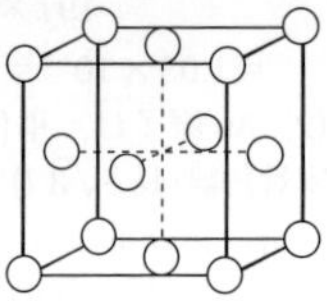

$$\therefore\quad l=\dfrac{4r}{\sqrt{2}}=2\sqrt{2}r=2\times1.41\times1.42\times10^{-8}$$

$$\fallingdotseq4.00\times10^{-8}\,(\text{cm})$$

(2) Pd 1 molの質量は106 gだから，アボガドロ定
数をNとすると，Pd原子1個の質量は，$\dfrac{106}{N}$〔g〕

面心立方格子では，単位格子中にPd原子が4個
含まれるから，

$$\dfrac{\text{単位格子の質量}}{\text{単位格子の体積}}=\dfrac{\dfrac{106}{6.0\times10^{23}}\times4}{(4.00\times10^{-8})^3}\fallingdotseq11.0\,(\text{g/cm}^3)$$

(3) 吸蔵されたH原子の数は，

$$\dfrac{1}{4}(\text{辺上})\times12+1(\text{中心})=4\,(\text{個})$$

したがって，単位格子中には，組成式PdH(式量
107)で表される粒子4個が含まれる。
＜吸蔵前のPdの密度＞　＜吸蔵後のPdHの密度＞

$$\dfrac{\dfrac{106}{N}\times4}{V}\quad\rightarrow\quad\dfrac{\dfrac{107}{N}\times4}{1.2V}$$

$$\dfrac{107}{1.2NV}\div\dfrac{106}{NV}=\dfrac{107}{1.2\times106}\fallingdotseq0.841\,(\text{倍})$$

(4) Pdの単位格子(Pd原子4個を含む)には，H原
子4個，つまり，H₂分子2個が存在していることに
なる。よって，Pd 1 molは，H₂ 0.5 mol(＝11.2 L，
標準状態)を吸蔵できる。

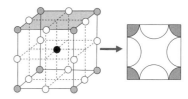

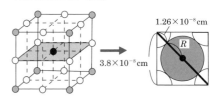

Pd 1 mol の体積は，$\dfrac{106}{11.0}$〔cm³〕だから，

$$\dfrac{\text{H}_2}{\text{Pd}} = \dfrac{11200\,\text{〔cm}^3\text{〕}}{\dfrac{106}{11.0}\,\text{〔cm}^3\text{〕}} \fallingdotseq 1.16 \times 10^3\,\text{〔倍〕}$$

参考　　　　**結晶格子の空間**

　結晶格子には，球形をした原子どうしの間にすき間があり，その中でとくに広くなっている部分を**空間**という。

　最密構造である面心立方格子にも，このような空間が2種類あり，その1つは，上下，左右，前後の計6個の原子に囲まれた**空間Ⅰ（正八面体孔）**であり，もう1つは，4個の原子に囲まれた**空間Ⅱ（正四面体孔）**である。

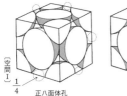

正八面体孔

正四面体孔

　空間Ⅰは，単位格子の各辺の中心と立方体の中心（図では見えない）にもあり，単位格子中には合計$\left(\dfrac{1}{4}\times 12\right)+1=4$（個）ある。

　空間Ⅱは，図2（●印）に3つ示したが，実際には単位格子の各頂点にある原子のすぐ内側に合計8個ある。よって，面心立方格子では，金属原子：空間Ⅰ：空間Ⅱ＝4：4：8＝1：1：2となる。

　面心立方格子の空間のうち，空間Ⅰは空間Ⅱよりも大きいので，H原子は選択的に空間Ⅰに吸蔵されることになり，水素を吸蔵したPdは，空間ⅠのすべてにH原子が取り込まれたものである。一方，**16** の(5)のカリウムでドープされたフラーレンは，フラーレン分子がつくる面心立方格子の空間Ⅰと空間ⅡのすべてにK原子が取り込まれたものであるといえる。

▶**28** (1) BaTiO₃　(2) **7.1 g/cm³**

(3) **1.4×10⁻⁸cm**

解説　(1) 単位格子中の各粒子の数は，

Ba²⁺　1個

Ti⁴⁺　$\dfrac{1}{8}\times 8 = 1$（個）

O²⁻　$\dfrac{1}{4}\times 12 = 3$（個）

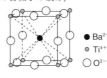

● Ba²⁺
○ Ti⁴⁺
○ O²⁻

Ba²⁺：Ti⁴⁺：O²⁻＝1：1：3

　∴ 組成式は，BaTiO₃

(2) 単位格子中で，網線をつけた面に着目すると，Ti⁴⁺とO²⁻が各辺上で互いに接しているから単位格子の1辺の長さは，

$$2 \times (0.64 + 1.26) \times 10^{-8} = 3.8 \times 10^{-8}\,\text{〔cm〕}$$

(1)で求めたように，単位格子中には組成式 BaTiO₃（式量233）で表される粒子1個が含まれるから，アボガドロ定数を6.0×10^{23}/molとすると，

$$\dfrac{\text{単位格子の質量}}{\text{単位格子の体積}} = \dfrac{\dfrac{233}{6.0\times 10^{23}}}{(3.8\times 10^{-8})^3} \fallingdotseq 7.1\,\text{〔g/cm}^3\text{〕}$$

(3) 単位格子中で，Ba²⁺とO²⁻は，網線をつけた面の対角線上で接すると仮定する。

Ba²⁺のイオン半径の最大値をR〔cm〕とすると，単位格子の1辺の長さは3.8×10^{-8}cm，O²⁻のイオン半径は1.26×10^{-8}cmだから，

$$3.8 \times 10^{-8} \times \sqrt{2} = 2(R + 1.26 \times 10^{-8})$$

$$\therefore R \fallingdotseq 1.42 \times 10^{-8}\,\text{(cm)}$$

参考　　　**チタン酸バリウムの結晶**

　(3)より，BaTiO₃結晶において，単位格子の中心の隙間に入る Ba²⁺ の最大半径は1.42×10^{-8}cmと求められた。しかし，実際の Ba²⁺ の半径は1.49×10^{-8}cmであるから，単位格子の中心の隙間に入り込むためには，単位格子が少し膨張しなければならない。この中心の隙間に Ba²⁺ が収容された場合，単位格子の1辺の長さをa〔cm〕とすると，

$$\sqrt{2}a = 2(1.49 + 1.26) \times 10^{-8}$$

$$a = 3.87 \times 10^{-8} \fallingdotseq 3.9\,\text{〔cm〕}$$

　実際の BaTiO₃ 結晶の単位格子の1辺の長さは約4.0×10^{-8}cmであるから，単位格子の中心の隙間に Ba²⁺ が入り込むことは十分に可能である。

　このため，単位格子の各辺では Ti⁴⁺ と O²⁻ の間には約0.1×10^{-8}cm程度の隙間が生じることになるが，実際には，Ti-O結合には共有結合性が加わることにより，その隙間は解消され，Ti原子とO原子は接している。

▶**29** (1) (ア)$\dfrac{\sqrt{2}}{4}$　(イ)$\dfrac{2-\sqrt{2}}{4}$　(ウ)**4**

(エ)$\dfrac{\sqrt{3}-\sqrt{2}}{4}$　(オ)**8**

(2) (カ)**え**　(キ)**う**　(ク)**え**　(ケ)**お**

(3) AB₂C₄

解説　(1)（ア）面心立方格子では，原子の球は面対角線上で接触する。単位格子の一辺の長さを a とすれば，面対角線の長さは $\sqrt{2}a$。

この中に原子半径 r が4つ分含まれるから

$$\sqrt{2}a = 4r \qquad \therefore \quad r = \frac{\sqrt{2}}{4}a$$

（イ）単位格子の各辺の中央部にある空間Ⅰについて考える。空間Ⅰに入る球の最大半径を r' とすると

$$2r + 2r' = a \qquad 2r' = a - 2r$$

（ア）の答を代入して

$$2r' = a - \frac{2\sqrt{2}}{4}a = \frac{2 - \sqrt{2}}{2}a$$

$$\therefore \quad r' = \frac{2 - \sqrt{2}}{4}a$$

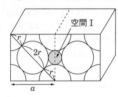

（ウ）空間Ⅰは，各辺の中心と立方体の中心に存在するから

$$\left(\frac{1}{2} \times 12\right) + 1 = 4（個）$$

（エ）右図でわかるように，空間Ⅱは4個の球が接したP点につくられる空間である。空間Ⅱに入る球の最大半径を r'' とすると，一辺 $\dfrac{a}{2}$ の小立方

空間Ⅱ

体の対角線のさらに半分の長さに，原子半径 r とこの r'' がちょうど含まれる。小立方体の対角線の長さは $\dfrac{\sqrt{3}}{2}a$ だから

$$r + r'' = \frac{\sqrt{3}}{4}a$$

（ア）の答を代入して

$$r'' = \frac{\sqrt{3}}{4}a - \frac{\sqrt{2}}{4}a = \frac{\sqrt{3} - \sqrt{2}}{4}a$$

参考　　**空間Ⅰと空間Ⅱの大きさ**
空間Ⅰ（正八面体孔）に入る球の最大半径 r' は，
$$r' = \frac{2 - \sqrt{2}}{4}a \fallingdotseq 0.147a$$
空間Ⅱ（正四面体孔）に入る球の最大半径 r'' は，
$$r'' = \frac{\sqrt{3} - \sqrt{2}}{4}a \fallingdotseq 0.080a$$
r' の方が r'' に比べて約1.84倍大きい。

（オ）小立方体の中心Pは，単位格子の各頂点のす

ぐ内側あたりに，正味8個含まれる。

（2）フッ化カルシウム CaF_2 では，$Ca^{2+} : F^- = 1 : 2$ の個数比でイオン結晶を構成する。

　　Ca^{2+} が面心立方格子を形成すると4個分。

　　F^- が空間Ⅱのすべてを占めると8個分。

　　これで，$Ca^{2+} : F^- = 1 : 2$ を満たす。

参考　　**ホタル石，逆ホタル石型構造**
　陽イオンが面心立方格子を形成し，陰イオンが空間Ⅱのすべてを占めた結晶構造を**ホタル石型構造**といい，CaF_2，SrF_2，VO_2 などがある。逆に，陰イオンが面心立方格子を形成し，陽イオンが空間Ⅱのすべてを占めた結晶構造を**逆ホタル石型構造**といい，Li_2O，Na_2S などがある。

　三フッ化ビスマス BiF_3 では，$Bi^{3+} : F^- = 1 : 3$ の個数比でイオン結晶を構成する。

　　Bi^{3+} が面心立方格子を形成すると4個分。

　　F^- が空間Ⅰのすべてを占めると4個分。さらに F^- が空間Ⅱのすべてを占めると8個分。これで

　　$Bi^{3+} : F^- = 1 : 3$ を満たす。

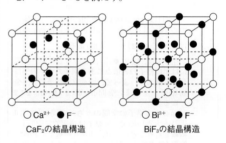

○ Ca^{2+}　● F^-　　　　○ Bi^{3+}　● F^-
CaF_2 の結晶構造　　　　　　BiF_3 の結晶構造

（3）C^{2-} は面心立方格子を形成するので4個分。

　　B^{3+} は空間Ⅰ（4個分）の $\dfrac{1}{2}$ を占めるので2個分。

　　A^{2+} は空間Ⅱ（8個分）の $\dfrac{1}{8}$ を占めるので1個分。

　　よって，$A^{2+} : B^{3+} : C^{2-} = 1 : 2 : 4$
　　　　　組成式は AB_2C_4

▶30　(1)（ア）同じ　（イ）**6**　（ウ）**8**　（エ）**4**
（オ）**大き**
(2) A型 **0.41**，B型 **0.73**，C型 **0.23**
(3) **B型**
（理由）

$$\frac{Cs^+ のイオン半径}{I^- のイオン半径} = \frac{0.181〔nm〕}{0.206〔nm〕} \fallingdotseq 0.88$$

だから，A，B，C 型いずれの構造も可能であるが，配位数の最も大きい**B型**が最もエネルギー的に安定だから。
(4) **0.45 nm**

解説　(1) A型（NaCl型）の単位格子の中心にあ

る Na$^+$（●）に着目すると，6個の Cl$^-$（○）に接している。

B型（CsCl型）の単位格子の中心にある Cs$^+$（●）に着目すると，8個の Cl$^-$（○）に接している。

C型（ZnS型）では，一辺 $\dfrac{a}{2}$ の小立方体のうち，その中心に Zn^{2+}（●）を含む方に着目すると，4個の S^{2-}（○）と接している。

MX型のイオン結晶では，陽イオンと陰イオンの配位数はそれぞれ同じである。

（2）A型では，陰イオンが面心立方格子の配列をとり，陽イオンと陰イオンは各辺上で接している。

限界状態では，陰イオンどうしが各面の対角線上で接する。

$2(r^++r^-)=a$……①

$4r^-=\sqrt{2}a$……②

$\dfrac{①}{②}=\dfrac{r^++r^-}{r^-}=\sqrt{2}$　∴　$\dfrac{r^+}{r^-}=\sqrt{2}-1≒0.41$

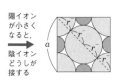

陽イオンが小さくなると，陰イオンどうしが接する

B型では，陽イオンと陰イオンは対角線上で接している。限界状態では，陰イオンどうしが各辺上で接する。

$2(r^++r^-)=\sqrt{3}a$……③

$2r^-=a$……④

$\dfrac{③}{④}=\dfrac{r^++r^-}{r^-}=\sqrt{3}$　∴　$\dfrac{r^+}{r^-}=\sqrt{3}-1≒0.73$

陽イオンが小さくなると，陰イオンどうしが接する

C型では一辺 $\dfrac{a}{2}$ の小立方体のうち，中心に陽イオン（●）を含む方に着目する。陽イオンと陰イオンは小立方体の対角線上で接している。

限界状態では，陰イオンどうしが各面の対角線上で接する。

$2(r^++r^-)=\dfrac{\sqrt{3}}{2}a$……⑤

$2r^-=\dfrac{\sqrt{2}}{2}a$……⑥

$\dfrac{⑤}{⑥}=\dfrac{r^++r^-}{r^-}=\dfrac{\sqrt{3}}{\sqrt{2}}$　∴　$\dfrac{r^+}{r^-}=\dfrac{\sqrt{3}}{\sqrt{2}}-1$

$=\dfrac{\sqrt{3}-\sqrt{2}}{\sqrt{2}}=\dfrac{\sqrt{6}-2}{2}≒0.23$

陽イオンが小さくなると，陰イオンどうしが接する

（3）配位数が大きくなるほど，陽イオンと陰イオンに働く静電気力（クーロン力）が強くなり，イオン結晶はエネルギー的に安定となることを意味する。

> **補足**　塩化ルビジウム RbCl の場合
> 　$\dfrac{r^+}{r^-}=\dfrac{0.166〔nm〕}{0.167〔nm〕}≒0.99$ となり，CsCl型の構造をとるように予想されるが，常温では NaCl型の構造をとり，$-190℃$ 以下で CsCl型の構造への変化（**相転移**）が起こる。これは，高温ほどイオンの熱運動が激しくなり，陰イオンの占有する空間が少し広がっているためと考えられる。また，RbCl は常圧では NaCl型の構造をとるが，$5×10^8$Pa 以上では CsCl型の構造へと変化する。これは，高圧ほど配位数の大きな高密度の構造が安定になるためと考えられる。

（4）最短の Cs$^+$ と Cs$^+$ の中心間距離は，すなわち B型の単位格子の一辺の長さと一致する。単位格子の対角線上で，陽イオンと陰イオンが接していることから

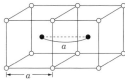

$2(r^++r^-)=\sqrt{3}a$

ここへ，$r^+=0.181〔nm〕$，$r^-=0.206〔nm〕$

$\sqrt{3}=1.73$ を代入して

$a=\dfrac{2(r^++r^-)}{\sqrt{3}}=\dfrac{2\sqrt{3}(r^++r^-)}{3}$

$=\dfrac{2×1.73×0.387}{3}=0.446≒0.45〔nm〕$

第1編　物質の構造

2　物質量と化学反応式

▶**31**　（ア）3　（イ）9　（ウ）6　（エ）2　（オ）36.5　（カ）4　（キ）37.0　（ク）54.6　（ケ）37.4

問　溶液中では塩化水素のHと重水のDとの間で交換反応が起こっているので，蒸発した塩化水素には重水素を含む。

解説　（ア）^{12}C原子の質量をちょうど12（基準）と定め，これとの比較によって求めた他の原子の質量を原子の相対質量という。同位体の存在しない元素

では，原子の相対質量がその元素の原子量となる。一方，同位体の存在する多くの元素では，各同位体の相対質量にその存在比をかけて求められた平均値がその**元素の原子量**となる。

^{35}Clの存在割合をxとすると，^{37}Clの存在割合は$1-x$で表される。$35x+37(1-x)=35.5$

∴　$x=0.75$　よって，$^{35}Cl:^{37}Cl=3:1$

(イ)，(ウ)　$^{35}Cl_2(70.0)$，$^{35}Cl^{37}Cl(72.0)$，$^{37}Cl_2(74.0)$の3種類の分子が存在する。このように，異なる同位体から構成された分子種を**アイソトポマー（同位体分子種）**という。各アイソトポマーの存在割合は，各同位体の存在比の積で求められる。

$^{35}Cl_2:^{35}Cl^{37}Cl:^{37}Cl_2$

$=\dfrac{3}{4}\times\dfrac{3}{4}:\dfrac{3}{4}\times\dfrac{1}{4}\times2:\dfrac{1}{4}\times\dfrac{1}{4}≒9:6:1$

ただし，$^{35}Cl^{37}Cl$の存在割合は，2個のClのうち，先に^{37}Clを選んでも，後から^{37}Clを選んでもよいから，^{35}Clと^{37}Clの選び方は2通りある。よって，$^{37}Cl^{35}Cl$の存在確率を2倍するのを忘れないこと。

参考

$^{35}Cl^{37}Cl$分子の存在割合は？

地球という袋の中に，多数の^{35}Cl（白玉）と^{37}Cl（赤玉）が3：1の割合で入っているとする。この袋の中から玉を2個取り出すとき，玉の色の組合せは次の4通りある。

```
        1回目      2回目
              ┌── 赤玉 ……(1)
        赤玉 ┤
              └── 白玉 ……(2)
              ┌── 赤玉 ……(3)
        白玉 ┤
              └── 白玉 ……(4)
```

(1)となる確率は，$\dfrac{1}{4}\times\dfrac{1}{4}=\dfrac{1}{16}$

(2)となる確率は，$\dfrac{1}{4}\times\dfrac{3}{4}=\dfrac{3}{16}$

(3)となる確率は，$\dfrac{3}{4}\times\dfrac{1}{4}=\dfrac{3}{16}$

(4)となる確率は，$\dfrac{3}{4}\times\dfrac{3}{4}=\dfrac{9}{16}$

① ── ②

1回目に取り出した玉を①，2回目に取り出した玉を②の場所に置いてCl_2分子をつくるとき，(2)の場合は，$^{37}Cl^{35}Cl$，(3)の場合は$^{35}Cl^{37}Cl$となるが，両者は回転，裏返すと重なり合うので同一の分子である。

したがって，$^{35}Cl^{37}Cl$分子の存在割合は

$\dfrac{3}{16}+\dfrac{3}{16}=\dfrac{3}{16}\times2=\dfrac{6}{16}$となる。

もし，$^{35}Cl^{37}Cl$の存在確率を2倍しなければ$^{35}Cl_2$，$^{35}Cl^{37}Cl$，$^{37}Cl_2$の存在割合の総和は

$\dfrac{9}{16}+\dfrac{3}{16}+\dfrac{1}{16}=\dfrac{13}{16}$となり1にならない。

存在割合の和が1になるためには，$^{35}Cl^{37}Cl$の存在割合は$\dfrac{3}{16}\times2=\dfrac{6}{16}$でなければならない。

(エ) $H^{35}Cl(36.0)$と$H^{37}Cl(38.0)$の2種類の分子ができる。

(オ) 塩素と水素が0.200 molずつ反応すると，塩化水素は0.400 mol生成する。質量保存の法則より，反応後の質量は，$71.0\times0.200+2.0\times0.200=14.6$〔g〕である。

塩化水素A 1 molあたりの質量を求め，その単位を除いたものが塩化水素Aの平均分子量になる。

$0.400:14.6=1:x$　$x=36.5$〔g〕　∴　36.5

(カ) $H^{35}Cl$，$H^{37}Cl$，$D^{35}Cl$，$D^{37}Cl$の4種類の分子ができる。

(キ) 反応で生じる塩化水素は0.400 molである。反応後の質量は，

$71.0\times0.200+2.0\times0.100+4.0\times0.100=14.8$〔g〕

塩化水素B 1 molあたりの質量を求め，その単位を除いたものが塩化水素Bの平均分子量になる。

$0.400:14.8=1:x$　$x=37.0$〔g〕　∴　37.0

(ク) $0.400\times36.5+2.00\times20=54.6$〔g〕

(ケ) 塩化水素の電離で生じたH^+と，重水の電離で生じたD^+は，化学的性質が等しく，次のような交換反応を起こし，やがて平衡状態となる。

$\begin{cases} HCl+D_2O \rightleftarrows HD_2O^++Cl^- \\ HD_2O^++Cl^- \rightleftarrows DCl+HDO \end{cases}$

交換可能なH原子とD原子の物質量は，それぞれ

$\left.\begin{array}{l} HCl\ 0.400\ mol中には，H原子0.400\ mol \\ D_2O\ 2.00\ mol中には，D原子4.00\ mol \end{array}\right\}$ある。

平衡状態では，塩化水素分子，水分子ともに構成するHとDの比は$0.400:4.00=1:10$となる。

∴　水素原子の平均原子量は，$\dfrac{1\times1+2\times10}{11}≒1.9$

よって，発生する塩化水素Bの平均分子量は，$1.9+35.5=37.4$となる。

▶**32** (1) O_2 9.6 g，CO_2 13.2 g，H_2O 14.4 g

(2) CO 5.6 g，CO_2 4.4 g，H_2O 14.4 g

(3) C 3.6 g，H_2O 14.4 g

解説　混合気体X 0.50 mol中のメタンと水素の物質量は，CH_4　$0.50\times0.60=0.30$〔mol〕　H_2　$0.50\times0.40=0.20$〔mol〕

メタンCH_4の燃焼は，まず分子の外側にある水素Hが優先的に酸素O_2と反応して水H_2Oが生成する。次に，内側にある炭素Cは，酸素が十分に存在しなければ，一酸化炭素COに変化し，さらに，酸素O_2が十分にあれば，二酸化炭素CO_2に変化するという段階的な燃焼を考えればよい。

(1) 酸素O_2が十分ある容器Aでは，H_2とCH_4がともに完全燃焼したので，その反応式と量的関係は次の通りである。

$$H_2 + \frac{1}{2}O_2 \longrightarrow H_2O$$
変化量　-0.20　-0.10　$+0.20$〔mol〕

$$CH_4 + 2O_2 \longrightarrow CO_2 + 2H_2O$$
変化量　-0.30　-0.60　$+0.30$　$+0.60$〔mol〕

完全燃焼後の各成分の質量は，モル質量が，$O_2=$ 32 g/mol，$CO_2=44$ g/mol，$H_2O=18$ g/mol なので，
O_2　$(1.0-0.10-0.60)\times32=9.6$〔g〕
CO_2　$0.30\times44=13.2$〔g〕
H_2O　$(0.20+0.60)\times18=14.4$〔g〕

(2) 酸素 O_2 が不十分な容器 B では，H_2 の全部と CH_4 の一部（x mol とする）は完全燃焼したが，残り（y mol とする）は完全燃焼せず CO を生成したので，その反応式と量的関係は次の通りである。

$$H_2 + \frac{1}{2}O_2 \longrightarrow H_2O$$
変化量　-0.20　-0.10　$+0.20$〔mol〕

$$CH_4 + 2O_2 \longrightarrow CO_2 + 2H_2O$$
変化量　$-x$　$-2x$　$+x$　$+2x$〔mol〕

$$CH_4 + \frac{3}{2}O_2 \longrightarrow CO + 2H_2O$$
変化量　$-y$　$-1.5y$　$+y$　$+2y$〔mol〕

（CH_4 分子の内側にある C が CO に変化したということは CH_4 の外側にある H は H_2O に変化しているはずである。）

$x+y=0.30$　…①
酸素がすべて消費されたことから
$0.10+2x+1.5y=0.60$　…②

①，②を解くと，$x=0.10$〔mol〕，$y=0.20$〔mol〕
燃焼後の各成分の質量は，モル質量が，$CO=28$ g/mol より
CO　$0.20\times28=5.6$〔g〕
CO_2　$0.10\times44=4.4$〔g〕
H_2O　$(0.20+0.20+0.40)\times18=14.4$〔g〕

(3) 酸素 O_2 がさらに不十分な容器 C では，H_2 の全部は完全燃焼したが，CH_4 は H だけが燃焼し，C は燃焼できずに煤 C が生成したので，その反応式と量的関係は次の通りである。

$$H_2 + \frac{1}{2}O_2 \longrightarrow H_2O$$
変化量　-0.20　-0.10　$+0.20$〔mol〕

$$CH_4 + O_2 \longrightarrow C + 2H_2O$$
変化量　-0.30　-0.30　$+0.30$　$+0.60$〔mol〕

（CH_4 分子は外側の H がすべて燃焼した段階で，O_2 がすべて消費されたので，残った C はこれ以上 CO や CO_2 に酸化されることができず，煤 C が多量に生成したと考えられる。）

燃焼後の各成分の質量は，モル質量が，$C=$ 12 g/mol より，
C　$0.30\times12=3.6$〔g〕

H_2O　$(0.20+0.60)\times18=14.4$〔g〕

▶**33** (1) $Mg+2HCl \longrightarrow MgCl_2+H_2$
$2Al+6HCl \longrightarrow 2AlCl_3+3H_2$
(2) **84%**　(3) **7.0 g**

解説　(2) 合金中の Mg を x〔mol〕，Al を y〔mol〕とおくと，Mg のモル質量は 24 g/mol，Al のモル質量は 27 g/mol だから，最初の合金の質量に関して，次式が成り立つ。
$$24x+27y=1.71\cdots\cdots①$$
H_2 の発生量（mol）に関して，反応式の係数比より，Mg 1 mol から H_2 1 mol，Al 1 mol から H_2 1.5 mol が発生するので，次式が成り立つ。
$$x+1.5y=\frac{1.68}{22.4}(=0.075)\cdots\cdots②$$
∴　$x=0.060$〔mol〕，$y=0.010$〔mol〕
合金中の Mg の質量パーセントは，
$$\frac{0.060\times24}{1.71}\times100=84.2\fallingdotseq84〔\%〕$$

(3) 反応式の係数比より，Mg 0.060 mol より $MgCl_2$ 0.060 mol，Al 0.010 mol より $AlCl_3$ 0.010 mol がそれぞれ生じる。
式量は $MgCl_2=95$，$AlCl_3=133.5$ より，モル質量は，$MgCl_2$ は 95 g/mol，$AlCl_3$ は 133.5 g/mol である。
この反応で生成した塩の全質量は，
$$0.060\times95+0.010\times133.5=7.03\fallingdotseq7.0〔g〕$$

▶**34** (1) **0.060 mol**　(2) 6.0×10^{-3} **mol**
解説　(1) $2KClO_3 \xrightarrow{MnO_2} 2KCl+3O_2$
MnO_2 はこの反応では触媒として働いており，反応の量的関係には影響を与えない。反応式の係数比より，$KClO_3$ 1 mol から O_2 1.5 mol が生成する。
式量は $KClO_3=122.5$ より，モル質量は 122.5 g/mol だから，
$$\frac{4.9}{122.5}\times1.5=0.060〔mol〕$$

(2) $3O_2 \longrightarrow 2O_3$ より，酸素が x〔mol〕反応すると，オゾンは $\frac{2}{3}x$〔mol〕だけ生成する。すなわち，オゾン生成反応では気体の総物質量が減少し，同温・同圧では体積が減少する。
$$3O_2 \longrightarrow 2O_3$$
（反応後）$0.060-x$　$\frac{2}{3}x$〔mol〕　（計）$0.060-\frac{x}{3}$〔mol〕
圧力一定では，気体の（**物質量比**）＝（**体積比**）の関係が成立するから，
$$0.060:\left(0.060-\frac{x}{3}\right)=1:0.95$$
∴　$x=0.0090$〔mol〕

オゾンは，$\dfrac{2}{3} \times 0.0090 = 0.0060$〔mol〕生成する。

▶35　水素 50%，一酸化炭素 30%，窒素 20%

解説　燃焼前の混合気体中の H_2 を x〔mL〕，CO を y〔mL〕，N_2 を z〔mL〕とすると，

$x + y + z = 100 \cdots\cdots$①

燃焼による各気体の体積変化は次式の通り。

$$H_2 \quad + \quad \frac{1}{2}O_2 \quad \longrightarrow \quad H_2O$$

変化量　$-x$〔mL〕　$-\dfrac{x}{2}$〔mL〕　　0（液体のため）

$$CO \quad + \quad \frac{1}{2}O_2 \quad \longrightarrow \quad CO_2$$

変化量　$-y$〔mL〕　$-\dfrac{y}{2}$〔mL〕　$+y$〔mL〕

N_2（変化なし）

（＋は生成－は消失を示す）

燃焼後の気体の体積は，

$$\underbrace{100 + 250}_{\text{（最初の体積）}} \quad \underbrace{-x - y - \frac{x}{2} - \frac{y}{2}}_{\text{（消失体積）}} \quad \underbrace{+y}_{\text{（生成体積）}} = 260$$

$\therefore\quad 1.5x + 0.5y = 90 \cdots\cdots$②

CO_2 などの酸性の気体を濃厚な NaOH 水溶液に通じると，CO_2 は炭酸ナトリウム Na_2CO_3 となって水溶液に吸収される。

$$CO_2 + 2NaOH \longrightarrow Na_2CO_3 + H_2O$$

よって，この体積減少分が CO_2 の体積に等しい。

$y = 260 - 230 = 30$〔mL〕

①，②より，$x = 50$〔mL〕，$z = 20$〔mL〕

もとの混合気体の体積が 100 mL なので x, y, z の値は各気体の体積%と一致する。

▶36　(1) 24　(2) 1.94 g　(3) 0.67 L

解説　(1) この金属 M（2 価）の原子量を x とおくと，この金属の塩化物は MCl_2 と表され，硝酸銀水溶液との反応式は次式の通り。

$$MCl_2 + 2AgNO_3 \longrightarrow 2AgCl\downarrow + M(NO_3)_2$$

MCl_2 1 mol から AgCl 2 mol が生成する。MCl_2，AgCl のモル質量は，それぞれ $(x+71)$ g/mol，143.5 g/mol であるから，

$$\frac{1.00}{x+71} \times 2 = \frac{3.02}{143.5} \qquad \therefore\quad x = 24$$

(2) この金属の硫酸塩は MSO_4 と表され，塩化バリウム水溶液との反応式は次式の通り。

$$MSO_4 + BaCl_2 \longrightarrow BaSO_4\downarrow + MCl_2$$

MSO_4 1 mol から $BaSO_4$ 1 mol が生成する。生成する硫酸バリウムを y〔g〕とおくと，MSO_4，$BaSO_4$ のモル質量は，それぞれ 120 g/mol，233 g/mol であるから，

$$\frac{1.00}{120} = \frac{y}{233} \qquad \therefore\quad y = 1.941 \fallingdotseq 1.94\text{〔g〕}$$

(3) この金属と塩酸との反応式は次の通り。

$$M + 2HCl \longrightarrow MCl_2 + H_2\uparrow$$

金属 M と塩化水素の物質量を比較すると，

M　$\dfrac{1.2}{24} = 0.050$〔mol〕

HCl　$\dfrac{10 \times 1.1 \times 0.20}{36.5} \fallingdotseq 0.0602$〔mol〕

反応式の係数比より，M：HCl＝1：2（物質量比）で反応するので，不足する方は HCl である。よって，HCl がすべて反応し，発生する H_2 の物質量は，反応式の係数比より，HCl の物質量の $\dfrac{1}{2}$ である。

H_2　$0.0602 \times \dfrac{1}{2} \times 22.4 = 0.674 \fallingdotseq 0.67$〔L〕

参考　**反応物に過不足がある場合の量的計算**
　問題文中に反応物の量がともに与えられているときは過不足のある問題とみてよい。このように，反応物に過不足がある場合には，反応物の物質量の大小関係を比較し，そのうち不足する方の物質量を基準として，生成物の物質量が決定されることに留意したい。

▶37　(1) 4.0 個　(2) 4.0 分子　(3) 1.8×10^{20} 個

解説　(1) ヘモグロビン（Hb）1 分子中に，Fe 原子を x 個含むとすると，その式量は $56x$ になる。ヘモグロビンの分子量は 6.6×10^4 だから，

$$\frac{56x}{6.6 \times 10^4} \times 100 = 0.34 \quad x \fallingdotseq 4.0\text{〔個〕}$$

(2) ヘモグロビン 1.0 g の物質量と，結合した O_2 の物質量（n〔mol〕とする）を比較すればよい。

気体の状態の方程式，$PV = nRT$ より，

$$n = \frac{PV}{RT} = \frac{1.0 \times 10^5 \times 1.55 \times 10^{-3}}{8.3 \times 10^3 \times 310}$$
$$\fallingdotseq 6.02 \times 10^{-5}\text{〔mol〕}$$

$\dfrac{O_2}{Hb}$　$\dfrac{6.02 \times 10^{-5}\text{〔mol〕}}{\dfrac{1.0}{6.6 \times 10^4}\text{〔mol〕}} = 3.97 \fallingdotseq 4.0$〔個〕

(3) (2)よりヘモグロビン 1 分子に結合しうる O_2 分子は 4 個であるが，題意より，実際には，このうちの $\dfrac{1}{3}$ の O_2 分子しか組織へは供給されないから，

Hb 15 g が組織へ供給する O_2 の物質量は，

$\dfrac{15}{6.6 \times 10^4} \times 4 \times \dfrac{1}{3}$〔mol〕であり，これにアボガドロ定数をかけると，O_2 の分子数が求められる。

$$\frac{15}{6.6 \times 10^4} \times 4 \times \frac{1}{3} \times 6.0 \times 10^{23} \fallingdotseq 1.8 \times 10^{20}\text{〔個〕}$$

ヘモグロビンの構造

ヘモグロビンは，右図のように，4つのタンパク質（グロビン）の単位が集まったもので，それぞれにFe²⁺を含む色素（ヘム）をもち，O_2と結合することができる。ヘモグロビンをHbで表すと，O_2との結合・解離は次式で表される。

タンパク質

ヘム

$$Hb + 4O_2 \rightleftarrows Hb(O_2)_4$$

▶**38** (1) **0.60 mol** (2) **1.6 mol**

解説 (1) この反応は，実際には①，②式が同時に進行するが，それでは量的関係を考えにくい。したがって，便宜上，①式，②式の順に反応が進行したとして解いていくことにする。

①式の反応に使われた水蒸気をx〔mol〕，②式の反応に使われた水蒸気をy〔mol〕とすると，

$$
\begin{array}{cccccccc}
C & + & H_2O & \longrightarrow & CO & + & H_2 & \cdots\cdots① \\
\text{多量}-x & & 1.0-x & & x & & x & 〔mol〕 \\
CO & + & H_2O & \longrightarrow & CO_2 & + & H_2 & \cdots\cdots② \\
x-y & & (1.0-x-y) & & y & & y & 〔mol〕
\end{array}
$$

題意より，反応した水蒸気は$1.0 \times 0.8 = 0.80$〔mol〕であるから，$x + y = 0.80\cdots\cdots③$

①，②式で生成したCOは$(x-y)$〔mol〕で，②式で生成したCO_2はy〔mol〕であるから，

$(x-y) : y = 2 : 1\cdots\cdots④$

③，④より，$x = 0.60$〔mol〕，$y = 0.20$〔mol〕，黒鉛が反応したのは①式だけで，0.60 molである。

(2) 反応後に存在する気体は，次の4種のみである。

$$
\left.
\begin{array}{l}
H_2O \quad 1.0-x-y = 0.20〔mol〕 \\
CO \quad x-y = 0.40〔mol〕 \\
CO_2 \quad y = 0.20〔mol〕 \\
H_2 \quad x+y = 0.80〔mol〕
\end{array}
\right\} \text{合計1.6 mol}
$$

▶**39** (1) **219 mg** (2) **B…Ca(COO)₂，C… CaCO₃** (3) **水和水は金属イオンに弱く結合しているから。**

解説 (1) A→Dの変化は，$Ca(COO)_2 \cdot H_2O \rightarrow CaO$であって，Ca原子に着目するとAとDの物質量はともに等しい。

化合物Aの質量をx〔mg〕とすると，

$$\frac{x \times 10^{-3}}{146} = \frac{(x-135) \times 10^{-3}}{56} \quad \therefore \quad x = 219〔mg〕$$

(2) 化合物の式量の変化量と質量の変化量は比例することを利用して解く。

A→Bでの式量の減少量をxとすると，

$146 : x = 219 : 27 \quad \therefore \quad x = 18(H_2O$が放出された$)$

よって，Bの式量は$146 - 18 = 128$

A→Bの反応は，

$$Ca(COO)_2 \cdot H_2O \longrightarrow Ca(COO)_2 + H_2O$$

B→Cでの式量の減少量をyとすると，

$128 : y = (219-27) : (69-27)$

$\therefore \quad y = 28(CO$が放出された$)$

よって，Cの式量は$128 - 28 = 100$

B→Cの反応は，$Ca(COO)_2 \longrightarrow CaCO_3 + CO$

C→Dでの式量の減少量をzとすると，

$100 : z = (219-69) : (135-69)$

$\therefore \quad z = 44(CO_2$が放出された$)$

C→Dの反応は，$CaCO_3 \longrightarrow CaO + CO_2$

結晶水

結晶水は，結晶内で一定の位置を占め，結晶の安定化に必要な水のことである。その結晶水には，例えば$CuSO_4 \cdot 5H_2O$の場合，(a)のように金属イオンに配位結合している**配位水**，(b)のように陰イオンに対して水素結合している**陰イオン水**があり，これらは**水和水**と総称される。また，結晶格子の空間に一定の割合で含まれる水分子を**格子水**という。一般に，結晶水を含む物質を加熱したとき，最も脱離しやすいのが格子水であり，次に脱離しやすいのが陰イオン水，最後に脱離するのが配位水の順である。

$$(Cu(H_2O)_4) SO_4 \cdot H_2O$$
$$\text{(a)} \qquad \text{(b)}$$

▶**40** (1) **2.33 g/cm³** (2) **5.42×10⁻⁸ cm**
(3) **2.16×10²⁵個** (4) **6.03×10²³/mol**

解説 (1) 密度 $= \dfrac{質量}{体積} = \dfrac{1000}{429} \fallingdotseq 2.33$〔g/cm³〕

(2) 単位格子の一辺の長さをaとすると，Si原子は面心立方格子の配列に加えて，一辺$\dfrac{a}{2}$の小立方体の中心を1つおきに占めている。

この小立方体の対角線の長さの$\dfrac{1}{2}$がSi-Si結合の長さ（Si原子間の中心間距離）dに相当する。

$$d = \frac{a}{2} \times \sqrt{3} \times \frac{1}{2} より \quad 4d = \sqrt{3}a$$

$$a = \frac{4d}{\sqrt{3}} = \frac{4\sqrt{3}d}{3}$$

$$= \frac{4 \times 1.73 \times 2.35 \times 10^{-8}}{3}$$

$$\fallingdotseq 5.420 \times 10^{-8}〔cm〕$$

(3) 単位格子中に含まれるSi原子の数は，

$$\frac{1}{8}(頂点) \times 8 + \frac{1}{2}(面心) \times 6$$

$$+ 1(内部) \times 4 = 8〔個〕$$

単位格子の体積$(5.420 \times 10^{-8})^3 = 1.592 \times 10^{-22} cm^3$

中に 8 個の原子を含むので，429 cm³ 中に含まれる原子の数をx〔個〕とすると

$$1.592×10^{-22} : 429 = 8 : x$$

$$x = 2.155×10^{25} ≒ 2.16×10^{25}〔個〕$$

(4) Si 1.00 kg 中に 2.155×10²⁵ 個の原子を含むので，Si 1 mol（28.0 g）中に含まれる原子の数，つまり，アボガドロ定数をN〔/mol〕とおくと

$$1000 : 28 = 2.155×10^{25} : N$$

$$N ≒ 6.034×10^{23} ≒ 6.03×10^{23}〔/mol〕$$

参考　**精密なアボガドロ定数の測定**

　アボガドロ定数を高精度で求める方法の一つとして，ケイ素 Si 結晶の球体の質量と体積，およびその中に含まれる原子の数と結合距離を測定し，原子 1 個あたりの質量を求めて，アボガドロ定数を導き出すという方法がある。

　ところが，自然界のケイ素には，²⁸Si，²⁹Si，³⁰Si の同位体がそれぞれ 92%，5%，3%の割合で存在するため，ケイ素の原子量 28.1 は各同位体の相対質量に存在比を掛けて求められているが，このときに用いる存在比の測定精度には限界がある。

　そこで，²⁸Si の存在比率を極力高めた人工結晶を作り出すアボガドロ定数国際プロジェクト（IAC）が開始された。IAC では，遠心分離法による同位体の濃縮，化学的精製などを経て，99.99%まで同位体濃縮された ²⁸Si 単結晶を得た。そして，この結晶から質量約1kgの球体を切り出し，その体積と質量の精密測定から ²⁸Si 単結晶の密度dを測定した。また，X 線回折法により求めた Si 単結晶の単位格子の一辺の長さ（格子定数）aと，²⁸Si のモル質量Mから，高精度でアボガドロ定数Nが求められた。

$$d = \frac{\frac{M}{N}×8}{a^3} \quad ∴ \quad N = \frac{8M}{a^3 d}$$

　この方法で求められたアボガドロ定数は，$N = 6.02214078×10^{23}$/mol である。

　国際度量衡委員会（CIPM）は，他の物理的方法で求められた値も勘案して，2019 年 11 月から，アボガドロ定数を$N = 6.02214076×10^{23}$/mol とすることを決定した。

参考　**アボガドロ数の基準の変更**

　これまでアボガドロ数は，「¹²C原子12gに含まれる原子の数」と定義されていた。1kgの基準となるキログラム原器は原器であっても，長い年月の間に質量のわずかの変動がみられる。したがって，厳密には，アボガドロ数も質量の基準の変動の影響を受けることになる。そこで，2019 年 5 月から，質量の基準の変動の影響を受けないように，これまでの測定値から，精密な実験と他の物理的方法で求められた値を勘案して決めた定義値へと変更された。すなわち，正確に 6.02214076×10²³ 個の粒子を含む集団を物質量 1 mol と定義し，物質量 1 mol 中に含まれる粒子の数 6.02214076×10²³ がアボガドロ数となった。したがって，¹²C原子 12 g に含まれる原子の数は，これまではアボガドロ数と完全に一致したが，これからはアボガドロ数とほぼ等しいということになる。なお，この変更は，有効数字 7 桁目以降の数値の変更であ

り，高等学校で行う有効数字 2～3 桁の計算ではこの変更の影響はないので，心配する必要はない。

▶41 (1) $1.6×10^{-7}$ mol　(2) $1.0×10^{17}$個
(3) $6.3×10^{23}$/mol　(4) **2.2 kg**

解説　ステアリン酸は，化学式 $C_{17}H_{35}COOH$ で表される細長い棒状の分子で，次のような構造をもつ。

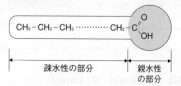

　これをヘキサンなどの蒸発しやすい液体（溶媒）に溶かした溶液を，1 滴ずつ水面に滴下する。ヘキサンが蒸発した後，水面上では，ステアリン酸分子が次図に示すように，親水性のカルボキシ基-COOH を水側に向け，疎水性の炭化水素基 $C_{17}H_{35}-$ を空気側に向け，1 分子ずつが水面に直立した状態ですき間なく並ぶ。このような膜は，**単分子膜**とよばれている。

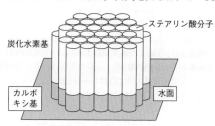

(1) 物質量は，$\dfrac{W}{M}$（W 質量，M モル質量）で表される。ただし，水に滴下したのは100 mL 中の0.32 mL であるから，滴下したステアリン酸（分子量284）の物質量は，

$$\frac{0.0142}{284}×\frac{0.32}{100} = 1.60×10^{-7}〔mol〕$$

(2) 単分子膜の面積を，ステアリン酸 1 分子が水面上で占める面積で割れば，分子数が求められる。

$$\frac{220}{2.2×10^{-15}} = 1.00×10^{17}〔個〕$$

(3) 1 mol あたりの粒子数（アボガドロ定数）をN_Aとすると，(1)，(2)より，$1.60×10^{-7}$ mol のステアリン酸の分子数が $1.00×10^{17}$ 個だから，これを 1 mol あたりに換算すれば，N_Aが求められる。

$$1.60×10^{-7} : 1.00×10^{17} = 1 : N_A$$

$$∴ \quad N_A = 6.25×10^{23}〔/mol〕$$

(4) 貯水池をステアリン酸の単分子膜で覆うための分子数は，1 m² = 10⁴ cm² より，

$$\frac{1.0\times10^{10}\,(\text{cm}^2)}{2.2\times10^{-15}\,(\text{cm}^2)}≒4.55\times10^{24}\,(\text{個})\,\text{だから、}$$

その質量は、$C_{17}H_{35}COOH$ のモル質量が 284 g/mol より

$$\frac{4.55\times10^{24}}{6.0\times10^{23}}\times284=2.15\times10^3\,(\text{g})≒2.2\,(\text{kg})$$

▶42 (1) 8種類 (2) 33% (3) 116 (4) 11%

解説 (1) 三塩化ホウ素 BCl_3 分子中で、塩素原子の同位体の組み合わせは、次の4種類がある。

(i) $^{35}Cl_3$　(ii) $^{35}Cl_2{}^{37}Cl$　(iii) $^{35}Cl^{37}Cl_2$　(iv) $^{37}Cl_3$

(i)～(iv)のそれぞれについて、ホウ素原子の同位体^{10}Bと^{11}Bとの組み合わせがある。

よって、$4\times2=8$種類の BCl_3 分子が存在する。

(2) ホウ素原子の入った袋の中から ^{11}B 1個を取り出す確率は 0.80、塩素原子の入った袋の中から ^{35}Cl 2個を取り出す確率は 0.76^2、^{37}Cl 1個を取り出す確率は 0.24 であるから、^{11}B 1個、^{35}Cl 2個、^{37}Cl 1個を同時に取り出す確率は、$0.80\times0.76^2\times0.24≒0.111$ である。

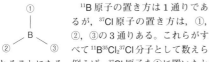

^{11}B 原子の置き方は 1 通りであるが、^{37}Cl 原子の置き方は、①、②、③の 3 通りある。これらがすべて $^{11}B^{35}Cl_2{}^{37}Cl$ 分子として数えられることになる。例えば、^{37}Cl 原子を①に置いたとき、^{35}Cl 原子の位置は②、③と自動的に決まり、この確率が上記で求めた0.111となる。

同様に、^{37}Cl 原子を②に置いたときの確率も0.111、③に置いたときの確率も 0.111 となる。したがって、全 BCl_3 分子に占める $^{11}B^{35}Cl_2{}^{37}Cl$ 分子の占める存在割合〔%〕は

$$0.111\times3\times100≒33\,(\%)$$

(3) ホウ素は 1 原子なので、存在割合の最も多い BCl_3 分子は ^{11}B を含む。したがって、$^{11}B^{35}Cl_3$、$^{11}B^{35}Cl_2{}^{37}Cl$、$^{11}B^{35}Cl^{37}Cl_2$、$^{11}B^{37}Cl_3$ の存在割合を求める式は、

$^{11}B^{35}Cl_3$　$0.80\times(0.76)^3$　……①
$^{11}B^{35}Cl_2{}^{37}Cl$　$0.80\times(0.76)^2\times0.24\times3$……②
$^{11}B^{35}Cl^{37}Cl_2$　$0.80\times0.76\times(0.24)^2\times3$……③
$^{11}B^{37}Cl_3$　$0.80\times(0.24)^3$　……④

①と②では、$0.76>0.24\times3$ より、①＞②。

よって、最も存在割合の多いのは $^{11}B^{35}Cl_3$。

その分子量は、$11+(35\times3)=116$

(4) 3番目に存在割合の多い BCl_3 分子は、存在割合の多い ^{11}B を含む。(3)の考察より、②と③では、$0.76>0.24$ より、②＞③。よって、3番目に存在割合が多いのは、$^{11}B^{35}Cl^{37}Cl_2$ である。その存在割合〔%〕は、

$$0.80\times0.76\times(0.24)^2\times3\times100=10.51≒11\,(\%)$$

▶43 (1) 478 (2) 0.94 g/cm³ (3) 1.8×10² 倍 (4) 4.7×10⁻¹ mol

解説 (1) 分子量は、$CH_4=16$、$H_2O=18$ なので $4CH_4\cdot23H_2O$ の式量は、

$$4\times16+23\times18=478$$

(2) メタンハイドレートの結晶の単位格子(結晶構造の最小の繰り返し単位)は体心立方格子に分類されるので、その単位格子中にはメタンハイドレート 2 分子、つまり CH_4 分子8個、H_2O 分子46個を含む。

メタンハイドレートの単位格子の質量は、アボガドロ定数 6.0×10^{23} を用いると、

$$\frac{16}{6.0\times10^{23}}\times8+\frac{18}{6.0\times10^{23}}\times46$$
$$=\frac{956}{6.0\times10^{23}}\,(\text{g})$$

これを単位格子の体積 $1.7\times10^{-21}\,\text{cm}^3$ で割ると、メタンハイドレートの結晶の密度〔g/cm³〕が求まる。

$$\frac{\dfrac{956}{6.0\times10^{23}}}{1.7\times10^{-21}}=0.937≒0.94\,(\text{g/cm}^3)$$

(3) $1\,\text{m}^3=1\times10^3\,\text{L}=1\times10^6\,\text{cm}^3$ より、メタンハイドレート $1.0\,\text{m}^3$ の物質量は、密度 0.937 g/cm³、モル質量478 g/mol より、

$$\frac{1\times10^6\times0.937}{478}≒1.96\times10^3\,(\text{mol})$$

メタンハイドレート(化学式 $4CH_4\cdot23H_2O$ と与えてある)1 mol 中にはメタン 4 mol を含むから、発生するメタンの体積(標準状態)は、

$$1.96\times10^3\times4\times22.4=1.76\times10^5\,(\text{L})$$

$$\frac{CH_4\text{の体積}}{\text{元の体積}}\;\;\frac{1.76\times10^5}{1.0\times10^3}=176≒1.8\times10^2\,(\text{倍})$$

(4) メタンハイドレート 7.17 g の物質量は、$4CH_4\cdot23H_2O$ のモル質量は478 g/mol より、

$$\frac{7.17}{478}=1.50\times10^{-2}\,(\text{mol})$$

この中に含まれる H_2O の物質量は、

$$1.50\times10^{-2}\times23=3.45\times10^{-1}\,(\text{mol})$$

この中に含まれる CH_4 の物質量は、

$$1.50\times10^{-2}\times4=6.00\times10^{-2}\,(\text{mol})$$

$CH_4+2O_2\longrightarrow CO_2+2H_2O$ より、CH_4 が完全燃焼して生じる H_2O の物質量は、$6.00\times10^{-2}\times2=1.20\times10^{-1}\,(\text{mol})$

燃焼後に容器内に存在する H_2O の物質量の和は、

$$3.45\times10^{-1}+1.20\times10^{-1}$$
$$=4.65\times10^{-1}≒4.7\times10^{-1}\,(\text{mol})$$

▶44 (1) $Pb(NO_3)_2 : Pb(NO_2)_2=5:1$
(2) $Pb(NO_3)_2 : Pb(NO_2)_2=1:2$

解説　まず，①式で生成する O_2 の物質量と，②式で生成する NO の物質量を求め，これらをもとにして③式の量的関係を考える。

(1) 反応した $Pb(NO_3)_2$ を x〔mol〕，$Pb(NO_2)_2$ を y〔mol〕とおく。

　①式より，生成する O_2 は $\dfrac{x}{2}$〔mol〕。

　②式より，生成する NO は y〔mol〕。

　③式より，$2NO \ + \ O_2 \longrightarrow 2NO_2$

反応前	y	$\dfrac{x}{2}$	0　〔mol〕
(反応量)	$-y$	$-\dfrac{y}{2}$	$+y$　〔mol〕
反応後	0	$\dfrac{x}{2}-\dfrac{y}{2}$	y　〔mol〕

反応後，NO が存在しなかったことから，反応物 NO，O_2 のうち NO の方が不足しており，NO は y〔mol〕すべてが反応した。反応式の係数比より，O_2 は $\dfrac{y}{2}$〔mol〕反応することになる。

O_2　$\dfrac{x}{2}-\dfrac{y}{2}=0.10$　……Ⓐ

①式より，生成する NO_2 は $2x$〔mol〕
②式より，生成する NO_2 は y〔mol〕
③式より，生成する NO_2 は y〔mol〕
　NO_2　$2x+2y=0.60$　……Ⓑ
Ⓐ，Ⓑより，$x=0.25$〔mol〕，$y=0.050$〔mol〕
　$x:y=0.25:0.050=5:1$

(2) 反応した $Pb(NO_3)_2$ を x〔mol〕，$Pb(NO_2)_2$ を y〔mol〕とおく。

　①式より，生成する O_2 は $\dfrac{x}{2}$〔mol〕

　②式より，生成する NO は y〔mol〕

　③式より，$2NO \ + \ O_2 \longrightarrow 2NO_2$

反応前	y	$\dfrac{x}{2}$	0　〔mol〕
(反応量)	$-x$	$-\dfrac{x}{2}$	$+x$　〔mol〕
反応後	$y-x$	0	x　〔mol〕

反応後，O_2 が存在しなかったことから，反応物 NO，O_2 のうち O_2 の方が不足しており，O_2 は $\dfrac{x}{2}$〔mol〕すべてが反応した。反応式の係数比より NO は x〔mol〕反応することになる。

NO　$y-x=0.20$　……Ⓒ
①式より，生成する NO_2 は $2x$〔mol〕
②式より，生成する NO_2 は y〔mol〕
③式より，生成する NO_2 は x〔mol〕
　　$3x+y=1.0$　……Ⓓ
Ⓒ，Ⓓより，$x=0.20$〔mol〕，$y=0.40$〔mol〕
　　$x:y=1:2$

▶**45** (1) (i) 1.7×10^4 年　(ii) 1.3×10^4 年
(2) 2.0×10^2 年
(3) (i) 16%　(ii) 41%
(4) 7.5年

解説　(1) (i) **半減期**とは，放射性同位体の量がもとの半分になるのに要する時間のことである。

^{14}C の存在量が $\dfrac{1}{8}=\left(\dfrac{1}{2}\right)^3$ になるということは，その半減期を3回繰り返したと考えると，
　　　$5700\times3=17100\fallingdotseq1.7\times10^4$（年）

(ii) $\dfrac{\text{木片中の}^{14}C\text{の割合}}{\text{大気中の}^{14}C\text{の割合}}=\dfrac{2.4\times10^{-11}}{1.2\times10^{-10}}=\dfrac{1}{5}$

^{14}C の存在量が $\dfrac{1}{5}$ になるのに，半減期を x 回繰り返したと考えると，

$\dfrac{2}{10}=\left(\dfrac{1}{2}\right)^x$

両辺の常用対数をとると

$\log_{10}\dfrac{2}{10}=\log_{10}\left(\dfrac{1}{2}\right)^x$

$\log_{10}2-\log_{10}10=\log_{10}(2^{-1})^x$

$\log_{10}2-1=-x\log_{10}2$

$x=\dfrac{1-\log_{10}2}{\log_{10}2}=\dfrac{1-0.30}{0.30}=\dfrac{7}{3}$

$5700\times\dfrac{7}{3}=13300\fallingdotseq1.3\times10^4$〔年〕

(2) ^{137}Cs の存在量が $\dfrac{1}{100}$ になるのに，半減期を y 回繰り返したと考えると，

$\dfrac{1}{100}=\left(\dfrac{1}{2}\right)^y$

両辺の常用対数をとると
　　　$\log_{10}10^{-2}=\log_{10}(2^{-1})^y$
　　　$-2=-y\log_{10}2$

$y=\dfrac{2}{\log_{10}2}=\dfrac{2}{0.30}$

$30\times\dfrac{2}{0.30}=200=2.0\times10^2$〔年〕

(3) (i) 与えられた式に $t=2.0$，$T=8.0$ を代入すると，

$\dfrac{N}{N_0}=\left(\dfrac{1}{2}\right)^{\frac{2.0}{8.0}}=\left(\dfrac{1}{2}\right)^{\frac{1}{4}}=\sqrt[4]{\dfrac{1}{2}}$

$=\dfrac{1}{\sqrt[4]{2}}=\dfrac{1}{1.19}\fallingdotseq0.840$

したがって，2.0日間で壊変した ^{131}I の割合は，
　　　$1-0.840=0.160\fallingdotseq16$（%）

(ii) 与えられた式に $t=6.0$，$T=8.0$ を代入すると，

$\dfrac{N}{N_0}=\left(\dfrac{1}{2}\right)^{\frac{6.0}{8.0}}=\left(\dfrac{1}{2}\right)^{\frac{3}{4}}=\sqrt[4]{\dfrac{1}{2^3}}$

$$=\frac{1}{\sqrt[4]{2^3}}=\frac{1}{\sqrt{2}\times\sqrt[4]{2}}$$

$$=\frac{1}{1.41\times1.19}=0.595$$

したがって，6.0日間で壊変した^{131}Iの割合は

1−0.595＝0.405≒41〔％〕

(4) この放射性同位体の半減期をT(年)とする。

$$\frac{N}{N_0}=\left(\frac{1}{2}\right)^{\frac{12}{T}}=\frac{1}{3}$$

両辺の常用対数をとると

$$\log_{10}\left(\frac{1}{2}\right)^{\frac{12}{T}}=\log_{10}\left(\frac{1}{3}\right)$$

$$\log_{10}(2^{-1})^{\frac{12}{T}}=\log_{10}(3^{-1})$$

$$-\frac{12}{T}\log_{10}2=-\log_{10}3$$

$$T=12\times\frac{\log_{10}2}{\log_{10}3}$$

$$=12\times\frac{0.30}{0.48}=7.5〔年〕$$

参考　**^{14}Cによる年代測定の限界**

^{14}Cによる年代測定は，最大何年位前までの試料に適用できるか考えてみよう。

$\frac{^{14}C}{^{12}C}$の同位体比の測定誤差は，現在の生物中の$\frac{^{14}C}{^{12}C}$の同位体比の0.1％とされている。

今，古い試料中の$\frac{^{14}C}{^{12}C}$の比が現在の生物中の$\frac{^{14}C}{^{12}C}$の値の0.1％，すなわち$\frac{1}{1000}$となり，その測定誤差と等しくなる年数は次のように求められる。

これまでに^{14}Cの半減期(5700年とする)が n回繰り返されたとすると，

$\left(\frac{1}{2}\right)^{n}=\frac{1}{1000}$が成り立つ。

両辺の常用対数をとると，

$$\log_{10}2^{-n}=\log_{10}10^{-3}$$

$$-\text{n}\log_{10}2=-3$$

$$\text{n}=\frac{3}{\log_{10}2}=\frac{3}{0.30}=10$$

よって，試料の同位体比の測定値と，測定誤差が等しくなるのは，5700×10＝57000年となる。これが^{14}Cによる年代測定法が適用できる試料の最大年数である。

つまり，$\frac{^{14}C}{^{12}C}$の値が$\frac{1}{1000}$より小さくなった試料は，測定値と測定誤差が区別できないので，^{14}Cによる年代測定の結果が信頼できなくなり，これが^{14}Cによる年代測定の限界となる。

参考　**アスパラギン酸による年代測定**

自然界のアミノ酸のほとんどは L型であるが，徐々に D型に変化する。これをラセミ化という。この性質を利用して生物の遺骨からある特定のアミノ酸を採取し，その L型と D型の比率を調べれば，その遺骨の年代を推定できる。

例えば，アスパラギン酸は，20℃の場合，L

型の半分が D型に変化する(半減期)のに約15000年を要するが，これは^{14}Cの半減期(5700年)よりも長いため，約5万年が測定限界である^{14}Cに代わって，10万～100万年程度の年代測定に利用できる。

ただし，本法は温度の影響を受けるので留意が必要である。

第2編　物質の状態

3　物質の三態と状態変化

▶**46** (1) T_1 融点，T_2 沸点　(2) 78℃

(3) 外圧を変化させる。不揮発性物質を溶かす。

(4) この温度範囲では A の飽和蒸気圧はピストンを押す大気圧より小さく，例え A が蒸発してもピストンに押されてすべて凝縮する。

(5) 結晶を構成する分子の規則的な配列をくずすのに必要なエネルギーよりも，分子間力を断ち切り分子どうしを引き離すのに必要なエネルギーの方が大きいから。

(6)

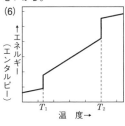

(7) (a) 1.6×10^4 Pa
(b) 5.8×10^4 Pa

(8) (a) 0.62 L
(b) 1.2 L

解説　(1) 物質 A は T_1 以下では固体，T_1 では固体と液体の共存，T_1～T_2 では液体，T_2 では液体と気体の共存，T_2 以上では気体の状態で存在する。

(2) T_2 は物質 A の沸点なので，図2より A の飽和蒸気圧が1.0×10^5 Pa になる温度，約78℃を読み取る。

(3) 外圧を高くすれば液体の沸点は上がり，外圧を低くすれば液体の沸点は下がる。また，液体に不揮発性の物質を溶かせば，溶液の沸点は上昇する。

(4) 仮に，最初に A 以外に気体が存在し，容器内に空間が存在していたとすると，その空間に A が蒸発して，A の圧力は飽和蒸気圧に等しくなる。本問では，容器内に他の気体が存在しないので，A の圧力は飽和蒸気圧に等しくなるはずであるが，この値が外気圧の1.0×10^5 Pa に達するまでは，ピストンは外気圧に押されて容器内に空間は存在できない。したがって，A はすべて液体として存在し，気体としては存在できない。

(6) 図1のグラフの傾きより，液体の比熱は固体や気体の比熱より大きい。比熱が大きいほど，温度変化1K あたりのエネルギーの変化量も大きい。した

がって，解答のグラフは，$T_1 \sim T_2$ の傾きは T_1 以下，および T_2 以上よりも大きく描く。また，図1の T_2 の水平部分の長さは，T_1 のそれよりも長いので，解答の垂直部分の長さは，T_2 では T_1 のそれよりも長く描く。

定圧条件で物質のもつエネルギーは，厳密には物質の内部エネルギー(運動エネルギーと位置エネルギーの和)E と，外部との間で行われる仕事 PV との和で表される**エンタルピー**(熱含量)に等しい。

(**80**参考)

(7) (a) 物質Aがすべて気体であるとして，$PV=nRT$ を適用して圧力を求め，飽和蒸気圧と比較する。

$P \times 1.0 = 2.0 \times 10^{-2} \times 8.3 \times 10^3 \times 313$

$P \fallingdotseq 5.2 \times 10^4 \,[\text{Pa}]$

この値は40℃のAの飽和蒸気圧 $1.6 \times 10^4\,\text{Pa}$ を超えているから，液体のAが存在し，真のAの蒸気の圧力は $1.6 \times 10^4\,\text{Pa}$ となる。

(b) $P' \times 1.0 = 2.0 \times 10^{-2} \times 8.3 \times 10^3 \times 348$

$P' \fallingdotseq 5.8 \times 10^4 \,[\text{Pa}]$

この値は75℃のAの飽和蒸気圧 $8.3 \times 10^4\,\text{Pa}$ より小さいから，Aはすべて気体として存在し，真のAの蒸気の圧力は $5.8 \times 10^4\,\text{Pa}$ となる。

(8) (a) 仮に，Aがすべて気体とすると，(物質量比)＝(分圧比)より，$P_A = 5.0 \times 10^4\,[\text{Pa}]$

この値は40℃のAの飽和蒸気圧より大きいので，液体のAが存在し，真のAの蒸気の圧力は $1.6 \times 10^4\,\text{Pa}$ となる。

よって，空気の分圧は，

$1.0 \times 10^5 - 1.6 \times 10^4 = 8.4 \times 10^4\,[\text{Pa}]$

空気について，$PV=nRT$ を適用する。

$8.4 \times 10^4 \times V = 2.0 \times 10^{-2} \times 8.3 \times 10^3 \times 313$

$\therefore\ V = 0.618 \fallingdotseq 0.62\,[\text{L}]$

(b) 仮に，Aがすべて気体とすると，(物質量比)＝(分圧比)より，$P_A = 5.0 \times 10^4\,[\text{Pa}]$

この値は75℃のAの飽和蒸気圧よりも小さいので，Aはすべて気体として存在する。

混合気体について，$PV=nRT$ を適用して，

$1.0 \times 10^5 \times V = 4.0 \times 10^{-2} \times 8.3 \times 10^3 \times 348$

$\therefore\ V = 1.15 \fallingdotseq 1.2\,[\text{L}]$

参考

気液の判定

ある液体がすべて気体で存在するとして仮定求めた蒸気の圧力を P，その温度におけるその液体の飽和蒸気圧を P_V とすると，
① $P > P_V$ のとき，容器内に液体が存在し，その蒸気の圧力は P_V と等しくなる。
② $P \leqq P_V$ のとき，容器内に液体は存在せず，その蒸気の圧力は P と等しくなる。

▶**47** (1) 領域3 ウ，領域4 ク，曲線OY エ，点O キ　(2) 点B ウ，点D キ，点F イ

---

(3) $6.0 \times 10^6\,\text{Pa}$　(4) $0.88\,\text{g/cm}^3$　(5) $29\,\text{g}$
(6) $0.49\,\text{g}$

解説 (1) 温度が低い方から順に，固体のみの状態(領域①)→液体のみの状態(領域②)→気体のみの状態(領域③)がある。さらに，高温・高圧では気体と液体の区別がつかない**超臨界状態**(領域④)がある。曲線OY(**融解曲線**)上では固体と液体が共存でき，曲線OZ(**蒸気圧曲線**)上では液体と気体が共存できる。また，曲線OX(**昇華圧曲線**)上では固体と気体が共存できる。点O(**三重点**)では固体と液体と気体が共存できる。

(2) 図2の20℃の CO_2 の液体の等温線に着目する。

気体の二酸化炭素を圧縮していくとき，AC間は気体の状態でボイルの法則に従う。C点で凝縮(液化)が始まる。CE間は気体と液体が共存し，圧力は CO_2 の液体の飽和蒸気圧を示す。飽和蒸気圧は温度で決まるので，CE間の圧力は一定となる。

E点で凝縮が終了する。EF間は液体状態なので圧縮されにくく，圧力が急に大きくなる。以上の変化を，図1に対応させると図のようになる。

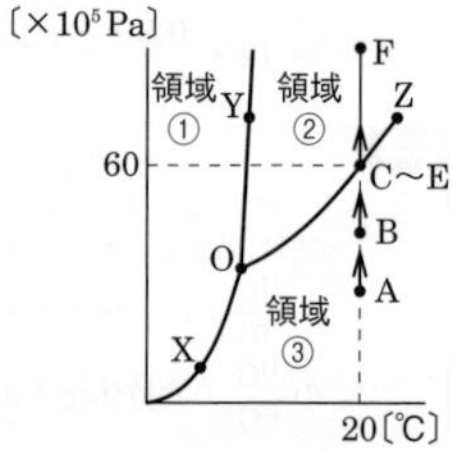

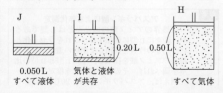

(3) 図2のCE間の圧力が20℃における CO_2 の液体の飽和蒸気圧(蒸気圧)で，$6.0 \times 10^6\,\text{Pa}$ である。

(4) 図2の0℃の CO_2 の等温線より，H点で凝縮(液化)が始まり，J点で凝縮が終了した。

すべて液体として存在するJ点の，CO_2 1mol あたりの体積(モル体積 $V_m = 0.050\,\text{L/mol}$)の値と CO_2 1mol あたりの質量(モル質量)44g/mol の値を利用して，$(0.050\,\text{L} = 50\,\text{mL} = 50\,\text{cm}^3)$

$$\text{密度} = \frac{44\,[\text{g}]}{50\,[\text{cm}^3]} \fallingdotseq 0.88\,[\text{g/cm}^3]$$

(5) 0℃における気体の CO_2 1mol あたりの体積(モル体積)は，H点より，0.50L/mol である。一方，0℃における液体の CO_2 1mol あたりの体積(モル体積)は，J点より，0.050L/mol である。I点では，液体と気体(蒸気)が共存しており，液体として存在する CO_2 を $x\,[\text{mol}]$ とすると，気体として存在する CO_2 は $(1.0-x)\,[\text{mol}]$ となる。

点Iにおいて，CO_2 1.0 mol あたりの体積について次式が成り立つ。

$$\underset{\substack{(\text{液体の}CO_2\\\text{の体積})}}{0.050\times x} + \underset{\substack{(\text{気体の}CO_2\\\text{の体積})}}{0.50(1.0-x)} = \underset{(\text{全体積})}{0.20}$$

$$\therefore\ x = \frac{2}{3}\,[\text{mol}]$$

よって，液体の CO_2 の質量は，CO_2 のモル質量が 44 g/mol より

$$\frac{2}{3}\,[\text{mol}]\times 44\,[\text{g/mol}]=29.3\fallingdotseq 29\,[\text{g}]$$

(6) 21℃の液体の CO_2 1.0 g から，-79℃のドライアイス x[g] が得られたとする。蒸発した CO_2 は$(1.0-x)$g であり，このとき吸収された熱量は，x[g] の液体の CO_2 の温度が 21℃→-79℃に変化する際に放出された熱量と，凝固する際に放出された熱量の和に等しい。

$$380(1.0-x)=2.0\times x\times(21-(-79))+200x$$
$$\therefore\ x=0.487\fallingdotseq 0.49\,[\text{g}]$$

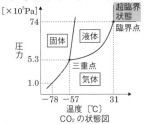

参考 **臨界点と超臨界流体**
　状態図において，物質の温度と圧力を高めていくと，ある温度・圧力(**臨界点**)で蒸気圧曲線は途切れてしまう。この温度・圧力を**臨界点**といい，臨界点以上の温度・圧力では，液体と気体の区別がなくなり，いくら圧力を高めても液体にすることが困難となる。この状態(**超臨界状態**)にある物質を**超臨界流体**という。超臨界流体は，気体のような低粘性・高拡散性と，液体のような高溶解性をあわせもつ。例えば，CO_2 の超臨界流体は，コーヒー豆からのカフェインの抽出や，植物などからの香り成分や薬効成分の抽出などに実用化されている。
　抽出後，臨界点以下の状態にして CO_2 を気体に戻すと，抽出成分を容易に分離できる。

　　　　　　　CO_2 の状態図
　二酸化炭素 CO_2 の三重点は 1.0×10^5 Pa よりも大きい。したがって，1.0×10^5 Pa では，CO_2 の固体は液体になることなく，直接気体に変化する(**昇華**)。なお，1.0×10^5 Pa で CO_2 が昇華する温度(**昇華点**)は約-78℃である。

▶**48** (1) I 気体，II 液体，III 固体
(2) 5.1×10^5 Pa　(3) 31℃　(4) 高くなる。
(5) 水の三重点の圧力は 1.0×10^5 Pa より低いが，二酸化炭素の三重点の圧力は 1.0×10^5 Pa より高い

から。　(6) エ

解説　(1) 圧力を 1.0×10^5 Pa に保った状態で温度をゆっくり上昇させたときの変化を，図2を使って考える。温度軸に平行な直線が，低温側から横切る3つの領域III，II，Iが，この順に固体，液体，気体である。
(2) 圧力が自由に選べるので，液体の CO_2 をつくるためには，最低限，三重点の圧力が必要となる。
(3) CO_2 の液体を密閉容器に入れて加熱していくと，31℃で蒸気圧が 7.28×10^6 Pa となる。この温度と圧力を，それぞれ**臨界温度・臨界圧力**といい，これ以上の温度・圧力では，液相と気相の界面が消失し，すべて一相だけとなる。つまり，液体の状態が存在しうる最高の温度が臨界温度ということになる。31℃以上では，CO_2 にいかなる圧力を加えても液体にすることはできない。
(4) CO_2 の融解曲線は正の傾きをもつから，固体の CO_2 に圧力を加えると，融点は高くなり，液体にすることはできない。(H_2O の融解曲線は負の傾きをもつから，固体の H_2O に圧力を加えると，融点は低くなり，液体にすることができる。)
(5) 三重点以上の圧力では，固体，液体，気体の状態が存在するので，固体を加熱すると融解し，液体に変化する。三重点以下の圧力では，固体と液体の状態しか存在しないので，固体を加熱しても液体にはならず，昇華して気体に変化する。
(6) 1.0×10^5 Pa のままで温度を下げていくと，100℃までは水蒸気の体積はシャルルの法則に従い，絶対温度に比例して直線的に減少する。本問では，水蒸気以外の気体が存在しないので，100℃になると水蒸気は凝縮し始め，体積は急激に減少する。さらに冷却すると，液体の水の体積は4℃で最小となり，0℃まではいくらか体積を増し，0℃で凝固すると体積は約9%増加する。さらに温度が下がると，氷の体積はごくゆるやかに減少していく。　∴　(エ)

第2編　物質の状態

4　気体の法則

▶**49** (1) (ア) 78　(イ) 9.0　(ウ) 47　(エ) 5.5×10^3　(2) A 1.0×10^{-4} mol　B，C 5.2×10^{-4} mol

解説　(1) (ア) 1.0×10^5 Pa は水銀柱で 76.0 cm に相当するから，$76.0+2.0=78.0$[cm]
(イ) エタノールの飽和蒸気圧 7.0 cmHg だけ水銀面が下がる。よって，管底から管内の水銀面までの距離は，$7.0+2.0=9.0$[cm]である。
(ウ) 外圧が $76.0\times0.50=38.0$ cmHg になる。この

外圧と，エタノールの飽和蒸気圧7.0cmHgと水銀柱の圧力の和が水銀面でつり合う。よって，水銀柱の高さは，38.0−7.0=31[cm]となり，管底から管内の水銀面までの距離は78(ア)−31=47[cm]

(エ) 状態Bのエタノール蒸気が，管内一杯に広がる。このときのエタノール蒸気の圧力をP[Pa]とすると，ボイルの法則より，

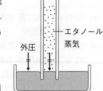
外圧　エタノール蒸気

$$\frac{7.0}{76}\times10^5[Pa]$$
$$\times(47\times3.0)[cm^3]$$
$$=P[Pa]\times(78\times3.0)[cm^3]$$
$$\therefore\ P\fallingdotseq5.5\times10^3[Pa]$$

(2) 状態A　エタノール蒸気の体積は(9.0×3.0)cm³。気体の状態方程式$PV=nRT$より，

$$\frac{7.0}{76}\times10^5\times\frac{9.0\times3.0}{1000}=n\times8.3\times10^3\times300$$
$$\therefore\ n\fallingdotseq1.0\times10^{-4}[mol]$$

状態B　エタノール蒸気の体積は(47×3.0)cm³。気体の状態方程式$PV=nRT$より，

$$\frac{7.0}{76}\times10^5\times\frac{47\times3.0}{1000}=n'\times8.3\times10^3\times300$$
$$\therefore\ n'\fallingdotseq5.2\times10^{-4}[mol]$$

状態C　状態Bでエタノールはすべて蒸発が終了しており，状態Cと状態Bのエタノール蒸気の物質量は全く同じである。

▶**50**　(ア) 54.5　(イ) 25.0　(ウ) 20.2
(エ) 30.6

解説　(ア) ガスライターから取り出した気体の質量は，23.8−21.7=2.1[g]

プロパンとブタンの混合気体の分圧は，
1.0×10⁵−4.0×10³(飽和水蒸気圧)=9.6×10⁴[Pa]
気体の状態方程式$PV=nRT$にこの値を代入して，

$$9.6\times10^4\times1.0=\frac{2.1}{M}\times8.3\times10^3\times300$$
$$\therefore\ M\fallingdotseq54.5$$

(イ) 気体の(体積比)=(物質量の比)の関係より，プロパンの体積百分率をx[%]とおくと，**混合気体の平均分子量(見かけの分子量)は，(それぞれの成分気体の分子量)×(そのモル分率)を合計すると求められる。**

分子量は，$C_3H_8=44$，$C_4H_{10}=58$より，

$$44\times\frac{x}{100}+58\times\frac{100-x}{100}=54.5\ \therefore\ x=25.0[\%]$$

(ウ) 混合気体が1molあるとすると，(イ)より，プロパン0.25mol，ブタン0.75molの割合で存在する。C_3H_8のモル質量44g/mol，C_4H_{10}のモル質量は

58g/molより，

$$\frac{44\times0.25}{44\times0.25+58\times0.75}\times100\fallingdotseq20.2[\%]$$

(エ) 混合気体1.0L中には，プロパン0.25L，ブタン0.75Lを含む。各気体の燃焼の反応式は次の通り。
$$\begin{cases}C_3H_8+5O_2\longrightarrow3CO_2+4H_2O\\C_4H_{10}+\dfrac{13}{2}O_2\longrightarrow4CO_2+5H_2O\end{cases}$$

(係数比)=(物質量の比)=(体積比)の関係より，プロパン，ブタン各1.0Lの燃焼にはそれぞれO_2 5.0L，O_2 6.5L必要である。さらに，空気中には酸素は体積で20%しか含まれないから，さらに5倍量の空気量が必要となる。必要な空気の体積は，
$$(0.25\times5.0+0.75\times6.5)\times5=30.6[L]$$

▶**51**　(1) $d=\dfrac{PM}{RT}$　(2) 152　(3) 156

解説　(1) 気体の密度dは，気体の質量をw，気体の体積をVとすると，$d=\dfrac{w}{V}$[g/L]である。

$$PV=\frac{w}{M}RT\text{より，}\quad d=\frac{w}{V}=\frac{PM}{RT}$$

(2) 97℃の湯浴中では液体試料はすべて蒸発し，ピクノメーターの中に満ちている。ピクノメーター(比重びん)を湯浴から取り出して室温まで冷却すると，大気圧，97℃で容器を満たしていた試料蒸気が再び凝縮して液体となる。(最初に入れた液体試料のうち，多すぎる分は大気中へ放出される。)

そこで，冷却後の容器の質量と最初に乾燥した状態で測定しておいた容器の質量との差が，容器を満たしていた試料蒸気の質量となる。(冷却してから質量を測定するのは，容器内に最初と同量の空気を戻し，容器内に存在していた空気の質量分に相当する誤差をなくすためである。)

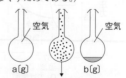
空気　空気
a[g]　b[g]

容器を満たした蒸気の質量は，(b−a)[g]で表される。

$w=30.494−30.000=0.494$[g]
$V=0.100$[L]，$P=1.0\times10^5$[Pa]，
$T=97+273=370$[K]を，

気体の状態方程式　$PV=\dfrac{w}{M}RT$に代入する。

$$1.0\times10^5\times0.100=\frac{0.494}{M}\times8.3\times10^3\times370$$
$$\therefore\ M=151.7\fallingdotseq152$$

(3) 27℃に冷却したとき，この液体試料の蒸気圧が$1.2\times10^4\,Pa$であるということは，$1.2\times10^4\,Pa$，100 mL 分の空気がピクノメーターから追い出されたことになる。したがって，この空気の質量分の補正が必要となる。（最初，ピクノメーターには$1.0\times10^5\,Pa$の空気が入った状態で秤量したので，最後でも，ピクノメーター内に$1.0\times10^5\,Pa$の空気が入った状態で秤量しておかないと，正しい試料蒸気の質量は求められない。）

補正すべき空気の質量は，

$$\frac{1.2\times10^4}{1.0\times10^5}\times\frac{100}{1000}\times1.1\fallingdotseq0.013\,[g]$$

よって，ピクノメーターを満たした蒸気の質量は，

$$0.494+0.013=0.507\,[g]$$

これを気体の状態方程式に代入する。

$$1.0\times10^5\times0.100=\frac{0.507}{M'}\times8.3\times10^3\times370$$

$$\therefore\ M'=155.6\fallingdotseq156$$

▶52 （ア）3.0×10^4　（イ）0.33　（ウ）7.5×10^4　（エ）9.0×10^4

解説　容器内に液体が存在するか否かは次のように判断する。

> 液体がすべて気体として存在すると仮定して求めた蒸気の圧力をP，その温度におけるその液体の飽和蒸気圧をP_Vとすると，次の関係が成り立つ。
> $P>P_V$のとき　液体が存在し，真の圧力はP_V
> $P<P_V$のとき　液体は存在せず，真の圧力はP

（ア）ジエチルエーテルがすべて蒸発したときの圧力を$P\,[Pa]$とすると，

$$P\times0.83=0.010\times8.3\times10^3\times300$$
$$P=3.0\times10^4\,[Pa]$$

この値は，27℃でのジエチルエーテルの飽和蒸気圧$7.5\times10^4\,Pa$よりも小さいから，ジエチルエーテルはすべて気体である。真のジエチルエーテルの蒸気の圧力は$3.0\times10^4\,Pa$。

（イ）ジエチルエーテルの飽和蒸気圧$7.5\times10^4\,Pa$になるとき，容器の内容積を$V\,[L]$とすると，

$$7.5\times10^4\times V=0.010\times8.3\times10^3\times300$$
$$\therefore\ V\fallingdotseq0.33\,[L]$$

（ウ）ジエチルエーテルがすべて蒸発したときの圧力を$P'\,[Pa]$とすると，

$$P'\times0.19=0.010\times8.3\times10^3\times300$$
$$P'=1.3\times10^5\,[Pa]$$

この値は27℃のジエチルエーテルの飽和蒸気圧$7.5\times10^4\,Pa$を超えており，ジエチルエーテルの液体が存在する。真のジエチルエーテルの蒸気の圧力

は$7.5\times10^4\,Pa$。

（エ）ジエチルエーテルがすべて蒸発したときの圧力を$P''\,[Pa]$とすると，

$$P''\times0.83=0.020\times8.3\times10^3\times300$$
$$P''=6.0\times10^4\,[Pa]$$

この値は27℃のジエチルエーテルの飽和蒸気圧$7.5\times10^4\,Pa$より小さいから，ジエチルエーテルはすべて気体である。真のジエチルエーテル蒸気の圧力は$6.0\times10^4\,Pa$。

一方，空気の分圧は，ジエチルエーテル蒸気の分圧の半分の$3.0\times10^4\,Pa$である。

$$\therefore\ 全圧は6.0\times10^4+3.0\times10^4=9.0\times10^4\,[Pa]$$

▶53 （1）**0.20 mol**　（2）**$6.5\times10^5\,Pa$**　（3）**1.5 mol**　（4）**0.61 mol**　（5）**$8.6\times10^5\,Pa$**　（6）**$4.6\times10^5\,Pa$**

解説　（1）容器 A に含まれる気体の物質量をn_A〔mol〕とおくと，気体の状態方程式より，

$$2.0\times10^5\times5.0=n_A\times8.3\times10^3\times300$$
$$\therefore\ n_A\fallingdotseq0.402\,[mol]$$

C_2H_6と Ar の体積比（＝物質量比）が$1:1$より，C_2H_6と Ar の物質量はそれぞれ

$$\frac{0.402}{2}=0.201\fallingdotseq0.20\,[mol]$$

（2）容器 B に含まれる気体の物質量をn_B〔mol〕とおくと，混合後の気体に状態方程式を適用して，

$$5.0\times10^5\times15.0=(0.402+n_B)\times8.3\times10^3\times300$$
$$\therefore\ n_B\fallingdotseq2.61\,[mol]$$

混合前の容器Bの圧力を$P\,[Pa]$とおくと，

$$P\times10.0=2.61\times8.3\times10^3\times300$$
$$\therefore\ P\fallingdotseq6.5\times10^5\,[Pa]$$

（3）混合後のアルゴンの物質量は，

$$0.201+\frac{2.61}{2}\fallingdotseq1.51\,[mol]$$

（酸素の物質量は，$\frac{2.61}{2}\fallingdotseq1.31\,[mol]$である。）

（4）

	C_2H_6	$+\,3.5O_2$	$\longrightarrow 2CO_2$	$+\,3H_2O$	
燃焼前	0.20	1.31	0	0	〔mol〕
（変化量）	−0.20	−0.70	+0.40	+0.60	〔mol〕
燃焼後	0	0.61	0.40	0.60	〔mol〕

エタン 0.20 mol を完全燃焼させるのに必要なO_2は，$0.20\times3.5=0.70\,[mol]$　よって，燃焼に使われずに残るO_2は，$1.31-0.70=0.61\,[mol]$である。

（5）題意より，反応後，水はすべて水蒸気として存在するので，気体の総物質量は，

$$\underset{(O_2)}{0.61}+\underset{(CO_2)}{0.40}+\underset{(H_2O)}{0.60}+\underset{(Ar)}{1.51}=3.12\,[mol]$$

混合気体の全圧を$P\,[Pa]$とすると，

$$P\times15.0=3.12\times8.3\times10^3\times500$$

$\therefore$　$P=8.63\times10^5\fallingdotseq8.6\times10^5(Pa)$

(6) 反応後，O_2とCO_2とArの物質量の和は2.52mol
であり，これらの気体の分圧の和を$P'(Pa)$とおくと，

$P'\times15.0=2.52\times8.3\times10^3\times320$

$\therefore$　$P'\fallingdotseq4.46\times10^5(Pa)$

H_2Oがすべて気体として存在すると仮定し，その
圧力を$P_{H_2O}(Pa)$とおくと，

$P_{H_2O}\cdot15.0=0.60\times8.3\times10^3\times320$

$\therefore$　$P_{H_2O}\fallingdotseq1.06\times10^5(Pa)$

この圧力は47℃の水の飽和蒸気圧1.0×10^4Paを
超えているので，液体の水が存在する。

よって，真の水蒸気の分圧は1.0×10^4Pa。

よって，混合気体の全圧は，

$4.46\times10^5+1.0\times10^4=4.56\times10^5\fallingdotseq4.6\times10^5(Pa)$

▶ **54** (1) 2.6×10^3Pa　(2) 9.4×10^4Pa　(3) 24

解説　(1) 水柱27cmの圧力と等しい水銀柱の圧
力を$x(cmHg)$とおくと，

(高さ[cm])×(密度[g/cm³])＝(圧力[g/cm²])より，

$27(cm)\times1.0(g/cm^3)=x(cm)\times13.5(g/cm^3)$

$\therefore$　$x=2.0(cm)$

よって，水銀柱の圧力では，2.0[cmHg]

$1.0\times10^5Pa=76cmHg$より，2.0cmHgの圧力は，

$\dfrac{2.0}{76}\times1.0\times10^5\fallingdotseq2.63\times10^3(Pa)$と等しい。

(2) (水素の分圧)＋(水蒸気の分圧)＋(水柱の圧
力)＝(大気圧)の関係が成り立つ。

水素の分圧を$x(Pa)$とおくと，

$x+3.6\times10^3+2.63\times10^3=1.0\times10^5$

$x=9.38\times10^4\fallingdotseq9.4\times10^4(Pa)$

(3) 発生した水素の物質量を$n(mol)$とおくと，

$9.38\times10^4\times0.300=n\times8.3\times10^3\times300$

$n\fallingdotseq1.13\times10^{-2}(mol)$

$M+2HCl\longrightarrow MCl_2+H_2\uparrow$　より，金属Mの物質
量と発生したH_2の物質量は等しい。

金属Mの原子量をxとおくと，

$\dfrac{0.27}{x}=1.13\times10^{-2}$　$\therefore$　$x=23.9\fallingdotseq24$

▶ **55** (1) 50L　(2) 4.7×10^4Pa　(3) 1.2×10^2L
(4) 3.4×10^2L　(5) 23℃

解説　(1) モル質量は$H_2=2.0g/mol$より，
水素2.0gは1.0molである。

$5.0\times10^4\times V=1.0\times8.3\times10^3\times300$

$\therefore$　$V=49.8\fallingdotseq50(L)$

(2) 水がすべて気体であるとすると，

(分圧比)＝(物質量比)より，

$P_{H_2O}=5.0\times10^4\times\dfrac{2.0}{1.0+2.0}\fallingdotseq3.3\times10^4(Pa)$

この値は27℃の飽和水蒸気圧3.5×10^3Paより大
きいので，液体の水が存在し，真の水蒸気の圧力は
3.5×10^3Pa。また，全圧は5.0×10^4Paなので，

水素の分圧は，$P_{H_2}=5.0\times10^4-3.5\times10^3$

$=4.65\times10^4\fallingdotseq4.7\times10^4(Pa)$

(3) 67℃においても，水がすべて気体で存在する
としたときに示す圧力は，(2)で求めた3.3×10^4Pa
である。この圧力は，67℃の飽和水蒸気圧$2.7\times$
10^4Paよりも大きいので，液体の水が存在し，真の
水蒸気の圧力は，2.7×10^4Paである。また，全圧
は5.0×10^4Paなので，

水素の分圧は，$P_{H_2}=5.0\times10^4-2.7\times10^4$

$=2.3\times10^4(Pa)$

混合気体中の水素について，$PV=nRT$を適用す
ると，$2.3\times10^4\times V=1.0\times8.3\times10^3\times340$

$\therefore$　$V=122\fallingdotseq1.2\times10^2(L)$

(4) 水がすべて気体で存在するとすると，

$P_{H_2O}=2.5\times10^4\times\dfrac{2.0}{1.0+2.0}\fallingdotseq1.7\times10^4(Pa)$

この値は，67℃の飽和水蒸気圧2.7×10^4Paより
小さいので，水はすべて気体として存在する。

混合気体について，$PV=nRT$を適用すると，

$2.5\times10^4\times V=(1.0+2.0)\times8.3\times10^3\times340$

$V=3.38\times10^2\fallingdotseq3.4\times10^2(L)$

(5) 1000m³（$=10^6L$）の気球に働く浮力は，気球が
押しのけた0℃，1.0×10^5Paの空気の重さ（$w(kg)$
とする）に等しい。空気の平均分子量が29だから，

$1.0\times10^5\times1.0\times10^6=\dfrac{w\times10^3}{29}\times8.3\times10^3\times273$

$\therefore$　$w\fallingdotseq1.28\times10^3(kg)$

気球内部にある温度$T(K)$の気体の重さを$x(kg)$
とおくと，

$1.0\times10^5\times1.0\times10^6$

$=\dfrac{x\times10^3}{29}\times8.3\times10^3\times T$

$\therefore$　$x=\dfrac{29\times10^5}{8.3\times T}(kg)$

力のつり合いの関係式は，

(浮力)＝(気球の重さ)＋(気球内部の気体の重さ)

$1.28\times10^3=100+\dfrac{29\times10^5}{8.3\times T}$

これを解くと，$T\fallingdotseq296(K)$

セルシウス温度では，$296-273=23(℃)$

▶ **56** (1) 3.6×10^4Pa　(2) 3.0×10^4Pa
(3) 54℃　(4) $7.0\times10^{-2}mol$　(5) 63℃
(6) $9.0\times10^{-2}mol$

解説　(1) エタノールがすべて気体であるときの圧
力を$P(Pa)$とすると，

$$P \times 8.3 = 0.10 \times 8.3 \times 10^3 \times 360$$
$$\therefore \quad P = 3.6 \times 10^4 [Pa]$$

この値は87℃のエタノールの飽和蒸気圧よりも小さいので，エタノールはすべて気体として存在する。よって，真のエタノールの分圧は$3.6 \times 10^4 Pa$。

(2) 窒素 N_2 は常に気体として存在するが，その圧力を$P'[Pa]$とすると，
$$P' \times 8.3 = 0.10 \times 8.3 \times 10^3 \times 300$$
$$\therefore \quad P' = 3.0 \times 10^4 [Pa]$$

(3) 定積条件で冷却したときは，気体の圧力は絶対温度に比例して減少する。

27℃でエタノールがすべて気体であるとすると，その圧力は窒素と同じ$3.0 \times 10^4 Pa$である。

よって，A点(87℃，$3.6 \times 10^4 Pa$)とB点(27℃，$3.0 \times 10^4 Pa$)を結ぶ直線と，エタノールの蒸気圧曲線との交点C(約54℃)で，エタノールが凝縮し始める。

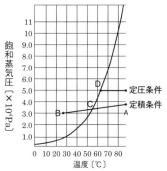

(4) 27℃でエタノールがすべて気体であるとすると，その圧力は$3.0 \times 10^4 Pa$であるが，27℃のエタノールの飽和蒸気圧は，グラフより$0.9 \times 10^4 Pa$，よって，エタノールの液体が存在し，真のエタノールの分圧は$0.9 \times 10^4 Pa$である。

気体(蒸気)として存在するエタノールを$x[mol]$とすると，体積一定では，(分圧比)＝(物質量比)の関係より，
$$\frac{0.9 \times 10^4}{3.0 \times 10^4} = \frac{x}{0.10} \qquad \therefore \quad x = 0.030 [mol]$$

よって，液体として存在するエタノールの物質量は
$$0.10 - 0.030 = 0.070 [mol]$$

(5) 定圧条件で冷却した場合，エタノールが凝縮する温度までは，エタノール・窒素の分圧ともに一定に保たれる。87℃でエタノールがすべて気体で存在するとすると，その圧力は，
$$1.0 \times 10^5 \times \frac{0.10}{0.10 + 0.10} = 5.0 \times 10^4 [Pa]$$

この値は87℃のエタノールの飽和蒸気圧よりも小さいので，エタノールはすべて気体として存在する。エタノールの分圧を$5.0 \times 10^4 Pa$に保ったまま冷却することになるので，x軸に平行な直線を引く。この直線とエタノールの蒸気圧曲線との交点D(約63℃)でエタノールの凝縮が始まる。

(6) 27℃ではエタノールの液体が存在し，その圧力は，エタノールの飽和蒸気圧$0.9 \times 10^4 Pa$と等しい。一方，全圧は$1.0 \times 10^5 Pa$に保たれているから，窒素の分圧は，$1.0 \times 10^5 - 0.9 \times 10^4 = 9.1 \times 10^4 [Pa]$

27℃で気体として存在するエタノールを$x[mol]$とおくと，(分圧比)＝(物質量比)の関係より，
$$(N_2):(エタノール) = 9.1 \times 10^4 : 0.9 \times 10^4$$
$$= 0.10 : x$$
$$\therefore \quad x \fallingdotseq 9.9 \times 10^{-3} [mol]$$

液体として存在するエタノールの物質量は，
$$0.10 - 9.9 \times 10^{-3} \fallingdotseq 9.0 \times 10^{-2} [mol]$$

▶**57** (ア) 1.5×10^5　(イ) 5.0×10^4
(ウ) 3.5×10^5　(エ) 0.14　(オ) 4.7×10^5　(カ) **a**

解説 (ア) 分子量$C_2H_6 = 30$，$O_2 = 32$より，

各物質量は，$n_{エタン} = \dfrac{1.8}{30} = 0.060 [mol]$ ｜ 合計
$n_{O_2} = \dfrac{8.0}{32} = 0.25 [mol]$ ｜ $0.31 [mol]$

混合前の容器Aのエタンに$PV = nRT$を適用する。
$$P \times 1.0 = 0.060 \times 8.3 \times 10^3 \times 300$$
$$\therefore \quad P = 1.49 \times 10^5 \fallingdotseq 1.5 \times 10^5 [Pa]$$

(イ) 混合前後のエタンにボイルの法則を適用する。
混合後のエタンの分圧を$P'[Pa]$とおくと，
$$1.49 \times 10^5 \times 1.0 = P' \times 3.0$$
$$P' = 4.96 \times 10^4 \fallingdotseq 5.0 \times 10^4 [Pa]$$

(ウ) 気体分子の移動がないとすると，高温側Bは低温側Aよりも圧力が高くなるはずである。実際には高温側から低温側への気体分子の移動が起こり，AとBの圧力はともに等しくなり，熱平衡の状態となる。

この熱平衡の状態の気体の圧力を$P[Pa]$とすると，
(A内の気体の物質量)＋(B内の気体の物質量)＝(気体の全物質量)より，
$$\frac{P \times 1.0}{300R} + \frac{P \times 2.0}{500R} = 0.31 \quad (R\,気体定数)$$

両辺に$1500R$をかけて整理すると，
$$5P + 6P = 465R \quad \therefore \quad P \fallingdotseq 3.50 \times 10^5 [Pa]$$

(エ) 上式より
$$\frac{P \times 1.0}{300R} = \frac{3.50 \times 10^5 \times 1.0}{300 \times 8.3 \times 10^3} \fallingdotseq 0.14 [mol]$$

(オ)　$C_2H_6 + \dfrac{7}{2}O_2 \longrightarrow 2CO_2 + 3H_2O$

燃焼前	0.060	0.25	0	0　[mol]
(変化量)	−0.060	−0.21	+0.12	+0.18 [mol]
燃焼後	0	0.04	0.12	0.18 [mol]

燃焼後，容器内の物質はすべて気体として存在するから，混合気体の全物質量は，0.04+0.12+0.18=0.34〔mol〕で，混合気体の全圧をP〔Pa〕とおくと，

$$P \times 3.0 = 0.34 \times 8.3 \times 10^3 \times 500$$

$$\therefore \quad P \fallingdotseq 4.70 \times 10^5 〔Pa〕$$

（カ）コックを閉じたので，容器B内についてのみ考える。燃焼後の混合気体中の水蒸気の全物質量は0.18 molで，このうちB内には，$0.18 \times \dfrac{2.0}{3.0} = 0.12$〔mol〕の水蒸気が存在している。これを27℃にしたとき，水蒸気のみで存在すると仮定し，その圧力を$P_水$〔Pa〕とすると，

$$P_水 \times 2.0 = 0.12 \times 8.3 \times 10^3 \times 300$$

$$P_水 \fallingdotseq 1.49 \times 10^5 〔Pa〕$$

この値は27℃の飽和水蒸気圧を超えており，液体の水が存在する。∴　a

▶**58** (1) **1.3L** (2) **0.019 mol** (3) **5.3×10⁴Pa**
(4) **1.0L**

解説　この問題では，A室とB室の圧力が常に等しくなるように，隔壁が移動する。A室とB室の合計の体積が4.0Lであるということだけで，各室の体積は決められていない。各室の体積が決まらないと，各室の圧力を決めることも困難である。しかし，B室でアセトンが液体として存在していると仮定すると，B室の圧力が決まる。B室の圧力とA室の圧力は常に等しく，窒素はいつも気体として存在するから，A室の体積が決まると，結果的にB室の体積も決まることになる。

この結果に矛盾が生じれば，最初の仮定が誤っていたことになり，B室ですべてアセトンが気体として存在していたとして計算をやり直せばよい。

(1) 27℃でB室に液体のアセトンが存在していると仮定すると，　$P_{アセトン} = 3.8 \times 10^4$〔Pa〕

よって，　A室のP_{N_2}も3.8×10^4〔Pa〕

N_2について，気体の状態方程式を適用すると，

$$3.8 \times 10^4 \times V = 0.020 \times 8.3 \times 10^3 \times 300$$

$$\therefore \quad V = 1.31 \fallingdotseq 1.3〔L〕$$

(2) B室の体積は，4.0−1.3=2.7〔L〕である。B室で，気体として存在するアセトンをn〔mol〕とおくと，$3.8 \times 10^4 \times 2.7 = n \times 8.3 \times 10^3 \times 300$

$$\therefore \quad n \fallingdotseq 0.041〔mol〕$$

最初，アセトンは0.060 mol入れたので，この結果は，B室に液体のアセトンが存在するとした最初の仮定が正しかったことを意味する。

∴　液体として存在するアセトンは，

0.060−0.041=0.019〔mol〕

(3) 47℃で，B室に液体のアセトンが存在していると仮定すると，　$P_{アセトン} = 7.6 \times 10^4$〔Pa〕

よって，A室のP_{N_2}も7.6×10^4〔Pa〕

N_2について，気体の状態方程式を適用すると，

$$7.6 \times 10^4 \times V = 0.020 \times 8.3 \times 10^3 \times 320$$

$$\therefore \quad V \fallingdotseq 0.70〔L〕$$

よって，B室の体積は，4.0−0.70=3.3〔L〕

B室で気体として存在するアセトンをn'〔mol〕とすると，$7.6 \times 10^4 \times 3.3 = n' \times 8.3 \times 10^3 \times 320$

$$n' \fallingdotseq 0.094〔mol〕$$

アセトンは0.060 molしか入れておらず，この結果はB室に液体が存在するとした仮定が間違っていたことを示す。改めて，B室でアセトンがすべて気体として存在しており，その圧力をP〔Pa〕，体積をV〔L〕とすると，

（A室）$P \times (4.0 - V) = 0.020 \times 8.3 \times 10^3 \times 320$……①

（B室）$P \times V = 0.060 \times 8.3 \times 10^3 \times 320$……②

①÷②より，$\dfrac{4.0 - V}{V} = \dfrac{1}{3}$　∴　$V = 3.0$〔L〕

$V = 3.0$〔L〕を①式へ代入すると，

$$P \times 1.0 = 0.020 \times 8.3 \times 10^3 \times 320$$

$$\therefore \quad P \fallingdotseq 5.3 \times 10^4 〔Pa〕$$

(4) 47℃ですでにアセトンはすべて気体になっており，A室1.0L，B室3.0Lで，圧力は5.3×10^4Paでつり合っている。A室とB室の温度を同じ割合で上げる限り，両室の圧力は同じ割合で増加する。よって，A室の体積は1.0Lのままで変化しない。

▶**59** (1) **A** (2) **圧力が増加すると，気体分子間の距離が小さくなり，分子間力の影響によって，実在気体の体積がボイルの法則で予想される理想気体の体積よりも減少するため。**

(3) **1.0L** (4) **A** (5) **A H_2，D NH_3**

（理由）極性分子であるNH_3の分子間力が最も強く，$\dfrac{PV}{RT}$の値の減少率が最も大きくなるのが**D**。無極性分子で分子量が最小であるH_2の分子間力が最も弱く，$\dfrac{PV}{RT}$の値の減少率の最も小さいのが**A**。

(6) **ア** (7) **イ**

解説　(1) 理想気体の状態方程式$PV = nRT$の両辺をnRTで割ると，$\dfrac{PV}{nRT} = 1.0$　ここで，物質量$n=1$とおくと，理想気体1 molでは，いかなる圧力においても，$\dfrac{PV}{RT} = 1.0$が成立する。

図の圧力範囲で，$\dfrac{PV}{RT}$の値が最も1に近い実在気体はAである。

(2) 実在気体では，ある程度圧力を高くすると，分子間距離が小さくなり，分子間力がより強く働くよ

うになる。このため，ボイルの法則で予想される理想気体の体積よりも，実在気体の体積の方が小さくなり，$\dfrac{PV}{RT}$の値が1.0よりも減少する。

　ただし，非常に高い圧力にすると，気体分子どうしが混み合う状態となり，気体の体積に比べて気体分子自身の体積が無視できなくなる。つまり，気体分子自身の体積が原因となって，圧力をかけても実在気体の体積が減少しにくくなり，$\dfrac{PV}{RT}$の値が1.0よりも増加する。

　一方，圧力を低くすると，気体の体積が増大するため，気体分子自身の体積の影響は無視できるようになる。また，気体分子間の距離が大きくなるので，相対的に分子間力の影響も無視できるようになり，理想気体に近づく。

（3）気体Dの$2\times10^6\,\mathrm{Pa}$における$\dfrac{PV}{RT}$の値は0.9であるから，

$$\frac{2\times10^6\times V}{8.3\times10^3\times273}=0.9 \quad\therefore\quad V\fallingdotseq1.0\,[\mathrm{L}]$$

（4）0℃のとき，圧縮されやすい気体ほどPの増加に対するVの減少量が大きく，$\dfrac{PV}{RT}$の値が1よりも小さくなる。したがってPの増加に対するVの減少量の小さい気体Aが最も圧縮されにくい。

残る気体BとCはN₂とCH₄のいずれかである。N₂(分子量28，沸点−196℃)，CH₄(分子量16，沸点−161℃)はいずれも無極性分子であり，分子量だけで判断すると，分子量の大きいN₂の方が分子間力が強いと予想されるが，実際にはCH₄の方が沸点が高いことから，CH₄の方が分子間力が相対的に強く働いていると考えられる。これは，極性のないN≡N結合からなるN₂分子に対して，極性のあるC-H結合からなるCH₄分子では，各結合の伸縮や振動によって生じる瞬間的極性に基づく分子間力(分散力)が大きくなることが考えられる。したがって，圧力Pの増加に対する$\dfrac{PV}{RT}$の減少率の大きい気体CがCH₄，圧力Pの増加に対する$\dfrac{PV}{RT}$の減少率のやや小さい気体BがN₂と判断できる。

（6）気体Cは，図の圧力範囲では$\dfrac{PV}{RT}<1$なので，分子自身の体積の影響よりも分子間力の影響の方が大きい。温度を高くすると，気体分子の運動エネルギーが大きくなり，相対的に分子間力の影響が小さくなるので，$\dfrac{PV}{RT}$のグラフは上方へ移動する(理想気体に近づく)。

理想気体からの実在気体のずれを表す指標

　温度一定では，理想気体では$PV=nRT$が完全に成立するので，$\dfrac{PV}{nRT}$の値は常に1となる。

　この$\dfrac{PV}{nRT}$を圧縮率因子(記号Z)といい，実在気体の理想気体からのずれを表す指標としてよく用いられる。

　多くの実在気体では，Pを大きくすると，Zは1からいったん減少し，再び増加する。これは，実在気体を圧縮すると，分子どうしが接近するために，分子間力の影響によって，$V_{実在}$が$V_{理想}$よりも減少するためである。さらに実在気体を圧縮すると，分子どうしは接近しすぎるため，分子自身の体積の影響，すなわち分子の表面に存在する電子雲どうしの反発などによって，$V_{実在}$が$V_{理想}$よりも減少しにくくなるためである。また，H₂やHeのように，分子量が小さな無極性分子では，分子間力の影響がかなり小さく，分子自身の体積の影響だけがあらわれるため，Zは1からいったん減少することなく，1から少しずつ単調に増加する傾向を示す。

ボイル温度

　実在気体1molに対するファンデルワールスの状態方程式(aは分子間力，bは分子自身の体積の大きさで決まるファンデルワールス定数)は，次式で表される。(Rは気体定数)

$$\left(P+\frac{a}{V^2}\right)(V-b)=RT$$

$$PV=RT+bP-\frac{a}{V}+\frac{ab}{V^2}$$

比較的低圧では，$V\to$大なので，$V^2\to$さらに大。よって，第4項は無視できる。

$$\div RT\quad \frac{PV}{RT}=1+\frac{bP}{RT}-\frac{a}{VRT}$$

実在気体であってもボイルの法則に従う温度が存在し，この温度を**ボイル温度T_b**という。

　ボイル温度の条件より，$\dfrac{bP}{RT}=\dfrac{a}{VRT}$

$$bP=\frac{a}{V}\quad b=\frac{a}{PV}$$

ボイル温度では，$PV=RT_b$が成り立つから，

$$b=\frac{a}{RT_b}\quad\therefore\quad T_b=\frac{a}{bR}$$

ファンデルワールス定数	$a\,[\mathrm{Pa\cdot L^2/mol^2}]$	$b\,[\mathrm{L/mol}]$
水素H₂	2.42×10^4	2.64×10^{-2}
メタンCH₄	2.25×10^5	4.28×10^{-2}

$$\mathrm{H_2}のT_b=\frac{2.42\times10^4}{2.64\times10^{-2}\times8.3\times10^3}\fallingdotseq111\,\mathrm{K}$$

$$\mathrm{CH_4}のT_b=\frac{2.25\times10^5}{4.28\times10^{-2}\times8.3\times10^3}\fallingdotseq633\,\mathrm{K}$$

　一般に，気体の温度がT_b付近にあるとき，分子間力の影響と分子自身の体積の影響がほぼつり合い，Zのグラフはかなり広い圧力範囲($2\sim5\times10^6\,\mathrm{Pa}$程度)まで$Z=1$となり，理想気体に近いふるまいをする。

（7）$\dfrac{PV}{RT}$の値が1.0より小さくなるのは，分子間力の影響によるものである。(ア)～(エ)はいずれも分子間力に影響を及ぼす要因の1つであるが，「極性

の有無」が分子間力に与える影響が最も大きい。

▶60 （ア）**0** （イ）**76.0** （ウ）**0.136**
（エ）**44.8** （オ）**218** （カ）**0.106**

解説 （ア）最初，U字管には水銀が先端部まで満たしてある。容器A，Bの圧力を減らしていくと，h は次第に小さくなり，やがて $h=0$ となる。このとき，U字管の先端部分が真空である。（トリチェリーの真空という。）

（イ）コック1は閉じ，コック2は開いているから，水2.0gは容器AとBの空間全体に広がる。このとき示す水蒸気の圧力を P[Pa] とすると，

$$P \times 4.00 = \frac{2.0}{18} \times 8.3 \times 10^3 \times 320$$

$$\therefore \quad P \fallingdotseq 7.38 \times 10^4 \text{[Pa]}$$

$1\text{Pa} = 7.6 \times 10^{-3}\text{mmHg}$ より，

$$7.38 \times 10^4 \times 7.6 \times 10^{-3} \fallingdotseq 561\text{[mmHg]}$$

この値は，47℃の飽和水蒸気圧 76.0mmHg よりも大きいので，液体の水が存在し，真の水蒸気の圧力は 76.0mmHg。

（ウ）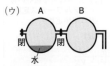 図より，容器B内には，76.0mmHgの水蒸気が存在するだけで，液体の水は存在しない。また，水蒸気圧76.0mmHgの値は空気を導入しても変化しない。

温度一定のとき，液体の蒸気圧は他の気体の存在の有無に関わらず一定値をとるので，容器Bに存在する水蒸気の質量を w[g] とすると，

$$\frac{76}{760} \times 10^5 \times 2.00 = \frac{w}{18} \times 8.3 \times 10^3 \times 320$$

$$\therefore \quad w \fallingdotseq 0.136\text{[g]}$$

（エ）このとき，容器Bの全圧は300mmHgであり，このうち，水蒸気の分圧は76mmHgだから，空気の分圧は，$300 - 76 = 224$[mmHg]

酸素の分圧はこの $\frac{1}{5}$ だから，

$$224 \div 5 = 44.8\text{[mmHg]}$$

（オ）コック2が閉じてあるから，容器Bの圧力変化だけを考えればよい。

17℃に冷却すると，空気の分圧は絶対温度に比例して下がる。シャルルの法則より，

$$\frac{224}{320} = \frac{P_{air}}{290} \quad \therefore \quad P_{air} = 203\text{[mmHg]}$$

47℃で飽和していた水蒸気は，17℃に冷却すると凝縮し，液体の水が存在する。

17℃での水蒸気の圧力は，飽和水蒸気圧の 15.2 mmHg と等しい。

容器Bの全圧は，$203 + 15.2 = 218.2$[mmHg]

（カ）容器Bに存在する水蒸気の質量を x[g] とする。

$$\frac{15.2}{760} \times 10^5 \times 2.00 = \frac{x}{18} \times 8.3 \times 10^3 \times 290$$

$$x = 0.0299\text{[g]}$$

液体として存在する水の質量は，

$$0.136 - 0.0299 = 0.106\text{[g]}$$

▶61 （ア）**60** （イ）**4.5×10⁴** （ウ）**45**

解説 （ア）混合気体の圧力を 1.0×10^5Pa に保ったまま冷却するということは，右図のような装置に混合気体を入れ，ピストンが可動の状態で冷却することを意味する。

混合気体

すなわち，冷却すると，ピストンがゆっくり下がってきて，常に一定の圧力 1.0×10^5Pa を保つ。

（ア）気体では，（分圧比）＝（物質量比）の関係が成り立つから，ヘキサン，水蒸気，窒素の分圧をそれぞれ $P_{ヘキサン}$，P_{H_2O}，P_{N_2} とすると，

$$P_{ヘキサン} = 1.0 \times 10^5 \times \frac{2}{5} = 4.0 \times 10^4 \text{[Pa]}$$

$$P_{H_2O} = 1.0 \times 10^5 \times \frac{1}{5} = 2.0 \times 10^4 \text{[Pa]}$$

$$P_{N_2} = 1.0 \times 10^5 \times \frac{2}{5} = 4.0 \times 10^4 \text{[Pa]}$$

それぞれの分圧の値をグラフにプロットし，その点から横軸に平行な直線を引くと，まず，60℃で水の蒸気圧曲線と交わる。∴ 60℃で水が凝縮し始める。（窒素の蒸気圧曲線は与えられていないが，窒素は0〜100℃の範囲では凝縮しない。）

（イ）さらに温度を下げると，水の凝縮により水蒸気の圧力は急激に減少する一方，全圧を 1.0×10^5Pa に保っているので，ヘキサンと窒素の分圧はやや増加する。（したがって，ヘキサンの凝縮の始まる温度は約42℃ではない。）

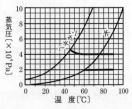

ヘキサンの凝縮が始まったとき，容器に残っている気体は，水蒸気 0.4 mol，ヘキサン 2 mol，窒素 2 mol であり，これらの全圧は 1.0×10^5Pa であるから，ヘキサンの蒸気の分圧は，（分圧比）＝（物質量比）より，

$$1.0 \times 10^5 \times \frac{2}{0.4 + 2 + 2} = 4.5 \times 10^4 \text{[Pa]}$$

（ウ）ヘキサンの飽和蒸気圧が 4.5×10^4Pa になる温度をグラフで読むと，約45℃である。

▶62 (1) (ア) 理想気体　(イ) 分子間力(ファンデルワールス力)　(ウ) 体積　(エ) 小さ　(オ) 大き
(2) a は分子間力に比例して大きくなる定数であるが，蒸発熱も分子間力に比例して大きくなるから。
(3) 分子量が大きくなると，分子間力が強くなるので，a の値は大きくなり，分子自身の体積も大きくなるので，b の値も大きくなる。
(4) 低圧にすると気体の体積が大きくなり，分子自身の体積は相対的に無視できるようになる。また，低圧にすると分子間距離が大きくなり，分子間力の影響が無視できるようになり，理想気体に近づく。また，高温にすると分子自身の運動エネルギーが大きくなり，相対的に分子間力の影響は無視できるようになり，理想気体に近づく。
(5) $2.2 \times 10^6\,\mathrm{Pa}$

解説　(1) 実測圧力 P' は，理想気体の圧力 P よりも $\dfrac{a}{V'^2}$ だけ減少する。

$$P' = P - \frac{a}{V'^2} \text{ より，} P = P' + \frac{a}{V'^2} \cdots\cdots ①$$

実測体積 V' は，理想気体の体積 V よりも b だけ増加する。

$$V' = V + b \text{ より，} V = V' - b \cdots\cdots ②$$

①，②を理想気体の状態方程式 $PV = nRT$ に代入すると，問題文に示した**ファンデルワールスの状態方程式**が得られる。
(2) ファンデルワールスの状態方程式は次の通り。

$$\left(P' + \frac{a}{V'^2}\right)(V' - b) = nRT$$

上式を展開し，nRT で両辺を割ると，

$$\frac{P'V'}{nRT} = 1 + \frac{bP'}{nRT} - \frac{a}{V'nRT} + \frac{ab}{V'^2 nRT}$$

$$= 1 - \underbrace{\frac{a}{V'nRT}}_{(第2項)} + \underbrace{\frac{bP'}{nRT}}_{(第3項)} + \underbrace{\frac{ab}{nRTV'^2}}_{(第4項)}$$

第2項は負の符号をもち，分子間力の影響を表す。第3項は正の符号をもち，分子の体積の影響を表す。
第2項には $\dfrac{1}{V'}$，第4項には $\dfrac{1}{V'^2}$ を含む。

比較的低圧では，$V' \to$ 大なので $\dfrac{1}{V'} \to$ 小，$V'^2 \to$

さらに大なので $\dfrac{1}{V'^2} \to$ さらに小，となり，第2項に比べて第4項は無視して構わない。

(5) $\left(P' + \dfrac{3.6 \times 10^5}{1.0^2}\right)(1.0 - 0.040)$
$= 1.0 \times 8.3 \times 10^3 \times 300$
$(P' + 3.6 \times 10^5) \times 0.96 = 2.49 \times 10^6$
$P' = 2.23 \times 10^6\,[\mathrm{Pa}]$

補足　理想気体の状態方程式を適用すると，
$P \times 1.0 = 1.0 \times 8.3 \times 10^3 \times 300$
$P = 2.49 \times 10^6\,[\mathrm{Pa}]$
ファンデルワールスの状態方程式を用いて求めた値は，上記の値より約10%小さくなっている。

▶63 (1) (ア) k_1　(イ) 分子間力　(ウ) 高
(エ) 熱運動　(オ) 高　(カ) k_2　(キ) 体積　(ク) 大き
(2) ① ○　② ×　③ ×　④ ×　⑤ ○
⑥ ○　⑦ ○　(3) **0.90**

解説　与えられた式中の k_1，k_2 の意味を理解することが必要となる。実在気体では分子間力が働くため，分子どうしの引き合いの結果，分子が器壁に衝突する力が和らぐ。すなわち，実在気体の圧力 P は理想気体の圧力よりも小さくなり，Z が小さくなる。したがって，Z を小さくする因子 k_1 は分子間力の影響を受けると考えてよい。

一方，実在気体では，分子が自由に運動できる空間と分子自身の体積の和が気体の体積 V となり，理想気体の体積よりも大きくなり，Z も大きくなる。したがって，Z を大きくする因子 k_2 は分子自身の体積の影響を受けると考えてよい。
(1) 図のように，圧力がそれほど高くない場合は，分子間力の影響(k_1)＞分子自身の体積の影響(k_2)となることが多く，Z の値は1よりも小さくなる。

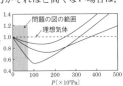

このとき，分子間力が大きい気体分子の方が，Z の値はより小さくなる。また，分子間力の大きい物質は，蒸発しにくいので沸点は高くなる。

温度が高くなるほど分子の熱運動は激しくなるので，相対的に分子間力の影響は小さくなり，実在気体は理想気体に近づく。

超高圧下では気体の体積が小さくなるため，気体の体積に対して気体分子自身の体積が無視できなくなる。すなわち，超高圧下では実在気体の占める体積は気体分子自身の体積の分だけ，理想気体である場合の体積よりも大きくなる。①式中では，分子自身の体積の影響を表す k_2 の項が大きくなり，その結果，Z の値は1より大きくなる。
(2) ① P が大きくなると，分子どうしが接近するため，k_1 は大きくなる。　○
② V が大きくなると，分子どうしの相互作用が弱くなり，k_1 が小さくなる。　×
③ 分子の密度が大きいほど，分子どうしの相互作用が強くなり，k_1 は大きくなる。　×
④分子間力は

NH₃(極性分子)＞CH₄(無極性分子)

であり，NH₃の方がk_1が大きい。　×

⑤ Pが一定でTが大きくなると，分子の熱運動が激しくなり，相対的に分子間力の影響は小さくなり，k_1は小さくなる。　○

⑥ CH₄ とC₂H₆では，構成原子の数から考えてもC₂H₆の方が分子の体積が大きいので，k_2も大きくなる。　○

⑦ Pが大きくなるとVが小さくなるので，分子自身の体積の影響は大きくなり，k_2も大きくなる。　○

(3) 実体気体について，$Z=\dfrac{PV}{RT}$の式に与えられた数値を代入すると，

$$Z=\frac{PV}{RT}=\frac{2.0\times10^6\times1.5}{8.3\times10^3\times400}\fallingdotseq0.90$$

第2編　物質の状態

5　溶液の性質

▶**64** (1) アーオ　(2) イーケ　(3) アーク
(4) ウーキ　(5) イーコ　(6) ウーカ　(7) エーサ
問　グルコースの飽和水溶液にエタノールを少量ずつ加えていくと，糖のヒドロキシ基-OHに水和していた水分子がエタノールに奪われ，グルコースの水への溶解度が減少し，結晶として析出するから。

解説　物質の溶解性については「極性の似たものどうしは互いに溶け合う」という一般原則がある。水のような極性溶媒には，イオン結晶や極性をもつ分子性物質は水和してよく溶ける。水和が起こると，イオン間の静電気力(クーロン力)や，分子間の水素結合が弱められるので，水和された溶質粒子は熱運動によって溶液中に拡散し，やがて溶質と溶媒は均一に混ざり合う。

(1) 硝酸カリウム KNO₃は
イオン結晶で，陽イオン，
陰イオンが静電気力によっ
て極性をもつ水分子によっ
て取り囲まれ安定化する現
象(**水和**)が起こり，やがて
水和イオンとなって溶け
る。

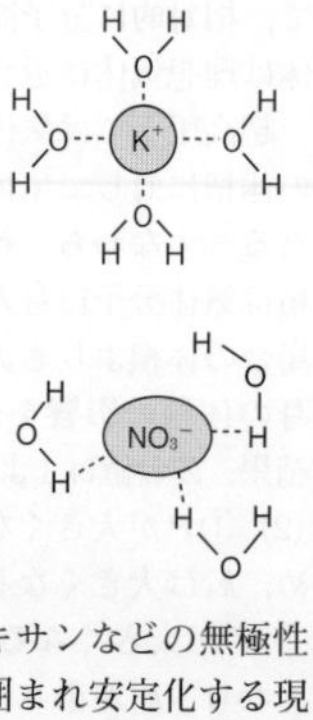

(2) ナフタレン C₁₀H₈は無
極性の分子性物質で，極性
溶媒の水には溶けにくいが，ヘキサンなどの無極性
溶媒には分子間力によって取り囲まれ安定化する現
象(**溶媒和**)が起こりよく溶ける。

(3) グルコース C₆H₁₂O₆は，1分子中に親水性のヒドロキシ基-OHを5個もつため，水素結合によって

水和されるので，水によく溶ける。

(5) 1-ペンタノール C₅H₁₁OH は分子性物質で，アルキル基 C₅H₁₁- が親油基(疎水基)，ヒドロキシ基-OH が親水基である。直鎖のアルコールの場合，ヒドロキシ基が1個あたり，アルキル基の炭素数が4以上になると，親油基の影響が親水基の影響よりも優勢となり，水に溶けにくくなる。

(6) イオン結晶であっても，BaSO₄，CaCO₃のように，陽イオンと陰イオンの価数が大きく，イオン間に強い静電気力(クーロン力)が働く場合は，各イオンに水和が起こっても結晶格子を崩すことはできないので水に溶けにくい。また，ヘキサンなどの無極性溶媒にも溶けない。

参考

塩化銀が水に溶けにくい理由

塩化銀AgClはイオン結晶であるが，AgとClの電気陰性度の差が小さいので，イオン結合性が小さく，代わりに共有結合性が大きくなるので，各イオンに水和が起こっても，結晶格子を崩すことができないので水に溶けにくい。

	Na Cl	Ag Cl
電気陰性度	0.9 3.2	1.9 3.2
(差)	2.3	1.3
	イオン結合性大	共有結合性大

参考

物質の溶解性(まとめ)

A. **水に溶けるがヘキサンに溶けにくい物質**
　NaCl，KCl のような一般的なイオン結晶や，グルコースのように，疎水基よりも親水基の影響が大きい極性分子が該当する。

B. **水に溶けにくいがヘキサンに溶ける物質**
　ヨウ素やナフタレンのように，親水基よりも疎水基の影響が大きい無極性分子が該当する。

C. **水にもヘキサンにも溶ける物質**
　エタノールのように，親水基と疎水基の両方を合わせもち，両者の影響がほぼ等しいものが該当する。

D. **水にもヘキサンにも溶けない物質**
　BaSO₄ や CaCO₃ のようなイオン結合の強いイオン結晶や，AgCl のように，イオン結合に共有結合性を含むものが該当する。

(7) エチル基 C₂H₅- が親油基，ヒドロキシ基-OH が親水基である。エタノールでは親水基と親油基の影響がほぼ等しいので，極性溶媒の水にも無極性溶媒のヘキサンにも溶けやすい。

問　この現象を溶媒全体としての極性の強さを表した量(**誘電率**)の変化で説明すると，水にエタノールを加えたことで溶媒全体の誘電率が下がり，水に溶けやすい親水性物質であるグルコースの溶解度が減少し，結晶として析出したということになる。また，他にも温めたナフタレンのエタノール溶液に水を添加してから冷却していくと，混合溶液の誘電率が上がり，疎水性物質であるナフタレンの溶解度が減少し，結晶として析出する例などがある。このよ

うに，温度による溶解度の変化や溶液の濃縮だけでなく，異なる溶媒の添加によって，溶媒全体の誘電率が変化し，溶質の溶解度が減少することを利用して結晶を析出させる操作も**再結晶**という。

> **参考**
> ### 誘電率
> 溶媒全体としての極性の強さを表した量を**誘電率**といい，誘電率の大きな溶媒には極性の大きい親水性物質（電解質など）は溶けやすいが，極性の小さい疎水性物質は溶けにくい。逆に，誘電率の小さい溶媒には，極性の小さい疎水性物質（非電解質など）は溶けやすいが，極性の大きい親水性物質は溶けにくい。
>
> | 物 質 | 水 | メタノール | エタノール | ベンゼン | ヘキサン | 空気 |
> |---|---|---|---|---|---|---|
> | 誘電率 | 80.1 | 32.6 | 24.6 | 2.3 | 1.8 | 1 |
>
> イオン結晶中の陽イオンと陰イオンの間に働く静電気力（クーロン力）fは，次式で表される。
> $$f=\frac{1}{\varepsilon}\frac{q_1 q_2}{r^2}\quad\left(\begin{array}{l}q_1, q_2\,\text{イオンの電荷}\\r\,\text{イオン間距離,}\;\varepsilon\,\text{誘電率}\end{array}\right)$$
> イオン結晶を水に溶かすと，結晶中に働く静電気力は空気中の約$\frac{1}{80}$となり，各イオンに水和が起こると，容易に結晶格子が崩れて水に溶ける。一方，誘電率の小さい溶媒中では，イオン結晶に働く静電気力はあまり減少せず，このような溶媒にはイオン結晶はほとんど溶けない。

▶**65** (1) 約40℃　(2) 43 g　(3) 5.7 g
(4) 試料を水に溶かして飽和溶液をつくり，加熱して濃縮する。

解説　(1) 40% 硝酸カリウム KNO_3 水溶液が100 g あるとすると，溶質の KNO_3 の質量は $100\times0.40=40$〔g〕，溶媒の H_2O は，$100-40=60$〔g〕である。水100 g あたりに溶けている KNO_3 の質量は，

$$60:40=100:x\quad\therefore\quad x=66.6〔g〕$$

溶解度曲線上で KNO_3 の溶解度が66.6となる温度（約40℃）でこの溶液は飽和状態となり，結晶が析出し始める。

(2) 60℃での KNO_3 の溶解度は約110と読める。飽和溶液100 g 中に含まれる KNO_3 を x〔g〕とおくと

$$\frac{(溶質)}{(溶液)}=\frac{110}{(100+110)}=\frac{x}{100}$$

$$\therefore\quad x≒52.38〔g〕$$

10℃での KNO_3 の溶解度は約20と読める。10℃で析出する結晶を y〔g〕とおくと，10℃での飽和条件（結晶析出後に残った溶液は，10℃における飽和溶液でなければならない）より

$$\frac{(溶質)}{(溶液)}=\frac{52.38-y}{100-y}=\frac{20}{100+20}$$

$$\therefore\quad y=42.85≒43〔g〕$$

[**別解**] 60℃の飽和溶液(100+110) g を10℃に冷却すると，溶解度の差(110-20) g の KNO_3 が析出する。60℃の飽和溶液100 g を10℃に冷却したとき

に y〔g〕の KNO_3 が析出したとすると，

$$\frac{(析出量)}{(溶液)}=\frac{90}{210}=\frac{y}{100}$$

$$\therefore\quad y=42.85≒43〔g〕$$

(3) 蒸発させた水を z〔g〕とおくと，途中はどうあれ，最終的に，10℃で結晶が44 g 析出したのだから，結晶析出後に残った溶液は，10℃の飽和溶液でなければならないから，

$$\frac{(溶質)}{(溶液)}=\frac{52.38-44}{100-z-44}=\frac{20}{100+20}$$

$$\therefore\quad z=5.72≒5.7〔g〕$$

(4) KNO_3 のように，温度によって溶解度が大きく変化する物質では，高温の飽和溶液を冷却すると，溶解度の差に相当する分だけ KNO_3 が析出してくる。その際，少量の不純物が含まれていても，飽和に達しないので溶液中に残り，純粋な KNO_3 の結晶だけが得られる。このように，温度による溶解度の差を利用して固体物質を精製する操作を**再結晶**という。

一方，$NaCl$ の場合は，溶解度の温度変化がきわめて小さく，高温の飽和溶液を冷却してもほとんど結晶は析出しない。そこで，飽和溶液を濃縮する方法で $NaCl$ の精製が行われることが多い。（海水から食塩を得るのに，下記の濃縮法が利用される。）

> **参考**
> ### 海水からの食塩の製造法
> 海水を加熱して濃縮していくと，体積が$\frac{1}{2}$になる頃から最も溶解度の小さい $CaCO_3$ が析出し始め，体積が$\frac{1}{5}$になる頃から溶解度のやや小さい $CaSO_4$ が析出するのでこれらを除去する。さらに体積が$\frac{1}{10}$になる頃から $NaCl$ が析出し始めるので，体積が$\frac{1}{50}$くらいになるまで濃縮し，析出した $NaCl$ を採取する。残った溶液（苦汁という）には $MgCl_2$ や $MgSO_4$ が多く含まれ，豆腐の凝固剤などに利用される。

▶**66** (1) 7.14 mol/L，10.2 mol/kg
(2) 70.0 mL　(3) A液 52.3 mL，水 48.8 mL

解説　(1) モル濃度は，溶液1L 中に含まれる溶質の物質量で定義されているから，モル濃度への換算においては，いつも溶液1L で考えるとよい。

$$\frac{1000〔mL〕\times1.40〔g/mL〕\times0.500}{98.0〔g/mol〕}$$

$$≒7.14〔mol/L〕$$

質量モル濃度は，溶媒1kg 中に含まれる溶質の物質量で定義されているから，まず，(溶媒の質量)＝(溶液の質量)−(溶質の質量)より求める。

A液 1L は1400 g で，そのうち純硫酸が700 g，水も700 g である。硫酸700 g の物質量を水1000 g

（＝1kg）あたりに換算すると，

$$\frac{700}{98.0}\times\frac{1000}{700}\fallingdotseq10.2(\text{mol/kg})$$

　一般に，希薄溶液ではモル濃度と質量モル濃度とは近似的に等しいが，本問のように濃厚溶液では上記のように大きく異なる。

(2) 求める A 液の体積を v(mL) とすると，溶液を水で薄めても，溶質の物質量は変化しないから，

$$7.14\times\frac{v}{1000}=1.00\times\frac{500}{1000}$$

$$\therefore\ v\fallingdotseq70.0(\text{mL})$$

(3) 希釈前と希釈後における H_2SO_4 の質量は等しいはずだから，A 液を x(mL) 必要とすると，

$$x\times1.40\times\frac{50.0}{100}=100\times1.22\times\frac{30.0}{100}$$

$$\therefore\ x\fallingdotseq52.3(\text{mL})$$

(注意) 必要な水は，単に $100-52.3=47.7$(mL) とはならない。溶液を混合する場合，混合前の溶液の体積の和と混合後の溶液の体積は等しくならない場合が多い。溶液の混合においても，混合前の溶液の質量の和と，混合後の溶液の質量は必ず保存されるから，水の密度は 1.0g/mL とし，加える水を y(mL) とすると，次式が成り立つ。

$$52.3\times1.40+y\times1.0=100\times1.22$$

$$\therefore\ y\fallingdotseq48.8(\text{mL})$$

▶**67** (ア) 8.4×10^{-3}　(イ) **39**　(ウ) 1.9×10^{2}
(エ) 2.6×10^{-3}

解説　温度一定のとき，一定量の液体に溶解する気体の質量や物質量は，加えた気体の圧力に比例する（ヘンリーの法則）。

　一方，気体の体積は加えた圧力に反比例する（ボイルの法則）。したがって，温度一定のとき，一定量の液体に溶解する気体の体積は，溶解した圧力の下で測定すると，圧力に関わらず一定となる（ヘンリーの法則）。

　気体の溶解度は，その気体の圧力が $1.0\times10^{5}\text{Pa}$ のとき，溶媒 1L に溶ける気体の物質量や体積（標準状態に換算した値）で表すことが多い。ただし，問題文に示された酸素の溶解度は，いずれも標準状態に換算した値であるとの記述がないので，それぞれ 10℃，30℃における体積と解釈しなければならない。そこで，各値を標準状態に換算すると，

10℃　$39\times\dfrac{273}{283}\fallingdotseq37.6$(mL)，

30℃　$29\times\dfrac{273}{303}\fallingdotseq26.1$(mL)，

(ア) $\dfrac{37.6}{22400}\times5\fallingdotseq8.4\times10^{-3}$(mol)

(イ) 溶解した圧力の下では常に一定。39mL
(ウ) ボイル・シャルルの法則より，

$$\frac{5.0\times10^{5}\times39}{283}=\frac{1.0\times10^{5}\times V}{273}$$

$$\therefore\ V=188\fallingdotseq1.9\times10^{2}(\text{mL})$$

(エ) (10℃の O_2 の溶解量)－(30℃の O_2 の溶解量) より，気体となって放出される O_2 の物質量が求まる。

$$\frac{37.6}{22400}\times5-\frac{26.1}{22400}\times5\fallingdotseq2.6\times10^{-3}(\text{mol})$$

参考　**ヘンリーの法則の体積表現に注意**

　気体の溶解度を体積で表現するときには，その測定条件に十分に注意する必要がある。
　一定量の溶媒に溶解した気体の体積を，①溶液中から取り出し，一定の圧力（通常，$1.0\times10^{5}\text{Pa}$）のもとで測定すると，次の図の左側のような結果となる。
　一定量の溶媒に溶解した気体の体積を，②溶液中から取り出さずに，溶解した圧力のもとで測定すると，ボイルの法則より，下図の右側のような結果となる。
　つまり，ヘンリーの法則を体積で表現すると，「**一定量の溶媒に溶解した気体の体積は，溶解した圧力のもとでは圧力に関係なく一定であるが，一定の圧力のもとでは加えた圧力に比例する。**」といえる。

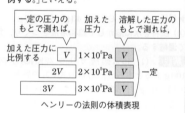

ヘンリーの法則の体積表現

▶**68** (1) **18g**　(2) (i) **53g**　(ii) **43g**
(3) 氷と硫酸ナトリウム十水和物の結晶が入り混じって析出する。

解説　$Na_2SO_4\cdot10H_2O$ と Na_2SO_4 は，結晶形や溶解度などが異なるが，同一の化学組成をもつ結晶である。これらがある温度や圧力を境として変化する（**相転移**という）とき，この点を**転移点**という。

(1) 60℃での Na_2SO_4 の溶解度は 45 である。60℃では，グラフより Na_2SO_4 の無水物が析出する。析出する Na_2SO_4 の質量を x(g) とおくと，蒸発させた水 40g に溶けていた Na_2SO_4 が析出する。

$$\frac{(溶質)}{(溶媒)}=\frac{45}{100}=\frac{x}{40}$$

$$\therefore\ x=18(\text{g})$$

(2) (i) 60℃の Na_2SO_4 の飽和水溶液 100g に含まれる Na_2SO_4 の質量を x(g) とすると，

$$\frac{(溶質)}{(溶液)}=\frac{45}{(100+45)}=\frac{x}{100}$$

$$x=31.0\fallingdotseq31〔g〕である。$$

20℃に冷却したとき析出する結晶は $Na_2SO_4\cdot10H_2O$ で，その質量を y〔g〕とおくと，

$$Na_2SO_4\cdot10H_2O\begin{cases}Na_2SO_4 & \dfrac{142}{322}y\fallingdotseq0.441y\\[2mm]H_2O & \dfrac{180}{322}y\fallingdotseq0.559y\end{cases}$$

結晶析出後に残った溶液は，20℃の飽和溶液でなければならないから，

$$\frac{(溶質)}{(溶媒)}=\frac{31-0.441y}{69-0.559y}=\frac{19}{100}$$

$$\therefore\ y=53.4\fallingdotseq53〔g〕$$

[別解] $\dfrac{(溶質)}{(溶液)}=\dfrac{31-0.441y}{100-y}=\dfrac{19}{100+19}$

$$\therefore\ y=53.4\fallingdotseq53〔g〕$$

(ii) 100gの飽和溶液を60℃に保ちながら水40gを蒸発させると，(1)より18gの Na_2SO_4 が析出する。

これを冷却していくと，温度が32.4℃までは溶解度が上がるので，x〔g〕の Na_2SO_4 が溶解したとすると，32.4℃の Na_2SO_4 の溶解度は50だから，

$$\frac{(溶質)}{(溶媒)}=\frac{31-18+x}{69-40}=\frac{50}{100}\quad\therefore\ x=1.5〔g〕$$

よって，無水物は $18-1.5=16.5$〔g〕析出する。

[別解] 60℃の飽和溶液100gから水40gを蒸発させ，32.4℃まで冷却したときに z〔g〕の Na_2SO_4 が析出したとすると，32.4℃の Na_2SO_4 の溶解度は50なので，

$$\frac{(溶質)}{(溶媒)}=\frac{31-z}{69-40}=\frac{50}{100}$$

$$\therefore\ z=16.5〔g〕$$

一方，32.4℃では Na_2SO_4 の溶解度は50なので溶媒29gと溶質14.5gを含む飽和溶液となり，これを20℃に冷却したとき，$Na_2SO_4\cdot10H_2O$ y〔g〕が析出したとすると，

$$\frac{(溶質)}{(溶媒)}=\frac{14.5-0.441y}{29-0.559y}=\frac{19}{100}\quad\therefore\ y\fallingdotseq26.9〔g〕$$

[別解] 32.4℃の Na_2SO_4 飽和溶液43.5gを20℃に冷却したとき，$Na_2SO_4\cdot10H_2O$ y〔g〕が析出したとすると，

$$\frac{(溶質)}{(溶液)}=\frac{14.5-0.441y}{43.5-y}=\frac{19}{119}\quad\therefore\ y\fallingdotseq26.9〔g〕$$

よって，析出した結晶は，16.5g(無水物)＋26.9g (十水和物)＝43.4≒43〔g〕

(3) 問題の溶解度曲線の0℃付近を，温度と溶解度の軸を逆にとって拡大して表すと次のようになる。

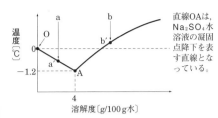

直線OAは，Na_2SO_4 水溶液の凝固点降下を表す直線となっている。

A点より薄い溶液 a を冷却していくと，a'点で氷を析出し始め，残液の濃度は次第に濃くなり，凝固点が降下しながらやがてA点(共晶点という)で溶液の濃度は一定となる。A点では，氷と $Na_2SO_4\cdot10H_2O$ がいっしょに析出し，溶液がすべて凝固し終わるまで一定温度(-1.2℃)を保ち続ける。(溶液がすべて凝固し，氷と $Na_2SO_4\cdot10H_2O$ の結晶のみになると，再び温度が下がっていく。)

一方，A点より濃い溶液 b を冷却していくと，b'点で $Na_2SO_4\cdot10H_2O$ を析出し始め，残液の濃度は次第に薄くなりながら，やがてA点に達し，$Na_2SO_4\cdot10H_2O$ と氷がいっしょに析出し，液温は一定(-1.2℃)を保ち続ける。

つまり，A点では氷と $Na_2SO_4\cdot10H_2O$ が1：1の割合(全体として，水100gに Na_2SO_4 4gの割合)で凝固していくことになる。A点で析出する氷と $Na_2SO_4\cdot10H_2O$ の微結晶の混合物を共晶という。

▶**69** (1) c　(2) **24mg, 19mL**　(3) **1：5**
(4) **3.2×10⁵Pa以上**

[解説]　(1) 気体の溶解度は，温度が低いほど大きくなるので，a 50℃，b 20℃，c 0℃に対応する。
(2) 窒素の圧力を 4.0×10^5Pa にすれば，1.0×10^5Pa のときに比べて溶解する N_2 の物質量(質量)は4倍になる。ただし，水の体積は1Lではなく200mLであることに留意すること。

$$\underset{(液量)}{\frac{24〔mL〕}{22400〔mL/mol〕}\times\frac{200}{1000}\times\underset{(gをmgに変換)}{28〔g/mol〕\times10^3}\times4}$$

$$=24〔mg〕$$

ヘンリーの法則より，気体の溶解度(体積)は，溶解した圧力の下では，圧力に関係なく一定であるから，0℃，4.0×10^5Pa でも窒素は水200mLに対し，$24\times0.2=4.8$〔mL〕溶ける。0℃，1.0×10^5Pa に換算すると，$4.8\times4=19.2\fallingdotseq19$〔mL〕溶ける。
(3) 混合気体の場合，溶解する各気体の物質量(質量)は，各成分分気体の分圧に比例する。

N_2 の分圧　$1.0\times10^5\times\dfrac{2}{7}=\dfrac{2}{7}\times10^5〔Pa〕$

O_2 の分圧　$1.0\times10^5\times\dfrac{5}{7}=\dfrac{5}{7}\times10^5〔Pa〕$

両気体と接している水の体積を1Lあたりで考えると，溶解したN₂とO₂の質量比は，

$$N_2 : O_2 = \frac{12}{22400} \times \frac{2}{7} \times 28 : \frac{21}{22400} \times \frac{5}{7} \times 32$$
$$= 1 : 5$$

(4) 20℃で気泡を生じさせないためには，0℃における溶解量に等しいか，それ以上溶解させるだけの圧力が必要である。必要な空気の圧力をP[Pa]とすると，N₂の分圧P_{N_2}とO₂の分圧P_{O_2}は次の通りである。

$$P_{N_2} = \frac{4}{5}P\,[Pa], \quad P_{O_2} = \frac{1}{5}P\,[Pa] \text{である。}$$

N₂ $\dfrac{15}{22400} \times \dfrac{4}{5}P \geqq \dfrac{24}{22400} \times 2.0 \times 10^5 \times \dfrac{4}{5}$ …①

O₂ $\dfrac{32}{22400} \times \dfrac{1}{5}P \geqq \dfrac{49}{22400} \times 2.0 \times 10^5 \times \dfrac{1}{5}$ …②

①より，$P \geqq 3.20 \times 10^5$[Pa]

②より，$P \geqq 3.06 \times 10^5$[Pa]

よって，N₂，O₂のいずれの気泡も生じさせないためには，空気の圧力は3.2×10^5 Pa以上必要である。

▶**70** (1) **A点** 液体のみ，**B点** 固体と液体が共存，**C点** 固体のみ　(2) 液体が固体に変化するときは凝固熱を発生するが，この発熱量と寒剤による吸熱量がつり合って温度が一定になる。　(3) 溶液中からは純粋な溶媒（ベンゼン）だけが凝固していくため，残った溶液の濃度は大きくなり，凝固点が降下するため，液温はしだいに降下していく。
(4) t_2　(5) 115
(6) 酢酸の真の分子量は60で，ベンゼン中ではこの2倍近い値が得られる。このことから，ベンゼン中では酢酸2分子が水素結合により次式のように会合して，二量体を形成している。

$$2CH_3\text{-}\overset{\displaystyle O}{\underset{\displaystyle O\text{-}H}{C}} \rightleftharpoons CH_3\text{-}\overset{\displaystyle O\cdots H\text{-}O}{\underset{\displaystyle O\text{-}H\cdots O}{C}} C\text{-}CH_3$$

解説　(1) 物質の温度が下がるようすを時間経過とともに表した曲線を**冷却曲線**といい，溶液の凝固点の測定などに利用される。温度変化を正確に測定するには，0.01Kの最小目盛りをもつ**ベックマン温度計**（右図）を用いる。
ベンゼンの凝固点以下であるA点まで冷却しても，まだベンゼンの凝固は起こらず，液体状態を保ってい

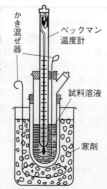
かき混ぜ器
ベックマン温度計
試料溶液
寒剤

る。このような不安定な状態を**過冷却**という。
(2) 分子が不規則な配列をしている液体から，規則正しい配列をした固体になるためには，結晶核が必要である。A点では結晶核がまだ十分に生成していない。さらに液温が下がると，液体中に結晶核が生成し始め，それを中心として急激に液体の凝固が起こる。このとき放出される多量の凝固熱によって一時的に温度が上昇するが，B点あたりでは，凝固による発熱量と寒剤による吸熱量とがつり合いを保ちながら凝固が進む。C点あたりでは凝固熱の発生は止まり，寒剤による吸熱によって，温度は一定の割合で低下していく。

参考
過冷却
　液体を冷却したとき，凝固点以下であるにも関わらず凝固が始まらず液体状態を保っている現象を**過冷却**という。過冷却の起こりやすい条件は，①液体の純度が高いこと，②冷却速度が速いこと，③振動などの刺激が与えられないこと，などがあげられる。−2〜−5℃に冷却された過冷却水に何らかの刺激（振動など）を与えたり，微小な氷の粒を加えたりすると，過冷却を脱して急激に凝固する現象が観察される。

(3) 溶液の凝固が進むにつれて，温度はしだいに低下する。これは，溶液が凝固するとき，溶液中の溶媒だけが凝固するので，残りの溶液の濃度が

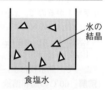
氷の結晶
食塩水

大きくなり，凝固点がさらに降下するためである。

参考
溶液の冷却曲線
　溶液を冷却した場合，b点からd点までは純溶媒の冷却曲線とほぼ同じであるが，d点以降では，純溶媒のように一定温度を保ち続けるのではなく，徐々に低下していく。これは，溶液を凝固点以下に冷却した場合，優先的に結晶として析出するのは溶媒だけであり，溶質は析出しないためである。したがって，残った溶液の濃度は上昇し，凝固点降下が大きくなり，溶液の凝固点が低下するためである。
　溶液の凝固点とは，過冷却が起こらず，溶液中からはじめて溶媒の結晶が析出し始める温度のことだから，冷却後の後半の直線部分（d〜e点）を左に延長（外挿）して凝固前の冷却曲線との交点bの温度が溶液の凝固点となる。
　また，d点以降は溶液の濃度が一定の割合で増大していくが，やがて飽和溶液となったe点以降は，溶媒と溶質が一緒に析出するようになる。このとき析出した溶媒と溶質の微結晶の混合物を**共晶**といい，これ以降は，溶液の濃度は一定となり，凝固点降下も起こらず，温度（**共晶点**という）も一定となる。残った溶液がすべ

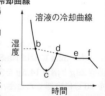
溶液の冷却曲線
温度
b
c
d
e f
時間

て共晶となって析出し，すべて固体となった f 点以降は，温度は一定の割合で低下し始める。

溶質粒子　溶媒の結晶

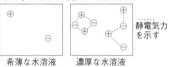

溶液　　飽和溶液まで　飽和溶液

共晶
（飽和溶液と
組成は同じ）

溶液の凝固の進行（モデル図）

(4) 溶液の凝固点とは，過冷却が起こらないとしたとき，溶液が凝固し始めるとみなせる温度のことだから，凝固開始後の冷却曲線の直線部分を外挿し，凝固前の冷却曲線との交点の温度 t_2 で表される。

(5) 溶液の凝固点降下度 Δt は，溶質粒子の質量モル濃度 m に比例し，$\Delta t = k_f \cdot m$ で表される。

$$\Delta t = 5.40 - 4.96 = 0.44 \text{(K)}$$

酢酸の見かけの分子量を M とおくと，

$$0.44 = 5.07 \times \frac{0.10}{M} \times \frac{1000}{10.0} \qquad \therefore \ M \fallingdotseq 115$$

(6) 酢酸は弱酸なので，水のような極性溶媒に溶けたときはその一部が電離するが，ベンゼンのような無極性溶媒中では極性の強いカルボキシ基-COOHの部分どうしが水素結合によって二量体（2個の分子が水素結合によって会合したり，化学結合によって重合して，1個の分子のように行動する化学種を形成している。

補足　ベンゼン中での酢酸の会合度を β，最初，酢酸が1 mol あったとすると，

$$2CH_3COOH \rightleftharpoons (CH_3COOH)_2$$

$$1-\beta \text{(mol)} \qquad \frac{\beta}{2}\text{(mol)} \quad \text{(計)}\left(1-\frac{\beta}{2}\right)\text{(mol)}$$

同質量あたりでは，分子量と物質量は反比例するから，次式が成り立つ。

$$\frac{1-\dfrac{\beta}{2}}{1} = \frac{60}{115} \qquad \therefore \ \beta \fallingdotseq 0.957$$

▶71 (1) 1.85 K·kg/mol　(2) 0.760　(3) 225 g

解説　(1) 水のモル凝固点降下を k_f とすると，グルコース水溶液に，$\Delta t = k_f \cdot m$ の式を適用して，

$$0.463 = k_f \times \frac{4.50}{180} \times \frac{1000}{100}$$

$$\therefore \ k_f = 1.85 \text{(K·kg/mol)}$$

(2) 溶液に $CaCl_2$ のような電解質を用いたときは，水溶液中で電離して溶質粒子の数が増加する。したがって，Δt を求めるときは，電離して増加した溶質粒子の総物質量で考える必要がある。

また，溶質に水和水が含まれているときは，溶解すると水和水は溶媒に加わるので，溶液の質量モル濃度を求めるときには留意すること。

$CaCl_2 \cdot 6H_2O$（式量219）73.0 g 中に含まれる塩化カ

ルシウムと水の質量はそれぞれ次の通り。

$\begin{cases} CaCl_2（式量111） & 73.0 \times \dfrac{111}{219} = 37.0 \text{(g)} \\[2mm] よって，CaCl_2 の物質量は & \dfrac{37.0}{111} = \dfrac{1}{3} \text{(mol)} \\[2mm] 6H_2O（分子量108） & 73.0 \times \dfrac{108}{219} = 36.0 \text{(g)} \end{cases}$

水 500 g に $CaCl_2 \cdot 6H_2O$ 73.0 g を溶かすと，溶媒の質量は，$500 + 36.0 = 536.0$ (g) となる。

一方，$CaCl_2$ は水溶液中で次式のように電離する。水溶液中での $CaCl_2$ の電離度を α とすると，各粒子の物質量は次のようになる。

$$CaCl_2 \rightleftharpoons Ca^{2+} + 2Cl^-$$

（電離後）$\dfrac{1}{3}(1-\alpha)$ 　$\dfrac{1}{3}\alpha$ 　$2 \times \dfrac{1}{3}\alpha$

（計）$\dfrac{1}{3}(1+2\alpha)$ (mol)

これを，$\Delta t = k_f \cdot m$ に代入すると，

$$2.90 = 1.85 \times \frac{1}{3}(1+2\alpha) \times \frac{1000}{500+36.0}$$

$$\therefore \ \alpha \fallingdotseq 0.760$$

参考　**電解質の電離度が1より小さくなる理由**
　希薄な NaCl 水溶液では，Na^+ と Cl^- はほとんど出合うことなく自由に動くことができる。しかし，濃度が大きくなると，Na^+ と Cl^- は接近することが多くなり，互いに静電気力で引き合うため，自由に動くことができにくくなる。このため，見かけ上，粒子の数が減少した状態になり，NaCl の電離度が1よりも小さくなるという結果が得られる。また，NaCl 以外の電解質では，構成イオンの電荷が大きくなると，陽イオンと陰イオンの間に働く静電気力が大きくなり，濃度が比較的薄くても電解質の電離度が1より小さくなる現象がみられる。

静電気力を示す

希薄な水溶液　　濃厚な水溶液

(3) $\Delta t = 5.00$ K になったとき，x (g) の氷が生成したとすると，残った溶液の凝固点降下度 Δt が 5.00 K になればよいから，

$$5.00 = 1.85 \times \frac{1}{3}(1+2\times 0.760) \times \frac{1000}{536.0-x}$$

$$x = 225.2 \fallingdotseq 225 \text{(g)}$$

▶72 (1) 1.5×10^3 Pa　(2) 4.1 mg　(3) 10 cm

解説　(1) U字管の左右の液面の高さが等しいので，おもりによる圧力と，溶液の浸透圧がつり合う。

おもりによる圧力は $\dfrac{77}{5.0}$ (g/cm²) であるが，

Hg の密度は 13.5 g/cm³ なので，1.0×10^5 Pa（=76

cmHg)を，溶液柱による圧力で表すと，

76〔cm〕×13.5〔g/cm³〕=1026〔g/cm²〕となる。

よって，おもりによる圧力を〔Pa〕単位で表すと，

$$\frac{\frac{77}{5.0}}{1026}\times10^5=1.50\times10^3≒1.5\times10^3〔Pa〕$$

(2) 溶液中のグルコースと尿素の物質量の和を n〔mol〕とすると，浸透圧の公式 $ΠV=nRT$ より，

$$1.50\times10^3\times\frac{50}{1000}=n\times8.31\times10^3\times300$$

$$∴　n≒3.00\times10^{-5}〔mol〕$$

分子量は $C_6H_{12}O_6$＝180，$(NH_2)_2CO$＝60より，グルコースを x〔mg〕とおくと，

$$\frac{x\times10^{-3}}{180}+\frac{(4.5-x)\times10^{-3}}{60}=3.00\times10^{-5}$$

$$∴　x=4.05≒4.1〔mg〕$$

(3) おもりを取り除いたとき，液面差が x〔cm〕で止まったとすると，水の浸透により，純水側の液面が $\frac{x}{2}$〔cm〕下がり，溶液側の液面が $\frac{x}{2}$〔cm〕上がる。すなわち，

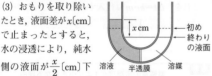

$5.0\times\frac{x}{2}=2.5x$〔mL〕の水が溶液中に浸透したことになる。よって，平衡時の溶液の体積は(50+2.5x)〔mL〕となる。また，平衡時の溶液の浸透圧は x〔cm〕の溶液柱による圧力に等しい。

ファントホッフの法則 $ΠV=nRT$ より，T が一定のとき，$ΠV$ は一定となるから，おもりを取り除く前後の $ΠV$ は等しく，次式が成り立つ。

$$\frac{77}{5.0}〔g/cm^2〕\times50〔cm^3〕$$
$$=x〔g/cm^2〕\times(50+2.5x)〔cm^3〕$$
$$x^2+20x-308=0$$
$$x=\frac{-20\pm4\sqrt{102}}{2}　（負号は不適）$$

$x>0$ より　$x≒10$〔cm〕

参考

浸透圧の生じる理由

　溶媒分子のみを通し，溶質粒子を通さない膜（半透膜）を隔てて純溶媒と溶液が接しているときは，純溶媒側から溶液側へと溶媒分子が移動する。この現象を溶液の**浸透**という。

　これは，純溶媒側から溶液側へ移動する溶媒分子が，逆方向に移動する溶媒分子よりも常に多いために起こる現象である。見かけ上，溶媒分子の移動がなくなる浸透平衡の状態にするには，溶液側に一定の圧力を加える必要がある。この圧力を溶液の**浸透圧**という。

　また，濃度の異なる溶液を上記の半透膜を隔てて接しているときは，低濃度の溶液側から高濃度の溶液側へと溶媒分子が移動する。このと

き，浸透平衡の状態にするには，両溶液の浸透圧の差に相当する圧力を高濃度の溶液側に加える必要がある。

▶73 (1) **0.036 mol**　(2) **0.081 mol**
(3) **2.4×10⁴ Pa**

解説

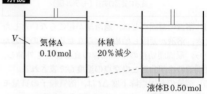

(1) 初めの気体Aの体積を V〔L〕とすると，
$$1.0\times10^5\times V=0.10\times8.3\times10^3\times300$$
$$∴　V=2.49〔L〕$$

この容器に液体Bを入れて振り混ぜると，気体の体積は20%減少し，その体積は(2.49×0.8)Lである。

　また，混合気体の全圧は 1.0×10^5 Paであるが，気体Bの分圧は液体が共存しているので，Bの飽和蒸気圧の 0.20×10^5 Paと等しい。

気体Aの分圧を P_A とおくと，
$$∴　P_A=1.0\times10^5-0.20\times10^5=0.80\times10^5〔Pa〕$$
よって，気体として存在するAの物質量 n_A は，
$$0.80\times10^5\times(2.49\times0.8)=n_A\times8.3\times10^3\times300$$
$$∴　n_A=0.064〔mol〕$$
したがって，液体Bに溶けた気体Aの物質量は，
$$0.10-0.064=0.036〔mol〕$$

(2) ピストンを押して全圧を 2.0×10^5 Paにしても，気体Bの分圧は液体が共存している限り，0.20×10^5 Paである。

気体Aの分圧を P_A とおくと，
$$∴　P_A=2.0\times10^5-0.20\times10^5=1.80\times10^5〔Pa〕$$
　一定量の液体Bに溶ける気体Aの物質量は，Aの分圧に比例する(ヘンリーの法則)から，
$$0.036\times\frac{1.80\times10^5}{0.80\times10^5}=0.081〔mol〕$$

(3) 液体B 0.50 molの蒸発が完了するのは，気体Bの圧力がちょうど 0.20×10^5 Paになったときである。このときの容器の内容積を V'〔L〕とすると，
$$0.20\times10^5\times V'=0.50\times8.3\times10^3\times300$$
$$V'≒62.2〔L〕$$

このとき，気体Aの示す分圧を P_A とすると，
$$P_A\times62.2=0.10\times8.3\times10^3\times300$$
$$∴　P_A=4.0\times10^3〔Pa〕$$
全圧は，$0.20\times10^5+4.0\times10^3=2.4\times10^4〔Pa〕$

▶74 (1)(ア) **赤褐**　(イ) **チンダル現象**　(ウ) **散**

乱　(エ) ブラウン運動　(オ) 透析　(カ) 赤　(キ) 白
(ク) 疎水コロイド　(ケ) 凝析　(コ) 電気泳動
(サ) 正　(シ) 反発力　(ス) 親水コロイド　(セ) 塩
析　(ソ) 保護コロイド　(タ) ゲル　(チ) 吸着
(2) $FeCl_3 + 2H_2O \longrightarrow FeO(OH) + 3HCl$
(3) B コロイド粒子を取り巻く分散媒分子が熱運動
によって不規則にコロイド粒子に衝突するため。
C 酸化水酸化鉄(Ⅲ)のコロイド粒子は疎水コロイド
であり，電解質を加えるとコロイド粒子の電荷が中
和され，電気的な反発力を失って沈殿するから。
(4) (i) (ウ)，(ii) (オ)　(5) (乾燥状態の)寒天，ゼ
ラチンまたはシリカゲル　(6) 2.0×10^2個
(7) 生成した酸化水酸化鉄(Ⅲ)のコロイド粒子が，
価数の大きい硫酸イオンにより凝析されるから。

解説　(1) コロイド溶液とは，直径 $10^{-6} \sim 10^{-9}$m
程度のコロイド粒子が液体中に分散したものであ
る。コロイド粒子はセロハン膜の目よりも大きいの
で，セロハン膜に包んで流水中に浸しておくと，小
さな分子やイオンはセロハン膜の外へ拡散し，膜内
には大きなコロイド粒子と水だけが残る。この操作
を透析といい，コロイド溶液の精製に利用される。
　疎水コロイドは表面に正，または負の電荷をも
ち，その電気的な反発力によって液体中に安定に存
在している。これに少量の電解質を加えると，反対
符号のイオンがコロイド粒子の表面に吸着され，そ
の電荷が中和されるため，コロイド粒子どうしが電
気的な反発力を失い，凝集しやがて沈殿してしま
う。この現象を凝析という。

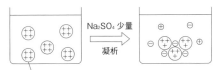
疎水コロイド粒子

電荷を帯びたコロイド粒子に対して直流電圧をか
けると，コロイド粒子は自身の電荷に対して反対符
号の電極へ向かって移動する。これを電気泳動とい
い，コロイド粒子のもつ正・負の電荷の種類を知る
ことができる。
　タンパク質やデンプンには，-OH，-COOH，-NH₂
などの極性をもった親水基が存在するので，これに
水分子が水素結合で水和し，安定なコロイド粒子と
なる。このようなコロイドを親水コロイドという。
親水コロイドに少量の電解質を加えても沈殿しない
が，多量に電解質を加えると，コロイド粒子のまわ
りに水和していた水分子(水和水)は，加えたイオン
によって奪い取られてしまう。やがて，コロイド粒
子の電荷も中和されると，親水コロイドは水中に安

定に存在することはできず，凝集しやがて沈殿して
しまう。この現象を塩析という。

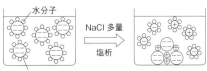
親水コロイド粒子

デンプンやゼラチンの水溶液のように，流動性を
もったコロイドの状態をゾル，豆腐，こんにゃく，
寒天のように，流動性を失って全体が固化したコロ
イドの状態をゲルという。ゲルは，コロイド粒子ど
うしが立体網目状につながり，その中に水が閉じ込
められた状態にある。また，ゲルを乾燥させて水分
を除いたものをキセロゲルといい，ゼラチン，高野
豆腐，シリカゲルなどがある。

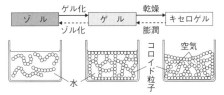

固体の場合，内部の原子は周囲の原子との間でそ
の結合力を使い果たしているが，表面の原子はまだ
結合力の一部が余っており，他の物質と結びつくこ
とができる。このように固体の表面に他の物質が集
まり，濃縮される現象を吸着という。コロイド粒子
は，単位質量あたりの表面積が大きいので，吸着能
力が大きなものが多い。
(2) 常温の水に塩化鉄(Ⅲ) $FeCl_3$ 水溶液を加えても，
次式のような塩の加水分解がごくわずかに起こるだ
けで平衡状態となる。
$$FeCl_3 + 2H_2O \rightleftharpoons FeO(OH) + 3HCl$$
　しかし，沸騰水に $FeCl_3$ 水溶液を加えると，上記
の反応が急激に右向きに進んで赤褐色のコロイド溶
液が生成する。これは，生成した酸化水酸化鉄(Ⅲ)
$FeO(OH)$ の水への溶解度が極めて小さく，かつ，
上記の反応が余りにも速く進行したため，多量に生
成した $FeO(OH)$ のコロイド粒子が大きな沈殿粒子
に成長する前段階で反応が停止してしまったためと
考えられる。
(3) C　疎水コロイドは，電気的な反発力によって
安定化したコロイドである。疎水コロイドに少量の
電解質を加えると，帯電したコロイド粒子の表面に
は反対符号のイオンが吸着され，コロイド粒子間に
働いていた電気的反発力が失われて沈殿する(凝析)。
(4) $FeO(OH)$ のコロイド粒子は疎水コロイドであ
り，電気泳動で陰極へ移動することから，正の電荷

をもつことがわかる。コロイド粒子のもつ電荷と反対符号で，しかも価数の大きいイオンほど凝析の効果(凝析力)が大きい。(より少量でもコロイド粒子を凝析させられる。)すなわち，イオンの価数が1価→2価→3価になると，凝析力は1倍→2倍→3倍ではなく，1倍→数十倍→数百倍と強くなる。この関係を**シュルツ・ハーディの法則**という。

正の電荷をもつコロイド粒子(**正コロイド**)からなる疎水コロイド溶液に対しての，凝析の効果(凝析力)は，$PO_4^{3-} > SO_4^{2-} > Cl^-, NO_3^-$　である。

負の電荷をもつコロイド粒子(**負コロイド**)からなる疎水コロイド溶液に対しての，凝析の効果(凝析力)は，$Al^{3+} > Mg^{2+}, Ca^{2+} > Na^+, K^+$　である。

各電解質が水中で電離すると，次のイオンを生成する。

(ア) Na^+, Cl^-　(イ) Ca^{2+}, Cl^-

(ウ) Na^+, PO_4^{3-}　(エ) Mg^{2+}, SO_4^{2-}

(オ) Al^{3+}, NO_3^-

(ア)〜(オ)の電解質のうち，(i)は価数の大きい陰イオンを含む塩の(ウ)を選べばよい。(ii)は価数の大きい陽イオンを含む塩の(オ)を選べばよい。

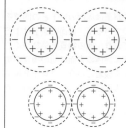

参考

疎水コロイドの凝析力(DLVOの理論)

コロイド粒子の周りには反対符号のイオンが取り巻き，**電気二重層**を形成している。電解質を加える前は，電気二重層が大きく広がっている(上の図)。電解質を加えると，コロイド粒子を取り巻く反対符号のイオンが，電気二重層に強く押しつけられ，電気二重層の厚さが減少する(下の図)。

したがって，コロイド粒子どうしがより接近できるようになり，コロイド粒子間に働く引力(分子間力)が強くなり，コロイド粒子が凝集・沈殿するようになる。

このような考え方を発表した4人の科学者Derjaguin, Landau, Verwey, Overbeek の名前をとって**DLVOの理論**という。コロイド粒子に対して反対符号で価数の大きいイオンほど，コロイド粒子を取り巻く電気二重層の厚さを減少させる効果が大きくなるので，コロイド粒子を凝析させる力も強くなり，イオンの価数1, 2, 3 に対して，凝析力はほぼ$1:2^6:3^6$倍と強くなる(**シュルツ・ハーディの法則**)。

(5) **キセロゲル**は乾燥ゲルともよばれ，ゲルに比べて体積が小さく，隙間の多い多孔質の構造をもつものが多い。また，適当な溶媒と接触させると膨潤してゲルに戻る性質もある。

(6) 酸化水酸化鉄(Ⅲ)のコロイド粒子の物質量を n

とおく。ファントホッフの法則　$\Pi V = nRT$ より，

$$3.5 \times 10^2 \times 0.10 = n \times 8.3 \times 10^3 \times 300$$

$$\therefore \quad n \fallingdotseq 1.41 \times 10^{-5} \text{[mol]}$$

$FeCl_3$(式量162)水溶液中の Fe^{3+} の物質量は，

$$\frac{1.0 \times 0.45}{162} = 2.78 \times 10^{-3} \text{[mol]}$$

よって，このコロイド粒子1個に含まれる鉄原子(実際には Fe^{3+})の数は，

$$\frac{2.78 \times 10^{-3}}{1.41 \times 10^{-5}} = 197 \fallingdotseq 2.0 \times 10^2 \text{[個]}$$

▶**75**　(1) 約50℃　(2) 45g　(3) 25g

解説　固体の溶解度の問題では，まず与えられた溶液の質量を，溶質と溶媒の質量に分けることが重要である。

また，水和水をもつ物質(**水和物**)の溶解度は，飽和溶液中の水100gに溶解している**無水物の質量**[g]の数値で表されることに留意する必要がある。

(1) 硫酸銅(Ⅱ)五水和物の結晶65g中の無水物と水和水の各質量は，

式量が，$CuSO_4 \cdot 5H_2O = 250$, $CuSO_4 = 160$ より，

$CuSO_4$　$65 \times \dfrac{160}{250} = 41.6$[g]

水和水　$65 - 41.6 = 23.4$[g]

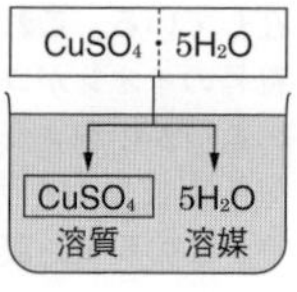

この飽和水溶液は水$(100 + 23.4)$g に $CuSO_4$ が41.6g溶けているので，水100gに対する $CuSO_4$(無水物)の溶解度を S とすると，次式が成り立つ。

$$\frac{(溶質)}{(溶媒)} = \frac{41.6}{123.4} = \frac{S}{100} \quad \therefore \quad S = 33.7$$

グラフより，上記の $CuSO_4$(無水物)の水に対する溶解度は，約50℃の値に相当する。

(2) 60℃での $CuSO_4$(無水物)の水に対する溶解度は 40 と読める。60℃の飽和溶液100g中に含まれる $CuSO_4$ の質量を x[g]とおくと，

$$\frac{(溶質)}{(溶液)} = \frac{40}{100 + 40} = \frac{x}{100} \quad \therefore \quad x \fallingdotseq 28.6 \text{[g]}$$

$CuSO_4$(式量160)28.6g を含む $CuSO_4 \cdot 5H_2O$(式量250)の質量は，

$$28.6 \times \frac{250}{160} \fallingdotseq 44.6 \fallingdotseq 45 \text{[g]}$$

(3) 20℃での $CuSO_4$(無水物)の水に対する溶解度は 20 と読める。析出する $CuSO_4 \cdot 5H_2O$ を y[g]とおくと，$CuSO_4 \cdot 5H_2O$ y[g]中には

$CuSO_4$　$\dfrac{160}{250}y$[g]，H_2O　$\dfrac{90}{250}y$[g]　を含む。

20℃での飽和条件(結晶析出後に残った溶液は，20℃における飽和溶液でなければならない)より

$$\frac{(溶質)}{(溶液)}=\frac{28.6-\dfrac{160}{250}y}{100-y}=\frac{20}{100+20}$$

$$\therefore\ y=25.2\fallingdotseq25〔g〕$$

［別解］

$$\frac{(溶質)}{(溶媒)}=\frac{28.6-\dfrac{160}{250}y}{71.4-\dfrac{90}{250}y}=\frac{20}{100}$$

▶**76** (1) A　(2) **20 cm**　(3) **5.9×10³Pa**
(4) **7.9×10⁻⁴mol/L**

解説　(1) 溶媒の水が半透膜を透過して溶液中に浸透するので，管内の液面が上昇する。図より，Aが塩化バリウム水溶液，Bが溶媒の水である。
(2) $BaCl_2\longrightarrow Ba^{2+}+2Cl^-$のように電離し，溶質粒子の数は電離前の3倍になる。

一方，グルコースは非電解質で電離しないから，同モル濃度では$BaCl_2$水溶液の浸透圧の$\dfrac{1}{3}$になる。

(3) 浸透圧は溶液柱の高さで示されているので，これを，溶液柱の高さ (cm) ⟶ 水銀柱の高さ (cmHg) ⟶ パスカル (Pa) の順で単位を変換する。
圧力(g/cm²)＝溶液の密度(g/cm³)×高さ(cm)で表されるから，溶液柱60 cmに相当する水銀柱の高さをx〔cm〕とおくと，

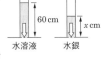

$$1.00\times60=13.5\times x$$
$$\therefore\ x=4.44〔cm〕$$
$$1.01\times10^5Pa=76\,cmHg$$

の関係より，4.44 cmの水銀柱の圧力をPa単位に変換すると

$$\frac{4.44}{76}\times1.01\times10^5\fallingdotseq5.90\times10^3〔Pa〕$$

［別解］　重力加速度$g=9.8〔m/s^2〕$が与えられたとき，水溶液の密度が$1.00\,g/cm^3$だから，60 cmの液柱の圧力は，$1.00〔g/cm^3〕\times60〔cm〕=60〔gw/cm^2〕$
この圧力は，1 m²あたりでは，60×10⁴〔g〕つまり6.0×10²〔kgw/m²〕となる。
「重力＝質量×重力加速度」の関係式と，1 kgの物体に1 m/s²の加速度を生じさせる力が1 Nだから
$$6.0\times10^2〔kgw/m^2〕\times9.8〔m/s^2〕$$
$$=5.88\times10^3〔N/m〕\fallingdotseq5.9\times10^3〔Pa〕$$

(4) $BaCl_2$のモル濃度をC〔mol/L〕とおくと，浸透圧の公式$\Pi=CRT$より，
$$5.90\times10^3=C\times3\times8.3\times10^3\times300$$
$$\therefore\ C\fallingdotseq7.89\times10^{-4}〔mol/L〕$$

▶**77** (1) (ア) 1　(イ) 1　(ウ) 1
(2) **硝酸カリウム，84 g**

解説　(1) 式量は，$NaNO_3=85$，$KCl=74.5$より溶解した硝酸ナトリウムと塩化カリウムの物質量は，
$NaNO_3\ \dfrac{340}{85}=4.0〔mol〕$　$KCl\ \dfrac{298}{74.5}=4.0〔mol〕$
$\therefore\ [K^+]:[Na^+]:[Cl^-]:[NO_3^-]=1:1:1:1$
(2) 水100 gあたりでは，K^+，Na^+，Cl^-，NO_3^-がそれぞれ0.40 molずつ溶けている。

最初に$NaNO_3$とKClを溶解したつもりでも，水中ではNa^+，NO_3^-，K^+，Cl^-に完全に電離しているから，陽イオンと陰イオンの組み合わせには2通りあって，(i) $NaNO_3$とKClが各0.40 molずつと，(ii) $NaCl$とKNO_3が各0.40 molずつ溶けた溶液とも考えられる。これら4種の塩のうち，最も溶解度の小さい塩が結晶として析出することに留意する。
20℃での各塩の溶解度を物質量で比較すると

$KCl\ \dfrac{34.0}{74.5}\fallingdotseq0.46〔mol/100g水〕$

$KNO_3\ \dfrac{32.0}{101}\fallingdotseq0.32〔mol/100g水〕$

$NaCl\ \dfrac{36.0}{58.5}\fallingdotseq0.62〔mol/100g水〕$

$NaNO_3\ \dfrac{88.0}{85}\fallingdotseq1.04〔mol/100g水〕$

よって，上記の4種の塩のうち，溶解度〔mol/100 g水〕が0.40よりも小さいKNO_3だけが結晶として析出する。
KNO_3の析出量＝溶解量－溶解度より
$4.0〔mol〕\times101〔g/mol〕-(32.0\times10)〔g〕=84〔g〕$

▶**78** (ア) **0.990**　(イ) **0.998**　(ウ) **3.10×10³**
(エ) **3.12×10³**　(オ) **高**　(カ) **低**　(キ) **6.67**

解説　いま，溶媒N〔mol〕と不揮発性の溶質n〔mol〕の割合で混合した溶液を考える。ある温度での純溶媒の飽和蒸気圧をP_0〔Pa〕とすると，混合溶液の蒸気圧P〔Pa〕は，溶液中の溶媒のモル分率$\dfrac{N}{N+m}$に比例する。これを**ラウールの法則**という。このことは次のように考えられる。
容器(a)では，純水とその蒸気が平衡状態になっており，10個の水分子（○印）が蒸気となって空間を満たしているとする。容器(b)では，水分子のうち$\dfrac{1}{10}$だけをショ糖分子（●印）で入れ替えたとすると，ショ糖分子は不揮発性で蒸気にならないので，平衡状態で空間を満たす水分子の数は9個となる。
したがって，不揮発性の溶質を溶かした溶液の蒸気圧Pは，純溶媒の蒸気圧P_0よりも小さくなる。

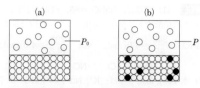

分子量はH$_2$O=18.0，CO(NH$_2$)$_2$=60.0，
C$_{12}$H$_{22}$O$_{11}$=342より，各溶質の物質量は，

水 $\dfrac{180}{18.0}$=10.0〔mol〕，尿素 $\dfrac{6.00}{60.0}$=0.100〔mol〕

ショ糖 $\dfrac{6.84}{342}$=0.0200〔mol〕

(ア) $\dfrac{10.0}{10.0+0.100}$=0.990

(イ) $\dfrac{10.0}{10.0+0.020}$=0.998

(ウ) $3.13×10^3×0.990≒3.10×10^3$〔Pa〕

(エ) $3.13×10^3×0.998≒3.12×10^3$〔Pa〕

(オ)，(カ) A液の水のモル分率(0.990)よりもB液
の水のモル分率(0.998)の方が大きいので，A液
の水蒸気圧よりB液の水蒸気圧の方が高くなる。すな
わち，A液の液面のすぐ上ではA液の飽和水蒸気圧
を上回る過飽和な水蒸気が存在することになり，水
蒸気の凝縮が盛んに起こる。(平衡にはならない。)一
方，A液への水蒸気の凝縮の進行により，連結管内
部の水蒸気圧はB液の飽和蒸気圧を下回る水蒸気圧
しか存在できない。したがって，B液からは盛んに
水の蒸発が進行する。(平衡にはならない。)

　このようなB液からA液への水蒸気の移動は，A
液とB液の質量モル濃度が等しくなり，A液とB液
の飽和水蒸気圧が等しくなるまで続き，やがて，気
液平衡の状態に達する。

(キ) (A液の水のモル分率)=(B液の水のモル分率)
になると，A液とB液の飽和水蒸気圧が等しくなり，
水の移動が止まる。

　B液からA液へ移動した水の物質量をn〔mol〕と
すると，次式が成り立つ。

$$\dfrac{10.0+n}{10.10+n}=\dfrac{10.0-n}{10.02-n} \qquad ∴ \quad n≒6.67〔mol〕$$

▶**79** (1) **0.196 mol/kg** (2) **B，全溶質粒子(分
子，イオン)の質量モル濃度が最も大きいから。**
(3) **122 g**

解説 (1) 式量はCuSO$_4$・5H$_2$O=250，CuSO$_4$=
160より，CuSO$_4$・5H$_2$O 5.00 g中のCuSO$_4$の物質
量は，CuSO$_4$・5H$_2$Oの物質量と等しいので，

$\dfrac{5.00}{250}$=0.0200〔mol〕である。

水和物を用いた水溶液の質量モル濃度を求めると

き，水和水は溶媒に加わることに留意すること。
　CuSO$_4$・5H$_2$O 5.00 g中のH$_2$Oの質量は，

$$5.00×\dfrac{90}{250}=1.8〔g〕$$

質量モル濃度 $0.0200×\dfrac{1000}{100+1.8}≒0.196$〔mol/kg〕

(2) 電解質水溶液では，溶質が電離することによっ
て，溶質粒子の数が増加する。よって，沸点上昇度
Δtを求めるときは，電離して生じた全溶質粒子(分
子，イオン)の質量モル濃度で考える必要がある。

　A液　CuSO$_4$⟶Cu^{2+}+SO$_4$$^{2-}$より，
　　　　$0.196×2=0.392$〔mol/kg〕

　B液　NaCl⟶Na$^+$+Cl$^-$より，

　　　　$\dfrac{1.17}{58.5}×\dfrac{1000}{100}×2=0.400$〔mol/kg〕

　C液　ショ糖(非電解質)

　　　　$\dfrac{6.84}{342}×\dfrac{1000}{100}=0.200$〔mol/kg〕

　∴　最も沸点の高いものは，Bである。

(3) 質量モル濃度の大きい溶液ほど蒸気圧降下度が
大きい。したがって，質量モル濃度の小さい溶液か
ら質量モル濃度の大きい溶液へ向かって水蒸気が移
動し，長時間後には各溶液の質量モル濃度が等し
くなって平衡状態になる。
そのときの濃度は，3つの溶液を混合したときの質
量モル濃度と一致する。
A，B，C内の全溶質粒子の物質量の和は，
　$0.0200×2+0.0200×2+0.0200=0.100$〔mol〕
A，B，C内の水の総質量は，
　$101.8+100+100=301.8$〔g〕
∴　平衡状態での全溶質粒子の質量モル濃度は，

$$0.100×\dfrac{1000}{301.8}≒0.3313〔mol/kg〕$$

平衡状態に達したとき，ビーカーB内で増加した水
の質量をm〔g〕とおくと

$$0.0200×2×\dfrac{1000}{100+m}=0.3313 \qquad m≒20.7〔g〕$$

溶液Bの質量は，$100+1.17+20.7=121.87$〔g〕

補足 　ビーカーA，B，Cでの水の出入りを考える。
　平衡時，ビーカーA内で増加した水の質量を
　n〔g〕とおくと，

$$0.0400×\dfrac{1000}{101.8+n}=0.3313$$

　　∴　$n=18.9$〔g〕
同様に，ビーカーC内で減少した水の質量を
P〔g〕とおくと，

$$0.0200×\dfrac{1000}{100-P}=0.3313$$

　　∴　$P=39.6$〔g〕
ビーカーCでの水の減少量39.6 gは，ビーカー
AとビーカーBでの水の増加量20.7+18.9=
39.6 gに等しい。

▶**80** (1) **3.0** (2) **0.60 g** (3) **0.84 g**

解説　(1) 水(密度 1.0 g/cm³)は極性溶媒で，ベンゼン(密度 0.88 g/cm³)は無極性溶媒であるため，両者は互いに溶け合うことなく二層に分離し，上層がベンゼン層，下層が水層となる。

　水層に残っている溶質は，1.0−0.75＝0.25〔g〕

$$K = \frac{C_2}{C_1} = \frac{\dfrac{0.75}{100}}{\dfrac{0.25}{100}} = 3.0 \quad (\text{単位なし})$$

(2) ベンゼン層に移る溶質を x〔g〕とすると，水層には $(1.0−x)$〔g〕が残される。

$$K = \frac{C_2}{C_1} = \frac{\dfrac{x}{50}}{\dfrac{1.0-x}{100}} = 3.0 \quad \therefore \quad x = 0.60\text{〔g〕}$$

(3) (2)の操作で水層に残った溶質は 0.40 g，新たにベンゼン層へ移る溶質を y〔g〕とすると，

$$K = \frac{\dfrac{y}{50}}{\dfrac{0.40-y}{100}} = 3.0 \quad \therefore \quad y = 0.24\text{〔g〕}$$

ベンゼン層へ抽出された溶質は，合計 0.60＋0.24＝0.84〔g〕である。

100 mL のベンゼンで 1 回に抽出された溶質量が 0.75 g であることを考えると，1 回で抽出するよりも，2 回に分けて抽出する方がより多くの溶質をベンゼン層に抽出できることになる。

▶**81** (1) ク　(2) ア　(3) イ　(4) ク　(5) エ
(6) ケ　(7) コ　(8) カ　(9) オ　(10) キ

解説　(1) 濁った河川水の中には，負電荷を帯びた粘土のコロイド粒子が多く含まれる。これを効率よく凝集・沈殿(**凝析**)させて透明な水にするには，3 価の陽イオン Al^{3+} を含んだ電解質が有効である。
(2) この現象を**チンダル現象**といい，コロイド粒子によって光が散乱されるために起こる。
(3) シリカゲルは多孔質の無定形固体で，その表面に残存するヒドロキシ基 -OH には，水素結合によって水蒸気などが**吸着**されやすい。
(4) 海水中の各種のイオンの作用により，疎水コロイドである粘土のコロイド粒子が**凝析**されて，河口に沈殿し，三角州などをつくる。
(5) 比較的濃厚(3〜5%)なゼラチンやデンプンの水溶液は，高温では流動性をもつ**ゾル**の状態であるが，冷却すると，内部に水を含んだままコロイド粒子が立体網目状につながり合って流動性を失う。この状態を**ゲル**といい，豆腐，寒天，こんにゃく，ゆで卵などがその例である。

(6) 半透膜を用いて，コロイド溶液中から，コロイド粒子以外の小さな分子やイオンを取り除く操作を**透析**という。
(7) 炭素のコロイドは疎水コロイドで凝析しやすい。そこで，墨汁では親水コロイドであるにかわを加えて凝析しにくくしてある。このような目的で加えた親水コロイドをとくに**保護**コロイドという。
(8) 煤煙は，大気中に種々の固体物質が分散したコロイド粒子(分散コロイド)で，正または負に帯電している。したがって，煙突の内部に直流の高電圧をかけると，**電気泳動**によって煤煙のコロイド粒子を一方の電極へ集めることができる。
(9)

セッケン分子　油滴　ミセル
疎水基　親水基　繊維

　セッケン分子は，油汚れを疎水基で取り囲み，親水基を外側にして集まって細かな微粒子(**ミセル**という)を形成して，水溶液中に分散させる能力をもつ。これをセッケンの**乳化作用**という。
(10) セッケンの水溶液中では，50〜100 個のセッケン分子が疎水基を内側に，親水基を外側に向けるように集合してコロイド粒子を形成している。このようなコロイドを**会合**コロイドという。なお，セッケン水は親水コロイドであるから，電解質である食塩を多量に加えると**塩析**が起こり，セッケンの固体が析出する。

参考

疎水コロイドと親水コロイド
　水和している水分子は少なく，コロイド粒子のもつ電荷の反発力により安定化しているコロイドが**疎水コロイド**で，無機物のコロイドに多く見られる。
　一方，多数の水分子がコロイド粒子に水和することにより安定化しているコロイドが**親水コロイド**で，有機物のコロイドに多く見られる。

反発　水分子　水分子
疎水コロイド　親水コロイド
金属，酸化水酸化鉄(Ⅲ)　ゼラチン，寒天，豆乳，
炭素，硫黄，粘土など　デンプン，にかわなど

参考

ブラウン運動
　水に花粉を加えたものを顕微鏡で観察すると，花粉がジグザグ状に動き回る現象がみられる。この現象は，1828 年，イギリスのロバート・ブラウンによって発見され，**ブラウン運動**とよばれている。この運動は花粉自身の運動によるものではなく，花粉から出た微粒子(デンプン粒子など)が周囲にある溶液の水分子の熱運動によって不規則に衝突されて生じる見かけの運動であることが，アインシュタインによって明らかにされた(1905 年)。

▶**82** (1) **a 液体，b 液体と固体** (2) T_2
(3) ベンゼンの急激な凝固により発生する熱量が，寒剤によって吸収される熱量を上回るため。
(4) **5.12 K·kg/mol** (5) **82.8%**

解説 (1) **a** 液体を冷却していくと，凝固点をすぎても凝固せず，液体のままで温度が低下していくことが多い。この現象を**過冷却**という。
b 過冷却を脱して急激な凝固が始まると，凝固熱が多量に発生して，寒剤で冷却しているにもかかわらず，一時的に液温は上がる。やがて凝固点に達すると，凝固熱による発熱量と寒剤による吸熱量が等しくなり，液温は一定に保たれる。この間は，液体と固体が共存した状態にある。
(2) 過冷却が起こらず，理想的に凝固が始まったとみなせる温度は，T_4 と T_5 を結ぶ直線を左へ延長し，凝固前の冷却曲線との交点 T_2 であり，この温度を溶液の凝固点とする。
(3) 冷却曲線 B の T_2〜T_3 は過冷却の状態である。T_3 では溶液中に生じた微小な溶媒の結晶核を中心に急激に凝固が始まり，多量の凝固熱が発生する。この発熱量が，寒剤による冷却によって奪われる吸熱量を上回るので，一時的に温度が上昇する。
(4) 0.500 g のナフタレン $C_{10}H_8$（モル質量 128 g/mol）をベンゼン 50.0 g に溶かした溶液の質量モル濃度 m は

$$m = \frac{0.500}{128} \times \frac{1000}{50.0} = \frac{5}{64} \text{〔mol/kg〕}$$

グラフから，ベンゼンの凝固点は 5.50℃ なので，凝固点降下度 $\Delta t = 5.50 - 5.10$〔K〕となる。
凝固点降下の式 $\Delta t = km$ に各値を代入すると，ベンゼンのモル凝固点降下 k が求められる。

$$5.50 - 5.10 = k \times \frac{5}{64}$$

$$\therefore \quad k = 5.12 \text{〔K·kg/mol〕}$$

(5) 安息香酸2分子が極性の強いカルボキシ基 -COOH どうしの水素結合によって1分子のようにふるまう**二量体**を形成することを**会合**といい，その割合（**会合度**）を α とおき，最初に溶かした安息香酸の物質量を n〔mol〕とすると，溶液中の各粒子の物質量は次のようになる。

$$2C_6H_5COOH \rightleftharpoons (C_6H_5COOH)_2$$

溶解前　　　n　　　　　　0 〔mol〕

平衡時　　$n(1-\alpha)$　　　$\dfrac{n\alpha}{2}$ 〔mol〕

溶液中の粒子の総物質量は，$n\left(1 - \dfrac{\alpha}{2}\right)$〔mol〕

1.22 g の安息香酸 C_6H_5COOH（モル質量 122 g/mol）をベンゼン 50.0 g に溶かした溶液の質量モル濃度 m は，

$$m = \frac{1.22}{122} \times \frac{1000}{50.0} = 0.20 \text{〔mol/kg〕}$$

$\Delta t = km$ の式に各値を代入すればよいが，安息香酸は溶液中で会合しているので，溶質粒子の総物質量を考慮した質量モル濃度は，

$0.20\left(1 - \dfrac{a}{2}\right)$ mol/kg であることに留意する。

$$5.50 - 4.90 = 5.12 \times 0.20\left(1 - \frac{a}{2}\right)$$

$$\therefore \quad a = 0.828$$

▶**83** (1) Ⅰ **ベンゼン(液)とナフタレン(液)の混合溶液＋ベンゼン(固)**
Ⅲ **ベンゼン(液)とナフタレン(液)の混合溶液＋ナフタレン(固)**
(2)

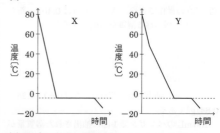

(3) **2.1℃** (4) **0.43 mol**

解説 (1) 領域Ⅳは温度が高いので，ベンゼン，ナフタレンともに液体で存在し，任意の割合で混ざり合い，混合溶液になっている。領域Ⅱは温度が低いので，ベンゼン，ナフタレンともに固体になっている。領域Ⅰは，ベンゼンに少量のナフタレンを含む混合溶液を冷却し，すべて固体になるまでの領域だから，ベンゼン-ナフタレンの混合溶液にベンゼンの固体が共存している。領域Ⅲは，ナフタレンに少量のベンゼンを含む混合溶液を冷却し，すべて固体になるまでの領域だから，ベンゼン-ナフタレンの混合溶液にナフタレンの固体が共存している。

なお，曲線 AB は，ナフタレン(溶質)を含むベンゼン溶液の凝固点降下度を表す曲線である。一方，曲線 BC は，ベンゼン(溶質)を含むナフタレン溶液の凝固点降下度を表す曲線である。
(2) X の組成のベンゼン-ナフタレンの混合溶液を冷却すると，B 点において，混合溶液と同じ組成の結晶が析出する。このような結晶を**共晶**といい，共晶が析出している間は，混合溶液の組成と温度は一定に保たれる。この B 点を**共晶点**という。

これは，凝固熱による発熱量と外部からの冷却による吸熱量がちょうどつり合うからである。しかし，すべて固体になると凝固熱の発生はなくなり，

再び温度が下がる。

　Yの組成のベンゼン-ナフタレンの混合溶液を冷却し，曲線BCとの交点Y′に達すると溶媒であるナフタレンの固体が析出し始める。（したがって，凝固熱の発生により，冷却曲線の傾きはやや小さくなる。）また，ナフタレンの析出により，混合溶液中のベンゼンの割合が増し，混合溶液の組成は曲線BCに沿って変化し，やがて共晶点Bに達する。B点では，組成Xの混合溶液を冷却したときと同様に，溶液と析出する結晶（共晶）の組成が同じになり，溶液全体が凝固するまで温度は一定に保たれるが，すべて固体になると，再び温度が下がる。

> **補足**　組成Xの混合溶液を冷却したときは，B点に達するまでに固体の析出はなく，混合溶液の量は多い。したがって，共晶が析出している時間（冷却曲線の水平部の長さ）は長くなる。一方，組成Yの混合溶液を冷却したときは，B点に達するまでにかなりのナフタレン（固）が析出しており，残った混合溶液の量は少ない。したがって，共晶が析出している時間（冷却曲線の水平部の長さ）は短くなる。

(3) モル分率でベンゼン0.95, ナフタレン0.05の混合溶液では，多い方のベンゼンが溶媒，少ない方のナフタレンが溶質であり，混合溶液の凝固点は，溶媒（ベンゼン）の凝固点よりも低くなる（**凝固点降下**）。いま，ベンゼン0.95 mol，ナフタレン0.050 molを含み，合わせて1.0 molの混合溶液を考えることにする。

　ベンゼン$C_6H_6＝78$より，モル質量は78 g/mol。

　ベンゼンの質量は$0.95\,mol×78\,g/mol＝74.1$〔g〕

　凝固点降下の式$\Delta t＝k_f・m$に各値を代入する。

$$\Delta t＝k_f・m＝5.1×\left(0.050÷\dfrac{74.1}{1000}\right)＝3.44〔K〕$$

　混合溶液の凝固点は，ベンゼン（溶媒）の凝固点よりも3.44 K低下することになる。

$$5.50－3.44＝2.06≒2.1〔℃〕$$

(4) Y点では，ナフタレン，ベンゼンのモル分率がそれぞれ0.60, 0.40であるから，多い方のナフタレンが溶媒，少ない方のベンゼンが溶質であり，ベンゼン-ナフタレンの混合溶液1.0 mol中のナフタレンは0.60 mol，ベンゼンは0.40 molである。

　20℃に冷却したとき，x〔mol〕のナフタレンが析出したとすると，20℃での混合溶液中のナフタレンのモル分率が0.30なので次式が成り立つ。

$$\dfrac{ナフタレン}{混合溶液}＝\dfrac{0.60－x}{1.0－x}＝0.30$$

$$0.70x＝0.30\quad x＝0.428≒0.43〔mol〕$$

> **参考**　二成分系（共晶点あり）の結晶構造
> 　(i) X点の組成よりベンゼンの割合が大きい溶液を冷却すると，曲線ABとの交点でベンゼン

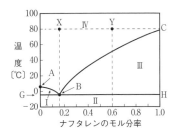

（固）が析出し始める。その後，溶液の組成と凝固点は，曲線ABに沿って変化し，やがてB点（共晶点）に達する。
　(ii) X点の組成よりナフタレンの割合が大きい溶液を冷却すると，曲線BCとの交点でナフタレン（固）が析出し始める。その後，溶液の組成と凝固点は，曲線BCに沿って変化し，やがてB点に達する。
　(iii) X点の組成の溶液を冷却すると，B点で溶液と同じ組成の結晶（**共晶**）が析出する。共晶が析出している間は，溶液の組成は変化せず，溶液全体が凝固するまで，温度は一定に保たれる。共晶の特徴は，各成分の微小な結晶が混じり合って存在していることである。
　(i), (ii)の結晶構造は，まず，ベンゼンやナフタレンが溶液中から析出するため，自由に結晶が成長でき，大きな結晶粒（**斑晶**）となる。その後，間を埋めるように，ベンゼンとナフタレンの共晶が析出する（**石基**）ので，図a，bのような斑状組織となる。
　(iii)の結晶構造は，斑晶が存在せず，図cのように石基のみからなる。

　　a (i)の結晶構造　b (ii)の結晶構造　c (iii)の結晶構造

　ベンゼンの結晶　　ナフタレンの結晶　　ベンゼンと
　　　　　　　　　　　　　　　　　　　ナフタレンの微結晶

▶**84** (1) ① 凝析　② 陽　③ ブラウン運動
(2) 分散媒である水の熱運動が激しくなるため。
(3) $Pb^{2+}＋2Cl^-\longrightarrow PbCl_2$
(4) ウ　(5) $2.5×10^5$個　(6) $1×10^{-6}$cm

> **解説**　(1) テトラクロリド金(Ⅲ)酸イオン$[AuCl_4]^-$は，Au^{3+}にCl^-4個が配位結合した錯イオンである。中心のAu^{3+}がクエン酸イオンから電子3個を受け取り，Au原子へと還元され，Auのコロイド溶液を生じる。$[AuCl_4]^-＋3e^-\longrightarrow Au＋4Cl^-$　……⑦
> 　コロイド溶液に少量の電解質を加えると沈殿が生じる現象を**凝析**という。凝析が起こることから，Auのコロイドは**疎水コロイド**であることがわかる。
> 　Auのコロイド粒子の表面には，クエン酸イオン$C_3H_4(OH)(COO^-)_3$が結合しており，負電荷を帯びている。したがって，電気泳動を行うと，Auのコロイド粒子は陽極へと移動する。また，Auのコロ

イド溶液を暗視野顕微鏡(**限外顕微鏡**)で，横から強い光を当てながら観察すると，**チンダル現象**によって，コロイド粒子が暗視野中をゆれ動く光点として観察できる。

(2) コロイド粒子が行う不規則な動きを**ブラウン運動**という。これはコロイド粒子自身の動きではなく，コロイド粒子の周囲を取り巻く水分子が行う熱運動によって起こる見かけの現象である。

(3) ⑦の反応式でわかるように，最初のコロイド溶液Ⓐには，Auのコロイド粒子の他に，H^+やCl^-，およびクエン酸イオンなどが含まれる。溶液Ⓐをセロハン膜に包み，水中に浸漬して透析を行ったとしても，溶液ⒷにはかなりCl^-が残っている。そこで，適量の鉛(Ⅱ)イオンPb^{2+}を加えることで，Cl^-を除くことができる。生じた白色沈殿は，熱水に溶けることから塩化鉛(Ⅱ)$PbCl_2$と考えられる。

(4) Auのコロイド粒子は負コロイドなので，これを凝析するには，反対符号をもつ陽イオンで，しかも価数の大きいAl^{3+}が最も有効である。

$$Al^{3+}>Ca^{2+}>K^+$$

(5) 溶液Ⓑ100mL中に含まれるAuの原子の数は，

$$4.1\times10^{-2}\times\frac{100}{1000}\times6.0\times10^{23}$$
$$=2.46\times10^{21}〔個〕$$

ガラス容器内のAuの原子の数は，

$$2.46\times10^{21}\times\frac{1.0\times10^{-3}}{100}\times\frac{1.0\times10^{-3}}{1000}$$
$$=2.46\times10^{10}〔個〕$$

コロイド粒子1個に含まれるAu原子の数は，

$$\frac{2.46\times10^{10}}{1.0\times10^5}=2.46\times10^5≒2.5\times10^5〔個〕$$

(6) Auのコロイド粒子1個あたりの体積は，

$$\frac{質量}{密度}=\frac{\frac{197}{6.0\times10^{23}}〔g〕\times2.46\times10^5}{19.3〔g/cm^3〕}$$
$$≒4.18\times10^{-18}〔cm^3〕$$

題意より，Auのコロイド粒子は球形であり，その半径をrとすると，

$$\frac{4}{3}\pi r^3=4.18\times10^{-18}\quad r^3≒0.998\times10^{-18}$$
$$r≒\sqrt[3]{0.998}\times10^{-6}≒1\times10^{-6}〔cm〕$$

参考　**コロイド粒子の種類**

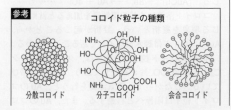

分散コロイド　　分子コロイド　　会合コロイド

分散コロイド	分散質が無機物の固体物質であるもの。
分子コロイド	分散質がタンパク質，デンプン，その他の高分子化合物であるもの。
会合コロイド(ミセル)	分散質がセッケン，界面活性剤など，分子またはイオンが会合したもの。

▶**85** 7.1×10^4

解説 高分子溶液の濃度mと浸透圧Πの間の関係を知るには，題意より，mと$\dfrac{\Pi}{m}$の関係を調べればよい。

$m〔g/L〕$	10	30	50	70
$\Pi〔Pa〕$	360	1140	2000	2940
$\dfrac{\Pi}{m}〔Pa\cdot L/g〕$	36	38	40	42

$\dfrac{\Pi}{m}$を縦軸，mを横軸にプロットすると，次の直線のグラフが得られる。

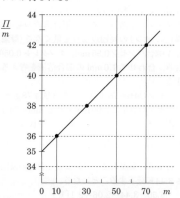

このグラフから，$m=0$(無限希釈溶液)における$\dfrac{\Pi}{m}$の値$\left(\left(\dfrac{\Pi}{m}\right)_0とする\right)$は，35と読み取れる。

ファントホッフの法則　$\Pi=CRT$ ……①

①式に$C=\dfrac{m〔g/L〕}{M〔g/mol〕}=\dfrac{m}{M}〔mol/L〕$を代入すると，

$$\Pi=\frac{m}{M}RT\quad ……②$$

②式を変形すると，

$$\frac{\Pi}{m}=\frac{RT}{M}\quad ……③\qquad M=\frac{RT}{\dfrac{\Pi}{m}}\quad ……④$$

④式に$\left(\dfrac{\Pi}{m}\right)_0=35$，$R=8.3\times10^3$，$T=300$を代入。

$$\therefore \quad M = \frac{8.3 \times 10^3 \times 300}{35} \fallingdotseq 7.1 \times 10^4$$

<参考> **高分子溶液の濃度 m と浸透圧 Ⅱ の関係**

$$\frac{\Pi}{m} = \frac{RT}{M} \quad \cdots\cdots ③$$

高分子溶液の場合，$\dfrac{\Pi}{m}$ は濃度 m によって変化するので，③式を m について級数展開（ビリアル展開）すると，

$$\frac{\Pi}{m} = \frac{RT}{M}(1 + A_2 m + A_3 m^2 + \cdots)$$

$$\begin{pmatrix} A_2 & 第二ビリアル係数 \\ A_3 & 第三ビリアル係数 \quad A_2 \gg A_3 \cdots である。\end{pmatrix}$$

m が極めて大きくない限り，第三項以降は無視できる。しかし m が小さくても高分子化合物の溶液（高分子溶液）では，第二項は無視できないので，

$$\frac{\Pi}{m} = \frac{RT}{M}(1 + A_2 m)$$

$$\frac{\Pi}{m} = \underbrace{\left(\frac{RT}{M}\right)}_{定数b} + \underbrace{\left(\frac{RTA_2}{M}\right)}_{定数a} m = am + b$$

$(a, b は正の定数)$

よって，$\dfrac{\Pi}{m}$ は，m が変化すると一次関数的に変化することがわかる。

ところで，第二ビリアル係数 A_2 が不明であっても，$m = 0$（無限希釈溶液）における $\left(\dfrac{\Pi}{m}\right)$ の極限値，すなわち $\left(\dfrac{\Pi}{m}\right)_0$ の値がわかれば，$m = 0$ においてはファントホッフの法則が厳密に成り立つから，③式を用いて高分子化合物の真の分子量 M を求められる。また $\dfrac{\Pi}{m}$ と m の関係のグラフの傾きから，第二ビリアル係数 A_2 が求まるので，これを用いると，比較的濃厚な高分子溶液の浸透圧を推定することが可能である。

▶86 (1) $5.0 \times 10^4 \, Pa$ (2) $0.15 \, mol$
(3) $1.4 \times 10^5 \, Pa$

解説 (1) A 室内の気体の総物質量を $n \, (mol)$ とすると，$PV = nRT$ より，

$$7.5 \times 10^4 \times 2.0 = n \times 8.3 \times 10^3 \times 300$$
$$n \fallingdotseq 6.0 \times 10^{-2} \, (mol)$$

A 室内の CO_2 の物質量を $x \, (mol)$ とすると，N_2 の物質量は $(6.0 \times 10^{-2} - x) \, (mol)$ だから，気体の全質量について次式が成り立つ。

$$44x + 28(6.0 \times 10^{-2} - x) = 2.32$$
$$\therefore \quad x = 0.040 \, (mol)$$

（分圧）＝（全圧）×（モル分率）より，A 室内の CO_2 の分圧を $P_{CO_2} \, (Pa)$ とおくと，

$$P_{CO_2} = 7.5 \times 10^4 \times \frac{0.040}{0.060} = 5.0 \times 10^4 \, (Pa)$$

(2) B 室の気相部分の CO_2 の物質量を $n \, (mol)$ とおくと，$PV = nRT$ より，

$$2.0 \times 10^5 \times 1.5 = n \times 8.3 \times 10^3 \times 300$$

$$\therefore \quad n \fallingdotseq 0.120 \, (mol)$$

B 室の液相に溶けた CO_2 の物質量は，ヘンリーの法則より，圧力と液量に比例する。

$$\underset{(液量)}{0.030 \times 0.50} \times \underset{(圧力の比)}{\frac{2.0 \times 10^5}{1.0 \times 10^5}} = 0.030 \, (mol)$$

B 室に入れた CO_2 の物質量の合計は，

$$0.120 + 0.030 = 0.150 \, (mol)$$

(3) 溶解平衡になったときの CO_2 の圧力を $P \, (Pa)$ とすると，栓 C を開けてあるので，気相部分の体積は 3.5 L，このとき，気相に存在する CO_2 の物質量を $x \, (mol)$ とすると，$PV = nRT$ より，

$$P \times 3.5 = x \times 8.3 \times 10^3 \times 300$$
$$\therefore \quad x = 1.40 \times 10^{-6} P \, (mol)$$

液相に溶けた CO_2 の物質量は，ヘンリーの法則より，圧力と液量に比例する。

$$\underset{(液量)}{0.030 \times 0.5} \times \underset{(圧力の比)}{\frac{P}{1.0 \times 10^5}} = 1.50 \times 10^{-7} P \, (mol)$$

よって，（気相の CO_2 の物質量）＋（液相の CO_2 の物質量）＝（CO_2 の総物質量）より，次式が成り立つ。ただし，栓 C を開けてあるので，A 室に入れた CO_2 4.0×10^{-2} mol と，B 室に入れた 1.5×10^{-1} mol の和が CO_2 の総物質量となることに留意する。

$$1.40 \times 10^{-6} P + 1.50 \times 10^{-7} P = 1.90 \times 10^{-1}$$
$$\therefore \quad P \fallingdotseq 1.23 \times 10^5 \, (Pa)$$

N_2 の分圧を $P' \, (Pa)$ とすると，$PV = nRT$ より，

$$P' \times 3.5 = 0.020 \times 8.3 \times 10^3 \times 300$$
$$\therefore \quad P' \fallingdotseq 0.142 \times 10^5 \, (Pa)$$

よって，容器内の気体の全圧は，

$$1.23 \times 10^5 + 0.142 \times 10^5 \fallingdotseq 1.37 \times 10^5 \, (Pa)$$

<参考> **密閉系での気体の溶解度の問題**

例えば，水の入った密閉容器に CO_2 を入れて放置すると，CO_2 が水に溶解するので，その圧力は次第に減少する。やがて，溶解平衡に達したときの CO_2 の分圧は不確定となる。
① 溶解平衡になったときの圧力を P とおく。
② 気相中の CO_2 の物質量は，気体の状態方程式により求める。
③ 液相中の CO_2 の物質量は，ヘンリーの法則により求める。
④ 最後に，（気相中の CO_2 の物質量）＋（液相中の CO_2 の物質量）＝（CO_2 の総物質量）という物質収支の条件を解いて P を求める。

▶87 (1) $38 \, g$ (2) $6.5 \, g$
(3) $-21℃$ で $NaCl \cdot 2H_2O$ と氷が一緒に析出し始め，一定温度を保つ。すべて析出し終わると，再び温度が下がる。 (4) 22%，$4.8℃$

解説 濃度 22% より濃い食塩水を冷却すると，溶解度に達して，0℃ 以上では純粋な $NaCl$ の結晶

が析出するが，0℃以下では NaCl·2H₂O という含水塩が析出する。そのため，残った食塩水の濃度は次第に薄くなりながら温度が下がっていく。

濃度22%より薄い食塩水を冷却すると，凝固点に達して，純粋な氷の結晶が析出する。そのため，残った食塩水の濃度は次第に濃くなりながら温度が下がっていく。一方，濃度22%の食塩水を冷却すると，−21℃で含水塩 NaCl·2H₂O と氷が同時に微結晶として析出する。この NaCl·2H₂O と氷の混合物を**共晶**といい，共晶が析出する−21℃，22%の点を**共晶点**という。

(1) 濃度10%の食塩水100gは，10gの NaCl と90gの水からなる。図の食塩水の凝固点曲線 AD から，10%食塩水の凝固点は約−5℃と読み取れる。また，−10℃では残った食塩水の濃度は点(ウ)の16%になるから，x[g]の氷が析出したとすると，

$$\frac{(溶質)}{(溶液)}=\frac{10}{100-x}\times100=16$$

$$\therefore\quad x≒38[g]$$

(2) 濃度27%の食塩水100gは，27gの NaCl と73gの水からなる。

(i) 20℃から0℃まで冷却したときは，図の NaCl の溶解度曲線 BC から，NaCl の結晶が析出する。y[g]の NaCl が析出したとすると，0℃の NaCl 飽和溶液の濃度は26%だから，

$$\frac{(溶質)}{(溶液)}=\frac{27-y}{100-y}\times100=26$$

$$\therefore\quad y≒1.4[g]$$

(ii) 0℃から−10℃まで冷却したときは，図の NaCl の溶解度曲線 CD から，NaCl·2H₂O が析出する。z[g]の NaCl·2H₂O が析出したとすると，NaCl·2H₂O z[g]中に含まれる NaCl(溶質)の質量は，

$$z\times\frac{NaCl}{NaCl\cdot2H_2O}=z\times\frac{58.5}{94.5}=0.62z[g]$$

−10℃の NaCl 飽和溶液の濃度は24%だから

$$\frac{(溶質)}{(溶液)}=\frac{25.6-0.62z}{98.6-z}\times100=24$$

$$\therefore\quad z≒5.1[g]$$

析出量の合計は1.4+5.1=6.5[g]

(3) 濃度22%の食塩水は，共晶(NaCl·2H₂O と氷の混合物)をつくるのと同じ組成の溶液である。この溶液を冷却すると，氷も NaCl の析出もなく，溶液の状態で温度が下がる。−21℃(共晶点)に達すると，はじめて NaCl·2H₂O と氷が一緒に析出し始め，この間は液温は−21℃に保たれる。しかし，この共晶が析出し終わると温度は再び降下していく。

(4) 濃度26%の食塩水100gは，26gの NaCl と74gの水からなる。氷が18g融解したとき，食塩水の濃度は，

$$\frac{(溶質)}{(溶液)}=\frac{26}{100+18}\times100≒22[\%]$$

このとき到達した温度をt[℃]とすると
(20℃の食塩水の失熱量)＝(18gの氷の融解熱)＋(融解で生じた0℃の水の得熱量)より，

$$4.2\times100\times(20-t)=6000+4.2\times18\times(t-0)$$

$$\therefore\quad t=4.84≒4.8[℃]$$

補足　　(4)の状態は4.8℃で氷82gが残っており平衡状態ではないことに留意したい。(したがって，氷の温度は0℃のままで，食塩水の温度4.8℃とは異なっている。)さらに放置すると，氷が融解し，温度は低下し，食塩水の濃度は下がる。やがて，氷と食塩水とが平衡状態になったときは，その食塩水の凝固点に達しているわけだから，食塩水の凝固点曲線 AD のどこか(X 点)に到達していることになる。

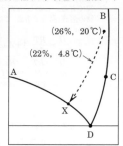

▶**88** (ア) 95　(イ) 0.62　(ウ) 89(88も可)
(エ) 0.80　問 0.94

解説　互いに任意の割合で混ざり合う液体Aと液体Bの混合物を，密閉容器に入れて放置すると，A，Bの各成分について気液平衡が成立する。

A，Bの各分圧は，混合溶液中でのA，Bのモル分率x_A，x_Bにそれぞれ比例する(**ラウールの法則**)。

$$P_A=P_A{}^\circ x_A \quad \text{(ある温度での純粋なA，Bの飽和蒸気圧を}P_A{}^\circ，P_B{}^\circ\text{とする。)}$$
$$P_B=P_B{}^\circ x_B$$

いま，90℃でのベンゼンの飽和蒸気圧を1.34×10^5 Pa，トルエンの飽和蒸気圧を6.84×10^4 Pa が与えられたとする。

(i) ベンゼンのモル分率0.40，トルエンのモル分率0.60の混合溶液の場合，

全圧$P=P_ベ+P_ト$より

$$P=1.34\times10^5\times0.40+6.84\times10^4\times0.60$$
$$≒9.46\times10^4[Pa]<1.0\times10^5[Pa]$$

混合蒸気の圧力が1.0×10^5 Pa に達しないので，90℃では沸騰しない。

(ii) ベンゼンのモル分率0.60，トルエンのモル分率0.40の混合溶液の場合，

$$P=1.34\times10^5\times0.60+6.84\times10^4\times0.40$$
$$≒1.08\times10^5[Pa]$$

混合蒸気の圧力が1.0×10^5 Pa を超えており，90℃で沸騰が起こる。

ところで，ベンゼンとトルエンのモル分率の異なる混合溶液が何℃で沸騰するかを表した曲線が，次のグラフの下側の**液相線（沸騰曲線）**に相当する。

一般に，液相線は混合溶液の組成と沸点との関係を表す。

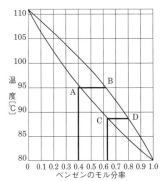

一方，各沸点における混合蒸気中のベンゼンとトルエンのモル分率の関係を表した曲線は，上図の上側の**気相線（凝縮曲線）**に相当する。

一般に，気相線は沸騰している混合蒸気の組成と沸点との関係を表す。

（ア）ベンゼンのモル分率が0.40のベンゼンとトルエンの混合溶液を加熱していくと，A点(95℃)で液相線に交わり，沸騰する。よって，この混合溶液の沸点は95℃である。

（イ）95℃で沸騰した蒸気中のベンゼンのモル分率は同温での気相線との交点Bで表され，ベンゼンのモル分率は0.62と読み取れる。

（ウ）（イ）の蒸気を凝縮させると，ベンゼンのモル分率が0.62の混合溶液ができる。これを加熱していくと，C点(88〜89℃)で液相線に交わり，沸騰する。

（エ）約89℃で沸騰した蒸気中のベンゼンのモル分率は，同温での気相線との交点Dで表され，ベンゼンのモル分率は0.80と読み取れる。

このように，理想溶液とその蒸気が平衡状態にあるとき，常に混合溶液よりも混合蒸気には多くの低沸点成分を含むので，蒸留を繰り返すことにより，低沸点成分を留出液として，高沸点成分を残留液として分離できる。（**分留の原理**）

問 次のグラフより，留出液中のベンゼンのモル分率は，1回目の蒸留では0.33，2回目では0.54，3回目では0.74，4回目では0.86，5回目の蒸留では0.94まで上昇することが読み取れる。

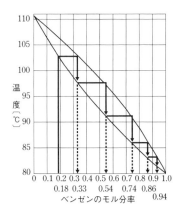

参考 **共沸点と共沸蒸留**

トルエンとベンゼンの混合溶液のように，混合時に発熱や吸熱，体積の変化もない溶液を**理想溶液**といい，理想溶液の場合，その状態図は図1のようになる。蒸気の組成は，常に低沸点の成分を多く含み，沸騰→凝縮の蒸留操作を繰り返すと，留出液は低沸点の成分が多くなる一方，残留液は高沸点の成分が多くなり，分留により両者を完全に分離できる。

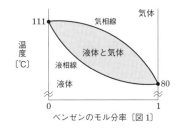

ベンゼンのモル分率 〔図1〕

ところで，2成分の液体分子間に予想以上の分子間力が働く場合，混合溶液の蒸気圧が下がり，状態図には**極大沸点**が現れることがある（図2）。逆に，予想以上の反発力が働く場合，混合溶液の蒸気圧が上がり，状態図には**極小沸点Q**が現れることがある（図3）。

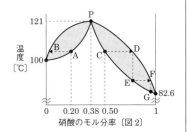

硝酸のモル分率 〔図2〕

上側の曲線が気相線（凝縮曲線）
下側の曲線が液相線（沸騰曲線）

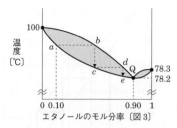

エタノールのモル分率〔図３〕

点P，Qをそれぞれ**共沸点**といい，このとき溶液と蒸気の組成が等しくなり，これ以上の分留は不可能となる。この組成の混合物を**共沸混合物**という。

図２で，モル分率0.20の希硝酸を蒸留すると，A点で沸騰し，その蒸気組成はB点となるので，高沸点のH_2Oの割合が多くなる。蒸留を続けると，残留液のHNO_3のモル分率は上昇し，その共沸点Pまで濃縮できる。その質量パーセント濃度は，

$$\frac{0.38\times63}{0.38\times63+0.62\times18}\times100 \fallingdotseq 68\%$$

通常の蒸留では，これ以上，硝酸を濃縮できない。

そこで，点Pの組成の共沸混合物に硝酸マグネシウム$Mg(NO_3)_2$を加えると，NO_3^-による共通イオン効果により，硝酸の電離平衡$HNO_3 \rightleftarrows H^+ + NO_3^-$が左方向に移動し，硝酸のモル分率が増加する。このように，混合溶液の硝酸の組成を共沸状態のモル分率0.38よりも大きくすれば，再び蒸留が可能となり，純粋な硝酸を得ることができる。例えば，モル分率0.50の希硝酸を蒸留すると，蒸気の組成はC→D→E→F→Gと変化し，純硝酸に近づく。

図３で，モル分率0.10のエタノール水溶液を蒸留すると，蒸気の組成はa→b→c→d→eと変化し，その共沸点Qまで濃縮できる。その質量パーセント濃度は，

$$\frac{0.90\times46}{0.90\times46+0.10\times18}\times100 \fallingdotseq 96\%$$

通常の蒸留では，これ以上，エタノールを濃縮できない。

そこで，点Qの組成の共沸混合物に生石灰CaOを加えると，CaOによる吸湿作用により水のモル分率を減らすことができる。混合溶液のエタノールの組成を共沸状態のモル分率0.90よりも大きくすれば，再び蒸留が可能となり，純粋なエタノールを得ることができる。

別法として，エタノールを水と混合物に適量のベンゼンを添加して蒸留を行うと，水とベンゼンは低沸点の共沸混合物(共沸点69℃)をつくる性質があるので，分留塔の塔頂から水とベンゼンの共沸混合物，塔底から純粋なエタノール(沸点78.3℃)を取り出すことができる。このように，液体混合物に第三の成分(**共沸剤**という)を加えて，目的成分を蒸留で分離する方法を**共沸蒸留**といい，共沸点をもつ液体混合物の蒸留に広く利用されている。

第３編　物質の変化

6　化学反応と熱・光

▶89 (1) H_2SO_4(液)$+aq \longrightarrow H_2SO_4aq$

$\Delta H=-94.5\,kJ$

(2) C(黒鉛)$+2H_2$(気)$+\frac{1}{2}O_2$(気)$\longrightarrow CH_3OH$(液)

$\Delta H=-202\,kJ$

(3) C(黒鉛)$\longrightarrow$C(気)　$\Delta H=718\,kJ$

(4) C_3H_8(気)$+5O_2$(気)$\longrightarrow 3CO_2$(気)$+4H_2O$(液)

$\Delta H=-2.22\times10^3\,kJ$

解説　熱を放出する反応を**発熱反応**，熱を吸収する反応を**吸熱反応**という。一定圧力下での反応(**定圧反応**)において出入りした熱量を，**反応エンタルピー**といい，記号ΔHで表す。化学反応式の最後に反応エンタルピー(反応熱と値は等しいが，符号が逆になる。)書き加えた式を**熱化学反応式**という。

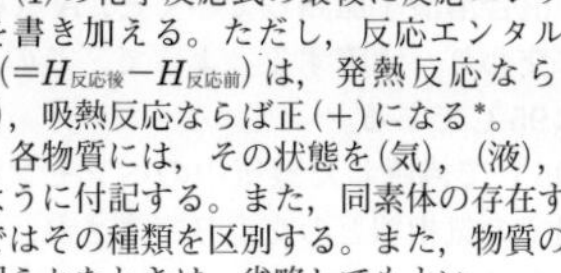

反応エンタルピーΔHは，着目する物質1molあたりの値で示され，単位は〔kJ/mol〕である。

参考

熱化学反応式の書き方

(1) 着目する物質の係数が1となるように，化学反応式を書く。(他の物質の係数が分数になっても構わない。)

(2) (1)の化学反応式の最後に反応エンタルピーを書き加える。ただし，反応エンタルピー$\Delta H(=H_{反応後}-H_{反応前})$は，発熱反応ならば負(−)，吸熱反応ならば正(＋)になる*。

(3) 各物質には，その状態を(気)，(液)，(固)のように付記する。また，同素体の存在する物質ではその種類を区別する。また，物質の状態が明らかなときは，省略してもよい。

＊発熱反応では，反応系内の物質のもつエンタルピーが減少するので，反応エンタルピー$\Delta H<0$となる。一方，吸熱反応では，反応系内の物質のもつエンタルピーが増加するので，反応エンタルピー$\Delta H>0$となる。また，反応エンタルピーの単位は〔kJ/mol〕であるが，熱化学反応式に表すときは，着目する物質の係数を1にしてその物質が1molあることを示しているので，その単位は〔kJ〕となる。

参考

エンタルピー(熱含量)

一定体積Vのもとで行われる反応(**定積反応**)では，反応に伴って外部に対する仕事$P\Delta V=0$である。したがって，外部から加えられた熱量Qは，反応系の内部エネルギーの変化量ΔEと等しくなる。$Q=\Delta E$

一定圧力Pのもとで行われる反応(**定圧反応**)では，反応に伴って体積変化ΔVが起こる場合があり，外部に対して$P\Delta V$の仕事を行うことがある。

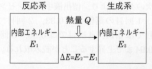

したがって、外部から加えられた熱量 Q、反応系の内部エネルギーの変化量 ΔE と、外部に対して行った仕事 $P\Delta V$ の間には次の関係がある。

$$Q = \Delta E + P\Delta V$$

したがって、定圧反応において、外部との間で出入りした熱量を定量的に取り扱う場合、外部に対して行った仕事分のエネルギー、または外部から行われた仕事分のエネルギーを含めて考える必要がある。

そこで、新たに $H = E + PV$ なる状態量を定義し、この H を**エンタルピー（熱含量）**という。

よって、定圧反応で測定された反応熱は、反応に伴うエンタルピーの変化量 ΔH に等しく、これを**反応エンタルピー**という。

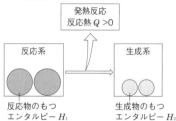

発熱反応（$Q > 0$）では、反応系外にエネルギーが放出されるので、反応の進行によって、反応系内の物質のもつエンタルピーは減少し、発熱反応のエンタルピー変化を ΔH とすると、$\Delta H (H_2 - H_1) < 0$（負の値）となる。

吸熱反応（$Q < 0$）では、反応系外からエネルギーが吸収されるので、反応の進行によって、反応系内の物質のもつエンタルピーは増加し、吸熱反応のエンタルピー変化を ΔH とすると、$\Delta H (H_2 - H_1) > 0$（正の値）となる。

このように、反応エンタルピー ΔH と、反応熱 Q は値は等しいが、符号が逆になる。この点に十分留意する必要がある。

(1) 物質 1mol が多量の水に溶解するときの発熱量、または吸熱量を**溶解エンタルピー**という。

発熱量 $\mathbf{(J)} = $ 比熱 $\mathbf{(J/(g \cdot K))} \times$ 質量 $\mathbf{(g)} \times$ 温度変化 $\mathbf{(K)}$
$= 4.20 \times (19.6 + 980.4) \times 4.5 = 18900 \text{(J)}$

硫酸 $\dfrac{19.6}{98.0} = 0.20 \text{mol}$ で 18.90kJ の熱量が発生したので、硫酸 1mol あたりの発熱量は、

$$18.90 \times \frac{1.0}{0.20} = 94.5 \text{(kJ)}$$

硫酸の水への溶解は発熱反応（$\Delta H < 0$）なので、その溶解エンタルピーは −94.5kJ/mol である。

(2) 化合物 1mol がその成分元素の単体から生成するときの発熱量、または吸熱量を**生成エンタルピー**

という。

メタノール CH_3OH の成分元素の単体は、C（黒鉛）、H_2（気）、O_2（気）である。

メタノール 3.2g は、$\dfrac{3.2}{32} = 0.10 \text{(mol)}$

メタノール 1mol あたりの発熱量は、
$20.2 \times 10 = 202 \text{(kJ)}$

メタノールの生成は発熱反応（$\Delta H < 0$）なので、その生成エンタルピーは −202kJ/mol である。

(3) 物質 1mol を固体から気体にするときの吸熱量を**昇華エンタルピー**という。

固体物質が昇華するのは吸熱反応（$\Delta H > 0$）なので、黒鉛の昇華エンタルピーは 718kJ/mol である。

(4) 物質 1mol が完全燃焼するときの発熱量を**燃焼エンタルピー**という。

プロパン 2.20g は、$\dfrac{2.20}{44} = 0.050 \text{(mol)}$

プロパン 1mol あたりの発熱量は、

$$111 \times \frac{1.0}{0.050} = 2220 \text{(kJ)}$$

プロパンの燃焼は発熱反応（$\Delta H < 0$）なので、その燃焼エンタルピーは −2220kJ/mol である。

▶**90** (1) −1369kJ/mol　(2) −86kJ/mol

解説　与えられた反応エンタルピーを熱化学反応式で表し、これを代数的に四則計算して、目的の熱化学方程式が導かれる場合、各熱化学反応式に付随する ΔH も同様の計算を行うことにより、目的の熱化学反応式の反応エンタルピー ΔH を求めることができる。

CO_2（気）、H_2O（液）、C_2H_5OH（液）の生成エンタルピーを表す熱化学反応式は次の通り。

C（黒鉛）$+ O_2$（気）$\longrightarrow CO_2$（気）　$\Delta H = -394 \text{kJ} \cdots$①

H_2（気）$+ \dfrac{1}{2} O_2$（気）$\longrightarrow H_2O$（液）　$\Delta H = -286 \text{kJ} \cdots$②

$2C$（黒鉛）$+ 3H_2$（気）$+ \dfrac{1}{2} O_2$（気）$\longrightarrow C_2H_5OH$（液）

$\Delta H = -277 \text{kJ} \cdots\cdots$③

求めるエタノールの燃焼エンタルピーを $x \text{(kJ/mol)}$ とおくと、その熱化学反応式は、

C_2H_5OH（液）$+ 3O_2$（気）$\longrightarrow$

$2CO_2$（気）$+ 3H_2O$（液）　$\Delta H = x \text{kJ} \cdots\cdots$④

①〜③の熱化学反応式の中から、必要な物質を選び出し、それらを組み合わせて、目的の熱化学反応式を組み立てる（**組立法**）。

右辺の $2CO_2$（気）に着目して $\longrightarrow$ ①式×2

右辺の $3H_2O$（液）に着目して $\longrightarrow$ ②式×3

（左辺の C_2H_5OH（液）に着目して、これを右辺から左辺へ移項するとき符号が変わることを考慮して③式を（−1）倍

しておく。) ──→③式×(−1)

よって，①×2+②×3−③を計算すればよい。

ΔHの部分に対しても，同様の計算を行うと，

$$x=(-394\times2)+(-286\times3)-(-277)$$
$$=-1369(\text{kJ})$$

よって，C_2H_5OH(液)燃焼エンタルピーは

$-1369\,kJ/mol$である。

[別解] 反応に関係する全物質の生成エンタルピーが与えられている場合，次の公式が利用できる。

$$\binom{反応エン}{タルピー}=$$
$$\binom{生成物の生成}{エンタルピーの和}-\binom{反応物の生成}{エンタルピーの和}$$

単体のもつ生成エンタルピーは0(基準)とする。

④式に対して，上の公式を適用して，

$$\Delta H=\{(-394\times2)+(-286\times3)\}-\{(-277)+0\}$$
$$=-1369(\text{kJ})$$

(2) 黒鉛C，水素H_2，エタンC_2H_6の燃焼エンタルピーを表す熱化学反応式は次の通り。

$$\begin{cases} C(黒鉛)+O_2(気)\longrightarrow CO_2(気)\ \Delta H=-394\,kJ\cdots① \\ H_2(気)+\dfrac{1}{2}O_2(気)\longrightarrow H_2O(液)\ \Delta H=-286\,kJ\cdots② \\ C_2H_6(気)+\dfrac{7}{2}O_2(気)\longrightarrow 2CO_2(気)+3H_2O(液) \\ \qquad\qquad\qquad\qquad\qquad \Delta H=-1560\,kJ\cdots③ \end{cases}$$

求めるエタンの生成エンタルピーを$x(\text{kJ/mol})$とおくと，その熱化学反応式は，

$$2C(黒鉛)+3H_2(気)\longrightarrow C_2H_6(気)$$
$$\Delta H=x\,kJ\cdots④$$

左辺の2C(黒鉛)に着目して，①式×2

左辺の3H_2(気)に着目して，②式×3

右辺のC_2H_6(気)に着目して(移項あり)，③式×(−1)

よって，①×2+②×3−③を計算すればよい。

ΔHの部分に対しても，同様の計算を行うと，

$$x=(-394\times2)+(-286\times3)-(-1560)$$
$$=-86(\text{kJ})$$

よって，C_2H_6(気)の生成エンタルピーは

$-86\,kJ/mol$である。

[別解] ①より，黒鉛Cの燃焼エンタルピーは，CO_2の生成エンタルピーに等しい。

②より，H_2の燃焼エンタルピーは，H_2O(液)の生成エンタルピーに等しい。

一般に各元素の単体の燃焼エンタルピーは，その燃焼生成物の生成エンタルピーと読み替えるとよい。

C_2H_6(気)の生成エンタルピーを$x(\text{kJ/mol})$として，③式に対して，次の公式を適用すると

$$\binom{反応エン}{タルピー}=\binom{生成物の生成}{エンタルピーの和}-\binom{反応物の生成}{エンタルピーの和}$$
$$-1560=\{(-394\times2)+(-286\times3)\}-(x+0)$$

$$\therefore\quad x=-86(\text{kJ})$$

▶91 (1) 4.70 mol　(2) 1.87×10³ kJ
(3) 2.5 m³

解説 (1) プロパンの完全燃焼は①式，不完全燃焼は②式で表される。

$$C_3H_8+5O_2\longrightarrow 3CO_2+4H_2O(気)\cdots\cdots①$$
$$C_3H_8+\frac{7}{2}O_2\longrightarrow 3CO+4H_2O(気)\cdots\cdots②$$

C_3H_8 1.00 mol のうち，0.800 mol が①式によりCO_2とH_2Oに，残り0.200 mol が②式によりCOとH_2Oに変化したので，燃焼に要したO_2の物質量は，

$$0.800\times5+0.200\times3.5=4.70(\text{mol})$$

(2) C_3H_8 1.00 mol が①式で完全燃焼したときの燃焼エンタルピーを$x(\text{kJ/mol})$，C_3H_8 1.00 mol が②式で不完全燃焼したときの反応エンタルピーを$y(\text{kJ/mol})$とおく。

$$\binom{反応エン}{タルピー}=\binom{生成物の反応}{エンタルピーの和}-\binom{反応物の反応}{エンタルピーの和}$$

上の公式を①式に適用すると，

$$x=\{(-394\times3)+(-242\times4)\}-\{(-106)+0\}$$
$$=-2044(\text{kJ})$$

上の公式を②式に適用すると，

$$y=\{(-111\times3)+(-242\times4)\}-\{(-106)+0\}$$
$$=-1195(\text{kJ})$$

$\therefore$ プロパン1.00 molの燃焼で発生した総熱量は

$$2044\times0.800+1195\times0.200=1874.2$$
$$\fallingdotseq 1.87\times10^3(\text{kJ})$$

(3) 反応前後の気体の物質量の変化は，次の通り。

	C_3H_8	O_2	N_2	CO	CO_2	H_2O(気)	
(反応前)	1.00	5.00	18.7	0	0	0	(計)24.7
(反応後)	0	0.30	18.7	0.60	2.40	4.00	(計)26.0

反応後の混合気体について，状態方程式$PV=nRT$を適用すると，

$$1.0\times10^5\times V=26.0\times8.3\times10^3\times1160$$
$$\therefore\quad V=2503(\text{L})\fallingdotseq 2.5(\text{m}^3)$$

▶92 (1) 空気中の水蒸気や二酸化炭素を吸収するのを防ぐため。　(2) −43.7 kJ/mol
(3) NaOH(固)+HClaq ⟶ NaClaq+H₂O(液)
$$\Delta H=-100.8\,kJ$$
(4) −57.1 kJ/mol
(5) 増大する。中和反応は発熱反応なので，水の電離する反応は吸熱反応である。したがって，温度が上昇すると，吸熱反応の方向，つまり水の電離する方向へ平衡が移動して，水のイオン積の値は大きくなる。　(6) 26.6℃

解説 (1) NaOHの結晶には，空気中の水分を吸収してその水に溶けてしまう性質(潮解性)がある。

また，NaOH は強塩基で，空気中の CO_2（酸性酸化物）を吸収する性質もある。

(2) a 点（$t=0$）で溶解を開始し，b 点で溶解が完了したので，b は測定中の最高温度を示す。しかし，b 点ではすでに周囲への放冷が

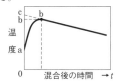

始まっている。NaOH の水への溶解が瞬時に終了し，周囲への放冷がなければ，もっと温度は上昇したはずである。そこで，真の最高温度は，グラフ後半の直線部分を$t=0$まで外挿して求めたc点である。

本問では，溶解による体積変化が無視できるというただし書きがあり，溶液1gではなく，溶液1cm³の温度を1K上昇させるのに必要な熱量が4.2Jで定義されていることに留意したい。

$Q = 4.2 \times \underline{200} \times (27.6-25.0) = 2184〔J〕≒2.18〔kJ〕$

NaOH=40 より，NaOH 2.0 g の物質量は，

$$\frac{2.0}{40} = 0.050〔mol〕$$

NaOH 1 mol あたりの発熱量に換算すると，

$$2.184 \times \frac{1.0}{0.050} ≒ 43.7〔kJ〕$$

よって，NaOH の水への溶解エンタルピーは，-43.7 kJ/mol である。

補足　溶解による体積変化が無視できるというただし書きがなく，溶液の比熱が溶液1gの温度を1K上昇させるのに必要な熱量で与えられている通常の場合，発熱量は次式で求められる。

（発熱量）〔J〕
　＝比熱〔J/g・K〕×質量〔g〕×温度変化〔K〕
$Q' = 4.2 \times \underline{(200+2.0)} \times (27.6-25.0) = 2206$〔J〕となる。

(3) $Q'' = 4.2 \times 200 \times (31.0-25.0) = 5040〔J〕 = 5.04〔kJ〕$

NaOH の物質量　$\frac{2.0}{40} = 0.050〔mol〕$，

HCl の物質量　$0.25 \times \frac{200}{1000} = 0.050〔mol〕$

NaOH（固）1 mol と HCl 1 mol が中和し H_2O 1 mol が生成するときの発熱量は，

$$5.04 \times \frac{1}{0.050} = 100.8〔kJ〕$$

これを熱化学反応式で表すと次の通り。

NaOH（固）＋HClaq ⟶ NaClaq＋H_2O（液）

$\Delta H = -100.8$ kJ

（上記の-100.8 kJ は，NaOH（固）の水への溶解エンタルピーと，NaOHaq と HClaq の中和エンタルピーの和に等しい。）

(4) 実験（i）より

NaOH（固）＋aq ⟶ NaOHaq

$\Delta H = -43.7$ kJ……①

実験（ii）より

NaOH（固）＋HClaq ⟶ NaClaq＋H_2O（液）

$\Delta H = -100.8$ kJ……②

求める NaOHaq と HClaq の中和エンタルピーをx〔kJ/mol〕とおくと，

NaOHaq＋HClaq ⟶ NaClaq＋H_2O（液）

$\Delta H = x$ kJ……③

①，②式から，NaOH（固）を消去すればよい。②式－①式を計算すると，

$x = (-100.8) - (-43.7) = -57.1$〔kJ〕

NaOHaq と HClaq との中和エンタルピーは，-57.1 kJ/mol である。

(5) ③式より，中和反応の熱化学反応式は，

$H^+aq + OH^-aq ⟶ H_2O$（液）　$\Delta H = -57.1$ kJ

ルシャトリエの原理より，高温ほど吸熱方向，すなわち上式の平衡は左へ移動し，水中での$[H^+]$と$[OH^-]$の積（水のイオン積）K_w の値は大きくなる。

（例）　25℃　$K_w = 1.0 \times 10^{-14}〔(mol/L)^2〕$
　　　60℃　$K_w = 9.6 \times 10^{-14}〔(mol/L)^2〕$

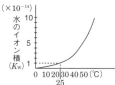

水のイオン積の温度変化

(6) 中和反応の熱化学反応式は，

$H^+aq + OH^-aq ⟶ H_2O$（液）　$\Delta H = -57.1$ kJ

で表される通り，強酸と強塩基の希水溶液の中和エンタルピーは，酸・塩基の種類に関係なくほぼ一定の値となる。したがって，KOHaq と HNO_3aq との中和エンタルピーは，NaOHaq と HClaq の中和エンタルピーとほぼ等しい値と考えてよい。

参考　**弱酸・強塩基の水溶液の中和エンタルピー**

弱酸・強塩基（または強酸・弱塩基）の希水溶液の中和反応では，中和に先立って，弱酸（または弱塩基）が電離しなければならない。これに必要な熱量（電離エンタルピー）を反応系から吸収するため，弱酸・強塩基（または強酸・弱塩基）の水溶液の中和エンタルピーは，強酸・強塩基の水溶液の中和エンタルピーに比べてやや小さな値となる。

KOH の物質量　$0.50 \times \frac{100}{1000} = 0.050〔mol〕$

HNO_3 の物質量　$0.50 \times \frac{50}{1000} = 0.025〔mol〕$

HNO_3 の物質量の方が少ないので，HNO_3 がすべ

て中和し，生成する H_2O も 0.025 mol である。（つまり酸の H^+，塩基の OH^- は 0.025 mol 分だけ中和したことになる。）

発熱量 $Q=57.1×0.025×10^3≒1428〔J〕$

混合後，液温が $t〔℃〕$ になったとすると，

$1428=4.2×100×(t-25.0)+4.2×50×(t-23.0)$

　∴　$t≒26.6〔℃〕$

▶**93** (1) $-106\,kJ/mol$　(2) $20\,kJ/mol$

(3) $-2060\,kJ/mol$　(4) $-878\,kJ/mol$

解説　与えられた生成エンタルピー，および熱化学反応式は次の通りである。

$\left[\begin{array}{l}C(黒鉛)+O_2(気)\longrightarrow CO_2(気)\\\qquad\qquad\qquad\qquad\Delta H=-394\,kJ\cdots\cdots①\\H_2(気)+\dfrac{1}{2}O_2(気)\longrightarrow H_2O(液)\\\qquad\qquad\qquad\qquad\Delta H=-286\,kJ\cdots\cdots②\\C_3H_8(気)+5O_2(気)\longrightarrow 3CO_2(気)+4H_2O(液)\\\qquad\qquad\qquad\qquad\Delta H=-2220\,kJ\cdots\cdots③\end{array}\right.$

(1) プロパン C_3H_8 の生成エンタルピーを $x〔kJ/mol〕$ とおくと，その熱化学反応式は，

　　$3C(黒鉛)+4H_2(気)\longrightarrow C_3H_8(気)$

　　　　　　　　　　　　$\Delta H=x\,kJ\cdots\cdots④$

左辺の $3C(黒鉛)$ に着目して，①式×3

左辺の $4H_2(気)$ に着目して，②式×4

右辺の C_3H_8 に着目して（移項必要），③式×(-1)

よって，①×3+②×4-③より，

ΔH の部分にも同様の計算を行うと，

　　$x=(-394×3)+(-286×4)-(-2220)$

　　　$=-106〔kJ〕$

(2) プロペン C_3H_6 の生成エンタルピーを $y〔kJ/mol〕$ とおくと，その熱化学反応式は，

$\left[\begin{array}{l}3C(黒鉛)+3H_2(気)\longrightarrow C_3H_6(気)\\\qquad\qquad\qquad\qquad\Delta H=y\,kJ\cdots\cdots⑤\\3C(黒鉛)+4H_2(気)\longrightarrow C_3H_8(気)\\\qquad\qquad\qquad\qquad\Delta H=-106\,kJ\cdots\cdots⑥\\C_3H_6(気)+H_2(気)\longrightarrow C_3H_8(気)\\\qquad\qquad\qquad\qquad\Delta H=-126\,kJ\cdots\cdots⑦\end{array}\right.$

⑥-⑦より，$C_3H_8(気)$ を消去すると，

　$3C(黒鉛)+3H_2(気)\longrightarrow C_3H_6(気)$　$\Delta H=y\,kJ$

ΔH の部分にも同様の計算を行うと

　　$y=(-106)-(-126)=20〔kJ〕$

　$3C(黒鉛)+3H_2(気)\longrightarrow C_3H_6(気)$

　　　　　　　　　　　　$\Delta H=20\,kJ\cdots\cdots⑧$

別解　⑦式に対して，次の公式を適用すると，

$\left(\begin{array}{l}反応エン\\タルピー\end{array}\right)=\left(\begin{array}{l}生成物の生成\\エンタルピーの和\end{array}\right)-\left(\begin{array}{l}反応物の生成\\エンタルピーの和\end{array}\right)$

（単体の生成エンタルピーは 0（基準）とする。）

$-126=(-106)-(y+0)$

　∴　$y=20〔kJ〕$

(3) プロペン C_3H_6 の燃焼エンタルピーを $z〔kJ/mol〕$ とおくと，その熱化学反応式は，

　　$C_3H_6(気)+\dfrac{9}{2}O_2(気)\longrightarrow 3CO_2(気)+3H_2O(液)$

　　　　　　　　　　　　$\Delta H=z\,kJ\cdots\cdots⑨$

右辺の $3CO_2(気)$ に着目して，①×3

右辺の $3H_2O(液)$ に着目して，②×3

左辺の $C_3H_6(気)$ に着目して（移項必要），⑧×(-1)

よって，①×3+②×3-⑧

ΔH の部分にも同様の計算を行うと

　　$z=(-394×3)+(-286×3)-20$

　　　$=-2060〔kJ〕$

別解　⑨式に対して上の公式を適用すると

　　$z=\{(-394×3)+(-286×3)\}-(20+0)$

　　　$=-2060〔kJ〕$

(4) まず，$C_3H_6(気)$ が $3C(黒鉛)$ と $3H_2(気)$ に解離するときのエンタルピー（**解離エンタルピー**）は，C_3H_6 (気)の生成エンタルピー 20 kJ/mol の符号を変えた $-20\,kJ/mol$ である。

続いて，$3C(黒鉛)$ は燃焼せず，$3H_2(気)$ だけが燃焼したと考えれば，$H_2(気)$ の燃焼エンタルピーが $-286\,kJ/mol$ だから，この反応の反応エンタルピーは，$(-286×3)+(-20)=-878〔kJ/mol〕$

別解　(4)の熱化学反応式に対して，上の公式を適用すると，

$\Delta H=\{0+(-286×3)\}-(20+0)=-878〔kJ/mol〕$

▶**94** (1) CH_4 $-75\,kJ/mol$，

C_2H_2 $227\,kJ/mol$

(2) $C-H$ 結合 $416\,kJ/mol$，$C≡C$ 結合 $811\,kJ/mol$

(3) -137

解説　(1) メタン CH_4 の生成エンタルピーを x $〔kJ/mol〕$ とおくと，その熱化学反応式は，

　　$C(黒鉛)+2H_2\longrightarrow CH_4$　$\Delta H=x\,kJ$

左辺の $C(黒鉛)$ に着目して，②式

左辺の $2H_2$ 着目して，③式×2

右辺の CH_4 に着目して（移項必要），①×(-1)

②+③×2-①より x が求まる。

ΔH の部分にも同様の計算を行うと，

　　$x=(-394)+(-286×2)-(-891)$

　　　$=-75〔kJ〕$

CH_4 の生成エンタルピーは $-75\,kJ/mol$ である。

アセチレン C_2H_2 の生成エンタルピーを $y〔kJ/mol〕$ とおくと，その熱化学反応式は，

　　$2C(黒鉛)+H_2\longrightarrow C_2H_2$　$\Delta H=y\,kJ$

左辺の $2C(黒鉛)$ に着目して，②式×2

左辺の H_2 に着目して，③式

右辺の C_2H_2 に着目して（移項必要），

④×(−1)

②×2+③−④よりyが求まる。

ΔHの部分にも同様の計算を行うと，

$y=(-394\times2)+(-286)-(-1301)$
$=227$〔kJ〕

C₂H₂の生成エンタルピーは227kJ/molである。

(2) 気体分子中の共有結合1molを切断してばらばらの原子にするのに必要なエネルギーを，その結合の**結合エンタルピー**（単位 kJ/mol）という。結合エンタルピーを熱化学反応式で表す場合，共有結合を切断するのは吸熱反応なので，$\Delta H>0$，共有結合を生成するのは発熱反応なので，$\Delta H<0$で表す。

各物質のもつエンタルピーの大小関係を表した図を**エンタルピー図**という。

エンタルピー図では，保有するエンタルピーの大きい物質を上位に，小さい物質を下位に書く。したがって，下に向かう反応が**発熱反応**（$\Delta H<0$），上に向かう反応が**吸熱反応**（$\Delta H>0$）となる。

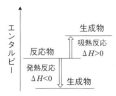

結合エンタルピーを使って反応エンタルピーΔHを求めるときは，反応の途中に，反応物が解離したばらばらの原子の状態を経由して反応が進行すると仮定して，生成物がつくられると考えればよい。

ある発熱反応の反応エンタルピーをΔHとすると，

反応物 ⟶ 生成物　$\Delta H<0$……①

この反応をエンタルピー図で表し，ばらばらの原子の状態のエネルギーを0（基準）とすると，次の関係式が成り立つ。

結合エンタルピーから反応エンタルピーを求める公式

物質のもつ化学エネルギーは**エンタルピー**（熱含量）記号Hで表される。高校で主に学習する**定圧反応**において出入りする熱量は**反応エンタルピー**と呼ばれ，反応物と生成物のもつエンタルピーの差（**エンタルピー変化**といい，記号ΔHで表される。このエンタルピー変化は，必ず，反応後のエンタルピーH_2から反応前のエンタルピーH_1を引いて求める約束がある。

（**エンタルピー変化 ΔH**）＝（生成物のもつエンタルピーH_2）−（反応物のもつエンタルピーH_1）

結合エンタルピーは，気体分子内の共有結合1molを切断してばらばらの原子にするのに必要なエネルギーであり，すべて吸熱反応なので，正の値をとる。また，各結合エンタルピーを表すエンタルピー図からわかるように，各結合エンタルピーを表す矢印の起点はそれぞれ異なるが，矢印の終点はどれも同じである。そこで，結合エンタルピーを用いて反応エンタルピーΔHを求める場合，ばらばらの原子のもつエンタルピーを0kJ（基準）とすればよい。このとき，その物質のもつエンタルピーは，その物質中に含まれる結合エンタルピーの総和に負（−）の符号をつけた値になる。これをエンタルピー変化ΔHを求める基本公式（上式）に代入すると，

（反応エンタルピーΔH）＝（−生成物の結合エンタルピーの総和）−（−反応物の結合エンタルピーの総和）

となり，右辺の前後を入れ替えると，次式が得られる。

（反応エンタルピーΔH）＝（反応物の結合エンタルピーの総和）−（生成物の結合エンタルピーの総和）

メタン CH₄ の生成エンタルピー−75kJ/mol を表す熱化学反応式は次の通り。

C（黒鉛）+2H₂（気）⟶ CH₄（気）

　　　　　　　　　$\Delta H=-75$ kJ

メタンのC-H結合の結合エンタルピーをx〔kJ/mol〕とおくと，メタン1mol中にはC-H結合は4mol含まれるから，

（反応エンタルピー）＝（反応物の結合エンタルピーの和）−（生成物の結合エンタルピーの和）より，上式に各結合エンタルピーを代入する。

（ただし，黒鉛の昇華エンタルピーは，黒鉛1molをばらばらのC原子にするのに必要なエネルギーなので，黒鉛の結合エンタルピーの総和とみなしてよい。）

$-75=(717+436\times2)-4x$
$4x=1664$　　$\therefore$　$x=416$〔kJ/mol〕

アセチレン C₂H₂ の生成エンタルピー 227kJ/mol を表す熱化学反応式は次の通り。

2C（黒鉛）+H₂（気）⟶ C₂H₂（気）

　　　　　　　　　$\Delta H=227$ kJ

アセチレンのC≡C結合の結合エンタルピーをy〔kJ/mol〕とおくと，C-H結合の結合エンタルピーは416kJ/molである。上式に**（反応エンタルピー）＝（反応物の結合エンタルピーの和）−（生成物の結合エンタルピーの和）**を適用して，

$227=(717\times2+436)-(416\times2+y)$
$\therefore$　$y=811$〔kJ/mol〕

(3) **（反応エンタルピー）＝（反応物の結合エンタルピーの和）−（生成物の結合エンタルピーの和）**より，上式に各結合エンタルピーを代入する。

$x=(590+416\times4+436)-(416\times6+331)$
$\qquad=-137\,(kJ)$

▶**95** (1) $C_6H_6(液)+\dfrac{25}{4}O_2(気)\longrightarrow$

$\dfrac{1}{2}C(固)+\dfrac{3}{2}CO(気)+4CO_2(気)+3H_2O(液)$

$\Delta H=-2616\,kJ$

(2) **3.24×10³kJ**

解説　(1) 分子量は，$CO=28$，$CO_2=44$，$C_6H_6=78$，$H_2O=18$なので，各物質の物質量は，

$C_6H_6\quad\dfrac{19.5}{78}=0.25\,(mol)$，$C\quad\dfrac{1.5}{12}=0.125\,(mol)$，

$CO\quad\dfrac{10.5}{28}=0.375\,(mol)$，$CO_2\quad\dfrac{44.0}{44}=1.0\,(mol)$，

$H_2O\quad\dfrac{13.5}{18}=0.75\,(mol)$

反応式の**(係数比)＝(物質量比)**より，この不完全燃焼を反応式で表すと，

$\dfrac{1}{4}C_6H_6+xO_2\longrightarrow$

$\dfrac{1}{8}C+\dfrac{3}{8}CO+CO_2+\dfrac{3}{4}H_2O(液)+654\,kJ$

両辺のO原子の数は等しいので，

$2x=\dfrac{3}{8}+2+\dfrac{3}{4}=\dfrac{25}{8}\quad\therefore\quad x=\dfrac{25}{16}$

C_6H_6の係数を1にするため，両辺を4倍する。

$C_6H_6+\dfrac{25}{4}O_2\longrightarrow\dfrac{1}{2}C+\dfrac{3}{2}CO+4CO_2+3H_2O(液)$

発熱量654kJをベンゼン1molあたりに直すと，

$654\times\dfrac{1}{0.25}=2616\,(kJ)$

よって，ベンゼンの不完全燃焼における反応エンタルピーは$-2616\,kJ/mol$である。

(2) 生成した混合気体中で，完全燃焼していないのはCとCOだけである。

$C(黒鉛)+O_2(気)\longrightarrow CO_2(気)$

$\Delta H=-394\,kJ\cdots\cdots①$

$C(黒鉛)+\dfrac{1}{2}O_2(気)\longrightarrow CO(気)$

$\Delta H=-111\,kJ\cdots\cdots②$

COの燃焼エンタルピーを$x\,(kJ/mol)$とおくと，①－②より，C(黒鉛)を消去すると，

$CO(気)+\dfrac{1}{2}O_2(気)\longrightarrow CO_2(気)\quad\Delta H=x\,kJ$

ΔHの部分も同様の計算をすると，

$\Delta H=(-394)-(-111)=-283\,(kJ)$

ベンゼン0.25molの不完全燃焼で，C 0.125mol，CO 0.375mol生成したので，ベンゼン1.0molの不

完全燃焼では，C 0.50mol，CO 1.5mol生成する。

0.50molのCが完全燃焼してCO_2になると，

$0.50\times394=197\,(kJ)$

1.5molのCOが完全燃焼してCO_2になると，

$1.5\times283=424.5\,(kJ)$

$\therefore\quad197+424.5=621.5\,(kJ)$　さらに発熱する。

合計の発熱量は，$2616+621.5=3237.5\,(kJ)$

ベンゼン1.0molが完全燃焼すると，$3.24\times10^3\,kJ$発熱する。

▶**96** **12.8kJ**

解説　初めの混合気体中のCH_4とO_2の分圧をそれぞれ$x\,(Pa)$，$y\,(Pa)$とする。温度・体積が一定なので，(分圧の比)＝(物質量の比)の関係が成り立ち，メタンの完全燃焼の量的関係は次式の通り。

$$CH_4+2O_2\longrightarrow CO_2+2H_2O$$

(燃焼前)	x	y	0	0	(Pa)
(燃焼後)	0	$(y-2x)$	x	$2x$	(Pa)

(気体のとき)

反応後，容器内に水滴が生じているから，容器内の水蒸気の分圧P_{H_2O}は27℃の飽和水蒸気圧に等しい。

$P_{H_2O}=3.6\times10^3\,(Pa)$

(最初の混合気体の圧力について)

$x+y=1.4\times10^4\cdots\cdots①$

(燃焼後のO_2とCO_2の圧力について)

$(y-2x)+x=8.6\times10^3-3.6\times10^3\cdots\cdots②$

①，②より，$\therefore\quad x=4.5\times10^3\,(Pa)$，

$y=9.5\times10^3\,(Pa)$

燃焼したCH_4の物質量を$n\,(mol)$とすると，

$4.5\times10^3\times8.3=n\times8.3\times10^3\times300$

$\therefore\quad n=1.5\times10^{-2}\,(mol)$

よって，メタンの完全燃焼による発熱量は，生成した水がすべて液体であるとすると，

$890\times1.5\times10^{-2}=13.35\,(kJ)$

水蒸気として存在する水の物質量を$n'\,(mol)$とおくと

$3.6\times10^3\times8.3=n'\times8.3\times10^3\times300$

$\therefore\quad n'=1.2\times10^{-2}\,(mol)$

$H_2O(液)1.2\times10^{-2}\,mol$の蒸発による吸熱量は，

$44\times1.2\times10^{-2}=0.528\,(kJ)$

$\therefore\quad$全発熱量は，$13.35-0.528=12.82\fallingdotseq12.8\,(kJ)$

▶**97** (1) メタン：エタン＝1：4

(2) $-1561\,\text{kJ/mol}$

解説 (1) 標準状態で44.8Lの気体の物質量は2.0molである。混合気体中のメタンとエタンの物質量を、それぞれ$x\,[\text{mol}]$，$y\,[\text{mol}]$とおく。

メタンとエタンの完全燃焼の反応式は

$$CH_4+2O_2 \longrightarrow CO_2+2H_2O$$
$$\quad x \qquad 2x \qquad\qquad\qquad [\text{mol}]$$

$$C_2H_6+\frac{7}{2}O_2 \longrightarrow 2CO_2+3H_2O$$
$$\quad y \qquad 3.5y \qquad\qquad\qquad [\text{mol}]$$

（最初の混合気体について）
$$x+y=2.0 \cdots\cdots①$$
（燃焼に必要なO_2について）
$$2x+3.5y=6.4 \cdots\cdots②$$
$$\therefore \quad x=0.40\,[\text{mol}]，y=1.6\,[\text{mol}]$$

よって，混合気体中の物質量の比は，$CH_4：C_2H_6$＝1：4である。

(2) 混合気体の燃焼による発熱量は，各成分気体の燃焼による発熱量の和になる。

エタン1molの完全燃焼による発熱量を$z\,[\text{kJ}]$とおくと，
$$891\times0.4+z\times1.6=2854 \quad z=1561\,[\text{kJ}]$$

よって，エタンの燃焼エンタルピーは$-1561\,\text{kJ/mol}$である。

▶**98** (1) $30\,\text{kJ/mol}$ (2) $53\,\text{kJ/mol}$

解説

$$\begin{pmatrix}反応エン\\タルピー\end{pmatrix}=\begin{pmatrix}反応物の結合\\エンタルピーの和\end{pmatrix}-\begin{pmatrix}生成物の結合\\エンタルピーの和\end{pmatrix}$$

の関係が成立するのは，原子間の化学結合の切断・生成のみが関係している気体反応の場合に限られる。したがって，気体状態でない場合には，気体反応であるとして上記の関係式を適用したうえで，蒸発エンタルピーや昇華エンタルピーなどを用いて，反応エンタルピーの値を液体や固体の状態に戻す調整が必要である。

(1) まず，$H_2(気)+Br_2(気) \longrightarrow 2HBr(気)$の反応エンタルピーを$x\,[\text{kJ/mol}]$とおく。

上の関係式に各結合エンタルピーを代入すると，
$$x=(436+193)-(366\times2)=-103\,[\text{kJ/mol}]$$
$$H_2(気)+Br_2(気) \longrightarrow 2HBr(気)$$
$$\Delta H=-103\,\text{kJ}\cdots\cdots①$$
$$H_2(気)+Br_2(液) \longrightarrow 2HBr(気)$$
$$\Delta H=-73\,\text{kJ}\cdots\cdots②$$

②－①より，$Br_2(液) \longrightarrow Br_2(気)$
$$\Delta H=(-73)-(-103)=30\,[\text{kJ/mol}]$$

Br_2の蒸発エンタルピーは$30\,\text{kJ/mol}$である。

(2) まず，$H_2(気)+I_2(気) \longrightarrow 2HI(気)$の反応エンタルピーを$y\,[\text{kJ/mol}]$とおく。

上の関係式に各結合エンタルピーを代入すると，
$$y=(436+151)-(298\times2)=-9\,[\text{kJ/mol}]$$
$$H_2(気)+I_2(気) \longrightarrow 2HI(気)$$
$$\Delta H=-9\,\text{kJ}\cdots\cdots③$$
$$I_2(固) \longrightarrow I_2(気) \quad \Delta H=62\,\text{kJ}\cdots\cdots④$$

③＋④より，$I_2(気)$を消去すると
$$H_2(気)+I_2(固) \longrightarrow 2HI(気)$$
$$\Delta H=(-9)+62=53\,[\text{kJ/mol}]$$

▶**99** (1) ① $Na(固) \longrightarrow Na(気) \quad \Delta H=109\,\text{kJ}$

② $Cl_2(気) \longrightarrow 2Cl(気) \quad \Delta H=244\,\text{kJ}$

③ $Na(気) \longrightarrow Na^+(気)+e^- \quad \Delta H=498\,\text{kJ}$

④ $Cl(気)+e^- \longrightarrow Cl^-(気) \quad \Delta H=-356\,\text{kJ}$

⑤ $Na(固)+\dfrac{1}{2}Cl_2(気) \longrightarrow NaCl(固)$
$$\Delta H=-410\,\text{kJ}$$

(2) $783\,\text{kJ/mol}$ (3) $4\,\text{kJ/mol}$

解説 正・負の荷電粒子が共存している状態を**プラズマ**という。この状態にイオン結晶を到達させるには$10^5 \sim 10^6 K$程度の超高温が必要であるが，通常，実験室ではこのような高温をつくり出すことは難しい。よって，イオン結晶を気体状態のばらばらなイオンにするのに必要な**格子エンタルピー**を直接測定することは困難である。そこで，ヘスの法則を用いて，測定可能な次の①～⑤の反応エンタルピーを計算することにより，イオン結晶の格子エンタルピーを求めることができる。

① 固体1molが昇華するとき吸収される熱量を**昇華エンタルピー**という。吸熱反応なので$\Delta H>0$。

② 気体分子中の共有結合1molを切断して，ばらばらの原子にするのに必要な熱量を**結合エンタルピー**という。吸熱反応なので$\Delta H>0$。

③ 気体状態の原子1molから電子を取り去り，1価の陽イオンにするのに必要なエネルギーを**イオン化エネルギー**という。吸熱反応なので$\Delta H>0$。

④ 気体状態の原子1molが電子を受け取り，1価の陰イオンになるとき放出されるエネルギーを**電子親和力**という。発熱反応なので$\Delta H<0$。

⑤ 化合物1molがその成分元素の単体からつくられるときに放出・吸収される熱量を**生成エンタルピー**といい，発熱反応では$\Delta H<0$，吸熱反応では$\Delta H>0$。

(2) 求める$NaCl$の格子エンタルピーを$x\,[\text{kJ/mol}]$として，その熱化学反応式は次の通り。

$$NaCl(固) \longrightarrow Na^+(気)+Cl^-(気) \quad \Delta H=x\,\text{kJ}$$

上の①～⑤をエンタルピー図で表すと，次の通り。（上向きが吸熱反応，下向きが発熱反応を表す）

初めの状態 Na(固)$+\frac{1}{2}$Cl$_2$(気)から反応を開始して，再びもとの状態 Na(固)$+\frac{1}{2}$Cl$_2$(気)に戻るような循環過程を考えると，反応エンタルピーの総和は0になる。このような循環過程を**ボルン・ハーバーサイクル**という。このとき，上に向かう変化は吸熱反応なのでΔHは＋の符号で，下に向かう変化は発熱反応なので，ΔHは－の符号で統一すること。

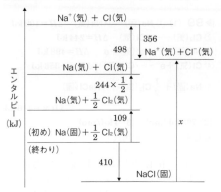

$$109+\left(244\times\frac{1}{2}\right)+498-356-x+410=0$$
$$x=783\,[\text{kJ/mol}]$$

(3) NaCl(固)の溶解エンタルピーをy[kJ/mol]とおくと，ヘスの法則より，初めの状態 NaCl(固)と終わりの状態 Na$^+$aq$+$Cl$^-$aq が同じならば，反応の経路によらず，反応エンタルピーの総和は等しいことを利用する。

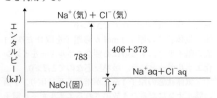

$$\left(\begin{array}{c}反応エン\\タルピー\end{array}\right)=\left(\begin{array}{c}反応物の結合\\エンタルピーの和\end{array}\right)-\left(\begin{array}{c}生成物の結合\\エンタルピーの和\end{array}\right)$$

$\left(\begin{array}{c}水和エンタルピーでは，各イオンと水分子の間に結合\\が形成されてエネルギーが放出されるので，結合エン\\タルピーと同様に取り扱うことができる。\end{array}\right)$

上の関係式に各結合エンタルピーを代入すると，
$$y=783-(406+373)=4\,[\text{kJ/mol}]$$

▶100 (1) プロペン **18 kJ/mol**，シクロプロパン **51 kJ/mol**
(2) どちらも生成エンタルピーが正(＋)の値をもつ吸熱化合物であるが，プロペンの方がその値が小さいので，エネルギー的に安定な化合物といえる。
(3) プロペン **3 kJ/mol**，シクロプロパン **－81 kJ/mol**

解説 (1) 表1の燃焼エンタルピーを熱化学反応式で表すと次の通り。

$\left|\begin{array}{l}\text{H}_2(気)+\frac{1}{2}\text{O}_2(気)\longrightarrow\text{H}_2\text{O}(液)\\\qquad\qquad\qquad\quad\Delta H=-286\,\text{kJ}\cdots\cdots①\\\text{C}(黒鉛)+\text{O}_2(気)\longrightarrow\text{CO}_2(気)\\\qquad\qquad\qquad\quad\Delta H=-394\,\text{kJ}\cdots\cdots②\\\text{C}_3\text{H}_6(プロペン)+\frac{9}{2}\text{O}_2(気)\longrightarrow\\\quad3\text{CO}_2(気)+3\text{H}_2\text{O}(液)\quad\Delta H=-2058\,\text{kJ}\cdots\cdots③\\\text{C}_3\text{H}_6(シクロプロパン)+\frac{9}{2}\text{O}_2(気)\longrightarrow\\\quad3\text{CO}_2(気)+3\text{H}_2\text{O}(液)\quad\Delta H=-2091\,\text{kJ}\cdots\cdots④\end{array}\right.$

プロペンとシクロプロパンの生成エンタルピーをそれぞれx[kJ/mol]，y[kJ/mol]とおくと，
$$3\text{C}(黒鉛)+3\text{H}_2(気)\longrightarrow\text{C}_3\text{H}_6(プロペン)$$
$$\Delta H=x\,\text{kJ}\cdots\cdots⑤$$
$$3\text{C}(黒鉛)+3\text{H}_2(気)\longrightarrow\text{C}_3\text{H}_6(シクロプロパン)$$
$$\Delta H=y\,\text{kJ}\cdots\cdots⑥$$

⑤式は，②×3＋①×3－③で求まる。
ΔHの部分も同様の計算を行うと，
$$x=(-394\times3)+(-286\times3)-(-2058)$$
$$=18\,[\text{kJ/mol}]$$
⑥式は，②×3＋①×3－④で求まる。
ΔHの部分も同様の計算を行うと，
$$y=(-394\times3)+(-286\times3)-(-2091)$$
$$=51\,[\text{kJ/mol}]$$

(2) 生成エンタルピー$\Delta H>0$の場合，その値が大きな化合物ほど，単体(生成エンタルピーは0とする)に比べて保有するエネルギーが大きく，エネルギー的に不安定な化合物といえる。プロペン，シクロプロパンともに生成エンタルピーが正(＋)の値であるが，その度合いを比較すると，シクロプロパンの方が大きく不安定であり，プロペンの方が小さく，安定な化合物であるといえる。

(3) プロペンの生成エンタルピーをx'[kJ/mol]，シクロプロパンの生成エンタルピーをy'[kJ/mol]とおく。
$$3\text{C}(黒鉛)+3\text{H}_2(気)\longrightarrow\text{C}_3\text{H}_6(プロペン)$$
$$\Delta H=x'\,\text{kJ}\cdots\cdots⑦$$
$$3\text{C}(黒鉛)+3\text{H}_2(気)\longrightarrow\text{C}_3\text{H}_6(シクロプロパン)$$
$$\Delta H=y'\,\text{kJ}\cdots\cdots⑧$$

⑦，⑧式に対して，次の関係式を適用する。

$$\begin{pmatrix}反応エン\\タルピー\end{pmatrix}=\begin{pmatrix}反応物の結合\\エンタルピーの和\end{pmatrix}-\begin{pmatrix}生成物の結合\\エンタルピーの和\end{pmatrix}$$

上式に各結合エンタルピーを代入すると，

$$x' = (717 \times 3 + 436 \times 3) - (416 \times 6 + 348 + 612)$$
$$= 3〔kJ/mol〕$$
$$y' = (717 \times 3 + 436 \times 3) - (416 \times 6 + 348 \times 3)$$
$$= -81〔kJ/mol〕$$

(1)と(3)の値を比較すると，プロペンでは差は小さいが，シクロプロパンでは差がかなり大きくなっている。この差の生じる大きな原因は，シクロプロパンのC-C結合の結合エンタルピーが，一般の炭化水素の平均のC-C結合の結合エンタルピーよりも小さいためである。シクロプロパンでは，環状構造をとっているC原子の結合角（60°）が本来のC-C結合の結合角（109.5°）よりもかなり小さく，環に大きな歪みが生じているためと考えられ，C-C結合の結合エンタルピーは，一般の炭化水素のアルカンのそれと比べてかなり小さい値となっている。

▶101 (1) ① **479 kJ/mol** ② **358 kJ/mol**
(2) **451 kJ/mol**

解説 (1) ① 問題に与えられている炭素(黒鉛)の昇華エンタルピー718 kJ/molは，黒鉛1 mol中のC，C間の結合エンタルピーの総和に等しい。一般に，共有結合の結晶ではその中に含まれる共有結合をすべて切断すると，ばらばらの気体状の原子になるからである。

右図に示す通り，黒鉛を構成するC原子1個は，それぞれ3個のC原子と共有結合しているが，各C-C結合は2個のC原子で共有

されているので，C原子1個あたり1.5本のC，C間の結合をもつことになる。すなわち，黒鉛1 mol中には，1.5 molのC，C間の結合を含んでいる。

∴ 黒鉛のC，C間の平均結合エンタルピーは

$$\frac{718}{1.5} \fallingdotseq 479〔kJ/mol〕$$

② ダイヤモンドの昇華エンタルピーは，黒鉛とダイヤモンドの燃焼エンタルピーから求められる。
ダイヤモンドと黒鉛の燃焼エンタルピーを表す熱化学反応式は次の通り。

$$C(黒鉛) + O_2(気) \longrightarrow CO_2(気)$$
$$\Delta H = -394 \, kJ \cdots\cdots①$$
$$C(ダイヤ) + O_2(気) \longrightarrow CO_2(気)$$
$$\Delta H = -396 \, kJ \cdots\cdots②$$

①式－②式より，$C(黒鉛) \longrightarrow C(ダイヤ)$
$$\Delta H = (-394) - (-396) = 2〔kJ〕$$

よって，ダイヤモンドの方が黒鉛よりも1 molあたりで2 kJだけエンタルピーが大きいことがわかる。与えられた黒鉛とダイヤモンドの昇華エンタルピーの関係を表すエンタルピー図（下図）と，黒鉛の昇華エンタルピーが718 kJ/molより，ダイヤモンドの昇華エンタルピーは716 kJ/molとなる。これがダイヤモンド1 mol中のC，C間の結合エネルギーの総和に等しい。

図に示す通り，ダイヤモンドを構成するC原子1個は，それぞれ4個のC原子と共有結合しているが，各C-C結合は2個のC原子で共有されているので，C原子1個あたり2本のC，C間の結合をもつ。すなわち，ダイヤモンド1 mol中には，2.0 molのC，C間の結合を含んでいる。

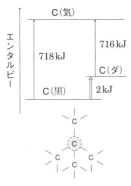

ダイヤモンドのC，C間の平均結合エンタルピーは，

$$\frac{716}{2} = 358〔kJ/mol〕$$

(2) フラーレンの昇華エンタルピーも，黒鉛とフラーレンの燃焼エンタルピーから求められる。

$$C(黒鉛) + O_2(気) \longrightarrow CO_2(気)$$
$$\Delta H = -394 \, kJ \cdots\cdots①$$
$$C_{60} + 60O_2(気) \longrightarrow 60CO_2(気)$$
$$\Delta H = -26110 \, kJ \cdots\cdots③$$

①式×60－③より
$$60C(黒鉛) = C_{60}$$
$$\Delta H = (-394 \times 60) - (-26110) = 2470〔kJ〕$$

与えられた黒鉛とフラーレンの昇華エンタルピーの関係をエンタルピー図（右図）に表すと，黒鉛の昇華エンタルピー718 kJ/molより，

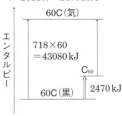

フラーレンの昇華エンタルピーは，43080－2470＝40610 kJ/molとなり，これがフラーレン1 mol中のC，C間の結合エンタルピーの総和に等しい。

次に，フラーレン中のC，C間の結合の総数は，

フラーレン分子の辺の数に等しい。

　題意より，フラーレンは五角形の面12個と六角形の面20個が組み合わさった多面体であるから，辺の総数は，$5×12+6×20=180$本。

　ただし，各辺は必ず2つの面で共有されているから，実際の辺の総数は，$180÷2=90$本である。すなわち，フラーレン1mol中には90molのC，C間の結合を含んでいる。

　フラーレンのC，C間の平均結合エンタルピーは，

$$\frac{40610}{90}≒451〔kJ/mol〕$$

▶102 (1) **−56kJ/mol** (2) **26kJ/mol**
(3) **11.9cm，下降する** (4) **3.0℃**

　解説　(1) メニスカスの下降があったので，氷→水への状態変化（融解）による体積減少が起こった。融解した水の質量を$x〔g〕$とすると，その体積の減少量に関して次式が成り立つ。

$$\frac{x}{0.917}-\frac{x}{1.00}=9.05×0.0100$$

$$\frac{0.083x}{0.917}=0.0905 \quad x=0.999≒1.00〔g〕$$

　（氷の融解による吸熱量）=（中和反応による発熱量）より，1.00mol/L塩酸と1.00mol/L水酸化カリウム水溶液各6.00mLの中和反応による発熱量を$Q_1〔kJ/mol〕$とおくと，

$$\frac{1.00}{18}×6.00=Q_1×1.00×\frac{6.00}{1000}$$

$$Q_1=55.5≒56〔kJ/mol〕$$

中和反応は発熱反応（$\Delta H<0$）なので，中和エンタルピーは−の符号をつけた−56kJ/molである。
(2) メニスカスの上昇があったので，水→氷への状態変化（凝固）による体積増加が起こった。凝固した水の質量を$y〔g〕$とすると，その体積の増加量に関して次式が成り立つ。

$$\frac{y}{0.917}-\frac{y}{1.00}=4.40×0.0100$$

$$\frac{0.083y}{0.917}=0.0440 \quad y=0.486〔g〕$$

　（水の凝固による発熱量）=（NH_4NO_3の溶解による吸熱量）より，NH_4NO_3（式量80）1molが水に溶解したときの発熱量を$Q_2〔kJ/mol〕$とおくと，

$$\frac{0.486}{18}×6.00=Q_2×\frac{0.500}{80}$$

$$Q_2=25.9≒26〔kJ/mol〕$$

　NH_4NO_3の水への溶解反応は吸熱反応（$\Delta H>0$）なので，溶解エンタルピーは26kJ/molである。
(3) 反応による発熱量（吸熱量）とメニスカスの下降度（上昇度）は比例するから，NaOH（式量40）1molの水への溶解によるメニスカスの下降度を$z〔cm〕$とすると，

$$26×\frac{0.500}{80}:44×\frac{0.400}{40}=4.40:z$$

$$∴ \quad z=11.91≒11.9〔cm〕$$

(4) 6.00mol/L塩酸と6.00mol/L水酸化カリウム水溶液各15.0mLの中和反応による発熱量は，

$$6.00×\frac{15.0}{1000}×55.5$$

$$=4.995〔kJ〕=4995〔J〕$$

　（中和反応による発熱量）=（氷10.0gの融解による吸熱量）+（水および水溶液の温度上昇による吸熱量）より，

$\left(\begin{array}{l}温度上昇する物質は，デュワー瓶中の水と試験管中の\\反応水溶液の両方であることに注意すること。\end{array}\right)$

　温度上昇を$\Delta t〔K〕$とすると，

$$4995=\frac{10.0}{18}×6000+4.2×(100+30)×\Delta t$$

$$∴ \quad \Delta t=3.04≒3.0〔K〕$$

　題意より，反応前の水，水溶液の温度は0℃と考えてよく，反応後の水，水溶液の温度は0℃から3.0K上昇して，3.0℃になる。

第3編　物質の変化

7　反応の速さ

▶103 (1) **0.20mol/L・分** (2) **0.50/分**
(3) **0.18mol/L** (4) **0.30mol** (5) **16倍，33K**

　解説　**反応速度**は，ふつう単位時間あたりの反応物の濃度の減少量，または生成物の濃度の増加量で表される。時刻t_1，t_2における反応物Aのモル濃度を$[A]_1$，$[A]_2$とすると，時刻$t_1～t_2$の間での平均のAの反応速度$\bar{v}$は次式で表される。

$$\bar{v}=-\frac{[A]_2-[A]_1}{t_2-t_1}=-\frac{\Delta[A]}{\Delta t}$$

　Δtは常に正の値をとるが，$\Delta[A]$は負の値になる。$\bar{v}$を正の値にするため，右辺にマイナス（−）をつける。

(1) $\bar{v}=-\dfrac{0.30-0.50}{1-0}=0.20〔mol/L・分〕$

(2) 反応速度と反応物の濃度との関係を表した式を**反応速度式**といい，A⟶B+Cの反応では，
$v=k[A]^n$と表され，kを**反応速度定数**，指数nを**反応次数**という。nの値は反応式の係数から自動的

に決まるのではなく，その反応の実験データの解析により決められるものである。通常は，k と n の値は実験により同時に決められるが，本問では簡単にするため，まず n が決まった反応において，k を求めるという二段階の方法をとった。

過酸化水素の平均分解速度 $\bar{v}$ は，次式で表される。

$$\bar{v} = -\frac{\Delta[H_2O_2]}{\Delta t}$$

さらに，反応速度式が $v = k[H_2O_2]$ ……① と与えられている。実験により求まるのは，ある時間間隔における平均の反応速度 $\bar{v}$ であるから，反応速度式で k を求める場合，ある時間間隔における平均の濃度 $[H_2O_2]$ を使わなければならないことに留意すること。

0〜1分の過酸化水素の平均の濃度は，

$$[H_2O_2] = \frac{0.50 + 0.30}{2} = 0.40\,[mol/L]$$

と(1)の答えを①に代入すると，

$$k = \frac{\bar{v}}{[H_2O_2]} = \frac{0.20}{0.40} = 0.50\,[/分]$$

(3) $t=2$分における $[H_2O_2] = x\,[mol/L]$ とおくと，k の値は温度が変わらない限り一定だから，$t=1$分〜2分について考えると，

$$\therefore\ k = \frac{\bar{v}}{[H_2O_2]} = \frac{\dfrac{0.30-x}{1}}{\dfrac{0.30+x}{2}} = 0.50$$

$$\therefore\ x = 0.18\,[mol/L]$$

(4) $t=1$分〜2分の間の $[H_2O_2]$ の変化量は，

0.30 − 0.18 = 0.12 [mol/L] である。

反応式の係数より，$H_2O_2 : O_2 = 2 : 1$(物質量比)なので，反応溶液が5.0Lあることを考慮すると，

O_2 の物質量 $0.12 \times \dfrac{1}{2} \times 5 = 0.30$ [mol]

(5) 温度が 40 K 上昇すると，反応速度は，$2^4 = 16$ [倍]となる。

x [K]上昇すると，$2^{\frac{x}{10}} = 10$ が成り立つ x の値を求めるとよい。

両辺の常用対数をとると $\dfrac{x}{10}\log_{10}2 = \log_{10}10 = 1$

$$x = \frac{10}{\log_{10}2} = \frac{10}{0.3} ≒ 33.3\,[K]$$

$$\therefore\ x = 33.3\,[K]$$

参考 反応速度式と反応次数
反応が起こるとき，反応速度は反応物の粒子の衝突回数に比例する。したがって，反応速度 v は，衝突する反応物の粒子のモル濃度に依存する。しかし，化学反応式は最終的な結果のみを記したものであり，実際の反応は左辺の粒子

が係数で示された数だけ同時に衝突して起こるような単純なものではない。そのため，反応速度が反応物のモル濃度の何乗(反応次数)に比例するかは，必ずしも化学反応式の係数とは一致せず，実験的に求められるものである。

反応物 ○:→○ ○ 生成物 :○○: ← ○:○
反応物自身が分解するような 同時に，反応物の2分子が衝突
反応は1次反応である。 して起こる反応は2次反応である。

例えば，五酸化二窒素 N_2O_5 の分解反応の反応式は次式で表される。

$$2N_2O_5 \longrightarrow 4NO_2 + O_2$$

N_2O_5 の分解速度 v を実験で調べると，$v = k[N_2O_5]^2$ ではなく，$v = k[N_2O_5]$ であり，反応式の係数と反応速度式の反応次数が一致しない。この理由を考えてみよう。実は，N_2O_5 の分解反応は，次のような3つの素反応(1段階で起こる反応)から成り立っている。

$N_2O_5 \longrightarrow N_2O_3 + O_2$ ……①
　$v_1 = k_1[N_2O_5]$ (遅い)
$N_2O_3 \longrightarrow NO + NO_2$ ……②
　$v_2 = k_2[N_2O_3]$ (速い)
$N_2O_5 + NO \longrightarrow 3NO_2$ ……③
　$v_3 = k_3[NO]$ (速い)

①の素反応が最も遅く，①の素反応が起これば，②，③の素反応は直ちに進むので，全体の反応速度は①の素反応の反応速度で決まる。このように，いくつかの素反応を経て進む反応を**多段階反応(複合反応)**といい，その各素反応の中で最も遅いものを**律速段階**という。

多段階反応では，全体の反応速度は律速段階の素反応(上の①)の反応速度によって決まる。

▶**104** (ア)2.92×10^{-4} (イ)1.46×10^{-4} (ウ)1.35×10^{-11} (エ)8.00×10^{-8} (オ)5.93×10^3 (カ)2 (キ)8 (ク)2

解説 $A \longrightarrow 2B$ の反応の場合，Aの減少速度 v_A とBの生成速度 v_B との間には，反応式の係数比より，$v_A : v_B = 1 : 2$ の関係がある。このように，どの物質に着目するかによって反応速度が異なるので，注意が必要である。

(ア)，(イ) 反応式の係数比より，$NO : O_2 : NO_2 = 2 : 1 : 2$(物質量比)で反応するから，100秒間で NO_2 が 8.00×10^{-5} mol 生成したということは，NO が 8.00×10^{-5} mol，O_2 は 4.00×10^{-5} mol それぞれ減少したことになる。

100秒後のNOとO_2のモル濃度は，

$$[NO] = \frac{3.00 \times 10^{-3} - 8.00 \times 10^{-5}}{10}$$
$$= 2.92 \times 10^{-4}\,[mol/L]$$

$$[O_2] = \frac{1.50 \times 10^{-3} - 4.00 \times 10^{-5}}{10}$$
$$= 1.46 \times 10^{-4}\,[mol/L]$$

(ウ) NOとO_2の初濃度は，

$$[NO] = \frac{3.00 \times 10^{-3}}{10} = 3.00 \times 10^{-4}\,[mol/L]$$

$$[O_2]=\frac{1.50\times10^{-3}}{10}=1.50\times10^{-4}〔mol/L〕$$

②式より，$v=k\times(3.00\times10^{-4})^2\times(1.50\times10^{-4})$

$$=13.5\times10^{-12}k=1.35\times10^{-11}k〔mol/L・秒〕$$

(エ) $v=\dfrac{\Delta[NO_2]}{\Delta t}=\dfrac{\dfrac{8.00\times10^{-5}}{10}}{100}$

$$=8.00\times10^{-8}〔mol/L・秒〕$$

(オ) $1.35\times10^{-11}k=8.00\times10^{-8}$

　　∴ $k=5.93\times10^{3}〔L^2/mol^2・秒〕$

(カ) 体積が半分になると，各物質の濃度は2倍になる。

(キ) 温度が一定なので，kは一定である。

$$v'=k\times2^2\times2=8k \quad ∴ \quad 8倍$$

(ク) 温度が一定なので，kは一定である。

$$v''=k\times2^2\times0.5=2k \quad ∴ \quad 2倍$$

▶**105** (1) $t=0分$ 0.500 mol/L，

$t=30分$ 0.413 mol/L，$t=60分$ 0.341 mol/L，

$t=90分$ 0.281 mol/L

(2) (i) 6.35×10^{-3}/分　(ii) 6.37×10^{-3}/分

(iii) 6.43×10^{-3}/分　(平均)6.38×10^{-3}/分

(3) **109分**

解説　反応時

間$t=0$分で要した

NaOH水溶液

は，溶液中の

HCl(触媒)の中

和に使われた分

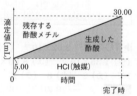

である。酢酸メチル1molの加水分解により酢酸

1molを生じるため，滴定に要したNaOHの物質量

は，触媒として加えたHClと加水分解で生じた酢酸

の物質量の和に相当する。

　グラフより，(30.00−滴定値)mLが，反応液中

に残存する酢酸メチルの物質量を表すことになる。

(1) 反応開始時，$t=0$分での酢酸メチルの濃度は，

$$\left(0.020\times\frac{30.00-5.00}{1000}\right)\div\frac{1.0}{1000}=0.500〔mol/L〕$$

同様に，$t=30$分での酢酸メチルの濃度は，

$$\left(0.020\times\frac{30.00-9.35}{1000}\right)\div\frac{1.0}{1000}=0.413〔mol/L〕$$

$t=60$分での酢酸メチルの濃度は，

$$\left(0.020\times\frac{30.00-12.95}{1000}\right)\div\frac{1.0}{1000}=0.341〔mol/L〕$$

$t=90$分での酢酸メチルの濃度は，

$$\left(0.020\times\frac{30.00-15.95}{1000}\right)\div\frac{1.0}{1000}=0.281〔mol/L〕$$

(2) 次のような表を書いて，kを求めるとわかりやすい。

t	エステル濃度〔mol/L〕	平均の反応速度〔mol/L・分〕	平均のエステル濃度〔mol/L〕	$k=\dfrac{\bar{v}}{[エステル]}$
0	0.500			
		0.0029	0.4565	0.00635
30	0.413			
		0.0024	0.3770	0.00637
60	0.341			
		0.0020	0.3110	0.00643
90	0.281			

平均値：$\dfrac{0.00635+0.00637+0.00643}{3}$

$$=0.00638〔/分〕$$

　各時間間隔での$\dfrac{\bar{v}}{[C]}$が一定なので，$v=k[C]$が

成り立つ。

　一般に，反応速度が反応物の濃度のn乗に比例するとき，**反応次数**はnであり，この反応を**n次反応**という。本問の反応は，反応速度式が$v=k[CH_3COOCH_3]$で表される**一次反応**である。

参考　**擬一次反応とは**

　酢酸メチル(エステル)の加水分解の反応速度式は，本来，$v=k[CH_3COOCH_3][H_2O]$で表される二次反応となるはずである。ところが，反応液中に水は過剰にあり，$[H_2O]$はほぼ一定とみなせるので，kの中に含めてしまうと，$v=k'[CH_3COOCH_3]$と表せる。したがって，反応全体としては一次反応のように観察される。このような反応を**擬一次反応**という。このように，水溶液中で水が関与する加水分解反応は，典型的な擬一次反応である。

(3) $C=C_0e^{-kt}$の(B)式に$C=\dfrac{C_0}{2}$を代入すると，

$$\frac{C_0}{2}=C_0e^{-kt} \qquad \frac{1}{2}=e^{-kt}$$

この式中のeはネイピア数(2.718…)とよばれる定数で，eを底とする対数を**自然対数**という。

両辺の自然対数をとると，

$$\log_e2^{-1}=\log_ee^{-kt} \qquad \log_e2=kt$$

$$∴ \quad t=\frac{\log_e2}{k}=\frac{0.693}{6.38\times10^{-3}}≒109〔分〕$$

補足　一次反応 A ⟶ B の反応物の濃度[A]と反応時間tとの関係は次の通り。

$$\bar{v}=-\frac{\Delta[A]}{\Delta t}$$

$$v=-\lim_{\Delta t\to0}\left(\frac{\Delta[A]}{\Delta t}\right)=-\frac{d[A]}{dt}=k[A]$$

左辺に[A]の項，右辺にtの項を分離すると，

$$\frac{d[A]}{[A]}=-kdt$$

両辺を積分すると，

$$\int\frac{1}{[A]}d[A]=-\int kdt$$

$\dfrac{1}{[A]}$ を積分すると, $\log_e[A]$ となるから,

$\log_e[A]=-kt+C$ （C 積分定数）……①

$t=0$ のときのAの濃度を $[A]_0$ とおくと,

$C=\log_e[A]_0$ これを①式へ代入して

$\log_e[A]=-kt+\log_e[A]_0$

または, $[A]=[A]_0e^{-kt}$

▶ **106** (1) $k_1=1.0\times10^{-2}\,\text{L}/(\text{mol·分})$
$k_2=2.0\times10^{-3}\,\text{L}/(\text{mol·分})$
(2) **5.0**
(3) $4.0\times10^{-2}\,\text{mol}/(\text{L·分})$

解説 $aA+bB\longrightarrow cC$（a, b, c は係数）の反応において, A, Bの減少速度を v_A, v_B, Cの生成速度を v_C とすると, 反応式の係数比より $v_A:v_B:v_C=$ **a：b：c** の関係が成り立つ。つまり, どの物質を基準に選ぶかによって, 反応速度の値が変化する。そこで, 着目する物質によらずに反応速度 v を定義するには, v_A, v_B, v_C を各係数で割った値で規格化しておけばよい。

$v=\dfrac{1}{a}v_A=\dfrac{1}{b}v_B=\dfrac{1}{c}v_C$

このように規格化された反応速度は, 反応式の係数が1の物質を基準とした反応速度に等しくなる。しかし, 定義さえ明確にすれば, 他の物質を基準として反応速度を表してもよい。本問では, 反応速度を係数が2の物質Cを基準とすることが指示されているから, それに従って解答する必要がある。
(1)〔Ⅰ〕より, Cの生成速度 v_1 は, AとBのモル濃度の積に比例するから, 正反応の反応速度式は,

$v_1=k_1[A][B]$……②

②に $v_1=9.0\times10^{-2}\,\text{mol/L·分}$, $[A]=[B]=3.0\,\text{mol/L}$ を代入して,

$9.0\times10^{-2}=k_1\times(3.0)^2$

∴ $k_1=1.0\times10^{-2}[\text{L/mol·分}]$

〔Ⅱ〕より, Cの分解速度 v_2 はCのモル濃度の2乗に比例するから, 逆反応の反応速度式は,

$v_2=k_2[C]^2$……③

A, Bの生成速度を v_A, v_B, Cの分解速度を v_C とすると, 反応式の係数比より $v_A:v_B:v_C=1:1:2$ であるから, Cの分解速度はAの生成速度の2倍, つまり $8.0\times10^{-3}\,\text{mol/L·分}$ である。
③に $v_2=8.0\times10^{-3}\,\text{mol/L·分}$, $[C]=2.0\,\text{mol/L}$ を代入して,

$8.0\times10^{-3}=k_2\times(2.0)^2$

∴ $k_2=2.0\times10^{-3}[\text{L/mol·分}]$

(2) 平衡状態では $v_1=v_2$ であるから,

$k_1[A][B]=k_2[C]^2$

∴ $K=\dfrac{[C]^2}{[A][B]}=\dfrac{k_1}{k_2}=\dfrac{1.0\times10^{-2}}{2.0\times10^{-3}}=5.0$

このように, 反応速度式と反応速度定数がわかると, その可逆反応の平衡定数を求めることができる。
(3) 触媒を加えると, v_1, v_2 はいずれも大きくなり, k_1, k_2 もそれぞれ大きくなる。したがって, (1)で求めた k_1, k_2 の値は使用できないが, 題意より, 反応速度式はそのまま使用できる。
触媒を加えたときの, 正反応と逆反応の反応速度式は,

$v_1'=k_1'[A][B]$……④

$v_2'=k_2'[C]^2$……⑤

触媒を加えたときのCの生成速度 $v_1'=9.0\times10^{-1}\,\text{mol}/(\text{L·分})$, $[A]=[B]=3.0\,\text{mol/L}$ を④に代入して, $9.0\times10^{-1}=k_1'\times(3.0)^2$

∴ $k_1'=1.0\times10^{-1}[\text{L/mol·分}]$

触媒を加えても, 温度が一定ならば平衡定数 K は変化しないから,

$K=\dfrac{k_1'}{k_2'}=\dfrac{1.0\times10^{-1}}{k_2'}=5.0$

∴ $k_2'=2.0\times10^{-2}[\text{L/mol·分}]$

$k_2'=2.0\times10^{-2}\,\text{L/mol·分}$, $[C]=2.0\,\text{mol/L}$ を⑤に代入してCの分解速度 v_2' を求めると,

$v_2'=2.0\times10^{-2}\times(2.0)^2$
$=8.0\times10^{-2}[\text{mol}/(\text{L·分})]$

反応式の係数比より, Aの生成速度はCの分解速度の $\dfrac{1}{2}$ 倍, つまり $4.0\times10^{-2}\,\text{mol}/(\text{L·分})$ である。

▶ **107** (1) $v=k[N_2O_5]$ (2) **0.294/分**
(3) $0.159\,\text{mol/L·分}$ (4) NO_2 の生成速度 **0.318 mol/L·分**, O_2 の生成速度 **0.0794 mol/L·分**
(5) ① v（ア）, k（ウ）, ② v（ア）, k（ア）
③ v（ア）, k（ア）

解説 (1) この反応の反応速度式を $v=k[N_2O_5]^n$ とおく。温度一定なので, k は一定である。
表より, $[N_2O_5]$ が2倍（$0.170\rightarrow0.340$）になると, v は2倍（$0.050\rightarrow0.100$）。$[N_2O_5]$ が4倍（$0.170\rightarrow0.680$）になると, v も4倍（$0.050\rightarrow0.200$）になる。

∴ $v=k[N_2O_5]$（これは1次反応である。）
(2) $v=k[N_2O_5]$ に数値を代入して,

$0.050=k\times0.170$ ∴ $k=0.2941\fallingdotseq0.294[/分]$

(3) $v=k[N_2O_5]=0.2941\times0.540=0.1588\fallingdotseq0.159$ $[\text{mol/L·分}]$
(4) 反応式の係数比より,
$N_2O_5:NO_2:O_2=1:2:0.5$（物質量比）であるから, N_2O_5 の分解速度を $v_{N_2O_5}$, NO_2 と O_2 の生成速度をそれぞれ v_{NO_2}, v_{O_2} とすると, $v_{N_2O_5}:v_{NO_2}:v_{O_2}=1:2:0.5$ より,

v_{NO_2} $0.1588\times2=0.3176\fallingdotseq0.318[\text{mol/L·分}]$

v_{O_2} $0.1588\times0.5=0.0794[\text{mol/L·分}]$

参考
反応速度式の求め方(初速度法)

A+B ⟶ C の反応では，反応速度式を $v=k[A]^m[B]^n$ とおく。[A] を一定にしたとき，[B] と v の関係から反応次数 n を求め，[B] を一定にしたとき，[A] と v の関係から反応次数 m を求めて，その結果から，反応速度式を決める方法がとられる。

(5) ① 反応物(N_2O_5)の濃度を大きくすると，反応物どうしの衝突回数が増加し，反応速度は増加する。一方，速度定数は温度に依存するが，温度が一定ならば，反応物の濃度によらず一定である。

② 反応温度を高くすると，活性化エネルギー以上の運動エネルギーをもつ分子の割合が増加し，反応速度は増加する。すなわち，速度定数は温度を上げると増加する。

③ 触媒を加えると，活性化エネルギーの小さな反応経路を経由して反応が進行するようになり，反応速度が増加する。一方，速度定数は温度だけでなく触媒の影響も受け，触媒を加えると速度定数は増加する。

▶108 (1) $-\dfrac{dC}{dt}=kC^2$

(2) $\dfrac{1}{C}-\dfrac{1}{C_0}=kt$ 　(3) $\dfrac{1}{C_0k}$

(4) 800分 　(5) 400秒

解説 (1) この反応は，反応速度が反応物の濃度の2乗に比例する**二次反応**だから，ヨウ化水素の分解速度 $-\dfrac{dC}{dt}$ は，C の2乗に比例する。

反応の進行により，C は減少するので，左辺にマイナスをつけて，　$-\dfrac{dC}{dt}=kC^2$

(2) 変数を分離して，　$-\dfrac{dC}{C^2}=kdt$

両辺を積分し，積分定数を B とおくと，

$$\dfrac{1}{C}=kt+B\cdots\cdots①$$

$t=0$ のとき，$C=C_0$ だから，　$B=\dfrac{1}{C_0}$

これを①式に代入すると，

$$\dfrac{1}{C}-\dfrac{1}{C_0}=kt$$

(3) $C=0.5C_0$ となる時間(**半減期**)を $t_{\frac{1}{2}}$ とおくと，

$$\dfrac{1}{0.5C_0}-\dfrac{1}{C_0}=kt_{\frac{1}{2}}\qquad \dfrac{1}{C_0}=kt_{\frac{1}{2}}$$

$$\therefore\quad t_{\frac{1}{2}}=\dfrac{1}{C_0k}$$

(4) $t_{\frac{1}{2}}=200$〔分〕のとき，　$200=\dfrac{1}{C_0k}$

$$\therefore\quad k=\dfrac{1}{200C_0}$$

濃度 C が初濃度 C_0 の $\dfrac{1}{5}$ になる時間を T とすると，

$$\dfrac{1}{0.2C_0}-\dfrac{1}{C_0}=kT\qquad \dfrac{4}{C_0}=kT$$

ここへ，$k=\dfrac{1}{200C_0}$ を代入して，

$$\dfrac{4}{C_0}=\dfrac{1}{200C_0}T\qquad \therefore\quad T=800$〔分〕$$

(5) 求める時間を t〔秒〕とおくと，

$$\dfrac{1}{0.8C_0}-\dfrac{1}{C_0}=100k\cdots\cdots①$$

$$\dfrac{1}{0.5C_0}-\dfrac{1}{C_0}=kt\cdots\cdots②$$

①×$0.8C_0$ より，　$0.2=80kC_0\cdots\cdots①'$

②×$0.5C_0$ より，　$0.5=0.5ktC_0\cdots\cdots②'$

②'÷①' より，$t=400$〔秒〕

参考
n 次反応の濃度-時間曲線

反応次数 n が大きい反応では，反応物の濃度は時間の経過とともに急激に減少する。

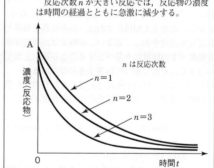

濃度(反応物)　　A　　n は反応次数　$n=1$　$n=2$　$n=3$　時間 t

▶109 69kJ/mol

解説 $\log_e k$ と $\dfrac{1}{T}$ のグラフの傾きを，A点とB点の値で求めると，

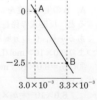

$$\dfrac{-2.5-0}{3.3\times10^{-3}-3.0\times10^{-3}}$$

$$=-\dfrac{2.5}{0.3}\times10^3〔K〕$$

題意より，グラフの傾きが $-\dfrac{E_a}{R}$ に等しいから，

$$-\dfrac{E_a}{R}=-\dfrac{2.5}{0.3}\times10^3$$

$$\therefore\ E_a=\frac{2.5}{0.3}\times10^3\times8.3$$

$$=69.1\times10^3\fallingdotseq69\,[\text{kJ/mol}]$$

▶**110** (1) (i) $1.8\times10^2\,\text{kJ/mol}$

(ii) $1.9\times10^2\,\text{kJ/mol}$

(2) $-9.1\,\text{kJ/mol}$

解説　アレニウスの式　$k=Ae^{-\frac{E_a}{RT}}$ の自然対数をとると，

$$\log_e k=\log_e A-\frac{E_a}{RT}$$

$\log_e k$ を縦軸，絶対温度の逆数 $\dfrac{1}{T}$ を横軸としてグラフ化すると，直線が得られる。

その傾き $-\dfrac{E_a}{R}$ から，反応の活性化エネルギー E_a が求められる。$\left(\dfrac{1}{T}\to0$ の y 切片の値から $\log_e A$ が求まる。$\right)$

(1) (i) グラフの傾きは

$$\frac{-9.36-(-6.78)}{1.55\times10^{-3}-1.43\times10^{-3}}=-21.5\times10^3$$

これが $-\dfrac{E_a}{R}$ と等しいから，$-\dfrac{E_a}{R}=-21.5\times10^3$

$$\therefore\ E_a=21.5\times10^3\times8.3$$

$$=178.5\times10^3\,[\text{J}]\fallingdotseq1.8\times10^2\,[\text{kJ}]$$

(ii) グラフの傾きは

$$\frac{-9.38-(-5.99)}{1.55\times10^{-3}-1.40\times10^{-3}}=-22.6\times10^3$$

これが $-\dfrac{E_a}{R}$ と等しいから，$-\dfrac{E_a}{R}=-22.6\times10^3$

$$\therefore\ E_a=22.6\times10^3\times8.3$$

$$=187.6\times10^3\,[\text{J}]\fallingdotseq1.9\times10^2\,[\text{kJ}]$$

(2) 正反応の活性化エネルギー（178.5 kJ/mol）よりも逆反応の活性化エネルギー（187.6 kJ/mol）の方が大きいので，$H_2+I_2\longrightarrow2HI$ の反応は発熱反応であり，反応エンタルピー ΔH は，

$$178.5-187.6=-9.1\,[\text{kJ/mol}]$$

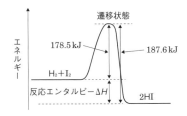

参考
化学反応の進む方向は？

一般に，高い所にある物体が低い所へ向かって自然に落下するように，エネルギーが減少する方向へ向かう発熱反応は起こりやすい。なぜなら，自然界には，エネルギーの高い状態は不安定で，エネルギーを放出して，(1)エネルギーの低い安定な状態になろうとする傾向があるためである。

一方，多くの固体物質の水への溶解は，吸熱反応であるにも関わらず進行する。自然界には，(2)粒子の散らばり具合（エントロピーという）が大きくなろうとする傾向がある。これは，エントロピーの大きい状態の方が実現する確率が大きいためである。

化学変化の進行方向を決める要因には，エネルギーとエントロピーの2つがあり，その兼ね合いにより実際の進行方向が決まる。(1)，(2)の要因の両方を満たすときは，その変化は自発的に進行し，(1)，(2)の要因のいずれかのみを満たすときはやがて平衡状態に，(1)，(2)の要因をともに満たさないときは，その変化は自発的に進行しないと考えてよい。

なお，系のエントロピーは単位〔J/(K·mol)〕で表され，構成粒子の物質量と絶対温度に依存する。一方，系のエネルギーは単位〔kJ/mol〕で表され，構成粒子の物質量だけに依存し，絶対温度の影響を受けない。したがって，低温ほどエネルギーの要因による推進力の方が大きく，高温ほどエントロピーの要因による推進力が大きくなる傾向がある。

▶**111** (1) $v=k\,[H_2O_2]$，$0.0857\,\text{min}^{-1}$

(2) (i) 8.1 分　(ii) 27 分

解説　反応式　$2H_2O_2\longrightarrow2H_2O+O_2$ の反応速度式は $v=k\,[H_2O_2]^2$ ではない。

一般に，反応速度式の反応次数と反応式の係数は必ずしも一致しない。そこで，反応速度式の反応次数は反応速度定数 k とともに実験で求められる。

(1) $v=k\,[H_2O_2]$ が成り立つと仮定して，各時間間隔において，平均の反応速度 $\bar{v}$，平均の濃度 $[H_2O_2]$ から反応速度定数 k が求められる。

(i) 0～1 分のとき

$$\bar{v}=-\frac{(0.497-0.542)}{1-0}\fallingdotseq0.0450\,[\text{mol/L·min}]$$

$$[H_2O_2]=\frac{0.542+0.497}{2}\fallingdotseq0.520\,[\text{mol/L}]$$

$$k=\frac{\bar{v}}{[H_2O_2]}=\frac{0.0450}{0.520}\fallingdotseq0.0865\,[\text{min}^{-1}]$$

(ii) 1～2 分のとき

$$\bar{v}=-\frac{(0.456-0.497)}{2-1}\fallingdotseq0.0410\,[\text{mol/L·min}]$$

$$[H_2O_2]=\frac{0.497+0.456}{2}\fallingdotseq0.477\,[\text{mol/L}]$$

$$k=\frac{\bar{v}}{[H_2O_2]}=\frac{0.0410}{0.477}\fallingdotseq0.0860\,[\text{min}^{-1}]$$

(iii) 2～3 分のとき

$$\bar{v}=-\frac{(0.419-0.456)}{3-2}≒0.0370〔\mathrm{mol/L·min}〕$$

$$[\mathrm{H_2O_2}]=\frac{0.456+0.419}{2}≒0.438〔\mathrm{mol/L}〕$$

$$k=\frac{\bar{v}}{[\mathrm{H_2O_2}]}=\frac{0.0370}{0.438}≒0.0845〔\mathrm{min^{-1}}〕$$

以上より，どの時間間隔でも，k の値がほぼ一定なので，$v=k[\mathrm{H_2O_2}]$ が成り立つ。この反応の反応次数は1で，**一次反応**とよばれる。

k の平均値は，

$$k=\frac{0.0865+0.0860+0.0845}{3}=0.0857〔\mathrm{min^{-1}}〕$$

(2) $v=k[\mathrm{H_2O_2}]$（k 反応速度定数）のような一次反応の場合，過酸化水素水の初濃度を $C_0〔\mathrm{mol/L}〕$ とすると，過酸化水素の濃度 $C〔\mathrm{mol/L}〕$ と時間 t との関係は(A)式で与えられる。

$$C=C_0e^{-kt}……(\mathrm{A})$$

(A)式は過酸化水素水の濃度が時間とともに指数関数的に減少することを示す。この式中の e はネイピア数（$2.718…$）とよばれる定数であり，e を底とする自然対数をとると，(B)式が得られる。

$$\log_e C=\log_e C_0-kt……(\mathrm{B})$$

これを変形すると，(C)式となり，本文中の②式と一致する。

$$\log_e \frac{C}{C_0}=-kt……(\mathrm{C})$$

(i) ②式の $[C]=\frac{1}{2}[C]_0$ を代入して

$$\log_e \frac{\frac{1}{2}[C]_0}{[C]_0}=-kt$$

$$\log_e \frac{1}{2}=-kt \qquad \log_e 2=kt$$

自然対数を常用対数に変換すると，

$$\frac{\log_{10}2}{\log_{10}e}=kt \qquad ∴ \quad \frac{0.30}{0.43}=kt$$

(1)の $k=0.0857〔\mathrm{min^{-1}}〕$ を代入して

$$t=\frac{0.30}{0.43×0.0857}=8.14≒8.1〔\mathrm{min}〕$$

(ii)

$$\log_e \frac{\frac{1}{10}[C]_0}{[C]_0}=-kt$$

$$\log_e \frac{1}{10}=-kt \qquad \log_e 10=kt$$

自然対数を常用対数に変換すると，

$$\frac{\log_{10}10}{\log_{10}e}=kt \qquad ∴ \quad \frac{1}{0.43}=kt$$

$$t=\frac{1}{0.43×0.0857}=27.1≒27〔\mathrm{min}〕$$

▶**112** (1) **57.3 kJ/mol** (2) **333 K**

解説 (1) 扱いやすい常用対数の③式を利用する。

$$\log_{10}k=-\frac{E}{2.3R×250}+\log_{10}A……(\mathrm{i})$$

$$\log_{10}100k=-\frac{E}{2.3R×300}+\log_{10}A……(\mathrm{ii})$$

(ii)式−(i)式より

$$\log_{10}100k-\log_{10}k=\frac{E}{2.3R}\left(\frac{1}{250}-\frac{1}{300}\right)$$

$$\log_{10}100=\frac{E}{2.3R}\left(\frac{300-250}{250×300}\right)$$

$$2=\frac{E}{2.3R}×\frac{1}{1500}$$

$R=8.3\mathrm{J/(mol·K)}$ を代入して，

$$E=2×2.3×8.3×1500=57270〔\mathrm{J}〕$$

(2) $\log_{10}1000k=-\dfrac{E}{2.3R×T}+\log_{10}A……(\mathrm{iii})$

(iii)式−(i)式より

$$\log_{10}1000k-\log_{10}k=\frac{E}{2.3R}\left(\frac{1}{250}-\frac{1}{T}\right)$$

$$\log_{10}1000=\frac{E}{2.3R}\left(\frac{T-250}{250T}\right)$$

(1)より $\dfrac{E}{2.3R}=3000$ を上式へ代入

$$3=3000\left(\frac{T-250}{250T}\right)$$

$$2250T=750000 \qquad ∴ \quad T=333〔\mathrm{K}〕$$

参考

反応速度定数 k の温度依存性

A$\longrightarrow$B の反応速度を v，反応物Aの濃度を $[\mathrm{A}]$ とすれば，両者の関係は次の**反応速度式**で表せる。

$$v=k[\mathrm{A}]^x \quad \binom{k\ \text{反応速度定数}}{x\ \text{反応次数}}……①$$

一般に，反応速度は濃度，温度，触媒の影響を受けるが，上式によれば，v に対する濃度の影響は $[\mathrm{A}]^x$ の中に，残る温度と触媒の影響は k の中に含まれることになる。すなわち，k と絶対温度 T と活性化エネルギー E_a との関係は，次の**アレニウスの式**で表される。

$$k=Ae^{-\frac{E_a}{RT}} \quad \binom{R\ \text{気体定数}}{A\ \text{頻度因子}}……②$$

上式の自然対数をとると，

$$\log_e k=-\frac{E_a}{RT}+\log_e A$$

$\log_e x=2.3\log_{10}x$ の関係から，これを常用対数（10を底とする対数）に変換すると，

$$2.3\log_{10}k=-\frac{E_a}{RT}+2.3\log_{10}A$$

$$∴ \quad \log_{10}k=-\frac{E_a}{2.3RT}+\log_{10}A……③$$

異なる温度での反応速度定数 k を求め，これを③式に用いて，縦軸に $\log_{10}k$，横軸に $\dfrac{1}{T}$ の値をとり，その関係を図示することを**アレニウスプロット**という。

$T\to$ 大，つまり，$\dfrac{1}{T}\to$ 小となるにつれて，k

の値は，通常の目盛り
では温度上昇とともに
指数関数的に増加する
が，対数目盛りでは直
線的に増加するので扱
いやすくなる。
　また，③式で活性化
エネルギーE_aの大きい
反応は図中の(ii)のように傾きの大きな直線に
対応し，温度上昇によって反応速度定数kは著
しく増加する。すなわち，E_aの大きな反応ほ
ど，反応速度の温度依存性が大きいことを示す。
　図中の(i)のように傾きの小さな直線は活性
化エネルギーE_aの比較的小さい反応であり，
反応速度の温度依存性はさほど大きくはない。
しかし，比較的低い温度でもかなりkは大きく，
反応が進行する可能性があることがわかる。

$\log_{10} k$　(ii)　(i)　$\frac{1}{T}$

第3編　物質の変化

8　化学平衡

▶**113**　(1) ① イ　② ア　③ ウ　④ イ　⑤ ウ
⑥ ア　(2) ① エ　② エ　③ エ　④ オ　⑤ カ
⑥ オ

解説　反応条件を変化させた場合，平衡の移動と
反応速度の変化とは区別して考える必要がある。

可逆反応が平衡状態にあるとき，その条件(温度，
圧力，濃度)を変化させると，その影響を打ち消す
(緩和する)方向へ平衡が移動し，新しい平衡状態に
達する。(ルシャトリエの原理)

(1) ①高圧にすると，気体の分子数を減少させる方
向，つまり右へ平衡が移動する。
②高温にすると，吸熱方向の左へ平衡が移動する。
③触媒は平衡に達するまでの時間を短くするが，す
でに平衡に達している反応系には何の影響も与えな
い。よって，平衡は移動しない。
④SO_3を除去すると，SO_3を生成させる方向，つま
り右へ平衡が移動する。
⑤体積一定でAr(貴ガス)を加えても，平衡に関係す
るSO_2，O_2，SO_3の各気体の分圧は変化しない。よ
って，平衡は移動しない。(Arを加えた分だけ全圧
は増すが，ルシャトリエの原理でいう「圧力」とは，
平衡に関係する気体の圧力であることに留意。)
⑥圧力一定でAr(貴ガス)を加えると，気体の体積
が増加するので平衡に関係するSO_2，O_2，SO_3の各
気体の分圧は減少する。すなわち，減圧したことと
同じ結果となり，気体の分子数を増加させる方向，
つまり左へ平衡が移動する。

(2) 反応速度を大きくする条件としては，(i) 温度
を上げる。(ii) 反応物の濃度(気体の場合は圧力)を
大きくする。(iii) 触媒の添加，(iv) 固体の表面積
を大きくする，(v) 光を照射する，などがある。

①高圧にすると，反応物，生成物の濃度が大きくな
り正反応，逆反応の速さはともに大きくなる。
②温度を高くすると，正反応，逆反応の速さはとも
に大きくなる。
③触媒を加えると，活性化エネルギーの小さな別の
反応経路を通って反応が進行するようになり，正反
応，逆反応の速さはともに同じ割合ずつ速くなる。
(平衡は移動しないが，反応速度は大きくなる。)
④SO_3を取り除いた直後においては，[SO_3]が減少
しても正反応の速さv_1は変化がないが，逆反応の
速さv_2は遅くなる。(つまり，$v_1 > v_2$) よって，平
衡は右向きに移動して，新しい平衡状態に達する。
⑤体積一定でArを加えても，SO_2，O_2，SO_3の濃度
はそれぞれ一定であり，正反応，逆反応の速さはと
もに変わらない。(平衡も移動しない。)
⑥圧力一定でArを加えると，体積が増加するため
に，SO_2，O_2，SO_3のそれぞれの濃度が減少する。
よって，正反応，逆反応の速さはともに減少する。

[**別解**] Arを加える前，平衡時のSO_2，O_2，SO_3の
各濃度がa，b，c[mol/L]であって，Arを加えた直
後，SO_2，O_2，SO_3の濃度がそれぞれ$\frac{1}{2}$になったと
する。

$$K = \frac{[SO_3]^2}{[SO_2]^2[O_2]} = \frac{c^2}{a^2 b}\,[mol/L]^{-1}$$

Arを加えた直後(非平衡状態)でのKの計算値は，

$$K' = \frac{\left[\dfrac{c}{2}\right]^2}{\left[\dfrac{a}{2}\right]^2\left[\dfrac{b}{2}\right]} = \frac{2c^2}{a^2 b}\,[mol/L]^{-1}$$

K'は真の平衡定数Kの2倍になる。しかし，温度
が変わらない限りKの値は一定であるから，もとの
Kの値になるためには，分母の[SO_2]，[O_2]の増加，
分子の[SO_3]の減少が必要となる。よって，平衡は
左に移動する。

　このように平衡の移動を考える場合，ルシャトリ
エの原理を用いた定性的な説明のほかに，平衡定数
を用いた半定量的な説明が求められることがあるの
で，どちらの方法でも説明できるようにしてほし
い。ただし，温度変化の場合は，平衡定数そのもの
が変化し，高校段階では平衡定数の温度変化の関係
は未学習なので，定性的な説明だけでよい。

参考　　　ルシャトリエの原理の適用
　気体の体積を小さくすると，その体積の減少
の影響を打ち消す(緩和する)方向，つまり，気
体の分子数を増加させる方向へ平衡が移動する
と考えてはいけない。体積・質量などは，反応
系内の粒子の数に比例する**示量変数**とよばれ
る。一方，温度・濃度・圧力などは，反応系内
の粒子の数によらない**示強変数**とよばれる。ル

シャトリエの原理は，実際には，示強変数を変化させた場合には成立するが，示量変数を変化させた場合は成立しない。したがって，「体積の減少」は「圧力の増加」と読みかえて，ルシャトリエの原理を適用しなければならない。

▶**114** (1) $a=b=1$, $c=2$ (2) **54** (3) (ア) 減少する (イ) 小さくなる (ウ) 変化しない (エ) 変化しない (オ) 大きくなる (カ) 変化しない

解説 (1) 例えば，グラフの3時間後に着目すると，AとBが1.8mol ずつ減少したとき，Cはちょうど3.6mol 生成したことがわかる。よって，AとBの反応量とCの生成量との物質量の比は1:1:2。

∴ $A+B \rightleftarrows 2C$ 　係数は $a=b=1$, $c=2$。

(2) 混合気体の体積を V〔L〕とすると，各物質の濃度が一定となった反応開始3時間後には，平衡状態になっている。平衡定数の式に平衡時の各物質のモル濃度を代入すると，

$$K=\frac{[C]^2}{[A][B]}=\frac{\left(\dfrac{3.6}{V}\right)^2}{\left(\dfrac{1.2}{V}\right)\left(\dfrac{0.2}{V}\right)}=54（単位なし）$$

(3) (ア) ルシャトリエの原理より，高温にすると吸熱方向の左へ平衡が移動する。(Cは減少する)

(イ) 逆反応の方向へ平衡が移動するので，平衡定数は小さくなる。(もし，正反応の方向へ平衡が移動した場合は，平衡定数は大きくなる。)

(ウ) 平衡定数の値は，温度のみにより変化するが，反応物の濃度や圧力，触媒などでは変化しない。

(エ) 触媒は，活性化エネルギーの大きさを変えるが，平衡定数，反応エンタルピーの値は変化させない。(反応エンタルピーは反応物と生成物のもつエンタルピーの過不足により生じ，反応の種類によって一定の値をもつ。)

(オ) 直線(d)の傾きは，反応初期における気体Cの生成速度を表す。一般に，反応の速さは反応物の濃度の積に比例するから，気体Bの初濃度を変えずに気体Aの初濃度だけを大きくしても，Cの生成速度は大きくなり，直線(d)の傾きも大きくなる。

(カ) Aの濃度を大きくすると，平衡は右へ移動してCの生成量は増加する。しかし，温度一定ならば，反応物の濃度を変化させても，平衡定数の値は変化しない。

▶**115** (1) 吸熱反応 (理由)温度を高くすると，NO_2 生成の方向へ平衡が移動し気体の色が濃くなる。ルシャトリエの原理より，温度を高くしたときの平衡移動の方向は吸熱反応の方向であるから，①式の正反応は吸熱反応である。

(2) **0.63**, 1.2×10^5**Pa** (3) **0.50**

解説 (1) 低温にすると気体の色が薄くなるのは，N_2O_4 生成の方向へ平衡が移動したことを示す。ルシャトリエの原理より，低温にすると平衡は発熱反応の方向へ移動するから，①式の逆反応が発熱反応である。よって，①式の正反応は吸熱反応であると考えてもよい。

(2) ある物質が可逆的に分解することを**解離**といい，物質がどの程度解離したかを示す割合を**解離度**という。実験2での N_2O_4 の解離度を α とおく。

$$N_2O_4 \rightleftarrows 2NO_2$$

(平衡時) 0.010$(1-\alpha)$ 0.010$\times 2\alpha$ (計)0.010$(1+\alpha)$ 〔mol〕

平衡混合気体について $PV=nRT$ を適用して，

$4.6 \times 10^4 \times 1.0=0.010$ $(1+\alpha) \times 8.3 \times 10^3 \times 340$

∴ $\alpha=0.63$

平衡時の混合気体の全圧を P，N_2O_4，NO_2 の分圧をそれぞれ $P_{N_2O_4}$，P_{NO_2} とすると，

$$P_{N_2O_4}=\frac{1-\alpha}{1+\alpha}P〔Pa〕, \quad P_{NO_2}=\frac{2\alpha}{1+\alpha}P〔Pa〕$$

$$K_p=\frac{P_{NO_2}^2}{P_{N_2O_4}}=\frac{\dfrac{4\alpha^2}{(1+\alpha)^2}P^2}{\dfrac{1-\alpha}{1+\alpha}P}=\frac{4\alpha^2}{1-\alpha^2}P \cdots\cdots①$$

$$=\frac{4 \times 0.63^2}{1-0.63^2} \times 4.6 \times 10^4 \fallingdotseq 1.21 \times 10^5〔Pa〕$$

(3) ①式に $P=9.0 \times 10^4$〔Pa〕を代入して，

$$K_p=\frac{4\alpha^2}{1-\alpha^2} \times 9.0 \times 10^4=1.21 \times 10^5$$

$$\alpha^2=0.251 \quad \alpha \fallingdotseq 0.500$$

▶**116** (1) $K_p=\dfrac{P_{CO} \cdot P_{H_2}}{P_{H_2O}}$

(2) $\begin{cases} P_{H_2O}=1.9 \times 10^4〔Pa〕 \\ P_{CO}=P_{H_2}=4.0 \times 10^4〔Pa〕 \end{cases}$

(3) $K_p=8.4 \times 10^4$〔Pa〕, $K_c=1.1 \times 10^{-2}$〔mol/L〕

(4) (a) ア (b) ウ (c) エ

解説 (1) 固体の分圧は定数とみて，圧平衡定数の関係式からは固体成分を除外して考える。(同様に，固体の濃度も定数となり，濃度平衡定数の関係式からも固体成分は除外して考える。)

(2) 最初に与えられた炭素と水の物質量は，

C $\dfrac{0.60}{12}=0.050$〔mol〕,

H_2O $\dfrac{0.72}{18}=0.040$〔mol〕

平衡時にCO, H_2がx〔mol〕ずつ生成したとする。

$$C(固) + H_2O \rightleftarrows CO + H_2$$

（平衡時）(0.050−x)　(0.040−x)　　x　　x　〔mol〕

気体成分（H_2O, CO, H_2）の全物質量は，

$(0.040-x)+x+x=(0.040+x)$〔mol〕

気体の状態方程式　$PV=nRT$より，

$1.0\times10^5\times5.0=(0.040+x)\times8.3\times10^3\times900$

$\therefore\ x\fallingdotseq0.027$〔mol〕

（分圧）＝（全圧）×（モル分率）より，

$P_{H_2O}=1.0\times10^5\times\dfrac{0.040-0.027}{0.040+0.027}$

　　　$=1.94\times10^4$〔Pa〕

$P_{CO}=P_{H_2}=1.0\times10^5\times\dfrac{0.027}{0.040+0.027}$

　　　$=4.03\times10^4$〔Pa〕

(3) $K_p=\dfrac{P_{CO}P_{H_2}}{P_{H_2O}}=\dfrac{(4.03\times10^4)^2}{1.94\times10^4}$

　　　$=8.37\times10^4$〔Pa〕

$[H_2O]=\dfrac{0.013}{5.0}$〔mol/L〕

$[CO]=[H_2]=\dfrac{0.027}{5.0}$〔mol/L〕

$K_c=\dfrac{\left(\dfrac{0.027}{5.0}\right)^2}{\dfrac{0.013}{5.0}}\fallingdotseq1.12\times10^{-2}$〔mol/L〕

[別解] $P_{CO}V=n_{CO}RT$　$\therefore\ P_{CO}=\dfrac{n_{CO}}{V}RT=[CO]RT$

$P_{H_2O}V=n_{H_2O}RT$　$\therefore\ P_{H_2O}=\dfrac{n_{H_2O}}{V}RT=[H_2O]RT$

同様に，$P_{H_2}=[H_2]RT$

これらをK_pの式へ代入。

$K_p=\dfrac{P_{CO}\cdot P_{H_2}}{P_{H_2O}}=\dfrac{[CO]RT\cdot[H_2]RT}{[H_2O]RT}=K_cRT$

$\therefore\ K_c=\dfrac{K_p}{RT}=\dfrac{8.37\times10^4}{8.3\times10^3\times900}$

　　　$\fallingdotseq1.12\times10^{-2}$〔mol/L〕

(4) 気体分子は容器中に拡散するので，気体の量を変えるとその濃度は変化する。一方，固体粒子は容器中に拡散しないので，固体の量を変えてもその濃度は変化しない。炭素C（固体）の濃度は一定であるから，平衡の移動を考えるときは，これを除外して考える必要がある。

(a) 全圧を高くすると，ルシャトリエの原理より，気体の分子数を減少させる左へ平衡が移動する。

(b) C（固）は平衡定数に含まれていないから，必要最小限存在すればよく，その量の多少は平衡の移動には影響しない。

(c) ①式の反応エンタルピーのデータ（発熱か吸熱か）が与えられていないから，温度変化による平衡移動の方向の判断はできない。

▶117 (1) **a** （理由）圧力が高くなると，(1)式の平衡は気体の分子数の減少する右方向へ移動するので，平衡時におけるNH_3の体積百分率が増すから。

(2) 発熱反応　（理由）温度を下げると，平衡は発熱反応の方向に移動するが，温度を下げるとNH_3の体積百分率が増加しているので，NH_3の生成反応（正反応）は発熱反応である。

(3)

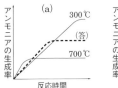

(4) （イ）（理由）圧力を3倍にすると，平衡は気体の分子数が減少する右方向へ移動するので，混合気体の体積は平衡移動がなかったとした場合の予想値の$\dfrac{1}{3}$よりもさらに減少する。一方，気体の質量は，平衡の移動に関わらず常に一定だから，混合気体の密度は，3倍よりも少し大きくなる。

(5) 温度が低いと反応速度が遅くなり，平衡に達するまでに時間が長くかかるため。

(6) アンモニアNH_3の生成する反応系では，発熱するからエネルギーは減少し，気体分子の物質量が減少するので乱雑さも減少する。したがって，エネルギーの観点からは右向きに，乱雑さの観点からは左向きに進むのが有利であり，この反応は可逆反応であり，やがて平衡状態になると考えられる。

解説 (1) NH_3の生成反応では，気体の分子数が減少する。ルシャトリエの原理より，高圧にすると平衡は気体の分子数が減少する方向へ移動するから，平衡時のNH_3の生成率が最も大きいaのグラフは，最も高圧の6.0×10^7 Paのときである。

(2) 温度を上げると，平衡は吸熱反応の方向に移動するが，温度を上げるとNH_3の体積百分率が減少しているので，NH_3の分解反応（逆反応）が吸熱反応である。したがって，NH_3の生成反応（正反応）は発熱反応であると考えてもよい。

(3) (a) 500℃のときのグラフは，反応の速さ（グ

ラフの傾き）および平衡時におけるNH₃の生成率（グラフの水平部分の高さ）は，ともに300℃と700℃のときの中間になる。

(b) 反応の速さは触媒のない場合よりも速くなるので，グラフの傾きは大きくなるが，平衡時のNH₃の生成率は変わらない。

(5) 高温にすると平衡時におけるNH₃の生成率は少し減少するが，短時間で平衡に達するので，この操作を何回も繰り返す方が経済的には有利となる。このようなアンモニアの工業的製法を**ハーバー・ボッシュ法**という。

参考　**NH₃合成に触媒を使う理由**
　ルシャトリエの原理より，NH₃の生成に関しては，低温の方が平衡時におけるNH₃の生成率が大きく，有利なように思われる。しかし，400℃前後では反応速度が小さく，なかなか平衡に到達しない。一方，高温（600℃〜）では短時間に平衡に達するが，NH₃の生成率がかなり少ない。そこで，平衡に不利にならない500℃前後の温度を設定し，反応速度の低下を補うため，四酸化三鉄Fe₃O₄を主成分とする触媒を用いる。Fe₃O₄は加えてあるH₂によって還元され，生じた多孔質のFeが触媒作用を示す。実際にはFe₃O₄に数%のAl₂O₃と少量のK₂Oを加えたものが使用されている。さらに，生じた平衡混合気体を冷却して，NH₃を液体として反応系から除き，残った原料気体を循環させて，再び反応を繰り返すことで，NH₃を効率的に製造している。

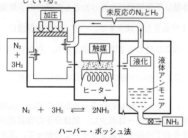
ハーバー・ボッシュ法

(6) エネルギーの大きい状態は不安定であるから，自然界で，①**エネルギーが小さくなる方向へ**反応が進みやすい。一方，粒子の散らばり具合（**エントロピー**という）の大きい状態は実現する確率が大きいので，②**エントロピーの大きくなる方向へも**反応が進みやすい。このように，化学変化の進行方向は，エネルギーとエントロピーの2つの要因によって決定される。すなわち，エネルギーとエントロピーの要因をともに満たすときは，その変化は自発的に進行するが，一方しか満たさないときは，その変化はより強く作用する

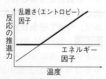

方向へ進行し，多くの場合，やがて平衡状態になる。また，エネルギーとエントロピーの要因がともに満たされないときは，その変化は自発的には進行しない。また，上図に示すように，高温になるほど，反応の進む方向は，エネルギーの要因よりもエントロピーの要因によって決まる傾向が強くなる。

▶**118** (1)

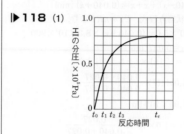

(2) $[H_2]=[I_2]$ **2.0×10⁻³ mol/L**
$[HI]$ **1.6×10⁻² mol/L**

(3) **64** (4) $\dfrac{k_1}{k_2}$ (5) **36倍** (6) **右向き，4.8×10⁻¹**

mol (7) **4.8×10²**

解説　(1) 反応式の係数比より，H₂の分圧の減少量の2倍が，生成したHIの分圧となる。
t_1で$P_{H_2}=0.30\times10^5$ Paだから，
$P_{HI}=(0.50-0.30)\times2=0.40\times10^5$ [Pa]
t_2で$P_{H_2}=0.20\times10^5$ Paだから，
$P_{HI}=(0.50-0.20)\times2=0.60\times10^5$ [Pa]
同様に，t_3では$P_{HI}=0.70\times10^5$ [Pa]，
t_eでは$P_{HI}=0.80\times10^5$ [Pa]となる。

(2) 状態方程式$PV=nRT$を$\dfrac{n}{V}=\dfrac{P}{RT}$と変形して，
$[H_2]$，$[I_2]$，$[HI]$は，それぞれの分圧から求まる。
$$[H_2]=[I_2]=\frac{0.10\times10^5}{8.3\times10^3\times600}≒2.00\times10^{-3}\,[mol/L]$$
$$[HI]=\frac{0.80\times10^5}{8.3\times10^3\times600}≒1.60\times10^{-2}\,[mol/L]$$

(3) $K=\dfrac{[HI]^2}{[H_2]\,[I_2]}=\dfrac{(1.60\times10^{-2})^2}{(2.00\times10^{-3})^2}=64$

(4) 反応速度は，反応物質のモル濃度の積に比例するので，$v_1=k_1[H_2]\,[I_2]$，$v_2=k_2[HI]^2$
平衡状態では$v_1=v_2$より，
$k_1[H_2]\,[I_2]=k_2[HI]^2$　これを変形し，
$$K=\frac{[HI]^2}{[H_2]\,[I_2]}=\frac{k_1}{k_2}\,(=64)$$

(5) (4)より，$k_1=64k_2$で，t_1のとき
$$[H_2]=[I_2]=\frac{0.30\times10^5}{RT}\,[mol/L]$$
$$[HI]=\frac{0.40\times10^5}{RT}\,[mol/L]$$

$$\therefore \quad \frac{v_1}{v_2} = \frac{k_1 [H_2][I_2]}{k_2 [HI]^2} = \frac{64k_2 \left(\frac{0.30 \times 10^5}{RT}\right)^2}{k_2 \left(\frac{0.40 \times 10^5}{RT}\right)^2} = 36$$

(6) 与えられた物質のモル濃度を計算すると，

$$[H_2] = [I_2] = \frac{0.10}{10} = 1.0 \times 10^{-2} \,[\text{mol/L}]$$

$$[HI] = \frac{0.40}{10} = 4.0 \times 10^{-2} \,[\text{mol/L}]$$

これらを平衡定数の式に代入すると，

$$\frac{[HI]^2}{[H_2][I_2]} = \frac{(4.0 \times 10^{-2})^2}{(1.0 \times 10^{-2})^2} = 16$$

真の平衡定数 64 になるには，分子の値が大きく，分母の値が小さくなる必要がある。すなわち，右方向へ平衡が移動することがわかる。
H_2，I_2 が $x\,[\text{mol/L}]$ ずつ反応して平衡状態に達したとする。

$$H_2 \quad + \quad I_2 \quad \rightleftarrows \quad 2HI$$
（平衡時）$1.0 \times 10^{-2}-x$　$1.0 \times 10^{-2}-x$　$4.0 \times 10^{-2}+2x$ 〔mol/L〕

$$\frac{(4.0 \times 10^{-2}+2x)^2}{(1.0 \times 10^{-2}-x)^2} = 64 \quad \left(\begin{array}{l}\text{左辺が完全平方式なので，}\\\text{両辺の平方根をとると，}\end{array}\right)$$

$$\frac{4.0 \times 10^{-2}+2x}{1.0 \times 10^{-2}-x} = 8 \quad （負の符号は捨てる）$$

$$\therefore \quad x = 4.0 \times 10^{-3} \,[\text{mol/L}]$$
$$[HI] = 4.0 \times 10^{-2} + 2 \times 4.0 \times 10^{-3}$$
$$= 4.8 \times 10^{-2} \,[\text{mol/L}]$$

反応容器は 10 L なので，HI の物質量は，
$$4.8 \times 10^{-2} \times 10 = 4.8 \times 10^{-1} \,[\text{mol}]$$

(7) 容器内に I_2(固)，I_2(気) が共存しても，H_2(気)$+I_2$(気)$\rightleftarrows 2HI$(気) の平衡は，I_2(気) にのみ成立すると考えられる。

45℃では I_2 の一部は固体として存在するので，固気平衡の状態にあり，気体の I_2 の分圧は I_2 の昇華圧の 2.0×10^2 Pa と等しい。残る HI と H_2 の分圧の和は $1.37 \times 10^4 - 2.0 \times 10^2 = 1.35 \times 10^4$ 〔Pa〕となり，HI と H_2 の分圧の比が 8：1 であるから，

$$P_{HI} = 1.35 \times 10^4 \times \frac{8}{9} = 1.20 \times 10^4 \,[\text{Pa}]$$

$$P_{H_2} = 1.35 \times 10^4 \times \frac{1}{9} = 1.50 \times 10^3 \,[\text{Pa}]$$

$$\therefore \quad K_p = \frac{(1.20 \times 10^4)^2}{1.50 \times 10^3 \times 2.0 \times 10^2} = 4.8 \times 10^2$$
（単位なし）

本問の反応では両辺の係数の和がそれぞれ等しいので　$K_c = K_p$ である。

▶ **119** (1) CO 0.16 mol，CH_3OH 0.62 mol
(2) $2.7 \times 10^2 \,[\text{mol/L}]^{-2}$
(3) 容器内の各物質のモル濃度を求めると，

$$[H_2] = [CO] = \frac{0.45}{10} = 4.5 \times 10^{-2} \,[\text{mol/L}]，$$

$$[CH_3OH] = \frac{0.30}{10} = 3.0 \times 10^{-2} \,[\text{mol/L}]，$$

$$\frac{[CH_3OH]}{[CO][H_2]^2} = \frac{3.0 \times 10^{-2}}{(4.5 \times 10^{-2})(4.5 \times 10^{-2})^2} = \frac{3.0 \times 10^4}{4.5^3}$$
$$\fallingdotseq 329 \,[\text{mol/L}]^{-2}$$

この値は，真の平衡定数の 73 よりも大きいので，反応はこの値が小さくなる方向，つまり左向きに進む。
(4) 160℃のとき $K \fallingdotseq 270$，200℃のとき $K = 73$ より，温度が上昇すると平衡定数が小さくなったので，平衡が左向きへ移動したことがわかる。ルシャトリエの原理より，高温にするほど吸熱方向へ平衡が移動するから，左向きへの反応が吸熱反応である。よって①式の正反応は発熱反応である。

解説 (1) 反応した H_2 は，$1.36 - 0.12 = 1.24$〔mol〕
この半分の 0.62 mol が反応した CO の物質量である。よって，平衡時に存在する CO の物質量は，

$$\therefore \quad CO = 0.78 - 0.62 = 0.16 \,[\text{mol}]$$

一方，生成した CH_3OH は反応した CO の物質量と等しいから，0.62 mol である。

$$(2) \quad K = \frac{[CH_3OH]}{[CO][H_2]^2} = \frac{\left(\frac{0.62}{1.0}\right)}{\left(\frac{0.16}{1.0}\right)\left(\frac{0.12}{1.0}\right)^2}$$
$$= 2.69 \times 10^2 \fallingdotseq 2.7 \times 10^2 \,[\text{mol/L}]^{-2}$$

(3) 各物質の任意の濃度を平衡定数の式に代入して得られた計算値を K'，真の平衡定数を K とすると，
$K' < K$ のとき，正反応が進み，平衡が右へ移動する。
$K' = K$ のとき，平衡状態で平衡は移動しない。
$K' > K$ のとき，逆反応が進み，平衡が左へ移動する。

▶ **120** (1) N_2 1.0 mol，H_2 3.0 mol，NH_3 4.0 mol　(2) 1.8×10^2 kJ　(3) 4.5 L
(4) $K_c = \dfrac{[NH_3]^2}{[N_2][H_2]^3}$　(5) 12 $(\text{L/mol})^2$

解説 (1) 窒素が x〔mol〕，水素が $3x$〔mol〕反応し，アンモニアが $2x$〔mol〕生成して，平衡状態になったとすると

$$N_2 \quad + \quad 3H_2 \quad \rightleftarrows \quad 2NH_3$$
（平衡時）$3.0-x$　$9.0-3x$　$2x$　〔mol〕

全物質量は
$$(3.0-x)+(9.0-3x)+2x=(12.0-2x) \,\text{mol}$$
気体の（体積の比）＝（物質量の比）より，

$$\frac{2x}{12.0-2x} \times 100 = 50 \quad x = 2.0 \,\text{mol}$$

平衡時の各物質の物質量は，

N_2　$3.0-x=1.0$〔mol〕

H_2　$9.0-3x=3.0$〔mol〕　　NH_3　$2x=4.0$〔mol〕

(2) 熱化学反応式より，NH_3 が 2 mol 生成すると 92 kJ の熱が発生するから，NH_3 が 4 mol 生成すると $92 \times 2 = 184 \fallingdotseq 1.8 \times 10^2$〔kJ〕の熱量が発生する。

(3) 平衡混合気体の体積を V〔L〕とすると，気体の状態方程式 $PV = nRT$ より

$1.0 \times 10^7 \times V$
$\quad = (12.0 - 4.0) \times 8.3 \times 10^3 \times (273 + 400)$
$V = 4.46 \fallingdotseq 4.5$〔L〕

(5)

$$K_c = \frac{[NH_3]^2}{[N_2][H_2]^3} = \frac{\left(\dfrac{4.0}{4.46}\right)^2}{\dfrac{1.0}{4.46} \times \left(\dfrac{3.0}{4.46}\right)^3}$$

$\quad = 11.7 \fallingdotseq 12$〔L/mol〕^{2}

反応式の左辺と右辺の係数和が異なる場合は，濃度平衡定数 K_c を求めるとき，体積 V の項が分母・分子で消去されずに残るので注意すること。

▶121 (1) 1.1×10^{-4} mol

(2) $K_c = 5.0 \times 10^{-9}$ mol/L，$K_p = 8.3 \times 10^{-2}$ Pa

解説 (1) 反応容器に入れた CO_2 を x〔mol/L〕とおくと，生成した $[O_2] = 5.0 \times 10^{-7}$ mol/L なので，反応式の係数比より，反応した $[CO_2]$ は 1.0×10^{-6} mol/L，生成した $[CO]$ は 1.0×10^{-6} mol/L である。

$$2CO_2 \rightleftharpoons 2CO + O_2$$
（平衡時）$x - 1.0 \times 10^{-6}$　1.0×10^{-6}　5.0×10^{-7}〔mol/L〕

$x - 1.0 \times 10^{-6} = 1.0 \times 10^{-5}$〔mol/L〕より，

$x = 1.1 \times 10^{-5}$〔mol/L〕

反応容器の容積は 10 L なので，

$\quad 1.1 \times 10^{-5} \times 10 = 1.1 \times 10^{-4}$〔mol〕

(2)

$$K_c = \frac{[CO]^2[O_2]}{[CO_2]^2} = \frac{(1.0 \times 10^{-6})^2 \times 5.0 \times 10^{-7}}{(1.0 \times 10^{-5})^2}$$

$\quad = 5.0 \times 10^{-9}$〔mol/L〕

モル濃度の代わりに，気体の分圧で表した平衡定数を，**圧平衡定数 K_p** という。

$$aA + bB \rightleftharpoons cC + dD$$

平衡時の各気体の分圧を p_A, p_B, p_C, p_D とすると

$$K_p = \frac{p_C{}^c \cdot p_D{}^d}{p_A{}^a \cdot p_B{}^b}$$

これに対し，平衡時のモル濃度で表した平衡定数を，**濃度平衡定数 K_c** という。

$p_{CO}V = n_{CO}RT$ より，$p_{CO} = \dfrac{n_{CO}}{V}RT = [CO]RT$

同様に，$P_{O_2} = [O_2]RT$，$P_{CO_2} = [CO_2]RT$ より

$$K_p = \frac{p_{CO}{}^2 \cdot p_{O_2}}{p_{CO_2}{}^2} = \frac{[CO]^2(RT)^2 \cdot [O_2]RT}{[CO_2]^2(RT)^2}$$

$= K_c RT$
$= 5.0 \times 10^{-9} \times 8.3 \times 10^3 \times 2000$
$= 8.3 \times 10^{-2}$〔Pa〕

▶122 (1) 可逆反応において，右向きの反応の速さと左向きの反応の速さが同じになり，反応が停止しているようにみえる状態。

(2) 注射器を圧縮すると，NO_2 も N_2O_4 も同じ割合で濃度が増すので，その瞬間は混合気体の赤褐色は濃くなるが，ルシャトリエの原理により，気体分子の数が減少する右向きに平衡が移動するため，しばらくすると混合気体の赤褐色はやや薄くなる。

(3) ルシャトリエの原理により，温度を下げると発熱方向，つまり右向きに平衡が移動する。

(4) $K_c = 23$ L/mol　　$K_p = 7.5 \times 10^{-6}$ Pa^{-1}

解説 (2) 加圧すると，圧力の増加を打ち消す（緩和する）方向である気体の分子数が減少する右方向への平衡移動が起こるが，もとの状態までは戻らないことに留意してほしい。したがって，注射器のピストンを押すと，気体の体積が減

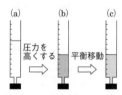

って NO_2 の密度が大きくなるので，ピストンを押した瞬間は褐色が濃くなるが，しばらくすると

$$2NO_2（褐） \rightleftharpoons N_2O_4（無）$$

の平衡が右へ移動して，褐色がやや薄くなる。

(3) 体積一定で温度を下げると，圧力もいくらかは減少するので，気体分子の数が増加する左向きの反応が進みそうだが，温度低下の影響がそれに伴う圧力減少の影響を上回るので，結局，平衡は発熱反応の方向である右向きに移動する。

　一般に，冷却という外部条件の変化に対してルシャトリエの原理を適用するのはよい。しかし，冷却に伴って生ずる圧力の減少という内部条件の変化に対してルシャトリエの原理を適用すると，圧力増加の方向（左方向）に平衡が移動するという誤った結論が得られてしまうので注意してほしい。

(4)

	$2NO_2$	$\rightleftharpoons$	N_2O_4	
反応前	1.0		0	〔mol〕
平衡時	$1.0 - 0.25 \times 2$		0.25	〔mol〕

平衡時の NO_2 と N_2O_4 の全物質量は，

$\quad 0.50 + 0.25 = 0.75$〔mol〕

平衡時の混合気体の体積を V〔L〕とすると，気体の状態方程式 $PV = nRT$ より，

$1.0 \times 10^5 \times V = 0.75 \times 8.3 \times 10^3 \times 373$

$V \fallingdotseq 23.2$〔L〕

$$K_c = \frac{[N_2O_4]}{[NO_2]^2} = \frac{\left(\dfrac{0.25}{23.2}\right)}{\left(\dfrac{0.50}{23.2}\right)^2} = 23.2 \fallingdotseq 23 \,[L/mol]$$

平衡時の NO_2，N_2O_4 の分圧を P_{NO_2}，$P_{N_2O_4}$ とおく。

$$P_{NO_2} = 1.0 \times 10^5 \times \frac{0.50}{0.75} = \frac{2}{3} \times 10^5 \,[Pa]$$

$$P_{N_2O_4} = 1.0 \times 10^5 \times \frac{0.25}{0.75} = \frac{1}{3} \times 10^5 \,[Pa]$$

$$K_p = \frac{P_{N_2O_4}}{P_{NO_2}{}^2} = \frac{\dfrac{1}{3} \times 10^5}{\left(\dfrac{2}{3} \times 10^5\right)^2} = \frac{3}{4} \times 10^{-5}$$

$$= 7.5 \times 10^{-6} \,[Pa^{-1}]$$

▶ **123** (1) **1.5** (2) **0.55 mol** (3) **1.7 mol**
(4) **(エ)**

解説 (1) 反応溶液中に存在する未反応の CH_3COOH が $NaOH$ により中和される。(加熱していないので，$CH_3COOC_2H_5$ は加水分解されない。)
反応液に残った酢酸の物質量を $x\,[mol]$ とすると，

$$x \times \frac{2.0}{100} = 0.20 \times \frac{40}{1000}$$

$$\therefore \quad x = 0.40\,[mol]$$

$$CH_3COOH + C_2H_5OH \rightleftharpoons CH_3COOC_2H_5 + H_2O$$

反応前	1.0	1.2	0	0 〔mol〕
(変化量)	-0.60	-0.60	$+0.60$	$+0.60$〔mol〕
平衡時	0.40	0.60	0.60	0.60 〔mol〕

$$K = \frac{[CH_3COOC_2H_5][H_2O]}{[CH_3COOH][C_2H_5OH]}$$

$$= \frac{\left(\dfrac{0.60}{0.10}\right)^2}{\left(\dfrac{0.40}{0.10}\right)\left(\dfrac{0.60}{0.10}\right)} = \frac{3}{2} = 1.5$$

(2) 温度が変化しなければ，K は一定である。酢酸エチルが $x\,mol$ 生成して平衡状態になったとすると

$$K = \frac{\left(\dfrac{x}{V}\right)^2}{\left(\dfrac{1.0-x}{V}\right)^2} = \frac{3}{2}$$

完全平方式なので，両辺の平方根をとると，

$$\frac{x}{1.0-x} = \frac{\sqrt{3}}{\sqrt{2}} \fallingdotseq 1.22$$

$$x = 0.549 \fallingdotseq 0.55\,[mol]$$

(3) 酢酸とエタノールを $x\,[mol]$ ずつ反応させたとすると，酢酸とエタノールが $1.0\,mol$ ずつ反応し，酢酸エチルと水は $1.0\,mol$ ずつ生成しているから，

$$K = \frac{\left(\dfrac{1.0}{V}\right)^2}{\left(\dfrac{x-1.0}{V}\right)^2} = 2.0 \cdots\cdots ①$$

$$2x^2 - 4x + 1 = 0$$

$$x = \frac{4 \pm \sqrt{8}}{4} = \frac{2 \pm \sqrt{2}}{2}$$

$x > 1.0$ より　$x \fallingdotseq 0.29$(不適)，$1.71\,[mol]$
[別解] ①式の左辺は完全平方式なので，両辺の平方根をとり，これを解いてもよい。

$$\frac{1.0}{x-1.0} = \pm\sqrt{2} \quad (負号は捨てる)$$

$$\frac{1.0}{x-1.0} = 1.41 \quad \therefore \quad x \fallingdotseq 1.71\,[mol]$$

(4) 濃硫酸は脱水作用を示すとともに，エステル化反応の触媒として働く。触媒は，正反応・逆反応の速度をいずれも大きくし，平衡状態に到達するまでの時間を短縮させるが，平衡そのものは移動させないので，平衡定数 K の値は変化しない。

▶ **124** (ア) **0.45** (イ) **9.0** (ウ) **0.60**
(エ) **5.5×10^5**

解説 (ア) 部屋 A の気体について，$0.90\,mol$ の N_2O_4 のうち 50% が解離しているから，

$$N_2O_4 \rightleftharpoons 2NO_2$$

平衡時	$0.90-0.45$	0.90 〔mol〕

$$K = \frac{[NO_2]^2}{[N_2O_4]} = \frac{\left(\dfrac{0.90}{4.0}\right)^2}{\dfrac{0.45}{4.0}} = 0.45\,[mol/L]$$

(イ) 部屋 B に NO_2 $0.20\,mol$ 加えたということは，N_2O_4 $0.10\,mol$ 加えたのと同じことである。
部屋 A と部屋 B に入れた N_2O_4 の物質量の比は，

$$0.90 : 0.10 = 9 : 1$$

両部屋の温度・圧力は等しいから，平衡状態での N_2O_4 の解離度も同じになる。
同温・同圧の気体では，**物質量比＝体積比** より，両部屋の体積比 $\dfrac{V_A}{V_B} = 9.0$ となる。

(ウ) 部屋 A の N_2O_4 の解離度を α とおくと，

$$N_2O_4 \rightleftharpoons 2NO_2$$

平衡時	$0.90(1-\alpha)$	$0.90 \times 2\alpha$	計 $0.90(1+\alpha)$ 〔mol〕

また，部屋 A の容積は，$8.0 \times \dfrac{9}{10} = 7.2\,[L]$

$$K = \frac{[NO_2]^2}{[N_2O_4]} = \frac{\left(\dfrac{1.80\alpha}{7.2}\right)^2}{\dfrac{0.90(1-\alpha)}{7.2}} = 0.45$$

$$\alpha^2 + 0.90\alpha - 0.90 = 0$$

$10\alpha^2+9\alpha-9=0$　　　$(2\alpha+3)(5\alpha-3)=0$

$\alpha>0$ より　　$\alpha=0.60,\ -1.5$(不適)

(エ) 部屋Aの気体の総物質量は，

$0.90(1+\alpha)=0.90\times1.60=1.44$〔mol〕

部屋Aの気体の圧力をP〔Pa〕とすると，

$P\times7.2=1.44\times8.3\times10^3\times333$

$\therefore\ P\fallingdotseq5.52\times10^5$〔Pa〕

この圧力は部屋Bの気体の圧力とも等しい。

▶ **125**　(ア) $(1.0+a)\times10^5$　(イ) $\dfrac{a^2}{1.0-a}\times10^5$

(ウ) **0.33**　(エ) **1.3×10⁵**　(オ) **9.0×10⁴**

解説　(ア) エタン 1.0 mol のうち，a mol だけ解離したとすると，平衡時の各物質の物質量は次の通り。

$$C_2H_6 \rightleftharpoons C_2H_4 + H_2$$

平衡時　　$(1.0-a)$　　　a　　　a　〔mol〕

平衡時の気体の総物質量は，$(1.0+a)$〔mol〕

反応前と平衡時の全圧について

$1.0\times10^5\times V=1.0\times8.3\times10^3\times963\cdots\cdots①$

$P\times V=(1.0+a)\times8.3\times10^3\times963\cdots\cdots②$

$\dfrac{②}{①}$ より　　$P=(1.0+a)\times10^5$〔Pa〕

(イ) (分圧)＝(全圧)×(モル分率) より

$P_{C_2H_6}=P\times\dfrac{1.0-a}{1.0+a}=(1.0+a)\times10^5\times\dfrac{1.0-a}{1.0+a}$

　　　$=(1.0-a)\times10^5$〔Pa〕

$P_{C_2H_4}=P_{H_2}=(1.0+a)\times10^5\times\dfrac{a}{1.0+a}$

　　　$=a\times10^5$〔Pa〕

$\therefore\ K_p=\dfrac{P_{C_2H_4}\cdot P_{H_2}}{P_{C_2H_6}}=\dfrac{(a\times10^5)^2}{(1.0-a)\times10^5}$

　　　$=\dfrac{a^2}{1.0-a}\times10^5$〔Pa〕

(ウ) $\dfrac{a^2}{1.0-a}\times10^5=\dfrac{1}{6}\times10^5$

$6a^2+a-1=0$　　$(3a-1)(2a+1)=0$

$0<a<1$ より　　$a=\dfrac{1}{3},\ -\dfrac{1}{2}$(不適)

(エ) $P=\left(1.0+\dfrac{1}{3}\right)\times10^5=1.33\times10^5$〔Pa〕

(オ) C_2H_6 が x〔mol〕生じて平衡になったとすると，

$$C_2H_4 + H_2 \rightleftharpoons C_2H_6$$

平衡時　$2.0-x$　　$1.0-x$　　　x　〔mol〕

平衡時の気体の総物質量は，$(3.0-x)$〔mol〕

題意より，エタンのモル分率が $\dfrac{1}{3}$ だから，

$\dfrac{x}{3.0-x}=\dfrac{1}{3}$　　$\therefore\ x=\dfrac{3}{4}$〔mol〕

よって，気体の総物質量は，$\dfrac{9}{4}$mol

C_2H_4 のモル分率　$\dfrac{5}{4}\div\dfrac{9}{4}=\dfrac{5}{9}$

H_2 のモル分率　$\dfrac{1}{4}\div\dfrac{9}{4}=\dfrac{1}{9}$

$P_{C_2H_4}=\dfrac{5}{9}P$〔Pa〕, $P_{H_2}=\dfrac{1}{9}P$〔Pa〕, $P_{C_2H_6}=\dfrac{1}{3}P$〔Pa〕

$$C_2H_4 + H_2 \rightleftharpoons C_2H_6$$

上式の圧平衡定数 K'_p は，K_p の逆数に等しいから

$$K'_p=\dfrac{P_{C_2H_6}}{P_{C_2H_4}\cdot P_{H_2}}=\dfrac{\left(\dfrac{1}{3}P\right)}{\left(\dfrac{5}{9}P\right)\left(\dfrac{1}{9}P\right)}=6\times10^{-5}$$

$\dfrac{27}{5P}=6\times10^{-5}$

$\therefore\ P=9.0\times10^4$〔Pa〕

参考

反応式の係数と平衡定数の関係

　窒素と水素からアンモニアを生成する反応の平衡定数は，2通りの方法で表せる。

$$N_2+3H_2\rightleftharpoons2NH_3\cdots\cdots①$$

$$\dfrac{1}{2}N_2+\dfrac{3}{2}H_2\rightleftharpoons NH_3\cdots\cdots②$$

　800 K において，①式の平衡定数 K_c は次の通り。

$$K_c=\dfrac{[NH_2]^2}{[N_2][H_2]^3}=4.0\times10^{-2}\text{〔mol/L〕}^{-2}$$

②式での平衡定数 K_c' を求めると，次の通り。

$$K_c'=\dfrac{[NH_2]}{[N_2]^{\frac{1}{2}}[H_2]^{\frac{3}{2}}}=\sqrt{K_c}$$

$$=\sqrt{4.0\times10^{-2}}=0.20\text{〔mol/L〕}^{-1}$$

　このように，同じ反応であっても，反応式の与え方によって平衡定数の値は変化する。すなわち，反応式の両辺の各係数を $\dfrac{1}{2}$ 倍にすれば各物質の濃度の指数が $\dfrac{1}{2}$ 倍になるので，平衡定数はもとの平方根と等しくなる。

　以上のことからわかるように，平衡定数は反応式を示してはじめて意味をもつので，問題に与えられた反応式の各係数に基づいて，平衡定数を計算しなければならない。

▶ **126**　(1) (ア) **1.2×10⁷**　(イ) **4.0×10⁴**

(ウ) **6.0×10⁴**　(2) **2.1×10⁴Pa**

解説　(1) (ア) 気体の分圧は体積百分率に比例する。

$P_{CO_2}=3.0\times10^6\times0.17=5.1\times10^5$〔Pa〕

$P_{CO}=3.0\times10^6\times0.83=2.5\times10^6$〔Pa〕

$K_p=\dfrac{P_{CO}^2}{P_{CO_2}}=\dfrac{(2.5\times10^6)^2}{5.1\times10^5}\fallingdotseq1.22\times10^7$〔Pa〕

(C(固)の圧力は非常に小さく，かつ，一定とみなせるので，圧平衡定数の式には含めない。)

(イ)，(ウ) ②式の平衡定数についても，$NaHCO_3$

(固)，Na_2CO_3(固)の圧力は一定とみなして，圧平衡定数の式には含めない。

$$K_p = P_{CO_2} \cdot P_{H_2O} = 2.4 \times 10^9 \,[Pa]^2$$

$NaHCO_3$(固)が分解しないようにするには，②式の平衡が右へ進まないようにすればよい。

・$P_{CO_2} \cdot P_{H_2O} \geqq 2.4 \times 10^9 \,[Pa]^2$ のとき，
右方向への反応は起こらない。

・$P_{CO_2} \cdot P_{H_2O} < 2.4 \times 10^9 \,[Pa]^2$ のとき，
右方向への反応は起こる。

題意より，CO_2 の分圧と H_2O (気)の分圧の和は，$1.0 \times 10^5 \, Pa$ であるから，次式が成り立つ。

$$P_{CO_2} \cdot P_{H_2O} \geqq 2.4 \times 10^9 \cdots\cdots ①$$
$$P_{CO_2} + P_{H_2O} = 1.0 \times 10^5 \cdots\cdots ②$$

②より，$P_{CO_2} = 1.0 \times 10^5 - P_{H_2O}$ を①へ代入，

$$(1.0 \times 10^5 - P_{H_2O}) \cdot P_{H_2O} \geqq 2.4 \times 10^9$$
$$P_{H_2O}{}^2 - 1.0 \times 10^5 P_{H_2O} + 2.4 \times 10^9 \leqq 0$$
$$P_{H_2O} = \frac{1.0 \times 10^5 \pm \sqrt{1.0 \times 10^{10} - 9.6 \times 10^9}}{2}$$
$$= \frac{1.0 \times 10^5 \pm \sqrt{4 \times 10^8}}{2} = \frac{1.0 \times 10^5 \pm 2 \times 10^4}{2}$$

∴ $P_{H_2O} = 6.0 \times 10^4 \,[Pa]$，$4.0 \times 10^4 \,[Pa]$

∴ $4.0 \times 10^4 \, Pa \leqq P_{H_2O} \leqq 6.0 \times 10^4 \, Pa$

(2) 各物質の物質量は，式量が $CuO = 80$，$Cu_2O = 144$ なので，

$CuO \quad \dfrac{16}{80} = 0.20 \,mol \qquad Cu_2O \quad \dfrac{5.76}{144} = 0.040 \,mol$

	$4CuO \rightleftharpoons$	$2Cu_2O$	$+ \quad O_2$	
反応前	0.20	0	0	[mol]
(変化量)	-0.080	$+0.040$	$+0.020$	[mol]
平衡時	0.12	0.040	0.020	[mol]

容器内の O_2 の圧力 P_{O_2} は，$PV = nRT$ より

$$P_{O_2} \times 10 = 0.020 \times 8.3 \times 10^3 \times 1273$$
$$P_{O_2} \fallingdotseq 2.11 \times 10^4 \,[Pa]$$

圧平衡定数 K_p は，平衡時の各成分気体の分圧によって表される平衡定数であり，固体成分 CuO，Cu_2O の分圧 P_{CuO}，P_{Cu_2O} は非常に小さく，かつ一定とみなせるので除外し，気体成分 O_2 の分圧 P_{O_2} のみで表されることに留意すること。

∴ $K_p = P_{O_2} \fallingdotseq 2.11 \times 10^4 \,[Pa]$

▶**127** (1) **0.11 mol**　(2) **$1.1 \times 10^{-3} \,mol$**
(3) **CCl_4 中の I_2 濃度　$8.9 \times 10^{-2} \,mol/L$**
　　H_2O 中の $I_3{}^-$ 濃度　$8.0 \times 10^{-2} \,mol/L$

解説　ヨウ素は，常温・常圧で黒紫色の固体(結晶)で，水よりも有機溶媒に溶けやすい。ヨウ素を互いに混じり合わない水と四塩化炭素に溶かすと，両液層に分配されて平衡状態(**分配平衡**)となる。

一般に，「互いに溶け合わない 2 種の液体に他の物質が溶けるとき，その物質が両液層中で同じ化学

種として存在するならば，温度・圧力が一定のとき，両液層中でのその物質の濃度の比(**分配係数という**)は一定となる。」この関係を**分配の法則**という。

ヨウ素を溶かした四塩化炭素溶液を分液ろうとに入れ，これに水を加えてよく振り混ぜて静置する。このとき，四塩化炭素(密度 $1.6 \,g/cm^3$)は下層に，水(密度 $1.0 \,g/cm^3$)は上層にくる。ここで，水層，四塩化炭素層での I_2 の濃度を $[I_2]_{H_2O}$，$[I_2]_{OIL}$ とすると，次の関係が成り立つ。

栓
H_2O 層
CCl_4 層
コック

分液ろうと

$$K_D = \frac{[I_2]_{OIL}}{[I_2]_{H_2O}}$$

（分配係数 K_D が 89 ということは，I_2 は水よりも四塩化炭素に 89 倍も溶けやすいことを示す。）

(1) I_2 と I^- が存在するから，(i)式の平衡が成り立つ。　$I_2 + I^- \rightleftharpoons I_3{}^- \cdots\cdots$ (i)
平衡時の三ヨウ化物イオン $I_3{}^-$ の濃度を $x\,[mol/L]$ とおくと，(ii)式より，

$$K = \frac{[I_3{}^-]}{[I_2][I^-]} = \frac{x}{1.3 \times 10^{-3} \times 0.10} = 8.0 \times 10^2$$

∴ $x = 0.104 \,[mol/L]$

加えたヨウ素 I_2 の物質量は，平衡時のヨウ素 I_2 と三ヨウ化物イオン $I_3{}^-$ の物質量の和に等しいから，

$$1.3 \times 10^{-3} + 0.104 = 0.105 \fallingdotseq 0.11 \,[mol]$$

(2) 最初の I_2 の四塩化炭素溶液中の I_2 の物質量は，

$$0.10 \times \frac{100}{1000} = 0.010 \,[mol]$$

このうち，四塩化炭素層から水層へ移動したヨウ素 I_2 の物質量を $x\,[mol]$ とおくと，
(3)式の分配平衡が成り立つから，(iv)式より，

$$K_D = \frac{[I_2]_{OIL}}{[I_2]_{H_2O}} = \frac{\dfrac{0.010 - x}{0.10} \,[mol/L]}{\dfrac{x}{1.1} \,[mol/L]} = 89$$

∴ $x = 1.1 \times 10^{-3} \,[mol]$

(3) 平衡状態における四塩化炭素層の I_2 の濃度 $[I_2]_{OIL}$ を $x\,[mol/L]$，水層の I_2 の濃度 $[I_2]_{H_2O}$ を $y\,[mol/L]$，水層の $I_3{}^-$ の濃度 $[I_3{}^-]$ を $z\,[mol/L]$ とおくと，このとき，I^- と $I_3{}^-$ は水層のみに存在し，(i)式，(iii)式の平衡がともに成り立つから，

$$K = \frac{[I_3{}^-]}{[I_2]_{H_2O}[I^-]} = \frac{z}{y \times 0.10} = 8.0 \times 10^2$$

∴ $z = 80y \cdots\cdots ①$

$$K_D = \frac{[I_2]_{OIL}}{[I_2]_{H_2O}} = \frac{x}{y} = 89$$

∴ $x = 89y \cdots\cdots ②$

加えた I_2 の全量は，$[I_2]_{OIL}$，$[I_2]_{H_2O}$，$[I_3{}^-]$ のいずれ

かの状態で存在する(物質収支の条件)から，

$$\therefore \quad x+y+z=0.17 \quad \cdots\cdots ③$$

①，②を③へ代入して，

$$89y+y+80y=0.17$$
$$170y=0.17 \quad y=1.0\times10^{-3}[\mathrm{mol/L}]$$
$$x=89y=89\times1.0\times10^{-3}=8.9\times10^{-2}[\mathrm{mol/L}]$$
$$z=80y=80\times1.0\times10^{-3}=8.0\times10^{-2}[\mathrm{mol/L}]$$

▶**128** (1) $1.1\times10^{-6}\mathrm{mol/L}$
(2) $1.2\times10^{6}\mathrm{Pa^2}$　(3) $28\mathrm{g}$　(4) $CuSO_4\cdot H_2O$
(5) 34%

解説　$CuSO_4\cdot5H_2O$ の結晶をデシケーター(乾燥器)に入れ徐々に排気していく。A～B間では一定の水蒸気圧を示す。これは①式の平衡が成立しているためである。

$$CuSO_4\cdot5H_2O \rightleftharpoons CuSO_4\cdot3H_2O+2H_2O\cdots\cdots①$$

系内に $CuSO_4\cdot5H_2O$ が存在する限り，25℃では $1.1\times10^3\mathrm{Pa}$ が保たれるので，この値を $CuSO_4\cdot5H_2O$ の飽和水蒸気圧(25℃)とする。

系内の $CuSO_4\cdot5H_2O$ がすべて消失し，$CuSO_4\cdot3H_2O$ だけになると急激な水蒸気圧の低下(B～C間)が起こる。

続くC～D間でも一定の水蒸気圧を示す。これは②式の平衡が成立しているためである。

$$CuSO_4\cdot3H_2O \rightleftharpoons CuSO_4\cdot H_2O+2H_2O\cdots\cdots②$$

系内に $CuSO_4\cdot3H_2O$ が存在する限り，25℃では $7.0\times10^2\mathrm{Pa}$ が保たれるので，この値を $CuSO_4\cdot3H_2O$ の飽和水蒸気圧(25℃)とする。

系内の $CuSO_4\cdot3H_2O$ がすべて消失し，$CuSO_4\cdot H_2O$ だけになると，急激な水蒸気圧の低下(D～F間)が起こる。続く，F～G間でも一定の水蒸気圧を示す。これは③式の平衡が成立しているためである。

$$CuSO_4\cdot H_2O \rightleftharpoons CuSO_4+H_2O\cdots\cdots③$$

系内に $CuSO_4\cdot H_2O$ が存在する限り，25℃では $2.6\mathrm{Pa}$ が保たれるので，この値を $CuSO_4\cdot H_2O$ の飽和水蒸気圧(25℃)とする。

系内の $CuSO_4\cdot H_2O$ がすべて消失し，$CuSO_4$ だけになると，水蒸気圧の低下(G～H間)が起こり，水蒸気圧はほぼ0となる。
(1) ③式より，$K=[H_2O]$，$K_p=P_{H_2O}=2.6[\mathrm{Pa}]$
気体の状態方程式 $PV=nRT$ より

$$P_{H_2O}=\frac{n_{H_2O}}{V}RT \quad より$$

$$\frac{n_{H_2O}}{V}=[H_2O]=\frac{P_{H_2O}}{RT}$$

$$=\frac{2.6}{8.3\times10^3\times298}$$

$$=1.05\times10^{-6}\fallingdotseq1.1\times10^{-6}[\mathrm{mol/L}]$$

(2) ①式より，$K_p=P_{H_2O}{}^2=(1.1\times10^3)^2$
$$=1.21\times10^6\fallingdotseq1.2\times10^6[\mathrm{Pa^2}]$$

(3) $CuSO_4\cdot5H_2O$ が xg 必要とすると，
式量 $CuSO_4=160$，$CuSO_4\cdot5H_2O=250$ より，

$$溶質(無水物)\quad \frac{160}{250}x=0.64x$$

$$溶媒(水和水)\quad \frac{90}{250}x=0.36x$$

加える水は $(100-x)g$ 必要なので

$$\frac{(溶質)}{(溶媒)}=\frac{0.64x}{100-x+0.36x}=\frac{22}{100}$$

$$x=28.2\fallingdotseq28[\mathrm{g}]$$

(4) 点Dで $CuSO_4\cdot3H_2O$ がすべて消失し，$CuSO_4\cdot H_2O$ だけになると，排気によって系内の水蒸気圧が急激に低下する。点Fで $CuSO_4\cdot H_2O$ の分解が始まると，系内の水蒸気圧は再び一定値を示す。

$\quad \therefore$ 点Eでは，$CuSO_4\cdot H_2O$ のみが存在する。
(5) 25℃において，空気中の水蒸気の圧力が $CuSO_4\cdot5H_2O$ の飽和水蒸気圧($1.1\times10^3\mathrm{Pa}$)より高ければ，$CuSO_4\cdot5H_2O$ からの水和水の蒸発は起こらない。一方，空気中の水蒸気の分圧が $CuSO_4\cdot5H_2O$ の飽和水蒸気圧より低ければ，$CuSO_4\cdot5H_2O$ からの水和水の蒸発が起こり，水和水の少ない結晶へと変化する(この現象を**風解**という)。

その相対湿度を $x\%$ とすると，

$$3.2\times10^3\times\frac{x}{100}<1.1\times10^3$$

$$x\fallingdotseq34.3\fallingdotseq34[\%]以下$$

▶**129** (1) $1.2\times10^6\mathrm{L/mol}$
(2) (i) 25℃のとき　$-3.46\times10^4\mathrm{J/mol}$，
0℃のとき　$-3.53\times10^4\mathrm{J/mol}$
(ii) $\Delta G(0℃)<\Delta G(25℃)$ なので，0℃の方が①式の平衡が右へ移動し，18-クラウン-6・K錯体$^+$の濃度が高くなる。
(3) クラウンエーテルの空孔の大きさに対して，Na^+は小さすぎるため空孔から外れやすい。また，Rb^+は大きすぎるため，空孔に入りにくい。よって錯体を形成しにくいと考えられる。

解説　クラウンエーテルは，環を構成するO原子の非共有電子対を使って，金属陽イオンを選択的に取り込み，安定した錯体をつくる能力がある。

クラウンエーテルは，環の構成原子数-クラウン-配位原子(O，N，Sなど)の数をハイフン(-)でつないで命名される。

12-クラウン-4は，Li^+と錯体をつくりやすい。
15-クラウン-5は，Na^+と錯体をつくりやすい。
18-クラウン-6は，K^+と錯体をつくりやすい。

(1) K^+の初濃度は，$\dfrac{1.0\times10^{-4}}{0.010}=1.0\times10^{-2}$〔mol/L〕

①式の平衡の量的関係（単位〔mol/L〕）は，

	18-クラウン-6	+	K^+	$\rightleftharpoons$	錯体
反応前	1.0×10^{-2}		1.0×10^{-2}		0
（変化量）	-9.91×10^{-3}		-9.91×10^{-3}		$+9.91\times10^{-3}$
平衡時	9.0×10^{-5}		9.0×10^{-5}		9.91×10^{-3}

$$K_c=\frac{[\text{18-クラウン-6}\cdot K^+ \text{錯体}]}{[\text{18-クラウン-6}][K^+]}$$

$$=\frac{9.91\times10^{-3}}{(9.0\times10^{-5})^2}\fallingdotseq1.22\times10^{6}\,[\text{L/mol}]$$

(2) (i) 25℃におけるΔGは

$$\Delta G=-RT\log_e K_c$$
$$=-8.3\times298\times14.0$$
$$=-3.46\times10^{4}\,[\text{J/mol}]$$

0℃におけるΔGは

$$\Delta G=-8.3\times273\times15.6$$
$$=-3.53\times10^{4}\,[\text{J/mol}]$$

(ii) 反応の自発的変化はギブズエネルギーGが小さくなる方向に進行するので，ΔGが小さい温度のときほど進行しやすいといえる。

$\Delta G(25℃)$よりも$\Delta G(0℃)$の方が小さいので，25℃よりも0℃の方が①式の平衡がより右へ移動し，18-クラウン-6・K^+錯体の濃度が高くなる。

別解として，$\log_e K_c=14.0$より，$K_c=e^{14.0}(25℃)$，$\log_e K_c=15.6$より，$K_c=e^{15.6}(0℃)$なので，25℃よりも0℃の方が平衡定数K_cが大きいので，0℃の方が①式の平衡が右へ移動するためと答えてもよい。

なお，①式の反応は低温ほど平衡定数が大きくなるので，発熱反応であることがわかる。

(3) イオン半径は$Na^+<K^+<Rb^+$である。図より，K^+の大きさは18-クラウン-6エーテルの空孔の大きさとほぼ一致する。

Na^+はK^+より小さいので，空孔に取り込まれたとしても，O原子の非共有電子対との配位結合が弱く，空孔から外れやすい。一方，Rb^+はK^+より大きいので，クラウンエーテールの空孔には入りにくく，錯体を形成しにくいと考えられる。

参考 **クラウンエーテル**

-CH$_2$CH$_2$O-の単位構造を多数もった環状ポリエーテル$\{$CH$_2$CH$_2$O$\}_n$は，王冠形の構造をもつことから，**クラウンエーテル**とよばれる。クラウンエーテルの主鎖は疎水性であるが，環内のO原子が配位結合によって金属陽イオンを選択的に取り込み，安定な錯体をつくることができる。この性質を利用してKOHやKMnO$_4$などの無機塩基，アルカリ金属の単体（Li，Na，Kなど）や，水に不溶性のBaSO$_4$などを無極性の有機溶媒に溶かすことができる。例えば，KMnO$_4$はベンゼンにはまったく溶けないが，ベンゼンに18-クラウン-6を加えた混合液には，18-クラウン6・K^+錯体をつくって溶けて，

赤紫色のベンゼン溶液となる。*

このとき，対をなす陰イオンのMnO$_4^-$は活性化された状態にあるため，ベンゼン中でも有機物のKMnO$_4$による酸化反応が可能となる*。

（* 18-クラウン-6は水にも可溶であるため，18-クラウン-6を加えた水溶液にはBaSO$_4$を溶かすこともできる。）

また，光学活性なクラウンエーテルを用いれば，鏡像異性体のうちの一方だけを分離する（光学分割）こともできる。

12-クラウン-4 ・Li^+錯体 / 15-クラウン-5 ・Na^+錯体 / 18-クラウン-6 ・K^+錯体

参考 **ギブズエネルギー**

化学反応は，系のエンタルピー（熱含量）が減少する方向に，系のエントロピー（乱雑さ）が増大する方向にそれぞれ進行しやすい。したがって，化学反応の進行方向を決める指標として，上記の2つの要因をまとめた**ギブズエネルギー**（記号G）を用いると便利である。

これは，物質のエンタルピーをH，エントロピーをS，絶対温度をTとすれば，$\boldsymbol{G=H-TS}$で定義される。化学反応の進行方向については，反応前後の$\Delta G=\Delta H-T\Delta S$の符号を調べれば，ほぼ予想できる。

例えば，発熱反応（$\Delta H<0$）で，気体の分子数が増加する反応（$\Delta S>0$）では，$\Delta G<0$となり，反応は自発的に進行する。逆に，吸熱反応（$\Delta H>0$）で，気体の分子数が減少する反応（$\Delta S<0$）では，$\Delta G>0$となり，反応は自発的に進行しないと判断できる。

一方，発熱反応（$\Delta H<0$）で，気体の分子数が減少する反応（$\Delta S<0$）や，吸熱反応（$\Delta H>0$）で，気体の分子数が増加する反応（$\Delta S>0$）では，可逆反応になることが多く，絶対温度Tにより進みやすい方向が変化する。（Tが大きくなると，$\Delta S>0$となる反応が起こりやすくなる。）

第3編 物質の変化

9 酸と塩基の反応

▶**130** (1) **A** e，**B** c，**C** f

(2) **A** 0.010 mol/L，**B** 0.050 mol/L，**C** 0.050 mol/L

(3) **0.020** (4) **A** ア，イ，**B** ア，**C** イ

解説 (1) **A** 強塩基を強酸で滴定するので，中和点がpH＝7であるb，eが該当するが，0.010 mol/L塩酸を多量に加えるとpHが2に近づくので，e。

（bは最終的にpHが1に近づくので，0.10 mol/L塩酸を加えたときの滴定曲線である。）

B 弱酸を強塩基で滴定するので，中和点が塩基性側に偏るa，cが該当するが，0.010 mol/L NaOH水溶液を多量に加えると，pHが12に近づくので，c。

$\left(\begin{array}{l}\text{a は最終的に pH が 13 に近づくので,0.10 mol/L}\\\text{NaOH 水溶液を加えたときの滴定曲線である。}\end{array}\right)$

C　弱塩基を強酸で滴定するので,中和点が酸性側に偏る f だけが該当する。

なお d は 0.10 mol/L 塩酸に 0.10 mol/L NaOH 水溶液を加えたときの滴定曲線である。

滴定曲線では,①滴定開始点,②中和点,③標準溶液を過剰に加えた点の pH に着目する。

本問では,試料溶液の濃度が不明であるから,①は判断の材料にはならない。②と③に着目して,該当する滴定曲線を決定していく。

(2) 各実験での試料溶液の濃度を x [mol/L] とおく。

e より,$x \times \dfrac{20.0}{1000} \times 1 = 0.010 \times \dfrac{20.0}{1000} \times 1$

　　$x = 0.010$ [mol/L]

c より,$x \times \dfrac{20.0}{1000} \times 1 = 0.010 \times \dfrac{100}{1000} \times 1$

　　$x = 0.050$ [mol/L]

f より,$x \times \dfrac{20.0}{1000} \times 1 = 0.010 \times \dfrac{100}{1000} \times 1$

　　$x = 0.050$ [mol/L]

(3) 滴定前のアンモニア水の pH は 11.0 より,

　　$[H^+] = 1 \times 10^{-11}$ [mol/L]

水のイオン積 $K_w = [H^+][OH^-] = 1 \times 10^{-14}$ [mol/L]^2 より,

　　$[OH^-] = \dfrac{1 \times 10^{-14}}{1 \times 10^{-11}} = 1 \times 10^{-3}$ [mol/L]

また,アンモニアは 1 価の弱塩基だから,

　　$[OH^-] = C \cdot \alpha$　　$\alpha = \dfrac{1 \times 10^{-3}}{0.050} = 0.020$

(4) 実験A　強酸と強塩基の中和滴定では,中和点の液性は中性で,中和点の前後で pH が大きく変化するので,(ア),(イ)のいずれの指示薬を用いても中和点を見つけることができる。通常は,色の変化が区別しやすいフェノールフタレインを用いる。

実験B　弱酸と強塩基の中和滴定では,中和点の液性は生じた塩の加水分解により弱い塩基性になる。したがって塩基性側に変色域をもつフェノールフタレイン(ア)を用いる必要がある。

実験C　弱塩基と強酸の中和滴定では,中和点の液性は弱い酸性になるので,酸性側に変色域をもつメチルオレンジ(イ)を用いる必要がある。

リトマスは変色域の範囲が広く,色調の変化が明瞭でないので,中和滴定の指示薬には用いられない。

補足　酸と塩基が過不足なく反応して,理論的に中和反応が完了する点を**中和点**という。一方,指示薬の変色により実際に滴定操作を終了する点を**終点**という。指示薬は,中和滴定の終点ができるだけ中和点に一致するように適切なものを選択する必要がある。

▶131　(1) **12.3**　(2) **1.3**　(3) **2.6**　(4) **1.3**
(5) **12.2 mL**

解説　酸・塩基の混合溶液では,反応後に残る酸または塩基の物質量から水素イオン濃度 $[H^+]$ または水酸化物イオン濃度 $[OH^-]$ を求め pH を計算する。このとき,混合後の溶液の体積は,混合前の各溶液の体積の和になっていると考える。また,水溶液の pH の計算では,常に溶液の液性(酸性か塩基性か)を判断し,酸性ならば $[H^+]$,塩基性ならば $[OH^-]$ を計算し,必要ならば,水のイオン積を用いて $[OH^-]$ から $[H^+]$ を求め,pH を計算するように心掛けなければならない。

(1) HCl　$0.10 \times \dfrac{20.0}{1000} = \dfrac{2.00}{1000}$ [mol]

　　NaOH　$0.10 \times \dfrac{30.0}{1000} = \dfrac{3.00}{1000}$ [mol]

したがって,NaOH が過剰で,これが混合溶液 $(20.0 + 30.0)$ mL 中に含まれる。

　　$[NaOH] = \left(\dfrac{3.00}{1000} - \dfrac{2.00}{1000} \right) \times \dfrac{1000}{50.0}$

　　　　　　$= 2.0 \times 10^{-2}$ [mol/L]

NaOH は 1 価の強塩基なので,電離度は 1 である。

　　$[OH^-] = 2.0 \times 10^{-2}$ [mol/L]

水のイオン積 $[H^+][OH^-] = 1.0 \times 10^{-14}$ [mol/L]^2 より,

　　$[H^+] = \dfrac{1.0 \times 10^{-14}}{2.0 \times 10^{-2}} = \dfrac{1}{2} \times 10^{-12}$ [mol/L]

　　pH $= -\log_{10}(2^{-1} \times 10^{-12}) = 12 + \log_{10} 2 = 12.3$

[別解] **水酸化物イオン指数** $pOH = -\log_{10}[OH^-]$ を定義すると,水のイオン積から,**pH + pOH = 14** の関係が成り立つ。

　　pOH $= -\log_{10}(2 \times 10^{-2}) = 2 - \log_{10} 2 = 1.7$

　　$\therefore$　pH $= 14 - 1.7 = 12.3$

(2) pH = 1.0 の塩酸は,　$[H^+] = 10^{-1}$ [mol/L]
　　pH = 4.0 の塩酸は,　$[H^+] = 10^{-4}$ [mol/L]
混合溶液では,$(100 + 100) = 200$ mL となり,

　　$[H^+] = \left(10^{-1} \times \dfrac{100}{1000} + 10^{-4} \times \dfrac{100}{1000} \right) \times \dfrac{1000}{200}$

　　　　　$= (10^{-2} + 10^{-5}) \times \dfrac{1000}{200} \fallingdotseq 10^{-2} \times \dfrac{1000}{200}$

　　$(10^{-2} + 10^{-5} \fallingdotseq 10^{-2}$ と近似できる。)

$$=\frac{1}{2}\times10^{-1}\,[\mathrm{mol/L}]$$

$$\therefore\quad \mathrm{pH}=-\log_{10}(2^{-1}\times10^{-1})=1+\log_{10}2=1.3$$

補足
　pH=4.0の塩酸はpH=1.0の塩酸に比べてかなり薄いため，pH=1.0の塩酸に純水100 mLを加えた場合とほとんど同じ結果となる。つまり，混合して溶液全体の体積が増加した分だけ，pH=1.0の塩酸の濃度が薄くなったと考えればよい。

(3) 酢酸の濃度を$C\,[\mathrm{mol/L}]$，電離度をαとすると，水溶液中での各化学種の濃度は次の通り。

$$\mathrm{CH_3COOH}\;\rightleftharpoons\;\mathrm{CH_3COO^-}+\mathrm{H^+}\cdots\cdots①$$

（平衡時）　　$C(1-\alpha)$　　　　$C\alpha$　　　$C\alpha\,[\mathrm{mol/L}]$

酢酸の電離定数K_aは，次式のように表される。

$$K_a=\frac{[\mathrm{CH_3COO^-}][\mathrm{H^+}]}{[\mathrm{CH_3COOH}]}=\frac{C\alpha\times C\alpha}{C(1-\alpha)}=\frac{C\alpha^2}{1-\alpha}$$
$$\cdots\cdots②$$

ここで，酢酸の濃度Cがよほど薄くない限り，電離度αは1に比べてずっと小さく，$1-\alpha\fallingdotseq1$と近似できる。②式は，

$$K_a=C\alpha^2\quad\therefore\quad\alpha=\sqrt{\frac{K_a}{C}}$$

また，①式より，$[\mathrm{H^+}]=C\cdot\alpha=C\cdot\sqrt{\dfrac{K_a}{C}}=\sqrt{C\cdot K_a}$

$$[\mathrm{H^+}]=\sqrt{0.20\times2.7\times10^{-5}}=\sqrt{54\times10^{-7}}\,[\mathrm{mol/L}]$$

$$\mathrm{pH}=-\log_{10}(\sqrt{2\times3^3\times10^{-7}})$$
$$=\frac{7}{2}-\frac{1}{2}\log_{10}2-\frac{3}{2}\log_{10}3$$
$$=3.5-0.15-0.72=2.63\fallingdotseq2.6$$

(4) 強酸HClと強塩基と弱塩基の塩$\mathrm{NH_4Cl}$の混合水溶液である。この塩$\mathrm{NH_4Cl}$の加水分解は次式で表される。　$\mathrm{NH_4^+}+\mathrm{H_2O}\rightleftharpoons\mathrm{NH_3}+\mathrm{H_3O^+}\cdots\cdots①$

本問のような酸性水溶液中では，①式の平衡は大きく左方向に移動しており，$\mathrm{NH_4^+}$の加水分解は非常にわずかであり無視してよい。（塩の加水分解は，事実上，中性付近の水溶液でしか起こらない。）

したがって，混合水溶液の$[\mathrm{H^+}]$は，塩酸の濃度だけで決まると考えてよい。

塩酸50 mLに$\mathrm{NH_4Cl}$水溶液150 mLを加えたことにより液量が200 mLとなり，塩酸の濃度はもとの$\frac{1}{4}$となる。

$$[\mathrm{H^+}]=0.20\times\frac{50}{50+150}=\frac{1}{2}\times10^{-1}\,[\mathrm{mol/L}]$$
$$\mathrm{pH}=-\log_{10}(2^{-1}\times10^{-1})=1+\log_{10}2=1.3$$

(5) 混合溶液のpHは12.0だから，
$$[\mathrm{H^+}]=1.0\times10^{-12}\,[\mathrm{mol/L}]$$
水のイオン積より，$[\mathrm{OH^-}]=1.0\times10^{-2}\,[\mathrm{mol/L}]$
混合溶液が塩基性のときは，$[\mathrm{H^+}]$ではなく$[\mathrm{OH^-}]$に関して式を立てる必要がある。

加えるNaOH水溶液を$x\,[\mathrm{mL}]$とおくと，

$$[\mathrm{OH^-}]=\left(0.10\times\frac{x}{1000}-0.10\times\frac{10.0}{1000}\right)\times\frac{1000}{x+10}$$

$$=\frac{0.10x-1.0}{1000}\times\frac{1000}{x+10}=1.0\times10^{-2}$$

これを解くと，$x\fallingdotseq12.2\,[\mathrm{mL}]$

参考
pHと有効数字
　$[\mathrm{H^+}]=2.0\times10^{-3}\,[\mathrm{mol/L}]$の酸の水溶液のpHは2.7であり，$[\mathrm{OH^-}]=2.0\times10^{-3}\,[\mathrm{mol/L}]$の塩基の水溶液のpHは11.3である。
　$[\mathrm{H^+}]$と$[\mathrm{OH^-}]$はどちらも測定値であるから，有効数字の考え方が適用でき，上記の数値はいずれも有効数字2桁である。
　一方，pHはpHメーターで測定されるから，測定値のように思われるが，本来，pHは$[\mathrm{H^+}]$の常用対数をとって求めた数値であり，測定値ではない。pHの整数部分は$[\mathrm{H^+}]$の桁数を表した数値であり，pHに有効数字の考えを適用すべきではない。すなわち，pH=2.7が有効数字2桁，pH=11.3が有効数字3桁と考えるのは間違いである。どちらのpHも小数第一位まで求められており，その測定精度は同じである。

▶**132** (1) A メスフラスコ b,
B ホールピペット d,
C コニカルビーカー（三角フラスコ）b,
D ビュレット d
(2) **0.0500 mol/L**　(3) **0.160 mol/L**　(4) **4.24%**
(5) 弱酸と強塩基の中和滴定では，中和点が塩基性側に偏るため，塩基性側に変色域をもつフェノールフタレインを用いる必要がある。
(6) 水酸化ナトリウムは潮解性が強く，正確な質量が測定しにくい。また，空気中の二酸化炭素とも反応しやすいので，純粋な固体が得にくい。以上のような理由で，正確な濃度の水酸化ナトリウム水溶液がつくりにくいからである。
(7) 水酸化ナトリウムのような強塩基の水溶液をコニカルビーカーに入れると，空気との接触面積が大きくなるため，二酸化炭素を吸収しやすくなる。また，コニカルビーカーを振りながら滴定するので，さらに二酸化炭素が吸収されやすく，滴定に影響を与えるから。
(8) 食酢を希釈して水酸化ナトリウムとほぼ濃度を等しくすることで滴定誤差を小さくし，より正確に中和点を見つけることができるから。

解説　(1) ガラスは熱によって変形するので，目盛りや標線のついたガラス製の体積の計量器具は，加熱乾燥してはならない。これは，一度加熱して膨張したガラス器具は，冷却しても完全にはもとの体積には戻らず変形してしまうためである。したがって，コニカルビーカー（三角フラスコ）以外は加熱乾燥してはいけない。

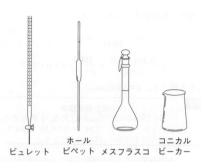

ホール
ビュレット　ピペット　メスフラスコ
コニカル
ビーカー

　メスフラスコは，使用前に純水で濡れていても，正確に質量を測った溶質を入れさえすれば，あとから純水を加えるので，でき上がった溶液の濃度には影響しない。純水で濡れたまま使用してもよい。

　ホールピペットとビュレットには標準溶液，またはこれから濃度を決定しようとする溶液(被検液)を入れる。内壁が水で濡れていると，あとから入れた溶液の濃度が薄まり，正確に目盛りを読んだとしても，はかり取った酸・塩基の物質量が変化してしまう。したがって，これから使用しようとする溶液で数回内壁を洗ってから使用しなければならない。この操作を**共洗い**という。

　コニカルビーカーは体積の計量器具ではなく，単なる反応容器である。ホールピペットやビュレットによって中和反応する酸・塩基の物質量が決定されているので，内壁が水で濡れたまま使用してもよい。

(2)　$(COOH)_2 \cdot 2H_2O$ のモル質量は $126\,g/mol$ で，量った $(COOH)_2 \cdot 2H_2O$ $3.15\,g$ の物質量は，

$$\frac{3.15}{126}=0.0250\,[mol]$$ である。

　$(COOH)_2 \cdot 2H_2O$ の物質量と，その中に含まれる $(COOH)_2$ の物質量は等しい。

　よって，溶質の $(COOH)_2$ $0.0250\,mol$ が溶液 $500\,mL$ 中に含まれるから，シュウ酸水溶液のモル濃度は，

$$\frac{0.0250}{0.50}=0.0500\,[mol/L]$$

(3)　シュウ酸は2価の酸，NaOHは1価の塩基だから，必要なNaOH水溶液を $x\,[mol/L]$ とすると，

$$0.0500 \times \frac{20.0}{1000} \times 2 = x \times \frac{12.5}{1000} \times 1$$

$$\therefore\ x = 0.160\,[mol/L]$$

(4)　4回の滴定値のうち，1回目だけは他の3回の滴定値と大きくかけ離れており，実験誤差が大きいと判断できる。よって，2〜4回目のデータを信頼すべき滴定値として平均値をとる。

$$\frac{8.98+8.99+9.03}{3}=9.00\,[mL]$$

　純水で5倍に薄めた食酢中の酢酸のモル濃度を y

$[mol/L]$ とおくと，酢酸は1価の酸，水酸化ナトリウムは1価の塩基なので，

$$y \times \frac{10.0}{1000} \times 1 = 0.160 \times \frac{9.00}{1000} \times 1$$

$$\therefore\ y = 0.144\,[mol/L]$$

　もとの食酢中の酢酸のモル濃度は，

$$0.144 \times 5 = 0.720\,[mol/L]$$

分子量は $CH_3COOH = 60$ より，モル質量は $60\,g/mol$。食酢中の酢酸の質量パーセント濃度は，

$$\frac{(溶質)}{(溶液)}=\frac{0.720 \times 60}{1000 \times 1.02} \times 100 ≒ 4.24\,[\%]$$

(5)　酢酸(弱酸)と水酸化ナトリウム(強塩基)の中和滴定の中和点は，生じた酢酸ナトリウムの加水分解により弱い塩基性を示すことから，塩基性側に変色域をもつ指示薬のフェノールフタレインを選択する。

(6)　硫酸は空気中の水分を吸収しやすく，塩酸は溶質の塩化水素が揮発しやすいため，ともに濃度が変化しやすい。また，NaOH の結晶には空気中の水分を吸収してその水に溶ける性質(**潮解性**)があり，正確な質量をはかりにくく，空気中の CO_2 とも反応して，成分が変化しやすい。そこで，中和滴定では正確に濃度のわかった**標準溶液**をつくるのに，シュウ酸二水和物の結晶を用いる。シュウ酸二水和物 $(COOH)_2 \cdot 2H_2O$ は，結晶が空気中で潮解せず，再結晶により高純度のものが得られる。また，その一定質量を正確に秤量できるので，標準溶液をつくりやすい。(シュウ酸無水物 $(COOH)_2$ は吸湿性があり，正確に秤量できないので，標準溶液の調製には不適である。)

(7)　NaOH のような塩基の水溶液は空気中の二酸化炭素と反応するため，空気との接触をできるだけ避けるためにビュレットに入れ，滴下する方がよい(ビュレットの内径は，コニカルビーカーの口径よりも小さいので，空気との接触面積も小さいからである)。また，NaOH 水溶液をつくって保存していると，次第に濃度が変化(低下)してしまう。したがって，使用直前に，シュウ酸などの標準溶液によって中和滴定し，濃度を求めておく必要がある。

　なお，純粋な試薬を一定量の溶媒に溶かして調製したシュウ酸水溶液などを**一次標準溶液**といい，それとの中和滴定によって濃度を決定した水酸化ナトリウム水溶液などを**二次標準溶液**という。

(8)　被検液よりも標準溶液の濃度がかなり大きい場合，1滴あたりの滴定誤差が大きくなる。一方，被検液よりも標準溶液の濃度がかなり小さい場合，指示薬の変色が緩慢となり，その変色が区別しにくくなる。したがって，標準溶液と被検液の濃度をほぼ等しく調製してから中和滴定を行うのがよい。また，食酢には酸以外の各種の成分が不純物として含

まれているが，水で希釈することでこれらの反応力を弱め，目的とする酢酸と塩基との中和反応を妨害する作用を防止する効果もある。

参考 **最適な標準溶液の濃度**

異なる濃度の強酸・強塩基の水溶液の滴定曲線(次図)を調べてみると，溶液の濃度が薄くなるほど，pHジャンプ(滴定曲線が垂直に立ち上がっている部分)の範囲が狭くなることがわかる。

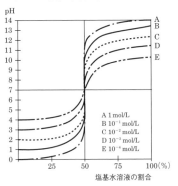

したがって，標準溶液が濃い場合はpHジャンプが広いので，指示薬の変色で中和点は見つけやすいが，一滴あたりの滴定量の差で生じる誤差はかなり大きい。

一方，標準溶液が薄い場合は，一滴あたりの滴定量の差で生じる誤差は小さいが，pHジャンプが狭くなるため指示薬の変色で中和点を見つけにくくなる。(10^{-4} mol/Lでは事実上中和点を見つけることは困難である。)したがって，上記のことを考慮すると，中和滴定に用いる標準溶液の濃度は，$10^{-1} \sim 10^{-2}$ mol/L に設定するのが最適である。

参考 **中和滴定の操作**

ビュレットに入れたNaOH水溶液は，最初から最後まで1滴ずつ加えるよりも，ある程度一気に加え，中和点近くになったら1滴ずつ加えるようにする。これは，滴定に時間をかけすぎることは，反応溶液に空気中のCO₂が溶け込むことなどによる滴定誤差を生む原因となるからであり，なるべく迅速かつ正確な滴定を心がけるべきである。

▶**133** (1) 塩の化学式中に酸のHが残っている塩を酸性塩，塩基のOHが残っている塩を塩基性塩，酸のH，塩基のOHのいずれも残っていない塩を正塩という。

(a) MgCO₃ (b) Mg(HCO₃)₂ (c) Mg₂CO₃(OH)₂
(2) (ア) N (イ) A (ウ) N (エ) A (オ) B
(カ) B (キ) B (ク) A (ケ) A (コ) B (サ) B

解説 (1) この分類は，塩の組成に基づく形式的な分類であって，塩の水溶液の液性(酸性，中性，塩基性)とは無関係であることに留意すること。塩

の水溶液の液性は，その塩をつくるもとになった酸・塩基の強弱によって次のように決まる。

(2)
塩の液性
- 強酸と強塩基から生じた正塩……中性
- 強酸と弱塩基から生じた正塩……酸性
- 弱酸と強塩基から生じた正塩……塩基性
- 弱酸と弱塩基から生じた正塩……ほぼ中性
  (酸のK_aと塩基のK_bがほぼ等しいとき)
- 強酸と強塩基から生じた酸性塩……酸性

強酸……HCl(HBr, HI)，H₂SO₄，HNO₃
強塩基……NaOH，KOH，Ca(OH)₂，Ba(OH)₂
◎ これ以外は，弱酸，弱塩基と覚えておく。

(ア) Ca(OH)₂(強塩基)とHCl(強酸)から生じた正塩なので，中性を示す。

(イ) Cu(OH)₂(弱塩基)とH₂SO₄(強酸)から正じた正塩なので，酸性を示す。

(ウ) 酢酸(弱酸)のK_a=2.7×10⁻⁵〔mol/L〕，アンモニア(弱塩基)のK_b=2.3×10⁻⁵〔mol/L〕ではほぼ等しいので，ほぼ中性を示す。

(エ) NaHSO₄は強酸と強塩基から生じた酸性塩で，次のように電離してH⁺を放出し酸性を示す。

$$NaHSO_4 \longrightarrow Na^+ + HSO_4^-$$
$$HSO_4^- \longrightarrow H^+ + SO_4^{2-}$$

(オ) NaHCO₃は弱酸と強塩基からから生じた酸性塩で，次のように加水分解して弱い塩基性を示す。

$$NaHCO_3 \longrightarrow Na + HCO_3^-$$
$$HCO_3^- + H_2O \rightleftarrows H_2CO_3 + OH^-$$

なお，同じ酸と塩基からなる正塩のNa₂CO₃と酸性塩のNaHCO₃を比較したとき，酸性塩の方が正塩よりも水溶液の液性は酸性側に偏る傾向がある。

$$Na_2CO_3(塩基性) > NaHCO_3(弱い塩基性)$$

(カ)，(キ)，(ク) リン酸(中程度の強さの弱酸)と水酸化ナトリウム(強塩基)からなる塩の水溶液の液性を比較すると，正塩のリン酸ナトリウムNa₃PO₄が最も塩基性が強く，酸性塩のリン酸水素ナトリウムNa₂HPO₄では弱い塩基性，リン酸二水素ナトリウムNaH₂PO₄では弱い酸性を示す。すなわち，同じ酸性塩でも水素原子の数が多くなるほど，塩の水溶液の液性は塩基性が弱まり，酸性が強まると考えればよい。

(ケ) NH₃(弱塩基)とH₂SO₄(強酸)から生じた正塩なので，酸性を示す。

(コ) H₂SO₃(亜硫酸)は中程度の強さの弱酸である。NaOH(強塩基)とH₂SO₃(弱酸)から生じた正塩なので，塩基性を示す。

(サ) HCN(シアン化水素)は弱酸である。KOH(強塩基)とHCN(弱酸)から生じた正塩なので，塩基性を示す。

塩の加水分解

弱酸と強塩基の塩の水溶液は塩基性，強酸と弱塩基の塩の水溶液は酸性を示す理由を考えてみよう。

酢酸ナトリウム CH_3COONa の場合，水溶液中に存在する CH_3COO^- と Na^+ のうち，酢酸イオン CH_3COO^- は弱酸の酢酸が H^+ を放出して生じたものであり，ブレンステッドの塩基としての能力をもつ。すなわち，CH_3COO^- は水分子から H^+ を受け取り CH_3COOH に戻ろうとする。その結果，水溶液中に OH^- が生成して，塩基性を示すことになる。

$$CH_3COO^- + H_2O \rightleftharpoons CH_3COOH + OH^-$$

塩化アンモニウム NH_4Cl の場合，水溶液中に存在する NH_4^+ と Cl^- のうち，アンモニウムイオン NH_4^+ は弱塩基のアンモニアが H^+ を受け取って生じたものであり，ブレンステッドの酸としての能力をもつ。すなわち，NH_4^+ は水分子に H^+ を与えて NH_3 に戻ろうとする。その結果，水溶液中に H_3O^+ が生成して，酸性を示すことになる。

$$NH_4^+ + H_2O \rightleftharpoons NH_3 + H_3O^+$$

このように，塩の電離で生じた弱酸の陰イオンや弱塩基の陽イオンは，それぞれ水分子と反応して，もとの弱酸の分子や弱塩基の分子に戻ろうとする。この現象を塩の**加水分解**という。上述のように，弱酸の陰イオンはブレンステッドの塩基として働き，その水溶液は塩基性を示す。一方，弱塩基の陽イオンはブレンステッドの酸として働き，その水溶液は酸性を示す。

酸性塩の水溶液の液性

・炭酸水素ナトリウム $NaHCO_3$ の水溶液の液性

$NaHCO_3$ は水に溶けると，Na^+ と HCO_3^- に電離する。二酸化炭素が水に溶けて生じた炭酸 H_2CO_3 は2価の弱酸で，2段階に電離する。

$$H_2CO_3 \rightleftharpoons H^+ + HCO_3^- \quad \cdots\cdots(1)$$
$$HCO_3^- \rightleftharpoons H^+ + CO_3^{2-} \quad \cdots\cdots(2)$$

炭酸は弱酸であるため，(1)式の第一電離は起こりにくく，かなり左辺に偏っている。(2)式の第二電離はもっと起こりにくく，ほぼ無視してよい。したがって，炭酸水素イオン HCO_3^- は H^+ を放出して CO_3^{2-} になるよりも，H^+ を受け取って H_2CO_3 に戻りやすいのである。すなわち，HCO_3^- は H_2O から H^+ を受け取るブレンステッドの塩基としての働きをするので，$NaHCO_3$ 水溶液は弱い塩基性を示す。

$$HCO_3^- + H_2O \rightleftharpoons H_2CO_3 + OH^-$$

・硫酸水素ナトリウム $NaHSO_4$ の水溶液の液性

$NaHSO_4$ は水に溶けると，Na^+ と HSO_4^- に電離する。硫酸 H_2SO_4 は2価の強酸で，2段階に電離する。

$$H_2SO_4 \rightarrow H^+ + HSO_4^- \quad \cdots\cdots(3)$$
$$HSO_4^- \rightleftharpoons H^+ + SO_4^{2-} \quad \cdots\cdots(4)$$

硫酸は強酸であるため，(3)式の第一電離は起こりやすく，ほぼ完全に電離している。(4)式の第二電離もかなり起こりやすい。したがって，硫酸水素イオン HSO_4^- は H^+ を放出して SO_4^{2-} になりやすく，H^+ を受け取って H_2SO_4 に戻りにくいのである。すなわち，HSO_4^- は H^+ を放出する酸としての働きをするので，$NaHSO_4$ 水溶液はかなり強い酸性を示す。

▶**134** (1) $(NH_4)_2SO_4 + 2NaOH \longrightarrow$
$$Na_2SO_4 + 2NH_3 + 2H_2O$$
(2) **0.0600 mol/L**　(3) **1.00×10^{-3} mol**
(4) **34.0%**
(5) **アンモニアの吸収時に生じた硫酸アンモニウムの加水分解により，中和点が酸性側に偏るため，酸性側に変色域をもつメチルオレンジを指示薬として用いる必要があるから。**

解説 (1) 弱塩基と強酸の塩に強塩基を加えて加熱すると，弱塩基であるアンモニアが発生し，強塩基と強酸の塩が生成する反応が起こる。これは，加えた強塩基 $NaOH$ に対して，NH_4^+ がブレンステッドの酸として働き，NH_3 が遊離するためである。

(2) 希硫酸に $BaCl_2$ 水溶液を加えると，次の反応が起こる。

$$H_2SO_4 + BaCl_2 \longrightarrow BaSO_4 \downarrow + 2HCl$$

上式より，(H_2SO_4 の物質量)＝($BaSO_4$ の物質量)であるから，希硫酸のモル濃度を x [mol/L]とおくと

$$x \times \frac{20.0}{1000} = \frac{0.280}{233} \qquad x = 0.0600 \text{[mol/L]}$$

(3) 吸収された気体は NH_3 で，その物質量を y [mol]とおくと，H_2SO_4 は2価の酸，NH_3，$NaOH$ はいずれも1価の塩基なので，

$$0.0600 \times \frac{20.0}{1000} \times 2 = y + 0.100 \times \frac{14.0}{1000} \times 1$$
$$\therefore \quad y = 1.00 \times 10^{-3} \text{[mol]}$$

(4) (1)の反応式の係数比より，$(NH_4)_2SO_4$ 1 mol より NH_3 2 mol が発生するから，溶液A(250 mL)中に含まれる $(NH_4)_2SO_4$ の物質量は，

$$1.00 \times 10^{-3} \times \frac{1}{2} \times \frac{250}{25.0} = 5.00 \times 10^{-3} \text{[mol]},$$

式量は $(NH_4)_2SO_4 = 132$ より，
混合物中の $(NH_4)_2SO_4$ の質量は，

$$5.00 \times 10^{-3} \times 132 = 0.660 \text{[g]}$$

混合物中の $NaNO_3$ の質量%は，

$$\therefore \quad \frac{1.00 - 0.660}{1.00} \times 100 = 34.0 \text{[%]}$$

(5) 本実験では，NH_3(気)の吸収時に①の中和反応が起こり，$NaOH$ 水溶液との中和滴定時に②の中和反応が起こり，その終点を中和点と考えればよい。

$$H_2SO_4 + 2NH_3 \longrightarrow (NH_4)_2SO_4 \cdots\cdots①$$
$$H_2SO_4 + 2NaOH \longrightarrow Na_2SO_4 + 2H_2O \cdots\cdots②$$

中和点では，Na_2SO_4 と $(NH_4)_2SO_4$ の混合水溶液になっている。Na_2SO_4 は強酸と強塩基の塩であり，加水分解せず中性を示すが，$(NH_4)_2SO_4$ は強酸と弱塩基から生じた塩で，加水分解により弱い酸性を示す。したがって，本実験の中和点は酸性側に偏ることになるので，酸性側に変色域をもつメチルオレンジ(メチルレッドも可)を用いなければならない。

フェノールフタレイン（P.P）を指示薬としたとき
は，中和点をかなり超えたところで変色するため，
滴定値に大きな誤差を生じるので不適当である。

> **補足** 指示薬P.Pを用いて，$(NH_4)_2SO_4$を定量する
> 方法もある。すなわち，試料溶液に濃度既知の
> NaOH水溶液を一定過量を加えた溶液を加熱
> してNH_3をすべて追い出す。冷却後，フラスコ
> A内に残ったNaOHをP.Pを指示薬として一定
> 濃度の希硫酸で逆滴定すればよい。

▶**135** (1) c　(2) $0.22\,mol/L$
(3) $2.0×10^{-5}\,mol/L$

解説　(1) 滴定曲線において pH の急激に変化す
る範囲を**pHジャンプ**といい，通常，その中点にあ
たるc点が**中和点**とみなされる。
(2) 酢酸水溶液の濃度を$x\,[mol/L]$とおくと，
酢酸は1価の酸，NaOHは1価の塩基より

$$x×\frac{10.0}{1000}×1=0.100×\frac{22.10}{1000}×1$$
$$∴\quad x=0.221≒0.22\,[mol/L]$$

(3) a点では，まだ中和されていないCH_3COOHと，
中和反応で生じたCH_3COONaの電離で生じた
CH_3COO^-が共存しており，酢酸の電離平衡が成立
している。（b点でも電離平衡は成立しているが，b
点でのpHが不明のため，K_aは求められない。）
a点での混合溶液の体積は64.80 mLだから，

$$[CH_3COOH]=\left(0.221×\frac{10.0}{1000}-0.100×\frac{14.80}{1000}\right)$$
$$×\frac{1000}{64.80}=\frac{0.730}{64.80}\,[mol/L]$$

$CH_3COOH+NaOH⟶CH_3COONa+H_2O$
より，生成したCH_3COONaの物質量は，滴下した
NaOHの物質量と等しい。

$$[CH_3COONa]=\left(0.100×\frac{14.80}{1000}\right)×\frac{1000}{64.80}$$
$$=\frac{1.48}{64.80}\,[mol/L]$$

CH_3COONaとCH_3COOHの混合水溶液では，
CH_3COOHの電離は非常に小さく無視できる。
（CH_3COO^-の共通イオン効果により，酢酸の電離
平衡は大きく左に移動するため。）
よって，$[CH_3COO^-]=[CH_3COONa]$とみなせる。
また，a点はpH=5なので，
$$[H^+]=1.0×10^{-5}\,[mol/L]$$
これらの値を酢酸の電離定数の式へ代入すると，

$$K_a=\frac{[CH_3COO^-][H^+]}{[CH_3COOH]}=\frac{\frac{1.48}{64.80}×1.0×10^{-5}}{\frac{0.730}{64.80}}$$

$$=2.02×10^{-5}≒2.0×10^{-5}\,[mol/L]$$

▶**136** (1) 第一中和点 フェノールフタレイン，
第二中和点 メチルオレンジ，メチルレッド
(2)（開始〜第一中和点）
　$NaOH+HCl⟶NaCl+H_2O$
　$Na_2CO_3+HCl⟶NaHCO_3+NaCl$
（第一中和点〜第二中和点）
　$NaHCO_3+HCl⟶NaCl+H_2O+CO_2$
(3) NaOH 1.40 g，Na_2CO_3 2.81 g
(4) Na_2CO_3の物質量は実際よりも多く計算される
が，NaOHの物質量は実際よりも少なく計算される。

解説　(1) 第一中和点はpH≒8.5付近の弱い塩
基性側にあるから，第一中和点を見つけるには，指
示薬のフェノールフタレインが適切である。第二中
和点はpH≒4.5付近の弱い酸性側にあるから，第
二中和点を見つけるには，指示薬のメチルオレンジ
が適切であり，メチルレッドでも可。一般に，**pH
ジャンプ**（溶液のpHが急激に変化する範囲）は中和
点の許容範囲としてみなされる。中和滴定では使用
する指示薬の**変色域**（色調の変わるpHの範囲）が
pHジャンプの範囲に含まれているものを選択しな
ければならない。
(2) 混合塩基（NaOHとNa_2CO_3）を塩酸で中和して
いくと，強塩基であるNaOHとNa_2CO_3が解答の(2)
のように中和される。第一中和点は$NaHCO_3$の加
水分解により弱い塩基性（pH≒8.5）を示す。もう少
し詳しく説明すると，混合塩基を酸で中和していく
場合，強塩基，弱塩基の順に中和されていく。この
場合は，NaOH＞Na_2CO_3≫$NaHCO_3$の順となる。
　まず，HClはNaOHと中和反応し，NaOHがすべ
て中和される。しかし，この終点は強い塩基性の溶
液であるためpH変化がほとんどなく，指示薬で見
つけることはできない。
　続いて，Na_2CO_3がすべてHClと中和されて
$NaHCO_3$になる。この終点は弱い塩基性の溶液であ
りpHジャンプが見られるので，フェノールフタレ
インが赤色⟶無色になることで見つけることがで
きる（**第一中和点**）。
　第一中和点から第二中和点までは，弱塩基である
$NaHCO_3$がHClで中和される反応が起こる。
　　$NaHCO_3+HCl⟶NaCl+H_2O+CO_2$
第二中和点は上記の反応で生じたH_2CO_3により，
弱い酸性（pH≒4.5）を示し，pHジャンプが見られ
るので，メチルオレンジ（またはメチルレッド）が黄
色⟶赤色になることで見つけられる。
　このように，Na_2CO_3の中和は，$Na_2CO_3\xrightarrow{H^+}$
$NaHCO_3\xrightarrow{H^+}H_2CO_3$の2段階に起こる。
したがって，この滴定全体を通してみると，Na_2CO_3

は2価の塩基として働いたことになる。

(3) 混合溶液 10 mL 中の NaOH を x[mol]，Na_2CO_3 を y[mol]とおくと，滴定開始〜第一中和点では，NaOH と Na_2CO_3 の両方が中和される。

$$x+y=0.10 \times \frac{12.3}{1000} \cdots\cdots ①$$

第一中和点〜第二中和点では，$NaHCO_3$ だけが中和される。ただし，(2)の反応式より，$NaHCO_3$ の物質量と Na_2CO_3 の物質量は等しいから，

$$y=0.10 \times \frac{5.3}{1000} \cdots\cdots ②$$

$$\therefore \quad x=\frac{0.70}{1000}[mol], \quad y=\frac{0.53}{1000}[mol]$$

混合溶液 500 mL 中に含まれる NaOH，Na_2CO_3 の質量は，NaOH のモル質量 40 g/mol，Na_2CO_3 のモル質量 106 g/mol より，

NaOH　$\dfrac{0.70}{1000} \times \dfrac{500}{10} \times 40=1.40$[g]

Na_2CO_3　$\dfrac{0.53}{1000} \times \dfrac{500}{10} \times 106=2.81$[g]

(4) 変色域が 2.0〜3.0 の指示薬を用いると，第一中和点から第二中和点までに使われた塩酸の量が多く測定されるので，Na_2CO_3 の物質量は実際より多く計算される。しかし，滴定開始から第一中和点までの塩酸の量は変化していないので，Na_2CO_3 の物質量が多く計算されたことにより，NaOH の物質量は実際よりも少なく計算されてしまうことになる。

> **参考**
> ### Na_2CO_3 の二段階中和
> 　Na_2CO_3 水溶液と塩酸の滴定曲線を見ると，2か所で pH が急変し，2つの中和点が存在する。これは，Na_2CO_3 と HCl の中和反応が連続的に進行するのではなく，二段階で進行することを示す。すなわち，CO_3^{2-} は HCO_3^- よりも H^+ を受け取る力が強い。つまり，ブレンステッド・ローリーの酸・塩基の定義に従うと，CO_3^{2-} は強塩基で，HCO_3^- は弱塩基である。したがって，CO_3^{2-} が H^+ を受け取る中和反応が先に起こり，その終了を示す点が**第一中和点**であり，続いて，HCO_3^- が H^+ を受け取る中和反応が起こり，その終了を示す点が**第二中和点**である。

▶**137** (ア) **0** (イ) **1.6×10^{-7}** (ウ) **6.8**

解説 (ア) $[H^+]=1.0$[mol/L]$=1 \times 10^0$[mol/L]，
pH$=-\log_{10}(1 \times 10^0)=0$
(イ) 塩酸を水で薄める場合，$[H^+] \geqq 10^{-5}$ mol/L のときは，水の電離 $H_2O \rightleftharpoons H^+ + OH^-$ が酸の H^+ により抑制されるので，水の電離で生じた H^+ は無視してよく，酸の電離で生じた H^+ だけで酸の水溶液の pH を求めることができる。しかし，さらに薄い酸の水溶液では，溶媒である水の電離で生じた H^+ が，酸の電離で生じた H^+ に対して無視できなくなる。

また，HCl の電離で生じた H^+ と H_2O の電離で生じた H^+ とは全く同じもので，区別することはできない。したがって，酸の電離で生じた $[H^+]_a$ と水の電離で生じた $[H^+]_{H_2O}$ の合計から全水素イオン濃度 $[H^+]_t$ を求め，この $[H^+]_t$ をもとにして，酸の水溶液の pH を求める必要がある。

水の電離で生じた $[H^+]$，$[OH^-]$ をそれぞれ x[mol/L]とする。

$$\begin{cases} HCl \longrightarrow & H^+ + Cl^- \\ & 10^{-7} \quad 10^{-7} \ [mol/L] \\ H_2O \rightleftharpoons & H^+ + OH^- \\ & x \quad \ x \ [mol/L] \end{cases}$$

全水素イオン濃度　$[H^+]_t=(10^{-7}+x)$[mol/L]
水酸化物イオン濃度　$[OH^-]=x$[mol/L]
水のイオン積 $K_w=[H^+][OH^-]_t=1.0 \times 10^{-14}$ [mol/L]^2 の関係は，いかなる水溶液においても成立するから，

$$x(10^{-7}+x)=10^{-14} \qquad x^2+10^{-7}x-10^{-14}=0$$

$$\therefore \quad x=\frac{-10^{-7} \pm \sqrt{10^{-14}+4 \times 10^{-14}}}{2}$$

$$=\frac{-10^{-7} \pm \sqrt{5} \times 10^{-7}}{2}$$

$x=0.60 \times 10^{-7}$[mol/L]　（負の解は不適）
　　$\therefore \quad [H^+]_t=10^{-7}+x=1.6 \times 10^{-7}$[mol/L]
(ウ) $[H^+]_t=16 \times 10^{-8}$[mol/L]
　　pH$=-\log_{10}(2^4 \times 10^{-8})=8-4\log_{10}2=6.8$

▶**138** (1) (ア) **b** (イ) **e**
(2) **NaOH+HCl $\longrightarrow$ NaCl+H_2O**
　　Na_2CO_3+2HCl $\longrightarrow$ 2NaCl+H_2O+CO_2
(3) **Na_2CO_3+$BaCl_2$ $\longrightarrow$ $BaCO_3$+2NaCl**
(4) **10.6%** (5) **0.28 g**

解説 (1) メチルオレンジの変色域は，pHで3.1〜4.4であり，酸性側は赤色，中性〜塩基性側は黄色である。フェノールフタレインの変色域は，pHで8.0〜9.8であり，塩基性側が赤色，中性〜酸性側は無色である。
(2) （実験2）NaOH と Na_2CO_3 の混合溶液にメチルオレンジを指示薬として加え，塩酸の標準溶液で滴定していくと，NaOH とともに，Na_2CO_3 が下式のように2価の塩基として中和される。
　　Na_2CO_3+2HCl $\longrightarrow$ 2NaCl+H_2O+CO_2
（もし，フェノールフタレインを指示薬として用いた場合は，Na_2CO_3 は $NaHCO_3$ までしか中和されないので，Na_2CO_3 は1価の塩基として中和される。）
　　Na_2CO_3+HCl $\longrightarrow$ NaCl+$NaHCO_3$
(3) （実験3）NaOH と Na_2CO_3 の混合溶液に十分量の $BaCl_2$ 水溶液を加えると，Na_2CO_3 は溶解度の小さい $BaCO_3$ として沈殿し，溶液中から除去できる。

ここへ，フェノールフタレインを指示薬として，塩酸を用いて溶液中に残ったNaOHを滴定する。

$$NaOH+HCl \longrightarrow NaCl+H_2O$$

このとき，メチルオレンジを指示薬として用いると反応液が，かなり酸性になるまで滴定が行われることになり，せっかく沈殿させた$BaCO_3$が塩酸と反応して滴定結果に誤差が生じる恐れが生じる。本問では，$BaCO_3$をろ過して除去したが，フェノールフタレインを指示薬として用い，反応液が弱い塩基性となる時点で滴定を終了する限り，$BaCO_3$は塩酸とは反応しないので，$BaCO_3$はろ過しないで滴定を続ける場合が多い。

(4) 溶液A 20.0 mL中のNaOHをx〔mol〕，Na_2CO_3をy〔mol〕とする。

実験2より，　$x+2y=0.100\times\dfrac{46.0}{1000}$……①

実験3より，　$x=0.100\times\dfrac{42.0}{1000}$……②

$\therefore\ x=\dfrac{4.2}{1000}$〔mol〕，　$y=\dfrac{0.20}{1000}$〔mol〕

もとの結晶中に含まれていたNaOH，Na_2CO_3の質量は，NaOHのモル質量40 g/mol，Na_2CO_3のモル質量106 g/molより，

NaOH　$\dfrac{4.2}{1000}\times\dfrac{100}{20.0}\times40=0.840$〔g〕

Na_2CO_3　$\dfrac{0.20}{1000}\times\dfrac{100}{20.0}\times106=0.106$〔g〕

$\therefore\ \dfrac{0.106}{1.0}\times100=10.6$（％）

(5) 残りNaCl　$1.00-0.840-0.106=0.054$〔g〕
解答の(2)の反応式より，中和により生成する塩はいずれもNaClである。

NaOHと等物質量のNaCl，およびNa_2CO_3の2倍の物質量のNaCl，さらに，不純物として含まれていたNaClがいっしょに析出する。

溶液A 20.0 mL中に含まれるNaOHとNa_2CO_3はそれぞれ$\dfrac{4.2}{1000}$〔mol〕，$\dfrac{0.20}{1000}$〔mol〕，溶液A 100 mL中に不純物として含まれていたNaClが0.054 gだから，

$\left(\dfrac{4.2}{1000}+\dfrac{0.20}{1000}\times2\right)\times58.5+0.054\times\dfrac{20}{100}\fallingdotseq0.28$〔g〕

（NaOH，Na_2CO_3の中和で生じたNaCl）

（不純物として含まれていたNaCl）

▶**139** (1) 鉄（Ⅲ）イオンとチオシアン酸イオンが錯イオンをつくり赤色を呈するため。

(2) ① Cl^-　4.50×10^{-2}mol/L
　　② SO_4^{2-}　5.00×10^{-2}mol/L
　　③ NH_4^+　2.50×10^{-2}mol/L
　　④ K^+　7.50×10^{-2}mol/L

解説　(1) 試料水溶液に十分量のAg^+を加えると，まずAgClが沈殿する。これをろ過した後，残ったAg^+をFe^{3+}水溶液を指示薬としてKSCN標準溶液で滴定する。最初，Ag^+はSCN^-と反応してAgSCNの白色沈殿を生じるが，AgSCNがほぼ沈殿し終わった頃に，過剰のSCN^-が溶液中のFe^{3+}と錯イオン$[Fe(SCN)_n]^{3-n}$をつくり赤色を呈するので，滴定の終点がわかる。このような沈殿滴定を**フォルハルト法**という。Fe^{3+}を指示薬に用いると，SCN^-の標準溶液によりAg^+を直接定量できるほか，本問のような逆滴定によりハロゲン化物イオン（Cl^-，Br^-，I^-）の定量も可能となる。

(2) ① 実験〔1〕より，最初に生じた白色沈殿はAgClである。

$$AgNO_3+NaCl \longrightarrow AgCl\downarrow+NaNO_3$$

次に生じた白色沈殿はAgSCNである。

$$AgNO_3+KSCN \longrightarrow AgSCN\downarrow+KNO_3$$

反応式の係数比より，$AgNO_3$とNaCl，および$AgNO_3$とKSCNはどちらも物質量比1：1で反応するから，その量的関係は次の通り。

（NaClの物質量）＋（KSCNの物質量）
　　　　　　＝（$AgNO_3$の物質量）

求めるCl^-のモル濃度をx〔mol/L〕とおく。

$x\times\dfrac{40.0}{1000}+0.100\times\dfrac{32.0}{1000}=0.100\times\dfrac{50.0}{1000}$

$\therefore\ x=4.50\times10^{-2}$〔mol/L〕

② 実験〔2〕の沈殿生成反応は次の通り。

$$Ba^{2+}+SO_4^{2-}\rightarrow BaSO_4\downarrow$$

反応式の係数比より，SO_4^{2-} 1molから$BaSO_4$（モル質量233 g/mol）1molが生成する。

求めるSO_4^{2-}のモル濃度をy〔mol/L〕とおく。

$y\times\dfrac{40.0}{1000}=\dfrac{0.466}{233}$

$\therefore\ y=5.00\times10^{-2}$〔mol/L〕

③ 実験〔3〕の気体発生反応は次の通り。

$(NH_4)_2SO_4+2NaOH$
　　$\longrightarrow Na_2SO_4+2NH_3\uparrow+2H_2O$

反応式の係数比より，次の関係が成り立つ。

（NH_4^+の物質量）＝（NH_3の物質量）

また，発生したNH_3を過剰量のH_2SO水溶液に吸収させ，残ったH_2SO_4を別のNaOH水溶液で逆滴定しているので，終点では次の関係が成り立つ。

（塩基の出したOH^-の総物質量）
　　　　　　＝（酸の出したH^+の物質量）

求めるNH_4^+のモル濃度をz〔mol/L〕とおく。

$z\times\dfrac{100}{1000}+0.200\times\dfrac{12.5}{1000}=0.100\times\dfrac{25.0}{1000}\times2$

$\therefore\ z=2.50\times10^{-2}$〔mol/L〕

④　滴定によりK^+を直接定量することはできないが，電解質の混合水溶液中では，常に(正電荷の総和)＝(負電荷の総和)の関係が成り立つ。

(Na^+，K^+，$NH_4{}^+$)＝(Cl^-，$SO_4{}^{2-}$)

求めるK^+のモル濃度をw〔mol/L〕とおく。

$4.50\times10^{-2}+w+2.50\times10^{-2}$

$=4.50\times10^{-2}+5.00\times10^{-2}\times\underset{(価数)}{2}$

$\therefore\ w=7.50\times10^{-2}$〔mol/L〕

参考

フォルハルト法での留意点

(1) 沈殿したAgClをろ過して除く必要がある。

塩化銀AgClの$K_{sp}=[Ag^+][Cl^-]\fallingdotseq1\times10^{-10}$〔mol/L〕^{2}，チオシアン酸銀AgSCNの$K_{sp}=[Ag^+][SCN^-]\fallingdotseq10^{-12}$〔mol/L〕^{2}は，AgClの$K_{sp}$よりも小さいので，AgClが沈殿した状態で$SCN^-$水溶液を加えていくと，$AgCl+SCN^-\longrightarrow AgSCN\downarrow+Cl^-$の反応が進行し，AgClの溶解が起こるためである。

したがって，沈殿したAgClをろ過して除いておかないと，Cl^-の正確な定量ができなくなることに留意する。(臭化銀AgBrの$K_{sp}=[Ag^+][Br^-]\fallingdotseq1\times10^{-13}$〔mol/L〕^{2}なので，AgBrの場合は沈殿をろ過せずそのまま滴定を続けても構わない。)

(2) 試料水溶液のpHを硝酸で強い酸性の条件に保って滴定を行う必要がある。

酸性が弱くなると(pH>2)，Fe^{3+}の加水分解が進行し，$[Fe(H_2O)_6]^{3+}$が$[Fe(OH)(H_2O)_5]^{2+}$や$[Fe(OH)_2(H_2O)_4]^+$などのヒドロキシド錯イオンに変化するため，終点に達しても赤色の錯イオン$[Fe(SCN)_n]^{3-n}$が生成しにくくなるためである。

▶140　(1) **3.6%**　(2) **0.32g**

解説　(1) 水酸化バリウム(塩基)と二酸化炭素(酸性酸化物)は，次のように中和反応をする。

$Ba(OH)_2+CO_2\longrightarrow BaCO_3\downarrow+H_2O$……①

①式より，CO_2と反応した$Ba(OH)_2$は，$BaCO_3$となり沈殿するので，残った$Ba(OH)_2$を塩酸で逆滴定することになる。

中和点では，**(酸の放出したH^+の物質量)＝(塩基の放出したOH^-の物質量)**より，$Ba(OH)_2$は2価の塩基，CO_2は水に溶けて炭酸H_2CO_3となるので2価の酸，HClは1価の酸として働くので，反応したCO_2をx〔mol〕とおくと，

$$2x+0.010\times\frac{8.0}{1000}\times\frac{100}{10.0}=0.020\times\frac{100}{1000}\times2$$

(反応液が10mLなので，100mLに換算する必要がある。)

$\therefore\ x=1.60\times10^{-3}$〔mol〕

標準状態でのCO_2体積は，

$1.60\times10^{-3}\times22.4=0.0358$〔L〕

$\therefore$　体積%は，$\dfrac{0.0358}{1.00}\times100=3.58\fallingdotseq3.6$〔%〕

(2) (1)の反応式の係数比より，

(反応したCO_2の物質量)＝(生成した$BaCO_3$の物質量)だから，

式量は，$BaCO_3=137+12+16\times3=197$より，

$1.60\times10^{-3}\times197=0.315\fallingdotseq0.32$〔g〕

参考

$BaCO_3$の沈殿の扱い方

一般的には，生成した$BaCO_3$の沈殿をろ過せずに，フェノールフタレインを指示薬としてそのまま塩酸で中和滴定を続ける(**ウィンクラー法**)。塩基性側に変色域をもつフェノールフタレインを用いた場合，弱い塩基性の第一中和点で中和滴定を終了することになるので，沈殿した$BaCO_3$と塩酸が反応することなく滴定結果に全く影響を及ぼさない。一方，酸性側に変色域をもつメチルオレンジを用いた場合，弱い酸性の第二中和点まで中和滴定を続けることになり，沈殿した$BaCO_3$と塩酸が反応し，滴定結果に狂いを生じるので，不都合である。もちろん，本問では沈殿の上澄液だけを取り出して塩酸で中和滴定しているので，沈殿した$BaCO_3$の影響は全く排除されており，どちらの指示薬を用いても同じ滴定結果が得られる。

▶141　(1) **強酸の出すH^+のために弱酸の電離が抑えられ，弱酸の電離度が減少する。**

(2) **0.30mol/L**　(3) **0.82**

解説　(2) 強酸(塩酸)の存在下では，弱酸(酢酸)はほとんど電離しない。したがって，酸の混合水溶液に塩基の水溶液を加えていくと，まず，強酸である塩酸が中和されていき，**第一中和点**a_1で小さな1回目のpHジャンプが起こる。続いて，弱酸である酢酸が中和されていき，**第二中和点**a_2で大きな2回目のpHジャンプが起こる。

最初の酸の混合水溶液中の酢酸の濃度をx〔mol/L〕とすると，酢酸は，塩基$Ba(OH)_2$水溶液の滴下量が5〜15mLのときに中和される。また，CH_3COOHは1価の酸，$Ba(OH)_2$は2価の塩基なので，

$$x\times\frac{10}{1000}\times1=0.15\times\frac{(15-5)}{1000}\times2$$

$\therefore\ x=0.30$〔mol/L〕

(3) 最初の酸の混合水溶液中の塩酸の濃度をy〔mol/L〕とおくと，塩酸は，塩基$Ba(OH)_2$水溶液の滴下量が0〜5mLのときに中和される。また，HClは1価の酸，$Ba(OH)_2$は2価の塩基なので，

$$y\times\frac{10}{1000}\times1=0.15\times\frac{(5-0)}{1000}\times2$$

$\therefore\ y=0.15$〔mol/L〕

強酸(塩酸)の存在下では，弱酸(酢酸)の電離平衡$HX\rightleftarrows H^++X^-$は多量の$H^+$によって大きく左に偏るから，その電離は無視できる。したがって，強酸

（塩酸）の電離だけで水溶液の pH が求められる。

$$[\text{H}^+]=0.15=\frac{3}{2}\times10^{-1}\,[\text{mol/L}]$$

$$\text{pH}=-\log_{10}\left(\frac{3}{2}\times10^{-1}\right)=1-\log_{10}3+\log_{10}2=0.82$$

> **参考**
> ### 第一中和点の判定
> 　強酸である塩酸がすべて中和され，弱酸である酢酸の中和がまだ始まっていない時点が**第一中和点**（pH≒2.5）である。かなり強い酸性の側にあるため，pH ジャンプも小さい。この中和点は見つけにくいが，強い酸性の側に変色域をもつチモールブルー（変色域 pH1.2〜2.8）が赤から黄色になったときを終点とする。（メチルオレンジの変色域は pH3.1〜4.4 で，第一中和点を超えてから変色するので不適である。）

▶ **142** (1) **7.20×10⁻³ mol** (2) **25.6**
(3) **75.0%**

解説 CaCO₃ と CaO の混合物 X を強熱すると，CaCO₃ だけが次式のように分解する。

$$\text{CaCO}_3\longrightarrow\text{CaO}+\text{CO}_2\cdots\cdots①$$

発生した CO₂ を過剰の NaOH 水溶液に通じると，次式のように中和反応が起こり，吸収される。

$$2\text{NaOH}+\text{CO}_2\longrightarrow\text{Na}_2\text{CO}_3+\text{H}_2\text{O}\cdots\cdots②$$

(1) フェノールフタレインを指示薬とした実験 2 では，まず，未反応の NaOH が HCl と中和反応（③式）し，続いて Na₂CO₃ が 1 価の塩基として HCl と中和反応（④式）を行う。

$$\text{NaOH}+\text{HCl}\longrightarrow\text{NaCl}+\text{H}_2\text{O}\cdots\cdots③$$
$$\text{Na}_2\text{CO}_3+\text{HCl}\longrightarrow\text{NaHCO}_3+\text{NaCl}\cdots\cdots④$$

メチルオレンジを指示薬とした実験 3 では，NaHCO₃ が 1 価の塩基として HCl と中和反応（⑤式）を行う。

$$\text{NaHCO}_3+\text{HCl}\longrightarrow\text{NaCl}+\text{CO}_2+\text{H}_2\text{O}\cdots\cdots⑤$$

⑤式の係数比より，（NaHCO₃ の物質量）＝（NaHCO₃ の中和に要した HCl の物質量）であるが，④式の係数比より，（NaHCO₃ の物質量）＝（Na₂CO₃ の物質量）であり，②式の係数比より（生成した Na₂CO₃ の物質量）＝（NaOH に吸収された CO₂ の物質量）である。
∴　（NaOH に吸収された CO₂ の物質量）＝（NaHCO₃ の中和に要した HCl の物質量）となる。
NaOH 水溶液に吸収された CO₂ を x〔mol〕とおく。

$$x=0.500\times\frac{14.4}{1000}=7.20\times10^{-3}\,[\text{mol}]$$

(2) 最初に加えた NaOH の物質量は，

$$1.00\times\frac{20.0}{1000}=2.00\times10^{-2}\,[\text{mol}]$$

②式より，CO₂ と反応した NaOH の物質量は，

$$7.20\times10^{-3}\times2=1.44\times10^{-2}\,[\text{mol}]$$

②式で未反応の NaOH の物質量は，

$$2.00\times10^{-2}-1.44\times10^{-2}=5.60\times10^{-3}\,[\text{mol}]$$

フェノールフタレインを指示薬とした実験 2 では，②式で未反応の NaOH と，②式で生成した Na₂CO₃ の両方が，それぞれ 1 価の塩基として HCl と中和反応（③，④式）を行うから，この中和に必要な HCl 水溶液を y〔mL〕とすると，

$$5.60\times10^{-3}+7.20\times10^{-3}=0.500\times\frac{y}{1000}$$

$$\therefore\quad y=25.6\,[\text{mL}]$$

(3) ①式より，（反応した CaCO₃ の物質量）＝（発生した CO₂ の物質量）より，式量は CaCO₃＝100 より，モル質量は 100 g/mol
混合物 X 中の CaCO₃ の質量は，

$$7.2\times10^{-3}\times100=0.720\,[\text{g}]$$

混合物 X 中の CaCO₃ の質量パーセントは，

$$\frac{0.720}{0.960}\times100=75.0\,[\%]$$

第3編　物質の変化

10　電離平衡

▶ **143** 問1(1) **α=3.8×10⁻³** **[H⁺]=1.3×10⁻⁴ mol/L** (2) **5.0×10⁻¹¹ mol/L** 問2 **5.7**

解説 問1 (1) 二酸化炭素は水に溶解して炭酸 H₂CO₃ となり，次式のように 2 段階の電離を行う。

(第一電離)　　$\text{H}_2\text{CO}_3 \rightleftharpoons \text{H}^+ + \text{HCO}_3^-$
　　　　　　　$K_1=5.0\times10^{-7}\,[\text{mol/L}]$

(第二電離)　　$\text{HCO}_3^- \rightleftharpoons \text{H}^+ + \text{CO}_3^{2-}$
　　　　　　　$K_2=5.0\times10^{-11}\,[\text{mol/L}]$

$K_1\gg K_2$ であるので，pH の計算では第二電離を無視してよい。溶解した CO₂ 濃度を C〔mol/L〕，第一電離の電離度を α とすると，

$$\text{H}_2\text{CO}_3 \rightleftharpoons \text{H}^+ + \text{HCO}_3^- \cdots\cdots①$$
（平衡時）　$C(1-\alpha)$　　　$C\alpha$　　$C\alpha$　〔mol/L〕

$$K_1=\frac{[\text{H}^+][\text{HCO}_3^-]}{[\text{H}_2\text{CO}_3]}=\frac{C\alpha\cdot C\alpha}{C(1-\alpha)}=\frac{C\alpha^2}{1-\alpha}$$

弱酸では，濃度 C があまり薄くなければ，α≪1 であり，1−α≒1 と近似できる。

$$K_1=C\alpha^2\qquad \alpha=\sqrt{\frac{K_1}{C}}\quad\cdots\cdots②$$

$$\alpha=\sqrt{\frac{5.0\times10^{-7}}{3.5\times10^{-2}}}=\sqrt{\frac{10^{-4}}{7}}=\frac{10^{-2}}{\sqrt{7}}=\frac{\sqrt{7}\times10^{-2}}{7}$$

$$=3.79\times10^{-3}≒3.8\times10^{-3}$$

また，①，②より，$[\text{H}^+]=C\alpha=C\sqrt{\dfrac{K_1}{C}}=\sqrt{C\cdot K_1}$

$$=\sqrt{3.5\times10^{-2}\times5.0\times10^{-7}}=5\sqrt{7}\times10^{-5}$$

$$≒1.33\times10^{-4}\,[\text{mol/L}]$$

(2) $[CO_3^{2-}]$はK_2の式を使って求められる。

ただし，K_2の式の$[H^+]$には，第二電離で生じた$x[mol/L]$だけを代入してはならない。第一電離で生じたH$^+$も合わせた，全水素イオン濃度$[H^+]_t$を代入すること。

$$HCO_3^- \rightleftarrows H^+ + CO_3^{2-}$$
（平衡時）$(1.33\times10^{-4}-x)$　$(1.33\times10^{-4}+x)$　x〔mol/L〕

K_2は極めて小さいので，$x \ll 1.33\times10^{-4}$

よって，$[HCO_3^-] \fallingdotseq 1.33\times10^{-4}$〔mol/L〕

$[H^+] \fallingdotseq 1.33\times10^{-4}$〔mol/L〕

これらを，K_2の式へ代入すると，

$$K_2 = \frac{[H^+][CO_3^{2-}]}{[HCO_3^-]} = 5.0\times10^{-11}$$〔mol/L〕

$$\therefore \quad [CO_3^{2-}] = 5.0\times10^{-11}$$〔mol/L〕

問2 $C=1.0\times10^{-5}$mol/Lのように，酸の濃度が薄くK_1の値に接近してくると，②式よりαはかなり大きくなる。仮に，②式を使ってαを求めると，

$$\alpha = \sqrt{\frac{5.0\times10^{-7}}{1.0\times10^{-5}}} = \sqrt{5}\times10^{-1} \fallingdotseq 0.224$$となる。

一般に，αが0.05を超えると，$1-\alpha \fallingdotseq 1$の近似を使って求めた$\alpha = \sqrt{\dfrac{K_1}{C}}$の公式は使えなくなる。

よって，厳密に，次の二次方程式を解いてαを求める必要がある。

$$K_1 = \frac{C\alpha^2}{1-\alpha} \quad C\alpha^2 + K_1\alpha - K_1 = 0$$

$C=1.0\times10^{-5}$〔mol/L〕，$K_1 = 5.0\times10^{-7}$〔mol/L〕を代入して，

$$1.0\times10^{-5}\alpha^2 + 5.0\times10^{-7}\alpha - 5.0\times10^{-7} = 0$$

$(\times2\times10^6)$より，$20\alpha^2 + \alpha - 1 = 0$

$(5\alpha-1)(4\alpha+1)=0$

$\alpha = 0.20, \ -0.25$（不適）

$\therefore \quad [H^+] = C\alpha = 1.0\times10^{-5}\times0.20$

$= 2.0\times10^{-6}$〔mol/L〕

$pH = -\log_{10}(2.0\times10^{-6}) = 6 - \log_{10}2.0 = 5.7$

▶**144** （ア）8.5　（イ）10.5

〔問〕$6.4 \leq pH \leq 8.4$

解説 多くの指示薬は弱い酸や塩基であり，弱い酸である指示薬の場合，水溶液中では，次式のような電離平衡の状態にある。

$$HA \rightleftarrows H^+ + A^- \cdots\cdots①$$

$[H^+]$が大きくなると①式の平衡は左へ移動し，溶液はHAの色を示す。$[H^+]$が小さくなると①式の平衡は右へ移動し，溶液はA$^-$の色を示す。

いま，指示薬の分子とイオンの濃度比が，

$\dfrac{[HA]}{[A^-]} \geq 10$ ならばHA，$\dfrac{[HA]}{[A^-]} \leq \dfrac{1}{10}$ ならばA$^-$の色

に見える。変色域の中間点では$\dfrac{[HA]}{[A^-]}=1$だから，

$[H^+]=K_a$つまり，$pH = -\log_{10}K_a = pK_a$

すなわち，**指示薬の変色域**のpHは，指示薬のpK_a（酸解離指数）を中心にして，その±1の範囲ということになる。

したがって，中和滴定において指示薬を加えすぎると，指示薬自身が酸・塩基の性質をもつため，滴定している酸・塩基の量的関係を崩すことになるので，その使用は最低限にとどめる必要がある。

指示薬のフェノールフタレインの構造変化は次式の通り。

無色（中～酸性側）　　　　　赤色（塩基性側）

（ア）$\dfrac{[HA]}{[A^-]} = \dfrac{1}{10}$のとき，

$[H^+] = K_a\dfrac{[HA]}{[A^-]} = 3.2\times10^{-10}\times\dfrac{1}{10}$

$= 3.2\times10^{-11} = 32\times10^{-12}$〔mol/L〕

$pH = -\log_{10}(2^5\times10^{-12}) = 12 - 5\log_{10}2 = 10.5$

（イ）$\dfrac{[HA]}{[A^-]} = 10$のとき，

$[H^+] = 3.2\times10^{-10}\times10 = 3.2\times10^{-9}$

$= 32\times10^{-10}$〔mol/L〕

$pH = -\log_{10}(2^5\times10^{-10}) = 10 - 5\log_{10}2 = 8.5$

$\therefore \quad 8.5 \leq pH \leq 10.5$（実際は，8.0～9.8である）

〔問〕BTB指示薬の濃度をC〔mol/L〕，電離度をαとすると，その電離平衡は①式で表される。

$$HA \rightleftarrows H^+ + A^- \cdots\cdots①$$
平衡時　$C(1-\alpha)$　　$C\alpha$　$C\alpha$〔mol/L〕

①式の電離定数K_aの式に，$[H^+] = 1.0\times10^{-8}$mol/L，$\alpha=0.80$を代入すると

$$K_a = \frac{[H^+][A^-]_t}{[HA]} = \frac{0.80\times10^{-8}}{0.20} = 4.0\times10^{-8}$$〔mol/L〕

（注意）K_aの式の$[H^+]$には，指示薬の電離で生じた$[H^+] = C\alpha$ではなく，全水素イオン濃度$[H^+]_t = 1.0\times10^{-8}$を代入すること。

(i) $\dfrac{[HA]}{[A^-]} = 10$のとき，

$[H^+] = K_a\dfrac{[HA]}{[A^-]} = 4.0\times10^{-7}$〔mol/L〕

$\therefore \quad pH = -\log_{10}(2^2\times10^{-7}) = 7 - 2\log_{10}2 = 6.4$

(ii) $\dfrac{[HA]}{[A^-]} = \dfrac{1}{10}$のとき，

$$[H^+]=K_a\frac{[HA]}{[A^-]}=4.0\times10^{-9}(mol/L)$$

$$\therefore\ pH=-\log_{10}(2^2\times10^{-9})=9-2\log_{10}2=8.4$$

$$\therefore\ 6.4\leqq pH\leqq8.4\ (実際は，6.0\sim7.6である)$$

▶ **145** (1) **6.7** (2) **3.6** (3) **10.4**
　　(4) **30.0** (5) **12.0**

解説 (1) pH＝1.7 は，$[H^+]=10^{-1.7}(mol/L)$ の溶液のことであり，次のように指数分解できる。

$$[H^+]=10^{-1.7}=10^{-2+0.3}=10^{-2}\times10^{0.3}$$

$10^{0.3}=\alpha$ とおき，両辺の常用対数をとると，

$$\log_{10}10^{0.3}=\log_{10}\alpha \qquad 0.3=\log_{10}\alpha \quad \therefore\ \alpha=2$$

よって，$[H^+]=2\times10^{-2}(mol/L)$

混合水溶液は酸性を示すので，残った$[H^+]$が 2×10^{-2} mol/L になればよい。

求める NaOH 水溶液の体積を $x(mL)$ とおくと，

$$[H^+]=\left(0.100\times\frac{10.0}{1000}-0.100\times\frac{x}{1000}\right)$$

$$\times\frac{1000}{10.0+x}$$

$$=\frac{1.0-0.1x}{1000}\times\frac{1000}{10.0+x}=2.0\times10^{-2}$$

$$\therefore\ x=6.66\fallingdotseq6.7(mL)$$

(2) 中和点の1滴前とは，NaOH 水溶液を 9.95 mL 加えたときである。溶液はまだ酸性なので，$[H^+]$ をもとに pH を考えればよい。

$$[H^+]=\left(0.100\times\frac{10.0}{1000}-0.100\times\frac{9.95}{1000}\right)\times\frac{1000}{19.95}$$

$$\fallingdotseq\frac{0.005}{1000}\times\frac{1000}{20}=\frac{1}{4}\times10^{-3}(mol/L)$$

$$pH=-\log_{10}(2^{-2}\times10^{-3})=3+2\log_{10}2=3.6$$

(3) 中和点の1滴後とは，NaOH 水溶液を 10.05 mL 加えたときである。溶液は塩基性だから，$[OH^-]$ をもとに pOH を求め，さらに pH に変換するとよい。

$$[OH^-]=\left(0.100\times\frac{10.05}{1000}-0.100\times\frac{10.0}{1000}\right)$$

$$\times\frac{1000}{20.05}$$

$$\fallingdotseq\frac{0.005}{1000}\times\frac{1000}{20}=\frac{1}{4}\times10^{-3}(mol/L)$$

$$pOH=-\log_{10}(2^{-2}\times10^{-3})=3+2\log_{10}2=3.6$$

pH＋pOH＝14 より，

$$\therefore\ pH=14-3.6=10.4$$

(4) pH＝12.7 なので，$[H^+]=10^{-12.7}=10^{-13+0.3}$

$$=10^{-13}\times10^{0.3}$$

(1)より $10^{0.3}=2$ なので，$[H^+]=2\times10^{-13}(mol/L)$

$$[OH^-]=\frac{K_w}{[H^+]}=\frac{1.0\times10^{-14}}{2\times10^{-13}}=5.0\times10^{-2}(mol/L)$$

NaOH 水溶液の滴下量を $y(mL)$ とおくと，溶液

は塩基性なので，$[OH^-]$ をもとに考えていく。

$$[OH^-]=\left(0.100\times\frac{y}{1000}-0.100\times\frac{10.0}{1000}\right)$$

$$\times\frac{1000}{10.0+y}$$

$$=\frac{0.10y-1.0}{1000}\times\frac{1000}{10.0+y}=5.0\times10^{-2}$$

$$\therefore\ y=30.0(mL)$$

(5) 60℃でも 0.10 mol/L NaOH 水溶液の$[OH^-]=$ $1.0\times10^{-1}(mol/L)$ であることには変わりはない。しかし，水のイオン積 K_w の値は変化するので，$[H^+]$ の値は変化する。

$$[H^+]=\frac{K_w}{[OH^-]}=\frac{1.0\times10^{-13}}{1.0\times10^{-1}}$$

$$=1.0\times10^{-12}(mol/L)$$

$$\therefore\ pH=-\log_{10}(1.0\times10^{-12})=12.0$$

25℃では 0.10 mol/L NaOH 水溶液の pH＝13.0 であったが，60℃では pH＝12.0 となる。

一方，0.10 mol/L HCl 水溶液では，$[H^+]=1.0\times10^{-1}(mol/L)$ のため，25℃でも 60℃でも pH＝1.0 であることには変わりはない。

▶ **146** (1) 0 mL **12.7**，10 mL **10.9**
　　(2) 15 mL **9.3**，20 mL **5.5**

解説 (1) 滴下量 **0 mL** のとき

強塩基の NaOH は完全に電離している。一方，多量の$[OH^-]$のため，弱塩基の NH_3 の電離平衡は大きく左に偏っており，NH_3 の電離は無視してよい。

$$NH_3+H_2O\ \rightleftharpoons\ NH_4^++OH^-$$

NaOH 水溶液と NH_3 水の混合水溶液の体積は 20 mL だから，

$$[OH^-]=0.10\times\frac{10}{20}=0.050(mol/L)$$

$$pOH=-\log_{10}(2^{-1}\times10^{-1})=1+\log_{10}2=1.3$$

よって，pH＝14－1.3＝12.7

滴下量 10 mL のとき

強塩基の NaOH の中和が完了し，NaCl と弱塩基 NH_3 の混合水溶液（30 mL）になっている。

NH_3 水のモル濃度を $C(mol/L)$ とすると，

$$C=0.10\times\frac{10}{30}=\frac{0.10}{3}(mol/L)$$

$$NH_3\ +\ H_2O\ \rightleftharpoons\ NH_4\ +\ OH^-$$

平衡時　$C(1-\alpha)$　一定　　$C\alpha$　　$C\alpha$　(mol/L)

NH_3 の電離定数 K_b は次式で表される。

$$K_b=\frac{[NH_4^+][OH^-]}{[NH_3]}=\frac{C\alpha^2}{1-\alpha}$$

$C(mol/L)$の NH_3 水の電離度を α とすると，

$C\gg K_b$ のとき，$\alpha\ll1$ なので $1-\alpha\fallingdotseq1$ と近似できる。

$$K_b = C\alpha^2 \qquad \alpha = \sqrt{\frac{K_b}{C}}$$

$[OH^-] = C\alpha = \sqrt{C \cdot K_b}$ が成り立つ。

$$[OH^-] = \sqrt{\frac{0.10}{3} \times 2.0 \times 10^{-5}}$$

$$= \sqrt{\frac{2}{3} \times 10^{-6}} = \sqrt{\frac{2}{3}} \times 10^{-3}$$

$$pOH = -\log_{10}(2^{\frac{1}{2}} \times 3^{-\frac{1}{2}} \times 10^{-3})$$

$$= 3 - \frac{1}{2}\log_{10}2 + \frac{1}{2}\log_{10}3 = 3.09$$

$$pH = 14 - 3.09 = 10.91 ≒ 10.9$$

(2) 滴下量 15 mL のとき

はじめに存在した NH_3 の半分だけが中和され，$NaCl$ と NH_3 と NH_4Cl の混合水溶液（**緩衝液**）となっている。

$$NH_3 + HCl \longrightarrow NH_4Cl より$$

| 中和前 | $\dfrac{1.0}{1000}$ | $\dfrac{0.50}{1000}$ | 0 | 〔mol〕 |

| 中和後 | $\dfrac{0.50}{1000}$ | 0 | $\dfrac{0.50}{1000}$ | 〔mol〕 |

混合水溶液中の NH_3 と NH_4Cl のモル濃度は，いずれも

$$\frac{0.50}{1000} \times \frac{1000}{35} = \frac{1}{70} \text{〔mol/L〕}$$

NH_3 と NH_4Cl の混合水溶液中でも，NH_3 の電離平衡は成り立つ。

$$K_b = \frac{[NH_4^+][OH^-]}{[NH_3]} \quad \therefore \quad [OH^-] = K_b\frac{[NH_3]}{[NH_4^+]}$$

$$[OH^-] = 2.0 \times 10^{-5} \times \frac{\frac{1}{70}}{\frac{1}{70}} = 2.0 \times 10^{-5} \text{〔mol/L〕}$$

$$pOH = -\log_{10}(2 \times 10^{-5}) = 5 - \log_{10}2 = 4.7$$

$$pH = 14 - 4.7 = 9.3$$

滴下量 20 mL のとき

NH_3 の中和も完了し，$NaCl$ と NH_4Cl の混合水溶液になっている。この水溶液は NH_4Cl の加水分解により弱い酸性を示す。

$$NH_4^+ + H_2O \rightleftharpoons NH_3 + H_3O^+$$

この加水分解定数を K_h とすると，$[H_2O]$ は一定であり，$[H_3O^+]$ を $[H^+]$ で略記すると，

$$K_h = \frac{[NH_3][H^+]}{[NH_4^+]} \cdots\cdots①$$

①式の分母・分子に $[OH^-]$ を掛けて整理すると，

$$K_h = \frac{[NH_3][H^+][OH^-]}{[NH_4^+][OH^-]} = \frac{K_w}{K_b}$$

$$K_h = \frac{1.0 \times 10^{-14}}{2.0 \times 10^{-5}} = 5.0 \times 10^{-10}$$

NH_4Cl 水溶液のモル濃度を C_s〔mol/L〕とすると，

$$C_s = 0.10 \times \frac{10}{40} = \frac{0.10}{4} \text{〔mol/L〕}$$

NH_4^+ の加水分解によって生じた $[H^+]$ を x〔mol/L〕とおくと，この水溶液中の各物質の濃度は次の通り。

$$NH_4^+ + H_2O \rightleftharpoons NH_3 + H_3O^+$$

平衡時 $C_s - x$ （一定） x x 〔mol/L〕

NH_4^+ の加水分解する割合は非常に小さいので $[NH_4^+] = C_s - x ≒ C_s$〔mol/L〕と近似できる。

$$K_h = \frac{x^2}{C_s} = 5.0 \times 10^{-10}$$

$$[H^+] = x = \sqrt{\frac{0.10}{4} \times 5.0 \times 10^{-10}}$$

$$= \sqrt{\frac{1}{2^3} \times 10^{-10}} = 2^{-\frac{3}{2}} \times 10^{-5} \text{〔mol/L〕}$$

$$pH = -\log_{10}(2^{-\frac{3}{2}} \times 10^{-5})$$

$$= 5 + \frac{3}{2}\log_{10}2 = 5.45 ≒ 5.5$$

▶147 (1) (ア) K^+ (イ) OH^- (ウ) ClO^-
(エ) H^+ (オ) $HClO$ (カ) H_2O (キ) OH^-

(ク) $ClO^- + H_2O \rightleftharpoons HClO + OH^-$ (ケ) $\dfrac{K_w}{K_a}$

(2) **水酸化カリウムは強塩基で，水溶液中では K^+ と OH^- に電離する傾向が強く，K^+ と OH^- は結合しないから。** (3) 2.9×10^{-7} mol/L (4) **10.3**

解説 (1) (ケ) $ClO^- + H_2O \rightleftharpoons HClO + OH^-$

平衡定数 $K = \dfrac{[HClO][OH^-]}{[ClO^-][H_2O]}$

この加水分解反応で，H_2O の変化量は小さく，$[H_2O]$ は一定とみなせる。よって，$[H_2O]$ を K に含めて K_h で表すと，

$$K_h = \frac{[HClO][OH^-]}{[ClO^-]}$$

この K_h を**加水分解定数**という。
分母・分子に $[H^+]$ をかけて整理すると，

$$K_h = \frac{[HClO][OH^-][H^+]}{[ClO^-][H^+]} = \frac{K_w}{K_a}$$

この式から，弱酸と強塩基からできた塩では，酸が弱い（K_a が小さい）ほど，酸の陰イオンは加水分解しやすい（K_h が大きい）ことがわかる。

(3) $K_h = \dfrac{K_w}{K_a} = \dfrac{1.0 \times 10^{-14}}{3.5 \times 10^{-8}} ≒ 2.9 \times 10^{-7}$〔mol/L〕

(4) ClO^- の加水分解によって生じた $[OH^-]$ を x〔mol/L〕とおくと，この水溶液中の各物質の濃度は次の通り。

$$ClO^- + H_2O \rightleftharpoons HClO + OH^-$$

（平衡時） $C - x$ （一定） x x 〔mol/L〕

(3)で求めた K_h の値は小さいので，$x \ll C$ とみなせる。よって，$C - x ≒ C$ と近似できる。

$$K_h = \frac{[HClO][OH^-]}{[ClO^-]} = \frac{x^2}{C-x} = \frac{x^2}{C}$$

$$[OH^-] = x = \sqrt{C \cdot K_h} = \sqrt{\frac{C \cdot K_W}{K_a}}$$

$$= \sqrt{\frac{0.14 \times 1.0 \times 10^{-14}}{3.5 \times 10^{-8}}}$$

$$= \sqrt{0.04 \times 10^{-6}} = \sqrt{4.0 \times 10^{-8}}$$

$$= 2 \times 10^{-4} \text{(mol/L)}$$

$$\therefore \quad pOH = -\log_{10}(2 \times 10^{-4}) = 4 - \log_{10}2 = 3.7$$

$$\therefore \quad pH = 14 - 3.7 = 10.3$$

▶**148** (1) **4.6**　(2) **0.17 mol**

解説　外部から少量の酸・塩基を加えても pH がほとんど変わらない水溶液を**緩衝溶液**という。通常，弱酸とその塩，もしくは弱塩基とその塩の混合水溶液が緩衝溶液となる。例えば，酢酸の水溶液中では，$CH_3COOH \rightleftharpoons CH_3COO^- + H^+$ の電離平衡が成立している。その中に CH_3COONa を加えると，$CH_3COONa \longrightarrow CH_3COO^- + Na^+$ のように完全に電離して多量の CH_3COO^- を供給するので，上式の酢酸の電離平衡は著しく左に移動する。よって，混合溶液中の $[CH_3COOH]$ は最初に溶解した CH_3COOH の濃度にほぼ等しくなる。(CH_3COOH の電離による減少分は無視してよい。)また，$[CH_3COO^-]$ は最初に溶解した CH_3COONa の濃度にほぼ等しくなる。(CH_3COOH の電離により生じる CH_3COO^- の増加分は無視してよい。)

(1) 500 mL ずつ混合したので，CH_3COOH，CH_3COONa の各濃度は混合前の濃度の $\frac{1}{2}$ になる。

$$\therefore \quad [CH_3COOH] = [CH_3COO^-] = 0.10 \text{(mol/L)}$$

溶液中に CH_3COOH や CH_3COO^- が存在する限り，酢酸の電離平衡は成立しているから，

$$K_a = \frac{[CH_3COO^-][H^+]}{[CH_3COOH]} \text{ を変形すると，}$$

$$[H^+] = K_a \frac{[CH_3COOH]}{[CH_3COO^-]} \cdots\cdots①$$

$$= 2.7 \times 10^{-5} \times \frac{0.10}{0.10} = 2.7 \times 10^{-5} \text{(mol/L)}$$

$$pH = -\log_{10}(27 \times 10^{-6}) = -\log_{10}(3^3 \times 10^{-6})$$

$$= 6 - 3\log_{10}3 = 4.56$$

(2) 題意より，CH_3COONa を溶かしても溶液の体積は 1.0 L のままで変化しないから，

$$[CH_3COOH] = 0.10 \text{(mol/L)} \text{ のままである。}$$

CH_3COONa を x(mol) 加えると，混合後の濃度は，

$$[CH_3COONa] = [CH_3COO^-]$$

$$= (0.10 + x) \text{(mol/L)}$$

pH = 5.0 すなわち $[H^+] = 1.0 \times 10^{-5}$ mol/L だから，①式へ代入して，

$$1.0 \times 10^{-5} = 2.7 \times 10^{-5} \times \frac{0.10}{0.10 + x}$$

$$\therefore \quad x = 0.17 \text{(mol)}$$

参考　**緩衝溶液の濃度による pH 変化**

　緩衝溶液の pH は，溶液の**イオン強度**(溶液中の全イオン間の相互作用の強さ)の影響を受ける。例えば，酢酸・酢酸ナトリウムの緩衝溶液の場合，水で希釈すると，イオン強度が低下し，$[CH_3COO^-]$ の活量(イオンが理想的に活動できる濃度)が増加する($[CH_3COOH]$ の活量はほとんど変化しない。)ので，緩衝溶液の pH を求める式 $[H^+] = K_a \frac{[CH_3COOH]}{[CH_3COO^-]}$ において，$\frac{[CH_3COOH]}{[CH_3COO^-]}$ の値が減少し，$[H^+]$ も減少するので，pH はわずかに上昇する。

　一方，濃縮したり正塩を添加すると，溶液のイオン強度が上昇し，$[CH_3COO^-]$ の活量が減少するので，$\frac{[CH_3COOH]}{[CH_3COO^-]}$ の値は増加し，$[H^+]$ も増加するので，pH はわずかに減少する。

▶**149** (1) (ア) **2.41×10^{-2}**　(イ) **0.415**

(2) (ウ) **2.15**　(エ) **7.20**　(オ) **12.35**　(3) **7.23 倍**

解説　(1) リン酸 H_3PO_4 水溶液では，K_1 の値に比べて K_2，K_3 の値は極めて小さいので，pH を求めるときは第一電離のみを考えればよい。(一般に，$\frac{K_1}{K_2} \geqq 10^4$ ならば，第二電離は無視して構わない。)

(ア) H_3PO_4 の濃度を C(mol/L)，電離度を α とする。

$$H_3PO_4 \rightleftharpoons H^+ + H_2PO_4^-$$

(平衡時)　$C - C\alpha$　　$C\alpha$　　$C\alpha$　(mol/L)

$$[H^+] = [H_2PO_4^-] = C\alpha \text{(mol/L)}$$

pH = 2.0 より，$[H^+] = 1.0 \times 10^{-2}$(mol/L)

上式より，$[H_2PO_4^-] = 1.0 \times 10^{-2}$(mol/L) となる。

$$K_1 = \frac{C\alpha \cdot C\alpha}{C - C\alpha} = \frac{(1.0 \times 10^{-2})^2}{C - 1.0 \times 10^{-2}} = 7.08 \times 10^{-3}$$

$$7.08 \times 10^{-3}C = 17.08 \times 10^{-5}$$

$$\therefore \quad C \fallingdotseq 2.41 \times 10^{-2} \text{(mol/L)}$$

(イ) $[H^+] = C\alpha$ より，

$$1.0 \times 10^{-2} = 2.41 \times 10^{-2} \times \alpha$$

$$\therefore \quad \alpha = 0.415$$

(2) (ウ) H_3PO_4 水溶液に NaOH 水溶液を少しずつ加えていくと，図のような滴定曲線が得られる。式①で $[H^+] = K_1$ としたとき，$[H_3PO_4] = [H_2PO_4^-]$ となる。このときの pH は，pH $= -\log_{10}(7.08 \times 10^{-3}) = 3 - 0.85 = 2.15$(滴定曲線では，点(a)に相当する。)

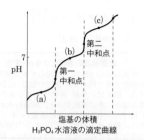

H₃PO₄水溶液の滴定曲線

(エ) さらに NaOH 水溶液を加えて$[H_2PO_4^-]=$ $[HPO_4^{2-}]$となるのは，式②より$[H^+]=K_2$のときである。

∴　$pH=-\log_{10}(6.31\times10^{-8})=8-0.80=7.20$

（滴定曲線では，点(b)に相当する。）

(オ) NaOH水溶液をさらに加えて$[HPO_4^{2-}]=[PO_4^{3-}]$となるのは，式③より$[H^+]=K_3$のときである。

∴　$pH=-\log_{10}(4.47\times10^{-13})=13-0.65$
$=12.35$

（滴定曲線では，点(c)に相当する。）

(3) 3価のリン酸を完全に中和するときの反応式は，　$H_3PO_4+3NaOH\longrightarrow Na_3PO_4+3H_2O$
$C(=2.41\times10^{-2})$mol/L のリン酸水溶液 10.0 mL を完全に中和するのに必要な NaOH の物質量をn_1〔mol〕とおくと，

$$n_1=0.0241\times\frac{10.0}{1000}\times3=7.23\times10^{-4}〔mol〕$$

一方，塩酸は1価の強酸なので，pH=2.0とは$[H^+]$ $=1.0\times10^{-2}$mol/L，すなわち1.0×10^{-2}mol/L塩酸のことである。

この塩酸 10.0 mL を完全に中和するのに必要なNaOHの物質量をn_2〔mol〕とすると，

$$n_2=1.0\times10^{-2}\times\frac{10.0}{1000}=1.0\times10^{-4}〔mol〕$$

∴　$\dfrac{n_1}{n_2}=\dfrac{7.23\times10^{-4}}{1.0\times10^{-4}}=7.23$（倍）

参考

リン酸H₃PO₄の段階的電離

$H_3PO_4 \rightleftharpoons H^+ + H_2PO_4^-$　（第一電離）
$H_2PO_4^- \rightleftharpoons H^+ + HPO_4^{2-}$　（第二電離）
$HPO_4^{2-} \rightleftharpoons H^+ + PO_4^{3-}$　（第三電離）

第一電離では，電気的に中性なH_3PO_4分子からのH^+の電離である。第二電離では，1価の陰イオン$H_2PO_4^-$の負電荷の影響を受けるので，H^+の電離は抑制される。第三電離では，2価の陰イオンHPO_4^{2-}の負電荷の影響を強く受けるので，H^+の電離はさらに抑制される。したがって，リン酸の電離度は，第一電離＞第二電離＞第三電離の順に小さくなる。

中心元素 M のオキソ酸$MO_m(OH)_n$の場合，第一電離，第二電離，第三電離の電離定数をK_1，K_2，K_3とすれば，およそ$K_1:K_2:K_3≒1$：$10^{-5}:10^{-10}$〔mol/L〕の関係がある（ポーリングの規則）。

▶**150**　(1) 0.023 mol/L　(2) 2.8×10^{-6} mol/L

解説　Cl^-を含む水溶液にK_2CrO_4水溶液を少量加えておく。ここへ$AgNO_3$標準水溶液を滴下していくと，まず AgCl の白色沈殿が生成し始める。さらに$AgNO_3$水溶液を滴下し続け，AgCl の沈殿生成がほとんど終了した時点で，Ag_2CrO_4の赤褐色沈殿が生成し始める。この点をこの滴定の終点とする。

このような沈殿の生成，または消失を利用した滴定を**沈殿滴定**といい，CrO_4^{2-}を指示薬とするCl^-，またはBr^-を定量する沈殿滴定を**モール法**という。この滴定では，クロム酸銀の溶解度が塩化銀の溶解度よりもやや大きいことを利用している。（ただし，この滴定は，溶液が酸性になればCrO_4^{2-}が$Cr_2O_7^{2-}$となり，Ag_2CrO_4がうまく沈殿しない。また，溶液が塩基性ならばAg_2Oが先に沈殿するので，いずれも滴定値に狂いを生じる。よって，溶液がほぼ中性の状態で滴定を行う必要がある。）

(1) NaCl水溶液の濃度をx〔mol/L〕とおくと，

イオン反応式　$Ag^++Cl^-\longrightarrow AgCl$より，

反応するAg^+の物質量とCl^-の物質量は等しいから次式が成り立つ。

$$x\times\frac{10.0}{1000}=0.025\times\frac{9.0}{1000}$$

∴　$x=0.0225$〔mol/L〕

(2) Ag_2CrO_4が沈殿し始めたとき，溶液中ではAgCl，Ag_2CrO_4の両者ともに飽和状態にあり，それぞれの溶解度積の関係式を満たしている。

混合水溶液中のCrO_4^{2-}の濃度は，液量が1.0 mLから$(40+1.0+9.0)$ mLに増加したので，

$$[CrO_4^{2-}]=0.10\times\frac{1.0}{40+1.0+9.0}$$
$$=2.0\times10^{-3}〔mol/L〕$$

$K_{sp}=[Ag^+]^2[CrO_4^{2-}]=2.0\times10^{-11}$〔mol/L〕³より，

$$[Ag^+]=\sqrt{\frac{2.0\times10^{-11}}{2.0\times10^{-3}}}=1.0\times10^{-4}〔mol/L〕$$

$K_{sp}=[Ag^+][Cl^-]=2.8\times10^{-10}$〔mol/L〕²も成り立つ。

$$[Cl^-]=\frac{2.8\times10^{-10}}{1.0\times10^{-4}}=2.8\times10^{-6}〔mol/L〕$$

この滴定の終点では，$[Cl^-]$は滴定前の

$\dfrac{2.8\times10^{-6}}{2.25\times10^{-2}}≒10^{-4}$，すなわち約1万分の1に減少

しており，Ag_2CrO_4が沈殿し始めたとき，AgClはほぼ沈殿し終わったとみなしてよいことがわかる。

▶**151**　(1) 0.41　(2) 1.9　(3) 6.7×10^{-3} mol/L

解説　(1) 硫酸の第一電離は完全に行われるが，第二電離は完全には行われずに電離平衡となる。したがって，0.010 mol/L硫酸の$[H^+]$は0.020 mol/Lにはならないことに留意したい。

(1) 硫酸の第一電離は完全に行われるから，0.010 mol/LのH^+と，0.010 mol/LのHSO_4^-を生じる。

HSO_4^-は第二電離により，さらに電離するが，その電離度をαとすると，

$$HSO_4^- \rightleftharpoons H^+ + SO_4^{2-}$$

（平衡時）　$0.010(1-\alpha)$　　$0.010(1+\alpha)$　0.010α〔mol/L〕

（注意） $[H^+]$は，第一電離と第二電離を合わせた$[H^+]_{total}$を，電離定数K_2の式に代入すること。また，K_2はかなり大きいので，$1-\alpha \fallingdotseq 1$の近似は成立しないので留意すること。

$$K_2 = \frac{[H^+][SO_4^{2-}]}{[HSO_4^-]} = \frac{0.010(1+\alpha) \times 0.010\alpha}{0.010(1-\alpha)} = 1.0 \times 10^{-2}$$

$$10^{-4}\alpha^2 + 2 \times 10^{-4}\alpha - 10^{-4} = 0$$

$$\alpha^2 + 2\alpha - 1 = 0$$

$$\alpha = \frac{-2 \pm 2\sqrt{2}}{2} = -1 \pm \sqrt{2}$$

$\alpha > 0$より　$\alpha = 0.41，-2.41$（不適）

(2) $[H^+] = 0.010(1+0.41) \fallingdotseq 1.4 \times 10^{-2}$〔mol/L〕

$pH = -\log_{10}(1.4 \times 10^{-2}) = 2 - \log_{10}1.4 = 1.85$

（対数目盛りから，$\log_{10}1.4 = 0.15$と読める。）

〔別解〕

$[H^+] = 1.41 \times 10^{-2} = \sqrt{2} \times 10^{-2}$〔mol/L〕

$pH = -\log_{10}(2^{\frac{1}{2}} \times 10^{-2}) = 2 - \frac{1}{2}\log_{10}2 = 1.85$

(3) 求める硫酸の濃度をC〔mol/L〕とすると，第一電離より，H^+がC mol/L，HSO_4^-がC mol/Lを生じ，HSO_4^-がさらにx mol/Lだけ電離したとする。

$$HSO_4^- \rightleftharpoons H^+ + SO_4^{2-}$$

（平衡時）　$(C-x)$　　$(C+x)$　　x〔mol/L〕

題意より，$[HSO_4^-] = [SO_4^{2-}]$なので

$$C - x = x \qquad \therefore \quad x = \frac{C}{2}$$〔mol/L〕

$$[HSO_4^-] = \frac{C}{2}$$〔mol/L〕　　$$[H^+] = \frac{3}{2}C$$〔mol/L〕

$$[SO_4^{2-}] = \frac{C}{2}$$〔mol/L〕

これらをK_2の式へ代入して，

$$K_2 = \frac{\frac{3}{2}C \cdot \frac{C}{2}}{\frac{C}{2}} = 1.0 \times 10^{-2} \qquad \frac{3}{2}C = 1.0 \times 10^{-2}$$

$$\therefore \quad C \fallingdotseq 6.7 \times 10^{-3}$$〔mol/L〕

▶**152** (1) 1.0×10^{-4} (2) **8.3**

解説　(1) $NaHCO_3$を水に溶かすと，まず，Ⓐ式の**不均化反応**（同種の分子が互いに反応して異種の分子を生じる反応）が起こる。

$$2HCO_3^- \rightleftharpoons H_2CO_3 + CO_3^{2-} \cdots\cdots Ⓐ$$

この平衡定数Kは，Ⓑ式の通り，

$$K = \frac{[H_2CO_3][CO_3^{2-}]}{[HCO_3^-]^2} \cdots\cdots Ⓑ$$

Ⓑ式の分母・分子に$[H^+]$を掛けて整理すると，

$$K = \frac{[H^+][CO_3^{2-}]}{[HCO_3^-]} \times \frac{[H_2CO_3]}{[HCO_3^-][H^+]}$$

$$= \frac{K_2}{K_1} = \frac{5.0 \times 10^{-11}}{5.0 \times 10^{-7}} = 1.0 \times 10^{-4}（単位なし）$$

(2) 0.10 mol/LのHCO_3^-のうち，$2x$ mol/LだけがⒶ式で示す不均化反応を行ったとすると，

$$2HCO_3^- \rightleftharpoons H_2CO_3 + CO_3^{2-}$$

（平衡時）　$(0.10-2x)$　　x　　x〔mol/L〕

$$K = \frac{x^2}{(0.10-2x)^2} = 1.0 \times 10^{-4}$$

両辺の平方根をとると，

$$\frac{x}{0.10-2x} = 1.0 \times 10^{-2} \quad （負の符号は捨てる）$$

$$1.02x = 1.0 \times 10^{-3}$$

$$\therefore \quad x \fallingdotseq 9.8 \times 10^{-4}$$〔mol/L〕

$[HCO_3^-] = 0.10 - 9.8 \times 10^{-4} \times 2 = 9.8 \times 10^{-2}$〔mol/L〕

$[H_2CO_3] = 9.8 \times 10^{-4}$〔mol/L〕

これらの値をK_1の式に代入すると，

$$K_1 = \frac{[H^+][HCO_3^-]}{[H_2CO_3]} = \frac{[H^+] \times 9.8 \times 10^{-2}}{9.8 \times 10^{-4}}$$

$$= 5.0 \times 10^{-7}$$〔mol/L〕

$$\therefore \quad [H^+] = 5.0 \times 10^{-9} = \frac{1}{2} \times 10^{-8}$$〔mol/L〕

$$pH = -\log_{10}(2^{-1} \times 10^{-8}) = 8 + \log_{10}2 = 8.3$$

参考　　**$NaHCO_3$水溶液のpH**

HCO_3^-はⒶ式のような不均化反応の他に，Ⓒ式で表される加水分解反応を起こす可能性がある。

$$HCO_3^- + H_2O \rightleftharpoons H_2CO_3 + OH^- \cdots\cdots Ⓒ$$

Ⓒ式の加水分解定数をK_hとおくと，

$$K_h = \frac{[H_2CO_3][OH^-]}{[HCO_3^-]}$$

分母・分子に$[H^+]$をかけて整理すると，

$$K_h = \frac{[H_2CO_3][OH^-][H^+]}{[HCO_3^-][H^+]} = \frac{K_w}{K_1}$$

$$K_h = \frac{K_w}{K_1} = \frac{1.0 \times 10^{-14}}{5.0 \times 10^{-7}} = 2.0 \times 10^{-8}$$〔mol/L〕

よって，K_hはⒶ式の不均化反応の平衡定数$K = 1.0 \times 10^{-4}$〔mol/L〕に比べてかなり小さい。

したがって，$NaHCO_3$の溶解直後では，Ⓒ式の反応は無視してよく，Ⓐ式の反応だけを考えればよい。

以上のように，極端に薄くない$NaHCO_3$水溶液（溶解直後）のpHは，その濃度に無関係に約8.3になることが知られている。

一定時間が経過すると，$NaHCO_3$水溶液はⒸ式で表される通り，HCO_3^-の加水分解が起こり始め，pHはやや上昇する。0.10 mol/L HCO_3^-のうちx〔mol/L〕だけ加水分解したとすると，

$$K_h = \frac{[H_2CO_3][OH^-]}{[HCO_3^-]}$$

$$= \frac{x^2}{0.10-x} = 2.0 \times 10^{-8}$$

$x \ll 0.1$ より，$0.10-x \fallingdotseq 0.10$ と近似できる。

$$x^2 = 2.0 \times 10^{-9}$$

$$x = [\text{OH}^-] = \sqrt{2 \times 10^{-9}} = 2^{\frac{1}{2}} \times 10^{-\frac{9}{2}} [\text{mol/L}]$$

$$\text{pOH} = -\log_{10}(2^{\frac{1}{2}} \times 10^{-\frac{9}{2}})$$

$$= 4.5 + \frac{1}{2}\log_{10}2 = 4.65 \quad (\log_{10}2 = 0.30)$$

$$\therefore \quad \text{pH} = 14 - 4.65 = 9.35 \fallingdotseq 9.4$$

▶**153**　(ア) 1.1×10^{-5}　(イ) 3.9×10^{-2}

解説　(ア) 1.0 L の水に塩化銀 x [mol] が溶けて，溶解平衡に達したとすると，

$$\text{AgCl（固）} \rightleftharpoons \text{Ag}^+ + \text{Cl}^-$$

より，$[\text{Ag}^+] = [\text{Cl}^-] = x$ [mol/L] となり，これらを溶解度積 K_{SP} の式へ代入すると，

$$[\text{Ag}^+][\text{Cl}^-] = x^2 = 1.2 \times 10^{-10} [\text{mol/L}]^2$$

$$\therefore \quad x = \sqrt{1.2 \times 10^{-10}} \fallingdotseq 1.1 \times 10^{-5} [\text{mol/L}]$$

(イ) 1.0 mol/L アンモニア水 1.0 L に，AgCl が x [mol] 溶けるとすると，

水溶液中の $[\text{Cl}^-] = x$ [mol/L]　……㋐

このとき，銀イオンの総濃度 $[\text{Ag}^+]_{\text{total}}$ は x [mol/L] である。この Ag^+ はただちに㋑式

$$\text{Ag}^+ + 2\text{NH}_3 \rightleftharpoons [\text{Ag(NH}_3)_2]^+ \quad ……㋑$$

のように NH_3 と反応し，アンミン錯イオンになる。本来，$[\text{Ag}^+]_{\text{total}} = [\text{Ag(NH}_3)_2]^+ + [\text{Ag}^+]$ であるが，㋑式の平衡定数は 1.5×10^7 と非常に大きいので，㋑式の平衡は大きく右に偏っており，Ag^+ のほとんどは $[\text{Ag(NH}_3)_2]^+$ になったと考えられる。

$$[\text{Ag}^+]_{\text{total}} = [\text{Ag(NH}_3)_2]^+ \fallingdotseq x [\text{mol/L}] ……㋒$$

と近似できる。

一方，錯イオンになっていない遊離の $[\text{Ag}^+]$ は，$[\text{Cl}^-]$ との間に次の K_{sp} の関係式が成り立つ。

$$[\text{Ag}^+][\text{Cl}^-] = 1.2 \times 10^{-10} [\text{mol/L}]^2 \quad ……㋓$$

$$\therefore \quad [\text{Ag}^+] = \frac{1.2 \times 10^{-10}}{x} [\text{mol/L}] \quad ……㋔$$

溶液中に存在する NH_3 の物質量は，溶解した 1.0 mol のうち，Ag^+ 1 mol に対して NH_3 2 mol が配位結合して消費されるので，平衡時の NH_3 水の濃度は

$$[\text{NH}_3] = 1.0 - 2x [\text{mol/L}] \quad ……㋕$$

㋒，㋔，㋕を平衡定数の式に代入すると，

$$K = \frac{[[\text{Ag(NH}_3)_2]^+]}{[\text{Ag}^+][\text{NH}_3]^2} = \frac{x}{\dfrac{1.2 \times 10^{-10}}{x} \times (1.0-2x)^2}$$

$$= 1.5 \times 10^7$$

$$\frac{x^2}{(1.0-2x)^2} = 1.8 \times 10^{-3} = 18 \times 10^{-4}$$

両辺の平方根をとると，

$$\frac{x}{1.0-2x} = 3\sqrt{2} \times 10^{-2} \text{（負号は捨てる）}$$

$$\therefore \quad x = 3.87 \times 10^{-2} \fallingdotseq 3.9 \times 10^{-2} [\text{mol}]$$

▶**154**　(ア) $K_1 K_2 [\text{H}_2\text{CO}_3]$　(イ) $[\text{H}^+]^2 + K_1[\text{H}^+]$ $+ K_1 K_2$　(ウ) $[\text{H}^+]^2$　(エ) $K_1[\text{H}^+]$　(オ) $K_1 K_2$　(カ) **5.0**　(キ) $\textbf{2.5} \times \textbf{10}^{-3}$　(ク) **6.3**　(ケ) **10.3**

解説　炭酸の電離定数 K_1，K_2 の式を指示どおりに変形したのち，炭酸に関連した全化学種についての物質収支の条件式

$C = [\text{H}_2\text{CO}_3] + [\text{HCO}_3^-] + [\text{CO}_3^{2-}]$ に代入する。

(ア) $K_1 = \dfrac{[\text{H}^+][\text{HCO}_3^-]}{[\text{H}_2\text{CO}_3]}$ より，$[\text{HCO}_3^-] = \dfrac{K_1[\text{H}_2\text{CO}_3]}{[\text{H}^+]}$

$$……(\text{A})$$

$K_2 = \dfrac{[\text{H}^+][\text{CO}_3^{2-}]}{[\text{HCO}_3^-]}$ より，$[\text{CO}_3^{2-}] = \dfrac{K_2[\text{HCO}_3^-]}{[\text{H}^+]}$

ここへ(A)を代入すると，

$$[\text{CO}_3^{2-}] = \frac{K_1 K_2 [\text{H}_2\text{CO}_3]}{[\text{H}^+]^2} \quad ……(\text{B})$$

(イ)〜(オ) (A)，(B) を $C = [\text{H}_2\text{CO}_3] + [\text{HCO}_3^-] + [\text{CO}_3^{2-}]$ へ代入すると，

$$C = [\text{H}_2\text{CO}_3] + \frac{K_1[\text{H}_2\text{CO}_3]}{[\text{H}^+]} + \frac{K_1 K_2 [\text{H}_2\text{CO}_3]}{[\text{H}^+]^2}$$

$$= [\text{H}_2\text{CO}_3]\left\{1 + \frac{K_1}{[\text{H}^+]} + \frac{K_1 K_2}{[\text{H}^+]^2}\right\}$$

$$= [\text{H}_2\text{CO}_3]\left\{\frac{[\text{H}^+]^2 + K_1[\text{H}^+] + K_1 K_2}{[\text{H}^+]^2}\right\} \quad ……④$$

$$\frac{[\text{H}_2\text{CO}_3]}{C} = \frac{[\text{H}^+]^2}{[\text{H}^+]^2 + K_1[\text{H}^+] + K_1 K_2} \quad ……⑤$$

(A)より　$[\text{HCO}_3^-] = [\text{H}_2\text{CO}_3] \times \dfrac{K_1}{[\text{H}^+]}$

両辺を C で割ると，

$$\frac{[\text{HCO}_3^-]}{C} = \frac{[\text{H}_2\text{CO}_3]}{C} \times \frac{K_1}{[\text{H}^+]}$$

$$= \frac{K_1[\text{H}^+]}{[\text{H}^+]^2 + K_1[\text{H}^+] + K_1 K_2} \quad ……⑥$$

(B)より　$[\text{CO}_3^{2-}] = [\text{H}_2\text{CO}_3] \times \dfrac{K_1 K_2}{[\text{H}^+]^2}$

両辺を C で割ると，

$$\frac{[\text{CO}_3^{2-}]}{C} = \frac{[\text{H}_2\text{CO}_3]}{C} \times \frac{K_1 K_2}{[\text{H}^+]^2}$$

$$= \frac{K_1 K_2}{[\text{H}^+]^2 + K_1[\text{H}^+] + K_1 K_2} \quad ……⑦$$

(カ)，(キ) pH = 7.0 すなわち $[\text{H}^+] = 1.0 \times 10^{-7}$ [mol/L]，$K_1 = 5.0 \times 10^{-7}$ [mol/L]，$K_2 = 5.0 \times 10^{-11}$ [mol/L]を⑤，⑥，⑦式へ代入すると，

$$\frac{[\text{H}_2\text{CO}_3]}{C} = \frac{1.0 \times 10^{-14}}{1.0 \times 10^{-14} + 5.0 \times 10^{-14} + \underset{\text{（無視できる）}}{2.5 \times 10^{-17}}}$$

$$= \frac{1.0 \times 10^{-14}}{6.0 \times 10^{-14}} = \frac{1}{6}$$

$$\frac{[\text{HCO}_3^-]}{C} = \frac{5.0 \times 10^{-14}}{1.0 \times 10^{-14} + 5.0 \times 10^{-14} + \underset{\text{（無視できる）}}{2.5 \times 10^{-17}}}$$

$$= \frac{5.0 \times 10^{-14}}{6.0 \times 10^{-14}} = \frac{5}{6}$$

$$\frac{[CO_3{}^{2-}]}{C} = \frac{2.5 \times 10^{-17}}{1.0 \times 10^{-14} + 5.0 \times 10^{-14} + 2.5 \times 10^{-17}}$$
(無視できる)

$$= \frac{2.5 \times 10^{-17}}{6.0 \times 10^{-14}} = \frac{2.5 \times 10^{-3}}{6.0}$$

$$\therefore \quad [H_2CO_3] : [HCO_3{}^-] : [CO_3{}^{2-}]$$

$$= \frac{1}{6} : \frac{5}{6} : \frac{2.5 \times 10^{-3}}{6}$$

$$= 1.0 : 5.0 : 2.5 \times 10^{-3}$$

(ク) 図のA点では$[CO_3{}^{2-}]$はほとんど存在せず、②式を無視して、①式だけでpHが求められる。

$$K_1 = \frac{[H^+][HCO_3{}^-]}{[H_2CO_3]}$$

$[H_2CO_3] = [HCO_3{}^-]$より、

$$\therefore \quad [H^+] = K_1 = 5.0 \times 10^{-7} [mol/L]$$

$$\therefore \quad pH = -\log_{10}(5.0 \times 10^{-7}) = 7 - \log_{10} 5.0$$

$$= 7 - 0.70 = 6.30$$

(ケ) 図のB点では$[H_2CO_3]$はほとんど存在せず、①式を無視して、②式だけでpHが求められる。

$$K_2 = \frac{[H^+][CO_3{}^{2-}]}{[HCO_3{}^-]}$$

$[HCO_3{}^-] = [CO_3{}^{2-}]$より、

$$\therefore \quad [H^+] = K_2 = 5.0 \times 10^{-11} [mol/L]$$

$$\therefore \quad pH = -\log_{10}(5.0 \times 10^{-11}) = 11 - \log_{10} 5.0$$

$$= 11 - 0.70 = 10.30$$

▶**155** (1) PbS, $[Pb^{2+}] = 1.0 \times 10^{-11}$ mol/L
$[Mn^{2+}] = 1.0 \times 10^{-2}$ mol/L   (2) PbS, MnS
$[Pb^{2+}] = 1.0 \times 10^{-19}$ mol/L $[Mn^{2+}] = 1.0 \times 10^{-5}$
mol/L   (3) **4.5**

解説 硫化水素H_2Sの電離式を1つにまとめると、
$$H_2S \rightleftharpoons 2H^+ + S^{2-}$$
このときの電離定数Kは、K_1とK_2の積で表される。

$$K = \frac{[H^+]^2[S^{2-}]}{[H_2S]} = \frac{[H^+][HS^-]}{[H_2S]} \times \frac{[H^+][S^{2-}]}{[HS^-]}$$

$$= K_1 \cdot K_2 (= 1.0 \times 10^{-22} mol/L)$$

参考　　　　難溶性の塩の溶解度積K_{sp}

　硫化物(MS)のように、水に難溶性の塩が水に溶けて飽和溶液となっているとき、沈殿とわずかに溶けて電離したイオンの間に、MS(固) $\rightleftharpoons M^{2+} + S^{2-}$のような**溶解平衡**が成立し、その平衡定数は次式で表される。

$$K = \frac{[M^{2+}][S^{2-}]}{[MS(固)]}$$

　ただし、$[MS(固)]$のような固体の濃度は常に一定とみなせるので、これをKにまとめると、
$$[M^{2+}][S^{2-}] = K_{sp}$$
　このK_{sp}を塩MSの**溶解度積**といい、水に溶けにくい塩ほど小さな値をとる。
　金属の硫化物のような水に難溶性の塩が沈殿

するかどうかは、
(i) 各イオンの濃度の積が、その塩の溶解度積K_{sp}より大きくなると沈殿が生成する。
$$[M^{2+}][S^{2-}] > K_{sp}$$
(ii) 各イオンの濃度の積が、その塩の溶解度積K_{sp}以下ならば沈殿は生成しない。
$$[M^{2+}][S^{2-}] \leq K_{sp}$$

(1) pH$=2.0$の硫化水素水中での$[S^{2-}]$を求めると、$[H^+] = 1.0 \times 10^{-2}$mol/L、題意より、$[H_2S] = 0.10$mol/Lなので、

$$K = \frac{[H^+]^2[S^{2-}]}{[H_2S]} = \frac{(10^{-2})^2[S^{2-}]}{1.0 \times 10^{-1}} = 1.0 \times 10^{-22}$$

$$[S^{2-}] = 1.0 \times 10^{-19} [mol/L]$$

$$[Pb^{2+}][S^{2-}] = 1.0 \times 10^{-2} \times 1.0 \times 10^{-19}$$
$$= 1.0 \times 10^{-21} [mol/L]^2$$

この値はPbSの溶解度積(1.0×10^{-30})よりも大きいので、PbSの沈殿を生じる。

$$[Mn^{2+}][S^{2-}] = 1.0 \times 10^{-2} \times 1.0 \times 10^{-19}$$
$$= 1.0 \times 10^{-21} [mol/L]^2$$

この値はMnSの溶解度積(1.0×10^{-16})よりも小さいので、MnSは沈殿しない。

　PbSの沈殿が生成している限り、$[Pb^{2+}][S^{2-}]$の値はPbSのK_{sp}に保たれる。

$$[Pb^{2+}] = \frac{K_{sp}}{[S^{2-}]} = \frac{1.0 \times 10^{-30}}{1.0 \times 10^{-19}}$$

$$= 1.0 \times 10^{-11} [mol/L]$$

MnSは沈殿を生じていないので、最初の濃度$[Mn^{2+}] = 1.0 \times 10^{-2}$mol/Lのままで変化しない。

(2) pH$=6.0$の硫化水素水中での$[S^{2-}]$を求めると、

$$K = \frac{[H^+]^2[S^{2-}]}{[H_2S]} = \frac{(10^{-6})^2[S^{2-}]}{1.0 \times 10^{-1}} = 1.0 \times 10^{-22}$$

$$[S^{2-}] = 1.0 \times 10^{-11} [mol/L]$$

$$[Pb^{2+}][S^{2-}] = 1.0 \times 10^{-11} \times 1.0 \times 10^{-11}$$
$$= 1.0 \times 10^{-22} [mol/L]^2$$

この値はPbSの溶解度積(1.0×10^{-30})よりも大きいので、PbSの沈殿を生成する。

$$[Mn^{2+}][S^{2-}] = 1.0 \times 10^{-2} \times 1.0 \times 10^{-11}$$
$$= 1.0 \times 10^{-13} [mol/L]^2$$

この値はMnSの溶解度積(1.0×10^{-16})よりも大きいので、MnSの沈殿を生成する。

PbS, MnSの沈殿を生成している限り、$[Pb^{2+}][S^{2-}]$および$[Mn^{2+}][S^{2-}]$の値はそれぞれのK_{sp}に保たれる。

$$[Pb^{2+}] = \frac{K_{sp}}{[S^{2-}]} = \frac{1.0 \times 10^{-30}}{1.0 \times 10^{-11}}$$

$$= 1.0 \times 10^{-19} [mol/L]$$

$$[Mn^{2+}] = \frac{K_{sp}}{[S^{2-}]} = \frac{1.0 \times 10^{-16}}{1.0 \times 10^{-11}}$$

$$= 1.0 \times 10^{-5} [mol/L]$$

(3) 題意より、沈殿しにくい方のMnSが沈殿し始めるpHを求めればよい。

$[Mn^{2+}][S^{2-}]=1.0\times10^{-16}[mol/L]^2$ になると MnS の沈殿が生成し始めるので，

$(1.0\times10^{-2})\times[S^{2-}]=1.0\times10^{-16}[mol/L]^2$

$[S^{2-}]=1.0\times10^{-14}[mol/L]$ となる pH を求めればよい。

$K=\dfrac{[H^+]^2[S^{2-}]}{[H_2S]}$　ここへ数値を代入して，

$1.0\times10^{-22}=\dfrac{[H^+]^2\times1.0\times10^{-14}}{1.0\times10^{-1}}$

$\therefore\quad[H^+]^2=1.0\times10^{-9}[mol/L]^2$

$[H^+]=1.0\times10^{-\frac{9}{2}}[mol/L]$

$pH=-\log_{10}(1.0\times10^{-\frac{9}{2}})=\dfrac{9}{2}=4.5$

▶156　(1) 11.2　(2) 沈殿を生じる
(3) 7.1×10^{-3} mol

解説　(1) アンモニア水の pH を求めるときは，アンモニアの電離定数 K_b を用いて，水酸化物イオン濃度 $[OH^-]$ を求める必要がある。

$$NH_3\ +\ H_2O\ \rightleftharpoons\ NH_4^+\ +\ OH^-$$

(平衡時)　$0.10-x$　　一定　　x　　　x　$[mol/L]$

$K_b=\dfrac{[NH_4^+][OH^-]}{[NH_3]}=\dfrac{x^2}{0.10-x}$

　　$=2.0\times10^{-5}[mol/L]$

アンモニアは弱塩基で，濃度が極めて薄くない限り電離度は小さく，$x\ll0.10$ なので，$0.10-x\fallingdotseq0.10$ と近似できる。

$x^2=2.0\times10^{-5}\times0.10=2.0\times10^{-6}[mol/L]$

$[OH^-]=x=\sqrt{2.0\times10^{-6}}=\sqrt{2.0}\times10^{-3}$

$pOH=-\log_{10}(2.0^{\frac{1}{2}}\times10^{-3})$

　　　$=3-\dfrac{1}{2}\log_{10}2.0=2.85$

$pH+pOH=14$ より，

　　　　$pH=14-2.85=11.15\fallingdotseq11.2$

(2) 0.20 mol/L のアンモニア水と 0.20 mol/L の $MgCl_2$ 水溶液を等体積ずつ混合したので，混合溶液中での各物質の濃度は元の各濃度の $\dfrac{1}{2}$ になる。

0.10 mol/L アンモニア水の $[OH^-]$ は，(1) より $1.41\times10^{-3}[mol/L]$ である。

0.10 mol/L $MgCl_2$ 水溶液中での $[Mg^{2+}]$ は 0.10 mol/L だから，

$[Mg^{2+}][OH^-]^2=0.10\times(1.41\times10^{-3})^2$

　　　　　　　　　$=2.0\times10^{-7}[mol/L]^3$

この値は，$Mg(OH)_2$ の溶解度積 (2.0×10^{-11}) よりも大きいので，$Mg(OH)_2$ の沈殿は生成する。

(3) $Mg(OH)_2$ の沈殿がちょうど消失するのは，$[Mg^{2+}][OH^-]^2=K_{SP}$ となったときである。このとき $[Mg^{2+}]=0.10$ mol/L のまま変化していないので，$0.10\times[OH^-]^2=2.0\times10^{-11}$ より，

$[OH^-]^2=2.0\times10^{-10}[mol/L]^2$

$[OH^-]=\sqrt{2}\times10^{-5}\fallingdotseq1.41\times10^{-5}[mol/L]$

(2)の水溶液 50 mL に NH_4Cl の結晶を $x[mol]$ 加えたとすると，NH_4^+ のモル濃度は，

$$\dfrac{x}{\dfrac{50}{1000}}=20x[mol/L]$$

0.10 mol/L アンモニア水に NH_4Cl を $x[mol]$ 加えたとき，NH_3 が $y[mol/L]$ だけ電離したとすると，

$$NH_3\ +\ H_2O\ \rightleftharpoons\ NH_4^+\ +\ OH^-\ \cdots\cdots(1)$$

平衡時　$0.10-y$　一定　　y　　　y　$[mol/L]$

アンモニア水に NH_4Cl を加えた時点で，(1)式の電離平衡は大きく左へ移動するので，NH_3 の電離はほぼ無視できるから，

$[NH_3]=(0.10-y)\fallingdotseq0.10[mol/L]$

$[NH_4^+]=(20x+y)\fallingdotseq20x[mol/L]$

これらを K_b の式へ代入すると，

$K_b=\dfrac{20x\times\sqrt{2}\times10^{-5}}{0.10}=2.0\times10^{-5}$

これを解くと　$x=\dfrac{1}{\sqrt{2}}\times10^{-2}$

　　　　　　　$\fallingdotseq7.05\times10^{-3}\fallingdotseq7.1\times10^{-3}[mol]$

▶157　ア　1.2×10^{-5} mol/L
イ　2.0×10^{-6} mol/L
ウ　$2.0\times10^{10}(mol/L)^{-1}$
エ　$5.2\times10^{-1}(mol/L)^2$

解説　ア　ヘンリーの法則より，気体の溶解度(物質量)は，混合気体の場合，その気体の分圧に比例する。

大気中の CO_2 の分圧は，

$1.01\times10^5\times\dfrac{0.040}{100}=4.04\times10[Pa]$

大気に接した水1Lに溶ける CO_2 の物質量は，

$0.030\times\dfrac{4.04\times10}{1.01\times10^5}=1.21\times10^{-5}[mol]$

CO_2 のモル濃度は，$1.2\times10^{-5}[mol/L]$

イ　炭酸 H_2CO_3 のような2価の弱酸では，第一電離定数 $K_1\gg$ 第二電離定数 K_2 より，第二電離は第一電離に比べて極めて小さいので，第一電離だけで水素イオン濃度 $[H^+]$ や pH を求めてよい。

炭酸の濃度を $C[mol/L]$，電離度を α とすると，

$$H_2CO_3\rightleftharpoons H^++HCO_3^-$$

平衡時　$C(1-\alpha)$　　$C\alpha$　　$C\alpha$　$[mol/L]$

$K_1=\dfrac{C\alpha\times C\alpha}{C(1-\alpha)}=\dfrac{C\alpha^2}{1-\alpha}$　$\cdots\cdots(1)$

(i) 通常，炭酸の濃度 C があまり薄くないとき，$\alpha\ll1$ より，$1-\alpha\fallingdotseq1$ と近似できる。

$K_1 = C\alpha^2$　$\alpha = \sqrt{\dfrac{K_1}{C}}$

$[H^+] = C\alpha = \sqrt{C \cdot K_1}\,[\text{mol/L}]$

(ii) 本問のように，濃度 C が極めて薄いとき，$\alpha \ll$ 1 ではなく，$1 - \alpha \fallingdotseq 1$ と近似はできない。

そこで，(1)式の $C\alpha^2 + K_1\alpha - K_1 = 0$ の二次方程式を解いて α を求める必要がある。

$$1.2 \times 10^{-5}\alpha^2 + 4.0 \times 10^{-7}\alpha - 4.0 \times 10^{-7} = 0$$

$$30\alpha^2 + \alpha - 1 = 0 \qquad (5\alpha + 1)(6\alpha - 1) = 0$$

$$\alpha = \frac{1}{6},\ -\frac{1}{5}\ (\text{不適})$$

$$[H^+] = C\alpha = 1.21 \times 10^{-5} \times \frac{1}{6}$$

$$= 2.01 \times 10^{-6} \fallingdotseq 2.0 \times 10^{-6}\,[\text{mol/L}]$$

ウ　⑤式の平衡定数を K' とすると，K' は K_2 の逆数に等しい。

$$K' = \frac{[\text{HCO}_3{}^-]}{[\text{CO}_3{}^{2-}][\text{H}^+]} = \frac{1}{K_2}$$

$$= \frac{1}{5.0 \times 10^{-11}} = 2.0 \times 10^{10}\,[\text{mol/L}]^{-1}$$

エ　$\text{CaCO}_3(\text{固}) \rightleftharpoons \text{Ca}^{2+} + \text{CO}_3{}^{2-}\cdots$③

$\text{H}_2\text{CO}_3 \rightleftharpoons \text{H}^+ + \text{HCO}_3{}^-\cdots$①

$\text{CO}_3{}^{2-} + \text{H}^+ \rightleftharpoons \text{HCO}_3{}^-\cdots$⑤

③＋①＋⑤より

$\text{CaCO}_3(\text{固}) + \text{H}_2\text{CO}_3 \rightleftharpoons \text{Ca}^{2+} + 2\text{HCO}_3{}^-\cdots$④

④式の平衡定数を K とすると，③，①，⑤式の平衡定数の積，$K = K_{sp} \times K_1 \times K'$ で求められる。

$$[\text{Ca}^{2+}][\text{CO}_3{}^{2-}] \times \frac{[\text{H}^+][\text{HCO}_3{}^-]}{[\text{H}_2\text{CO}_3]} \times \frac{[\text{HCO}_3{}^-]}{[\text{CO}_3{}^{2-}][\text{H}^+]}$$

$$K = \frac{[\text{Ca}^{2+}][\text{HCO}_3{}^-]^2}{[\text{H}_2\text{CO}_3]}$$

$$= 6.5 \times 10^{-5} \times 4.0 \times 10^{-7} \times 2.0 \times 10^{10}$$

$$= 5.2 \times 10^{-1}\,[\text{mol/L}]^2$$

CaCO_3 が純水に溶けるときの平衡定数は，溶解度積 K_{sp} の $6.5 \times 10^{-5}\,[\text{mol/L}]^2$ であるのに対して，CaCO_3 が CO_2 を含む水に溶けるときの平衡定数は $5.2 \times 10^{-1}\,[\text{mol/L}]^2$ でかなり大きい。したがって，CaCO_3 は純水よりも CO_2 を含む水に溶けやすい。

▶ **158** (1) $2.0 \times 10^{-6}\,\text{mol/L}$

(2) （ア）$2.0 \times 10^{-3}\,\text{mol/L}$　（イ）$2.0 \times 10^{-12}\,\text{mol/L}$

解説 (1) 純水 1.0 L に Zn(OH)_2 が x mol 溶解し，溶解平衡の状態になったとする。

$$\text{Zn(OH)}_2 \rightleftharpoons \text{Zn}^{2+} + 2\text{OH}^-$$
$$\qquad\qquad\qquad x \qquad 2x\ [\text{mol/L}]$$

この値を Zn(OH)_2 の溶解度積 K_{sp} の式へ代入する。

$$K_{sp} = [\text{Zn}^{2+}][\text{OH}^-]^2 = 4x^3 = 3.2 \times 10^{-17}$$

$$x^3 = 8.0 \times 10^{-18}$$

$$\therefore\ x = 2.0 \times 10^{-6}\,[\text{mol/L}]$$

(2)（ア）$\text{Zn(OH)}_2\,1.0 \times 10^{-1}$ mol のうち，$y\,[\text{mol}]$ が NH_3 水に溶解して，次式のような溶解平衡の状態になったとする。

$$\text{Zn(OH)}_2 + 4\text{NH}_3 \rightleftharpoons [\text{Zn(NH}_3)_4]^{2+} + 2\text{OH}^-$$

溶解前	1.0×10^{-1}	1.0	0	0 [mol/L]
(変化量)	$-y$	$-4y$	$+y$	$+2y$ [mol/L]
平衡時	$1.0 \times 10^{-1}-y$	$1.0-4y$	y	$2y$ [mol/L]

$$[\text{OH}^-] = 2y\,[\text{mol/L}]$$

$$[\text{NH}_3] = 1.0 - 4y\,[\text{mol/L}]$$

溶解した全亜鉛イオンの濃度を $[\text{Zn}^{2+}]_{\text{total}}$ とすると，$[\text{Zn}^{2+}]_{\text{total}} = [\text{Zn}^{2+}] + [\text{Zn(NH}_3)_4]^{2+}$ であるが，平衡定数 K が極めて大きいので，$[\text{Zn}^{2+}]_{\text{total}}$ はほぼ $[\text{Zn(NH}_3)_4]^{2+}$ として存在すると考えてよい。

$$[\text{Zn}^{2+}]_{\text{total}} \fallingdotseq [\text{Zn(NH}_3)_4]^{2+} \fallingdotseq y\,[\text{mol/L}]$$

一方，水溶液中にわずかに存在する $[\text{Zn}^{2+}]$ は，$K_{SP} = [\text{Zn}^{2+}][\text{OH}^-]^2$ から求められる。

$$[\text{Zn}^{2+}] = \frac{K_{sp}}{[\text{OH}^-]^2}\ \cdots Ⓐ$$

Ⓐを平衡定数 K の式へ代入すると，

$$K = \frac{y}{\dfrac{3.2 \times 10^{-17}}{4y^2} \times (1.0 - 4y)^4} = 1.0 \times 10^9$$

ここで，$y \ll 1.0$ より，$1.0 - 4y \fallingdotseq 1.0$ と近似できる。

$$y = \frac{3.2 \times 10^{-8}}{4y^2}$$

$$4y^3 = 3.2 \times 10^{-8} \qquad y^3 = 8.0 \times 10^{-9}$$

$$y = 2.0 \times 10^{-3}\,[\text{mol/L}]$$

（イ）$[\text{OH}^-] = 2y = 4.0 \times 10^{-3}\,[\text{mol/L}]$

これをⒶ式へ代入して，

$$[\text{Zn}^{2+}] = \frac{3.2 \times 10^{-17}}{(4.0 \times 10^{-3})^2}$$

$$= 2.0 \times 10^{-12}\,[\text{mol/L}]$$

▶ **159** (1) ア Fe^{3+}，イ Al^{3+}，ウ Cu^{2+}，エ Zn^{2+}

(2) (i) Fe(OH)_3，Al(OH)_3　(ii) 6.5

(3) (i) 11.1　(ii) 4.4×10^4（倍）

解説 (1) 各金属の水酸化物 M(OH)_n の溶解度積 K_{sp} は，$K_{SP} = [\text{M}^{n+}][\text{OH}^-]^n$ で表される。

表 1 に示された，各金属イオンの水酸化物の溶解度積 K_{sp} は次の通りである。

Zn(OH)_2　$K_{sp} = [\text{Zn}^{2+}][\text{OH}^-]^2$
$\qquad\qquad = 1.0 \times 10^{-17}\,[\text{mol/L}]^3$

Al(OH)_3　$K_{sp} = [\text{Al}^{3+}][\text{OH}^-]^3$
$\qquad\qquad = 1.1 \times 10^{-33}\,[\text{mol/L}]^4$

Fe(OH)_3　$K_{sp} = [\text{Fe}^{3+}][\text{OH}^-]^3$
$\qquad\qquad = 7.0 \times 10^{-40}\,[\text{mol/L}]^4$

Cu(OH)_2　$K_{sp} = [\text{Cu}^{2+}][\text{OH}^-]^2$
$\qquad\qquad = 6.0 \times 10^{-20}\,[\text{mol/L}]^3$

同じ pH，つまり水酸化物イオン濃度 $[\text{OH}^-]$ が等

しいとき，K_{sp} が小さい水酸化物ほど溶解度が小さく，沈殿しやすい。（K_{sp} が大きい水酸化物ほど溶解度が大きく，沈殿しにくい。）

また，$M(OH)_n$ の n の値が大きいほど，pH の変化（[OH^-]の変化）に対する水酸化物の溶解度の変化も大きい。

図2で，各グラフの下側の領域では，イオン濃度が溶解度に達していないので，沈殿は生成しない。各グラフの上側の領域では，イオン濃度が溶解度を超えているので，沈殿は生成することを示す。

（ア，イ）のグラフは（ウ，エ）のグラフよりも pH の変化に対する溶解度の変化が大きい（直線の傾きが大きい）ので，（ア，イ）は $M(OH)_n$ の n の値が大きい $Al(OH)_3$ か $Fe(OH)_3$ のいずれかであり，（ウ，エ）は $M(OH)_n$ の n の値の小さい $Zn(OH)_2$ か $Cu(OH)_2$ のいずれかである。

同じ pH で，溶解度の大小を比べると，

ア＜イであるから，アが Fe^{3+}，イが Al^{3+}。

同じ pH で溶解度の大小を比べると

ウ＜エであるから，ウが Cu^{2+}，エが Zn^{2+}。

(2) (i) グラフから，pH が 5.0 のときの Fe^{3+}（ア）と Al^{3+}（イ）の溶解度は，1.0×10^{-2} mol/L よりも小さいことが読み取れるから，$Fe(OH)_3$ と $Al(OH)_3$ の沈殿は生成している。

一方，Cu^{2+}（ウ）と Zn^{2+}（エ）の溶解度は，1.0×10^{-2} mol/L よりも大きいことが読み取れるから，$Cu(OH)_2$ と $Zn(OH)_2$ の沈殿は生成していない。

補足 溶解度積 K_{sp} を用いて判断すると，

pH＝5.0 より，$[OH^-]=\dfrac{10^{-14}}{10^{-5}}=10^{-9}$ [mol/L]

$[Fe^{3+}][OH^-]^3=1.0 \times 10^{-2} \times (10^{-9})^3$
$=1.0 \times 10^{-29}>K_{sp}$（沈殿する）

$[Al^{3+}][OH^-]^3=1.0 \times 10^{-2} \times (10^{-9})^3$
$=1.0 \times 10^{-29}>K_{sp}$（沈殿する）

$[Cu^{2+}][OH^-]^2=1.0 \times 10^{-2} \times (10^{-9})^2$
$=1.0 \times 10^{-20}<K_{sp}$（沈殿しない）

$[Zn^{2+}][OH^-]^2=1.0 \times 10^{-2} \times (10^{-9})^2$
$=1.0 \times 10^{-20}<K_{sp}$（沈殿しない）

(ii) $Zn(OH)_2$ の沈殿が生成し始めるとき，$[OH^-]=x$ [mol/L]とおくと，$K_{sp}=[Zn^{2+}][OH^-]^2$ が成り立つから，

$K_{sp}=1.0 \times 10^{-2} \times x^2=1.0 \times 10^{-17}$
$x^2=1.0 \times 10^{-15}$ [mol/L]^2
$x=[OH^-]=1.0 \times 10^{-7.5}$ [mol/L]

$[H^+]=\dfrac{K_W}{[OH^-]}=\dfrac{1.0 \times 10^{-14}}{1.0 \times 10^{-7.5}}$
$=1.0 \times 10^{-6.5}$ [mol/L] ∴ pH＝6.5

(3) (i) $Zn^{2+}+2OH^- \rightleftharpoons Zn(OH)_2(固)$ ……①
$Zn(OH)_2(固)+2OH^- \rightleftharpoons [Zn(OH)_4]^{2-}$ ……②
①＋②より

$Zn^{2+}+4OH^- \rightleftharpoons [Zn(OH)_4]^{2-}$ ……③

①式の平衡定数は，$Zn(OH)_2$ の K_{sp} の逆数に等しく，次式で表される。

$$\dfrac{1}{[Zn^{2+}][OH^-]^2}=\dfrac{1}{K_{sp}}$$

②式の平衡定数 K は題意より，4.4×10^{-5} [mol/L]$^{-1}$ であり，次式で表される。

$$K=\dfrac{[[Zn(OH)_4]^{2-}]}{[OH^-]^2}=4.4 \times 10^{-5}\,[\text{mol/L}]^{-1}$$

よって，③式の平衡定数 K' は，K と $Zn(OH)_2$ の K_{sp} を用いて次のように表せる。

$$K'=\dfrac{[[Zn(OH)_4]^{2-}]}{[Zn^{2+}][OH^-]^4}=\dfrac{K}{K_{sp}}\text{……④}$$

$$=\dfrac{4.4 \times 10^{-5}}{1.0 \times 10^{-17}}=4.4 \times 10^{12}\,[\text{mol/L}]^{-4}$$

④式に $\dfrac{[[Zn(OH)_4]^{2-}]}{[Zn^{2+}]}=10$ を代入すると，

$$[OH^-]^4=\dfrac{1}{4.4} \times 10^{-11}\,[\text{mol/L}]^4$$

$$[OH^-]=\dfrac{1}{\sqrt[4]{4.4}} \times 10^{-\frac{11}{4}}\,[\text{mol/L}]$$

$$pOH=-\log_{10}[OH^-]=-\log_{10}(4.4^{-\frac{1}{4}} \times 10^{-\frac{11}{4}})$$

$$=\dfrac{11}{4}+\dfrac{1}{4}\log_{10}4.4=2.91$$

pH＝14－2.91＝11.09≒11.1

(ii) pH＝12.0 なので，$[H^+]=1.0 \times 10^{-12}$ [mol/L]
∴ $[OH^-]=1.0 \times 10^{-2}$ [mol/L]

これを④式へ代入すると

$$\dfrac{[[Zn(OH)_4]^{2-}]}{[Zn^{2+}] \times 1.0 \times 10^{-8}}=4.4 \times 10^{12}$$

$$∴ \dfrac{[[Zn(OH)_4]^{2-}]}{[Zn^{2+}]}=4.4 \times 10^4\,[\text{倍}]$$

第3編 物質の変化

11 酸化還元反応

▶**160** (1) **N** (2) **OR** (3) **R** (4) **O** (5) **N** (6) **OR**

解説 酸化還元反応を理解しやすくするため，原子やイオンの酸化の程度を表す目安となる数値が決められた。この数値を**酸化数**という。ある原子が酸化も還元もされていないとき，酸化数は0とする。ある原子が電子を n 個失うと，酸化数は n だけ増加し，電子を n 個受け取ると，酸化数は n だけ減少する。つまり，酸化数が増加する反応が**酸化反応**，酸化数が減少する反応が**還元反応**である。電子はこれ以上分割できない素粒子であるから，電子の授受を表した数である酸化数は，必ず整数でなければなら

ない。また，酸化数には，必ず，＋，－の符号をつけること。＋1，＋2…のようにアラビア数字の他に，＋Ⅰ，＋Ⅱ…のようにローマ数字が使われることもある。

酸化数が増加した原子は「酸化された」ともいい，その原子を含む物質が「酸化された」という。酸化数が増加した原子を含む物質は，相手物質を還元する働きをもつので**還元剤**であるという。また，酸化数が減少した原子は「還元された」ともいい，その原子を含む物質が「還元された」という。酸化数が減少した原子を含む物質は，相手物質を酸化する働きをもつので**酸化剤**であるという。

電子を失って酸化数が増加する原子（物質）があれば，必ず，電子を得て酸化数が減少する原子（物質）があるため，酸化と還元は常に同時に起こる。

> **参考**
> ### 酸化数
> 　酸化還元反応において，イオンからなる物質，分子からなる物質を問わず，着目した物質が酸化されたのか，還元されたのか区別できるように考案された概念が，**酸化数**である。
> ① イオンからなる物質では，単原子イオンはその電荷を酸化数とし，多原子イオンは，酸化数の総和がその電荷と等しいとする。
> ② 分子からなる物質では，同種の原子が結合した**単体中の原子の酸化数をすべて0とする**。一方，異種の原子が結合した化合物の場合，共有電子対を電気陰性度の大きい原子にすべて所属させたときの，各原子がもつ形式的な電荷をその原子の酸化数とする。このようにして化合物中の原子の酸化数を求めるのは大変面倒である。そこで，通常，化合物中では，基準として**H 原子の酸化数を＋1，O 原子の酸化数を－2**と決め，それに基づいて他の原子の酸化数を x とおき，酸化数の総和が0になるように x の値を決める。

酸化還元反応であるかどうかを判断するには，個々の原子の酸化数が反応前後で変化しているかどうかを調べればよい。

(1) $2\underline{Cu_2S} + 3O_2 \longrightarrow 2\underline{Cu_2}O + 2SO_2$
　　　(+1)----(変化なし)----(+1)

(2) $\underline{Cl_2} + H_2O \longrightarrow H\underline{Cl} + H\underline{Cl}O$
　　(0)------(減少)------(-1)　(+1)
　　　⌐------(増加)-------------⌐

この反応は特殊な酸化還元反応で，Cl_2 の一方の原子は酸化され，他方の原子は還元されている。このように，反応系に他に適当な酸化剤，還元剤が存在しない場合，同種，または同一の物質中の構成原子の間で電子の授受が行われ，異なる物質に変化することがある。このような反応を，**自己酸化還元反応（不均化反応）**という。

(3)
$CaCl(\underline{ClO}) \cdot H_2O + 2HCl \longrightarrow Ca\underline{Cl}_2 + \underline{Cl}_2 + 2H_2O$
　　(+1)　　　　　　(-1)　　　　(-1)　(0)
　　　　　　　　　┌------(増加)------↓
　　　└------------(減少)------------↑

$CaCl(ClO) \cdot H_2O$ をさらし粉といい，この中に含まれる次亜塩素酸イオン ClO^- は，酸性条件では強い酸化剤として働く。

$$ClO^- + 2H^+ + 2e^- \longrightarrow Cl^- + H_2O$$
$$\underline{+)\quad 2Cl^- \longrightarrow Cl_2 + 2e^-}$$
$$ClO^- + 2H^+ + 2Cl^- \longrightarrow Cl_2 + Cl^- + H_2O$$

(4) $2\underline{Na} + 2H_2O \longrightarrow 2Na\underline{OH} + \underline{H}_2$
　　(0)------(増加)----->(+1)

(5) $Ca\underline{C}_2 + 2H_2O \longrightarrow Ca(OH)_2 + \underline{C}_2H_2$
　　(+2)----(変化なし)----> (+2)

(6) $2H_2\underline{O}_2 \longrightarrow 2H_2\underline{O} + \underline{O}_2$
　　(-1)---(減少)--->(-2)　　(0)
　　　└---(増加)---------------↑

この反応も(2)と同様に，自己酸化還元反応（不均化反応）である。すなわち，H_2O_2 2分子のうち，一方は還元され，他方は酸化されている。

> ①単体から化合物，化合物から単体が生成する反応はすべて酸化還元反応といえる。
> 　ただし，化合物から化合物が生成する反応の中にも，酸化還元反応であるものもある。
> （例）$H_2O_2 + SO_2 \longrightarrow H_2SO_4$
> ②酸・塩基の中和反応，沈殿生成反応，錯イオン形成反応などは，いずれも酸化還元反応ではない。

> **参考**
> ### 均等化・不均化反応の起こりやすさ
> 　ある元素の酸化数を横軸に，その酸化数をもつ化学種のギブズエネルギー（p.87）を縦軸にプロットした図を**フロスト図**といい，各化学種の熱力学的な安定性を判断するのに利用される。
> 　下図において，酸化数0，＋1，＋2…の化学種を順に M，M_1，M_2…とする。M と M_2 を結ぶ直線を引き，その線の下側に M_1 の点がある場合，M_1 は M および M_2 よりも熱力学的に安定な状態にあるから，$M + M_2 \longrightarrow 2M_1$ という**均等化反応**（2種の物質から1種の物質に変化する反応）が起こりやすい。

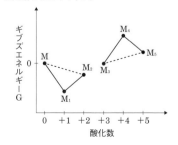

逆に，M_3 と M_5 を結ぶ直線を引き，その線の上側に M_4 がある場合，M_4 は M_3 および M_5 よりも熱力学的に不安定な状態にあるから $2M_4 \longrightarrow M_3 + M_5$ という**不均化反応**（1種の物質から2種の物質に変化する反応）が起こりやすい。

酸性溶液中における酸素 O のフロスト図は次のようになり，過酸化水素 H_2O_2 は酸素 O_2 と水 H_2O に不均化反応を起こしやすい。

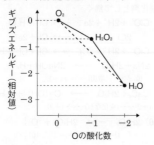

酸性溶液中における鉛 Pb のフロスト図は次のようになり，鉛 Pb と酸化鉛(IV) PbO_2 は $PbSO_4$ に均等化反応を起こしやすい。

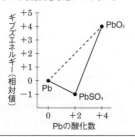

▶**161** (1) (ア) ヨウ素 (イ) 臭素

(2) 赤紫色 → 無色

(3) (式1)
$$6KI + 8HNO_3 \longrightarrow 3I_2 + 2NO + 4H_2O + 6KNO_3$$
(式2)
$$2KBr + H_2O_2 + H_2SO_4 \longrightarrow Br_2 + 2H_2O + K_2SO_4$$
(式3) $2KMnO_4 + 5H_2O_2 + 3H_2SO_4$
$$\longrightarrow 2MnSO_4 + 5O_2 + 8H_2O + K_2SO_4$$

(4) 青紫色を示す。
$$Br_2 + 2KI \longrightarrow 2KBr + I_2$$

(5) $H_2O_2 > Cl_2 > Br_2 > HNO_3 > I_2$

(6) 溶液は褐色を示す。
$$H_2O_2 + 2KI + H_2SO_4 \longrightarrow I_2 + 2H_2O + K_2SO_4$$

解説 (1)〜(3) [A] ヨウ化カリウム KI（還元剤）は，希硝酸（酸化剤）と反応すると，ヨウ素 I_2 を生成し，溶液は褐色を示す。

酸化還元反応は中和反応に比べてやや反応速度が小さいので，反応の初期では，生成した I_2 が未反応の I^- と結合して三ヨウ化物イオン I_3^- が生じ褐色を示す。やがて，I^- が減少する代わりに I_2 が増加すると，水に溶けにくい I_2 が黒褐色の沈殿として生成する。

(式1) $2I^- \longrightarrow I_2 + 2e^-$ ……①
$$NO_3^- + 4H^+ + 3e^- \longrightarrow NO + 2H_2O$$ ……②
①×3 + ②×2 より
$$6I^- + 2NO_3^- + 8H^+ \longrightarrow 3I_2 + 2NO + 4H_2O$$ ……③
省略されていた $6K^+$，$6NO_3^-$ を両辺に加えて整理すると，化学反応式が得られる。
$$6KI + 8HNO_3 \longrightarrow 3I_2 + 2NO + 4H_2O + 6KNO_3$$
[B] 臭化カリウム KBr（還元剤）は，硫酸酸性の過酸化水素水（酸化剤）と反応すると，臭素 Br_2 を生成し，溶液は黄褐色を示す。

(式2) $2Br^- \longrightarrow Br_2 + 2e^-$ ……④
$$H_2O_2 + 2H^+ + 2e^- \longrightarrow 2H_2O$$ ……⑤
④+⑤より
$$2Br^- + H_2O_2 + 2H^+ \longrightarrow Br_2 + 2H_2O$$ ……⑥
両辺に $2K^+$ と SO_4^{2-} を加えると化学反応式になる。
$$2KBr + H_2O_2 + H_2SO_4 \longrightarrow Br_2 + 2H_2O + K_2SO_4$$
[D] 硫酸酸性の過マンガン酸カリウム $KMnO_4$（酸化剤）に対しては，過酸化水素は酸化剤ではなく，還元剤として働き，無色の気体 O_2 を発生する。

(式3) $MnO_4^- + 8H^+ + 5e^- \longrightarrow Mn^{2+} + 4H_2O$ ……⑦
$$H_2O_2 \longrightarrow O_2 + 2H^+ + 2e^-$$ ……⑧
⑦×2 + ⑧×5 より
$$\underset{(赤紫色)}{2MnO_4^-} + 5H_2O_2 + 6H^+ \longrightarrow \underset{(無色)}{2Mn^{2+}} + 5O_2 + 8H_2O$$
両辺に $2K^+$ と $3SO_4^{2-}$ を加えると化学反応式になる。
$$2KMnO_4 + 5H_2O_2 + 3H_2SO_4$$
$$\longrightarrow 2MnSO_4 + 5O_2 + 8H_2O + K_2SO_4$$

(4) ハロゲンの単体の酸化力は，$F_2 > Cl_2 > Br_2 > I_2$ の順になり，原子番号の小さいものほど電子を取り込む力（**酸化力**）は強くなる。したがって，[B] で得られた黄褐色を示す Br_2 は，I^- から電子を奪って I_2 を遊離させるとともに，自身は Br^- に変化する。
$$2KI + Br_2 \longrightarrow 2KBr + I_2$$
この I_2 とデンプン水溶液が反応すると，青紫色に呈色する。この反応を**ヨウ素デンプン反応**という。

(5) 酸化還元反応式において，左辺と右辺にある酸化剤どうしを比較したとき，左辺の酸化剤の方が酸化力が強ければ，反応は右向きに進行する。一方，右辺の酸化剤の方が酸化力が強ければ，反応は左向きに進行する（右向きには進行しない）ことになる。実験 [A] より，HNO_3 は酸化剤として働き，I^- を酸化して I_2 に変えたので，酸化力の強さは，<u>$HNO_3 > I_2$</u> である。一方，HNO_3 は Cl^- や Br^- を酸化できなかったので，次式の平衡は左に偏っており，酸化力の強さは，$Cl_2 > HNO_3$，$Br_2 > HNO_3$ となる。
$$6Cl^- + 2NO_3^- + 8H^+ \rightleftharpoons 3Cl_2 + 2NO + 4H_2O$$
$$6Br^- + 2NO_3^- + 8H^+ \rightleftharpoons 3Br_2 + 2NO + 4H_2O$$
実験 [B] より，H_2O_2 は酸化剤として働き，Br^- を酸化して Br_2 に変えたので，酸化力の強さは，<u>H_2O_2</u>

$>Br_2$である。一方，H_2O_2はCl^-を酸化してCl_2に変えたので，次式の平衡は右に偏っており，酸化力の強さは$H_2O_2>Cl_2$となる。

$$2Br^-+H_2O_2+2H^+ \rightleftarrows Br_2+2H_2O$$
$$2Cl^-+H_2O_2+2H^+ \rightleftarrows Cl_2+2H_2O$$

実験[C]より，Cl_2はBr^-を酸化してBr_2に変えたので，酸化力の強さは，$Cl_2>Br_2$である。

$$2KBr+Cl_2 \longrightarrow 2KCl+Br_2$$

実験[A]より，酸化力の強さはCl_2，$Br_2>HNO_3>I_2$で，実験[B]より，酸化力の強さは$H_2O_2>Cl_2$，Br_2である。実験[C]より，酸化力の強さは$Cl_2>Br_2$である。

よって，酸化力の強さの順は，次の通り。

$$H_2O_2>Cl_2>Br_2>HNO_3>I_2$$

(6) (5)より，I_2よりも酸化力の強いH_2O_2は，I^-を酸化してI_2を遊離させることができるので，溶液の色は無色から褐色に変化する。

$$2I^- \longrightarrow I_2+2e^- \cdots\cdots⑨$$
$$H_2O_2+2H^++2e^- \longrightarrow 2H_2O \cdots\cdots⑩$$

⑨+⑩より　$2I^-+H_2O_2+2H^+ \longrightarrow I_2+2H_2O \cdots\cdots⑪$
両辺に$2K^+$，$SO_4{}^{2-}$を加えると化学反応式になる。

$$2KI+H_2O_2+H_2SO_4 \longrightarrow I_2+2H_2O+K_2SO_4$$

参考
酸化力の強さ
　実験[D]で，$KMnO_4$が酸化剤，H_2O_2が還元剤として働いたからといって，酸化力が$KMnO_4$$>H_2O_2$であるとは判断できない。なぜなら，本反応は，$KMnO_4$と$H_2O_2$がともに酸化剤として反応したわけではないからである。
　$KMnO_4$は酸化剤としてしか働けない物質であるが，H_2O_2は酸化剤にも還元剤にも働くことが可能な物質である。酸化還元反応では，一方の物質が酸化剤として働けば，他方の物質が還元剤として働かないと，反応は進行しない。酸化剤である$KMnO_4$に対して，H_2O_2が還元剤として働けば，次のように酸化還元反応は進行する。

$$MnO_4{}^-+5H_2O_2+6H^+$$
$$\longrightarrow Mn^{2+}+5O_2+4H_2O \cdots\cdots Ⓐ$$

Ⓐ式の両辺にある酸化剤$MnO_4{}^-$とO_2を比べると，Ⓐ式が右へ進行したことから，その酸化力が$MnO_4{}^->O_2$であるとわかる。つまり，H_2O_2は，自身が酸化されて生じるO_2よりも酸化力の強い物質（$KMnO_4$，$K_2Cr_2O_7$，Cl_2など）に対しては，還元剤として働く。一方，H_2O_2の酸化生成物のO_2よりも酸化力の弱い物質（HNO_3，Br_2，I_2など）に対しては，還元剤としては働かない。
　酸化剤・還元剤としての強弱は，水素電極（$[H^+]=1mol/L$の溶液中に白金電極を浸し，その表面に$25℃$，$1.01×10^5Pa$のH_2ガスを接触させたもの）の電位を$0V$（基準）としたとき，各金属Mと同種の金属イオン（M^{n+}が$1mol/L$）の水溶液からなる電極との電位差で表される**標準電極電位$E°$**の大きさで比較される。すなわち，酸化剤は電子を受け取りやすく，酸化力が強い物質ほど，その$E°$は大きな正の値をもつことになる。

硫酸酸性条件で，各酸化剤の$E°$を比較すると次の通り

$MnO_4{}^-+8H^++5e^-=Mn^{2+}+4H_2O$	$E°=1.51V$
$H_2O_2+2H^++2e^-=2H_2O$	$E°=1.77V$
$Cl_2+2e^-=2Cl^-$	$E°=1.36V$
$Cr_2O_7{}^{2-}+14H^++6e^-=2Cr^{3+}+7H_2O$	$E°=1.33V$
$Br_2+2e^-=2Br^-$	$E°=1.06V$
$I_2+2e^-=2I^-$	$E°=0.54V$
$O_2+4H^++4e^-=2H_2O$	$E°=1.23V$
$HNO_3+3H^++3e^-=NO+2H_2O$	$E°=0.96V$

　よって，本来の酸化剤の酸化力は，$H_2O_2>$$KMnO_4>Cl_2>K_2Cr_2O_7>O_2>Br_2>HNO_3>I_2$であるから，「$H_2O_2$は，自身より強い酸化剤である$KMnO_4$に対しては還元剤として働く。」という記述は誤りであり，「H_2O_2は，その酸化生成物であるO_2よりも強い酸化剤に対しては，還元剤として働く。」というのが正確な表現である。

▶**162** (1) $2KMnO_4+5(COOH)_2+3H_2SO_4$
$$\longrightarrow K_2SO_4+2MnSO_4+10CO_2+8H_2O$$
(2) **0.0204mol/L**　(3) **常温では，シュウ酸の還元剤としての反応速度がかなり遅いため。**
(4) **2.97%**　(5) **塩酸は過マンガン酸カリウムによって酸化され，シュウ酸は硝酸によって酸化されるので，いずれも正確な滴定結果が得られないから。**

解説　(1) $MnO_4{}^-+5e^-+8H^+$
$$\longrightarrow Mn^{2+}+4H_2O\cdots①$$
$$(COOH)_2 \longrightarrow 2CO_2+2e^-+2H^+\cdots②$$
①×2+②×5より，
$$2MnO_4{}^-+5(COOH)_2+6H^+$$
$$\longrightarrow 2Mn^{2+}+10CO_2+8H_2O$$
$2K^+$，$3SO_4{}^{2-}$を両辺に加えて整理すると，解答に示した化学反応式になる。
(2) 酸化剤$1mol$が受け取る電子の物質量を**酸化剤の価数**，還元剤の$1mol$が放出する電子の物質量を**還元剤の価数**といい，それぞれ酸化剤・還元剤の半反応式の電子e^-の係数から求められる。
　酸化剤と還元剤が過不足なく反応した点を，酸化還元滴定の**当量点**といい，次の関係が成り立つ。
（酸化剤の受け取った電子の物質量）
**　＝（還元剤の放出した電子の物質量）**
①式より$KMnO_4$ $1mol$は電子$5mol$を受け取るので，5価の酸化剤である。②式より$(COOH)_2$ $1mol$は電子$2mol$を放出するので，2価の還元剤である。
　酸化還元滴定の当量点では，授受した電子の物質量が等しいから，求める$KMnO_4$水溶液の濃度をx〔mol/L〕とおくと

$$0.0500×\frac{10.0}{1000}×2=x×\frac{9.80}{1000}×5$$

$$∴ \quad x≒0.0204〔mol/L〕$$

(3) シュウ酸が還元剤として働くとCO_2が発生するが，温度を上げる（約$70℃$）と，生成したCO_2が空気中へ拡散しやすくなり，速やかに酸化還元反応

が行われるようになる。滴定開始後，Mn^{2+}がある一定濃度以上になると，Mn^{2+}の触媒作用により，常温でも反応は速やかに進行するようになる。

(4) オキシドール中の過酸化水素の濃度をy〔mol/L〕とすると，酸化剤として働く$KMnO_4$に対しては，H_2O_2は次式のように2価の還元剤として働く。

$$H_2O_2 \longrightarrow O_2 + 2H^+ + 2e^- \cdots\cdots ③$$

$$y \times \frac{1.00}{1000} \times 2 = 0.0204 \times \frac{17.3}{1000} \times 5$$

$$\therefore \quad y \fallingdotseq 0.882 〔mol/L〕$$

オキシドール1L（=1000 cm³）の質量1010 gは，溶液の質量に相当する。この中に含まれるH_2O_2（分子量34）の質量は溶質の質量に相当するから，

$$\frac{(溶質)}{(溶液)} = \frac{0.882 \times 34.0}{1010} \times 100 \fallingdotseq 2.97 〔\%〕$$

(5) 塩酸HClを用いると，強力な酸化剤である$KMnO_4$に対して，HClは還元剤として働きCl_2に酸化されてしまう。一方，硝酸HNO_3を用いると，HNO_3が酸化剤として働き$(COOH)_2$を酸化してしまう。いずれも，$KMnO_4$と$(COOH)_2$との酸化還元反応における定量関係（物質量比2：5）を崩し，正確な滴定結果が得られない。希硫酸は酸化剤，還元剤いずれにも作用せず，ただ酸としての作用を示すので，正確な酸化還元滴定の結果が得られる。

▶ **163** (1) $C_6H_{12}O_6 + 6O_2 \longrightarrow 6CO_2 + 6H_2O$, 57.6 (2) 4.70

解説 **COD**（化学的酸素要求量）とは，強力な酸化剤を用いて試料水を一定の方法で酸化処理したときに消費される酸化剤の量を，それに相当する酸素の質量〔mg〕に換算した数値で示される。酸化される物質は，有機物，NO_2^-，Fe^{2+}，硫化物などであるが，多くの場合，有機物が主体なので，CODは水中の有機物の量を表す尺度に用いられる。JIS（日本工業規格）水質試験法では，試料水に過マンガン酸カリウム$KMnO_4$水溶液を過剰に加え，硫酸で酸性としたのち，沸騰水中で30分間煮沸する。残った過マンガン酸カリウムを一定過剰量のシュウ酸ナトリウム$Na_2C_2O_4$水溶液を加えて還元して脱色し，さらに過マンガン酸カリウム水溶液で逆滴定したときの過マンガン酸カリウムの消費量から求められる。

参考
COD測定の原理
この滴定では，最初に試料水に加えた$KMnO_4$（酸化剤）の量と，後から加えた$Na_2C_2O_4$（還元剤）の量がちょうど過不足なく反応するだけの量（当量）としている点がポイントである。したがって，試料水中の被酸化性物質（還元剤）の量は，逆滴定により，最後に加えた$KMnO_4$の滴下量から求められるわけである。
なお，$KMnO_4$を$Na_2C_2O_4$で滴定すれば，終点（赤紫色→無色）が見つけにくいのに対して，

$Na_2C_2O_4$を$KMnO_4$で逆滴定すれば，終点（無色→赤紫色）が見つけやすい利点がある。

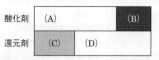

(A) 最初に加えた$KMnO_4$が受け取るe^-〔mol〕
(B) 最後に加えた$KMnO_4$が受け取るe^-〔mol〕
(C) 試料水（被酸化性物質）が放出するe^-〔mol〕
(D) 後から加えた$Na_2C_2O_4$が放出するe^-〔mol〕
(A)＝(D)に設定しているので，(C)の物質量が(B)の物質量として求められる。

(1) 反応式より，グルコース1 molを完全に酸化するには酸素6 molが必要であるから，

$$\frac{54.0 \times 10^{-3}}{180} \times 6 \times 32.0 \times 10^3 = 57.6 〔mg〕$$

(2) 酸化剤$KMnO_4$と還元剤（COONa）$_2$（=$Na_2C_2O_4$）の働きを示すイオン反応式（**半反応式**）は次の通り。

$$MnO_4^- + 8H^+ + 5e^- \longrightarrow Mn^{2+} + 4H_2O \cdots\cdots ①$$
$$C_2O_4^{2-} \longrightarrow 2CO_2 + 2e^- \cdots\cdots ②$$

最初に加えた$KMnO_4$が受け取るe^-の物質量は，

$$5.00 \times 10^{-3} \times \frac{10.0}{1000} \times 5 = 2.50 \times 10^{-4} 〔mol〕$$

次に加えた$Na_2C_2O_4$が放出するe^-の物質量は，

$$1.25 \times 10^{-2} \times \frac{10.0}{1000} \times 2 = 2.50 \times 10^{-4} 〔mol〕$$

両者は過不足なく酸化還元反応を行う。したがって，最後に加えた$KMnO_4$の物質量が，試料水中に含まれる有機物（被酸化性物質）と反応したMnO_4^-の物質量と等しくなる。ただし，$KMnO_4$水溶液の30分間の加熱により，一部が分解した可能性があり，その結果，滴定に用いた$KMnO_4$の量が試料水と反応した量よりも多くなることがある。この補正として，試料水の代わりに純水に対して同様の滴定操作を行うことを**空試験**（ブランクテスト）という。これは，純水（脱イオン水）中に含まれる有機物による汚染や，$KMnO_4$の熱・光による分解に伴う滴定誤差の補正に役立つ。

本実験の真の滴定値は，4.85−0.15=4.70〔mL〕また，酸素O_2は，水溶液の液性に関わらず，次式のように4価の酸化剤として働く。

（酸性条件）　$O_2 + 4e^- + 4H^+ \longrightarrow 2H_2O$
（中・塩基性条件）　$O_2 + 4e^- + 2H_2O \longrightarrow 4OH^-$

したがって，$KMnO_4$ 1 molはe^- 5 molを受け取り，O_2 1 molはe^- 4 molを受け取るので，酸化剤の働きとしては，$KMnO_4$ 1 molは，O_2 $\frac{5}{4}$ molに相当する。よって，試料水200 mLでの酸素消費量は，

$$5.00 \times 10^{-3} \times \frac{4.70}{1000} \times \frac{5}{4} \times 32 \times 10^3 = 0.940 〔mg〕$$

試料水1.0Lでは

$$0.940 \times \frac{1000}{200} = 4.70 \, [\text{mg}]$$

参考 **海水や汽水のCOD測定**

　河川や湖沼などの淡水のCODは，本問のように，直接，KMnO₄水溶液と煮沸して酸化・分解して求めても構わない。しかし，海水や海水の混じった汽水中のCODを求める場合，試料水のCl⁻はMnO₄⁻と煮沸すれば酸化されてしまうので，MnO₄⁻の消費量が増加し，CODの値が大きく求められてしまう。そこで，あらかじめ試料水にAgNO₃水溶液を加えると，Cl⁻をAgClとして除去できるが，溶液中に残ったNO₃⁻は酸性条件では酸化剤として働くので，後の滴定結果に影響を与えてしまう。そこで，試料水に硫酸銀Ag₂SO₄の粉末を加え十分に撹拌する前処理が必要となる。なお，CODの値が大きいほど，その水には有機物等の還元性物質が多く含まれていることになり，その水は汚れていることを示す。

COD	水の汚れの程度
0〜2	きれいな水
2〜5	少し汚れた水 (魚がすめる水)
5〜10	比較的汚れた水 (魚がすめない水)
10〜	かなり汚れた水

▶164 (1) $O_3 + H_2O + 2KI \longrightarrow O_2 + I_2 + 2KOH$
(2) $3.10 \times 10^{-5} \text{mol}$　(3) $7.63 \times 10^{-5}\%$

解説 (1) オゾンO_3が酸化剤として働くと酸素O_2に変化するが，水溶液の液性によって反応の仕方が少し異なる。
(酸性) $O_3 + 2H^+ + 2e^- \longrightarrow O_2 + H_2O$……①
(中性) $O_3 + H_2O + 2e^- \longrightarrow O_2 + 2OH^-$……②
　ヨウ化カリウムKIが還元剤として働くと，ヨウ素I_2を生成する。
$2I^- \longrightarrow I_2 + 2e^-$……③
　②+③より，$2e^-$を消去すると，イオン反応式が得られる。
$O_3 + H_2O + 2I^- \longrightarrow O_2 + I_2 + 2OH^-$……④
　④の両辺に$2K^+$を加えて整理すると，化学反応式が得られる。
$O_3 + H_2O + 2KI \longrightarrow O_2 + I_2 + 2KOH$……⑤

参考 **オゾンO_3の酸化力**

　①，②式のO_3の標準電極電位$E°$(**161** **参考**)は，それぞれ+2.07V，+1.25Vであり，O_3の酸化力は酸性条件の方が強く，中性条件の方が弱い。しかし，③式のI⁻の標準電極電位$E°$は−0.54Vであるから，I⁻をI_2に酸化するためには，オゾンO_3は酸性条件でなくても中性条件でも十分な酸化力をもっていることがわかる。もし，酸性条件の場合，O_3の酸化力が強くなり，生成したI_2がヨウ素酸イオンIO_3^-へと酸化されてしまうため，I_2の正確な定量ができな

くなることが予想される。

(2) I_2(酸化剤)と$Na_2S_2O_3$(還元剤)との反応式は，
$I_2 + 2Na_2S_2O_3 \longrightarrow 2NaI + Na_2S_4O_6$……⑥
　⑥より，I_2 1molは$Na_2S_2O_3$ 2molと反応する。つまり，遊離したI_2の物質量は，滴下した$Na_2S_2O_3$の物質量の$\frac{1}{2}$に等しい。

I_2の物質量 $0.0100 \times \frac{6.20}{1000} \times \frac{1}{2} = 3.10 \times 10^{-5} [\text{mol}]$

(3) ⑤より，O_3 1molからI_2 1molが生成する。つまり，吸収されたO_3の物質量と遊離したI_2の物質量は等しい。
　よって，O_3の27℃，1.01×10^5Paでの体積は，

$$3.10 \times 10^{-5} \times 22.4 \times \frac{300}{273}$$

$$≒7.63 \times 10^{-4} \text{L}$$

汚染空気中のO_3の体積パーセントは

$$\frac{7.63 \times 10^{-4}}{1.00 \times 10^3} \times 10^2 = 7.63 \times 10^{-5} [\%]$$

参考 **ヨウ素滴定で終点を判断する工夫**

　ヨウ素滴定では，ヨウ素I_2がチオ硫酸ナトリウム$Na_2S_2O_3$によって還元されて，ヨウ化物イオンI⁻になる。したがって，溶液の色がI_2(褐色)からI⁻(無色)に変化した時点が終点のはずであるが，肉眼では正確に終点を確認できない。そこで，溶液の色(褐色)が薄くなってきた頃，指示薬のデンプン水溶液(約1%)を加えると，ヨウ素デンプン反応により青紫色に発色するので，さらに$Na_2S_2O_3$水溶液を加えていき，反応溶液の青紫色が消えて無色になった時点がこの滴定の終点と判断できる。なお，滴定の初期にデンプン水溶液を加えると，ヨウ素−デンプン複合体の形成により，ヨウ素の還元反応の反応速度が低下するので，できるだけ終点の直前にデンプン水溶液を加える方がよい。

▶165 (1) a $2KMnO_4 + 3H_2O_2 \longrightarrow$
$2MnO_2 + 3O_2 + 2KOH + 2H_2O$
b $2H_2O_2 \longrightarrow 2H_2O + O_2$
(2) $1.2 \times 10^{-4} \text{mol}$　(3) $4.8 \times 10^{-4} \text{mol}$
(4) $3.0 \times 10^{-4} \text{mol}$　(5) 0.96 mol/L，3.2 %

解説 (1) a. 中性条件で，過マンガン酸カリウム$KMnO_4$が酸化剤として働くと，酸化マンガン(Ⅳ)MnO_2に変化し，褐色の沈殿が生成する。酸化剤，または還元剤の働きを示すイオン反応式(半反応式)は，①〜④の手順でつくることができる。

①反応物と生成物の化学式を書く。
②O原子の数を水H_2Oで合わせる。
③H原子の数を水素イオンH^+で合わせる。
④両辺の電荷を電子e⁻で合わせる。

① $MnO_4^-\longrightarrow MnO_2$

② $MnO_4^-\longrightarrow MnO_2+2H_2O$

③ $MnO_4^-+4H^+\longrightarrow MnO_2+2H_2O$

④ $MnO_4^-+4H^++3e^-\longrightarrow MnO_2+2H_2O$

中性条件では，溶液中のH^+は非常に少ないので，④式をH_2Oが反応した形に改める必要がある。

両辺に$4OH^-$を加えて整理すると，

$MnO_4^-+2H_2O+3e^-\longrightarrow MnO_2+4OH^-$……⑤

過酸化水素H_2O_2が還元剤として働くと，酸素O_2が発生する。

$H_2O_2\longrightarrow O_2+2H^++2e^-$……⑥

⑤×2+⑥×3より，e^-を消去すると，

$2MnO_4^-+3H_2O_2\longrightarrow$
$\qquad\qquad 2MnO_2+3O_2+2OH^-+2H_2O$……⑦

両辺に$2K^+$を加えて整理すると，

$2KMnO_4+3H_2O_2\longrightarrow$
$\qquad\qquad 2MnO_2+3O_2+2KOH+2H_2O$

b．この反応は過酸化水素の分解反応であり，MnO_2はこの反応の触媒として働く。

$2H_2O_2\longrightarrow 2H_2O+O_2$……⑧

(2) ⑦式より，中性条件では，

MnO_4^-：$H_2O_2=2$：3（物質量比）

で反応するから，MnO_4^-と反応したH_2O_2の物質量をx〔mol〕とおく。

$\left(2.0\times10^{-2}\times\dfrac{4.0}{1000}\right):x=2:3$

$\therefore\quad x=1.20\times10^{-4}$〔mol〕

(3) 酸性条件で，$KMnO_4$が酸化剤として働くとマンガン(Ⅱ)イオンMn^{2+}に変化し，無色の溶液となる。その半反応式は，

$MnO_4^-+8H^++5e^-\longrightarrow Mn^{2+}+4H_2O$……⑨

$H_2O_2\longrightarrow O_2+2H^++2e^-$……⑥

⑨×2+⑥×5より，e^-を消去すると，

$2MnO_4^-+5H_2O_2+6H^+\longrightarrow$
$\qquad\qquad 2Mn^{2+}+5O_2+8H_2O$……⑩

⑩式より，酸性条件では，

MnO_4^-：$H_2O_2=2$：5（物質量比）

で反応するから，MnO_4^-と反応したH_2O_2の物質量をy〔mol〕とおく。

$\left(2.0\times10^{-2}\times\dfrac{9.6}{1000}\right):y=2:5$

$\therefore\quad y=4.80\times10^{-4}$〔mol〕

(4) ⑦式の反応で，発生したO_2の物質量は，反応したH_2O_2の物質量と同じ1.20×10^{-4}mol。MnO_4^-と反応しなかったH_2O_2の物質量は，

$4.80\times10^{-4}-1.20\times10^{-4}=3.60\times10^{-4}$〔mol〕

⑧式の反応で，発生したO_2の物質量は，⑦式で反応しなかったH_2O_2の物質量の$\dfrac{1}{2}$の1.80×10^{-4}mol

である。

$\therefore$　発生したO_2の全物質量は，

$1.20\times10^{-4}+1.80\times10^{-4}=3.00\times10^{-4}$〔mol〕

(5) (3)より，希釈した過酸化水素水中では4.80×10^{-4} mol の溶質が溶液 10.0 mL 中に含まれるから，そのモル濃度は，

$\dfrac{4.80\times10^{-4}〔mol〕}{1.0\times10^{-2}〔L〕}=4.80\times10^{-2}$〔mol/L〕

市販のオキシドール中の過酸化水素の濃度は，純水で20倍に希釈して実験したことを考慮すると，

$4.80\times10^{-2}\times20=0.96$〔mol/L〕

オキシドール 1 L（=1000 cm³）について考えると，H_2O_2のモル質量は34 g/molだから，

溶液の質量　$1000\times1.02=1020$〔g〕

溶質の質量　$0.96\times34=32.64$〔g〕

$\therefore\quad \dfrac{（溶質）}{（溶液）}=\dfrac{32.64}{1020}\times100=3.2$〔％〕

▶**166** (1) $[Fe^{2+}]$：$[Fe^{3+}]=5$：12　(2) 3

解説　(1) 混合物中の$FeSO_4\cdot7H_2O$をx〔mol〕，$Fe_2(SO_4)_3\cdot nH_2O$をy〔mol〕とおく。

実験Ⅰより，酸化剤の$KMnO_4$は，酸化剤であるFe^{3+}とは反応せず，還元剤であるFe^{2+}のみと酸化還元反応を行う。

$MnO_4^-+8H^++5e^-\longrightarrow Mn^{2+}+4H_2O$

$Fe^{2+}\longrightarrow Fe^{3+}+e^-$

実験Ⅰの酸化還元滴定の終点では次の関係が成り立つ。

（酸化剤の受け取った電子e^-の物質量）
＝（還元剤の放出した電子e^-の物質量）

$2.00\times10^{-3}\times\dfrac{50.0}{1000}\times5=x\times\dfrac{10.0}{100}\times1$

（溶液A 100 mLのうち，10.0 mLを使ったため）

$x=5.00\times10^{-3}$〔mol〕

実験Ⅱより，十分量の硝酸（酸化剤）を加えたことで水溶液中のFe^{2+}はすべてFe^{3+}に酸化される。

溶液A 100 mLから生じるFe^{3+}の総物質量は，Fe^{2+}が酸化されて生じる5.00×10^{-3}molと$Fe_2(SO_4)_3\cdot nH_2O$ y molから生じる$2y$ molの和に等しい。

Fe^{3+}に$NaOH$水溶液を加えて塩基性にすると，酸化水酸化鉄(Ⅲ)$FeO(OH)$を生じ，さらに加熱すると脱水して，酸化鉄(Ⅲ)Fe_2O_3を生成する。

$Fe^{3+}\xrightarrow{+3OH^-}FeO(OH)\xrightarrow{-H_2O}\dfrac{1}{2}Fe_2O_3$

各物質の係数比より，Fe^{3+} 1 molからFe_2O_3（式量160）が$\dfrac{1}{2}$ mol生成する。

溶液A 100 mL あたりで考えると，Fe^{3+}の物質量に関して次式が成り立つ。

$$(5.00\times10^{-3}+2y)\times\frac{1}{2}=\frac{0.680}{160}\times\frac{100}{50.0}$$

$y=6.00\times10^{-3}[\text{mol}]$

水溶液A中の $Fe^{2+}:Fe^{3+}=x:2y$
$=5.00\times10^{-3}:6.00\times10^{-3}\times2=5:12$

(2) 式量は，$FeSO_4\cdot7H_2O=278$，$Fe_2(SO_4)_3\cdot nH_2O$
$=400+18n$ より，
混合物の質量に関して次式が成り立つ。

$5.00\times10^{-3}\times278+6.00\times10^{-3}(400+18n)=4.11$

$n\fallingdotseq2.96\fallingdotseq3$

▶**167** (1) $2.50\times10^{-3}\text{mol}$

(2) $Cu_2O\ 1.00\times10^{-3}\text{mol}$，$CuO\ 1.50\times10^{-3}\text{mol}$

解説 (1) 一般に，水溶液中の Cu^{2+} は，次に述べる特別な**ヨウ素滴定**で求められる。弱い酸性条件にした Cu^{2+} の水溶液に KI 水溶液を十分に加えると，Cu^{2+} (酸化剤) が I^- (還元剤) を酸化して，I_2 を遊離させるとともに，Cu^{2+} 自身は Cu^+ に還元されたのち，ヨウ化銅(I) CuI の白色沈殿を生成する。

①式より，$Cu^{2+}:I_2=2:1$ (物質量比) で反応する。
②式より，$I_2:Na_2S_2O_3=1:2$ (物質量比) で反応する。

よって，$Cu^{2+}:Na_2S_2O_3=1:1$ (物質量比) で反応することになるので，操作(I)の加熱後の溶液中に存在した Cu^{2+} の物質量は，操作(II)で加えた $Na_2S_2O_3$ の物質量に等しい。

$0.100\times\dfrac{25.0}{1000}=2.50\times10^{-3}[\text{mol}]$

(2) 操作(I)で生成した Cu の物質量は，

$\dfrac{63.5\times10^{-3}}{63.5}=1.00\times10^{-3}[\text{mol}]$

本文(ii)の記述より，1 mol の Cu_2O から 1 mol の Cu が生成するので，試料A中に含まれていた Cu_2O の物質量は 1.00×10^{-3} mol である。

本文(ii)の記述より，Cu_2O 1 mol から生じた Cu^{2+} は 1.00×10^{-3} mol だから，CuO から生じた Cu^{2+} の物質量は，

$2.50\times10^{-3}-1.00\times10^{-3}=1.50\times10^{-3}[\text{mol}]$

(i)の記述より，CuO 1 mol から Cu^{2+} 1 mol を生じるので，試料A中に含まれていた CuO の物質量は 1.50×10^{-3} mol である。

▶**168** (1) $I_2+H_2S\longrightarrow2HI+S$
$I_2+SO_2+2H_2O\longrightarrow2HI+H_2SO_4$

(2) $SO_2:H_2S=5:7$

解説 (1) $H_2S\longrightarrow S+2H^++2e^-$ ……①
$I_2+2e^-\longrightarrow2I^-$ ……②
①+②より，$I_2+H_2S\longrightarrow2HI+S$
$SO_2+2H_2O\longrightarrow H_2SO_4+2H^++2e^-$ ……③

②+③より，
$I_2+SO_2+2H_2O\longrightarrow2HI+H_2SO_4$

(2) 火山ガス 5.0 L 中に含まれる二酸化硫黄 SO_2 を $x[\text{mol}]$，硫化水素 H_2S を $y[\text{mol}]$ とおく。

(A液での反応)

A液では，**ヨウ素滴定**によって SO_2 と H_2S を合わせて定量している。すなわち，過剰の I_2 (酸化剤)に，SO_2，H_2S (いずれも還元剤) を通して完全に吸収後，残った I_2 を $Na_2S_2O_3$ (還元剤) を使って**逆滴定**している。①，②，③より，I_2 は2価の酸化剤，SO_2，H_2S はともに2価の還元剤であり，問題文の反応式より，$2S_2O_3^{2-}\longrightarrow S_4O_6^{2-}+2e^-$ と反応するので，$Na_2S_2O_3$ は1価の還元剤とわかる。

この酸化還元滴定の当量点では，(**還元剤の放出した e^- の物質量**)=(**酸化剤の受け取った e^- の物質量**) より，次式が成り立つ。

$$\underbrace{0.10\times1.0\times2}_{\substack{I_2\text{の受け}\\\text{取った}e^-}}=\underbrace{2x+2y}_{\substack{SO_2,\ H_2S\text{の}\\\text{放出した}e^-}}+\underbrace{0.020\times\frac{40.0}{1000}\times1\times10}_{\substack{Na_2S_2O_3\text{の}\\\text{放出した}e^-}}$$

ただし，A液(100 mL)には最初の吸収液の $\frac{1}{10}$ しか含まれていない。よって，1.0 L の吸収液すべてを定量するのに必要な $Na_2S_2O_3$ の物質量は，実際の滴定量の10倍必要となることに留意すること。

$\therefore\quad x+y=\dfrac{96}{1000}$ ……Ⓐ

(B液での反応)

B液では，SO_2 が酸化されて生じた H_2SO_4 を
$BaCl_2+H_2SO_4\longrightarrow BaSO_4\downarrow+2HCl$
の反応により，$BaSO_4$ として沈殿させ，その重量分析から，SO_2 を定量している。すなわち，
SO_2 1 mol から H_2SO_4 1 mol，さらに $BaSO_4$ 1 mol
が生成する。この場合も，最初の吸収液の $\frac{1}{10}$ しか使っていないことを考慮すると，

$x\times\dfrac{1}{10}=\dfrac{0.932}{233}$ ……Ⓑ

Ⓐ，Ⓑより，
$x=4.00\times10^{-2}[\text{mol}]$，$y=5.60\times10^{-2}[\text{mol}]$
同温・同圧では，気体の物質量比と体積比は等しいから，火山ガス中の SO_2 と H_2S の体積比は，
$SO_2:H_2S=5:7$

▶**169** (1) (ア) $Mn(OH)_2$ (イ) $2Mn^{2+}$ (ウ) I_2 (エ) $4H_2O$ ((イ), (ウ), (エ)は順不同) (2) **8.0 mg**

解説 Mn^{2+} の水溶液に塩基を加えると，白色の水酸化マンガン(II) $Mn(OH)_2$ が沈殿する。
$Mn^{2+}+2OH^-\longrightarrow Mn(OH)_2$ ……①
この物質は，塩基性条件では極めて酸化されやすく，

水中に溶解した酸素 O_2 により容易に酸化され，褐色の酸化水酸化マンガン（Ⅲ）$MnO(OH)$ に変化する。

$$2Mn(OH)_2 + \frac{1}{2}O_2 \longrightarrow 2MnO(OH) + H_2O \cdots\cdots ②$$

$MnO(OH)$ は，塩基性条件では安定であるが，酸性条件にすると酸化剤としての働きを示し，共存させてある I^- を酸化して I_2 を遊離させる一方，自身は Mn^{2+} となり溶解する。

$$MnO(OH) + 3H^+ + e^- \longrightarrow Mn^{2+} + 2H_2O \cdots\cdots ⑦$$
$$2I^- \longrightarrow I_2 + 2e^- \cdots\cdots ④$$

⑦×2+④より，

$$2MnO(OH) + 2I^- + 6H^+ \longrightarrow 2Mn^{2+} + I_2 + 4H_2O$$
$$\cdots\cdots ③$$

そこで，生じた I_2 をデンプンを指示薬として $Na_2S_2O_3$ の標準溶液で滴定することにより，試料水中の溶存酸素量が定量できる。

$$I_2 + 2Na_2S_2O_3 \longrightarrow 2NaI + Na_2S_4O_6 \cdots\cdots ④$$

(2) $\begin{cases} ②式より， & O_2 : MnO(OH) = 1 : 4 \\ ③式より， & MnO(OH) : I_2 = 2 : 1 \\ ④式より， & I_2 : Na_2S_2O_3 = 1 : 2 \end{cases}$

それぞれ，上記のような物質量比で反応するから，

O_2 1mol→$MnO(OH)$ 4mol→I_2 2mol→$Na_2S_2O_3$ 4mol の関係があるから，結局，$O_2 : Na_2S_2O_3 = 1 : 4$（物質量比）で反応することがわかる。

試料水100mLあたりに含まれる酸素の物質量は，

$$0.025 \times \frac{4.0}{1000} \times \frac{1}{4} = 2.5 \times 10^{-5}〔mol〕$$

試料水1Lあたりに含まれる酸素の質量〔mg〕は，
$$2.5 \times 10^{-5} \times 10 \times 32 \times 10^3 = 8.0〔mg〕$$

参考　溶存酸素量の測定法

　水中に有機物などの酸化されやすい物質が多く含まれていると，水中の酸素が消費されて溶存酸素量は少ない値を示す。したがって，溶存酸素量が少ないほど水は汚れているといえる。

　この実験では，試料水を入れる容器として「酸素びん」とよばれる特別なガラス器具を用いる。これは，下図のように試料水を満たして密栓したとき，内容積が所定の体積（通常約100 mL）になるようにつくられている。

　試料水を酸素びんに入れるときの注意点は，(ⅰ) 気泡を発生させないこと　(ⅱ) 酸素びん中の空気が試料水に溶け込まないように，試料水を底から静かに加えること　(ⅲ) 酸素びんから試料水をあふれさせ，空気に触れた水を完全に追い出すこと，である。また，各種の試薬を加える際には，ピペットの先端をびんの底まで入れ，試薬を静かに押し出し，余分な試料水をあふれさせるとともに，びん内に気泡が残らな

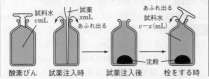

試料水 v mL　試薬 x mL　あふれ出る　あふれ出る $v-x$(mL)

酸素びん　試薬注入時　試薬注入後　栓をする時

いように注意して密栓する。（密栓後，酸素びんを数回逆向きにしてよく振り混ぜること。）

12　電池と電気分解

▶170 (1) (ア) 大きい　(イ) 小さい　(ウ) 大きい　(エ) 大きく　(オ) 大きく　(カ) 負　(キ) Y　(ク) X　(ケ) 濃淡電池　(2) C＞A＞B＞D　(3) **1.56V**，(−) **C│C²⁺│D⁺│D**(+)

解説　金属イオンの水溶液に同種の金属を浸したものを**半電池**といい，2種の半電池を導線でつなぐと**電池**が形成される。なお，素焼き板は**隔膜**の働きをしている。すなわち，電池を放電していないときは拡散による両液が混じり合うのを防ぎ，一方，電池を放電したときは，イオンの移動を可能にして，2種の半電池を電気的に接続する働き，すなわち電池内にも電流が流れるようにする役割をしている。素焼き板の代わりに，濃厚な KCl や KNO_3 水溶液を寒天などで固めたもの（**塩橋**という）も用いられる。

参考　塩橋の働き

　素焼板（隔膜）の代わりに，KCl，KNO_3 などの電極反応に関係しない電解質の濃厚水溶液を寒天やゼラチンなどで固めたもの（**塩橋**）が使われることがある。塩橋は記号（∥）で表す。

　負極（左）側では，陽イオン Zn^{2+} が増加するので，電荷のバランスをとるために，塩橋から Cl^- が流入する。正極（右）側では，陽イオン Cu^{2+} が減少するので，電荷のバランスをとるために，塩橋から K^+ が流入する。これで2つの半電池が電気的に接続されたことになる。塩橋では大きな電流は流れないので，起電力の測定などで用いられる。

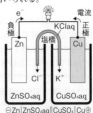

$\ominus Zn│ZnSO_4aq∥CuSO_4│Cu\oplus$

(1) 金属が溶解しやすい方の電極，つまり，イオン化傾向の大きい方の金属が**負極**となる。一方，イオン化傾向の小さい方の金属が**正極**になる。

ダニエル電池(−)$Zn│ZnSO_4aq∥CuSO_4aq│Cu$(+) では，イオン化傾向の大きい Zn が Zn^{2+} となって溶ける酸化反応が起こる。生じた電子は導線を通って銅板に達する。イオン化傾向の小さい銅板では，電解液中の Cu^{2+} が電子を受け取る還元反応が起こる。すなわち，**負極活物質**（負極で電子を放出した還元

剤)は Zn, **正極活物質**(正極で電子を受け取った酸化剤)は Cu^{2+} である。

このとき, 電池の両電極間に生じた電位差を電池の**起電力**といい, 電極に用いた金属のイオン化傾向の差が大きいほど, 電池の起電力は大きくなる。

また, 同一の金属を電極に用いたときは, より溶け出しやすい方の電極, つまり, 電解液中の金属イオンの濃度の小さい方が負極となる。

(2), (3) 各電極の電位差は, 次のようになる。

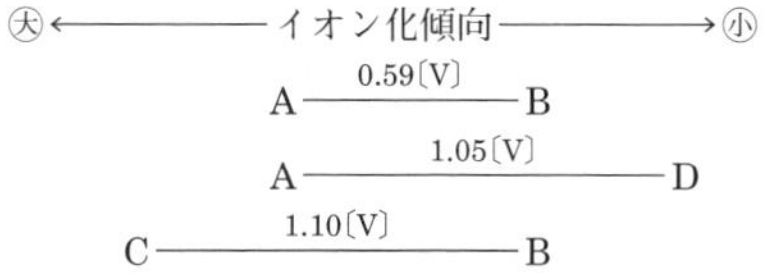

⊗ ←―――― イオン化傾向 ―――――→ ⊕

```
        0.59[V]
A ――――――――― B
        1.05[V]
A ――――――――――――― D
    1.10[V]
C ――――――――― B
```

上図で, 電極 C と A の電位差は, $1.10-0.59=0.51[V]$ なので, 電極 C と D の電位差は,

$$1.05+0.51=1.56[V]$$

電池の構成を表す化学式(**電池式**)は, ふつう, 負極の物質, 負極側の電解液, 正極側の電解液, 正極の物質の順に, それぞれ化学式で書く。(ただし, 電極と隔膜はいずれも|で, 塩橋は‖で表す。)

> **参考**
> ### 濃淡電池
> 電池(iv)のように, 同種の金属の半電池を組み合わせても起電力は生じないはずだが, 電解液に濃度差があれば, 微小な起電力を生じる。このような電池を**濃淡電池**という。すなわち, 電解液の濃度の小さい(X)極では, 金属 A が A^{2+} として溶け出しやすく, その際, 極板に電子を残すので負極となる。一方, 電解液の濃度の大きい(Y)極では, A^{2+} が金属 A として析出しやすく, その際, 極板から電子を奪うので正極となる。電子は(X)から(Y)へと流れるが, 電流は(Y)から(X)へと流れる。また, (X)の濃度を薄めると, (Y)との濃度差が大きくなり起電力がやや大きくなる。一方, (Y)の濃度を薄めると, (X)との濃度差が小さくなり起電力がやや小さくなる。この電池は両電解液の濃度差によって成立しており, 両電解液の濃度が同じになれば起電力も0になる。

▶**171** (1) A Ni, B Pb, C Zn, D Cu, E Na, F Ag, G Al, H Au, I Mg, J Sn, K Hg

(2) 濃硝酸の酸化力では, イオン化傾向の小さな金を溶解できないから。

(3) $3Ag+4HNO_3 \longrightarrow 3AgNO_3+NO+2H_2O$

(4) 不動態の状態になっているから。

(5) 鉛と希硫酸との反応では硫酸鉛(Ⅱ)という不溶性の塩を生じ, これが金属表面を覆うため。

解説 (1) まず, 与えられた11種の金属をイオン化傾向の大きいものから順に並べると次の通り。

$$Na>Mg>Al>Zn>Ni>Sn>Pb>Cu>Hg>Ag>Au$$

①希硫酸に溶ける A, C, E, G, I, J は水素(H_2)

よりもイオン化傾向が大きい金属である。希硫酸に溶けない B, D, F, K は一般的には, 水素(H_2)よりもイオン化傾向の小さい金属である(ただし, Pb は(5)で説明する理由により, 希硫酸, 希塩酸には溶けないので注意を要する)。

②常温の水とも反応する E は Na, 熱水と反応する I は Mg と決まり, 高温の水蒸気と反応する C, G は Al と Zn のいずれか。残る A, J は Sn か Ni である。

③H は濃硝酸にも希硫酸にも溶けないので, 11種の金属中ではイオン化傾向が最小の Au。希硝酸に溶けるが濃硝酸には溶けない A, G は**不動態**をつくる金属で, Al と Ni が該当する。よって, ②より, G は Al, C は Zn, また, A は Ni, J は Sn に決まる。

④F は電気抵抗が最小の金属なので Ag。K は電気抵抗が最大の金属なので Hg。金属の電気抵抗は, 結晶格子の乱れによって増大する。常温で液体の水銀は結晶格子の乱れが最大の状態と考えられ, 金属の単体では最大の電気抵抗を示す。(水銀が固体になると, 鉄並みの電気抵抗を示す。)残る B, D は Pb か Cu である。

⑤イオン化傾向の大きい方の金属が電池の負極になるから, イオン化傾向は, B>D

よって, B が Pb, D が Cu に決まる。

⑥

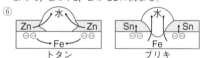

トタン　　　　　ブリキ

水溶液中で2種の金属が接触したときにできる微小な電池を**局部電池**という。局部電池が形成されると, イオン化傾向の大きい方の金属は, 単独で存在するよりも一層, イオン化しやすくなる。例えば, トタンに傷がつくと, イオン化傾向が Zn>Fe のため, Zn がすべて溶けるまで Fe の腐食は防止される。一方, ブリキに傷がつくと, イオン化傾向が Fe>Sn のため, Fe の腐食はどんどん進行し, Sn でメッキした意味は全くなくなってしまう。

(2) 金を溶解するには, 濃硝酸:濃塩酸=1:3(体積比)で混合した**王水**が必要である。その溶解の反応式は次の通り。

濃硝酸と濃塩酸を混合すると, 酸化力の強い塩化ニトロシル NOCl を生成する

$$HNO_3+3HCl \longrightarrow NOCl+Cl_2+2H_2O$$

塩化ニトロシルと塩素の共同作用によって, Au が酸化され, 塩化金(Ⅲ)を生成する

$$Au+NOCl+Cl_2 \longrightarrow AuCl_3+NO$$

塩化金(Ⅲ)は HCl によって錯イオン $[AuCl_4]^-$ を形成し, 塩化金(Ⅲ)酸 $H[AuCl_4]$ を生成する。

$$AuCl_3+HCl \longrightarrow H[AuCl_4]$$

(3) $HNO_3+3e^-+3H^+ \longrightarrow NO+2H_2O\cdots\cdots①$

　　3Ag ⟶ 3Ag$^+$＋3e$^-$……②

①＋②より，

　　3Ag＋HNO$_3$＋3H$^+$ ⟶ 3Ag$^+$＋NO＋2H$_2$O

両辺に3NO$_3$$^-$を加えると，化学反応式が得られる。

(4) 鉄，アルミニウム，ニッケルを濃硝酸に入れても全く反応しない。この状態を**不動態**という。この原因は，金属表面に緻密な酸化被膜を生じ，それが金属内部を保護するためと考えられている。

(5) 鉛が希硝酸，希塩酸にも溶解しないのは，生じた硫酸鉛(II)PbSO$_4$，塩化鉛(II)PbCl$_2$が水に不溶性で，金属表面を覆い酸との接触を妨げるため，金属と酸との反応が停止してしまうからである。

参考

不動態

　不動態の成因には3つある。①特定の金属を酸化力の強い濃硝酸に浸すという方法で形成された不動態を**化学的不動態**という。②電気分解を利用して，金属を陽極で酸化することにより形成される不動態を**電気化学的不動態**という。例えば，鉄を陽極として希硫酸を電気分解する場合，加える電圧を上げていくと電流も増加するが，最初はFeはFe^{2+}となって溶解する。さらに電圧を上げていくと電流も増加するが，ある時点で電流は急激に減少(電圧を急に上昇)するようになる。このときわずかに電流が流れており，酸素の発生がみられ，Feの溶解は止まってしまう。この状態が電気化学的不動態である。③特定の金属(CrやNiなど)や合金(ステンレス鋼など)が空気中で放置されたとき，自然に不動態の状態となる場合がある。この不動態を**自然不動態**という。

▶**172** (ア) 鉛　(イ) 酸化鉛(IV)または二酸化鉛
(ウ) 2.0　(エ) 酸化　(オ) 還元　(カ) 硫酸鉛(II)
(キ) 減少　(ク) 正　(ケ) 負　(コ) 充電
(1) 負極 Pb＋SO$_4$$^{2-}$ ⟶ PbSO$_4$＋2e$^-$
　　正極 PbO$_2$＋SO$_4$$^{2-}$＋4H$^+$＋2e$^-$
　　　　　　　　　　　 ⟶ PbSO$_4$＋2H$_2$O
(2) (a) 負極 19.2 g増，正極 12.8 g増　(b) 27.5%
(3) 充電時に，水が電気分解されてしまうから。

解説 (1) 電池内で電子の授受に関わる物質を**活物質**という。負極で電子を放出した物質(還元剤)を**負極活物質**といい，正極で電子を受け取った物質(酸化剤)を**正極活物質**という。

　鉛蓄電池の負極活物質は鉛Pbで，還元剤として電子を放出してPb^{2+}になるが，直ちに電解液中のSO$_4$$^{2-}$と結合して硫酸鉛(II)PbSO$_4$となり，極板に付着する。一方，正極活物

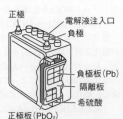

質は酸化鉛(IV)PbO$_2$で，酸化剤として電子を受け取りPb^{2+}になるが，直ちに電解液中のSO$_4$$^{2-}$と結合してPbSO$_4$となり，極板に付着する。

　このように，鉛蓄電池は放電に伴って，両極板とも白色の硫酸鉛(II)PbSO$_4$を生じるとともに，電解液中のH$_2$SO$_4$(溶質)が消費され，H$_2$O(溶媒)が生成するので，電解液の濃度(密度)は減少する。

　これら2つの要因により，鉛蓄電池を放電するとその起電力(約2.0 V)は徐々に低下する。ある程度放電した鉛蓄電池に電気エネルギー(直流電流)を流し，その起電力を回復させる操作(**充電**という)は次のように行う。

　放電時には鉛蓄電池の負極から電子を外部回路へ取り出していたので，充電時には外部電源の負極から鉛蓄電池の負極へ電子を送り込むと放電時の逆反応が起こり，電極と電解質の濃度はもとへ戻り，起電力が回復する。

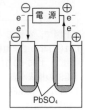

鉛蓄電池の充電

　鉛蓄電池のように充電が可能で，繰り返しの使用ができる電池を**二次電池**，乾電池のように充電できず，繰り返しの使用ができない電池を**一次電池**という。

(2) (a) 反応式より，負極で2 molの電子が反応すると，Pb(原子量＝207) 1 molがPbSO$_4$(式量＝303) 1 molに変化する。このとき，質量は303－207＝96〔g〕増加する。

　ファラデー定数F＝96500 C/molより，
3.86×10^4 Cの電気量は，

$$\frac{3.86×10^4}{9.65×10^4}＝0.40〔mol〕$$の電子に相当する。

したがって，負極での質量増加量は，

$$0.40×\frac{1}{2}×96＝19.2〔g〕である。$$

　反応式より，正極で2 molの電子が反応すると，PbO$_2$(式量＝239) 1 molがPbSO$_4$(式量＝303) 1 molに変化する。このとき，質量は303－239＝64〔g〕増加する。したがって，正極での質量増加量は，

$$0.40×\frac{1}{2}×64＝12.8〔g〕である。$$

　(b) 正極と負極での反応式を足し合わせると，次の化学反応式が書ける。

　　Pb＋PbO$_2$＋2H$_2$SO$_4$ $\xrightarrow{2e^-}$ 2PbSO$_4$＋2H$_2$O

　上式は2e$^-$を消去して得られた式だが，2 molの電子の移動により，H$_2$SO$_4$(分子量＝98) 2 molが消費され，同時にH$_2$O(分子量＝18) 2 molが生成する。0.40 molの電子が反応したとき，

　消費されたH$_2$SO$_4$の質量　0.40×98＝39.2〔g〕

図中のラベル:
正極
電解液注入口
負極
負極板(Pb)
隔離板
希硫酸
正極板(PbO$_2$)

電源
e$^-$　e$^-$　e$^-$
PbSO$_4$

生成されたH_2Oの質量　$0.40×18=7.2$〔g〕

放電後の希硫酸の質量パーセント濃度は，

$$\frac{(溶質)}{(溶液)}=\frac{1200×0.30-39.2}{1200-39.2+7.2}×100$$

$$=\frac{320.8}{1168}×100≒27.5〔\%〕$$

(3) 充電してもとの状態に戻した二次電池に対してさらに充電を行うことを**過充電**という。過充電を続けると，水の電気分解が起こり，負極から水素，正極から酸素が発生し，電解液中の水だけが減少する。このような場合は，蒸留水を補充する必要がある。

参考

鉛蓄電池の充電

鉛蓄電池が放電すると両極板の表面に生成する硫酸鉛(II)$PbSO_4$は柔らかく，電気を通すので，充電により容易に元の状態に戻すことができる。ところが，さらに放電が進むと，$PbSO_4$は次第に凝集して電気を流しにくい結晶に変化する(この現象を**サルフレーション**という)。はじめの鉛蓄電池の起電力は2.0Vであるが，電圧が1.8V以下まで放電してしまうと，両極板の表面が$PbSO_4$の結晶で完全に覆われてしまうので，充電は困難となる。(したがって，1.8Vになる前に充電しなければならない。)

▶**173** (1) **変化しない。**(理由)両電極のイオン化傾向の差も溶液の濃度も変わらないので，起電力は変化しない。

(2) (実験1)　**小さくなる。**(理由)電極板の表面積を小さくすると，電子授受の可能なイオンの数も減少するから。

(実験2)　**やがて0になる。**(理由)両液を混合すると，亜鉛板上で$Cu^{2+}+2e^-\longrightarrow Cu$の反応が起こり，外部回路に移動する電子の数が著しく減少し，やがて電子の移動も止まるから。

(実験3)　**やがて0になる。**(理由)ポリエチレンは水やイオンを通さないので，両液間でのイオンの移動ができなくなり，結局，外部回路への電子の移動も起こらなくなるから。

解説　(1) ダニエル型の電池では，起電力は各電極の電位差として測定されるので，電極の種類を変化させない限り起電力は変化しないと考えてよい。すなわち，目的とする酸化還元反応($Zn+Cu^{2+}\rightleftharpoons Zn^{2+}+Cu$)が平衡状態にあるとき，両電極間の電位差が電池の**起電力**に相当する。よって，上式の平衡をより右へ移動させるような条件を与えると，電池の起電力は少し大きくなる。具体的にいうと，負極では電解液の濃度を薄くするほど，$Zn\rightleftharpoons Zn^{2+}+2e^-$の平衡が右へ移動するので，電池の起電力が少し大きくなる。同様に，正極では電極液の濃度を濃くするほど，$Cu^{2+}+2e^-\rightleftharpoons Cu$の平衡がより右へ移動するので，電池の起電力が少し大きくなる。

(2) (実験2)両液を混合すると，亜鉛板上において$Cu^{2+}+2e^-\longrightarrow Cu$の反応が起こり，生じた$Cu$と$Zn$とが一種の小規模な電池(これを**局部電池**という)をつくり，この電池内で**局部電流**が発生する。したがって，外部回路への主電流は著しく減少し，やがて0になる。

(実験3) 水溶液中でのイオンの移動がなくなると，負極では$Zn\longrightarrow Zn^{2+}+2e^-$，正極では$Cu^{2+}+2e^-\longrightarrow Cu$の反応が起こらなくなり，結果的に，$Zn$板からの外部回路への電子の移動も止まる。

▶**174** (1) (A) $Ni\longrightarrow Ni^{2+}+2e^-$

(B) $Ni^{2+}+2e^-\longrightarrow Ni$

(C) $2H_2O\longrightarrow O_2+4H^++4e^-$

(D) $Ag^++e^-\longrightarrow Ag$

(2) **8.6 g**　(3) $2.7×10^{-3}$**cm**　(4) **0.49 L**

解説　(1) 陽極にPt，C以外の物質を用いた場合，電極自身が酸化されて溶解する反応が優先して起こる。一方，陰極では電極自身が溶解することはなく，陽イオンの還元反応だけが進行する。電解槽(I)の陽極Aでは電極のニッケルの溶解，陰極Bではニッケルの析出が起こる。

電解槽(II)の陽極CにはPt電極を用いているので，陰イオンの酸化反応が起こる。ただし，NO_3^-やSO_4^{2-}は水溶液中では酸化されず，代わりに水分子が酸化され，酸素が発生する。

$$2H_2O\longrightarrow O_2+4H^++4e^-$$

陰極DではAg^+が還元され，銀が析出する。

$$Ag^++e^-\longrightarrow Ag$$

(2) 流れた電気量は，$2.6×(49×60+30)=7722$〔C〕直列回路では，どの電解槽にも流れる電気量は等しい。また，ファラデー定数$F=96500$ C/molより，電気分解に使われた電子の物質量は，

$$\frac{7722}{96500}=0.080〔mol〕$$

D極では，電子1 molよりAg 1 molが析出するから，析出するAgの質量は

$$0.080×108=8.64≒8.6〔g〕$$

(3) B極では，電子2 molよりNi 1 molが析出するから，析出するNiの質量は

$$0.080×\frac{1}{2}×59=2.36〔g〕$$

メッキされたニッケルの厚さをx〔cm〕とすると，

$$(x×100)×8.8=2.36 \quad ∴ \quad x≒2.7×10^{-3}〔cm〕$$

（体積）　（密度）　（質量）

(4) C極では，電子4 molからO_2 1 molが発生するから，発生するO_2の体積(27℃，$1.01×10^5$ Pa)は，

$$0.080 \times \frac{1}{4} \times 22.4 \times \frac{300}{273} \fallingdotseq 0.49〔L〕$$

▶**175**　(1) 鉄が鉄(II)イオンとして溶け出し，ヘキサシアニド鉄(III)酸イオンと反応して，濃青色の沈殿(ターンブル青)を生成した。
(2) 空気中から水溶液中へ溶け込んだ酸素が正極活物質(酸化剤)として電子を取り込み，さらに水分子と反応して，水酸化物イオンを生成した。
(3) $4Fe(OH)_2 + O_2 \longrightarrow 4FeO(OH) + 2H_2O$
　液中で Fe^{2+} と OH^- が出合って $Fe(OH)_2$(緑白色沈殿)を生じ，やがて酸素の作用により $FeO(OH)$(赤褐色沈殿)に変化した。なお，緑褐色とあるのは，$Fe(OH)_2$ と $FeO(OH)$ の混合物として存在していることを示す。
(4) 水中に電解質が含まれると，電極間を流れる電流が大きくなり，金属の腐食が進行しやすくなる。
(5) 鉄板表面では，鉄を負極活物質，酸素を正極活物質とする局部電池が形成され，鉄が酸化されて鉄(II)イオンとなり液中に溶け出し，鉄板に電子が残される。一方，空気中から水溶液中に溶け込んだ酸素は，鉄板から電子を受け取るとともに，周囲の水分子とも反応して水酸化物イオンになる。このように，酸素の供給の多い液滴の周辺部では，主に酸素の還元反応が起こり，酸素の供給が不足する液滴の中心部では，主に鉄の酸化反応が起こりやすい。このような一連の電気化学的なプロセスによって，鉄の腐食が進行していく。

解説　(1) (液滴の中心部)　$Fe \longrightarrow Fe^{2+} + 2e^-$
$Fe^{2+} + K_3[Fe(CN)_6] \longrightarrow K \cdot Fe[Fe(CN)_6] \downarrow + 2K^+$
　　　　　　　　　　　　　　(ターンブル青)
(なお，液滴の中心部は酸素濃度が小さいので，Fe^{3+} ではなく Fe^{2+} として溶けることに注意する。)
(2) (液滴の周辺部)
　　$O_2 + 2H_2O + 4e^- \longrightarrow 4OH^-$
(3) 数時間以上経過すると，どちらの着色部も広がっていくが，両者の接触部では，まず $Fe(OH)_2$ を生じ，やがて，酸素の働きによって酸化水酸化鉄(III) $FeO(OH)$ へと酸化されていく。

① 中央部 青色
② 周辺部 濃赤色
③ 接触部 緑白色 → 緑褐色

この $FeO(OH)$ はヒドロキシ基 $-OH$ どうしで脱水縮合を繰り返して，やがて複雑な構造をもつ $Fe_2O_3 \cdot nH_2O$ (n は $0 < n < 1$)という物質に変化していく。これが鉄の赤サビの正体である。

▶**176**　(1) 隔膜法
(2) 陽極 $2Cl^- \longrightarrow Cl_2 + 2e^-$
　　陰極 $2H_2O + 2e^- \longrightarrow H_2 + 2OH^-$
(3) 10 mol　(4) 3.86×10^5 秒

解説　(1) 工業的に，水酸化ナトリウム NaOH は NaCl 水溶液の電気分解でつくられる。このとき，陰極では H_2 が発生するとともに，塩基性の NaOH が生成する。陽極では発生する Cl_2 の一部が水に溶けて酸性を示す。もし，隔膜がなければ，$2NaOH + Cl_2 \longrightarrow NaCl + NaClO + H_2O$ の副反応が起こり，せっかく生成した NaOH が消費されてしまう。この副反応を防ぐために，両極液を石綿などの隔膜で仕切って電気分解を行う。この方法を**隔膜法**という。現在では，石綿の代わりに陽イオンだけを通す陽イオン交換膜を用いると，この膜は Cl^- を通さないため，NaCl を含まない高純度の NaOH が得られる。この方法を**イオン交換膜法**という。
(2) 陽極が炭素棒のときは，Cl^- が酸化されて塩素が発生する。
　　$2Cl^- \longrightarrow Cl_2 + 2e^-$ ……①
　一方，陰極では，イオン化傾向の大きな Na^+ は還元されないので，代わりに，水分子が還元されて H_2 が発生する。
　　$2H_2O + 2e^- \longrightarrow H_2 + 2OH^-$ ……②
(3) 生成した NaOH は，$5.0 \times 4.0 = 20$〔mol〕
②より，電子 2 mol が反応すると，OH^- 2 mol が生成するから，反応した電子の物質量も 20 mol。
①より，電子 2 mol が反応すると Cl_2 1 mol が生成するから，生成した Cl_2 の物質量は 10 mol。
(4) x 秒間の電流が流れたとすると，
　$5.0 \times x = 20 \times 96500$　　$x = 3.86 \times 10^5$〔秒〕

参考　　　　　　**イオン交換膜法**
　陰極(−)に鉄，陽極(+)に炭素を用いて，塩化ナトリウム水溶液を電気分解すると，陽極では，Cl^- が酸化されて Cl_2 が発生する。このとき，Cl^- は消費されるが Na^+ は反応しないので，Na^+ が余り正電荷が過剰となる。

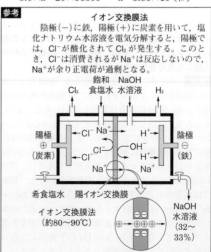

陰極では，H_2 が還元されて H_2 が発生する。このとき，OH^- が生成するため負電荷が過剰となる。このような電荷の不均一を解消するために，電解液中をイオンが移動して，電解槽内にも電流が流れることになるが，中央を**陽イオン交換膜**（陽イオンだけを通す膜）で仕切っておくと，Na^+ だけが陽極側から陰極側に移動する。さらに，電気分解を進めると陰極側では Na^+ と OH^- の濃度が増加するので，これを取り出し濃縮することで，純度の高い $NaOH$ が得られる。このような $NaOH$ の工業的製法を**イオン交換膜法**という。現在，日本では 100%この方法で $NaOH$ が製造されている。

▶177 (1) ① $H_2+2OH^- \longrightarrow 2H_2O+2e^-$

② $O_2+4e^-+2H_2O \longrightarrow 4OH^-$

(2) $1.43\times10^6\,\mathbf{J}$　(3) $7.72\times10^5\,\mathbf{J}$, **54.0%**

(4) $2KOH+CO_2 \longrightarrow K_2CO_3+H_2O$

(5) 燃料（還元剤），酸素（酸化剤）などの活物質を外部から供給し続ける限り，いくらでも電気エネルギーが得られる。

(6) **0.63 V**

解説　(1) **水素燃料電池**は，水素の燃焼に伴う化学エネルギーを，熱エネルギーの形ではなく，直接，電気エネルギーとして取り出す装置である。アルカリ形の場合，負極での反応は，H_2 が電子を放出して生じた H^+ が，溶液中の OH^- と反応して H_2O になると考えればよい。一方，正極での反応は，O_2 が電子を受け取り O^{2-} となり，さらに溶液中の H_2O と反応して，負極で消費された OH^- が再生されると考えればわかりやすい。

なお，リン酸形の場合，各電極での反応は，次の通り。

負極では，H_2 が電子を放出して H^+ となり，正極では，O_2 が電子と H^+ を受け取り H_2O となる反応が起こる。

$$(-)\quad H_2 \longrightarrow 2H^++2e^- \cdots\cdots①$$

$$(+)\quad O_2+4H^++4e^- \longrightarrow 2H_2O \cdots\cdots②$$

(2) 問題の (A) の熱化学反応式の係数比より，H_2 1 mol の燃焼で H_2O（液）1 mol（18g）が生成するとき，286 kJ の熱エネルギーが発生するから，水90gが生成するときに発生する熱エネルギーは，

$$\frac{90}{18}\times286\times10^3=1.43\times10^6\,[J]$$

(3) ①の反応式より，H_2 1 mol から e^- 2 mol が生成するから，1時間あたりで取り出すことのできる電気量は

$$\frac{90}{18}\times2\times96500=9.65\times10^5\,[C]$$

（電気エネルギー J）＝（電気量 C）×（電圧 V）より

$$\therefore\quad 9.65\times10^5\times0.80=7.72\times10^5\,[J]$$

エネルギー変換効率とは，発生した全エネルギーのうち，電気エネルギーに変換された割合をいう。

水素燃料電池のエネルギー変換効率は

$$\frac{7.72\times10^5}{1.43\times10^6}\times100\fallingdotseq54.0\,[\%]$$

参考　　　　**水素燃料電池の特徴**

　燃料電池のエネルギー変換効率は，ガソリンエンジンの変換効率 20～30%に比べて高く，かつ，生成物は水だけで，有害な窒素酸化物を排出しないので，クリーンなエネルギー源として，次世代の自動車の動力源として実用化が進められている。また，この燃料電池は運転時に発生する熱エネルギーを合わせれば，水素と酸素のもつ化学エネルギーの約80%を利用できるので，**コージェネレーションシステム**（電熱併給）として，病院・ホテル・工場・一般家庭などへの普及が進んでいる。

(4) アルカリ形では電池内を OH^- が電気を運び，リン酸形では H^+ が電気を運ぶという点が異なる。また，アルカリ形では運転温度が $70℃$ と比較的低いが，CO_2 を含む空気を使うと，しだいに KOH が消費され K_2CO_3 に変化し，電池の内部抵抗が増大するので，酸素しか使えない。（一方，リン酸形では空気を使っても，H_3PO_4 が CO_2 を吸収しないという利点があるが，運転温度が約 $200℃$ と高くなる。）

アルカリ形の燃料電池は，かつて，アポロ宇宙船の電源として使われ，生成物の水が乗組員の飲料水とされた。現在，広く利用されているのはリン酸形の燃料電池で，空気中でも運転できる利点がある。

(5) 電池内での電子の授受に直接関わる物質を**活物質**という。一般の一次電池・二次電池は，活物質が電池に内蔵されており，電池の活物質の量によって取り出せる電気量が制限されてしまう。一方，燃料電池は，活物質を外部から供給し続ける限り，電極の寿命が来るまで，電気を取り出すことができるという長所がある。

(6) 白金触媒を含ませた多孔質電極の負極側にメタノール水溶液（約90%），正極側に酸素（空気）を供給し，電解質に H^+ だけを通過させる固体の電解質膜を用いた燃料電池を，**直接メタノール燃料電池**という。

運転時の負極では，題意より，CH_3OH と H_2O が反応して，CO_2 と H^+ を生成する。

$$CH_3OH+H_2O \longrightarrow CO_2+H^+$$

CH_3OH の係数を1とおくと，CO_2 の係数は1

　　O原子の数より，H_2O の係数は1

　　H原子の数より，H^+ の係数は6

　　電荷のつり合いより，右辺に $6e^-$ を加える。

$$CH_3OH+H_2O \longrightarrow CO_2+6H^++6e^- \cdots\cdots①$$

運転時の正極では，O_2 が電子 e^- と H^+ を受け取り，H_2O が生成する。

$$O_2+4H^++4e^- \longrightarrow 2H_2O \cdots\cdots②$$

全体の反応は

$$CH_3OH + \frac{3}{2}O_2 + H_2O \xrightarrow{6e^-} CO_2 + 3H_2O \cdots\cdots ③$$

①式より，メタノール 1mol が反応すると，電子 e^-6mol が移動し，$6\times9.65\times10^4$C の電気量を取り出すことができる。

メタノールの燃焼エンタルピーが-726kJ/mol なので，メタノール 1mol が完全燃焼すると 726kJ の熱エネルギーが得られるはずだが，この電池のエネルギー変換効率が 50% なので，取り出せる電気エネルギーはこの半分である。

この電池の運転時の平均電圧を x〔V〕とすると，

電気エネルギー(J)＝電気量(C)×電圧(V) より

$$726\times10^3\times\frac{1}{2} = 6\times9.65\times10^4\times x$$

$$\therefore\ x=0.626 \fallingdotseq 0.63V$$

参考
直接メタノール燃料電池
　直接メタノール燃料電池の負極反応では，白金の触媒作用を利用している。
$Pt+CH_3OH \longrightarrow Pt\text{-}CH_2OH+H^++e^-$
$Pt\text{-}CH_2OH \longrightarrow Pt\text{-}CHOH+H^++e^-$
$Pt\text{-}CHOH \longrightarrow Pt\text{-}COH+H^++e^-$
$Pt\text{-}COH \longrightarrow Pt\text{-}CO+H^++e^-$
$Pt\text{-}CO+H_2O \longrightarrow Pt+CO_2+2H^++2e^-$
あわせて，
$CH_3OH+H_2O \longrightarrow CO_2+6H^++6e^-$
　直接メタノール燃料電池は，一般に普及している水素を用いた燃料電池に比べて，メタンやメタノールなどから水素をつくる**(改質)**装置が不要で，貯蔵や運搬が難しい水素を使用しないという長所がある。一方，Pt 表面に CO が吸着することで，触媒活性が低下する**(触媒の被毒)**が起こること*，負極に供給されたメタノールが電解質膜を透過して正極に達する現象**(クロスオーバー)**のため，正極ではメタノールの酸化と酸素の還元が同時に進行し，電池の電圧が低下するという短所がある。
　*これを防ぐため，白金の表面構造を変えたり，ルテニウムRuを加えた合金を触媒として使用する。

▶178 (1) **579C** (2) **386C**
(3) $2H_2O \longrightarrow 4H^++4e^-+O_2$ (4) **44.8mL**
(5) (a) **増加する** (b) **減少する** (c) **増加する**
(d) **増加する** (e) **増加する** (f) **減少する**
(g) **増加する**
解説 (1) 流れた全電気量は
$0.40\times(6\times60+30)+0.30\times(23\times60+30)$
$=579$〔C〕
(2) 図より，電源から流れ出た電流は，電解槽(I)，(II)に分かれているので，電解槽(I)，(II)は**並列接続**である。電解槽(I)の陰極では，$Cu^{2+}+2e^- \longrightarrow Cu$ の反応が起こる。1mol の Cu の析出には，電子 2mol が必要なので，電解槽(I)に流れた電気量は，

$$\frac{0.0635}{63.5}\times2\times96500=193〔C〕$$

並列接続の場合，各電解槽に流れる電気量の和が電源から流れる全電気量に等しい。
　∴ (電解槽(II)に流れる電気量)＝(全電気量)－(電解槽(I)に流れた電気量)より，
$579-193=386〔C〕$
(3) 溶液中に存在する陰イオンは，SO_4^{2-}であるが，SO_4^{2-}は反応せず，代わりに水分子が酸化される。
$2H_2O \longrightarrow 4H^++4e^-+O_2$
(4) $2H^++2e^- \longrightarrow H_2$ より，電子 2mol が反応すると H_2 1mol が発生するから，

$$\frac{386}{96500}\times\frac{1}{2}\times22400=44.8〔mL〕$$

(5) (a) 2枚の銅板を近づけると，極板間の電気抵抗が小さくなり，電解槽(I)に流れる電流(電気量)は増加し，銅板の質量変化量は増加する。
(b) 2枚の白金板を近づけると，電解槽(II)に流れる電流(電気量)は増加するが，代わりに，電解槽(I)に流れる電流(電気量)は減少し，銅板の質量変化量は減少する。
(c) 水溶液に浸す銅板の面積を増やすと，極板間の電気抵抗が小さくなり，電解槽(I)に流れる電流(電気量)は増加し，銅板の質量変化量は増加する。
(d) 温度を高くすると，溶液の電気抵抗は小さくなり，電解槽(I)，(II)を流れる電流(電気量)はともに増加し，銅板の質量変化量は増加する。
(e) 蒸留水は電気伝導度が非常に小さいので，電解槽(II)にほとんど電流が流れなくなる。そのため，電解槽(I)に流れる電流(電気量)は増加し，銅板の質量変化量は増加する。
(f) 回路の直列部分の電気抵抗が大きくなると，全抵抗が増えたことになり，電解槽(I)，(II)に流れる電流(電気量)がいずれも減少し，銅板の質量変化量は減少する。
(g) 電解槽(II)には全く電流が流れなくなるが，電解槽(I)に流れる電流(電気量)は増加し，銅板の質量変化量は増加する。

▶179 (1) **0.0500mol** (2) **224mL** (3) **12.8**
(4) $Cl_2+2NaOH \longrightarrow NaCl+NaClO+H_2O$
(5) **392mL**
解説 (1) 全電気量 $1.00\times(80\times60+25)$
$=4825$〔C〕
ファラデー定数 $F=96500$C/mol より，反応した電子の物質量は，

$$\frac{4825}{96500}=0.0500〔mol〕$$

(2) A槽とB槽は直列に接続されており，流れた電

気量はともに等しい。

B槽の陰極　$Cu^{2+}+2e^- \longrightarrow Cu$

Cu 1 mol の析出には，電子 2 mol が必要である。
B槽を流れた電子の物質量は，

$$\frac{0.635}{63.5}\times 2=0.0200〔mol〕 \quad である。$$

A槽 $\begin{cases} (-)\ 2H_2O+2e^- \longrightarrow H_2+2OH^- （水素の発生） \\ (+)\ Ag \longrightarrow Ag^++e^- （銀の溶解） \end{cases}$

A槽の陽極では，Pt，C以外の金属を用いており，極板の銀が溶解する反応が優先して起こり，陰イオンの反応（酸化）は起こらないことに注意すること。
電子 2 mol が反応すると，H_2 1 mol が発生する。

$$0.0200\times\frac{1}{2}\times 22400=224〔mL〕$$

(3) A槽とB槽に対して，C槽とD槽は並列に接続されているから，

（C, D槽に流れた電子の物質量）
＝（電源から流れ出た電子の物質量）－（A, B槽に流れた電子の物質量）の関係より，

$0.0500-0.0200=0.0300〔mol〕$

C槽の陰極では，Na^+ は反応せず，代わりに水 H_2O 分子が還元されて H_2 を発生する。

$$2H_2O+2e^- \longrightarrow H_2+2OH^-$$

電子 2 mol が反応すると，OH^- 2 mol が生成する。生成した OH^- の物質量は 0.0300 mol であり，これが 500 mL の溶液中に含まれるから，

$$[OH^-]=\frac{0.0300}{0.500}=6.00\times 10^{-2}〔mol/L〕$$

$$pOH=-\log_{10}(2\times 3\times 10^{-2})$$
$$=2-\log_{10}2-\log_{10}3=1.22$$

∴　$pH=14-1.22=12.78\fallingdotseq 12.8$

(4) C槽の陽極では，$2Cl^- \longrightarrow Cl_2+2e^-$ の反応が起こり，Cl_2 の一部は水に溶けて酸性を示す。

$$Cl_2+H_2O \rightleftharpoons HCl+HClO$$

一方，(3)より C槽の陰極では NaOH が生成するため，隔膜を用いない場合，次の中和反応が起こり，生成した NaOH が無駄に消費されてしまう。

$$Cl_2+2NaOH \longrightarrow NaCl+NaClO+H_2O$$

(5) D槽の陰極では，$Zn^{2+}+2e^- \longrightarrow Zn$ による亜鉛の析出と，$2H^++2e^- \longrightarrow H_2$ による水素の発生が競争的に起こる。

（電気分解に使われた総電気量）
＝（Znの析出分の電気量）＋（H₂発生分の電気量）

の関係が成り立ち，並列回路のときと同様の計算をすればよい。

Zn の析出に使われた電子の物質量は，Zn 1 mol の析出に電子 2 mol が必要だから，

$$\frac{0.327}{65.4}\times 2=0.0100〔mol〕$$

よって，水素の発生に使われた電子の物質量は，

$$0.0300-0.0100=0.0200〔mol〕$$

電子 2 mol が反応すると，H_2 1 mol が発生するから，発生した H_2 の体積（標準状態）は，

$$0.0200\times\frac{1}{2}\times 22400=224〔mL〕$$

一方，D槽の陽極では，SO_4^{2-} が反応しないので，H_2O 分子が次のように酸化され O_2 を発生する。

$$2H_2O \longrightarrow 4H^++4e^-+O_2$$

電子 4 mol が反応すると，O_2 1 mol が発生するから，発生した O_2 の体積は，

$$0.0300\times\frac{1}{4}\times 22400=168〔mL〕$$

気体の発生量の合計は，$224+168=392〔mL〕$

参考

水素過電圧と陰極の反応

水の電気分解では，陰極に H_2，陽極に O_2 が発生するので，次のような電池が形成されたことになる。

$(-)H_2|H_2SO_4|O_2(+)$（起電力 1.23 V）

したがって，水の電気分解を継続させるには，この起電力に相当する電圧を与え続ければよいはずである。しかし，実際にはこれより大きな電圧（**分解電圧**という）が必要となる。このとき，余分に加えなければならない電圧を**過電圧**という。水溶液の電気分解の場合，金属が析出するときは過電圧はほぼ 0 V であるが，水素や酸素などの気体が発生する場合には，一定の過電圧が必要となる。

一般に水素過電圧は，Pt＜Au＜Ag＜Ni＜Fe＜Cu＜Sn＜Pb＜Zn＜Hg の順であり，融点の低い金属で大きい傾向がある。また，電流密度が大きく，電極表面が平滑ほど水素過電圧は大きい（水素が発生しにくい）。逆に，電流密度が小さく，電極表面が粗いほど水素過電圧は小さい（水素が発生しやすい）傾向がある。

一般に，イオン化傾向の小さい Ag^+ や Cu^{2+} の水溶液では，どんなに低濃度でも金属の析出のみが起こる。イオン化傾向の大きい K^+，Na^+，Mg^{2+}，Al^{3+} などの水溶液では，どんなに高濃度でも金属の析出は起こらず，代わりに水素が発生する。ところが，イオン化傾向が中程度の Zn^{2+} や Ni^{2+} を含む水溶液を電気分解すると，金属イオンの濃度が大きいときは，金属の析出が優勢であるが，金属イオンの濃度が小さくなると水素の発生が優勢となり，金属イオンの濃度によっては，金属の析出と水素の発生が同時に行われることがある。

$Zn^{2+}+2e^- \longrightarrow Zn$ 〔Zn^{2+}が高濃度，高電流で〕
$2H^++2e^- \longrightarrow H_2$ 〔は，Znの析出が優勢〕

そのうち，水素過電圧の小さな Fe^{2+}，Ni^{2+} では金属析出よりも水素発生の方が優勢に起こる。一方，水素過電圧の大きな Zn^{2+}，Sn^{2+}，Pb^{2+} では水素発生よりも金属析出の方が優勢に起こる。水素発生を目的とする電気分解では，水素過電圧の小さな金属（電極）や条件を選んで行われる。一方，金属析出を目的とするメッキでは，水素過電圧の大きな金属（電極）や条件を選んで行われる。

▶**180** (1) ア $4OH^- \longrightarrow 2H_2O+O_2+4e^-$

イ $2Cd+O_2+2H_2O$

(2) 負極 $Cd+2OH^- \longrightarrow Cd(OH)_2+2e^-$

正極 $NiO(OH)+e^-+H_2O \longrightarrow Ni(OH)_2+OH^-$

$Cd+2NiO(OH)+2H_2O \longrightarrow Cd(OH)_2+2Ni(OH)_2$

(3) **2.7時間**

(4) 負極 **9.5×10^2 mg増加**，正極 **56 mg増加**

解説　負極にカドミウム Cd，正極に酸化水酸化ニッケル(Ⅲ) NiO(OH)，電解液に水酸化カリウム KOH 水溶液を用いた二次電池を，**ニッケル・カドミウム電池(ニッカド電池)** という。

負極活物質(還元剤)である Cd は電子を放出して Cd(OH)₂ になり，正極活物質(酸化剤)である NiO(OH)は電子を受け取って Ni(OH)₂ になる。Cd，Ni ともに水溶液中では，酸化数が +2 の状態が最も安定で，上記の反応は自発的に進行する。

ニッカド電池において，電解液に強塩基の KOH 水溶液を用いた理由は，塩基性では放電により Cd²⁺，Ni²⁺ ともに水に不溶性の水酸化物として極板に付着するので，逆向きの電流を流せば，電極を容易にもとの状態に戻すことができるからである。つまり，充電を可能にするために，電解液を塩基性にする必要があったわけである。これは，鉛蓄電池において，両極で生成した Pb²⁺ をともに PbSO₄ として極板に付着させ，充電を可能にするために，電解液に希硫酸を用いていたのと同じ理由による。

Ni-Cd 電池の特長として，①鉛蓄電池よりも電極自身が軽量であること。②放電により，電解液の濃度が減少しないので，起電力は長く一定に保たれる。③過放電，過充電など苛酷な使用にも耐えることなどがある。

(1) ア 過充電したときの正極では，NiO(OH)はもはや変化しない。したがって，OH⁻ の電子を失う酸化反応が起こり，酸素が発生する。

$$4OH^- \longrightarrow O_2+2H_2O+4e^-$$

(充電中は，Ni(OH)₂ から NiO(OH)への変化が起こるため，酸素は発生しない。)

イ Cd が O₂ により酸化され，Cd(OH)₂ となる反応は次のように考えられる。

$$Cd \longrightarrow Cd^{2+}+2e^- \cdots\cdots①$$
$$O_2+2H_2O+4e^- \longrightarrow 4OH^- \cdots\cdots②$$

①×2＋②より，

$$2Cd+O_2+2H_2O \longrightarrow 2Cd(OH)_2$$

(2) 負極では，Cd は電子を放出して Cd²⁺，さらに OH⁻ と結合して Cd(OH)₂ になる。

$$Cd+2OH^- \longrightarrow Cd(OH)_2+2e^- \cdots\cdots③$$

正極では，NiO(OH)は電子を受け取り Ni(OH)₂ になる。

$$NiO(OH)+e^- \longrightarrow Ni(OH)_2$$

両辺の電荷を OH⁻，原子の数を H₂O であわせると，④式が得られる。

$$NiO(OH)+e^-+H_2O \longrightarrow Ni(OH)_2+OH^- \cdots\cdots④$$

③＋④×2より，⑤式が得られる。

$$Cd+2NiO(OH)+2H_2O \xrightarrow{2e^-}$$
$$Cd(OH)_2+2Ni(OH)_2 \cdots\cdots⑤$$

(3) ④式より，NiO(OH) 1 mol から電子 1 mol が取り出せる。

NiO(OH)＝92より，NiO(OH) 1.84 g から $\dfrac{1.84}{92}$＝0.020〔mol〕の電子が取り出せる。

0.20 A の電流が x 時間取り出せるとすると，

$$0.20 \times (x \times 3600)=0.020 \times 96500$$
$$\therefore x=2.68 \fallingdotseq 2.7〔時間〕$$

(4) 取り出した電気量を，電子の物質量で表すと，

$$\frac{1.5 \times 3600}{96500} \fallingdotseq 0.056〔mol〕$$

③式より，電子 2 mol が反応すると，負極では Cd 1 mol が Cd(OH)₂ 1 mol に変化し，34 g の質量増加が起こる。

$$0.056 \times \frac{1}{2} \times 34 \times 10^3=952 \fallingdotseq 9.5 \times 10^2〔mg〕$$

の質量増加が起こる。

④式より，電子 1 mol が反応すると，正極では NiO(OH) 1 mol が Ni(OH)₂ 1 mol に変化し，1.0 g の質量増加が起こる。

$0.056 \times 1.0 \times 10^3=56〔mg〕$ の質量増加が起こる。

▶**181** ア **MnO_2**　イ **Zn^{2+}**

ウ **$[Zn(NH_3)_4]^{2+}$**（**$[Zn(NH_3)_2]^{2+}$** も可）

エ **H^+**（**H_3O^+** も可）　オ **$MnO(OH)$**

カ **$[Zn(OH)_4]^{2-}$**　キ **OH^-**

解説　従来型の**マンガン乾電池**の電池式は，次式で表される。

$$(-)Zn \,|\, NH_4Claq, ZnCl_2aq \,|\, MnO_2 \cdot C\,(+)$$

電池内で電子を放出する還元剤としての役割をしている物質が亜鉛で，**負極活物質**とよばれる。

一方，正極に使われている黒鉛自身は，化学変化しないので正極活物質ではなく，電流を取り出す役割を果たしているので，**集電体**とよばれる。電池内で電子を受け取る酸化剤としての役割を果たしているのは酸化マンガン(Ⅳ)で，**正極活物質**とよばれる。

従来型の電解液は，NH₄Cl を主成分とし ZnCl₂ を少量加えたものであった。負極では，溶解した Zn²⁺ は電解液中の NH₄⁺ と反応して安定なアンミン錯イオンをつくる。このため，電解液中の Zn²⁺ の濃度が常に低濃度に保たれ，亜鉛のイオン化を促進している。(Zn²⁺ の濃度が増大すると，Zn のイオン

化が妨げられる。)

$$Zn^{2+}+4NH_4^- \longrightarrow [Zn(NH_3)_4]^{2+}+4H^+$$
テトラアンミン亜鉛(II)イオン

$$Zn^{2+}+2NH_4^- \longrightarrow [Zn(NH_3)_2]^{2+}+2H^+$$
ジアンミン亜鉛(II)イオン

一方，アルカリマンガン乾電池の構成は次の通り。

$$(-)\ Zn\,|\,ZnO,\ KOHaq\,|\,MnO_2 \cdot C\ (+)$$

負極では，Zn^{2+}は次式のようにヒドロキシド錯イオンをつくるので，Zn^{2+}の濃度の増大が防がれる。

$$Zn^{2+}+4OH^- \longrightarrow [Zn(OH)_4]^{2-}$$
テトラヒドロキシド亜鉛(II)酸イオン

一般に，電池を放電すると，外部回路の導線内では電子の移動で，電解液中ではイオンの移動により，それぞれ電荷が運ばれ，電流が流れる。

マンガン乾電池では，負極付近で生じたH^+（H_3O^+）が正極で反応するので，H^+（H_3O^+）が負極から正極へ向かって移動して電荷を運ぶが，アルカリマンガン乾電池では，正極付近で生じたOH^-が正極から負極へ向かって移動して電荷を運んでいる。

マンガン乾電池の正極では，MnO_2自身が電子を受け取り，その際にH^+も一緒に反応して，酸化水酸化マンガン(III)$MnO(OH)$が生成するという考え方が主流となっている。

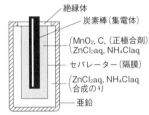

絶縁体
炭素棒(集電体)
{MnO_2, C, (正極合剤)
{$ZnCl_2aq$, NH_4Claq)
セパレーター(隔膜)
{$ZnCl_2aq$, NH_4Claq
合成のり}
亜鉛

$$MnO_2+H^++e^- \longrightarrow MnO(OH)$$

一方，アルカリマンガン乾電池の正極でも，MnO_2自身が電子を受け取り，その際にH_2Oも一緒に反応して，酸化水酸化マンガン(III)とOH^-を生成するという考え方が主流となっている。

$$MnO_2+e^-+H_2O \longrightarrow MnO(OH)+OH^-$$

▶**182** (1) (ア) 硫酸銅(II)　(イ) 陽　(ウ) 陰
(エ) 金，銀　(オ) 亜鉛，鉄，ニッケル　(カ) 鉛

(キ) 電解精錬　(i) $Cu \longrightarrow Cu^{2+}+2e^-$
(ii) $Cu^{2+}+2e^- \longrightarrow Cu$
(2) $Cu_2S+O_2 \longrightarrow 2Cu+SO_2$
(3) 電圧を高くすると，陽極からAgが溶解したり，陰極にZnやFeなどが析出し，銅の純度が低下するから。(4) **0.13 g**

解説 (1)～(3) 黄銅鉱$CuFeS_2$と石灰石とコークス，ケイ砂などを，溶鉱炉でやや酸素を不十分に供給して強熱すると，イオン化傾向は$Fe>Cu$なので，酸化されやすい鉄成分(FeS)が先に酸化されて酸化鉄(II)FeOとなり，石灰石や鉱石中のSiO_2と化合して，$FeSiO_3$や$CaSiO_3$などとなって上層(鍰（からみ）)に，残る銅成分(CuS)は還元されて硫化銅(I)Cu_2Sとなって下層(鈹（かわ）)に分離される。

$$2CuFeS_2+4O_2+2SiO_2 \longrightarrow$$
$$Cu_2S+2FeSiO_3+3SO_2$$

硫化銅(I)を転炉に移し，熱風を吹きこむと，次式のように反応して，純度約99%の粗銅が得られる。

$$2Cu_2S+3O_2 \longrightarrow 2Cu_2O+2SO_2 \cdots \cdots ①$$
$$Cu_2S+2Cu_2O \longrightarrow 6Cu+SO_2 \cdots \cdots ②$$

(①+②)÷3より，$Cu_2S+O_2 \longrightarrow 2Cu+SO_2$

得られた粗銅($Cu\ 99\%$)から純銅($Cu\ 99.99\%$)を得るのに，さらに電気分解が利用される。これを銅の電解精錬という。このとき，粗銅中の不純物のうち，銅よりもイオン化傾向の小さいAgやAuなどはイオン化せず，単体のまま陽極の下に沈殿する(**陽極泥**)。一方，銅よりもイオン化傾向の大きいZnやFe，Niなどはイオン化するが，低電圧のため，陰極には単体として析出することなく，溶液中に残る。したがって，陰極にはCuだけが析出する。ただし，鉛だけは，いったんPb^{2+}となるが，直ちに溶液中のSO_4^{2-}と結合して$PbSO_4$となり，陽極泥といっしょに沈殿することに注意してほしい。

(4) 陰極では$Cu^{2+}+2e^- \longrightarrow Cu$の反応が起こり，$Cu\ 1\,mol$を析出するのに電子$2\,mol$が必要である。

反応した電子の物質量は，$\dfrac{1.92}{64} \times 2 = 0.060\,[mol]$

より，陰極に析出したCuは$0.030\,mol$である。
陽極では，CuとNiの溶解にこの$0.060\,mol$の電子が使われる。一方，水溶液中でCu^{2+}が$0.010\,mol$減少したことと，析出したCuの物質量が$0.030\,mol$であることを考え合わせると，陽極で溶解したCuの物質量は$0.020\,mol$である。陽極での反応は，$Cu \longrightarrow Cu^{2+}+2e^-$より，$0.020 \times 2 = 0.040\,[mol]$の電子がこの反応に使われた。

よって，$Ni \longrightarrow Ni^{2+}+2e^-$の反応に使われた電子の物質量は，$0.060-0.040=0.020\,[mol]$

$$\left|\begin{array}{l}\text{溶解した Cu の質量}\\ \quad 0.040\times\dfrac{1}{2}\times64=1.28〔g〕\\ \text{溶解した Ni の質量}\\ \quad 0.020\times\dfrac{1}{2}\times59=0.59〔g〕\end{array}\right.$$

陽極全体の質量減少量が 2.00 g なので，

$$2.00-1.28-0.59=0.13〔g〕$$

（これが陽極泥として沈殿した銀の質量である。）

▶183 (1) 0.11 L　(2) 0.26 g

(3) 0.13 L　(4) 1.4

解説　本問のように，薄い金属塩の水溶液の電気分解では，まず，イオン化傾向の小さな Cu^{2+} が反応して Cu が析出するが，Cu^{2+} がなくなると，H_2O が反応して H_2 が発生するようになる（途中変更）。

(1) 流れた電子の物質量は，

$$\frac{1.0\times(32\times60+10)}{9.65\times10^4}=0.020〔mol〕$$

陽極では H_2O が酸化されて O_2 が発生する。

$$2H_2O \longrightarrow O_2+4H^++4e^-\cdots\cdots①$$

e^- 4 mol で O_2 1 mol が発生するから，

$$O_2 \quad 0.020\times\frac{1}{4}\times22.4=0.112≒0.11〔L〕$$

(2) 陰極では Cu^{2+} が還元されて Cu が析出する。

$$Cu^{2+}+2e^- \longrightarrow Cu\cdots\cdots②$$

e^- 2 mol で Cu 1 mol が析出するから，水溶液中に Cu^{2+} が十分にあれば，$0.020\times\dfrac{1}{2}=0.010〔mol〕$ の Cu が析出する。

しかし，水溶液中に存在する Cu^{2+} の物質量は，

$$0.020\times\frac{200}{1000}=4.0\times10^{-3}〔mol〕$$ であるから，

析出する Cu の質量は

$$4.0\times10^{-3}\times64=0.256≒0.26〔g〕$$

(3) Cu がすべて析出すると，H_2O が還元されて H_2 が発生する反応が起こる。

$$2H_2O + 2e^- \longrightarrow H_2+2OH^-\cdots\cdots③$$

（全電気量）＝（Cu の析出に使われた電気量）
　　　　　　＋（H_2 の発生に使われた電気量）より，

H_2 の発生に使われた電子の物質量は，

$$2.0\times10^{-2}-(4.0\times10^{-3}\times2)=1.2\times10^{-2}〔mol〕$$

③より，e^- 2 mol で H_2 1 mol が発生するから，

$$H_2 \quad 1.2\times10^{-2}\times\frac{1}{2}\times22.4=0.134≒0.13〔L〕$$

(4) 陰極で Cu の析出が終わった後は，陰極から H_2，陽極から O_2 が発生する。つまり，全体では水の電気分解が進行するので，水溶液の pH は変化しなくなる。したがって，水溶液の pH が低下するのは，Cu が析出している間だけである。

Cu の析出に使われた電子の物質量は，8.0×10^{-3} mol であり，①より，この間に生成した H^+ の物質量も 8.0×10^{-3} mol である。

電解後の水溶液の水素イオン濃度 $[H^+]$ は，

$$[H^+]=\frac{8.0\times10^{-3}}{0.20}=4.0\times10^{-2}〔mol/L〕$$

$$pH=-\log_{10}(2^2\times10^{-2})=2-2\log_{10}2=1.4$$

▶184 (1) ① $Al_2O_3+2NaOH+3H_2O \longrightarrow 2Na[Al(OH)_4]$

② $Na[Al(OH)_4] \longrightarrow Al(OH)_3+NaOH$

③ $2Al(OH)_3 \longrightarrow Al_2O_3+3H_2O$

(2) アルミナの融点が高いので，氷晶石を加えて融点を下げるため。

(3) アルミニウム塩の水溶液の電気分解では，イオン化傾向の大きい Al^{3+} は反応せず，代わりに水分子が還元され，水素を発生するから。

(4) (i) 2.88 kg　(ii) 1.20 kg　(iii) 2.67×10^4 Pa

(5) 85.8%

解説　(1) 酸化アルミニウムは両性酸化物で，水酸化ナトリウム水溶液にはテトラヒドロキシドアルミン酸ナトリウム $Na[Al(OH)_4]$ となって溶ける。不純物の Fe_2O_3 は両性酸化物ではないので溶解しない。また，SiO_2 は酸性酸化物であるが，NaOH 水溶液中では安定に存在する。（融解状態でないと NaOH とは反応しない。）

$Na[Al(OH)_4]$ は強い塩基性では安定であるが，水を加えて溶液の pH を下げると，次式の平衡が左へ移動して水酸化アルミニウム $Al(OH)_3$ が沈殿する。

$$Al(OH)_3+NaOH \rightleftharpoons Na[Al(OH)_4]$$

(2) 純物質よりも，融点の低い物質を含んだ混合物の方が融点が低くなるという融点降下（凝固点降下）の原理を利用している。アルミナ（Al_2O_3）の融点は 2054 ℃ とかなり高いので，そのままでは融解させるのが困難である。そこで，氷晶石（融点 1010 ℃）の融解液に少しずつアルミナを加えて融点を下げ，約 960 ℃ で溶融塩電解を行う。この方法をホール・エルー法という。その際，陰極では，Na^+ は Al^{3+} よりも少し電子を受け取りにくく，陽極では，F^- は O^{2-} よりも電子を失いにくいので，加えた氷晶石 Na_3AlF_6 自身は電気分解されない。つまり氷晶石は結果的にアルミナの融点を下げる働き（融剤）をしたことになる。

(4) 気体の（物質量比）＝（体積比）より，CO は 896 L（＝40 mol），CO_2 は 1344 L（＝60 mol）発生する。

$$C+O^{2-} \longrightarrow CO+2e^-$$
$$C+2O^{2-} \longrightarrow CO_2+4e^-$$

より，反応した電子の物質量は，

$$40\times2+60\times4=320〔mol〕$$

(i) 陰極では，$Al^{3+}+3e^- \longrightarrow Al$ より，電子 $3\,mol$ から $Al\,1\,mol$ が生成するから，

$$320 \times \frac{1}{3} \times 27 = 2880\,(g) = 2.88\,(kg)$$

(ii) $CO\,40\,mol$ 中には $C\,40\,mol$，$CO_2\,60\,mol$ 中にも $C\,60\,mol$ が含まれるから，

$$(40+60) \times 12 = 1200\,(g) = 1.20\,(kg)$$

(iii) (a)式のように，固体を含む平衡では，固体成分の C(黒鉛)の濃度や分圧は定数とみなせるので，平衡定数の式は気体成分の濃度や分圧だけで表されることに留意すること。

(分圧) = (全圧) × (モル分率) より，

$$P_{CO} = 1.0 \times 10^5 \times \frac{40}{60+40} = 4.0 \times 10^4\,(Pa)$$

$$P_{CO_2} = 1.0 \times 10^5 \times \frac{60}{60+40} = 6.0 \times 10^4\,(Pa)$$

$$\therefore K_p = \frac{P_{CO}^2}{P_{CO_2}} = \frac{(4.0 \times 10^4)^2}{6.0 \times 10^4} \fallingdotseq 2.67 \times 10^4\,(Pa)$$

(5) 電源から流れ出した電気量を電子の物質量に換算すると，

$$\frac{50 \times (200 \times 3600)}{96500} \fallingdotseq 373\,(mol)$$

$$\therefore \ \text{電流効率は，} \ \frac{320}{373} \times 100 \fallingdotseq 85.8\,(\%)$$

補足 電気分解において，どれだけの電気量が目的とする反応に利用されたかの割合を**電流効率**といい，次式で求められる。
$$\frac{実際の析出量}{理論の析出量} \times 100$$
通常，水溶液の電気分解の電流効率は97〜98%もあるが，融解塩電解の電流効率は85〜90%になる。これは，電解槽を高温に保つために，かなりの電気エネルギーが熱エネルギーとして消費されるためである。

▶**185** (1) 13.3　(2) 1.1A
(3) A：B：C：D：E＝5：3：7：3：5

解説 陽イオン交換膜と陰イオン交換膜を交互に配列し，その両端に電極を挿入して，食塩水を電気分解すると，イオンが濃縮される部屋とイオンが希釈される部屋とが交互にできる。このような方法を**電気透析法**といい，濃縮室から得られた食塩水は食塩の製造に利用される。
(1) E槽(陰極)では，イオン化傾向の大きい Na^+ は還元されず，代わりに水分子が還元される。

$$2H_2O + 2e^- \longrightarrow H_2 + 2OH^-$$

電子 $2\,mol$ が反応すると，$H_2\,1\,mol$ と $OH^-\,2\,mol$ が生成する。発生した H_2 を $n\,(mol)$ とすると，

$$1.0 \times 10^5 \times 2.5 = n \times 8.3 \times 10^3 \times 300$$

$$n \fallingdotseq 1.0 \times 10^{-1}\,(mol)$$

$$\therefore \ \text{反応した電子の物質量は} 2.0 \times 10^{-1}\,mol \text{で，生}$$

成した OH^- も $2.0 \times 10^{-1}\,mol$。これが溶液 $1.0\,L$ 中に含まれるから，$[OH^-] = 2.0 \times 10^{-1}\,(mol/L)$
$$pOH = -\log_{10}(2.0 \times 10^{-1}) = 1 - \log_{10}2 = 0.70$$
$pH + pOH = 14$ より，$pH = 14 - 0.70 = 13.3$

(2) この電気分解の平均電流を $x\,(A)$ とすると，
$$F = 9.65 \times 10^4\,(C/mol) \ \text{より，}$$
$$2.0 \times 10^{-1} \times 9.65 \times 10^4 = x \times (5 \times 3600)$$
$$\therefore \ x = 1.07 \fallingdotseq 1.1\,(A)$$

(3) A槽(陽極)では，$2Cl^- \longrightarrow Cl_2 + 2e^-$
A槽の炭素電極が陽極，E槽の鉄電極が陰極なので，陽イオンは右方向へ向かって，陰イオンは左方向に向かってそれぞれ移動する。

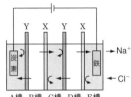

A槽　陽極で Cl^- が $0.20\,mol$ 消費され Cl_2 を発生するとともに，B槽から $Cl^-\,0.20\,mol$ が移動してくる。Na^+ の移動はなく，$NaCl$ の濃度変化なし。

E槽　陰極で $0.20\,mol$ の OH^- が生成し，D槽から Na^+ が $0.20\,mol$ 移動してくる。Cl^- の移動はなく，$NaCl$ の濃度変化なし。

B槽　$0.20\,mol$ の Cl^- がA槽へ移動し，$0.20\,mol$ の Na^+ がC槽へ移動する。したがって，$NaCl$ の濃度は $0.20\,mol/L$ 減少する。

C槽　$0.20\,mol$ の Na^+ がB槽から，$0.20\,mol$ の Cl^- がD槽から移動してくる。したがって，$NaCl$ の濃度は $0.20\,mol/L$ 増加する。

D槽　$0.20\,mol$ の Na^+ がE槽へ，$0.20\,mol$ の Cl^- がC槽へ移動する。したがって，$NaCl$ の濃度は $0.20\,mol/L$ 減少する。

$NaCl$ 水溶液の濃度比は，A：B：C：D：E＝0.50：0.30：0.70：0.30：0.50 となる。

参考 **食塩の製造(電気透析法)**
食塩の製造では，$NaCl$ 水溶液は陰極・陽極ともに H_2，Cl_2 の発生が起こらない程度の低電圧で電気分解が行われる。希釈室には原料食塩水(約3%)を導き，濃縮室から濃縮食塩水(約20%)を取り出し，減圧下で加熱して食塩を得ている。

▶**186** (1) ① $M + H_2O + e^-$
② $Ni(OH)_2 + OH^-$
③ $MH + NiO(OH) \longrightarrow M + Ni(OH)_2$
④ 変化しない　⑤ 水素　⑥ 酸素
⑦ $4MH + O_2$
(2) 負極 $-0.10\,g$，正極 $+0.10\,g$

解説 ニッケル・水素電池は，電解液に KOH 水溶

液，負極に水素吸蔵合金 M(**20 解説**)に水素を吸蔵
させた金属水素化物 MH を，正極には酸化水酸化ニ
ッケル(Ⅲ)NiO(OH)を用いた二次電池である。

この電池を放電すると，負極では酸化反応が起こ
るので，MH は酸化されて M になる。このとき，放
出された H⁺は電解液中の OH⁻と反応し H₂O になる。
負極　$MH + OH^- \longrightarrow M + H_2O + e^-$ ……①

正極では還元反応が起こるので，NiO(OH)は還元
されて水酸化ニッケル(Ⅱ)Ni(OH)₂ になる。この
とき，H₂O も一緒に反応し，OH⁻が再生される。
正極　$NiO(OH) + e^- + H_2O \longrightarrow Ni(OH)_2 + OH^-$ …②

放電時の電池全体での反応式は，①，②式より e⁻
を消去すればよい。
$$MH + NiO(OH) \xrightarrow{e^-} M + Ni(OH)_2 \cdots ③$$

放電の際，OH⁻は負極で消費されるが，正極で生
成される。H₂O は正極で消費されるが，負極で生成
される。また，K⁺は反応しない。したがって，放
電により電解液である KOH 水溶液の濃度は変化し
ない(充電時も同様である)。

ニッケル・水素電池は，その負極と正極を，それ
ぞれ外部電源の負極と正極に接続して直流電流を流
すと，放電とは逆の反応が起こり，放電前の状態に
戻すことができる。この操作を**充電**という。

充電終了後も，外部電源により電池に電流を流し
続けることを**過充電**という。ニッケル・水素電池で
は，充電により，M および Ni(OH)₂ のすべてが MH，
NiO(OH)に戻ると，それ以降は，電解液，すなわ
ち水の電解が起こり，負極では H₂，正極では O₂ が
発生するため，電池内の圧力が増大し，破裂する恐
れがあり危険である。これを防ぐため，負極の水素
吸蔵合金 M の物質量を正極の NiO(OH)の物質量よ
りも多く入れてある。

そのため，ある程度の過充電が起こっても，負極
では H₂ は水素吸蔵合金 M に吸蔵されて，H₂ ガスは
発生しない。しかも，正極で発生した O₂ は負極の
MH とさらに次のように反応する。
$$4MH + O_2 \longrightarrow 4M + 2H_2O$$
この反応により，O₂ は H₂O として消費されるため，
電池内の圧力増加を防止することができる。
(2) 放電時の反応式は次の通り。
$$MH + NiO(OH) \xrightarrow{e^-} M + Ni(OH)_2$$
電子 1 mol が流れると，負極では MH 1 mol が M 1
mol に変化し，正極では NiO(OH) 1 mol が Ni(OH)₂
1 mol に変化する。

放電により，電子 0.10 mol を取り出したときの
負極，正極の質量変化は，
(負極)　式量は，MH=73，M=72 より
　　　$-0.10 \times 73 + 0.10 \times 72 = -0.10$〔g〕
(正極)　式量は，NiO(OH)=92，Ni(OH)₂=93 より

　　　$-0.10 \times 92 + 0.10 \times 93 = +0.10$〔g〕

▶187 (1) (ア) 正　(イ) 負　(ウ) 正　(エ) 負
(オ) 分子間力　(カ) 酸化
(2) (a) 金属リチウムは，常温で水と反応して水素
を発生するため。(d) リチウムイオン電池は起電
力が高く，水の電気分解が起こるから。
(3) 負極と正極が金属リチウムで短絡(ショート)す
ると，負極で放出される電子が直接正極に流れ込む
ので，外部回路に電流が流れなくなるから。
(4) 負極 $LiC_6 \longrightarrow C_6 + Li^+ + e^-$，
正極 $CoO_2 + e^- + Li^+ \longrightarrow LiCoO_2$
(5) $LiC_6 + CoO_2 \longrightarrow LiCoO_2 + C_6$　　$\Delta H = -405$ kJ
(6) 4.20 V　(7) 0.33 mol

解説　(1) 電池の放電では，負極で酸化反応，正
極で還元反応が起こる。
リチウム電池の放電時の反応は，次の通り。
　(−)極　$Li \longrightarrow Li^+ + e^-$　(酸化)
　(+)極　$MnO_2 + Li^+ + e^- \longrightarrow LiMnO_2$　(還元)

酸化されやすい金属リチウムを用いた電極が負極
であり，酸化マンガン(Ⅳ)MnO₂ が正極となる。
(MnO₂ は多孔質で，その細孔中に Li⁺を取り込むと，
Mn の酸化数は +4 → +3 へ還元される。)

リチウムイオン電池は二次電池で，充電時には正
極では酸化反応，負極では還元反応が起こることか
ら電極の正・負を判断する。

充電時に LiCoO₂ では Co³⁺が Co⁴⁺に酸化されるこ
とから，こちらの電極が正極とわかる。

一方，充電時に黒鉛が還元されるとの記述から，
こちらの電極が負極とわかる。
(2) リチウム電池やリチウムイオン電池では，いずれ
も電解液として，エチレンカーボネート (CH₂O)₂CO
などの有機溶媒を用いるが，その理由は異なる。

リチウム電池の場合は，負極に金属 Li を用いて
いるので，電解液に水溶液を用いると，金属 Li が
水と反応するので不適である。

一方，リチウムイオン電池の場合は，起電力が高
い(約4 V)ため，電解液に Li⁺を含む水溶液を用いる
と，溶媒である水分子自身の電気分解が起こり，負
極で H₂，正極で O₂ が発生するので不適である(水
の電気分解は約 2.0 V 以上で起こる)。したがって，
高い起電力であっても，溶媒自身が電気分解されな
い有機溶媒が用いられる。ただし，有機溶媒は電気
伝導性が低いので，有機溶媒中でも十分に電離可能
なリチウム塩類などを溶かして，その電気伝導性を
高める工夫が必要である。
(3) 初期に開発されたリチウム二次電池では，充・
放電の繰り返しによって生成したリチウムの樹枝状
結晶によって，正・負極間がショート(短絡)され，

電池内に大電流が流れ，ジュール熱により発火事故が相次いだ。

(4) 充電時の反応を問題文から読み取ると

（＋）極　$LiCoO_2 \longrightarrow Li^+ + e^- + CoO_2$

（－）極　$C_6 + Li^+ + e^- \longrightarrow LiC_6$

この逆反応が放電時の各電極反応となる。

（－）極　$LiC_6 \longrightarrow C_6 + Li^+ + e^-$

（＋）極　$CoO_2 + Li^+ + e^- \longrightarrow LiCoO_2$

(5) 放電時の両電極での反応式を足し合わせると，電池全体の反応式が得られる。

$$LiC_6 + CoO_2 \longrightarrow LiCoO_2 + C_6$$

となる。求める熱化学反応式は

$$LiC_6 + CoO_2 \longrightarrow LiCoO_2 + C_6 \quad \Delta H = x\,\text{kJ}$$

（反応エンタルピー）＝（反応物の結合エネルギーの和）－（生成物の結合エネルギーの和）より

$$\Delta H = (4482 + 1561) - (2140 + 4308)$$
$$= -405\,(\text{kJ})$$

(6) (5)で求めた熱化学反応式より，リチウムイオン電池の放電によって，電子 1 mol（9.65×10^4 C）が負極から正極へ移動すると，405 kJ の化学エネルギーが電気エネルギーに変換されたと考える。

リチウムイオン電池の起電力を x(V) とすると，

電気エネルギー(J)＝電気量(C)×起電力(V) より，

$$405 \times 10^3 = 9.65 \times 10^4 \times x \quad \therefore \quad x \fallingdotseq 4.20\,(V)$$

(7) 反応式より，リチウムイオン電池では，Li 1 mol（6.9 g）が反応すると，電子 1 mol が取り出せるから，取り出される電子の物質量は，

$$\frac{2.3}{6.9} = \frac{1}{3} \fallingdotseq 0.33\,(\text{mol})$$

リチウムイオン電池は，Li^+ が負極と正極間を往復するだけのシンプルな構造のため，ニッケル・カドミウム電池やニッケル・水素電池でみられる，浅い充電や放電を繰り返すと電池の容量が減少する**メモリー効果**が少なく，電池の寿命も長い。現在，電気自動車やハイブリッド自動車のための大型のリチウムイオン電池の開発研究が進められている。

参考　リチウムイオン電池

リチウムイオン電池では，負極活物質には黒鉛（C_6），正極活物質にはコバルト酸リチウム（$LiCoO_2$）が用いられ，その間をセパレーターとよばれる微細な穴が開いたポリエチレンの薄膜で仕切り，電解液にはエチレンカーボネート（$(CH_2O)_2CO$ などの有機溶媒にヘキサフルオロリン酸リチウム（$LiPF_6$）などの電解質を加えたものが使用される。

負極の黒鉛は平面層状構造をとり，C 原子 6 個あたり最大 1 個の Li^+ が収容されるので，化学式では LiC_6 と表す。

一方，正極のコバルト酸リチウム $LiCoO_2$ は，Co^{4+}（一部は Co^{3+}）と O^{2-} がつくる層状構造の間に Li^+ が収容された化合物である。

「充電時，正極では $LiCoO_2$ の層状構造から Li^+

が脱離するとともに，Co^{3+} が Co^{4+} に酸化される。」と問題文に記述されている。しかし，$LiCoO_2$ の層状構造は，Li の半分以上が脱離すると，その構造が不安定になるので，実際の Li^+ の脱離の割合を $x\,(0 < x < 0.5)$ とすると，

$$LiCoO_2 \longrightarrow Li_{1-x}CoO_2 + xLi^+ + xe^- \cdots\cdots ①$$

「充電時，負極では黒鉛が還元され，その層間に Li^+ が挿入される。」と問題文に記述されている。黒鉛の層状構造に最大数の Li^+ が収容された状態が LiC_6 である。しかし，黒鉛に収容される Li^+ の数はこれよりも少ない。実際に収容される Li^+ の割合を $x\,(0 < x < 0.5)$ とすると，

$$C_6 + xLi^+ + xe^- \longrightarrow Li_xC_6 \cdots\cdots ②$$

①，②の逆反応が，実際のリチウムイオン電池の放電時の各電極反応となる。

負極では，黒鉛（C_6）に収容されていた Li^+ が層状構造から出ていく。

$$Li_xC_6 \longrightarrow C_6 + xLi^+ + xe^- \cdots\cdots ③$$

正極では，電解液中の Li^+ の一部が酸化コバルト(IV)の層状構造に収容される。

$$Li_{1-x}CoO_2 + xLi^+ + xe^- \longrightarrow LiCoO_2 \cdots\cdots ④$$

2019 年，リチウムイオン電池の負極活物質の開発に貢献した吉野彰博士がノーベル化学賞を受賞した。

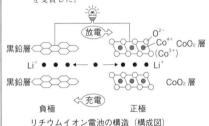

リチウムイオン電池の構造（構成図）

参考　小数で表される組成式

化合物を構成する各原子数の比を整数比で表した化学式が組成式である。しかし，各原子数の比を整数比で表すことが難しい場合は，小数を用いて組成式を表してもよい。例えば，黒鉛の層状構造は，C 原子 6 個につき最大 1 個の Li^+ が挿入できるので，このとき LiC_6 という組成式で表される。しかし，C 原子 6 個につき 0.4 個の Li^+ しか挿入されていないとき，$Li_{0.4}C_6$ という組成式で表される。一般式では，Li_xC_6（x は，$0 < x < 0.5$ の任意の数）と表す。

▶188 (1) 負極 $Fe^{2+} \longrightarrow Fe^{3+} + e^-$，
正極 $Ag^+ + e^- \longrightarrow Ag$
（反応式）$Fe^{2+} + Ag^+ \longrightarrow Fe^{3+} + Ag$

(2) $K = \dfrac{[Fe^{3+}]}{[Fe^{2+}][Ag^+]}$，3.0(L/mol)

(3) ア① イ③ ウ①

解説　同種の半電池（金属を同種の金属イオンの水溶液に浸したもの）であっても，それぞれの溶液の濃度が異なるならば，2 つの半電池を塩橋で接続すると，両極間にわずかの起電力を生じる。このような電池を**濃淡電池**という。

(1) 電池の負極では，必ず酸化反応が起こる。Fe^{2+} と Fe^{3+} の混合水溶液では，$Fe^{2+} \longrightarrow Fe^{3+} + e^-$ の反応が起こる。一方，電子は Pt 電極から導線を通って Ag 電極へ達する。電池の正極では，必ず還元反応が起こる。

$$Ag^+ + e^- \longrightarrow Ag$$

2式をまとめて，

$$Fe^{2+} + Ag^+ \longrightarrow Fe^{3+} + Ag \cdots\cdots ①$$

(2) 実験5では起電力が0になっている。これは①式の正反応と逆反応の速さが等しくなり，平衡状態になっているからである。平衡状態では，化学平衡の法則が適用できるが，①式は溶液中での化学平衡なので，固体の Ag を除いて考えるとよい。

$$\therefore \quad K = \frac{[Fe^{3+}]}{[Fe^{2+}][Ag^+]}$$

実験5では，

$$[Fe^{2+}] = 0.10 \times \frac{20.0}{50.0} = 0.040 \, [mol/L]$$

$$[Fe^{3+}] = 0.050 \times 2 \times \frac{30.0}{50.0} = 0.060 \, [mol/L]$$

$$[Ag^+] = 0.50 \, [mol/L]$$

$$\therefore \quad K = \frac{[Fe^{3+}]}{[Fe^{2+}][Ag^+]} = \frac{0.060}{0.040 \times 0.50}$$

$$= 3.0 \, [L/mol]$$

(3) ア　ビーカーBを水で希釈すると $[Ag^+]$ が小さくなり，$Ag \longrightarrow Ag^+ + e^-$ の反応が起こりやすくなる。したがって，この e^- が銀電極 $\longrightarrow$ 白金電極へ移動し始め，電流は p の向きに流れる。

イ　ビーカーAに水を加えたときは，$[Fe^{2+}]$ と $[Fe^{3+}]$ がともに同じ割合で希釈される。したがって，平衡定数における $[Fe^{3+}]/[Fe^{2+}]$ の値は変化せず，平衡定数も変化しない。よって，電流は流れない。

ウ　$[Fe^{2+}] = 0.20 \times \frac{20.0}{50.0} = 0.080 \, [mol/L]$

$$[Fe^{3+}] = 0.050 \times 2 \times \frac{30.0}{50.0} = 0.060 \, [mol/L]$$

$$[Ag^+] = 0.20 \, [mol/L]$$

$$\frac{[Fe^{3+}]}{[Fe^{2+}][Ag^+]} = \frac{0.060}{0.080 \times 0.20} = 3.75 > 3.0$$
（平衡定数）

すなわち，$[Fe^{3+}]$ を減少させ，$[Fe^{2+}]$ を増加させる方向へ平衡が移動する。よって，$Fe^{3+} + e^- \longrightarrow Fe^{2+}$ の反応が起こり，電子が銀電極から白金電極へと移動し始め，電流は p の向きに流れる。

▶**189** (1) (i) $Fe^{3+} + e^- \longrightarrow Fe^{2+}$

(ii) $Cr^{2+} \longrightarrow Cr^{3+} + e^-$

(2) ア① イ② ウ⑥ エ① (3) 8.7×10^4 C

解説　(1) 電池の放電反応は自発的に起こる変化

であるから，問題の①式は発熱反応の方向，つまり右向きへ進む。

A極　$Fe^{3+} + e^- \longrightarrow Fe^{2+}$ により，還元反応が起こるので，A極は正極となる。

B極　$Cr^{2+} \longrightarrow Cr^{3+} + e^-$ により，酸化反応が起こるので，B極は負極になる。

(2) 正極のA極から負極のB極へと電流が流れる。このとき，A槽内では負電荷が過剰，B槽内では正電荷が過剰になる。この不均衡を解消するために，隔膜を通ってイオンが移動する必要がある。そこで，A槽とB槽を陰イオン交換膜で仕切ると，A槽からB槽へと Cl^- が移動することになるが，何も問題は生じない。

もし，A槽とB槽を陽イオン交換膜で仕切ると，B槽の Cr^{2+} がA槽へ移動し，A極で $Fe^{3+} + Cr^{2+} \longrightarrow Fe^{2+} + Cr^{3+}$ の反応(自己放電)が起こるので，外部回路への電流は小さくなるため不適である。

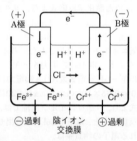

(3) 充電は電池に対する強制的な反応であり，問題文①式の逆反応に相当する。したがって，この電池は放電・充電を繰り返すことができる二次電池(蓄電池)としての機能をもつ。充電時の反応は次の通り。

$$Fe^{2+} \longrightarrow Fe^{3+} + e^- \cdots\cdots Ⓐ$$

$$Cr^{3+} + e^- \longrightarrow Cr^{2+} \cdots\cdots Ⓑ$$

(充電前) $\begin{cases} Fe^{3+} \ 0.10 \, mol \\ \\ Fe^{2+} \ 1.0 \, mol \end{cases}$ $\longrightarrow$ (充電後) $\begin{cases} Fe^{2+} \ 0.10 \\ \quad\quad mol \\ Fe^{3+} \ 1.0 \\ \quad\quad mol \end{cases}$

よって，Fe^{2+} $0.90 \, mol$ が Fe^{3+} に変化したことになる。Ⓐ式より，電子 $0.90 \, mol$ 分の電気量がこの電池に蓄えられたことになる。すなわち，

$$0.90 \times 96500 = 8.68 \times 10^4 ≒ 8.7 \times 10^4 \, [C]$$

の電気量がこの電池内に蓄えられたことになる。

[別解] 上と同様に，Cr^{3+} $0.90 \, mol$ が Cr^{2+} に変化したので，Ⓑ式より，電子 $0.90 \, mol$ 分の電気量がこの電池内に蓄えられたことになる。

▶**190** (1) (i) **1.130 V** (ii) **0.401 V**
(2) (i) **0.059 V** (ii) **0.23 mol**
(3) **0.472 V**

解説 (1) (i) 負極はZn，正極はCuであるから，$[Zn^{2+}]=[Cu^{2+}]=1\,mol/L$のとき，この電池の標準起電力$E°$は，Znの標準電極電位$-0.76$VとCuの標準電極電位$+0.34$Vの差で求められる。

$$E°=+0.34-(-0.76)=1.10\,[V]$$

この電池反応のイオン反応式は，

$$Zn+Cu^{2+}\longrightarrow Zn^{2+}+Cu$$より，

反応した電子e^-の物質量は，$n=2$である。

ネルンストの式に，$[Zn^{2+}]=0.10\,mol/L$，$[Cu^{2+}]=1.0\,mol/L$を代入すると，（金属（固体）のモル濃度は1（定数）とする。）

$$E=E°-\frac{0.059}{n}\log_{10}\frac{[Zn^{2+}]}{[Cu^{2+}]}$$

$$=1.10-\frac{0.059}{2}\log_{10}\frac{10^{-1}}{1.0}$$

$$=1.10+0.0295=1.1295$$

$$\fallingdotseq 1.130\,[V]$$

(ii) 負極はCu，正極はAgであるから，$[Cu^{2+}]=[Ag^+]=1\,mol/L$のとき，この電池の標準起電力$E°$$=+0.80-(+0.34)=0.46\,[V]$

この電池反応のイオン反応式は，

$$Cu+2Ag^+\longrightarrow Cu^{2+}+2Ag$$より，

反応した電子e^-の物質量は，$n=2$である。

ネルンストの式に$[Cu^{2+}]=1.0\,mol/L$，$[Ag^+]=0.10\,mol/L$を代入すると，（金属（固体）のモル濃度は1（定数）とする。）

$$E=E°-\frac{0.059}{n}\log_{10}\frac{[Cu^{2+}]}{[Ag^+]^2}$$

$$=0.46-\frac{0.059}{2}\log_{10}\frac{1.0}{(10^{-1})^2}$$

$$=0.46-0.059=0.4010$$

$$\fallingdotseq 0.401\,[V]$$

(2) (i) 負極，正極ともAgであるから，この電池の標準起電力$E°=0$Vである。

負極では　$Ag\longrightarrow Ag^++e^-$

正極では　$Ag^++e^-\longrightarrow Ag$

この電池反応のイオン反応式は，

$$Ag+Ag^+(正極側)\longrightarrow Ag^+(負極側)+Ag$$

反応した電子e^-の物質量は，$n=1$である。

$$E=E°-\frac{0.059}{n}\log_{10}\frac{[Ag^+]_{負極側}}{[Ag^+]_{正極側}}$$

$$=0-\frac{0.059}{1}\log_{10}\frac{10^{-1}}{1.0}$$

$$=0.059\,[V]$$

(ii) この電池は**濃淡電池**とよばれ，両電解液の濃度が等しくなるまで電流が流れる。

取り出せる電子e^-の物質量を$x\,[mol]$とすると，

$$(0.10\times0.5)+x=(1.0\times0.5)-x$$

$$x=0.225\fallingdotseq 0.23\,[mol]$$

(3) $1.0\,mol/L\,AgNO_3$水溶液を$2.0\,mol/L\,NH_3$水で10倍に希釈すると，希釈直後では

$$[Ag^+]=1.0\times\frac{1}{10}=0.10\,[mol/L]$$

$$[NH_3]=2.0\times\frac{9}{10}=1.8\,[mol/L]$$

$$Ag^++2NH_3\longrightarrow [Ag(NH_3)_2]^+$$と，題意より，

Ag^+のほとんどは錯イオンになっているので，$[[Ag(NH_3)_2]^+]\fallingdotseq 0.10\,mol/L$とみなせる。

また，平衡時のNH_3の濃度は，錯イオンと配位子として取り込まれた分だけ減少するから，

$$[NH_3]=1.8-0.1\times2=1.6\,[mol/L]$$

$$K=\frac{[[Ag(NH_3)_2]^+]}{[Ag^+][NH_3]^2}\quad\therefore\quad [Ag^+]=\frac{[[Ag(NH_3)_2]^+]}{K[NH_3]^2}$$

$$[Ag^+]=\frac{0.10}{3.9\times10^7\times1.6^2}\fallingdotseq 1.0\times10^{-9}\,[mol/L]$$

この電池反応のイオン反応式は，

$$Ag+Ag^+(正極側)\longrightarrow Ag^+(負極側)+Ag$$

$$E=E°-\frac{0.059}{n}\log_{10}\frac{[Ag^+]_{負極側}}{[Ag^+]_{正極側}}$$

$$=0-\frac{0.059}{1}\log_{10}\frac{1.0\times10^{-9}}{0.10}$$

$$=-0.059\times(-8)\fallingdotseq 0.472\,[V]$$

参考　**ネルンストの式**

ある金属MをそのイオンM^{n+}の水溶液に接触させると，金属と水溶液の間に一定の電位（**単極電位**という）が発生する。

$$M^{n+}+ne^-\rightleftharpoons M$$

この金属の単極電位Eは，次のネルンストの式で求められる。

$$E=E°-\frac{RT}{nF}\log_e\frac{[M]}{[M^{n+}]}\cdots\cdots①$$

$E°$ 金属Mの標準電極電位
R 気体定数，T：絶対温度
n イオンの価数の変化量
F ファラデー定数
$[M^{n+}]$ M^{n+}のモル濃度
$[M]$ 金属（固体）のモル濃度は1

①式に$R=8.31\,J/(K\cdot mol)$，$T=298\,K$，$F=9.65\times10^4\,C/mol$，自然対数を常用対数に直すため，$\log_eX=2.3\log_{10}X$を代入すると，

$$E=E°-\frac{8.31\times298}{n\times9.65\times10^4}\times2.3\log_{10}\frac{1}{[M^{n+}]}$$

$$E=E°-\frac{0.059}{n}\log_{10}\frac{1}{[M^{n+}]}$$

この電池反応のイオン反応式が
$M+N^{n+}\longrightarrow M^{n+}+N$の場合

$$E=E°-\frac{0.059}{n}\log_{10}\frac{[M^{n+}]}{[N^{n+}]}$$となる。

（左辺の$[N^{n+}]$を分母，右辺の$[M^{n+}]$を分子に書く）

▶**191** ア 0.060　イ 0.10　ウ 0.050
エ 0.040　オ 0.050　カ 0.10　キ 0.48
ク 0.080　ケ 0.020　コ 4.0

解説　電気的に1つにつながった回路中では，すべての部分に同じ大きさの電流が流れる。外部回路では電子の移動により，電池内部では隔膜をイオンが移動することによって，それぞれ電流が流れる。このとき，各イオンには移動速度に違いがあるので，各電解液に濃度の差を生じる。したがって，電解液の濃度の違いを調べることにより，水溶液中の各イオンの移動速度の比が推定できる。

直列回路なので，A槽，B槽いずれにも電子0.10mol分の電気量が流れる。

電解前，1.0mol/LのNaCl水溶液500mLずつ入っていたから，各室にはNa$^+$ 0.50mol，Cl$^-$ 0.50molずつ存在していた。電気分解により，陰極ではOH$^-$ 0.10mol生成し，陽極ではCl$^-$ 0.10mol減少する。

電荷のバランスをとるために，Cl$^-$ 0.06molが陰極室から陽極室へ移動し，Na$^+$ 0.04molが陽極室から陰極室へ移動する。電気分解前後の各イオンの物質量の変化は下表の通り。

（電解前）

陰極室		陽極室	
Na$^+$	0.50 mol	Na$^+$	0.50 mol
Cl$^-$	0.50 mol	Cl$^-$	0.50 mol
OH$^-$	0.10 mol増	Cl$^-$	0.10 mol減

（電解後）

陰極室		陽極室	
Na$^+$	0.54 mol	Na$^+$	0.46 mol
Cl$^-$	0.44 mol	Cl$^-$	0.46 mol
OH$^-$	0.10 mol	Cl$_2$	0.05 mol

　－過剰　　　＋過剰　⇨ NaCl 0.44 mol　NaCl 0.46 mol
　　　　　　　　　　　　　NaOH 0.10 mol　Cl$_2$0.05 mol

Aの陰極室では，NaClが0.50molから，0.44molへと0.060mol減少……ア
Aの陰極室では，$2H_2O+2e^- \longrightarrow H_2+2OH^-$より，NaOHが0.10mol生成……イ

　H$_2$は0.10×0.50＝0.050mol生成……ウ

Aの陽極室では，
　NaClが0.50－0.46＝0.040mol減少……エ
　$2Cl^- \longrightarrow Cl_2+2e^-$より，Cl$_2$は0.10×0.50＝0.050mol生成……オ
B槽では　$\begin{cases} (-) & 2H^++2e^- \longrightarrow H_2 \\ (+) & 2Cl^- \longrightarrow Cl_2+2e^- \end{cases}$より，
陰極液ではH$^+$が0.10mol減少し，陽極液ではCl$^-$が0.10mol減少する。

　よって，Bの陰極液では電気分解によるH$^+$の減少量は0.10mol……カ
中和滴定より，Bの陰極液に存在するH$^+$をx〔mol〕とおくと，

$$x \times \frac{50}{500} = 1.0 \times \frac{48}{1000}$$

$$\therefore \quad x = 0.48〔mol〕……キ$$

Bの陰極液には，H$^+$が0.50－0.10＝0.40〔mol〕存在するはずであるが，中和滴定の結果，H$^+$が0.48mol存在することがわかった。したがって，陽極室から陰極室へ移動してきたH$^+$は，

　　0.48－0.40＝0.080〔mol〕……ク

B槽にも9.65×10^{3}Cの電気量が流れたので，隔膜を移動した全電気量も9.65×10^{3}C（電子0.10mol分）である。このうち，H$^+$は0.080mol分を分担したので，残り0.020mol分はCl$^-$が分担することになる。……ケ

したがって，移動したH$^+$とCl$^-$の物質量の比は，H$^+$とCl$^-$の移動速度の比を表すと考えられる。

　　$v_{H^+}:v_{Cl^-}=0.080:0.020=4:1$……コ

参考

水溶液中での H$^+$と OH$^-$の移動速度

　水溶液中での H$^+$と OH$^-$の移動は，他のイオンとは異なり，隣接する水分子との**水素結合**を利用した**プロトン移動**による**電荷リレー**の形で行われるため，H$^+$と OH$^-$の移動速度は他のイオンに比べてかなり大きくなる。

$$H-\overset{H}{\underset{H}{O}}-H\cdots\overset{H^+}{\underset{H}{O}}\cdots\overset{H^+}{O}-H \quad (\cdots は水素結合を示す)$$

　酸性の水溶液中では，H$^+$は H$_3$O$^+$として存在する。
　左端の H$_3$O$^+$から H$^+$が隣の H$_2$O 分子に移動すると，左端の H$_3$O$^+$は H$_2$O に，中央の H$_2$O は H$_3$O$^+$になる。
　これが繰り返されることで，短時間に H$_3$O$^+$が水中を移動することができる。

$$\overset{H^+}{\underset{H}{O}}\cdots\overset{H^+}{\underset{H}{O}}\cdots\overset{H^+}{\underset{H}{O}}\cdots\overset{}{\underset{H}{O}}$$

　塩基性の水溶液中では，OH$^-$が存在する。左端の OH$^-$に隣の H$_2$O 分子から H$^+$が移動すると，左端の OH$^-$は H$_2$O に，中央の H$_2$O は OH$^-$になる。これが繰り返されることで，短時間に OH$^-$が水中を移動することができる。

第4編　無機物質の性質

13　非金属とその化合物

▶**192** (1) P　(2) Mg　(3) Cl　(4) C
(5) Al　(6) Na　(7) O　(8) Ar　(9) Si　(10) N
(11) S

解説　(1) 周期表15族のN，Pのうち，後者には
黄リン(白リン)，赤リンなどの同素体が存在する。
(2) 六方最密構造をとる金属は，Be，Mg，Co，Zn，
Cd，Tiなどで，このうち，第2周期のBe，第3周期
のMgが該当するが，Beは熱水とは反応しないので
不適である。熱水と反応するのはMgである。
(3) 単体が有色の気体であるのは，F_2(淡黄色)，
Cl_2(黄緑色)，O_3(淡青色)のみで，いずれも酸化力
が強い。水素化合物は，HF(弱い酸性)，HCl(強い
酸性)，H_2O(中性)で，酸性条件を満たすのはCl。
(4) 原子番号が20までの原子では，陽子数≒中性
子数(Hを除く)の関係がある。よって，質量数は陽
子数＋中性子数だから，上記の関係から，陽子数が
6の炭素Cが該当する。($_2^3$Heを除くと，一般に，陽
子数＜中性子数の関係が成り立つ。)
(5) **両性金属**(Al，Zn，Sn，Pb)の水酸化物を，両
性水酸化物といい，酸・強塩基の水溶液に溶ける。
このうち，Znは第4周期，Snは第5周期，Pbは第
6周期でいずれも不適である。第3周期のAlが該当
する。Alの地殻中での存在率は約8%で金属元素中
では最大。(第2周期のBeも両性金属としての性質
を示すが，地殻中での存在率は小さいので不適。)
(6) アルカリ金属の単体は，金属結合が弱く，それ
らの結晶はすべて体心立方構造である。炎色反応
は，Li赤色，Na黄色，K赤紫色　∴　Na
(7) 地殻中の元素の質量百分率を**クラーク数**とい
い，多い順にO，Si，Al，Feの順。このうち，同素
体(S，C，O，P)が存在し，存在量が最も多いのは，
Oである。
(8) 空気の主成分は，N_2 78%，O_2 21%，残り1%
のうち最も存在量の多いのが貴ガスのAr 0.9%，次
いでCO_2 0.04%などである。

参考　**貴ガスのArの存在率が高い理由**
地殻中に存在する$_{19}^{40}$Kの原子核は，陽子数
19，中性子数21の奇-奇核のため不安定であ
り，次のような核反応により，安定な偶-偶核
に変化する*。
$_{19}^{40}$Kの約89%は，原子核内の中性子が陽子と
電子に分裂し，この電子が核外に放出される(β
崩壊)。この核反応によって，質量数は同じで
原子番号が1つ多い$_{20}^{40}$Caになる。
$_{19}^{40}$Kの約11%は，核外電子(K殻)1個を原子
核に取り込み，この電子と陽子が結合し，中性
子に変化する(**電子捕獲**)。この核反応によっ

て，質量数は同じで原子番号が1つ少ない$_{18}^{40}$Ar
になる。この$_{18}^{40}$Arが大気中に蓄積したため，そ
の存在率が他の貴ガスに比べて大きくなったと
考えられる。
　＊原子核の構成は，陽子・中性子の数がともに偶数
　である偶-偶核が最も安定で，次いで，偶-奇核，
　奇-偶核であり，奇-奇核が最も不安定となる。こ
　れは，素粒子(陽子，中性子，電子など)は，いず
　れもスピンとよばれる自転に伴う角運動量をもち，
　2個が対(ペア)になることによりエネルギーが低
　くなり安定化するためである。

(9) Siの単体はダイヤモンドと同じ正四面体型の
構造をもつ共有結合の結晶である。SiO_2も共有結
合の結晶で，無色透明で融点が高く，ガラスの材料
に用いられる。
(10) 大気汚染の原因となる酸化物としては，NO_x
(ノックス)，SO_x(ソックス)がある。これらの水素化
合物はNH_3は弱い塩基性，H_2Sは弱い酸性。∴　N
(11) 同素体の存在する元素はS，C，O，Pで，この
うち，単原子イオンとして存在するのはS^{2-}，O^{2-}。
さらに，金属イオンとの沈殿生成に利用されるの
は，硫化物イオンS^{2-}である。　∴　S

▶**193** A Na_2O, B Al_2O_3, C Cl_2O_7, D MgO,
E SiO_2, F P_4O_{10}, G SO_3

解説　周期表の第3周期に属する1，2，13〜17
族の元素の最高酸化数，最高酸化数の酸化物，その
酸化物の性質の周期的変化は，下表の通りである。

族	1	2	13	14	15	16	17
元素	Na	Mg	Al	Si	P	S	Cl
最高酸化数	+1	+2	+3	+4	+5	+6	+7
酸化物	Na_2O	MgO	Al_2O_3	SiO_2	P_4O_{10}	SO_3	Cl_2O_7
酸性・塩基性	強い塩基性	弱い塩基性	両性	弱い酸性	酸性	強い酸性	強い酸性

第3周期では，族番号とともに最高酸化数は，+1，
+2…+7と増加し，1，2族の酸化物は塩基性酸化
物，13族のAl_2O_3は両性酸化物，14〜17族の酸化
物は酸性酸化物である。
(1) 水と反応して強い塩基性を示すのは，アルカリ
金属，およびアルカリ土類金属(Be，Mgを除く)の
酸化物である。
酸化ナトリウムNa_2Oは，水と反応すると水酸化
ナトリウムを生じ，強い塩基性を示す。
　　　$Na_2O + H_2O \longrightarrow 2NaOH$　∴　Na_2O
(2) 酸・強塩基の水溶液とも反応する両性酸化物
は，Al_2O_3のみである。
(3) 第3周期で最も高い酸化数を示す元素は，17
族のClである。過塩素酸$HClO_4$は塩素のオキソ酸
の中で最も強い酸性を示す。
　　　$Cl_2O_7 + H_2O \longrightarrow 2HClO_4$
　　　七酸化二塩素　　　過塩素酸(強酸)

(4) 酸化数が＋2の酸化物をつくるのは，2族のMgである。

(5) SiO_2は，フッ化水素以外の酸とは反応しない。

$$SiO_2 + 4HF(気) \longrightarrow SiF_4\uparrow + 2H_2O$$

四フッ化ケイ素SiF_4は，メタンと同じ正四面体構造をもつ気体である。

(6) リンの酸化物P_4O_{10}は十酸化四リンとよばれ，白色粉末で吸湿性が強く，熱水と反応させると，$P_4O_{10} + 6H_2O \longrightarrow 4H_3PO_4$により，3価の酸であるリン酸を生成する。

(7) 硫黄の単体を空気中で燃焼させると，二酸化硫黄SO_2が生成する。SO_2を酸化バナジウム(V)を触媒として酸素で酸化すると，三酸化硫黄SO_3が生成する(この反応には触媒を必要とする)。∴　SO_3

▶194 (1) **ア** イオン結合　**イ** 水酸化物　**ウ** 塩基　**エ** 共有結合　**オ** オキソ酸　**カ** 酸

(a) Na_2O　(b) MgO　(c) Cl_2O_7　(d) SO_3
(e) P_4O_{10}　(f) Al_2O_3

(2) Al_2O_3は両性酸化物に分類され，酸・塩基いずれの水溶液とも反応して溶ける。Al_2O_3は酸の水溶液に対しては，塩基性酸化物としてふるまい，酸からH^+を受け取り中和される。一方，Al_2O_3は塩基の水溶液に対しては，酸性酸化物としてふるまい，塩基からOH^-を受け取り中和される。

解説 (1) 金属元素の酸化物(塩基性酸化物)が水と反応すると**水酸化物**を生じ，非金属元素の酸化物(酸性酸化物)が水と反応すると**オキソ酸**を生じる。

族	1	2	13	14	15	16	17
元素	Na	Mg	Al	Si	P	S	Cl
酸化物	Na_2O	MgO	Al_2O_3	SiO_2	P_4O_{10}	SO_3	Cl_2O_7
水酸化物オキソ酸	$NaOH$	$Mg(OH)_2$	$Al(OH)_3$	H_2SiO_3	H_3PO_4	H_2SO_4	$HClO_4$
その性質	強い塩基性	弱い塩基性	両性	弱い酸性	中程度の酸性	強い酸性	強い酸性

酸化物については　最高酸化数のものを示す。

水酸化物(一般式 $M(OH)_n$で表す)の塩基性の強さは，中心原子Mの陽性が大きいほど強くなり，

$$NaOH > Mg(OH)_2 > Al(OH)_3$$の順となる。

このうち，水に溶けやすいのが$NaOH$なので，(a)はNa_2O，水に溶けにくいのが$Mg(OH)_2$なので，(b)はMgO。

なお，Al_2O_3は水(熱水)とも反応しないので，(b)の答えには該当しない。

オキソ酸(一般式 $MO_k(OH)_l$で表す)の酸性の強さは，中心原子Mの陰性が大きいほど強くなり，

$$H_2SiO_3 < H_3PO_4 < H_2SO_4 < HClO_4$$

の順となる。このうち，最も酸性が強いのは$HClO_4$(過塩素酸)なので，(c)はCl_2O_7。

最も酸性が弱いオキソ酸はH_2SiO_3(ケイ酸)であ

るが，SiO_2は水とは反応しないので，(e)の答えには該当しない。よって，残りのオキソ酸のうち，最も酸性が弱いのはH_3PO_4(リン酸)なので，(e)はP_4O_{10}。$HClO_4$とH_3PO_4の中間の酸性の強さを示すのはH_2SO_4(硫酸)なので，(d)はSO_3。

水酸化物もオキソ酸も，中心原子Mにヒドロキシ基$-OH$が結合している点は共通している。

$$M-O-H \begin{cases} M^+ + OH^- & (水酸化物) \\ M-O^- + H^+ & (オキソ酸) \end{cases}$$

一般に，水酸化物の場合，金属元素の陽性が強いほど，$M-O$結合の極性(イオン結合性)が大きくなり，水分子との相互作用によって，M^+とOH^-として結合が切れやすい。つまり，塩基性が強くなる。また，オキソ酸の場合，非金属元素の陰性が強いほど，$M-O$間の極性は小さくなる。代わりに$O-H$結合の極性が大きくなり，水分子との相互作用によって$M-O^- + H^+$として結合が切れやすくなる。つまり，酸性が強くなる。

さらに，オキソ酸(一般式 $MO_k(OH)_l$)の場合，中心原子に直接結合する酸素原子の数(k)が多くなるほど酸性が強くなる。

次亜塩素酸　亜塩素酸　塩素酸　過塩素酸

(→は配位結合を示す。)

これは，中心原子に直接結合する酸素原子の数(k)が多くなるほど，中心原子はO原子により電子を求引されるので，結果的に，$O-H$結合の極性が大きくなり，オキソ酸の酸性が強くなるからである。

オキソ酸は，理論的には中心原子の価電子数と同じ数だけ$-OH$が結合できるはずである。しかし，原子半径の小さい非金属元素が中心原子である場合では，実際には，それらから水がいくつか取れてできた化合物がオキソ酸として存在する。

(2) 酸化アルミニウム Al_2O_3は水(熱水)に溶けないが，酸の水溶液や塩基の水溶液とも反応して溶けるので，**両性酸化物**に分類される。Al_2O_3は塩酸とは次のように反応する。

$$Al_2O_3 + 6HCl \longrightarrow AlCl_3 + 3H_2O$$

このとき，Al_2O_3は酸からH^+を受け取っているので塩基性酸化物として働いている。

Al_2O_3は$NaOH$水溶液とは次のように反応する。

$$Al_2O_3 + 2NaOH + 3H_2O \longrightarrow 2Na[Al(OH)_4]$$

このとき，Al_2O_3は塩基からOH^-を受け取っているとみなせるので，酸性酸化物として働いている。

②×2＋③より
$$2Na_2O_2 + 2H_2O \longrightarrow 4NaOH + O_2$$

(1) 水上置換で捕集するのは，水に溶けにくいH_2，O_2およびNOで，これらのうち最も軽い気体はH_2。

水素化カルシウムCaH_2はCa^{2+}と水素化物イオン$2H^-$からなるイオン結晶である。水との反応では，H^-と水中のH^+とが結合してH_2が発生し，Ca^{2+}と水中のOH^-から$Ca(OH)_2$が生成する。

(2) 水溶液が塩基性を示す気体は，高校段階ではNH_3だけと覚えておけばよい。

(3) 加熱が必要な反応は，(エ)固体と固体を反応させる，(オ)MnO_2の酸化剤としての働きを強める，(カ)濃硫酸(不揮発性，酸化剤，脱水剤の働き)を使用する反応の場合である。

(4) ヨウ化カリウムデンプン紙を青変させるのは，酸化力をもつ気体で，Cl_2，NO_2，O_3が該当する。
$\left(\begin{array}{l}NO_2\text{は水に溶けて}HNO_3\text{となり酸化力を示す。}\\ Cl_2\text{も水に溶けて}HClO\text{となり酸化力を示す。}\end{array}\right)$

(5) 酸性の気体は，H_2S，CO_2，Cl_2，SO_2，NO_2である。(イ)，(ウ)は(弱酸の塩)＋(強酸)→(強酸の塩)＋(弱酸)で表される酸・塩基の反応である。
$\left(\begin{array}{l}(ア),(オ),(ケ),(コ)\text{のように，化合物→単体，ま}\\ \text{たは単体→化合物の形式の反応は，すべて酸化還}\\ \text{元反応である。}(カ),(キ),(ク)\text{のように，金属と酸化}\\ \text{力をもつ酸との反応も，酸化還元反応である。}\end{array}\right)$

(6) 塩基性の気体のNH_3の乾燥に，酸性の乾燥剤(H_2SO_4)を用いると，中和反応が起こり気体が吸収されてしまうので不適である。また，還元力の強いH_2Sを濃硫酸に通じると，常温であってもH_2Sが酸化されてSを遊離してしまうので不適である。(SO_2は濃硫酸と酸化還元反応を起こしH_2SO_4に酸化されるが，同時にH_2SO_4が還元されてSO_2が再生されるので使用できる。)

(7) 石油や石炭の燃焼で生じた硫黄酸化物(SO_x)や自動車の排気ガス中に含まれる窒素酸化物(NO_x)が，大気中の酸素や水などと反応して硫酸や硝酸となり，酸性雨が生じるとされている。

参考　オキソ酸$MO_k(OH)_l$の酸性の強さ

HO-S-OH　＜　HO-S-OH
亜硫酸(弱酸)　　硫酸(強酸)

O=N-OH　＜　O=N-OH
亜硝酸(弱酸)　　硝酸(強酸)

中心原子MとOHとの結合は単結合(M-OH)であるが，MとOとの結合は，二重結合(M=O)または，配位結合(M→O)である。

M→Oでは，M原子からO原子へ非共有電子対が提供されており，Mの電気的陽性が強くなるため，O-H結合の極性が大きくなり，H^+が電離しやすくなる(酸性が強くなる)。また，M=OでもO原子がM原子との共有電子対を強く引き寄せるので，Mの電気的陽性が強くなるため，O-H結合の極性も大きくなり，H^+が電離しやすくなる。

一般に，オキソ酸$MO_k(OH)_l$では，中心原子Mの陰性が強いほど，その酸性が強くなる。また，Mが同種ならば，Mに直接結合したO原子の数(k)が多くなるほど，オキソ酸の酸性は強くなる。

これに対して，Mに結合した-OHの数は，オキソ酸の酸性の強さにはほとんど影響しないが，-OHの数(l)が多くなるほど，Mの電気的陽性を弱めるので，オキソ酸の酸性はかえって弱くなる傾向を示す。

▶**195** (1) (ア)，(ケ)　(2) (エ)　(3) (エ)，(オ)，(カ)
(4) (オ)，(キ)　(5) (イ)，(ウ)　(6) (イ)，(エ)
(7) (カ)，(キ)

解説 (ア) $Zn+H_2SO_4 \longrightarrow ZnSO_4+H_2\uparrow$
(イ) $FeS+2HCl \longrightarrow FeCl_2+H_2S\uparrow$
(ウ) $CaCO_3+2HCl \longrightarrow CaCl_2+H_2O+CO_2\uparrow$
(エ) $2NH_4Cl+Ca(OH)_2 \longrightarrow CaCl_2+2NH_3\uparrow+2H_2O$
(オ) $MnO_2+4HCl \longrightarrow MnCl_2+2H_2O+Cl_2\uparrow$
(カ) $Cu+2H_2SO_4 \longrightarrow CuSO_4+2H_2O+SO_2\uparrow$
(キ) $Cu+4HNO_3 \longrightarrow Cu(NO_3)_2+2NO_2\uparrow+2H_2O$
(ク) $3Cu+8HNO_3 \longrightarrow 3Cu(NO_3)_2+2NO\uparrow+4H_2O$
(ケ) $CaH_2+2H_2O \longrightarrow Ca(OH)_2+2H_2\uparrow$
(コ) $2Na_2O_2+2H_2O \longrightarrow 4NaOH+O_2\uparrow$

参考　過酸化ナトリウムと水の反応
過酸化ナトリウムNa_2O_2は，過酸化物イオン(^-O-O^-)とNa^+からなるイオン結晶である。
・希酸や冷水との反応では，過酸化水素を生じる。
$$Na_2O_2 + 2HCl \longrightarrow 2NaCl + H_2O_2 \cdots\cdots①$$
$$Na_2O_2 + 2H_2O \longrightarrow 2NaOH + H_2O_2 \cdots\cdots②$$
・常温の水との反応では，過酸化水素がさらに分解して酸素を発生する。
$$2H_2O_2 \rightarrow 2H_2O+O_2 \cdots\cdots③$$
・よって，過酸化ナトリウムと常温の水との反応式は，次の通りである。

▶**196** (1) (ア) 17　(イ) 7　(ウ) 電子親和力
(エ) 1　(オ) 共有　(カ) 高　(キ) フッ化水素
(ク) 高
(2) (a) $MnO_2+4HCl \longrightarrow MnCl_2+Cl_2+2H_2O$
(b) $Ca(ClO)_2\cdot2H_2O+4HCl$
$\longrightarrow CaCl_2+2Cl_2\uparrow+4H_2O$
(c) $2F_2+2H_2O \longrightarrow 4HF+O_2$
(d) $Cl_2+H_2O \rightleftharpoons HCl+HClO$
(e) $CaF_2+H_2SO_4 \longrightarrow CaSO_4+2HF\uparrow$
(f) $SiO_2+6HF \longrightarrow H_2SiF_6+2H_2O$
(g) $NaCl+H_2SO_4 \longrightarrow NaHSO_4+HCl$
(3) (b)

(4) **単体の性質**　ハロゲンの単体を構成する原子は，安定な貴ガスの電子配置になろうとして，相手物質から電子を奪い取る性質（**酸化力**）を示す。

　酸化力の強さ　原子番号が小さいほど原子半径が小さく，原子核の正電荷が最外電子殻に強く作用し，電子を取り込む力が強くなる。したがって，フッ素の酸化力が最大で，原子番号が大きくなるほど，その酸化力は弱くなる。

(5) 塩素が水に溶けて生じた次亜塩素酸 HClO が次式のように反応して強い酸化力をもち，殺菌や漂白作用を示す。

$$HClO+2e^-+H^+ \longrightarrow Cl^-+H_2O$$

(6) **HI＞HBr＞HCl≫HF**

　HF は，H-F 結合の結合エネルギーがかなり大きいため，H^+ が電離しにくく，弱い酸性を示す。残りのハロゲン化水素はみな強い酸性を示すが，ハロゲン化物イオンが大きくなるほど，陰イオンとしての負の電荷密度が小さくなり，H^+ を受け取りにくくなり，酸性が強くなる。

(7) **97％**

解説　(1)　(ウ) 電気陰性度でも文章はつながるが，電気陰性度とは，原子が共有電子対をどのくらいの強さで引きつけるかの程度を表した数値である。本問では，単体を構成する原子が電子を取り込んで1価の陰イオンになるなりやすさを表した量のことであるから，**電子親和力**を答えるべきである。

(2)　(a) MnO_2（酸化剤）が HCl を酸化することによって Cl_2 を発生させる。ただし，本来の酸化剤の強さは $Cl_2＞MnO_2$ だから，常温ではこの反応は右向きには進行しない。しかし，加熱により Cl_2 を反応系から追い出すことによって，はじめてこの反応が右向きに進行する。

(b) 高度さらし粉 $Ca(ClO)_2 \cdot 2H_2O$ に塩酸を加えると，成分中の次亜塩素酸イオン（酸化剤）が塩化水素を酸化し，塩素が発生する。

参考
高度さらし粉と塩酸との反応式
　次亜塩素酸イオン（弱酸のイオン）が強酸から H^+ を受け取り，次亜塩素酸（弱酸）が遊離する。

$$ClO^- + H^+ \longrightarrow HClO \quad \cdots\cdots①$$

　次亜塩素酸が塩化水素と反応して塩素が発生する。

$$HClO + HCl \longrightarrow Cl_2 + H_2O \quad \cdots\cdots②$$

　このように，2種類の物質から1種類の物質に変化する酸化還元反応を特に**均等化反応**という。酸化剤の強さは $HClO ＞ Cl_2$ なので，②式は右向きに進行する。
　①×2＋②×2より，

$$2ClO^- + 2H^+ + 2HCl \longrightarrow 2Cl_2 + 2H_2O$$

両辺に Ca^{2+}，$2Cl^-$，$2H_2O$ を加えて整理すると，

$$Ca(ClO)_2 \cdot 2H_2O + 4HCl$$
$$\longrightarrow CaCl_2 + 2Cl_2 + 4H_2O$$

(c) ハロゲンの単体のうち，フッ素 F_2 の酸化力が最も大きく，水と激しく反応して酸素を発生する。酸化力のやや弱い Cl_2 では，酸素は発生しない。

$$2H_2O \longrightarrow O_2\uparrow+4e^-+4H^+$$
$$+)\ \ 2F_2+4e^- \longrightarrow 4F^-$$
$$\overline{2F_2+2H_2O \longrightarrow 4HF+O_2}$$

この反応では，強い酸化剤である F_2 が H_2O から電子を奪っている。（水の電気分解における陽極での H_2O の酸化反応を F_2 が行ったと考えればよい。）

(e) この反応は，フッ化カルシウム（弱酸の塩）＋濃硫酸（強酸）$\longrightarrow$ 硫酸カルシウム（強酸の塩）＋フッ化水素（弱酸）の形式に基づく酸・塩基反応である。ただし，HF は極めて水に溶けやすく反応液中に溶解した状態で存在する。加熱するのは水に溶けている HF の溶解度を小さくして，HF をより多く捕集するためである。

(f) SiO_2 とフッ化水素（気体）との反応は次の通り。

$$SiO_2+4HF \longrightarrow SiF_4\uparrow+2H_2O$$

しかし，HF の水溶液（フッ化水素酸）との反応では，SiF_4 は引き続いて2分子の HF と反応して，ヘキサフルオロケイ酸 H_2SiF_6 を生成する。

$$SiO_2+6HF \longrightarrow H_2SiF_6+2H_2O$$

(g) 塩化ナトリウムに不揮発性の酸である濃硫酸を加えて加熱すると，揮発性の酸である塩化水素が発生する。このとき生成する塩は，500℃以下では酸性塩の $NaHSO_4$ であるので，解答の式となる。

$$2NaCl+H_2SO_4 \longrightarrow Na_2SO_4+2HCl$$ の反応は，500℃以上の高温でないと進行しない。

(5) 塩素は水に溶け，その一部が水と反応して塩化水素 HCl と次亜塩素酸 HClO を生成する。このように，同一の物質から2種類の物質が生成する酸化還元反応を**不均化反応**という。

$$Cl_2+H_2O \rightleftharpoons HCl+HClO$$

(6) ハロゲン化水素の沸点を比較すると，一般的には，分子量が大きいほど沸点が高い。ただし，HF は分子量が小さいにも関わらず，沸点が著しく高い。これは，HF の分子間には**水素結合**が働いており，この結合を切るのに余分なエネルギーを要するためである。

　また，HF は H-F 結合の結合エネルギーがかなり大きいために，H^+ が電離しにくく弱い酸性を示す。

（**参考**参照）HCl，HBr，HI はいずれも強酸で，酸の強さには大きな差はないと考えがちである。しかし，ハロゲン化水素酸の電離平衡を考えてみると，

$$HX \rightleftharpoons H^++X^- \quad \cdots\cdots①$$

X^- の半径が大きいほど，負電荷がより分散された（これを電子の**非局在化**という）安定な状態にあるから，H^+ と結びついて HX に戻りにくい。つまり，①式の平衡がより右へ偏ることになり，HX の酸性

が強くなると考えられる。したがって,

$$HI > HBr > HCl \gg HF$$

参考 **フッ化水素酸が弱い酸性を示す原因**
フッ化水素酸の酸性が弱い原因として, H-F
の結合エネルギーが大きいことがあげられる。
　水素 H とハロゲン X からなる H-X 結合の場
合, 電気陰性度の差が最も大きな H-F 結合の
極性が最も大きく, その結合エネルギーも最大
となる。

H-F	H-Cl	H-Br	H-I
566	431	366	299

結合エネルギー〔kJ/mol〕

フッ化水素 HF が水に溶けて H^+ と F^- に電離
するためには, (i)H-F 結合の開裂, (ii)H 原子
から F 原子への電子の移動, (iii)H^+ と F^- に対
する水分子による水和などの変化が必要である。
特に, H-F 結合を切断するためのエネルギーが
他の H-X 結合を切断するためのエネルギーよ
りも大きいことが, 結果的に HF の水溶液の電
離を抑制する最も大きな原因となっている。

(7) この $KMnO_4$ 試薬中の MnO_2 を x〔g〕とおくと,
反応式(2)(a)より, MnO_2 1 mol から Cl_2 1 mol が発
生するから, 式量 $MnO_2 = 87$ より,

$$\frac{x}{87} = \frac{77.3}{22400} \qquad \therefore \quad x = 0.30 \text{〔g〕}$$

$$\therefore \quad KMnO_4 \text{の純度は,} \quad \frac{10.0 - 0.30}{10.0} \times 100 = 97\text{〔\%〕}$$

(注意) $KMnO_4$ は水に可溶だが, MnO_2 は水に不溶
で黒褐色の沈殿となるので, ろ過で分離できる。

▶**197** (1) (ア) 酸化バナジウム(V)または五酸
化二バナジウム　(イ) 三酸化硫黄　(ウ) 発煙硫酸
(エ) 接触法　(オ) 小さ　(カ) 酸化力　(キ) 大き
(ク) 水素
(2) $4FeS_2 + 11O_2 \longrightarrow 2Fe_2O_3 + 8SO_2$
(3) **6.0 kg**　(4) **90%**
(5) SO_3 を直接水に吸収させると, 激しく発熱して
硫酸の霧を生じて空気中に発煙してしまうから。
(6) ② $NaCl + H_2SO_4 \longrightarrow NaHSO_4 + HCl$
　③ $C_6H_{12}O_6 \longrightarrow 6C + 6H_2O$
　④ $Cu + 2H_2SO_4 \longrightarrow CuSO_4 + SO_2 + 2H_2O$
　⑤ $FeS + H_2SO_4 \longrightarrow FeSO_4 + H_2S$
(7) 濃硫酸に水を加えると溶解熱が多量に発生し,
濃硫酸の表面で水が沸騰し, 硫酸が周囲へ飛散して
危険であるため。　(8) **129 g**

解説　(1) 濃硫酸は, 水分をほとんど含んでいな
いので, 電離してオキソニウムイオン H_3O^+ を生じ
ることができない状態にある。
　三酸化硫黄 SO_3 は, 常温では無色針状の結晶で,
昇華性をもつ。SO_3 は酸性酸化物で, 水と激しく反
応して硫酸を生成する。しかし, 直接, SO_3 を水に
吸収させると激しい発熱により, 水が沸騰し, 生じ

た水蒸気に SO_3 が溶け込み, 硫酸が霧状となって発
煙するので, 水への SO_3 の吸収率はかえって悪くな
る。そこで, SO_3 を濃硫酸にゆっくりと吸収させて
発煙硫酸にしてから, 希硫酸と混合して希釈し, 所
定の濃度の濃硫酸がつくられる。このような硫酸の
工業的製法を**接触法**という。

参考 **濃硫酸の製法**
　　現在, 実際の操業では, 濃硫酸に SO_3 を吸収
させ, 約 100% に近い濃度の濃硫酸をつくるの
ち, それを希硫酸で希釈して所定濃度の濃硫酸
(96～98%) がつくられており, 発煙硫酸にし
てから希釈するという方法はとられていない。
　　なお, 発煙硫酸は空気中で常に SO_3 の気体が
蒸発し, それに水蒸気が凝縮して硫酸の霧(白
煙)を生じるので, こうよばれている。

(3) FeS_2(式量 120) を完全に H_2SO_4(分子量 98) に
変えると, FeS_2 1 mol から H_2SO_4 2 mol が生成する。

$$FeS_2 \longrightarrow 2SO_2 \longrightarrow 2SO_3 \longrightarrow 2H_2SO_4$$

　98% 濃硫酸 10 kg を製造するのに必要な FeS_2 を
x〔kg〕とすると, モル質量は, $FeS_2 = 120$ g/mol,
$H_2SO_4 = 98$ g/mol より,

$$\frac{x \times 10^3}{120} \times 2 = \frac{10 \times 10^3 \times 0.98}{98}$$

$$\therefore \quad x = 6.0 \text{〔kg〕}$$

(4) 反応前に SO_2, O_2, N_2 がそれぞれ 8, 13, 79 mol
の合計 100 mol の気体が存在し, SO_2 が x〔mol〕だけ
反応して平衡状態に達したとすると,

$$\underset{\text{(平衡時)} (8-x)}{2SO_2} + \underset{(13-0.5x)}{O_2} \underset{}{\rightleftarrows} \underset{x}{2SO_3} \quad \text{〔mol〕}$$

N_2 を含めた気体の総物質量は,

$$(8-x) + (13-0.5x) + x + 79$$
$$= 100 - 0.5x \text{〔mol〕}$$

(圧力比) = (物質量比) より,

$$\frac{100 - 0.5x}{100} = 0.964 \qquad x = 7.2 \text{〔mol〕}$$

$$\frac{7.2}{8} \times 100 = 90 \text{〔\%〕}$$

(6) ② $NaCl + H_2SO_4 \rightleftarrows NaHSO_4 + HCl$
　塩化ナトリウムに不揮発性の濃硫酸を加えて加熱
すると, 揮発性の塩化水素が生成する。
　**(揮発性の酸の塩) + (不揮発性の酸) ⟶ (不揮発
性の酸の塩) + (揮発性の酸)** の反応が, HCl の製法
に利用されている
　硝酸ナトリウムに不揮発性の濃硫酸を加えて加熱
すると, 揮発性の硝酸が生成する。

$$NaNO_3 + H_2SO_4 \longrightarrow NaHSO_4 + HNO_3 \text{でも可。}$$

参考 **NaCl と濃 H_2SO_4 の反応で, 酸性塩
NaHSO₄ が生成する理由**
$NaCl + H_2SO_4 \longrightarrow NaHSO_4 + HCl \cdots\cdots$①
H_2SO_4 と HCl は, ともに強酸であり, 酸の強

さは H_2SO_4(第一電離)≒HClであるから，①の反応はやがて平衡状態になる。しかし，加熱することで不揮発性の H_2SO_4 が揮発性の HCl を反応系から追い出すことになるので，①の反応は右へ進行する。

一方，NaClと濃 H_2SO_4 の反応において，正塩 Na_2SO_4 が生成するには，次の②の反応が進行する必要がある。

$$NaCl+NaHSO_4 \longrightarrow Na_2SO_4+HCl \cdots\cdots②$$

このとき，酸の強さは HCl> H_2SO_4(第二電離)であるため，②の右向きの反応は進みにくく，むしろ左向きに進行しやすい。すなわち，弱い方の酸である HSO_4^- から H^+ が電離し，それを強い方の酸のイオンである Cl^- が受け取ることはない。

したがって，NaClと濃硫酸の反応では，①の反応だけが進み，酸性塩の $NaHSO_4$ が生成するが，②の反応は起こらないので，正塩の Na_2SO_4 は生成しない。

③　有機化合物からH原子とO原子を2：1，つまり H_2O の割合で奪い取る性質を**脱水作用**という。

例えば，スクロースに濃硫酸を滴下すると，次の反応が起こって，炭素が遊離する。

$$C_{12}H_{22}O_{11} \longrightarrow 12C+11H_2O$$

$$\underset{\text{エタノール}}{C_2H_5OH} \xrightarrow[170℃]{(H_2SO_4)} \underset{\text{エチレン}}{C_2H_4\uparrow}+H_2O \quad \text{でもよい。}$$

また，濃硫酸は**吸湿性**も大きく，酸性の気体や試薬などの乾燥剤にも利用される。

濃硫酸
デシケーター

④　加熱した濃硫酸(**熱濃硫酸**)には酸化力があり，イオン化傾向の小さな銅や銀などの金属を溶解することができる。このとき，H_2 ではなく，SO_2 が発生することに留意する。

⑤　**(弱酸の塩)＋(強酸)$\longrightarrow$(強酸の塩)＋(弱酸)** の反応が，多くの気体の製法に応用されている。

$$\left(\begin{array}{l}Na_2SO_3+H_2SO_4 \longrightarrow Na_2SO_4+H_2O+SO_2\uparrow \\ \text{でもよい。ただし，} CaCO_3+H_2SO_4 \longrightarrow CaSO_4+CO_2 \\ +H_2O\text{では，水に不溶性の} CaSO_4 \text{が生成し，石灰石の} \\ \text{表面を覆うため，} CO_2 \text{の発生はすぐに停止する。した} \\ \text{がって，} CO_2 \text{の発生には利用できない。}\end{array}\right)$$

(7) 濃硫酸に比べて水の密度が小さいので，濃硫酸の上に浮いた状態で水が激しく沸騰し，その勢いで硫酸が周囲に飛散するので危険である。水に濃硫酸

水
濃硫酸

(発熱)
濃硫酸
水

を少しずつかき混ぜながら加えれば，水の沸騰は起こらずに安全に希釈できる。

(8) 10.9%の発煙硫酸 1100 g 中には，$1100 \times 0.109 = 120$〔g〕の SO_3 と，残り 980 g の H_2SO_4 を含む。

SO_3(分子量80)120 g は 1.5 mol に相当し，これを過不足なく水と反応させて H_2SO_4 にするには，$SO_3+H_2O \longrightarrow H_2SO_4$ より，水 1.5 mol つまり $1.5 \times 18 = 27$〔g〕が必要である。また，生成する H_2SO_4 は 1.5 mol すなわち $1.5 \times 98 = 147$〔g〕である。

混合させる 60.0% 硫酸を x〔g〕とおくと，$0.60x$〔g〕の H_2SO_4 と $0.40x$〔g〕の H_2O が含まれる。

$$\frac{(溶質 H_2SO_4)}{(溶液)} = \frac{980+147+0.60x}{1100+x} \times 100 = 98.0$$

$$\frac{(溶媒 H_2O)}{(溶液)} = \frac{0.40x-27}{1100+x} \times 100 = 2.0$$

$$\therefore \quad x = 128.9 ≒ 129〔g〕$$

$$\left(\begin{array}{l}\text{発煙硫酸中に含まれる} SO_3 \text{を} H_2SO_4 \text{にするのに必要な} \\ \text{水は} 27g \text{であるが，これは} 60\% \text{硫酸} x〔g〕\text{中に含まれ} \\ \text{る} H_2O(0.40x〔g〕)\text{を使うので，最終的に濃硫酸中に含} \\ \text{まれる水の質量は，} 0.40x-27〔g〕\text{となる。}\end{array}\right)$$

▶198 **(ア) 気体　(イ) 黄緑　(ウ) 赤褐**
(エ) 液体　(オ) 黒紫　(カ) 固体　(キ) 小さく
(ク) ヨウ化カリウム　(ケ) 紫　(コ) 分子
(サ) フッ化銀　(シ) 淡黄　(ス) 無　(セ) 錯イオン
(ソ) ヨウ化銀

$$AgBr + 2NH_3 \longrightarrow [Ag(NH_3)_2]Br$$
$$AgBr + 2Na_2S_2O_3 \longrightarrow Na_3[Ag(S_2O_3)_2]+NaBr$$

解説　ヨウ素 I_2 は無極性分子で，極性溶媒の水には溶けにくいが，ベンゼン(赤色)，四塩化炭素(紫色)，ヘキサン(紫色)，エタノール(褐色)などの有機溶媒には溶けやすい。

I_2 が KI 水溶液によく溶けるのは，I_2 が I^- と結合して三ヨウ化物イオン I_3^-(褐色)を生じるためである。

$$I_2+I^- \rightleftarrows I_3^-$$

この反応は可逆反応で，I_2 が消費されると平衡が左向きに移動して I_2 が供給される。

参考　**電荷移動錯体**
ヨウ素のベンゼン溶液(赤色)中では，ベンゼン分子の電子の一部がヨウ素分子に移動し，ベンゼンがやや正($\delta+$)，ヨウ素がやや負($\delta-$)となり，互いに静電気力で引き合う。こうして形成された分子化合物を，**電荷移動錯体**という。

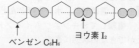

ベンゼン C_6H_6
ヨウ素 I_2
ヨウ素はベンゼン環平面に垂直に配置している

ハロゲンの単体は，いずれも二原子分子で同じ構造をもつため，分子量が大きくなるほど分子間力が

強くなり，融点・沸点が高くなる。

また，ハロゲンの単体の反応性(酸化力)は，$F_2>Cl_2>Br_2>I_2$ の順である。これは，I→Br→Cl→F と原子半径が小さくなるほど，最外殻へ電子を取り込む力(**酸化力**)が強くなるためである。したがって，$2KBr+Cl_2 \longrightarrow 2KCl+Br_2$ のように，酸化力の強い Cl_2 は酸化力の弱い Br^- を酸化して Br_2 を遊離させることができるが，その逆反応は起こらない。

ハロゲン化銀のうち，フッ化銀 AgF だけは，Ag と F との電気陰性度の差が 2.1 と大きいため，Ag-F の結合はイオン結合性が大きく，水に溶けやすくなる。AgCl(白)，AgBr(淡黄)，AgI(黄)の順に，銀とハロゲンとの電気陰性度の差が 1.3，1.1，0.8 と小さくなるので，共有結合性が大きくなり，水に不溶となる。したがって，AgI の水に対する溶解度が最も小さくなる。したがって，AgCl，AgBr は過剰の NH_3 水に対して $[Ag(NH_3)_2]^+$ という錯イオンとなって溶けるが，AgI は溶けない。(実際には，AgBr は NH_3 水にはかなり溶けにくい。ハロゲン化銀はいずれもチオ硫酸ナトリウム $Na_2S_2O_3$ 水溶液には，$[Ag(S_2O_3)_2]^{3-}$ という錯イオンとなって溶ける。

$$AgBr+2Na_2S_2O_3 \longrightarrow Na_3[Ag(S_2O_3)_2]+NaBr$$

▶**199** (1) ア 斜方硫黄　イ 単斜硫黄
ウ ゴム状硫黄　エ 同素体　オ 8　カ 環
キ 二酸化硫黄　ク 刺激　ケ 還元　コ 漂白
(2) (a) $Cu+2H_2SO_4 \longrightarrow CuSO_4+SO_2+2H_2O$
(b) $Na_2SO_3+H_2SO_4 \longrightarrow Na_2SO_4+SO_2+H_2O$
(3) $2H_2S+SO_2 \longrightarrow 3S+2H_2O$
(4) 二酸化硫黄は大気中で複雑な酸化反応をうけて三酸化硫黄となり，これが雨に溶けて硫酸となり酸性雨を生じる。

解説 (1) 硫黄の同素体のうち，**斜方硫黄**と**単斜硫黄**は，8個の S 原子が王冠状に結合した S_8 分子が集合してできた分子結晶で，二硫化炭素(CS_2)にも溶ける。

S_8分子

一方，**ゴム状硫黄**は多数の S 原子からなる長い鎖状の高分子で，やや弾性を有し，CS_2 にも溶けない。

ゴム状硫黄

硫黄の同素体のうち，常温では黄色八面体状の**斜方硫黄**が最も安定であるが，約120℃の液体硫黄を空気中で放冷すると，黄色針状の**単斜硫黄**が生成する。また，250℃以上の液体硫黄を水中で急冷すると，暗褐色の**ゴム状硫黄**が生成する。

硫黄を空気中で燃焼させると，無色・刺激臭のある気体の二酸化硫黄 SO_2 が発生する。

$$S+O_2 \longrightarrow SO_2$$

SO_2 は極性分子で，水によく溶け，水溶液(**亜硫酸 H_2SO_3**(水中でのみ存在))は弱い酸性を示す。

SO_2 は酸化されて H_2SO_4 に変化しやすいので，還元作用を示し，このとき色素を漂白する。

$$SO_2+2H_2O \longrightarrow SO_4^{2-}+2e^-+4H^+$$

(2) (a) 熱濃硫酸の酸化作用により銅が溶解する。
$$H_2SO_4+2e^-+2H^+ \longrightarrow SO_2+2H_2O \cdots\cdots①$$
$$Cu \longrightarrow Cu^{2+}+2e^- \cdots\cdots②$$
①式＋②式より，解答の式となる。
(b) **弱酸の塩＋強酸 ⟶ 強酸の塩＋弱酸**の反応である。

(3) SO_2 は通常は還元剤として働くが，強い還元剤である H_2S に対しては酸化剤として働く。
$$SO_2+4H^++4e^- \longrightarrow S+2H_2O \cdots\cdots①$$
$$H_2S \longrightarrow S+2H^++2e^- \cdots\cdots②$$
①式＋②式×2より　$SO_2+2H_2S \longrightarrow 3S+2H_2O$

(4) 二酸化硫黄 SO_2 は，大気中で光や酸化力をもつ種々の酸化性物質(オキシダントという)による複雑な作用を受けて，三酸化硫黄 SO_3 に酸化される。これが水に溶けると，**酸性雨**の原因となる硫酸を生成する。

参考 亜硫酸水素ナトリウムと希硫酸の反応式

$NaHSO_3$(弱酸の塩)に H_2SO_4(強酸)を反応させても，H_2SO_3(弱酸)が遊離し，直ちに分解して SO_2 と H_2O が生成する。ただし，生成する強酸の塩としては，$NaHSO_4$ と Na_2SO_4 が考えられ，次の2通りの反応式が書ける。
$$NaHSO_3+H_2SO_4 \longrightarrow NaHSO_4+SO_2+H_2O \cdots\cdots Ⓐ$$
$$2NaHSO_3+H_2SO_4 \longrightarrow Na_2SO_4+2SO_2+2H_2O \cdots\cdots Ⓑ$$
Ⓐ式は硫酸の第一電離(①式)だけが起こると考えているのに対して，Ⓑ式は硫酸の第二電離(②式)まで起こると考えて書かれたものである。
$$\begin{cases} H_2SO_4 \longrightarrow H^++HSO_4^- \cdots\cdots① \\ HSO_4^- \rightleftharpoons H^++SO_4^{2-} \cdots\cdots② \end{cases}$$
$\left(\begin{array}{l}①式の電離定数 K_1 は極めて大きいが，②式 \\ の電離定数 K_2 は 1.0 \times 10^{-2} mol/L である。\end{array}\right)$
一方，生成物の亜硫酸の電離定数は次の通り。
$$\begin{cases} H_2SO_3 \rightleftharpoons H^++HSO_3^- (K_1=1.4 \times 10^{-2} mol/L) \\ HSO_3^- \rightleftharpoons H^++SO_3^{2-} (K_2=6.5 \times 10^{-8} mol/L) \end{cases}$$
②式のように硫酸が第二電離を行うとすれば，HSO_3^- との反応は③式のようになる。
$$HSO_3^-+HSO_4^- \rightleftharpoons SO_4^{2-}+H_2SO_3 \cdots\cdots③$$
$$(K_2=1.0 \times 10^{-2}) \quad (K_1=1.4 \times 10^{-2})$$
③式で，酸として働く HSO_4^-(左辺)と，H_2SO_3(右辺)の電離定数を比較すると，両者はほぼ等しく，平衡状態となり，少なくとも右向きは進行しにくいと考えられる。したがって，本反応のように，亜硫酸が共存する酸性条件では，硫酸の電離は第一電離まで起こると考えるべきである。したがって，上式の反応式は，硫酸の第一電離までを考えたⒶ式が適切であると考えられる。しかし，実際にはⒶ式で反応が止まるのではなく，Ⓑ式でまで反応は進行することが知られている。これは，亜硫酸 H_2SO_3 は水溶液

中でのみ存在し、一定濃度以上になると自然に H_2O と SO_2 に分解し、気体の SO_2 が反応系から出ていくため、Ⓑ式まで反応が進行したと考えられる。したがって、Ⓐ式、Ⓑ式どちらも正解ということになる。

▶**200** (1) ア 無声放電　イ 淡青　ウ 酸化
エ ヨウ化カリウムデンプン　オ 紫外線
A O_2　**B** ClO　**C** O_2
(2) $O_3+2KI+H_2O \longrightarrow O_2+I_2+2KOH$
(3) (a) $PbS \longrightarrow PbSO_4$　黒色から白色へ
　　(b) $Ag \longrightarrow Ag_2O$　銀白色から黒褐色へ
(4) 86%

解説 (1) オゾン O_3 は空気中で放電を行うと発生する。すなわち、ガラスを隔てた電極間に高電圧をかけると火花や音を伴わない静かな**無声放電**が起こり、効率よくオゾンが生成する。

オゾン発生のしくみ

オゾンは魚の腐ったような生ぐさい臭いのする淡青色の有毒な気体で、強い酸化作用をもつ。

成層圏(地上10〜50 kmの範囲)上部では、太陽からの強い紫外線を吸収して、酸素の一部がオゾンになり、地上20〜40km付近にオゾンを $3×10^{-4}$% 程度含む層(**オゾン層**)を形成している。このオゾン層は、生物にとって有害な紫外線のほとんどを吸収し、地上の生物を紫外線から守る働きをもつ。

冷蔵庫やエアコンの冷媒、半導体の洗浄剤などに使われていた**フロン**(クロロフルオロカーボンとよばれ、炭化水素のHをハロゲンで置換した化合物の総称)は、十数年もかかって成層圏まで達し、太陽の強い紫外線を受けて分解し、生じた塩素原子 Cl がオゾン分子を連鎖的に破壊することがわかった。

$$Cl・+O_3 \longrightarrow ClO・+O_2 ……①$$
$$ClO・+・O \longrightarrow Cl・+O_2 ……②$$

①式で生成する O_2、ClO のうち、②式でも反応するのは、不安定な ClO(一酸化塩素)である。安定な O_2 はこれ以上反応しない。1個の $Cl・$ は数万個の O_3 を次々に分解していく(連鎖反応)。

(2) オゾンは Cl_2 と同様に、水で湿らせたヨウ化カリウムデンプン紙の青変により検出される。

オゾン O_3(酸化剤)の働きは、液性により異なる。
(164 参考)
酸性条件では、$O_3+2H^++2e^- \longrightarrow O_2+H_2O$
中性条件では、$O_3+H_2O+2e^- \longrightarrow O_2+2OH^-$
酸化力は酸性条件の方が強いが、I^- を I_2 に酸化するには、中性条件の酸化力でも十分である。

$$O_3+2e^-+H_2O \longrightarrow O_2+2OH^- ……①$$

$$2I^- \longrightarrow I_2+2e^- ……②$$
①式+②式より
$$O_3+2I^-+H_2O \longrightarrow O_2+I_2+2OH^-$$
両辺に $2K^+$ を加えると
$$O_3+2KI+H_2O \longrightarrow O_2+I_2+2KOH$$

(3) オゾン O_3 の酸化作用はきわめて強く、通常の酸化剤では酸化されにくい PbS を $PbSO_4$ に、空気中で加熱しても酸化されない Ag を Ag_2O にそれぞれ酸化することができる。

(4) この混合気体1molの質量を求めると、
$$2.00×22.4=44.8 [g]$$
単位 [g] を取ると、平均分子量は44.8である。

O_2 と O_3 の混合気体1mol中の O_3 の物質量を x [mol] とすると、O_2 の物質量は $1-x$ [mol] なので、
$$32×(1-x)+48×x=44.8 \quad ∴ \quad x=0.80$$
オゾンの質量は、$0.80×48=38.4 [g]$

質量パーセントは、$\dfrac{38.4}{44.8}×100=85.7≒86 [\%]$

参考

オゾン O_3 の構造と極性

オゾン O_3 分子は、酸素 O_2 分子の非共有電子対が別の O 原子の空軌道に配位結合して生じ、下記の (a)、(b) の構造式を重ね合わせたような状態(**共鳴**という)にある。

空軌道

:Ö: :Ö: → :Ö:　　(→は配位結合)

(a)　　　　　　　(b)

中心の O 原子には1組の非共有電子対と2組の共有電子対があり、これらが空間の最も離れた正三角形の頂点方向に伸びている。分子の形は共有電子対の伸びる方向で決まるので、O_3 分子は折れ線形となる。

O_3 のように、中心原子に非共有電子対をもつ分子では、O-O、O=O 結合に極性がなくても、非共有電子対の存在によって、分子全体としての極性が生じる場合がある。すなわち、中心の O 原子の原子核から非共有電子対の伸びる方向に向かう電荷の偏り(極性)がみられ、これを考慮すると、O_3 は PH_3(ホスフィン)と同程度の弱い極性をもつことが理解できる。

▶**201** (1) (ア) 液体空気
(イ) ハーバー・ボッシュ法
(ウ) 鉄(四酸化三鉄)　(エ) オストワルト法
(2) (a) $NH_4NO_2 \longrightarrow N_2+2H_2O$
　(b) $2NH_4Cl+Ca(OH)_2$
　　　　　　　　　　　$\longrightarrow CaCl_2+2NH_3+2H_2O$
　(c) $4NH_3+5O_2 \longrightarrow 4NO+6H_2O$
　(d) $2NO+O_2 \longrightarrow 2NO_2$
　(e) $3NO_2+H_2O \longrightarrow 2HNO_3+NO$
(まとめた式)　$NH_3+2O_2 \longrightarrow HNO_3+H_2O$

(3) $2.6\,m^3$, $5.3\,kg$　(4)（ア）

解説　(1) N_2 と H_2 から Fe_3O_4 を主成分とする触媒を用いて，直接 NH_3 を合成する工業的製法を**ハーバー・ボッシュ法**という。　　$N_2 + 3H_2 \rightleftharpoons 2NH_3$

約800℃に加熱した白金網（触媒）に，NH_3 と空気の混合気体を短時間（約0.001秒）接触させると，無色の一酸化窒素 NO が生成する。NO は140℃以下に冷却されると，空気中の O_2 により自然に酸化され，赤褐色の二酸化窒素 NO_2 が生成する。

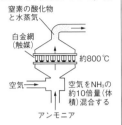

窒素の酸化物と水蒸気

白金網（触媒）

約800℃

空気

空気をNH_3の約10倍量（体積）混合する

アンモニア

NO_2 を水に吸収させて硝酸 HNO_3 を製造する。このとき副生する NO を，(d)の反応に戻して再び酸化し，(e)の反応で水へ吸収させることを繰り返すことで，原料の NH_3 をすべて HNO_3 に変える。このような硝酸の工業的製法を**オストワルト法**という。とくに，NH_3 から HNO_3 への量的関係がよく出題される。

(2) (a) NH_4NO_2 は NH_4^+ と NO_2^- がイオン結合してできた物質で，NH_4^+ の N の酸化数は -3 で還元剤，NO_2^- の N の酸化数は $+3$ で酸化剤として働く。加熱すると，NH_4^+ から NO_2^- へ電子が3個移動して N_2 と H_2O を生成する。このように，同一物質内で電子が授受される反応を**自己酸化還元反応**という。

(b) NH_3 は弱塩基であるから，**（弱塩基の塩）＋（強塩基）──→（強塩基の塩）＋（弱塩基）**の反応を利用して NH_3 を発生させる。

実験装置は，反応物質がすべて固体であり，加熱によって H_2O が生成することから，試験管の口をやや下向きにして加熱する。これは，試験管の口付近で凝縮した水が加熱部に流れ落ち，試験管が割れるのを防ぐためである。また，NH_3 が水に溶けやすく空気より軽い気体であるから，上方置換で捕集する。

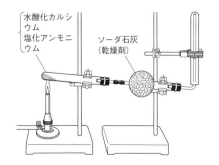

水酸化カルシウム
塩化アンモニウム

ソーダ石灰（乾燥剤）

(e) NO_2 と同じ酸化数（+4）をもつオキソ酸は存在しない。そこで，NO_2 3分子のうち，2分子は酸化されて HNO_3 になり，残り1分子は還元されて NO となる。このような同種の分子間で電子が授受される反応も**自己酸化還元反応**という。

解答 (2)の式を，$\dfrac{(c)+(d)\times 3 + (e)\times 2}{4}$ を計算し，中間生成物の NO，NO_2 を消去すれば，1つの反応式になる。

$$NH_3 + 2O_2 \longrightarrow HNO_3 + H_2O$$

(3) 上式より，NH_3 をすべて硝酸に変化させるには，NH_3 1 mol に対して O_2 2 mol が必要であるから，

$$\frac{1.0\times 10^3}{17}\times 2\times 22.4 \fallingdotseq 2.6\times 10^3\,[L] = 2.6\,[m^3]$$

NH_3 1.0 kg から得られる70％硝酸を x [kg] とすると，NH_3 1 mol から HNO_3 1 mol が生成するから，

$$\frac{1.0\times 10^3}{17} = \frac{x\times 10^3 \times 0.70}{63} \qquad x \fallingdotseq 5.3\,[kg]$$

(4) NH_3 は塩基性の気体であるから，酸性の乾燥剤（ウ），（エ）は使えない。また，$CaCl_2$ は中性の乾燥剤で，すべての気体の乾燥に使用できるはずだが，例外的に NH_3 とは $CaCl_2\cdot 8NH_3$ という分子化合物をつくるため使用できない。また，シリカゲルは表面に親水性のヒドロキシ基$-OH$ をもち，水素結合によって NH_3 の一部が吸収される恐れがある。したがって，塩基性の乾燥剤の CaO が最適である。

▶**202**（ア）**酸化剤**（イ）**小さい**（ウ）**二酸化窒素**（エ）**一酸化窒素**（オ）**不動態**（カ）**無**（キ）**赤褐**（ク）**不対**（ケ）**四酸化二窒素**
(1) 硝酸は光によって次式のように分解するので，褐色びんに保存しなければならない。

$$4HNO_3 \longrightarrow 4NO_2 + 2H_2O + O_2$$

(2) 金属が，濃硝酸中でその表面に緻密な酸化物の被膜を生じて反応性を失った状態。
(3) イオン化傾向が水素よりも大きい金属と希硝酸との反応では，NO だけでなく H_2 も発生する。さらに，NO は H_2 によって還元される反応も同時に進行するので，NO，N_2O，N_2 などの混合気体が発生すると予想される。

解説 (1) NO 分子中の N 原子には，右図のように不対電子が1個存在する。このように，不対電子をもつ原子（団），分子などは遊離基（**ラジカル**）と総称され，他の原子や分子と非常に反応しやすい。これは，ラジカル自身は不安定で，その不対電子を解消して電子対をつくり，最外殻に8個の電子をもつ安定なオクテットの電子配置になろうとする性質があるためである。

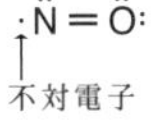

$\ddot{N}=\ddot{O}$:

不対電子

（例） $2NO+O_2 \xrightarrow{\text{自動酸化}} 2NO_2$（ラジカル反応）

NO_2 にも不対電子が存在するが，実際には下図 (a)，(b) の構造式を重ね合わせたような状態（**共鳴**という）で存在するので，共鳴構造をもたない NO に比べていくらか安定に存在できる。

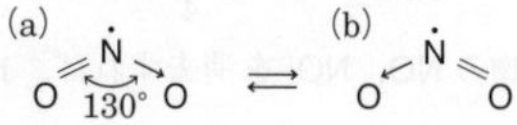

（a） $O \overset{\cdot}{\underset{130°}{N}} O$ $\rightleftharpoons$ （b） $O \overset{\cdot}{N} O$

また，NO_2 は 0〜140℃では，次式のように2分子が重合した四酸化二窒素 N_2O_4 との間に，次のような平衡が存在する。

$2NO_2$（赤褐色）$\rightleftharpoons N_2O_4$（無色）

（この平衡は低温ほど右方向（発熱反応）に移動しやすい。）

(2) 濃硝酸に対して**不動態**となって溶けない金属には，Al，Fe，NiのほかにCrやCoもある。いったん不動態となった Fe や Al は，希塩酸や希硫酸に加えても H_2 は発生しないので，本来の反応性を失った状態にあることがわかる。

(3) 希硝酸でも濃度が薄くなるほど，H_2 の発生する割合が大きくなる傾向がある。

▶203 (1) (ア) E （イ) B （ウ) E （エ) D
(オ) A （カ) C
(2) $FeS+H_2SO_4 \longrightarrow FeSO_4+H_2S$
(3) 活栓を開閉することによって，必要量の気体を任意に取り出すことができる。
(4) ・二また試験管の突起のある方に固体試薬の硫化鉄(II)を，突起のない方に液体試薬の希硫酸を入れる。
　　・二また試験管には，固体試薬を先に，液体試薬を後から入れる。
(5) 下方置換
(理由) 硫化水素は水に溶け，空気より重い気体なので，下方置換で捕集する。
(6) 硫化水素が硝酸により，酸化されてしまうから。
(7) （ウ)
(理由) 硫化水素は酸性の気体なので，水酸化カリウムで中和・吸収される。また，硫化水素は還元力が強く，常温の濃硫酸でも酸化されてしまうから。

解説 (1)，(3) キップの装置は，固体と液体の試薬を反応させて気体を発生させる際に用いられる。ただし，加熱を要する反応には使えない。活栓（コック）の開閉により，気体の発生量が自由に調節できるので，とても便利な器具である。
　図のBに粒状の固体試薬（粉末ではBとCの隙間から下へ落ちてしまうので不適である。）を入れ，Aの約半分の高さまで液体試薬を入れる。Cには排液

口の栓がある。
　コックを開けると，大気圧によってAにたまっていた希硫酸がCを経てBに入り，硫化鉄(II)と接触し，気体が発生しはじめる。

キップの装置

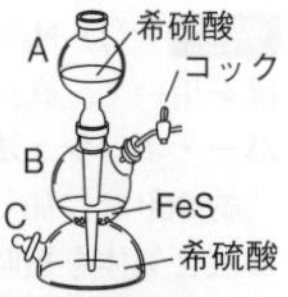

　コックを閉じると，Bに気体がたまり，その圧力で希硫酸がCを経てAに押し上げられ，希硫酸と硫化鉄(II)とが分離されるので，反応は停止する。
(2) 弱酸の塩＋強酸 ⟶ 強酸の塩＋弱酸 の反応を利用する。希硫酸の代わりに希塩酸を用いてもよい。
(4) 気体を発生させるときは，二また試験管を突起のある方に傾け液体を入れる。気体の発生を止めるときは，試験管を突起のない方に傾け液体をもとに戻す。このとき，固体は突起の部分で止めることができる。また，二また試験管に先に液体試薬を入れると，内部が濡れてしまうので，液体に触れずに固体試薬を入れるのが困難となる。先に固体試薬を入れる方がよい。
(6) ただし，希硝酸には酸化作用があるので，硫化水素は直ちに希硝酸によって酸化され，単体の硫黄を遊離してしまうので不適である。
(7) H_2S は還元性が強いので，常温の濃硫酸とも酸化還元反応を起こして，単体の硫黄へと酸化されてしまうので不適である。

$H_2SO_4+2e^-+2H^+ \longrightarrow SO_2+2H_2O$……①
$H_2S \longrightarrow S+2H^++2e^-$……②
①+②より　　$H_2S+H_2SO_4 \longrightarrow S+SO_2+2H_2O$

▶204 A 窒素，B 水素，C 二酸化炭素，
D 塩化水素，E 二酸化硫黄，F 硫化水素，
G アンモニア，H 塩素，I 二酸化窒素
解説 （ア) 有色のH，IはCl₂とNO₂のいずれか。
（イ) 無臭のA，B，CはH₂，N₂，O₂，CO₂のいずれか。
（ウ) 水に難溶のA，BはH₂，O₂，N₂のいずれか。
溶解度の特に大きいD，GはNH₃，HClのいずれか。
（エ) D，HはAg⁺と白色沈殿（AgCl）をつくるので，Cl₂，HClのいずれか。
（ア)より，HはCl₂，IはNO₂と決まる。
（エ)より，DはHClと決まる。
（ウ)より，GはNH₃と決まる。
（オ) BはH（Cl₂)と塩素爆鳴気をつくる。

$H_2+Cl_2 \xrightarrow{\text{光}} 2HCl$

∴　BはH₂と決まる。
　D（HCl)とG（NH₃)が反応すると，塩化アンモニウムの白煙を生成する。

$NH_3 + HCl \longrightarrow NH_4Cl$

（カ）E，F はいずれも還元性を示すが，$KMnO_4$ との反応液が無色透明になる E が SO_2，白濁する F が H_2S である。

$$H_2S \longrightarrow S\downarrow(白濁) + 2e^- + 2H^+$$

$$SO_2 + 2H_2O \longrightarrow H_2SO_4(透明) + 2e^- + 2H^+$$

（キ）A と B（H_2）から鉄触媒を用いて G（NH_3）が生成するので，A は N_2 と決まる。

最後に，（ア），（イ），（ウ）より，C は無色・無臭で水に可溶なので，選択肢の中では CO_2 である。

▶**205**（ア）同素体 （イ）ダイヤモンド
（ウ）4 （エ）共有結合 （オ）示さない
（カ）黒鉛（グラファイト）（キ）示す （ク）3
（ケ）共有結合 （コ）分子間力
（サ）無定形炭素 （シ）フラーレン （ス）C_{60}
（セ）示さない
〔問〕**3.2 g/cm³**

解説 ダイヤモンドは天然物質の中で最も硬く，各炭素原子は4個の価電子すべてを用いて共有結合でつながり，正四面体を基本単位とする立体網目構造の共有結合の結晶で，電気伝導性は示さない。

黒鉛は，各炭素原子は3個の価電子を使って共有結合し，正六角形を基本単位とする平面構造を形成し，それらが層状に比較的弱い分子間力で積み重なったものである。残る1個の価電子は平面構造内を比較的自由に動くことができるので，電気伝導性を示す。

無定形炭素は黒鉛の微結晶の集合体で，多孔質で吸着力が大きい。しかし，無定形炭素は，基本的には黒鉛とは結晶構造が同じであるから，炭素の同素体には含めないという考え方もある。

1985年，クロトーやスモーリーらによって発見された分子式 C_{60} や C_{70} で表される球状の炭素分子は，建築家バックミンスターフラーの建てたドーム状建造物にちなんでフラーレンと名付けられた。フラーレンは次のような特性をもち，とくに③の性質が注目を集めている。

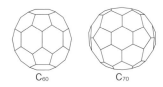

C₆₀　　　C₇₀

① ベンゼンなどの有機溶媒に溶ける。
② 力学的にかなり安定で，600℃でも壊れない。
③ 本来，電気伝導性は示さないが，アルカリ金属

の K を添加したものは，約18K以下で電気抵抗が0になるという**超伝導体**となる。

一方，1991年，飯島澄男博士は，黒鉛のもつ平面構造が筒状に丸まった構造をもつ**カーボンナノチューブ**を発見した。これには単層構造と多層構造のものがあるほか，層の巻き方によって，(i) 金属，(ii) 半導体としての性質をもつものなどがあり，現在，電子材料や電池の電極，および水素の吸蔵物質などへの応用が期待されている。

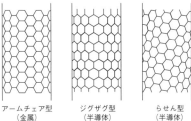

アームチェア型（金属）　　ジグザグ型（半導体）　　らせん型（半導体）

参考 **新しい炭素の同素体**
2004年，ガイムとノボセロフは黒鉛のシート1枚分を粘着テープを使って剥がし取ることに成功し，これは**グラフェン**と名づけられた。したがって，グラフェンのシート構造が多層に積み重なったものが**黒鉛**，筒状に丸まったものが**カーボンナノチューブ**，五角形の構造が12個あることによって球状に閉じたものが**フラーレン**である。また，**カーボンナノホーン**（下図）は，カーボンナノチューブに似た構造であるが，一端に五角形の構造があることによって閉じたホーン（角（つの））状の構造をもっている。

〔問〕 結晶の密度 ＝ $\dfrac{単位格子の質量〔g〕}{単位格子の体積〔cm^3〕}$

炭化ケイ素 SiC とダイヤモンド C のように，同一の構造をもつ結晶の場合，構成原子のモル質量（原子量）が増すと，単位格子の質量が増加し，結晶の密度も大きくなる。したがって，結晶の密度は構成原子のモル質量（原子量）に比例する。

一方，構成原子間の結合距離が増すと，単位格子の体積が増加し，結晶の密度は小さくなる。

なお，体積は原子間の結合距離の3乗に比例するから，結晶の密度は構成原子間の結合距離の3乗に反比例することになる。

結局，炭化ケイ素の Si-C 結合とダイヤモンドの C-C 結合を比較すると，SiC と C（ダイヤ）の密度の比は次のようになる。

$$\frac{SiC}{C(ダイヤ)}=\left(\frac{12+28}{12+12}\right)\times\left(\frac{0.154}{0.188}\right)^3$$

原子量の比 　　原子間距離の比(逆数)

$$=\frac{40}{24}\times0.549=0.915(倍)$$

よって，炭化ケイ素SiCの密度は，

$$3.51\times0.915=3.21\fallingdotseq3.2[g/cm^3]$$

▶206 (ア) ギ酸　(イ) ヘモグロビン
(ウ) 還元　(エ) 炭酸　(オ) 固体
(カ) ドライアイス　(キ) 尿素　(ク) 温暖化
(1) (a) $HCOOH \longrightarrow CO+H_2O$
(c) $CaCO_3+2HCl \longrightarrow CaCl_2+CO_2+H_2O$
(d) $Ca(OH)_2+CO_2 \longrightarrow CaCO_3+H_2O$
(e) $CaCO_3+CO_2+H_2O \longrightarrow Ca(HCO_3)_2$
(2) CO_2 は分子全体としてみると直線形の無極性分子であるが，部分的に見ると $^{\delta-}O=C^{\delta+}=O^{\delta-}$ のように極性をもつ。このため，加圧などによって分子間距離が近くなると，静電気的な分子間相互作用が強く働くようになって，凝縮が起こりやすくなる。
(3) 化石燃料の大量消費，森林の過剰な伐採など。
解説　一酸化炭素 CO は無色・無臭の気体であるが，血液中のヘモグロビン中の Fe^{2+} に強く配位結合し，O_2 の運搬能力を失わせるので，高等動物にとってはきわめて有毒である。

一酸化炭素 CO は，高温では他の化合物から酸素 O を奪う還元作用を示す。この性質は鉄の製錬に利用されている。

$$Fe_2O_3+3CO \longrightarrow 2Fe+3CO_2$$

二酸化炭素 CO_2 は直線形をした無極性分子であるが，部分的には $O^{\delta-}=C^{\delta+}=O^{\delta-}$ のような極性をもち，加圧して分子間距離が近くなると，分子間力が強く働くようになり凝縮する。ボンベに詰めた液体 CO_2 を細孔から空気中へ噴出させると，気体が急激に膨張して，自身の温度が急激に低下(断熱膨張)し，雪状に固化する。これを押し固めたものが**ドライアイス**である。

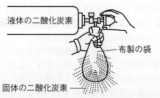

液体の二酸化炭素
布製の袋
固体の二酸化炭素

(1) ギ酸に濃硫酸を加えて加熱すると一酸化炭素が発生する。

$$HCOOH \longrightarrow CO+H_2O$$

一方，シュウ酸に濃硫酸を加えて加熱すると一酸化炭素と二酸化炭素の混合気体が発生する。

$$(COOH)_2 \longrightarrow CO+CO_2+H_2O$$

題意より，シュウ酸は2価の弱酸なので不適。石灰水(水酸化カルシウムの飽和水溶液)と CO_2 は，中和反応によって水に不溶性の炭酸カルシウム $CaCO_3$ という塩が生成する。さらに，CO_2 を過剰に通じると，CO_3^{2-} は弱酸のイオンだから，水溶液中に生じた炭酸 H_2CO_3 から H^+ を受け取り HCO_3^- となり，炭酸水素カルシウム $Ca(HCO_3)_2$ という水に可溶性の塩が生成するので，$CaCO_3$ の白色沈殿は溶解し，無色透明な溶液となる。

参考

大気の温室効果

大気中の CO_2 は，太陽から届く波長の短い電磁波(可視光線や紫外線)はよく通すが，一方，地球から放射される波長の長い電磁波(赤外線)をよく吸収し，地球の気温を上昇させる。このように，大気が熱を蓄積する現象を**温室効果**といい，CO_2 のほかに CH_4，N_2O，フロン(クロロフルオロカーボン類)などの気体もこの性質をもつ(このような気体を温室効果ガスという)。

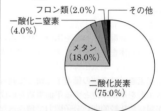

世界全体の正味の人為的温室効果ガス排出量
(IPCC 第6次評価報告書，2021)
(フロンは，メタン CH_4 やエタン C_2H_6 などの一部の H を Cl や F などで置き換えた化合物の総称である。)

そこで，1997年，先進国は 2017 年までに，**温室効果ガス**(CO_2，CH_4，N_2O，フロン，SF_6 など)の総排出量を 1990 年に比べて平均5.2%(日本は6%)削減するという京都議定書が採択され，2012年，日本はこの目標を達成した。しかし，地球温暖化には歯止めがかかっておらず，京都議定書に続く新たな国際的な枠組みとして，2015 年にパリ協定が採択された。その内容は，各国が温室効果ガスの削減目標を定め，そのための国内対策を推進する義務を負う。日本は，2030 年までに，2013 年比で温室効果ガス排出量を 46%削減する目標を定め，その達成に向けて努力を続けている。

---

(3) CO_2 濃度は，1800 年以前は約 280 ppm でほぼ一定であったが，1800 年以降，増加し続けている。CO_2 濃度の増加の主な原因は産業革命に伴う森林伐採であったが，1940 年代以降はエネルギー革命に伴う化石燃料の大量消費(森林伐採も含む)が主な原因となっている。

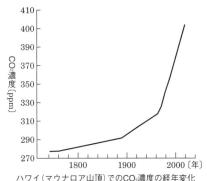

ハワイ（マウナロア山頂）でのCO₂濃度の経年変化

▶**207** (ア) ケイ素　(イ) 半導体　(ウ) 光ファ
イバー　(エ) ケイ酸ナトリウム　(オ) 水ガラス
(カ) ケイ酸　(キ) シリカゲル
(1) (a) $SiO_2 + Na_2CO_3 \longrightarrow Na_2SiO_3 + CO_2$
　　(b) $Na_2SiO_3 + 2HCl \longrightarrow 2NaCl + H_2SiO_3$
(2) 長い鎖状のケイ酸イオンは，互いに絡み合って
強い粘性を示すから。
(3) シリカゲルは多孔質の構造をもち，その表面に
は親水性のヒドロキシ基が残っているので，水素結
合によって水蒸気や他の気体をよく吸着するから。
(4) $SiO_2 + 2C \longrightarrow Si + 2CO$……①（Cが少量）
　　$SiO_2 + 3C \longrightarrow SiC + 2CO$……②（Cが多量）

解説　ケイ素Siの単体は，ダイヤモンドと同様に
正四面体を基本単位とする共有結合の結晶である。
C-C結合よりもSi-Si結合の方が結合エネルギーが
小さいので，光や熱によってその結合の一部が切
れ，電気をわずかに導く。このような物質を**半導体**
といい，絶縁体と金属の中間程度の電気伝導度をも
つ。（ただし，金属は高温ほど電導性が小さくなる
が，半導体では高温ほど電導性が大きくなる。）

参考　　　　**ガラスの種類**
　二酸化ケイ素 SiO_2 は，自然界では水晶，石
英，ケイ砂などとして産出する。その構造は，
Si原子とO原子が1：2の割合で正四面体状に
結合した**共有結合の結晶**であり，ガラスの主原
料として用いられる。
　ケイ砂に Na_2CO_3 や $CaCO_3$ を加えてつくられ
た**ソーダ石灰ガラス**は，成分の Na_2O や CaO が
SiO_2 の立体網目構造の一部を破壊するので，
軟化点が比較的低く，加工しやすいので，窓ガ
ラスやびんに利用される。ケイ砂にホウ砂
$Na_2B_4O_7$ を加えてつくられた**ホウケイ酸ガラス**
は，成分の B_2O_3 が SiO_2 の立体網目構造の一部
を修復するので，軟化点や耐熱性が高くなり，
ビーカー，フラスコなどの理化学器具に利用さ
れる。ケイ砂に K_2CO_3 や PbO を加えてつくら
れた**鉛ガラス**は，成分の重金属 Pb によって光
の透過速度が遅くなり，光の屈折率が大きく，
光学レンズに利用される。さらに PbO の割合

を高いものは，放射線の遮蔽能力が大きく，放
射線の遮蔽ガラスに用いられる。また，高純度
の SiO_2 からつくられた**石英ガラス**は，軟化点
や耐熱性が高く，耐熱ガラスとして利用される
ほか，繊細状に加工したものは**光ファイバー**と
して光通信に用いられる。

　光ファイバーは，高純度の SiO_2 でつくられ，光
の屈折率の高い中心部（コア）と，屈折率の少し低い
周辺部（クラッド）の二層構造になっている。この構
造により，中心部に入射した光は，二層の境界面で
全反射を繰り返しながら，コア内だけを伝播してい
く。このため，情報をほとんど減衰させずに遠くま
で光速で伝えることができ，光通信用のケーブルに
利用される。

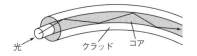

光　　　　　クラッド　　コア

(1)，(2) SiO_2 は酸性酸化物ではあるが，水とは直
接反応しない。NaOH や Na_2CO_3 など強塩基とと
に融解すると，徐々に中和反応が起こり，ケイ酸ナ
トリウム Na_2SiO_3 という塩を生成する。ケイ酸イオ
ン $SiO_3{}^{2-}$ は，炭酸イオン $CO_3{}^{2-}$ のような独立したイ
オンではなく，長い鎖状構造のイオン $(SiO_3)_n{}^{2n-}$ な
ので，互いに絡み合って大きな粘性を示し，水を加
えて加熱しても徐々にしか溶解しない。
　生じたケイ酸ナトリウムの水溶液は，粘性の大き
な透明な液体で**水ガラス**とよばれる。
　水ガラス，すなわち，ケイ酸ナトリウム（弱酸の
塩）の水溶液に塩酸（強酸）を加えると，ケイ酸（弱
酸）が遊離する。
(3) 生じたケイ酸を水洗後，長時間おだやかに加熱
すると，分子鎖の-OHどうしが脱水縮合して，不
規則な立体網目構造をもつ**シリカゲル**ができる。シ
リカゲルの表面には親水性の-OHがかなり残って
おり，かつ，多孔質な構造であるため，水蒸気や他
の気体を水素結合によってよく吸着する。そのた
め，シリカゲルは乾燥剤や吸着剤などに利用され
る。

(4) 工業的には，①式は約2000℃，②式は約1800℃で行われる。炭化ケイ素SiCは，カーボランダムともよばれ，ダイヤモンドに次ぐ硬さをもち，工業用の研磨剤などに用いられる。

> **参考**
> ### ケイ素の半導体
> ケイ素のSi−Si結合(226 kJ/mol)は，ダイヤモンドのC−C結合(345 kJ/mol)に比べて結合エネルギーがやや小さい。したがって，ケイ素の結晶に光が当たると，Si−Si結合の一部が切れ，価電子の一部が移動できるようになり，わずかに電導性を示す半導体となるが，その電導性はかなり小さい。そこで，Siに少量のヒ素AsやリンP(5価)などを加えると，結合に使われずに余った電子が結晶中を移動し，電導性がやや大きくなる(**n型半導体**)。同様に，Siに少量のホウ素BやガリウムGa(3価)などを加えると，電子の不足した場所(正孔，ホールという)が生じ，この移動により電導性がやや大きくなる(**p型半導体**)。これらの組み合わせによって，太陽電池や種々の集積回路などが作られる。
>
>
>
> n型半導体　●電子　　p型半導体　○電子

▶208 (ア) 十酸化四リン(五酸化二リン)
(イ) 還元　(ウ) 黄リン　(エ) 同素体　(オ) 水中
(カ) 赤リン　(キ) 十酸化四リン(五酸化二リン)
(ク) 乾燥剤　(ケ) リン酸
(1) (a) $4P+5O_2 \longrightarrow P_4O_{10}$
　　(b) $P_4O_{10}+6H_2O \longrightarrow 4H_3PO_4$
(2) **0.843 kg**

解説　リン鉱石をその約半分量のケイ砂，コークスと混ぜて電気炉で強熱すると，次の①，②の反応によって，リンの蒸気P_4を生成する。

$2Ca_3(PO_4)_2+6SiO_2 \longrightarrow 6CaSiO_3+P_4O_{10}$ ……①
$P_4O_{10}+10C \longrightarrow P_4+10CO$ ……②

①，②をまとめて，

$2Ca_3(PO_4)_2+6SiO_2+10C$
　　　　　$\longrightarrow P_4+6CaSiO_3+10CO$

まず，リン酸カルシウムが高温でCaOとP_4O_{10}に分解する。CaO(塩基性酸化物)はSiO$_2$(酸性酸化物)と広義の中和反応して，ケイ酸カルシウムCaSiO$_3$という塩になる。②式では，P_4O_{10}を高温の炭素で直接還元する反応であるが，炉内が高温であるため，CO$_2$ではなくCOが発生することに留意したい。

リンには，黄リン，赤リン，黒リンなどの同素体が存在する。黄リンは，淡黄色のロウ状の固体で，猛毒で二硫化炭素CS$_2$にも溶ける。P_4分子を構成しており，空気中で自然発火(発火点約35℃)するので水中に保存する。

一方，**赤リン**は暗赤色の粉末で，毒性も少なく，空気中に放置しても自然発火(発火点約260℃)することはない。赤リンは，P_4分子が鎖状～立体網目状に連なった高分子化合物で，CS$_2$にも溶解しない。

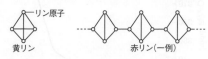

リン原子
黄リン　　　　　　赤リン(一例)

黒リン

空気を絶った常圧の状態で黄リンを約250℃で加熱すると，P_4分子の重合がランダムに行われるため，鎖状～立体網目状構造の赤リンとなる。一方，黄リンを200℃以上で高圧(1.2×10^9 Pa)で長く加熱すると，層状構造をした黒リンの結晶となる。

> **参考**
> ### 白リンと黄リン
> リンの蒸気を水中で凝縮させたり，黄リンを精製して得られる白色のリンは**白リン**とよばれる。白リンに紫外線を当てると赤リンに変化する。日光にあたった白リンは，その表面からしだいに淡黄色になることから，黄リンは白リンと微量の赤リンとの混合物であると考えられている。

(1) P_4O_{10}と熱水との反応では，リン酸H_3PO_4が生成する。　$P_4O_{10}+6H_2O \longrightarrow 4H_3PO_4$
冷水との反応では，メタリン酸HPO$_3$が生成する。
$P_4O_{10}+2H_2O \longrightarrow 4HPO_3$

> **参考**
> ### オキソ酸の種類
> オキソ酸は，酸性酸化物と水との反応で生成するが，その反応の程度(水和度)の違いで，水和度の最も高いものをオルト形，最も低いものをメタ形と区別する。
> リン酸の場合，最も水和度が高いH_3PO_4をオルトリン酸，または，単にリン酸という。最も水和度の低いHPO$_3$をメタリン酸，水和度が中間の$H_2P_2O_7$をピロリン酸という。

十酸化四リンP_4O_{10}は潮解性・吸湿性が強いので，乾燥剤や脱水剤として使われる。なお，P_4O_{10}は組成式でP_2O_5と表されるので，五酸化二リンともよばれる。

純粋なリン酸は無色の結晶(融点42℃)であるが，通常，市販されている約70%水溶液は粘性の大きなシロップ状の液体である。

(2) $Ca_3(PO_4)_2+2H_2SO_4$
　　　　　$\longrightarrow 2CaSO_4+Ca(H_2PO_4)_2$
上式より，$Ca_3(PO_4)_2$ 1 molに対して，H_2SO_4 2 mol

が反応すると，$Ca(H_2PO_4)_2$ に変化する。

必要な 60.0%硫酸を x [kg]とおくと，

式量が $Ca_3(PO_4)_3=310$，分子量が $H_2SO_4=98.0$ より

$$\frac{1.00\times10^3\times0.80}{310}\times2=\frac{x\times10^3\times0.60}{98.0}$$

$$\therefore\quad x\fallingdotseq0.843\,[kg]$$

参考 リン酸肥料
リン鉱石の主成分はリン酸カルシウム $Ca_3(PO_4)_2$ で，水に不溶性のためそのままではリン酸肥料には使えない。そこで，リン酸カルシウムを硫酸(強酸)と反応させて，リン酸イオン $PO_4{}^{3-}$ の負電荷をリン酸二水素イオン $H_2PO_4{}^-$ まで下げてやると，Ca^{2+} との間に働く静電気力(クーロン力)が弱まり，水に可溶となる。実際には，リン鉱石の粉末を適当量の硫酸と反応させる。この反応で得られた $Ca(H_2PO_4)_2$ と $CaSO_4$ の混合物は**過リン酸石灰**とよばれ，リン酸肥料に用いられる。硫酸の代わりにリン酸を用いて同様の反応を行うと，リン酸二水素カルシウムのみが生成する。これを**重過リン酸石灰**といい，過リン酸石灰に比べて同質量あたりに含まれるリン酸の質量が多い。
$$Ca_3(PO_4)_2+4H_3PO_4\longrightarrow3Ca(H_2PO_4)_2$$

▶**209** ① 12 ② 20 ③ 12 ④ 25 ⑤ 240
⑥ 30

解説 問題文より，フラーレン分子の各頂点には炭素原子が存在しており，各頂点は 3 つの面で共有され，各辺は 2 つの面で共有されている。

①，② C_{60} 分子の五角形の面の数を x，六角形の面の数を y とおく。

頂点の数 $\dfrac{5x+6y}{3}=60\cdots\cdots$①

辺の数 $\dfrac{5x+6y}{2}$

面の数 $x+y$

オイラーの多面体定理より，

$$60-\frac{5x+6y}{2}+(x+y)=2\cdots\cdots$$②

①より $5x+6y=180$
②より $3x+4y=116$

$$\therefore\quad x=12,\ y=20$$

③，④ C_{70} 分子の五角形の面の数を x'，六角形の面の数を y' とおく。

頂点の数 $\dfrac{5x'+6y'}{3}=70\cdots\cdots$③

オイラーの多面体定理より，

$$70-\frac{5x'+6y'}{2}+(x'+y')=2\cdots\cdots$$④

③より $5x'+6y'=210$
④より $3x'+4y'=136$

$$\therefore\quad x'=12,\ y'=25$$

C_{60}，C_{70} のフラーレンに含まれる五角形の面の数は同数(12個)である。

⑤ C_{60} 分子中の C 原子の価電子の数は，
$$60\times4=240$$

⑥ C_{60} 分子の辺の数は，
$$\frac{5x+6y}{2}=\frac{5\times12+6\times20}{2}=90$$

各辺に，C-C 結合が a 個，C=C 結合が b 個含まれるとすると，
$$a+b=90\cdots\cdots$$⑤

C-C 結合には価電子 2 個，C=C 結合には価電子 4 個が使われるから，
$$2a+4b=240\cdots\cdots$$⑥

$$\therefore\quad a=60,\ b=30$$

五角形と六角形が接する辺にあたる結合は単結合である。六角形と六角形が接する辺にあたる結合は二重結合である。(五角形と五角形は接していない。)

▶**210** ① 8.0 ② 10 （問）18.5%

解説 ① 硫黄の燃焼のために，乾燥空気 100 L を使用したので，その内訳は N_2 80 L，O_2 20 L である。

$$S(固)+O_2(気)\longrightarrow SO_2(気)$$

硫黄の燃焼では気体の体積変化はないので，燃焼炉出口で SO_2 が 12.0%，すなわち 12 L 含まれることから，燃焼に使われた O_2 も 12 L である。

残った O_2 は 20-12=8 (L)である。

$$\frac{O_2}{混合気体}=\frac{8}{80+8+12}\times100=8.0\,[\%]$$

② 圧力一定では，気体の(体積比)＝(物質量比)の関係が成り立つから，

接触炉入口での各気体の物質量は，

SO_2 $1.00\times\dfrac{12}{100}=0.12$ [mol]

O_2 $1.00\times\dfrac{8}{100}=0.08$ [mol]

N_2 $1.00\times\dfrac{80}{100}=0.80$ [mol]

	$2SO_2$	$+$	O_2	$\rightleftharpoons$	$2SO_3$	より
反応前	0.12		0.08		0	[mol]
(変化量)	-0.096		-0.048		$+0.096$	[mol]
反応後	0.024		0.032		0.096	[mol]

$$\frac{SO_3}{混合気体}=\frac{0.096}{0.80+0.024+0.032+0.096}\times100$$

$$=\frac{0.096}{0.952}\times100\fallingdotseq10.0\,[\%]$$

〔問〕 96%濃硫酸(密度 $1.80\,g/cm^3$) 100 mL に含まれる水の物質量は，水のモル質量が 18 g/mol なので

$$\frac{100 \times 1.80 \times 0.040}{18} = 0.40 〔mol〕$$

この水とSO_3の一部が反応して，純硫酸となる。

$$SO_3 \ + \ H_2O \ \longrightarrow \ H_2SO_4$$

	SO₃	H₂O	H₂SO₄	
反応前	1.00	0.40(少)	0	〔mol〕
(変化量)	−0.40	−0.40	+0.40	〔mol〕
反応後	0.60	0	0.40	〔mol〕

この反応で生じた純硫酸(モル質量98 g/mol)の質量は，$0.40 \times 98 = 39.2$〔g〕

96.0％濃硫酸100 mLに含まれる純硫酸の質量は，

$$100 \times 1.8 \times 0.960 = 172.8〔g〕$$

水と反応しなかったSO_3(モル質量80 g/mol)の質量は，$0.60 \times 80 = 48.0$〔g〕

題意より，この発煙硫酸の質量パーセントは，

$$\frac{(溶質)}{(溶液)} = \frac{48.0}{39.2 + 172.8 + 48.0} \times 100$$
$$≒ 18.46 ≒ 18.5〔\%〕$$

▶**211** (1) **A** 二酸化硫黄，**D** 亜硫酸ナトリウム，**E** チオ硫酸ナトリウム

(2) ① $Na_2CO_3 + SO_2 + H_2O$
$\qquad\qquad \longrightarrow NaHSO_3 + NaHCO_3$

② $Na_2SO_3 + S \longrightarrow Na_2S_2O_3$

(3) 青色，$[Cu(H_2O)_4]^{2+}$

(4) $AgBr + 2Na_2S_2O_3 \longrightarrow Na_3[Ag(S_2O_3)_2] + NaBr$

(5) 硫黄の単体が微粒子として生成したから。

解説　(1) 銅は水素よりもイオン化傾向が小さいので，塩酸や希硫酸には溶けないが，酸化力をもつ熱濃硫酸や硝酸には溶ける。

$$Cu + 2H_2SO_4 \longrightarrow CuSO_4 + SO_2 \uparrow + 2H_2O$$

(2) 実験2で，気体A(SO_2)をNa_2CO_3水溶液に通じたとき，亜硫酸(H_2SO_3)が放出したH^+をブレンステッドの塩基である$CO_3{}^{2-}$が受け取る広義の中和反応と考えればよい。左辺にある亜硫酸$SO_2 + H_2O$ (H_2SO_3) は，右辺にある亜硫酸水素イオンや炭酸水素イオンよりも強い酸であり，下の①式が右向きに進行すると考えられる。

$$Na_2CO_3 + SO_2 + H_2O \longrightarrow NaHSO_3 + NaHCO_3$$
$$\cdots\cdots ①$$

溶液CにさらにNa_2CO_3水溶液を加えて塩基性を強めると，次の②式が進行し，濃縮するとNa_2SO_3の白色の結晶Dが析出する。

$$NaHSO_3 + Na_2CO_3 \longrightarrow Na_2SO_3 + NaHCO_3$$
$$\cdots\cdots ②$$

補足　①式が進行するかどうかは，酸として働く物質の電離定数を比較すればよい。左辺の$SO_2 + H_2O$(H_2SO_3)の第一電離の電離定数は$K_1 = 1.4 \times 10^{-2}$ mol/Lで，右辺の$HCO_3{}^-$の第二電離の電離定数は$K_2 = 1.4 \times 1.0^{-10}$ mol/Lである。K_1

の方がずっと大きいので，①式は右向きに進行すると考えられる。

　一方，②式の反応が進行するかどうかも，酸の電離定数を比較すると，左辺の$HSO_3{}^-$のK_2 $= 6.5 \times 10^{-8}$ mol/Lの方が右辺の$HCO_3{}^-$のK_2 $= 1.4 \times 10^{-10}$ mol/Lよりもやや大きいので，②式は右向きに進行すると考えられる。

(実験3)で，Na_2SO_3水溶液を硫黄Sとともに加熱すると，解答の反応が起きてチオ硫酸ナトリウム$Na_2S_2O_3$(E)の無色の結晶が生成する。(4)より，Eの水溶液はハロゲン化銀を溶かし，写真の定着剤に使われることから，上記の予想は正しいと判断できる。

(実験4)　$Na_2S_2O_3$は弱酸の塩なので，強酸を加えると，チオ硫酸(弱酸)が遊離し，さらに分解し，硫黄の単体が析出するので，溶液が白濁する。

$$\begin{cases} Na_2S_2O_3 + 2HCl \longrightarrow 2NaCl + H_2S_2O_3 \\ H_2S_2O_3 \xrightarrow{分解} S\downarrow + H_2O + SO_2\uparrow \end{cases}$$

(3) (実験1)で得られた反応液には$CuSO_4$が含まれているが，濃硫酸自身にはほとんど水分が含まれていないので，ほぼ無色に近い。ここへ水を加えると，$[Cu(H_2O)_4]^{2+}$を生じて溶液は青色を示す。

▶**212** (1) (ア) **b**，(2) (オ) **f**，(3) (カ) **e**，
(4) (ク) **a**，(5) (ケ) **d**，(6) (キ) **d**，(7) (イ) **b**，
(8) (コ) **a**，(9) (シ) **b**，(10) (ウ) **a**，(11) (エ) **c**，
(12) (サ) **d**

解説　(1) $Cu + 4HNO_3 \longrightarrow$
$\qquad\qquad\qquad Cu(NO_3)_2 + 2NO_2 + 2H_2O$

(2) $2NH_4Cl + Ca(OH)_2 \xrightarrow{\triangle} CaCl_2 + 2NH_3 + 2H_2O$

(3) $2KClO_3 \xrightarrow[\triangle]{MnO_2} 2KCl + 3O_2$

(4) $NaCl + H_2SO_4 \longrightarrow NaHSO_4 + HCl$

(5) $3Cu + 8HNO_3 \longrightarrow 3Cu(NO_3)_2 + 2NO + 4H_2O$

(6) $CaC_2 + 2H_2O \longrightarrow Ca(OH)_2 + C_2H_2$

(7) $CaCO_3 + 2HCl \longrightarrow CaCl_2 + CO_2 + H_2O$

(8) $Cu + 2H_2SO_4 \xrightarrow{\triangle} CuSO_4 + SO_2 + 2H_2O$

(9) $FeS + H_2SO_4 \longrightarrow FeSO_4 + H_2S$

(10) $MnO_2 + 4HCl \xrightarrow{\triangle} MnCl_2 + Cl_2 + 2H_2O$

(11) $HCOOH \xrightarrow{H_2SO_4} CO + H_2O$

(12) $Zn + H_2SO_4 \longrightarrow ZnSO_4 + H_2$

△は加熱を示す。

どれも重要な反応式なので，よく覚えておくこと。気体の発生に加熱が必要な場合は，次の3通り。

① 固体と固体を反応させる場合……(2)と(3)

② 濃硫酸を使用する場合……(4)，(8)，(11)

(酸としての性質ではなく，不揮発性，酸化作用，脱水作用などの性質を気体の発生に利用するとき。)

③　MnO_2 を酸化剤として使用する場合……(10)

加熱により，Cl_2 を反応系から追い出すことにより反応が右向きに進行する。加熱を止めると，気体の発生を止めることができる。

　酸性の気体は，水に溶けて空気より重いものが多く下方置換で捕集する。塩基性の気体は NH_3 のみで，水に溶けて空気より軽いので，上方置換で捕集する。中性の気体は，水に溶けにくいので，水上置換で捕集する(下表)。

気　体	水への溶解性	空気に対する比重	捕集方法
(1) NO_2	溶ける	重	下方置換
(2) NH_3	溶ける	軽	上方置換
(3) O_2	溶けない	──	水上置換
(4) HCl	溶ける	重	下方置換
(5) NO	溶けない	──	水上置換
(6) C_2H_2	溶けない	──	水上置換
(7) CO_2	溶ける	重	下方置換
(8) SO_2	溶ける	重	下方置換
(9) H_2S	溶ける	重	下方置換
(10) Cl_2	溶ける	重	下方置換
(11) CO	溶けない	──	水上置換
(12) H_2	溶けない	──	水上置換

第4編　無機物質の性質

14　金属とその化合物

▶**213**　(1) 2族　(2) 17族　(3) 11族
(4) 18族　(5) 12族　(ア) **Mg**　(イ) **F**
(ウ) **Ag**　(エ) **He**　(オ) **Zn**

解説　(1) 2族元素は**アルカリ土類金属**とよばれるが，(Ca, Sr, Ba, Ra)と，(Be, Mg)は，やや性質が異なる。(Ca, Sr, Ba, Ra)は常温の水とも反応して水素を発生する。硫酸塩が水に不溶で，特有の炎色反応を示すなど，共通した性質を示す。一方，Mg は常温の水とは反応しないが，熱水とは反応する。(Be は熱水とも反応せず，酸・塩基の水溶液とも反応するなど Al と類似した性質を示す。)また，Mg や Be の硫酸塩はいずれも水に可溶で，特有の炎色反応を示さない。
(2) ハロゲンの原子は7個の価電子をもち，1価の陰イオンになりやすい。また，ハロゲンの単体はすべて有色の二原子分子で，分子量が大きくなるほど融点・沸点が高くなる。また，ハロゲン化水素はすべて無色・刺激臭の気体で，水に溶けやすくその水溶液は酸性を示す。ただし，HF だけは弱い酸性を示し，残りは強い酸性を示す。HF および HF 水

液の特殊な性質として，ガラスの主成分の SiO_2 を溶かす。

$$SiO_2 + 4HF(気) \longrightarrow SiF_4\uparrow + 2H_2O$$
$$SiO_2 + 6HF(aq) \longrightarrow H_2SiF_6 + 2H_2O$$

(3) 周期表の11族元素 Cu, Ag, Au を銅族元素といい，その単体は Cu(赤色)，Au(黄色)は有色の金属光沢を示すが，Ag は，多くの金属と同じ白色の金属光沢を示す。銀の化合物には共通して，光が当たると分解して銀を遊離する性質(**感光性**)がある。例えば，臭化銀に光が当たると銀の微粒子が遊離して黒化する反応は，フィルム式写真に利用される。

$$2AgBr \longrightarrow 2Ag + Br_2$$

(4) 周期表18族元素の He, Ne, Ar, Kr, Xe, Rn をあわせて**貴ガス**という。貴ガス元素はいずれも極めて安定な電子配置をもち，通常の条件ではイオン化したり，化合物をつくらない。最外殻電子の数は8個でオクテットの状態となっているものが多いが，ヘリウムだけは2個で閉殻となる。
(5) 周期表12族の遷移元素 Zn, Cd, Hg を亜鉛族元素という。いずれも最外殻電子2個を放出して2価の陽イオンになりやすく，酸化数が+2の化合物をつくる。ただし，水銀には Hg_2Cl_2 のように酸化数が+1の化合物も存在し，その単体は常温で液体であるなどの例外的な性質を示す。一方，ZnO は両性酸化物とよばれ，酸にも塩基の水溶液にも溶ける。

▶**214**　(1) Na_2O　(2) SiO_2　(3) **CO**　(4) NO_2
(5) P_4O_{10}　(6) SO_2　(7) **CuO**　(8) **ZnO**　(9) MnO_2
(10) **CaO**

解説　酸化物は，次のように分類される。
塩基性酸化物　金属元素の酸化物で，このうち，アルカリ金属，アルカリ土類金属(Be, Mg を除く)の酸化物は水に溶けて強い塩基性を示す。その他の金属の酸化物は水には溶けないが，酸とは反応して溶ける。
両性酸化物　両性金属(Al, Zn, Sn, Pb)の酸化物で，水には溶けないが，酸にも塩基の水溶液にも溶ける。
酸性酸化物　非金属元素の酸化物で，SiO_2 など一部を除いて，水に溶けて酸性を示す。ただし，非金属の酸化物であっても，CO や NO など酸化数の低いものは，水にも不溶で酸性も示さないことから，**中性酸化物**ともよばれる。
(1) 常温の水とも激しく反応するので，陽性の強いアルカリ金属かアルカリ土類金属(Be, Mg を除く)の酸化物。このうち，1価の陽イオンになるのは Na_2O である。
(2) 普通の酸には溶けないので塩基性酸化物ではない。酸性酸化物のうち，フッ化水素酸に侵されるのは二酸化ケイ素 SiO_2 である。

(3) 酸とも塩基とも反応せず，水にもほとんど溶けないので中性酸化物の NO か CO。このうち可燃性（青炎をあげて燃焼）がある気体は CO である。

(4) 赤褐色の気体は NO_2 である。

$$2NO_2+H_2O（冷）\longrightarrow HNO_2+HNO_3$$

$$3NO_2+H_2O（温）\longrightarrow 2HNO_3+NO$$

NO_2 は温水に溶けて HNO_3 を生じ，酸化作用を示す。

(5) 3価の酸とはリン酸 H_3PO_4 のことである。

十酸化四リン P_4O_{10} が熱水と反応すると，リン酸 H_3PO_4 を生成する。

$$P_4O_{10}+6H_2O\longrightarrow 4H_3PO_4$$

(6) 酸性酸化物のうち，無色・刺激臭の気体で，しかも還元作用を示すので，二酸化硫黄 SO_2 である。

$$SO_2+2H_2O\longrightarrow SO_4{}^{2-}+2e^-+4H^+$$

(7) 塩基性酸化物のうち，酸に溶けて青色を示すのは CuO である。

$$CuO+H_2SO_4\longrightarrow CuSO_4+H_2O$$

(8) 両性酸化物には Al_2O_3，ZnO が該当するが，白色の硫化物は ZnS のみであり，ZnO である。

(9) $MnO_2+4HCl\longrightarrow MnCl_2+2H_2O+Cl_2\uparrow$

Mn^{2+} の希水溶液はほとんど無色だが，Mn^{2+} の結晶や濃い水溶液は淡桃色を示す。

(10) 水と反応し，水溶液が強い塩基性を示すので，陽性の強いアルカリ土類金属（Be，Mg を除く）の酸化物の CaO である。

$$CaO+H_2O\longrightarrow Ca(OH)_2$$

水酸化カルシウムの水溶液（石灰水）は，CO_2 の検出に利用される。

$$Ca(OH)_2+CO_2\longrightarrow CaCO_3+H_2O$$

▶**215** (1) ① $CaCO_3\longrightarrow CaO+CO_2$

② $NaCl+NH_3+CO_2+H_2O\longrightarrow NaHCO_3+NH_4Cl$

③ $2NaHCO_3\longrightarrow Na_2CO_3+H_2O+CO_2$

④ $CaO+H_2O\longrightarrow Ca(OH)_2$

⑤ $2NH_4Cl+Ca(OH)_2\longrightarrow CaCl_2+2NH_3+2H_2O$

(2) $2NaCl+CaCO_3\longrightarrow Na_2CO_3+CaCl_2$

(3) オ (4) **50%** (5) 風解 (6) **11 kg**

(7) アンモニアソーダ法（ソルベー法）

(8) ①，③，⑤ (9) 乾燥剤（融雪剤）

(10) 1（ト），2（ヘ），3（ホ），4（リ），5（ニ）または（ヘ），6（ヘ），7（チ），8（ニ）

解説 (1) ②式はアンモニアソーダ法の主反応であり，水溶液中に存在する4種のイオン（Na^+，Cl^-，$HCO_3{}^-$，$NH_4{}^+$）のうち，$NaHCO_3$ の水に対する溶解度が最も小さい。また，飽和食塩水のような濃厚な塩類水溶液中では $NaHCO_3$ の水への溶解度がさらに減少して沈殿しやすくなり，これが反応系から除かれることで，この反応が右向きに進行する。

(2) **解答** の②式を2倍し，残りの4つの式をすべて

足し合わせて，中間生成物（CaO，NH_4Cl，$NaHCO_3$，CO_2，H_2O，$Ca(OH)_2$）をすべて消去すると，次式が得られる。

$$2NaCl+CaCO_3\longrightarrow Na_2CO_3+CaCl_2$$

この反応は，$CaCO_3$ が沈殿するので，通常は逆反応しか進行しないはずだが，NH_3 をうまく利用することで正反応の方向へ反応を進行させている。

(3) NH_4Cl は水によく溶けるが，$NaHCO_3$ は水にやや溶けにくいので沈殿し，ろ過で分離できる。（溶解度は，NH_4Cl 37 g/100 g 水，$NaHCO_3$ 9.5 g/100 g 水（20℃））

(4) ②式では $NaHCO_3$ 1 mol つくるのに CO_2 1 mol 必要である。③式では $NaHCO_3$ 1 mol から CO_2 0.5 mol が生成する。この CO_2 をすべて回収しても，次の②式で必要とする CO_2 の 50% にしかならない。よって，残りの 50% は①式の反応で補給する必要がある。

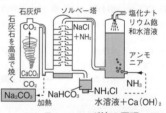

アンモニアソーダ法の原理

(5) 水和水（結晶水）を含む物質が，大気中で自然に水和水の一部または全部を失う現象を**風解**という。

Na$_2$CO$_3$·10H$_2$O は風解して Na$_2$CO$_3$·H$_2$O になるが、一水和物は 100℃ 以上に加熱しないと無水物にはならない。この後半の変化は、自然に起こったのではないから風解とはいわない。

> **参考**
> **潮解と風解**
> 　NaOH の結晶を空気中に放置すると、空気中の水蒸気を吸収しその水に溶けてしまう。この現象を**潮解**といい、NaOH 以外でも KOH、CaCl$_2$、FeCl$_3$ などの物質でも見られる。これらの物質は、いずれも水によく溶け、飽和水溶液の質量モル濃度が大きく、蒸気圧がきわめて小さいことが潮解の起こる主原因である。
> 　一方、Na$_2$CO$_3$·10H$_2$O や Na$_2$SO$_4$·10H$_2$O のように、水和物の蒸気圧が大気中の水蒸気圧よりも大きい物質では、結晶中から水和水が絶えず蒸発し続け、やがて、結晶は砕けて粉末になる。この現象を**風解**といい、Na$_2$HPO$_4$·12H$_2$O や Na$_2$B$_4$O$_7$·10H$_2$O（ホウ砂）などの物質でも見られる。

(6) **解答**　(2) 2NaCl+CaCO$_3$⟶Na$_2$CO$_3$+CaCl$_2$ の反応式より、Na$_2$CO$_3$（106）1 mol を製造するのに、NaCl（58.5）は 2 mol 必要であるから、

$$\frac{10×10^3}{106}×2×58.5≒11.0×10^3〔g〕=11〔kg〕$$

(8) ①、③ は熱分解反応（吸熱反応）で加熱が必要。⑤ では固体どうしを反応させて気体を発生させており、加熱が必要。（②、④ は発熱反応で、とくに加熱は必要とせず、実際の操業では冷却する。）

(9) CaCl$_2$ は吸湿性（潮解性）が強いので、乾燥剤に用いる。また、安価な電解質で、溶解エンタルピー $\Delta H < 0$（発熱）であり、電離して大きな凝固点降下度を示すので、冬季の道路の融雪剤、および凍結防止剤に用いる。

(10) 1.　Na$_2$CO$_3$+Ca(OH)$_2$⟶2NaOH+CaCO$_3$↓
　この反応は、強塩基の Ca(OH)$_2$ から強塩基 NaOH を得る珍しい反応であるが、CaCO$_3$ が沈殿して反応系から除かれるので、反応が右向きに進行する。以前は、この方法で NaOH が製造されていた（カセイ化という）ことがある。現在の NaOH の工業的製法であるイオン交換膜法による食塩水の電気分解では、NaOH と Cl$_2$ が等物質量ずつ生産されるが、近年、Cl$_2$ の需要増加により、NaOH の生産が過剰となっているため、カセイ化反応による NaOH の生産は行われていない。
2.　NaOH+HCl⟶NaCl+H$_2$O　中和反応である。
3, 4.　ソルベー法の反応である。（(1) ②、③ 参照）
5.　Na$_2$CO$_3$ の水溶液に過剰に CO$_2$ を通じると、CO$_3^{2-}$ が、水溶液中に生じた H$_2$CO$_3$ から H$^+$ を受け取り、HCO$_3^-$ に変化するので、NaHCO$_3$ の水溶液が生成する。
　　Na$_2$CO$_3$+H$_2$O+CO$_2$⟶2NaHCO$_3$

5, 6.　Na$_2$CO$_3$ に HCl 水溶液を加えると、次式のように二段階に中和反応が進行する。
$$\left\{\begin{array}{l}Na_2CO_3+HCl⟶NaHCO_3+NaCl\\ NaHCO_3+HCl⟶NaCl+H_2O+CO_2\end{array}\right.$$
7.　NaCl 水溶液の電気分解（NaOH の工業的製法）
　　2NaCl+2H$_2$O⟶H$_2$+Cl$_2$+2NaOH
8.　2NaOH+CO$_2$⟶Na$_2$CO$_3$+H$_2$O　NaOH（塩基）と CO$_2$（酸性酸化物）による広義の中和反応である。

▶216 （ア）アルカリ土類金属　（イ）水素
（ウ）炭酸カルシウム　（エ）炭酸水素カルシウム
（オ）鍾乳洞　（カ）鍾乳石（石筍）　（キ）酸化カルシウム　（ク）炭化カルシウム　（ケ）アセチレン
（コ）、（サ）水酸化カルシウム　（シ）石灰水
（ス）さらし粉　（セ）酸化　（ソ）セッコウ
（タ）焼きセッコウ　（チ）リン酸カルシウム
(1) (a) Ca+2H$_2$O⟶Ca(OH)$_2$+H$_2$
(b) CaO+3C⟶CaC$_2$+CO
(c) CaC$_2$+2H$_2$O⟶Ca(OH)$_2$+C$_2$H$_2$
(d) Ca(OH)$_2$+CO$_2$⟶CaCO$_3$+H$_2$O
(e) CaCO$_3$+CO$_2$+H$_2$O⟶Ca(HCO$_3$)$_2$
(f) Ca(HCO$_3$)$_2$⟶CaCO$_3$+CO$_2$+H$_2$O
(g) Ca(OH)$_2$+Cl$_2$⟶CaCl(ClO)·H$_2$O
(2) 水酸化カルシウムと二酸化炭素は広義の中和反応により容易に進行するが、塩と酸との反応の場合、弱酸の塩に強酸を加えると反応が起こるが、塩化カルシウムと二酸化炭素のように、強酸の塩に弱酸を加えても反応は起こらない。
(3) (a) C、(b) A、(c) B、(d) A、(e) A、(f) C、(g) D、(h) C
(4) **10.5**

解説　1.　2 族元素をアルカリ土類金属というが、Be、Mg を除く、Ca、Sr、Ba、Ra の 4 元素だけをアルカリ土類金属元素とする場合もある。
2.　カルシウムはイオン化傾向が大きいので、常温の水とも激しく反応し、水素を発生する。
　　Ca+2H$_2$O⟶Ca(OH)$_2$+H$_2$
3.　炭酸カルシウム CaCO$_3$ に過剰に CO$_2$ を含んだ水を反応させると、炭酸水素カルシウム Ca(HCO$_3$)$_2$ となって溶ける。これは、Ca^{2+} と CO$_3^{2-}$ との間に働く強い静電気力が、弱酸のイオンである CO$_3^{2-}$ が炭酸 H$_2$CO$_3$ から H$^+$ を受け取り HCO$_3^-$ に変化することにより、Ca^{2+} と HCO$_3^-$ との間に働く静電気力がかなり弱くなるためである。この反応は、CaCO$_3$ だけでなく、アルカリ土類金属の炭酸塩に共通して起こる反応である。上記の反応が自然界で起こった例が鍾乳洞である。
　　一方、Ca(HCO$_3$)$_2$ の水溶液から大気中へ CO$_2$ や H$_2$O が蒸発すると、上記の逆反応が起こり、CaCO$_3$

が析出する。この反応が自然界で起こった例が，**鍾乳石**や**石筍**である。また，両者がつながったものが**石柱**である。

$$CaCO_3+CO_2+H_2O \rightleftarrows Ca(HCO_3)_2$$

4. 酸化カルシウムとコークスを電気炉で約2000℃に強熱すると，炭化カルシウム(カーバイド)が生成する。

$$\underset{(0)}{CaO+3\underline{C}} \longrightarrow \underset{(-1)}{Ca\underline{C}_2} + \underset{(+2)}{\underline{C}O}$$

(この反応は，炭素の自己酸化還元反応(不均化反応)ともみなせる。また，1000℃を超えると，$CO_2+C \rightleftarrows 2CO$ の平衡が右へ偏り，主にCOが生成することに留意する。)

炭化カルシウムは Ca^{2+} と $(C≡C)^{2-}$ からなるイオン結晶で，水を加えるとアセチレンが発生する。

$$CaC_2+2H_2O \longrightarrow CH≡CH+Ca(OH)_2$$

6. 水酸化カルシウムと塩素と水との反応で生じた2種の酸(塩化水素と次亜塩素酸)との中和反応と考えられる。

$$Cl_2+H_2O \rightleftarrows HCl+HClO$$
$$Ca(OH)_2+HCl+HClO$$
$$\longrightarrow CaCl(ClO)\cdot H_2O+H_2O$$

さらし粉は，正式には塩化次亜塩素酸カルシウム一水和物といい，Ca^{2+} と Cl^-，および ClO^- からなる**複塩**である。水に触れると，次亜塩素酸イオン ClO^- は次式のように酸化作用を示すので，殺菌・漂白剤に利用される。

$$ClO^-+2e^-+2H^+ \longrightarrow Cl^-+H_2O$$

7. 焼きセッコウ $CaSO_4\cdot\frac{1}{2}H_2O$ に適量の水を加えて練り放置すると，次第に水和水を取り込んでセッコウ $CaSO_4\cdot2H_2O$ となり固化する。このとき少し膨張するので，精密なセッコウの鋳型をつくることができる。(セッコウを約400℃で加熱して得られる $CaSO_4$(死セッコウ)は，水を加えても固化しない。)

焼きセッコウは，水和水を取り入れながら溶解度の小さいセッコウとなって固化する。

(2) 反応が起こったと仮定して反応式を書くと，
$$CaCl_2+CO_2+H_2O \rightleftarrows CaCO_3+2HCl$$

$CaCl_2$(強酸の塩)に CO_2+H_2O(弱酸)を加えても反応は進行しない。一方，$CaCO_3$(弱酸の塩)に HCl(強酸)が反応すると $CaCl_2$(強酸の塩)と H_2CO_3(弱酸)に変化し，逆方向に反応が進行する。

(3)

				炎色		
Mg	Mg(OH)₂ (弱塩基)	MgSO₄ (水に可溶)		なし	MgCl₂ CaCl₂ (水に可溶)	MgCO₃↓ CaCO₃↓ (水に不溶)
Ca	Ca(OH)₂ (強塩基)	CaSO₄↓ (水に不溶)		橙赤		

なお，2族元素の硫化物はいずれも水に可溶で，硝酸塩は2族元素に限らず，すべて水に可溶である。

> **参考**
> ### イオン結晶の水への溶解度
> 　イオン結晶が水に溶解するときのエネルギー変化は，(1)イオン結晶を，ばらばらの気体状のイオンにするのに必要なエネルギー(**格子エネルギー E_1**)と，(2)気体状のイオンを水に溶かし，水和イオンにするときに放出されるエネルギー(**水和エネルギー E_2**)の大小関係で考えられる。
> 　$E_1>E_2$ のときは，そのイオン結晶は水に溶けにくく，$E_1<E_2$ のときは，水に溶けやすくなる。
> 　一般に，イオン半径の差が小さいイオン結晶では，E_2 よりも E_1 の影響が大きく表れ，水に溶けにくいものが多い。一方，イオン半径の差が大きいイオン結晶では，E_1 よりも E_2 の影響が大きく表れ，水に溶けやすいものが多い。
> 　例えば，SO_4^{2-} の半径は約0.23 nm(1とする)であるが，Ba^{2+} の半径は 0.149 nm(約0.65)に対して，Mg^{2+} の半径は 0.086 nm(約0.37)しかない。したがって，Ba^{2+} と SO_4^{2-} のイオン半径の差が小さいので，$BaSO_4$ は水に溶けにくいが，Mg^{2+} と SO_4^{2-} のイオン半径の差が大きいので，$MgSO_4$ は水に溶けやすいことが理解できる。

(4) $Mg(OH)_2$ の飽和水溶液のモル濃度を x〔mol/L〕とおくと，$Mg(OH)_2$ の溶解平衡が成り立つから，
$$Mg(OH)_2 \rightleftarrows Mg^{2+}+2OH^- より，$$
$$[Mg^{2+}]=x〔mol/L〕, [OH^-]=2x〔mol/L〕 である。$$
$$K_{sp}=[Mg^{2+}][OH^-]^2=x\times(2x)^2$$
$$=2.0\times10^{-11}〔mol/L〕^3 より，$$

$$4x^3=2.0\times10^{-11} \quad x^3=\frac{1}{2}\times10^{-11}$$

$$\therefore \quad [OH^-]=2x=\frac{2}{\sqrt[3]{2}}\times10^{-\frac{11}{3}}$$

$$=2^{-\frac{1}{3}}\times2\times10^{-\frac{11}{3}}=2^{\frac{2}{3}}\times10^{-\frac{11}{3}}$$

$$pOH=-\log_{10}[OH^-]=-\log_{10}(2^{\frac{2}{3}}\times10^{-\frac{11}{3}})$$

$$=\frac{11}{3}-\frac{2}{3}\log_{10}2=3.47$$

$pH+pOH=14$ より
$$pH=14-3.47=10.53≒10.5$$

▶**217** (ア) 両性金属　(イ) 亜鉛　(ウ) スズ
(エ) 不動態　(オ) アルマイト　(カ) ルビー　(キ) サ

ファイア　（ク）テルミット反応　（ケ）還元　（コ）ミョウバン　（サ）複塩　（シ）加水分解　（ス）酸化亜鉛　（セ）両性酸化物　（ソ）水酸化亜鉛　（タ）テトラアンミン亜鉛(II)イオン

(1) $2Al+6HCl \longrightarrow 2AlCl_3+3H_2$

$2Al+2NaOH+6H_2O \longrightarrow 2Na[Al(OH)_4]+3H_2$

(2) ② $Fe_2O_3+2Al \longrightarrow Al_2O_3+2Fe$

③ $ZnSO_4+2NH_3+2H_2O$
$\longrightarrow Zn(OH)_2+(NH_4)_2SO_4$

④ $Zn(OH)_2+4NH_3 \longrightarrow [Zn(NH_3)_4]^{2+}+2OH^-$

(3) (a) $Al^{3+}+3OH^- \longrightarrow Al(OH)_3\downarrow$
白色ゲル状の水酸化アルミニウムが沈殿する。

(b) (i) 少量加えると，$Al^{3+}+3OH^- \longrightarrow Al(OH)_3\downarrow$
(a)と同様の変化が起こる。

(ii) 過剰に加えると，水酸化アルミニウムはテトラヒドロキシドアルミン酸イオンとなり溶解する。

$Al(OH)_3+OH^- \longrightarrow [Al(OH)_4]^-$

(c) 硫酸カルシウムの白色沈殿を生成する。

$Ca^{2+}+SO_4^{2-} \longrightarrow CaSO_4\downarrow$

（実際には，セッコウ $CaSO_4\cdot2H_2O$ が沈殿する。）

(4) ジュラルミン　(5) **1.12 kg**

解説 (1)，(2) 両性金属，両性酸化物，両性水酸化物は，いずれも酸・強塩基の水溶液と反応して溶ける。このとき，いずれも同種の塩が生成することを念頭に入れ，反応式を書くとよい。

(i) 塩酸 HCl との反応で生じる塩
$AlCl_3$, $ZnCl_2$（水に可溶），$PbCl_2$（水に不溶）
(ii) NaOH 水溶液との反応で生じる塩
$Na[Al(OH)_4]$
テトラヒドロキシドアルミン酸ナトリウム
$Na_2[Zn(OH)_4]$
テトラヒドロキシド亜鉛(II)酸ナトリウム

参考

Al と NaOH 水溶液との反応式
　Al 原子が放出した3個の価電子を Na^+ は受け取らないので，代わりに，H_2O 3分子が受け取り $H_2\dfrac{3}{2}$ 分子を発生する。水溶液中には，Na^+ と $4OH^-$ が生成している。まず，価数の大きい Al^{3+} が $4OH^-$ と錯イオン $[Al(OH)_4]^-$ をつくり，残った Na^+ とは錯塩 $Na[Al(OH)_4]$ をつくると考えればよい。全体を2倍して分母を払うと次の化学反応式が得られる。
$2Al+2NaOH+6H_2O$
$\longrightarrow 2Na[Al(OH)_4]+3H_2$

　希硫酸中でアルミ製品を陽極にして電気分解すると，Al の表面に厚い酸化被膜が形成され，よりさびにくくなる（**アルマイト**）。Al が腐食しにくいのは，この酸化被膜によって金属の内部が保護された状態（**不動態**）にあるためである。
　結晶化していない無定形固体の γ-Al_2O_3 は酸・強塩基の水溶液とも反応するが，完全に結晶化した α-Al_2O_3 からなるルビー（赤色，Cr_2O_3 含有），サフ

ァイア（青色など，FeO，TiO_2 含有）などは酸・塩基の水溶液とは反応しない。

　Al はイオン化傾向が大きく酸化されやすい。つまり，強い還元性をもつ。したがって，Al 粉末と Fe_2O_3 粉末の混合物（テルミットという）を Mg リボンで点火すると，Al は Fe_2O_3 から酸素を奪って単体の Fe を遊離させるとともに，自身は Al_2O_3 に変化する。このとき，Al の燃焼エンタルピーが金属中で最大であるから，この発熱量から Fe_2O_3 の還元に必要な吸熱量を差し引いても，

テルミット反応

やはり発熱量が上回るので，融解状態の Fe が遊離する。この反応を**テルミット反応**という。また，この反応は炭素 C では還元されにくい比較的イオン化傾向の大きな金属の単体（Cr，Mn，Co など）を，その酸化物から取り出す製錬法として利用される。

$Cr_2O_3+2Al \longrightarrow 2Cr+Al_2O_3$

　この方法は，ドイツのゴールドシュミットによって発明されたので，**ゴールドシュミット法**という。
　ミョウバンのように，2種以上の塩が一定の割合で結合した形式の塩を**複塩**といい，水溶液中では各成分イオンに電離する。

$AlK(SO_4)_2\cdot12H_2O$
$\longrightarrow Al^{3+}+K^++2SO_4^{2-}+12H_2O$

（陽イオンを2種以上含む複塩では，陽イオンはアルファベット順に並べ，名称は陰イオンに近い方から読む。よって，名称は硫酸カリウムアルミニウム十二水和物となる。）

　ミョウバンは，1価の陽イオンと3価の陽イオンと硫酸イオンからなる複塩の総称である。単に，ミョウバンという場合は，$AlK(SO_4)_2\cdot12H_2O$ を指し，カリウムミョウバンともよばれる。これは，河川水の凝析剤や染色の媒染剤などに利用されている。
Al^{3+} は水中ではアクア錯イオン $[Al(H_2O)_6]^{3+}$ の状態で存在し，配位子の水の一部が H^+ を解離して酸性を示す。これは，金属イオンの配位子となった水分子は，もとの水分子に比べて，O-H 結合の極性が大きくなり，H^+ を放出しやすくなるためである。特に，価数の大きな金属のアクア錯イオンほど，中心の金属イオンが O 原子を

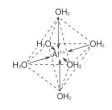

強く引きつけるため，H^+が電離しやすくなり，その酸性は強くなる（$[Al(H_2O)_6]^{3+}$　$K_a=1.6×10^{-5}$ mol/L）。これを**金属イオンの加水分解**という。

(3) ミョウバンの水溶液中には，Al^{3+}，K^+，SO_4^{2-} が存在する。

(a), (b)　塩基の水溶液とはAl^{3+}が反応する。

(c)　$CaCl_2$水溶液とはSO_4^{2-}が反応する。

> **参考**
>
> ミョウバン
>
>
>
> $[Al(H_2O)_6]^{3+}$
> $[K(H_2O)_6]^+$
> SO_4^{2-}
>
> ミョウバンは，一般には1価の金属M^Iと3価の金属M^{III}の硫酸塩からなる複塩の総称である。化学式は$M^I M^{III}(SO_4)_2·12H_2O$で表され，いずれも同じ正八面体形の結晶をつくる。その構造は，$[Al(H_2O)_6]^{3+}$と$[K(H_2O)_6]^+$が，上図のように$NaCl$の結晶と同様の配列をしており，SO_4^{2-}はこれらを結ぶ対角線上の隙間に位置し，両イオンを結びつける役割を果たしている。ミョウバンの水和水のうち，6分子はAl^{3+}と強く結合しており，**配位水**とよばれる。残り6分子はK^+と弱く結合し，結晶格子の隙間を満たしているだけなので，**格子水**という。
>
> したがって，ミョウバンの結晶を100℃付近まで熱すると，まず6分子の格子水を失って六水和物になる。200℃付近まで熱すると，残りの配位水を失って，無水物（焼きミョウバン）となる。

(5) 反応物の物質量の過不足を比較して，生成物の物質量を決定する必要がある。Fe_2O_3のモル質量は160 g/mol，Alのモル質量は27 g/molより，

Fe_2O_3の物質量　$\dfrac{2.7×10^3×\frac{4}{5}}{160}=13.5〔mol〕$

Alの物質量　$\dfrac{2.7×10^3×\frac{1}{5}}{27}=20.0〔mol〕$

反応式$Fe_2O_3 + 2Al \longrightarrow Al_2O_3 + 2Fe$より $Fe_2O_3：Al=1：2$（物質量比）で過不足なく反応する。

今回使用したテルミットの場合，Fe_2O_3 13.5 mol を完全に反応させるには，Al は27.0 mol 必要なので，Alの方が不足する。よって，反応式の係数比より，生成するFeの物質量は，Alの物質量と同じ20.0 mol である。

生成するFeの質量は，Feのモル質量が56 g/molより，$20.0×56=1120〔g〕=1.12〔kg〕$

▶218 (ア) コークス　(イ) 還元　(ウ) 炭素 (エ) 銑鉄　(オ) 鋼鉄（鋼）　(カ) 淡緑　(キ) 水酸化鉄(II)　(ク) 酸化水酸化鉄(III)　(ケ) ヘキサシアニド鉄(III)酸　(コ) ヘキサシアニド鉄(II)酸　(サ) チ

オシアン酸カリウム

(1) $4Fe(OH)_2+O_2 \longrightarrow 4FeO(OH)+2H_2O$

(2) ステンレス鋼　(3) **1.6 t**

(4) 鋼鉄は鉄の結晶格子のすき間に炭素原子が入り込むことによってできた合金で，炭素原子が外力によって生じる鉄原子の移動を妨げるため，純鉄に比べて，展性・延性は小さくなる代わりに硬度が増す。

解説　溶鉱炉内では，まずコークス（C）が燃焼して生じた二酸化炭素が高温の炭素に触れ，一酸化炭素に変化する。

$$CO_2+C \rightleftharpoons 2CO \quad \Delta H=172 kJ$$

この平衡は，高温ほど吸熱反応の方向，つまり右方向へ移動するから，高温の溶鉱炉内ではCO_2よりもCOの方が多量に存在する。

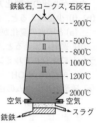

鉄鉱石，コークス，石灰石
--- 200℃
--- 500℃
--- 800℃
--- 1000℃
--- 1200℃
--- 2000℃
空気　空気　→スラグ
銑鉄

鉄鉱石のFe_2O_3は，COにより一気にFeへと還元されるのではなく，次のように段階的にFeへと還元される。

$Fe_2O_3 \xrightarrow[①]{温度域I} Fe_3O_4 \xrightarrow[②]{温度域II} FeO \xrightarrow[③]{温度域III} Fe$
酸化数 [+3]　　　　　　　　　[+2]　　[0]

$3Fe_2O_3+CO \longrightarrow 2Fe_3O_4+CO_2$ ……①

$Fe_3O_4+CO \longrightarrow 3FeO+CO_2$ ……②

$FeO+CO \longrightarrow Fe+CO_2$ ……③

①，②，③式から，中間生成物のFe_3O_4，FeOを消去すると，⑤式が得られる。

$Fe_2O_3+3CO \longrightarrow 2Fe+3CO_2$……⑤

石灰石は900℃以上では熱分解されてCaO（塩基性酸化物）となり，鉄鉱石中の不純物のSiO_2（酸性酸化物）などと次のように反応し，**スラグ（鉱滓）**となり融解した銑鉄の上に浮かび，その酸化を防ぐ役割も果たす。

$$CaO+SiO_2 \longrightarrow CaSiO_3$$

溶鉱炉から取り出された鉄を**銑鉄**といい，炭素を約4％含み，融点が低いので鋳物の原料に用いる。銑鉄は硬くてもろいので，通常，転炉に移して酸素を吹き込み，S，Pなどの不純物を除くと同時に，炭素量を2〜0.02％に減らすと**鋼**ができる。鋼は強くて粘りがあるので，さまざまな構造材料に多量に用いられる。

Feは水素よりイオン化傾向が大きく，希硫酸と反応して水素を発生して溶ける。

$$Fe+H_2SO_4 \longrightarrow FeSO_4+H_2$$

$FeSO_4$は，淡緑色のFe^{2+}を含む結晶である。

生じた$FeSO_4$は$NaOH$水溶液と反応して，水酸化鉄(II)$Fe(OH)_2$の緑白色沈殿を生成する。

$$FeSO_4+2NaOH \longrightarrow Fe(OH)_2+Na_2SO_4$$

Fe²⁺の化合物は酸化されやすく，Fe³⁺の化合物になりやすい。特に，緑白色の水酸化鉄(Ⅱ)Fe(OH)₂はH₂O₂(酸化剤)を加えると直ちに酸化水酸化鉄(Ⅲ)FeO(OH)になるが，空気中に放置しても，徐々に酸化されて赤褐色のFeO(OH)になる。

$$4Fe(OH)_2 + O_2 \longrightarrow 4FeO(OH) + 2H_2O$$

Fe²⁺と[Fe(CN)₆]³⁻(ヘキサシアニド鉄(Ⅲ)酸イオン)から生じる濃青色沈殿は**ターンブル青**，Fe³⁺と[Fe(CN)₆]⁴⁻(ヘキサシアニド鉄(Ⅱ)酸イオン)から生じる濃青色沈殿は**ベルリン青(紺青)**とよばれるが，いずれも同一の組成KFe[Fe(CN)₆]をもち，区別できない。また，Fe³⁺はSCN⁻(チオシアン酸イオン)と錯イオン[Fe(SCN)ₙ]³⁻ⁿをつくって血赤色に呈色することでも検出される。

Fe²⁺とFe³⁺の検出反応は重要である。

	Fe²⁺	Fe³⁺
NaOHaq NH₃aq	Fe(OH)₂ 緑白色沈殿	FeO(OH) 赤褐色沈殿
K₄[Fe(CN)₆]aq	(青白色沈殿)	濃青色沈殿
K₃[Fe(CN)₆]aq	濃青色沈殿	(褐色沈殿)
KSCNaq	変化なし	血赤色溶液

( )は，反応はあるが，出題はされない。

$$Fe^{2+} + K_3[Fe(CN)_6] \longrightarrow \underset{\text{ターンブル青}}{KFe[Fe(CN)_6]} \downarrow + 2K^+$$

$$Fe^{3+} + K_4[Fe(CN)_6] \longrightarrow \underset{\text{ベルリン青(紺青)}}{KFe[Fe(CN)_6]} \downarrow + 3K^+$$

(2) Fe-Cr(13%)を13-ステンレス(焼き入れ*可)，Fe-Cr(18%)を18-ステンレス(焼き入れ*不可)という。Fe-Cr(18%)-Ni(8%)は18-8ステンレスといい，耐腐食性が最も大きい。

＊**焼き入れ**とは，約900℃に加熱した鋼を急冷する操作で，鋼の硬さは増加する。

(3) Fe₂O₃ + 3CO ⟶ 2Fe + 3CO₂より，Fe₂O₃ 1 molから，Fe 2 molが得られる。必要な赤鉄鉱をx[t]とすると，銑鉄1.0t中に含まれる純鉄は0.96tだから，赤鉄鉱と銑鉄中に含まれるFeの物質量について次式が成り立つ。

$$\frac{x \times 10^6 \times 0.85}{160} \times 2 = \frac{0.96 \times 10^6}{56}$$

$$\therefore \quad x \fallingdotseq 1.60 \text{[t]}$$

(4) 多くの合金は，結晶格子中において金属原子どうしが入れ換わったもので**置換型合金**という。鋼のように鉄原子のつくる結晶格子のすき間に他の小さな非金属原子などが入り込んでできた合金を**侵入型合金**という。一般に，金属結晶内に金属原子以外の原子が入り込むと，金属結合の連続性は失われ，展性・延性は減少する。代わりに，侵入した原子が金属原子の移動を妨げるため，純金属よりも硬くなる。

A原子 B原子 置換型合金(青銅，黄銅など) Fe原子 C原子 侵入型合金(鋼)

水酸化鉄(Ⅲ)Fe(OH)₃は存在せずに，酸化水酸化鉄(Ⅲ)FeO(OH)として存在する理由

鉄(Ⅲ)イオンFe³⁺を含む水中では，八面体形のアクア錯イオン[Fe(H₂O)₆]³⁺として存在する。ただし，このイオンはpH=0程度の強い酸性でのみ安定に存在し，黄褐色ではなく淡紫色を示す。このイオンはH⁺を電離する性質があり，かなり強い酸性を示す($K_a \fallingdotseq 6 \times 10^{-3}$ mol/L)。この反応を**金属イオンの加水分解**という(**217** 解説)。

$$[Fe(H_2O)_6]^{3+} + H_2O$$
$$\rightleftharpoons [Fe(OH)(H_2O)_5]^{2+} + H_3O^+ \cdots \cdots ①$$
$$[Fe(OH)(H_2O)_5]^{2+} + H_2O$$
$$\rightleftharpoons [Fe(OH)_2(H_2O)_4]^+ + H_3O^+ \cdots \cdots ②$$
$$[Fe(OH)_2(H_2O)_4]^+ + H_2O$$
$$\rightleftharpoons [Fe(OH)_3(H_2O)_3] + H_3O^+ \cdots \cdots ③$$

塩化鉄(Ⅲ)FeCl₃水溶液が黄褐色を示すのは，①式の加水分解が進行し，[Fe(OH)(H₂O)₅]²⁺のようなヒドロキシド錯イオンが生成するためである。さらに，FeCl₃水溶液のpHを上げると，[Fe(OH)₂(H₂O)₄]⁺を生じ，さらに濃い褐色を示す。

FeCl₃水溶液に塩基を加えると，[Fe(OH)₃(H₂O)₃]を生じ，赤褐色の沈殿を生じる。この**単核錯体***¹は安定な物質ではなく，その配位子であるヒドロキシ基-OHと水H₂O分子の部分で，八面体の一辺を共有する形で脱水結合して，**二核錯体***¹になる。

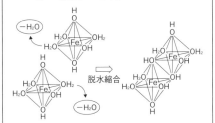

単核錯体　　　二核錯体
[Fe(OH)₃(H₂O)₃] ⟹ [Fe(OH)₃(H₂O)₂]₂

＊1　1個の中心金属イオンを含む錯体を**単核錯体**という。一方，中心金属イオンを2個以上含む錯体を**多核錯体**という。多核錯体には，金属イオンが直接結合しているものと，配位子で架橋されているものがある。後者の場合，配位多面体が頂点，辺，面を共有している場合がある。

八面体の一辺を共有する二核錯体の形成では，単核錯体1単位あたり水1分子が失われることから，その化学式は[Fe(OH)₃(H₂O)₂]₂である。

同様に，二核錯体が別の一辺を共有する形で脱水縮合すると，鎖状構造の多核錯体が生じる。その化学式は[Fe(OH)₃(H₂O)]ₙである。

脱水縮合がもう1回起こると，立体構造の多核錯体[Fe(OH)₃]ₙ(組成式 Fe(OH)₃)に変化する*²。この多核錯体はまだ安定な物質ではなく，

さらに架橋配位子の-OHと-OHの部分で，八面体の一面を共有する形で脱水縮合を繰り返し，高分子化合物（沈殿）に変化していく。このとき，[Fe(OH)₃]ₙの1単位あたり水1分子が失われることになるので，生成物の化学式は[FeO(OH)]ₙ（組成式 FeO(OH)）となり，名称は酸化水酸化鉄(III)とよばれる。

このように，これまで水酸化鉄(III) Fe(OH)₃とよばれてきた物質の本当の姿は，**酸化水酸化鉄(III) FeO(OH)**を主体とした含水酸化鉄(III) $Fe_2O_3 \cdot nH_2O (0 < n < 1)$ ということになる。
＊2　[Fe(OH)₃(H₂O)]の単核錯体には，-OH が3個，H₂O が3個あるので，八面体の一辺を共有する脱水縮合を3回繰り返すと，立体構造の多核錯体を形成できる。

▶219 (1) (a) FeO (b) Fe₂O₃ (c) Fe₃O₄ (d) FeO (e) Fe₂O₃ (f) Fe₂O₃ (g) Fe₃O₄ (h) Fe₃O₄
(ア) 不動態　(イ) 淡緑　(ウ) 黄褐　(エ) 還元
(2) **12.5 mL**

解説　鉄の酸化物には FeO，Fe₂O₃，Fe₃O₄ がある。酸化鉄(II) FeO は天然には存在せず，人工的にのみ得られる。酸化鉄(III) Fe₂O₃ は赤鉄鉱として天然に存在する。また，Fe₃O₄ は FeO·Fe₂O₃ と書け，つまり，Fe^{2+} と Fe^{3+} を1：2の物質量比で含む**複酸化物**とみなすことができ，四酸化三鉄，または酸化二鉄(III)鉄(II)ともいう。天然には磁鉄鉱として存在する。また，黄鉄鉱として天然に存在する二硫化鉄 FeS₂ を空気中で加熱すると，安定な酸化鉄(III) Fe₂O₃ に変化する。

$$4FeS_2 + 11O_2 \longrightarrow 2Fe_2O_3 + 8SO_2$$
（以前，黄鉄鉱は硫酸の原料として使われていた。）

一方，鉄を高温の空気や水蒸気に触れさせると，次の反応により黒色の四酸化三鉄の被膜（鉄の黒さび）が生成する。

$$\begin{cases} 3Fe + 4H_2O \longrightarrow Fe_3O_4 + 4H_2 \\ 3Fe + 2O_2 \longrightarrow Fe_3O_4 \end{cases}$$

このように処理された鉄はさびにくく，希酸にも溶解しなくなる。このような状態を**不動態**という。
(e) FeO，Fe₂O₃，Fe₃O₄ それぞれの鉄の質量パーセント（組成）を調べると，

$$FeO \quad \frac{56}{72} \times 100 ≒ 78 (\%)$$

$$Fe_2O_3 \quad \frac{112}{160} \times 100 ≒ 70 (\%)$$

$$Fe_3O_4 \quad \frac{168}{232} \times 100 ≒ 72 (\%)$$

よって，鉄の割合が最も多いのはFeOであり，最も密度が大きいことが予想される。（FeO 5.7g/cm³，Fe₃O₄ 5.2g/cm³，Fe₂O₃ 5.1～5.2g/cm³）
Sn^{2+} は強い還元作用を示し，Fe^{3+}（黄褐色）を Fe^{2+}（淡緑色）に変えることができる。

$$2Fe^{3+} + Sn^{2+} \longrightarrow 2Fe^{2+} + Sn^{4+}$$

(2) Sn^{2+} は次式のように還元剤として働き，2価の還元剤として作用する。

$$Sn^{2+} \longrightarrow Sn^{4+} + 2e^-$$

Sn^{2+} は加水分解されやすく，中性条件では塩基性塩として沈殿する。これを防ぐために塩酸で酸性にしておく必要がある。　$Sn^{2+} + H_2O \rightleftarrows SnCl(OH) + HCl$
ただし，Cl^- は $Cr_2O_7^{2-}$ により酸化されない。

$Cr_2O_7^{2-}$ は次式のように酸化剤として働き，6価の酸化剤として作用する。

$$Cr_2O_7^{2-} + 14H^+ + 6e^- \longrightarrow 2Cr^{3+} + 7H_2O$$

この酸化還元滴定の終点は，$Cr_2O_7^{2-}$（赤橙色）が消え，Cr^{3+}（暗緑色）となった時点であり，次の関係が成り立つ。

（酸化剤が受け取った電子e⁻の物質量）
＝（還元剤が放出した電子e⁻の物質量）

必要な K₂Cr₂O₇ 水溶液の体積を x [mL] とすると，

$$0.100 \times \frac{x}{1000} \times 6 = 0.075 \times \frac{50.0}{1000} \times 2$$

$$\therefore \quad x = 12.5 [mL]$$

参考
複酸化物
　2種類の金属が共存する酸化物のうち，オキソ酸イオンの存在が認められないものを**複酸化物**という。2種の金属イオンの半径にある程度の差がある場合，小さい方の金属イオンに一定の個数の酸化物イオン O^{2-} が配位してオキソ酸イオンを形成し，残った金属イオンとはイオン結合で酸化物（塩）を生成することがある。
　一方，2種の金属イオンの半径にあまり差のない場合，O^{2-} は特定の金属イオンに所属することなくイオン結合で酸化物を生成する。
　四酸化三鉄 Fe_3O_4 は，厳密には $Fe^{II}Fe_2^{III}O_4$ で表される代表的な複酸化物である。

▶220 (ア) 11　(イ) 黄銅　(ウ) 青銅　(エ) 緑青（ろくしょう）
(オ) フェーリング　(カ) 還元　(キ) 二酸化硫黄
(ク) 二酸化窒素　(ケ) 4　(コ) 配位結合　(サ) 1
(シ) 水素結合　(ス) シュワイツァー
(a) CuO (b) Cu₂O (c) CuSO₄·5H₂O (d) CuSO₄
(e) Cu(OH)₂ (f) [Cu(NH₃)₄]²⁺
(2) ① $4CuO \longrightarrow 2Cu_2O + O_2$
③ $Cu(OH)_2 + 4NH_3 \longrightarrow [Cu(NH_3)_4]^{2+} + 2OH^-$
(3) $2Cu + O_2 + 2H_2SO_4 \longrightarrow 2CuSO_4 + 2H_2O$
(4) ・最外殻電子の数が1，または2個であるため，同周期の元素の化学的性質も類似している。
　・典型元素の金属に比べて，原子半径が小さく金属結合が強いので，融点が高く，密度も大きいものが多い。
　・イオンや化合物では，内側の電子殻が未満殻であるため，可視光線の吸収が起こり，有色であるものが多い。

(5)

シス形　　　　　　　　トランス形

解説　変形させてもある温度以上になると元の形状に戻る性質をもつ合金(**形状記憶合金**)は，現在，Ti-Ni合金とCu-Zn-Al合金(CZA)が代表的なものである。

銅の屋根や銅像の表面が青緑色を帯びてくるのは，**緑青**(ろくしょう)とよばれる銅のさびが生じたからである。それは，銅が空気中の水分やCO₂と徐々に反応して生じた$Cu_2CO_3(OH)_2$で表され，塩基性塩であることから，塩基性炭酸銅(II)，または，炭酸二水酸化二銅(II)などとよばれる。このさびは水に不溶で，内部の銅を保護する働きがある。

銅の化合物の酸化数には，+1と+2とがあり，酸化物にも，空気中で1000℃以下で加熱したときに生成する酸化銅(II)CuO(黒色)と，これを1000℃以上で強熱してできる酸化銅(I)Cu_2O(赤色)とがある。

グルコースやアルデヒドにはホルミル基(-CHO)が存在するが，これがカルボキシ基(-COOH)に酸化されやすい。したがって，還元性を示し，CuSO₄とNaOHおよび酒石酸ナトリウムカリウムの混合水溶液(**フェーリング液**)と加熱すると，Cu^{2+}を還元してCu_2Oの赤色沈殿を生成する。

硫酸銅(II)五水和物は青色の結晶であるが，約250℃に加熱すると，硫酸銅(II)CuSO₄無水物の白色粉末となる。

CuSO₄(白色)は水を吸収すると，$CuSO_4 \cdot 5H_2O$(青色)に変化するので，主に有機物中の水分の検出に用いられる。

$$CuSO_4 \cdot 5H_2O \xrightarrow{110℃} CuSO_4 \cdot H_2O \xrightarrow{250℃} CuSO_4$$

Cu^{2+}を含む水溶液に塩基の水溶液を加えると，水酸化銅(II)の青白色沈殿が生じる。

$$Cu^{2+}+2OH^- \longrightarrow Cu(OH)_2$$

水酸化銅(II)は両性水酸化物ではないので，過剰のNaOH水溶液には溶解しないが，過剰のNH₃水にはテトラアンミン銅(II)イオンという深青色の錯イオンを生じて溶ける。

$$Cu(OH)_2+4NH_3 \longrightarrow [Cu(NH_3)_4]^{2+}+2OH^-$$

参考　**CuSO₄·5H₂Oの構造と脱水過程**
　CuSO₄·5H₂Oの結晶中では，Cu^{2+}1個に対して4個の水分子が正方形の頂点方向から強く配位結合している(**配位水**という)。また，この平面の少し離れた位置には$SO_4{}^{2-}$があり，Cu^{2+}に少し弱く配位結合している。残る1個の水分子は$SO_4{}^{2-}$と配位水との間にあって水素結合でつながっている(**陰イオン水**という)。

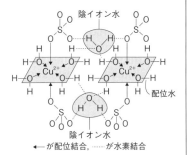

陰イオン水

配位水

陰イオン水
←が配位結合，……が水素結合

CuSO₄·5H₂Oの結晶を加熱すると，結合力の最も弱い陰イオン水と配位水1分子が失われる。このとき配位水1分子が抜けた場所には$SO_4{}^{2-}$が強く配位し，結晶の密度が増加する。続いて配位水2分子が失われCuSO₄·H₂Oになる。このとき，配位水2分子が抜けた場所にも$SO_4{}^{2-}$が強く配位し，結晶の密度はさらに増加する。このCuSO₄·H₂Oは，もとのCuSO₄·5H₂OのH₂Oと$SO_4{}^{2-}$の配置を入れ替えたような構造をしており，このH₂Oは$SO_4{}^{2-}$だけでなく別のCu^{2+}にも配位結合している架橋配位子なので，加熱により最も脱離しにくくなっている。

(3) Cuは希塩酸や希硫酸などの酸化力をもたない酸には溶けないが，O₂(酸化剤)の協力があれば，それらの酸にも溶解する。この反応は，まずCuが酸化されてCuOとなり，続いて希硫酸と中和反応により溶けると考えればわかりやすい。

$$2Cu+O_2 \longrightarrow 2CuO$$
$$CuO+H_2SO_4 \longrightarrow CuSO_4+H_2O$$

(4) **遷移元素**は，最外電子殻に2個または1個の電子が入ったまま，内側の電子殻へ電子が満たされていく元素群のことである。**解答**のほかにも，

・イオン化するとき，最外殻電子だけでなく内殻電子の一部も放出されることがあり，複数の酸化数をもつ化合物をつくりやすい。

・錯イオンをつくりやすく，種々の金属と合金をつくりやすいことを述べてもよい。

(5) 配位子であるNH₃が気体として出ていく代わりに，新たにH₂Oが配位子となる。

$$[Cu(NH_3)_4]^{2+}+2H_2O$$
$$\longrightarrow [Cu(H_2O)_2(NH_3)_2]^{2+}+2NH_3$$

Cu^{2+}は4配位で正方形の錯イオンを形成するため，2つのH₂Oが隣り合った位置にあるシス形と，反対側に位置したトランス形のシス-トランス異性体が存在する。正四面体形の$[Zn(H_2O)_2(NH_3)_2]^{2+}$の場合は，シス-トランス異性体は存在しない。

▶**221** (1) **A** アンモニア，**B** 塩化カリウム，**C** 銀，**D** ヨウ化カリウム，**E** チオ硫酸ナトリウム，**F** シアン化カリウム

(2) (a) $2AgNO_3 + 2NH_3 + H_2O$
$$\longrightarrow Ag_2O\downarrow + 2NH_4NO_3$$
(b) $Ag_2O + 4NH_3 + H_2O \longrightarrow 2[Ag(NH_3)_2]OH$
(c) $AgNO_3 + KI \longrightarrow AgI\downarrow + KNO_3$
(d) $AgI + 2Na_2S_2O_3 \longrightarrow Na_3[Ag(S_2O_3)_2] + NaI$
(e) $AgNO_3 + KCN \longrightarrow AgCN\downarrow + KNO_3$
(f) $AgCN + KCN \longrightarrow K[Ag(CN)_2]$

解説　銀の化合物には，水に不溶なものが多いが，硝酸銀 $AgNO_3$ は水によく溶け，硫酸銀 Ag_2SO_4 も少しだけ水に溶ける。ふつう，金属イオンの水溶液に塩基の水溶液を加えると水酸化物の沈殿を生じるが，Ag はイオン化傾向が小さく，Ag の陽性が弱いため，イオン結合性の大きい水酸化銀 AgOH は不安定で，代わりに共有結合性の大きい酸化銀 Ag_2O の褐色沈殿が生成する。

$$2Ag^+ + 2OH^- \longrightarrow (2AgOH) \longrightarrow Ag_2O\downarrow + H_2O$$
不安定

酸化銀に NaOH 水溶液を過剰に加えても溶解しないが，NH_3 水を過剰に加えるとジアンミン銀(I)イオンを生じて溶ける。

$$Ag_2O + H_2O \longrightarrow (2AgOH)\cdots\cdots①$$
$$(2AgOH) + 4NH_3 \longrightarrow 2[Ag(NH_3)_2]OH\cdots\cdots②$$

①+②より，反応中間体の 2AgOH を消去して，
$$Ag_2O + 4NH_3 + H_2O \longrightarrow 2[Ag(NH_3)_2]OH$$

ハロゲン化銀は AgF を除いて水に溶けにくい。AgCl(白)，AgBr(淡黄)，AgI(黄) の沈殿のうち，AgCl は NH_3 水を加えると，ジアンミン銀(I)イオンという錯イオンとなり溶ける。

$$AgCl + 2NH_3 \longrightarrow [Ag(NH_3)_2]^+ + Cl^-$$

AgBr は AgCl よりも水に溶けにくいが，濃 NH_3 水を加えると，ジアンミン銀(I)イオンとなり溶ける。しかし，AgI はハロゲン化銀の中では最も水に溶けにくく，濃 NH_3 水を加えても，水に対する溶解度は AgCl 程度にすぎず，溶けない。しかし，上の3種の沈殿は，過剰のチオ硫酸ナトリウム $Na_2S_2O_3$ 水溶液やシアン化カリウム KCN 水溶液には，いずれもビス(チオスルファト)銀(I)酸イオン $[Ag(S_2O_3)_2]^{3-}$，ジシアニド銀(I)酸イオン $[Ag(CN)_2]^-$ という錯イオンをつくって溶け，無色透明の水溶液となる。このように，水に対する溶解度の小さいハロゲン化銀の沈殿を錯イオンとして溶解するには，Ag^+ に対する配位能力の大きい強力な錯化剤の $Na_2S_2O_3$ や KCN を用いる必要がある。

AgCl や AgBr には感光性があり，日光に当たると，$2AgCl \longrightarrow 2Ag + Cl_2$ などの反応により，銀の微粒子を生じて黒紫色〜黒色に変化する。この性質を**感光性**といい，ハロゲン化銀はフィルム式写真の感光剤に利用される。

▶222 (ア) 配位結合　(イ) 配位子　(ウ) 配位数
(エ) 遷移　(オ) アクア錯イオン(水和イオン)
(カ) 非共有電子対
(1) (a) 正八面体形　(b) 正方形　(c) 正四面体形
(2) (a) $[Co(NH_3)_6]Cl_3$　(b) $[CoCl(NH_3)_5]Cl_2$
(c) $[CoCl_2(NH_3)_4]Cl$
(3) (キ) 3　(ク) 4　(ケ) 2　(コ) 正八面体

解説　(1) 金属イオンに非共有電子対をもった分子や陰イオン(**配位子**という)が配位結合して生じた多原子イオンを**錯イオン**という。金属イオンを取り囲む配位子は，空間に対してできるだけ離れた方向に位置しようとするので，錯イオンは対称的な構造を取りやすい。

配位数2の Ag^+ の錯イオンは直線形，配位数4の Zn^{2+} の錯イオンは正四面体形，配位数6の Fe^{2+}，Fe^{3+} や Cr^{3+} などの錯イオンは正八面体形となる。ただし，配位数4の Cu^{2+} の錯イオンは例外的に正方形となる。

また，一般的に，典型元素の錯イオンは無色，遷移元素の錯イオンは有色であるが，Ag^+ や 12 族の Zn^{2+}，Cd^{2+} などの錯イオンは無色である。

参考

遷移元素の水和イオンが有色である理由
第4周期の遷移元素(Sc〜Zn)は，最外殻の N 殻に 1，2個の電子が入った状態で，内殻の M 殻の 4d 軌道に電子が入っていく元素である。金属イオンに配位子が結合していない状態では，5つの 4d 軌道のエネルギーはみな等しいが，例えば，6配位の錯イオンをつくった場合，配位子の影響で，もとより少しエネルギーの低い d 軌道3つと，少しエネルギーの高い d′ 軌道の2つに分裂する。
この d 軌道と d′ 軌道とのエネルギー差が可視光線のもつエネルギーに相当するので，多くの遷移元素の水和イオンでは，d 軌道と d′ 軌道間での電子の移動(**d〜d′遷移**)により，可視光線が吸収され，特徴的な色を示す。ただし，d 軌道に電子が存在しない Sc^{3+} や，d 軌道が完全に電子で詰まった Cu^+ や Zn^{2+} では，d〜d′遷移による光の吸収が起こらないので無色となる。

(2) Co^{3+} の錯イオンは，配位数がいずれも6で，配位子は Cl^- と NH_3 である。

NH_3 は中性の分子なので，中心金属イオンに配位結合する以外の結合方法はない。一方，Cl^- は陰イオンなので，(i) 中心金属イオンには配位結合しているもの，(ii) 中心金属イオンに配位結合せず，生じた錯イオンとイオン結合により錯塩をつくるものとがある。

硝酸銀水溶液を加えることで，$Ag^+ + Cl^- \longrightarrow AgCl$ のように反応する Cl^- は，Co^{3+} と配位結合していない Cl^- である。(Co^{3+} と配位結合した NH_3 や Cl^- は，強塩基を加えて十分に加熱し，錯イオンを分解しない限り，水溶液中へは解離してこない。)

(a) 錯塩1molからAgCl 3molを生成するので，(a)は配位結合していないCl⁻を3molもつ。
$$\therefore \quad [Co(NH_3)_6]Cl_3$$

(b) 錯塩1molからAgCl 2molを生成するから，(b)は配位結合していないCl⁻を2mol，配位結合したCl⁻を1molもつ。 $\quad \therefore \quad [CoCl(NH_3)_5]Cl_2$

(c) 錯塩1molからAgCl 1molを生成するから，(c)は配位結合していないCl⁻を1mol，配位結合したCl⁻を2molもつ。 $\quad \therefore \quad [CoCl_2(NH_3)_4]Cl$

(3) 錯塩(a)，(b)には異性体が存在しないが，錯塩(c)では，中心金属イオンと配位子間の距離はすべて一定であるが，各配位子相互間の距離が等しくないために，次のような異性体が生じる。

<u>中心原子に対して同種の配位子が隣り合っているものをシス形，向かい合っているものをトランス形といい</u>，両者は**シス-トランス異性体**とよばれる。これらは，配位子の立体配置の違いによって生じる**立体異性体**の一種であり，色，性質などがやや異なっている。

参考 **錯体のシス-トランス異性体**
テトラアンミンジクロリドコバルト(Ⅲ)塩化物[CoCl₂(NH₃)₄]Clの場合，シス形はビオレオ塩とよばれる青紫色の結晶で，トランス形はプラセオ塩とよばれる緑色の結晶である。いずれも水に可溶であるが，シス形の方が不安定で，水中ではCl⁻がH₂Oで置換されてアクア化しやすい。

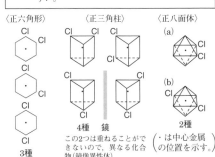

したがって，(c)の錯イオンが正六角形のときは3種，正三角柱のときは4種，正八面体のときは2種類の立体異性体が存在するので，一般に，Co³⁺の錯イオンは正八面体形であることがわかる。

▶**223** (1) (ア)赤橙 (イ)黄 (ウ)黄 (エ)赤褐 (オ)黄 (カ)暗緑 (キ)クロム酸 (ク)ニクロム酸
(a) PbCrO₄ (b) Ag₂CrO₄ (c) BaCrO₄
(d) Cr(OH)₃ (e) [Cr(OH)₄]⁻
(2) ① Cr₂O₇²⁻+2OH⁻ ⟶ 2CrO₄²⁻+H₂O
② Cr(OH)₃+OH⁻ ⟶ [Cr(OH)₄]⁻
③ 2CrO₄²⁻+2H⁺ ⟶ Cr₂O₇²⁻+H₂O

(3) 水溶液中では，平衡移動によってCr₂O₇²⁻はCrO₄²⁻に変化し，Ba²⁺と反応してBaCrO₄の黄色沈殿を生じる。一方，硝酸酸性にすると，CrO₄²⁻はCr₂O₇²⁻に変化するので，Ba²⁺とは沈殿をつくらなくなるから。

(4) H₂O₂が残ったままで溶液を酸性にすると，CrO₄²⁻がCr₂O₇²⁻に変化する。Cr₂O₇²⁻は酸化剤として働き，残っているH₂O₂(還元剤)と反応して，Cr³⁺に戻ってしまうから。

解説 (1) クロムCrは周期表6族の遷移元素で，単体は空気中で緻密で安定な酸化被膜を生じて**不動態**となり，耐食性に富むのでメッキの材料に用いられる。クロムの化合物の酸化数には，+2(不安定)，+3(安定)，+6が知られている。クロムを希硫酸に溶かすと，まず硫酸クロム(Ⅱ)CrSO₄の青色溶液が生じる。このCr²⁺は非常に不安定で，空気に触れると容易にCr³⁺(暗緑色)に変化する。Cr³⁺に少量のNaOH水溶液を加えると，水酸化クロム(Ⅲ)Cr(OH)₃の灰緑色の沈殿を生じ，この沈殿は過剰のNaOH水溶液に溶けて，テトラヒドロキシドクロム(Ⅲ)酸イオン[Cr(OH)₄]⁻の暗緑色溶液となる。これは，クロムCrがAlと同じ両性金属としての性質をもつためである。

また，塩基性水溶液中で[Cr(OH)₄]⁻を酸化剤のH₂O₂で酸化すると，黄色のクロム酸イオンCrO₄²⁻を生成する。
$$H_2O_2+2e^- \longrightarrow 2OH^- \quad \cdots\cdots ①$$
$$[Cr(OH)_4]^-+4OH^-$$
$$\longrightarrow CrO_4^{2-}+3e^-+4H_2O \quad \cdots\cdots ②$$
①×3+②×2より，
$$2[Cr(OH)_4]^-+3H_2O_2+2OH^-$$
$$\longrightarrow 2CrO_4^{2-}+8H_2O \quad \cdots\cdots ③$$

補足 塩基性条件では，[Cr(OH)₄]⁻がさほど安定ではないので，酸化剤のH₂O₂を用いると，容易に6価のCrO₄²⁻へと酸化することができる。一方，酸性条件では，Cr³⁺が非常に安定であるため，酸化剤のH₂O₂を用いても，6価のCr₂O₇²⁻へと酸化することはできない。

(2) CrO₄²⁻からCr₂O₇²⁻への変化は次の通り。

$Cr_2O_7{}^{2-}$ から $CrO_4{}^{2-}$ への変化は次の通り。

（3）Ba^{2+} と黄色沈殿をつくるのは，$CrO_4{}^{2-}$ であって $Cr_2O_7{}^{2-}$ ではない。（$BaCrO_4$ の水への溶解度が $BaCr_2O_7$ の溶解度より小さいため。）

　水溶液中では，$CrO_4{}^{2-}$ と $Cr_2O_7{}^{2-}$ との間には平衡状態にあり，酸性を強くすると，$Cr_2O_7{}^{2-}$ が増えるが，$CrO_4{}^{2-}$ が少なくなるので，$BaCrO_4$ は沈殿しにくくなる。したがって，$BaCrO_4$ の沈殿に塩酸や硝酸を加えると，$CrO_4{}^{2-}$ が $Cr_2O_7{}^{2-}$ に変化するために，$BaCrO_4$ の沈殿は溶けてしまう。

（4）酸性条件での酸化剤としての強さ（酸化力）は $H_2O_2 > Cr_2O_7{}^{2-}$ である。ところが，$Cr_2O_7{}^{2-}$ は酸化剤としか働けないが，H_2O_2 は酸化剤と還元剤の両方の働きが可能である。酸化剤の $Cr_2O_7{}^{2-}$ が存在するとき，H_2O_2 は酸化剤ではなく，還元剤として次のように酸化還元反応を行う。

$$Cr_2O_7{}^{2-}+3H_2O_2+8H^+ \longrightarrow 2Cr^{3+}+3O_2+7H_2O$$

　このため，反応溶液中から H_2O_2 を除いておかないと，せっかく生成した $CrO_4{}^{2-}$ が $Cr_2O_7{}^{2-}$ を経て Cr^{3+} に戻ってしまうことになる。

▶**224** （1）緑色 $MnO_4{}^{2-}$，赤紫色 $MnO_4{}^-$
（2）$2MnO_4{}^-+5SO_3{}^{2-}+6H^+$
$$\longrightarrow 2Mn^{2+}+5SO_4{}^{2-}+3H_2O$$
（3）$2MnO_4{}^-+5H_2O_2+6H^+$
$$\longrightarrow 2Mn^{2+}+5O_2+8H_2O$$
（4）$2MnO_2+O_2+4KOH \longrightarrow 2K_2MnO_4+2H_2O$

解説 （1）（記述a）酸化マンガン（IV）に KOH を加えて加熱すると，空気中の O_2 によって MnO_2 が酸化され，暗緑色のマンガン酸カリウム K_2MnO_4（Mn の酸化数は+6）を生じる。

　マンガン酸イオン $MnO_4{}^{2-}$（緑色）は，強い塩基性条件でのみ安定に存在できる。

（記述b）マンガン酸イオン $MnO_4{}^{2-}$ は酸性溶液中では極めて不安定で，過マンガン酸イオン（Mn の酸化数が+7）と，酸化マンガン（IV）とに変化する。この反応は，**自己酸化還元反応**とよばれ，同種の分子間で電子の授受を行う特殊な酸化還元反応である。

$$
\begin{cases}
MnO_4{}^{2-} \longrightarrow MnO_4{}^-+e^- & \cdots\cdots① \\
MnO_4{}^{2-}+2e^-+4H^+ \longrightarrow MnO_2+2H_2O & \cdots\cdots②
\end{cases}
$$
①×2+②より，
$$3MnO_4{}^{2-}+4H^+ \longrightarrow 2MnO_4{}^-+MnO_2\downarrow+2H_2O$$
生じた MnO_2 は水に不溶で，黒色の沈殿Bとなる。
　一方，ろ液Cには $MnO_4{}^-$ が存在し，赤紫色を示す。
　工業的製法では，記述aで得た K_2MnO_4 水溶液を塩基性条件で電解酸化するか，塩素で酸化して $KMnO_4$ を製造している。

（2）（記述c）硫酸酸性で $MnO_4{}^-$ は強い酸化剤として働き，亜硫酸ナトリウムとは次式のように反応する。
$$MnO_4{}^-+5e^-+8H^+ \longrightarrow Mn^{2+}+4H_2O \cdots\cdots①$$
$$SO_3{}^{2-}+H_2O \longrightarrow SO_4{}^{2-}+2e^-+2H^+ \cdots\cdots②$$
①×2+②×5より，**解答** の式を得る。

（記述d）酸化マンガン（IV）は，触媒として働き，次式のように過酸化水素が分解し，酸素を発生する。
$$2H_2O_2 \longrightarrow 2H_2O+O_2$$

（3）強力な酸化剤の $KMnO_4$ に対して，H_2O_2 は還元剤として働く。
$$H_2O_2 \longrightarrow O_2+2H^++2e^- \cdots\cdots③$$
①×2+③×5より
$$2MnO_4{}^-+5H_2O_2+6H^+ \longrightarrow$$
$$2Mn^{2+}+5O_2+8H_2O$$

（4）$$
\begin{cases}
MnO_2+4OH^- \longrightarrow MnO_4{}^{2-}+2e^-+2H_2O & \cdots① \\
O_2+4e^-+2H_2O \longrightarrow 4OH^- & \cdots\cdots②
\end{cases}
$$
①×2+②より
$$2MnO_2+4OH^-+O_2 \longrightarrow 2MnO_4{}^{2-}+2H_2O$$
両辺に $4K^+$ を加えて整理すると解答の式となる。

〔A〕還元剤としての MnO_2 の半反応式（塩基性条件）
① 反応物と生成物を化学式で書く。
　$MnO_2 \longrightarrow MnO_4{}^{2-}$
② O原子の数を H_2O で合わせる。
　$MnO_2+2H_2O \longrightarrow MnO_4{}^{2-}$
③ H原子の数を H^+ で合わせる。
　$MnO_2+2H_2O \longrightarrow MnO_4{}^{2-}+4H^+$
④ 電荷のつり合いを e^- で合わせる。
　$MnO_2+2H_2O \longrightarrow MnO_4{}^{2-}+4H^++2e^-$
⑤ 液性の調節を行う。強い塩基性条件なので，両辺に $4OH^-$ を加えて $4H^+$ を中和しておく。
　$MnO_2+4OH^- \longrightarrow MnO_4{}^{2-}+2H_2O+2e^-$
〔B〕酸化剤としての O_2 の半反応式（塩基性条件）
①,② $O_2 \longrightarrow 2H_2O$
③ $O_2+4H^+ \longrightarrow 2H_2O$
④ $O_2+4H^++4e^- \longrightarrow 2H_2O$
⑤ $O_2+2H_2O+4e^- \longrightarrow 4OH^-$

▶**225** （1）B $BaSO_4$，C $Fe(OH)_2$，
D $FeO(OH)$，E Fe_2O_3，F NH_3
（2）$Fe(NH_4)_2(SO_4)_2 \cdot 6H_2O$

解説 （1）鉄釘は純鉄ではなく，鋼（スチール）であるため，少量の炭素Cを含んでいる。したがっ

て，鉄を希硫酸に溶かすと水素を発生し，硫酸鉄
(Ⅱ)$FeSO_4$ が生成するが，溶けずに残った黒い沈殿
は炭素 C である。

$$Fe+H_2SO_4 \longrightarrow FeSO_4+H_2$$

$FeSO_4$ 水溶液に $(NH_4)_2SO_4$ を加えて完全に溶か
し，冷却すると，組成式 $Fe_x(NH_4)_y(SO_4)_z \cdot nH_2O$ で
表される鉄(Ⅱ)の複塩(物質A)が生成する。

沈殿 B は，$Ba^{2+}+SO_4^{2-} \longrightarrow BaSO_4$ の反応で生
成した硫酸バリウム(白色)である。

沈殿 C は，$Fe^{2+}+2OH^- \longrightarrow Fe(OH)_2$ の反応で
生成した水酸化鉄(Ⅱ)(緑白色)である。

沈殿 D は，$Fe(OH)_2$ が水中の O_2 によって徐々に
酸化されてできた酸化水酸化鉄(Ⅲ)(赤褐色)であ
る。($Fe(OH)_3$ は実際には存在しないので，その脱
水縮合してできた $FeO(OH)$ で答えればよい。)

$$4Fe(OH)_2+O_2 \longrightarrow 4FeO(OH)+2H_2O$$

固体 E は，$FeO(OH)$ を加熱し，完全に脱水した
化合物なので，酸化鉄(Ⅲ)(赤褐色)である。

$$2FeO(OH) \longrightarrow Fe_2O_3+H_2O$$

気体 F は，ろ液中に残っている NH_4^+ と十分量の
$NaOH$ が加熱されて，次の反応により発生したアンモニア(刺激臭)である。

$$NH_4^++OH^- \longrightarrow NH_3+H_2O$$

(2) (a) 物質Aを加熱したとき，失われた水和水の
物質量は，$H_2O=18g/mol$ より，

$$\frac{1.96-1.42}{18}=3.00\times10^{-2}(mol)$$

(b) $Ba^{2+}+SO_4^{2-} \longrightarrow BaSO_4$ より，物質Aに含ま
れる SO_4^{2-} の物質量は，生成した $BaSO_4$ の物質量に
等しい。$BaSO_4=233g/mol$ より，SO_4^{2-} の物質量
は，$\dfrac{2.33}{233}=1.00\times10^{-2}(mol)$

(c) $Fe^{2+} \longrightarrow Fe(OH)_2 \longrightarrow FeO(OH) \longrightarrow \dfrac{1}{2}Fe_2O_3$

のように反応したので，結局，物質Aに含まれる
Fe^{2+} の物質量は，Fe_2O_3 の物質量の2倍に等しい。
$Fe_2O_3=160g/mol$ より，Fe_2O_3 の物質量は，

$$\frac{0.400}{160}=2.50\times10^{-3}(mol)$$

Fe^{2+} の物質量は $2\times2.50\times10^{-3}=5.00\times10^{-3}(mol)$

(d) 発生した NH_3 の物質量は，物質Aに含まれてい
た NH_4^+ の物質量に等しい。

発生した NH_3 の物質量を $x(mol)$ とおく。

$$0.400\times\frac{20.0}{1000}\times2=x+0.400\times\frac{15.0}{1000}\times1$$

$$x=1.0\times10^{-2}(mol)$$

よって，物質Aを構成する Fe^{2+} と NH_4^+ と SO_4^{2-}
と H_2O の粒子数の比は，

$x:y:z:n$

$=5.00\times10^{-3}:1.00\times10^{-2}:1.00\times10^{-2}:3.00\times10^{-2}$
$=1:2:2:6$

よって，物質Aの組成式は $Fe(NH_4)_2(SO_4)_2 \cdot 6H_2O$
(この物質(硫酸アンモニウム鉄(Ⅱ)六水和物)は，$FeSO_4$
と $(NH_4)_2SO_4$ との複塩でモール塩ともよばれる。他の
鉄(Ⅱ)塩($FeSO_4 \cdot 7H_2O$ など)よりも空気中でも安定で
あり，鉄(Ⅱ)イオンの標準溶液の調製に用いられる。)

▶**226** (1) (a) $TiO_2+C+2Cl_2 \longrightarrow TiCl_4+CO_2$

(b) $TiCl_4+4Na \longrightarrow Ti+4NaCl$

(c) $TiCl_4+2H_2O \longrightarrow TiO_2+4HCl$

(2) **0.54 t** (3) $3.4\times10^{10}J$

解説　チタン Ti は陽性が強く，窒素や酸素，炭
素とも反応しやすく，製錬がかなり難しいため，そ
の利用はアルミニウムよりもかなり遅れた。しか
し，軽量，高強度であり，不動態をつくりやすく耐
食性に優れるので，近年その利用が拡大している。

本文で述べた特別な製錬法(**クロール法**)は，現
在，還元剤にマグネシウム Mg を用いる方法が主流
となっている。

(1) (a) 炭素 C が酸化チタン(Ⅳ)TiO_2 から酸素を奪
い取り，生じた Ti の単体に塩素 Cl_2 が反応して，塩
化チタン(Ⅳ)になるような反応を考えればよい。

C は CO_2 または CO に変化する可能性があるが，
温度が 700℃ なので，主に CO_2 に変化するとして反
応式を書けばよい。(1000℃以上の高温になると，
$C+CO_2 \rightleftharpoons 2CO$　$\Delta H=172kJ$ の平衡が右方向に
移動するので，CO が多く生成するようになる。)

(b) ナトリウム Na は強力な還元剤で，$TiCl_4$ の Ti^{4+}
に電子を与えて Ti とし，自身は Na^+ となり $NaCl$ を
生成する。

(c) 反応物と生成物がすべて与えられているので，
係数を合わせるだけで反応式が完成する。

(2) (1)の(a)式と(b)式をまとめて1つの反応式に
する。(a)+(b)より

$$TiO_2+C+2Cl_2+4Na \longrightarrow Ti+4NaCl+CO_2$$

TiO_2(式量80) 1mol から Ti(原子量48) 1mol を生
じる。Ti が $x(t)$ 生成するとすると，

1t$=1\times10^6g$ より

$$\frac{1.0\times10^6\times0.90}{80}=\frac{x\times10^6}{48}$$

$$\therefore x=0.54(t)$$

(3) (2)の反応式の係数比より，TiO_2 1mol を還元
するのに，Na 4mol が必要である。

必要な Na の物質量は，

$$\frac{1.0\times10^6\times0.90}{80}\times4=4.5\times10^4(mol)$$

$NaCl$ の溶融塩電解の陰極反応では，

$$Na^++e^- \longrightarrow Na$$

Na 1mol を製造するのに電子 e^- 1mol 必要であ

る。必要な電気量をx〔C〕とおくと，ファラデー定数$F=9.65×10^4$C/mol，この電気分解の電流効率が90％より

$$x×0.9=4.5×10^4×9.65×10^4$$
$$∴\quad x=4.82×10^9〔C〕$$

1J＝1C・Vより，
（電気エネルギー）＝（電気量）×（電圧）であるから，
必要な電気エネルギーは，
$$4.82×10^9〔C〕×7.0〔V〕≒3.4×10^{10}〔J〕$$

▶**227** (1)（ア）13（イ）メンデレーエフ（ウ）8

(2) $4Ga+3O_2⟶2Ga_2O_3$

(3) $2Ga+3H_2SO_4⟶Ga_2(SO_4)_3+3H_2$

$2Ga+2NaOH+6H_2O$
$⟶2Na[Ga(OH)_4]+3H_2$

(4) **42**　(5) **水銀**

(6) 結晶中では Ga 原子対どうしが弱い結合で結びついており，その配列を崩すのは容易であるから。

解説　(1)（ア）ガリウム Ga は第4周期13族に位置する典型金属元素であるが，高校化学ではほとんど取り上げられていない。近年，ヒ化ガリウム GaAs や窒化ガリウム GaN は半導体の材料として，発光ダイオード（LED）や各種の通信機器などに利用されている。

（イ）1869年，周期表を最初に発表したのがメンデレーエフである。彼の周期表にはいくつかの空欄があり，Al の下に位置する未発見の元素をエカアルミニウム（eKa はサンスクリット語で「1つ下」の意）とよび，原子量は68，密度は約 6.0 g/cm³，低融点で酸・強塩基の水溶液に溶けると予想した。その後，1875年，ボワボードランによって Ga が発見されたが，その性質がメンデレーエフの予想と一致していたため，彼の周期表への評価は一層高まった。

（ウ）図の単位格子中に，ガリウム原子対（二量体）Ga₂が頂点と面心にあるので，

$$単位格子中に，\left(\frac{1}{8}×8\right)+\left(\frac{1}{2}×6\right)=4〔個〕$$
$$\underset{頂点}{}\quad\underset{面心}{}$$

よって，単位格子中に含まれる Ga 原子の数は，
$$4×2=8〔個〕である。$$

(2) Ga は Al と同族元素だから，Al の酸化物 Al₂O₃ を書き，Al を Ga に置き換えればよい。

(3) Ga は Al と同じ**両性金属**だから，酸・強塩基の水溶液と反応して溶ける。

Al と希硫酸，Al と NaOH 水溶液との反応式を書き，Al を Ga に置き換えればよい。

(4) Ga 原子対（二量体）中の原子の中心間距離が 0.250 nm な

0.250 nm

ので，Ga の原子半径は　$0.125=\frac{1}{8}$〔nm〕である。

0.157 nm³の単位格子中に，半径$\frac{1}{8}$nm の球が8個分含まれるので，充塡率は，

$$\frac{原子（球）の体積}{単位格子の体積}=\frac{\frac{4}{3}×π×\left(\frac{1}{8}\right)^3×8}{0.157〔nm^3〕}$$

$$=\frac{3.14}{6×8×0.157}≒0.416$$

（この値は，面心立方格子の74％，体心立方格子の68％に比べてかなり小さい。）

参考

Ga の結晶の密度

原子量 Ga＝69.7，1nm＝10^{-9}m＝10^{-7}cm
より，

$$密度=\frac{単位格子の質量（Ga原子8個分）の質量}{単位格子の体積}$$

$$=\frac{\frac{69.7}{6.0×10^{23}}×8〔g〕}{(0.157×10^{-21})〔cm^3〕}≒5.9〔g/cm^3〕$$

この値は，メンデレーエフが予想した 6.0 g/cm³とほぼ一致している。

---

(5) 金属の単体は常温で気体のものはなく，液体のものは水銀 Hg（融点−39℃）だけであり，他はすべて固体である。

(6) ガリウムの結晶を Ga₂分子からなる分子結晶と考えると理解しやすい。Ga の結晶を崩して液体の状態にするには，Ga₂原子対（二量体）間に働く比較的弱い結合を切ればよい。したがって，Ga の融点（28℃）は低い。しかし，ガリウム原子対 Ga₂内の結合は，比較的強くて共有結合性を帯びている。したがって，この結合をすべて切断してばらばらの Ga 原子の状態にするには比較的高温を必要とする。このため，Ga は Al の沸点（2500℃）と同程度の高い沸点（2400℃）をもつと考えられる。

▶**228** (1) **3.3**　(2) **4.0**　(3) $3.0×1.0^2$
(4) **10.3**

解説　(1) Al^{3+}は水中では H_2O 6分子が配位したアクア錯イオン$[Al(H_2O)_6]^{3+}$として存在する。一般に，価数の大きな金属のアクア錯イオンほど，中心の金属イオンが配位子の O 原子を強く引きつけ，O-H 結合の極性が大きくなるため，H^+を電離しやすくなり，酸性は強くなる（この現象を**金属イオンの加水分解**という）。

C〔mol/L〕の弱酸水溶液の電離度を$α$とすると，$α≪1$のとき，$1-α≒1$と近似できるので$[H^+]=\sqrt{C·K_a}$が成り立つ。

$$[H^+]=\sqrt{0.020×1.6×10^{-5}}$$
$$=\sqrt{32×10^{-8}}=4\sqrt{2}×10^{-4}〔mol/L〕$$
$$pH=-\log_{10}(2^2×2^{\frac{1}{2}}×10^{-4})$$

$$=4-2\log_{10}2-\frac{1}{2}\log_{10}2$$
$$=3.25≒3.3$$

(2) NaOH水溶液100 mLを加えた時点で，水溶液の全体積は200 mLになるので，
$$[Al^{3+}]=0.010\,mol/L$$

また，$Al(OH)_3$の沈殿が生成し始めた時点では，$K_{SP}=[Al^{3+}][OH^-]^3$が成り立つ。

$$[OH^-]^3=\frac{1.0\times10^{-32}}{1.0\times10^{-2}}=1.0\times10^{-30}$$

$$∴\quad[OH^-]=1.0\times10^{-10}[mol/L]$$

pOH=10なので，pH+pOH=14より，
$$pH=14-10=4.0$$

(3) $Al^{3+}+3OH^-\longrightarrow Al(OH)_3$より，
$Al^{3+}:OH^-=1:3$（物質量比）で過不足なく反応するから，
NaOH水溶液の添加量を$x[mL]$とすると
$$\left(0.020\times\frac{100}{1000}\right):\left(0.020\times\frac{x}{1000}\right)=1:3$$

$$∴\quad x=300=3.0\times10^2[mL]$$

(4) $Al^{3+}+4OH^-\longrightarrow[Al(OH)_4]^-$より，0.020 mol/L水溶液100 mL中のAl^{3+}をすべて$[Al(OH)_4]^-$にするには0.020 mol/LのNaOH水溶液は400 mL必要である。

$Al(OH)_3$がすべて溶け終わった時点で，水溶液の全体積は500 mLになるので，$[Al(OH)_4]^-$のモル濃度は，最初に加えたAl^{3+}はすべて$[Al(OH)_4]^-$として存在すると考えてよいから，

$$\frac{\frac{2.0}{1000}[mol]}{0.50[L]}=4.0\times10^{-3}[mol/L]$$

これを平衡定数Kの式へ代入して，
$$K=\frac{[Al(OH)_4]^-}{[OH^-]}=\frac{4.0\times10^{-3}}{[OH^-]}=20$$
$$[OH^-]=2.0\times10^{-4}[mol/L]$$
$$pOH=-\log_{10}(2\times10^{-4})=4-0.30=3.70$$
$$∴\quad pH=14-3.70=10.3$$

▶**229** (1) (ア) 酸化力　(イ) 王水

(2) $CH_2=CH_2+H_2\longrightarrow CH_3-CH_3$

(3) オストワルト法
$$4NH_3+5O_2\longrightarrow4NO+6H_2O$$

(4) 白金の表面に反応する気体分子が吸着されることにより，活性化エネルギーが下がり，反応速度が増大する。

(5) 固体触媒の場合，同じ質量ならば板状より微粒子にしたほうが表面積は飛躍的に増大し，白金と反応する気体分子との衝突回数が増し，触媒としての効率が高まるから。

(6) 正方形，正四面体形

(7) 正方形　(理由) 2種類の配位子が2個ずつ配位した4配位型の錯イオンの場合，正四面体形の構造では異性体は生じない。一方，正方形の構造であれば，2種類の異性体を生じるから。

(8) $3Pt+4HNO_3+18HCl$
$$\longrightarrow3H_2[PtCl_6]+4NO+8H_2O$$

(9)
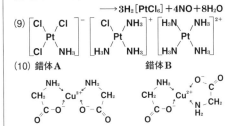

(10) 錯体A　　　　　　　錯体B
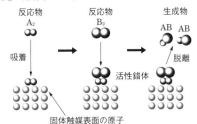

解説　(1) 白金はイオン化傾向が小さいので，硝酸や熱濃硫酸などの酸化力をもつ酸にも溶けない。強力な酸化作用をもつ**王水**(濃塩酸：濃硝酸=3：1)にのみ酸化されて溶解する。

(3) 約800℃に加熱した白金網に，NH_3と空気との混合気体を短時間接触させると，一酸化窒素 NO が生成する。(オストワルト法の最初の反応)

(4) Ptのような固体触媒を用いて，$H_2+I_2\longrightarrow2HI$の反応を行った場合，一般には，触媒表面への反応物の分子の**吸着**→**活性錯体**の形成(**遷移状態**)→生成物の分子の**離脱**→触媒の**再生**という過程を経て反応が進行すると考えられている。

反応物　　　　　反応物　　　　　生成物
A₂　　　　　　　B₂　　　　　AB AB

吸着　　　　　　　　　　　　　　　脱離

活性錯体

固体触媒表面の原子
固体触媒反応のモデル

(6) 4配位型の錯イオンには，①正方形と②正四面体形の2種類の立体構造が考えられる。

(7) 正四面体形の構造では，中心金属に対して4種類の配位子が結合した場合にのみ，初めて鏡像異性体が1組できるが，2種類の配位子(A，B)，3種類の配位子(A，B，C)が結合しても，いずれもシス-トランス異性体は存在しない。

一方，正方形の構造では，中心金属Mに対して2種類の配位子(A，B)が2個ずつ結合すると，シス-トランス異性体が2種類できる。

同種の配位子が隣り合うものを**シス形**，向かい合うものを**トランス形**として区別する。

シス形

トランス形

その他にも，3種類の配位子（A，B，C）が結合した化合物には2種類のシス-トランス異性体が，4種類の配位子（A，B，C，D）が結合した化合物にも3種類のシス-トランス異性体がそれぞれ存在する。

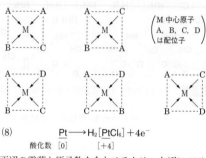

（M 中心原子
A，B，C，D
は配位子）

(8)
$$\underset{\substack{\text{酸化数}\ [0]}}{\text{Pt}} \longrightarrow H_2[\underset{[+4]}{PtCl_6}] + 4e^-$$

両辺の電荷と原子数を合わせるため，左辺に $2H^+$，$6Cl^-$ を加える。

$$Pt + 2H^+ + 6Cl^- \longrightarrow H_2[PtCl_6] + 4e^- \quad \cdots\cdots①$$

王水中では，濃硝酸は3倍量の濃塩酸で希釈されており，実際には希硝酸（酸化剤）と同様にふるまう。

$$HNO_3 + 3H^+ + 3e^- \longrightarrow NO + 2H_2O \quad \cdots\cdots②$$

電子 e^- の数を合わせて消去すると，
①×3+②×4より

$$3Pt + 4HNO_3 + 18HCl$$
$$\longrightarrow 3H_2[PtCl_6] + 4NO + 8H_2O$$

したがって，Ptは硝酸の酸化作用によって Pt^{4+} となり，直ちに塩酸の Cl^- によってヘキサクロリド白金(IV)酸イオン $[PtCl_6]^{2-}$ という正八面体の錯イオンを形成することにより，Ptの溶解が進行していく。
(9) $[PtCl_4]^{2-}$ は，Pt^{2+} に $4Cl^-$ が配位結合した正方形の錯イオンである。

$[PtCl_3(NH_3)]^-$ は，Pt^{2+} に $3Cl^-$ と NH_3 が配位結合した正方形の錯イオンである。

$[PtCl(NH_3)_3]^+$ は，Pt^{2+} に Cl^- と $3NH_3$ が配位結合した正方形の錯イオンである。

$[Pt(NH_3)_4]^{2+}$ は，Pt^{2+} に $4NH_3$ が配位結合した正方形の錯イオンである。

配位子 Cl^- から NH_3 への配位子の交換が起こるのは，Cl^- よりも NH_3 の方が金属イオンの Pt^{2+} に対する配位能力（錯力）が大きいためである。

補足　一般に，配位子中で配位結合を行う原子（配位原子という）の電気陰性度が小さいほど，金属イオンに対する配位能力が大きくなる。
㋐　$C>N>S>O>$ ハロゲン　㋑

これは，電気陰性度が小さいほど，配位原子と金属原子との配位結合における共有結合性が強くなるためと考えられる。

なお，$[PtCl_2(NH_3)_2]$ は電荷をもたない錯体なので錯分子とよばれ，電荷をもった錯体（錯イオン）には含まない。なお，この錯分子には(7)に取り上げられたシス形とトランス形の立体異性体が存在し，それぞれ生理作用が異なる。

参考　**シスプラチン**
隣り合う2つの Cl 原子が生体内で H_2O 分子と置き換わり，この部分で DNA 鎖の隣接する2個のグアニン（G）塩基，またはグアニン（G）とアデニン（A）塩基の N 原子の部分に結合して架橋構造を形成し，がん細胞の活発な DNA 合成を阻害することにより，その増殖を抑制する。なお，シス形に比べてトランス形は DNA 鎖に結合しにくいので，抗がん剤としての作用は示さない。

参考　**錯塩の化学式の書き方・読み方**
錯塩（錯イオンを含む塩）の化学式は，錯イオンの部分を [ ] で囲んで区別する。配位子が複数あるときは，陰イオン・中性分子の順で，かつ，それぞれアルファベット順に書く。
錯イオンの名称は，化学式の後ろから順に，配位数，配位子名，中心金属名（酸化数）をつけてよぶ。同じ分類の配位子が複数あるときは，配位子名をアルファベット順に並べる（数詞は考慮しない）。最後に，陽イオンの場合は「～イオン」，陰イオンの場合は「～酸イオン」とする。
錯塩の名称は，常に錯イオン名を先に読む。
（例）$[PtCl_2(NH_3)_2]$ のシス形の場合
シス-ジアンミンジクロリド白金(IV)となる。
$[Cu(NH_3)_4]SO_4$ の場合，テトラアンミン銅(II)硫酸塩となる。

(10) NH_3，H_2O のように，中心金属イオンの1か所で配位結合する配位子を**単座配位子**，グリシン陰イオン $CH_2(NH_2)COO^-$ のように，中心金属イオンの2か所で配位結合する配位子を**二座配位子**，二座配位子以上を**多座配位子**という。多座配位子は中心金属イオンをはさみ込むように環状構造の**キレート錯体**（ギリシャ語（chelate），カニのはさみの意味）をつくりやすく，単座配位子からなる錯体に比べて安定度が大きい（**キレート効果**という）という特徴がある。本問のように，塩基性条件で Cu^{2+} にグリシン水溶液を加え加熱すると，Cu^{2+} にグリシン2分子がその-NH_2 と-COO^- の2か所を用いて，平面構造のキレート錯体をつくると考えられる。生じた錯体Aと錯体Bはシス-トランス異性体の関係にあり，次の2種の立体構造が考えられる。配位子のグリシン中で最も強い極性をもつ部分は，カルボニル基 $\overset{\delta+}{C}=\overset{\delta-}{O}$ である。

錯体Aは水への溶解度が大きいので，極性が大きな(a)のシス形である。

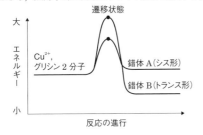

(a) シス形 (b) トランス形

◀── は配位結合,
⇐ はカルボニル基の極性を示す

配位原子 N, O が互いに隣り合っているのがシス形。銅(Ⅱ)錯体では, カルボニル基の極性は打ち消し合わず, 極性は大きい。

配位原子 N, O が互いに向い合っているのがトランス形。銅(Ⅱ)錯体では, カルボニル基の極性は打ち消し合い, 極性は小さい。

錯体 B は水への溶解度が小さいので, 極性が小さな(b)のトランス形である。

一般に, シス形よりもトランス形の方が熱力学的に安定であるが, 一方, その錯体形成における活性化エネルギーはトランス形よりもシス形の方が低い(次図)。したがって, 低温で結晶化させれば, 活性化エネルギーの低い反応経路で反応が進行するのでシス形が生成する。一方, 高温で結晶化させれば活性化エネルギーの高い反応経路でも反応が進行可能となり, 熱力学的に安定なトランス形が生成する。

大
エ
ネ
ル
ギ
ー
小

遷移状態
Cu^{2+},
グリシン 2 分子
錯体 A(シス形)
錯体 B(トランス形)

反応の進行

▶**230** (1) **A 8.0 mol, B 7.0 mol, C 6.0 mol**
(2) **A** $[CrCl_2(NH_3)_4]Cl$ **B** $[CrCl(NH_3)_5]Cl_2$
C $[Cr(NH_3)_6]Cl_3$ (3) **D** $[CrCl_3(NH_3)_3]$
(4) **AgCl 3.0 mol, NaOH 9.0 mol**

解説 Cl^- は配位子として Cr^{3+} に配位結合するか, 陰イオンとして錯イオンとイオン結合するかの 2 通りの結合方法がある。一方, NH_3 は配位子として Cr^{3+} に配位結合する以外の結合方法はない。
(1) 各錯塩に含まれる Cl^- のうち, AgCl を生成するのは, Cr^{3+} に配位結合していないものである。その数は, A は 1 個, B は 2 個, C は 3 個である。
錯塩 A, B, C を強塩基である NaOH 水溶液と加熱すると, 錯塩が分解して, Cr^{3+} に配位結合している Cl^- も遊離し, 配位結合していない Cl^- とともに Ag^+ と反応して AgCl を生成する。(水溶液をごく弱い酸性にするのは, Ag_2O の生成を防ぐためである。)よって, 各錯塩に含まれる Cl^- の総数はいずれも 3 個である。したがって, Cr^{3+} に配位結合している Cl^- の数は, A は 2 個, B は 1 個, C は 0 個である。Cr^{3+} の配位数は 6 なので, 各錯塩に含まれる NH_3 分子の数は, A は 4 個, B は 5 個, C は 6 個である。
ゆえに, 各錯塩 1.0 mol の分解で発生する NH_3 の物質量は, A は 4.0 mol, B は 5.0 mol, C は 6.0 mol である。
中和滴定において, 中和点までに必要な NaOH の物質量を, 錯塩 A, B, C について, それぞれ x [mol], y [mol], z [mol] とすると, H_2SO_4 は 2 価の酸, NH_3, NaOH は 1 価の塩基だから,

A $6.0×1.0×2=4.0+x$ $x=8.0$ [mol]
B $6.0×1.0×2=5.0+y$ $y=7.0$ [mol]
C $6.0×1.0×2=6.0+z$ $z=6.0$ [mol]

(2) 錯塩 A は, 配位子として Cl^- 2 個, NH_3 4 個, 配位子以外に Cl^- 1 個をもつから, その化学式は
$[CrCl_2(NH_3)_4]Cl$
錯塩 B は, 配位子として Cl^- 1 個, NH_3 5 個, 配位子以外に Cl^- 2 個をもつから, その化学式は,
$[CrCl(NH_3)_5]Cl_2$
錯塩 C は, 配位子として Cl^- 0 個, NH_3 6 個, 配位子以外に Cl^- 3 個もつから, その化学式は
$[Cr(NH_3)_6]Cl_3$
錯イオンは, 中心金属を先に書き, 陰イオン, 中性分子の順にその数を右下に書く。
錯イオンの名称は, 化学式の後ろから順に, 配位数の数詞, 配位子名, 中心金属名(酸化数)をつけ, 陽イオンのときは〜イオン, 陰イオンのときは〜酸イオンとする。
錯塩の化学式は, 錯イオンの部分を[ ]で囲み, 陽イオン, 陰イオンの順に書く。錯塩の名称は, 錯イオン名を先に, それ以外のイオンを後でよぶ。
(3) Cr^{3+} の配位数は 6 なので, Cl^- 3 個が配位子となれば, 全体の電荷は 0 となり, 残りは NH_3 が 3 個結合すれば, 化学式 $[CrCl_3(NH_3)_3]$ で表される錯分子 D が形成される。
(4) 錯分子 D 1.0 mol を強塩基(NaOH)で分解すると, NH_3 3.0 mol が遊離するから, 生成する AgCl の物質量も 3.0 mol である。実験 3 で, 中和点までに必要な NaOH の物質量を w [mol] とすると,
$6.0×1.0×2=3.0+w$ $w=9.0$ [mol]

▶**231** (1) **A** $CoCl_3·6NH_3$, **B** $CoCl_3·5NH_3$,
C $CoCl_3·4NH_3$
(2) **A 3 個, B 2 個, C 1 個**
(3) この錯塩には NH_3 が含まれているが, すべて錯イオンの配位子になっていて, 水溶液中では解離していない。

(4) **A** $[Co(NH_3)_6]Cl_3$, **B** $[CoCl(NH_3)_5]Cl_2$,
C $[CoCl_2(NH_3)_4]Cl$

(5)

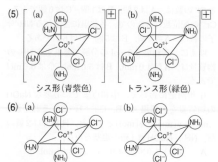

シス形(青紫色)　　　トランス形(緑色)

(6) (a)　　　　　　　(b)

(7) **3種類**

解説 (1) 〔錯塩A〕 Co : Cl : NH₃

$$= \frac{22.1}{59} : \frac{39.3}{35.5} : \frac{38.1}{17}$$

$$= 0.374 : 1.11 : 2.24 \doteqdot 1 : 3 : 6$$

$$\therefore \quad CoCl_3 \cdot 6NH_3$$

〔錯塩B〕 Co : Cl : NH₃ $= \dfrac{23.6}{59} : \dfrac{42.5}{35.5} : \dfrac{33.9}{17}$

$$= 0.40 : 1.20 : 2.00 \doteqdot 1 : 3 : 5$$

$$\therefore \quad CoCl_3 \cdot 5NH_3$$

〔錯塩C〕 Co : Cl : NH₃ $= \dfrac{25.3}{59} : \dfrac{45.6}{35.5} : \dfrac{29.1}{17}$

$$= 0.43 : 1.28 : 1.71 \doteqdot 1 : 3 : 4$$

$$\therefore \quad CoCl_3 \cdot 4NH_3$$

(2) $CoCl_3 \cdot 6NH_3 = 267.5$, $CoCl_3 \cdot 5NH_3 = 250.5$,
$CoCl_3 \cdot 4NH_3 = 233.5$ より, 各錯塩の物質量は,

A $\dfrac{0.200}{267.5} \doteqdot 7.5 \times 10^{-4}$〔mol〕

B $\dfrac{0.200}{250.5} \doteqdot 8.0 \times 10^{-4}$〔mol〕

C $\dfrac{0.200}{233.5} \doteqdot 8.6 \times 10^{-4}$〔mol〕

錯塩A〜Cに含まれるCl原子のうち, 塩化銀を生成するのは, 中心金属イオンに配位結合していないものだけだから, AgCl = 143.5 より,

Aから, $\dfrac{0.323}{143.5} = 2.25 \times 10^{-3}$〔mol〕

$$\dfrac{2.25 \times 10^{-3}}{7.5 \times 10^{-4}} = 3 〔個〕$$

Bから, $\dfrac{0.229}{143.5} = 1.60 \times 10^{-3}$〔mol〕

$$\dfrac{1.60 \times 10^{-3}}{8.0 \times 10^{-4}} = 2 〔個〕$$

Cから, $\dfrac{0.123}{143.5} = 8.60 \times 10^{-4}$〔mol〕

$$\frac{8.60 \times 10^{-4}}{8.6 \times 10^{-4}} = 1 〔個〕$$

(3) ネスラー試薬は, 水溶液中に存在する NH₃ や NH₄⁺ と反応し, 少量では黄色〜黄褐色の溶液に, 多量では赤褐色の沈殿を生成する。錯塩A〜Cの水溶液にネスラー試薬を加えても呈色が見られなかったので, 解離できる NH₃ は存在しない。また, 強塩基を加えて加熱すると錯塩が分解され, $NH_3 + HCl \longrightarrow NH_4Cl$(白煙)の反応により, NH₃ が検出された。このことから, NH₃ はすべて錯イオンの配位子となっていることがわかる。

(5) 正八面体形の錯イオンCの場合, Cl⁻ が中心金属イオンに対して隣り合って位置しているものを**シス形**, 対角線上で向かい合って位置しているものを**トランス形**といい, これらを互いに**シス-トランス異性体**といい, 色, 性質などがやや異なる。

(6) (a)は, 3個のCl⁻すべてが隣り合う場合である。(すなわち, 2個のCl⁻どうしの関係が, シス, シスである。)

(b)は, 3個のCl⁻のうち, 隣り合うものと, 向かい合うものとがある場合である。(すなわち, 2個のCl⁻どうしの関係が, シス, トランスである。)なお, 2個のCl⁻すべてが向かい合う関係にある場合はない。(すなわち, 2個のCl⁻どうしの関係がトランス, トランスであるものはない。)

(7) $[Co(NH_3)_2(H_2NCH_2CH_2NH_2)_2]^{3+}$ において, 中心金属イオンの Co³⁺ は正八面体形の錯イオンをつくる。また, エチレンジアミン(以後 en と略記)のN原子の非共有電子対は, Co³⁺ の2か所で配位結合できる二座配位子である。ただし, 分子の長さの制約から, 正八面体の隣接する各頂点(シス位)のみからしか配位結合できない。

一方, アンモニアは単座配位子なので, そのN原子の非共有電子対は, 正八面体の隣接する各頂点(シス位)だけでなく, 向かい合う各頂点(トランス位)からも配位結合できる。

①2個の NH₃ ● が異なる軸上(シス位)から配位結合したとき。

(a)　　　　　　　(b)

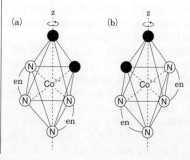

(a)と(b)は対称面をもたないため実像と鏡像の関係にある鏡像異性体である。(a), (b)を z 軸のまわりにそれぞれ180°回転すると

(a′)　　　　　　　　(b′)

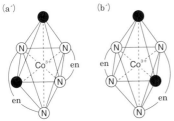

(a)′は(b), (b)′は(a)とは重ならない。

つまり, (a)と(b)は同一物ではない。

② 2個の NH₃ ●が同じ軸上(トランス位)から配位結合したとき。

(c)

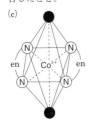

(c)は対称面をもち, 鏡像異性体は存在しない。

よって, 立体異性体は3種類ある。

参考 配位子3個の置換体(シス-トランス異性体)
正八面体形の錯イオンの6個の配位子 X(○)の代わりに, 別の配位子 Y(●)が3個置換したときは, 以下の2種類の立体異性体が存在する。

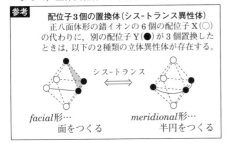

シス-トランス

*facial*形…　　　　　　*meridional*形…
面をつくる　　　　　　　半円をつくる

▶**232** (1) $2CoCl_2+2NH_4Cl+8NH_3+H_2O_2$
$\longrightarrow 2CoCl_3(NH_3)_5+2H_2O$

(2)

$$\left[\begin{array}{c} H_3N \\ H_3N \end{array} Co^{3+} \begin{array}{c} NH_3 \\ NH_3 \end{array} \right]^{2+} \quad Cl^- / NH_3$$

(3) **2.9 g**

(4)

$$\left[H_3N Co^{3+} L \right]^{2+} \quad Cl^- \quad \left[H_3N Co^{3+} L \right]^{2+} \quad NH_3 \quad \left[H_3N Co^{3+} L \right]^{2+} \quad Cl^-$$

解説 (1) 化合物Aは錯塩(錯イオンを含む塩)の一種で, コバルト原子1個に対して, NH₃ 5個, Cl⁻ 3個から構成されているから, コバルト原子は, 3価の陽イオン, つまりCo³⁺になっている。

化合物Aの組成式は, $CoCl_3(NH_3)_5$と表せる。

Co^{2+}はH_2O_2(酸化剤)によって酸化される。

$$Co^{2+} \longrightarrow Co^{3+}+e^- \cdots\cdots ①$$

塩基性条件では, H_2O_2 は次のように酸化剤として作用する。

$$H_2O_2+2e^- \longrightarrow 2OH^- \cdots\cdots ②$$

②式で生じた OH⁻ は NH₄Cl から生じる NH₄⁺と反応する。

$$NH_4^++OH^- \longrightarrow NH_3+H_2O \cdots\cdots ③$$

①式×2+②式+③式×2より

$$2Co^{2+}+2NH_4^++H_2O_2$$
$$\longrightarrow 2Co^{3+}+2NH_3+2H_2O$$

両辺に$6Cl^-$, $8NH_3$を加えると

$$2CoCl_2+2NH_4Cl+8NH_3+H_2O_2$$
$$\longrightarrow 2CoCl_3(NH_3)_5+2H_2O$$

(2) Co^{3+}は6配位の錯イオンをつくるので, 5個のNH_3はすべて配位子になる。(NH_3はイオン結合できないので, Co^{3+}と配位結合することしかできない。) 一方, Cl^-は, 中心のCo^{3+}に対して(i)配位子として配位結合している場合と, (ii)配位子としてではなく錯イオンとイオン結合している場合, とがある。Co^{3+}に残る1座にはCl^-が配位結合しており, 残り2個のCl^-はCo^{3+}とは配位結合しておらず, $[CoCl(NH_3)_5]^{2+}$とイオン結合して錯塩を構成している。

(3) Co^{3+}と配位結合していないCl^-は, 硝酸銀水溶液中のAg^+と反応して, $AgCl$の白色沈殿を生じる。

$$[CoCl(NH_3)_5]Cl_2+2Ag^+$$
$$\longrightarrow [CoCl(NH_3)_5]^{2+}+2AgCl$$

錯塩A(式量 250.5) 1 mol から AgCl(式量 143.5) 2 mol が生じるから

$$\frac{2.5}{250.5} \times 2 \times 143.5 = 2.86 \fallingdotseq 2.9 \text{[g]}$$

(4) 化合物Aの配位子NH_3分子5個のうち, 2個をL分子で置換したときの錯イオンは, 次のように表すことができる。

$$[CoCl(NH_3)_5]^{2+} \longrightarrow [CoClL_2(NH_3)_3]^{2+}$$
(Lは, Ligand 配位子)

配位子L2分子を隣り合う位置(シス形)と, 向かい合う位置(トランス形)で固定して, Cl^-1分子が配位する方法を考えるとよい。(残る配位子のNH_3分子3個の位置は自動的に決まる。)

(i) (L, L)がシス形のとき
Cl^-が(L, L)のどちらとも
シス形(①)のものと, Cl^-
が(L, L)の一方とはトラン
ス形(②)のものがある。
(ii) (L, L)がトランス形の
とき
Cl^-が(L, L)に対してシス
形(③)のものしかない。
(注意) Cl^-が(L, L)に対し
てトランス形のものは存在
しない。

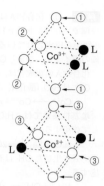

▶233 (1) ⓒ　**理由**　強い塩基性のⓐでは, 銅
(Ⅱ)イオンが水酸化銅(Ⅱ)として沈殿し, キレート
錯体が形成されにくい。強い酸性のⓑでは, EDTA
が電離せず, 銅(Ⅱ)イオンとのキレート錯体が形成
されにくく不適である。弱い塩基性のⓒでは,
EDTA が電離し, 銅(Ⅱ)イオンとのキレート錯体が
形成されるので, 最適である。

(2) $6.8×10^{-2} mol/L$

解説　金属イオンに多座配位子が配位してできた
環状構造の錯体を, カニのハサミ(ギリシャ語で
chelate)が獲物をはさみ込むようすに例えて, **キ
レート錯体**という。

Cu^{2+}とエチレンジアミン四酢酸(EDTA)の電離
で生じた4価の陰イ
オンは六座配位子と
してキレート錯体を生成す
る(右図)。キレート錯
体は, 金属イオンに単
座配位子が配位してで
きた普通の錯体に比べ
て極めて安定度が大き
い。(**キレート効果**と
いう)

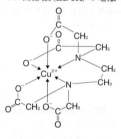

　この性質を利用して, 与えられた金属イオンをす
べてキレート錯体に変化するのに消費された EDTA
の物質量から, 金属イオンの物質量を求めることが
できる。このような滴定を**キレート滴定**という。キ
レート滴定においては, EDTA がよく用いられる。
EDTAは分子中に4個の-COOH基を含んでおり, 4
価の弱酸として, 水溶液の pH を大きくすると, 次
第に H$^+$ を電離する。EDTA を H$_4$Y と表すと, その
電離式は次式で表される。

pH<4のとき　　$H_4Y \rightleftharpoons H^+ + H_3Y^-$ ……(1)
pH4〜5のとき　$H_3Y^- \rightleftharpoons H^+ + H_2Y^{2-}$ ……(2)
pH7〜9のとき　$H_2Y^{2-} \rightleftharpoons H^+ + HY^{3-}$ ……(3)
pH≒10のとき　$HY^{3-} \rightleftharpoons H^+ + Y^{4-}$ ……(4)

　すなわち, pH≒10のとき, EDTA は4価の陰イ
オン Y^{4-}となり, 各種の金属イオンと最もキレート
錯体を形成しやすくなる。さらに pH が大きくなる
と, 金属イオンは水酸化物として沈殿するので, キ
レート滴定で金属イオンを定量できなくなる。

　また, 金属イオン M^{n+}と Y^{4-}は次式のように物
質量比1:1で極めて安定な水溶性のキレート錯体
を形成する性質がある。

$$M^{n+} + Y^{4-} \rightleftharpoons [MY]^{-(4-n)}$$

(1) ⓐ　強塩基と, 弱酸と強塩基の塩の混合水溶液
は, 緩衝液ではない。この塩は水に溶けると完全に
電離する。　$Na_3PO_4 \longrightarrow 3Na^+ + PO_4^{3-}$
　このうち, 弱酸のイオンである PO$_4^{3-}$は, 次のよ
うな加水分解を起こす。

$$PO_4^{3-} + H_2O \rightleftharpoons HPO_4^{2-} + OH^- ……①$$

ただし, 強い塩基性の条件では①式の平衡は大き
く左に移動するので, その加水分解は無視してよ
い。よって, ⓐの水溶液の pH は強塩基 NaOH の
pH とほぼ等しくなり, 強い塩基性を示す。

ⓑ　強酸と, 強酸と強塩基の塩の混合水溶液は, 緩
衝液ではない。この塩は水に溶けると完全に電離す
る。　$(NH_4)_2SO_4 \longrightarrow 2NH_4^+ + SO_4^{2-}$

　このうち, 弱塩基のイオンである NH$_4^+$は, 次の
ような加水分解を起こす。

$$NH_4^+ + H_2O \rightleftharpoons NH_3 + H_3O^+ ……②$$

ただし, 強い酸性の条件では②式の平衡は大きく
左に移動するので, その加水分解は無視してよい。
よってⓑの水溶液の pH は強酸 H$_2$SO$_4$ の pH とほぼ
等しくなり, 強い酸性を示す。

ⓒ　弱塩基NH$_3$と, 弱塩基と強酸の塩の水溶液は緩
衝液である。この塩は水に溶けると完全に電離する。

$$NH_4Cl \longrightarrow NH_4^+ + Cl^-$$

　弱塩基のNH$_3$には, 次の電離平衡が成り立つ。

$$NH_3 + H_2O \rightleftharpoons NH_4^+ + OH^- ……③$$

NH$_4$Cl の電離で生じた NH$_4^+$のため, ③式の平衡
は大きく左に移動し, 水溶液は pH9 〜 10 程度の弱
い塩基性を示す。

　このとき, EDTA が完全に電離して, 4価の陰イ
オンとなり, 銅(Ⅱ)イオンと最も安定なキレート錯
体が形成されやすい。

(2) Cu^{2+}と EDTA とは物質量比1:1の割合で配位
結合し, 安定なキレート錯体をつくるから, Cu^{2+}
の濃度を x[mol/L]とおくと,

$$x × \frac{30.0}{1000} = 0.040 × \frac{51.0}{1000}$$

$$∴ \quad x = 6.80×10^{-2} ≒ 6.8×10^{-2} [mol/L]$$

参考　キレート滴定
　溶液中で, 金属イオンが安定なキレート錯体
を形成する反応を利用して, 金属イオンの濃度

を求める操作を**キレート滴定**という。その代表的なものがエチレンジアミン四酢酸（EDTAと略す）を使用する EDTA 滴定である。この滴定では，金属イオン M^{n+} と EDTA の陰イオン（Y^{4-}）が $1:1$ の物質量比で安定なキレート錯体をつくるので，使用したキレート錯体の物質量から目的の金属イオンの物質量が求められる。

キレート滴定は操作が簡単で精度も良いので，1価の金属イオン（安定なキレート錯体を形成しない）を除く，多価の金属イオンの定量に広く利用されている。

この滴定を定量的に進行させるには，次のような条件や工夫が必要である。
①反応液のpHを一定範囲に保つ緩衝液が必要。
②他の金属イオンが共存するとき，目的以外の金属イオンを遮蔽するマスキング剤が必要。
③終点を判定するのに，有色のキレート剤（金属指示薬）が必要。
④キレート錯体の生成速度は遅いので，終点近くでは滴定操作を1滴ずつ慎重に行うこと。

参考

キレート滴定の終点の決定

金属イオンを含む試料水に緩衝液を加えて一定のpHに調整した後，有色のキレート剤の EBT 指示薬を加えて EDTA 標準溶液で滴定を行う。

EBT 指示薬は比較的弱いキレート剤で，pH10 付近では青色を呈するが，金属イオンとはキレートを形成し，溶液は赤紫色を示す。

ここへより強力なキレート剤の EDTA 水溶液を滴下すると，最終的に金属イオンはすべて EDTA と安定なキレート錯体を形成するので溶液の色は遊離した EBT 指示薬の青色を示す。したがって，溶液の色が赤紫色から青色になったときがこの滴定の終点となる。

第4編　無機物質の性質

15　無機化学総合

▶**234** (1) (A) Cu　(B) Fe　(C) Ag　(D) Zn
(E) Pb

(2) (a) $Cu(OH)_2$　(e) Ag_2O　(f) $Zn(OH)_2$
(h) $Pb(OH)_2$

(3) (b) $Cu(OH)_2+4NH_3 \longrightarrow [Cu(NH_3)_4](OH)_2$
(c) $Fe+H_2SO_4 \longrightarrow FeSO_4+H_2$
(d) $Ag+2HNO_3 \longrightarrow AgNO_3+NO_2+H_2O$
(g) $Zn(OH)_2+4NH_3 \longrightarrow [Zn(NH_3)_4](OH)_2$
(i) $Pb(OH)_2+2NaOH \longrightarrow Na_2[Pb(OH)_4]$

解説　5種類の金属イオンに，塩基の水溶液を加えると，水酸化物（または酸化物）が生成する。

典型金属のイオン（Al^{3+}, Sn^{2+}, Pb^{2+}, Mg^{2+} など）の水酸化物はすべて白色であり，両性金属（Al^{3+}, Zn^{2+}, Sn^{2+}, Pb^{2+}）の水酸化物は白色であり，過剰の NaOH 水溶液には錯イオンをつくって溶けるが，$Zn(OH)_2$ だけは，過剰の NH_3 水にも錯イオンをつくって溶ける。

遷移金属のイオン（Cu^{2+}, Fe^{3+}, Ag^+, Ni^{2+} など）の水酸化物の多くは有色である。（12族の Zn^{2+}, Cd^{2+} は白色）。これらは過剰の NH_3 水に錯イオンをつくって溶けるが，$Fe(OH)_2$, $FeO(OH)$ は過剰の NH_3 水にも溶けない。

これらの違いと沈殿の色，錯イオンの色などを利用して，各イオンを分離・確認することができる。

(i) 金属(A)は，水溶液が青色であるから，遷移金属の銅 Cu である。
$$Cu+4HNO_3(濃) \longrightarrow Cu(NO_3)_2+2NO_2+2H_2O$$
$$Cu(NO_3)_2+2NH_3+2H_2O$$
$$\longrightarrow Cu(OH)_2\downarrow(青白)+2NH_4NO_3$$
$$Cu(OH)_2+4NH_3 \longrightarrow [Cu(NH_3)_4]^{2+}+2OH^-$$
（深青色）

(ii) 金属(B)は，水溶液が淡緑色であるから，遷移金属の鉄 Fe である。
$$Fe+H_2SO_4 \longrightarrow FeSO_4+H_2$$
$$FeSO_4+K_3[Fe(CN)_6]$$
$$\longrightarrow KFe[Fe(CN)_6]\downarrow+K_2SO_4$$
（濃青色）

(iii) 金属(C)は，水溶液に塩基を加えて生成する酸化物が褐色であるから，遷移金属の銀 Ag である。
$$Ag+2HNO_3(濃) \longrightarrow AgNO_3+NO_2+H_2O$$
$$2AgNO_3+2NH_3+H_2O$$
$$\longrightarrow Ag_2O\downarrow(褐)+2NH_4NO_3$$
$$Ag_2O+H_2O+4NH_3 \longrightarrow 2[Ag(NH_3)_2]^++2OH^-$$

(iv) 金属(D)は，水溶液に塩基を加えて生成する水酸化物が白色なので，典型金属，または遷移金属の亜鉛である。しかも，水酸化物が過剰の NH_3 水に溶解することから，亜鉛 Zn である。
$$Zn+H_2SO_4 \longrightarrow ZnSO_4+H_2$$
$$ZnSO_4+2NH_3+2H_2O$$
$$\longrightarrow Zn(OH)_2\downarrow(白)+(NH_4)_2SO_4$$
$$Zn(OH)_2+4NH_3 \longrightarrow [Zn(NH_3)_4]^{2+}+2OH^-$$
（無色）

(v) 金属(E)は，塩酸，希硫酸に溶解せず，水溶液に塩基を加えて生成する水酸化物が白色なので，典型金属である。しかも，水酸化物が過剰の NaOH 水溶液に溶解することから，両性金属の鉛 Pb である。（Sn, Al は塩酸，希硫酸に溶解するので，該当しない。）
$$3Pb+8HNO_3(希) \longrightarrow 3Pb(NO_3)_2+2NO+4H_2O$$
$$Pb(NO_3)_2+2NaOH$$
$$\longrightarrow Pb(OH)_2\downarrow(白)+2NaNO_3$$
$$Pb(OH)_2+2NaOH \longrightarrow Na_2[Pb(OH)_4]$$

Pb が HCl, H_2SO_4 の水溶液に溶解しないのは，生成した塩の $PbCl_2$, $PbSO_4$ が水に不溶性で，金属表面を覆い，それ以上反応が進まなくなるからである。

▶**235** A Na_2CO_3，B $Pb(NO_3)_2$，C $AgNO_3$，D $CuSO_4$，E K_2CrO_4，F $ZnCl_2$，G $SnCl_2$，H $FeSO_4$，I $Al_2(SO_4)_3$

解説　I.　Aで生じた白色沈殿は塩酸に溶けるから，炭酸塩である。　∴　Aは，Na_2CO_3
　　Eからの黄色沈殿は$BaCrO_4$である。
　　　　　　∴　Eは，K_2CrO_4
II.　C, D, Fは，水酸化物が過剰のNH_3水に溶けるので，Zn^{2+}，Ag^+，Cu^{2+}のいずれか。このうち，水酸化物が白色沈殿をつくるFはZn^{2+}を含み，$ZnCl_2$。
　　残りのC, Dのうち，アンモニア錯イオンが無色であるCがAg^+を含み，$AgNO_3$。アンモニア錯イオンが有色であるDがCu^{2+}を含み，$CuSO_4$。
III.　B, F, G, Iは，水酸化物が過剰の$NaOH$水溶液に溶けるから両性金属で，FはZn^{2+}と決定したから，B, G, IはAl^{3+}，Sn^{2+}，Pb^{2+}のいずれかを含む。
IV.　硫化ナトリウムNa_2S水溶液を加えると，多くの金属イオンが硫化物として沈殿する。Na_2Sは水中でNa^+とS^{2-}に電離するので，塩基性水溶液にH_2Sを通じたときと同じ効果がある。Fは白色の硫化物(ZnS)をつくるので，$ZnCl_2$。Gは褐色の硫化物(SnS)をつくるので，$SnCl_2$。Bは黒色の硫化物(PbS)をつくるので，$Pb(NO_3)_2$。残るIはAl^{3+}を含み，$Al_2(SO_4)_3$。
　　最後に，Hは，水酸化物が有色で，過剰のNH_3水にも溶けず，黒色の硫化物(FeS)をつくるので，Fe^{2+}を含み，$FeSO_4$である。

▶**236** A f，B a，C e，D g，E b，F c，G d

解説　(1)，(2)→(6)，(7)→(3)，(4)，(5)の順で考える。試料の陽イオンをイオン化列の順に並べると，

K^+, Na^+, Ba^{2+}, Al^{3+}	Fe^{3+}, Ni^{2+}, Pb^{2+}, Cu^{2+}, Ag^+
E, F, G	A, B, C, D
(Znより大)	(Znより小)

　(1)より，Znよりイオン化傾向の小さい金属イオンは，Znから電子を受け取り，それぞれの金属の単体として析出する。
　(2)より，A, B, Dは酸性条件で黒色の硫化物が沈殿するから，イオン化傾向の小さいPb^{2+}，Cu^{2+}，Ag^+のいずれか。よって，CはFe^{3+}，Ni^{2+}のいずれか。
　(6)より，D, Eは水酸化物(白色)が過剰の$NaOH$水溶液に溶けるので両性金属である。
　　∴　Dは$Pb(NO_3)_2$で，Eは$Al_2(SO_4)_3$と決まる。
　　また，$NaOH$水溶液を加えたとき，Bは$Cu(OH)_2$(青白色沈殿)を生じるから$CuSO_4$で，CはFeO(OH)(赤褐色沈殿)を生じるから，$FeCl_3$と決まる。

(Cが$Ni(NO_3)_2$とすると，$Ni(OH)_2$(緑色沈殿)を生じるから，不適。)
　　以上より，残るAは$AgNO_3$と決まる。
(7)　酸性で強い酸化作用を示すGはK_2CrO_4。
　(3)より，Ag^+をC, Fに加えて生じる白色沈殿は，NH_3水に溶けることから$AgCl$　よって，Fは$BaCl_2$か$NaCl$のいずれかである。
　(4)より，仮にFを$BaCl_2$とすると，B, Eに加えると$BaSO_4$の白色沈殿を生成するので，題意を満たす。(仮に，Fを$NaCl$とすると，B, Eでは沈殿を生じないので不適。)
　　∴　Fは$BaCl_2$である。
(5)より，CrO_4^{2-}をD, F, Aに加えて生じる沈殿は，それぞれ$PbCrO_4$(黄)，$BaCrO_4$(黄)，Ag_2CrO_4(赤褐)となり，題意を満たす。

▶**237** 含む元素(鉄，クロム，ニッケル)，含まない元素(銅，銀，アルミニウム，カルシウム)

解説　①より，水素よりイオン化傾向の大きな金属は，希硫酸と反応して水素を発生する。
　⑥より，NH_3水を十分に加えて生じた赤褐色沈殿には$FeO(OH)$が含まれると予想される。
　⑨より，SCN^-で血赤色を示すことからFe^{3+}の存在が確認される。よって，試料にFeが含まれる。
$$Fe^{3+} + nSCN^- \longrightarrow [Fe(SCN)_n]^{3-n}$$
　　　　　　　　　　　　　　血赤色溶液
　⑧より，酢酸鉛(II)水溶液を加えて生じた黄色沈殿は$PbCrO_4$であり，試料にCrが含まれる。
　⑩より，塩基性条件でH_2Sを通じて生じた黒色沈殿はNiSである。理由は，Ni^{2+}はジメチルグリオキシムと弱い塩基性の条件で錯体(下図)を形成し，紅色に呈色するからである。よって，試料にNiが含まれる。

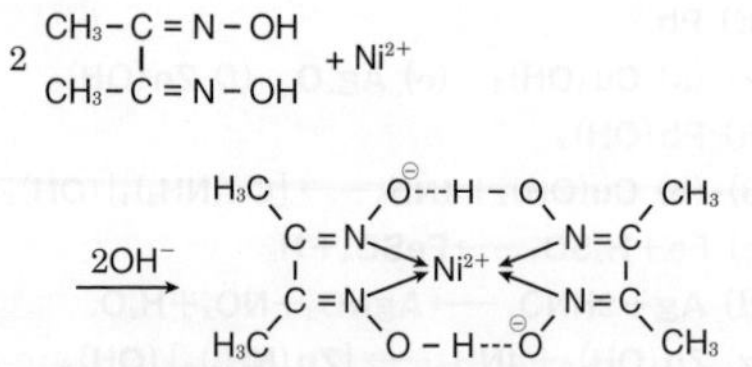

よって，金属たわし(試料)は，Fe, Ni, Crを含む合金(**ステンレス鋼**)と考えられる。
　②より，溶液①にAg^+が含まれていれば，$AgCl$の白色沈殿が生成するはず。　∴　Agも含まれない。
　③より，溶液①にCu^{2+}が含まれていれば，CuSの黒色沈殿が生成するはず。　∴　Cuも含まれない。
(①より試料は希硫酸に完全に溶解したので，試料にAg, Cuは含まれていないと判断できる。)
　④の操作の目的は，溶液③を煮沸してH_2Sを除去

するとともに，③の操作で，Fe^{3+}がH_2Sによって還元されて生じたFe^{2+}を濃硝酸(酸化剤)を加えることによって酸化して，Fe^{3+}に変えるためである。これは，⑤，⑥の操作で水酸化物として沈殿させた場合，$Fe(OH)_2$よりも$FeO(OH)$の方が水への溶解度が小さく，鉄イオンをより完全に沈殿として分離できるからである。

⑤より，Fe^{3+}，Cr^{3+}，Ni^{2+}の混合水溶液に$NaOH$水溶液を十分に加えると，$FeO(OH)$の赤褐色沈殿と$Ni(OH)_2$の緑色沈殿が一緒に生成する。一方，Cr^{3+}は両性金属なので，少量の$NaOH$水溶液を加えると$Cr(OH)_3$の灰緑色沈殿が生じるが，過剰の$NaOH$水溶液を加えると，次式のようにテトラヒドロキシドクロム(III)酸イオン(暗緑色)を生じて溶ける。　　$Cr(OH)_3 + OH^- \longrightarrow [Cr(OH)_4]^-$

⑥より，$FeO(OH)$と$Ni(OH)_2$の混合物に過剰のNH_3水を加えると，$FeO(OH)$は変化は見られないが，$Ni(OH)_2$はヘキサアンミンニッケル(II)イオン$[Ni(NH_3)_6]^{2+}$(青紫色)を生じて溶ける。

$Ni(OH)_2 + 6NH_3 \rightarrow [Ni(NH_3)_6]^{2+} + 2OH^-$

⑦より，ろ液に$[Al(OH)_4]^-$が含まれていれば，希塩酸を加えていくと$Al(OH)_3$の白色沈殿が生成するはず。　∴　Alは含まれない。

⑧より，⑤の溶液中の$[Cr(OH)_4]^-$は塩基性条件ではH_2O_2(酸化剤)によって酸化され，黄色のCrO_4^{2-}を生成する(**223.解説**)。

$2[Cr(OH)_4]^- + 3H_2O_2 + 2OH^- \longrightarrow 2CrO_4^{2-} + 8H_2O$

⑪より，⑩で得たろ液にCa^{2+}が含まれていれば$(NH_4)_2CO_3$水溶液を加えると，$CaCO_3$の白色沈殿が生じるはず。　∴　Caも含まれない。

▶**238** A Ag^+, B Al^{3+}, C Fe^{3+}, D Zn^{2+}, E Ca^{2+}, F Pb^{2+}, G Ba^{2+}, H Ni^{2+}, I Cd^{2+}, J Hg^{2+}

① $AgCl$ ② Ag_2O ③ Ag_2CrO_4 ④ $Al(OH)_3$ ⑤ $FeO(OH)$ ⑥ $KFe[Fe(CN)_6]$ ⑦ $Zn(OH)_2$ ⑧ ZnS ⑨ $CaCO_3$ ⑩ $Pb(OH)_2$ ⑪ $PbCl_2$ ⑫ $PbCrO_4$ ⑬ PbS ⑭ $BaSO_4$ ⑮ $BaCO_3$ ⑯ $Ni(OH)_2$ ⑰ $Cd(OH)_2$ ⑱ CdS ⑲ HgO ⑳ HgS

解説 (a) $Ag^+ + Cl^- \longrightarrow AgCl\downarrow$(白)

この沈殿はアンモニア水には$[Ag(NH_3)_2]^+$となって溶ける。また，

$2Ag^+ + 2NH_3 + H_2O \longrightarrow Ag_2O\downarrow$(褐)$+ 2NH_4^+$
$2Ag^+ + CrO_4^{2-} \longrightarrow Ag_2CrO_4\downarrow$(赤褐)

(b) $Al^{3+} + 3OH^- \longrightarrow Al(OH)_3\downarrow$(白)

この沈殿は過剰の$NaOH$水溶液に対しては$[Al(OH)_4]^-$となり溶ける。

Al^{3+}はイオン化傾向が大きく，酸性条件ではH_2Sを通じても硫化物(Al_2S_3)は沈殿しない。また，塩

基性条件でも硫化物(Al_2S_3)は沈殿せず，代わりに少量の水酸化物($Al(OH)_3$)の白色沈殿が生成する。

(c) $Fe^{3+} + 3OH^- \longrightarrow FeO(OH)\downarrow$(赤褐)$+ H_2O$
$Fe^{3+} + K_4[Fe(CN)_6]$
$\qquad \longrightarrow K\cdot Fe[Fe(CN)_6]\downarrow$(濃青)$+ 3K^+$

(d) $Zn^{2+} + 2OH^- \longrightarrow Zn(OH)_2\downarrow$(白)

この沈殿は過剰の$NaOH$水溶液に対しては$[Zn(OH)_4]^{2-}$となり溶ける。

$Zn^{2+} + S^{2-} \longrightarrow ZnS\downarrow$(白)(中性, 塩基性条件)

(e) $Ca^{2+} + CO_3^{2-} \longrightarrow CaCO_3\downarrow$(白)

Ca^{2+}の炎色反応は，橙赤色である。

(f) $Pb^{2+} + 2OH^- \longrightarrow Pb(OH)_2\downarrow$(白)

この沈殿は過剰の$NaOH$水溶液に対しては$[Pb(OH)_4]^{2-}$となり溶ける。

$Pb^{2+} + 2Cl^- \longrightarrow PbCl_2\downarrow$(白)

$PbCl_2$は水への溶解度が少し大きく，熱湯に溶ける。

$Pb^{2+} + CrO_4^{2-} \longrightarrow PbCrO_4\downarrow$(黄)
$Pb^{2+} + H_2S \longrightarrow PbS\downarrow$(黒)$+ 2H^+$(酸性条件)

(g) $Ba^{2+} + SO_4^{2-} \longrightarrow BaSO_4\downarrow$(白)
$Ba^{2+} + CO_3^{2-} \longrightarrow BaCO_3\downarrow$(白)

$BaSO_4$は強酸の塩なので塩酸にも不溶である。$BaCO_3$は弱酸の塩なので，塩酸には可溶である。

(h) $Ni^{2+} + 2OH^- \longrightarrow Ni(OH)_2\downarrow$(緑)

この沈殿は過剰の$NaOH$水溶液には溶けないが，過剰のNH_3水には錯イオンをつくって溶ける。

$Ni(OH)_2 + 6NH_3 \longrightarrow [Ni(NH_3)_6]^{2+} + 2OH^-$
ヘキサアンミンニッケル(II)イオン(青紫色)

(i) $Cd^{2+} + 2OH^- \longrightarrow Cd(OH)_2\downarrow$(白)

この沈殿は過剰の$NaOH$水溶液には溶けないが，過剰のNH_3水には錯イオン(無色)をつくり溶ける。

$Cd(OH)_2 + 4NH_3 \longrightarrow [Cd(NH_3)_4]^{2+} + 2OH^-$
$Cd^{2+} + H_2S \longrightarrow CdS\downarrow$(黄)$+ 2H^+$

(j) $Hg^{2+} + 2NH_3 + H_2O \longrightarrow HgO\downarrow$(黄)$+ 2NH_4^+$

イオン化傾向の小さいAg^+やHg^{2+}の水酸化物の$AgOH$や$Hg(OH)_2$は不安定で，常温でも脱水が起こり，酸化銀Ag_2O，酸化水銀(II)HgOが沈殿する。

$Hg^{2+} + H_2S \longrightarrow HgS\downarrow$(黒)$+ 2H^+$

硫化水銀(II)HgSは，Hg^{2+}の水溶液にH_2Sを通じると，黒色沈殿として生成するが，これを加熱して昇華させると結晶形が変わり，赤色(朱)になる。

▶**239** (1) A KCl, B K_2SO_4, C $AgNO_3$, D $KMnO_4$, E HCl, F NH_3, G K_2CrO_4, H Na_2CO_3, I $BaCl_2$, J KI, K $(CH_3COO)_2Pb$

(2) (イ) NH_4Cl, (ロ) $PbCl_2$, (ハ) $CaCO_3$, (ニ) $Ca(HCO_3)_2$, (ホ) Ag_2CrO_4, (ヘ) $BaCrO_4$, (ト) $AgCl$, (チ) $BaSO_4$, (リ) $AgCl$

(3) $2KI + Cl_2 \longrightarrow 2KCl + I_2$ の反応によって生じたI_2は，本来，水に不溶であるが，I^-が共存している

と，$I_2+I^- \rightleftarrows I_3^-$（褐色）を生じて溶ける。ここへ CCl_4 を加えて振り混ぜると，I_2 は下層の CCl_4 層に抽出されて紫色を呈し，上層の水層では I_3^- がほとんどなくなり淡黄色になる。

解説　(1) 1. 有色の D, G は K_2CrO_4，$KMnO_4$ のいずれか。

2. E, F には刺激臭があり，HCl か NH_3 のいずれか。
$$NH_3+HCl \longrightarrow NH_4Cl \cdots \cdots 白煙（イ）$$

3. F, H は水溶液が塩基性を示すので，NH_3 か強塩基と弱酸の塩である Na_2CO_3 のいずれか。
∴　F は NH_3，H は Na_2CO_3，E は HCl と決まる。

4. C, K は，E（HCl）を加えて白色沈殿を生じるので，Ag^+，Pb^{2+} のいずれか。
$AgCl$ は F（NH_3 水）に $[Ag(NH_3)_2]^+$ となって溶けるが，$PbCl_2$ は NH_3 水には不溶である。
∴　$PbCl_2$ は沈殿（ロ）。

5. H（Na_2CO_3）に E（HCl）を加えると，CO_2 が発生する。
$$Ca(OH)_2+CO_2 \longrightarrow CaCO_3\downarrow（白濁（ハ））+H_2O$$
$$CaCO_3+CO_2+H_2O \longrightarrow Ca(HCO_3)_2 \cdots \cdots 溶液（ニ）$$

6. D に希硫酸を加えると，酸化剤として働く。
$$MnO_4^-+5e^-+8H^+ \longrightarrow Mn^{2+}（無色）+4H_2O$$
もう1つの有色物質 G も希硫酸を加えると，
$$2CrO_4^{2-}（黄色）+2H^+ \longrightarrow Cr_2O_7^{2-}（橙赤色）+H_2O$$
となり，酸化剤として働く。
$$Cr_2O_7^{2-}+6e^-+14H^+ \longrightarrow Cr^{3+}（暗緑色）+7H_2O$$
反応後，D は色が無色になるから，$KMnO_4$。反応後，G は色が変わるから，K_2CrO_4 と決まる。

7. 四塩化炭素中では，I_2 分子本来の紫色を示す。この反応は，KI がより酸化力の強い Cl_2 によって酸化され，I_2 が遊離される反応である。ヨウ素ヨウ化カリウム水溶液に，CCl_4 を加えて振り混ぜると，I_2 の CCl_4 に対する溶解度は，I_2 の KI 水溶液に対するそれよりも大きいので，結局，I_2 は水層から CCl_4 層へ転溶される。

8. C に G（K_2CrO_4）を加えると，
$$2Ag^++CrO_4^{2-} \longrightarrow Ag_2CrO_4\downarrow（赤褐）\cdots \cdots 沈殿（ホ）$$
∴　C は $AgNO_3$ で，4 より，K は $(CH_3COO)_2Pb$。
I に G（K_2CrO_4）を加えて黄色沈殿（ヘ）を生じるのは Ba^{2+}。よって，I は $BaCl_2$，沈殿（ヘ）は $BaCrO_4$。
$BaCrO_4$ に E（HCl）を加えると，$BaCrO_4$ は $BaCr_2O_7$ となり溶解する。
Ag_2CrO_4（ホ）に HCl を加えると，Ag_2CrO_4 は $Ag_2Cr_2O_7$ となり溶けるが，代わりに $AgCl\downarrow$（白）の沈殿（ト）を生成してくる。

参考
Ag_2CrO_4 と AgCl の溶解度の大小
Ag_2CrO_4 の沈殿が生成した飽和溶液では①式の溶解平衡が成り立つ。
$$Ag_2CrO_4 \rightleftarrows 2Ag^++CrO_4^{2-} \cdots \cdots ①$$

また，CrO_4^{2-} と $Cr_2O_7^{2-}$ の間には次の平衡が成り立つ。
$$2CrO_4^{2-}+2H^+ \rightleftarrows Cr_2O_7^{2-}+H_2O \cdots \cdots ②$$
Ag_2CrO_4 の沈殿した飽和溶液に HCl を加えると，②式の平衡が右へ移動して溶液中の CrO_4^{2-} が減少するので，①式の平衡も右へ移動して，Ag_2CrO_4 の沈殿が溶解する。
溶液中の Ag^+ と Cl^- が一定濃度以上になり，$AgCl$ の K_{sp} を超えると $AgCl$ の沈殿が生成し始め，溶液中には③式の溶解平衡が成り立つ。
$$AgCl \rightleftarrows Ag^++Cl^- \cdots \cdots ③$$
結局，Ag_2CrO_4 の沈殿が溶解し，AgCl の沈殿が生成したのは，水への溶解度が Ag_2CrO_4 よりも AgCl の方が小さいためである。

9. H（Na_2CO_3）に I（$BaCl_2$）を加えて生成する白色沈殿は $BaCO_3$ で，HCl に溶ける。
一方，B に I（$BaCl_2$）を加えて生成する沈殿は HCl にも溶けないので，$BaSO_4$ は沈殿（チ）。よって，B は K_2SO_4 である。

10. A に C（$AgNO_3$）を加えて生じる白色沈殿（リ）は熱水に不溶なので AgCl。よって，A は KCl である。

▶240　A K_2CO_3，B KBr，C K_2S，D K_2SO_3，E KNO_3，F $K_2C_2O_4$，G K_2CrO_4

① $BaCO_3+CO_2+H_2O \longrightarrow Ba(HCO_3)_2$
② $2KBr+Cl_2 \longrightarrow 2KCl+Br_2$
③ $K_2S+Cd(NO_3)_2 \longrightarrow CdS\downarrow+2KNO_3$
④ $I_2+K_2SO_3+H_2O \longrightarrow 2KI+H_2SO_4$
⑤ $Ca(NO_3)_2+K_2C_2O_4 \longrightarrow CaC_2O_4\downarrow+2KNO_3$

解説　(1) A　カリウム塩が塩基性を示すので，弱酸のイオンを含む。CH_3COO^-，CO_3^{2-}，$C_2O_4^{2-}$，SO_3^{2-}，S^{2-} に酸を加えると，それぞれ CH_3COOH（刺激臭），$H_2O+CO_2\uparrow$（無色，無臭），$H_2C_2O_4$（分解せず溶液中に残る），$H_2O+SO_2\uparrow$（無色，刺激臭），H_2S（無色，腐卵臭）となる。
条件に適するのは CO_3^{2-} で，A は K_2CO_3 である。

(2) B　カリウム塩が中性より，強酸のイオンを含む。Cl^-，Br^-，NO_3^-，SO_4^{2-}，CrO_4^{2-}
Ag^+ と反応して淡黄色沈殿を生じるのは Br^- である。AgBr は強酸の塩なので，硝酸（強酸）にも不溶。この沈殿は濃アンモニア水に溶けたことから，AgBr であるとわかる。（AgI は濃 NH_3 水にも不溶）
$$AgBr+2NH_3 \longrightarrow [Ag(NH_3)_2]^++Br^-$$
$$2KBr+Cl_2 \longrightarrow 2KCl+Br_2（黄褐色）$$
Br_2 は水よりもヘキサンにずっと溶けやすいので，ヘキサン層（上層）に転溶される。このとき，Br_2 分子本来の色である赤褐色を示す。よって，B は KBr である。

(3) C　カリウム塩が塩基性より，弱酸のイオンを含む。

	CH_3COO^-	$C_2O_4^{2-}$	SO_3^{2-}	S^{2-}
(Ag^+ との塩)	可溶	白沈	白沈	黒沈

∴　C は K₂S である。

なお，　$2Ag^+ + S^{2-} \longrightarrow Ag_2S\downarrow$（黒）

$$\begin{cases} S^{2-} \longrightarrow S + 2e^- & \cdots\cdots① \\ NO_3^- + 3e^- + 4H^+ \longrightarrow NO + 2H_2O & \cdots\cdots② \end{cases}$$

①×3＋②×2 より，

$2NO_3^- + 3S^{2-} + 8H^+ \longrightarrow 3S + 2NO + 4H_2O$

溶解度の比較的大きな FeS，ZnS などは希塩酸，希硫酸に溶けて，硫化水素が発生する。

$FeS + H_2SO_4 \longrightarrow FeSO_4 + H_2S\uparrow$

一方，溶解度の小さな CuS，Ag₂S などは希塩酸，希硫酸には溶解せず，硫化水素も発生しない。そこで，希硝酸を加えて加熱すると，その酸化力によって S^{2-} を S（黄白色）へと酸化することにより，Cu^{2+}，Ag^+ が溶解する。

$K_2S + H_2SO_4 \longrightarrow K_2SO_4 + H_2S\uparrow$
$K_2S + Cd(NO_3)_2 \longrightarrow CdS\downarrow$（黄）$+ 2KNO_3$

(4)　D　弱酸のイオンを含む。

$$\underset{(Ba^{2+}との塩)}{\quad} \underset{可溶}{CH_3COO^-}, \underset{白沈}{C_2O_4^{2-}}, \underset{白沈}{SO_3^{2-}}$$

$BaC_2O_4 + 2HCl \longrightarrow BaCl_2 + H_2C_2O_4$
$BaSO_3 + 2HCl \longrightarrow BaCl_2 + H_2O + SO_2\uparrow$
　　　　　　　　　　　　　　　（無色，刺激臭）

∴　D は K₂SO₃ である。

SO_2 は還元性を示し，MnO_4^-（赤紫色）を Mn^{2+}（無色）に脱色させる。

$$\begin{cases} SO_2 + 2H_2O \longrightarrow H_2SO_4 + 2e^- + 2H^+ & \cdots\cdots① \\ MnO_4^- + 5e^- + 8H^+ \longrightarrow Mn^{2+} + 4H_2O & \cdots\cdots② \end{cases}$$

①×5＋②×2 より，

$2MnO_4^- + 5SO_2 + 2H_2O + 6H^+ \longrightarrow 2Mn^{2+} + 5H_2SO_4$

SO_3^{2-} も還元性を示し，I_2（褐色）を I^-（無色）に変化させる。

$$\begin{cases} I_2 + 2e^- \longrightarrow 2I^- & \cdots\cdots① \\ SO_3^{2-} + H_2O \longrightarrow SO_4^{2-} + 2e^- + 2H^+ & \cdots\cdots② \end{cases}$$

①＋② より，

$I_2 + SO_3^{2-} + H_2O \longrightarrow 2I^- + SO_4^{2-} + 2H^+$
$I_2 + K_2SO_3 + H_2O \longrightarrow 2KI + H_2SO_4$

(5)　E　強酸のイオンを含む。Ba^{2+}，Ag^+ とも沈殿をつくらないのは NO_3^- だから，E は KNO₃ である。

NO_3^- は次の褐輪反応により検出できる。

> **参考**　　　　　　褐輪反応
> NO_3^-（または NO_2^-）を含む水溶液に濃硫酸を加えて冷却した後，濃い $FeSO_4$ 水溶液を静かに加えると，両液の境界面に黒褐色の輪が生じる。この反応を褐輪反応という。これは，NO_3^-（NO_2^-）は酸性条件では酸化剤として働き，いずれも NO に変化する。これが Fe^{2+} に配位結合して $[Fe(NO)(H_2O)_5]^{2+}$ など比較的不安定な錯イオンをつくり呈色する。
>
> ―FeSO₄aq
> ―NO₃⁻aq
> 　濃硫酸

(6)　F　弱酸のイオンを含む。CH_3COO^- と $C_2O_4^{2-}$ のうち，Ca^{2+} と沈殿をつくるのは $C_2O_4^{2-}$ なので，F は K₂C₂O₄ である。

$Ca^{2+} + C_2O_4^{2-} \longrightarrow CaC_2O_4\downarrow$（白）

$C_2O_4^{2-}$ は還元性を示し，$Cr_2O_7^{2-}$（赤橙色）を Cr^{3+}（暗緑色）に変化させる。

$$\begin{cases} Cr_2O_7^{2-} + 6e^- + 14H^+ \longrightarrow 2Cr^{3+} + 7H_2O & \cdots\cdots① \\ C_2O_4^{2-} \longrightarrow 2CO_2 + 2e^- & \cdots\cdots② \end{cases}$$

①＋②×3 より，

$\underset{(赤橙色)}{Cr_2O_7^{2-}} + 3C_2O_4^{2-} + 14H^+ \longrightarrow \underset{(暗緑色)}{2Cr^{3+}} + 6CO_2\uparrow + 7H_2O$

両辺に $8K^+$，$7SO_4^{2-}$ を加えて，

$K_2Cr_2O_7 + 3K_2C_2O_4 + 7H_2SO_4$
　　　　$\longrightarrow Cr_2(SO_4)_3 + 6CO_2\uparrow + 7H_2O + 4K_2SO_4$

(7)　G　強酸のイオンを含む。Ba^{2+}，Ag^+ とも有色の沈殿をつくるのは CrO_4^{2-} なので，G は K₂CrO₄ である。

$Ba^{2+} + CrO_4^{2-} \longrightarrow BaCrO_4$（黄）$\downarrow$
$2Ag^+ + CrO_4^{2-} \longrightarrow Ag_2CrO_4$（赤褐）$\downarrow$

$BaCrO_4$ や Ag_2CrO_4 に希硝酸を加えると $2CrO_4^{2-} + 2H^+ \rightleftharpoons Cr_2O_7^{2-} + H_2O$ の平衡が右へ移動して，$BaCrO_4$ は $BaCr_2O_7$ となり，Ag_2CrO_4 は $Ag_2Cr_2O_7$ となり，いずれも水に溶解する（$BaCr_2O_7$，$Ag_2Cr_2O_7$ は水に溶けやすい）。このとき，気体の発生はない。

▶241　(1) **A** AgCl，**B** CuS，**C** FeO(OH)，**D** ZnS，**E** BaCO₃

(2)（A）ろ液 2 に溶けている H_2S を追い出すため。（影響）H_2S が残っていると，次に NH_3 水を加えたとき，水酸化物の中に ZnS などの 4 属の硫化物が一緒に沈殿してしまう。

（B）Fe^{3+} は H_2S によって還元され Fe^{2+} の状態になっているので，硝酸で酸化してもとの Fe^{3+} に戻す。（影響）Fe^{2+} のままで NH_3 水を加えると，生じた $Fe(OH)_2$ は $FeO(OH)$ に比べて溶解度がやや大きいので，ろ液 3 に Fe^{2+} が少し残り，次に H_2S を通じたとき，FeS が沈殿してしまう。

(3) NH_4Cl を加えることにより，アンモニアの電離平衡 $NH_3 + H_2O \rightleftharpoons NH_4^+ + OH^-$ を左に移動させ，溶液中の $[OH^-]$ を小さく保つ。この操作によって，溶解度の小さな 3 価の金属イオンだけを水酸化物として選択的に沈殿させることができる。

(4) $[Al(OH)_4]^-$

(5) 〈1〉(d)，〈2〉(f)，〈3〉(c)，〈4〉(a)，〈5〉(e)，〈6〉(b)

(6) 炎色反応で，黄色の炎が現れることで確認する。

(7) 硝酸イオンと沈殿をつくる金属イオンはないので，複数の金属イオンの混合水溶液をつくるには，硝酸塩を用いるのがよい。

解説　(1)

$(Al^{3+}, Ba^{2+}, Fe^{3+}, Cu^{2+}, Pb^{2+}, Zn^{2+}, Ag^+, Na^+)$

← HCl

AgCl, PbCl₂　　　$(Al^{3+}, Ba^{2+}, Fe^{3+}, Cu^{2+}, Zn^{2+},$
　　　　　　　　　Na^+, Pb^{2+} 少量)

熱湯　　　　　　　　　← H₂S

AgCl　　(Pb²⁺)　　CuS, (PbS)　　$(Al^{3+}, Ba^{2+}, Fe^{2+},$
沈殿A　　　　　　沈殿B　　　　　$Zn^{2+}, Na^+)$

煮沸(H₂Sを追い出す)
HNO₃(酸化剤)
加熱
(Fe²⁺→Fe³⁺への促進)
← NH₄Claq(緩衝溶液に
するため)
← NH₃水十分量

Al(OH)₃, FeO(OH)　　　(Ba^{2+}, Zn^{2+}, Na^+)

← NaOHaq過剰　　　　　← H₂S

FeO(OH)　　([Al(OH)₄]⁻)　　ZnS　　(Ba^{2+}, Na^+)
沈殿C　　　　ろ液C　　　　沈殿D

煮沸
(H₂Sを
追い出
す)

(NH₄)₂CO₃aq

BaCO₃　　(Na⁺)
沈殿E

(2)　(A)　煮沸せずに濃硝酸だけを加えたとすると，溶液中に残っているH₂SがHNO₃によって酸化され，多量のSの単体が遊離する。そのため，濃硝酸が多量に必要になるばかりか，生じたSのために，ろ過しなければ次の操作に移れず，不都合が生じる。

(B)　濃硝酸を少量加える代わりに，希硝酸を適量加えてもよい。

(3)　NH₄Clを加えずにNH₃水だけを過剰に加えると，溶液の塩基性が強くなりすぎて，4属の2価の金属イオンが水酸化物として沈殿する恐れがある。

(4)　Al(OH)₃は両性水酸化物なので，過剰のNaOH水溶液を加えると，テトラヒドロキシドアルミン酸イオン[Al(OH)₄]⁻となり溶ける。

(5)　〈1〉　$AgCl+2NH_3 \longrightarrow [Ag(NH_3)_2]^+ + Cl^-$
　塩化銀は過剰のNH₃水には，ジアンミン銀(I)イオン(無色)となって溶けるが，硝酸を加えるとNH₃

$+H^+ \longrightarrow NH_4^+$ の反応によって，$AgCl+2NH_3 \rightleftarrows$ $[Ag(NH_3)_2]^+$ の平衡が左に移動して，アンモニア錯イオンが分解し，再びAgClの白色沈殿が現れる。

〈2〉　PbCl₂は高温ではやや溶解度が大きくなるので，熱水にはPb²⁺となって溶ける。Pb²⁺はクロム酸鉛(II)の黄色沈殿が生成することで確認する。

　　$Pb^{2+}+CrO_4^{2-} \longrightarrow PbCrO_4\downarrow(黄)$

〈3〉　CuSは希硫酸には溶けず，希硝酸と加熱すると溶ける。(硫黄が生成して溶液は白濁する。)
$3CuS+8HNO_3$
　　　　　$\longrightarrow 3Cu(NO_3)_2+3S\downarrow+2NO\uparrow+4H_2O$
　溶けたCu²⁺にNH₃水を十分に加えると，テトラアンミン銅(II)イオン(深青色)を生じる。

　　$Cu^{2+}+4NH_3 \longrightarrow [Cu(NH_3)_4]^{2+}$(深青色)
(Pb²⁺が含まれている場合は，希硫酸を加えてPb²⁺ $+SO_4^{2-} \longrightarrow PbSO_4\downarrow$(白)で確認できる。)

〈4〉　塩酸を加えると，FeO(OH)の赤褐色沈殿はFe³⁺となって溶け，黄褐色の溶液となる。

　　$FeO(OH)+3HCl \longrightarrow FeCl_3+2H_2O$

　溶けたFe³⁺に[Fe(CN)₆]⁴⁻の水溶液を加えると，濃青色の沈殿(紺青)を生じる。

　　$Fe^{3+}+K_4[Fe(CN)_6]$
　　　　$\longrightarrow K \cdot Fe[Fe(CN)_6]\downarrow(濃青色)+3K^+$

〈5〉　Na[Al(OH)₄]の水溶液に塩酸を少量加えると，(イ)の平衡が左へ移動してAl(OH)₃の白色沈殿を生じる。さらに塩酸を加えると，(ア)の平衡が左へ移動してAl³⁺を生成する。

$$Al^{3+} \underset{H^+}{\overset{(ア)}{\rightleftarrows}} Al(OH)_3 \underset{H^+}{\overset{(イ)}{\rightleftarrows}} [Al(OH)_4]^-$$

　溶けたAl³⁺にNH₃水を加えると，水酸化アルミニウムの白色沈殿を生じる。

　　$Al^{3+}+3NH_3+3H_2O \longrightarrow Al(OH)_3\downarrow+3NH_4^+$

〈6〉　$BaCO_3+2CH_3COOH$
　　　　　$\longrightarrow (CH_3COO)_2Ba+H_2O+CO_2\uparrow$
　この反応は，酸の強さが CH₃COOH＞H₂CO₃ であるため，

　　(炭酸塩)＋(酢酸) ⟶ (酢酸塩)＋(炭酸)
の反応が進行する。また，酢酸でなくても塩酸でもBaCO₃を分解することができる。生じたBa²⁺を含む水溶液の濃度はかなり薄いので，濃縮してから炎色反応を行う。Ba²⁺は黄緑色の炎色反応を示す。

りのNa^+, K^+などを第6属とする。

これらの金属イオンの混合溶液に，決まった分属試薬を一定の順序で加えていき，主にイオン化傾向の小さい金属から大きい金属の順序で沈殿として分属する方法を**金属イオンの系統分離**といい，硫化水素を用いて金属イオンを6つの属に分属する方法を**6属系統分離法**という。

硫化水素は水溶液中で電離し，生じた硫化物イオンS^{2-}と，各種の金属イオンが反応して，硫化物の沈殿を生成する。

$$H_2S \rightleftharpoons 2H^+ + S^{2-} \quad \cdots\cdots(1)$$

溶液が酸性のときは，(1)の平衡は左へ移動し，硫化物イオン濃度$[S^{2-}]$は小さくなる。一方，溶液が中性〜塩基性のときは，(1)の平衡が右へ移動し，$[S^{2-}]$は大きくなる。

(i) **イオン化傾向の小さい金属イオン**(Sn^{2+}〜Ag^+)は，硫化物の溶解度が非常に小さく，硫化物が沈殿しやすい。したがって，$[S^{2-}]$の小さい酸性条件でも硫化物が沈殿する。

(ii) **イオン化傾向が中程度の金属イオン**(Al^{3+}〜Ni^{2+})は，硫化物の溶解度が比較的大きく，硫化物がやや沈殿しにくい。したがって$[S^{2-}]$の大きい中性〜塩基性溶液でないと硫化物が沈殿しない。ただし，Al^{3+}はAl_2S_3が加水分解して少量の$Al(OH)_3$が沈殿する。

(iii) **イオン化傾向の大きい金属イオン**(K^+〜Mg^{2+})は，硫化物の溶解度が大きく，いかなる条件を与えても**硫化物は沈殿しない**。

▶**242** 問1　A Ca^{2+}, B Mg^{2+}, C Cd^{2+}, D Zn^{2+}, E Pb^{2+}, F Fe^{3+}, G Mn^{2+}, H Al^{3+}, I Cu^{2+}

問2　①　$2Fe(NO_3)_3 + H_2S$
$$\longrightarrow 2Fe(NO_3)_2 + S + 2HNO_3$$
②　$Al(OH)_3 + NaOH \longrightarrow Na[Al(OH)_4]$

解説　問1　(1) 同族元素は(K^+, Li^+)が1族，(Ag^+, Cu^{2+})が11族，(Ca^{2+}, Mg^{2+})が2族，(Cd^{2+}, Zn^{2+})が12族である。Aのみが炎色反応を示したので，いずれも炎色反応を示す(K^+, Li^+)は該当しない。よって，(A, B)の組は(Ag^+, Cu^{2+})，(Ca^{2+}, Mg^{2+})のいずれかであり，(C, D)の組はいずれも炎色反応を示さない(Cd^{2+}, Zn^{2+})と決まる。

(2) A〜Iのうち，Eにaを加えて白色沈殿を生じ，加熱すると沈殿が溶けたので，aはHCl，EはPb^{2+}($PbCl_2$は熱水に溶ける性質があるから)

(4) A〜Iのうち，Fにdを通じると白く濁ったので，dが酸化されやすい(＝還元性をもつ)気体，つまりH_2Sと予想される。

また，H_2Sに対して酸化剤として働くものとしては，Fe^{3+}が該当する。よってFは，Fe^{3+}。

$2Fe^{3+} + H_2S \longrightarrow 2Fe^{2+} + S\downarrow + 2H^+$である。

(6) (C, D) ＝ (Cd^{2+}, Zn^{2+})では，bを少量加えたら沈殿が生成し，bを過剰に加えたら沈殿が溶解したので，bはNH_3である。

$Cd^{2+} + 2OH^- \longrightarrow Cd(OH)_2\downarrow$
$Cd(OH)_2 + 4NH_3 \longrightarrow [Cd(NH_3)_4]^{2+}$
$Zn^{2+} + 2OH^- \longrightarrow Zn(OH)_2\downarrow$

$Zn(OH)_2 + 4NH_3 \longrightarrow [Zn(NH_3)_4]^{2+}$

Hは，過剰の$NaOH$水溶液に溶けたので，両性金属(Al, Zn, Pb)のうち残っているAl^{3+}である。

(5) b(＝NH_3)存在下で，d(＝H_2S)を通じたとき，黄(CdS)，白(ZnS)，淡赤色沈殿(MnS)を生じたことから，CはCd^{2+}，DはZn^{2+}，GはMn^{2+}である。

(3) 残るcはCO_2であり，(1)よりAは炎色反応を示したので，Cu^{2+}かCa^{2+}のいずれか。このうち，CO_2を通じたとき，白色の炭酸塩が沈殿するAは，典型元素のCa^{2+}を含み，生成したのは$CaCO_3$である。(銅の炭酸塩は緑青で，白色でないことは明らか。)

(7) ここでは強力な酸化剤(ビスマス酸ナトリウム$NaBiO_3$など)によって，Mn^{2+}がMnO_4^-(赤紫色)に変化している。最後に残ったIは，(4)よりd(＝H_2S)を通じると黒色沈殿を生じるのでAg^+かCu^{2+}。また，(2)よりa(＝HCl)を加えても白色沈殿を生じないので，Ag^+ではなくCu^{2+}である。

問2　$\begin{cases} Fe^{3+} + e^- \longrightarrow Fe^{2+} & \cdots\cdots① \\ H_2S \longrightarrow S + 2e^- + 2H^+ & \cdots\cdots② \end{cases}$

①×2＋②より，
$$2Fe^{3+} + H_2S \longrightarrow 2Fe^{2+} + S + 2H^+$$
両辺に$6NO_3^-$を加えて整理すると，
$$2Fe(NO_3)_3 + H_2S \longrightarrow 2Fe(NO_3)_2 + S + 2HNO_3$$

▶**243** 〔A〕(1) 2.0×10^{-8} mol/L
(2) 5.0×10^6 L/mol・cm
(3) 3.0×10^{-8} mol/L　(4) 25%
〔B〕2.8×10^{-2} mg

解説　〔A〕入射光の強度をI_0，透過光の強度をIとすれば，試料溶液の**透過率**$T = \dfrac{I}{I_0}$となる。透過率は，光路の長さdが長くなるほど，指数関数的に小さくなる(図A)。このままでは扱いにくいので，透過率の常用対数をとると直線のグラフになる(図B)。ただし，$\log_{10}\dfrac{I}{I_0}$は負の値になるので，$-\log_{10}\dfrac{I}{I_0}$にすれば正の値となり，原点を通る比例のグラフになり，さらに取り扱いが便利になる(図C)。

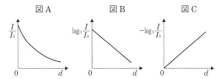

$-\log_{10}\dfrac{I}{I_0}$を試料溶液の**吸光度A** という。

溶液の濃度が一定のとき，吸光度Aは光路の長さdに比例する(**ランベルトの法則**)。
$$A = kd$$

光路の長さが一定のとき，吸光度Aは溶液の濃度Cに比例する（ベールの法則）。

$$A=k'C$$

2つの法則をまとめると，吸光度Aは，溶液の光路の長さdと溶液の濃度Cに比例する（ランベルト・ベールの法則）。

$$A=\varepsilon dC$$

このとき，比例定数εを**モル吸光係数**[**]といい，溶質ごとに固有の値を示す。

[*]　この値が大きいほど，試料溶液はその波長の光をより多く吸収することを示す。単位はない。

[**]　$1\,mol/L$の溶液が光路の長さ$1\,cm$のセルで測定される吸光度を示す。単位は〔$L/(mol\cdot cm)$〕である。

(1) 試料溶液の透過率の常用対数を求めると，

$$\log_{10}\frac{I}{I_0}=\log_{10}\frac{8}{10}=\log_{10}8-\log_{10}10$$
$$=3\log_{10}2-1=-0.10$$

グラフより，$\log_{10}\dfrac{I}{I_0}$が-0.10となるCの値を読むと，$C=2.0\times10^{-8}$〔mol/L〕

(2) (1)より，$A=-\log_{10}\dfrac{I}{I_0}=0.10$

$d=1.0$〔cm〕，$C=2.0\times10^{-8}$〔mol/L〕を$A=\varepsilon dC$の式に代入すると，

$$0.10=\varepsilon\times1.0\times2.0\times10^{-8}$$
$$\therefore\quad \varepsilon=5.0\times10^{6}\text{〔}L/(mol\cdot cm)\text{〕}$$

(3) 透過率$T=0.50$を吸光度Aに変換すると，

$$A=-\log_{10}\frac{I}{I_0}=-\log_{10}\frac{1}{2}$$
$$=-\log_{10}2^{-1}=\log_{10}2=0.30$$

同じ波長の紫外線を用いているので，εは(2)と同じ5.0×10^{6}〔$L/(mol\cdot cm)$〕。

$A=\varepsilon dC$の式に各値を代入すると，

$$0.30=5.0\times10^{6}\times2.0\times C$$
$$\therefore\quad C=3.0\times10^{-8}\text{〔}mol/L\text{〕}$$

(4) $A=\varepsilon dC$の式へ各値を代入すると，

$$A=5.0\times10^{6}\times1.0\times1.2\times10^{-7}$$
$$=0.60$$

吸光度Aを透過率Tに変換すると，

$$-\log_{10}T=0.60=2\times0.30$$
$$-\log_{10}T=2\log_{10}2$$
$$\log_{10}\frac{1}{T}=\log_{10}4$$
$$\frac{1}{T}=4\qquad T=0.25\quad\therefore\quad 25\%$$

〔B〕透過率$T=0.20$を吸光度Aに変換すると，

$$A=-\log_{10}T=-\left(\log_{10}\frac{2}{10}\right)=-(\log_{10}2-\log_{10}10)$$
$$=-(\log_{10}2-1)=1-0.30=0.70$$

クロロフィルaのアセトン溶液の濃度をC〔mol/L〕とおく。

$A=\varepsilon dC$の式に各値を代入すると，

$$0.70=7.4\times10^{4}\times1.5\times C$$
$$C\fallingdotseq6.30\times10^{-6}\text{〔}mol/L\text{〕}$$

溶解したクロロフィルaの質量をx〔mg〕とおく。

クロロフィルaのモル質量は$893\,g/mol$より，

$$\frac{\dfrac{x\times10^{-3}}{893}}{5.0\times10^{-3}}=6.30\times10^{-6}$$
$$\therefore\quad x=2.81\times10^{-2}\fallingdotseq2.8\times10^{-2}\text{〔}mg\text{〕}$$

> **参考**
> ### 吸光光度分析の留意点
> 　ランベルト・ベールの法則を用いて，溶液の吸光度から溶液の濃度を求める操作を**吸光光度分析**という。
> 　吸光光度分析では，溶液の濃度が高すぎると，前の粒子が後の粒子の光の吸収を妨げ，吸光度が低く測定されるため，濃度が実際よりも低い値に計算されてしまう。
> ［理想的な濃度］
>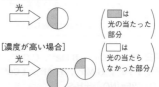
> 　よって，実際に測定される吸光度が，$0.3\leqq A\leqq1.0$の範囲になるのが望ましいので，適宜試料溶液を希釈して測定する。
> $$\begin{cases}\text{吸光度0.3は，透過率50\%に相当する。}\\ -\log_{10}T=0.3=\log_{10}2\\ \dfrac{1}{T}=2\quad\therefore\quad T=0.5\\ \text{吸光度1.0は透過率10\%に相当する。}\\ -\log_{10}T=1.0=\log_{10}10\\ \therefore\quad\dfrac{1}{T}=10\quad\therefore\quad T=0.1\end{cases}$$
> 　また，吸光度の測定では，セル自体と溶媒による光吸収を除外した，溶質だけの光吸収を測定する必要がある。このため，セルに試料溶液を入れて測定した吸光度から，溶媒だけを入れたセルの吸光度を差し引いて，溶質のみの吸光度を求める必要がある。

第5編　有機物質の性質

16　脂肪族化合物

▶**244** (1) A $CH\equiv CH$，B $CH_2=CH_2$，C CH_3CH_2Br，D CH_3CH_2OH，E CH_3CH_2ONa，F $CH_3CH_2OCH_2CH_3$，G CH_3CHO，H CH_3COOH，I $CH_3COOCH_2CH_3$，J 〔ベンゼン環の図〕

(2) 無水酢酸　(3) B 3種，C 4種

解説

$$A \atop CH \equiv CH \xrightarrow[\substack{H_2O}]{(HgSO_4)} {G \atop CH_3CHO} \xrightarrow[O_2]{(CH_3COO)_2Mn} {H \atop CH_3COOH}$$

(Pt) ↓ H_2 　(PdCl₂) O₃

$B \atop CH_2 = CH_2$ 　HBr → $C \atop CH_3CH_2Br$

(Pt) ↓ H_2 　(H₃PO₄) H₂O

$CH_3 - CH_3$ 　$D \atop CH_3CH_2OH$ → $\xrightarrow{Na}$ $E \atop CH_3CH_2ONa$ → $F \atop C_2H_5OC_2H_5$

$$\underset{(H)}{CH_3COOH} + \underset{(D)}{CH_3CH_2OH}$$
$$\longrightarrow \underset{(I)}{CH_3COOCH_2CH_3} + H_2O$$

$$3CH \equiv CH \xrightarrow[\text{重合}]{(Fe)} \hexagon \quad (J)$$

　炭化水素 A に 2 段階に H_2 が付加してエタンが生成するので，A はアセチレン，B はエチレンである。

　D → E　アルコールに金属 Na を加えると，OH 基の H と Na との間で置換反応が起こり，ナトリウムアルコキシド（塩）と水素を発生する。

$$2CH_3CH_2OH + 2Na \longrightarrow 2CH_3CH_2ONa + H_2$$

　この反応は，OH 基の検出に利用される。

　C + E → F の反応は**ウィリアムソンのエーテル合成法**とよばれる。すなわち，ハロゲン化アルキル（R-X）とナトリウムアルコキシド（R'-ONa）を無水アルコールなどを溶媒として加熱すると，R-O-R' の非対称の構造をもつエーテルを合成できる。

$$CH_3CH_2Br + CH_3CH_2ONa$$
$$\longrightarrow CH_3CH_2OCH_2CH_3 + NaBr$$

　アセチレンに硫酸水銀(II)を触媒として水を付加させた場合，生成物のビニルアルコールは極めて不安定な化合物で，ただちに水素の転位反応(H^+，H，または H^- が隣接位置の C 原子へ移動する反応)により，安定な異性体であるアセトアルデヒドが生成する（**ケト・エノール転位**，249 **参考**）。（この反応では，-OH の H^+ が隣の C 原子に移動する。）

$$CH \equiv CH + H-OH \longrightarrow \left[\substack{CH_2 = CH \\ | \\ OH} \right] \longrightarrow \substack{CH_3 - C - H \\ \| \\ O}$$
　　　　　　　　ビニルアルコール　　　アセトアルデヒド

　現在，アセトアルデヒドは，塩化パラジウム(II)と塩化銅(II)を触媒として，エチレンの空気酸化によりつくられている。（**ヘキスト・ワッカー法**）

$$CH_2=CH_2 + \frac{1}{2}O_2 \xrightarrow[\text{(CuCl}_2)]{\text{(PdCl}_2)} CH_3CHO$$

　ヘキスト・ワッカー法の反応機構は複雑だが，簡単に言うと，右側の C 原子に結合した H 原子 1 個が，左側の C 原子へ移動（水素の転位反応）した後，右側の C 原子に O 原子が結合したと考えればよい。

　I　D（アルコール）と H（カルボン酸）が脱水縮合して得られる化合物は I（**エステル**）である。エステルの示性式は，カルボン酸を先に書くと -COO- となるので $CH_3COOC_2H_5$ であるが，アルコールを先に書くと -OCO- となるので $C_2H_5OCOCH_3$ でも正解。

　A → J　アセチレンを赤熱した鉄管に通すと，その一部が 3 分子重合してベンゼン C_6H_6 が生成する。

　　　　　　　　　　　　→ 重合 →

(2)
$$\substack{CH_3CO \boxed{OH} \\ CH_3CO \boxed{O H}} \xrightarrow{\text{(脱水剤)}} (CH_3CO)_2O + H_2O$$

　カルボン酸 2 分子から水 1 分子がとれて生じた化合物を，一般に**酸無水物**といい，無水○○と命名する。アルコールの脱水に比べて，カルボン酸の脱水は起こりにくいので，濃硫酸や P_4O_{10} などの脱水剤と加熱してもほとんど無水酢酸は得られない。そこで，問題文にある方法や，酸塩化物の塩化アセチル CH_3COCl と酢酸ナトリウム CH_3COONa を加熱するか，酢酸に塩化ホスホリル $POCl_3$ などの強力な脱水剤を加えて加熱するなどの方法がとられる。

$$CH_3COO\boxed{Na} + CH_3CO\boxed{Cl} \longrightarrow (CH_3CO)_2O + NaCl$$
　　　　　　　　　　（脱離）

(3)
$$\substack{H \\ C=C \\ H} \substack{Cl \\ Cl} \quad \substack{H \\ C=C \\ Cl} \substack{Cl \\ H} \quad \substack{H \\ C=C \\ Cl} \substack{Cl \\ H}$$
1,1-ジクロロ　シス-1,2-ジク　トランス-1,2-ジクロロ
エチレン　　ロロエチレン　　エチレン

　シス-トランス異性体を含めて 3 種類ある。

$$\substack{H \ H \\ Cl-C-C-Br \\ H \ H} \quad \substack{H \ H \\ H-C-C^*-Br \\ H \ Cl} \quad \substack{H \ Cl \\ H-C-C-Br \\ H \ H}$$

　中央の化合物には不斉炭素原子が 1 個存在するので，2 種の鏡像異性体が存在する。

　鏡像異性体を含めて 4 種類ある。

▶**245**　(ア) 6　(イ) 5　(ウ) 5　(エ) 3　(オ) 5
(カ) 5　(キ) 9　(ク) 2　(ケ) 7

解説　以後の解説では，構造式は価標の一部を省略し，炭素骨格と官能基だけを記す。

(ア) C_4H_8 は一般式 C_nH_{2n} に該当するからアルケン，またはシクロアルカン（C≧3）である。また，C_4 以上のアルケンにはシス-トランス異性体が存在することに注意する。

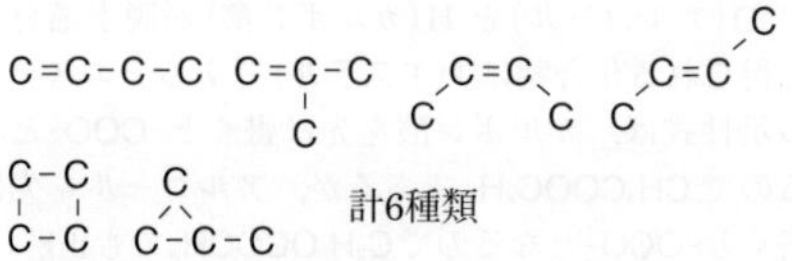

C=C-C-C　C=C-C　　C=C-C　　C=C-C
　　　　　　　　│　　　　　　　　　　│
　　　　　　　　C　　　　　　　　　　C

C-C　　C
│　│　│
C-C　C-C-C　　　　計6種類

(イ) C_6H_{14}は一般式C_nH_{2n+2}に該当するからアルカン。

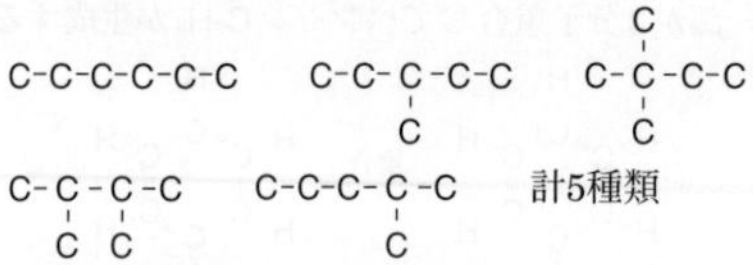

　　　　　　　　　　　　　　　　　　　　C
C-C-C-C-C-C　　C-C-C-C　　C-C-C
　　　　　　　　　　│　　　　　│
　　　　　　　　　　C　　　　　C

C-C-C-C　　C-C-C-C　　計5種類
│　│　　　　│
C　C　　　　C

(ウ), (エ)(鎖状構造のもの)

(i) C-C-C-C　(ii) C　　(iii) C=C-C-C
　　　　　　　　│
　　　　　　　C-C-C

(iv) C=C-C　(v) C=C　(vi) 　　　C
　　　│　　　　　│　│　　　　 │
　　　C　　　　　 C　C　　　C=C-C

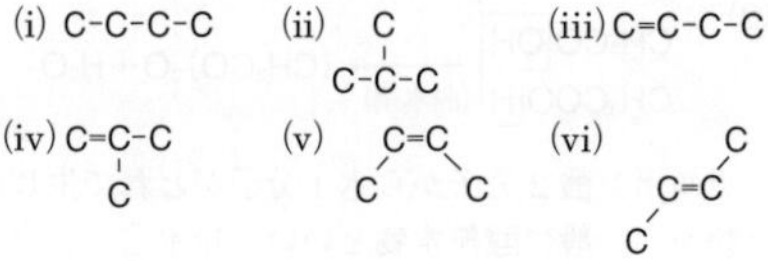

　まず，C-C結合のみからなる炭素原子の4つの結合は，正四面体の各頂点に向かう方向に伸び，各C-C結合はこれを軸に自由に回転ができる。

　いま，中心のC原子を含む1つの平面(右図の斜線部分)を考えてみると，中心原子に結合する4つの原子のうち，2つは同一平面上に並べることはできるが，他の2つはどうしても同一平面上に並べることはできない。

　したがって，C-C-Ⓒ-Cのような直鎖の化合物では，中央の炭素原子(〇印)に着目すると，他の炭素原子2個と結合しているから，C-C結合の自由回転によって，すべての炭素原子を同一平面上に並べることが可能である。

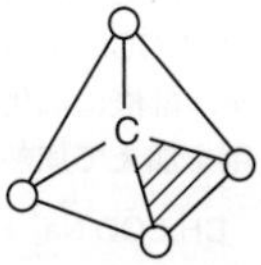

　一方，C-C-Ⓒ-Cのような側鎖をもつ化合物で
　　　　　　　△
は，枝分かれ部分のC原子(〇印)に着目すると，3つの炭素原子に結合しており，このうちの2個は同一平面上に並べることはできても，3個目の炭素原子(△印)は同一平面上からはずれる。

　結論として，直鎖の化合物ではすべてのC原子を同一平面上に並べることができるが，側鎖をもつ化合物では，側鎖のC原子が同一平面上から外れる。

　一方，C=C結合をつくる炭素原子の結合の方向は，正三角形の頂点方向で，各結合間の角度は120°となる。しかも，二重結合はそれを軸とした自由回転ができないので，C=C結合の炭素に結合する4つの原子も1つの平面上に固定される。同様に，カルボニル基 C=O の炭素原子に結合する3つの原子も同一平面上に固定される。

各平面はC=C結合により固定され，
同一平面上にある。

　結論として，二重結合の炭素に直接結合した原子は，常に同一平面上にあるといえる。

　∴　(ウ)は，(ii)を除く5種類の異性体がある。

　∴　(エ)は，(iv)，(v)，(vi)の3種類の異性体がある。

(オ)　ブタンC_4H_{10}の塩素一置換体である。

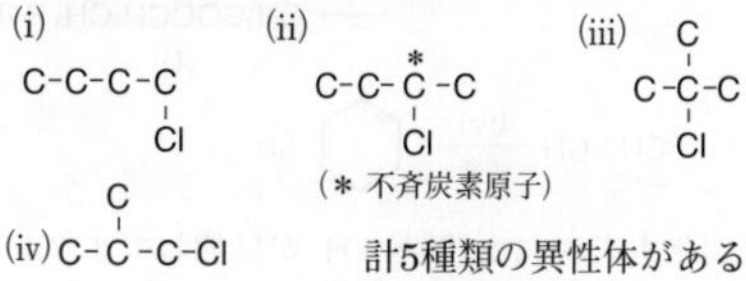

(i)　　　　　　(ii)　　　　　　(iii)　　C
C-C-C-C　　C-C-*C-C　　　　C-C
　　　　│　　　　　│　　　　　│　│
　　　 Cl　　　　 Cl　　　　Cl　Cl
　　　　　　　(* 不斉炭素原子)

C
│
(iv) C-C-C-Cl　　　　計5種類の異性体がある。

(カ)　プロパンC_3H_8の塩素二置換体である。

(v) Cl-C-C-C　(vi) 　　 Cl　(vii) C-*C-C
　　　　　　│　　　 │　　　　　│
　　　　 Cl　　　 C-C-C　　　 Cl
　　　　　　　　　│　　　(* 不斉炭素原子)
　　　　　　　　　Cl

(viii) C-C-C
　　　│　│
　　 Cl　Cl　　　　　　　計5種類の異性体がある。

(キ) アンモニア NH_3 の-Hを炭化水素基-Rで置換した有機化合物をアミンといい，炭化水素基の数により第一級，第二級，第三級アミンに分類される。

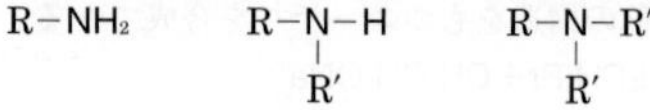

R-NH₂　　　　R-N-H　　　　R-N-R″
　　　　　　　　　│　　　　　　　│
　　　　　　　　 R′　　　　　　 R′
第一級アミン　　第二級アミン　　第三級アミン

　第一級アミン R-NH₂ (i)～(iv)，第二級アミン
R-N-R′ (v)～(vii)，第三級アミン R-N-R″ (viii) に
　│　　　　　　　　　　　　　　　　　 │
　H　　　　　　　　　　　　　　　　　 R′

分けて考える必要がある。

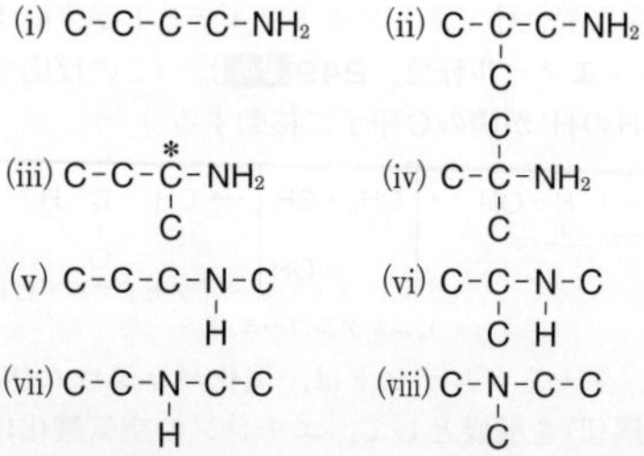

(i) C-C-C-C-NH₂　　(ii) C-C-C-NH₂
　　　　　　　　　　　　　│
　　　　　　　　　　　　　C

(iii) C-C-*C-NH₂　(iv) C-C-NH₂
　　　　　│　　　　　　　│
　　　　　C　　　　　　　C

(v) C-C-C-N-C　　(vi) C-C-N-C
　　　　　　│　　　　　　│
　　　　　 H　　　　　　 C

(vii) C-C-N-C-C　(viii) N-C-C
　　　　　│　　　　　　│
　　　　 H　　　　　　 C

合計で9種類の異性体が存在する。

(ク) 一般式「C_nH_{2n}」で臭素付加しないのは，シクロアルカンである。

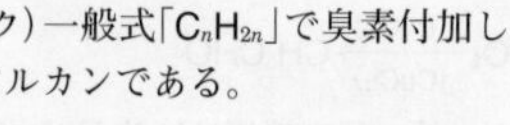

(i) C-C　　　　(ii)　　C
　　│　│　　　　　　／＼
　　C-C　　　　　　C-C-C

(ケ) (i) のシクロブタンのモノクロロ化合物(塩素

一置換体)は，次の1種のみ。（立体異性体はない。）

$$CH_2 - CH_2$$
$$CH_2 - CHCl$$

(ii)のメチルシクロプロパンのモノクロロ化合物には，次の6種類の異性体（立体異性体を含む）がある。

①
$$CH_2$$
$$CH_2 —— C - CH_3$$
$$Cl$$

②
$$CH_2$$
$$CH_2 —— CH - CH_2Cl$$

③
$$H \overset{CH_2}{\diagup} H \qquad H \overset{CH_2}{\diagup} H \qquad H \overset{CH_2}{\diagup} Cl \qquad Cl \overset{CH_2}{\diagup} H$$
$$*C —— C* \quad *C —— C* \quad *C —— C* \quad *C —— C*$$
$$CH_3 \quad Cl \qquad Cl \quad CH_3 \qquad CH_3 \quad H \qquad H \quad CH_3$$

（③には，不斉炭素原子が2個存在し，分子内に対称面も対称中心も存在しないので，4種の立体異性体が存在する。）

合計で7種類の異性体が存在する。

参考
異性体を見分けるポイント
・C原子だけでまず骨格を書く。次に，H原子以外の原子（団），すなわち官能基を結合させる（H原子は書かなくてよい）。
・回転させたり，裏返したときに重なる化合物は，同一物質である。
・C-C結合は自由に回転できるので，その自由回転で生じた化合物も，同一物質である。
・二重結合があれば，シス-トランス異性体の存在に注意する。
・不斉炭素原子があれば，必ず，鏡像異性体が存在することに注意する。

▶**246** (1) $CH_3-O-CH_2-CH_2-CH_3$

$$CH_3$$
$$CH_3-O-CH-CH_3 \qquad CH_3-CH_2-O-CH_2-CH_3$$

(2) B $CH_3-CH_2-CH_2-CH_2-OH$

C
$$CH_3-CH-CH_2-OH$$
$$CH_3$$

H
$$\overset{O}{\overset{\|}{CH_3-CH_2-C-CH_3}}$$

I
$$\overset{H}{\underset{H_3C}{\diagdown}}C=C\overset{CH_3}{\underset{H}{\diagup}}$$

J
$$\overset{H}{\underset{H_3C}{\diagdown}}C=C\overset{H}{\underset{CH_3}{\diagup}}$$

K $CH_3-CH_2-CH=CH_2$

解説
$$C:H:O = \frac{64.9}{12} : \frac{13.5}{1.0} : \frac{21.6}{16}$$
$$= 5.4 : 13.5 : 1.35 = 4 : 10 : 1$$

A〜Eの組成式は $C_4H_{10}O$
A〜Eの分子量は74より，$(C_4H_{10}O)_n = 74$
∴ $n=1$，分子式も $C_4H_{10}O$
分子式$C_4H_{10}O$で表される化合物には，エーテル3種類，アルコール4種類の構造異性体がある。

(a) C-O-C-C-C (b) C-O-C-C (c) C-C-O-C-C

$$\qquad\qquad\qquad\qquad\qquad C$$

(d) C-C-C-C-OH (e) C-C-C-OH
$$\qquad\qquad\qquad\qquad C$$

(f) $\overset{*}{C}$-C-C-C   (g) C-C-C   *：不斉炭素原子
$$\quad OH \qquad\qquad OH$$

(1) Aは金属Naと反応しないので，エーテル類。
　Aには上記の(a)，(b)，(c)いずれかが該当する。
(2) 第一級アルコールを酸化すると，アルデヒドを経てカルボン酸になる。B，Cはいずれも第一級アルコールだが，Bの方がCよりも沸点が高いので，Bが直鎖構造の(d)，Cが側鎖をもつ構造の(e)。
　一般に，同じ官能基をもつ異性体どうしを比較したとき，直鎖の化合物の方が側鎖をもつ化合物に比べて，分子の表面積が大きい分だけ，分子間力が強くなり，沸点が高くなる傾向がある。

参考
ブタノールの沸点の高低
(i) $CH_3-CH_2-CH_2-CH_2-OH$
　　　　　　　(117℃)

(ii) $CH_3-CH-CH_2-OH$
$$\qquad\qquad CH_3$$
　　　　　　　　　　(108℃)

(iii) $CH_3-CH_2-CH-CH_3$
$$\qquad\qquad\quad OH$$
　　　(99℃)

(iv) $CH_3-\overset{CH_3}{\underset{CH_3}{\overset{|}{\underset{|}{C}}}}-OH$
　　　　　　　　(83℃)

( )は沸点
　上の(i)〜(iv)の沸点は，第一級＞第二級＞第三級アルコールの順になる。これは，この順に炭化水素基どうしの反発（**立体障害**）の影響が大きくなり，隣の分子の-OHとの**水素結合**が形成されにくくなるためである。また，同じ第一級アルコール，(i)，(ii)の沸点は，炭素骨格の形によって決まり，直鎖＞分枝の順になる。これは，分子の形が球形に近づくほど分子の表面積が減り，分子間力が小さくなるためである。このように，分子性物質の沸点には分子間力が大きく影響する。

　第二級アルコールの(f)を酸化すると，ケトンになる。

$$CH_3-CH_2-\underset{OH}{\overset{|}{CH}}-CH_3 \xrightarrow{[O]} CH_3-CH_2-\overset{O}{\overset{\|}{C}}-CH_3 + H_2O$$

D，Eはともに沸点が等しいので，構造異性体ではなく，(f)の鏡像異性体である。
(f)の濃硫酸による脱水反応には次の2通りがある。

(i)
$$C-C-\overset{H}{\overset{|}{C}}-\overset{}{C}-H \xrightarrow{-H_2O} CH_3-CH_2-CH=CH_2$$
$$\qquad\quad \boxed{OH\,H} \qquad\qquad\qquad 1-ブテン$$

(ii)
$$\underset{\underline{H\ \ OH}}{C-C-C-C} \xrightarrow{-H_2O}$$

トランス-2-ブテン

シス-2-ブテン

　このとき，-OH基に隣接するC原子に結合するH原子のうち，その少ない方のC原子に結合したH原子が脱離しやすい。この関係は，1875年，ロシアのザイチェフによって見い出されたので**ザイチェフの法則**という。したがって，2-ブタノールの脱水では，(ii) から生じた2-ブテンが主生成物，(i) から生じた1-ブテンが副生成物となる。

$$CH_3-CH_2-\underset{\underset{2\text{-ブタノール}}{OH}}{\underset{|}{CH}}-CH_3 \xrightarrow{-H_2O}$$
(主) $CH_3-CH=CH-CH_3$
2-ブテン
（シス，トランスあり）
(副) $CH_3-CH_2-CH=CH_2$
1-ブテン

参考
ザイチェフの法則
　この法則は，反応中間体の安定性ではなく，生成物の熱力学的な安定性から次のように説明される。
　C=C結合のπ電子は，アルキル基を構成するC-H結合のσ電子と互いに相互移動すること（電子の**非局在化**という）によって安定化することができる。すなわち，C=C結合に対して，メチル基が2個結合した2-ブテンの方が，エチル基が1個結合した1-ブテンより電子の非局在化による安定化が幾分大きくなる。よって，2-ブタノールの脱水による主生成物は2-ブテンとなることが理解できる。

　ところで，2-ブテンにはシス形とトランス形の2種のシス-トランス異性体が存在する。大きな置換基が互いに接近したシス形は，大きな置換基が互いに離れたトランス形よりも置換基(-COOH)どうしの反発（**立体障害**という）が大きく，熱力学的にはやや不安定になる。（具体的には，シス-2-ブテンの燃焼エンタルピーはトランス-2-ブテンの燃焼エンタルピーよりも，絶対値で4.6kJ/molだけ大きい。）したがって，生成割合は熱力学的に安定なトランス形が最も多く（約62%），不安定なシス形が少なく（約21%），最も少ないのは1-ブテン（約17%）となる。

　したがって，生成量の最も多量な(I)はトランス-2-ブテン，最も少量な(K)は1-ブテン，その中間の(J)はシス-2-ブテンとなる。

参考
2-ブテンの沸点と融点
　シス-2-ブテンは極性分子で沸点がやや高く（4℃），トランス-2-ブテンは無極性分子で沸点がやや低い（1℃）。一方，融点は，対称性の高いトランス形の方が結晶格子に組み込まれやすいので高く（-106℃），対称性の低いシス形

の方が結晶格子に組み込まれにくいので低くなる（-139℃）。

▶**247** (1) C_5H_{10}　(2) A $\underset{\underset{CH_3}{|}}{CH_3-CH=C-CH_3}$

B $\underset{\underset{CH_3}{|}}{CH_2=C-CH_2-CH_3}$　C $CH_2=CH-CH_2-CH_2-CH_3$

(3) **5種類**

解説　(1) A～Cは鎖式不飽和炭化水素で，各1molにH₂ 1molが付加したのでアルケンである。A～Cの一般式をC_nH_{2n}とおくと，

$$C_nH_{2n}+\frac{3}{2}nO_2 \longrightarrow nCO_2+nH_2O$$

気体反応では，（係数比）＝（物質量比）より，

$$\frac{3}{2}n=7.5 (nは整数) \quad \therefore \quad n=5 \quad 分子式は C_5H_{10}$$

(2) **オゾン分解**により，アルケンは二重結合の部分が酸化・開裂してカルボニル化合物（アルデヒド，ケトン）を生じるが，**KMnO₄酸化**の場合は，アルデヒドはさらにカルボン酸まで酸化される。また，

末端の $\underset{H}{\overset{H}{>}}C=C$ では，$\underset{HO}{\overset{H}{>}}C=O \xrightarrow{[O]} \underset{HO}{\overset{HO}{>}}C=O$
ギ酸　　炭酸

となり，分解してCO_2が発生することに留意する。

　C_5H_{10}の異性体には，アルケンとシクロアルカンとがあるが，KMnO₄酸化を受けるのは前者のみ。考えられるアルケンの構造式は，次の通りである。

(i) $C\ddagger C-C-C-C$
（CO_2＋カルボン酸）

(ii) $C\ddagger C-C-C$（枝C）
（CO_2＋カルボン酸）

(iii) $C\ddagger C-C$（枝C）
（CO_2＋ケトン）

(iv) $C-C\ddagger C-C-C$
（カルボン酸＋カルボン酸）

(v) $C-C\ddagger C-C$（枝C）
（カルボン酸＋ケトン）

　Aからカルボン酸とケトンを生じたので，(v)の2-メチル-2-ブテンと決まる。BからCO₂とケトンを生じたので，(iii)の2-メチル-1-ブテンと決まる。

　残るCからCO₂とカルボン酸を生じたので，(i)，(ii)のいずれかである。

　A,Bに水素が付加すると，側鎖を有するアルカンEを生成する。一方，Cに水素が付加すると，Eの異性体であるFに変化するから，Fは直鎖のアル

カンである。よって，Cは直鎖の炭素骨格をもつ(i)の1-ペンテンと決まる。

参考　アルケンのオゾン分解

アルケンを有機溶媒に溶かしておき，低温でオゾンを通じると，C=C結合が開裂して，不安定なオゾニドとよばれる油状物質ができる。これを還元剤とともに加水分解すると，アルデヒド，またはケトン(カルボニル化合物と総称する)が生成する。この結果をもとに，アルケンの構造が決定できる。

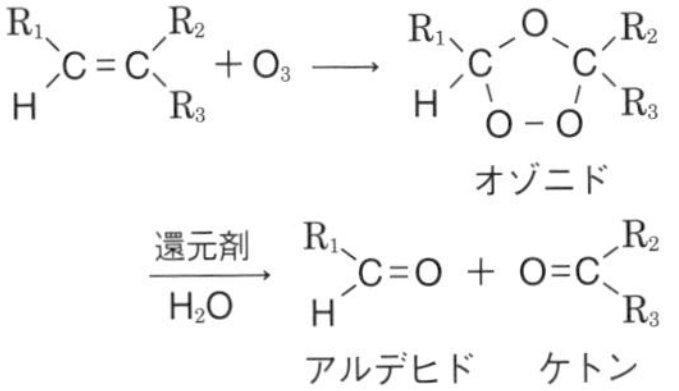

$$\underset{H}{\overset{R_1}{>}}C=C\underset{R_3}{\overset{R_2}{<}} + O_3 \longrightarrow \underset{H}{\overset{R_1}{>}}C\underset{O-O}{\overset{O}{<}}C\underset{R_3}{\overset{R_2}{<}}$$

オゾニド

$$\xrightarrow[\text{H}_2\text{O}]{\text{還元剤}} \underset{H}{\overset{R_1}{>}}C=O \;+\; O=C\underset{R_3}{\overset{R_2}{<}}$$

アルデヒド　　ケトン

例えば，オゾン分解で，アセトアルデヒドCH₃CHOと，アセトン CH₃COCH₃が生成したとすると，カルボニル基(C=O)のO原子を向かい合わせにして並べ，O原子を取り去ってつなぐと，もとのアルケンになる。

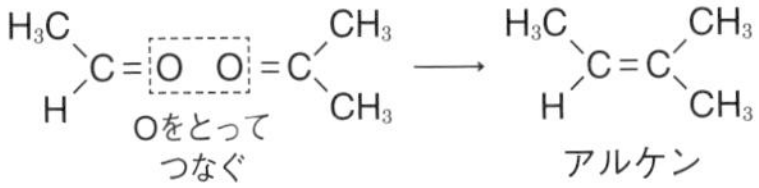

$$\underset{H}{\overset{H_3C}{>}}C=\fbox{O\ O}=C\underset{CH_3}{\overset{CH_3}{<}} \longrightarrow \underset{H}{\overset{H_3C}{>}}C=C\underset{CH_3}{\overset{CH_3}{<}}$$

Oをとって
つなぐ　　　　　　　　　アルケン

もとのアルケンは2-メチル-2-ブテンである。

(3) C_5H_{10} の分子式をもつシクロアルカン($C≧3$)の構造異性体は次の5種類。(炭素骨格のみ示す。)

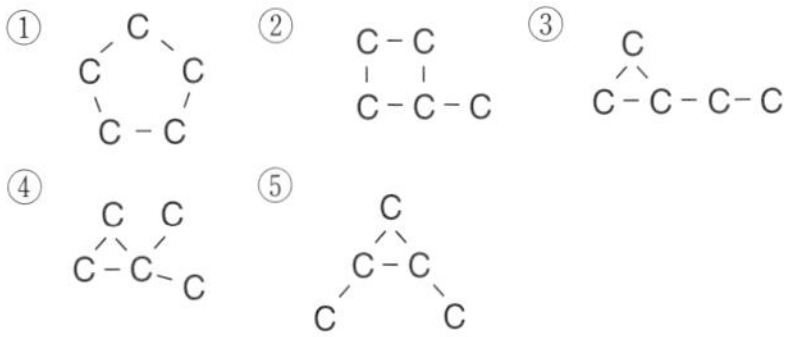

① $\underset{C-C}{\overset{C\ \ C}{}}$　② $\underset{C-C-C}{\overset{C-C}{}}$　③ $\underset{C-C-C-C}{\overset{C}{}}$

④ $\underset{C-C}{\overset{C\ \ C}{}}C$　⑤ $\underset{C}{\overset{C}{}}\underset{C}{\overset{C}{}}$

参考　シクロアルカン

環式の飽和炭化水素(シクロアルカン)では，環状構造を構成している炭素原子の数によって，三員環，四員環，…という。三員環以上のものが存在するが，六員環が最も安定で，五員環がこれに次ぐ。( )内は沸点

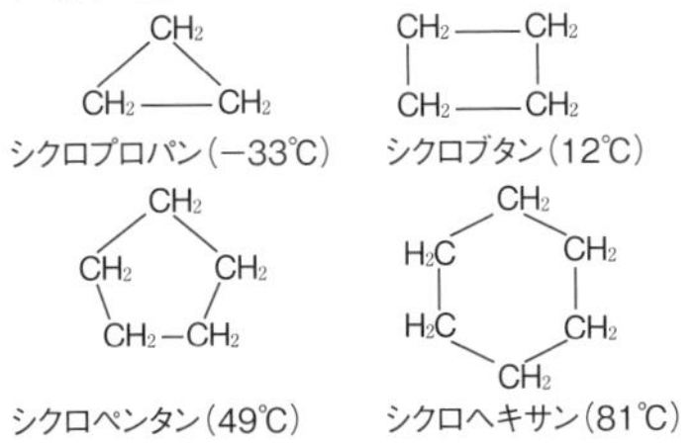

$\underset{CH_2-CH_2}{\overset{CH_2}{}}$　$\underset{CH_2 — CH_2}{\overset{CH_2 — CH_2}{}}$

シクロプロパン(-33℃)　シクロブタン(12℃)

シクロペンタン(49℃)　シクロヘキサン(81℃)

三員環や四員環構造をもつシクロプロパンと

シクロブタンの反応性はかなり大きい。それは，環を構成するC原子の結合角(C-C結合の角度)が，C-C結合の本来の結合角109.5°よりもかなり小さく，環に大きなひずみエネルギーが生じているためである。

C原子の数	3	4	5	6	7
ひずみエネルギー〔kJ/mol〕	38	28	5	0	4

一方，シクロヘキサンは平面構造ではなく，実際には下図のような立体構造(いす形と舟形)をとっているが，いす形の方が舟形に比べて，約29kJだけエネルギー的に安定で，常温ではほとんどいす形(99.9%)として存在する。両者は，環内のC-C結合を切らなくても，C-C結合の回転だけで可逆的に変化するので，配座異性体とよばれるが，立体異性体としては扱わない。

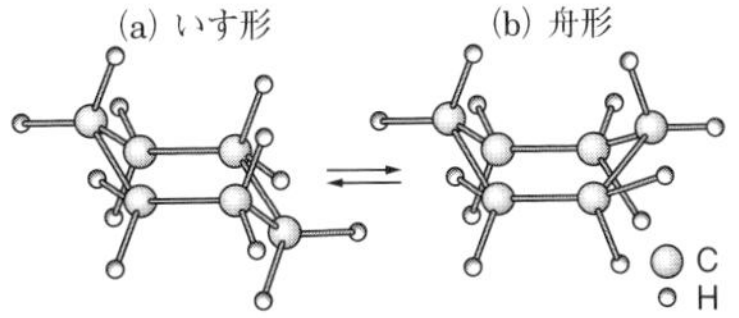

(a) いす形　　　　(b) 舟形

▶**248** (1) 2-メチルブタン

(2)

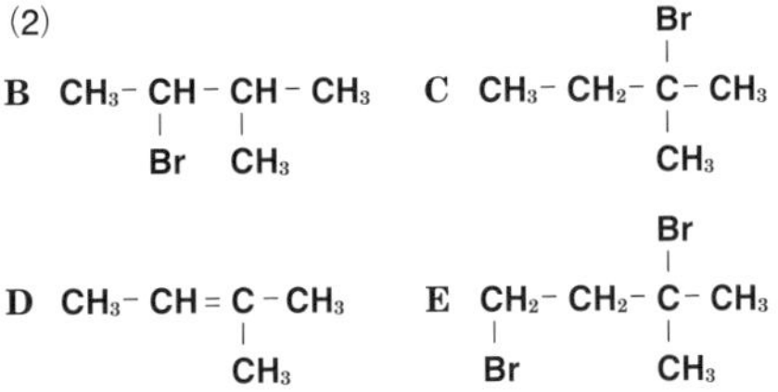

B $CH_3-\underset{Br}{\overset{|}{C}H}-\underset{CH_3}{\overset{|}{C}H}-CH_3$　C $CH_3-CH_2-\underset{CH_3}{\overset{Br}{\underset{|}{\overset{|}{C}}}}-CH_3$

D $CH_3-CH=\underset{CH_3}{\overset{|}{C}}-CH_3$　E $CH_2-CH_2-\underset{CH_3}{\overset{Br}{\underset{|}{\overset{|}{C}}}}-CH_3$

解説　(1) 分子式 C_5H_{12} のアルカンには，次の3種類の構造異性体がある。

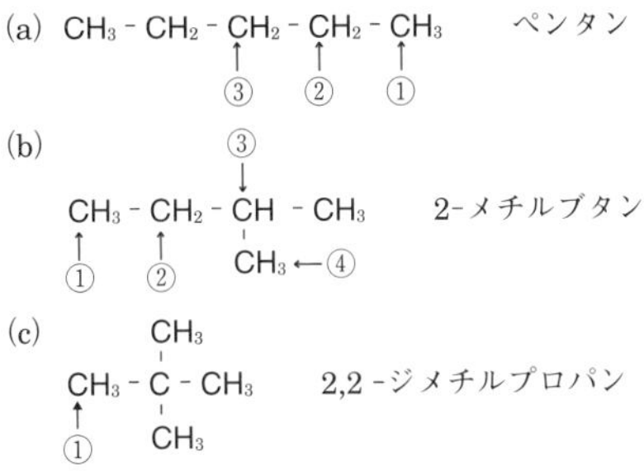

(a) $CH_3-\underset{③}{CH_2}-\underset{②}{CH_2}-\underset{①}{CH_2}-CH_3$　　ペンタン

(b) $CH_3-\underset{①}{CH_2}-\underset{②}{\overset{③}{CH}}-CH_3$　　2-メチルブタン
　　　　　　　　$\underset{④→}{CH_3}$

(c) $CH_3-\underset{①}{\overset{CH_3}{\underset{|}{\overset{|}{C}}}}-CH_3$　　2,2-ジメチルプロパン
　　　　　　CH_3

(a)には3種類，(b)には4種類，(c)には1種類の環境の異なる水素原子が存在する。アルカンAの臭素一置換体が4種類得られたので，Aは(b)である。

また，Aの臭素一置換体には，次の構造がある。

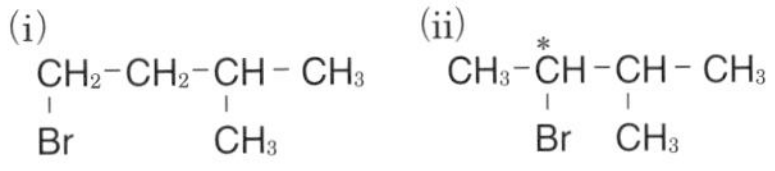

(i) $\underset{Br}{CH_2}-CH_2-\underset{CH_3}{\overset{|}{C}H}-CH_3$　(ii) $CH_3-\underset{Br}{\overset{*}{\underset{|}{C}H}}-\underset{CH_3}{\overset{|}{C}H}-CH_3$

(iii)
$$CH_3-CH_2-\overset{\displaystyle Br}{\underset{\displaystyle CH_3}{\overset{|}{\underset{|}{C}}}}-CH_3$$

(iv)
$$CH_3-CH_2-\overset{*}{CH}-CH_3$$
$$\underset{\displaystyle CH_2-Br}{\overset{|}{}}$$

Bは不斉炭素原子をもつので，(ii)か(iv)。

ハロゲン化アルキル(RX)を強い塩基性の条件下で高温で加熱すると，ハロゲン原子Xと隣接するC原子に結合したH原子がハロゲン化水素HXとして脱離し，アルケンが生成する。(このとき，**ザイチェフの法則**〈246 解説 (2)参照〉が成り立つ。)

(ii)
$$CH_3-\overset{*}{CH}-\underset{\displaystyle CH_3}{\overset{|}{CH}}-CH_3 \xrightarrow{-HBr}$$
$$\underset{\displaystyle Br}{}$$

(ア)
$$CH_3-CH=\underset{\displaystyle CH_3}{\overset{|}{C}}-CH_3$$
主生成物

(イ)
$$CH_2=CH-\underset{\displaystyle CH_3}{\overset{|}{CH}}-CH_3$$
副生成物

(iv)
$$CH_3-CH_2-\overset{*}{CH}-CH_3 \xrightarrow{-HBr} CH_3-CH_2-\underset{\displaystyle CH_2}{\overset{\|}{C}}-CH_3$$
$$\underset{\displaystyle CH_2-Br}{}$$

Bから2種類のアルケンが生成したので，Bは(ii)。

アルケンDをオゾン分解すると，C=C結合が切断・開裂され，2種のカルボニル化合物を生成する。

(ア)
$$CH_3-CH\overset{\vdots}{}\underset{\displaystyle CH_3}{\overset{|}{C}}-CH_3 \xrightarrow{O_3} CH_3-\overset{\displaystyle O}{\overset{\|}{C}}-H + CH_3-\overset{\displaystyle O}{\overset{\|}{C}}-CH_3$$

(イ)
$$CH_2\overset{\vdots}{}CH-\underset{\displaystyle CH_3}{\overset{|}{CH}}-CH_3 \xrightarrow{O_3} H-\overset{\displaystyle O}{\overset{\|}{C}}-H + \overset{\displaystyle O}{\overset{\|}{C}}H-\underset{\displaystyle CH_3}{\overset{|}{CH}}-CH_3$$

(ア)から生成したアセトアルデヒドとアセトンは，いずれも $CH_3CO-R(H)$ の構造をもつので，I_2 と NaOH 水溶液と反応し，特異臭のある黄色沈殿(**ヨードホルム** CHI_3)を生成し，**ヨードホルム反応**が陽性である。

(イ)から生成したホルムアルデヒドとイソブチルアルデヒドは，いずれもヨードホルム反応は陰性である。よって，Dは(ア)の2-メチル-2-ブテン。

Cは不斉炭素原子をもたないので，(i)か(iii)。

④　②　②
(i) ↓　↓　↓
$$CH_2-CH_2-\underset{\displaystyle Br}{\overset{|}{CH}}-CH_3$$
$$\underset{\uparrow}{Br}\underset{\uparrow}{}\underset{①}{\overset{\uparrow}{CH_3}}$$

(iii)
$$CH_3-CH_2-\overset{\displaystyle Br}{\underset{\displaystyle CH_3}{\overset{|}{\underset{|}{C}}}}-CH_3$$
$$\underset{③}{\overset{\uparrow}{}}\underset{②}{\overset{\uparrow}{}}\underset{①}{\overset{\uparrow}{}}$$

(i)には4種類，(iii)には3種類の環境の異なる水素原子が存在する。

Cの水素原子をさらに臭素原子で置換すると，3種類の臭素二置換体が得られるので，Cは(iii)と決

まる。

Cの臭素二置換体には次の構造が考えられる。

$$\xrightarrow[\text{光}]{Br_2}$$

(ウ)
$$CH_2-CH_2-\overset{\displaystyle Br}{\underset{\displaystyle CH_3}{\overset{|}{\underset{|}{C}}}}-CH_3$$
$$\underset{\displaystyle Br}{\overset{|}{}}$$

(エ)
$$\overset{*}{CH}-\overset{\displaystyle Br}{\underset{\displaystyle CH_3}{\overset{|}{\underset{|}{C}}}}-CH_3$$
$$\underset{\displaystyle Br}{\overset{|}{}}$$

(オ)
$$CH_3-CH_2-\overset{\displaystyle Br}{\underset{\displaystyle CH_3}{\overset{|}{\underset{|}{C}}}}^*-CH_2-Br$$

よって，臭素二置換体で不斉炭素原子を有しないEは(ウ)である。

▶**249** ①7 ②2 ③5 ④4 ⑤2 ⑥2

解説　分子式 C_3H_6O は，一般式 $C_nH_{2n}O$ に該当するので，不飽和度は1である。

(I)鎖式化合物群では，C=O 結合をもつアルデヒド，ケトン(カルボニル化合物)と，C=C 結合をもつアルコール，エーテルがある。

(II)環式化合物群では，脂環式化合物(環内にOを含まない)と，環状エーテル化合物(環内にOを含む)がある。(環式化合物は，三員環以上を考えればよい。) 構造式は，炭素骨格と官能基だけで示す。

(a) 鎖式構造で C=O 結合をもつもの

(i)
$$C-C-\overset{\displaystyle O}{\overset{\|}{C}}-H$$

(ii)
$$C-\overset{\displaystyle O}{\overset{\|}{C}}-C$$

(b) 鎖式構造で C=C 結合をもつもの

(iii)
$$C-C=\underset{\displaystyle OH}{\overset{|}{C}}$$

(iv)
$$C-\underset{\displaystyle OH}{\overset{|}{C}}=C$$
(シス，トランスあり)

(v)
$$C-\underset{\displaystyle OH}{\overset{|}{C}}=C$$

(vi)
$$C-O-C=C$$

(c) 脂環式化合物

(vii)
$$\overset{\displaystyle C}{\underset{C--C-OH}{\triangle}}$$

(d) 環状エーテル化合物

(viii)
$$\overset{\displaystyle O-C}{\underset{C--C}{\square}}$$

(ix)
$$\overset{\displaystyle O}{\underset{C--C^*-C}{\triangle}}$$
(*は不斉炭素原子)

① 鎖状構造をもつ構造異性体は(i)，(ii)，(iii)，(iv)，(v)，(vi)の6種類であるが，(iii)には2種類のシス-トランス異性体が存在するので，

$$\underset{H_3C}{\overset{H}{>}}C=\underset{OH}{\overset{H}{<}}$$
シス形

$$\underset{H_3C}{\overset{H}{>}}C=\underset{H}{\overset{OH}{<}}$$
トランス形

異性体の総数は7種類である。

② カルボニル化合物に該当するのは次の2種類。

(i)
$$CH_3-CH_3-\overset{\overset{\displaystyle O}{\|}}{C}-H$$
プロピオンアルデヒド

(ii)
$$CH_3-\overset{\overset{\displaystyle O}{\|}}{C}-CH_3$$
アセトン

③ C=C結合をもつ異性体は，(iii)のシス形，トランス形，(iv)，(v)，(vi)の5種類。

④ 環状構造をもつ構造異性体は(vii)，(viii)，(ix)の3種類であるが，(ix)には不斉炭素原子が存在し，1組(2種)の鏡像異性体が存在するので，異性体の総数は4種類である。

⑤ 分子の立体的な形(構造)が異なるために，性質が異なる異性体が立体異性体である。

$$\underset{\text{シス形}}{\overset{X}{\underset{Y}{\diagup}}C=C\overset{X}{\underset{Y}{\diagdown}}} \qquad \underset{\text{トランス形}}{\overset{X}{\underset{Y}{\diagup}}C=C\overset{Y}{\underset{X}{\diagdown}}}$$ のように，

二重結合の炭素にそれぞれ異なる原子(原子団)が結合した場合，C=C結合が回転できないことが原因となり，シス-トランス異性体が生じる。

(iii)には1組のシス-トランス異性体が存在する。

不斉炭素原子C*をもつ化合物には，実像と鏡像の関係にあって，互いに重ね合わせることのできない鏡像異性体(光学異性体)が存在する。

$$\underset{Y}{\overset{H}{\underset{}{C^*}}}\quad X \diagdown \diagup Z$$

(ix)には不斉炭素原子が1個存在するので，1組の鏡像異性体が存在する。

∴立体異性体はあわせて2組存在する。

⑥ C=C結合やC≡C結合をもつ化合物は，容易に臭素(Br₂)と付加反応を行うが，C=O結合をもつ化合物は臭素とは付加反応しないことに留意する。

臭素と付加反応を行うのは，(iii)のシス形，トランス形，(iv)，(v)，(vi)の5種類となる。題意より，C=C結合に-OHが直接結合した化合物(エノールという)の(iii)，(iv)は，いずれも不安定であり，分子内でH原子が移動(ケト・エノール転位)して，いずれも安定な化合物(i)，(ii)に変化する。

不安定な化合物である(iii)のシス形，トランス形，(iv)を除くと，(v)，(vi)の2種類が該当する。

参考 　　　　**環式化合物の開環反応**

　環式化合物でも，三員環，四員環の化合物は臭素と付加反応を行うことがある。(開環反応)

$$\begin{matrix} & CH_2 & \\ & \diagup \quad \diagdown & \\ CH_2 & — & CH_2 \end{matrix} \quad + \ Br_2 \longrightarrow CH_2Br-CH_2-CH_2Br$$

$$\begin{matrix} CH_2 & - & CH_2 \\ | & & | \\ CH_2 & - & CH_2 \end{matrix} \quad + \ Br_2 \longrightarrow CH_2Br-(CH_2)_2-CH_2Br$$

　本問では鎖式化合物という条件があるので，三員環や四員環の化合物(vii)，(viii)，(ix)と臭素との付加反応を考慮する必要はない。

参考 　　　　**ケト・エノール転位**

　ビニルアルコールのように，一般に，二重結合しているC原子に-OHが結合した化合物(エノールという)は不安定で，分子内でH(厳密にはH⁺)の移動によって，安定な異性体(ケト形)に変化する。この変化を，とくにケト・エノール転位という。

　例えば，プロピン(メチルアセチレン)への水の付加反応ではアセトンが生成する。このときも同様の変化が起こっている。

$$\underset{(\text{HO}\ \ \text{H})}{\underset{\text{プロピン}}{CH_3-C\equiv C-H}} \to CH_3-\underset{\text{O}}{\overset{\overset{\displaystyle H}{|}}{C}}=C-H \to \underset{\text{アセトン}}{CH_3-\overset{\overset{\displaystyle O}{\|}}{C}-CH_3}$$

(⤴は電子の移動，→はH⁺の移動)

　エノール形からケト形への変化が起こりやすい理由は，次のように考えられる。O原子はC原子よりも電気陰性度が大きいので，C=O結合は強く分極しており，結合エネルギーが大きい。すなわち，C=Oの結合エネルギー(799 kJ/mol)はC-Oの結合エネルギー(351kJ/mol)の2倍よりも大きい。一方，全く分極していないC=Cの結合エネルギー(719kJ/mol)はC-Cの結合エネルギー(366kJ/mol)の2倍よりも小さい。したがって，ケト・エノール転位において，エノール形からケト形への変化は発熱反応となり，ケト形の方が熱力学的に安定な化合物となるからである。

▶**250** **シス-2-ブテンからの生成物**

$$\overset{Br}{\underset{H_3C}{\underset{H}{\overset{}{\diagup}}}\overset{}{\underset{Br}{\overset{}{C}}}-\overset{}{\underset{CH_3}{\overset{}{C}}}} \qquad \overset{Br}{\underset{H_3C}{\overset{H}{\diagup}}\underset{Br}{C}-\underset{CH_3}{C}\overset{H}{\diagdown}}$$

トランス-2-ブテンからの生成物

$$\overset{Br}{\underset{H_3C}{\overset{H}{\diagup}}\underset{Br}{C}-\underset{CH_3}{C}\overset{H}{\diagdown}}$$

解説 　2個の臭素原子がそれぞれアルケンの二重結合に対して反対側から付加(**トランス付加**)する。このとき，次の2通りの場合があり，その反応確率はちょうど50％ずつである。

[1] シス-2-ブテンに臭素Br₂が付加する場合

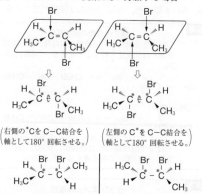

$$\begin{pmatrix}\text{右側の}^*\text{CをC-C結合を}\\\text{軸として}180°\text{回転させる。}\end{pmatrix}\begin{pmatrix}\text{左側の}\text{C}^*\text{をC-C結合を}\\\text{軸として}180°\text{回転させる。}\end{pmatrix}$$

鏡

両者は実像と鏡像の関係にあり，**鏡像異性体（鏡像体）**である。

ただし，反応Aと反応Bの起こる確率は50%ずつであるから，生成物は鏡像異性体の等量混合物（ラセミ体）となり，旋光性を示さない（**光学不活性**）。

[2] トランス-2-ブテンに臭素Br₂が付加する場合。

$$\begin{pmatrix}\text{右側の}^*\text{CをC-C結合を}\\\text{軸として}180°\text{回転させる。}\end{pmatrix}\begin{pmatrix}\text{左側の}\text{C}^*\text{をC-C結合を}\\\text{軸として}180°\text{回転させる。}\end{pmatrix}$$

対称面　　　　　　対称面

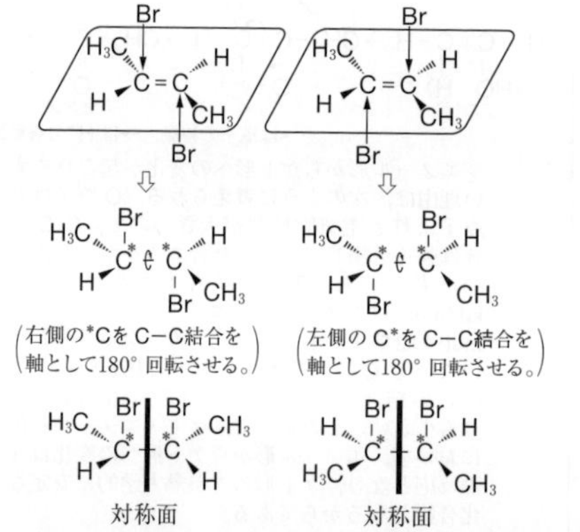

両者は，紙面上で180°回転させると重なり合うので，同一物質である。しかも，分子内に対称面があり，2個の不斉炭素原子による旋光性が分子内でちょうど打ち消し合い，旋光性を示さない（**光学不活性**）。このような化合物を**メソ体**という。

参考

シス付加とトランス付加

アルケンに対する臭素付加は，2個のBr原子が同時にC=C結合に付加するのではなく，2段階の反応で行われる。すなわち，アルケンに臭素Br₂が付加するとき，Br₂がアルケンに接近すると一種の錯体を生じる。これが臭素原子を含む三員環構造をもつ陽イオンの中間体（環状ブロモニウムイオン）と臭化物イオンBr⁻に変化する。

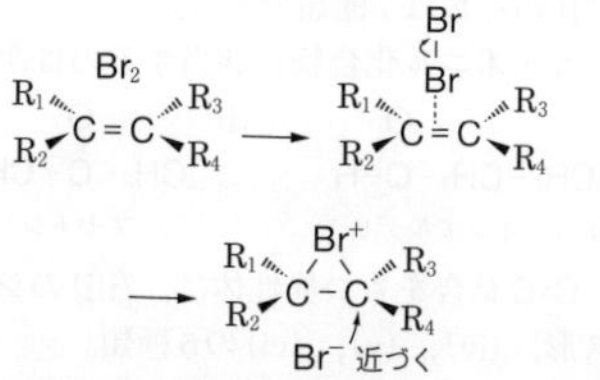

その後，三員環構造の反対側から少し遅れてBr⁻が付加する。このような付加を**トランス付加**といい，アルケンに対するハロゲン化水素，水，硫酸などの付加も同様に行われる。ただし，アルキンに対するハロゲン化水素の付加は，先にX⁻が付加し，少し遅れてH⁺が付加することが知られている。

一方，アルケンに対する水素付加は，白金やニッケルなどの金属触媒を用いる。このとき，アルケン分子も水素分子も金属表面に吸着された活性錯体をつくることで水素付加が起こり，2個のH原子はアルケンのC=C結合のつくる平面に対して同一方向からのみ付加する。このような付加を**シス付加**という。植物油からの硬化油の製造など，金属触媒を用いた水素付加はシス付加で行われることが知られている。

▶**251** (1)　A　CH₃-CH₂-CH-CH₂-CH₃
　　　　　　　　　　　　　　　OH

B
CH₃
CH₃-C-CH₂-CH₃
OH

C
CH₃-CH-CH₂-CH₂-OH
CH₃

D
CH₃
CH₃-C-CH₂-OH
CH₃

E
CH₃-CH₂-CH₂-CH-CH₃
OH

F
CH₃-CH₂-CH₂-CH₂-CH₂-OH

G
CH₃-CH-CH-CH₃
CH₃ OH

H
CH₃-CH₂-CH-CH₂-OH
CH₃

I
CH₃-CH₂-CH-O-CH₃
CH₃

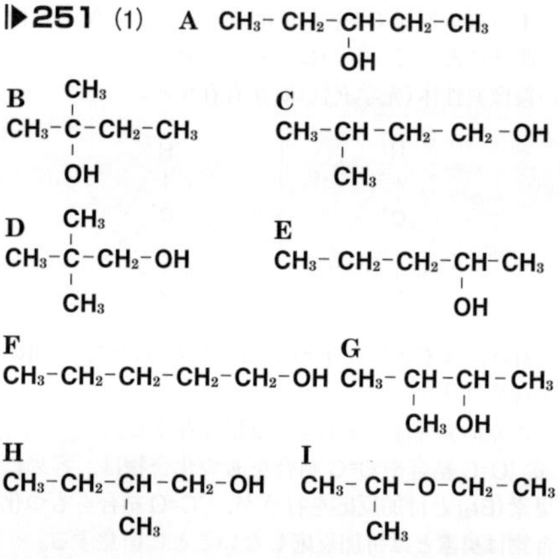

(2)
H　C=C　H
H₃C　　CH₂-CH₃

H　C=C　CH₂-CH₃
H₃C　　H

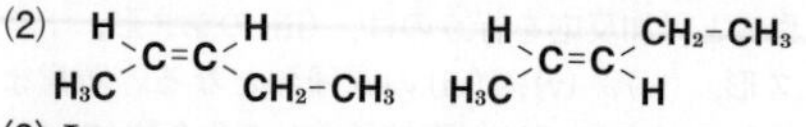

(3)　**I**

解説　(1) A～Iは，一般式 $C_nH_{2n+2}O$ に該当するから，飽和1価アルコールまたはエーテルである。(a)より，A～Hは金属Naと反応するからアルコールで，次の(i)～(viii)の構造異性体がある。一方，Iは金属Naと反応しないのでエーテルである。

(i)　C-C-C-C-C-OH　　(ii)　C-C-C-C̲*-C
　　　　　　　　　　　　　　　　　　OH

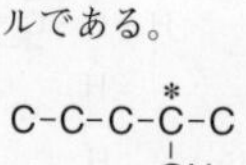

(iii)　C-C-C-C-OH
　　　　　|
　　　　　C

(iv)　C-C-$\overset{*}{C}$-C
　　　　|　|
　　　　C　OH

(v)　C-C-$\overset{*}{C}$-C-OH
　　　　　|
　　　　　C

(vi)　C-C-C-C-C
　　　　　　　|
　　　　　　　OH

(vii)　　　C
　　　　　|
　　C-$\overset{|}{C}$-C-OH
　　　　　|
　　　　　C

(viii)　　　C
　　　　　|
　　C-C-$\overset{|}{C}$-C
　　　　　|
　　　　　OH

(b)より，不斉炭素原子をもつ E，G，H は，(ii)，(iv)，(v)のいずれか。このうち，酸化生成物にも不斉炭素原子をもつのは(v)のみ。よって，H は(v)。

(c)より，A を酸化するとケトンになるので，A は第二級アルコールで，不斉炭素原子をもたないので(vi)。B は酸化されないので，第三級アルコールの(viii)。

(d)より，A と E を脱水すると同一のアルケンが得られるということは，同じ炭素骨格をもつことを意味する。A は直鎖の炭素骨格をもつので，E も直鎖の炭素骨格をもち，さらに不斉炭素原子をもつので(ii)。よって，残る不斉炭素原子をもつ G は第二級アルコールの(iv)。

D は脱水反応でアルケンを生じないので，OH 基の結合した C 原子の隣の C 原子には H 原子が存在しない。よって，D は(vii)と決まる。

(e)より，A と F の脱水で得られるアルケンに水素付加すると，同一のアルカンが生成するので，F は A と同じ直鎖の炭素骨格をもち，(i)である。

同様に，C と G を脱水して得られるアルケンに水素付加すると，同一のアルカンが得られるということは，ともに側鎖をもつ炭素骨格を有することがわかる。よって，C は(iii)と決まる。

(f)より，ナトリウムイソプロポキシドとヨウ化エチルを無水アルコール中で加熱すると，非対称の構造をもつエーテル I が生成する。I はエチルイソプロピルエーテルである。

CH₃-CH-ONa＋C₂H₅I ⟶ CH₃-CH-O-C₂H₅＋NaI
　　　|　　　　　　　　　　　　|
　　　CH₃　　　　　　　　　　　CH₃

(2)

A
CH₃-CH₂-CH-CH₂-CH₃ $\xrightarrow{-H_2O}$ CH₃-CH₂-CH=CH-CH₃
　　　　　|　　　　　　　　　　　　（シス，トランスあり）
　　　　　OH

E
CH₃-CH₂-CH₂-CH-CH₃ $\xrightarrow{-H_2O(主)}$ CH₃-CH₂-CH=CH-CH₃
　　　　　　　　|　　　　　　　　　　　（シス，トランスあり）
　　　　　　　　OH
　　　　　　　　　　　　↘（副）
　　　　　　　　　　　　CH₃-CH₂-CH₂-CH=CH₂

A，E の脱水反応で生成するアルケンのうち，共通する J は，シス・トランス異性体が存在する 2-ペン

テンである。（**ザイチェフの法則 246 解説**より，2-ペンタノールの脱水では，2-ペンテンが主生成物，1-ペンテンが副生成物となる）

(3) 互いに異性体の関係にあるエーテルとアルコールの沸点を比較すると，アルコールには分子間に水素結合が働くから沸点は高くなるが，エーテルでは水素結合が働かないため沸点は低くなる。

▶252 (1) $C_{12}H_{20}O_4$　(2) **B** フマル酸，**C** 2-ブタノール，**D** 2-メチル-1-プロパノール，**E** マレイン酸，**F** 無水マレイン酸

(3)

　　　　　　　　　　　　　　　　O
　　　　　　　　　　　　　　　‖
　　　　　H　　　　　C-O-$\overset{*}{C}$H-CH₂-CH₃
　　　　　　＼　　　／　　　　　|
　　　　　　　C＝C　　　　　　CH₃
　　　　　　　／　　＼
CH₃-CH-CH₂-O-C　　　　H
　　　|　　　　　‖
　　　CH₃　　　　O

解説 (1) 化合物 A の元素分析の結果より，

C $264 \times \dfrac{12}{44} = 72$〔mg〕　H $90 \times \dfrac{2.0}{18} = 10$〔mg〕

O $114 - (72 + 10) = 32$〔mg〕

∴ C : H : O $= \dfrac{72}{12} : \dfrac{10}{1.0} : \dfrac{32}{16} = 3 : 5 : 1$

∴ 組成式は C_3H_5O（式量は57）

$(C_3H_5O)_n = 228$ より，$n = 4$

∴ 分子式は $C_{12}H_{20}O_4$

(2) A は NaOH 水溶液を加えて加熱すると，加水分解（けん化）されたことからエステルである。A をけん化したとき，エーテル層から得られる化合物 C，D は，分子式 $C_4H_{10}O$ より，ともに飽和1価アルコールである。一方，水層にはカルボン酸塩が分離され，強酸を加えるとカルボン酸 B が析出する。けん化する前には，B は C および D とエステル結合をしていたので，B は2価カルボン酸，A は分子中にエステル結合を2個もつジエステルである。

C は酸化により銀鏡反応が陰性なケトンとなるので，第二級アルコールであり，C-C-$\overset{*}{C}$-C（2-ブタノール）と決まる。
　　　　　　　　　　　　　　　　　|
　　　　　　　　　　　　　　　　　OH

D は酸化により銀鏡反応が陽性なアルデヒドとなるので，第一級アルコールであり，次の(a)，(b)のいずれかである。

(a) C-C-C-C-OH　　　(b) C-C-C-OH
　　　　　　　　　　　　　　　|
　　　　　　　　　　　　　　　Ⓒ

245 解説 (ウ)，(エ)より，炭素骨格に側鎖をもつ化合物では，側鎖の C 原子（Ⓒをつけたもの）が残りの炭素骨格がつくる平面上からはずれる。

∴ D は側鎖をもつ(b)の 2-メチル-1-プロパノールである。よって，B の分子式は

$C_{12}H_{20}O_4 + 2H_2O - 2C_4H_{10}O = C_4H_4O_4$

題意から判断して、BとEはシス-トランス異性体の関係にある、マレイン酸かフマル酸である。

Bは160℃に加熱しても脱水しないので、トランス形のフマル酸であり、Eは160℃で容易に脱水するので、シス形のマレイン酸である。また、Eの分子内脱水で得られるFは、マレイン酸の酸無水物である無水マレイン酸である。

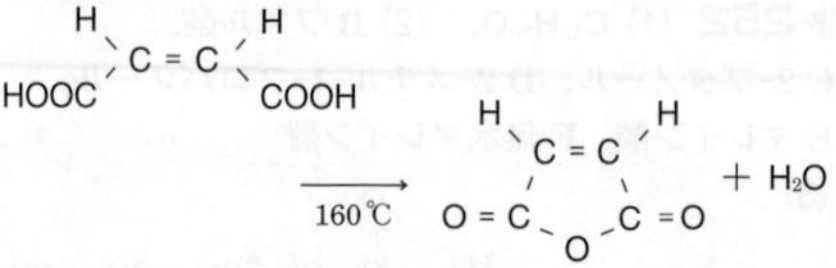

(3) Aは、フマル酸(B)と2-ブタノール(C)、および2-メチル-1-プロパノール(D)がエステル結合したジエステルである。

▶**253** (1) $C_5H_{10}O_2$　(2) **A**

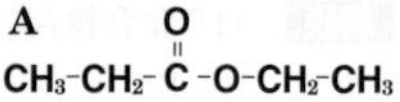

B 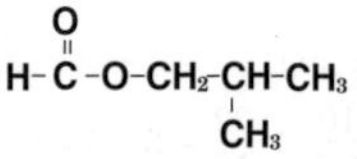　　　　　**C**

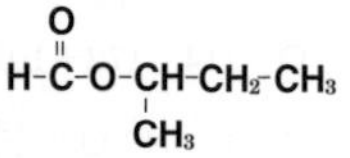

D 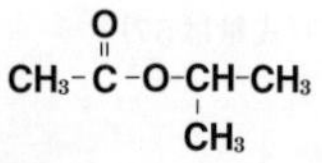　　　　　**J**

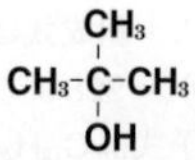

解説　(1) エステルAの元素分析の結果より、

C　$330 \times \dfrac{12}{44} = 90$〔mg〕

H　$135 \times \dfrac{2.0}{18} = 15$〔mg〕

O　$153 - (90+15) = 48$〔mg〕

エステルA〜Dの組成式を$C_xH_yO_z$とおくと、

$x:y:z = \dfrac{90}{12} : \dfrac{15}{1.0} : \dfrac{48}{16} = 7.5 : 15 : 3$

$\qquad\qquad = 5 : 10 : 2$

∴　組成式は$C_5H_{10}O_2$（式量は102）

E、Fが1価のアルコールまたは1価のカルボン酸のいずれかであるから、Aは分子中にエステル結合を1個もつ。よって、Aの加水分解の式は次の通り。

$\underset{3.57g}{RCOOR'(A)} + H_2O \longrightarrow \underset{2.59g\,+\,1.61g}{RCOOH + R'OH}$

質量保存の法則より、Aの加水分解に使われた水の質量は、$(2.59+1.61) - 3.57 = 0.63$〔g〕

エステルA，化合物E，Fの分子量をそれぞれX，Y，Zとおくと、

$\dfrac{3.57}{X} = \dfrac{0.63}{18} = \dfrac{2.59}{Y} = \dfrac{1.61}{Z}$

∴　$X=102$，$Y=74$，$Z=46$

$(C_5H_{10}O_2)_n = 102$より、　$n=1$

∴　Aの分子式は、$C_5H_{10}O_2$

(2) (i) Eを1価アルコール$C_nH_{2n+1}OH=74$とすると、$n=4$　　C_4H_9OH

Fは1価カルボン酸で、$C_nH_{2n+1}COOH=46$

$\qquad n=0$　　HCOOH

（E，Fは還元性を示さないので、HCOOHは不適）

(ii) Eを1価カルボン酸$C_nH_{2n+1}COOH=74$とすると、$n=2$　　C_2H_5COOH（プロピオン酸）

Fは1価アルコールで、$C_nH_{2n+1}OH=46$

∴　$n=2$　　C_2H_5OH

よって、Aはプロピオン酸とエタノールが脱水縮合してできたエステルである。

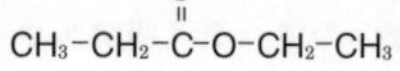

④よりカルボン酸Gに還元性があるので、ギ酸HCOOHと決まる。Bの炭素数が5より、アルコールHの炭素数は4。また、アルコールHとJは同じ分子式$C_4H_{10}O$をもつ異性体で、次の(a)〜(d)のいずれかである。

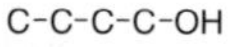

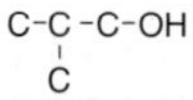

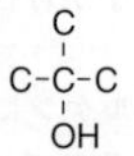

JはKMnO₄によって酸化されないから、第三級アルコールの(d)。Hを脱水した後、水を付加させるとJを生成するので、Hの炭素骨格には側鎖がある。

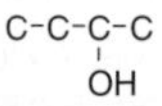

∴　Hは(b)と決まる。

よって、Bはギ酸と2-メチル-1-プロパノールが脱水縮合してできたエステルである。

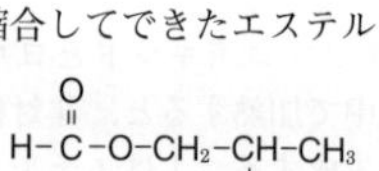

⑤より、Cの加水分解でG（ギ酸）とともに得られたアルコールKは炭素数が4で、上記の(a)または(c)のいずれか。⑦より、Kはヨードホルム反応が陽性なので、(c)の2-ブタノールである。

よって、Cはギ酸と2-ブタノールが脱水縮合してできたエステルである。

∴　**C**

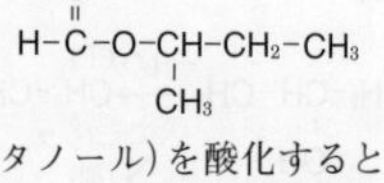

⑥より、F（エタノール）を酸化すると、還元性のあるアセトアルデヒドを経て、最終的に酢酸(L)を生じる。したがって、Mは炭素数が3のアルコールであり、ヨードホルム反応が陽性であることから、

2-プロパノールと決まる。

よって，D は酢酸と 2-プロパノールが脱水縮合してできたエステルである。

$$∴　D　　CH_3-\overset{\overset{\displaystyle O}{\|}}{C}-O-\underset{\underset{\displaystyle CH_3}{|}}{C}H-CH_3$$

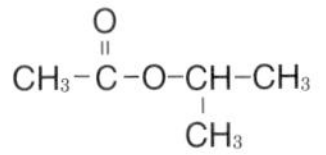

③より，H(2-メチル-1-プロパノール)を濃硫酸と加熱して脱水すると，2-メチルプロペン I のみを生じる。これを濃硫酸に通すと，アルケンへの硫酸の付加反応が起こる。この場合のように，C=C 結合(または C≡C 結合)に HX 型の分子が付加するとき，HX のうち H 原子は，二重結合している炭素原子のうち，水素原子の数が多い方に付加しやすい。これを**マルコフニコフの法則**という。

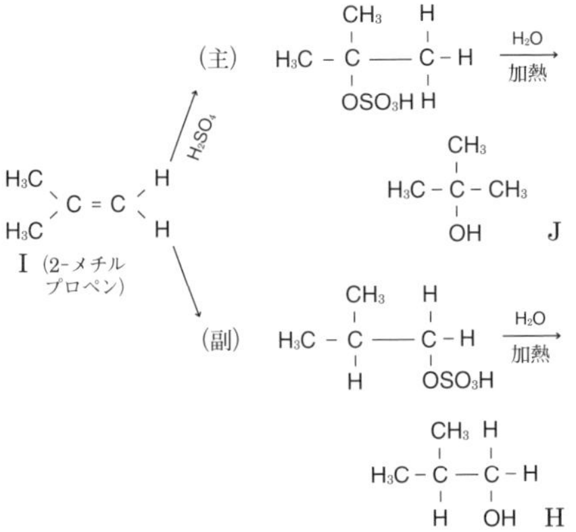

また，その生成物(硫酸水素ネオペンチル)を水とともに加熱すると，加水分解が起こってアルコール J(2-メチル-2-プロパノール)が主生成物となる。

参考　ギ酸の還元性

ギ酸は最も簡単な構造のカルボン酸で，カルボキシ基-COOH とホルミル基-CHO をもつ。

このうち，ホルミル基により還元性を示し，銀鏡反応は陽性であるが，フェーリング液の還元は，pH の調整を行わないと起こりにくい。

強い塩基性のフェーリング液中では，ギ酸の電離が進み，ギ酸イオンとして存在する。

フェーリング液に加えるギ酸が少量のときは，ギ酸イオンが Cu^{2+} と安定なキレート錯体を形成するため，還元性を示さない。

また，アルデヒドの還元性は，カルボニル基 >C=O の C$^⊕$ 原子に対する OH$^-$ の求核攻撃により進行するので，フェーリング液に加えるギ酸が多量のときは，反応液中の OH$^-$ が少なくなり，還元性を示さない。

反応液の pH が 8〜10 の弱い塩基性の条件でのみ，ギ酸はフェーリング液を還元し，Cu$_2$O の赤褐色沈殿を生じたとの報告がある。

参考　マルコフニコフの法則

プロペンのような非対称のアルケンに，HX 型(HCl，H$_2$O，H$_2$SO$_4$ など)の分子が付加する場合，2 種類の物質が生成する可能性がある。この場合，どちらが多く生成するかについて，次のような経験則が知られている。

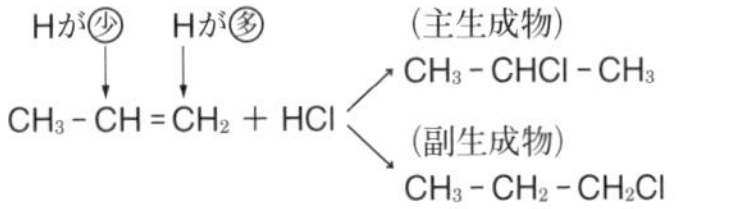

非対称のアルケンに HX 型の分子が付加する場合，二重結合炭素のうち，H 原子が多く結合した C 原子には H 原子が，もう一方の C 原子には X が付加した化合物が主生成物になる。この関係は，1868 年，ロシアのマルコフニコフによって見い出されたので，**マルコフニコフの法則**という。

これは，プロペンに先に H$^+$ が付加して生じる中間体(i)，(ii) の安定性が関係している。(少し遅れて X$^-$ が付加して生成物になる。)

(i)　　$CH_3-\overset{+}{C}H-CH_3$(安定)

(ii)　　$CH_3-CH_2-\overset{+}{C}H_2$(不安定)

炭化水素基には電子供与性があるため，エチル基だけが C$^+$ に結合した(ii)よりも，2 個のメチル基が C$^+$ に結合した(i)の方が正電荷が分子全体に分散されて，より安定化する。したがって，(i)の中間体を経由する反応が主反応となるためである。

▶254 (1) **A** マレイン酸

B フマル酸　　**C** $\overset{\displaystyle H}{\underset{\displaystyle H}{}}C=C\overset{\displaystyle COOH}{\underset{\displaystyle COOH}{}}$

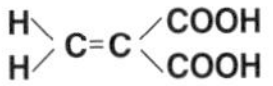

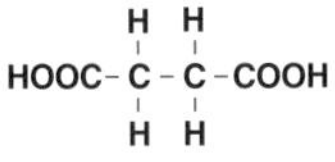

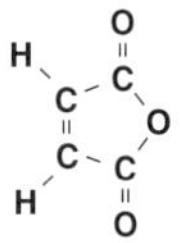

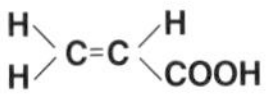

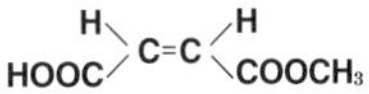

(2) マレイン酸(**A**)は，極性の強いカルボキシ基が C=C 結合に対して同じ側にあり，反対側に結合しているフマル酸(**B**)よりも極性が大きい。

(3) 分子間でのみ水素結合を形成するフマル酸(**B**)は，分子内と分子間で水素結合を形成するマレイン酸(**A**)に比べて，分子間に働く引力が強いから。

(4) アルコールよりカルボン酸の方が分子間に働く水素結合が強いから。

解説 (1) C：H：O$=\dfrac{41.4}{12}:\dfrac{3.46}{1.0}:\dfrac{55.2}{16}$

$≒1:1:1$

A, B, Cの組成式はCHO（式量は29）。
2価カルボン酸の分子量をMとすると，

$$\frac{0.186}{M} \times 2 = 0.10 \times \frac{32.0}{1000} \times 1$$

$$\therefore \quad M = 116$$

$(CHO)_n = 116 \quad \therefore \quad n = 4$より，分子式は$C_4H_4O_4$

分子式$C_4H_4O_4$の2価カルボン酸A, B, Cには，次の(a)，(b)，(c)の構造異性体が考えられる。

(a) （マレイン酸）　(b) （フマル酸）

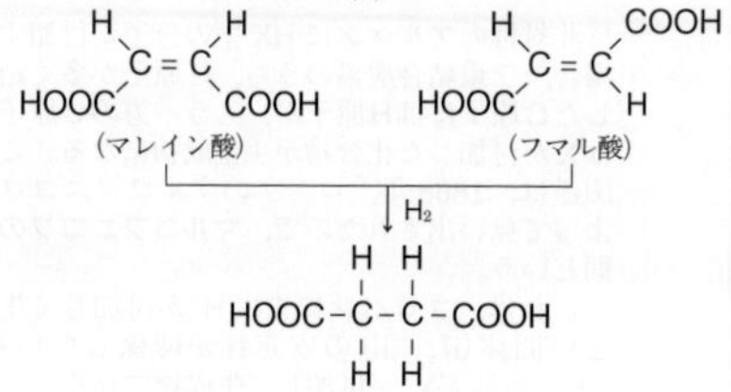

（コハク酸）

(c) （メチレンマロン酸）　→ H₂ → （メチルマロン酸）

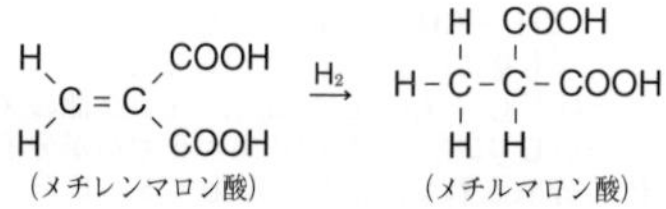

A, Bは水素付加で同一の化合物D（コハク酸）に変化するので，(a)，(b)のいずれか。Aは加熱により容易に脱水して酸無水物Eになるので，シス形のマレイン酸，また，Eは無水マレイン酸である。

Bは容易に脱水しないので，トランス形のフマル酸である。（ただし，高温で長時間加熱すると，シス形のマレイン酸に変化した後，無水マレイン酸が生成する。）

残るCは，(c)のメチレンマロン酸である。

アルコールの場合，同一炭素に2個の-OHがついた化合物（gem-ジオール）は不安定で存在しないが，カルボン酸の場合，同一炭素に2個の-COOHがついた化合物も存在することは可能である。ただし，マロン酸 $HOOC-CH_2-COOH$ のように，-COOHの結合したC原子（α位）に電子求引基（-COONなど）が結合した化合物では，加熱すると**脱炭酸反応**（カルボン酸からCO_2が脱離する反応）が起こりやすい。

$$HOOC-CH_2-COOH \xrightarrow{\text{加熱}} CH_3COOH + CO_2$$

C（メチレンマロン酸）も，-COOHの結合したC原子（α位）に-COOHが結合した構造をもつので，加熱すると容易に脱炭酸反応が起こり，1価のカルボン酸に変化する。

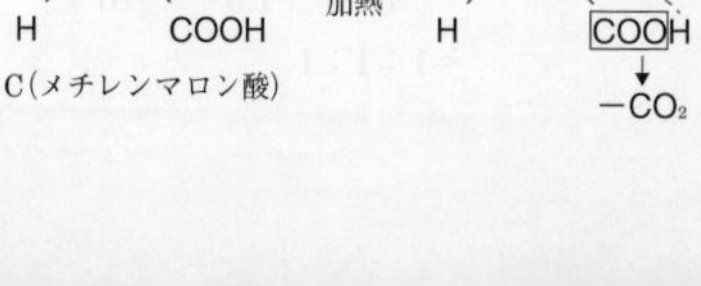

C（メチレンマロン酸）→ 加熱 → → $-CO_2$

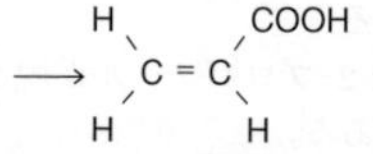

→ F（アクリル酸）

（隣り合う2個の-COOHがつくる環状の中間体を経て，脱炭酸反応が進行すると考えられている。）

無水マレイン酸Eに水分を含まないメタノール（無水メタノール）を加えると，開環して，マレイン酸メチルGが生成する。（酸無水物は普通のカルボン酸に比べて反応性が大きいので，触媒がなくてもエステル化が起こる。）さらに，エタノールと濃硫酸（触媒）を少量加えて加熱すると，ジエステルであるマレイン酸エチルメチルHが生成する。

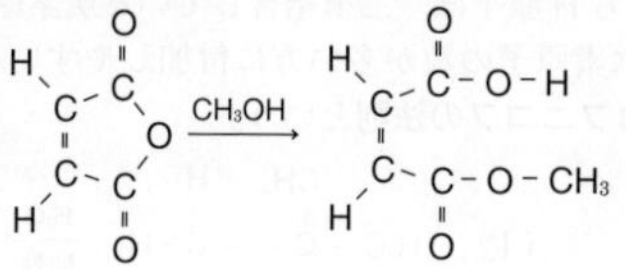

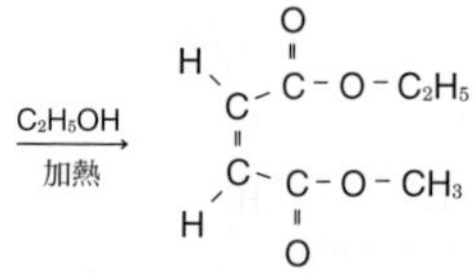

→ CH₃OH →

→ C₂H₅OH / 加熱 →

(2) マレイン酸は電子求引性のカルボキシ基-COOHがC=C結合に対して同じ側にあるので，極性分子となり，水に溶けやすい。一方，フマル酸は-COOHが，C=C結合に対して反対側にあるので，無極性分子となり，水にあまり溶けない。

マレイン酸　　　　　フマル酸

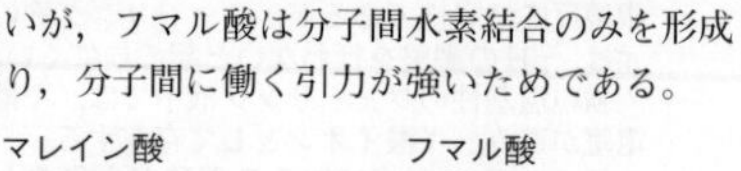

（79g/100g水）25℃（0.7g/100g水）

(3) マレイン酸の融点（133℃）よりもフマル酸の融点（300℃）が高い。これは，マレイン酸は分子内水素結合を形成している分だけ分子間水素結合の数が少ないが，フマル酸は分子間水素結合のみを形成しており，分子間に働く引力が強いためである。

マレイン酸　　　　　フマル酸

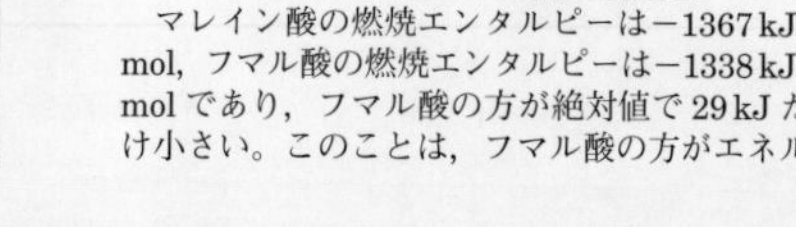

Ⓐ…分子内水素結合，Ⓑ…分子間水素結合を示す。

参考

マレイン酸とフマル酸の安定性

マレイン酸の燃焼エンタルピーは−1367kJ/mol，フマル酸の燃焼エンタルピーは−1338kJ/molであり，フマル酸の方が絶対値で29kJだけ小さい。このことは，フマル酸の方がエネル

ギー的に安定な化合物であり，大きなカルボキシ基が接近したマレイン酸では置換基どうしの反発（**立体障害**）が大きく，エネルギー的にやや不安定であることを示している。

（4）アルコールの-OHには電子供与性のアルキル基が結合しており，水の-OHに比べて極性が少し弱い。一方，カルボン酸の-OHには電子求引性のカルボニル基が結合しており，水の-OHに比べて極性が強い。したがって，極性の強い-OHをもつカルボン酸の方が極性の少し弱い-OHをもつアルコールよりも強い水素結合をつくることができる。

CH₃COOH(60)　沸点118℃，
CH₃CH₂CH₂OH(60)　沸点97℃

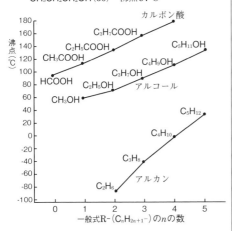

▶**255**
(1) 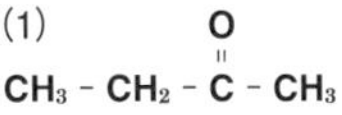　O
　　CH₃-CH₂-C-CH₃
(2) 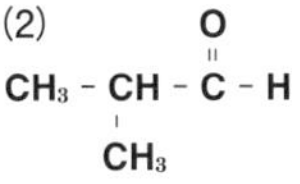　O
　　CH₃-CH-C-H
　　　　CH₃

(3) 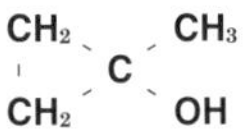　CH₂　　CH₃
　　　　C
　　CH₂　OH

(4) 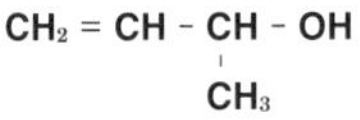　CH₂ = CH - CH - OH
　　　　　　　　CH₃

(5)
CH₃ - CH - CH₂　または　CH₂ - CH - CH₂ - CH₃
　　O - CH₂　　　　　　　　O

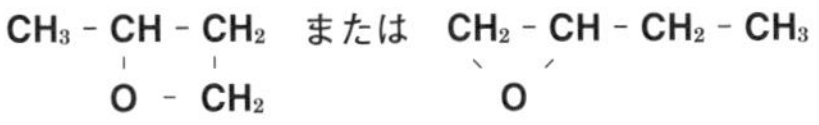

(6) 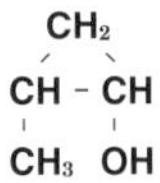　CH₂
　　CH - CH
　　CH₃ OH

(7) 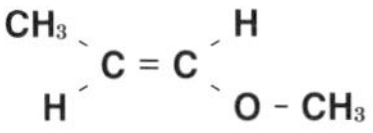　CH₃　　　　H
　　　　C = C
　　　H　　　O - CH₃

(8)
H　　　H
　C = C　　または　H　　　CH₃
H　　CH₂ - CH₂OH　　　　　C = C
　　　　　　　　　　　　　H　　CH₂ - OH

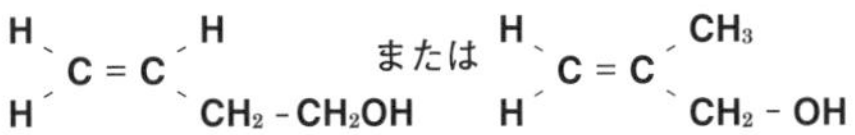

解説　分子式 C₄H₈O は，一般式 CₙH₂ₙO に該当するので，不飽和度は1。したがって，二重結合1個か環状構造を1個含む。
① アルデヒド　② ケトン　③ C=C結合をもつ不飽和アルコール　④ 不飽和エーテル　⑤ 環状構造のアルコール　⑥ 環状構造のエーテルなどがある。
　　　　　O
（1）ケトンR-C-R'の構造をもつものは，1種類。
（2）ホルミル基をもつものは，次の2種類で，枝分かれ構造をもつので後者が該当する。

CH₃ - CH₂ - CH₂ - CHO　　CH₃ - CH - CHO
　　　　　　　　　　　　　　　　　CH₃

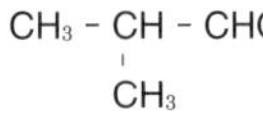

（3）第三級アルコールは，-OH基の結合しているC原子にH原子が存在しないアルコールで，鎖式構造の不飽和アルコールに該当するものはない。環式構造をもつアルコールのうち，(6)の(ii)だけが存在する。

（4）鎖式の不飽和アルコールに考えられる構造は
(i)　CH₂ = CH - CH₂ - CH₂ - OH
(ii)　CH₃ - CH = CH - CH₂ - OH
(iii) 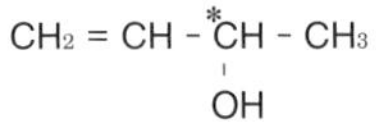　CH₂ = CH - *CH - CH₃
　　　　　　　　　OH
(iv) 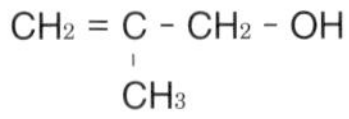　CH₂ = C - CH₂ - OH
　　　　　CH₃

このうち，不斉炭素原子を1個もつのは(iii)のみ。
（5）「エーテル結合を含む環状構造をもつ」とは，環内にエーテル結合をもつ化合物のことである。（ただし，(vii)は環外にエーテル結合があるので除外する。）
(i) 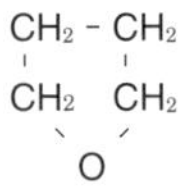　CH₂ - CH₂
　　CH₂　CH₂
　　　　O
(ii) 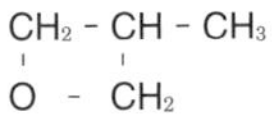　CH₂ - CH - CH₃
　　　O - CH₂
(iii) 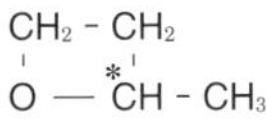　CH₂ - CH₂
　　　O — *CH - CH₃
(iv) 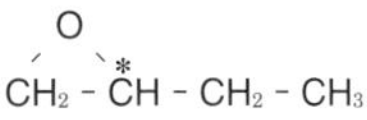　　O
　　CH₂ - *CH - CH₂ - CH₃
(v) 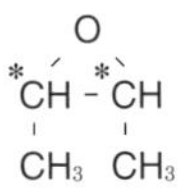　　　O
　　*CH - *CH
　　CH₃ CH₃
(vi) 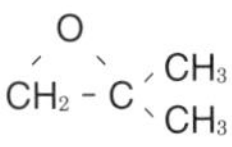　　O
　　　　　CH₃
　　CH₂ - C
　　　　　CH₃
(vii) 　CH₂
　　CH₂ - CH - O - CH₃

このうち不斉炭素原子を1個もつのは(iii)と(iv)。
（6）環状構造をもつアルコールに考えられる構造は
(i) 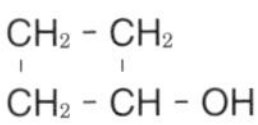　CH₂ - CH₂
　　CH₂ - CH - OH
(ii) 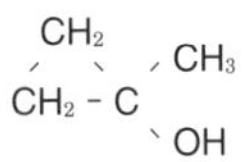　　CH₂
　　　　　CH₃
　　CH₂ - C
　　　　　OH

(iii)　CH$_2$
　　　 CH$_2$ - CH - CH$_2$ - OH

(iv)　CH$_2$
　　　 *CH - *CH
　　　 CH$_3$　 OH

このうち不斉炭素原子を2個もつのは(iv)。

(7) 鎖状構造の不飽和エーテルに考えられる構造は

(i)　CH$_2$ = CH - CH$_2$ - O - CH$_3$

(ii)　CH$_3$ - CH = CH - O - CH$_3$

(iii)　CH$_2$ = CH - O - CH$_2$ - CH$_3$

(iv)　CH$_2$ = C - O - CH$_3$
　　　　　　|
　　　　　 CH$_3$

このうちシス-トランス異性体の存在するのは(ii)。

(8) 鎖状構造の不飽和アルコールに考えられる構造は(4)と同じである。

シス-トランス異性体の存在しないのは，(i)，(iii)，(iv)

鏡像異性体の存在しないのは，(i)，(ii)，(iv)

これ以上，条件が与えられていないので，(i)と(iv)のどちらかである。

▶**256** (1) A　C$_6$H$_{14}$O，B　C$_6$H$_{14}$

(2) 5種類

(3) A
CH$_3$ - CH - CH$_2$ - CH - CH$_3$
　　　　|　　　　　 |
　　　 CH$_3$　　　 OH

B
CH$_3$ - CH - CH$_2$ - CH$_2$ - CH$_3$
　　　　|
　　　 CH$_3$

(4)　H　　　　　 H
　　　 ＼　　　 ／
　　　　 C = C
　　 CH$_3$　　　 CH - CH$_3$
　　　　　　　　　 |
　　　　　　　　 CH$_3$

(5) ①　3種類

②　　　 Cl
　　　　 |
　 CH$_3$ - C - CH$_2$ - CH$_2$ - CH$_3$
　　　　 |
　　　　 CH$_3$

または

　 CH$_3$ - CH - CH$_2$ - CH$_2$ - CH$_2$Cl
　　　　　 |
　　　　　 CH$_3$

(6) CH$_3$ - CH - CHBr - CHBr - CH$_3$
　　　　　 |
　　　　　 CH$_3$

解説 (1) C : H : O $= \dfrac{70.6}{12.0} : \dfrac{13.7}{1.0} : \dfrac{15.7}{16.0}$

$= 5.88 : 13.7 : 0.981$

$= 6 : 14 : 1$

(C$_6$H$_{14}$O)$_n$ = 102　102n = 102　n = 1

∴ Aの分子式もC$_6$H$_{14}$O

A(C$_6$H$_{14}$O) を濃硫酸で脱水すると，アルケンの混合物 Z(C$_6$H$_{12}$) が得られ，さらに水素付加すると，アルカン B(C$_6$H$_{14}$) が得られる。

∴ Bの分子式はC$_6$H$_{14}$

(2) 分子式C$_6$H$_{14}$の化合物Bに考えられる構造は

(i)　　　③　②　①
　 C - C - C - C - C - C

(ii)　　④　③　②　①
　 C - C - C - C - C
　　　　　　 |
　　　　　 C⑤

(iii)　　④　②　①
　 C - C - C - C - C
　　　　 |
　　　 C③

(iv)　　　　②　①
　 C - C - C - C
　　　　 |
　　　 C③

(v)　　②　①
　 C - C - C - C　　 (i) ～ (v) の計5種類。
　　　 |　 |
　　　 C　 C

(3) Bの塩素一置換体(分子量120.5)に5種類の異性体が存在するので，Bには環境の異なる5種類の水素原子(上図の①，②，③，④，⑤)が存在する。よって，題意を満たすBは(ii)。

AからBが得られるので，AもBと同じ炭素骨格をもつ。また，Aはヨードホルム反応が陽性なので，CH$_3$CH(OH)- の構造をもつ。よって，下の炭素骨格の右から2番目の炭素に-OHが結合した化合物がAである。

C - C - C - C - C ⟶ C - C - C - C - C
　　 |　　　　　　　　　　 |　 |
　　 C　　　　　　　　　　 C　 OH
　　 B　　　　　　　　　　　 A

(4) Aを脱水すると，次の化合物が生成する。
これらがアルケンの混合物Zに相当する。

(i)　CH$_3$ - CH - CH = CH - CH$_3$
　　　　　 |
　　　　 CH$_3$
　　 (シス，トランスあり)

(ii)　CH$_3$ - CH - CH$_2$ - CH = CH$_2$
　　　　　 |
　　　　 CH$_3$

これらのうち，シス-トランス異性体が存在するのは(i)のみ。そのうち，シス形が求める答である。

(5) 化合物Bの塩素一置換体のC～Gは，次の(a)～(e)のいずれか。

(a)　　　 Cl
　　　　 |
　 C - C - C - C - C
　　　 |
　　　 C

(b)　 C - *C - C - C - C
　　　　 |
　　　　 C - Cl

(c)　 C - C - *C - C - C
　　　　　　 |
　　　　　 C　 Cl

(d)　 C - C - C - *C - C
　　　　　　　 |
　　　　　　 C　 Cl

(e)　 C - C - C - C - C
　　　　　 |　　 |
　　　　 C　　 Cl

① 題意より，立体異性体を区別せず，構造異性体だけを区別すればよいから，不斉炭素原子をもつ

(b)，(c)，(d)の3種類である。

② 不斉炭素原子をもたない(a)，(e)のいずれか一つを書けばよい。

(6) (4)の(i)の臭素付加生成物は

$$CH_3 - \overset{*}{CH} - \overset{*}{CHBr} - \overset{*}{CHBr} - CH_3 \cdots\cdots(X)$$
$$\qquad\quad |$$
$$\qquad\quad CH_3$$

(4)の(ii)の臭素付加生成物は

$$CH_3 - CH - CH_2 - \overset{*}{CHBr} - CH_2Br \cdots\cdots(Y)$$
$$\qquad\quad |$$
$$\qquad\quad CH_3$$

よって，不斉炭素原子の数が多いのは(X)である。

▶**257** (1) **A** トランス-2-ブテン，
B シス-2-ブテン，**C** 1-ブテン，
D 2-メチルプロペン，**E** シクロブタン
(2)

F　　　　　　　　　　**G**
$$CH_3-CH_2-CH-CH_3 \quad CH_3-CH_2-CH_2-CH_2-OH$$
$$\qquad\qquad |$$
$$\qquad\qquad OH$$

H　　　CH_3　　　　**I**
$$CH_3-\overset{|}{\underset{|}{C}}-CH_3 \qquad CH_3-CH-CH_2-OH$$
$$\qquad OH \qquad\qquad\qquad CH_3$$

J　　　　　　O
　　　　　　　　‖
$$CH_3-CH_2-C-CH_3$$

解説 (1)，(2) 分子式C_4H_8 をもつA，B，C，Dは水が付加するのでアルケン。C_4H_8 のアルケン，およびそれに水を付加させて得られるアルコールの構造は次の通り。

(a)
$$C = C - C - C$$
$$\downarrow H_2O$$
(d)
(主)$C - C - C - C$
　　　　　|
　　　　 OH
(e)
(副)$C - C - C - C$
　　　|
　　 OH

(b)
$$C - C = C - C$$
$$\downarrow H_2O$$
(d)
$C - C - C - C$
　　　　|
　　　 OH　のみ

(c)　　　C
　　　　 |
$$C = C$$
　　　　 |
　　　　 C
$$\downarrow H_2O$$
(f)　　　C
　　　　 |
(主)$C - C - C$
　　　　 |
　　　　 OH
(g)　　　C
　　　　 |
(副)$C - C - C$
　　　　　|
　　　　 OH

253解説 のように，C=C結合に HX が付加するとき，HX の H は二重結合炭素に結合する H 原子の多い方の C 原子に，X は二重結合炭素に結合する H 原子の少ない方の C 原子に，それぞれ付加した化合物が主生成物となる(マルコフニコフの法則)。

A，Bからは1種類のアルコールFが得られるから，A，Bは(b)の2-ブテンで，Fは(d)の2-ブタノール。

2-ブテンにはシス-トランス異性体が存在するが，最も離れた炭素間の距離が長い A がトランス-2-ブテン。炭素間の距離が短い B はシス-2-ブテンと決まる。

Cからの主生成物がF(2-ブタノール)であるから，Cは(a)の1-ブテン。Cからの副生成物のGは(e)の1-ブタノール。

残る D は(c)の2-メチルプロペンであり，D からの主生成物の H は酸化を受けにくい第三級アルコールなので，(f)の2-メチル-2-プロパノール。D からの副生成物のIは(g)の2-メチル-1-プロパノールである。

なお，F(2-ブタノール)の酸化は次の通り。

$$C-C-C-C \xrightarrow{(O)} C-C-C-C \quad (エチルメチルケトン)$$
$$\quad |\qquad\qquad\qquad\qquad ‖$$
$$\quad OH\qquad\qquad\qquad\quad O \quad J$$

Jには，メチルケトン基CH_3CO-が存在するので，ヨードホルム反応を示し，題意を満たす。

Eには水が付加しないので，Eはアルケンではなく，シクロアルカン。考えられる構造は次の通り。

(i)　C - C
　　　|　 |
　　　C - C

(ii)　　　C
　　　　 ∕ ＼
　　　　C – C – C

題意より，E にはメチル基が存在しないので，E は(i)のシクロブタンである。

▶**258** (ア) $CH_3-CH_2-CH_2-CH_2-COOH$
(イ)，(ウ) $CH_3-CH_2-CH_2-COOH$，CH_3-COOH
(エ)，(オ) CH_3-CH_2-COOH，$CH_3-CO-CH_3$
(カ) $HOOC-(CH_2)_4-COOH$　(キ) 1
(ク) $CH_3-CH_2-CH_2-CH_2-\overset{*}{CH}-CH_2$
$$\qquad\qquad\qquad\qquad\qquad | \quad\ |$$
$$\qquad\qquad\qquad\qquad\qquad OH \; OH$$

(ケ) 2 (コ) 1 (サ) 2

(シ)

(ス)

(セ)

(ソ)

(タ)

(チ)

解説 アルケンは硫酸酸性の過マンガン酸カリウ

ムKMnO₄により，二重結合の酸化・開裂が起こる。

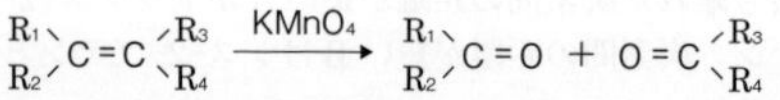

$$\underset{R_2}{\overset{R_1}{>}}C=C\underset{R_4}{\overset{R_3}{<}} \xrightarrow{KMnO_4} \underset{R_2}{\overset{R_1}{>}}C=O \; + \; O=C\underset{R_4}{\overset{R_3}{<}}$$

R₁，R₂がともにアルキル基であればケトン，R₁，R₂のうち一方がHであればアルデヒドを生じるが，ただちに酸化されてカルボン酸を生成する。また，R₁＝R₂＝Hならば，ホルムアルデヒド→ギ酸→炭酸と変化し，直ちに分解してCO₂を発生する。

1-ヘキセン

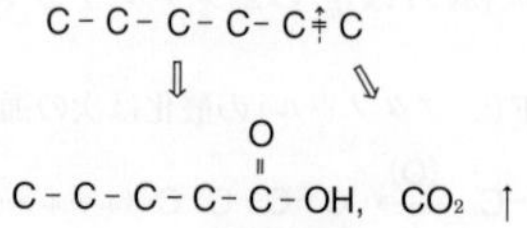

C-C-C-C-C═C

⇓

C-C-C-C-C-OH, CO₂↑
(ア)(吉草酸)

2-ヘキセン

C-C-C-C═C-C

⇓

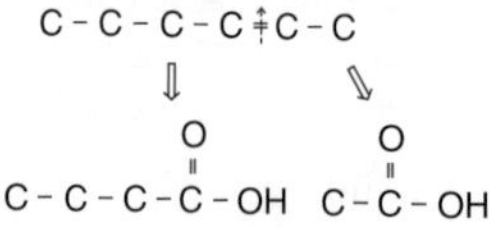

(イ)，(ウ)(酪酸)　(酢酸)

2-メチル-2-ペンテン

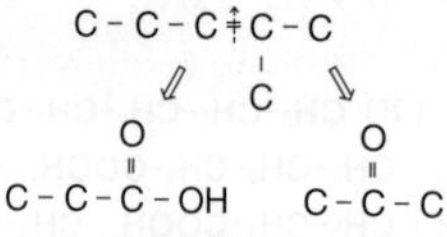

C-C-C═C-C

⇓

(エ)，(オ)(プロピオン酸)　(アセトン)

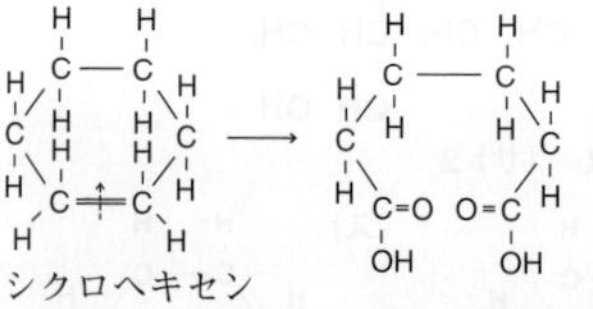

シクロヘキセン　　　(カ)
　　　　　　　　　(アジピン酸)

アルケンのおだやかな条件でのKMnO₄酸化では，二重結合は開裂せず，2価アルコールが生成する。

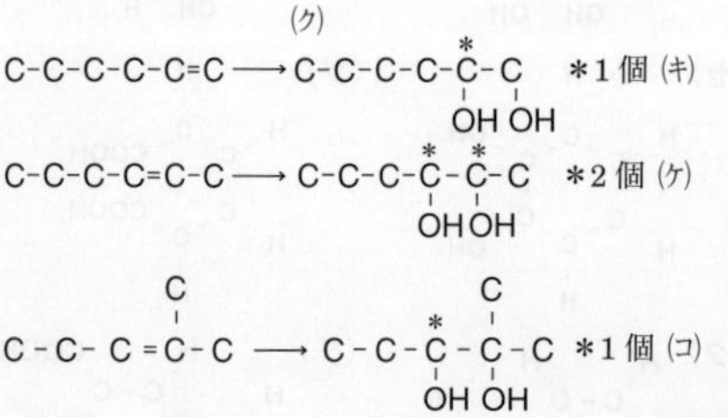

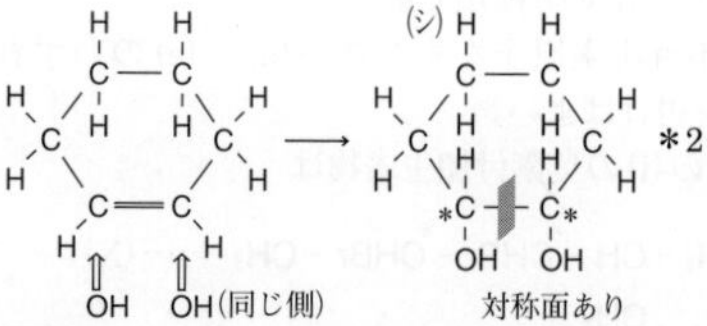

(ク)
C-C-C-C-C═C ⟶ C-C-C-C-C*-C　*1個(キ)
　　　　　　　　　　　　　OH OH

C-C-C-C═C-C ⟶ C-C-C-C*-C*-C　*2個(ケ)
　　　　　　　　　　　　OH OH

C-C-C═C-C ⟶ C-C-C*-C-C　*1個(コ)
　　C　　　　　　　C　OH OH
（with C branches）

(シ)　　　　　　　　*2個(サ)
(同じ側)　　　　対称面あり

OH基の付加が，二重結合をつくる平面に対して，同じ側から行われる場合を**シス付加**，反対側から行われる場合を**トランス付加**という。本問では，OHの付加はシス付加で行われるので，上記(シ)のようなシス形のみが生成し，その立体異性体であるトランス形(下記)は生成しない。

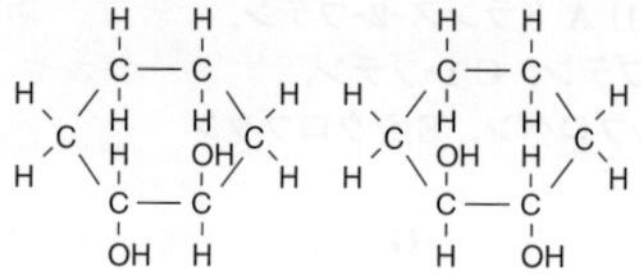

ベンゼン環の酸化・開裂反応は，まず，ベンゼンを構造式で表し，題意のように，二重結合をはさむオルトの位置にある2個のH原子が，それぞれOH基で置換されて，さらに，その二重結合が酸化・開裂されると考えるとよい。

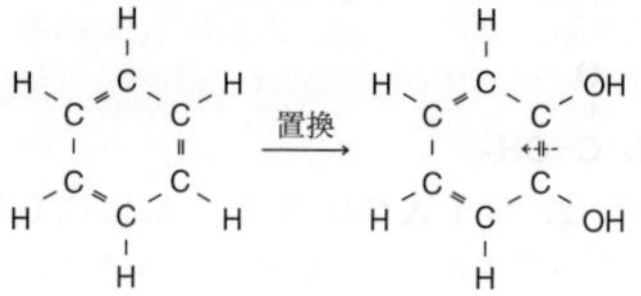

置換
(セ)

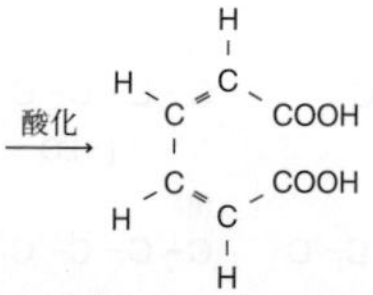

酸化
(ソ)

C=C結合を2個もつ化合物(ソ)には，最大2²＝4〔種類〕のシス-トランス異性体が考えられるが，下記の(b)を裏返すと(c)に完全に重なり，(b)と(c)は同一物質である。よって，シス-トランス異性体は(a)，(b)，(d)の3種類しかない。

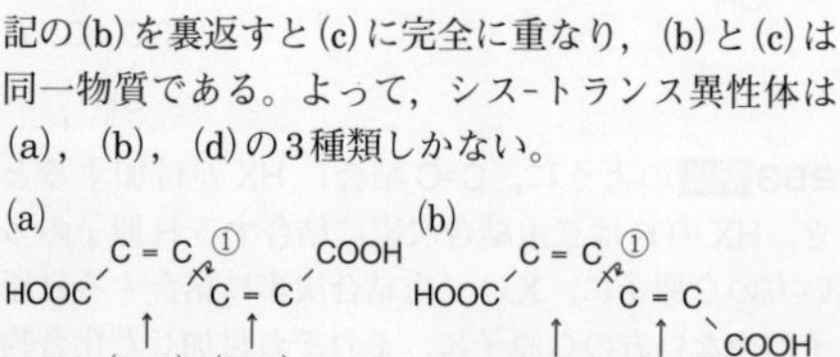

(a)
HOOC-C=C①-COOH
C=C
(シス)(シス)

(b)
HOOC-C=C①
C=C-COOH
(シス)(トランス)

(c)
```
              C = C
      C = C        COOH
HOOC   ↑     ↑
    (トランス)(シス)
```
(d)
```
          ①C = C      COOH
              C = C   C
      C = C
HOOC   ↑     ↑    ↑
    (トランス)(シス)(トランス)
```

（a），（b），（d）のうち，①のC-C結合を回転させたとき，COOH基どうしが最も近い構造をとる（ソ）は（a）である。COOH基どうしが最も離れた構造をとる（チ）は（d）である。よって，残る（タ）は（b）と決まる。

▶259　(1) 6種類

(2)

A
```
              CH3
CH2 = CH - CH - CH3
```

B
```
              CH3
CH3 - CH - CH - CH3
              OH
```

C
```
CH3 - CH - CH2 - CH2 - OH
       CH3
```

D
```
CH3 - CH - CH2 - C - H
       CH3         O
```

E
```
          CH3
CH3 - CH = C - CH3
```

解説　(1) 分子式 C_5H_{10} は，一般式 C_nH_{2n} に該当するから，アルケンかシクロアルカンであるが，題意より，Aは鎖式化合物なのでアルケンである。

C_5 の炭素骨格には次の3通りあり，C＝C結合の位置を番号で示すと，次の5種類の構造異性体が存在する。

```
C - C - C - C - C      C - C - C - C      C - C - C
    ↑   ↑                  C                 C
    ②   ①              ↑   ↑   ↑
                        ⑤   ④   ③         (C=C結合は
                                           存在しえない)
```

① C = C - C - C - C
② C - C = C - C - C
　　（シス，トランスあり）
③
```
        C
C - C - C = C
```
④
```
        C
C - C = C - C
```
⑤
```
        C
C = C - C - C
```

②にはシス-トランス異性体が存在するので，異性体の種類は全部で6種類ある。

(2) A（アルケン）に水を付加させて得られる B，C は，金属Naと反応するのでアルコールである。

①
```
                   (主) C - C*- C - C - C   (a)
                            OH
C = C - C - C - C
                   (副) C - C - C - C - C   (b)
                            OH
```

②
```
                   (主) C - C*- C - C - C   (a)
                            OH
C - C = C - C - C
                   (副) C - C - C - C - C   (c)
                                OH
```

③
```
        C
C - C - C = C      (主) C - C - C - C       (d)
                                OH
                   (副)       C
                       C - C - C - C       (e)
                                OH
```

④
```
        C
C - C = C - C      (主)       C
                       C - C - C - C       (d)
                                OH
                   (副)       C
                       C - C*- C - C       (f)
                                OH
```

⑤
```
        C
C = C - C - C      (主)       C
                       C - C*- C - C       (f)
                                OH
                   (副)       C
                       C - C - C - C       (g)
                                OH
```

C＝C結合に対する HX（X＝Cl，OHなど）の付加反応は，H原子の数の多く結合したC原子にHが付加しやすく，H原子の数の少ない方のC原子にXが付加しやすい。これを**マルコフニコフの法則**という。

主生成物Bが不斉炭素原子をもち，副生成物Cが不斉炭素原子をもたないので，Aに該当するのは，①，②，⑤である。副生成物Cを酸化するとアルデヒドDを生成するので，Cは第一級アルコールの(b)か(e)か(g)である。したがって，Aに該当するのは，①，③，⑤である。

よって，両方に該当するAは，①，⑤である。

Bが(a)のとき
```
C - C - C - C - C      (主) C - C = C - C - C   ②
        OH                 （シス，トランスあり）
                       (副) C = C - C - C - C   ①
```

Bが(f)のとき
```
        C                        C
C - C - C - C          (主) C - C = C - C       ④
        OH                       C
                       (副) C = C - C - C       ⑤
```

Bを脱水して得られる主生成物Eにシス-トランス異性体が存在しないので，Bは(f)。よって，A

は⑤，Cは(g)と決まる。また，Eは④と同じである。

第一級アルコールCを酸化すると，アルデヒドDが得られる。

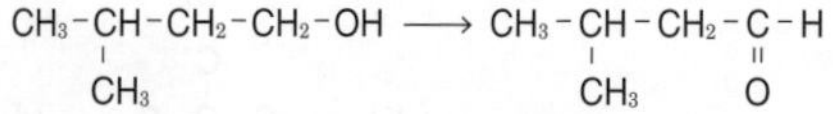

$$CH_3\text{-}CH\text{-}CH_2\text{-}CH_2\text{-}OH \longrightarrow CH_3\text{-}CH\text{-}CH_2\text{-}C\text{-}H$$
$$\quad\quad\underset{CH_3}{|}\quad\quad\quad\quad\quad\quad\quad\underset{CH_3}{|}\quad\quad\underset{O}{\|}$$

参考　**ザイチェフ・ワグナーの法則**

2-ペンテン $^1CH_3\text{-}^2CH{=}^3CH\text{-}^4CH_2\text{-}^5CH_3$ に水を付加させたとき，生成物には次の2種類が考えられる。

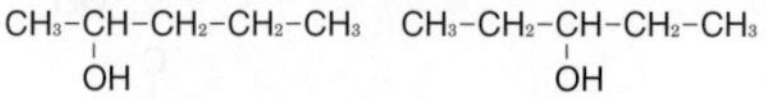

$$CH_3\text{-}CH\text{-}CH_2\text{-}CH_2\text{-}CH_3 \quad CH_3\text{-}CH_2\text{-}CH\text{-}CH_2\text{-}CH_3$$
$$\quad\quad\underset{OH}{|}\quad\quad\quad\quad\quad\quad\quad\quad\quad\underset{OH}{|}$$

　　2-ペンタノール　　　　　3-ペンタノール

　2-ペンテンのC=C結合に結合するH原子の数はともに1個であり，マルコフニコフの法則では，この反応での主生成物は判断できない。このような，C=C結合に同数のH原子が結合したアルケンにHX型の分子が付加する場合には，Xは分子の末端に近いC原子に付加しやすいという経験則がある。これを**ザイチェフ・ワグナーの法則**という。この法則は，C=C結合の二重結合を形成するπ電子と隣接するアルキル基のC-H結合との間の相互作用(**超共役**)の大小で説明される。すなわち，C-H結合の数が多いアルキル基ほど超共役による電子供与性の効果は大きくなる。

$$-CH_3>-CH_2CH_3>-CH(CH_3)_2>-C(CH_3)_3$$

　よって，2-ペンテンでは，電子供与性の大きいメチル基によって，C=C結合のπ電子は ^3C 原子の方へ押し出され，先に付加するため，^2C 原子に正電荷をもつ炭素陽イオン $CH_3\text{-}^+CH\text{-}CH_2\text{-}CH_2\text{-}CH_3$ が生成しやすい。これに少し遅れて OH^- が付加するので，主生成物は2-ペンタノールとなる。

▶260　A　D-酒石酸，B　L-酒石酸

解説　不斉炭素原子の立体配置を区別する **R/S** 表示法の型を決める規則(**CIP順位則**)は次の通り。

1. 不斉炭素原子に結合する4つの置換基に，以下の優先順位をつける。

① 不斉炭素原子に直接結合する原子の原子番号が大きい方を上位とする。

② ①で比較した原子番号が同じ場合は，その次に結合する原子どうしを比較し，原子番号が大きい方を上位とする。

③ 二重結合している原子は，同じ原子が2個つながっているとする。

2. 最下位の原子が最も遠くなるように分子を見たとき，残り3つの置換基の優先順位①→②→③の順が時計回りならば立体配置は R 型，反時計回りならば立体配置は S 型と定める。

　酒石酸の不斉炭素原子 C^* に結合する置換基のCIP順位則による優先順位は，①-OH，②-COOH

③-CH(OH)COOHである。

　Aでは，最低順位の原子(H)が紙面奥側(⑴⑴⑴H)に向いているので，C^* の R/S 表示は区別しやすい。

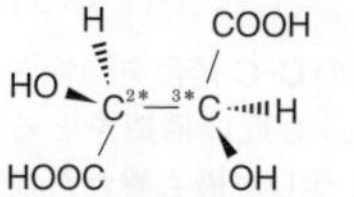

A

　2位の C^* に結合するHは紙面奥側に向いているので，それ以外の置換基の立体配置は下図の通り。

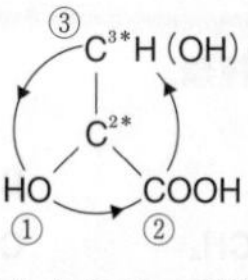

　①→②→③は左回りなので，S 型である。

　3位の C^* に結合するHも紙面奥側に向いているので，それ以外の置換基の立体配置は，

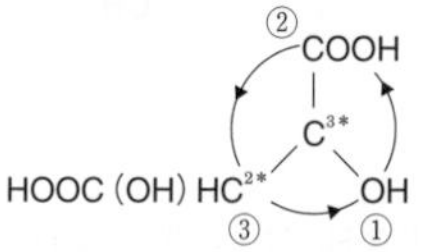

　①→②→③は左回りなので，S 型である。

　よって，Aの不斉炭素原子 C^* は (2S, 3S) の立体配置をとるので，AはD-酒石酸である。

　Bでは，最低順位の原子(H)が紙面手前側(—H)に向いているので，C^* の R/S 表示は注意を必要とする。

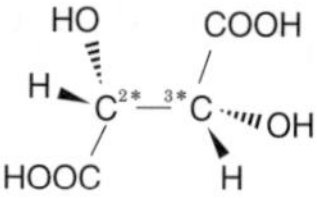

　2位の C^* に結合するHは紙面手前側に向いているので，それ以外の置換基の立体配置は，

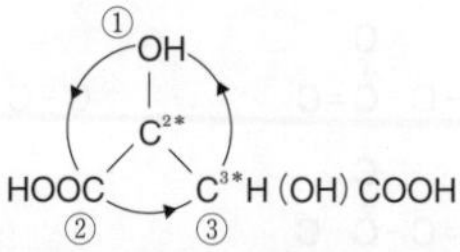

　①→②→③は左回りなので，S 型と判断してはいけない。「H原子を紙面奥側に向けて分子を見る」という約束に従うと，①→②→③は右回りとなるので，R 型と判断する。

　3位の C^* に結合するHも紙面手前側に向いているので，それ以外の置換基の立体配置は，

COOH の構造図（C* を中心に ② COOH、① OH、③ HOOC (OH) HC）

①→②→③は左回りであるが、「H原子を紙面奥側に向けて分子を見る」という約束に従うと、①→②→③は右回りとなるので、R型と判断する。

よって、Bの不斉炭素原子 C^* は、(2R, 3R) の立体配置をとるので、BはL-酒石酸である。

参考 **自然界での酒石酸の存在状態**

L-酒石酸は天然には遊離の酸、カリウム塩、カルシウム塩として広く植物中に存在する。無色の結晶で融点170℃、密度 $1.76\,g/cm^3$。旋光度は＋12.0°。

D-酒石酸は一部の植物中に存在する。無色の結晶で物理的性質はL-酒石酸と同じ。ただし、旋光度は－12.0°。

メソ酒石酸は天然に存在せず、無色の結晶で融点151℃、密度 $1.67\,g/cm^3$ で旋光度は0°。

▶**261** (ア) エステル (イ) セッケン (ウ) 脂肪 (エ) 脂肪油 (オ) 飽和脂肪酸 (カ) 不飽和脂肪酸 (キ) 硬化油

(1) $(RCOO)_3C_3H_5 + 3NaOH$
$$\longrightarrow 3RCOONa + C_3H_5(OH)_3$$
または $C_3H_5(OCOR)_3 + 3NaOH$
$$\longrightarrow 3RCOONa + C_3H_5(OH)_3$$

(2) (i) 878 (ii) けん化価 191、ヨウ素価 174

(3) 不飽和度の大きい脂肪酸のC=C結合の部分が、空気中の酸素と反応して架橋構造を形成して重合するから。

解説 (1) 例えば、ステアリン酸3分子とグリセリン1分子がエステル結合してできた油脂を、ステアリン酸トリグリセリド、略してトリステアリンという。天然の油脂は、このような単一組成の油脂（単純グリセリド）は極めて少なく、異なる種類の脂肪酸から構成された混合組成の油脂（混成グリセリド）が多く、さらにこれらが任意の割合で集まってできた複雑な混合物である。

不飽和脂肪酸を多く含む液体状の油脂（**不飽和油脂**）にNi触媒を用いて H_2 を付加すると、飽和脂肪酸を多く含む油脂（**飽和油脂**）に変化し、融点が上がり固体状の油脂となる。こうして得られた油脂を**硬化油**といい、マーガリンやセッケンの原料に使われる。

(2) (i) この油脂を、便宜上、単一組成をもつ3種類の油脂の混合物と考える。つまり、トリオレイン10%、トリリノール80%、トリリノレン10%（モル%）からなる混合物と考えるとわかりやすい。

トリステアリン $C_3H_5(OCOC_{17}H_{35})_3$ の分子量890

トリオレイン $C_3H_5(OCOC_{17}H_{33})_3$ の分子量884
トリリノール $C_3H_5(OCOC_{17}H_{31})_3$ の分子量878
トリリノレン $C_3H_5(OCOC_{17}H_{29})_3$ の分子量872

$$884 \times \frac{10}{100} + 878 \times \frac{80}{100} + 872 \times \frac{10}{100} = 878$$

(ii) (1)の反応式の係数比より、油脂1molのけん化に対しては、その種類を問わず、常に3molの強塩基が必要である。定義より、油脂1gを完全にけん化するのに必要なKOHのミリグラム数がけん化価であるから、

$$\frac{1}{878} \times 3 \times 56 \times 10^3 \fallingdotseq 191$$

上式をよく見ると、けん化価は油脂の平均分子量に反比例することがわかる。つまり、けん化価が大きいということは、油脂の平均分子量が小さいこと、すなわち、比較的分子量の小さな脂肪酸で構成された油脂であることを示す。

オレイン酸 $C_{17}H_{33}COOH$、リノール酸 $C_{17}H_{31}COOH$、リノレン酸 $C_{17}H_{29}COOH$ は、飽和脂肪酸のステアリン酸 $C_{17}H_{35}COOH$ に比べて、それぞれ水素原子が2, 4, 6個不足している。つまり、各脂肪酸1分子中のC=C結合の数（**不飽和度**）は、それぞれ1, 2, 3個である。よって、油脂1分子中に含まれるC=C結合の数（**不飽和度**）は、トリオレインが3、トリリノールが6、トリリノレンが9個となる。この油脂1分子中に含まれるC=C結合の数の平均値は、

$$3 \times \frac{10}{100} + 6 \times \frac{80}{100} + 9 \times \frac{10}{100} = 6 〔個〕$$

つまり、この油脂1molに付加しうる I_2 は6molである。また、定義より、油脂100gに付加しうる I_2（分子量254）のグラム数がヨウ素価であるから、

$$\frac{100}{878} \times 6 \times 254 \fallingdotseq 174$$

参考 **油脂を構成する脂肪酸の種類**

同一炭素数の脂肪酸ならば、飽和脂肪酸の融点は高く、不飽和脂肪酸の融点は低い。
ステアリン酸 $C_{17}H_{35}COOH$ （75℃）
オレイン酸 $C_{17}H_{33}COOH$ （13℃）
リノール酸 $C_{17}H_{31}COOH$ （－5℃）
リノレン酸 $C_{17}H_{29}COOH$ （－11℃）
これは、天然油脂を構成する不飽和脂肪酸中のC=C結合はすべてシス形であり、二重結合が多くなるほど、分子の形が屈曲して分子の表面積が減り、分子間力が小さくなるためである。

飽和脂肪酸分子　　不飽和脂肪酸分子

なお、油脂の融点は、構成脂肪酸の融点の高低によって強く影響されると考えられる。

同程度の平均分子量をもつ油脂では、構成脂肪酸中にC=C結合を多く含む不飽和脂肪酸の割合が大きくなるほど、ヨウ素価が大きくなり、融点も低くなる。

参考

油脂の乾燥

　不飽和度の大きい脂肪油を空気中に放置すると，C=C結合の部分が空気中のO_2と反応して重合し，その表面から樹脂状に固化する。これを**油脂の乾燥**という。ヨウ素価(130以上)の大きい脂肪油を**乾性油**といい，印刷インクや塗料などに用いられる。一方，ヨウ素価(100以下)の小さい油脂を空気中に放置しても固化することはない。このような脂肪油は**不乾性油**とよばれ，整髪油や食用油に用いられる。これらの中間のヨウ素価(100〜130)を示す脂肪油を**半乾性油**といい，食用油として重要なものが多い。

　不飽和脂肪酸のうち，オレイン酸(C=C結合1個)を多く含む脂肪油(椿油，オリーブ油など)は乾燥性が弱く，**不乾性油**に分類される。一方，リノール酸(C=C結合2個)やリノレン酸(C=C結合3個)を多く含む脂肪油(アマニ油，桐油など)は乾燥性が強く，**乾性油**に分類される。

　実は，油脂の乾燥が起こるのは，C=C結合の部分ではなく，C=C結合にはさまれたメチレン基(-CH_2-)の部分である。この部分は反応性が特に大きいことから**活性メチレン基**という。活性メチレン基は，2個の不対電子をもつ酸素分子O_2の攻撃を受けやすく，そのHを奪われやすい。この位置に生じたラジカル(下図のA)は隣の二重結合との間で共鳴安定化しており，容易に互いに重合したり，別のO_2分子と反応して架橋構造(下図のB)を形成することにより，油脂の表面から酸化・重合していくと考えられている。

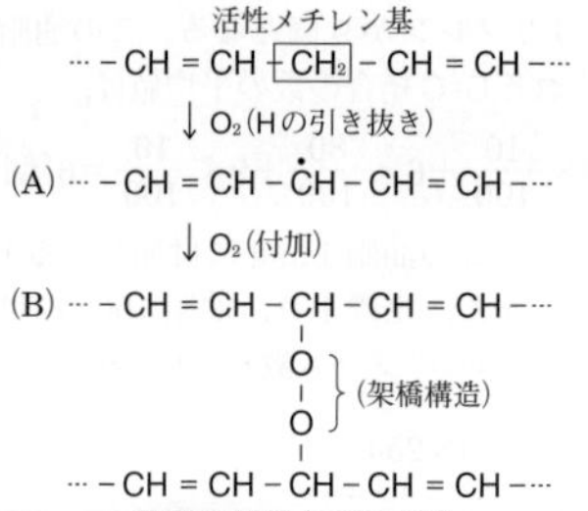

活性メチレン基
$$\cdots -CH=CH-\boxed{CH_2}-CH=CH-\cdots$$
　　　　　$\downarrow O_2(Hの引き抜き)$
(A) $\cdots -CH=CH-\dot{C}H-CH=CH-\cdots$
　　　　　$\downarrow O_2(付加)$
(B) $\cdots -CH=CH-CH-CH=CH-\cdots$
　　　　　　　　　　　$\underset{O}{|}$
　　　　　　　　　　　$\underset{O}{|}$ (架橋構造)
$$\cdots -CH=CH-CH-CH=CH-\cdots$$
油脂の乾燥(モデル図)

▶262 A
$$CH_3-\underset{\underset{CH_3}{|}}{\overset{\overset{CH_3}{|}}{C}}-CHO$$

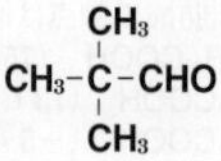

B
$$CH_3-CH_2-\overset{\overset{O}{\|}}{C}-CH_2-CH_3$$

C
$$CH_3-CH=\underset{\underset{CH_3}{|}}{C}-CH_2-OH$$

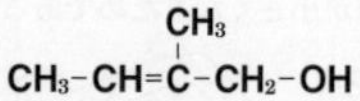

D
$$CH_2=CH-\underset{\underset{OH}{|}}{CH}-CH_2-CH_3$$

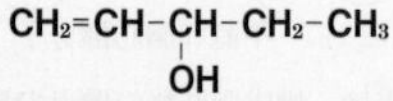

解説　A〜Dは飽和化合物の$C_5H_{12}O$に比べてH原子が2個少なく，すべて鎖式構造をもつことから，(i)アルデヒド，(ii)ケトン，(iii)C=C結合を1個もつアルコール，(iv)C=C結合を1個もつエーテルの

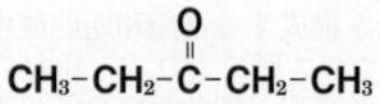

いずれかである。

　A，Bは金属Na，臭素水とも反応しないので，OH基，C=C結合をもたないアルデヒドかケトンである。一方，C，Dは金属Naと反応し，臭素水を脱色するので，C=C結合を1個もつアルコールである。

　Aはフェーリング液を還元して，酸化銅(I)の赤色沈殿を生成するのでアルデヒドである。考えられる構造は次の4種類がある。

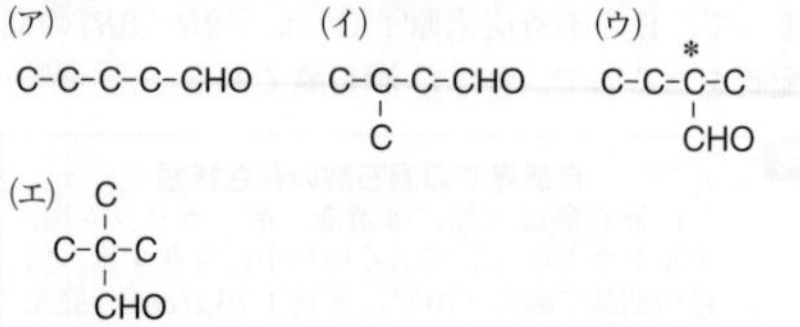

(ア)
$$C-C-C-C-CHO$$
(イ)
$$C-C-\underset{\underset{C}{|}}{C}-CHO$$
(ウ)
$$C-C-\overset{*}{\underset{\underset{CHO}{|}}{C}}-C$$
(エ)
$$C-\underset{\underset{CHO}{|}}{\overset{\overset{C}{|}}{C}}-C$$

　Bは，フェーリング液を還元しないのでケトン。考えられる構造には次の3種類がある。

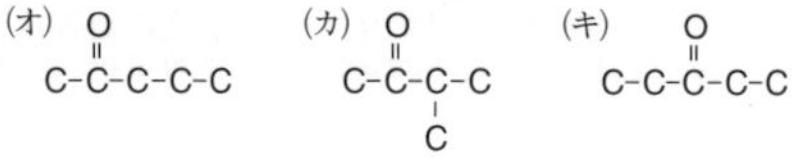

(オ)
$$C-\overset{\overset{O}{\|}}{C}-C-C-C$$
(カ)
$$C-C-\overset{\overset{O}{\|}}{C}-C-C$$
(キ)
$$C-C-\overset{\overset{O}{\|}}{C}-C-C$$

　上の(ア)〜(エ)を接触水素還元(固体触媒を用いた水素還元のこと)すると，それぞれ(ア)′〜(エ)′が生成する。

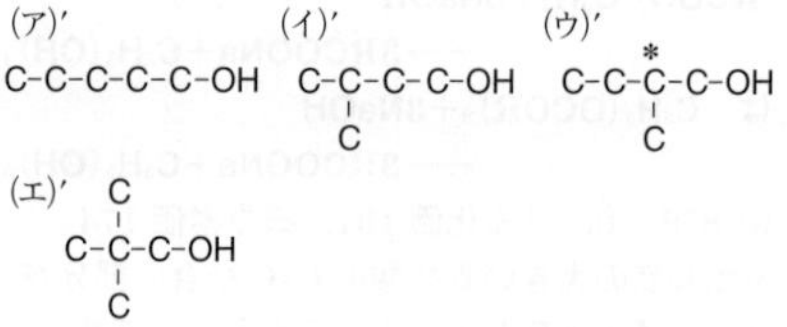

(ア)′
$$C-C-C-C-C-OH$$
(イ)′
$$C-C-\underset{\underset{C}{|}}{C}-C-OH$$
(ウ)′
$$C-C-\overset{*}{\underset{\underset{C}{|}}{C}}-C-OH$$
(エ)′
$$C-\underset{\underset{C-OH}{|}}{\overset{\overset{C}{|}}{C}}$$

　このうち(エ)′だけは，OH基の結合するC原子の隣のC原子にH原子がなく，濃硫酸の脱水反応は起こらない。よって，Eは(エ)′。Aは(エ)と決まる。

　同様に，(オ)〜(キ)を接触水素還元すると，それぞれ(オ)′〜(キ)′を生成する。

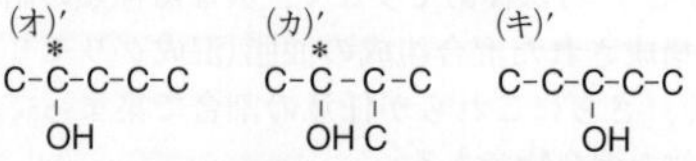

(オ)′
$$C-\overset{*}{\underset{\underset{OH}{|}}{C}}-C-C-C$$
(カ)′
$$C-C-\overset{*}{\underset{\underset{OH}{|}}{\overset{\overset{C}{|}}{C}}}-C$$
(キ)′
$$C-C-\underset{\underset{OH}{|}}{C}-C-C$$

　Fは不斉炭素原子が存在しないので，(キ)′である。よって，Bは(キ)と決まる。

　C，Dに考えられる構造は，次の(ク)〜(シ)の炭素5個の骨格に-OHを結合させたアルコールと考えればよい。(ただし，題意より，C=C結合に-OHが直結した化合物は除外する。)

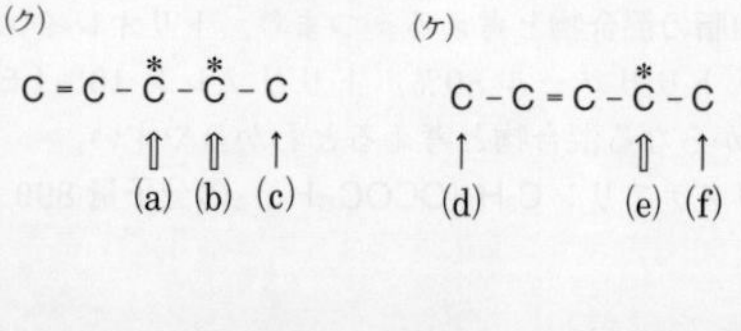

(ク)
$$C=C-\overset{*}{C}-\overset{*}{C}-C$$
　　$\Uparrow$　$\Uparrow$　$\Uparrow$
　　(a) (b) (c)

(ケ)
$$C-C=C-\overset{*}{C}-C$$
　　　　　　$\Uparrow$　$\Uparrow$
　　　　　　(d)　(e) (f)

（コ）
$$C = C - C - C$$
（上に C 枝）
↑ ↑（g）（h）（注 *を生じる）

（サ）
$$C - C = C - C$$
（上に C 枝）
↑ ↑（i）（j）
（シス-トランス異性体なし）

（シ）
$$C = C - \overset{*}{C} - C$$
（下に C 枝）
↕（l）↑（m）
（k）

← 第一級アルコール
⇔ 第二級アルコール
← 第三級アルコール

Cにはシス-トランス異性体が存在するので，炭素鎖の末端の二重結合をもつ（ク），（コ），（シ）の炭素骨格はすべて除外される。鏡像異性体が存在しないので，（ケ）の（d），（ケ）の（f），（サ）の（j）が該当する。このうち，接触水素還元して生じたアルコールに不斉炭素原子を有するCは，（サ）の（j）である。

Dにはシス-トランス異性体が存在せず，不斉炭素原子をもつので，（ク）の（a），（ク）の（b），（コ）の（h），（シ）の（l）のいずれかである。このうち，接触水素還元で生じたアルコールで不斉炭素原子が消失するDは，（ク）の（a）のみである。

▶**263** (1) 860 1個 (2) $C_{17}H_{35}COOH$

(3)

$CH_2-OCO-C_{17}H_{35}$　$CH_2-OCO-C_{17}H_{33}$　$CH_2-OCO-C_{17}H_{33}$
$CH-OCO-C_{17}H_{33}$　$CH-OCO-C_{17}H_{35}$　$CH-OCO-C_{15}H_{31}$
$CH_2-OCO-C_{15}H_{31}$　$CH_2-OCO-C_{15}H_{31}$　$CH_2-OCO-C_{17}H_{35}$

解説 (1) 油脂Aの分子量をMとおくと，油脂1 molのけん化には，常に塩基3 molが必要だから，式量はKOH＝56より，

$$\frac{21.5}{M}\times 3=\frac{4.20}{56} \quad \therefore \ M=860$$

油脂A1分子中に含まれるC＝C結合の数（**不飽和度**）をnとすると，
C＝C結合1 molには，H_2 1 molが付加するから，

$$\frac{21.5}{860}\times n=\frac{0.560}{22.4} \quad \therefore \ n=1$$

(2) 油脂A（分子量860）1分子にH_2 1分子が付加したので，生成した飽和油脂の分子量は，

$$860+2=862$$

飽和脂肪酸の一般式は，$C_nH_{2n+1}COOH$とおけるから，この飽和油脂の示性式は，次のようになる。

$$C_3H_5(OCOC_{15}H_{31})(OCOC_nH_{2n+1})_2$$

分子量を計算して，

$$41+255+(14n+45)\times 2=862$$
$$\therefore \ n=17$$

∴ 飽和脂肪酸Bは，$C_{17}H_{35}COOH$（ステアリン酸）

(3) 油脂Aの不飽和度が1であり，かつ，構成する脂肪酸が3種類であるから，その組み合わせは，$C_{15}H_{31}COOH$（パルミチン酸），$C_{17}H_{35}COOH$（ステアリン酸），$C_{17}H_{33}COOH$（オレイン酸）と決まる。

（不飽和度1の油脂Aを構成する脂肪酸として，$C_{15}H_{29}COOH$（パルミトレイン酸）1分子と，$C_{17}H_{35}COOH$（ステアリン酸）2分子の組合せも考えられるが，これは3種類の異なる脂肪酸という題意に反する。）

したがって，各脂肪酸のグリセリンに対する結合位置の違いで区別すると，次のような3種類の構造異性体が考えられる。

(a)
$CH_2-OCO-C_{17}H_{35}$
$\overset{*}{C}H-OCO-C_{17}H_{33}$
$CH_2-OCO-C_{15}H_{31}$

(b)
$CH_2-OCO-C_{17}H_{33}$
$\overset{*}{C}H-OCO-C_{17}H_{35}$
$CH_2-OCO-C_{15}H_{31}$

(c)
$CH_2-OCO-C_{17}H_{33}$
$\overset{*}{C}H-OCO-C_{15}H_{31}$
$CH_2-OCO-C_{17}H_{35}$

（(a)，(b)，(c)それぞれC^*が不斉炭素原子となり，1対の鏡像異性体が存在するが，本問では，構造異性体だけを問うているから，これらは考慮しなくてよい。）

▶**264** (ア)チンダル現象　(イ)疎水　(ウ)親水　(エ)ミセル　(オ)乳化作用　(カ)表面張力　(キ)硬　(ク)微生物

(1)
$$C_{12}H_{25}OH + H_2SO_4 \longrightarrow C_{12}H_{25}OSO_3H + H_2O$$
$$C_{12}H_{25}\text{—}\!\!\bigcirc\!\!\text{—} + H_2SO_4$$
$$\longrightarrow C_{12}H_{25}\text{—}\!\!\bigcirc\!\!\text{—}SO_3H + H_2O$$

上の反応は，酸とアルコールからエステルを生じる縮合反応である。下の反応は，ベンゼン環をスルホン化する置換反応である。

(2) (b) セッケンは弱酸（脂肪酸）と強塩基（NaOH）からなる塩で，水に溶けると一部が加水分解して弱い塩基性を示し，タンパク質からなる動物性繊維をいためやすい。一方，合成洗剤は強酸（硫酸）と強塩基（NaOH）からなる塩で，水に溶けても加水分解せず中性を示し，動物性繊維をいためない。
(c) セッケンは硬水中のCa^{2+}やMg^{2+}と反応して，不溶性の塩をつくり沈殿するので，洗浄能力が低下する。一方，合成洗剤は硬水中のCa^{2+}やMg^{2+}とも不溶性の塩をつくらず，洗浄能力は低下しない。
(3) セッケンや合成洗剤の分子は，油汚れを疎水性の原子団で取り囲み，細かく分割して，安定なコロイド粒子（ミセル）として水溶液中に分散させる。このような乳化作用により主に洗浄作用が現れる。

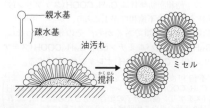

親水基
疎水基
油汚れ
ミセル
撹拌（かくはん）

解説　セッケンや合成洗剤は，分子中に疎水基と親水基を合わせもつ。このような物質を**界面活性剤**という。したがって，界面活性剤が水に溶けると，水分子間の水素結合がかなり切断されるため，水の表面張力が小さくなる。このため，セッケン水は純水よりも繊維などの細かなすき間にも浸透しやすくなり，洗浄作用を大きくする効果がある。

(1) **合成洗剤**には，高級アルコールの硫酸エステル塩(主に台所用洗剤)と，直鎖アルキルベンゼンスルホン酸塩(主に衣料用洗剤)からなる。

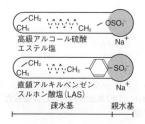

高級アルコール硫酸
エステル塩

直鎖アルキルベンゼン
スルホン酸塩(LAS)
疎水基　　　　親水基

前者に比べて後者の方が微生物による分解作用(生分解性)が小さく，環境への負荷が大きい。一方，天然の油脂からつくられた**セッケン**は生分解性が大きく，環境に最も優しい洗剤である。

(2) (b) 衣料用洗剤には，洗浄力を高めるためにNa_2CO_3などのアルカリが添加されているものがある。したがって，絹や羊毛などの動物性繊維はアルカリに侵されやすいので，その洗濯には，アルカリを添加していない中性洗剤を使う必要がある。

(c) セッケンのもう1つの欠点は，酸性水溶液中では洗浄力を失うことである。これは，セッケン水に酸を加えると，$RCOOH \rightleftharpoons RCOO^- + H^+$の平衡が左に移動し，水に溶けにくい高級脂肪酸が遊離してしまうからである。

(3) 高級脂肪酸のアルカリ金属塩は**セッケン**とよばれ，長い疎水性の炭化水素基と親水性のカルボキシラートイオン($-COO^-$)の部分からなる。セッケン水は一定濃度以上になると，数十〜百個程度の分子どうしが疎水基を内側に，親水基を外側に向けて集合し，会合コロイド(ミセル)をつくる性質がある。ここに油汚れのついた繊維を浸すと，油汚れはセッケンの疎水基によってミセルの中に完全に閉じ込め

られる。続いて，機械的な力によって撹拌(かくはん)を続けると，大きなミセルはさらに小さなミセルとなり，水溶液中に完全に分散される。このような作用をセッケンの**乳化作用**，できた水溶液を**乳濁液**という。

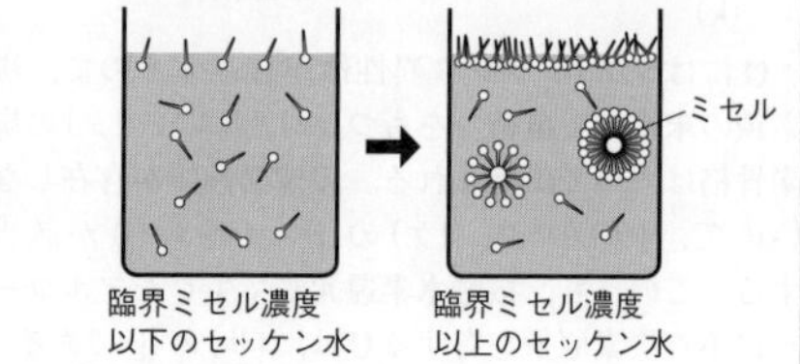

▶**265** A　$CH_2=CH-CH_2-CH_2-CH_2-CH_3$
B　$CH_3-CH_2-CH=CH-CH_2-CH_3$
C　$CH_3-CH_2-CH=C-CH_3$
　　　　　　　　　　　CH_3
D　$CH_2=C-CH_2-CH_2-CH_3$
　　　　　CH_3

解説　C_6H_{12}は一般式C_nH_{2n}に該当するので，その異性体には，アルケンとシクロアルカンとが考えられる。A〜Dはいずれにも水素付加が起こるので，アルケンである。

A〜Dに考えられる構造は次の通り。

(a) C＝C-C-C-C-C　　(b) C＝C-C-C-C
　　　　　　　　　　　　　　　　　　　　 C

(c) C＝C-C-C-C　　(d) C＝C-C-C
　　　　　 C　　　　　　　　 C
　　　　　　　　　　　　　　　 C

(e) C＝C-C-C　　(f) C＝C-C-C　　(g) C-C＝C-C-C
　　　　 C C　　　　　　 C　　　　　　　　　 C
　　　　　　　　　　　　　 C

(h) C-C＝C-C-C-C　　(i) C-C＝C-C-C
　　　　　　　　　　　　　　　　　　 C

(j) C-C-C＝C-C-C　　(k) C-C-C＝C-C
　　　　　　　　　　　　　　　　　　 C

(l) C-C＝C-C　　(m) C＝C-C-C
　　　 C C　　　　　　 C
　　　　　　　　　　　 C

なお，G，Hは銀鏡反応を示すのでアルデヒド，I，Jは銀鏡反応を示さないのでケトンである。

アルケンを**オゾン分解**すると，二重結合が開裂して，アルデヒドまたはケトンが生成する。

Aをオゾン分解するとホルムアルデヒドが生成す

るので，二重結合は炭素鎖の末端にある。また，B
ではただ1種類のアルデヒドが生成するので，二重
結合を中心とした左右対称の構造をもつ。

∴ Bの構造は(j)と決まる。

また，A，Bは水素付加すると，同一のアルカンE
に変化するから，ともに直鎖の炭素骨格をもつ。

∴ Aの構造は(a)と決まる。

Cのオゾン分解で得られる一方のHは，Bのオゾ
ン分解でも得られるプロピオンアルデヒドである。
他方のIは炭素数3のケトンであり，ヨードホルム
反応が陽性なのでアセトンである。

∴ Cの構造は(k)と決まる。

Dのオゾン分解での生成物の1つはホルムアルデ
ヒドなので，二重結合は炭素鎖の末端にある。他方
の生成物のJは炭素数が5でヨードホルム反応を示
すから，Dは(d)か(e)のいずれかである。

また，C，Dは水素付加すると，同一のアルカンF
に変化するから，Dにも側鎖が1つだけ存在する。

∴ Dの構造は(d)と決まる。

▶**266** (1) $C_4H_6O_4$ (2) B

(ア) CH_2-$\overset{*}{CH}$-CH_3 (イ) CH_2-CH_2-CH_2
    OH OH   OH   OH

Cは，$C_6H_{12}O_3$ の分子式から考えて，カルボキシ
基とヒドロキシ基をもつヒドロキシ酸である。例え
ば，直鎖の炭素骨格を考えると，

$$HO-CH_2-CH_2-CH_2-CH_2-\overset{O}{\overset{\|}{C}}-OH$$

Cは分子内エステル化反応で六員環化合物をつく
るから，炭素1個のメチル基を側鎖にもつ。また，
Cは不斉炭素原子をもつが，カルボキシ基をヒドロ
キシ基まで還元すると，不斉炭素原子がなくなるの
で，メチル基は炭素鎖の中央の③C原子に結合する。

∴ Cは，$HO-CH_2-CH_2-\overset{③}{\overset{*}{C}}H-CH_2-\overset{O}{\overset{\|}{C}}-OH$ の下に CH_3

Bは2価アルコール，Cはヒドロキシ酸であるか
ら，B，C，Dで環状エステルをつくるためには，
Dは2価カルボン酸でなければならない。

Dには(ウ)，(エ)の2通りの構造が考えられる。

(ウ) $HOOC-CH_2-CH_2-COOH$

(エ) $CH_3-CH-COOH$ の下に $COOH$

ジカルボン酸では，(エ)のように同一炭素に2個以上
の-COOH基が結合した化合物も存在できる。しかし，
(エ)は同一の炭素に2個の-COOHが結合しているの
で，加熱により容易に脱炭酸反応が起こり，1価のカ
ルボン酸に変化しやすい性質がある。

題意より，Aは14員環化合物であり，14員環を
形成するためには，Bからは-O-C-C-O-の4原子，

Cからは-O-C-C-C-C-の6原子が提供されるか
ら，Dからは4原子が環の形成にあずかる。

(ウ)からは-C-C-C-の4原子，(エ)からは
-C-C-C-の3原子が提供されるから，Dは(ウ)の
コハク酸と決まる。

Cを酸性条件で加熱すると，容易に分子内環状エ
ステル(**ラクトン**)Eを生成する。

$$HO-CH_2-CH_2-CH-CH_2-\overset{O}{\overset{\|}{C}}-OH$$
その下に CH_3

(1) $C_4H_6O_4$ (2) B CH_2-$\overset{*}{CH}$-CH_3
                       OH OH

C $HO-CH_2-CH_2-\overset{*}{CH}-CH_2-\overset{O}{\overset{\|}{C}}-OH$
             その下 CH_3

D $HO-\overset{O}{\overset{\|}{C}}-CH_2-CH_2-\overset{O}{\overset{\|}{C}}-OH$

E $CH_3-\overset{*}{CH}$ — CH_2-CH_2 / O, $CH_2-\overset{O}{\overset{\|}{C}}$

(3) 8種類

解説 (1) Aは加水分解でエステル結合をすべて
切断すると，B，C，Dが得られるから，分子中にエ
ステル結合を3個もつトリエステルと考えられる。
すなわち環状のA1分子を加水分解するのに水3分
子が必要となる。(鎖状のトリエステル1分子の加
水分解では水2分子が必要となる点が異なる。)

Aの加水分解の式より，Dの分子式は
$C_{13}H_{20}O_6 + 3H_2O - C_3H_8O_2$(B) $- C_6H_{12}O_3$(C)
＝$C_4H_6O_4$ となる。

(2) Bは，$C_3H_8O_2$ の分子式から考えて飽和2価アル
コールである。(多価アルコールでは，同一炭素に
-OH基が2個以上結合した化合物(**gem-ジオール**)
は不安定で存在しないことに留意せよ。)

Bには(ア)，(イ)の構造が考えられるが，光学活
性体であるから不斉炭素原子をもつ(ア)と決まる。

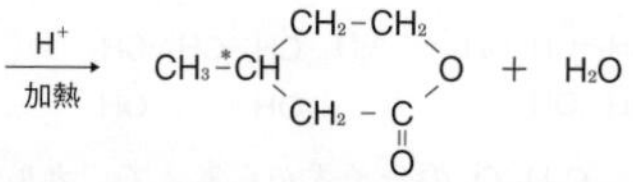

$$\xrightarrow[\text{加熱}]{H^+} \begin{array}{c} CH_3-\overset{+}{C}H \\ | \\ CH_2- \end{array} \begin{array}{c} CH_2-CH_2 \\ | \\ C=O \end{array} O \ + \ H_2O$$

(3) 環状トリエステル A を形成する場合，B, C, D の結合順は 1 通りであるが，エステル結合の方向性の違いを考慮すると，その配列順には次の 2 通りがある。すなわち，次の図のように，B の結合順序だけが逆になっている。また，A を構成する B, C にそれぞれ不斉炭素原子を 1 個ずつ含むので，鏡像異性体も含めた A の異性体の総数は，$2^2 \times 2 = 8$〔種類〕

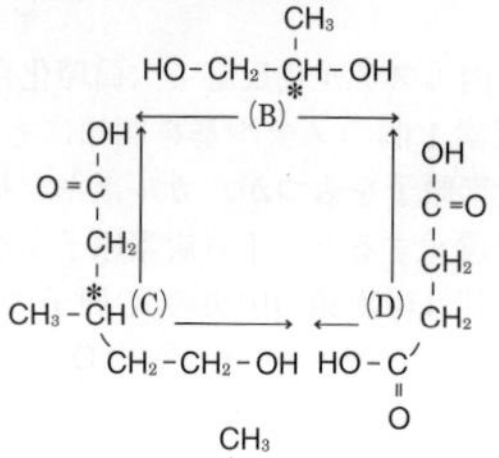

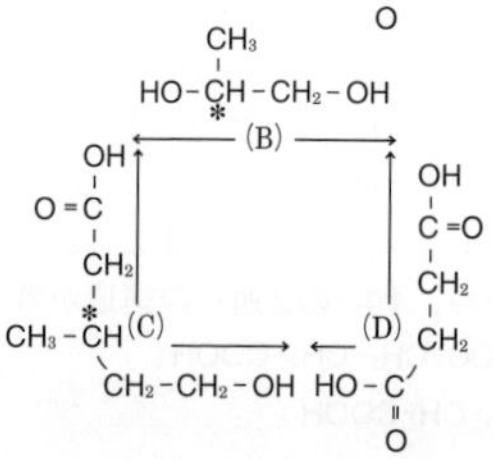

補足　ヒドロキシ酸 C の -COOH 側には必ず 2 価アルコール B が結合し，ヒドロキシ酸 C の -OH 側には必ず 2 価カルボン酸 D が結合するので，結合順は 1 通りしかない。ただし，D は分子内に対称面をもつので，結合順を入れ替えた A と元の A は，いずれも同一物であるが，B は分子内に対称面をもたないので，結合順を入れ替えた A′ と元の A は，互いに裏返しても重ならず，2 種類の構造異性体を生じることになる。

▶**267** [A] d　[B] B, C

解説　[A] 不斉炭素原子 C* に結合する 4 個の原子(団)のうち，任意の 2 か所の立体配置を 1 回入れ替えると，元の化合物の鏡像異性体となり，さらにもう 1 回(計 2 回)入れ替えると，元の化合物に戻る。

一般に，不斉炭素原子を 1 個もつ化合物では，不斉炭素原子に結合する 4 個の原子(団)のうち，任意の 2 か所の立体配置を奇数回入れ替えると，元の化合物の鏡像異性体となり，偶数回入れ替えると，元の化合物に一致する。

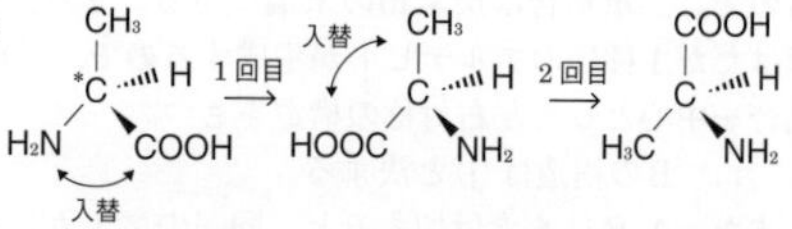

a の立体配置を 2 回入れ替えると(例)と一致したので，a は L 型のアラニンである。

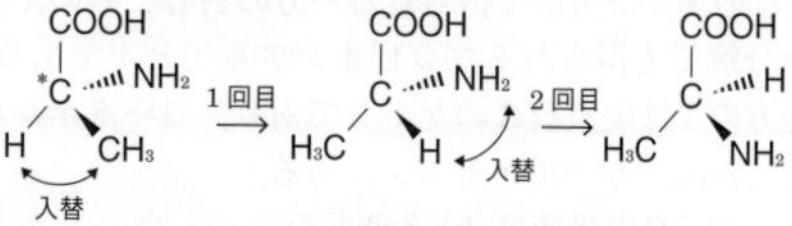

b の立体配置を 2 回入れ替えると(例)と一致したので，b は L 型のアラニンである。

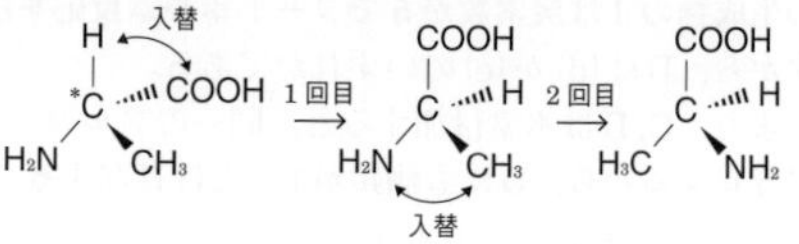

c の立体配置を 2 回入れ替えると(例)と一致したので，c は L 型のアラニンである。

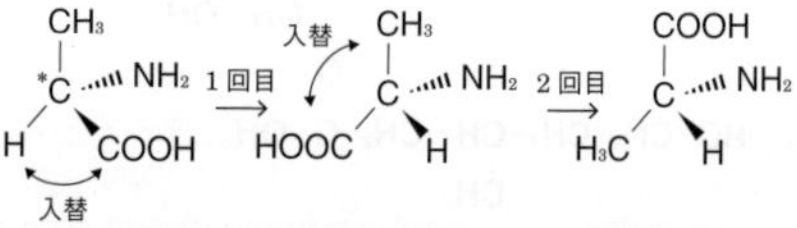

d の立体配置を 2 回入れ替えると，(例)とは -H と -NH₂ の立体配置が逆転した化合物が得られた。さらにもう 1 回，-H と -NH₂ の立体配置を入れ替えると(例)と一致する。

よって，d は D 型のアラニンである。

[B] 問題に例示された酒石酸 A を中央の C-C 結合を軸として，分子の右半分を 180° 回転させると，上と下，手前と奥が入れ替わり，下図 A′ のようになる。この化合物は分子内に対称面をもつので，メソ体である(分子内で旋光性が打ち消しあうので，旋光度は 0 である)。よって，A はメソ体(メソ-酒石酸)である。

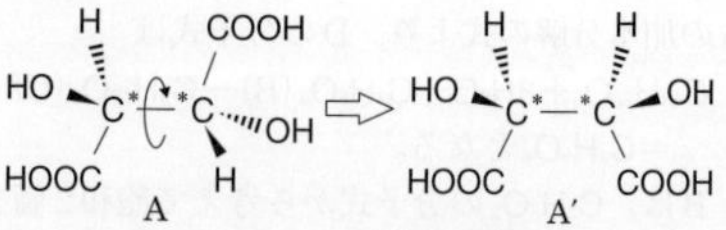

B は，化合物 A の右半分の立体配置の 1 か所を入れ替えたものであり，分子の右半分を 180° 回転させると，B′ のようになり，A の立体異性体であることがわかる。

　Cは，Aの左半分の立体配置の1か所を入れ替えたものであり，分子の右半分を180°回転させると，C′のようになり，化合物Aの立体異性体であることがわかる。なお，化合物Bと化合物Cは互いに鏡像異性体の関係にある。

　Dは，Aの右半分・左半分の両方の立体配置の1か所ずつを入れ替えたものであり，分子の右半分を180°回転させると，Aと一致する。つまり，これはAと同じメソ体である。

　よって，Aの立体異性体には，BとCが該当する。

> 　一般に，不斉炭素原子を2つ以上もつ化合物では，すべての不斉炭素原子の立体配置を入れ替えた化合物どうしが**鏡像異性体（エナンチオマー）**となり，一部の不斉炭素原子の立体配置を入れ替えた化合物どうしはすべて**ジアステレオマー**（鏡像異性体ではない立体異性体の総称）となる。

▶268

A　$CH_3-\overset{*}{C}H-C-O-CH_2-CH_3$
　　　　　$\underset{OH}{|}$　$\underset{O}{\|}$

B　$CH_3-C-O-CH_2-\overset{*}{C}H-CH_3$
　　　　　$\underset{O}{\|}$　　　　　$\underset{OH}{|}$

C　　　　　　　CH_3
　　$H-C-O-CH_2-\overset{|}{C}-OH$
　　　$\underset{O}{\|}$　　　　　$\underset{CH_3}{|}$

D　$H-C-O-CH_2-\overset{*}{C}H-CH_2OH$
　　　$\underset{O}{\|}$　　　　　$\underset{CH_3}{|}$

解説　(1)より，アルコールFは濃硫酸との反応でエチレンが生成するので，エタノールである。化合物Aはエステルであり，加水分解するとエタノール（C_2H_6O）が得られるから，カルボン酸Eの分子式

は，$C_5H_{10}O_3+H_2O-C_2H_6O=C_3H_6O_3$である。
　分子式$C_3H_6O_3$で表されるカルボン酸には，次の4種類が考えられる。

① $CH_3-\overset{*}{C}H-C-OH$
　　　　　$\underset{OH}{|}$　$\underset{O}{\|}$

② CH_2-CH_2-C-OH
　　　$\underset{OH}{|}$　　　$\underset{O}{\|}$

③ CH_3-O-CH_2-C-OH
　　　　　　　　$\underset{O}{\|}$

④ $CH_3-CH_2-O-C-OH$
　　　　　　　　$\underset{O}{\|}$

この中で不斉炭素原子（＊）をもつ①がEであるから，化合物Aの構造は次のようになる。

$CH_3-\overset{*}{C}H-C-O-CH_2-CH_3$
　　　$\underset{OH}{|}$　$\underset{O}{\|}$

　(5)より，カルボン酸Gは，エタノールの酸化で得られるので酢酸である。
　(2)より，化合物Bもエステルであり，加水分解すると酢酸（$C_2H_4O_2$）が得られるから，2価アルコールHの分子式は，$C_5H_{10}O_2+H_2O-C_2H_4O_2=C_3H_8O_2$である。
　分子式$C_3H_8O_2$で表される2価アルコールには，同一の炭素原子に2個の-OHが結合したもの（gem-ジオール）を除くと，次の2種類が考えられる。

⑤ $CH_2-\overset{*}{C}H-CH_3$
　　$\underset{OH}{|}$　$\underset{OH}{|}$

⑥ $CH_2-CH_2-CH_2$
　　$\underset{OH}{|}$　　　$\underset{OH}{|}$

　この中で不斉炭素原子（＊）をもつ⑤がHである。化合物Bは第二級アルコールの構造をもつことから，酢酸の-COOHとエステル結合しているのは，Hの末端部の第一級アルコールの-OHであるから，化合物Bの構造は次のようになる。

$CH_3-C-O-CH_2-\overset{*}{C}H-CH_3$
　　　$\underset{O}{\|}$　　　　　$\underset{OH}{|}$

　(3)より，化合物C，Dはともにエステルであり，加水分解して得られるカルボン酸Iの炭素数を3とすると，2価アルコールは炭素数2のエチレングリコール（$C_2H_6O_2$）だけとなり，2価アルコールJ，Kを生じることと矛盾する。したがって，C，Dの加水分解で得られるカルボン酸Iは，炭素数1のギ酸（CH_2O_2）であり，2価アルコールJ，Kの分子式は，
　　$C_5H_{10}O_3+H_2O-CH_2O_2=C_4H_{10}O_2$
　分子式$C_4H_{10}O_2$で表される2価アルコールには，同一の炭素原子に2個の-OHが結合したもの（gem-ジオール）を除くと，次の6種類がある。

⑦ $CH_2-\overset{*}{C}H-CH_2-CH_3$
　　$\underset{OH}{|}$　$\underset{OH}{|}$

⑧ $CH_2-CH_2-\overset{*}{C}H-CH_3$
　　$\underset{OH}{|}$　　　　　$\underset{OH}{|}$

⑨ $CH_2-CH_2-CH_2-CH_2$
　　$\underset{OH}{|}$　　　　　　　$\underset{OH}{|}$

⑩ $CH_3-\overset{*}{C}H-\overset{*}{C}H-CH_3$
　　　　　$\underset{OH}{|}$　$\underset{OH}{|}$

⑪
$$CH_2-CH-CH_2$$
上にCH_3、下にOH、OH

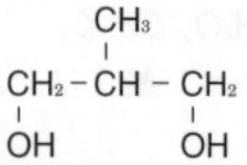

⑫
$$CH_3-C-CH_2$$
上にCH_3、下にOH OH

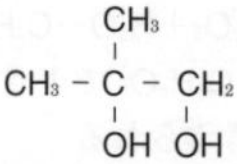

（6）より，2価アルコールJは不斉炭素原子（*）をもたず，（7）より，第三級アルコールの構造をもつので，⑫と決まる。

また，化合物Cは第三級アルコールの構造をもつことから，ギ酸の-COOHとエステル結合しているのは，Jの末端部の第一級アルコールの-OHであるから，化合物Cの構造は次のようになる。

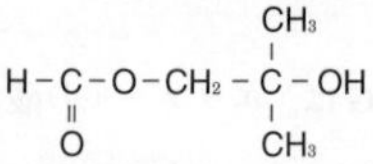

$$H-C-O-CH_2-C-OH$$
（O二重結合, CH_3上下）

（6）より2価アルコールKは不斉炭素原子（*）をもたず，（7）より第一級アルコールの構造をもつので，⑨と⑪が考えられる。
(i) 化合物Dがギ酸と⑨とのエステルとすると，Dの構造は次のようになる。

$$H-C-O-CH_2-CH_2-CH_2-OH$$

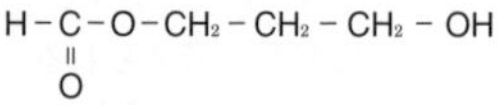

(ii) 化合物Dがギ酸と⑪とのエステルとすると，Dの構造は次のようになる。

$$H-C-O-CH_2-\overset{*}{C}H-CH_2-OH$$
（CH_3）

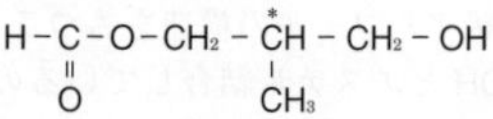

化合物Dは不斉炭素原子（*）をもつことから，2価アルコールKは⑪，化合物Dの構造は(ii)と決まる。

▶269 (1) A $CH_2=CH-CH=CH_2$

B $CH_3-C≡C-CH_3$　　C $CH≡C-CH_2-CH_3$
D $CH_2=C=CH-CH_3$　　J $CH_3-CH_2-C-CH_3$（O）
K CH_3-CH_2-C-OH（O）

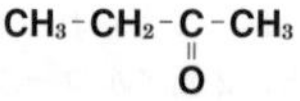

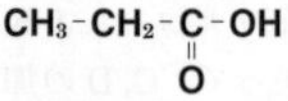

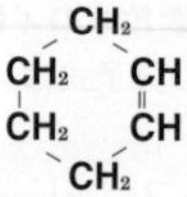

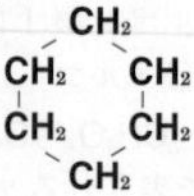

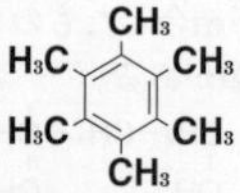

L, M（環状構造）

(2) B（ヘキサメチルベンゼン構造）

C（各種エチル置換ベンゼン構造）

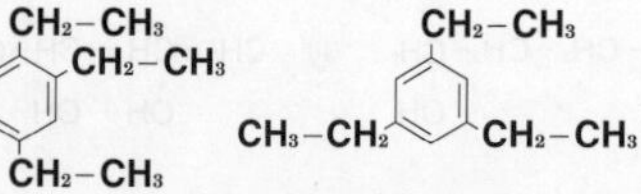

(3) $CH_3CH_2COCH_3+3I_2+4NaOH \longrightarrow$

$CH_3CH_2COONa+CHI_3\downarrow+3NaI+3H_2O$
(4) 3種類
(5) 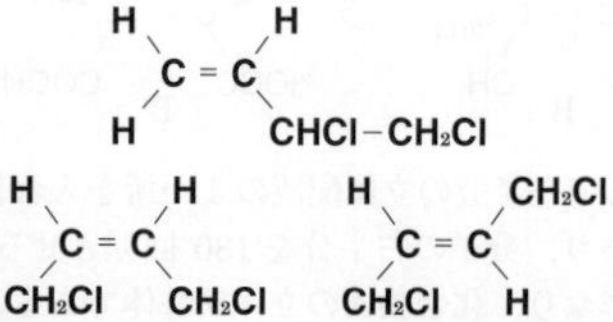 （構造式群）

解説 (1) A〜Dの分子式 C_4H_6 は，同数の炭素数のアルカンの分子式 C_4H_{10} に比べて，H原子が4個不足しており，不飽和度が2である。題意より，A〜Dは鎖式炭化水素なので，三重結合を1個もつ (i)アルキンか，二重結合を2個もつ(ii)アルカジエンである。（環式化合物は除外される。）

A〜Dに該当する構造は次の4種類である
（ア）C≡C-C-C　　（イ）C≡C-C-C
（ウ）C=C-C=C　　（エ）C=C=C-C

（ア）〜（エ）各1molに臭素2molが付加した化合物は，次の（ア）′〜（エ）′である。

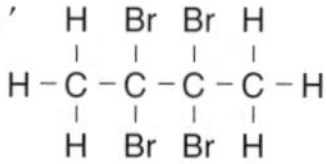

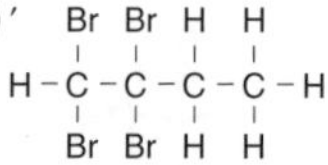

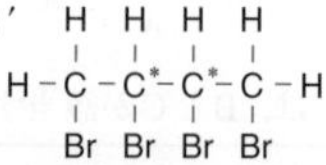

（構造式群）

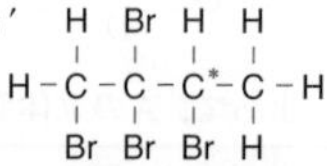

（ウ）′，（エ）′に不斉炭素原子が存在し，その多い方の（ウ）′がE，少ない方の（エ）′がHであるから，（ウ）がA，（エ）がDと決まる。よって，残った（ア）′，（イ）′はF，Gのいずれかであり，B，Cも（ア），（イ）のいずれかである。

アルキンを高温の鉄触媒に接触させると，3分子が重合して芳香族化合物が生成する。

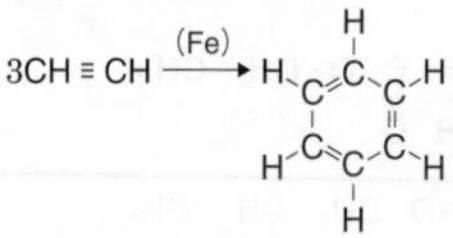

$$3CH≡CH \xrightarrow{(Fe)} （ベンゼン環）$$

同様に，（ア）$CH_3-C≡C-CH_3$ の3分子重合では，

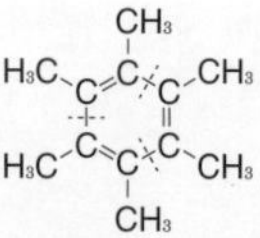

（ヘキサメチルベンゼン構造）の1種類しか生成しない。

（イ）$CH≡C-CH_2-CH_3$ の3分子重合では，

左段

(i)　　　　(ii)　　　　(iii)

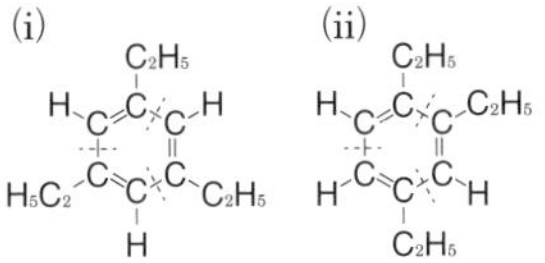

(i)，(ii)，(iii) の生成が予想されるが，実際には (i)，(ii) のみが生成し，(iii) は生成しない。(C-C 結合の部分を切断したとき，(i)，(ii) では 3 個の C₃ 骨格に分割できるが，(iii) は 3 個の C₃ 骨格に分割できないからである。)

よって，B は (ア) の 2-ブチン，C は (イ) の 1-ブチンと決まる。

特別な三重結合の検出法

アセチレン CH≡CH をアンモニア性硝酸銀溶液に通じると，アセチレンの H⁺ と Ag⁺ の間で置換反応が起こり，白色沈殿が生成する。

$$HC≡CH+2[Ag(NH_3)_2]^+ \longrightarrow$$
$$Ag-C≡C-Ag\downarrow+2NH_4^++2NH_3$$
銀アセチリド(白)

同様に，炭素鎖の末端部に三重結合をもつ 1-ブチン CH≡C-CH₂-CH₃ をアンモニア性硝酸銀溶液に通じると，白色沈殿を生成する。一方，炭素鎖の末端部に三重結合をもたない 2-ブチン CH₃-C≡C-CH₃ をアンモニア性硝酸銀溶液に通じても，白色沈殿は生成しない。これは，C≡C 結合に直接結合した H 原子は，ごく弱い酸としての性質をもち，塩基性条件では，1 価の重金属イオン (Ag⁺ や Cu⁺ など) と置換反応を起こしやすいためである。

C に HgSO₄ を触媒として H₂O を付加させると，次のような反応がおこる。アルキンの C≡C 結合に対する HX 型の分子の付加反応では，アルケンと同様にマルコフニコフの法則 (253 参考) が成り立つ。

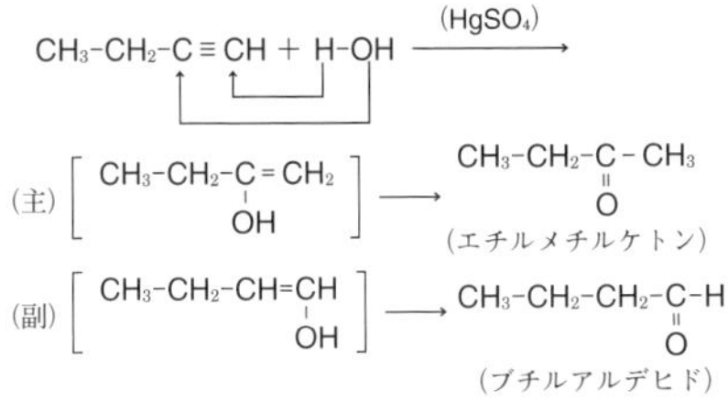

∴　J はヨードホルム反応が陽性なので，エチルメチルケトンと決まる。

A (1,3-ブタジエン) のように，2 個以上の C=C 結合が C-C 結合を間にはさんだ二重結合 (**共役二重結合**) をもつ化合物は，アルケンなどの C=C 結合をもつ化合物と 1:1 の割合で付加反応を行い，六員環の化合物を生成する (**ディールス・アルダー反応**)。

この反応は，鎖式化合物からの環式化合物の合成に広く利用されている。

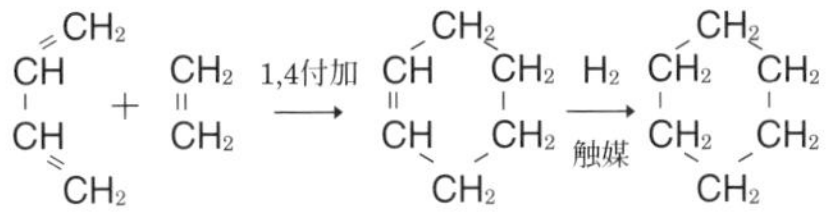

右段

L(シクロヘキセン)　　M(シクロヘキサン)

(3) J と I₂，NaOH 水溶液とのヨードホルム反応は

$$CH_3-CH_2-\overset{O}{\underset{\|}{C}}-CH_3+3I_2+3NaOH \longrightarrow$$

$$CH_3-CH_2-\overset{O}{\underset{\|}{C}}-CI_3 + 3\ NaI + 3\ H_2O \quad \cdots\cdots ①$$

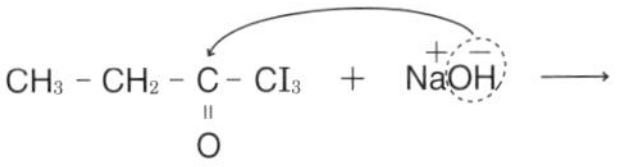

$$CH_3-CH_2-\overset{O}{\underset{\|}{C}}-\overset{-}{O}\overset{+}{Na} + CHI_3\downarrow \quad \cdots\cdots ②$$

アセトンのヨードホルム反応の反応式の書き方

アセトン CH₃COCH₃ のカルボニル基 C=O の極性は大きく，O は負，C は正に帯電している。これが隣の -CH₃ に影響して，その H がわずかに酸の性質を示す。塩基性条件では，-CH₃ とヨウ素 I₂ の間で，3H⁺ と 3I⁻ の形で置換反応が起こる (同時に，3HI も生成する)。

生成したトリヨードアセトン (下図) の C⁺ に OH⁻ が付加すると，一瞬，C 原子が 5 価になってしまうが，直ちに点線部分の結合が切れ，C 原子が 4 価に戻る。

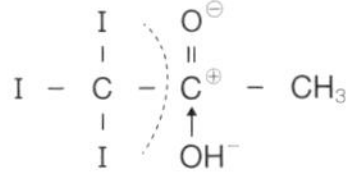

脱離した CI₃⁻ は水 H₂O から H⁺ を受け取り，ヨードホルム CHI₃ の黄色沈殿が生成する。

残る CH₃COOH の部分は，塩基性では中和されて，カルボン酸塩 CH₃COONa が生成する。
(1) アセトンの -CH₃ 中の 3H を 3I で置換するには，I₂ 3mol だけでなく，NaOH 3mol (副生する HI 3mol を中和するため) も必要である。
(2) トリヨードアセトン 1mol の加水分解には，さらに NaOH 1mol が必要である。
合計，アセトン 1mol に対して，I₂ 3mol，NaOH 4mol が必要であり，反応後には，アセトンの -CH₃ に由来する CHI₃ 1mol，-CH₃ 以外の部分に由来する CH₃COONa 1mol，および HI 3mol と NaOH 3mol の中和で生成した NaI 3mol と H₂O 3mol を生成することになる。

$$CH_3COCH_3+3I_2+4NaOH \longrightarrow$$
$$CHI_3+CH_3COONa+3NaI+3H_2O$$

①＋②より **解答** の (3) の反応式が得られる。

ヨードホルム反応後，エチルメチルケトンのメチル基はヨードホルム CHI₃ となり脱離し，反応液中には炭素数が 1 つ少ないカルボン酸塩が生成する。ここに強酸を加えると，プロピオン酸が遊離する。

$$CH_3-CH_2-COO^-Na^++HCl \longrightarrow$$

$$CH_3\text{-}CH_2\text{-}COOH + NaCl$$
（プロピオン酸）K

(4) 化合物Eには不斉炭素原子が2個存在するので，鏡像異性体は$2^2 = 4$〔個〕存在するはずである。

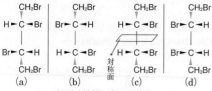

(a)　　(b)　　(c)　　(d)

　➤ 紙面手前側へ向かう結合
　‖ 紙面奥側へ向かう結合
　– 紙面上にある結合

　(a)，(b)は回転しても，裏返しても重なり合わないので，互いに光学活性な**鏡像異性体**である。

　(c)，(d)は紙面上で180°回転させると互いに重なり合うので，同一の化合物である。

　しかも，(c)の分子中には対称面があり，それぞれの不斉炭素原子に基づく旋光性が分子内で打ち消し合い，光学不活性となる。このような異性体を，とくに**メソ体**という。

　したがって，化合物Eには，右旋性，左旋性，メソ体の3種類の立体異性体しか存在しない。

　∴ Eの立体異性体の数は，$2^2 - 1 = 3$〔種類〕

補足　一般に，分子中に2個以上の不斉炭素原子をもち，かつ，分子内に対称面または対称中心をもつ化合物には**メソ体**が存在することに留意する。したがって，メソ体が存在する化合物では，メソ体の鏡像異性体が存在しないことから，立体異性体の数は，不斉炭素原子の数から予想される理論値から，メソ体の数を減じたものに等しくなる。

(5) A(1,3-ブタジエン)は，共役二重結合をもつので，通常の①，②番の炭素原子に塩素付加が起こる（**1,2-付加**）とともに，両端の①，④番の炭素原子にも塩素付加が起こり，中央の②，③番の炭素原子に新たにC=C結合が生成するという独特な付加反応（**1,4-付加**）も起こる。

④ ③ ② ①
$CH_2=CH\text{-}CH=CH_2 \xrightarrow{Cl_2} CH_2=CH\text{-}\overset{*}{C}HCl\text{-}CH_2Cl$
　　　　　　　　　　　1,2付加

④ ③ ② ①
$CH_2=CH\text{-}CH=CH_2 \xrightarrow{Cl_2}$
　　　　　　　　　　　1,4付加

　H　　　H
　　C=C　　（シス形）
CH_2Cl　　CH_2Cl

　H　　　CH_2Cl
　　C=C　　（トランス形）
CH_2Cl　　H

▶**270** (1) $C_{17}H_{35}COOH$，**ステアリン酸**
(2) **3個** (3) **86.2 g** (4) **6種類**
解説　(1) 最初にはかり取った油脂Aの質量が不

明なので，油脂Aの物質量も未知となり，Aの分子量はすぐには求めることはできない。一般に，
$$(RCOO)_3C_3H_5 + 3NaOH \longrightarrow$$
$$3RCOONa + C_3H_5(OH)_3$$
より，油脂のけん化に要したNaOHの物質量と，生じたセッケンRCOONaの物質量，さらに，これに強酸を加えて遊離した脂肪酸RCOOHの物質量はすべて等しい。

　脂肪酸Cの分子量をMとおくと，脂肪酸は1価の酸，NaOHは1価の塩基なので，
$$\frac{8.52}{M} = 2.0 \times \frac{15.0}{1000} \quad \therefore \quad M = 284$$
飽和脂肪酸の一般式は$C_nH_{2n+1}COOH$なので，
$$14n + 1 + 45 = 284 \quad n = 17$$
　∴ Cの示性式は$C_{17}H_{35}COOH$でステアリン酸。

(2) また，油脂Aの物質量の3倍が，けん化に要したNaOHの物質量と等しい。

　はかり取った油脂Aの質量をx〔g〕，その分子量をM'とすると，
$$\frac{x}{M'} \times 3 = 2.0 \times \frac{15.0}{1000} \cdots\cdots ①$$
油脂A1分子中に存在するC=C結合の数（**不飽和度**）をn〔個〕とすると，
$$\frac{x}{M'} \times n = \frac{672}{22400} \cdots\cdots ②$$
①より，$\dfrac{x}{M'} = 0.010$を②へ代入すると，
$$n = 3.0〔個〕$$

参考　　**油脂A1分子中の二重結合の数は？**
　油脂A1分子中には，C=C結合が3個存在する以外に，エステル結合を構成する$\backslash$C=O結合が3個含まれる。
　よって，二重結合の数を問われたら，3+3=6個と答えなければならない。

(3) 油脂Bは，トリステアリン$C_3H_5(OCOC_{17}H_{35})_3$なので，その分子量は890である。C=C結合が1個存在するごとにH原子が2個ずつ減少するから，油脂Aの分子量は，
$$890 - 2 \times 3 = 884$$
　油脂A1 molには，H_2 3 molが付加したのと同様に，I_2（分子量254）3 molが付加するから，
$$\frac{100}{884} \times 3 \times 254 = 86.19 ≒ 86.2〔g〕$$

(4) 油脂Aの構成脂肪酸は，すべて炭素数が18のステアリン酸（不飽和度0），オレイン酸（不飽和度1），リノール酸（不飽和度2），リノレン酸（不飽和度3）のいずれかである。

　油脂Aの不飽和度が3となるような脂肪酸の組み合わせと，グリセリンへの各脂肪酸の結合位置の違

いについて，油脂Aの構造を，グリセリンを├─とし，各脂肪酸をその不飽和度（0, 1, 2, 3）を用いて表すと，次の6種類の構造異性体が考えられる。

(a) ┌─0
　　├─3
　　└─0

(b) ┌─3
　*├─0
　　└─0

(c) ┌─1
　　├─1
　　└─1

(d) ┌─0
　*├─1
　　└─2

(e) ┌─1
　　├─0
　　└─2

(f) ┌─0
　*├─2
　　└─1

（*は不斉炭素原子を示す）

(（b），(d），(e），(f）には，それぞれ不斉炭素原子*が存在するので，1対の鏡像異性体が存在するが，本問では，構造異性体の種類だけを問うているから，これらを考慮する必要はない。)

▶**271** 問1　油脂1

油脂1
$$CH_2-O-\overset{O}{\overset{\|}{C}}-(CH_2)_7CH=CH(CH_2)_7CH_3$$
$$CH-O-\overset{O}{\overset{\|}{C}}-(CH_2)_7CH=CHCH_2CH=CH(CH_2)_4CH_3$$
$$CH_2-O-\overset{O}{\overset{\|}{C}}-(CH_2)_7CH=CH(CH_2)_7CH_3$$

油脂3
$$CH_2-O-\overset{O}{\overset{\|}{C}}-(CH_2)_{16}CH_3$$
$$*CH-O-\overset{O}{\overset{\|}{C}}-(CH_2)_7CH=CHCH_2CH=CH(CH_2)_4CH_3$$
$$CH_2-O-\overset{O}{\overset{\|}{C}}-(CH_2)_7CH=CHCH_2CH=CH(CH_2)_4CH_3$$

油脂4
$$CH_2-O-\overset{O}{\overset{\|}{C}}-(CH_2)_7CH=CHCH_2CH=CH(CH_2)_4CH_3$$
$$*CH-O-\overset{O}{\overset{\|}{C}}-(CH_2)_7CH=CH(CH_2)_7CH_3$$
$$CH_2-O-\overset{O}{\overset{\|}{C}}-(CH_2)_7CH=CH(CH_2)_7CH_3$$

問2　構造と融点の関係　不飽和脂肪酸は同一炭素数の飽和脂肪酸よりも融点が低くなる。不飽和脂肪酸にC=C結合を多く含むほど，融点が低くなる。
理由　飽和脂肪酸は直鎖状の分子であるが，不飽和脂肪酸はシス形のC=C結合により，分子鎖に折れ曲がりが生じ，分子どうしの規則的な配列が難しくなり，結晶化しにくくなるから。

解説　(4)より，油脂1～4に含まれる脂肪酸は全部で4種類。(6)より，各脂肪酸に水素を付加すると，すべてステアリン酸 $CH_3(CH_2)_{16}COOH$ になることから，これらの脂肪酸の炭素数は18である。

(1)より，C=C結合がすべてシス形であるから，4種類の脂肪酸は，1分子中のC=C結合の数（**不飽和度**）を[　]で示すと，ステアリン酸[0]，オレイン酸[1]，リノール酸[2]，リノレン酸[3]のいずれかである。

(2)より，油脂1～4の各1分子に，ヨウ素 I_2 4分

子が付加するので，油脂1～4は，C=C結合を4個もつ油脂（不飽和度4）とわかる。
〔油脂1，油脂4の構造について〕

(7)，(8)より，同じ2種類の脂肪酸からなり，(11)より，その脂肪酸はどちらも $KMnO_4$ で酸化されるから，不飽和脂肪酸である。(2)より，油脂1，4の不飽和度が4であることから，その構造には次の2種類が考えられる。（実線はグリセリン部分を，*は不斉炭素原子を表す。）

(i) ┌─オレイン酸[1]
　*├─オレイン酸[1]
　　└─リノール酸[2]

(ii) ┌─オレイン酸[1]
　　├─リノール酸[2]
　　└─オレイン酸[1]

(3)より，油脂1は不斉炭素原子をもたないので(ii)。油脂4は不斉炭素原子をもつので(i)である。
〔油脂2の構造について〕

(10)より，飽和脂肪酸のステアリン酸[0]を含む。

(7)より，3種類の脂肪酸を含むが，(12)より，油脂2には，油脂1，3，4には含まれない別の不飽和脂肪酸（Xとする）が含まれる。不飽和脂肪酸Xの C=C 結合を $KMnO_4$ で酸化すると，プロピオン酸（C_3），マロン酸（C_3），アゼライン酸（C_9）が得られるが，その炭素数の合計は15である。不飽和脂肪酸Xの炭素数は18なので，Xを $KMnO_4$ で酸化すると，C_3 の脂肪酸のうちマロン酸が2分子生成する。（プロピオン酸は，脂肪酸Xの末端部の C=C 結合から1分子しか生成しないため。）よって，脂肪酸Xの $KMnO_4$ 酸化では，プロピオン酸：マロン酸：アゼライン酸＝1：2：1で生成しており，脂肪酸Xはリノレン酸[3]と決まる。

(2)より，油脂2の不飽和度も4であるから，油脂2の構造には次の3種類が考えられる。（これ以上の情報がないので，脂肪酸の結合位置を決めることはできない。ただし，油脂2が天然の油脂だとすれば，グリセリンの2位には不飽和脂肪酸が結合していることが多いので，(ii)の可能性は低く，(iii)の可能性が高い。）

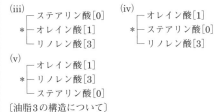

(iii) ┌─ステアリン酸[0]
　*├─オレイン酸[1]
　　└─リノレン酸[3]

(iv) ┌─オレイン酸[1]
　*├─ステアリン酸[0]
　　└─リノレン酸[3]

(v) ┌─オレイン酸[1]
　*├─リノレン酸[3]
　　└─ステアリン酸[0]

〔油脂3の構造について〕

(7)より，2種類の脂肪酸を含み，(10)より，飽和脂肪酸のステアリン酸[0]を含む。

(9)より，油脂1，4に含まれる脂肪酸のうち，油脂2に含まれなかったリノール酸[2]を含む。(2)よ

り，油脂3の不飽和度も4であるから，その構造には次の2種類が考えられる。

(vi) ┌ ステアリン酸[0]　(vii) ┌ リノール酸[2]
　＊├ リノール酸[2]　　　　├ ステアリン酸[0]
　　└ リノール酸[2]　　　　└ リノール酸[2]

(3)より，油脂3は不斉炭素原子をもつので(vi)である。

不飽和脂肪酸がKMnO₄で酸化されると，次のようになる。

R-CH ＝ CH-R'-CH ＝ R''-COOH
　末端部　　　　中央部　　　　基底部とする。
　↓
R-COOH　　HOOC-R'-COOH　　HOOC-R''-COOH

油脂1，4を構成する脂肪酸をKMnO₄で酸化して得られるカルボン酸のうち，炭素数が18になるカルボン酸を選ぶと，次の2通りがある。

(i) $CH_3(CH_2)_7COOH$，$HOOC(CH_2)_7COOH$

(ii) $CH_3(CH_2)_4COOH$，$HOOCCH_2COOH$，
$HOOC(CH_2)_7COOH$

(i)では，$CH_3(CH_2)_7COOH$を末端部に，$HOOC(CH_2)_7COOH$を基底部になるように組み合わせると，次のオレイン酸になる。

$CH_3(CH_2)_7CH=CH(CH_2)_7COOH$

(ii)では，$CH_3(CH_2)_4COOH$は末端部にあるが，(5)より，脂肪酸の-COOHのCから数えて4番目のCまでの間にC=C結合は存在しないので，$HOOCCH_2COOH$は基底部ではなく中央部に存在する。よって，基底部に存在するのは$HOOC(CH_2)_7COOH$である。

これらを組み合わせると，次のリノール酸になる。

$CH_3(CH_2)_4CH=CHCH_2CH=CH(CH_2)_7COOH$

▶272 (1) C_6H_{10} (2) Cu_2O

(3) A　　　　　　　　　B

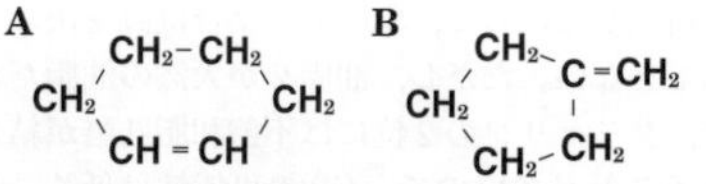

C $CH_2=CH-CH_2-CH_2-CH=CH_2$

K $HO-\overset{O}{\underset{}{C}}-(CH_2)_4-\overset{O}{\underset{}{C}}-OH$　L $H-\overset{O}{\underset{}{C}}-OH$

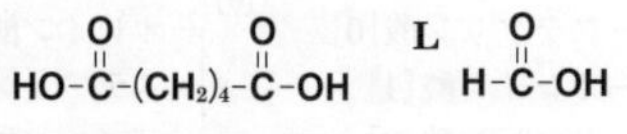

M $HO-\overset{O}{\underset{}{C}}-(CH_2)_2-\overset{O}{\underset{}{C}}-OH$

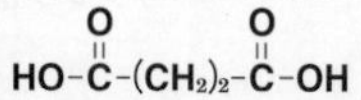

(4) D 3種類，E なし，F 3種類

解説　(1) A，B，Cの組成式をC_2H_yとおくと，

$x:y = \dfrac{87.8}{12} : \dfrac{12.2}{1.0} = 7.31 : 12.2$

$= 1 : 1.66 ≒ 3 : 5$

組成式　C_3H_5(式量41)

$(C_3H_5)_n ≦ 150$ より，$n = 1, 2, 3$

炭素数が5以上なので$n=1$は不適。また，炭化水素の分子で，H原子の数が奇数になることはないので，$n=3$も不適。

　∴　化合物Aの分子式はC_6H_{10}

(2) **フェーリング液**は，Cu^{2+}にNaOHと酒石酸ナトリウムカリウムを溶かしたもので，Cu^{2+}が酒石酸イオンと安定な錯イオンを形成している。これに還元性物質を加えて加熱すると，Cu^{2+}が還元されてCu^+となり，さらに塩基のOH⁻と反応して，酸化銅(I)Cu_2Oの赤色沈殿を生成する(**フェーリング液の還元**)。

この反応では，アルデヒド自身は酸化されて，カルボン酸塩へと変化する。

(3) C_6H_{10}は，アルカンのC_6H_{14}に比べてH原子が4個少ないので，不飽和度は2である。

(i) C≡C結合1個，(ii) C=C結合2個，(iii) C=C結合と環1個，(iv) 環2個などの構造が考えられるが，臭素付加の結果，AとB各1molにはBr_2 1molが付加するので(iii)のシクロアルケン，またはC 1molにはBr_2 2molが付加するので(i)のアルキンか(ii)のアルカジエンのいずれかと考えられる。

A，Bは題意より，五員環以上であり，次の構造が考えられる。

(ア) (イ) C (ウ) (エ) (オ) C

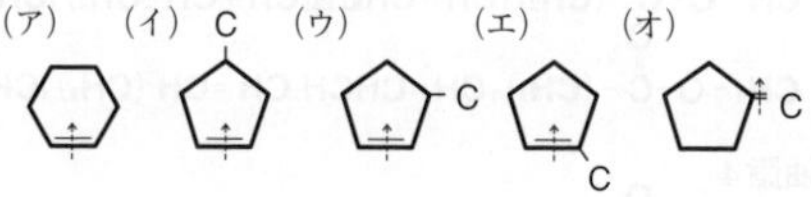

オゾン分解すると2種の化合物が得られるのは，(オ)のみ。∴　Bは(オ)と決まる。((ア)～(エ)は，オゾン分解の生成物は1種のみである)

Bのオゾン分解生成物のうち，還元性を示すHがホルムアルデヒド，還元性を示さないIがシクロペンタノンである。

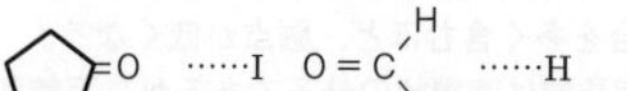

A $\xrightarrow{\text{オゾン分解}}$ G(アルデヒド) $\xrightarrow{\text{酸化}}$ K(カルボン酸)

Kは，ナイロン66の原料のアジピン酸である。Aはオゾン分解で直鎖の化合物が得られるので，上記の(ア)でなければならない。

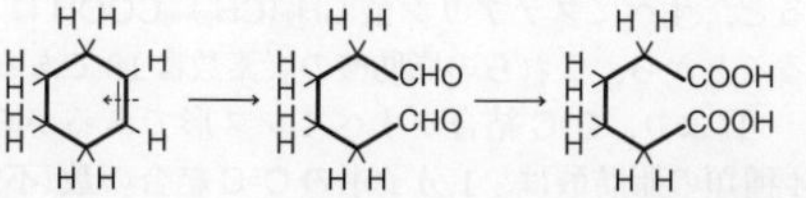

A　　　　　G　　　　　K
　　　　　　　　　　　　(アジピン酸)

Cをオゾン分解すると，H：J＝2：1(物質量比)すなわち，合計3分子の生成物が得られるから，Cは

アルカジエンである。(Cがアルキンとすると，オゾン分解しても2分子の生成物しか得られない。)

Cのオゾン分解でH(ホルムアルデヒド)が2分子得られるから，2つの二重結合はそれぞれ炭素鎖の末端にある。考えられる構造式は次の通り。

(カ) C＝C-C-C-C＝C　　(キ) C＝C-C-C＝C
　　　　　　　　　　　　　　　　　　｜
　　　　　　　　　　　　　　　　　　C

(ク) C＝C-C-C＝C　　(ケ) C＝C-C＝C
　　　　　　　｜　　　　　　　｜　｜
　　　　　　　C　　　　　　　C　C

題意より，Cの炭素鎖には枝分かれがないので，Cは(カ)と決まる。

Cをオゾン分解する反応は次の通り。

$$C＝C-C-C-C＝C \xrightarrow{O_3} 2 \begin{matrix}H\\H\end{matrix}{>}C＝O$$
$$+ OHC(CH_2)_2CHO$$

$$H〉O＝C〈\begin{matrix}H\\H\end{matrix} \xrightarrow{[O]} O＝C〈\begin{matrix}H\\OH\end{matrix} \quad L(ギ酸)\ 還元性あり$$

$$J \quad OHC-CH_2-CH_2-CHO \xrightarrow{[O]}$$
$$HOOC-CH_2-CH_2-COOH$$
$$M(コハク酸)$$

(4)

A 〈環〉 ＋ Br₂ ⟶ 〈環 H H H H / H H / **C C** / Br H Br〉 ……D

B 〈五員環〉C ＋ Br₂ ⟶ 〈五員環 H H H H H / C-H / Br′ Br〉 ……E

C　C＝C-C-C-C＝C ＋2Br₂ ⟶

$$H-\overset{H}{\underset{Br}{C}}-\overset{H}{\underset{Br}{*C}}-\overset{H}{\underset{}{C}} | \overset{H}{\underset{}{C}}-\overset{H}{\underset{Br}{C*}}-\overset{H}{\underset{Br}{C}}-H$$
対称面 F

Fには不斉炭素原子が2個存在するが，分子内に対称面をもつメソ体が存在するので，立体異性体は$2^2-1＝3$〔種類〕。

Eには不斉炭素原子が存在せず，立体異性体は存在しない。

Aに対する臭素付加は，環平面の反対側からBr⁺，Br⁻が二段階に付加する**トランス付加**である。よって，生成物Dはトランス-1,2-ジブロモシクロヘキサンである。

〈環〉＋Br₂ ⟶ 〈環 H Br / Br H〉

Dには不斉炭素原子が2個存在するが，実際には

臭素付加がトランス付加であるため，分子内に対称面をもつシス形(メソ体)は生成していない。したがって，Dには2種類の立体異性体(鏡像異性体)しか生成しないはずである。しかし，本問は化合物Dに対しては何種類の立体異性体が存在するかを問うているだけであるから，トランス形の2種類とシス形(メソ体)の合計3種類と答えるのが正解である。

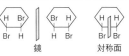
鏡　　　　　　対称面

▶**273** (1) (ア)と(エ)，(ウ)と(オ)

(2) 6種類，(不斉炭素原子のないもの)3種類

(3)
B　　　　　　　　　　　E
CH₃-CH-CH₃　　　H₃C-CH-C-OH
　　　｜　　　　　　　　　｜　‖
　　　OH　　　　　　　　CH₂-OH　O

F
CH₃-C-OH
　　‖
　　O

(4)　O　　　　CH₃ O　CH₃　　(5) EとF
CH₃-C-O-CH₂-CH-C-O-CH-CH₃
　　　　　　　　*

解説　(1) LiAlH₄による還元生成物は次の通り。

(ア) C-C-C-C-OH　　　　(イ) C-C-C-C
　　(1-ブタノール)　　　　　　　　｜
　　　　　　　　　　　　　　　　OH
　　　　　　　　　　　　　(2-ブタノール)

(ウ)　C-C-C-OH
　　(1-プロパノール)

(エ) C-C-C-C-OH，　C-OH(メタノール)

(オ)　C-C-OH (エタノール)

$$\begin{bmatrix} \underset{H_3C}{\overset{H}{C}}＝\overset{H}{C}〈\overset{H}{O} \\ 転位 \quad ⟶ \quad CH_3-CH_2-CHO \\ (プロピオンアルデヒド) \end{bmatrix}$$
$$⟶ C-C-C-OH$$
$$(1-プロパノール)$$

(2) Aを LiAlH₄で還元的に分解すると，いずれもアルコールが生成する。

$$R-\overset{O}{\overset{\|}{C}}-O-R' \xrightarrow{LiAlH_4} R-CH_2OH ＋ R'-OH$$

すなわち，エステル結合1個につき，H原子が4個増加する(加水分解ではないので，O原子の数は一定)。Aはエステル結合を2個もつジエステルなので，エステルAの還元で得られるB,C,Dの分子中の原子数の合計は，Aの分子式に4×2＝8〔個〕のH原子を加えたものに等しい。

∴　Dの分子式は，

$C_9H_{16}O_4 + 8H - C_3H_8O(B) - C_4H_{10}O_2(C) = C_2H_6O$

∴　Dはアルコールなので，エタノールと決まる。

また，B(分子式 C_3H_8O)を酸化するとケトンを生成するので，Bは第二級アルコールの2-プロパノール。C(分子式 $C_4H_{10}O_2$)は2価アルコールで，その可能な構造は，炭素骨格(i) C-C-C-C　(ii) C-C-C を

$$\underset{C}{C-C-C}$$

もとにして，題意より同一の炭素原子に OH 基が1個だけ結合したものだけを考えればよい。

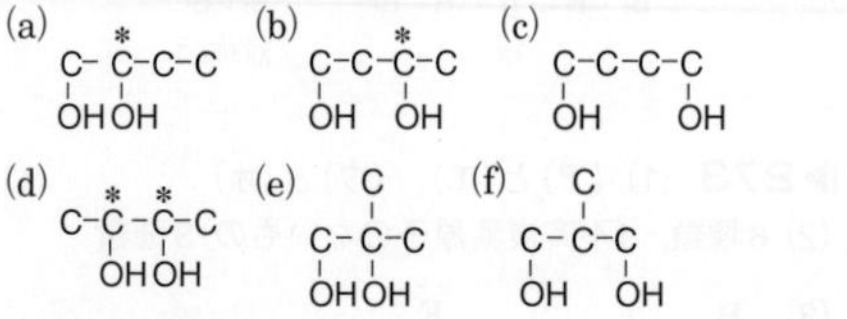

(a)
$$\overset{*}{C}-\overset{*}{C}-C-C$$
$$OH OH$$

(b)
$$C-\overset{*}{C}-C-C$$
$$OH\quad OH$$

(c)
$$C-C-C-C$$
$$OH\quad OH$$

(d)
$$C-\overset{*}{C}-\overset{*}{C}-C$$
$$OH OH$$

(e)
$$\underset{C-C-C}{C}$$
$$OH OH$$

(f)
$$\underset{C-C-C}{C}$$
$$OH\ OH$$

構造異性体は全部で6種類。このうち，不斉炭素原子をもたないのは(c)，(e)，(f)の3種類。

Aはジエステルだから，加水分解の式は次の3通りが考えられる。

(3) $A + 2H_2O \longrightarrow B + E + F$

①　ジエステル $\longrightarrow$
　　　　　　ジカルボン酸＋アルコール＋アルコール

②　ジエステル $\longrightarrow$
　　　　　　ヒドロキシ酸＋アルコール＋カルボン酸

③　ジエステル $\longrightarrow$
　　　　　　2価アルコール＋カルボン酸＋カルボン酸

このうち，Bは2-プロパノール(分子式 C_3H_8O)と決まっているので，③は不適。また，E，Fのうち，不斉炭素原子をもち得る E は，炭素数の多い C_4 の化合物である。

∴　FはD(エタノール)と同じ炭素数2の化合物である。

(i) Fをエタノールとすると，E はジカルボン酸となるが，C_4 のジカルボン酸で不斉炭素原子をもつものは存在しない。(①は不適)

(ii) Fを酢酸とすると，E は C_4 のヒドロキシ酸となるが，C_4 のヒドロキシ酸は不斉炭素原子をもつ可能性がある。

Fは酢酸であり，E は C_4 のヒドロキシ酸である。Eに考えられる構造は次の通りである。

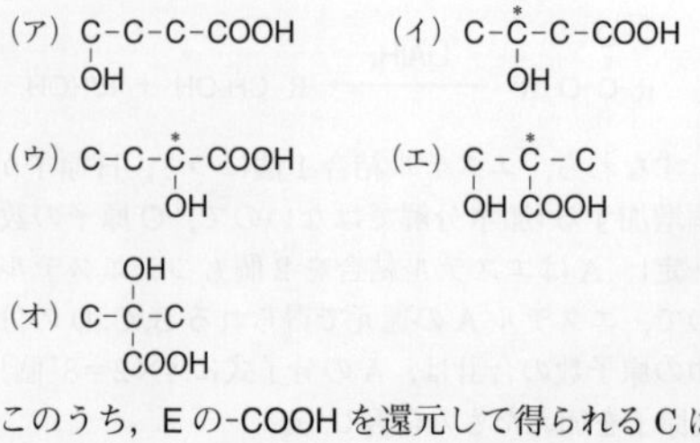

(ア)
$$\underset{OH}{C-C-C-COOH}$$

(イ)
$$\underset{OH}{C-\overset{*}{C}-C-COOH}$$

(ウ)
$$\underset{OH}{C-C-\overset{*}{C}-COOH}$$

(エ)
$$\underset{OH\ COOH}{C-\overset{*}{C}-C}$$

(オ)
$$\overset{OH}{\underset{COOH}{C-C-C}}$$

このうち，E の-COOH を還元して得られる C は不斉炭素原子をもたないので，Eは(エ)である。

よって，Cは(エ)を還元した次の構造をもつ。

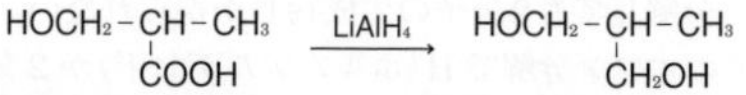

$$\underset{COOH}{HOCH_2-CH-CH_3} \xrightarrow{LiAlH_4} \underset{CH_2OH}{HOCH_2-CH-CH_3}$$

(4) AはEを中心にして，BとFをエステル結合させた化合物である。

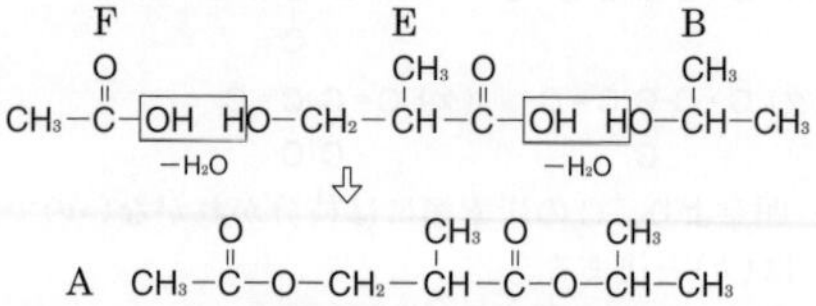

$$\overset{F}{CH_3-C-\boxed{OH}}\ \overset{E}{HO-CH_2-CH-C}\overset{CH_3}{-\boxed{OH}}\ \overset{B}{HO-CH-CH_3}$$
$$-H_2O \qquad\qquad -H_2O$$
$$\Downarrow$$

A $\ \ \underset{}{CH_3-\overset{O}{C}-O-CH_2-\underset{}{CH}-\overset{CH_3}{\overset{O}{C}-O-CH-CH_3}}$

(5) エステルの加水分解では，下図の点線部分でエステル結合が切れ，$H_2{}^{18}O$ に含まれる酸素は，常にカルボン酸に含まれることになる。

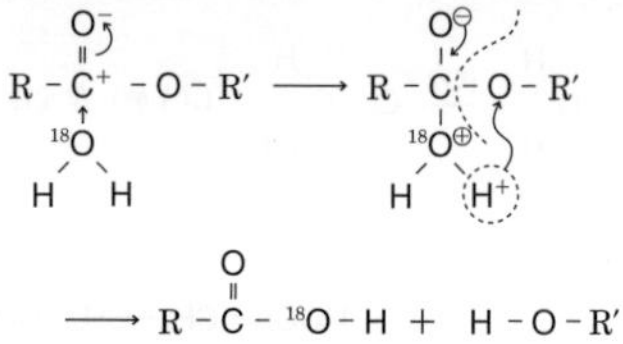

$$R-\overset{O^-}{\underset{{}^{18}O}{\underset{H\quad H}{C^+}}}-O-R' \longrightarrow R-\overset{O^-}{\underset{{}^{18}O}{\underset{H\quad H}{C}}}-O-R'(H^+)$$

$$\longrightarrow R-\overset{O}{C}-{}^{18}O-H + H-O-R'$$

エステルのAを $H_2{}^{18}O$ で加水分解すると，ヒドロキシ酸のE，カルボン酸のFに ^{18}O が含まれるが，アルコールのBには含まれない。

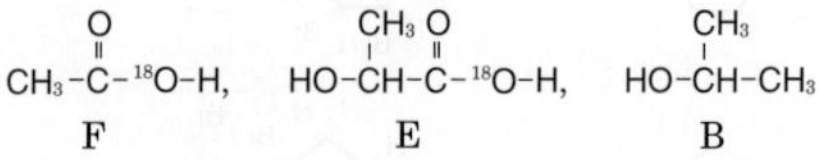

$$\overset{O}{CH_3-C-{}^{18}O-H},\quad HO-CH-\overset{CH_3\ O}{C}-{}^{18}O-H,\quad HO-\overset{CH_3}{CH}-CH_3$$
$$F \qquad\qquad E \qquad\qquad B$$

17　芳香族化合物

▶274

(1) A NO_2　B NH_2　C $NHCOCH_3$

D $\overset{+}{N}=NCl^-$　E $CH(CH_3)_2$

F SO_3H　G ONa　H Cl

I OH

J
$$\overset{O}{CH_3-\overset{\|}{C}-CH_3}$$

K $N=N$ OH

L $\overset{OH}{\underset{COONa}{}}$

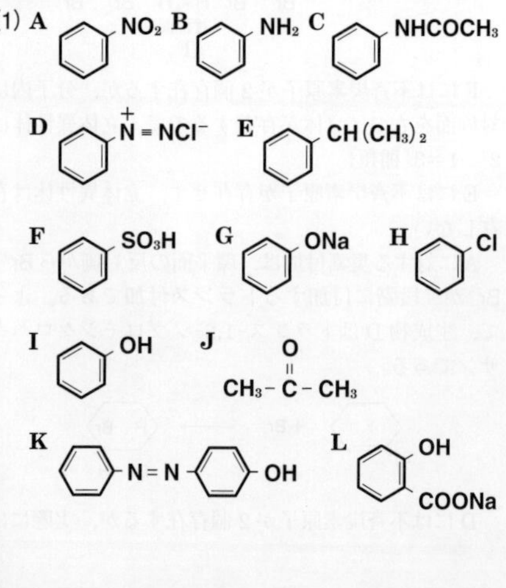

M OH / COOH N OH / COOCH₃

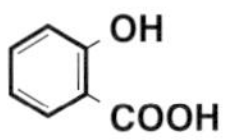

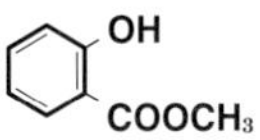

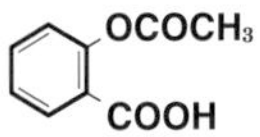

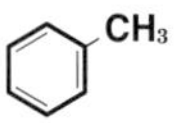

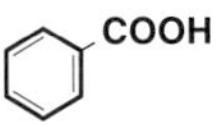

O OCOCH₃ / COOH P CH₃

Q COOH R COOH / COOH

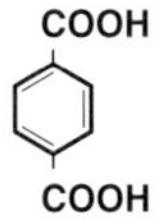

S CH₂=CH₂　**T** CH₂(OH)-CH₂OH

(2) ①(セ)　②(ソ)　③(ツ)　④(タ)　⑤(ケ)
⑥(チ)　⑦(ス)　⑧(シ)　⑨(サ)　⑩(エ)
⑪(ツ)　⑫(イ)　⑬(オ)　⑭(ア)

解説　①ベンゼンのH原子が，ニトロ基(-NO₂)で置換される反応(**ニトロ化**)によって，ニトロベンゼンが生成する。ニトロベンゼンは水より重い淡黄色油状の液体で，水に溶けにくい。

②ニトロベンゼンをスズ(または鉄)と濃塩酸で**還元**すると，アニリン塩酸塩が生成するが，NaOH(強塩基)を加えると，アニリン(弱塩基)が遊離する。

③アニリンを無水酢酸で**アセチル化**すると，アセトアニリドが生成する。

④アニリンを塩酸と亜硝酸ナトリウムを低温で反応させる(**ジアゾ化**)と，塩化ベンゼンジアゾニウムが生成する。

⑤一般に，有機化合物が水によって分解される反応を**加水分解**という。

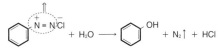

⑥塩化ベンゼンジアゾニウムとナトリウムフェノキシドを反応させる(**カップリング反応**)と，赤橙色の*p*-ヒドロキシアゾベンゼンが生成する。

　ベンゼンとプロペンをAlCl₃を触媒として反応させると，クメン(イソプロピルベンゼン)が生成する。これを空気で酸化した後，硫酸で分解すると，フェノールとアセトンを生成する。このフェノールの工業的製法を**クメン法**という。

⑦ベンゼン環の水素原子が，スルホ基(-SO₃H)で置換される反応(**スルホン化**)によって，強酸で水溶性のベンゼンスルホン酸が生成する。

⑧ベンゼンスルホン酸ナトリウムと水酸化ナトリウムを融解状態(高温)で反応させて，ナトリウムフェノキシドを生成する反応を，**アルカリ融解**という。

　SO₃Na
　＋ 2NaOH

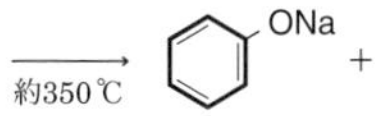

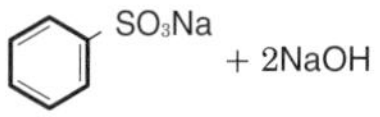

約350℃ → ONa ＋ Na₂SO₃ ＋ H₂O

ナトリウムフェノキシドにCO₂を高温高圧で反応させると，サリチル酸ナトリウムを生成する。

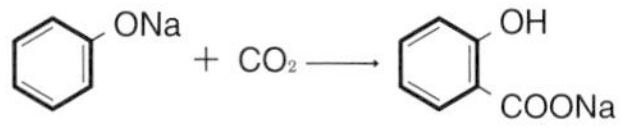

ONa ＋ CO₂ ─→ OH / COONa

サリチル酸ナトリウムに塩酸(強酸)を加えると，サリチル酸(弱酸)が遊離する。

⑨ベンゼンの-HをClで置換する反応を**塩素化**といい，クロロベンゼンが生成する。クロロベンゼンは水より重い無色油状の液体で，水に溶けにくい。一般に，ベンゼン環の-Hをハロゲン原子で置換する反応を**ハロゲン化**という。

⑫アセチレンの3分子重合でベンゼンが生成する。

⑬ベンゼンにAlCl₃を触媒としてハロゲン化アルキルを反応させると，アルキルベンゼンが生成する。この反応は，ベンゼンの-Hをアルキル基-Rで置換したと見なせる反応で，**アルキル化**(フリーデル・クラフツ反応)ともいう。

⑭ベンゼン環に結合した炭化水素基(**側鎖**)は，KMnO₄などの強力な酸化剤で**酸化**すると，その炭素数に関係なく，すべてカルボキシ基-COOHになる。例えば，トルエンをKMnO₄水溶液で酸化すると，安息香酸カリウム(塩)が生成するが，HCl(強酸)を加えると安息香酸(弱酸)が遊離する。

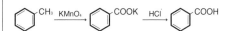

　エチレンをAg触媒を用いて空気で酸化すると，エチレンオキシドが得られる。これを酸または塩基を触媒として水と反応させると，三員環構造が開環して，エチレングリコールが得られる。

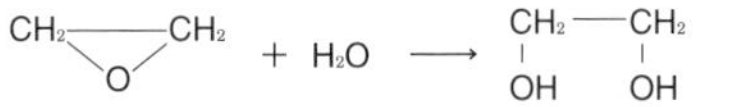

CH₂ O CH₂ ＋ H₂O ─→ CH₂—CH₂ / OH OH
エチレンオキシド　　　　エチレングリコール

参考
Q→Rの反応
　安息香酸カリウムをCO₂の加圧下でCdOを触媒に用いて加熱すると，テレフタル酸カリウムとベンゼンに不均化する(**ヘンケル法**)。

2 ◯-COOK ──CO₂/(CdO)── KOOC-◯-COOK ＋ ◯

　現在では，*p*-キシレンを空気で酸化する方法でテレフタル酸が製造されている。

▶**275** (1) (ア) 飽和　(イ) 不飽和　(ウ) **357**
(エ) **149**

(2) $Q_1 = 32 \, kJ$, $Q_2 = -40 \, kJ$

　ベンゼン環の共鳴安定化が失われるベンゼンと臭素との付加反応では，吸熱反応となるため起こりにくい。一方，ベンゼン環の共鳴安定化が保持されるベンゼンと臭素との置換反応では，発熱反応となり起こりやすい。

解説　(1) ベンゼン
C_6H_6 は鎖式飽和炭化
水素 C_6H_{14} に比べて水
素原子が8個不足して

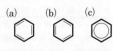

(a)　　　(b)　　　(c)

おり，不飽和度が4である。ベンゼンが不飽和度1の環状構造をもつとすると，残る不飽和度は3なので，二重結合が3個含まれることになり，(a)，(b)のような**ケクレ構造式**で表される。しかし，この構造式では，ベンゼンは付加反応が起こりにくく，置換反応が起こりやすいことや，すべての炭素原子間の結合距離(0.140 nm)が，C-C 結合(0.154 nm)とC=C 結合(0.134 nm)の中間の値をもつなどの事実を十分に説明できない。実際のベンゼンは，(a)と(b)の構造式を重ね合わせた構造式(c)で表すのが適切である。このとき，ベンゼンは両構造の間で**共鳴**しているという。なお，高等学校では各原子の原子価をはっきりさせるために，ベンゼンの構造式は(a)，(b)のように表す。

　1 mol のシクロヘキセンに H_2 1 mol が付加してシクロヘキサンに変化すると，119 kJ の熱量が放出されることから，ベンゼンの仮想的な構造であるシクロヘキサトリエン 1 mol に H_2 が3 mol 付加してシクロヘキサンに変化するときの水素化エンタルピーが $-119 \times 3 = -357 \, kJ$ であることを示唆する。しかし，実際のベンゼン 1 mol に H_2 3 mol が付加してシクロヘキサンに変化するときの水素化エンタルピーは $-208 \, kJ$ である。この関係をエンタルピー図に表すと次の通りである。

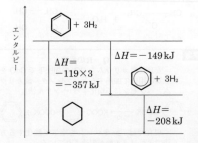

この図から，ベンゼンは構造(c)をとっているために，仮想的な構造であるシクロヘキサトリエンよ

りも 149 kJ だけエネルギー的に安定化していることがわかる。このエネルギーをベンゼンの**共鳴エネルギー**という。これは，ベンゼン環では二重結合を構成する π 電子がアルケンのように1か所に固定されているのではなく，分子全体に広がった自由度の大きな状態(**非局在化**という)となり，より安定化しているためである。

(2)

$$\text{(ベンゼン)} + Br-Br \longrightarrow \text{(環構造)} \begin{array}{c} H \\ Br \\ Br \\ H \end{array} \quad \Delta H = Q_1 kJ$$

(反応エンタルピー)
　＝(反応物の結合エンタルピーの和)
　　－(生成物の結合エンタルピーの和)
　＝$(E_{C=C} + E_{Br-Br}) - (E_{C-Br} \times 2 + E_{C-C})$
　＝$606 + 192 - (284 \times 2 + 347) = -117 \, [kJ]$

ところで，ベンゼンと Br_2 との付加反応では，ベンゼン環は壊れ，149 kJ/mol の共鳴エネルギーによる安定化は失われる。

　∴　$Q_1 = -117 + 149 = 32 \, [kJ]$

$$\text{(ベンゼン)} + Br-Br \longrightarrow \text{(環構造)}^{Br} + HBr \quad \Delta H = Q_2 kJ$$

$Q_2 = (E_{C-H} + E_{Br-Br}) - (E_{C-Br} + E_{H-Br})$
　　$= 416 + 192 - (284 + 364) = -40 \, [kJ]$

ベンゼンと Br_2 との置換反応では，ベンゼン環は壊れないので，149 kJ/mol の共鳴エネルギーによる安定化がそのまま保持されている。

　よって，(2)式は発熱反応となり，(1)式の吸熱反応よりも起こりやすいといえる。

▶**276**

A　$CH_3-CH-CH_3$ （ベンゼン環）

B　（ベンゼン環）OH

C　（ベンゼン環）ONa

D　（ベンゼン環）OH COONa

E　（ベンゼン環）OH COOH

F　（ベンゼン環）OH COOCH$_3$

G　（ベンゼン環）OCOCH$_3$ COOH

H　（ベンゼン環）CH$_3$ NO$_2$

I　（ベンゼン環）CH$_3$ NH$_2$

J　H_3C（ベンゼン環）$N^+ \equiv NCl^-$

K　H_3C（ベンゼン環）$N=N$（ベンゼン環）OH

L　（ベンゼン環）CH$_3$ OH

(1)

$\text{C}_6\text{H}_5\text{ONa} + CO_2 \longrightarrow$ ベンゼン環(OH, COONa)

(2)

$\text{C}_6\text{H}_5\text{ONa} + CO_2 + H_2O \longrightarrow \text{C}_6\text{H}_5\text{OH} + NaHCO_3$

(3)
(イ) ベンゼン環(OH, COOH) $+ (CH_3CO)_2O$

$\longrightarrow$ ベンゼン環($OCOCH_3$, COOH) $+ CH_3COOH$

(ウ) H_3C-ベンゼン環-$NH_2 + 2HCl + NaNO_2$

$\longrightarrow H_3C$-ベンゼン環-$\overset{+}{N}\equiv N\,Cl^- + NaCl + 2H_2O$

(エ) H_3C-ベンゼン環-$\overset{+}{N}\equiv N\,Cl^- +$ ベンゼン環-ONa

$\longrightarrow H_3C$-ベンゼン環-$N=N$-ベンゼン環-$OH + NaCl$

(オ) H_3C-ベンゼン環-$\overset{+}{N}\equiv N\,Cl^- + H_2O$

$\longrightarrow H_3C$-ベンゼン環-$OH + N_2 + HCl$

(4) ①サリチル酸　②サリチル酸メチル

解説　プロペンのC=C結合にベンゼンが付加して，**クメン(イソプロピルベンゼン)A**が生成すると考えるとよい。このとき，**マルコフニコフの法則**(**253参考**)が成り立ち，プロペンの二重結合の炭素のうち，Hが多く結合した方にベンゼンのHが，Hの少ない方にベンゼン環のC_6H_5-が付加したクメンが主生成物となる。

⑥　　　　　④
$CH_2 = CH - CH_3 + H - \text{C}_6\text{H}_5$

(主) $CH_3 - CH - CH_3$　(副) $CH_2 - CH_2 - CH_3$

$\longrightarrow$

イソプロピルベンゼン(クメン)　プロピルベンゼン

クメンを空気中の酸素で酸化してクメンヒドロペルオキシドとした後，希硫酸で分解すると，フェノールとアセトンが生成する。このフェノールの工業的製法を**クメン法**という。

ナトリウムフェノキシドの結晶を，CO_2とともに加圧しながら加熱すると，サリチル酸ナトリウムが生成(**コルベの反応**)し，これに強酸を加えて酸性に

すると，サリチル酸(化合物E)が生成する。

$\text{C}_6\text{H}_5\text{ONa} + CO_2 \xrightarrow[125℃]{加圧}$ ベンゼン環(OH, COONa) $\xrightarrow{H^+}$ ベンゼン環(OH, COOH)

(CO_2は，ナトリウムフェノキシドのo-位に置換する。このとき脱離したH^+は，酸として強い方の-COO^-ではなく，弱い方の-O^-に受け取られて-OHとなる。一方，-COO^-はNa^+とイオン結合したサリチル酸ナトリウム(塩)を生成する。)

サリチル酸は，分子内にカルボキシ基とフェノール性OH基をo-位にもつ化合物で，メタノールに溶かして濃硫酸を少量加えて加熱すると，**エステル化**されて，芳香のある**サリチル酸メチル(化合物F)**の無色の液体が生成する。また，サリチル酸に無水酢酸を作用させると，**アセチル化**されて**アセチルサリチル酸**の無色の結晶(化合物G)が生成する。サリチル酸メチルには消炎・鎮痛作用があるので外用薬として，アセチルサリチル酸は解熱・鎮痛作用があるので内服薬として用いられる。

化合物Hの組成式は，

$$C : H : N : O = \frac{61.3}{12} : \frac{5.1}{1.0} : \frac{10.2}{14} : \frac{23.4}{16}$$

$$= 7 : 7 : 1 : 2 \quad \therefore \quad C_7H_7NO_2$$

化合物Hの分子量をMとすると，
凝固点降下度　$\Delta t = K_f m$の公式より

$$0.19 = 5.13 \times \frac{0.500}{M} \times \frac{1000}{100} \quad \therefore \quad M = 135$$

$(C_7H_7NO_2)_n = 135 \quad \therefore \quad n \fallingdotseq 1$

Hの分子式は，$C_7H_7NO_2$

Hはベンゼンのパラ二置換体で，SnとHClで還元されるニトロ基-NO_2をもつ。もう1つの置換基は，

$C_7H_7NO_2 - C_6H_4 - NO_2 = CH_3$（メチル基）

よって，Hは，p-ニトロトルエンである。

化合物Hを Snと濃塩酸で還元すると，アミノ基をもつ化合物I(p-アミノトルエン)となる。Iを希塩酸に溶かし，氷冷しながら亜硝酸ナトリウム$NaNO_2$水溶液を加えていくと**ジアゾ化**が起こり，ジアゾニウム塩Jを生成する。これにナトリウムフェノキシド(塩C)の水溶液を加えると，ベンゼン環のp位に**カップリング反応**が起こり，アゾ化合物K(p-ヒドロキシアゾトルエン)が生成する。

(2) この反応は，フェノールが炭酸よりも弱い酸であることに起因する。

フェノールの酸の強さは炭酸よりも弱いので，ナトリウムフェノキシドBの水溶液に常温・常圧でCO_2を通じると，弱酸のフェノールBが遊離する。

(3) (オ)冷却せずにジアゾ化を行うと，ジアゾニウム塩が加水分解して窒素ガスが発生するとともに，水に溶けにくいp-クレゾール(L)が遊離する。

(4) 酸の強弱は，カルボン酸＞炭酸＞フェノール類

なので，フェノール性-OH 基しかもたないサリチル酸メチル（F）の酸性が最も弱い。また，サリチル酸とアセチルサリチル酸はともに-COOH 基をもつが，サリチル酸の第一電離で生じたサリチル酸イオンが，次式のように，分子内で水素結合を形成して安定化できるため，第一電離の平衡が右へ移動し，H^+が電離しやすい。したがって，サリチル酸の酸性はアセチルサリチル酸の酸性よりも強くなる。

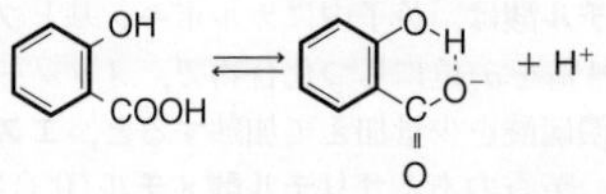

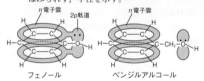

参考

フェノール類が弱い酸性を示す理由

　フェノール類では，O 原子の非共有電子対の軌道はベンゼン環平面に対して上下方向に広がっており，これがベンゼン環の上下にあるドーナツ状の π 電子雲と側面で重なっている（下図）。したがって，O 原子の非共有電子対の一部はベンゼン環の方へ流れ込み（**非局在化**という）安定化できる。このため，O 原子自身はやや電子不足の状態になり，O-H 結合の共有電子対を強く引き寄せる。したがって，フェノール類ではヒドロキシ基から H^+ が放出されやすく，弱い酸性を示すことになる。

　一方，ヒドロキシ基がベンゼン環に直結していないベンジルアルコールでは，フェノール類のような電子軌道の重なりと O 原子の非共有電子対のベンゼン環への流れ込み（非局在化）は起らないので，ヒドロキシ基からの H^+ の放出はみられず，中性を示す。

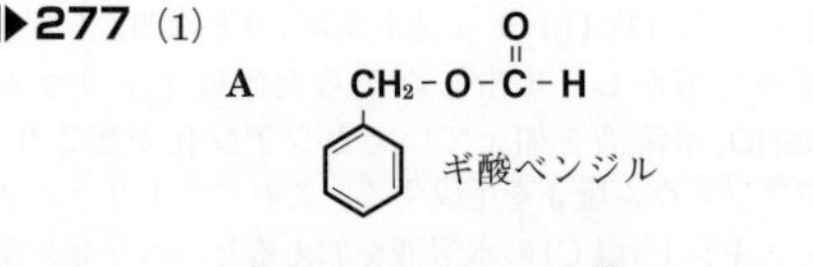

（図）フェノール　　ベンジルアルコール

▶277　(1)

A　ギ酸ベンジル

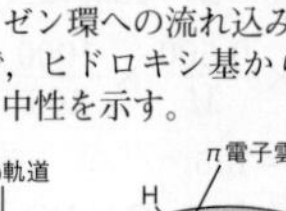

B　酢酸フェニル　　C　安息香酸メチル

(2) 3種類

解説　(1) 分子式 $C_8H_8O_2$ から，A〜C は分子中にエステル結合を1個ずつもつことがわかる。

$\begin{cases} A+H_2O \longrightarrow D（酸性物質）+E（中性物質） \\ B+H_2O \longrightarrow F（酸性物質）+G（酸性物質） \\ C+H_2O \longrightarrow H（酸性物質）+I（中性物質） \end{cases}$

加水分解での生成物のうち，E，I は中性物質のアルコール。

D，F，H は $NaHCO_3$ を分解して CO_2 を発生するから，炭酸よりも強いカルボン酸である。さらに，D は還元性を示すのでギ酸と決まる。

　E の分子式は $C_8H_8O_2+H_2O-CH_2O_2=C_7H_8O$

　E に考えられるベンゼンの一，二置換体は，

(a) CH_2OH　　(b) OCH_3　　(c) CH_3 OH

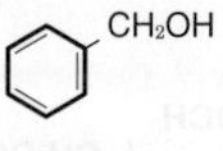

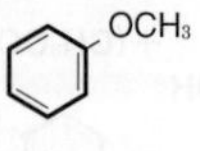

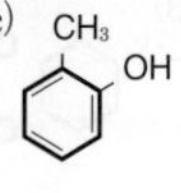

(d) CH_3 OH　　(e) CH_3 OH

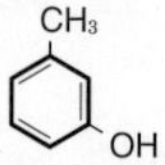

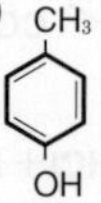

　E は中性物質のアルコール類なので，(a)のベンジルアルコールが該当する。

　∴　A はギ酸とベンジルアルコールのエステル。

　G は $NaHCO_3$ 水溶液とは反応せず，NaOH 水溶液に溶け，$FeCl_3$ 水溶液で紫色に呈色するから，フェノール類である。

(i) G をフェノール C_6H_6O とすると，

$C_8H_8O_2+H_2O-C_6H_6O（G）=C_2H_4O_2（F）$

(ii) G をクレゾール C_7H_8O とすると，

　F の分子式は CH_2O_2（ギ酸）となり，不適。

　∴　B は酢酸とフェノールのエステル。

　C を加水分解して得られる H は，E（ベンジルアルコール）の酸化で生成する安息香酸である。

$C_8H_8O_2+H_2O-C_7H_6O_2（H）=CH_4O（I）$

　I の分子式は CH_4O で，メタノールである。

　∴　C は安息香酸とメタノールのエステル。

　エステルの名称は，カルボン酸名にアルコールの炭化水素基名をつけて表す。

(2) o-, m-, p-クレゾールとギ酸との3種類のエステルが構造異性体として考えられる。

▶278　(1)

A　CH_2-CH_2-OH

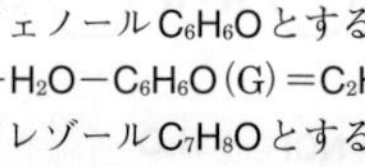

B　OH $CH-CH_3$

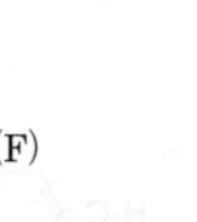

C　CH_2-CH_3 OH

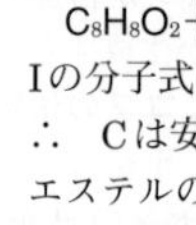

E　CH_2-CHO

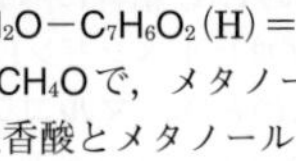

F　$CH=CH_2$

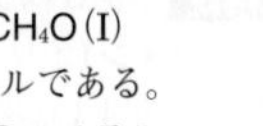

(2) 6種類　(3) (オ)

解説　(1) A, B, C はヒドロキシ基をもつベンゼンの一，二置換体だから，下の①〜⑧のいずれか。

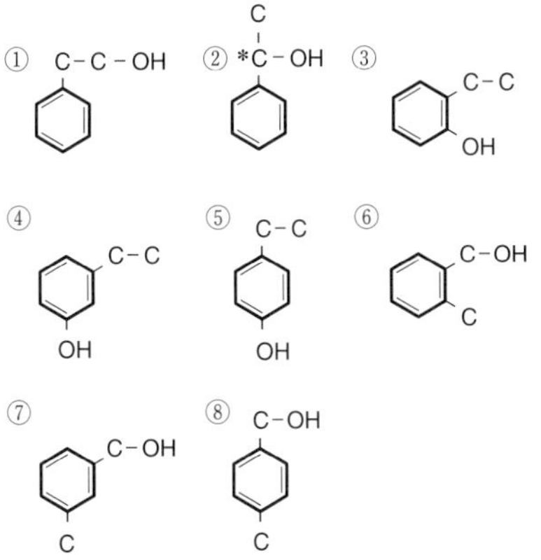

① C-C-OH（ベンゼン環）

② $*$C-OH（C, ベンゼン環）

③ C-C（ベンゼン環に OH）

④ C-C（ベンゼン環に OH）

⑤ C-C（ベンゼン環に OH）

⑥ C-OH（ベンゼン環に C）

⑦ C-OH（ベンゼン環に C）

⑧ C-OH（ベンゼン環に C）

Aの酸化生成物Eが銀鏡反応を示すので，Aは第一級アルコールの①，⑥，⑦，⑧のいずれか。また，Aは脱水反応を行うので①と決まり，その脱水生成物Fは $C_6H_5-CH=CH_2$（スチレン）である。また，Aの酸化生成物のEは銀鏡反応を示すので，$C_6H_5-CH_2-CHO$（フェニルアセトアルデヒド）である。

> **参考**
> ### ベンゼン環の側鎖の酸化①
> ベンゼン環に結合した炭化水素基(側鎖)をもつフェネチルアルコールを，① $KMnO_4$ 水溶液で激しく酸化すると，ベンゼン環に結合した α 位の炭素から酸化され，安息香酸が得られる。② 硫酸酸性の $K_2Cr_2O_7$ 水溶液で穏やかに酸化すると，ベンゼン環に結合していない β 位の炭素から酸化され，フェニル酢酸が得られる。
>
> COOH（ベンゼン環） ←①KMnO₄ 激しく— $\overset{\alpha}{CH_2}\overset{\beta}{CH_2}OH$（ベンゼン環） —②K₂Cr₂O₇ 穏やかに→ CH₂COOH（ベンゼン環）
>
> 安息香酸　　　　フェネチルアルコール　　　フェニル酢酸

Bはヨードホルム反応が陽性の第二級アルコールであり，$CH_3-CH(OH)-$ の部分構造をもつ②である。また，Bの脱水反応でもF(スチレン)が得られるので，題意を満たす。

Cは $FeCl_3$ 水溶液で呈色するフェノール類で，③，④，⑤が該当する。Cのベンゼン環の水素原子1個をCl原子で置換した化合物の異性体数は，Cl原子の置換位置を──→示すと，

③ 4種　④ 4種　⑤ 2種

よって，Cは⑤と決まる。

(2) Dはベンゼンの三置換体で，フェノール性OH基と2個の CH_3 基をもち，次の6種の異性体がある。

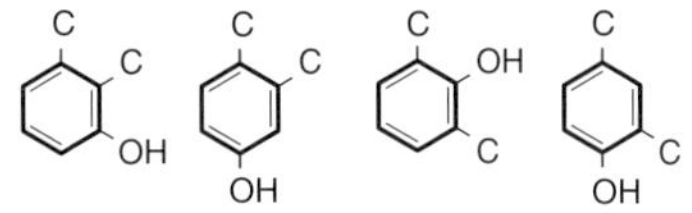

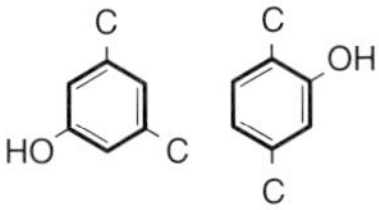

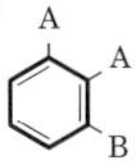

（C, C, OH の三置換ベンゼン異性体群）

(3) 最も簡単なフェノール類とは，フェノール(石炭酸)のことである。

(ア) 空気に触れると，しだいに酸化されて淡赤色から赤褐色になる。

(イ) 殺菌・消毒作用がある。

(ウ) ヒドロキシ基がNaと置換反応する。

(エ) 臭素水を加えると，直ちに2,4,6-トリブロモフェノールの白色沈殿を生成する。この反応は，フェノールの検出に用いられる。

(オ) 水溶液の酸性は極めて弱く，pHは約6である。一方，リトマス試験紙の変色域はpH4.5〜8.3であるから，pHが約6のフェノール水溶液では青色リトマス試験紙は赤変しない。

▶**279** (1) A　酢酸メチル，**B**　エタノール，**C**　サリチル酸，**D**　グリセリン，**E**　アセトン，**F**　アセトアニリド，**G**　ニトロベンゼン，**H**　1-ヘキセン

(2) $CH_2=CH-CH_2-CH_2-CH_2-CH_3 + Br_2$
$\longrightarrow CH_2Br-CHBr-CH_2-CH_2-CH_2-CH_3$

(3)

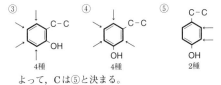

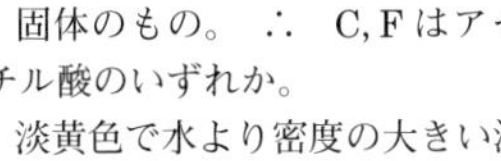

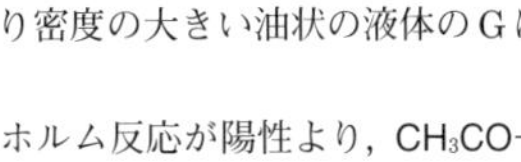

解説　(1) (a) 水によく溶ける。∴　B, D, Eはアセトン，グリセリン，エタノールのいずれか。

(b) 固体のもの。∴　C, Fはアセトアニリド，サリチル酸のいずれか。

(c) 淡黄色で水より密度の大きい油状の液体のGはニトロベンゼン。

(d) B, Eはヨードホルム反応が陽性より，CH_3CO-，または $CH_3CH(OH)-$ の構造をもつアセトンかエタノール。∴　Dはグリセリン。

(e) B, DはNaと反応するので，OH基をもつ。∴　Bはエタノール。また，EはNaと反応しないので，Eはアセトン。

(f) A, Fは加水分解されて酢酸を生成するので，酢酸エステル，またはアセチル化物(アミド)。

∴ Fは固体なので，アセトアニリド。また，Aは液体なので，酢酸メチル。

残る固体のCはサリチル酸，残る液体のHは1-ヘキセンC_6H_{12}。

(2) 1-ヘキセンのC=C結合に対するBr_2の付加反応が起こり，臭素の赤褐色が消える。(四塩化炭素はBr_2を溶かす溶媒で，反応には関与しない。)

(3) アセトアニリド$C_6H_5NHCOCH_3$中のアミド結合-NHCO-は，酸・塩基のいずれの水溶液と加熱しても加水分解が起こる。酸性条件なので，生成したアニリンは塩酸塩として生成することに留意せよ。

アミドを酸性条件で加水分解した場合。

$$R\text{-}NHCO\text{-}R' + HCl + H_2O \longrightarrow R\text{-}NH_3Cl + R'\text{-}COOH$$

アミドを塩基性条件で加水分解した場合。

$$R\text{-}NHCO\text{-}R' + NaOH \longrightarrow R\text{-}NH_2 + R'\text{-}COONa$$

▶280 (1) $C_9H_{10}O_2$ (2) **A**

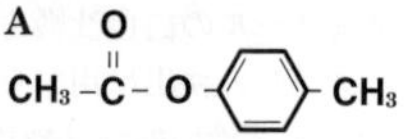

B

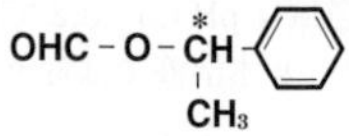

C

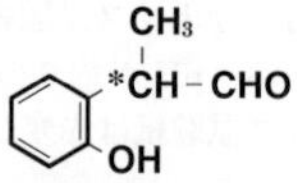

J

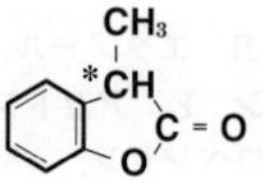

D *p*-クレゾール
H 安息香酸

解説 (1) C $19.8\times\dfrac{12}{44}=5.4$〔mg〕

H $4.5\times\dfrac{2.0}{18}=0.50$〔mg〕

O $7.5-(5.4+0.50)=1.6$〔mg〕

$$C:H:O=\frac{5.4}{12}:\frac{0.50}{1.0}:\frac{1.6}{16}=0.45:0.50:0.10$$
$$=9:10:2$$

∴ Aの組成式$C_9H_{10}O_2$ (式量150)

分子量は145〜155より，分子式も$C_9H_{10}O_2$

(2) AはNaOH水溶液で加水分解されるのでエステル。Aの加水分解で得られた酸性物質D, Eのうち，Dは$FeCl_3$水溶液で呈色するので，フェノール性OH基をもち，ベンゼンの二置換体なので，炭素数は7か8のいずれか。(炭素数が6のフェノールはベンゼンの一置換体となり不適)

(i) DがC_7とすると，EはC_2の酢酸となる。

(ii) DがC_8とすると，EはC_1のギ酸となる。Eは銀鏡反応が陰性なので，ギ酸ではない。

∴ Eは酢酸，DはC_7H_8Oのクレゾール。

ニトロクレゾールの異性体数を調べると，

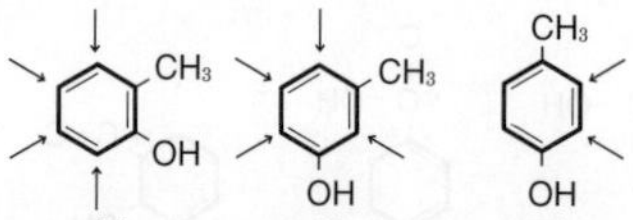

4種　　4種　　2種

(⟶は，ニトロ基の置換位置を示す。)

∴ Dは，*p*-クレゾールと決まる。

∴ Aは，

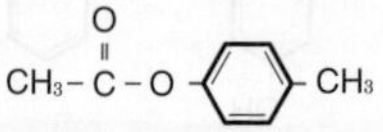

Bも加水分解されるのでエステルである。

Bの加水分解で得られた中性物質Gは芳香族のアルコールであり，ヨードホルム反応が陽性だから$CH_3CH(OH)$-の部分構造をもち，炭素数は8である。よって，Bの炭素数が9なので，Fは炭素数1のカルボン酸のギ酸である。

∴ Bは，

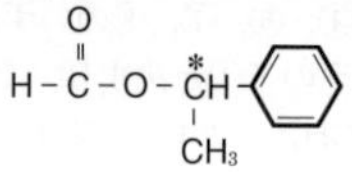

Gのヨードホルム反応は，次式の通り進行し，ヨードホルムCHI_3の黄色沈殿と，安息香酸Hのナトリウム塩が生成する。

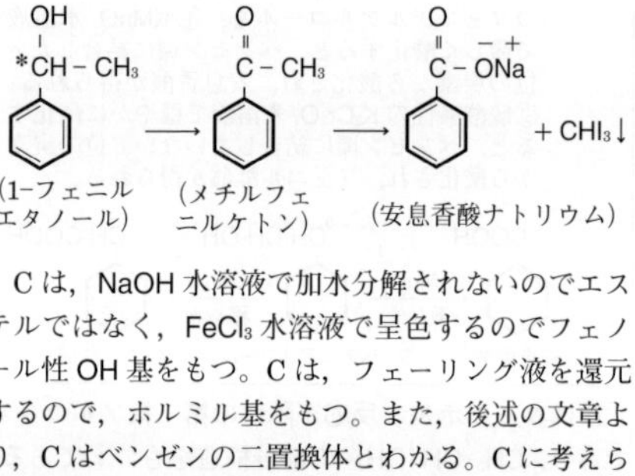

(1-フェニルエタノール)　(メチルフェニルケトン)　(安息香酸ナトリウム)

Cは，NaOH水溶液で加水分解されないのでエステルではなく，$FeCl_3$水溶液で呈色するのでフェノール性OH基をもつ。Cは，フェーリング液を還元するので，ホルミル基をもつ。また，後述の文章より，Cはベンゼンの二置換体とわかる。Cに考えられる構造は，次の(a)，(b)のいずれか。

(a)　　(c)

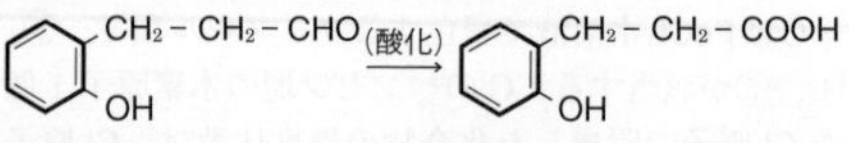

(*o*, *m*, *p*)　　(*o*, *m*, *p*)

(b)　　(d)

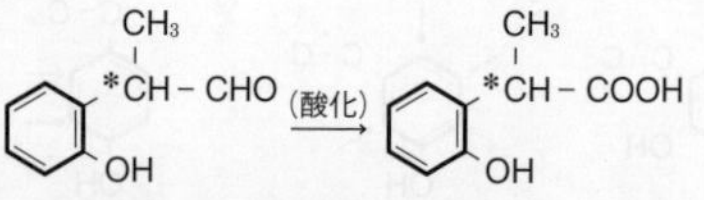

(*o*, *m*, *p*)　　(*o*, *m*, *p*)

(アルデヒドがフェーリング液と反応すると，穏やかに酸化され，Cu_2Oの赤色沈殿を生成するとともに，自身はカルボン酸の塩となることに留意する。)

Cには不斉炭素原子が存在するので，Cは(b)，I

は(d)である。また，Ⅰは加熱により容易に分子内脱水が起こる。これは，Ⅰの分子中の-COOHと-OHの間で分子内環状エステル(**ラクトン**という)をつくったと予想される。Ⅰがラクトンをつくるためには，-COOHと-OHどうしができるだけ近い位置のオルト位になければならず，Ｃもオルト体と決まる。Ⅰの分子内脱水によるＪの生成は次式の通り。

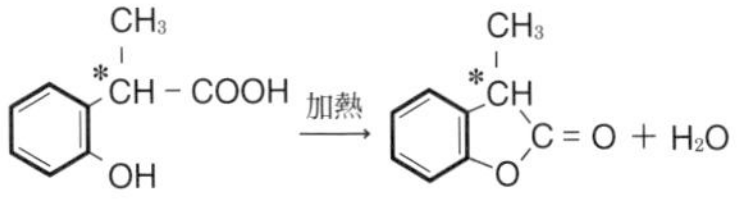

$$\text{(structure)} \xrightarrow{\text{加熱}} \text{(structure)} + H_2O$$

▶**281** (1) A

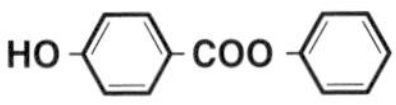

HO-◯-COO-◯

B HO-◯-COOH   D HO-◯-COOCH₃

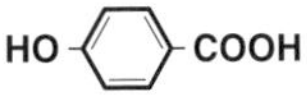

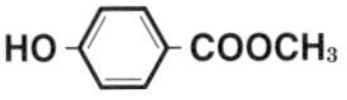

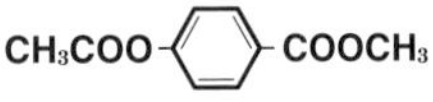

E CH₃COO-◯-COOCH₃

F O_2N-◯(OH)-NO_2, NO_2

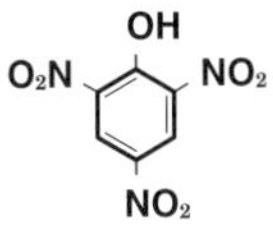

(2) フェノール性ヒドロキシ基がアセチル化されているため，FeCl₃水溶液では呈色しない。

(3) OH + 3Br₂ → OH(Br,Br,Br) + 3HBr

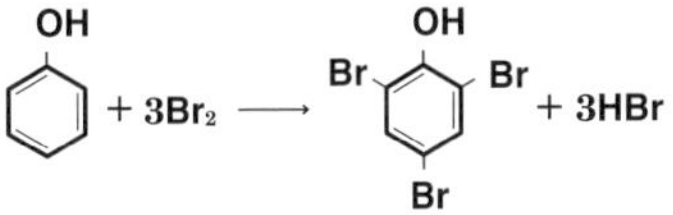

フェノールは非常に弱い酸であるが，生成したHBrは強酸だから，最初は弱い酸性のpH6付近から，最後には強い酸性のpH1～2となる。

解説 (1) AはNaOH水溶液と反応して，BとCに加水分解されるからエステルである。

$C_{13}H_{10}O_3 + H_2O \longrightarrow C_7H_6O_3(B) + C_6H_6O(C)$

Bは，NaHCO₃水溶液を分解してCO₂を発生させるので，-COOHを有する。BのメチルエステルDがFeCl₃水溶液で呈色することから，Bにはフェノール性OHも存在する。以上より，分子式C₇H₆O₃のBはベンゼンの二置換体で，次の構造が考えられる。

(ⅰ) OH,COOH (ⅱ) OH,COOH (ⅲ) OH,COOH

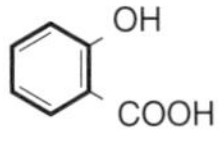

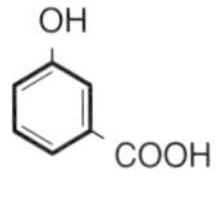

上記の化合物のベンゼン環の水素原子を塩素原子で置換した化合物は，(ⅰ)で4種，(ⅱ)で4種，(ⅲ)で2種ある。よって，Bはパラ体(p-ヒドロキシ安息香酸)とわかる。

Cは分子式C₆H₆Oなのでフェノールである。
よって，Aはp-ヒドロキシ安息香酸の-COOHとフェノールの-OHが脱水縮合したエステルである。
∴ Aは，HO-◯-COO-◯

B→Eへの変化は次の通り。

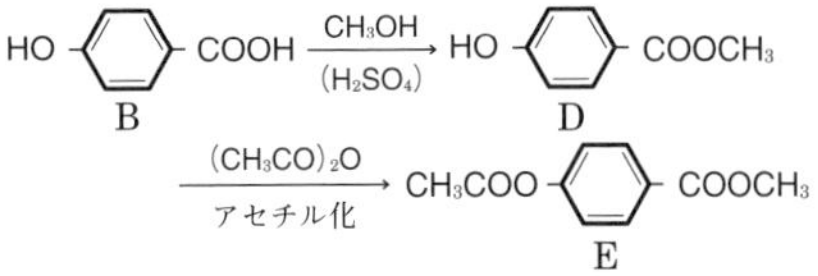

HO-◯-COOH (B) $\xrightarrow[(H_2SO_4)]{CH_3OH}$ HO-◯-COOCH₃ (D) $\xrightarrow[アセチル化]{(CH_3CO)_2O}$ CH₃COO-◯-COOCH₃ (E)

フェノールのo-, p-位は反応性が大きく，混酸を用いると，これらすべてがニトロ化され，2,4,6-トリニトロフェノール(ピクリン酸)とよばれる黄色結晶を生成する。この化合物は強い爆発性をもつ。

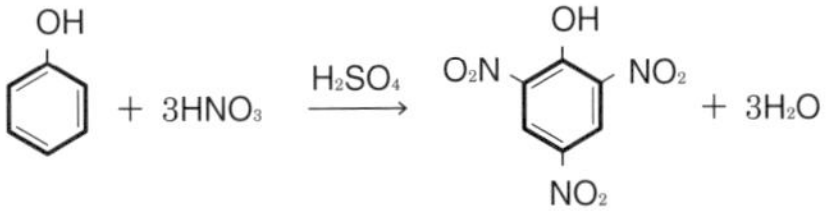

◯(OH) + 3HNO₃ $\xrightarrow{H_2SO_4}$ O_2N-◯(OH)-NO_2,NO_2 + 3H₂O

(2) Eにはフェノール性OH基が存在しないので，FeCl₃水溶液を加えても呈色しない。
(3) フェノールのo-, p-位は反応性に富み，触媒がなくても臭素水の臭素と置換反応して，2,4,6-トリブロモフェノールの白色沈殿を生成する。この反応は，フェノールの検出に用いられる。

参考 ピクリン酸
ピクリン酸のフェノール性OHは，ベンゼン環に電子求引性の強い-NO₂基が3つも結合していることで，H⁺が電離しやすくなっており，かなり強い酸性($K_a \fallingdotseq 5 \times 10^{-1}$ mol/L)を示す。また，O原子の電子密度が小さくなり，Fe³⁺に対する配位能力が低下し，FeCl₃水溶液との呈色反応を示さない。

▶**282** (1) A ◯-CH₂-CH₂OH   B ◯-CH₂-CHO

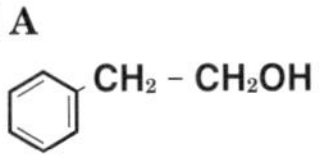

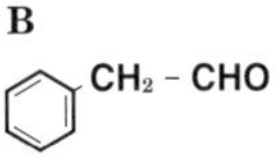

E ◯-CH₂-CH₃   F ◯-CH*-CH₃,OH

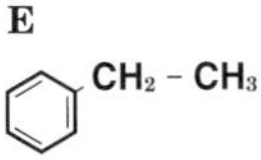

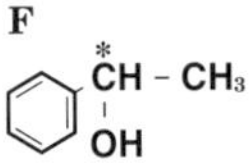

C スチレン，D ベンゼン

(2) ◯ + CH₂=CH₂ → ◯-CH₂-CH₃

(3) D

解説 (1) A(C₈H₁₀O)は中性の液体で，酸化するとアルデヒドBが得られるので第一級アルコール。また，Aを硫酸水素カリウムKHSO₄(酸触媒)を使って脱水して得られるCは，臭素の色を脱色し，重合しやすく，熱可塑性樹脂に変化することからスチ

レン。(濃硫酸を用いても脱水反応が起こるが，種々の副反応が起こる可能性があるので，穏やかな酸触媒を用いていると考えられる。)以上より，Aはベンゼンの一置換体で，第一級アルコールの構造をもつ(a)と決まる。

(a) — CH$_2$ – CH$_2$ – OH　　(b) — *CH – CH$_3$ ｜ OH

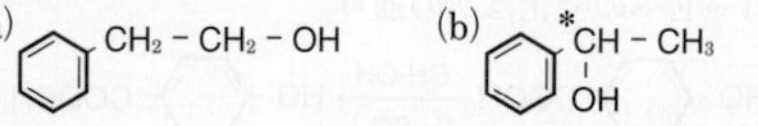

(2-フェニルエタノール)　(1-フェニルエタノール)

Aの異性体のFも脱水すると，スチレンCが得られるので，Fは第二級アルコールの構造をもつ(b)と決まる。

(2)

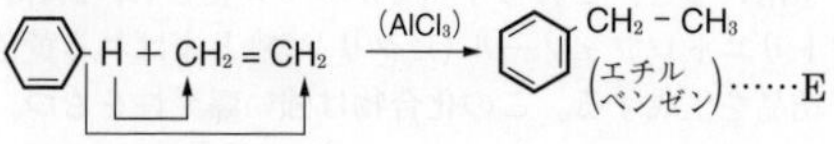

 — H + CH$_2$ = CH$_2$ $\xrightarrow{(AlCl_3)}$ — CH$_2$ – CH$_3$ (エチルベンゼン)……E

エチレンへのベンゼン(D)の付加と考えればよい。
エチルベンゼンを触媒とともに高温で反応させると，脱水素反応によりスチレンが生成する。

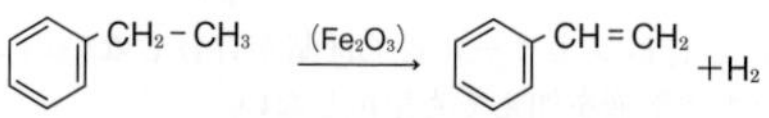

— CH$_2$ – CH$_3$ $\xrightarrow{(Fe_2O_3)}$ — CH = CH$_2$ + H$_2$

スチレン(C)への塩化水素の付加は，マルコフニコフの法則(**253** 参考)に従う。

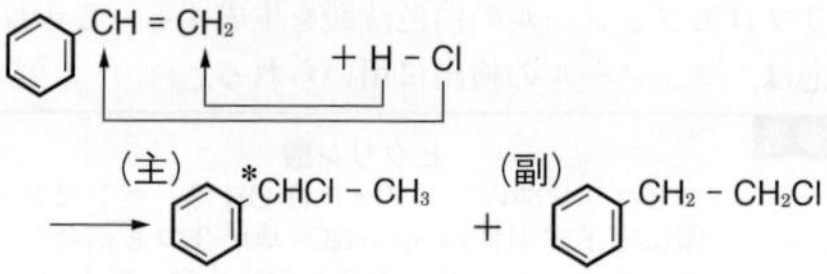

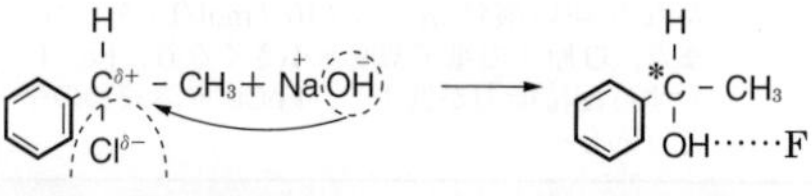

— CH = CH$_2$ + H – Cl

(主) — *CHCl – CH$_3$ + (副) — CH$_2$ – CH$_2$Cl

$\xrightarrow{}$

$\left(\begin{array}{l}\text{OH}^-\text{が電気的陽性な C}^{\delta+}\text{原子を攻撃して結合する}\\ \text{と，代わりに Cl}^-\text{が脱離する(求核置換反応)。}\end{array}\right)$

→ — *C – CH$_3$ ｜ OH……F

(3) ベンゼンDはすべての原子が同一平面上にある。スチレンC(右図)は，*x*部分の単結合が回転するので，すべてのC原子が常に同一平面上にあるとはいえない。∴ D

ビニル基(同一平面上)　ベンゼン環(同一平面上)

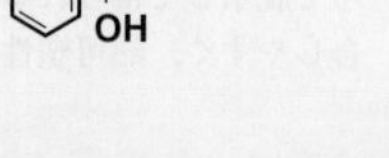

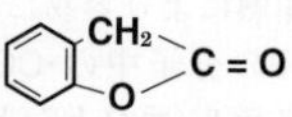

▶**283** (1) $C_{16}H_{16}O_3$

(2) A — CH$_2$ – C – O – *CH — ｜ OH ｜ CH$_3$

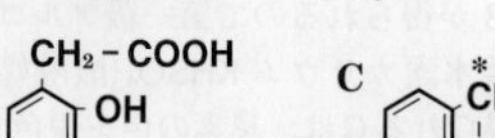

B — CH$_2$ – COOH ｜ OH

C — *CH – CH$_3$ ｜ OH

D — CH$_2$ ＼ O – C = O

E — CH$_2$ – COOH ｜ O – C – CH$_3$ ‖ O

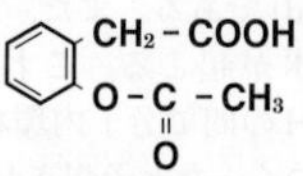

(3) **6種類**

解説　(1) 化合物Aの各原子数の比を求めると

$$C : H : O = \frac{75.00}{12} : \frac{6.25}{1.0} : \frac{18.75}{16}$$

$$= 5.34 : 5.34 : 1 \fallingdotseq 5\frac{1}{3} : 5\frac{1}{3} : 1$$

$$\fallingdotseq 16 : 16 : 3$$

Aの組成式は　$C_{16}H_{16}O_3$
$(C_{16}H_{16}O_3)_n = 256$　　$256n = 256$　　$n = 1$
よって，Aの分子式も　$C_{16}H_{16}O_3$

(2) ②はエステルのけん化反応で，反応後に希塩酸を加えたのは，カルボン酸 Na をカルボン酸に戻すためである。よって，化合物Aはエステル，化合物CはO原子が1個なのでアルコールかフェノール類，化合物Bはカルボン酸と予想される。

化合物C $C_8H_{10}O$ はベンゼン環をもち，分子式から考えて側鎖に炭素が2個存在し，この部分に不斉炭素原子がなければならない。よって，考えられる構造は上図の通り。なお，化合物Cには，CH_3–CH(OH)–の構造があり，ヨードホルム反応が陽性である。

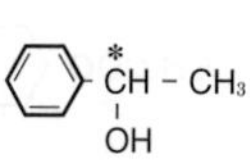

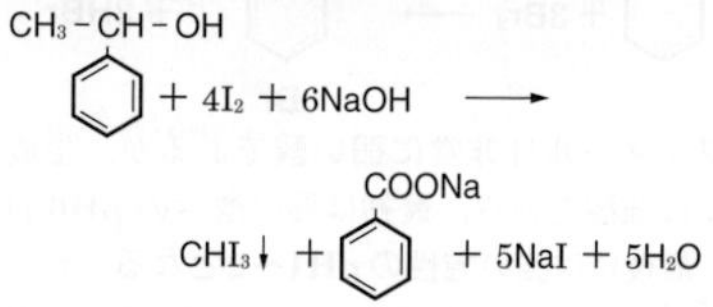

— *CH – CH$_3$ ｜ OH

CH$_3$ – CH – OH ｜ — + 4I$_2$ + 6NaOH →

CHI$_3$ ↓ + — COONa + 5NaI + 5H$_2$O

化合物Bの分子式は，
$C_{16}H_{16}O_3 + H_2O - C_8H_{10}O$ (C) $= C_8H_8O_3$
Bはカルボン酸であり，塩化鉄(Ⅲ)水溶液で呈色するので，フェノール性の-OH ももつ。ベンゼンの二置換体なので，考えられる構造は次の通り。

(i) CH$_2$COOH ｜ — OH

(ii) CH$_2$COOH ｜ — — OH

(iii) CH$_2$COOH ｜ — — OH

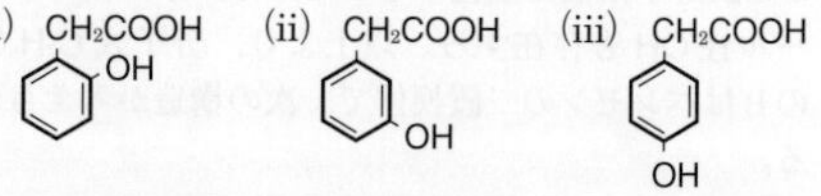

⑤より，Bは分子内脱水が起こるからオルト体の(i)。(メタ体，パラ体では分子内脱水は起こらない。)

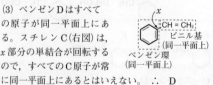

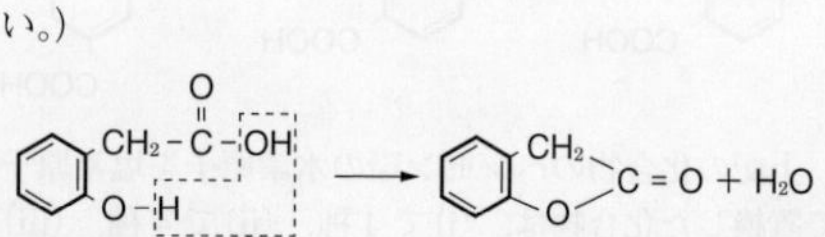

生じた分子内環状エステルDはラクトンという。
化合物Aは，化合物Bの-COOHと化合物Cの

-OHから脱水縮合してできたエステルである。

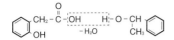

化合物Eは化合物Bの-OHと酢酸の-COOHから脱水縮合してできたエステルである。

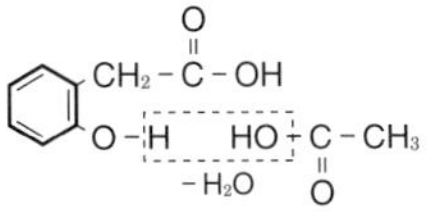

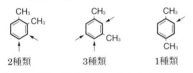

(実際には，フェノール性-OHの反応性が小さいので，酢酸の代わりに反応性の大きい無水酢酸を用いている。)

(3) 化合物Cは，ベンゼン環の側鎖にC原子2個とO原子1個をもつので，化合物Fではこれらの原子をベンゼン環に三置換体として3つに振り分ければよい。その際，まず，ベンゼン環に2個の-CH_3が結合した化合物のo, m, p-キシレンを考え，さらに-OHの結合位置(←で示す)を考えればよい。

2種類　　3種類　　1種類

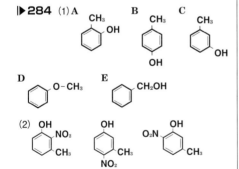

合計，6種類の構造異性体が存在する。

▶284 (1) **A**

B

C

D

E

(2)

解説 (1) 分子式C_7H_8Oの芳香族化合物として考えられる異性体は，次の5種類である。

(a)

ベンジルアルコール

(b)

メチルフェニルエーテル

(c)

o-クレゾール

(d)

m-クレゾール

(e)

p-クレゾール

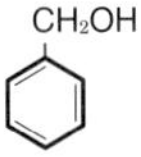

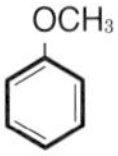

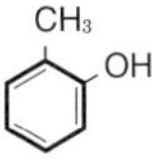

(ア) エーテル類の(b)には，分子間に水素結合が形成されないため，沸点がかなり低い。

∴ Dは，(b)

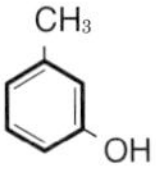

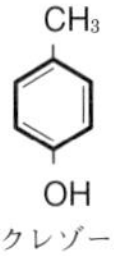

(イ) NaOH水溶液に溶解するA, B, Cは，フェノール類の(c)，(d)，(e)のいずれか。

∴ 残るEは芳香族のアルコールの(a)である。

(ウ) (a)は，次式のように酸化される。

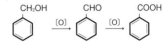

E(ベンジルアルコール)　F(ベンズアルデヒド)　G(安息香酸)

(Fは銀鏡反応は陽性だが，フェーリング液は還元されない。それは，強い塩基性条件では，ベンズアルデヒドが自己酸化還元反応(不均化反応)により，ベンジルアルコールと安息香酸に変化してしまうためである。)

(エ) o，m，p-クレゾールの塩素置換体の異性体数は，(⟶は塩素原子の置換位置を示す。)

(c)　(d)　(e)

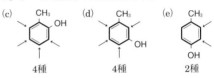

4種　4種　2種

∴ Bは(e)のp-クレゾールと決まる。

(オ) Aの誘導体であるHは，医薬品の原料として広く用いられることから，サリチル酸である。よって，Aはオルト体であり，(c)のo-クレゾールと決まる。

(メタ体は医薬品としては使われていない。)

Cはメタ体の(d)のm-クレゾールと決まる。

アセチルサリチル酸　サリチル酸……H

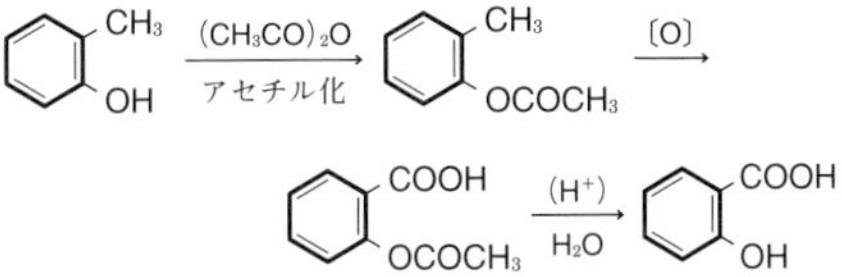

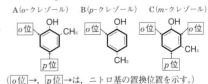

(エステルは酸化剤に対して比較的安定であるから，アセチル化によって反応性の高いヒドロキシ基やアミノ基を保護して，それらの酸化を防ぐことができる。最後に，エステルを加水分解すれば，もとの-OHや-NH_2に戻すことができる。)

(2) 非共有電子対を有する原子とは，酸素原子Oのことであり，-OH基が直接結合しているベンゼン環の炭素原子のo-位，p-位でニトロ化が起こりやすい(***o*-，*p*-配向性**)。

A(o-クレゾール)　B(p-クレゾール)　C(m-クレゾール)

(o位→，p位→は，ニトロ基の置換位置を示す。)

よって，3種類の異性体を生じるのは，Cの *m*-クレゾールである。

▶**285** (1)　A　CH₃-CH-CH₂-OH

C　HO-CH-CH₂-CH₃

E　CH₃-C-CH₃ （OH）

(2) F　CH₃-C=CH₂

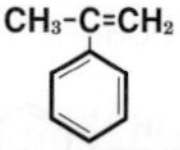

H

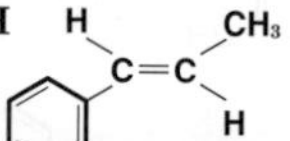

(3) **C=C結合に直結する原子やベンゼン環を構成する原子は同一平面上にあり，C-C結合は回転可能だから。**　(4)　**A, E**

(5) CH₃-*CH-CH₂Br

CH₃-*CBr-CH₂Br

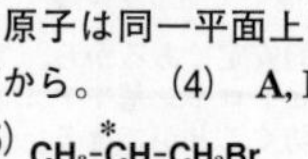

解説　(1)，(2) 分子式 C₉H₁₂O で表されるベンゼンの一置換体のアルコールのうち，A，Bは第一級アルコールで(i)か(ii)，C，Dは第二級アルコールで(iii)か(iv)，Eは第三級アルコールの(v)と決まる。

(i) C-C-C-OH ──(−H₂O)→ (a) C-C=C

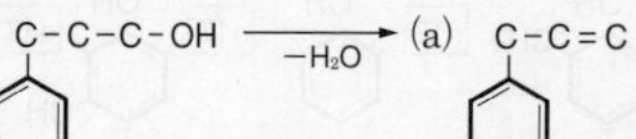

(ii) C-C-C-OH ──(−H₂O)→ (b) C-C=C

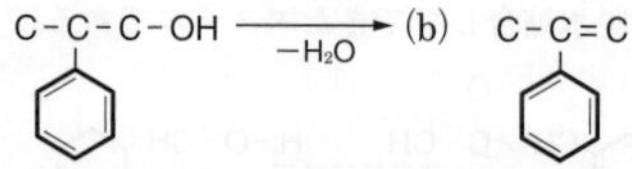

(iii) C-*C-C （OH） ──(−H₂O)→ (c) C=C-C（シス，トランス） (a) C-C=C

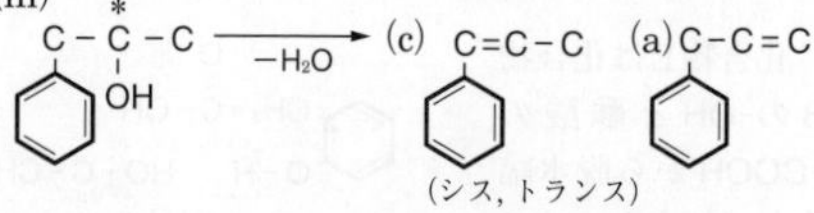

(iv) *C-C-C （OH） ──(−H₂O)→ (c) C=C-C（シス，トランス）

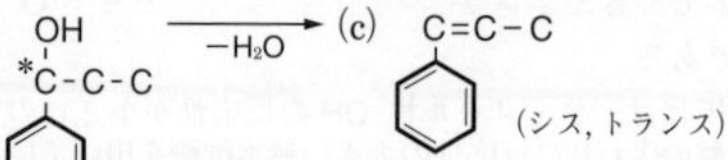

(v) C-C-C （OH） ──(−H₂O)→ (b) C-C=C

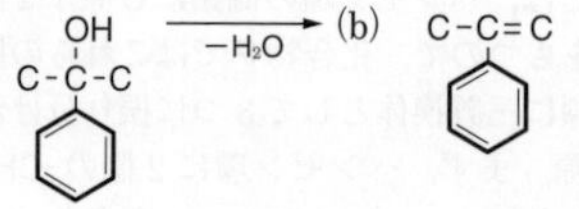

　E(v)の脱水で生成するFは(b)，(b)を生じる(ii)がA。ゆえに，(i)がBと決まる。Bの脱水で生成するGは(a)，(a)を生じる(iii)がD。ゆえに，(iv)がCと決まる。また，HとIはシス-トランス異性体の関係にあるから(c)である。

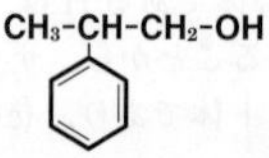

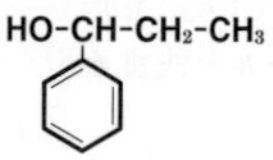

(3) ベンゼンは，すべての原子が同一平面上にある。また ＞C=C＜や＞C=O のように，二重結合の炭素に直接結合する原子も常に同一平面上にある。したがって，化合物F，G，H，Iの場合，C=C結合に直接結合する原子がつくる平面aと，ベンゼン環を構成する原子がつくる平面bは常に同一平面上にあるわけではないが，矢印の単結合が回転することにより，平面aと平面bは同一平面上に置くことが可能である。

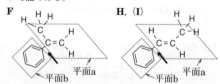

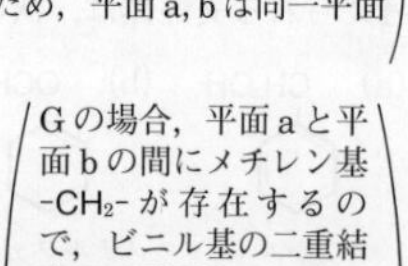

F, H, Iの場合，平面a, bが同一平面上にある場合には，ベンゼン環のπ電子とビニル基の二重結合のπ電子とが非局在化して安定化するため，平面a, bは同一平面上に存在する確率が高い。

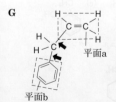

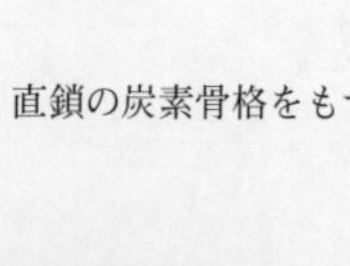

Gの場合，平面aと平面bの間にメチレン基-CH₂-が存在するので，ビニル基の二重結合のπ電子とベンゼン環のπ電子との非局在化は起こりにくく，F, H, Iの場合に比べて，平面aと平面bが同一平面上に存在する確率は低い。

(4) 直鎖の炭素骨格をもつB，C，Dでは，C-C単結

合の自由回転により，すべてのC原子を同一平面上に並べることが可能である。しかし，炭素鎖に枝分かれをもつ A, E では，すべてのC原子を同一平面上に並べることは不可能である。

(5)

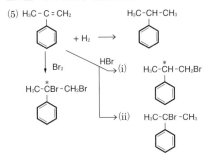

F に対する HBr の付加反応には 2 通りある。H 原子の多く結合した C 原子に H が，少ない方の C 原子に Br が付加しやすい（マルコフニコフの**法則**，**253 参考**）が成り立つので，(ii) が主生成物，(i) が副生成物になる。

▶ **286**

(1) A COCH₃

B CH₂CHO

C CHO / CH₃

D OH / CH=CH₂

E COOH

F CH₂COOH

G COOH / COOH

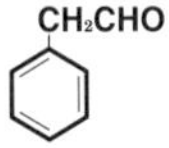

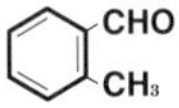

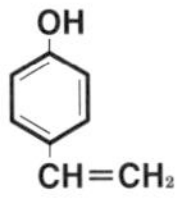

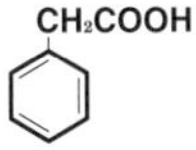

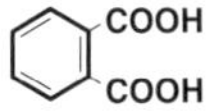

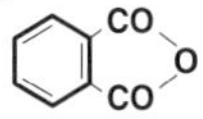

H CO—O—CO

I OH / CH₂CH₃

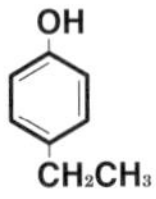

(2) CH₃ / COOH **p-置換体**は，**o-**，**m-置換体**よりも分子構造の対称性が高いので，分子がより結晶格子に組み込まれやすいから。

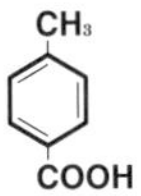

解説 (1) 芳香族化合物 A, B, C の側鎖部分の分子式を考えると，C₈H₈O−C₆H₅＝C₂H₃O これは CₙH₂ₙ₊₁O と比較すると，水素が 2 個不足しており，不飽和度が 1 である。

A はヨードホルム反応を示すから，ベンゼン環の側鎖に -COCH₃ がある。A は 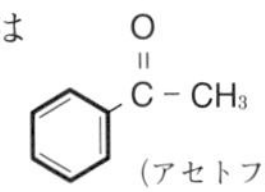
$$\underset{(アセトフェノン)}{\overset{O}{\overset{\|}{C}}-CH_3}$$

ヨードホルム反応が起こると，黄色のヨードホルム CHI₃ が沈殿し，さらに，A の炭素数が 1 つ減少したカルボン酸 E（正確にはナトリウム塩）になる。

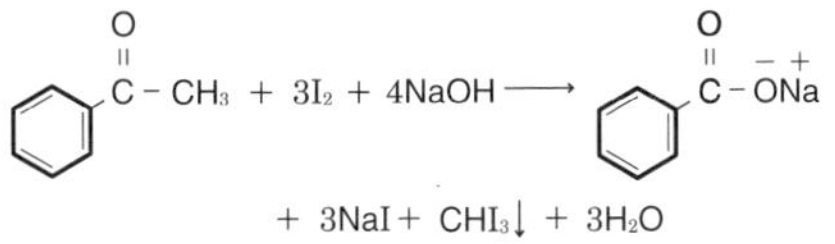

$$\overset{O}{\overset{\|}{C}}-CH_3 + 3I_2 + 4NaOH \longrightarrow \overset{O}{\overset{\|}{C}}-O^-Na^+$$
$$+ 3NaI + CHI_3\downarrow + 3H_2O$$

∴ E は COOH （安息香酸）

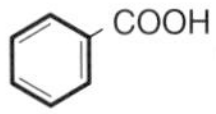

B, C は銀鏡反応が陽性なので，還元性を示すホルミル基をもつ。考えられる構造は次の 4 種である。

(a) CH₂CHO (b) CHO / CH₃ (c) CHO / CH₃ (d) CHO / CH₃

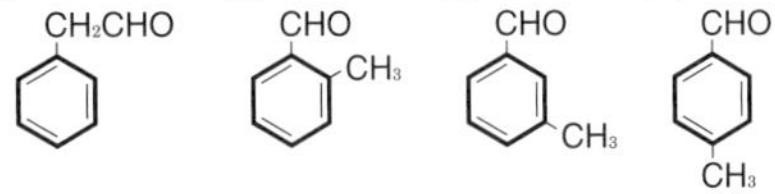

B は，銀鏡反応やフェーリング液の還元では，分子中の CHO 基が穏やかに酸化されて COOH 基になる。

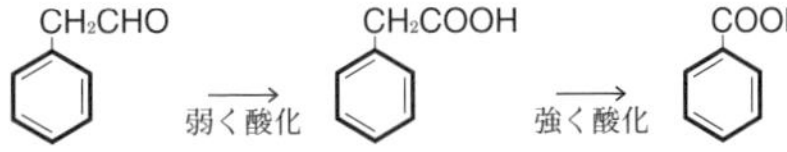

CH₂CHO → （弱く酸化）CH₂COOH → （強く酸化）COOH

B　　　　　　　　F　　　　　　　　E

（ただし，ベンゼン環に結合した炭化水素基（側鎖）をもつベンゼンの一置換体を KMnO₄ などで強く酸化すると，ベンゼン環に直接結合した α 位の C 原子から酸化を受け，生成物は安息香酸となる。）

∴ B は CH₂CHO （フェニルアセトアルデヒド）。

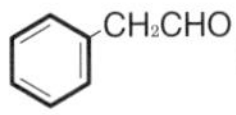

C を KMnO₄ で強く酸化すると，CHO 基は COOH 基となる。一方，ベンゼン環に結合した炭化水素基（側鎖）も，その炭素数に関わらず -COOH となる。

上記の (a) ～ (d) を KMnO₄ で酸化すると，(a)′～(d)′ となる。

(a)′ COOH
(b)′ COOH / COOH
(c)′ COOH / COOH
(d)′ COOH / COOH

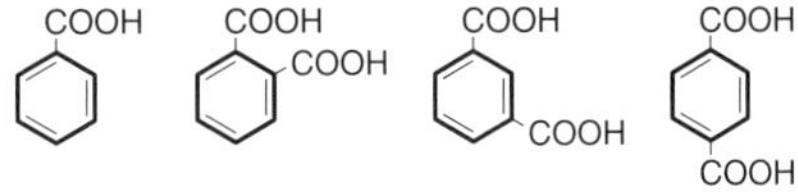

このうち，合成樹脂の原料となるのは，(b)′ のフタル酸と (d)′ のテレフタル酸であるが，加熱すると脱水して昇華性の化合物に変化するのは，オルト体である (b)′ のフタル酸である。

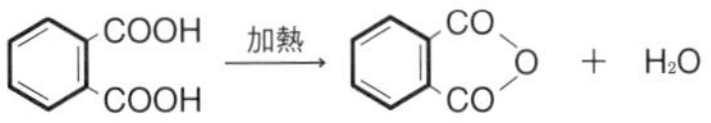

COOH / COOH →（加熱）CO—O—CO ＋ H₂O

フタル酸　　　　　　　H（無水フタル酸）

無水フタル酸とグリセリンは，グリプタル樹脂とよばれる熱硬化性樹脂の原料となる。また，無水フタル酸とフェノールを濃硫酸（触媒）を用いて脱水縮合させると，pH 指示薬に使われるフェノールフタ

レインが得られる。

∴ Cは （o-トルアルデヒド）。

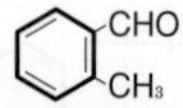

Dは，FeCl₃水溶液により青紫色に呈色するからフェノール性のOH基をもち，不飽和度が1であるから，C=C結合をもつ側鎖をパラ位にもつ。

Dに等物質量の水素を付加させると，Iのp-エチルフェノールが生成する。

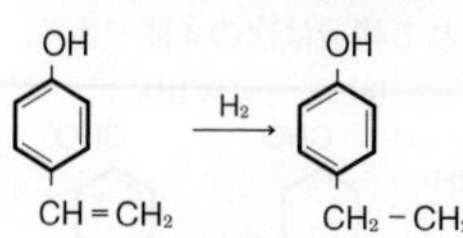

ベンゼン環への水素付加には，さらに3molのH₂と高温・高圧の条件が必要。

∴ Dは （p-ヒドロキシスチレン）。

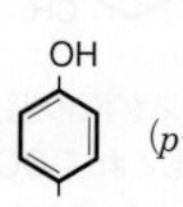

(2) F（フェニル酢酸）と同じ官能基-COOHをもつ異性体には次の(e)，(f)，(g)のトルイル酸がある。

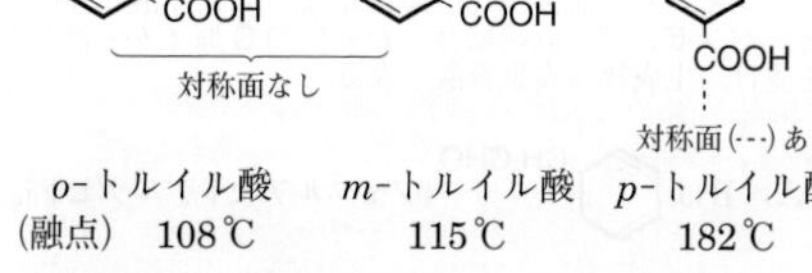

(e)	(f)	(g)
o-トルイル酸	m-トルイル酸	p-トルイル酸
（融点）108℃	115℃	182℃

物質の融点の高低は，分子間の引力だけでなく，分子の形（立体構造）にも影響される。一般に対称性の高い分子では，結晶格子に組み込まれやすく，融点は高くなる。逆に，対称性の低い分子では，結晶格子に組み込まれにくく，融点は低くなる。

o-トルイル酸，m-トルイル酸では，分子内に対称面が存在しないので，分子の対称性が低く，結晶格子に組み込まれにくく融点は低くなる。一方，p-トルイル酸には，分子内に対称面が存在し，分子の対称性が高く，結晶格子に組み込まれやすいので，3つの異性体の中では最も融点は高くなる。

▶**287** (1) A

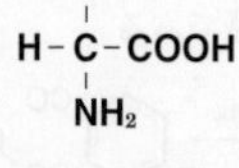

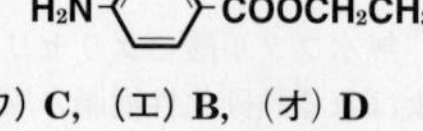

(2) (ア) A，(イ) E，(ウ) C，(エ) B，(オ) D

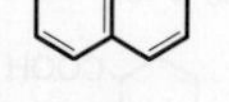

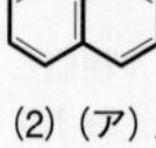

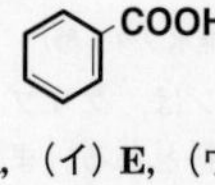

(3) イ

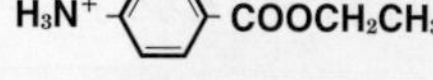

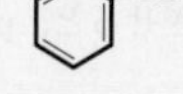

解説 (1) A ニンヒドリン反応が陽性なので，アミノ基をもつアミノ酸のグリシン。

B フェノール性のOHとナフタレン環をもつナフトールである。（FeCl₃水溶液による呈色反応では，1-ナフトールは紫色，2-ナフトールは緑色であるが，そこまで厳密に区別して覚える必要はない。）

C ナフタレンのV₂O₅（触媒）を用いた空気酸化により，無水フタル酸を生成する。

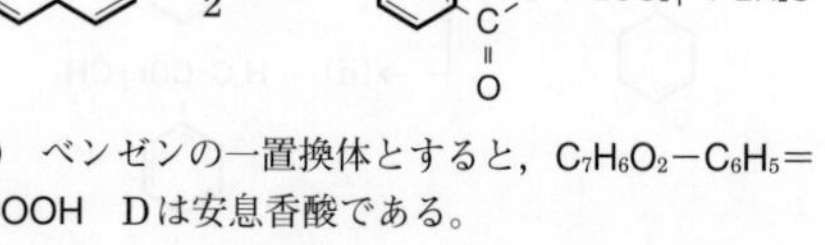

D ベンゼンの一置換体とすると，$C_7H_6O_2-C_6H_5=COOH$ Dは安息香酸である。

E p-アミノ安息香酸とエタノールのエステル。分離操作図において，いずれも上層はエーテル層，下層は水層である。

①Aのグリシンは，結晶や水溶液中では，主として$H_3N^+-CH_2-COO^-$のような正電荷と負電荷を合わせもつ双性イオンとして存在しており，水によく溶ける。残りの物質はみな水に不溶である。

②アミノ基-NH₂をもつEは，希塩酸に対しては-NH₃⁺のイオンとなって溶ける。

③弱酸の化合物BとDは，いずれもNaOH水溶液に対しては-O⁻Na⁺，-COO⁻Na⁺のイオンとなり溶ける。

④③の水溶液にCO₂を十分に吹き込むと，炭酸より弱いフェノール性OH基をもつBが遊離する。
（2-ナフトールはエーテル層に分離される。）

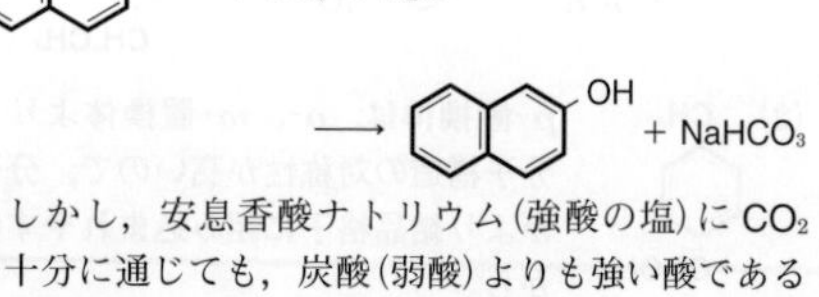

しかし，安息香酸ナトリウム（強酸の塩）にCO₂を十分に通じても，炭酸（弱酸）よりも強い酸である安息香酸は遊離しない。（安息香酸ナトリウムのまま水層に存在する）

▶**288** (1) A -CH₂COOH B -OH

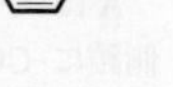

(2)

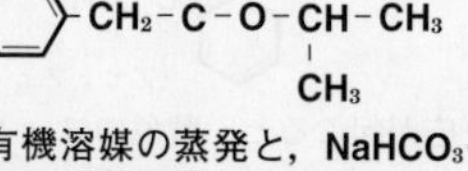

(3) 有機溶媒の蒸発と，NaHCO₃+C₆H₅CH₂COOH ⟶ C₆H₅CH₂COONa+CO₂↑+H₂O の反応で発生する二酸化炭素により，分液ろうと内の気体の圧力

が高くなるのを防ぐため。

(4)

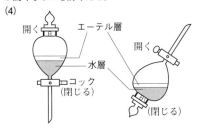

（開く　エーテル層

開く

水層

コック
（閉じる）

（閉じる）

(5) 上層：①，④　下層：③，⑤，⑦
用いられないもの：②，⑥
(6) エーテル中の水分を水和水（結晶水）として除去
することで，結果的に抽出した有機物中に含まれる
微量の水分を除去し，乾燥するため。

(7)

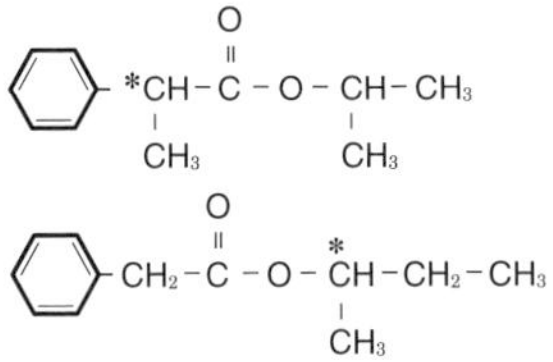

$$\text{（ベンゼン環）-*CH-C-O-CH-CH}_3$$
（O, CH₃の構造式）

$$\text{（ベンゼン環）-CH}_2\text{-C-O-*CH-CH}_2\text{-CH}_3$$
（O, CH₃の構造式）

解説　(1) AはNaHCO₃水溶液と反応し，塩をつ
くって溶けるので，-COOHをもつ。
　また，Aはベンゼンの一置換体であるから，
$C_8H_8O_2 - C_6H_5 - COOH = CH_2$
　∴ Aは（ベンゼン環）-CH₂-COOH（フェニル酢酸）である。
　BはNaHCO₃水溶液とは反応せず，NaOH水溶液
と反応して塩をつくって溶けるので，フェノール類
である。
　分子式C_6H_6Oより，Bは（ベンゼン環）-OHである。
(2) CをNaOH水溶液と加熱すると，加水分解（け
ん化）が起こるからエステルである。そのけん化で
生成した中性物質Dは分子式C_3H_8Oのアルコール
であり，Dを酸化すると還元性を示さない化合物
（ケトン）が生成するので，Dは第二級アルコールの
2-プロパノールである。
　よって，CはA（フェニル酢酸）とD（2-プロパノ
ール）のエステルである。
(3) 分液ろうと内の気体の圧力が外圧よりも高くな
ると，コックや栓の部分から溶液が吹き出す恐れが
あるので，ガス抜きの操作を行う必要がある。
(4) 溶液を流出させるときは，栓の空気孔を開いて
おく。分液ろうとを振り混ぜるときは，栓の空気孔
を閉じておく。
(5) 四塩化炭素CCl₄，クロロホルムCHCl₃，ジクロ
ロメタンCH₂Cl₂の密度はそれぞれ1.6，1.5，1.3

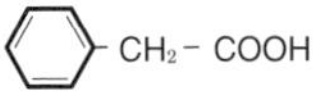

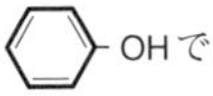

g/cm³（20℃）で水より重い。一方，ジエチルエーテ
ル，ヘキサンの密度はそれぞれ0.71，0.66g/cm³
（20℃）で水より軽い。一般に，C, H, Oよりなる液
体（有機溶媒）は分子量が大きくても水より軽いが，
Cl, Br, Iなどの原子量の大きいハロゲン原子を含
む液体（有機溶媒）は水よりも重くなる。
　他方，C_2H_5OH，CH_2OHCH_2OHはいずれも水によ
く溶け，二液が分離しないので抽出溶媒には不適。
(6) 無水Na_2SO_4は水分を吸収して$Na_2SO_4 \cdot 10H_2O$
になる性質があり，しかも，有機溶媒にも溶けない
ので乾燥剤として使われる。

(7)

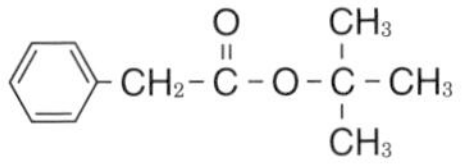

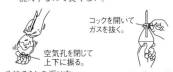

　は不斉炭素原子

が存在しないので，不適である。

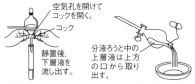

▶**289** (1) 分留　(2) A

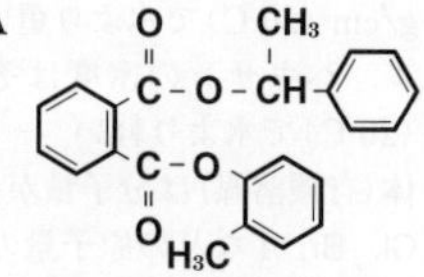

B CH₃ C 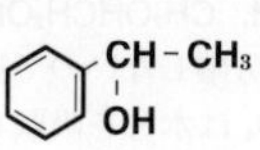 D

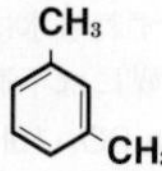

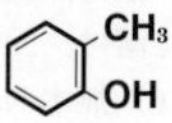

H 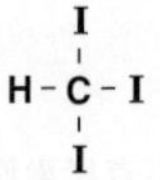 I

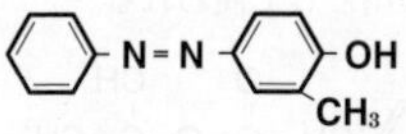

K

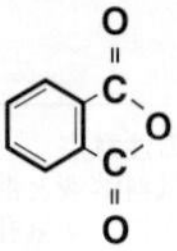

(3) **67.2**

解説　(2) A は NaOH 水溶液と加熱すると，C，D，E に加水分解されたので，A は1分子中にエステル結合を2個もつジエステルである。

B，C は分離操作の図によると，エーテル層に分離されたので，ともに中性物質である。このうち C は金属Naと反応することからアルコール類である。一方，水層に CO₂ を吹き込むと遊離した D は，炭酸よりも弱い酸であるフェノール類である。最後に，塩酸を加えて析出した白色の結晶 E は，芳香族カルボン酸と推定できる。
(B について)

C $123 \times \dfrac{12}{44} = 33.5$ [mg]，

H $31.5 \times \dfrac{2.0}{18} = 3.5$ [mg]，

C : H $= \dfrac{33.5}{12} : \dfrac{3.5}{1.0} = 2.8 : 3.5 = 4 : 5$

組成式 C₄H₅（式量53）　$53n = 100 \sim 120$，
n は整数より，$n=2$　∴　分子式は C₈H₁₀
B として考えられる異性体は，次の4種類である。

① 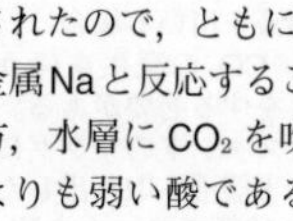
3種

② 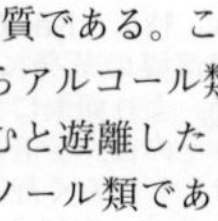
2種

③ 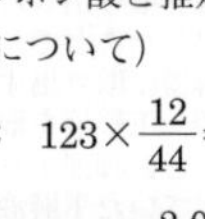
3種

④ 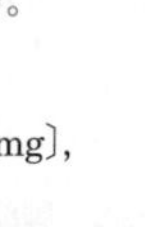
1種

（○，△，×はニトロ基の置換位置を示す。）

ベンゼン環の水素原子1個をニトロ基で置換した化合物は，それぞれ，①で3種，②で2種，③で3種，④で1種であり，B は①か③のいずれかである。

ベンゼン環に結合した炭化水素基(側鎖) は，KMnO₄で強く酸化すると，その炭素数に関係なくすべて-COOHに変化する。

①

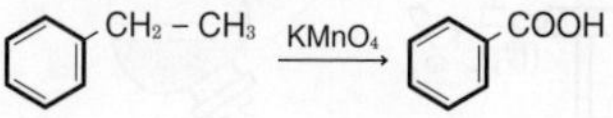

③

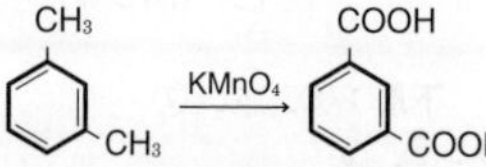

B の酸化生成物 F の異性体 E が，加熱により容易に脱水して酸無水物 K に変化するので，E はフタル酸と決まり，K は無水フタル酸。よって，E の異性体である F はイソフタル酸であり，B は③の *m*-キシレンと決まる。
(C について)　G に水素付加するとエチルベンゼンが得られるので G はスチレン。また，C は濃硫酸で脱水すると G(スチレン) が得られるから，ベンゼンの一置換体で，次の構造が考えられる。

⑤

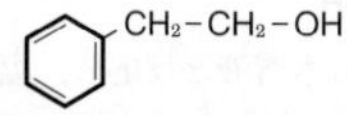

⑥

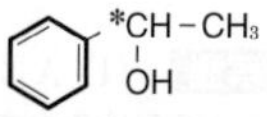

C はヨードホルム反応を示すから，CH₃CH(OH)-の構造をもつ⑥(1-フェニルエタノール)と決まる。
(D について)　D はフェノール類であり，適当な条件で酸化するとサリチル酸 J に変化するから，フェノール性OHに対してオルト位に側鎖をもつ。
　D の炭素数は，C₂₃(A) - C₈(C) - C₈(E) = C₇
　∴　D の側鎖は，炭素数が1のメチル基である。
　∴　D は *o*-クレゾールと決まる。

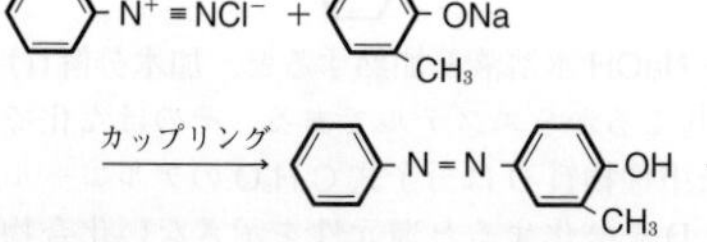

塩化ベンゼンジアゾニウムが最もカップリングしやすい位置は，*o*-クレゾールの-CH₃ 基から見たパラ位ではなく，-OH 基から見たパラ位である。これは，-OH 基の方が-CH₃ 基に比べてベンゼン環に対する電子供与性が大きいためである(**284 参考**)。
　したがって，化合物 A は，フタル酸(E) の2個の-COOH に対して，1-フェニルエタノール(C) の-OH，および *o*-クレゾール(D) の-OH から脱水縮合してできたエステルである。

参考　　ベンゼン環の側鎖の酸化②
　炭化水素基(側鎖) をもつ芳香族化合物を酸化すると，ベンゼン環に直接結合した炭素原子が

酸化されて-COOH となる。例えば，エチルベンゼンを KMnO₄ で酸化すると，まず側鎖の H が引き抜かれ，次のような中間体(ラジカル)が生成する可能性がある。

　　(i) C₆H₅ĊHCH₃　(ii) C₆H₅CH₂ĊH₂

(i)の中間体はベンゼン環との相互作用を行うことにより，(ii)の中間体に比べてやや安定性が大きい。したがって，エチルベンゼンの酸化反応は，主に(i)を経由して進行するようになり，生成物は安息香酸 C₆H₅COOH と二酸化炭素 CO₂ となると考えられる。

(3) $2C_3H_9OH + 2Na \longrightarrow 2C_3H_9ONa + H_2\uparrow$ より，1 mol の 1 価アルコールに十分量の Na を反応させると $\frac{1}{2}$ mol の H_2 が発生するから，

$$\frac{732 \times 10^{-3}}{122} \times \frac{1}{2} \times 22400 \fallingdotseq 67.2 [mL]$$

▶**290** (1) 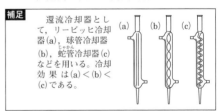 ，サリチル酸エチル

(2) エステル化反応の触媒として働く。また，脱水剤として，エステル化反応の平衡を右に移動させ，エステルの生成量を多くするために使用する。

　希硫酸には水を含むので，エステル化反応の平衡が十分に右へ移動せず，エステルの生成量が低下するから。

(3) 可燃性の有機物を直火で加熱すると，蒸気に引火し，火災の危険があるから。

(4) エタノールはサリチル酸に比べて沸点が低く，蒸発によって失われやすいから。

(5) 加熱によって蒸発した有機化合物を冷却し，液体として再び反応容器に戻す役割。

(6) 63.2%

(7) エステル化反応は可逆反応で，反応物の全部が生成物にはならずに，やがて平衡状態となるから。

(8) 〔構造式〕 +NaHCO₃

　　　　　⟶ 〔構造式〕 +CO₂+H₂O

(9) 水酸化ナトリウム水溶液を用いると，未反応のサリチル酸だけでなく，目的物のサリチル酸エチルもナトリウム塩となって水に溶けるので，両者を分離することができなくなるから。

(10) **b**　未反応のエタノール，触媒の硫酸を水に溶かして除くため。

c　未反応のサリチル酸を塩(イオン)の形にかえて，水層に分離するため。

d　エステル中に含まれるエタノールを完全に除くため。

e　エーテル層の乳化状態を解消して，その濁りを取り，あとの分離操作を容易にするため。

f　エーテル中にわずかに残る水分を水和水として Na₂SO₄ に結合させて除くことで，結果的にエステルを乾燥するため。

(11) **C₂H₅OC₂H₅**

(12)・沸点が 100℃以上の液体の蒸留では，水浴の代わりに油浴を用いる。

・リービッヒ冷却管に水を通さないか，空気冷却管に取り換える。

(13) 生成物と目的の純物質の等量混合物の融点を測定する(混融試験)。その融点が目的の純物質の融点とほぼ同じであれば，生成物は純物質と見てよい。

解説　(2) 触媒は，反応の前後で変化せず，反応速度を大きくする働きをもつ物質のことである。

(3) エタノールのような可燃性の有機物を加熱するときは，引火の危険性を避けるために，直火ではなく湯浴などを用いて間接的に加熱するべきである。

(4) ルシャトリエの原理より，エタノールの物質量が過剰にあると，エステル化反応の平衡が右へ移動し，サリチル酸エチルの生成量を増やす効果がある。または，エタノール分子どうしでジエチルエーテルをつくる副反応に消費されてしまう分を考慮して，エタノールを多目に加えておく。でも可。

(5) 有機物は可燃性，揮発性のものが多いので，加熱はできるだけおだやかに行う必要がある。なお，加熱により蒸発した反応物や生成物を冷却し，再び反応容器に戻す働きをする冷却器を**還流冷却器**という。普通はリービッヒ冷却器を用いるが，本問は，さらに冷却効果の大きい球管冷却器を用いている。

補足　還流冷却器として，リービッヒ冷却器(a)，球管冷却器(b)，蛇管冷却器(c)などを用いる。冷却効果は(a)<(b)<(c)である。

(6) 反応の**収率**は次のようにして求められる。

$$収率[\%] = \frac{実際に生成した生成物の量}{反応式から予想される生成物の量} \times 100$$

　反応したサリチル酸(分子量138)は，16.3-2.5=13.8[g]である。反応式の係数比より，サリチル酸：サリチル酸エチル=1:1(物質量比)で反応するから，生成するサリチル酸エチル(分子量166)の質量(理論値)は，

$$\frac{13.8}{138} \times 166 = 16.6 [g]である。$$

∴　収率＝$\dfrac{10.5}{16.6} \times 100 ≒ 63.2$〔%〕

(9) NaOH水溶液を加えたときの反応は次のとおり。

　このように，サリチル酸はサリチル酸二ナトリウムに，サリチル酸エチルもナトリウム塩となり，どちらも水に溶け，水層に分離される。

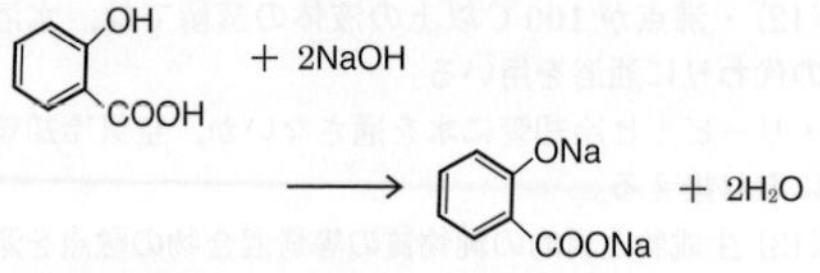

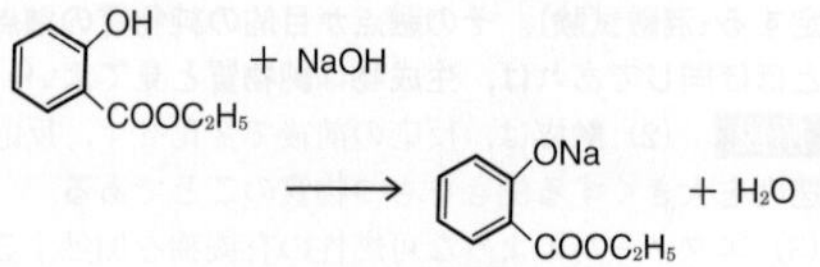

(10) b. サリチル酸エチルは水に不溶で，エーテルに溶けやすいので，エーテル層（上層）に分離される。

d. エステル中に混入しているエタノールは，$CaCl_2$ と反応して $CaCl_2 \cdot 4C_2H_5OH$ という分子化合物をつくることによって，水層へ分離される。

e. 抽出操作の際，種々の原因により，水とエーテルの境界面や，エーテル層が乳濁液となることがある。このとき，飽和食塩水を加えて撹拌すると，エーテル層に含まれる水分量が減少し，境界面やエーテル層の乳化状態が解消されることが多い。

(注意)　飽和食塩水と振り混ぜ，エーテル層中の水分量を減らしておくと，あとの乾燥も楽になる。

f. エステル中の水分は，無水硫酸ナトリウム（乾燥剤）に水和水となって吸収される。

(11) エステルの抽出に用いたジエチルエーテルが留出してくる。

(12) 蒸留しようとする物質の沸点が高いので，水浴では沸点に達しない。また，高温の蒸気が冷却管に流入するので，水冷するとその温度差のため冷却管が割れる危険があるので，空気冷却管（ガラス管）に取り替える。

補足　サリチル酸エチルは液体物質（沸点223℃，融点−8.6℃）なので，混融試験は行えない。そこで，生成物と目的とする純粋質をそれぞれガラス板にシリカゲルやアルミナ粉末を塗布した薄層プレートにつけ，適当な溶媒で展開する（薄層クロマトグラフィー）。一定時間後，適当な発色剤（$K_2Cr_2O_7$ の硫酸酸性溶液など）を噴霧し加熱すると，有機物の存在場所が黒色に発色する。この結果が同じであれば，生成物は目的の純物質と同じとみてよい。

(13) 生成した有機化合物の固体（結晶）が純粋であるかどうかは，生成物と純物質の混合物をガラス製の封管中で加熱する混融試験を行うとよい。これ

は，固体混合物の融点は，純物質の融点より低くなる現象（融点降下）を利用している。

▶**291**　(1) トルエンを中性〜塩基性条件の過マンガン酸カリウムによって酸化すると，安息香酸のカリウム塩と酸化マンガン(Ⅳ)が生成する。このときの化学反応式は，

$C_6H_5CH_3 + 2KMnO_4 \longrightarrow$

　　　　$C_6H_5COOK + 2MnO_2\downarrow + KOH + H_2O$

$KOH \quad 2.0 \times \dfrac{3.0}{1000} = 0.0060$〔mol〕

　上記の反応式より，トルエンと過マンガン酸カリウムは物質量比1：2の割合で反応するが，トルエンを完全に安息香酸に酸化するため，$KMnO_4$（酸化剤）を少し過剰に加えておく。また，水酸化カリウムは，反応の進行により溶液がしだいに塩基性になるので，最初は少量加えるだけでよい。

(2) MnO_4^- が反応して消費されるため赤紫色が薄くなる。代わりに，MnO_2 が生成してくるので黒褐色の沈殿が生成してくる。

(3) 未反応の MnO_4^- を還元して，水に不溶な MnO_2 として除去するため。

(4) 生成物の安息香酸カリウムを安息香酸として遊離させるため。

(5) 68%

解説　(1) トルエンの酸化反応は，トルエン（油層）と $KMnO_4$ 水溶液（水層）の界面でしか進行しないので，絶えずよくかき混ぜる必要がある。油層と水層の界面で生成した安息香酸は，水に溶けにくいがトルエンには二量体をつくり溶けやすい。したがって，水層を酸性条件にすれば，トルエン中に生成物の安息香酸が蓄積することになり，反応物のトルエンと $KMnO_4$ との反応が進みにくくなる。そこで，水層を塩基性条件にすれば，生成物の安息香酸は安息香酸カリウム（塩）となり水層へ分離されるので，界面でのトルエンと $KMnO_4$ との反応が進みやすくなる。

(2) 関係するイオンによりイオン反応式を表すと，

$C_6H_5CH_3 + 7OH^- \longrightarrow$

　　　　$C_6H_5COO^- + 5H_2O + 6e^-$ ……①

$MnO_4^- + 2H_2O + 3e^- \longrightarrow$

　　　　　　　　$MnO_2 + 4OH^-$ ……②

①＋②×2より，$C_6H_5CH_3 + 2MnO_4^-$

$\longrightarrow C_6H_5COO^- + 2MnO_2\downarrow + OH^- + H_2O$

両辺に，$2K^+$ を加えると，解答の式が得られる。

補足　トルエン $C_6H_5CH_3$ から安息香酸イオン $C_6H_5COO^-$ へと酸化するときのイオン反応式は，次のようにつくることができる。ベンゼン環は酸化されていないので，C_6H_5- の部分を除

いた側鎖部分のC原子の酸化数の変化にまず注目する。

$$C_6H_5CH_3 \longrightarrow C_6H_5COO^- + 6e^-$$
酸化数〔-3〕　　　酸化数〔+3〕

酸化数が6増加しているので，右辺に$6e^-$を加える。酸性条件ではH^+で両辺の電荷を合わせるが，本問のように塩基性条件ではOH^-で両辺の電荷を合わせるとよい。すなわち左辺に$7OH^-$を加える。

$$C_6H_5CH_3 + 7OH^- \longrightarrow C_6H_5COO^- + 6e^-$$

さらに，両辺の各原子の数を合わせるため，右辺に$5H_2O$を加えると，イオン反応式(①式)が完成する。

[別解] $C_6H_5CH_3 \longrightarrow C_6H_5COO^-$
① O原子の数をH_2Oで合わせる。
$$C_6H_5CH_3 + 2H_2O \longrightarrow C_6H_5COO^-$$
② H原子の数をH^+で合わせる。
$$C_6H_5CH_3 + 2H_2O \longrightarrow C_6H_5COO^- + 7H^+$$
③ 電荷をe^-で合わせる。
$$C_6H_5CH_3 + 2H_2O \longrightarrow$$
$$C_6H_5COO^- + 7H^+ + 6e^-$$
④ 液性の調節を行う。塩基性条件の反応なので両辺に$7OH^-$を加えて，右辺のH^+を中和しておく。
$$C_6H_5CH_3 + 7OH^- \longrightarrow$$
$$C_6H_5COO^- + 5H_2O + 6e^-$$

(3) 未反応のMnO_4^-が生成物へ混入するのを避けるには，適当な還元剤を加えてMnO_4^-を還元し，MnO_2という沈殿に変えてろ別する方法がとられる。

(4) (弱酸の塩)＋(強酸)⟶(強酸の塩)＋(弱酸)の反応を利用して，安息香酸(弱酸)を遊離させる。

$$C_6H_5COOK + HCl \longrightarrow KCl + C_6H_5COOH$$

(5) **解答** の反応式より，トルエン 0.040 mol から生成する安息香酸も 0.040 mol である。

$$収率 = \frac{3.3}{0.040 \times 122} \times 100 ≒ 68 〔\%〕$$

▶292 (1) A

H₂N のベンゼン環に C-OH が結合した構造（E），CH₂ 環構造（F）

(2) 反応液に塩化ナトリウムなどの電解質を多量に加えることにより，化合物Eをエーテル層に抽出することができる。

解説 (1) Aは NaOH 水溶液で加水分解されること，および分子式中に N, O 原子を含むことから，エステルとアミドの両方の可能性がある。(この段階ではどちらかは決められない。)

トルエンを混酸でニトロ化して得られるDは，ベンゼンのパラ二置換体なので，*p*-ニトロトルエンである。これを $KMnO_4$ 水溶液(中性条件)で酸化すると，側鎖の$-CH_3$が酸化されて$-COOH$になる。

よって，Cは *p*-ニトロ安息香酸である。

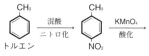

p-ニトロトルエン(D)

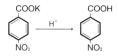

p-ニトロ安息香酸(C)

ニトロ基をもつCは，アミド結合はつくれない。
よって，Aはアミドではなくエステルである。

エステルAの加水分解生成物のうち，エーテル層に抽出されたBは中性物質のアルコール。一方，水層に抽出されたCは酸性物質のカルボン酸である。また，Aの加水分解により2種類の生成物B，Cが得られたので，Aはエステル結合を1個もつモノエステルである。

Bの分子式は，$C_{12}H_{11}NO_4 + H_2O - C_7H_5NO_4 (C) = C_5H_8O$ である。分子式C_5H_8Oは飽和1価アルコールの分子式$C_5H_{12}O$に比べてHが4個少ないので，不飽和度は2である。

B 1分子中に含むC=C結合の数をx〔個〕とすると，

$$\frac{4.2}{84} \times x = \frac{1.12}{22.4} \qquad \therefore \quad x = 1$$

よって，BにはC=C結合1個に加えて，環状構造も1個存在する。題意より，Bはメチル基(側鎖)をもたない第二級アルコールであるから，次の五員環の構造をもつアルコールが考えられる。(三員環・四員環の構造をもつ第二級アルコールには，必ずメチル基が存在するので不適。)

(i) シクロペンテン-2-オールの構造

(ii) シクロペンテン-3-オールの構造（*不斉炭素原子に * 印）

(iii) シクロペンテン-1-オールの構造

エノール形(不安定) → ケト形(安定)

エステルAに不斉炭素原子が存在するが，Aの加水分解生成物であるCに不斉炭素原子は存在しないので，Bに不斉炭素原子が存在するはずである。よって，Bは(ii)に決まる。

また，Aは，*p*-ニトロ安息香酸(C)の$-COOH$と(ii)のシクロペンテン-2-オールの$-OH$が脱水縮合

してできたエステルである。

Cを水素H_2で接触還元すると, $-NO_2$が還元されて$-NH_2$となるので, p-アミノ安息香酸(E)が得られる。

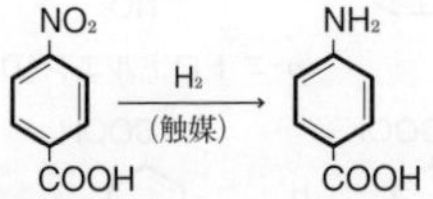

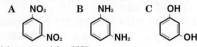

Bを水素で接触還元すると, C=C結合にH_2が付加してFが生成する。

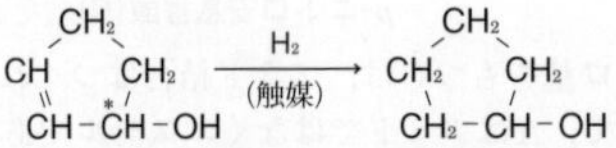

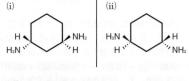

(2) p-アミノ安息香酸は, 分子中に酸性の$-COOH$と塩基性の$-NH_2$をもつ両性電解質である。酸の水溶液を加えると, $-NH_2 \longrightarrow -NH_3^+$に変化し, 水に可溶となりエーテルには抽出できない。塩基の水溶液を加えても, $-COOH \longrightarrow -COO^-$に変化し, 水に可溶となりエーテルには抽出できない。

そこで, 反応液にNaClなどの電解質を多量に加えると, その塩析効果によって, p-アミノ安息香酸の水への溶解度が小さくなり, エーテル層に抽出することが可能となる。

▶**293** (1)

A NO_2 B NH_2 C OH

(2) **9 mol** (3) **3種類**

解説 (1) ベンゼンに濃硝酸と濃硫酸の混合物(混酸)を作用させるとニトロ化が起こる。60℃程度ではニトロベンゼンが生成するが, 90℃程度ではm-ジニトロベンゼン(A)が生成する。

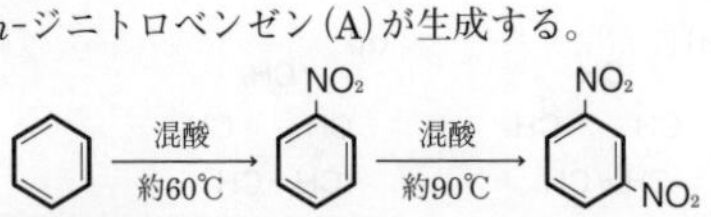

ニトロ基($-NO_2$)は電子求引性のため, ニトロベンゼンのニトロ化では, オルト, パラ位でのニトロ化は抑制され, 代わりにメタ位でのニトロ化が起こりやすい(メタ配向性)。

Ni触媒を用いて, Aに常圧下で水素を十分に作用させると, ニトロ基がアミノ基($-NH_2$)に還元されて, m-フェニレンジアミン(B)が生成する。

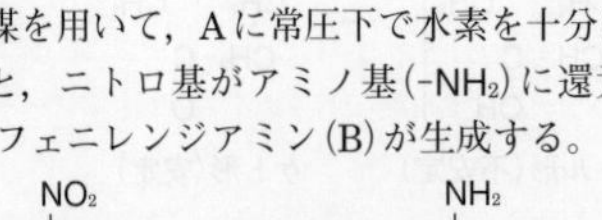

十分量の水素を反応させたので, ニトロ基は2つとも還元される。しかし, この条件ではベンゼン環は還元されない。

低温でBに$NaNO_2$とHClを作用させると, アミ

ノ基が**ジアゾ化**されて, ジアゾニウム塩が生成する。この化合物は不安定で, 加熱すると加水分解が起こり, 窒素N_2を発生しながら, フェノール類であるレゾルシノール(C)に変化する。

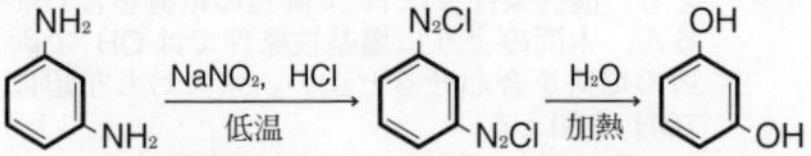

(2) 白金触媒を用いて, Aに高圧下で水素を作用させると, ニトロ基とベンゼン環の両方が還元されて, 1,3-シクロヘキサンジアミン(D)が生成する。

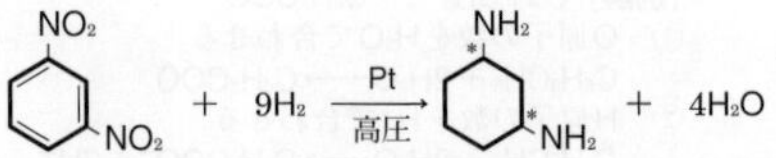

ニトロ基1molをアミノ基に還元するのにH_2 3mol, ベンゼン環1molを還元するのにH_2 3mol必要なので, Aを還元してD 1molを生成するのにH_2 9molを要する。

(3) 1,3-シクロヘキサンジアミンは不斉炭素原子を2個もつので, 理論上, $2^2 = 4$種類の立体異性体が存在するはずである。

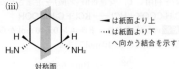

→ は紙面より上
┈┈ は紙面より下
へ向かう結合を示す

対称面

しかし, (i)と(ii)は実像と鏡像の関係にある鏡像異性体で, 互いに逆方向の旋光性を示す。

(iii)は分子内に対称面をもち, 分子内で旋光性が打ち消し合い, 施光性を示さないメソ体である。また, その鏡像異性体は存在しない。

よって, 1,3-シクロヘキサンジアミンの立体異性体は3種類である。

▶**294** (1) 無水酢酸の加水分解を抑え, アセチル化の反応速度を大きくするため。
(2) 過剰の無水酢酸を加水分解することにより, アセトアニリドの結晶化を起こりやすくするため。
(3) 生成物中に含まれる不純物を除去するため。
(4) (イ) (5) **79%**

解説 (1) 無水酢酸は次式のように水と反応(加水分解)して, 徐々に酢酸となる。これを防ぐために, アセチル化反応では乾燥した試験管を用いる必要がある。

$(CH_3CO)_2O + H_2O \longrightarrow 2CH_3COOH$

(2) 生成した**アセトアニリド**は，水よりも有機溶媒に溶けやすいので，反応液中に残っている無水酢酸に溶解している。そこで，反応液を冷水に加えてよくかき混ぜると，無水酢酸が加水分解されることにより，無水酢酸に溶解していたアセトアニリドが結晶として析出しやすくなる。また，水に溶けにくいアセトアニリドは，冷水中では溶解度が低下し，より結晶として析出しやすくなる。

(3) 活性炭は多孔質で表面積が大きく，その表面にカルボン酸やアミンなどの極性の大きい分子，あるいは着色物質などを分子間力などによって吸着する性質があるので，固体物質の脱色・精製に用いられる。

(4) 多量の結晶をろ過する場合，ろうとの上下の圧力差を大きくして，ろ過速度を速める必要がある。このようなろ過を**減圧ろ過(吸引ろ過)**といい，吸引びん，ブフナーろうと，水流ポンプ(アスピレーター)などを組み合わせて用いる。

ブフナーろうと
水道
吸引びん
水流ポンプ
吸引ろ過に必要な器具

(5) アニリンが無水酢酸と反応(**アセチル化**)して，アセトアニリド(アミド)を生成する反応は次の通り。

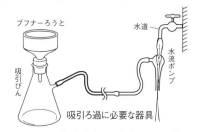

アニリンと無水酢酸の物質量を比較すると，

アニリン　$\dfrac{2.0}{93}=2.15\times10^{-2}$〔mol〕

無水酢酸　$\dfrac{2.6}{102}=2.55\times10^{-2}$〔mol〕

無水酢酸は過剰にあり，アニリン 1 mol からアセトアニリド(分子量 135) 1 mol が生成するから，得られるアセトアニリドの理論値は，

$$2.15\times10^{-2}\times135\fallingdotseq2.9〔g〕$$

実際に生成したアセトアニリドは 2.3 g だから，

反応の収率$=\dfrac{2.3}{2.9}\times100\fallingdotseq79〔\%〕$

アセチル化は，反応性の大きいアミノ基-NH_2を保護するのに有効である。

▶**295** (1) $C_{15}H_{15}NO$

(2) **A**

$\underset{\text{(ベンゼン環)}}{} \overset{O}{\underset{}{}}$ benzene ring with C-NH group
(A: o-トルイル基に結合した -C(=O)-NH-C6H4-CH3)

B COOH, CH3 (ベンゼン環)

C CH3, NH2 (ベンゼン環)

D 酸無水物 (ベンゼン環に -C(=O)-O-C(=O)-)

E ベンゼン環に $\overset{O}{\underset{}{}}$ C-O-CH3 が2つ

解説 (1) 化合物Aの各原子数の比を求めると，

$$C:H:N:O=\dfrac{79.98}{12}:\dfrac{6.69}{1.0}:\dfrac{6.22}{14}:\dfrac{7.11}{16}$$
$$=6.67:6.69:0.444:0.444\fallingdotseq15:15:1:1$$

組成式は　$C_{15}H_{15}NO$(式量225)

$(C_{15}H_{15}NO)_n\leqq300$ より，　$n=1$

∴　Aの分子式は $C_{15}H_{15}NO$

(2) 化合物Aは窒素を含み，酸触媒を加えて加熱すると，B，Cに加水分解したので，**アミド**である。

また，AはN原子とO原子を1個ずつ含むことから，分子内にはアミド結合を1個もつ。

アミドAの酸(触媒)による加水分解の反応式は次式の通りである。

$$R\text{-}CONH\text{-}R'+HCl\longrightarrow R\text{-}COOH+R'\text{-}NH_3Cl$$

$\left(\begin{array}{l}\text{なお，アミドは塩基(触媒)でも加水分解される。}\\ R\text{-}CONH\text{-}R'+NaOH\longrightarrow R\text{-}COONa+R'\text{-}NH_2\end{array}\right)$

加水分解後の反応液にエーテルを加えて振り混ぜると，生成が予想される芳香族カルボン酸Bはエーテル層に移り，芳香族アミンCの塩酸塩は水層に残るので，BとCが互いに分離できる。

水層に強塩基のNaOH水溶液を加えると，次式のように反応し，弱塩基の芳香族アミンCが遊離する。

$$Ar\text{-}NH_3Cl+NaOH\longrightarrow Ar\text{-}NH_2+NaCl+H_2O$$

(芳香族炭化水素基は，アリール基(Ar-)と表される。)

Cはベンゼン環をもち，それに直結するH原子が4個あるので，ベンゼンの二置換体である。このH原子のうちの1個をCl原子で置換した化合物に2種の異性体が存在するのは，置換基-Rと-NH_2がp-位にあるときだけである。(○，△，□，×はCl原子の置換位置を示す。)

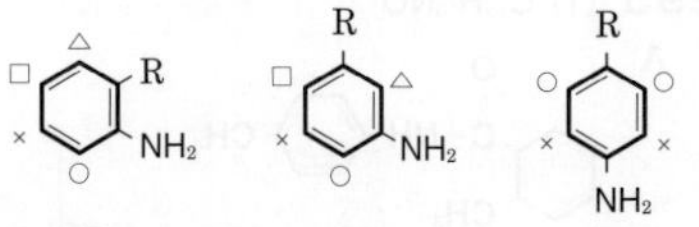

4種　　　4種　　　2種

Bは，結晶性の芳香族カルボン酸で，KMnO₄で酸化した後，加熱により容易に脱水して酸無水物のDに変化したことから，次の反応が考えられる。

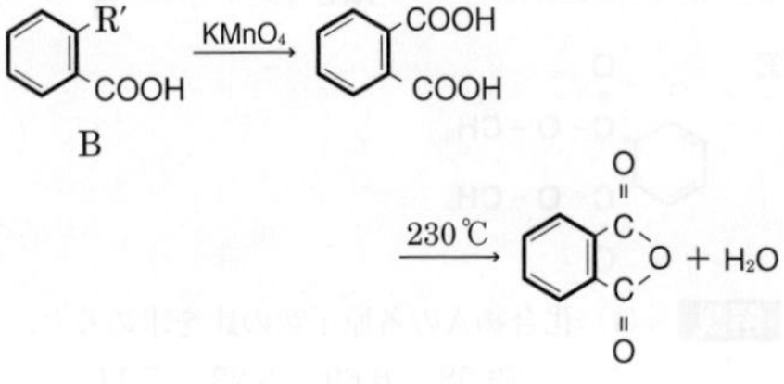

芳香族カルボン酸Bと芳香族アミンCから生じるアミドAの炭素数が15であるから，BとCの側鎖のうち，(R+R′)分の炭素数は2。したがって，RとR′の炭素数はそれぞれ1個ずつであり，RとR′はどちらも CH_3（メチル基）と決まる。

無水フタル酸に水分を含まないメタノール（無水メタノールという）を反応させると，(i)フタル酸メチル，(ii)フタル酸ジメチルの生成が考えられる。

単に，無水メタノールを加えただけでは(i)のモノエステルが生成するが，メタノールに濃硫酸（触媒）を加えて加熱すると(ii)のジエステルが生成する。本問では，分子量が194と与えられており，(ii)のジエステルであるとわかる。

(i)

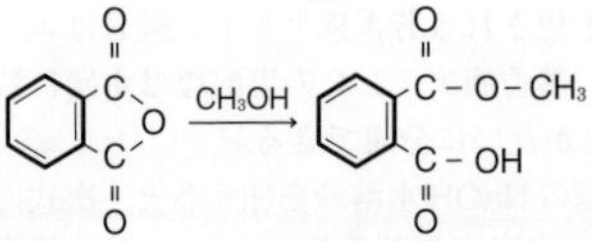

分子式 $C_9H_8O_4$（180）

(ii)

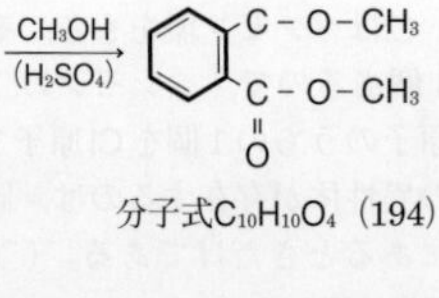

分子式 $C_{10}H_{10}O_4$（194）

▶**296** (1) 濃硫酸は吸湿性が強く，空気中の水分を吸収しやすい。したがって，濃硫酸としての作用が弱まり，ニトロベンゼンの収率が下がる。

(2) ニトロベンゼン中に含まれる水分を水和水（結晶水）として吸収する。つまり，塩化カルシウムは乾燥剤として働く。

(3) ニトロベンゼンを還元する働き。

(4) $2C_6H_5NO_2 + 3Sn + 14HCl \longrightarrow$
　　　　　　$2C_6H_5NH_3Cl + 3SnCl_4 + 4H_2O$

(5) アニリンはアニリン塩酸塩の形で水に溶けている。これをアニリンに戻すために強塩基を加える。

(6) A上，B上，C上

(7) $SnCl_4 + 4NaOH \longrightarrow Sn(OH)_4\downarrow + 4NaCl$
　　$Sn(OH)_4 + 2NaOH \longrightarrow Na_2[Sn(OH)_6]$

(8) 赤紫色になる。アニリンは酸化されやすい性質をもつから。

(9) 濃硫酸は溶解熱が大きく，混合時に激しく発熱して沸騰状態となるのを防ぐため。

解説 (1) ニトロベンゼンの収率を高める方法として，①乾いた試験管を使用する ②水分を含まない新しい濃硫酸を使用する ③使用直前に調製した混酸を使用する ④混酸とベンゼンは二層に分離しているので，できる限りよく撹拌すること，があげられる。

(2) 生成直後のニトロベンゼンが淡黄色に濁っているのは，含まれる水分のためである。乾燥して水分を除くと，淡黄色で透明な液体になる。

(3) ニトロベンゼンを還元する働きをしているのはSnのほか，SnとHClの反応で生じた $SnCl_2$ もある。

(4) ニトロベンゼンにスズ（または鉄）と濃塩酸を加えて加熱すると，ニトロベンゼンの油滴がなくなり，アニリン塩酸塩の水溶液となる。

　　$Sn \longrightarrow Sn^{4+} + 4e^-$ ……①
　　$C_6H_5NO_2 + 6e^- + 6H^+ \longrightarrow C_6H_5NH_2 + 2H_2O$…②
　　①×3+②×2+12Cl⁻より
　　$2C_6H_5NO_2 + 3Sn + 12HCl \longrightarrow$
　　　　　　$2C_6H_5NH_2 + 3SnCl_4 + 4H_2O$ ……③

ただし，この反応は過剰の塩酸を用いているので，アニリンはさらに塩酸で中和され，アニリン塩酸塩が生成することに留意する。

　　$2C_6H_5NH_2 + 2HCl \longrightarrow 2C_6H_5NH_3Cl$ ……④

よって，③+④より，**解答**の式を得る。

(5) （弱塩基の塩）＋（強塩基）$\longrightarrow$
　　　　　　　　（強塩基の塩）＋（弱塩基）の反応を利用して，アニリン（弱塩基）を遊離させる。

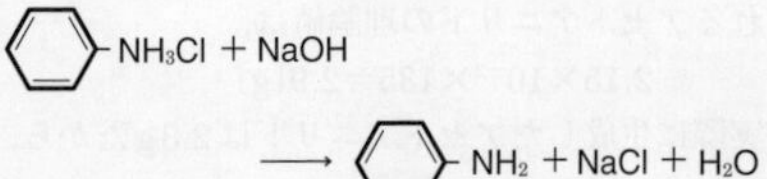

(6) A　ニトロベンゼン（$d = 1.2 g/cm^3$）は，混酸（$d ≒ 1.6 g/cm^3$）よりも密度が小さく，混酸の上に浮く。
B　ニトロベンゼンは水より重いので，水を加える

とニトロベンゼンが下層に分離される。この場合，上層の水を除いている。

C　アニリンの溶けたジエチルエーテル（$d≒0.7$g/cm³）は水より軽いので，上層にくる。

(7) 反応液をろ過してスズ粒を除き，冷却しながらNaOH水溶液を少しずつ加えていくと，まず，HClが中和され，やがて反応液が塩基性になると水酸化スズ(IV) Sn(OH)₄の白色沈殿が生成する。さらにNaOH水溶液を加えて反応液が強い塩基性になると，水酸化スズ(IV)はヘキサヒドロキシドスズ(IV)酸イオン[Sn(OH)₆]²⁻を生じて溶ける。そのあと，淡黄色油状の乳濁液としてアニリン C₆H₅NH₂ が遊離してくる。

(8) 純粋なアニリンは無色油状の液体であるが，空気中に放置すると，光と酸素の働きにより徐々に酸化が進み，薄赤色→赤褐色へと変化していく。この性質を利用して，アニリンはさらし粉 CaCl(ClO)（酸化剤）水溶液により酸化されて，赤紫色に呈色する。この反応を**アニリンのさらし粉反応**といい，アニリンの検出に用いる。

(注意) アニリンを，酸化力の強い硫酸酸性のK₂Cr₂O₇（酸化剤）で十分に酸化すると，黒色物質（**アニリンブラック**）が得られる。

(9) 混酸の温度があまり上昇すると，その成分の硝酸が分解してNO₂を生成し，ニトロ化剤としての働きが低下する恐れがある。

また，ニトロベンゼンの生成は約60℃で行う必要がある。反応温度が90〜95℃になると，爆発性のあるm-ジニトロベンゼンを生成する恐れがある。

▶**297** (ア) $\dfrac{P_a°}{P_b°}$　(イ) $\dfrac{M_a P_a°}{M_b P_b°}$

(ウ) $6.0×10^3$　(エ) 3.0　[問] 78

解説　(ア) 同温・同体積の気体では，圧力の比と物質量の比は等しい。

$$\dfrac{n_a}{n_b}=\dfrac{P_a°}{P_b°}　……②$$

(イ) 蒸気の質量は，物質量と分子量（モル質量）の積に等しい。

$$\dfrac{W_a}{W_b}=\dfrac{M_a n_a}{M_b n_b}=\dfrac{M_a·P_a°}{M_b·P_b°}　……③$$

(ウ) 98.5℃で，アニリンの蒸気圧と水の蒸気圧の和が大気圧 $1.0×10^5$Pa と等しくなると，混合溶液の沸騰が始まる。このとき，アニリンの飽和蒸気圧をx[Pa]とすると，

$$P=P_{アニリン}+P_水=x+9.4×10^4=1.0×10^5$$
$$∴　x=6.0×10^3[Pa]$$

(エ) (イ)の関係式より，
モル質量は，C₆H₅NH₂＝93 g/mol，H₂O＝18 g/mol

より

$$アニリン：水=93×6.0×10^3：18×9.4×10^4$$
$$≒1：3.0$$

問題の図の左端の容器を加熱して水蒸気を発生させ，弱く加熱してある次の丸底フラスコへ水蒸気を送り込む。例えば，丸底フラスコ内に精製すべき粗アニリンが入っているとする。ここへ水蒸気を送り込むと，水蒸気圧とアニリンの蒸気圧の和が$1.0×10^5$Pa に達する温度で混合溶液の沸騰が起こり，蒸留が始まる。留出液にアニリンが含まれていれば白濁するが，含まれなくなると白濁しなくなるので，水蒸気蒸留の終了を知ることができる。

なお，留出液が白濁してなかなか2層に分離しないときは，飽和食塩水を加えて振り混ぜるとよい。

(**290** **解説**(10)参照)

水蒸気蒸留はアニリン（沸点185℃）のように高沸点で，沸点近くで分解，酸化されやすいような有機物を，より低い温度で蒸留できる利点がある。

〔問〕芳香族化合物Aの分子量をMとおく，

$$\dfrac{W_a}{W_b}=\dfrac{M_a·P_a°}{M_b·P_b°}　……③$$

③式に，$M_a=M$，$P_a°=7.0×10^4$[Pa]，$M_b=18$，$P_b°=3.0×10^4$[Pa]を代入すると，

$$\dfrac{W_A}{W_{H_2O}}=\dfrac{M×7.0×10^4}{18×3.0×10^4}=\dfrac{91}{100-91}$$
$$∴　M=78$$

参考
水蒸気蒸留
　水とベンゼンのように互いに溶け合わない2種の液体は互いに希釈されることはない。このような液体を密閉容器に入れて放置すると，各液体は他の液体の影響を受けることなく，互いにその温度における飽和蒸気圧を示すことになる。これに対し，互いに完全に溶け合ったベンゼンとトルエンの混合溶液の場合，各成分の蒸気圧は，純粋な各成分の蒸気圧にその成分のモル分率を掛けたものに等しくなる（**ラウールの法則**）ので，分留により各成分を分離する。

▶**298** (1) C₁₇H₁₆O₂

(2) A

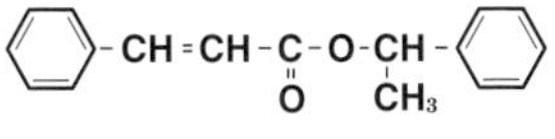

B 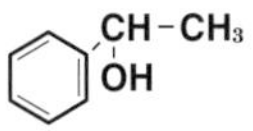　　　　　　　C

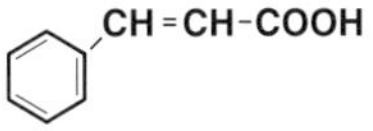

(3) 4種類

解説

(1) $C:H:O=\dfrac{81.0}{12.0}:\dfrac{6.3}{1.0}:\dfrac{12.7}{16.0}$
$$=6.75:6.3:0.79$$

$≒8.5 : 8 : 1 = 17 : 16 : 2$

Aの組成式は　$C_{17}H_{16}O_2$

$(C_{17}H_{16}O_2)_n = 252$ より　$n = 1$　分子式も $C_{17}H_{16}O_2$

(2)　$B(C_8H_{10}O)$ は水層ではなく，エーテル層に抽出されたので，中性物質のアルコールである（酸性物質のフェノール類ではない。）。考えられる構造は，

(i)　C-C-OH（ベンゼン環）
(ii)　C-*C-OH（ベンゼン環）
(iii)　C-OH（ベンゼン環 C）（o, m, p）

Bはヨードホルム反応を示すから，$CH_3CH(OH)-$ の構造をもつ (ii)。

Bには不斉炭素原子が存在するので，1対の鏡像異性体が存在する。

Aは加水分解されるからエステルで，その分子式中のO原子の数から，1分子中にエステル結合を1個もつモノエステルである。

Cの分子式は，

$C_{17}H_{16}O_2 + H_2O - C_8H_{10}O(B) = C_9H_8O_2$

CはエステルAの加水分解生成物で，水層に分離されたことから，カルボン酸である。

$C_9H_8O_2 - C_6H_5 - COOH = C_2H_2$

Cには臭素が付加するから，C=C結合を含む。考えられる構造は次の通り。

(i)　C=C-COOH（ベンゼン環）
(ii)　C=C（ベンゼン環 COOH）（o, m, p）
(iii)　C=C-COOH（ベンゼン環）

これらのうち，シス-トランス異性体（幾何異性体）が存在するのは(i)のみであるから，Cは(i)である。(i)のトランス形をケイ皮酸といい，そのエステルは広く植物界に存在する。例えば，ケイ皮酸メチルはマツタケ臭の主成分として知られている。((i)のシス形をアロケイ皮酸といい，不安定で天然にはほとんど存在しない。)

よって，Aは，Cの-COOHとBの-OHが脱水縮合してできたエステルである。

(3)　Aには，C=C結合に関してシス形とトランス形，不斉炭素原子に関してD型とL型の，合わせて4種類の立体異性体が存在する。

▶**299**

(1)　A　　　B　　　C

A：CH₂-CHO（ベンゼン環）
B：CH₃, CHO（ベンゼン環）
C：C-CH₃（ベンゼン環, O）

D　　　E　　　F

D：HO-（ベンゼン環）-CH=CH₂
E：（ベンゼン環）-COOH
F：（ベンゼン環）COOH, COOH

G　　　H　　　I

G：（ベンゼン環）C(=O)-O-C(=O) 環
H：HO-（ベンゼン環）-CHO
I：（ベンゼン環）COOH, OH

(2)　グリプタル樹脂（アルキド樹脂）

(3)　$H-\overset{I}{\underset{I}{C}}-I$　　(4)　$\overset{CH_3}{\underset{}{}}$ $HO-\overset{O}{\overset{\|}{C}}-CH_2-CH_2-CH_2-CH-CH_2-\overset{O}{\overset{\|}{C}}-OH$

解説　(1) A, Bはともに銀鏡反応を示すので，ホルミル基 -CHO をもつ。

(i)　ベンゼンの一置換体とすると，
$C_8H_8O - C_6H_5 - CHO = CH_2$（メチレン基）

(ii)　ベンゼンの二置換体とすると，
$C_8H_8O - C_6H_4 - CHO = CH_3$（メチル基）

A, Bに考えられる異性体は次の通り。

(a)　CH₂-CHO（ベンゼン環）
(b)　CH₃, CHO（ベンゼン環）
(c)　CH₃, CHO（ベンゼン環）
(d)　CH₃（上），CHO（下）（ベンゼン環）

Bを $KMnO_4$ で酸化するとフタル酸Fとなり，加熱すると昇華性の無水フタル酸Gとなる。

（ベンゼン環 CH₃/CHO）(B) →[O]→ （ベンゼン環 COOH/COOH）(F) →加熱→ （ベンゼン環 CO-O-CO）(G) + H_2O

よって，Bはオルト体の(b)。

Cはヨードホルム反応が陽性なので $-\overset{O}{\overset{\|}{C}}-CH_3$ というアセチル基をもつ。

（ベンゼン環）C(=O)-CH₃ (C) →$3I_2 + 4NaOH$→ （ベンゼン環）C(=O)-O⁻Na⁺

→H^+→ （ベンゼン環）C(=O)-OH (E)

アルカリ水溶液の層を酸性にすると，安息香酸Eが析出する。

Aは，$KMnO_4$ による酸化により安息香酸Eを生成するので，ベンゼンの一置換体の(a)である。

DはNaOH水溶液に溶け，CO_2 を通じると遊離したのでフェノール類である。Dはベンゼンのパラ二置換体であるから，

$C_8H_8O - C_6H_4 - OH = C_2H_3$

C_2H_3- は C_2H_5- に比べてHが2個少ないので，不飽

和度が1のビニル基-CH=CH₂である。

HO-⟨　⟩-CH=CH₂ $\xrightarrow[\text{(D) オゾン分解}]{O_3}$ HO-⟨　⟩-C$\langle^O_H$ + H-C$\langle^O_H$
　　　　　　　　　　　　　　　　　　　　　　(H)

Hの異性体を酸化

⟨　⟩$^{ONa}_{+CO_2}$ $\xrightarrow{\text{高温・高圧}}$ ⟨　⟩$^{OH}_{COONa}$ $\xrightarrow{H^+}$ ⟨　⟩$^{OH}_{COOH}$
　　　　　　　　　　　　　　　　　　　　　　　　(I)

(2)
n HO-CH₂-CH-CH₂-OH + n O=C$\langle$　$\rangle$C=O
　　　　　|　　　　　　　　　　　　　　⟨　⟩
　　　　　OH

$\xrightarrow{\text{縮合重合}}$ [O-CH₂-CH-CH₂-O-C$\langle$　$\rangle$C]$_n$
　　　　　　　　　　　　　|　　　　　‖⟨　⟩‖
　　　　　　　　　　　　　OH　　　O　　O

さらに〜〜部分が別のフタル酸などと縮
合すると立体網目構造をもつ高分子の
グリプタル樹脂になる

(3) ヨードホルム CHI₃ は，水よりもエーテルに溶
けやすい(25℃で水に 0.01 g，エーテルに 13.6 g 溶
ける)。よって，ヨードホルムは水溶液中では黄色
の沈殿として生成するが，今回のようにエーテルで
抽出すると，エーテル層に分離されることになる。

(4) Ni 触媒を用いて，常温・常圧の水素を反応さ
せると，ビニル基 CH₂=CH- のみに H₂ 付加が起こる
が，本問のように高温・高圧の水素を反応させる
と，ビニル基だけでなくベンゼン環への H₂ 付加も
進行し，4-エチル-1-シクロヘキサノールを生成す
る。これを分子内脱水すると，4-エチル-1-シクロ
ヘキセンを生じ，さらに硫酸酸性の KMnO₄ を作用
させると，二重結合の開裂が起こり，解答に示す2
価カルボン酸が生成する。

HO-⟨　⟩-CH=CH₂ $\xrightarrow[+4H_2]{\text{(Ni)}}$ HO-CH$\langle^{CH_2-CH_2}_{CH-CH_2}\rangle$CH-CH₂-CH₃
(D)

$\xrightarrow{-H_2O}$ CH$\langle^{CH_2-CH_2}_{CH-CH_2}\rangle$CH-CH₂-CH₃

$\xrightarrow[\text{二重結合の切断}]{KMnO_4}$ HO-C-CH₂-CH₂-CH-CH₂-C-OH
　　　　　　　　　　‖　　　　　|　　　　‖
　　　　　　　　　　O　　　　CH₂　　　O
　　　　　　　　　　　　　　　|
　　　　　　　　　　　　　　CH₃

(KMnO₄ で二重結合を切断すると，ケトンまたはカルボ
ン酸が生成する。)

▶**300** (1)
　A C≡C-CH₃　　B CH₂-C-CH₃
　　　⟨　⟩　　　　　　　　‖
　　　|　　　　　　　⟨　⟩ O
　　　CH₃　　　　　　|
　　　　　　　　　　CH₃

C O‖C-CH₂-CH₃　(2) D OH|*CH-CH₂-CH₃
　⟨　⟩　　　　　　　　⟨　⟩
　|　　　　　　　　　|
　CH₃　　　　　　　CH₃

解説　(1) 芳香族炭化水素Aを酸化するとテレフ
タル酸になるから，ベンゼンのパラ二置換体であ
る。Aの分子式 C₁₀H₁₀ と飽和炭化水素の C₁₀H₂₂ とを
比較すると，Aの H 原子が 12 個足りないので不飽
和度は6である。ベンゼン環は不飽和度が4である
から，Aの側鎖部分には，(i)三重結合が1個，(ii)
二重結合が2個存在する可能性がある。Aは硫酸水
銀(II)の触媒下で水が付加するから，C≡C 結合を1
つもつ化合物と考えられる。(HgSO₄ 触媒下，C=C
結合には水は付加しない。)
　考えられるAの異性体は，(a)〜(c)のいずれか。

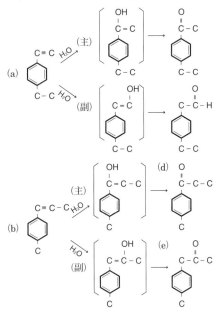

補足　化合物(b)への H₂O の付加反応の主生成物は，
マルコフニコフの法則では判断できない。
　そのため，三重結合に H⁺ が付加して生じる
中間体の**カルボニウムイオン(炭素陽イオン)**の
安定性を比較する。

(b) ¹C≡²C-³C $\xrightarrow[\text{2位に付加}]{H^+}$ A C=C-C$^+$ $\xrightarrow[\text{1位に付加}]{OH^-}$ C=C-C^{OH}
　　⟨　⟩　　　　　　　　⟨　⟩　　　　　　　　⟨　⟩
　　|　　　　　　　　　|　　　　　　　　　|
　　C　　　　　　　　C　　　　　　　　　C

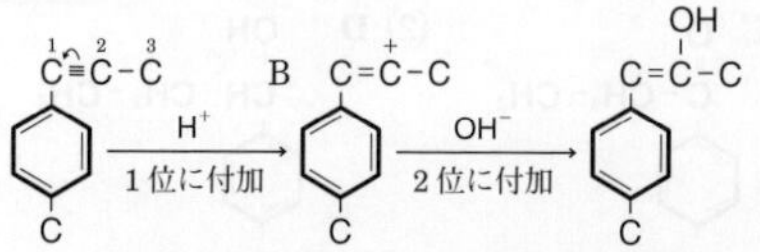

C≡C-C　B　C=C-C　C=C-C

$\xrightarrow[\text{1位に付加}]{H^+}$　$\xrightarrow[\text{2位に付加}]{OH^-}$

　　カルボニウムイオンA，Bの安定性を比較すると，その正電荷がベンゼン環に近いAの方が，ベンゼン環から電子が流れ込み，正電荷がより分散されるので安定である。
　　よって，中間体Aを経由する反応の活性化エネルギーが小さくなり，(d)が主生成物となる。

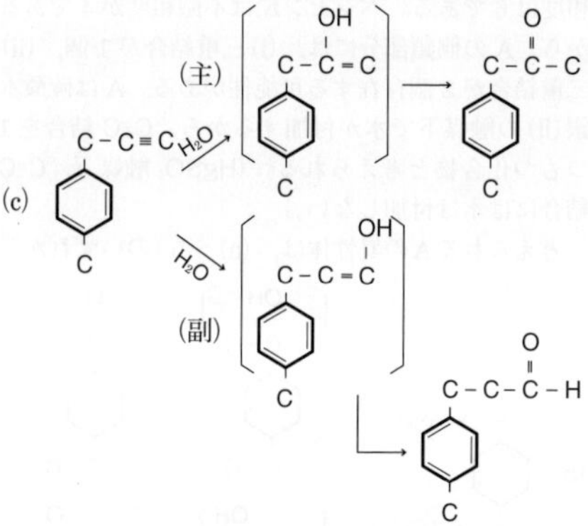

(c)　C-C≡C H₂O

（主）　C-C=C　　　C-C-C

（副）　C-C-C　　　C-C-C-H

　C≡C結合にH₂Oが付加する場合にも，**マルコフニコフの法則**（253 **参考**）が成立する。すなわち，三重結合炭素のうち，H原子の結合数の多い方のC原子にHが，少ない方のC原子にはOHが付加しやすい。なお，C=C結合に-OH基が直結した化合物（**エノール**という）はみな不安定で，水素転位により安定なアルデヒドまたはケトンに異性化する（249 **参考**）。
　生成物のうち，いずれも銀鏡反応を示さないケトンを生成するのは(b)。よって，Aは(b)と決まる。
　生成物B，Cのうち，ヨードホルム反応が陽性であるBは(e)，ヨードホルム反応が陰性であるCは(d)と決まる。
(2)　A 1molに特別なリンドラー触媒（Pb²⁺で活性を弱めたパラジウム Pd触媒）を用いて水素1molを付加させると，C≡C結合がC=C結合になる。C=C結合へのH₂Oの付加反応は，マルコフニコフの法則でその主生成物を考えればよい。しかし，本問の場合，二重結合炭素に結合するH原子の数がいずれも1個なので判断がつかない。そこで，この反応における反応中間体の安定性を比較してみる。この反応は，C=C結合に触媒のH⁺が付加して反応中間体を生じ，あとからOH⁻が付加するという反応経路をたどる。したがって，その反応中間体が安定な方が主たる反応経路となり，それから生じた化合物が主生成物となる。すなわち，反応中間体の(f)′では

正電荷をもつ炭素原子C⊕にベンゼン環が直結しており，ベンゼン環との間での電子の移動に伴う非局在化が得られるので，C⊕がベンゼン環に直結していない(g)′に比べて安定であると考えられる。よって，主生成物Dは(f)となる。

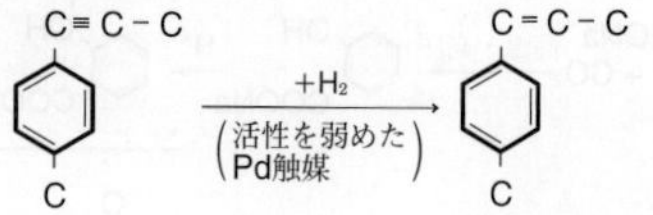

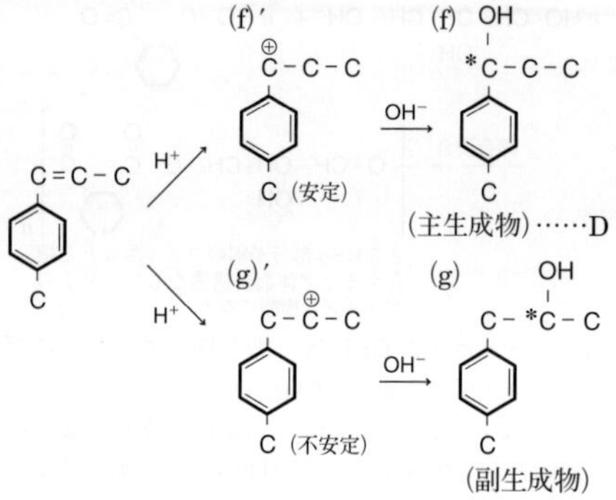

C≡C-C　$\xrightarrow[\left(\begin{array}{c}\text{活性を弱めた}\\ \text{Pd触媒}\end{array}\right)]{+H_2}$　C=C-C

(f)′　⊕C-C-C　　$\xrightarrow{OH^-}$　(f) *C-C-C（OH）

C=C-C　$\xrightarrow{H^+}$

(f)′　⊕C-C-C（安定）　$\xrightarrow{OH^-}$　(f) *C-C-C（OH）
（主生成物）……D

(g)′　C-⊕C-C（不安定）　$\xrightarrow{OH^-}$　(g) C-*C-C
（副生成物）

▶**301**　(1)　**A** CH₂Br　　**B** CH₂OH

C COOH　　**D** CH₃　　**E** CH₃ Br　　**F** CH₃ Br　Br

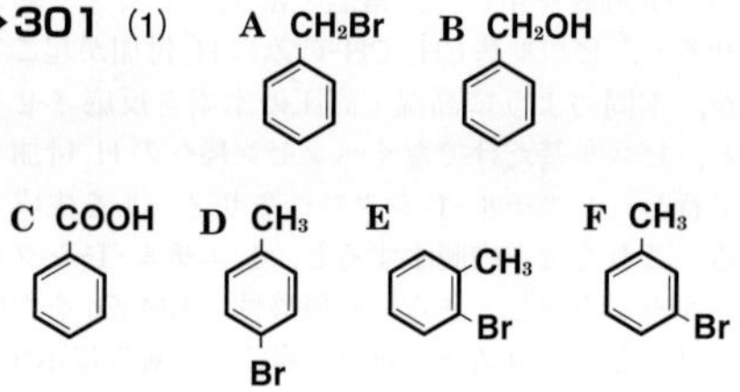

(2) **9種類**

解説　熱したトルエンに光（紫外線）を照射しながら臭素Br₂を反応させると，側鎖のメチル基の水素原子に対して臭素原子（ラジカル（202 **参考**）として働く）による置換反応が起こる（**側鎖置換**）。

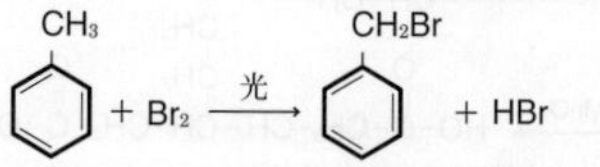

CH₃　+ Br₂　$\xrightarrow{光}$　CH₂Br　+ HBr
A（臭化ベンジル）

　臭化ベンジルをNaOH水溶液を用いて加水分解すると，ベンジルアルコール(B)が得られる。

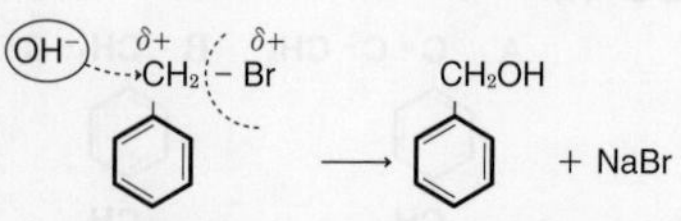

(OH⁻)···$\overset{\delta+}{CH_2}$-$\overset{\delta+}{Br}$　　CH₂OH　+ NaBr

ベンジルアルコールはKMnO₄（酸化剤）によって，

強く酸化すると安息香酸が生成する。(酸性条件の MnO₂(酸化剤)で穏やかに酸化すると,ベンズアルデヒドが生成する。

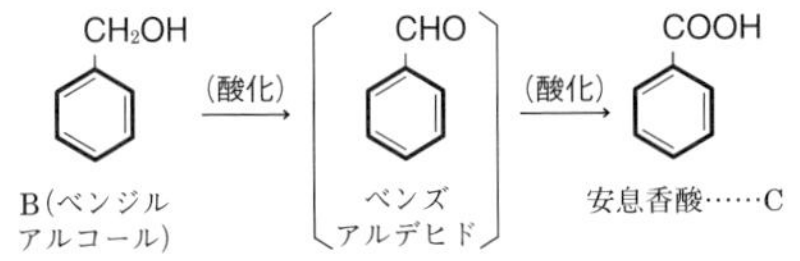

CH₂OH →(酸化)→ CHO →(酸化)→ COOH

B(ベンジルアルコール) / ベンズアルデヒド / 安息香酸……C

なお,トルエンに光を照射しながら,十分量の臭素を反応させると,臭化ベンザル $C_6H_5CHBr_2$ を生成する。これを NaOH 水溶液を用いて加水分解すると,ベンズアルデヒドを生成する。

トルエンに Fe 粉または FeBr₃ を触媒として暗所で臭素を反応させると,ベンゼン環に対するブロモニウムイオン Br⁺ と H⁺ との求電子置換反応(陽性試薬によるベンゼンの置換反応)が起こる(**核置換**)。なお,トルエンのメチル基は,ベンゼン環に対して電子供与性の基として作用するので,ベンゼン環のオルト・パラ位の電子密度が高くなり,**オルト・パラ配向性**となる。よって,主生成物の D,E はオルト体の(a),パラ体の(c)のいずれかで,少量しか生成しない F はメタ体の(b)と決まる。

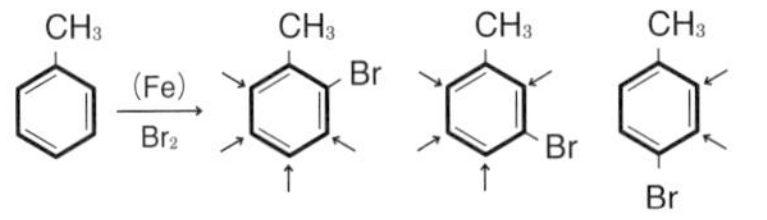

CH₃ →(Fe)/Br₂→ (a) CH₃ Br / (b) CH₃ Br / (c) CH₃ Br

(──→は臭素原子の置換位置を示す。)

また,トルエンの臭素二置換体の異性体数は,(a)で4種,(b)も4種,(c)で2種類存在する。

∴ D は(c)のパラ体であり,残りの E は(a)のオルト体である。

参考　置換基の配向性

ベンゼンの一置換体に対して求電子置換反応を行う場合,既に入っている置換基の種類によって次の置換基の位置が決まる。これを**置換基の配向性**という。

(1) **オルト・パラ配向性**
 -OH,-NH₂,-CH₃,-Cl などベンゼン環に電子を与える性質(**電子供与性**)の基が結合していると,o, p 位の電子密度が高くなり,この位置で次の置換反応が起こりやすくなる。

(2) **メタ配向性**
 -NO₂,-COOH,-SO₃H などベンゼン環から電子を引きつける性質(**電子求引性**)の基が結合していると,o, p 位の電子密度が低くなり,相対的に電子密度の高くなる m 位で,次の置換反応が起こりやすくなる。

---

(2) 紫外線照射下で,ベンゼンに塩素を作用させると,付加反応が起こり,1,2,3,4,5,6-ヘキサクロロシクロヘキサン(ベンゼンヘキサクロリド BHC)が得られる。

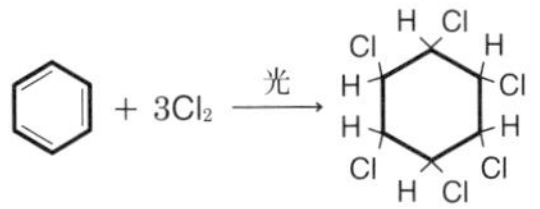

$+ 3Cl_2$ →(光)→ (シクロヘキサン構造)

ヘキサクロロシクロヘキサンは平面構造ではなく,いす形の立体構造(**247** 参考)をとっているが,題意より6個のC原子がすべて同一平面上にあって正六角形の環をつくり,その平面の上下に水素原子と塩素原子が結合しているとすると,理論的に次の8種(I)～(Ⅷ)の構造異性体が存在することになる。

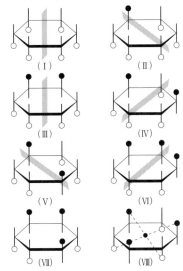

(Ⅰ) (Ⅱ) (Ⅲ) (Ⅳ) (Ⅴ) (Ⅵ) (Ⅶ) (Ⅷ)

(● 環の上側　○ 環の下側の塩素原子　▨ 対称面　•─• 対称中心を示す)

(Ⅰ)～(Ⅵ)にはいずれも対称面があり,メソ体(**269** 補足)である。したがって,鏡像異性体は存在しない。また,(Ⅷ)には対称中心があり,メソ体である。したがって,鏡像異性体はない。しかし,(Ⅶ)には対称面も対称中心も存在しないので,1組の鏡像異性体が存在する。

立体異性体の総数は,メソ体7種＋鏡像異性体(2種)=9種類が考えられる。

▶**302** A

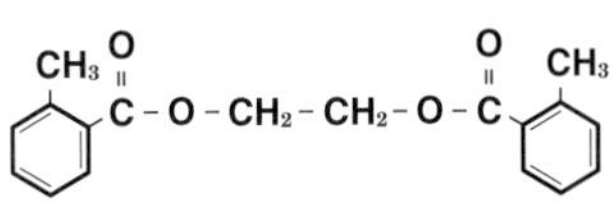

CH₃ O ‖ C-O-CH₂-CH₂-O-C ‖ O CH₃

D COOH / COOH 　**E** O（無水フタル酸構造） 　**F** NH₂

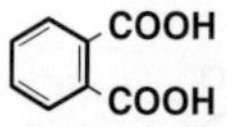

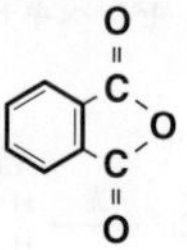

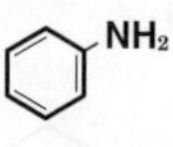

G COOH / C−N−H（フェニル）

分子量を調べると，

(i)の場合
C−OH / C−O（フェニル）
分子式　$C_{14}H_{10}O_4$
分子量　242（不適）

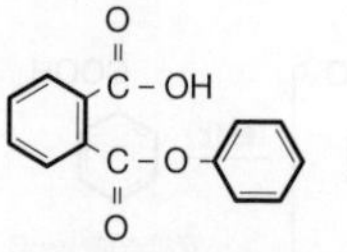

(ii)の場合
C−OH / C−N−H（フェニル）
分子式　$C_{14}H_{11}NO_3$
分子量　241（適する）

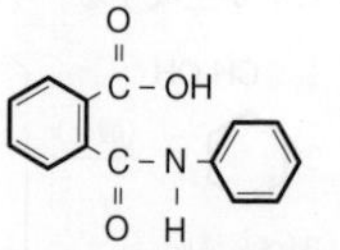

よって，Fは芳香族アミンのアニリンである。
EとFからGの生成する反応は，次の通りである。

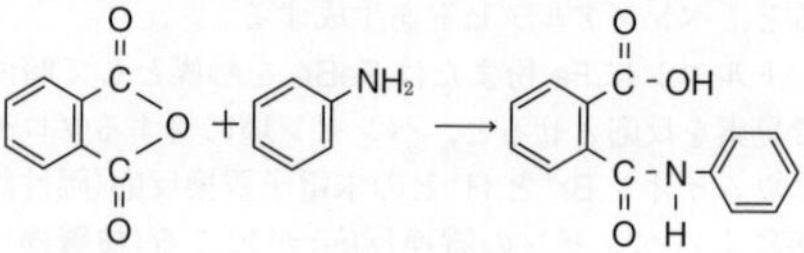

（無水フタル酸）＋ NH₂（アニリン）→ C−OH / C−N−H（フェニル）

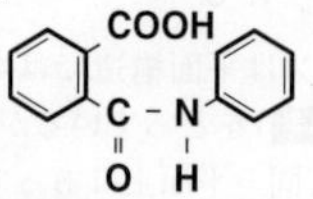

解説　Aの組成式を$C_xH_yO_z$とおくと，

$$x:y:z=\frac{72.48}{12}:\frac{6.04}{1.0}:\frac{21.48}{16}≒9:9:2$$

Aの組成式は，$C_9H_9O_2$
$(C_9H_9O_2)_n≦300$より，$n=1, 2$
Aの分子式は，$C_9H_9O_2$と$C_{18}H_{18}O_4$の可能性がある。
(i) Aを$C_9H_9O_2$のモノエステルとすると，
　　　　A＋H_2O ⟶ B＋C
Bは組成式がC_4H_4Oで，ベンゼンの二置換体であるから，分子式は$C_8H_8O_2$である。

Bを酸化して得られる芳香酸ジカルボン酸Dを加熱すると，酸無水物Eに変化するので，Dはフタル酸，Eは無水フタル酸である。また，Dの異性体であるパラ二置換体Hはテレフタル酸で，Cとの反応で高分子化合物Iが得られるので，Cはエチレングリコール，Iはポリエチレンテレフタラートである。
以上により，Bの炭素数8とCの炭素数2との和は10となり，最初にAを$C_9H_9O_2$とした仮定は誤り。
∴　Aは分子式$C_{18}H_{18}O_4$のジエステルである。

A1分子を加水分解すると，2価アルコールであるエチレングリコールC1分子と，芳香族1価カルボン酸のB2分子が生成すると考えられる。
Bを酸化するとフタル酸になるので，Bはベンゼンのオルト二置換体で，Cとエステル結合するための-COOH基をもつ。

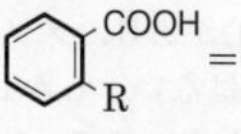

COOH / R ＝$C_8H_8O_2$より，R＝CH_3と決まり，

Bは，COOH / CH_3（o-トルイル酸）と決まる。

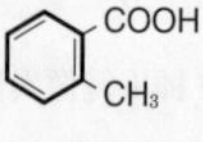

∴　Aは，CH_3 C−O−CH₂−CH₂−O−C CH_3（構造式）

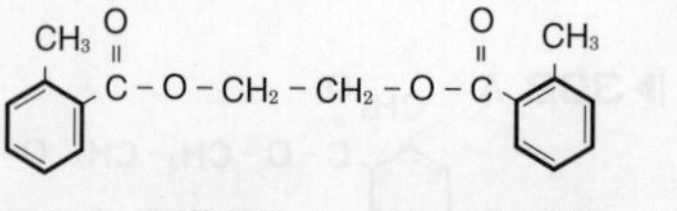

あるベンゼンの一置換体Fは，無水フタル酸Eと反応するので，(i)OH基または，(ii)NH₂基のいずれかを官能基としてもつ。この反応で生成するGは，(i)ではエステル，(ii)ではアミドであり，その

▶**303** (1) **C** $CH_3-\overset{H}{C}=O$　**D** O / （フェニル）C−CH₃

(2) $\overset{H}{\underset{H_3C}{C}}=\overset{CH_3}{\underset{（フェニル）}{C}}$　$\overset{H}{\underset{H_3C}{C}}=\overset{（フェニル）}{\underset{CH_3}{C}}$

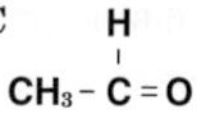

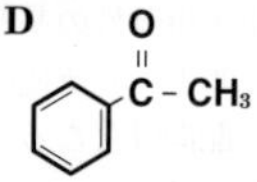

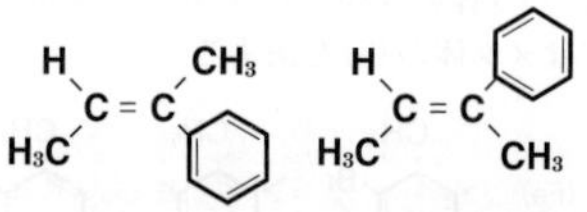

(3) HO−C（CH₃）（CH₂−CH₃）（フェニル）　H₃C−C−OH（CH₂−CH₃）（フェニル）

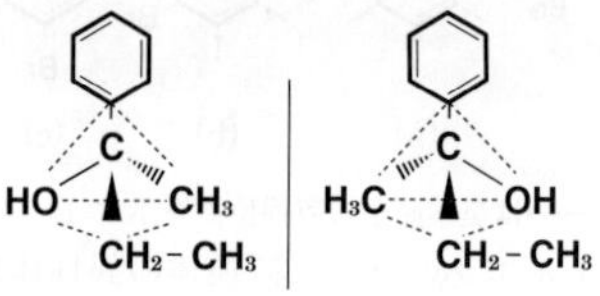

(4) $\overset{O}{H-C-H}$　$\overset{O}{C-CH_2-CH_3}$（フェニル）

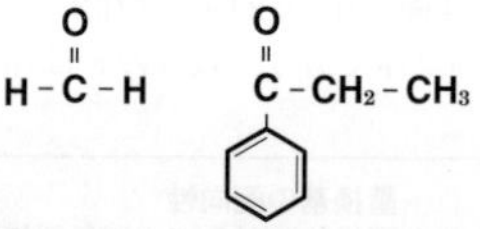

解説　(1) Aは濃硫酸で脱水反応が起こり，ベンゼン環をもつので，芳香族のアルコールである。しかし，条件の不足により，その構造を直接決めることができないので，オゾン分解の結果をもとに，アルケンBの構造式から先に決めていくのがよい。

Aを脱水して生じる$B(C_{10}H_{12})$は，飽和炭化水素$C_{10}H_{22}$に比べてH原子が10個不足しており，不飽和度は5。ベンゼン環の不飽和度は4であるから，Bは側鎖にC=C結合を1個含む。

Bのオゾン分解により生成する，$C(C_2H_4O)$はアセトアルデヒド，$D(C_8H_8O)$はベンゼン環をもち，銀鏡反応を示さないケトンなのでアセトフェノン。

C,DからO原子を取ってつなぎ合わせると，Bの構造が次のように決まる。

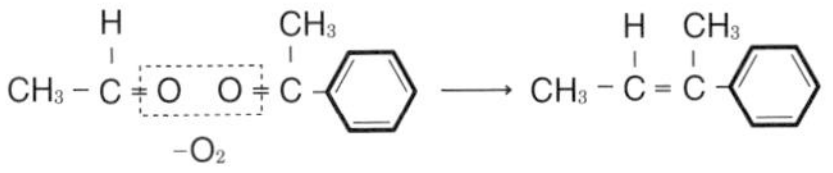

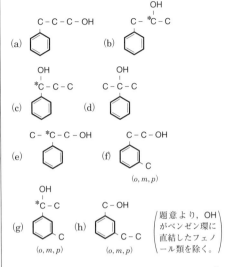

B の二重結合炭素には、それぞれ異なる原子、原子団が結合しているので、1組のシス-トランス異性体が存在する。

(3) B に H_2O を付加した化合物 A には、次の(i)、(ii)がある。

(i) 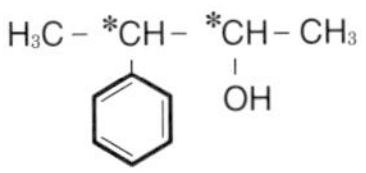 $H_3C-\overset{*}{C}H-\overset{*}{C}H-CH_3$ （ベンゼン環、OH）
(ii) 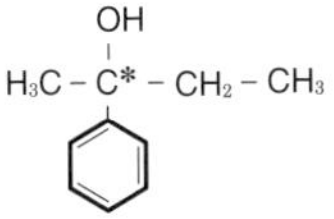 $H_3C-\overset{*}{C}^*-CH_2-CH_3$ （ベンゼン環、OH）

A の不斉炭素原子は1個より、A は(ii)と決まる。

(4) **ザイチェフの法則(246 参考)** より、A の-OH 基の両隣の C 原子に結合した H 原子の数を比較して、その少ない方の C 原子に結合した H 原子が脱離しやすい。したがって A を脱水すると、B と E が生成する。

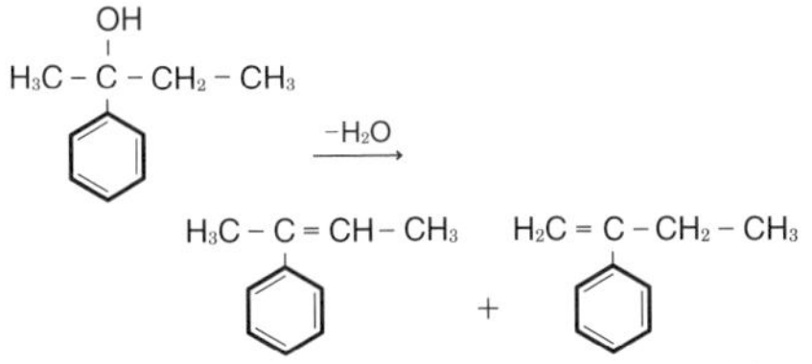

$H_3C-\overset{OH}{C}-CH_2-CH_3$ （ベンゼン環）
$\xrightarrow{-H_2O}$

$H_3C-C=CH-CH_3$ （ベンゼン環） + $H_2C=C-CH_2-CH_3$ （ベンゼン環）

B（主生成物）　　　E（副生成物）

副生成物の E をオゾン分解すると、

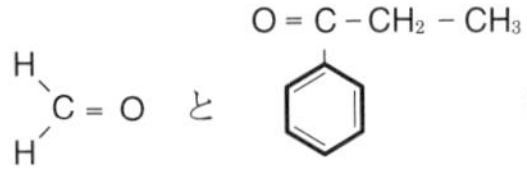

$\overset{H}{\underset{H}{C}}=O$ と $O=C-CH_2-CH_3$ （ベンゼン環） を生成する。

（ホルムアルデヒド）（エチルフェニルケトン）

▶**304** (1) A $H_3C-\overset{*}{C}H-CH_2-OH$ （ベンゼン環）

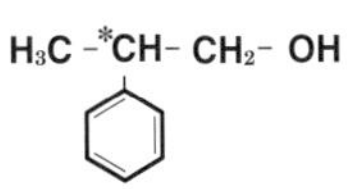

D $H_3C-\overset{*}{C}H-CHO$ （ベンゼン環）

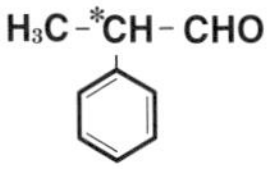

(2) 4種類　(3) C OH $-\overset{*}{C}H-CH_2-CH_3$ （ベンゼン環）

（シス、トランス構造図）

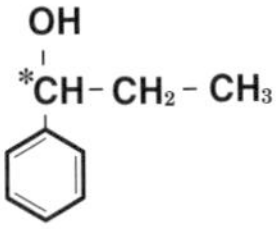

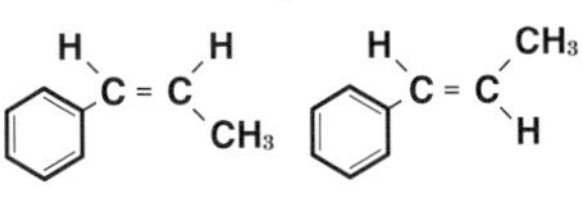

解説　分子式 $C_9H_{12}O$ の芳香族アルコールのうち、置換基が1または2個のものは次の(a)〜(h)がある。

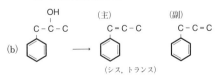

(1) A を酸化するとアルデヒドになるので、A は第一級アルコール。
∴ (a)、(e)、および(f)の3種と(h)の3種、合わせて8種類が該当する。

A をおだやかに酸化して得られたアルデヒド D が不斉炭素原子をもつということは、当然、A にも不斉炭素原子が存在する。∴ A は(e)と決まる。

$C-\overset{*}{C}-C-OH$ （ベンゼン環） $\xrightarrow[おだやかに]{[O]}$ $C-\overset{*}{C}-CHO$ （ベンゼン環） ……D

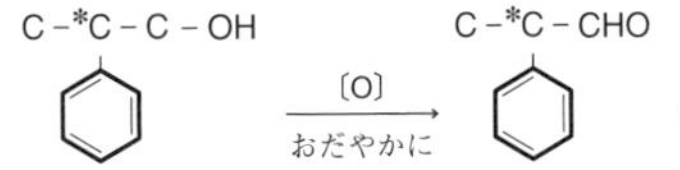

A

(2) B は酸化するとケトン E になるので、第二級アルコールであり、(b)、(c)、および(g)の3種、合わせて5種類が該当する。このうち、ヨードホルム反応を示すのは $CH_3-CH(OH)-$ の部分構造をもつ (b) および(g)の3種、合わせて4種類が該当する。

(3) 脱水してシス-トランス異性体をもつアルケンを生じる C は、(b)、(c)のいずれかであるが、下図の通りシス-トランス異性体のみを生じるのは(c)。
∴ C は(c)と決まる。

(b) $C-\overset{OH}{C}-C$ （ベンゼン環） $\longrightarrow$ (主) $C=C-C$ （ベンゼン環） (副) $C-C=C$ （ベンゼン環）

（シス、トランス）

OH
｜
C-C-C
／＼
（c）⬡　⟶　⬡ C=C-C 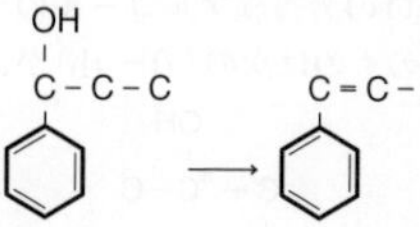　のみ

（シス，トランス）

▶305 （1）**A**
CH₂　CH₂
CH₂　CH　CH₂
CH₂　CH　CH₂
CH₂　CH₂

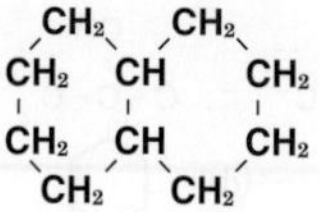

B
（無水フタル酸）

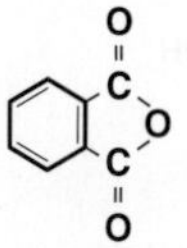

C, D
Br（1-ブロモ）　　Br（2-ブロモ）

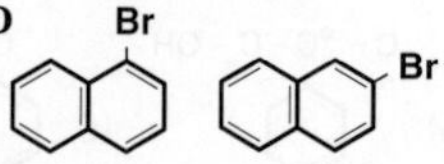

（2）**10種類**
H₃C-⬡⬡-CH₃

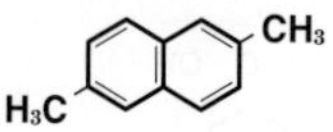

（3）**E, F, G**
CH₃ CH₃　　CH₃ CH₃

CH₃ CH₃

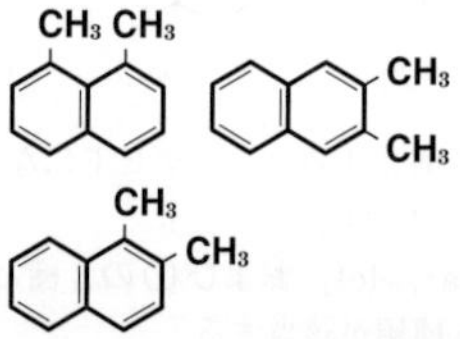

（4）**J**
O=C-O-C=O

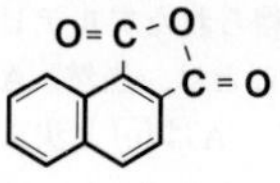

解説　（1）ナフタレンを高温で過剰の水素と反応させると，環式飽和炭化水素が得られる。

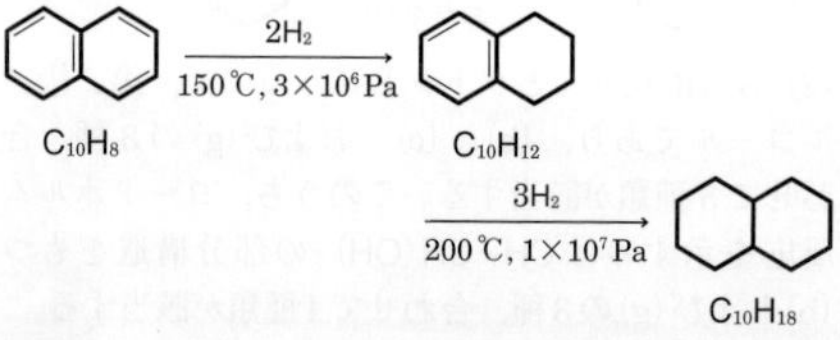

C₁₀H₈　$\xrightarrow[150℃,3×10^6\,Pa]{2H_2}$　C₁₀H₁₂

$\xrightarrow[200℃,1×10^7\,Pa]{3H_2}$　C₁₀H₁₈

参考
ナフタレンの接触水素還元
　ナフタレンに触媒を用いて水素還元（接触水素還元）を行うと，まず，テトラリンを経て，やがてデカリンを生成する。デカリンにはシス-トランス異性体が存在し，Ni触媒を使うとトランス形，Pt触媒を使うとシス形が主生成物となる。

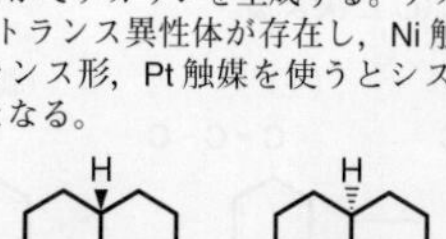

◀紙面手前側への結合
◢紙面奥側への結合

シス-デカリン　トランス-デカリン

ナフタレンを酸化バナジウム（V）V₂O₅ を触媒と

し，約450℃で空気酸化すると，無水フタル酸Bを生成する。（フタル酸は230℃以上で脱水するから，ナフタレンを高温で空気酸化すると，無水フタル酸が生成することに留意する。）

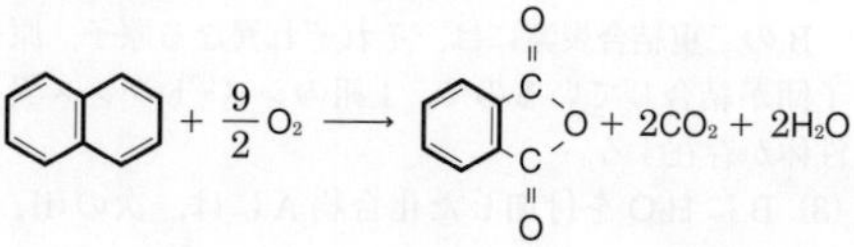

$$\text{ナフタレン} + \frac{9}{2}O_2 \longrightarrow \text{(無水フタル酸)} + 2CO_2 + 2H_2O$$

　ナフタレンの臭素一置換体には，2種の構造異性体がある。

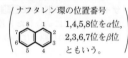

1-ブロモナフタレン　2-ブロモナフタレン

ナフタレン環の位置番号
8 1
7　　2
6　　3
5 4
　1,4,5,8位をα位，
　2,3,6,7位をβ位
　ともいう。

（2）ナフタレンの二置換体，例えば，ジメチルナフタレンには，次の10種類の構造異性体がある。
（i）　α,α位のもの
（a）　　　　　（b）　　　　　（c）

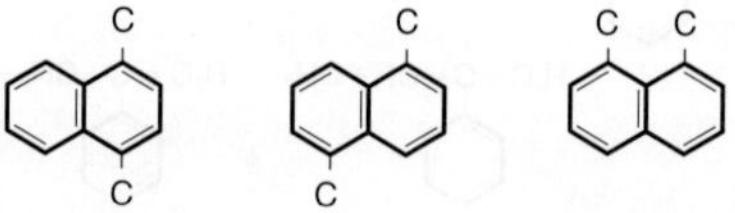

（ii）　β,β位のもの
（d）　　　　　（e）　　　　　（f）

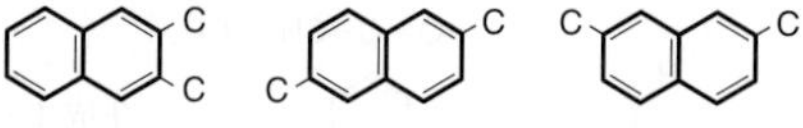

（iii）　α,β位のもの
（g）　　　　　（h）　　　　　（i）

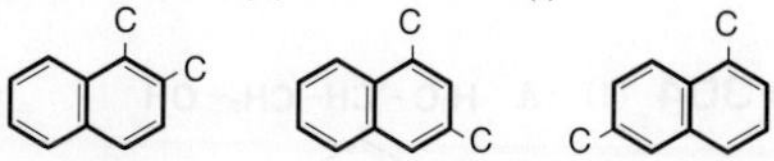

（j）

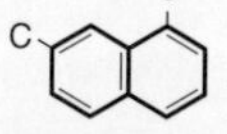

　これらのうち，2個の CH₃ 基が最も離れているのは（e）である。　∴　Hは（e）と決まる。

補足
　2個の CH₃ 基が最も近いのは（g）である。これは，ナフタレンの1,2結合（0.136 nm）は，2,3結合（0.142 nm）よりも二重結合性が大きいためである。

（3）E, F, G は，上記（a）～（j）のうち2つの CH₃ 基が接近した位置にある（d），（g）の酸化生成物だけ

でなく，(c)の酸化生成物のいずれを加熱しても，下記のような酸無水物がそれぞれ生成する。

(c) より

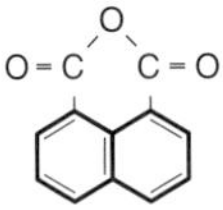

O=C－O－C=O（ナフタレン環）

(d) より

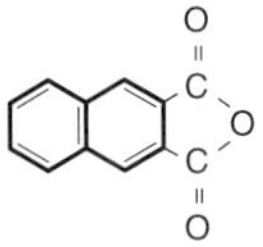

（ナフタレン環に二つのC=Oと酸素からなる酸無水物）

(g) より

O=C－O, C=O（ナフタレン環）

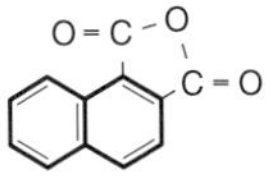

(4) (c)，(d)，(g)の酸化生成物からそれぞれ生じた酸無水物とアニリンとの反応で得られる化合物は，

(c) より

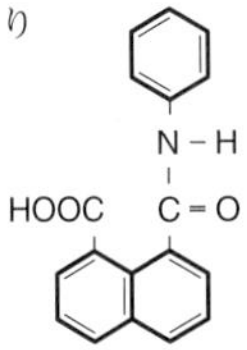

N－H（フェニル基）
HOOC, C=O（ナフタレン環）

1種のみ

(d) より

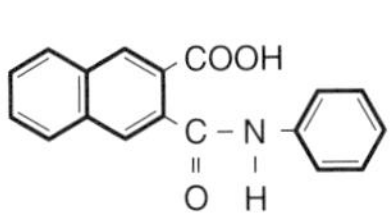

（ナフタレン環）COOH
C－N（フェニル基）
‖
O　H

1種のみ

(g) より

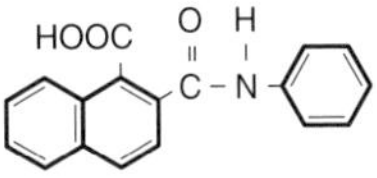

HOOC, O H（フェニル基）
C－N
または
H－N（フェニル基）
O=C（ナフタレン環）COOH

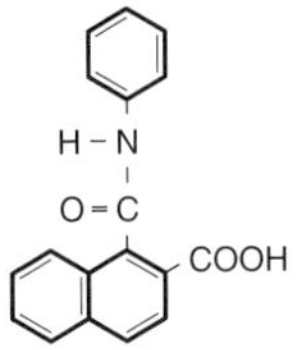

(アニリンがナフタレン環のβ位に結合するか，α位に結合するかによって2種の構造異性体を生成する。)

∴ Jは(g)から生じた酸無水物(g′)の

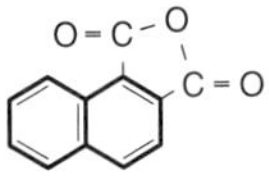

O=C－O, C=O（ナフタレン環）　である。

▶306 (1)

A

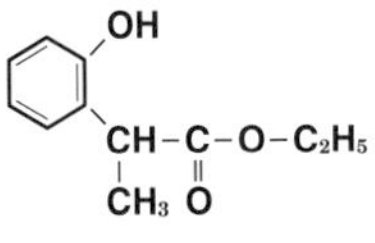

OH（ベンゼン環）
CH－C－O－C₂H₅
│　‖
CH₃ O

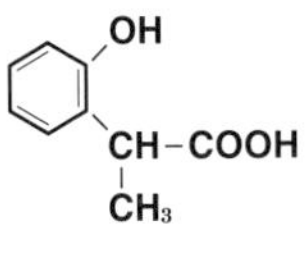

B

OH（ベンゼン環）
CH－COOH
│
CH₃

C

O（ベンゼン環）
C=O
CH
│
CH₃

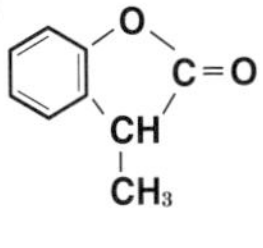

D

O（ベンゼン環）
O－C－CH₃
‖
CH－COOH
│
CH₃

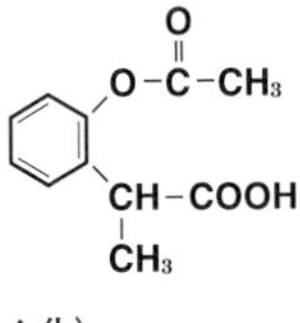

(2) **A→B** 加水分解（けん化）

B→A エステル化　　**B→D** アセチル化

解説 (1) AはNaOH水溶液に溶け，NaHCO₃水溶液に溶けないので，フェノール性OH基をもつ。Bをエタノールに溶かし，濃硫酸を加えて加熱するとAが生成することから，AはBとエタノールのエステルであり，Bには，フェノール性OH基以外にカルボキシ基の存在が予想される。

Bを高温で加熱すると，水分子が脱離して環状の化合物C($C_9H_8O_2$)に変化するから，Bの分子式は，

$$C_9H_8O_2 + H_2O \longrightarrow C_9H_{10}O_3$$

また，CはBの分子内環状エステル（ラクトンといい，五員環，六員環のものが安定である）であるから，Bの-COOHと-OHの位置関係はオルト位でなければならず，次の(i)〜(v)が考えられる。

(i)

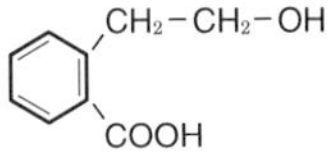

CH₂－CH₂－OH（ベンゼン環）
COOH

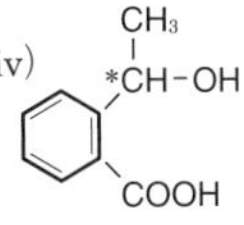

(ii)

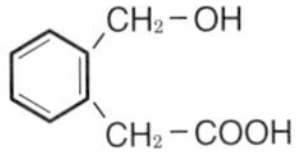

CH₂－OH（ベンゼン環）
CH₂－COOH

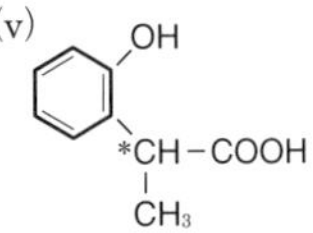

(iii)

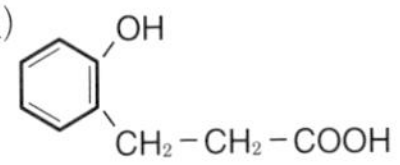

OH（ベンゼン環）
CH₂－CH₂－COOH

(iv)

CH₃
│
*CH－OH（ベンゼン環）
COOH

(v)

OH（ベンゼン環）
*CH－COOH
│
CH₃

Bには，フェノール性OH基と不斉炭素原子が存在するので，Bは(v)と決まる。

なお，B⟶Cの反応は，次の通り。

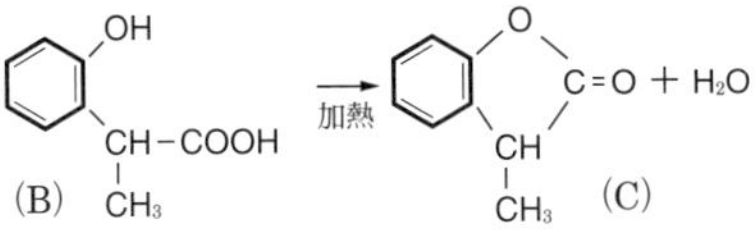

OH（ベンゼン環）
CH－COOH　--加熱-->　O（ベンゼン環）C=O + H₂O
│　　　　　　　　　　　 CH
CH₃　　　　　　　　　　 │
(B)　　　　　　　　　　 CH₃　(C)

A⟶Bへの反応は，

OH（ベンゼン環）
CH－COOC₂H₅　--2NaOH けん化-->　ONa（ベンゼン環）CH－COONa
│　　　　　　　　　　　　　　　　　　　　　　　　│
CH₃　　　　　　　　　　　　　　　　　　　　　　 CH₃
(A)

--2HCl-->　OH（ベンゼン環）CH－COOH
　　　　　　　　　　　　　│
　　　　　　　　　　　　　CH₃　(B)

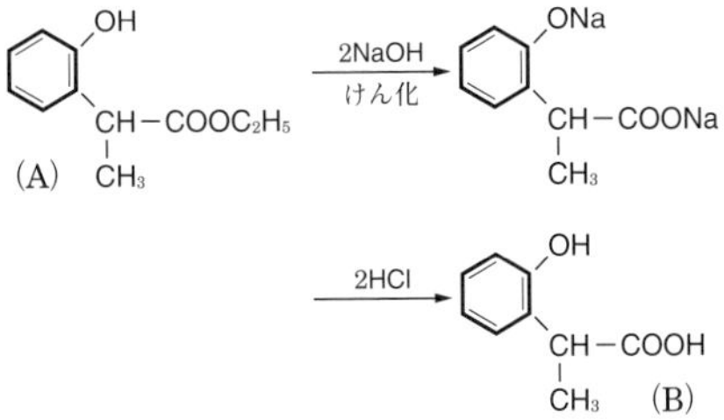

B──→Aへの反応は，

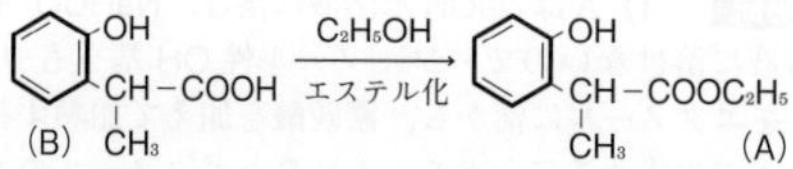

B──→Dへの反応は，

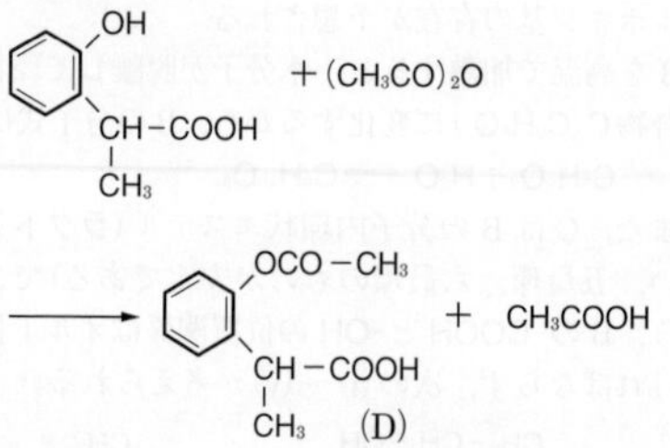

ラクトン

　ヒドロキシ酸(-OHをもつカルボン酸)の分子内脱水縮合で生成する環状構造のエステルをラクトンといい，天然物中の香気成分に多く含まれる。
　五員環(γ-ラクトン)が最も安定で，六員環(δ-ラクトン)がそれに次いで安定である。一方，三員環(α-ラクトン)や四員環(β-ラクトン)は極めて不安定である。また，七員環(ε-ラクトン)はやや不安定となる。ラクトンをNaOH水溶液で加水分解すると，元のヒドロキシ酸に戻すことができる。

▶**307** (1)

A　H_2N──◯──$COO-C_2H_5$

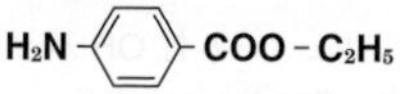

B　HO──◯──$COO-C_2H_5$

C　O_2N──◯──$COOH$　D　H_2N──◯──$COOH$

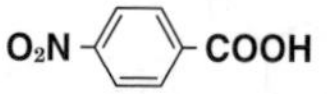

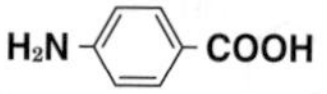

(2) 化合物E(p-アミノトルエン)のアミノ基が酸化されてしまうから。

(3) 化合物Dは，中性付近では電荷をもたず，エーテルに抽出されるが，酸性ではNH_3^+-C_6H_4-COOH，塩基性ではNH_2-C_6H_4-COO^-となって水層にとどまるため，エーテルで抽出されないから。

解説 (1) p-ニトロトルエンを塩基性の過マンガン酸カリウム$KMnO_4$水溶液で酸化したのち，酸で中和すると，側鎖のメチル基-CH_3が酸化されてカルボキシ基-COOHとなる。

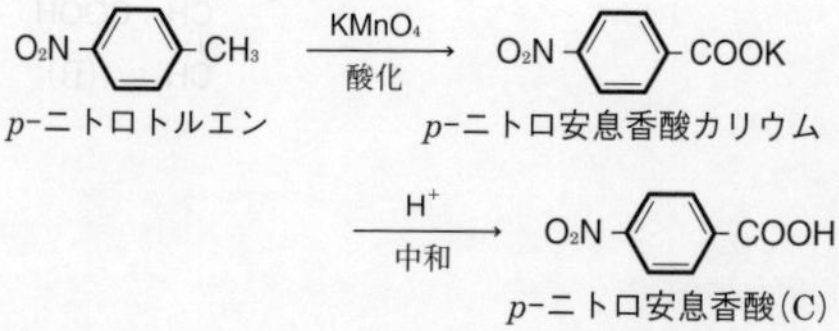

　硫酸酸性の$KMnO_4$は酸化力がかなり強いので，塩基性にして$KMnO_4$の酸化力を抑えた状態で反応させる。また，本反応は，p-ニトロトルエン(油層)と$KMnO_4$水溶液(水層)との界面でしか進行しない。反応液を塩基性にすれば，$KMnO_4$の酸化力は低下するが，生成物のp-ニトロ安息香酸カリウム(塩)を水層に分離できるので，本来の反応は進行しやすくなる。

　Cをスズと濃塩酸で還元すると，ニトロ基-NO_2が還元されて-NH_3^+となり，これを水酸化ナトリウムで中和するとアミノ基-NH_2になる。

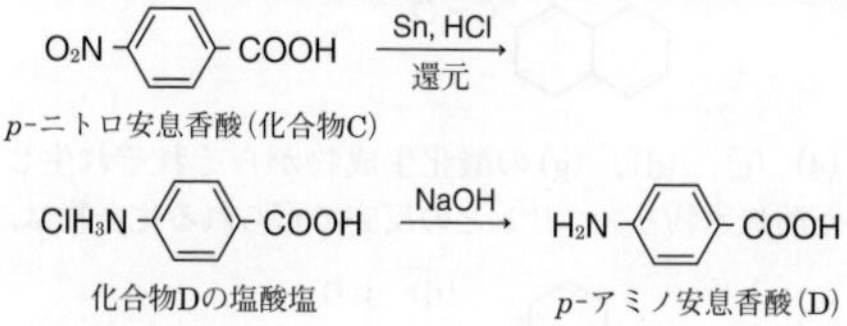

　Dを濃硫酸の触媒下でエタノールと反応させると，カルボキシ基がエステル化される。なお，酸性条件下で反応させているので，アミノ基は-NH_3^+となっているが，塩基性にすると-NH_2になる。

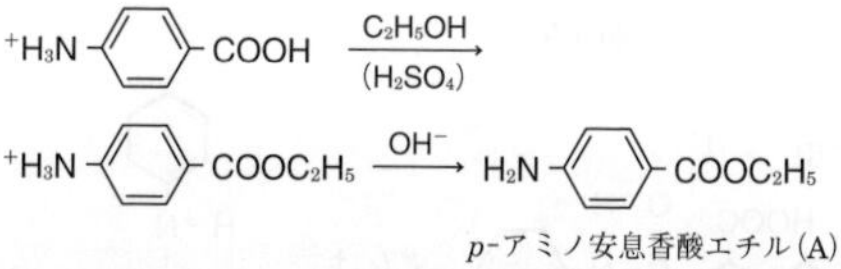

　したがって，A(ベンゾカイン)はp-アミノ安息香酸エチルである。
　Aの塩酸塩溶液に亜硝酸ナトリウムを加えると，アミノ基がジアゾ化されジアゾニウム塩が生成すると予想されるが，これは低温(0〜5℃)の場合である。これを加熱すると，ジアゾニウム塩は窒素N_2を発生しながら加水分解して，結局，アミノ基がヒドロキシ基に変化する。

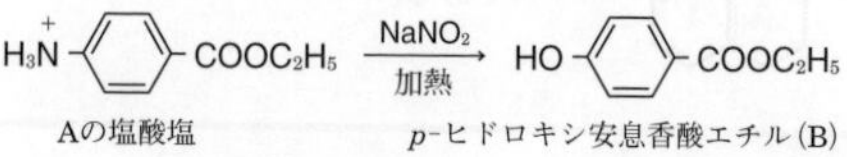

　Bは塩化鉄(Ⅲ)水溶液で呈色することから，フェノール類であると確認できる。したがって，B(パラベン)はp-ヒドロキシ安息香酸エチルである。

(2) p-ニトロトルエンをスズと濃塩酸で還元したのち塩基性にして得られるEは，p-アミノトルエンである。

　アミノ基を含むEを$KMnO_4$と反応させると，アミノ基が酸化されやすいため，化合物Dであるp-アミノ安息香酸は得られない。酸化されやすいアミノ基を無水酢酸で保護(アセチル化)した後，$KMnO_4$と反応させて-CH_3を-COOHに酸化し，さらにアミド結合を加水分解すると，目的のp-アミノ安息香

酸Dが得られる。

(3) 中性付近では、p-アミノ安息香酸(D)がもつカルボキシ基もアミノ基もほとんど電離しておらず、水に対する溶解度が最小となり、Dは水層からエーテル層に抽出される。

これに対して、酸性水溶液では、アミノ基が-NH₃⁺となって水層に溶けやすくなる。また、塩基性水溶液では、カルボキシ基が-COO⁻となって水層に溶けやすくなる。したがって、酸性および塩基性の条件では、Dは水層にとどまり、エーテル層へは抽出されない。

▶308 (1)

A ![m-ジニトロベンゼン NO₂/NO₂] B ![m-ジアミノベンゼン NH₂/NH₂]

C H₂N—⟨⟩—SO₂NH₂ D ClN⁻≡N⁺—⟨⟩—SO₂NH₂

(2) 操作Ⅰ（オ）、操作Ⅱ（ウ）、操作Ⅲ（カ）
(3) ① 還元 ② ジアゾ化 ③ カップリング（反応）

解説 抗菌剤の一種である**サルファ剤**の発見のきっかけとなったアゾ色素の一つのプロントジルは、スルファニルアミドのジアゾニウム塩と芳香族ジアミンとのカップリング反応により合成される。

プロントジルの左半分は、m-ジアミノベンゼン。これは、m-ジニトロベンゼンの還元でつくられる。

$$\text{ベンゼン} \xrightarrow[\text{ニトロ化}]{HNO_3(H_2SO_4)} \underset{A}{\text{NO}_2/\text{NO}_2} \xrightarrow[\text{還元}]{Sn, HCl} \underset{B}{\text{NH}_2/\text{NH}_2}$$

ベンゼンを濃硝酸と濃硫酸の混合物（混酸）で、約60℃で反応させるとニトロベンゼン（淡黄色液体）が生成するが、90～95℃で反応させるとm-ジニトロベンゼン（A、黄色固体）が生成する。

ニトロ基 NO₂ やカルボキシ基 COOH などは、ベンゼン環から電子を引っ張る性質（電子求引性）がある。したがって、ベンゼンのo,p位の電子密度が低くなり、相対的に電子密度の高いm位で次の置換反応が起こる（**m-配向性**）。

m-ジニトロベンゼンをスズと濃塩酸で還元した後、塩基性にすると、m-ジアミノベンゼン（B）が生成する。……〔操作Ⅰ〕

プロントジルの右半分はスルファニル酸（p-アミノベンゼンスルホン酸）から次の反応でつくられる。

$$H_2N-⟨⟩-SO_3H \xrightarrow{NH_3} H_2N-⟨⟩-SO_2NH_2$$

C

$$\xrightarrow[\text{ジアゾ化}]{HCl, NaNO_2} ClN^-≡N^+-⟨⟩-SO_2NH_2$$

D

スルファニル酸を濃NH₃水と反応させ、スルファニルアミド（C）を生成する。……〔操作Ⅱ〕

スルファニルアミドを塩酸に溶かし、氷冷下で亜硝酸ナトリウム水溶液を少しずつ加えて、スルファニルアミドのジアゾニウム塩（D）をつくる（**ジアゾ化**）。……〔操作Ⅲ〕

> 操作Ⅱ、操作Ⅲを逆に行ってはならない。操作Ⅱでジアゾ化したとすれば、生成物のジアゾニウム塩は不安定だから、次の操作Ⅲを行う前に分解してしまう。したがって、あとの操作Ⅲがジアゾ化でなければならない。

スルファニルアミドのジアゾニウム塩（D）と、m-ジアミノベンゼンを反応させると、赤色のアゾ化合物のプロントジルが得られる。この反応を**カップリング反応**という。

m-ジアミノベンゼンに対するカップリングは-NH₂に対して電子密度の高いo位、p位で起こるが、立体障害の少ないp位が優先する。したがって、実際のカップリングは、(i)の位置ではなく(ii)の位置で起こると考えられる。（→はカップリングの位置を示す。）

参考

アントラキノン染料

アカネの根から採れる赤色染料の主成分はアリザリンで、アントラキノンの構造全体が**発色団**、-OHを**助色団**とする代表的な**アントラキノン染料**に分類される。色鮮やかで深い色、耐光性、堅牢性（色落ちしにくい性質）が高い特徴がある。

アリザリンは、人工的にはアントラセンから合成される。**アントラセン**は分子式C₁₄H₁₀をもち、ベンゼン環3個が一辺を共有するように縮合した石炭由来の芳香族炭化水素である。

![アントラセンの構造式 8 9 1 / 7 2 / 6 3 / 5 10 4]

芳香族性を欠く中央の環の反応性が最も高く、置換反応、酸化・還元反応は主に9、10位（γ位）の炭素で起こり、次いで、1、4、5、8位（α位）の炭素が高く、2、3、6、7位（β位）の炭素の反応性が最も低い。

アントラセンを硫酸酸性のK₂Cr₂O₇で酸化すると、9、10位の炭素が酸化されて、アントラキノンを生成する。これに高温で濃硫酸を長く作用させると2位の炭素がスルホン化される。更にNaOH（固）とKClO₃（酸化剤）でアルカリ融解すると、2位だけでなく1位の炭素にもO原子が供給される。

続いて酸で中和すると、1,2-ヒドロキシアン

トラキノン（アリザリン）が生成する。

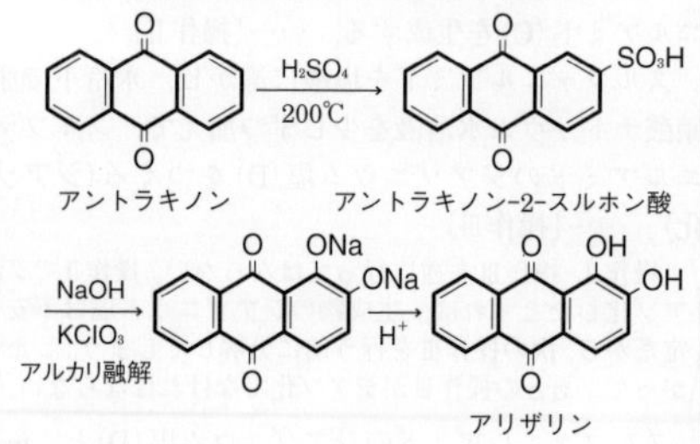

（アントラキノン → アントラキノン-2-スルホン酸）

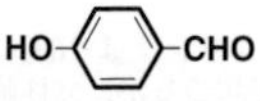

H_2SO_4
200℃

NaOH
KClO₃
アルカリ融解

H^+

（アリザリン）

▶309

問1　A

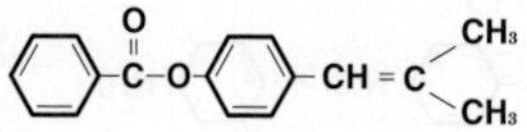

B　COOH　　C　HO–$\bigcirc$–CH=C(CH₃)₂

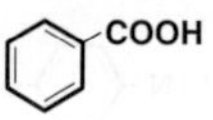

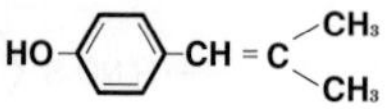

D　HO–$\bigcirc$–CHO　　E　CH₃–C(=O)–CH₃

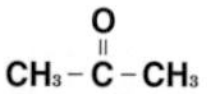

問2　$CH_3COCH_3 + 3I_2 + 4NaOH \longrightarrow$
$\qquad CHI_3 + CH_3COONa + 3NaI + 3H_2O$

解説　問1　(2)より，BはNaHCO₃水溶液と反応して水層に移動したので，カルボン酸である。(3)より，トルエンをKMnO₄で酸化した後，塩酸処理しても得られるので，Bは安息香酸である。

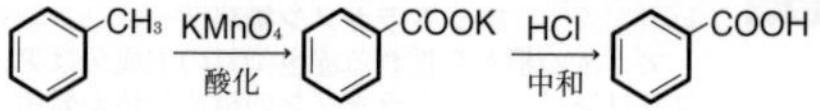

（1）より，Aを加水分解すると，B（安息香酸）とCを生成するので，Aはエステルであり，Cはアルコール，またはフェノール類である。

Cの分子式は，$C_{17}H_{16}O_2(A) + H_2O - C_7H_6O_2(B)$より，$C_{10}H_{12}O$である。

（4）より，Cはオゾン分解されるので，分子中にC=C結合をもつ。また，Cのオゾン分解で生じたD，Eはともにカルボニル化合物である。

（5）より，Eはクメン法の生成物であり，室温で液体であるのは，アセトンである。

Cをオゾン分解すると，生成物のD，EにはO原子が1個ずつ増加することになる。これより，化合物Dの分子式は，$C_{10}H_{12}O(C) + 2O - C_3H_6O(E)$より，$C_7H_6O_2$である。

Dはベンゼンのパラ二置換体であり，置換基の1つがカルボニル基であり，もう1つの置換基は(6)より，金属Naと反応してH₂を発生するので，ヒドロキシ基である。

よって，DはHO–$\bigcirc$–C(=O)–Hと決まる。

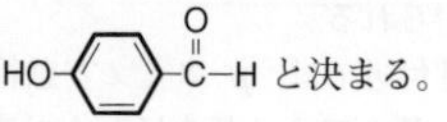

DとEをオゾン分解する前の状態に戻すと，Cの構造は次のようになる。

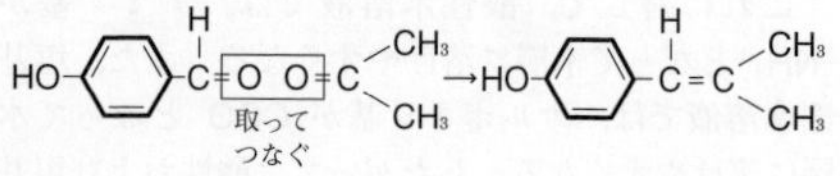

また，AはBとCからなるエステルなので，Aの構造は次のようになる。

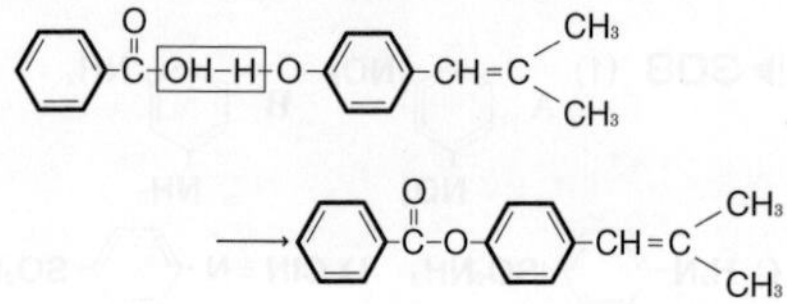

問2　アセトン（E）のヨードホルム反応は次のように進行する。

① メチルケトン基CH₃CO-のH原子3個がI原子3個で置換される。

$CH_3COCH_3 + 3I_2 \longrightarrow CI_3COCH_3 + 3HI$……①

② ヨウ化水素HIがNaOHで中和される。

$3HI + 3NaOH \longrightarrow 3NaI + 3H_2O$……②

③ ①で生成したトリヨードアセトンがNaOHによって分解され，ヨードホルムCHI₃の黄色沈殿と炭素数が1つ減少したカルボン酸塩を生じる。

$CI_3COCH_3 + NaOH \longrightarrow$
$\qquad CHI_3 + CH_3COONa$……③

①+②+③より

$CH_3COCH_3 + 3I_2 + 4NaOH \longrightarrow$
$\qquad CHI_3 + CH_3COONa + 3NaI + 3H_2O$

▶310

A

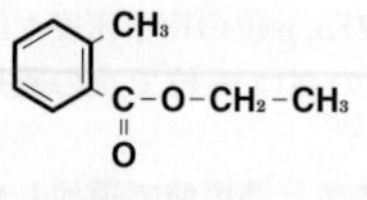

B

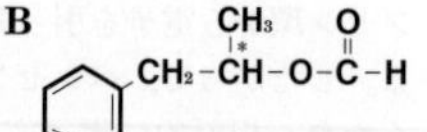

C

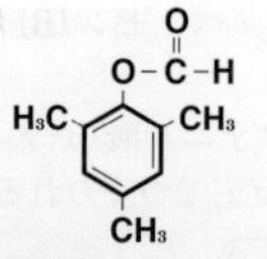

D

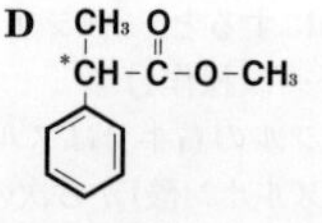

解説　（エステルAについて）

Aの加水分解で生じたEは芳香族カルボン酸で，その分子式は，$C_{10}H_{12}O_2 + H_2O - C_2H_6O$（エタノール）$= C_8H_8O_2$

Eに考えられる構造は，(i)～(iv)があり，それぞ

れをKMnO₄で酸化すると，(i)′～(iv)′が得られる。

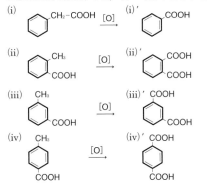

(i)

CH₂-COOH
[O] →

(i)′
COOH

(ii)

CH₃
COOH
[O] →

(ii)′
COOH
COOH

(iii)

CH₃
COOH
[O] →

(iii)′
COOH
COOH

(iv)

CH₃
COOH
[O] →

(iv)′
COOH
COOH

Eの酸化生成物Fを加熱すると，脱水して酸無水物に変化するので，Fは(ii)′のフタル酸であり，Eは(ii)のo-トルイル酸である。

よって，Aの構造は次のように決まる。

CH₃
C-O-CH₂-CH₃
‖
O

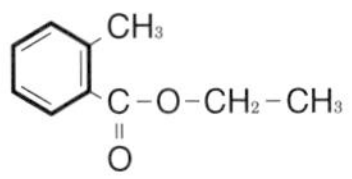

（エステルBについて）

Bの加水分解で生じたHは，濃硫酸との加熱によりアルケンが生成するので，脂肪族のアルコール，または芳香族のアルコールである。

(1) Hが脂肪族のアルコールで不斉炭素原子をもつとすると，最小でもC₄の2-ブタノール。その相手が芳香族カルボン酸となり，その炭素数は最小でもC₇の安息香酸。よって，Bの炭素数が11個となるので不適。

(2) Hが芳香族のアルコールで不斉炭素原子をもつとすると，次の(v)～(viii)が考えられる。

(v)

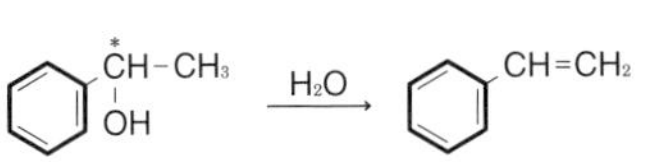

*CH-CH₃
OH
H₂O →

CH=CH₂

(vi)

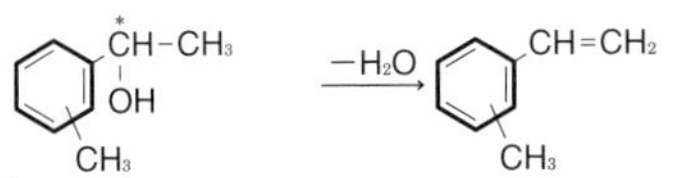

*CH-CH₃
OH
CH₃
(o, m, p)
−H₂O →

CH=CH₂
CH₃

(vii)

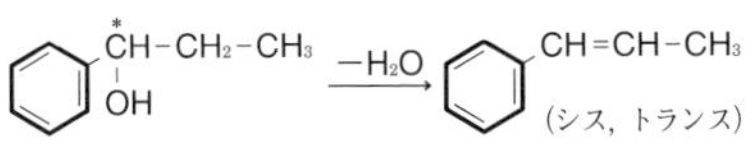

*CH-CH₂-CH₃
OH
−H₂O →

CH=CH-CH₃
（シス，トランス）

(viii)

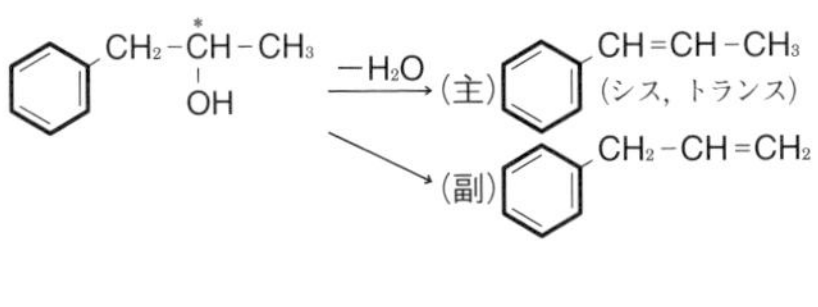

CH₂-*CH-CH₃
OH
−H₂O →

CH=CH-CH₃（主）
（シス，トランス）

CH₂-CH=CH₂（副）

濃硫酸による脱水反応で3種類の異性体が得られるので，Hは(viii)と決まる。

Bの加水分解で得られるもう1つの化合物は，脂肪族のカルボン酸(脂肪酸)で，その分子式は

C₁₀H₁₂O₂＋H₂O−C₉H₁₂O(H)＝CH₂O₂(ギ酸)

よって，Bの構造は次のように決まる。

CH₂-*CH-O-C-H
CH₃   ‖
       O

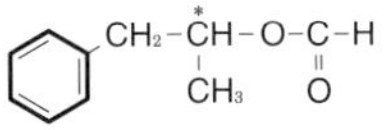

（エステルCについて）

Cの加水分解で生じたJは，NaOH水溶液には溶解するが，CO₂を十分に通じると遊離することから，フェノール類である。もう1つの化合物は，脂肪族のカルボン酸(脂肪酸)であり，銀鏡反応を示すのでギ酸である。

よって，Jの分子式は，

C₁₀H₁₂O₂＋H₂O−CH₂O₂(ギ酸)＝C₉H₁₂O

Jはフェノール性OH基をもつベンゼンの四置換体であるから，残る3つの側鎖は次の通り。

C₉H₁₂O−C₆H₂−OH＝C₃H₉÷3＝CH₃(メチル基)

まず，ベンゼン環に-CH₃を3個もつトリメチルベンゼンには，(A)，(B)，(C)の異性体が存在する。

(A)   (B)   (C)

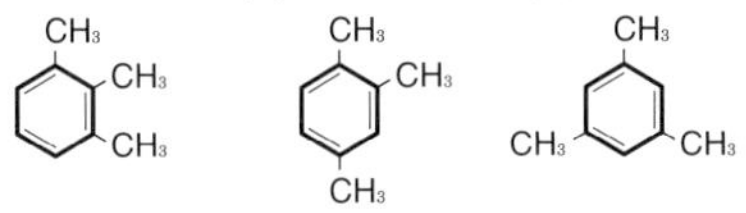

CH₃   CH₃   CH₃
CH₃
CH₃   CH₃   CH₃
                 CH₃

隣接型   非対称型   対称型

それぞれに-OH1個を結合させた化合物Jに考えられる構造は，次の6種類ある。

(1)   (2)   (3)

CH₃   CH₃   CH₃
CH₃   HO   CH₃   CH₃
CH₃   CH₃   CH₃   OH
OH

(4)   (5)   (6)

CH₃   HO CH₃   OH
HO   H₃C   CH₃
CH₃   CH₃
CH₃   CH₃

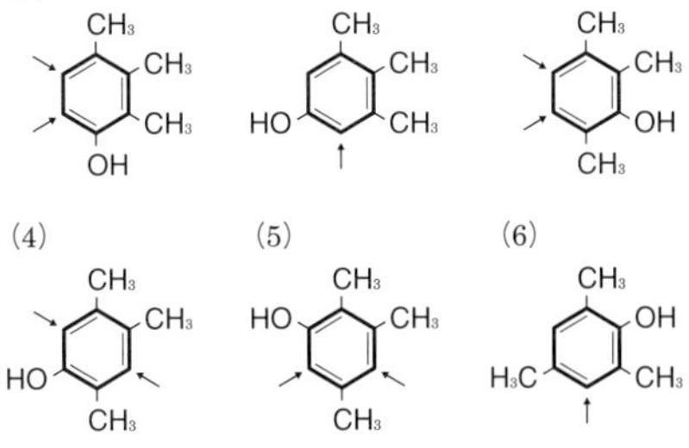

（←はBr原子の置換位置を示す。）

このうち，ベンゼン環のH原子1個をBr原子で置換した化合物が1種類のみであるから，(2)か(6)のいずれかであり，同じ置換基が隣り合わないので，Jは(6)と決まる。

よって，Cの構造は次のように決まる。

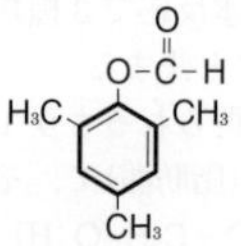

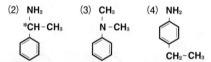

（エステルDについて）

Dの加水分解で生じたKは芳香族のカルボン酸で，その分子式は，

$$C_{10}H_{12}O_2 + H_2O - CH_4O（メタノール） = C_9H_{10}O_2$$

Kが不斉炭素原子をもつので，次の構造しかない。

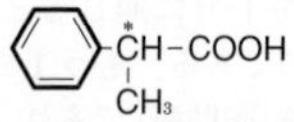

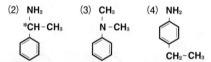

よって，Dの構造は次のように決まる。

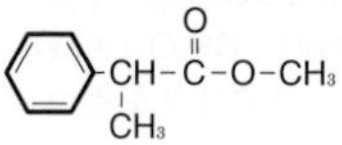

▶311 (1) A 5種類，B 3種類

(2) NH₂
*CH-CH₃

(3) CH₃
N-CH₃

(4) NH₂
CH₂-CH₃

解説　(1) 化合物A, Bは，ベンゼン環に結合した置換基がC₆H₁₁N−C₆H₅＝C₂H₆Nから考えて，アミンである。一般に，アンモニアの-Hを炭化水素基R-で置換した化合物をアミンといい，N原子に結合する炭化水素基の個数により，次のような第一級，第二級，第三級アミンと第四級アンモニウム塩とがある。

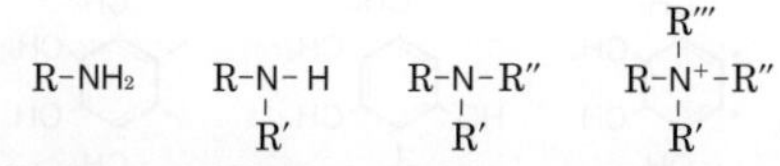

R-NH₂　　R-N-H　　R-N-R″　　R-N⁺-R″
　　　　　　│R′　　　│R′　　　│R′ R‴

第一級アミン　第二級アミン　第三級アミン　第四級アンモニウム塩

ベンゼンの一置換体のAには(a)～(e)の5種類，ベンゼンのパラ二置換体のBには(f)～(h)の3種類の構造が考えられる。

(a) 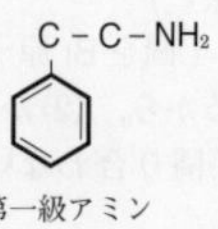
C-C-NH₂
第一級アミン

(b) 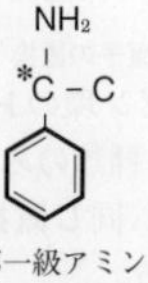
NH₂
*C-C
第一級アミン

(c)
C-NH-C 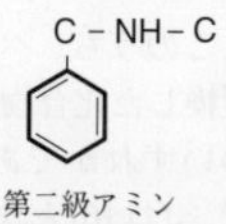
第二級アミン

(d)
NH-C-C
第二級アミン

(e)
C
N-C
第三級アミン

(f)
C-C
NH₂
第一級アミン

(g)
C-NH₂
第一級アミン

(h)
NH-C
C
第二級アミン

(2) 不斉炭素原子をもつのは(b)のみである。

(3) -C-N-は，-C-[OH]と[H]-N-の脱水縮合，つまり
　　‖　　　　‖
　　O H　　 O　　　　　H

カルボン酸と第一級アミンの反応でアミド結合が生成する。また，-C-N-は，-C-[OH]と[H]-N-の脱水縮
　　　　　‖　　　　　　‖
　　　　 O R　　　　 O　　　　　R

合，つまりカルボン酸と第二級アミンの反応でもアミド結合が生成することを示唆している。

$$R-NH_2 + (CH_3CO)_2O \longrightarrow R-NH-COCH_3 + CH_3COOH$$

アミンと無水酢酸との反応（**アセチル化**）では，アミノ基の-Hとアセチル基CH₃CO-とが置換されて，アミドと酢酸が生成する。すなわち，無水酢酸を反応させても，アセチル基が置換すべき水素原子をもたない第三級アミンでは，アセチル化反応は起こらない。第二級アミンではイミノ基-NHR′-の-Hとアセチル基CH₃CO-とが置換されるアセチル化反応は次式のように起こる。

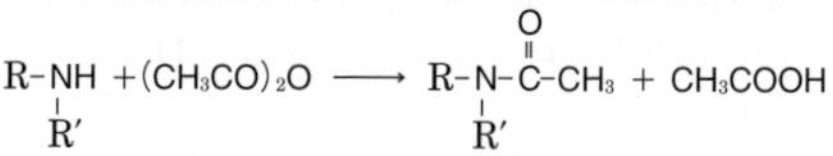

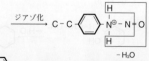

$$R-NH + (CH_3CO)_2O \longrightarrow R-N-C-CH_3 + CH_3COOH$$
$$\quad\ |R' \qquad\qquad\qquad\qquad |R'$$

∴　アセチル化しないのは，第三級アミンの(e)。

(4) 芳香族のアミンのうち，アミノ基がベンゼン環に直結した(f)だけは，低温でNaNO₂と塩酸によって**ジアゾ化**され，ジアゾニウム塩(A)を生成する。

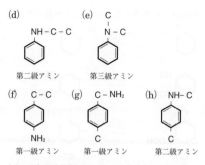

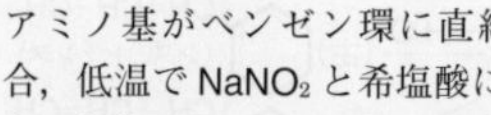

アミノ基がベンゼン環に直結していない(g)の場合，低温でNaNO₂と希塩酸によってジアゾ化しても，生成したジアゾニウム塩(B)が極めて不安定で，容易に分解してアルコールに変化してしまう。つま

り, 実際にはジアゾニウム塩(B)は生成しない。

$$C-\!\!\!\!\bigcirc\!\!\!\!-CH_2-N^+\equiv NCl^- + H_2O$$

$$\text{(B)} \longrightarrow C-\!\!\!\!\bigcirc\!\!\!\!-CH_2OH + N_2\uparrow + HCl$$

（ジアゾニウム塩(A)では, N原子の正電荷がベンゼン環との相互作用(共鳴という)によって, 幾分, 安定化されているが, ジアゾニウム塩(B)ではこのような相互作用がなく, 極めて不安定であると考えられる。）

また, 第二級アミンである(h)は, ジアゾニウム塩は最初から生成せず, 水に不溶の黄色のニトロソ化合物を生成するだけである。

$$H_3C-\!\!\!\!\bigcirc\!\!\!\!-\overset{\overset{H}{|}}{N}\!\!:\!\!\overset{\oplus}{N}=O \longrightarrow$$
$$\underset{CH_3}{|}$$

$$H_3C-\!\!\!\!\bigcirc\!\!\!\!-\overset{\oplus}{N}-N=O \longrightarrow H_3C-\!\!\!\!\bigcirc\!\!\!\!-N\!\!\overset{\cdots}{:}\!N=O \quad \text{ニトロソ基}$$
$$\underset{CH_3}{|} \qquad\qquad \underset{CH_3}{|}$$

よって, 題意に合うのは(f)だけである。

▶312

A CH₂-CH₃ のベンゼン環に CH₃

B H₃C-◯-*CH-CH₃ に Cl

E H₃C-◯-*CH-CH₃ に OH

G H₃C-◯-COOH

解説　分子式 C_9H_{12} の芳香族炭化水素は, ベンゼン環を1個もち, (i)一置換体には2種, (ii)二置換体には3種, (iii)三置換体には3種, 合計8種類の構造異性体が存在する。

(a) C-C-C のベンゼン　(b) C-C-C のベンゼン　(c) C-C / C のベンゼン

(d) C-C のベンゼン C　(e) C-C のベンゼン C　(f) C / C のベンゼン C

(g) C C のベンゼン C　(h) C C のベンゼン C

アルキルベンゼンに光を照射しながら塩素を作用させると, 側鎖のアルキル基のHがClに順次置換される(側鎖置換)。一方, 鉄粉を触媒として塩素を作用させると, ベンゼン環に結合したHとClとが

置換される(**核置換**)。

参考

側鎖置換と核置換

塩素 Cl_2 に光が当たると, 光エネルギーによって塩素原子 Cl・を生じる。一般に, 不対電子をもつ化学種を**ラジカル**といい, この Cl・によって, 側鎖のHとClとの置換反応が進行する(**ラジカル反応**)。

例えば, トルエンを加熱し光を照射しながら塩素を作用させると, 側鎖のメチル基のHがClで順次置換される。

CH₃ → CH₂Cl → CHCl₂ → CCl₃ （各ベンゼン環付き）

また, 塩素に鉄粉, または塩化鉄(Ⅲ)などの触媒を加えると, 次のような反応により, Cl^+ (**クロロニウムイオン**)を生じる。

$$Cl_2 + FeCl_3 \longrightarrow Cl^+ + [FeCl_4]^-$$

この Cl^+ のような陽性試薬がベンゼン環を攻撃して, その H^+ との求電子置換反応が進行する(**イオン反応**)。

例えば, トルエンを $FeCl_3$ を触媒として常温で Cl_2 を作用させると, 次の反応が起こる(**オルト・パラ配向性**)。

$$\text{CH}_3\text{-}\bigcirc + Cl_2 \xrightarrow{F_3Cl_3} \text{CH}_3\text{-}\bigcirc\text{-}Cl_{(約59\%)} + \text{CH}_3\text{-}\bigcirc\text{-}Cl_{(約37\%)}$$

C_9H_{12} の塩素一置換体の異性体数は,

	(a)	(b)	(c)	(d)	(e)	(f)	(g)	(h)
側鎖置換	3	2	3	3	3	2	3	1
核置換	3	3	4	4	2	2	3	1

核置換で2種類, 側鎖置換で3種類の異性体を生成するAには, (e)が該当する。Aの側鎖の塩素一置換体として, 次の(i), (j), (k)がある。

(i) C-◯-C-C に Cl　(j) C-◯-*C-C に Cl

　↓加水分解　　　　　↓加水分解

(l) C-◯-C-C に OH　(m) C-◯-*C-C に OH ——E

(k) C-◯-C-C に Cl

　↓加水分解

(n) C-◯-C-C に OH

（ハロゲン化アルキルにKOHのアルコール溶液を作用させると-Clと-OHとの置換反応が起こり, アルコールが生成する。）

ヨードホルム反応が陽性であるEは, $CH_3CH(OH)-$ 基をもつ(m)である。よって, Bは(j)と決まる。

Eのヨードホルム反応の反応式は次の通り。

$$H_3C-\overset{\displaystyle\text{CH}-CH_3}{\underset{\displaystyle\text{OH}}{}} + 4I_2 + 6NaOH \longrightarrow$$

$$H_3C-\overset{\displaystyle\text{C}-ONa}{\underset{\displaystyle\text{O}}{}} + CHI_3\downarrow + 5NaI + 5H_2O$$

────────── F

∴ Gのナトリウム塩であるFに強酸を加えると，弱酸であるGが遊離する。

∴ Gは，$H_3C-\overset{\displaystyle\text{C}-OH}{\underset{\displaystyle\text{O}}{}}$（*p*-トルイル酸）

▶313

(1)

① ＋ $CH_3-CH=CH_2$ ⟶ $CH(CH_3)_2$

②
$$\overset{\displaystyle\text{O}-\text{O}-\text{H}}{H_3C-\overset{\displaystyle\text{C}-CH_3}{}}$$
⟶ OH + CH_3COCH_3

(2) **A** $CH_2-CH_2-CH_3$　**B** $CH_3-CH-CH_3$

など

$CH_3-CH-CH_3$

(3)
$$\overset{\displaystyle\text{O}}{\text{C}-CH_3}$$

解説 (2) **クメン**（イソプロピルベンゼン）の生成

を，プロペンのC=C結合に対するベンゼンの付加反応と考えるとわかりやすい。このとき，マルコフニコフの法則（**253 参考**）に従う付加反応が起こる。

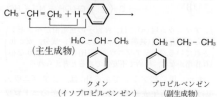

$CH_3-CH=CH_2 + H$ ⟶

$H_3C-CH-CH_3$（主生成物）
クメン（イソプロピルベンゼン）

$CH_2-CH_2-CH_3$
プロピルベンゼン（副生成物）

参考 **クメンの生成機構**

実際の反応機構は，プロペンに触媒のH⁺が付加してカルボニウムイオンが生成し，これがベンゼン環のH⁺と求電子置換反応を行う。

$$CH_3-CH=CH_2 \overset{H^+}{\underset{}{\bigg\langle}} \begin{matrix} \overset{+}{C}H_3-CH-CH_3 \;(\text{安定}) \\ \\ CH_3-CH-\overset{+}{C}H_2 \;(\text{不安定}) \end{matrix}$$

$\overset{+}{C}H_3-CH-CH_3$ ＋ ⟶ $H_3C-CH-CH_3$ ＋ H^+

$CH_3-CH-\overset{+}{C}H_2$ ＋ ⟶ $CH_2-CH_2-CH_3$ ＋ H^+

炭素原子が正電荷をもつイオンを**カルボニウムイオン**といい，その安定性は，第一級＜第二級＜第三級の順である。

$$\underset{\text{第一級}}{R-\overset{\displaystyle\text{H}}{\underset{\displaystyle\text{H}}{C}}-H} < \underset{\text{第二級}}{R-\overset{\displaystyle\text{H}}{\underset{\displaystyle\text{R}'}{C}}-H} < \underset{\text{第三級}}{R-\overset{\displaystyle\text{R}''}{\underset{\displaystyle\text{R}'}{C}}-H}$$

カルボニウムイオンのC⁺原子に結合する電子供与性のアルキル基R-の数が増すほど，その正電荷が分子全体に分散されて（**非局在化**）安定化するためと考えられる。
$CH_3-\overset{+}{C}H-CH_3$ は第二級カルボニウムイオンであり，$CH_3-CH_2-\overset{+}{C}H_2$ の第一級カルボニウムイオンよりも安定性が大きくなる。

クメンにはベンゼン環に電子供与性のイソプロピル基が結合しており，ベンゼンよりも置換反応が起こりやすく，ベンゼンの二置換体も生成する。

$CH_3-CH-CH_3$ $\overset{CH_3-\overset{+}{C}H-CH_3}{\underset{o,p\text{配向性}}{\longrightarrow}}$ (i) $CH_3-CH-CH_3$ ，

$CH_3-CH-CH_3$

(ii) $CH_3-CH-CH_3$ ，(iii) $CH_2-CH_2-CH_3$

$CH_2-CH_2-CH_3$　$CH_2-CH_2-CH_3$

主生成物は，(i) の*p*-ジイソプロピルベンゼンと考えられる。（オルト位は立体障害により，極めて置換反応が起こりにくい。）

(3) クメンヒドロペルオキシドに希硫酸（触媒）を加えて約60℃に加熱すると，O⁺に対して，フェニル基（-C₆H₅）が分子内移動（**転位**という）して，次式の

ように分解が起こる。

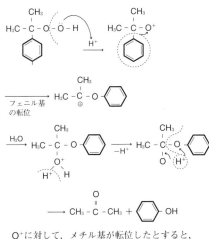

O^+に対して、メチル基が転位したとすると、

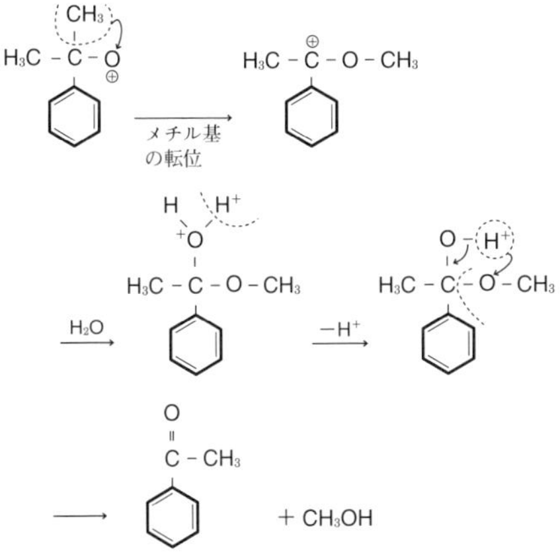

（アセトフェノン）

▶**314** 問1 A（イ），B（ア），C（エ），
D（オ），E（ウ）
問2 X_b *p*-クレゾール，X_d ヨードホルム
問3 Y H_3C⟨⟩O-C_2H_5

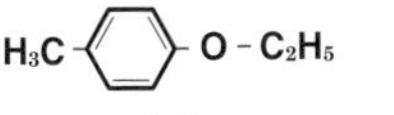

Z HOOC⟨⟩O-C_2H_5

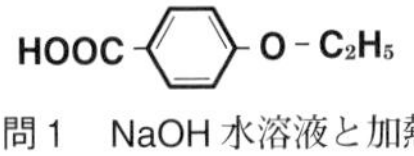

解説 問1 NaOH水溶液と加熱して加水分解されるのはエステルで，A，B，Cは（ア），（イ），（エ）のいずれか。加水分解されないD，Eは（ウ），（オ）のケトンのいずれかである。
(2) ヨードホルム反応は，分子中にCH_3CO-または$CH_3CH(OH)$-の部分構造をもつ化合物で起こる。

∴ ヨードホルム反応が陽性なDは（オ），陰性なEは（ウ）と決まる。

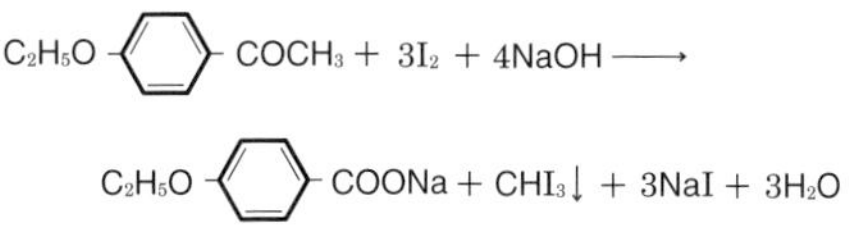

C_2H_5O⟨⟩$COCH_3 + 3I_2 + 4NaOH \longrightarrow$

C_2H_5O⟨⟩$COONa + CHI_3\downarrow + 3NaI + 3H_2O$

(3) (2)の反応液から，CHI_3（X_d）をろ別した残りの溶液にHCl水溶液を加えると，化合物Zが遊離する。
C_2H_5O⟨⟩$COONa + HCl$

$\longrightarrow C_2H_5O$⟨⟩$COOH + NaCl$
＿＿＿＿＿＿＿＿＿＿＿＿ Z

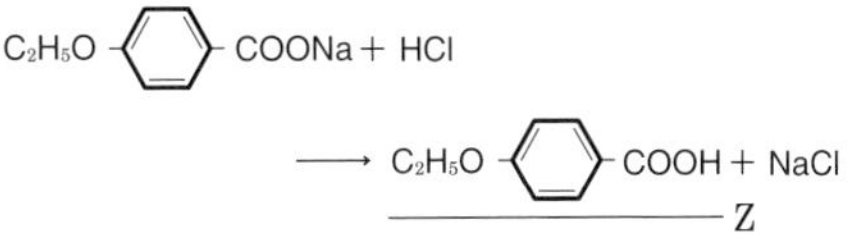

(4) エステル（ア），（イ），（エ）の加水分解生成物は，次の通り。

（ア） H_3C⟨⟩ONa, C_2H_5COONa

　　2種の塩はいずれも水によく溶ける。

（イ） H_3C⟨⟩$COONa$　C_2H_5OH

　　塩とエタノールが生成し，いずれも水溶性。

（エ） H_3C⟨⟩C_2H_5OH, CH_3COONa

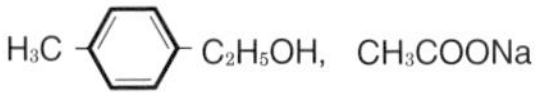

　　水に溶けにくい。水によく溶ける。

(1)より，加水分解で水に難溶性の化合物が生成するCは（エ）。∴ A，Bは（ア），（イ）のいずれか。
A，Bの加水分解後の反応液にCO_2を通じると，酸の強さが-COOH＞H_2CO_3＞-OH（フェノール類）だから，フェノール類が遊離してくるBが（ア），残るAは（イ）と決まる。

(5) $FeCl_3$水溶液で呈色するX_bはH_3C⟨⟩OH，水に難溶で$FeCl_3$水溶液で呈色しないX_cは

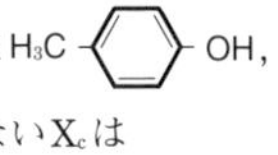

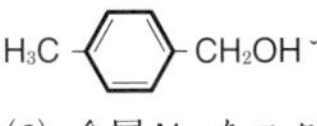

H_3C⟨⟩CH_2OHである。

(6) 金属Naをエタノールに加えると，次の反応が起こる。$2C_2H_5OH + 2Na \longrightarrow 2C_2H_5ONa + H_2$
また，*p*-クレゾールにC_2H_5ONaを作用させると，*p*-クレゾールがエタノールよりも強い酸であるため，次の反応が起こり，*p*-クレゾールのナトリウム塩が生成し，エタノールが遊離する。

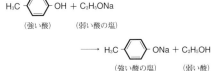

アルコールとフェノール類の反応性

アルコール R-OH, 水, フェノール類 ⬡-OH の酸としての強さの順は次の通り。

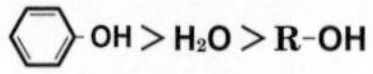

$$⬡-OH > H_2O > R-OH$$

したがって, アルコールのナトリウム塩にフェノール類を加えると, 次の反応が起こり, アルコールが遊離する。

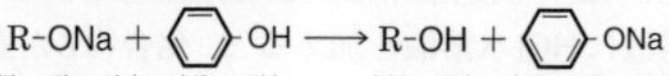

R-ONa + ⬡-OH ⟶ R-OH + ⬡-ONa
(弱い酸の塩)　(強い酸)　(弱い酸)　(強い酸の塩)

同様に, アルコールのナトリウム塩に水を加えると, 次の反応が起こり, アルコールが遊離する。

R-ONa + H₂O ⟶ R-OH + NaOH
(弱い酸の塩)　(強い酸)　(弱い酸)　(強い酸の塩)

一方, フェノール類のナトリウム塩に水を加えても, 次の反応は起こらない。

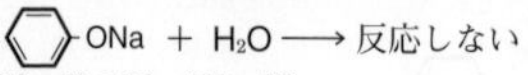

⬡-ONa + H₂O ⟶ 反応しない
(強い酸の塩)　(弱い酸)

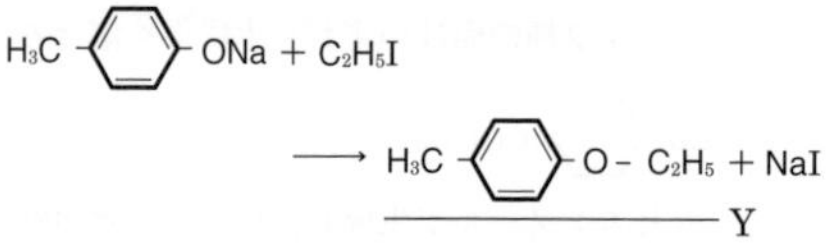

H₃C-⬡-ONa + C₂H₅I

⟶ H₃C-⬡-O-C₂H₅ + NaI
　　　　　　　　　　　　　　　Y

ナトリウムアルコキシド R-ONa やナトリウムフェノキシド Ar-ONa に, ハロゲン化アルキル R′-X を無水アルコール中で反応させると, R-O-R′ または Ar-O-R′ のエーテルを生成する。

この反応を, **ウィリアムソンのエーテル合成法**という。この方法は置換基の種類が異なる混成エーテルの合成に広く利用される。

Y を KMnO₄ 水溶液(中性)で酸化すると, ベンゼン環に結合した-OC₂H₅ の部分は変化しないが, 側鎖のメチル基が酸化されてカルボキシ基となる。ただし, 反応が進むと①式より反応は塩基性になるので, -COOH は中和され-COOK(塩)が生成する。

$$MnO_4^- + 2H_2O + 3e^- \longrightarrow MnO_2 + 4OH^- \cdots\cdots①$$

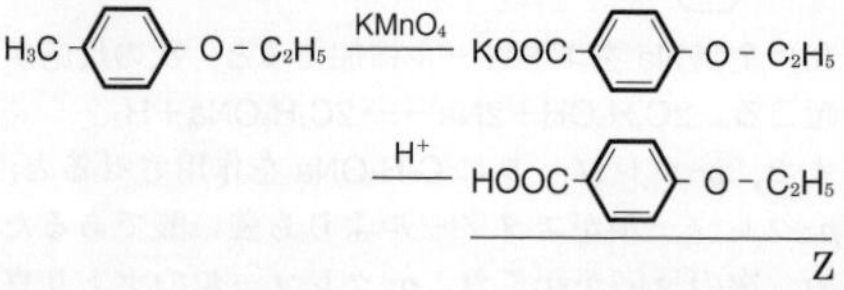

H₃C-⬡-O-C₂H₅ →(KMnO₄) KOOC-⬡-O-C₂H₅

→(H⁺) HOOC-⬡-O-C₂H₅
　　　　　　　　　　　　　　　Z

▶**315** (1) C₁₂H₁₀O₄

(2) A

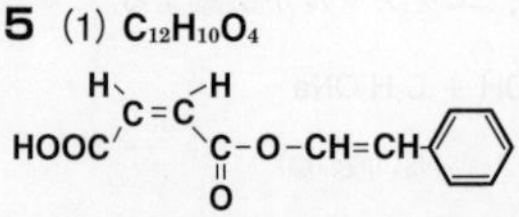

HOOC-C(H)=C(H)-C(=O)-O-CH=CH-⬡

B

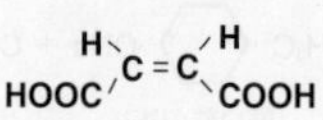

HOOC-C(H)=C(H)-COOH

C

⬡-CH₂-CHO

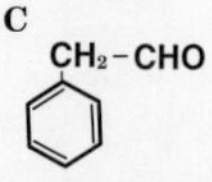

D

HOOC-CHBr-CHBr-COOH

解説

(1) $C : H : O = \dfrac{66.0}{12} : \dfrac{4.6}{1.0} : \dfrac{29.4}{16} ≒ 6 : 5 : 2$

$(C_6H_5O_2)_n ≦ 250$, n は整数より $n = 1, 2$

A は芳香族化合物でエステル結合をもつことなどから, $n = 1$ は不適。∴ A の分子式は C₁₂H₁₀O₄

(2) A の加水分解によって, B のナトリウム塩が得られたので, B はカルボン酸。しかも, B は分子内脱水されて酸無水物に変化するので, シス形の2価カルボン酸, または芳香族2価カルボン酸のオルト体のいずれかである。B の示性式を R-(COOH)₂ とおくと, R- の部分の分子量が 116-90=26 であり, B が臭素と反応するので, -CH=CH- 結合も含む。よって, B はシス形のマレイン酸である。A は酸性を示すことから, 1つの-COOH はエステル化されずに残っており, もう1つの-COOH はエステル化されている。よって, A は分子中にエステル結合を1つもつモノエステルである。C の分子式は, C₁₂H₁₀O₄+H₂O-C₄H₄O₄(B)=C₈H₈O

芳香族化合物の C は, 金属 Na とは反応しないので-OH をもたず, フェーリング液を還元するのでホルミル基をもつ。

考えられる構造は, 次の通り。

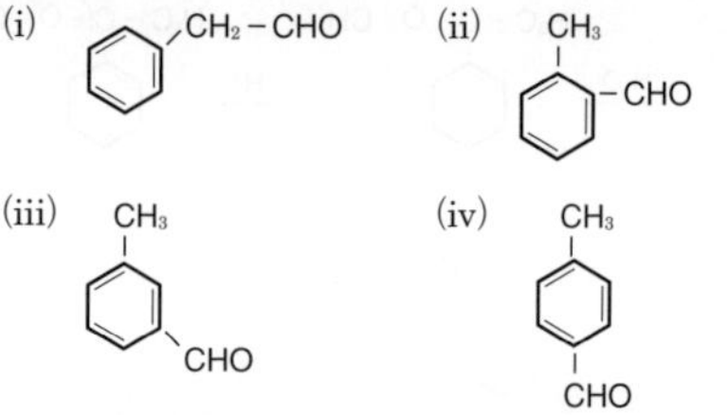

(i) ⬡-CH₂-CHO

(ii) CH₃-⬡-CHO

(iii) CH₃-⬡-CHO

(iv) CH₃-⬡-CHO

このうち, B の-COOH とエステル結合をつくることができるのは, (i)のエノール型(b)のみである。

(a) ケト形　　　　　　　(b) エノール形

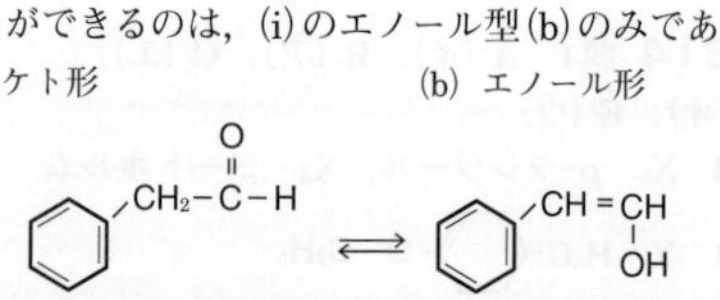

⬡-CH₂-C(=O)-H ⇌ ⬡-CH=CH-OH

（一般に, C=C 結合に-OH が結合した化合物(エノール形)は不安定で, H 原子の分子内移動(転位)により安定なカルボニル化合物(ケト形)へ平衡が大きく移動する。）

よって, A は, マレイン酸(B)と, 上記の C(i)のエノール形(b)とのエステルと考えられる。

参考 ケト・エノール形のエステルの構造決定

$$\underset{\substack{H\\O}}{\overset{H}{C}}=\overset{H}{C}-O-CH_3 \xrightarrow{\text{加水分解}} \left[\begin{array}{c} H \\ C=C \\ H \end{array} \overset{H}{\underset{OH}{}} \right]$$

ビニルアルコール
（エノール形）

$$\longrightarrow CH_3-\overset{H}{\underset{O}{C}} + CH_3-\overset{O}{\underset{}{C}}-OH$$

アセトアルデヒド　酢酸
（ケト形）

$$\underset{\substack{\\O}}{\overset{H}{C}}=\overset{CH_3}{C}-O-C-CH_3 \xrightarrow{\text{加水分解}} \left[\begin{array}{c} H \\ C=C \\ H \end{array} \overset{CH_3}{\underset{OH}{}} \right]$$

メタクリルアルコール
（エノール形）

$$\longrightarrow H-C-CH_3 + CH_3-C-OH$$
$$\quad\;\; \overset{\|}{O} \qquad\qquad\;\; \overset{\|}{O}$$

アセトン　　酢酸
（ケト形）

　通常，エステルを加水分解すると，カルボン酸とアルコールが生成する。一方，その際，アルコールがエノール形（C=C 結合に-OH が結合した化合物）の構造をもつ場合は，**ケト・エノール転位**によって，アルデヒドやケトンなどのカルボニル化合物が生成する。このような場合，アルデヒドやケトン（ケト形）をエノール形の構造に戻したのち，カルボン酸と脱水縮合させることにより，元のエステルの構造を決定できる。

(1)

安息香酸　　フェニルアセトアルデヒド（ケト形）　　エノール形

（・・→Hの移動　　→電子の移動を示す。）

(2)

安息香酸　　アセトフェノン（ケト形）　　エノール形

▶316 A ア　B エ　C オ　D ウ

(a) ◯-COOC₂H₅　　(b) CH₄

(c) ◯-N=N-◯(OH)(ナフトール)

(d) HOOC-◯-COOH

解説 (1) ベンゼン環に結合した炭化水素基（側鎖），-CH₃，-CH₂CH₃，-CH=CH₂ などを，硫酸酸性の KMnO₄ などで強く酸化すると，すべて-COOH になり，無色の結晶（安息香酸）が得られる。これに

該当するのは，（ア），（イ），（ウ）であるが，加水分解されないAは（ア）のみである。

$$\text{◯}-CH=CH_2 \xrightarrow[\text{酸化}]{KMnO_4} \text{◯}-COOH + CO_2$$

$$\xrightarrow[\text{エステル化}]{C_2H_5OH} \text{◯}-COOC_2H_5$$

(2) 加水分解されるのは，エステルの（イ），（エ）とアミドの（ウ），（オ）である。このうち，加水分解により FeCl₃ 水溶液と青色に呈色するフェノール類が生成するBは（エ）のみである。

$$CH_3COO-\text{◯}-CH_3 \xrightarrow{\text{加水分解}} \begin{array}{c} CH_3COOH \\ HO-\text{◯}-CH_3 \end{array}$$

　また，酢酸ナトリウム CH₃COONa をソーダ石灰（CaO＋NaOH）のような強塩基と加熱すると，メタン CH₄ が発生する。

$$CH_3COONa + NaOH \xrightarrow{\text{加熱}} CH_4\uparrow + Na_2CO_3$$

　このように，有機化合物から CO₂ が脱離する反応を**脱炭酸反応**という。

(3) 加水分解で塩基性物質のアミンが生成するのはアミドの（ウ），（オ）である。低温でのジアゾ化に続いてカップリング反応を行う C は，芳香族アミン（-NH₂ がベンゼン環に結合したアミン）を生成する（オ）のみである。

（脂肪族アミン（-NH₂ がベンゼン環に結合していないアミン）を生成する（ウ）はジアゾニウム塩が不安定で分解して，カップリング反応が起こらないので不適。）

$$CH_3CONH-\text{◯} \xrightarrow{\text{加水分解}} \begin{array}{c} CH_3COOH \\ \text{◯}-NH_2 \end{array}$$

$$\text{◯}-NH_2 \xrightarrow[\text{ジアゾ化}]{HCl, NaNO_2} \text{◯}-N^+\equiv NCl^-$$

$$\xrightarrow{\text{カップリング}} \text{◯}-N=N-\text{◯}(OH)$$

（1-フェニルアゾ-2-ナフトール）

(4) 炭酸水素ナトリウム NaHCO₃ を分解できる酸性物質はカルボン酸である。加水分解でカルボン酸を生成するのは（イ），（ウ），（エ），（オ）である。

　このうち，KMnO₄ でさらに酸化できる D は，ベンゼン環に側鎖をもつ（ウ）のみである。

$$H_3C-\text{◯}-CONHCH_3 \xrightarrow[\text{分解}]{\text{加水}} \begin{array}{c} CH_3NH_2 \\ H_3C-\text{◯}-COOH \end{array}$$

$$H_3C--COOH \xrightarrow[\text{酸化}]{KMnO_4} HOOC--COOH$$

（テレフタル酸）

（イ），（エ），（オ）の加水分解で生じる CH_3COOH は，$KMnO_4$ によりこれ以上酸化されない。また，（イ）の加水分解生成物 H_3C--CH_2OH は $KMnO_4$ で酸化されるが，この物質は中性物質だから該当しない。

▶317　342 mg

解説　実験〔1〕より，アセチルサリチル酸は過剰量の $NaOH$ 水溶液と加熱・還流すると，次式のように加水分解に続いて，中和反応がおこる。

$$\begin{array}{c}COOH\\OCOCH_3\end{array} + 3NaOH \longrightarrow \begin{array}{c}COONa\\ONa\end{array}$$

$$+ CH_3COONa + 2H_2O \quad\cdots\cdots①$$

実験〔2〕より，〔1〕の反応液をフェノールフタレインを指示薬として塩酸で中和滴定すると，題意より，次式のような反応がおこり，サリチル酸ナトリウムが生成する。

$$\begin{array}{c}COONa\\ONa\end{array} + HCl \longrightarrow \begin{array}{c}COONa\\OH\end{array}$$

$$+ NaCl \quad\cdots\cdots②$$

フェノールフタレインの変色域（pH8.0〜9.8）では，炭酸 H_2CO_3 よりも弱い方の $-O^-Na^+$ が H^+ を受け取り，$-OH$ に変化する。一方，炭酸よりも強い方の $-COO^-Na^+$ は H^+ を受け取らない。生成したサリチル酸ナトリウムは弱酸と強塩基の塩なので，水溶液は弱い塩基性を示す。

結局，〔1〕，〔2〕より，アセチルサリチル酸は次式のように，2価の酸として $NaOH$ 水溶液と反応したことになる。

$$\begin{array}{c}COOH\\OCOCH_3\end{array} + 2NaOH \longrightarrow \begin{array}{c}COONa\\OH\end{array}$$

$$+ CH_3COONa + 2H_2O \quad\cdots\cdots③$$

また，空気中の CO_2 の影響がなかったとすれば，$0.50\,mol/L$ $NaOH$ 水溶液 $20.0\,mL$ は $0.50\,mol/L$ 塩酸 $20.0\,mL$ と過不足なく中和したはずである。実際には，〔3〕の空試験の結果が $19.8\,mL$ であるから，空気中の CO_2 の影響は $0.50\,mol/L$ 塩酸 $0.2\,mL$ に相当する。よって，空気中の CO_2 の影響を考慮すると，〔2〕では，$0.50\,mol/L$ 塩酸は $12.2+0.2=12.4\,mL$ 要したはずである。

よって，アセチルサリチル酸と反応した $NaOH$ の物質量は，

$$0.50\times\frac{20.0}{1000} - 0.50\times\frac{12.4}{1000} = 3.8\times10^{-3}\,[mol]$$

③式より，アセチルサリチル酸の物質量は上記の

$NaOH$ の物質量の $\frac{1}{2}$ であり，アセチルサリチル酸の分子量は，$C_9H_8O_4=180$ より，このアスピリン錠に含まれるアセチルサリチル酸の質量 $[mg]$ は，

$$3.8\times10^{-3}\times\frac{1}{2}\times180\times10^3=342\,[mg]$$

▶318

(1) A $HO--NO_2$　$D\longrightarrow E$ ジアゾ化

E $-N^+\equiv NCl^-$

(2) $CH_3COO--NH_2$

$HO--NHCOCH_3$　$CH_3COO--NHCOCH_3$

(3) $CH_3CH_2-O--NH_2$

(4) A＞F＞G＞D

解説　(1) Aの分子式が与えられていないので，問題文からベンゼン環に結合する2種の置換基を推定するしかない。無水酢酸と反応するのは $-OH$ と $-NH_2$ であるが，このうちスルホン化から誘導される置換基は $-OH$ である。A$\longrightarrow$B の反応では $-OH$ $\longrightarrow-OCOCH_3$ と変化し，OH基1個がアセチル化されるごとに分子量は42ずつ増加する。よって，Aには $-OH$ が1個含まれる。

Aに含まれるもう1つの置換基は，N原子を含み，スズと濃塩酸で還元されて生じた置換基がジアゾ化反応を受けることから，ニトロ基 $-NO_2$ である。

$$\therefore \text{Aは，}HO--NO_2 \ (p\text{-ニトロフェノール})$$

A $HO--NO_2 \xrightarrow[\text{還元}]{Sn+HCl} HO--NH_2 \cdots\cdots C$

Aの分子式は $C_6H_5NO_3$ で，分子量は139なので題意を満たす。

また，Aはベンゼンを原料として下記のような反応経路によっても合成される。

$$\xrightarrow[\text{スルホン化}]{H_2SO_4}-SO_3H\xrightarrow[\text{中和}]{NaOH}-SO_3Na$$

$$\xrightarrow[\text{アルカリ融解}]{NaOH(固)}-ONa\xrightarrow[\text{常圧}]{CO_2+H_2O}-OH$$

$$\xrightarrow[\text{ニトロ化}]{HNO_3}\begin{array}{c}OH\\NO_2\end{array}\text{または}\begin{array}{c}OH\\NO_2\end{array}\underline{A}$$

A, Cに共通な官能基は $-OH$ で，これを $-H$ に置き

換えると，Aは ◯-NO₂，Cは ◯-NH₂ (D)。

◯-NH₂ + NaNO₂ + 2HCl $\xrightarrow[0\sim5℃]{ジアゾ化}$

◯-N⁺ ≡ NCl⁻ + $\begin{matrix}NaCl\\2H_2O\end{matrix}$
　　　E

　塩化ベンゼンジアゾニウムを加熱すると，N₂を発生しながら加水分解しフェノール(F)が生成する。

◯-N⁺ ≡ NCl⁻ + H₂O

$\xrightarrow{加熱}$ ◯-OH + N₂↑ + HCl

◯-NH₂ + (CH₃CO)₂ $\xrightarrow{アセチル化}$

◯-NHCOCH₃ + CH₃COOH
アセトアニリド(G)

(2)　化合物Cには，-OHと-NH₂が両方存在するので，無水酢酸はこのいずれとも反応する。
　　　∴　生成可能な化合物は
　(i)　Cの-OHがアセチル化された化合物。
　(ii)　Cの-NH₂がアセチル化された化合物。
　(iii)　Cの-OHと-NH₂がともにアセチル化された化合物。　の3種類が考えられる。

> **参考　アミノフェノールのアセチル化**
> 　アセチル化はアミノ基-NH₂やヒドロキシ基-OH中の電子密度の大きいN，O原子がアセチル基(CH₃CO-)のカルボニル基(C=O⁺)の炭素に求核反応することで起こる。通常，-NH₂と-OHでは前者の方が電子を与える性質(求核性)が大きいので，アセチル化は-OHよりも-NH₂の方が起こりやすい。ただし，酸性条件では，-NH₂は-NH₃⁺となるので求核性は弱まり，その反応性は小さくなる。一方，塩基性条件では，フェノール性-OHは-O⁻となるので求核性は強まり，その反応性は大きくなる。
> 　したがって，反応条件を変えることによって，-NH₂や-OHのみをアセチル化することは可能である。十分量の無水酢酸を反応させた場合，-NH₂と-OHの両方がアセチル化されることもあるが，通常，p-アミノフェノールに等物質量の無水酢酸を反応させた場合，-NH₂のみがアセチル化されると考えてよい。

(3)　高校化学の範囲を逸脱した出題である。カルボン酸エステルを金属Naとアルコール中で還流させると，エステルのカルボン酸成分が還元されて第一級アルコールとなり，アルコール成分はそのまま変化しない。この反応は，**ブーボー・ブラン還元**とよばれる。この還元条件では，ベンゼン環への水素付加は起こらず，ベンゼン環はそのまま保存される。(また，不飽和結合(C=C，C≡C結合)への水素付加も

起こらない。)ただし，Bのもう一つの置換基の-NO₂は-NH₂へと還元される。

CH₃COO-◯-NO₂

$\xrightarrow[還元]{Na+エタノール}$ CH₃CH₂[OH H]O-◯-NH₂
　　　　　　　　　　　　　 -H₂O

$\xrightarrow[縮合]{(H_2SO_4)}$ CH₃CH₂-O-◯-NH₂

(ブーボー・ブラン還元で生成したエタノールとp-アミノフェノールが脱水縮合すると，p-エトキシアニリン(p-フェネチジン)とよばれるエーテルが生成する。)

(4)　A HO-◯-NO₂　　　F ◯-OH

　Aはフェノール性OH基をもち，弱い酸性を示す。ただし，電子求引性のニトロ基の影響で，ベンゼン環の電子密度がやや小さくなる。このため，OH基の極性が大きくなり，フェノールよりもやや酸性が強くなる。

D ◯-N̈H₂　　G ◯-N̈-C-CH₃
　　　　　　　　　　　　　 ‖
　　　　　　　　　　　　　 O

　アミノ基は，N原子に非共有電子対があり，H⁺を受け取る能力をもち，弱い塩基性を示す。しかし，アニリンの塩基性はアンモニアのそれよりもずっと弱い。それは，アニリンでは，アミノ基のN原子の非共有電子対の一部がベンゼン環へ流れ込み，安定化する(非局在化という)ために，N原子の電子密度が小さくなるからである。一般に，脂肪族アミンR-NH₂，アンモニアNH₃，芳香族アミン◯-NH₂の塩基性の強さは，R-NH₂ > NH₃ > ◯-NH₂の順となる。

　Gのアミド結合のN原子にも非共有電子対が存在するが，隣接するカルボニル基(電子求引性)の影響によって，ほとんどH⁺を受け取る能力はない。つまり，アミドはほぼ中性の物質である。

> **参考　ブーボー・ブラン還元**
> 　この反応では，Naは強力な1価の還元剤，アルコールはH⁺の供給剤として働く。
> 　まず，Naからエステル中のカルボニル基のC原子に電子が供給されると共に，O原子にH⁺が供給されてアニオンラジカルを生じる。さらに，C原子にe⁻とH⁺，つまりH原子が付加すると，エステルはアルデヒドとアルコールに分解される。

R-C(=O)-O-R' $\xrightarrow[H^+]{e^-}$ [R-C(-O-H)-O-R'] $\xrightarrow[H^+]{e^-}$

アニオンラジカル
(中間体)

R-C(-O-H^+)(-H)-O-R' $\xrightarrow{電子の移動}$ R-C(=O)-H + R'-OH

アルデヒド　　　　　　アルコール

アルデヒドのカルボニル基に対して再び上記と同様の反応が起こると，第一級アルコールに変化する。

R-C(=O)⊕ $\xrightarrow[H^+]{e^-}$ R-C(-O-H)(-H) $\xrightarrow[H^+]{e^-}$ R-C(-O-H)(-H)-H

結局，エステル1分子を還元して2種類のアルコールにするには，Na 4原子とアルコール4分子が必要であり，この反応は次のようになる。

R-COO-R'+4Na+4C₂H₅OH
$\longrightarrow$ R-CH₂OH+R'-OH+4C₂H₅ONa

この方法は，還元されにくいカルボン酸を，一旦，エステルに変換したのち，アルコールに還元するのに利用される。

一方，ブーボー・ブラン還元ではニトロ基がアミノ酸に還元される。カルボニル基と同様に，ニトロ基はN原子がδ＋，O原子がδ－に強く分極しており，e⁻とH⁺の付加のプロセスを6回繰り返せば，-NO₂を-NH₂に還元することは可能である。

▶**319** (1) **B** CH₂OH / COOH を結合したベンゼン環

D CH₂ と O を含む環構造

E OH CH₃ を結合したベンゼン環

A CH₂OH を結合したベンゼン環と C(-O-H)-N(-H)-（CH₃結合ベンゼン環）のアミド

(2) CH₂NH₂ を結合したベンゼン環 / N(-CH₃)(-H) を結合したベンゼン環

解説 ⓐより，芳香族アミドAはFeCl₃水溶液で呈色せず，金属Naと反応することから，アルコール性の-OHが存在することがわかる。また，芳香族アミドAは，分子中にN原子を1個含むことから，アミド結合-NHCO-を1個有することがわかる。

∴ アミドAの酸（触媒）を用いた加水分解の反応式は次の通り。

A+H₂O $\longrightarrow$ B(C₈H₈O₃)+C(塩)

Cの分子式は，C₁₅H₁₅NO₂+H₂O-C₈H₈O₃=C₇H₉N

Cは塩酸と塩をつくるので塩基性物質のアミンであり，後述の文章よりジアゾ化を受けることから，芳香族アミンである。また，Cはベンゼンの二置換体

なので，次の①～③のいずれかである。

① CH₃ と NH₂ がo位のベンゼン環
② CH₃ と NH₂ がm位のベンゼン環
③ CH₃ と NH₂ がp位のベンゼン環

これらを亜硝酸と反応させると不安定なジアゾニウム塩が生成するが，加熱するとただちにN₂を発生しながら加水分解し，-NH₂が-OHに変化する。この-OH基をアセチル化して-OCOCH₃として保護したのち，酸化剤で酸化すると側鎖の-CH₃が-COOHになり，加水分解して-OCOCH₃を-OHに戻すと，最終的にサリチル酸が得られるので，Cのベンゼン環に結合した2つの置換基はo-位にあるとわかる。

Cは①のo-トルイジンで，Cをジアゾ化した後，加水分解して得られるEはo-クレゾールである。

o-トルイジン(C)（CH₃とNH₂のベンゼン環） $\xrightarrow[NaNO_2]{HCl}$ （CH₃とN₂Clのベンゼン環） $\xrightarrow[加熱]{H_2O}$ o-クレゾール(E)（CH₃とOHのベンゼン環）

分子式C₈H₈O₃のBはベンゼンの二置換体で，加熱すると閉環して分子内エステル（ラクトンという）をつくることから，官能基として-COOHと-OHをもち，2つの置換基の位置は，o-位にあると予想される。

このBの-COOH基は，AにおいてはCとアミド結合をつくっている。よって，残るBの官能基は-OH基だけである。AにはこのOHが存在するが，FeCl₃水溶液で呈色しないことからアルコール性-OHである。よって，Bの構造は，

CH₂OH と COOH を結合したベンゼン環 と決まる。

また，AはBの-COOHとCの-NH₂が脱水縮合したアミドである。

Bを加熱すると，分子内環状エステルであるD（フタリド）を生成する。

CH₂OH と COOH のベンゼン環 $\xrightarrow{加熱}{(H^+)}$ CH₂-O-C(=O)環のベンゼン + H₂O

DにNaOH水溶液を加えて加熱すると，加水分解（けん化）が起こり，Bのナトリウム塩が生成する。

CH₂-O-C(=O)環のベンゼン + NaOH $\xrightarrow{加熱}$ CH₂OH と C(=O)-ONa のベンゼン環

Bの-CH₂OHは，KMnO₄で強く酸化すると最終的には-COOHに変化してフタル酸となり，さらに加

熱により脱水して無水フタル酸($C_8H_4O_3$)になる。
(2) 分子式 C_7H_9N のベンゼン環を除いた部分は，CH_4N となり，芳香族のアミンが該当する。とくに，第一級アミン R-NH$_2$ と第二級アミン R-NH-R′ があることに十分注意すること。

▶**320** (ア) $C_{10}H_{20}O$ 　(イ) **20**　(ウ) **8**

解説　(ア) メントールの炭素原子数は，

$$156 \times \frac{76.9}{100} \times \frac{1}{12} = 9.99 \fallingdotseq 10 〔個〕$$

分子中にヒドロキシ基が1個あるので，酸素原子数は1個。
水素原子数は，$156 - (10 \times 12 + 16 \times 1) = 20$〔個〕
　よって，分子式は　$C_{10}H_{20}O$
分子式 $C_{10}H_{20}O$ は，一般式 $C_nH_{2n}O$ を満たすので，不飽和度は1である。(1) C=C 結合を1個もつ鎖式のアルコールか，(2) 環式構造を1個もつアルコール，のいずれかである。題意より，メントールは(2)の脂環式のアルコールと考えられる。

(イ) 分子式 $C_{10}H_{20}O$ より，側鎖のアルキル基の炭素原子数は，10個から六員環を構成する6個の炭素原子を除いた4個である。
　2つの異なるアルキル基を R，R′ とすると，その組み合せは，次の3通りである。
① -CH$_3$，-CH$_2$CH$_2$CH$_3$
② -CH$_3$，-CH(CH$_3$)$_2$
③ -C$_2$H$_5$，-C$_2$H$_5$
　題意より，同じアルキル基の③は不適である。
　よって，まず，②の場合を考えると，六員環構造のシクロヘキサンの炭素原子に，ヒドロキシ基(-OH)，メチル基(-CH$_3$)，イソプロピル基(-CH(CH$_3$)$_2$)の置換基を1個ずつ結合させる。なお，ベンゼンの三置換体の構造は，まず2つの置換基の位置を o-，m-，p-位に決め，もう1つの置換基の位置を決定していくとよい。

(i)　　　　　　(ii)　　　　　　(iii)

　　4種類　　　　　4種類　　　　　2種類
(○は-OHの置換位置を示す)

シクロヘキサンの各炭素原子には，最大2個の置換基が結合できるが，題意より，各炭素原子には少なくとも1個の水素原子が結合しているとあるので，上記の構造異性体だけを考えればよい。

　∴　10種類の構造異性体が考えられる。
さらに，①の場合を考えると，置換基がヒドロキシ基(-OH)，プロピル基(-CH$_2$CH$_2$CH$_3$)，メチル基

(-CH$_3$)の組み合せでも，同様に 10 種類の構造異性体が考えられる。
　∴　あわせて20種類の構造異性体が考えられる。
(ウ) 題意より，1位に-OH，2位に-CH(CH$_3$)$_2$，5位に-CH$_3$ が結合しているので，メントール分子の構造は次の通りである。

　1位のCは，両隣り(2位，6位)のCの結合状態が異なるので不斉炭素原子である。
　2位のCも，両隣り(1位，3位)のCの結合状態が異なるので不斉炭素原子である。
　5位のCは，両隣り(4位，6位)のCの結合状態が同じであるが，次の両隣り(1位，3位)のCの結合状態が異なるので，やはり不斉炭素原子である。

> このように，着目したCの両隣りのC，次の両隣りのC，さらに次の両隣りのC の結合状態がすべて同じであれば，着目した C は不斉炭素原子ではない。しかし，少しでも結合状態に違いがあれば，着目した C は不斉炭素原子と判断しなければならない。

参考　　不斉炭素原子＊の判別法

1位のCは 両隣り(2，6位)の炭素の結合状態が違うので＊である。2位のCも同様に＊である。

1位のCは 両隣り(2，6位)のCの結合状態は同じだが，次の両隣り(3，5位)のCの結合状態が異なるので＊である。3位のCも同様に＊である。

1位のCは 両隣り(2，6位)の，次の両隣りの(3，5位)のCの結合状態も，次の次の両隣りの(4位)のCすべて結合状態が同じなので＊ではない。4位のCも同様に＊ではない。

　メントール分子には不斉炭素原子が3個あるので，立体異性体の数は $2^3 = 8$〔種類〕存在する。
　そのうちの1つが l-メントール(置換基の立体配置は $1R$，$2S$，$5R$)であり，爽快な香気と清涼感から，医薬品以外にもセッケン，香水など多くの製品に使用されている。しかし，その鏡像異性体の d-メントール(立体配置は $1S$，$2R$，$5S$)はカビ臭く，清涼感はない。

▶**321** (1)

A　CH$_3$　　　　B　　　CH$_3$　　　C　CH$_3$
　　　　　　　　　　　　　CH$_3$
　CH$_3$　　　　　　　　　　　　　　　CH$_3$

(2) **D** 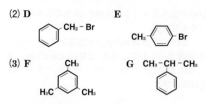 **E**

(3) **F** **G** CH₃-CH-CH₃

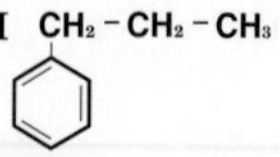

H CH₂-CH₂-CH₃

 炭素原子の物理的・化学的性質の違いは、それぞれの炭素原子が結合する原子の種類や数、および特定の原子や原子団からの距離などの違いに起因する。本解説では、これらを"環境の異なる炭素原子"とよぶことにする。

この分子内の"環境の異なる原子"の観測に用いられるのが、核磁気共鳴分析装置である。

> **参考**
> **核磁気共鳴（NMR）**
> 水素Hのように、奇数の原子番号をもつ原子核が電磁場の中に置かれたとき、その原子核が特定の振動数の電磁波を吸収し、相互作用をする現象が起こる。この現象を**核磁気共鳴**（**NMR**：Nuclear Magnetic Resonance）といい、この効果は、分子内に置かれたH原子の環境によって変化する。調べたい有機化合物の試料に与えられた電磁波の振動数と、その吸収強度の関係を図に表したものを**核磁気共鳴スペクトル**という。このNMRスペクトルの波形のわずかな違いをもとにして、複雑な有機化合物の構造決定を行うことが可能になっている。大学入試レベルの比較的簡単な有機化合物の構造決定は、化学的な実験を行わなくとも、この方法だけで可能なことが多い。

(1) エチルベンゼン（分子式C₈H₁₀）の構造異性体である芳香族炭化水素は次の3種類である。

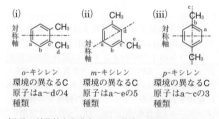

(分子の対称性を考慮すると、環境の異なるC原子は、対称軸の片側だけを数えれば十分である。)

よって、Aは(ii)の*m*-キシレン、Bは(i)の*o*-キシレン、Cは(iii)の*p*-キシレンである。

(2) トルエンC₆H₅CH₃と臭素Br₂との反応は、反応条件によって2種類の置換反応が起こる。

(A) 光（紫外線）を照射したときは、側鎖のメチル基のH原子とBr原子の間で置換反応が起こる（**側鎖置換**）。

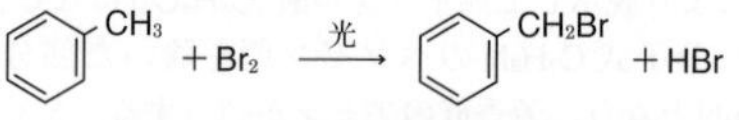

臭化ベンジル（D）

(B) 光を当てずに鉄粉（触媒）を用いたときは、ベンゼン環のH原子とBr原子の間で置換反応が起こる（**核置換**）。生成物には、次の3種類の構造異性体がある。

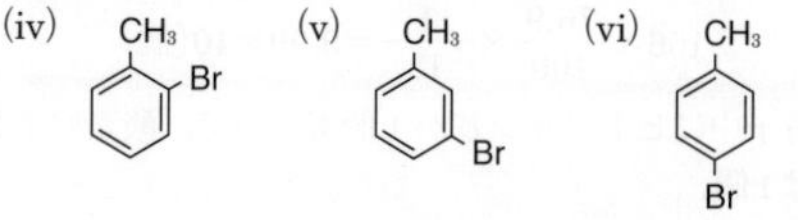

(iv) CH₃ Br (v) CH₃ Br (vi) CH₃ Br

o-ブロモトルエン *m*-ブロモトルエン *p*-ブロモトルエン

これらの中で最も生成量が多かった化合物Eが3つのうちのどれかは、"環境の異なる炭素原子"の種類がDの場合と同数であることより決まる。

D | (iv) | (v) | (vi)

対称軸 | 対称要素なし | 対称軸

環境の異なるC原子はa〜eの5種類 | 環境の異なるC原子はa〜gの7種類 | 環境の異なるC原子はa〜eの5種類

よって、DとEでは環境の異なるC原子の数が等しいので、Eは(vi)の*p*-ブロモトルエンと決まる。

(3) 分子式がC₉H₁₂で表される8種類の芳香族炭化水素を、環境の異なる炭素原子で分類すると次のようになる。

ⓐベンゼンの一置換体では

(i) CH₂-CH₂-CH₃ 7種類 (ii) CH₃-CH-CH₃ 6種類

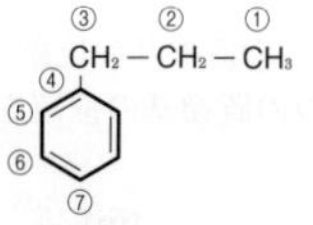

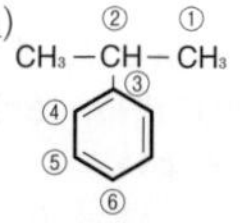

ⓑベンゼンの二置換体では

(iii) CH₂-CH₃ 9種類 (iv) CH₃-CH₃ 9種類

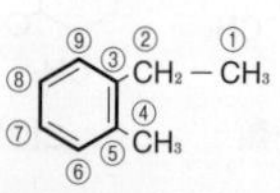

(v) CH₂-CH₃ CH₃ 7種類

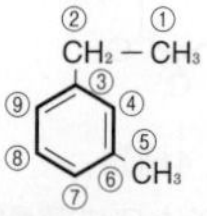

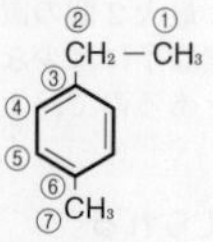

ⓒベンゼンの三置換体では

(vi)

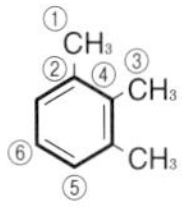

6種類

(vii)

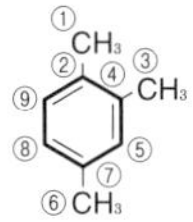

9種類

(viii)

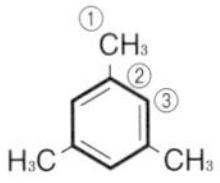

3種類

よって，Fは(viii)の1,3,5-トリメチルベンゼン。Gは(ii)か(vi)のいずれかである。このうち，空気酸化した後，酸で分解する操作(クメン法)でフェノールに変化するのは，(ii)のクメン(イソプロピルベンゼン)である。

Hは(i)か(v)のいずれかである。このうち，KMnO$_4$で酸化して安息香酸に変化するのは，ベンゼンの一置換体の(i)のプロピルベンゼンである。

(i)

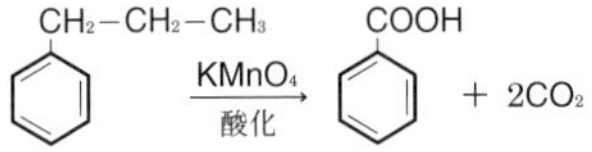

(v)

▶322

(1)

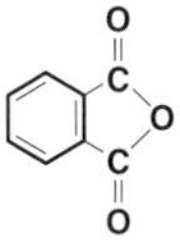

(2) **6種類**

(3) 分子式 **C$_8$H$_7$N$_3$O$_2$**　構造式

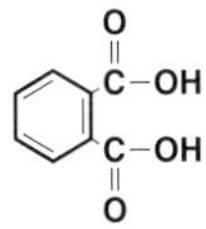

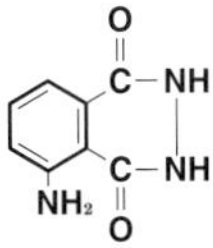

(4) 化学発光，(例)ケミカルライト

(5) **N$_2$**

(6) ルミノールの酸化反応において，血液中のヘモグロビンに存在する鉄イオンが触媒作用を示すから。

解説　(1) 実験Ⅰ

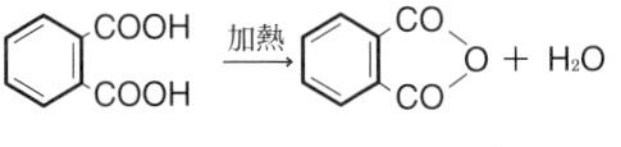

A(フタル酸)　　B(無水フタル酸)

フタル酸を約230℃に加熱すると，分子内脱水により無水フタル酸が得られる。

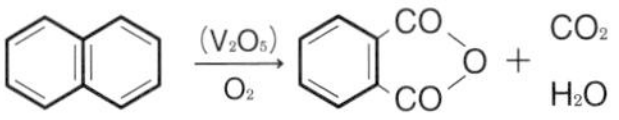

ナフタレン　　　B(無水フタル酸)

ナフタレンを触媒V$_2$O$_5$を用いて，高温(450℃)で空気酸化すると，無水フタル酸が得られる。

実験Ⅱ

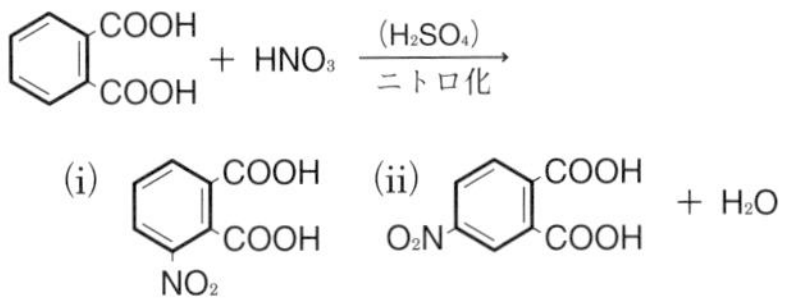

C(3-ニトロフタル酸)　(4-ニトロフタル酸)

CはAの隣接位にニトロ基が導入された化合物であるから(i)と決まる。((ii)は不適。)

(2) 化合物Cの構造異性体は，ニトロ基の結合位置を○印で示すと，Cを含めて次の6種類がある。

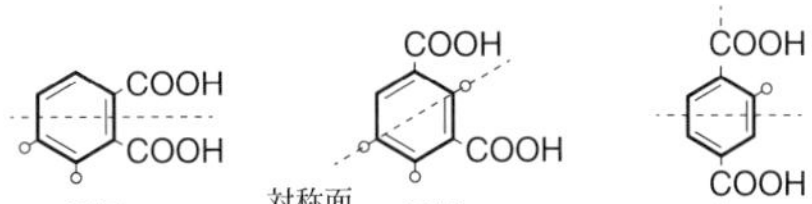

2種類　　　対称面　　3種類　　　1種類
　　　　　を示す

(3) (Nの元素分析より)

ルミノール3.54 mgに含まれるNの質量をx〔mg〕とおく。気体の状態方程式$PV=\dfrac{w}{M}RT$より

$$1.0\times10^5\times\dfrac{74.8\times10^{-2}}{1000}=\dfrac{x\times10^{-3}}{28}\times8.3\times10^3\times300$$

$$\therefore\ x=0.841\fallingdotseq0.84〔mg〕$$

(C, Hの元素分析より)

Cの質量　$7.04\times\dfrac{12}{44}=1.92$〔mg〕

Hの質量　$1.26\times\dfrac{2.0}{18}=0.14$〔mg〕

Oの質量　$3.54-(1.92+0.14+0.84)=0.64$〔mg〕

C：H：N：O$=\dfrac{1.92}{12}:\dfrac{0.14}{1.0}:\dfrac{0.84}{14}:\dfrac{0.64}{16}$

$\qquad=0.16:0.14:0.06:0.04$

$\qquad=8:7:3:2$

組成式は　C$_8$H$_7$N$_3$O$_2$

〔Ⅰ〕の出発物質Aの分子式がC$_8$H$_6$O$_4$なので，炭素原子数から考えて，最終生成物ルミノールの分子式は組成式と同じC$_8$H$_7$N$_3$O$_2$である。

実験Ⅲ

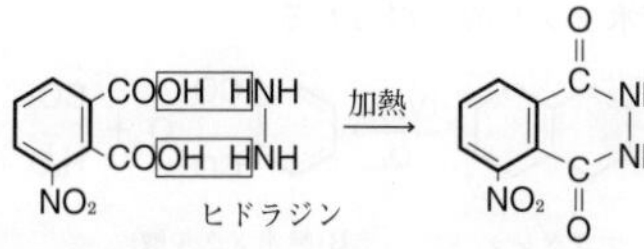

C(3-ニトロフタル酸)　D(3-ニトロフタル酸ヒドラジド)

-COOHと-NH_2の間で脱水縮合すると，アミド結合-CONH-を生じる。これがC分子中の2か所で起こるので，六員環構造をもつヒドラジドを生じる。

実験Ⅳ

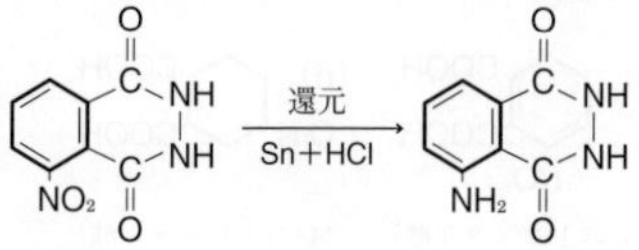

E(3-アミノフタル酸ヒドラジド)

3位のニトロ基-NO_2が還元されてアミノ基-NH_2に変化する。

(4) 化学反応に伴う発光(**化学発光**)の例としては，シュウ酸ジエチルの酸化に伴って放出されるエネルギーを，蛍光物質に与えて発光させるケミカルライトが代表的である。一方，生物が行う発光(**生物発光**)の例には，ルシフェリンの酸化に伴って放出するエネルギーで発光するホタルの発光がある。

(5)

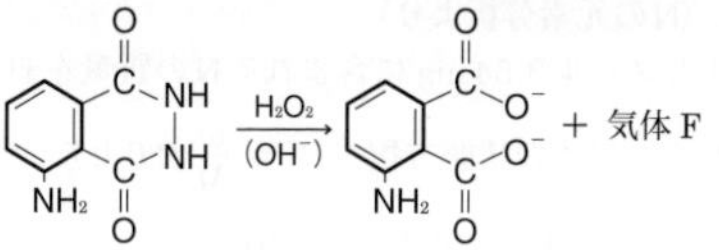

ルミノール　3-アミノフタル酸

ルミノールから3-アミノフタル酸への反応を比べると，N原子とH原子が2個ずつ減少し，O原子が2個増加している。H原子2個の減少とO原子2個の増加はH_2O_2との酸化還元反応によるものである($3H_2O_2+2(H) \longrightarrow 4H_2O+2(O)$)。残ったN原子2個が窒素ガス$N_2$として発生する。

(6) ルミノールの酸化反応を促進させるには，酸化剤のH_2O_2とともに触媒が必要である。通常，塩基のOH^-が使われるが，Fe^{3+}，Cu^{2+}などの遷移金属イオンも触媒として働く。血液中の赤血球にはヘモグロビンが含まれ，その中心部にはFe^{2+}が存在する。Fe^{2+}を含む新鮮な血液よりも，酸化されてFe^{3+}となった古い血液の方が触媒作用が強く，ルミノール反応も強くなる。

▶323 **(1) (ア) (c)　(イ) 酸　(ウ) 高(大き)　(エ) 高(大き)　(オ) 低(小さ)　(カ) 低(小さ)　(キ) 電子供与　(ク) 電子求引　(ケ) エチルベンゼン　(コ) ジエチルベンゼン**

(2) (a) A　(b) B　(3) エチレンに対してベンゼンを過剰に加えて反応させる。

解説　(1) ベンゼン環の第一の置換基に対して，新たな第二の置換基がどこへ入りやすいかは，すでに入っている置換基の種類によって決まる。この現象を，置換基の**配向性**という。

ベンゼンのニトロ化，スルホン化，ハロゲン化は，それぞれ次の陽イオンが，ベンゼン環の電子密度の高い部分を攻撃する求電子置換反応で起こる。

$$HO-\overset{+}{N}O_2 + H^+ + HSO_4^- \longrightarrow NO_2^+ + HSO_4^- + H_2O$$

ニトロニウムイオン

$$HO-\overset{+}{S}O_3H + H^+ + HSO_4^- \longrightarrow \overset{+}{S}O_3H + HSO_4^- + H_2O$$

スルホニウムイオン

$$Cl-\overset{+}{Cl} + FeCl_3 \longrightarrow \overset{+}{Cl} + [FeCl_4^-]$$

クロロニウムイオン

例えば，フェノールでのベンゼン環のπ電子(ベンゼン環全体に広がるように存在している6個の価電子)の分布状態は，下記の構造式をすべて重ね合わせたような構造(**共鳴構造**)をとる。

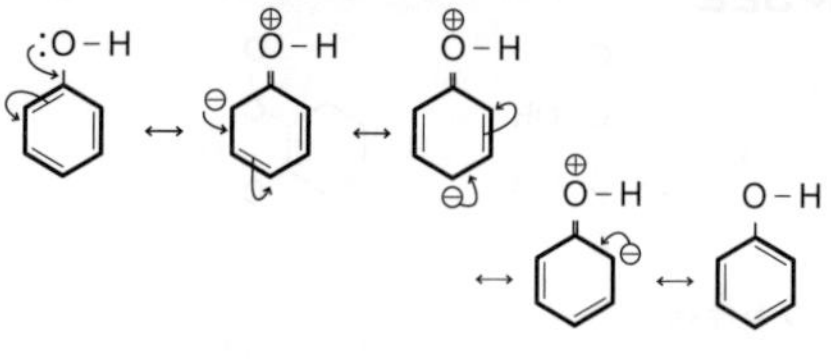

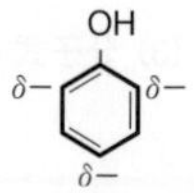

よって，陽イオンのNO_2^+などは，電子密度の高いo，p位を主に攻撃する。

(2) 第一の置換基がベンゼン環に対してπ電子を放出する性質(**電子供与性**)があると，電子密度が高くなるオルト，パラ位での置換反応が促進され，**オルト-パラ配向性**となる。一般に，電子供与性の基としては，-OH，-NH_2，-Clなどの非共有電子対をもつものと，メチル基，エチル基などのアルキル基があげられる。

一方，第一の置換基にベンゼン環からπ電子を引きつける性質(**電子求引性**)のある基がついていると，電子密度が低くなるオルト，パラ位での置換反応が抑制され，代わりに相対的に電子密度が高くなるメタ位での置換反応が起こるようになり，**メタ配向性**となる。

一般に，電子求引性の基としては，-NO_2，-SO_3H，

-COOHなどがあり，ベンゼン環に結合したN, S, C原子に非共有電子対がなく，さらに電気陰性度の大きなO原子などが不飽和結合したものが多い。

ベンゼン環にオルト-パラ配向性の置換基がつくと，ベンゼン環全体としての電子密度は大きくなり，置換反応の速度を大きくする活性基として働く。つまり，おだやかな反応条件でも反応が進行するようになる。例えば，ベンゼンのニトロ化は混酸で約60℃で反応が進行するのに対して，トルエンのニトロ化においては，混酸では約30℃で反応が進み，60℃ではジニトロトルエンが生成する。

ところで，ベンゼン環にメタ配向性の置換基がつくと，ベンゼン環全体としての電子密度が小さくなり，置換反応の速度も小さくなる不活性基として働く。つまり，激しい反応条件を与えないと反応が進まない。例えば，ベンゼンのニトロ化は混酸で約60℃で反応が進行するが，ニトロベンゼンのニトロ化では，混酸で90～95℃を与える必要がある。

(注意) ハロゲン原子は，ベンゼン環に対して非共有電子対のπ電子を供与するので，o, p-配向性である。一方，ベンゼン環のC原子のもつσ電子を求引するため，結果的にベンゼン環全体としての電子密度をやや小さくする不活性基として働く。

(3) ベンゼンに濃硫酸を触媒としてエチレンを作用させると，エチルベンゼンが生成する。このようにベンゼンのHをアルキル基で置換する反応を**アルキル化(フリーデル・クラフツ反応)**という。

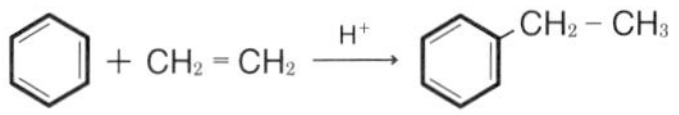

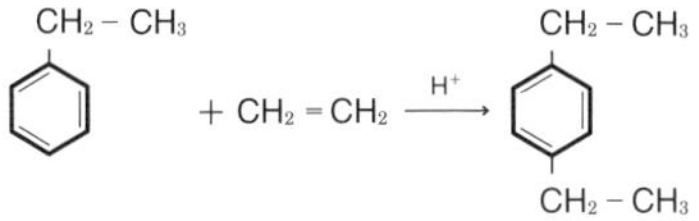

副生成物ができやすいのは，エチルベンゼンのエチル基が電子供与性のため，さらにエチル基の置換反応が起こりやすくなるためである。

▶324 (1)

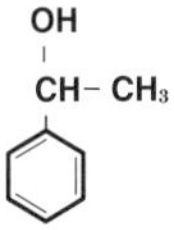

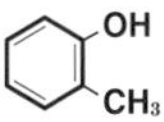

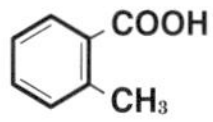

(理由) EとFのナトリウム塩の水溶液に二酸化炭素を十分に通じると，炭酸より弱い酸であるフェノール類のEのみが遊離してエーテル層に分離されるが，炭酸よりも強い酸であるカルボン酸のFはそのまま塩として水層に残るから。

(2) **M** フタル酸，**N** 無水フタル酸
(情報) ・Mのベンゼン環の水素原子1個を，他の原子あるいは原子団(例えば，塩素原子やニトロ基)で置換したベンゼンの三置換体の異性体数を調べる。
・テレフタル酸は直鎖状の分子構造をもち，縮合重合してポリエステル繊維の原料に用いられる。

(3) **A** **B**

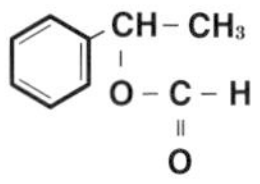

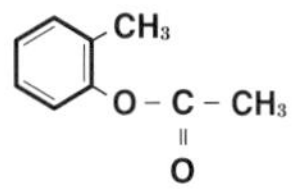

C

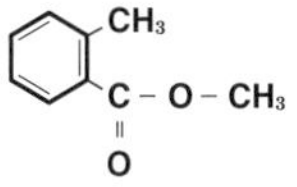

(4) **K** 8種類，**J** なし

解説 (1)，(2) 分離操作の情報からD, E, Fに含まれる官能基の種類を知り，その構造を決定する。

D, E, Fは題意より，芳香族化合物であり，エステルの加水分解生成物であるから，中性物質のアルコール，酸性物質のフェノール類，またはカルボン酸のいずれかである。

最初にエーテル抽出されたDは，NaOH水溶液と塩をつくらない中性物質。したがって，Dは芳香族のアルコールである。Dの炭素数は，エステルAの炭素数9から考えて，7か8のいずれか(6ではフェノール類となり不適)。考えられるDの構造は，次の通り。

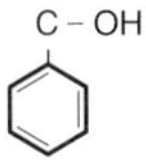

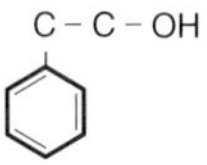

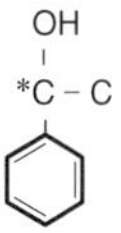

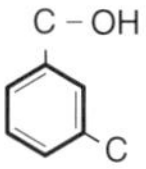

上記のうち，酸化するとケトンが生成するのは，第二級アルコールの(iii)のみなので，Dは(iii)の1-フェニルエタノールと決まる。また，Dを酸化して得られるケトンG(アセトフェノン)は，CH₃CO-の部分構造をもち，ヨードホルム反応が陽性であり，題意を満たす。

EのNa塩の水溶液にCO₂を十分に通じたとき，遊離するEにはフェノール性-OH基をもつ。また，Eを還元して得られた化合物Hの炭素数が7なので，Eの炭素数も7。Eとして考えられるのは，次の3種類のクレゾールである。

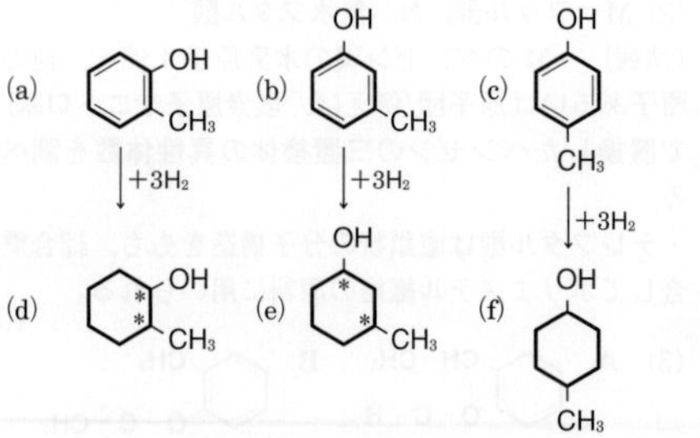

(a) （構造式：o-クレゾール）　(b) （構造式：m-クレゾール）　(c) （構造式：p-クレゾール）

$\downarrow$ +3H$_2$　　$\downarrow$ +3H$_2$　　$\downarrow$ +3H$_2$

(d) （構造式：シクロヘキサノール誘導体 *付き）　(e) （構造式 *付き）　(f) （構造式）

Eを高温・高圧の水素で還元すると，ベンゼン環に対して水素付加が起こり，上記のような脂環式の第二級アルコールHが生成する。Hには不斉炭素原子が存在するので，(f)は不適。

Hを濃硫酸を用いて脱水すると，下記の(g)～(i)のシクロアルケンが生成する可能性がある。

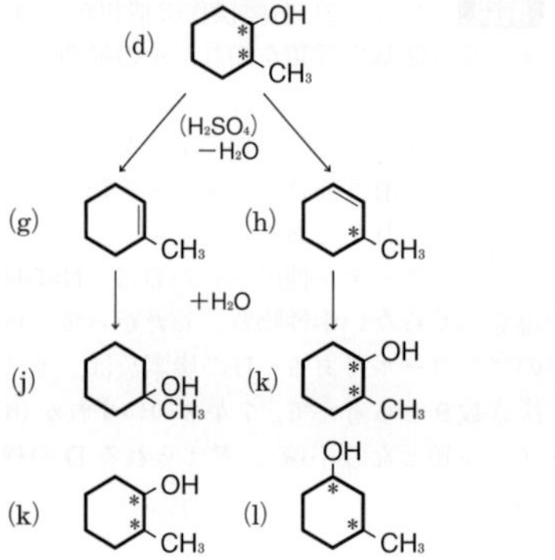

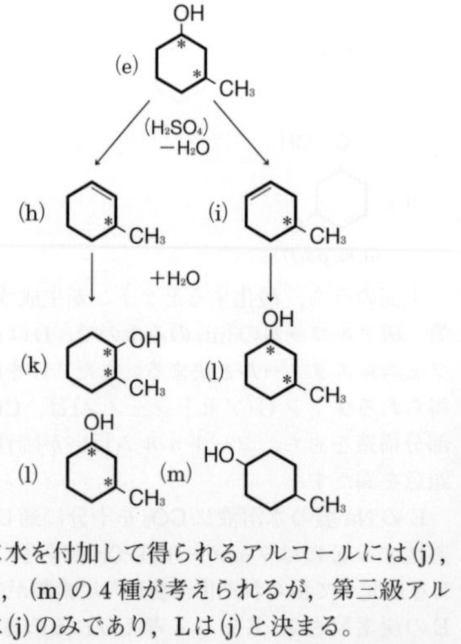

(d) （構造式）

$\downarrow$ (H$_2$SO$_4$) $-$H$_2$O

(g) （構造式）　(h) （構造式）

$\downarrow$ +H$_2$O

(j) （構造式）　(k) （構造式）

(k) （構造式）　(l) （構造式）

(e) （構造式）

$\downarrow$ (H$_2$SO$_4$) $-$H$_2$O

(h) （構造式）　(i) （構造式）

$\downarrow$ +H$_2$O

(k) （構造式）　(l) （構造式）

(l) （構造式）　(m) （構造式）

さらに水を付加して得られるアルコールには(j)，(k)，(l)，(m)の4種が考えられるが，第三級アルコールは(j)のみであり，Lは(j)と決まる。

∴ Jは(g)，Kは(h)と決まり，逆のぼって，Hは(d)，Eは(a)のo-クレゾールと決まる。

FのNa塩の水溶液にCO$_2$を十分に通じても何も遊離しなかったので，Fは炭酸よりも強いカルボン酸である。題意より，Fは芳香族カルボン酸であり，Fをさらに酸化して得られた化合物の炭素数が8であるから，Fの炭素数は8以上。しかし，エステルCの炭素数が9だから，Fの炭素数は8。Fに考えられる構造は，

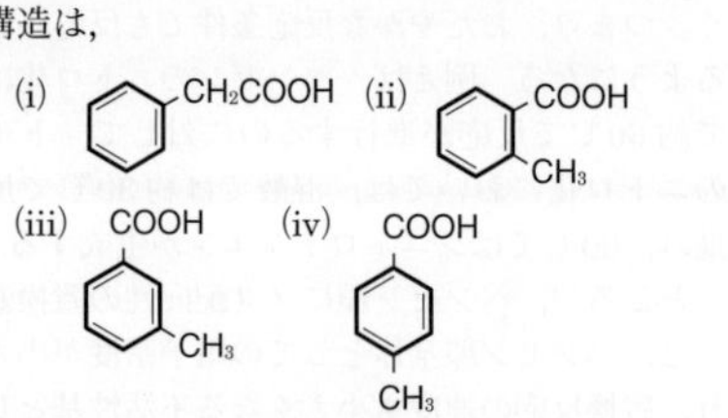

(i) （構造式：CH$_2$COOH）　(ii) （構造式：COOH, CH$_3$）

(iii) （構造式：COOH, CH$_3$）　(iv) （構造式：COOH, CH$_3$）

上記のうち，さらに酸化して酸無水物に変化するのは，オルト体の(ii)のみである。

∴ Fは(ii)のo-トルイル酸と決まる。

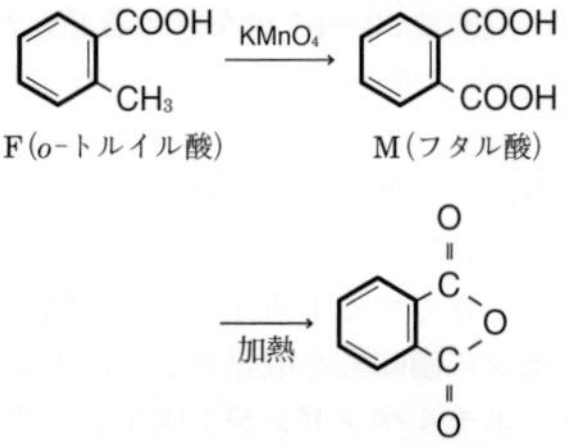

（構造式）F(o-トルイル酸) $\xrightarrow{\text{KMnO}_4}$ （構造式）M(フタル酸)

$\xrightarrow{\text{加熱}}$ （構造式）N(無水フタル酸)

(3) A, B, Cは分子式C$_9$H$_{10}$O$_2$の酸素原子数が2個なので，モノエステルである。Aの加水分解でDとともに生成するのはカルボン酸である。

C$_9$H$_{10}$O$_2$+H$_2$O$-$C$_8$H$_{10}$O(D)=CH$_2$O$_2$(ギ酸)

∴ Aは，（構造式）　（1-フェニルエタノールとギ酸とのエステル）

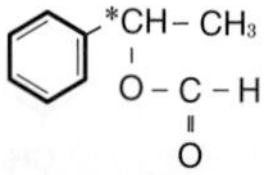

Bの加水分解でEとともに生成するのもカルボン酸である。

C$_9$H$_{10}$O$_2$+H$_2$O$-$C$_7$H$_8$O(E)=C$_2$H$_4$O$_2$(酢酸)

∴ Bは，（構造式）　（o-クレゾールと酢酸とのエステル）

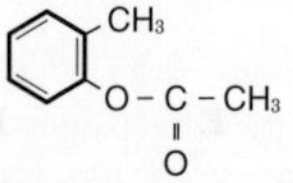

Cの加水分解でFとともに生成するのはアルコールである。

C$_9$H$_{10}$O$_2$+H$_2$O$-$C$_8$H$_8$O$_2$(F)=CH$_4$O(メタノール)

∴ Cは，（構造式）　（o-トルイル酸とメタノールとのエステル）

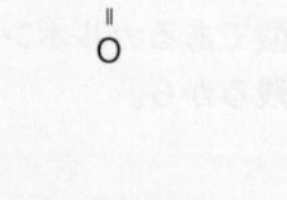

(4) K

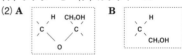

（立体異性体は
2³=8種類）

J

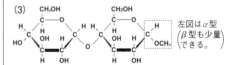

（i）　　　　　（ii）

マルコフニコフの法則（**253 参考**）より，H原子は二重結合炭素のうちH原子の多い方に付加しやすく，H原子の少ない方にBr原子が付加しやすいから，主生成物は（ii）である。（ii）には不斉炭素原子はなく，立体異性体も存在しない。

第6編　高分子化合物

18　天然高分子化合物

▶325 **A** グルコース，**B** マルトース，**C** ラクトース，**D** フルクトース，**E** デンプン，**F** スクロース，**G** セルロース，**H** ガラクトース

解説　(1) 多糖類のデンプン，セルロースはともに冷水には不溶だが，デンプンは熱水に溶けるのでE，熱水にも溶けないGがセルロースである。

一般に，単糖類や二糖類は水と強く水和するOH基を多くもつので水に溶けやすい。一方，多糖類のセルロースでは，分子が平行に並び，分子間に多くの水素結合が立体網目状に形成されており，水分子が簡単には水和できないので，熱水にも溶けない。デンプンでは，らせん構造を形成するのに分子内に多くの水素結合が働いているため，分子間に働く水素結合の数はセルロースよりも少ない。したがって，デンプンは冷水には溶けないが，熱水には溶ける。
(2) すべての単糖類の水溶液は還元性を示し，すべての多糖類は還元性を示さない。二糖類のうち，スクロースとトレハロースは還元性を示さないので**非還元糖**，上記以外は還元性を示すので**還元糖**という。Fは冷水に溶け，還元性を示さないので，スクロース（ショ糖）と決まる。
(3) 多糖類E，Gを希硫酸を触媒として加水分解すると，単糖類のグルコースが得られる。このとき得られた反応液は，Na_2CO_3の粉末を加えて中和しておく。これは，糖類の還元性を調べる銀鏡反応やフェーリング液の還元が，いずれも塩基性が弱くなるとうまく進行しないからである。
(4) B，C，Fは冷水に溶け，かつ加水分解されるからいずれも二糖類。残るA，D，Hが単糖類である。
このうち，Bの加水分解で得られる単糖類がAのみであるから，Bはマルトース（麦芽糖）であり，A

はグルコース（ブドウ糖）である。
F（スクロース）の加水分解で得られる単糖類のうち，グルコース以外の単糖類Dはフルクトース（果糖）である。残る二糖類Cは選択肢中ではラクトース（乳糖）しかない。
ラクトースの加水分解で得られる単糖類のうち，グルコース以外の単糖類Hはガラクトースである。
なお，糖類の甘味は，ふつう，スクロースを基準の1として示される。フルクトースの甘味が最も強く約1.7，グルコースは約0.6，マルトースは$\frac{1}{3}$程度，ラクトースは約0.2である。

▶326 (1)（ア），（イ）**1，4**　（ウ）α-グリコシド
（エ）**1**　（オ）**2**　（カ）ホルミル（アルデヒド）
（キ）還元　（ク）インベルターゼ（スクラーゼ）
（ケ）転化糖　（コ）ラクトース（乳糖）
（サ）ラクターゼ　（シ）ガラクトース
(2) **A**

（図）

B

（図）

(3)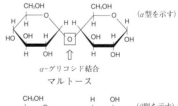

左図はα型
（β型も少量
できる。）

解説　マルトース（麦芽糖）は，デンプンに酵素アミラーゼを作用させると得られる。マルトースは，α-グルコースの1位のOH基ともう1つ別のグルコースの4位のOH基の間で脱水縮合してできた二糖類で，このとき生じたエーテル結合をα-グリコシド結合という。

一方，β-グルコースの1位のOH基ともう1つ別のグルコースの4位のOH基の間で脱水縮合してできた二糖類を**セロビオース**といい，このとき生じたエーテル結合をβ-グリコシド結合という。

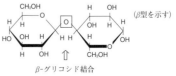

（α型を示す）

α-グリコシド結合
マルトース

（β型を示す）

β-グリコシド結合
セロビオース

（太い線はその結合が紙面手前側にあることを示す。）

乳糖（ラクトース）は，β-ガラクトースの1位の OH 基とグルコースの4位の OH 基の間で脱水縮合してできた二糖類である。

これらの二糖類はいずれも右端（1位）の OH 基が水溶液中で開環して，ホルミル基（アルデヒド基）をもつ鎖状構造に変化するので，その水溶液は還元性を示す。

二糖類のうち，**スクロースとトレハロース**だけが還元性を示さない。前者は，α-グルコースの1位の OH 基と β-フルクトースの2位の OH 基との間で脱水縮合しているため，後者は，α-グルコースの1位の OH 基どうしの間で脱水縮合しているため，いずれも水溶液中で開環して，還元性を示す鎖状構造がとれないからである。

しかし，スクロースは希酸あるいは酵素スクラーゼ（インベルターゼ；転化酵素を意味する）で加水分解すると，グルコースとフルクトースの混合物になり還元性を示すようになる。このとき，旋光性（一方向だけに振動面をもつ光（偏光）の振動面（偏光面）を回転させる性質）が右旋性から左旋性に転じるので，この変化を**転化**といい，生成したグルコースとフルクトースの混合物を**転化糖**という。

(2) α-グルコースの1位の OH 基と β-フルクトースの2位の OH 基は，図1，図2の状態では互いに反対側に向いているので，脱水縮合できない。

図 1　α-グルコースの構造　　図 2　β-フルクトースの構造

図 3

そこで，図2の β-フルクトースを③C-④Cの中点と環内の O 原子を結ぶ線分を軸として左右方向に 180°回転させたもの（図3のように，②，③，④，⑤のC原子に結合する置換基の上下の位置はすべて逆になる。）の2位の-OHと，図1の α-グルコースの1位の-OHとを脱水縮合させると，スクロースの構造式が書ける。

（**注意**）フルクトースは，スクロースのように他の糖と結合し，二糖を構成しているときは五員環構造（**フラノース型**という）をとっているが，単独で存在するときは六員環構造（**ピラノース型**という）の方が

安定である。

これは，次の環状エーテルの構造に由来する。

ピラン（六員環）　　フラン（五員環）

(3) マルトースには8個の OH 基が存在するが，最も反応性の大きい1位の OH 基だけがメタノールと脱水縮合して，メチルマルトシドが得られる。この化合物では，1位の OH 基がグリコシド結合に使われており，水溶液中で開環してホルミル基（アルデヒド基）をもつ鎖状構造に変化できないので，還元性を示さない。α-マルトースとは，1位の OH が環平面の下側にあるものである。なお，この反応で用いた塩化水素は触媒である。

▶**327** (1)（ア）単糖類　（イ）$C_6H_{12}O_6$　（ウ）構造異性体　（エ）α　（オ）鎖状　（カ）β　（キ）平衡　（ク）ホルミル（アルデヒド）　（ケ）カルボニル（ケトン）　（コ）1

(2) オ

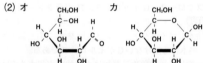

(3) 銀鏡反応，フェーリング液の還元

(4)　　　　　　　　　　　　　　(5) **2.0 g**

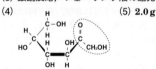

解説　(1)，(2)　グルコースが環状構造をとったとき，新たに1位の炭素が不斉炭素原子となり，2種の立体異性体を生じる。このうち，1位のヒドロキシ基が環の下側にあるものを α 型，環の上側にあるものを β 型と区別する。

α-グルコースを水に溶かすと，その一部は開環

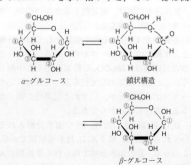

α-グルコース　　　　　　鎖状構造

β-グルコース

して鎖状構造となる一方，鎖状構造は閉環してβ-グルコースにも変化する。最終的には，$\alpha : \beta \fallingdotseq 1 : 2$（鎖状構造は微量）の平衡混合物となる。

α-グルコースとβ-グルコースは**立体異性体**（ジアステレオマーについては**331 補足**参照）の関係にあるが，グルコースとフルクトースは**構造異性体**の関係にある。

また，鎖状構造においてホルミル基（アルデヒド基）を有する単糖類を**アルドース**，ヒドロキシケトン基を有する単糖類を**ケトース**とよぶ。

(3) グルコースをアンモニア性硝酸銀水溶液に加えて温めると，Ag^+がAgに還元される（**銀鏡反応**）。一方，グルコース自身は反応性の高い1位の-CHO基が酸化されて-COOH基となり，グルコン酸$C_6H_{12}O_7$を生じる。グルコース水溶液中には鎖状構造は約0.02%ほどしか存在しないが，これが銀鏡反応などによって減少すると，α-グルコースやβ-グルコースから平衡が移動して，その減少分を補う。最終的に，すべてのグルコースが酸化される。

補足 グルコン酸のラクトン（分子内環状エステル）であるグルコノラクトンは，豆腐の凝固剤に使用される。

グルコースをフェーリング液（Cu^{2+}に酒石酸塩とNaOHを溶かしたもの）を加えて加熱すると，Cu^{2+}は還元されてCu^+となり，さらにOH^-と反応して酸化銅(I)Cu_2Oの赤色沈殿を生成する（フェーリング液の還元）。

(4) 果糖（フルクトース）の水溶液が還元性を示すのは，ふつうのカルボニル（ケトン）基は還元性を示さないが，ケトン基の隣りにヒドロキシ基をもつヒドロキシケトン基には，例外的に還元性が見られるからである。これは，塩基性の水溶液中では2位のカルボニル（ケトン）基の存在により，1位の-CH$_2$OHが酸化されやすくなるためである。

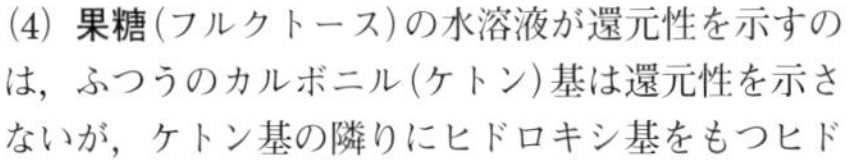

β-フルクトース（六員環）　鎖状構造　β-フルクトース（五員環）

参考 フルクトースの還元性
結晶中のフルクトースは六員環構造をとるが，水溶液中では，鎖状構造や五員環構造のものと上図のような平衡状態にある。このうち，鎖状構造の中にあるα-ヒドロキシケトン基-COCH$_2$OHの部分が還元性を示す。

O
‖
α-ヒドロキシケトン基-C-CH$_2$-OHは，カルボニル基C=Oに隣接するC-H結合のHがわずかに酸の性質をもち，塩基性条件ではH$^+$として脱離し，このH$^+$がカルボニル基の-O$^-$に転位してエンジオール構造（C=C結合に2個の

-OHが結合した構造）に変化する。

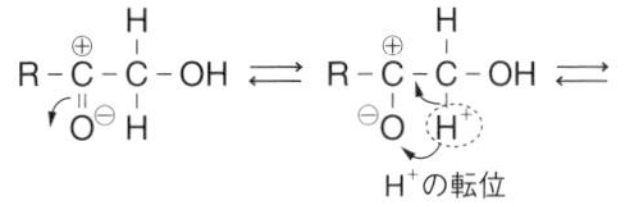

H$^+$の転位

$$\left[\begin{array}{c} R-C=C-H \\ \mid\quad\mid \\ OH\ OH \end{array}\right] \xrightarrow{\text{酸化剤}} \begin{array}{c} R-C-C-H \\ \parallel\quad\parallel \\ O\quad O \end{array}$$

エンジオール構造（不安定）　　ジケトン構造

ビタミンCにも含まれるエンジオール構造はきわめて酸化されやすく，ケトン基を2個もつ構造（ジケトン構造）となり，還元性を示す。したがって，フルクトースのヒドロキシケトン基はエンジオール構造を経由して，フェーリング液のCu^{2+}を還元し，Cu_2Oの赤色沈殿を生成すると考えられている。

(5) 銀鏡反応では還元糖の検出はできても，定量はできない。しかし，フェーリング液の還元を利用すると，生成するCu_2Oの質量から元の還元糖の質量を定量することができる。

スクロース（ショ糖）1 molから単糖類2 molが得られ，かつ，単糖類1 molからCu_2O 1 molが生成するから，ショ糖1 molからCu_2O 2 molが生成する。
生成するCu_2O（式量143）をx〔g〕とおくと，

$$\frac{2.4}{342}\times2\times143=2.0〔g〕$$

▶**328** （ア）α　（イ）グリコーゲン　（ウ）$(C_6H_{10}O_5)_n$　（エ）アミロース　（オ）アミロペクチン　（カ）**4**　（キ）**6**　（ク）ヨウ素（ヨウ素-ヨウ化カリウム）　（ケ）水素　（コ）マルトース　（サ）マルターゼ　（シ）チマーゼ　（ス）エタノール　（セ）アルコール発酵
(1) デンプンは分子内の水素結合によってらせん構造をしている。この中に三ヨウ化物イオンなどが取り込まれることによって呈色が起こる。
(2) アミロースとアミロペクチンでは，らせん構造をつくる分子鎖の長さが異なるから。
(3) マルトース，デキストリン　(4) **46 g**
(5) 高分子化合物であるデンプンでは，分子鎖の1つの末端部にのみ還元性を示すグルコース単位が残っているが，これは分子全体を構成するグルコース単位の数と比較すると無視できるほどわずかで，実際には還元性は検出されない。

解説 デンプンはα-グルコースの縮合重合体で，直鎖状構造をもつアミロースと，枝分かれ構造をもつアミロペクチンからなる。アミロースは，α-グルコースが1,4-グリコシド結合のみで直鎖状につながったもので，普通のデンプン粒には内側を中心に20～25%含まれ，比較的分子量が小さい（数万～数十万程度）。そのため，アミロースは熱水に可溶である。一方，アミロペクチンは，1,4-グリコシド

結合の他に，1,6-グリコシド結合により枝分かれしており，普通のデンプン粒には外側の部分を中心に75〜80％含まれ，分子量はかなり大きい(数十万〜数百万程度)。そのため，アミロペクチンは熱水にも溶けにくい。

　一方，動物の肝臓・筋肉中には**グリコーゲン**とよばれる多糖類が貯蔵されており，アミロペクチンよりもさらに枝分かれが多い。また，分子全体として球状をしており，水にも溶けやすい。(筋肉中のグリコーゲンは小粒で水に溶けやすいが，肝臓中のグリコーゲンは大粒で水に溶けにくいものもある。)

(1)　デンプンの水溶液にヨウ素溶液(ヨウ素ヨウ化カリウム水溶液)を加えると，デンプ

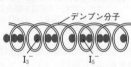
デンプン分子
I_3^-　　I_5^-

ン分子のらせん構造の中にヨウ素がI_3^-(三ヨウ化物イオン)やI_5^-(五ヨウ化物イオン)の形で取り込まれることで呈色する。この呈色反応を**ヨウ素デンプン反応**という。この呈色の原因は，デンプンのらせん構造の外側には-OHが出ていて親水性を示し，内側には-Hが出ていて疎水性を示すが，H原子はわずかに正電荷を帯びているので，三ヨウ素化合イオン(I_3^-)などが入り込んで一種の化合物(**包接化合物**という)をつくり，可視光線の吸収が起こるようになるためである。吸収される可視光線の波長は，入り込んだI_3^-などの数によって変化するため，その数が多くなるにつれ，無色→赤→紫→青と変化していく。したがって，らせん構造をもたないセルロースではこの呈色は起こらない。また，ヨウ素で呈色したデンプン溶液を加熱すると，デンプンのらせん構造からI_3^-などが出ていくため，色は消えてしまうが，冷却するとらせん構造にI_3^-などが入り込むため，もとの呈色が見られる。

(2)　アミロースは長い1本のらせん構造からなるので，入り込むI_3^-やI_5^-が多く，ヨウ素デンプン反応は濃青色を示す。一方，アミロペクチンは枝分かれが多く，1本のらせん構造が短いので，入り込むI_3^-やI_5^-が少なく，ヨウ素デンプン反応では赤紫色を示す。さらに枝分かれが多く，1本のらせん構造が短いグリコーゲンでは，ヨウ素デンプン反応は赤褐色を示す。

(3)　β-アミラーゼは，デンプン鎖を非還元末端から順に，1,4-グリコシド結合を2個ずつ規則的に切り離していく加水分解酵素である。アミロースにβ-アミラーゼを作用させると，完全にマルトースまで加水分解される。しかし，アミロペクチンにβ-アミラーゼを作用させても，枝分かれ部分の1,6-グリコシド結合は切断できずに，枝分かれ部分

を多く残した**デキストリン**(デンプンが部分的に加水分解されてできた多糖類の総称)とマルトースが生成する。

デキストリン

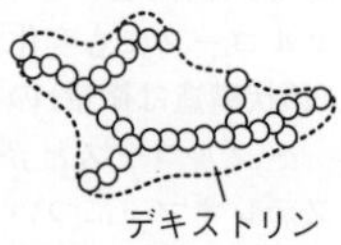

(4)　デンプンの加水分解の反応式は，

$$(C_6H_{10}O_5)_n + nH_2O \longrightarrow nC_6H_{12}O_6$$

デンプン1molからグルコースn[mol]が生成するから，生成するグルコースの質量は，

$$\frac{81}{162n} \times n \times 180 = 90 \text{[g]}$$

アルコール発酵の反応式は，(O_2は不要である)

$$C_6H_{12}O_6 \longrightarrow 2\,C_2H_5OH + 2\,CO_2$$

グルコース1molからエタノール2molが生成する。生成するエタノールの質量は，

$$\frac{90}{180} \times 2 \times 46 = 46 \text{[g]}$$

(5)　一般に，デンプンに限らず，多糖類はすべて還元性を示さないと考えてよい(**329 参考** 参照)。

参考

デンプン粒の構造

　デンプンは，多数のα-グルコースが縮合重合してできた天然の高分子であり，通常，直鎖状構造の**アミロース**(20〜25％)と，枝分かれ構造をもつ**アミロペクチン**(75〜80％)という2成分からなる。

　植物がつくったデンプンは，それぞれデンプン粒の形で種子，地下茎，根などに蓄えられているが，各デンプン粒は，アミロペクチンの隙間にアミロースがはさみ込まれたような構造になっている。アミロースとアミロペクチンは，いずれもα-グルコースのヒドロキシ基の間で形成される水素結合により，6分子で1回転するような**らせん構造**をとっている。

アミロペクチン
アミロース
デンプン粒の分子模型

▶**329**　(1) 6.5×10^4　(2) **100か所**

解説　デンプンを構成するグルコースは，次の4種類に区別できる(下図)。

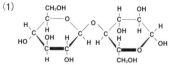

非還元　連鎖　枝分かれ　　　　還元
末端　　部分　部分　　　　　　末端

a 1,4結合　　b 1,6結合

デンプンを構成する-OHのうち，ヨウ化メチル（CH₃I）によってメチル化されたものは，他のグルコースと脱水縮合していない状態にあったことを示し，メチル化されずに-OHとなっているものは，他のグルコースとグリコシド結合していたことを示す。

化合物Aには，1位だけに-OHが残っているから，Aは1位だけで他のグルコースと結合していた**非還元末端**とわかる。

化合物Bには，1，4位に-OHが残っているから，Bは1，4位で他のグルコースと結合していた**連鎖部分**とわかる。

化合物Cには，1，4，6位に-OH残っているから，Cは1，4，6位で他のグルコースと結合していた**枝分かれ部分**とわかる。

(1) アミロースは直鎖状構造をもつので，枝分かれ部分はなく，化合物Cは生成しない。このアミロースの重合度をnとすると，非還元末端からは化合物A1分子が生じ，連鎖部分と還元末端からはあわせて化合物Bが$n-1$分子が生じる。

（分子数の比）＝（物質量の比）より，

$$1 : n-1 = 0.25 : 99.75$$
$$\therefore\ n = 400$$

アミロースの分子式は$(C_6H_{10}O_5)_n$だから，その分子量は$162n$であり，$n=400$を代入すると，このアミロースの平均分子量は，

$$162 \times 400 = 6.48 \times 10^4 \fallingdotseq 6.5 \times 10^4$$

(2) A，B，Cのモル質量は，それぞれ236 g/mol，222 g/mol，208 g/molである。

A，B，Cの（物質量の比）＝（分子数の比）より，

$$A : B : C = \frac{0.142}{236} : \frac{3.064}{222} : \frac{0.125}{208}$$
$$\fallingdotseq 1 : 23 : 1$$

よって，このアミロペクチンでは，〔非還元末端1＋連鎖部分23（還元末端を含む）＋枝分かれ部分1〕のあわせてグルコース25分子あたり1個の枝分かれが存在する。

アミロペクチンの分子式は，その重合度をnとすると，$(C_6H_{10}O_5)_n$で表される。このアミロペクチンの平均分子量が4.05×10^5だから，次式が成り立つ。

$$162n = 4.05 \times 10^5$$
$$\therefore\ n = 2500$$

よって，このアミロペクチン1分子中には$\dfrac{2500}{25}$

=100か所の枝分かれが存在する。

多糖の還元末端はどう扱うか

CH₂OH　　　　　　　　　　　CH₂OCH₃

H　　　　　　H　　メチル化　H　　　　　　H
C　　　O　　C　──────→　C　　　O　　C
OH　　H　OH　　　　　　　OCH₃ H　OCH₃
C　　　C　　OH　　　　　　C　　　C　　OCH₃
H　　　OH　　　　　　　　　H　　　OCH₃

還元末端　　　　　　　　　　メチル化生成物

還元末端のグルコース単位には4個の-OHがあるので，メチル化すると，右上のメチル化生成物が生じるはずである。しかし，これを酸で加水分解すると，グリコシド結合の部分だけでなく，反応性の高い1位に結合した-OCH₃（⇧）も加水分解されるので，-OHに戻ってしまう。したがって，最終生成物は，CH₃O基を3個もつ生成物Bが得られることになる。

このデンプン分子には2500個のグルコース単位を含むが，そのうち還元末端はたった1個，すなわち0.04%しか含まれないので，その水溶液は還元性を示さない。

▶**330** (ア) β　(イ) 4　(ウ) グリコシド
(エ) 水素　(オ) セルラーゼ　(カ) セロビオース
(キ) セロビアーゼ　(ク) グルコース　(ケ) 3
(コ) $[C_6H_7O_2(OH)_3]_n$　(サ) エステル
(シ) レーヨン　(ス) 二硫化炭素　(セ) ビスコース
(ソ) ビスコースレーヨン　(タ) シュワイツァー
(チ) 銅アンモニアレーヨン（キュプラ）
(ツ) 無水酢酸　(テ) トリアセチルセルロース
(ト) アセテート繊維　(ナ) 半合成繊維

(1)

CH₂OH　　　　　　　　　　CH₂OH
C　　　C　　　　　　　　　C　　　C
C　　　O　　C　　O　　　C　　　O　　C
HO　　H　OH　　　　　　　　H　OH　　OH
C　　　C　　　C　　　　　C　　　C
H　　　OH　H　　CH₂OH　H

(2) $[C_6H_7O_2(OH)_3]_n + 3n(CH_3CO)_2O$
$\longrightarrow [C_6H_7O_2(OCOCH_3)_3]_n + 3nCH_3COOH$
612 g，576 g (3) **1.54 × 10⁻⁴ cm** (4) **73%**

解説 デンプンでは，α-グルコースがすべて同じ方向に結合しているので，その1つの構成単位に少しでも曲がりがあると，それが繰り返されて高分子ができたとき，大きな曲がりをもつ**らせん構造**となる。

一方，**セルロース**では，β-グルコースが1単位ごとに逆向きに結合しているので，たとえその1つの構成単位に少し曲がりがあったとしても，分子全体としては曲がりが打ち消され，まっすぐに伸びた**直線状構造**となる。したがって，隣り合う分子間に数多くの水素結合が形成され，強い繊維状の物質となる。また，セルロースが熱水や他の多くの有機溶媒にも溶けにくく，加水分解もされにくいのは，多数の分子間の水素結合により，分子全体の70〜85

%の部分が結晶化しているためである。

デンプンは α-グルコースの縮合重合体, セルロースは β-グルコースの縮合重合体である。それならば, これらを加水分解すると, デンプンからは α-グルコースのみが, セルロースからは β-グルコースのみが得られるというわけではなく, いずれからもグルコース ($\alpha:\beta \fallingdotseq 1:2$ の平衡混合物) が得られる。

セルロースに濃硝酸と濃硫酸 (混酸) を作用させると, セルロースを構成するグルコース1単位に含まれる3個のOH基のすべてが硝酸でエステル化され, トリニトロセルロースが得られる。ニトロセルロースやニトログリセリンでは, ニトロベンゼンのようにニトロ基がC原子に直結していないので, ニトロ化合物ではなく, 硝酸エステルであることに留意する。トリニトロセルロースは無煙火薬の原料, ジニトロセルロースは合成樹脂の一種であるセルロイドの製造に用いられる。

天然繊維を溶媒に溶かした後, 紡糸により繊維状に再生したものを再生繊維といい, セルロース系の再生繊維をレーヨンという。

セルロースを濃い NaOH 水溶液に浸すと半透明で少し膨潤したアルカリセルロースとなる。これに, 二硫化炭素 CS_2 を加え反応させると, セルロースキサントゲン酸ナトリウムが得られ, これを希 NaOH 水溶液に溶かすと, ビスコースとよばれる粘性の大きな赤橙色のコロイド溶液となる。これを熟成した後, 希硫酸と Na_2SO_4 の混合水溶液に押し出すと, セルロースが再生する。この再生繊維をビスコースレーヨンという。

$$[C_6H_7O_2(OH)_3]_n \xrightarrow{NaOH} [C_6H_7O_2(OH)_2ONa]_n$$
セルロース　　　　　　　アルカリセルロース
$$\xrightarrow{CS_2} [C_6H_7O_2(OH)_2OCS_2Na]_n$$
セルロースキサントゲン酸ナトリウム
$$\xrightarrow{H^+} [C_6H_7O_2(OH)_3]_n + CS_2 + Na^+$$
ビスコースレーヨン

セルロースはシュワイツァー試薬 (濃 NH_3 水に $Cu(OH)_2$ を溶かした溶液で, 主成分は $[Cu(NH_3)_4](OH)_2$) に溶け, 粘性の大きな深青色のコロイド溶液となる。これを細孔から希硫酸中に押し出すと, セルロースが再生する。この再生繊維を銅アンモニアレーヨン (キュプラ) という。セルロースがシュワイツァー試薬に溶解するのは, セルロースの-OH基の一部が $[Cu(NH_3)_4]^{2+}$ と錯体を形成することによって, セルロース分子間の水素結合の一部が切断されるためである。

セルロースに無水酢酸を作用させると, セルロースの酢酸エステルであるトリアセチルセルロースができる。これは比較的吸水性が小さいので, 人工透析用の中空糸などに使われる。また, トリアセチル

セルロースはアセトンには溶けないが, グルコース1単位あたりで平均 2.5 個程度のヒドロキシ基がアセチル化された程度まで加水分解すると, アセトンに可溶となる。この溶液を熱風中で延伸させ, アセトンを蒸発させながら繊維状にしたものがアセテート繊維である。

アセテート繊維のように, 天然繊維の官能基の一部を化学変化させた繊維を半合成繊維という。
(1) β-グルコースの1位の-OHは上向きで, もう1つの β-グルコースの4位の-OHは下向きなので, このままでは両者を縮合することはできない。そこで, 左側の β-グルコースを固定し, 右側の β-グルコースを ^1C-^4C を結ぶ線分を軸として上下方向に裏返してみる。(2, 3, 4, 5位のC原子に結合した置換基の上下の位置はすべて逆になる。)すると, 右側の4位の-OHは上向きとなり, 左側の1位の-OH (上向き) との間で脱水縮合が可能となる。こうして二糖類のセロビオースができる。

参考
セロビオースの構造式の書き方
セロビオースは, β-グルコースの1位の-OHと, 別のグルコースの4位の-OHが脱水縮合してできた二糖類である。

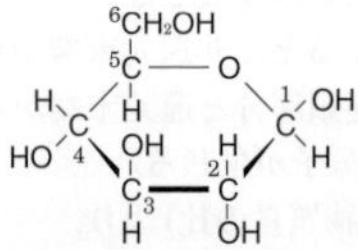

1位の-OHは環の上側に, 4位の-OHは環の下側に向いている。両者を無理矢理, 脱水縮合させると, セロビオースは図aのように表せる。

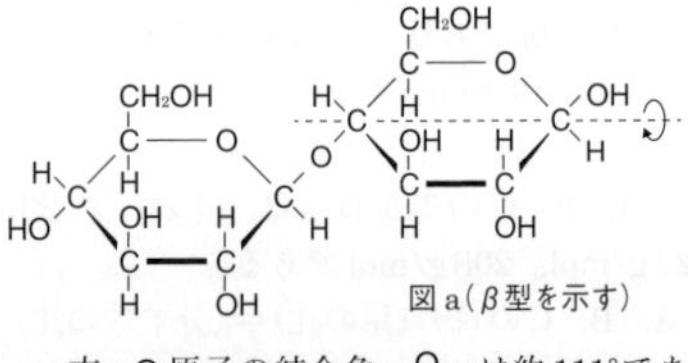

一方, O原子の結合角は約 $111°$ であるから, その角度に近づけるため, 右側の環を上下方向に $180°$ 回転させると, セロビオースは図bのようにも表せる。このとき, 右側の環の置換基の上下関係は, すべて元の逆になる (注意)。

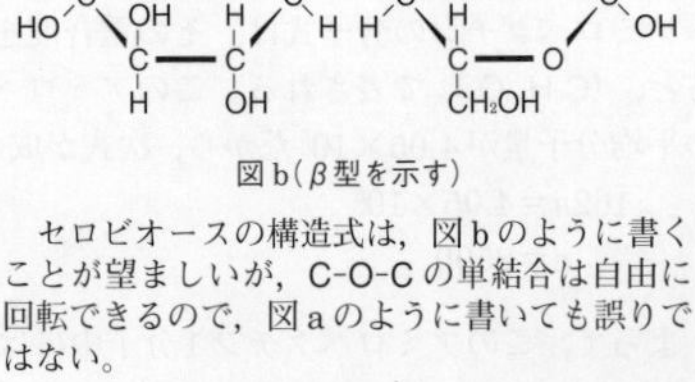

図b (β型を示す)
セロビオースの構造式は, 図bのように書くことが望ましいが, C-O-Cの単結合は自由に回転できるので, 図aのように書いても誤りではない。

(2) 解答の反応式の係数比より，セルロース 1 mol を完全にアセチル化するには，無水酢酸(分子量102)は $3n$〔mol〕が必要である。

$$\frac{324}{162n} \times 3n \times 102 = 612〔g〕$$

解答の反応式の係数比より，セルロース 1 mol からトリアセチルセルロース 1 mol が生成する。

セルロースの分子量 $162n$，トリアセチルセルロースの分子量が $288n$ だから，得られるトリアセチルセルロースを x〔g〕とおくと，アセチル化の前後で，セルロースの物質量は変化しないから，

$$\frac{324}{162n} = \frac{x}{288n} \quad \therefore \quad x = 576〔g〕$$

(3) セルロースの重合度を n とすると，

$$(C_6H_{10}O_5)_n = 5.0 \times 10^5$$
$$162n = 5.0 \times 10^5 \quad \therefore \quad n \fallingdotseq 3086$$

$$\therefore \quad 5.0 \times 10^{-8} \times 3086 \fallingdotseq 1.54 \times 10^{-4}〔cm〕$$

(4) トリアセチルセルロースの繰り返し単位の中にはアセチル基は 3 個ある。その一部 (y) 個だけが加水分解されたとすると，残るアセチル基は $(3-y)$ 個となる。

$$[C_6H_7O_2(OCOCH_3)_3]_n + nyH_2O \longrightarrow$$
$$[C_6H_7O_2(OH)_y(OCOCH_3)_{3-y}]_n + nyCH_3COOH$$

加水分解して得られたアセチルセルロースの分子量は，$(288-42y)n$　$(0 < x < 3$ の任意の値$)$

上の反応式の係数比より，トリアセチルセルロース(分子量 $288n$)と，加水分解して得られたアセチルセルロースの物質量は等しいから，

$$\frac{576}{288n} = \frac{508}{(288-42y)n} \quad \therefore \quad y \fallingdotseq 0.809$$

アセチル化の割合は，$\dfrac{3-0.809}{3} \times 100 \fallingdotseq 73〔\%〕$

▶**331** （ア）**2**　（イ）**鏡像(立体)**　（ウ）**2**　（エ）**4**
（オ）**2**　（カ）**3**　（キ）**4**　（ク）**16**　（ケ）**1**　（コ）**α**
（サ）**β**　（シ）**4**
(1) **CH₃-O-CH₂-OH**

(2)
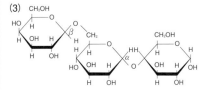

(3)

解説　4 種類の異なる原子・原子団と結合している炭素原子を**不斉炭素原子**という。α-グルコースの場合，着目した C 原子から環を一周したとき，立体構造の違いを比較する。例えば，②(2位)の C 原子に着目した場合，-H と -OH が異なるだけでなく，環の右

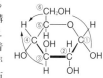

回りに③→④→⑤→ O →①と見た立体構造と，環の左回りに①→ O →⑤→④→③と見た立体構造では異なるので，不斉炭素原子と判断する。したがって，1～5位の C 原子がすべて不斉炭素原子である。

不斉炭素原子 1 個につき，2 個の立体異性体が存在するので，不斉炭素原子 n 個をもつ化合物には，最大 2^n 個の立体異性体が存在する。Ⅱの化合物のような糖類(分子中の C 原子に上から 1, 2, 3, 4 と番号をつける)を酸化する場合，最も酸化されやすいのは 1 位の -CHO 基であり，次いで，6 位の第一級の OH 基の方が，2, 3, 4 位の第二級の OH 基よりもやや酸化されやすい。例えば，グルコースを臭素で穏やかに酸化すると 1 位の -CHO だけが -COOH となり，グルコン酸($C_6H_{12}O_7$)が得られる。また，硝酸で強く酸化すると 6 位の第一級の OH 基も -COOH になり，グルカル酸($C_6H_{10}O_8$)が得られる。

Ⅲには，2位と3位に2個の不斉炭素原子が存在し，$2^2 = 4$〔個〕の立体異性体が存在しそうである。しかし，実際には分子内に対称面をもつ異性体(**メソ体**といい，旋光度も 0 になる)が存在するので，立体異性体は $2^2 - 1 = 3$〔個〕しか存在しない。メソ体は不斉炭素原子が複数あり，分子内に対称面，または対称中心が存在する場合に存在する。

```
      COOH           COOH           COOH           COOH
   H－C－OH        HO－C－H        H－C－OH        HO－C－H
   H－C－OH        HO－C－H        HO－C－H        H－C－OH
      COOH           COOH           COOH           COOH
    (a)            (b)            (c)            (d)
```

　(a)と(b)は紙面上で180°回転させると重なり合うので同一物である。また，2つの不斉炭素原子による旋光性が分子内で互いに打ち消し合い，旋光度は0(**光学不活性**という)となるメソ体である。

　(c)と(d)は回転しても裏返しても重なり合わないので，**鏡像異性体(鏡像体)**である。

　Ⅳには不斉炭素原子が4個あり，$2^4 = 16$[個]の立体異性体が存在し，そのうちの1つがD-グルコースである。

　Ⅳが鎖状構造のときは，1位の炭素は不斉炭素原子ではない。これがⅤの環状構造になると，1位の炭素は不斉炭素原子となり，新たに2種の立体異性体を生じる。これらを互いに**アノマー**といい，α-，β-の記号で区別される。また，1位の炭素を**アノマー炭素**という。

　ふつう，糖の環状構造において，アノマー炭素に結合するOH基が，環の下側にあるものが**α型**，環の上側にあるものを**β型**という。

(1)　アルデヒドやケトン中に存在するカルボニル基>C=Oは二重結合をもつため，付加反応が起こる。この場合，アルコールの-OHによる付加が下図のように起こる。生じた化合物には，**ヘミアセタール構造**(同一炭素に-OHと-O-が1個ずつ結合した構造)が存在し，容易に元に戻る性質がある。

```
   CH₃ － O ┊H                CH₃ － O   H
            ┊                       │   │
   H － C ⇌ Ö⊖      ⇌      H － C － O
     ⊕ │                          │
       H                          H
                  (CH₃ － O － CH₂ － OH)
```

　グルコースの分子内において，次式のように，5位のOH基が1位のホルミル(アルデヒド)基に付加すると，最も安定な六員環構造のα-，β-グルコースができる。

```
     H   H   H   OH  H   H
     │   │   │   │   │   │
  H－C⑥－C⑤－C④－C③－C②－C①＝O
     │   │   │   │   │
     OH  OH  OH  H   OH

        H   H   H  OHH  H
        │   │   │   │ │ │
  ⇌  H－C－C－C－C－C－C－OH
        │   │   │ │   │
        OH  │  OH H   OH
```

(2)　(i) グルコースの2，3，4，6位がメチル化された化合物が得られたということは，グルコースの1位のOH基が縮合に使われていた。

　(ii) ガラクトースの2，3，4位がメチル化された化合物が得られたので，ガラクトースは1位または6位のOH基のいずれかが縮合に使われていた。もし，ガラクトースの1位のOH基とグルコースの1位のOH基が縮合していたとすると，環状構造は開かなくなり，還元性を示さなくなる。

　題意より，この二糖類Xは還元性を示したことから，ガラクトースの6位のOH基とα-グルコースの1位のOH基がα-グリコシド結合したものである。

(3)　この三糖類Yの構造を次のようにおく。

```
  非還元末端     連鎖部分     還元末端
           ○              ○
```

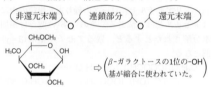

　⇒（β-ガラクトースの1位の-OH基が縮合に使われていた。）

　∴　結合場所は，非還元末端である。

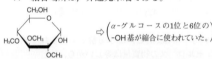

　⇒（α-グルコースの1位と6位の-OH基が縮合に使われていた。）

　∴　結合場所は，連鎖部分である。

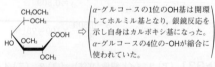

　⇒（α-グルコースの1位のOH基は開環してホルミル基となり，銀鏡反応を示し自身はカルボキシ基になった。α-グルコースの4位の-OHが縮合に使われていた。）

　∴　結合場所は，還元末端である。

　この三糖類Yの構造式は，解答の通りである。

1位，ガラクトースの1位)の-OHが関与しており，容易に加水分解される。よって，三糖類Yが希硫酸で加水分解されるという題意を満たす。

(2)　β-ガラクトースの1位の-OHと中央部のα-グルコースの1位の-OHが縮合し，さらに中央部のα-グルコースの6位の-CH₂OHが別のα-グルコースの4位の-OHと縮合して三糖類Yをつくる場合。

1位の-OHどうしの縮合で生じた結合は，ヘミアセタール構造の-OHがともに関与したアセタール結合であり，水中では開環できず還元性を示さない。よって，三糖類Xが銀鏡反応を示すという題意に反する。

4位の-OHと6位の-CH₂OHどうしの縮合で生じた結合は，どちらもヘミアセタール構造の-OHが関与しておらず，グリコシド結合ではなく，単なるエーテル結合であり，容易に加水分解されない。よって，三糖類Yが希硫酸で加水分解されるという題意に反する。

グルコースの立体異性体

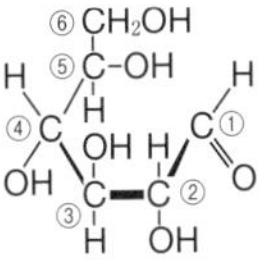

グルコースの鎖状構造には，②～⑤(2～5位)に不斉炭素原子が4個あるので，理論上2⁴=16種類の立体異性体が存在し，その内訳は，D型，L型それぞれ8種類ずつである。グルコースのような六炭糖の場合は，⑤(5位)の不斉炭素原子に結合している-CH₂OHが環の上側にあるものをD型，環の下側にあるものをL型としており，天然の糖類はすべてD型であるから，⑤(5位)の立体配置はどれも不変である。

したがって，②～④(2～4位)の不斉炭素原子に結合する-Hと-OHの立体配置の違いにより，8種類の六炭糖の立体異性体が区別される。

すなわち，上図のグルコースに対して，②(2位)の-Hと-OHの立体配置だけが異なるのが**マンノース**，④(4位)の-Hと-OHの立体配置だけが異なるのが**ガラクトース**である。これらのように，②～④(2～4位)の-OHの立体配置の1か所だけが逆である立体異性体を**エピマー**という。D-グルコースの立体異性体(全部で8種類)のうち，天然にも存在するのは，2-エピマーであるD-マンノースと，4-エピマーであるD-ガラクトースだけであり，他の5種類は天然にはほとんど存在しない。

▶332 (1) A, B

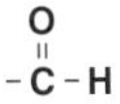

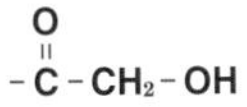

(2) ア, 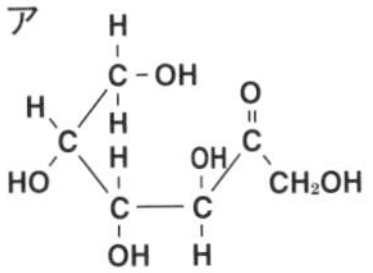 イ

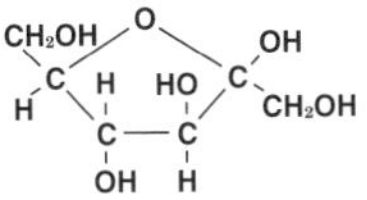

　(1)　グルコースとフルクトースはともに同じ分子式 $C_6H_{12}O_6$ をもつ六炭糖であるが，性質・構造が異なるので構造異性体の関係にある。

グルコースは水溶液中では，六員環構造のα-グルコース，β-グルコース，および鎖状構造が一定の割合で混合した平衡状態にある。

フルクトースは水溶液中では，六員環構造のα型，β型(立体異性体の関係)，鎖状構造，五員環構造のα型，β型が一定の割合で混合した平衡状態にある。

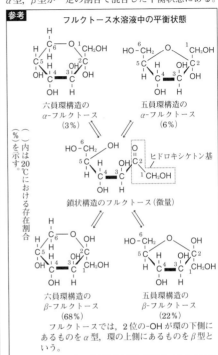

フルクトース水溶液中の平衡状態

六員環構造のα-フルクトース(3%)
五員環構造のα-フルクトース(6%)
ヒドロキシケトン基
鎖状構造のフルクトース(微量)
六員環構造のβ-フルクトース(68%)
五員環構造のβ-フルクトース(22%)

(( )内は20℃における存在割合(%)を示す。)

フルクトースでは，2位の-OHが環の下側にあるものをα型，環の上側にあるものをβ型という。

(1)　グルコース水溶液が還元性を示すのは，水溶液中に生成する鎖状構造の中にホルミル基(アルデヒド基)(-CHO)が存在するためである。

フルクトース水溶液が還元性を示すのは，水溶液中に生成する鎖状構造の中に酸化されやすいヒドロキシケトン基(-CO-CH₂OH)が存在するためである。

(2)　鎖状構造のフルクトースのC原子に，次図のように番号をつける。6位の-OHが2位の>C=Oに付加すると，六員環構造のヘミアセタール構造(**339 参考**)ができる。一方，5位の-OHが2位の>C=Oに付加すると，五員環構造のヘミアセタール構造ができる。また，2位の-OHのHが環内のO原子に付加すると，電子の移動により，環内のC-O結合が右図のように切れ，2位の炭素がカルボニル基(>C=O)

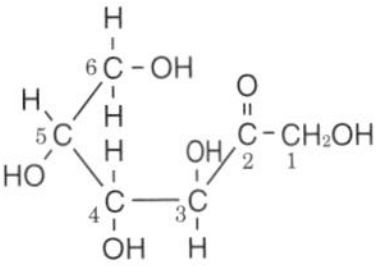

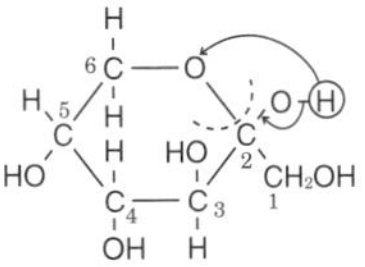

となった鎖状構造になる。

▶**333** (1) イヌリンが直線状の構造をとるため。
(2) (i) **1.8×10³**　(ii) **10**
(3) (i) **504**
(ii)

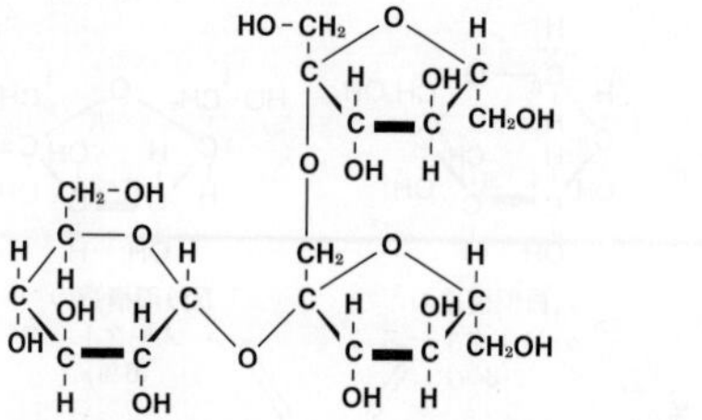

ものはXのみである。一方，Y，Zはフルクトース由来のものである。したがって，三糖類Aの分子量は，$180×3-18×2=504$

(ii) X，Y，Zの構造式はそれぞれ次のようになる。

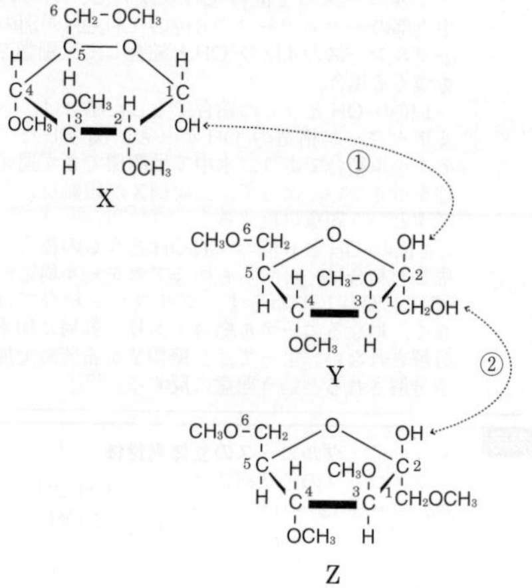

化合物Yの結合場所は中央部，化合物X，Zの結合場所は両端部である。Yを中央に，X，Zを両端に置き脱水縮合させる方法は2通りが考えられるが，三糖類Aはスクロースの部分構造をもつことから，上図①のように，Xの1位の-OHはYの2位の-OHと縮合していなければならない。よって，上図②のように，Yの1位の-CH₂OHはZの2位の-OHと脱水縮合することになる。

(iii) なし。(理由)グルコースの**1**位の**-OH**および，フルクトースの**2**位の**-OH**の両方を使って脱水縮合しており，水溶液中で還元性を示す鎖状構造に変化できないから。

解説　(1) デンプンでは，α-グルコースが直鎖状に結合しているが，分子全体では6分子で1回転するようならせん構造をとる。したがって，デンプン水溶液にヨウ素溶液(ヨウ素ヨウ化カリウム水溶液)を加えると，デンプンのらせん構造の中に三ヨウ化物イオン(I_3^-)などが取り込まれることで青紫色に呈色する(**ヨウ素デンプン反応**)。

イヌリンでは，β-フルクトースが直鎖状に結合しているが，分子全体としてはセルロースと同様に，真っすぐに伸びた**直線状構造**となる。したがって，I_3^-などが取り込まれないので呈色は起こらない。また，イヌリンはデンプンに比べて分子量が比較的小さいので，水にも可溶である。

(2) (i) イヌリンの分子量をMとすると，
　ファントホッフの法則　$PV=nRT$より，

$$1.24×10^3×1.00=\frac{0.900}{M}×8.3×10^3×300$$

$$∴\quad M=1.80×10^3$$

(ii) 題意より，イヌリンはスクロース1分子に多数のβ-フルクトースが結合したものであり，スクロースはα-グルコースとβ-フルクトースがグリコシド結合した二糖類であることから，1分子のイヌリンに含まれるグルコースは1分子である。いま，イヌリン1分子にフルクトースがx分子含まれるとすると，グルコースとフルクトースの分子量がいずれも180であり，グリコシド結合がxか所あれば，水分子がx個とれるので，

$$(180+180x)-18x=1.80×10^3 より，\quad x=10$$

(3) (i) 三糖類Aはイヌリンの加水分解生成物であり，これにCH_3Iを作用させてから加水分解して得られた生成物X，Y，Zのうち，グルコース由来の

参考

イヌリンの構造と利用
　スクロース単位の右側を占めるフルクトース単位の1位の-CH₂OH(上向き)と，もう一つのβ-フルクトースを左右に裏返したものの2位の-OH(下向き)を脱水縮合させると，三糖類Aのケストースとなる。

イヌリンの構造

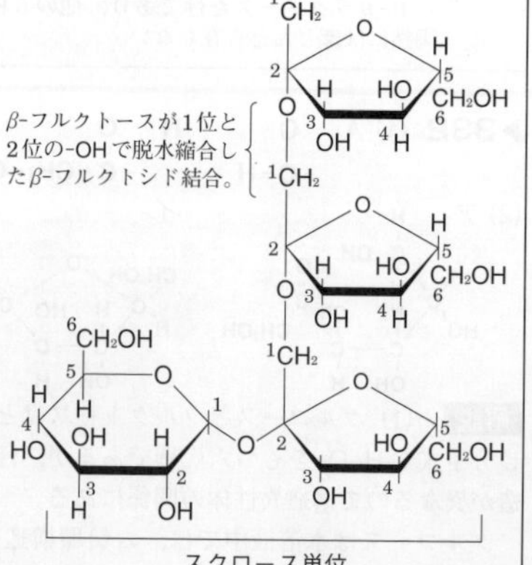

β-フルクトースが1位と2位の-OHで脱水縮合したβ-フルクトシド結合。

スクロース単位

このように，β-フルクトースどうしの脱水縮合を繰り返していくと，多糖類のイヌリンとなる。イヌリンはデンプンなどの多糖類に比べて低エネルギーで，血糖値を上昇させず，腸内細菌の活動を増進させる働きがあり，水溶性の食物繊維として食品への利用が増えている。

(iii) 三糖類Aでは，グルコースの1位のヒドロキシ基やフルクトースの2位のヒドロキシ基が脱水縮合してできたグリコシド結合やフルクトシド結合からできているので，水溶液中でも開環して鎖状構造になれない。よって，三糖類Aは還元性は示さない。

▶334 (1) (a) ホルミル(アルデヒド) (b) **5**
(c) **5** (d) **4** (e) **6** (2) ① H，② OH，③ OH，
④ CHO
(3)

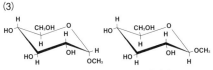

(4) 還元性がなくなる。水に溶けにくくなる。

(5)
```
    CHO
HO─C─H
HO─C─H
H─C─OH
HO─C─H
   CH2OH
```

(6)
```
  CH2OH        CH2OH
H─C─OH    H─C─OH
H─C─OH    HO─C─H
H─C─OH    H─C─OH
H─C─OH    H─C─OH
 CH2OH       CH2OH
```

解説 (1) 糖類のD型，L型は，最高位の不斉炭素原子(グルコースでは5位)に結合する置換基の立体配置により区別している。なお，天然の糖類の多くはD型で存在する。

D-グルコースを還元すると，やはり不斉炭素原子を4個含むD-ソルビトールとよばれる化合物(**糖アルコール**という)になる。これは，水によく溶け甘味をもつが，体内では消化されないので，糖尿病患者の甘味料や利尿剤などに利用される。

(3) 糖類のヒドロキシ基のうち，反応性の最も大きい1位が，他のヒドロキシ基と脱水縮合してできたエーテル結合を，とくに**グリコシド結合**といい，ふつうのエーテル結合よりも加水分解されやすい。グリコシド結合をもつ物質を**グリコシド(配糖体)**という。グルコースには1位の炭素の立体配置の違いによる α型，β型の環状構造があるので，これらに対してメタノールを反応させると，α-D-メチルグルコシドとβ-D-メチルグルコシドという2種の異性体が生成する。

(4) 最も反応性の大きい1位のOH基がアセチル化されると，開環できなくなり，還元性がなくなる。

さらにアセチル化を続けると，OH基が少なくなり，水に溶けにくくなる。と答えても可。

(5) (ア)
```
 1CHO ⟹ CH2OH
H─2C─OH
HO─3C─H
H─4C─OH
H─5C─OH
 6CH2OH
```
(イ)
```
 1CHO ⟹ CH2OH
HO─2C─H
HO─3C─H
H─4C─OH
H─5C─OH
 6CH2OH
```

(ア)はグルコースで，(イ)はグルコースとは異なる別の糖L-グロースである。しかし，(ア)も(イ)も還元すれば，1位の-CHOが-CH2OHとなり，紙面上で180°回転させると重なり合う。すなわち同一物質となる。

(6) 2個以上の不斉炭素原子をもつ化合物には，多くの立体異性体が存在する。このうち，実像と鏡像の関係にあるものを**鏡像異性体(エナンチオマー)**という。また，鏡像異性体の関係にはない立体異性体を**ジアステレオマー**といい，旋光性だけでなく他の物理的性質も多少異なる。D-グルコースの鎖状構造には4個の不斉炭素原子があり，$2^4=16$種類の立体異性体，つまり，鏡像異性体の組が8つ存在する。

```
 CHO ⟹ CH2OH        CHO ⟹ CH2OH
H─C─OH            H─C─OH
H─C─OH            HO─C─H
          対称面
H─C─OH            HO─C─H
H─C─OH            H─C─OH
 CH2OH             CH2OH
```

これらにおいて，還元すると同一の化合物になるということは，その還元生成物がメソ体になることを意味する。すなわち，還元生成物中に対称面が存在するものを探せば，上記に示した，D-アロース(左)とD-ガラクトース(右)の2種類しかない。

参考 　　　　**糖アルコールの生成**
D-グルコースを還元して得られる化合物(**糖アルコール**)は次図のD-ソルビトールである。還元するとD-ソルビトールになる化合物とは，D-ソルビトールの-CH2OHを酸化して-CHOに変えた化合物を答えればよい。(a)の-CH2OHを酸化すれば(ア)のD-グルコースとなる。一方，(b)の-CH2OHを酸化すれば別の糖が得られ，紙面上で180°回転すれば，(イ)のL-グロースとなる。(5位の-OHが右側にある糖をD型とすれば，5位の-OHが左側にある糖はL型となる。)

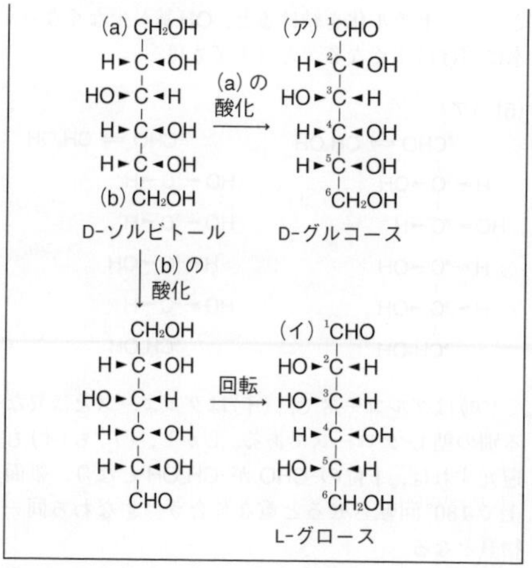

（a）CH₂OH　　　（ア）¹CHO

```
    (a) CH2OH                   (ア) 1CHO
    H ► C ◄ OH              H ► 2C ◄ OH
    HO ► C ◄ H    (a)の     HO ► 3C ◄ H
    H ► C ◄ OH    酸化      H ► 4C ◄ OH
    H ► C ◄ OH      →       H ► 5C ◄ OH
    (b) CH2OH                   6CH2OH
    D-ソルビトール           D-グルコース
              │
              │ (b)の
              │ 酸化
              ▼
       CH2OH                    (イ) 1CHO
    H ► C ◄ OH              HO ► 2C ◄ H
    H ► C ◄ OH     回転     HO ► 3C ◄ H
    HO ► C ◄ H      →       H ► 4C ◄ OH
    H ► C ◄ OH              H ► 5C ◄ OH
       CHO                      6CH2OH
                 L-グロース
```

▶**335**　(1) (ア) α　(イ) 示さない　(ウ) **12**　(エ) ニ
(オ) **6**　(カ) 一　(キ) 疎水　(ク) 親水　(ケ) C₃₉H₄₀O₂₀
(コ) C₁₅₆H₁₆₀O₈₀　(サ) **8**
(2) グリコーゲン，デンプン，マルトース
(3) デンプン，スクロース，トレハロース

解説　デンプンにある種の細菌から抽出した酵素
を作用させると，6，7，8，9，10個のα-グルコー
ス分子が環状に結合した化合物(シクロデキストリ
ン)が生成することが知られている。
(1) (ア) シクロデキストリンは，α-グルコースど
うしが1位と4位の-OH を使って脱水縮合してでき
る。こうして生じた結合を**α-グリコシド結合**とい
う。
(イ) シクロデキストリンでは，還元性を示す1位
の-OH がすべてグリコシド結合に使われ，水溶液
中で開環してホルミル(アルデヒド)基をもつ鎖状構
造に変わることができないので，還元性を示さない。
(ウ)～(カ) 図2の立体構造より，広い口(下側)に
は，α-グルコースの2位と3位の-OH が存在し，グ
ルコース6単位あたり2×6=12〔個〕存在する。狭
い口(上側)には，α-グルコースの6位の-CH₂OH が
存在し，グルコース6単位あたり1×6=6〔個〕存在
する。
(補足) グルコースの位置番号
は，右図のように，酸素原子を
六員環の右奥に置いたとき，右
端の炭素原子が1番とする。順
次，時計回りに環を構成するC
原子に番号をつけていく。

α-グルコース
(キ), (ク) 親水性の-OH はシクロデキストリンの
外側に向いており，外側が親水性となる。一方，シ
クロデキストリンの内側には極性の小さな C-H 結

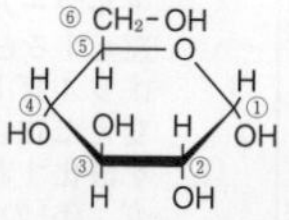

合が存在するので，内側が疎水性となる。
　フラーレン(C₆₀)は無極性の分子なので，疎水性
のシクロデキストリンの内側の空洞部分に取り込ま
れ，一種の化合物(包接化合物)をつくる。
(ケ) この複合体4.14 mg 中のC，H，Oの質量，お
よび，原子数の比は，

$$C \quad 8.58 \times \frac{12.0}{44.0} = 2.34 \text{〔mg〕}$$

$$H \quad 1.80 \times \frac{2.0}{18.0} = 0.20 \text{〔mg〕}$$

$$O \quad 4.14 - (2.34 + 0.20) = 1.60 \text{〔mg〕}$$

$$\therefore \quad C : H : O = \frac{2.34}{12.0} : \frac{0.20}{1.0} : \frac{1.60}{16.0}$$

$$= 0.195 : 0.200 : 0.100 = 39 : 40 : 20$$

すなわち，この複合体の組成式は C₃₉H₄₀O₂₀
(コ) この複合体の分子式は組成式を整数倍(kとお
く)したものだから，(C₃₉H₄₀O₂₀)ₖ となる。
一方，シクロデキストリンBの分子式を(C₆H₁₀O₅)ₙ
とおくと，フラーレンの分子式は C₆₀ だから，両者
の複合体の分子式は，シクロデキストリンB2分子
とフラーレン1分子の合計と等しい。
　C原子の数について
$$12n + 60 = 39k \quad \cdots\cdots ①$$
　H原子の数について
$$20n = 40k \quad \cdots\cdots ②$$
　O原子の数について
$$10n = 20k \quad \cdots\cdots ③$$
　②式の n=2k を①式へ代入して，
$$24k + 60 = 39k$$
$$\therefore \quad k = 4, \quad n = 8$$
よって，この複合体の分子式は C₁₅₆H₁₆₀O₈₀ となる。
(サ) n=8 より，シクロデキストリンBはグルコー
ス8分子から構成されている。
(2) シクロデキストリンはα-グリコシド結合をも
つので，α-グルコースが脱水縮合したグリコーゲ
ン，デンプン，マルトースがこの結合をもつ。
(3) 単糖類(フルクトースなど)はすべて還元性を示
し，多糖類(デンプンなど)はすべて還元性を示さな
い。二糖類は還元性を示す**還元糖**と，還元性を示さ
ない**非還元糖**に分けられる。
　ラクトースは，β-ガラクトースの1位の-OH とグ
ルコースの4位の-OH が脱水縮合したもので，グル
コースの1位に還元性を示す構造(**ヘミアセタール
構造**)(339 **参考**)が残っており，還元性を示す。
　スクロースは，α-グルコースの1位の-OH とβ-
フルクトースの2位の-OH が脱水縮合したもので，
還元性を示す構造が残っていないので，還元性を示
さない。また，トレハロースはα-グルコースの1
位の-OH どうしで脱水縮合したもので，還元性を

示す構造が残っていないので，還元性は示さない。

▶336 (1)

O H   H O
‖ | | ‖
C—C—O—C—C
| | | |
H CH₂OH OCH₃ H

(2) （あ）と（お）　(3) $n-2$個
(4) (i) 28個　(ii) 44個

解説　過ヨウ素酸HIO₄は，水溶液中で隣接する位置に-OH基が結合している，少し結合力が弱くなったC-C結合を選択的に切断する酸化剤である。なお，HIO₄で酸化したとき，ギ酸が生成するのは，連続する3つの炭素原子に-OHが結合した場合だけである。

$$
\underset{\text{OH OH OH}}{R-CH-CH-C-R''} \xrightarrow{HIO_4}
$$

（R″付き）

$$
\longrightarrow \underset{\text{アルデヒド}}{R-C=O} + \underset{\text{ギ酸}}{H-C-OH} + \underset{\text{ケトン}}{O=C-R'}
$$

参考　**過ヨウ素酸酸化**

　過ヨウ素酸HIO₄は酸性条件では強い酸化作用を示し，隣接位に-OH 2個が結合した1,2-ジオール中のC-C結合を酸化・開裂する。この一連の反応を**過ヨウ素酸酸化**という。
　その反応機構は，過ヨウ素酸イオンIO₄⁻が1,2-ジオールの2個の-OHと脱水縮合して生じる中間体を経由して進行する。

1,2-ジオール

中間体

　隣接位に-OH 3個が結合した1,2,3-トリオールを過ヨウ素酸酸化した場合は，まず，矢印のC-C結合が開裂する。

1,2,3-トリオール

ヒドロキシアルデヒド(不安定)　ケトン

　ヒドロキシアルデヒドのカルボニル基に水が付加すると，同一炭素に2個の-OHが結合した**gem-ジオール**を生じ，さらに，矢印のC-C結合が開裂する。

$$
\underset{\text{OH OH}}{R_1-C-C-OH} \longrightarrow \underset{\text{アルデヒド}}{R_1-C} + \underset{\text{ギ酸}}{C-OH}
$$

すなわち，1,2,3-トリオールを過ヨウ素酸酸化すると，両側からカルボニル化合物，中央部からギ酸を生成することになる。

(1) HIO₄によるC-C結合の切断箇所は，次の2か所である。

$$
\underset{HO}{\overset{^6CH_2OH}{}} \cdots + 2HIO_4
$$

$$
\longrightarrow HCOOH + 化合物A + 2HIO_3 + H_2O
$$

2, 4位のC原子が酸化されると，ホルミル基(-CHO)となり，3位のC原子が酸化されると，ギ酸(HCOOH)を生じる。2, 4位のC原子の酸化は脱水素による酸化で，あわせてH₂O 1分子が生成するが，3位のC原子の酸化は酸素付加による酸化で，H₂Oは生成しない。過ヨウ素酸HIO₄は反応後にはヨウ素酸HIO₃に変化する。

(2) アミロペクチン分子を構成するグルコース単位のうち，3つの連続した炭素原子に-OH基が結合しているのは，非還元末端の（あ）と，還元末端の（お）のみであり，この部分からギ酸が生成する。他の連鎖部分（い），（う）や，枝分かれ部分（え）からはギ酸は生成しない。

(3) 下図でわかるように，アミロペクチンを含めた多糖類に存在する末端のうち，還元末端（お）はただ**1つ**しか存在しない。また，アミロペクチン1分子中のα-1,6-グリコシド結合による枝分かれの数をx個とすると，非還元末端（あ）の数は，**$x+1$〔個〕**となる。
　よって，アミロペクチン1分子中の還元末端と非還元末端を合わせた数は，$x+2$〔個〕となる。

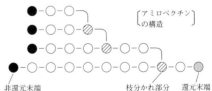

［アミロペクチンの構造］

非還元末端　　枝分かれ部分　還元末端

　ところで，本問では，末端部のグルコース単位の総数をnとしているので，α-1,6-グリコシド結合による枝分かれの数は$n-2$〔個〕となる。

(4) (i) アミロペクチン分子の物質量は，

$$
\frac{1.0}{2.0 \times 10^5} = 5.0 \times 10^{-6} \text{〔mol〕}
$$

生成したギ酸の物質量1.5×10^{-4}mol は，(2)よ

り，アミロペクチン分子の末端部のグルコース単位
の物質量と等しいから，末端部に位置するグルコー
ス単位の数は，

$$\frac{1.5\times10^{-4}}{5.0\times10^{-6}}=30〔個〕$$

よって，このアミロペクチン1分子中のα-1,6-グ
リコシド結合の数は，(3)より，30－2＝28〔個〕
(ii) このアミロペクチンの重合度をnとすると
　　　$(C_6H_{10}O_5)_n=2.0\times10^5$より
　　　$162n=2.0\times10^5$　∴　$n\fallingdotseq1235$
　グルコース単位の総数が1235個で，枝分かれの
数が28個なので，$\dfrac{1235}{28}\fallingdotseq44.1\fallingdotseq44$〔個〕

グルコース単位44個あたり1個の枝分かれが存
在する。

▶**337** (1) ギ酸5mol，C_6

(2) HCHO，HCOOH

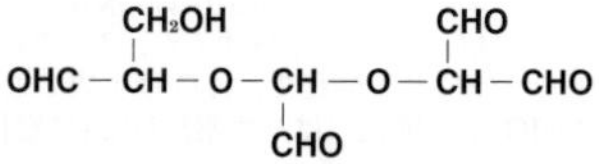

解説 (1) α-グルコースの結晶で考えると，HIO$_4$
による切断箇所は次の3か所であり，2，3位の各C
原子から\it{ギ酸2分子}を生じるが，ホルムアルデヒド
は生成しない（題意に反する）。

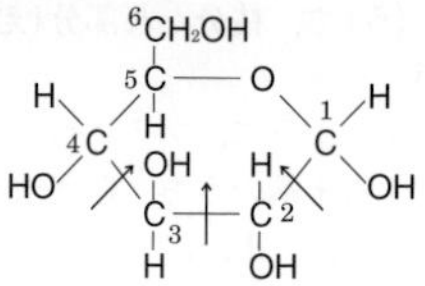

グルコースの水溶液で考えると，環状構造の一部
が開環して鎖状構造に変化する。HIO$_4$による酸化
反応が進むと，環状構造から鎖状構造への平衡移動
が進む。したがって，鎖状構造でのHIO$_4$による切
断位置は次の5か所と考えると，ギ酸とホルムアル
デヒドが生成する（題意に合う）。したがって，グル
コース水溶液のHIO$_4$酸化は，グルコースの鎖状構
造で考えていく必要がある。

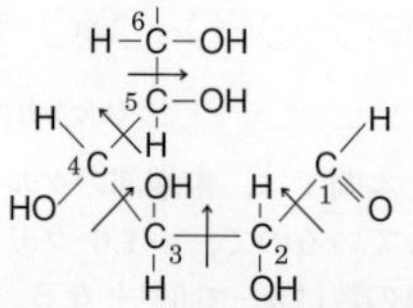

1位のC原子には-OH1個が付加して，ギ酸1分
子を生じる。2，3，4，5位の各C原子には，-OH
が2個ずつ付加した後，H$_2$Oが1個ずつ脱離し，ギ
酸4分子を生じる（次式）。

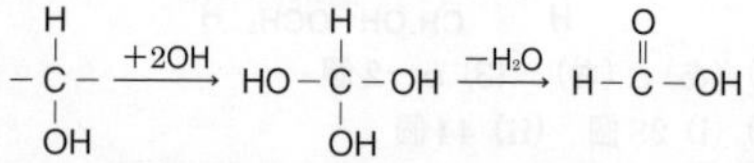

6位のC原子には-OH1個が付加した後，H$_2$Oが
1個脱離して，ホルムアルデヒド1分子を生じる（次
式）。

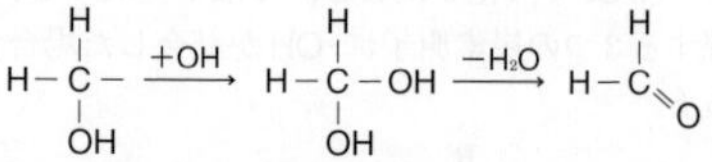

（同一炭素に2個以上-OHのついた化合物（gem-ジオー
ル）は不安定で，脱水して安定なアルデヒド，または
カルボン酸に変化しやすい。）

(2) マルトースは，α-グルコースの1位の-OHと
別のグルコースの4位の-OHが脱水縮合したα-1,4
-グリコシド結合をもつ二糖である。

水溶液中では左側の六員環は開環できないが，
（還元性を示す1位の-OHが縮合に使われているた
め。）右側の六員環は開環できる。したがって，右側
の六員環を開環して生じた鎖状構造について，
HIO$_4$による切断位置を考えるとよい。

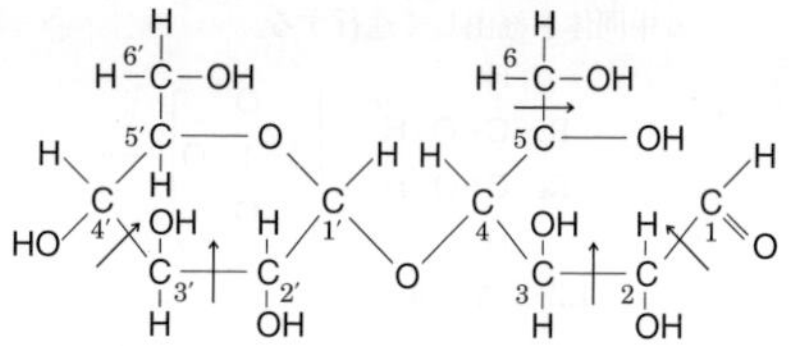

1位のC原子には-OH1個が付加して，ギ酸1分
子になる。2位，3′位の各C原子には-OHが2個ず
つ付加した後，H$_2$Oが1個ずつ脱離し，ギ酸2分
子になる。

6位のC原子には-OHが1個付加し，H$_2$Oが1個
脱離して，ホルムアルデヒド1分子になる。

3，5，2′，4′位の各C原子には-OHが1個ずつ付
加した後，H$_2$Oが1個ずつ脱離してホルミル基にな
る。

よって，マルトース1molをHIO$_4$で十分に酸化
すると，ギ酸3mol，ホルムアルデヒド1molのほ
か，次の鎖状構造の化合物1molが生成する。

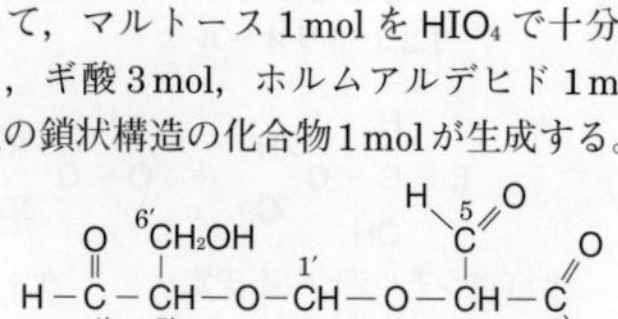

▶**338** (1)

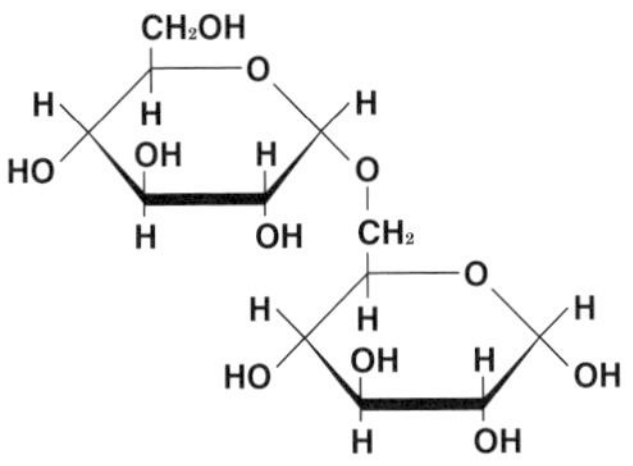

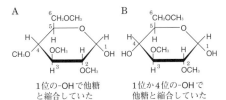

(2)

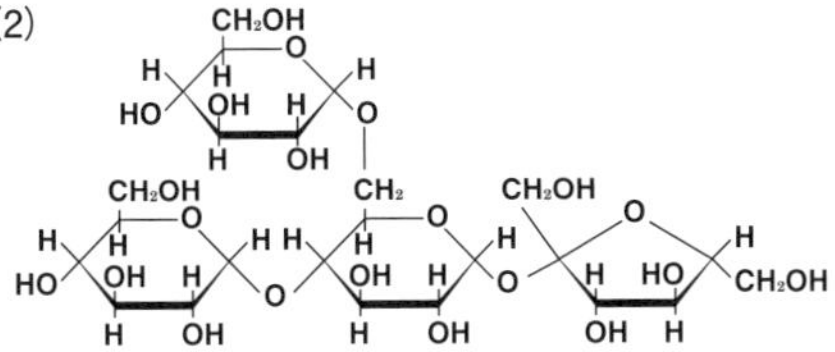

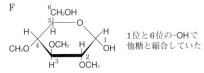

解説 マルトースのメチル化後，加水分解して得られたA，Bの構造は次の通り。

A   B

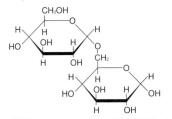

1位の-OHで他糖   1位か4位の-OHで
と縮合していた   他糖と縮合していた

(1) 二糖類Eをメチル化後，加水分解して得られたFの構造は次の通り。

F

1位と6位の-OHで
他糖と縮合していた

よって，二糖類Eの縮合位置は，グルコースの1位の-OHと，グルコースの6位の-CH₂OHである。

> グルコースの1位の-OHとグルコースの1位の-OHでも縮合は可能で，非還元性のトレハロースが生成する。しかし，トレハロースには1位の-OHが残っていないので，これ以上別の単糖とはグリコシド結合はできない。つまり，四糖類はつくれないので，不適である。

この二糖類Eは，マルトースの構造異性体でイソマルトースとよばれる。

(2) 四糖類Xを部分的に加水分解すると，マルトース，スクロース，イソマルトースが得られる。

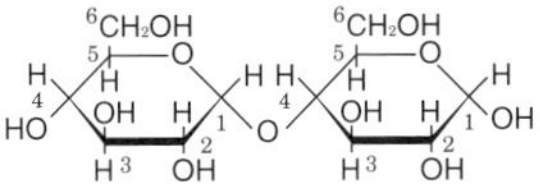

マルトース

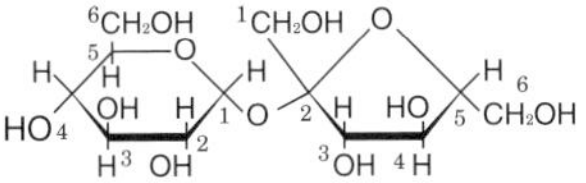

スクロース

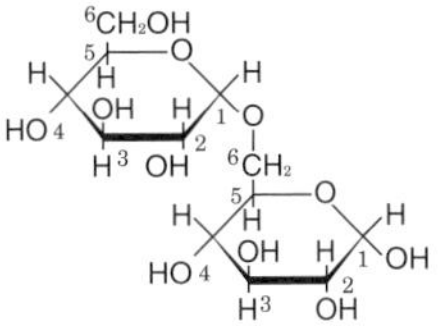

イソマルトース

四糖類Xをメチル化後，加水分解するとA2分子とC，D各1分子が得られる。メチル化(-OH→-OCH₃)すると，分子量は14ずつ増加する。

Dはフルクトースよりも分子量が56大きいので，-OHのうち4つがメチル化されている。残る-OH1つで他糖と縮合していた。

つまり，フルクトースはXの末端部分にあり，2位の-OHのみでグルコースの1位の-OHと縮合し，スクロースを構成していた。

Cはグルコースよりも分子量が28大きいので，-OHのうち2つがメチル化されている。残る-OH3つで他糖と縮合していた。

グルコース3分子のうちこの1分子は，Xの枝分かれ部分にあり，1位の-OHでフルクトースと縮合する一方，4位の-OHで別のグルコースと縮合してマルトースを構成し，さらに，6位の-CH₂OHで別のグルコースと縮合してイソマルトースを構成していた。

Aはグルコースの-OHの4つがメチル化されており，-OH1つで他の糖と縮合していた。つまり，グルコース3分子のうち，この2分子はXの末端部分にあったことになる。

∴ 四糖類Xは，中心部分をなすグルコースがその1位の-OHでフルクトースの2位の-OHと縮合してスクロースを構成する一方，その4位の-OHで別のグルコースの1位の-OHと縮合してマルトースを構成し，さらに，その6位の-CH₂OHで別のグルコースの1位の-OHと縮合してイソマルトースを構成するような構造であったと考えられる。

四糖類Xの構造は次のようになる。

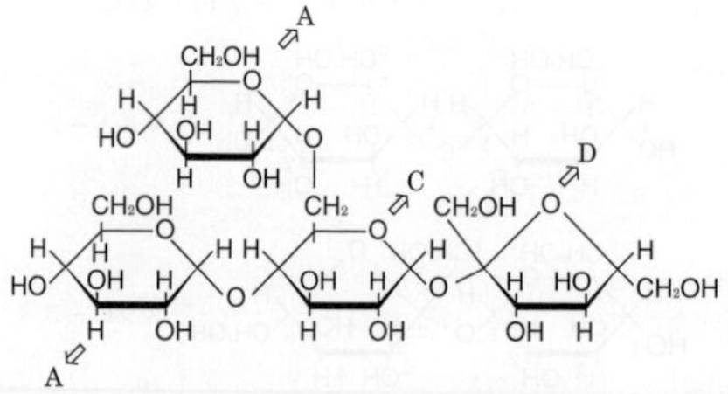

補足　四糖類Xが次のような構造であるとすれば，メチル化後，加水分解すると，X1molからA，B，D，F各1molが得られることになり，題意に反する。

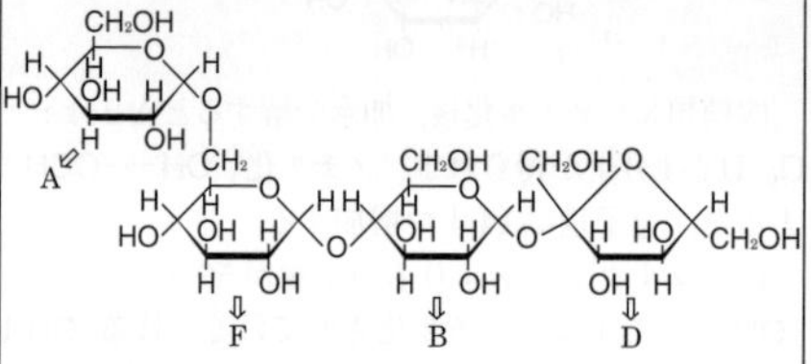

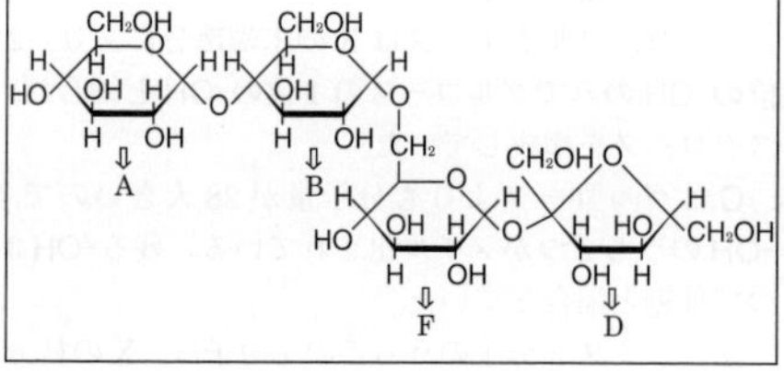

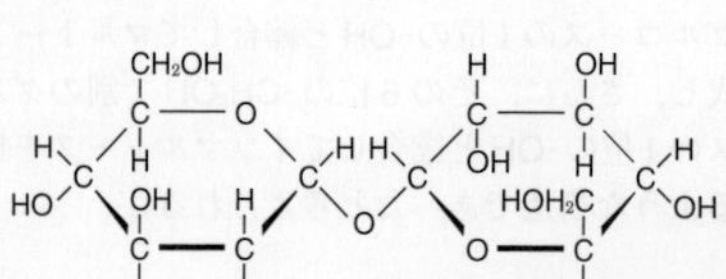

セロビオース（図は β 型を示す）

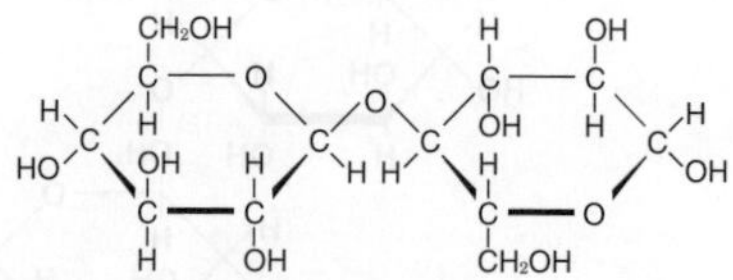

(3) グルコサミン　キトサン
（図は β 型を示す）

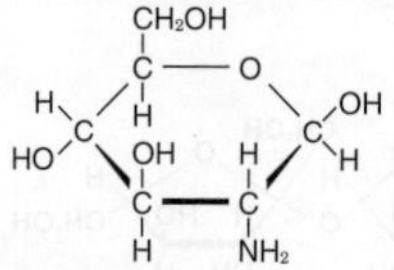

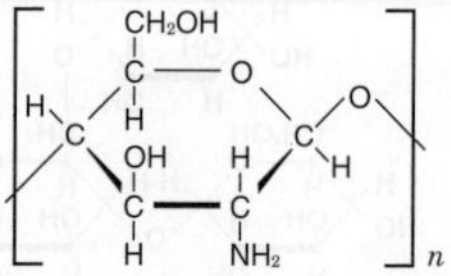

キチン

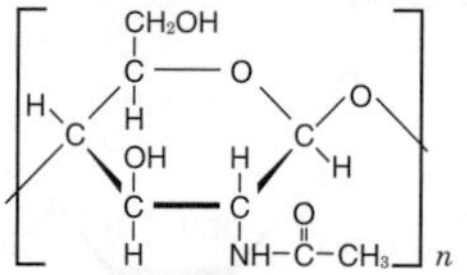

(4) ① **16 g** ② **3.2×10⁵**

解説　(1) グルコースは水溶液中で3種類の平衡混合物（α：β：鎖状＝1：2：少量）として存在する。

α 型と β 型は，1位の炭素原子に結合する-OH基の立体配置が異なり，1位の炭素原子が還元性を有するホルミル（アルデヒド）基として存在する鎖状構造を経て，互いに変換が可能である。

(オ) グルコース2分子を[A]，[B]と区別すると，

(i) [A]の1位の-OH が[B]の1，2，3，4，6位の-OHと縮合したもの。∴　5種類

(ii) [A]の2位の-OH が[B]の2，3，4，6位の-OHと縮合したもの。∴　4種類

(iii) [A]の3位の-OH が[B]の3，4，6位の-OHと縮合したもの。∴　3種類

(iv) [A]の4位の-OH が[B]の4，6位の-OHと縮合したもの。∴　2種類

(v) [A]の6位の-OH が[B]の6位の-OHと縮合したもの。∴　1種類

(i)～(v)合わせて15種類の構造異性体が考えられる。

(カ) グルコースの還元性を示す1位の-OHどうしで縮合してできた二糖類は，水溶液中で開環できないので，還元性を示さない。ただし，各グルコースには α 型，β 型の立体異性体があるので，その組み合せは次の4種類が考えられる。

▶339 (1) (ア) α　(イ) β
(ウ) ホルミル（アルデヒド）　(エ) 少糖類
(オ) **15**　(カ) **3**　(キ) **16**　(ク) **8**
(2) マルトース（図は α 型を示す）

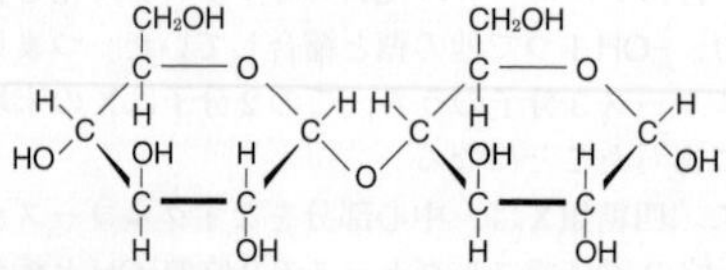

トレハロース

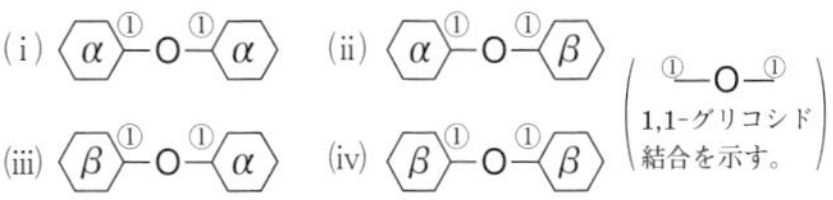

(i) ⟨α⟩①-O-⟨α⟩①　(ii) ⟨α⟩①-O-⟨β⟩①　⎫
　　　　　　　　　　　　　　　　⎬ ①-O-① 1,1-グリコシド結合を示す。
(iii) ⟨β⟩①-O-⟨α⟩①　(iv) ⟨β⟩①-O-⟨β⟩①　⎭

　このうち，(ii)と(iii)は裏返すと重なるので同一物質である。したがって，グルコース2分子からなる非還元性の二糖類Aの立体異性体は3種類である((i)が天然に存在するトレハロースである)。
(キ)グルコースの還元性を示す1位の-OHが別のグルコースの2位(②)，3位(③)，4位(④)，6位(⑥)の-OHと脱水縮合してできた二糖分子は，その一方の環にヘミアセタール構造が存在するので，水溶液中では開環できて，還元性を示す。グリコシド結合の仕方には，次の4種類が考えられる。

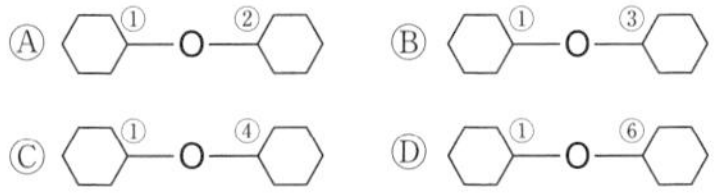

Ⓐ ⟨　⟩-O-②⟨　⟩　　Ⓑ ⟨　⟩-O-③⟨　⟩
Ⓒ ⟨　⟩-O-④⟨　⟩　　Ⓓ ⟨　⟩-O-⑥⟨　⟩

　ただし，各グルコースにはα型，β型があるので，Ⓐ，Ⓑ，Ⓒ，Ⓓについて，上記の(i)，(ii)，(iii)，(iv)のそれぞれ4通りの組み合せがある。したがって，グルコース2分子からなる還元性の二糖類Aの立体異性体は，全部で4×4＝16種ある。
　グルコースの環状構造には，1位のC原子に対して，-OHと-O-が1個ずつ結合した構造(ヘミアセタール構造という)を含むので，水溶液中では，この部分で開環して，ホルミル基(アルデヒド基)をもつ鎖状構造に変化し，還元性を示す。

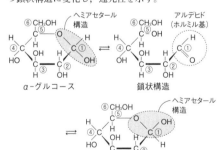

α-グルコース　　鎖状構造

β-グルコース

　非還元性の二糖類の水溶液では，左側のグルコースも右側のグルコースもどちらも開環しない。
　したがって，その水溶液の種類は(カ)と同じ3種類である。一方，還元性の二糖類の水溶液では，左側のグルコースは開環しないので，α型，β型の立体構造は変化しない。しかし，右側のグルコースにはヘミアセタール構造が存在し，開環するので，平衡状態になると，α型とβ型の混合物となる。
　よって，(i)と(ii)，(iii)と(iv)は平衡状態では区別できないので，還元性の二糖類Aの水溶液の立体異性体は，2×4＝8種類となる。
(2) **マルトース(麦芽糖)**は，α-グルコースの1位の-OHと別のグルコースの4位の-OHで縮合した構造をもち，1位に還元性を示す**ヘミアセタール構造**が残っているので，還元性を示す。
　トレハロースは，α-グルコースからなる二糖類であるが，還元性を示さない。これは，還元性を示す1位の-OHどうしで縮合しているためである。
　セロビオースは，β-グルコースの1位の-OHと別のグルコースの4位の-OHで縮合した構造をもち，1位に還元性を示す**ヘミアセタール構造**が残っているので，還元性を示す。
(3) **グルコサミン**は，グルコースの2位の炭素原子に結合した-OHを-NH₂で置換した化合物(**アミノ糖**)であり，**キトサン**は，グルコサミンがβ-1,4-グリコシド結合してできた直鎖状の高分子化合物である。
　塩基を用いて**キチン**を脱アセチル化すると，キトサンが得られることから，キチンはキトサンの-NH₂がアセチル化された構造をもつ。
(4) キチンをNaOH水溶液と加熱したとき，キチン中のアミド結合のみが加水分解され，糖分子間のグリコシド結合は加水分解されない。(これは，糖のグリコシド結合は酸では加水分解されやすいが，塩基では加水分解されにくい性質を利用している。)
　したがって，生成するキトサンの重合度は，キチンの重合度と等しく，キチンとキトサンの物質量も等しい。キチンの分子量は$203n$，キトサンの分子量は$161n$なので，キトサンx〔g〕が得られるとすると，

$$\frac{20}{203n}=\frac{x}{161n}\qquad x=15.9 ≒ 16 〔g〕$$

キチンの重合度をnとすると，

$$203n=4.0×10^5 \qquad ∴ \quad n ≒ 1.97×10^3$$

キトサンの分子量は，

$$161n=161×1.97×10^3=3.17×10^5 ≒ 3.2×10^5$$

への利用が期待されている。キチンの脱アセチル化で得られる多糖類は**キトサン**であり，生体の免疫機能を高める働きなどから，さまざまな医薬品への利用が始まっている。また，キトサンの加水分解で得られる**グルコサミン**は，アミノ基をもつ単糖類(アミノ糖)のグループに分類される。動物の軟骨などの結合組織を結びつける役割をもち，関節痛などに対する栄養補助食品(サプリメント)として利用されている。

▶**340** (1) (ア) グリシン　(イ) 鏡像異性体(光学異性体)　(ウ) カルボキシ　(エ) アミノ　(オ) 両性　(カ) 陽　(キ) 双性　(ク) 陰　(ケ) 電気泳動　(コ) 中性アミノ酸　(サ) 酸性アミノ酸　(シ), (ス) グルタミン酸，アスパラギン酸　(セ) 塩基性アミノ酸　(ソ) リシン　(タ) アセチル　(チ) エステル　(ツ) ニンヒドリン　(テ) 紫
(2) アミノ酸は結晶中では，-COOH基から-NH$_2$基へH$^+$が移って双性イオンとして存在している。そのため，有機物でありながらイオン結晶に似て融点が高い。また，アミノ酸の双性イオンには水和が起こりやすいので，水に溶けやすいが，結晶を構成する静電気力(クーロン力)が強いため，水以外の極性の小さな溶媒では結晶をくずすことはできないので有機溶媒には溶けにくい。

(3) ①
$$H_3C-\overset{\overset{\displaystyle H}{|}}{\underset{\underset{\displaystyle NH_3^+}{|}}{C}}-COOH$$
②
$$H_3C-\overset{\overset{\displaystyle H}{|}}{\underset{\underset{\displaystyle NH_3^+}{|}}{C}}-COO^-$$
③
$$H_3C-\overset{\overset{\displaystyle H}{|}}{\underset{\underset{\displaystyle NH_2}{|}}{C}}-COO^-$$

(4) **X** グリシン，**Y** フェニルアラニン，**Z** アラニン
(5)
① HSCH$_2$-CH-COOH　② CH$_3$-CH-CH-COOH
　　　　　　|NH$_2$　　　　　　　　　|OH |NH$_2$

(6) **18個**

解説 (1)～(3) 同一の炭素原子にアミノ基とカルボキシ基が結合した化合物を，α-アミノ酸という。α-アミノ酸は，R-CH(NH$_2$)COOHの一般式で表され，R-の部分をアミノ酸の**側鎖**という。アミノ酸の種類は，この側鎖の構造によって決まる。タンパク質の加水分解で得られるα-アミノ酸は約20種類で，R=Hであるグリシンを除いて，いずれも不斉炭素原子をもつので，**鏡像異性体**が存在する。
　アミノ酸は分子中に塩基性の-NH$_2$と，酸性の-COOHの両方をもつので，**両性電解質**である。結晶中では，-COOHから-NH$_2$へH$^+$が移動し，正・負の両方の電荷をもつ**双性イオン**として存在する。そのため，有機物でありながら，イオン結晶のよう

に融点が高く，水に溶けやすいが，有機溶媒には溶けにくいものが多い。
　α-アミノ酸は，水溶液のpHに応じて，その電荷の状態が変化し，次のような平衡状態にある。

酸性溶液中　　　　　　　　　　塩基性溶液中
$$R-\overset{\overset{\displaystyle H}{|}}{\underset{\underset{\displaystyle NH_3^+}{|}}{C}}-COOH \underset{H^+}{\overset{OH^-}{\rightleftharpoons}} R-\overset{\overset{\displaystyle H}{|}}{\underset{\underset{\displaystyle NH_3^+}{|}}{C}}-COO^- \underset{H^+}{\overset{OH^-}{\rightleftharpoons}} R-\overset{\overset{\displaystyle H}{|}}{\underset{\underset{\displaystyle NH_2}{|}}{C}}-COO^-$$

　アミノ酸の双性イオンに酸(H$^+$)を加えていくと，-COO$^-$の部分がH$^+$を受け取り，アミノ酸は陽イオンとなる。(平衡は左へ移動する。)
　一方，双性イオンに塩基(OH$^-$)を加えていくと，-NH$_3^+$の部分からH$^+$が放出されて，アミノ酸は陰イオンとなる。(平衡は右へ移動する。)
　このように，アミノ酸水溶液では，陽イオン，双性イオン，陰イオンが平衡状態にあるが，水溶液のpHを変えるとその割合も変化する。水溶液があるpHに達したとき，あるアミノ酸の平衡混合物の電荷の総和が0になることがある。このpHをアミノ酸の**等電点**という。等電点では，アミノ酸はほとんど双性イオンになっており，直流電圧をかけてもアミノ酸はどちらの電極へも移動しない。
　α-アミノ酸のうち，側鎖Rに-COOHも-NH$_2$ももたず，分子中に-COOHと-NH$_2$を1個ずつもつものを**中性アミノ酸**，側鎖Rに-COOHをもつものを**酸性アミノ酸**，側鎖Rに-NH$_2$をもつものを**塩基性アミノ酸**という。グリシンやアラニンのような中性アミノ酸の等電点は6付近，グルタミン酸やアスパラギン酸のような酸性アミノ酸の等電点は3付近，リシンのような塩基性アミノ酸の等電点は10付近にある。
　グリシンに無水酢酸を反応させると，アミノ基がアセチル化され，アセチルグリシンが得られる。
$$H_2NCH_2COOH + (CH_3CO)_2O \longrightarrow$$
$$CH_3CONHCH_2COOH + CH_3COOH$$
この物質にはアミノ基がなく，カルボン酸としての性質だけを示し，NaOH水溶液とは中和して塩をつくり溶けるが，HCl水溶液には溶けない。なお，-NH$_2$基がアセチル化されているので，ニンヒドリン反応は陰性である。
　また，グリシンとメタノールの混合物に塩化水素を通すと，グリシンのメチルエステルが得られる。
$$H_2NCH_2COOH + CH_3OH \longrightarrow$$
$$H_2NCH_2COOCH_3 + H_2O$$
この物質にはカルボキシ基がなく，アミンとしての性質だけを示し，塩酸とは中和して塩を生成し溶けるが，NaOH水溶液には溶けない。なお，-NH$_2$基が残っており，**ニンヒドリン反応は陽性**である。

参考

ニンヒドリン反応

アミノ酸とニンヒドリン水溶液とを加熱すると，アミノ酸の-NH$_2$とニンヒドリンが脱水縮合後，脱炭酸(-CO$_2$)が起こり，アミノ酸はアルデヒドに酸化される一方で，ニンヒドリンは還元されて第一級アミンとなる。これが別のニンヒドリンと脱水縮合して，紫色の色素を生成する（**ニンヒドリン反応**）。この反応は，アミノ酸の検出に利用されるほか，ペプチド，タンパク質や多くの脂肪族第一級アミンなど遊離の-NH$_2$基をもつ化合物で陽性である。なお，アミノ酸を多く含むほど，紫色の発色は濃くなる。なお，この反応は犯罪捜査の指紋鑑定にも利用されている。

(4) 不斉炭素原子をもたないα-アミノ酸は，グリシンのみ。Xは，グリシン。

（アミノ酸Yについて）

$$C:H:N:O = \frac{65.4}{12} : \frac{6.7}{1.0} : \frac{8.5}{14} : \frac{19.4}{16}$$

$\fallingdotseq 9:11:1:2$　組成式は，C$_9$H$_{11}$NO$_2$

Yは，中性アミノ酸だから-NH$_2$，-COOHを1個ずつもつ。（天然には，-NH$_2$，-COOHを2個ずつもつα-アミノ酸は存在しない。）

∴　Nは1個，Oは2個。

∴　Yの分子式はC$_9$H$_{11}$NO$_2$と決まる。

Yは芳香族アミノ酸なので，側鎖(R-)にベンゼン環をもつ。また，上記の分子式を満たす天然のα-アミノ酸は下記のフェニルアラニンしかない。

C$_9$H$_{11}$NO$_2$ － C$_2$H$_4$NO$_2$ － C$_6$H$_5$ ＝ CH$_2$

（共通部分）（ベンゼン環）（メチレン基）

Yは，

（アミノ酸Zについて）

アミノ酸Z 0.144 g中に含まれるN原子の物質量は，発生したN$_2$の物質量の2倍である。

$$\frac{18.2}{22400} \times 2 = 1.625 \times 10^{-3} \text{〔mol〕}$$

Zは中性アミノ酸なので，分子中にN原子を1個含む。その分子量をMとすると，

$$\frac{0.144}{M} = 1.625 \times 10^{-3} \quad ∴ \quad M \fallingdotseq 89$$

α-アミノ酸の共通部分C$_2$H$_4$NO$_2$の分子量は74であるから，89－74＝15。残る側鎖(-R)は，メチル基(-CH$_3$)が該当する。また，Zには不斉炭素原子が存在するので，アラニンである。

Zは，H$_3$C-C-COOH
　　　　$\overset{\text{H}}{|}$　　$\overset{|}{\text{NH}_2}$

(5) ① システインは，分子中にチオール基-SHをもち，空気中でも容易に酸化されてジスルフィド結合(-S-S-)をもつ二量体のシスチンに変化しやすいので，還元性を示す。システインをフェーリング液に加えて加熱すると，酸化銅(I)Cu$_2$Oの赤色沈殿を生成する。

H$_2$N-CH-CH$_2$-SH ＋ HS-CH$_2$-CH-NH$_2$
　　　|　　　　　　　　　　　　　　　|
　COOH　　　　　　　　　COOH　システイン

（還元）＋2H ↑↓ －2H（酸化）

H$_2$N-CH-CH$_2$-S-S-CH$_2$-CH-NH$_2$
　　　|　　　　　　　　　　　　|
　COOH　　　　　　　　COOH

シスチン

② ヨードホルム反応を示すので，

(i) CH$_3$-C-　または　(ii) CH$_3$-$\overset{*}{C}$H-のいずれかの
　　　　‖　　　　　　　　　　|
　　　　O　　　　　　　　　　OH

部分構造をもつ。

また，α-アミノ酸はR-$\overset{*}{C}$H-COOHの一般式で表
　　　　　　　　　　　　|
　　　　　　　　　　　NH$_2$

され，RがHのグリシン以外は不斉炭素原子をもつ。したがって，不斉炭素原子を2個もつには，側鎖(R-)の部分にも不斉炭素原子が存在しなければならない。

よって，このα-アミノ酸は側鎖に上記の(ii)の構造をもつトレオニン CH$_3$-$\overset{*}{C}$H-$\overset{*}{C}$H-COOH である。
　　　　　　　　　　　　　　　　　　　OH NH$_2$

(6) H{NH-CH$_2$-CO}$_n$OH⟶nNH$_3$↑ より，

グリシンのみからなるペプチド（分子量：57n＋18）1 molから，n〔mol〕のアンモニアが発生する。

$$\frac{0.580}{57n+18} \times n = 0.010 \quad ∴ \quad n = 18 \text{〔個〕}$$

▶**341** (ア) 20　(イ) α-アミノ酸　(ウ) ペプチド (エ) 親水コロイド　(オ) 塩析　(カ) 赤紫　(キ) ビウレット反応　(ク) 黄　(ケ) 橙黄　(コ) キサントプロテイン反応　(サ) ニトロ　(シ)，(ス) フェニルアラニン，チロシン，トリプトファンのうち2つ。(セ) 黒　(ソ) 硫黄　(タ)，(チ) システイン，シスチン　(ツ) 単純タンパク質　(テ) 複合タンパク質 (ト) カゼイン　(ナ) アルブミン　(ニ) グルテリン (ヌ) ケラチン　(ネ) フィブロイン　(ノ) コラーゲン (ハ) 二次構造　(ヒ) ジスルフィド　(フ) 三次構造 (ヘ) 酵素　(ホ) 加熱　(マ) 重金属　(ミ) 変性 (ム) 失活
(1) (a) α-ヘリックス構造　(b) β-シート構造
水素結合

(2) 水素結合，イオン結合，ファンデルワールス力

(3) タンパク質の水溶液に濃硫酸を加えて加熱・分解したのち，濃い水酸化ナトリウム水溶液を加えて加熱する。このとき，試験管の口付近へ水でぬらした赤色リトマス紙を近づけて青変するかどうか，または，濃塩酸をつけたガラス棒を近づけて白煙が生成するかどうかを調べればよい。

(4) タンパク質中の水素結合などが切断され，その特有の立体構造が変化したため。ゼラチンはすでに変性したタンパク質なので，変化はみられない。

(5) タンパク質の分子は，水溶液中では正または負の電荷を帯びたコロイド粒子として，その電気的反発力で水中に分散している。ここへ少量の電解質を加えると，その電離で生じたイオン対によってタンパク質分子間の静電気的な反発力が弱められ，水に溶けやすくなる。

解説　(1)，(2) アミノ酸の-NH$_2$基と他のアミノ酸の-COOH基との間で脱水縮合してできたアミド結合を，とくに**ペプチド結合**といい，この結合をもつ物質を**ペプチド**という。

タンパク質には水に溶けにくい**繊維状タンパク質**（ケラチンやフィブロインなど）のほか，水に溶けやすい**球状タンパク質**（アルブミン，グロブリンなど）とがある。

繊維状タンパク質　　　　球状タンパク質

球状タンパク質では，側鎖R-のうち，疎水性の基が分子の内側に，親水性の基が分子の外側になるように折りたたまれており，しかも，分子1個の大きさがコロイド粒子の大きさをもつので，水に溶かすと**親水コロイド溶液**となる。この溶液に多量の電解質を加えると，タンパク質に水和していた水分子が電解質のイオンの方に奪われて沈殿する（**塩析**）。

生体内では，球状タンパク質は血清中や細胞質基質中に水に溶けた形で存在し，繊維状タンパク質は骨や筋肉，腱などの結合組織をつくる構造成分として存在することが多い。

[タンパク質の検出反応]

・**ビウレット反応**　下図のようにペプチド結合-NHCO-中のN原子がCu^{2+}に配位結合して生じた錯イオンの形成により呈色する。2つ以上のペプチド結合をもつトリペプチド以上のペプチドで陽性であるが，ペプチド結合を1個しかもたないジペプチドやアミノ酸は陰性である。

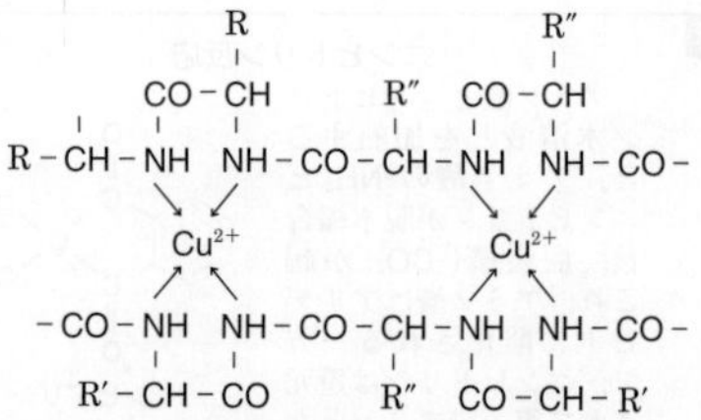

$$
\begin{array}{ccc}
& R & R'' \\
& | & | \\
& CO-CH & CO-CH \\
& | & | \\
R-CH-NH \quad NH-CO-CH-NH \quad NH-CO- \\
\searrow \qquad \swarrow \qquad \searrow \qquad \swarrow \\
Cu^{2+} \qquad\qquad Cu^{2+} \\
\nearrow \qquad \nwarrow \qquad \nearrow \qquad \nwarrow \\
-CO-NH \quad NH-CO-CH-NH \quad NH-CO- \\
| & | \\
R'-CH-CO & R'' \quad CO-CH-R' \\
\end{array}
$$

・**キサントプロテイン反応**　ベンゼン環のニトロ化にもとづく呈色であり，フェニルアラニン（呈色は弱い），チロシン，トリプトファンなどのアミノ酸および，それらを構成成分とするタンパク質で陽性。

まず，卵白水溶液に濃硝酸を加えると変性により白濁する。これを加熱すると，ベンゼン環へのニトロ化が進行し，黄色に変化してくる。冷却後，NH$_3$水などを加えて溶液を塩基性にすると，側鎖の電離状態が変化して呈色が強くなり，橙黄色を示す。

・**硫黄反応**　システイン，シスチンなどの硫黄を含むアミノ酸および，それを構成成分とするタンパク質が強塩基で分解されて，生じたS^{2-}がPb^{2+}と反応して，PbSの黒色沈殿を生成する。

$$
\begin{array}{ll}
HS-CH_2-CH-COOH & S-CH_2-CH(NH_2)COOH \\
\quad\quad\quad | & | \\
\quad\quad\quad NH_2 & S-CH_2-CH(NH_2)COOH \\
\quad\text{システイン} & \quad\text{シスチン}
\end{array}
$$

メチオニンでは呈色は弱い。

$$CH_3S-(CH_2)_2-CH(NH_2)-COOH$$

生体を構成するタンパク質には，α-アミノ酸だけからなる**単純タンパク質**と，アミノ酸以外の成分（補欠分子族という）を含む**複合タンパク質**とがある。後者には，糖，核酸，脂質，色素，リン酸，金属イオンをそれぞれ含む糖タンパク質，核タンパク質，リポタンパク質，色素タンパク質，リンタンパク質，金属タンパク質などがある。

タンパク質の主なものは次の通り。

タンパク質	性　　質	所　在
アルブミン	水に可溶	卵白，血液
グロブリン	塩類溶液に可溶	卵白，血液
グルテリン	希酸・希アルカリに可溶	小麦，大豆
フィブロイン	溶媒に不溶	絹糸，くもの糸
ケラチン		毛髪，爪，羊毛
コラーゲン	熱水に可溶	軟骨，腱

[タンパク質の立体構造]

一次構造　タンパク質を構成するポリペプチド鎖のアミノ酸の配列順序。

二次構造　ポリペプチド鎖のペプチド結合の>C=O···H-N< の間に働く水素結合によってつくられた部分的な立体構造。

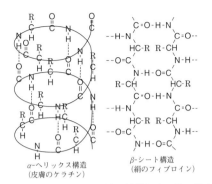

α-ヘリックス構造
（皮膚のケラチン）

β-シート構造
（絹のフィブロイン）

三次構造 ポリペプチド鎖の側鎖(-R)の間に働く相互作用によって，複雑に折りたたまれて生じた，各タンパク質に特有の立体構造。

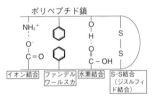

ポリペプチド鎖

| イオン結合 | ファンデルワールス力 | 水素結合 | S-S結合（ジスルフィド結合） |

四次構造 三次構造をとったポリペプチド鎖が，さらにいくつか集合してできた立体構造。

酸素が結合する部分（ヘム）

一般に，物理的要因(熱，圧力，凍結，紫外線など)，化学的要因(強酸，強塩基，有機溶媒，重金属イオンなど)の作用によって，タンパク質の二次以上の構造(**高次構造**という)が壊れてしまう現象を，**タンパク質の変性**という。球状タンパク質が変性すると，凝固・沈殿が起こる。

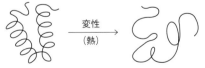

変性
（熱）

卵白水溶液を加熱すると，主にアルブミンが凝固するが，これは不可逆的な変性の代表例である。
一度変性したタンパク質は，元の状態に戻らないことが多い。
生体内の細胞でつくられる物質で，生体内での種々の化学反応の速さを促進する働きをもつ物質を**酵素**という。酵素は単純タンパク質であるもの(アミラーゼ，ペプシンなど)と，複合タンパク質であるもの(チマーゼ，デカルボキシラーゼなど)に大別される。後者は，タンパク質部分の**アポ酵素**と，非タンパク質の低分子である**補酵素**とからなり，両者が結合した状態(**ホロ酵素**という)で初めて酵素の働きをするようになる。
酵素の特性として，①特定の物質(**基質**という)だけに作用するという**基質特異性**が顕著であること。②**最適温度**(35〜40℃)をもつ。③**最適pH**(中性付近にあるものが多いが，各酵素で異なる)をもつ。④特定の反応だけを触媒し，決まった生成物を生じる性質(**反応特異性**)をもつ。

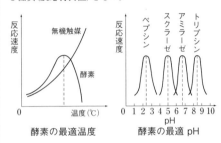

酵素の最適温度

酵素の最適pH

(3) タンパク質を濃硫酸と触媒(硫酸カリウム，硫酸銅(Ⅱ))とともに加熱すると，-NH$_2$基はすべて分解されて(NH$_4$)$_2$SO$_4$になる。ここへ濃いNaOH水溶液を加えて熱すると，弱塩基のNH$_3$が発生する。これを中和滴定してタンパク質を定量する(**ケルダール法 344 解説**)。

(4) **コラーゲン**は右図のような3本のポリペプチド鎖がより合わさった三重らせん構造をもつ。これを熱水と煮沸すると，3本のポリペプチド鎖がほどけて1本鎖となり，さらに加水分解されてその分子鎖が少し短くなる。これが**ゼラチン**である。

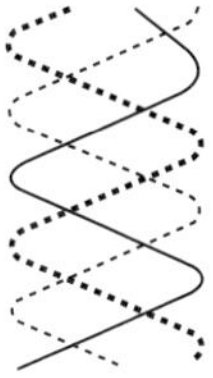

すなわち，コラーゲン分子の二次構造が壊れてすでに変性したゼラチンでは，卵白水溶液に見られるような変性は観察されない。
(5) 卵白は水に可溶なアルブミンと水にやや不溶なグロブリンというタンパク質から構成されており，水を加えてかき混ぜるとグロブリンが沈殿し白い濁りを生じる。ここへ少量の食塩水を加えると濁りは消え透明な溶液となる。これはグロブリンのもつ表面電荷による静電気的な反発力がNa$^+$とCl$^-$の添加によって弱められたためである。このような現象を**塩溶**という。

参考
タンパク質の塩溶と塩析

　タンパク質は，アミノ酸と同様に等電点があり，それよりも酸性側では陽イオン，塩基性側では陰イオンとなるので，ある特定のpHの水溶液中では，＋または－の表面電荷を帯びている。そのため，タンパク質の分子間には静電気的な反発力が働く。ここへ少量の電解質を加えると，その電離で生じたイオン対によって，タンパク質分子の表面電荷が有効に遮蔽(**静電遮蔽**という)されるため，タンパク質分子間に働く静電気的な反発力が弱められ，タンパク質分子どうしがより接近できるようになり，水への溶解度が増加する。この現象を**塩溶**という。

　一方，タンパク質の水溶液に多量の電解質を加えると，その電離で生じたイオン対によって，タンパク質分子はさらに静電遮蔽されるので，タンパク質分子はさらに接近し，やがてファンデルワールス力が強く作用し始め，タンパク質分子どうしが凝集して沈殿する。この現象を**塩析**という。

▶**342** (1) 3種類　(2) 6種類　(3) 5種類
(4) 12種類　(5) 6種類　(6) 24種類　(7) 1種類
(8) 2種類

解説　各アミノ酸を次のような略号で表す。グリシン(Gly)，アラニン(Ala)，フェニルアラニン(Phe)，グルタミン酸(Glu)，リシン(Lys)，セリン(Ser)

(1) Gly 2分子とAla 1分子からなる鎖状のトリペプチドの結合順序は，どちらが中央にあるかの違いによって，次の2通りがある。

　(a) Gly-(Gly)-Ala
　(b) Gly-(Ala)-Gly

さらに，ペプチド結合には，-CONH-と-NHCO-という結合する方向の違いにより2通りがある。これは各ペプチドの末端にアミノ基(**N末端**といい，本書では(N)で表す)があるか，カルボキシ基(**C末端**といい，本書では(C)で表す)があるかで区別できる。

　(a)の場合，ペプチド結合の方向性を区別すると，

　(i) (N) ＼　　　　　　 ／ (C)
　　　　　Gly ＝ Gly ＝ Ala
　(ii) (C) ／　　　　　　 ＼ (N)

　(b)の場合，ペプチド結合の方向性を区別すると，

　(iii) (N) ＼　　　　　　 ／ (C)
　　　　　Gly ＝ Ala ＝ Gly
　(iv) (C) ／　　　　　　 ＼ (N)

ただし，(iii)と(iv)は回転させると重なり合うので同一物質である。
　∴　構造異性体は，(i)，(ii)，(iii)の3種類。

(2) Gly 1分子，Ala 1分子，Phe 1分子からなる鎖状のトリペプチドの結合順序は，どれが中央にあるかの違いによって，次の3通りがある。

　(a) Gly-(Ala)-Phe
　(b) Ala-(Gly)-Phe
　(c) Ala-(Phe)-Gly

(a)，(b)，(c)それぞれに，ペプチド結合の方向性(-CONH-か-NHCO-)を区別すると，

　(i) (N) ＼　　　　　　 ／ (C)
　　　　　Gly ＝ Ala ＝ Phe
　(ii) (C) ／　　　　　　 ＼ (N)

　(iii) (N) ＼　　　　　　 ／ (C)
　　　　　Ala ＝ Gly ＝ Phe
　(iv) (C) ／　　　　　　 ＼ (N)

　(v) (N) ＼　　　　　　 ／ (C)
　　　　　Ala ＝ Phe ＝ Gly
　(vi) (C) ／　　　　　　 ＼ (N)

　∴　構造異性体は，(i)～(vi)の6種類。

(3) グルタミン酸　$HOOC-\overset{\gamma}{C}H_2-\overset{\beta}{C}H_2-\overset{\alpha}{C}H-COOH$
$\qquad\qquad\qquad\qquad\qquad\qquad\qquad |$
$\qquad\qquad\qquad\qquad\qquad\qquad\quad NH_2$

リシン　$H_2N-\overset{\varepsilon}{C}H_2-\overset{\delta}{C}H_2-\overset{\gamma}{C}H_2-\overset{\beta}{C}H_2-\overset{\alpha}{C}H-COOH$
$\qquad\qquad\qquad\qquad\qquad\qquad\qquad\qquad\qquad\quad |$
$\qquad\qquad\qquad\qquad\qquad\qquad\qquad\qquad\quad NH_2$

グルタミン酸のα位の-COOHを(C_1)，γ位の-COOHを(C_2)，リシンのα位の-NH_2を(N_1)，ε位の-NH_2を(N_2)と区別する。

Glu 1分子とLys 1分子からなる鎖状ジペプチドの結合順序は1通りのみ。ペプチド結合の方向性を区別すると

　(i)
　　(N) — Glu ⟨(C_1)(N_1)交差(C_2)(N_2)⟩ Lys — (C)

　(ii)
　　(C_1) ＼　　　　　　　　　　 ／ (N_1)
　　　　　Glu —(N)(C)— Lys
　　(C_2) ／　　　　　　　　　　 ＼ (N_2)

(i)には構造異性体が4種類あるが，(ii)には構造異性体が1種類のみ。
　∴　構造異性体は全部で5種類。

(4) Gly 2分子，Ala 1分子，Phe 1分子からなる鎖状のテトラペプチドの結合順序は，中央部の2か所にくるアミノ酸に着目すると次の6通りがある。

　(a) G-(G)-(A)-P　(b) G-(A)-(G)-P
　(c) A-(G)-(G)-P
　(d) A-(G)-(P)-G　(e) A-(P)-(G)-G
　(f) G-(A)-(P)-G(=G-(P)-(A)-G)

それぞれにペプチド結合の方向性を区別すると，全部で12種類の構造異性体が考えられる。

(5) Gly 2分子，Ala 2分子からなる鎖状のテトラペプチドの結合順序は，中央部の2か所にくるアミノ酸に着目し，ペプチド結合の方向性を区別すると次の6通りがある。

(i) 中央がA, Aのとき

$$\overset{N}{\underset{C}{\Big\backslash}}G = A = A = G \overset{C}{\underset{N}{\diagup}}\text{同一物}$$

(ii) 中央がG, Gのとき

$$\overset{N}{\underset{C}{\Big\backslash}}A = G = G = A \overset{C}{\underset{N}{\diagup}}\text{同一物}$$

(iii) 中央がA, Gのとき

$$\overset{N}{\underset{C}{\Big\backslash}}A = A = G = G \overset{C}{\underset{N}{\diagup}}$$

$$\overset{N}{\underset{C}{\Big\backslash}}G = A = G = A \overset{C}{\underset{N}{\diagup}}$$

(6) Gly 1分子, Ala 1分子, Phe 1分子, Ser 1分子からなる鎖状のテトラペプチドの結合順序は, 中央部の2か所にくるアミノ酸に着目すると次の12通りがある。

(a) G-Ⓐ-Ⓟ-S (b) G-Ⓟ-Ⓐ-S
(c) P-Ⓖ-Ⓐ-S (d) P-Ⓐ-Ⓖ-S
(e) A-Ⓖ-Ⓢ-P (f) A-Ⓢ-Ⓖ-P
(g) A-Ⓖ-Ⓟ-S (h) A-Ⓟ-Ⓖ-S
(i) G-Ⓐ-Ⓢ-P (j) G-Ⓢ-Ⓐ-P
(k) G-Ⓟ-Ⓢ-A (l) G-Ⓢ-Ⓟ-A

それぞれでペプチド結合の方向性を区別すると, 全部で12×2=24種類の構造異性体が存在する。

(7) Gly 2分子, Ala 1分子からなる環状のトリペプチドの結合順序は1通りである。環状トリペプチドの場合, Glyには必ずGlyとAlaが結合しており, 中央のアミノ酸は区別できないからである。

ペプチド結合の方向性(-CONH-を→, -NHCO-を←)で区別すると,

(i)と(ii)は裏返すと重なるので同一物質。
∴ 構造異性体は1種類のみ。

(8) Gly 1分子, Ala 1分子, Phe 1分子からなる環状のトリペプチドの結合順序も, 中央のアミノ酸が区別できないので1通りである。ペプチド結合の方向性を区別すると,

(iii)と(iv)は裏返しても重ならない。
∴ 構造異性体は(iii), (iv)の2種類。

鎖状のペプチドでは, 両端の-NH₂や-COOHが水中で電離して-NH₃⁺や-COO⁻のようにイオン化しており水和しやすく水に溶けやすいが, 環状のペプチドでは, 両端の-NH₂や-COOHがペプチド結合に使われているため, 水和しにくく水に溶けにくいと考えられる。

▶**343** (1) A (a), B (d), C (f)
(2) 4種類
(3)

$$\underset{\substack{| \\ H}}{H_2N-\overset{\substack{H \\ |}}{C}}-\underset{}{\overset{\substack{O \\ \|}}{C}}-\underset{}{\overset{\substack{H \\ |}}{N}}-\underset{\substack{| \\ CH_2 \\ | \\ (ベンゼン環) \\ | \\ OH}}{\overset{\substack{H \\ |}}{C}}-\overset{\substack{O \\ \|}}{C}-\overset{\substack{H \\ |}}{N}-\underset{\substack{| \\ CH_2 \\ | \\ SH}}{\overset{\substack{H \\ |}}{C}}-\overset{\substack{O \\ \|}}{C}-OH$$

解説 (1) ①より, トリペプチドXは, 3種類のα-アミノ酸A, B, Cから構成されているので, その配列順は, どのアミノ酸が真中にくるかによって, (i)～(iii)の次の3通りが考えられる。

(i) A-B-C (ii) B-A-C (iii) B-C-A

(i)～(iii)を部分的に加水分解すると,

(i)からのジペプチドY, Zは, A-B, B-Cで, アミノ酸は, A, C

(ii)からのジペプチドY, Zは, B-A, A-Cで, アミノ酸は, B, C

(iii)からのジペプチドY, Zは, B-C, C-Aで, アミノ酸は, B, A

以上より, Xの部分的な加水分解により, α-アミノ酸A, Bを生じるのは, A, BがXの末端に位置する(iii)の場合だけである。

③より, 中央のアミノ酸Cは, ジペプチドY, Zの両方に含まれ, キサントプロテイン反応を示すことから, チロシンの(f)と決まる。

②より, Yのもう1つのアミノ酸成分Aは, 鏡像異性体が存在しないので, グリシンの(a)と決まる。

④より, Zのもう1つのアミノ酸成分Bは, 硫黄を含むアミノ酸で, システインの(d)と決まる。

(2) ジペプチドYは, グリシンとチロシンのジペプチドで, ペプチド結合の方向性をN末端Ⓝ, C末端Ⓒで区別すると, 2種の構造異性体がある。

$$\overset{Ⓝ}{\underset{Ⓒ}{\Big\backslash}}Gly-Tyr^* \quad \overset{Ⓒ}{\underset{Ⓝ}{\diagup}} \quad \begin{pmatrix} Gly & グリシン \\ Tyr & チロシン \end{pmatrix}$$

また, チロシンには不斉炭素原子が1個あり, 2種の鏡像異性体が存在する。

立体異性体も含めた全異性体数は2×2=4〔種〕。

(3) 以上より, トリペプチドXには, 次の2種類の構造式が考えられる。

(a)　Ⓝ-Cys - Tyr - Gly-Ⓒ　｜Cys　システイン
　　　　　　　　　　　　　　｜Tyr　チロシン
(b)　Ⓒ-Cys - Tyr - Gly-Ⓝ　｜Gly　グリシン

アミノ基-NH₂は亜硝酸でジアゾ化後，加水分解すると，-OHに変化する。上記のうち，N末端がグリシンである(b)のみから，グリコール酸が生成する。

$$HOOC-CH_2-NH_2 \xrightarrow[\text{ジアゾ化}]{HNO_2} \left[\begin{array}{c} HOOC-CH_2-N_2Cl \\ \text{グリシンのジアゾニウム塩} \\ \text{(不安定)} \end{array} \right]$$
グリシン

$$\xrightarrow{H_2O} HOOC-CH_2-OH$$
グリコール酸

∴　トリペプチドXの構造は(b)と決まる。

▶**344**　(1) A 15.7%，B 11.9%，C 10.7%

(2) A CH₃-CH-COOH　B CH₃-CH-CH-COOH
　　　　　｜　　　　　　　　　｜　｜
　　　　　NH₂　　　　　　　　CH₃ NH₂

　C CH₃-CH-CH₂-CH-COOH
　　　　　｜　　　　｜
　　　　　CH₃　　　NH₂

(3) CH₃-CH₂-CH-CH-COOH
　　　　　　　｜　｜
　　　　　　　CH₃ NH₂

解説　アミノ酸やタンパク質に濃硫酸，および硫酸カリウムや硫酸銅(Ⅱ)などの分解促進剤(触媒)を加えて加熱すると，アミノ酸やタンパク質中の窒素はすべて硫酸アンモニウム(NH₄)₂SO₄となる。これを水で薄め，水酸化ナトリウムなどの強塩基を加えて加熱すると，弱塩基のアンモニアが発生する。このアンモニアを硫酸の標準溶液に吸収させ，残った硫酸を別の塩基の水溶液で逆滴定すると，アンモニアの物質量が求められる(**ケルダール法**)。

(1) α-アミノ酸A，B，Cに含まれるN原子の物質量と，発生したNH₃の物質量は等しいから，Aの窒素含有率は，

$$\frac{3.14 \times 10^{-3} \times 14}{0.280} \times 100 ≒ 15.7 [\%]$$

Bの窒素含有率は，

$$\frac{2.04 \times 10^{-3} \times 14}{0.240} \times 100 ≒ 11.9 [\%]$$

Cの窒素含有率は，

$$\frac{1.83 \times 10^{-3} \times 14}{0.240} \times 100 ≒ 10.7 [\%]$$

(2) α-アミノ酸Aの炭素と窒素の原子数の比は，

$$C:N = \frac{40.4}{12} : \frac{15.7}{14} ≒ 3:1$$

(i) 炭素原子数3，-NH₂基1個のα-アミノ酸を考えると，CH₃-CH-COOH(アラニン)が該当する。
　　　　　　　　　　　　｜
　　　　　　　　　　　NH₂

その分子式はC₃H₇NO₂(分子量89)となる。そのジペプチドの分子量は，89×2-18=160となり，分

子量の条件に適する。

補足　炭素数3のα-アミノ酸には，アラニン(分子量89)のほかにセリン(分子量105)の可能性もある。Aをセリンとすると，そのジペプチドの分子量は，105×2-18=192で条件に適するが，炭素含有率が $\frac{3C}{C_3H_5NO_3}$ より，$\frac{36}{105} \times 100 = 34.3\%$ となり，題意の40.4%に合わず不適である。

α-アミノ酸Bの炭素と窒素の原子数の比は，

$$C:N = \frac{51.3}{12} : \frac{11.9}{14} ≒ 5:1$$

炭素原子数5，-NH₂基1個のα-アミノ酸としては，次の2種類が考えられる。

(i)　　　　　　　　　　　　(ii)
　　　　　H　　　　　　　　　　　H
　　　　　｜　　　　　　　　　　　｜
C-C-C-C*-COOH　　　C-C-C*-COOH
　　　　｜　　　　　　　　　　　｜
　　　NH₂　　　　　　　　　　　NH₂

このうち，天然に存在するのは(ii)のバリンである。((i)は天然は存在しない。)
α-アミノ酸Bの分子式はC₅H₁₁NO₂(分子量117)となる。そのジペプチドの分子量は，
　　117×2-18=216であり，条件に適する。
α-アミノ酸Cの炭素と窒素の原子数の比は，

$$C:N = \frac{55.0}{12} : \frac{10.7}{14} ≒ 6:1$$

炭素原子数6，-NH₂基1個のα-アミノ酸としては，次の4種類が考えられる。

(i)　　　　　　　　　　　　(ii)
　　　　　　H　　　　　　　　　　　　H
　　　　　　｜　　　　　　　　　　　　｜
C-C-C-C-C*-COOH　　C-C-C-C*-COOH
　　　　　｜　　　　　　　　　｜
　　　　NH₂　　　　　　　　　NH₂
(iii)　　　　　　　　　　　(iv)　C H
　　　　　H　　　　　　　　　　　｜ ｜
　　　　　｜　　　　　　　　　　C-C-C*-COOH
C-C-C*-C*-COOH　　　　　　｜
　　　｜ NH₂　　　　　　　　NH₂

このうち，天然に存在するのは，(ii)のロイシンと(iii)のイソロイシンである。
((i)，(iv)は天然には存在しない。)
α-アミノ酸Cは不斉炭素原子を1個もつから，(ii)のロイシンである。
α-アミノ酸Cの分子式はC₆H₁₃NO₂(分子量131)となる。そのジペプチドの分子量は，
　　131×2-18=244であり，条件に適する。
(3) α-アミノ酸Cの構造異性体で，不斉炭素原子を2個もつのは(iii)のイソロイシンである。

▶**345**　(1) 4種類　(2) 4種類　(3) 9種類　(4) 4組
(5) 3種類　(6) 3種類　(7) 2種類

解説　自然光はあらゆる方向に振動しているが，

これを偏光板(方解石の結晶の薄片を2枚はり合わせたものなど)を通すと,一定方向にのみ振動面をもつ**偏光**が得られる。この偏光を,不斉炭素原子をもつ化合物の結晶や水溶液に通すと,偏光の振動面が右回り,または左回りに回転する。この性質を**旋光性**といい,光源に向かって見たとき,偏光面が右に回転する場合を**右旋性**(+),左に回転する場合を**左旋性**(−)という。互いに鏡像異性体の関係にある右旋性の化合物と左旋性の化合物の等量混合物では,旋光性が互いに打ち消し合って0となる場合がある。このような混合物を**ラセミ体**という。

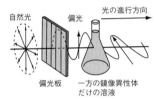

自然光　　偏光　　光の進行方向

偏光板　　一方の鏡像異性体
　　　　　　だけの溶液

(光源に向かって見たとき,この化合物は,偏光面を右に回転しているので,右旋性である。)

　グリシンGには不斉炭素原子はないが,アラニンには不斉炭素原子があり,2種の鏡像異性体が存在する。アラニンで左旋性のものを A_L,右旋性のものを A_R と区別すると,グリシンとD-アラニン,L-アラニンの混合物から生成するジペプチドには,次の9通りの異性体が考えられる。

(以下のジペプチドは,左側をN末端として略号で示す。)

① G-G ② A_L-G ④ G-A_L ⑥ A_L-A_L
　　　　③ A_R-G ⑤ G-A_R ⑦ A_L-A_R
　　　　　　　　　　　　　　　⑧ A_R-A_L
　　　　　　　　　　　　　　　⑨ A_R-A_R

(注意)⑦,⑧の分子中には対称面が存在しないのでメソ体ではなく,それぞれ異なる旋光性を示す。

(1) ⑥〜⑨で4種類ある。
(2) ②〜⑤で4種類ある。
(3) ①〜⑨で9種類ある。
(4) <u>②A_L-G ④G-A_L ⑥A_L-A_L ⑦A_L-A_R
③A_R-G ⑤G-A_R ⑨A_R-A_R ⑧A_R-A_L</u>
　の4組である。
(5) 加水分解後,A_L を含み,A_R を含まないペプチドは②,④,⑥の3種類である。
(6) もともと旋光性を示さない①,および加水分解で,左旋性・右旋性の等量混合物(ラセミ体)となるのは⑦と⑧の合計3種類である。
(7) 加水分解で,左旋性・右旋性の等量混合物(ラセミ体)となるのは⑦と⑧の2種類である。

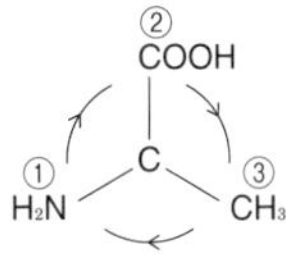

▶346 (ア) $\dfrac{[G][H^+]}{[G^+]}$　(イ) $\dfrac{[G^-][H^+]}{[G]}$

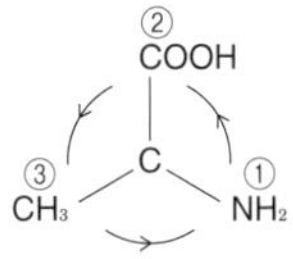

(ウ) 1.0×10^3　(エ) 陰　(オ) 4.0×10^4
(カ) 1.0×10^2　(キ) 等電点　(ク) 6.0

|解説|　(ウ) $[G^+]$と$[G^-]$の濃度比を求めるため,K_1とK_2をまとめた式をつくる。

$$K_1\cdot K_2 = \dfrac{[G^-][H^+]^2}{[G^+]} = 1.0\times10^{-12}\,[\text{mo/L}]^2$$

$$\therefore\ \dfrac{[G^+]}{[G^-]} = \dfrac{[H^+]^2}{K_1\cdot K_2} = \dfrac{1.0\times10^{-9}}{1.0\times10^{-12}} = 1.0\times10^3$$

(エ) (ウ)より,pH=4.5ではグリシンはほとんどが陽イオンとして存在する。

∴ pH4.5で電気泳動を行うと,グリシンは陰極へ移動する。

(オ),(カ) pH=7.0ではK_1の式より,

$$\dfrac{[G]}{[G^+]} = \dfrac{K_1}{[H^+]} = \dfrac{4.0\times10^{-3}}{1.0\times10^{-7}} = 4.0\times10^4$$

K_2の式より,

$$\dfrac{[G^-]}{[G]} = \dfrac{K_2}{[H^+]} = \dfrac{2.5\times10^{-10}}{1.0\times10^{-7}} = 2.5\times10^{-3}$$

$[G^+]=1$とおくと,$[G]=4.0\times10^4$……(オ)

$[G^-]=4.0\times10^4\times2.5\times10^{-3}=1.0\times10^2$……(カ)

$$H_3N^+\text{-CH-COOH} \underset{H^+}{\overset{OH^-}{\rightleftharpoons}} H_3N^+\text{-CH-COO}^-$$

陽イオン　　双性イオン

$$\underset{H^+}{\overset{OH^-}{\rightleftharpoons}} H_2N\text{-CH-COO}^-$$

陰イオン

　一般に，中性の水溶液では，中性アミノ酸の多くは分子全体として正電荷と負電荷を合わせもつ**双性イオン**として存在するが，わずかに陽イオンや陰イオンとして存在するものが存在する。

　水溶液全体として，アミノ酸の正電荷と負電荷がつり合う pH(アミノ酸の**等電点**)の条件としては，$[G^+]=[G^-]$でなければならない。(重要)

$$[G^+]=\frac{[G][H^+]}{K_1}, \quad [G^-]=\frac{[G]\cdot K_2}{[H^+]}$$

$[G^+]=[G^-]$より，

$$\therefore \quad \frac{[G][H^+]}{K_1}=\frac{[G]\cdot K_2}{[H^+]}$$

$$[H^+]^2=K_1\cdot K_2 \quad \therefore \quad [H^+]=\sqrt{K_1\cdot K_2}$$

(ク)
$$[H^+]=\sqrt{4.0\times 10^{-3}\times 2.5\times 10^{-10}}$$
$$=\sqrt{1.0\times 10^{-12}}$$
$$=1.0\times 10^{-6}[\text{mol/L}] \quad \therefore \quad pH=6.0$$

参考
グリシンの電離平衡
　グリシンは強い酸性の水溶液中では陽イオン G^+ の状態にあり，塩基で中和していくと G^+ が減少して双性イオン G が増加し，やがて G が最大となる(P点)。さらに塩基で中和していくと，G は減少して陰イオン G^- が増加する。
　このように，グリシンの陽イオンは2価の弱酸のように塩基によって2段階に中和され，その第一中和点がグリシンの双性イオンの濃度が最大となるグリシンの等電点に等しくなる。

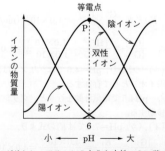

　グリシン，アラニンのような中性アミノ酸の等電点は5〜6のものが多いが，酸性アミノ酸のグルタミン酸の等電点は3.2で酸性側に，塩基性アミノ酸のリシンの等電点は9.7で塩基性側にある。

▶**347** (1) 2.3　(2) 3.3　(3) 83%

---

(4) $8.3\times 10^{-5}\,\text{mol/L}$

解説 (1) ①式より，

$$K_1=\frac{[H^+][A^\pm]}{[A^+]} \quad \therefore \quad [H^+]=K_1\frac{[A^+]}{[A^\pm]}$$

$[A^+]=[A^\pm]$なので，$[H^+]=K_1=10^{-2.3}[\text{mol/L}]$

$pH=-\log_{10}10^{-2.3}=2.3$

(2) 水溶液中で，グルタミン酸のもつ電荷の総和が0になるときのpHを**等電点**という。等電点では，双性イオンの濃度$[A^\pm]$が最大となる一方，わずかに存在する陽イオン$[A^+]$と陰イオン$[A^-]$の濃度も等しくならなければならない。つまり，$[A^+]=[A^-]$が等電点の条件に他ならない。

　①式と②式をまとめると

$$K_1\times K_2=\frac{[H^+]^2[A^-]}{[A^+]}$$

$$[H^+]^2=10^{-2.3}\times 10^{-4.3}=10^{-6.6}[\text{mol/L}]$$

$$[H^+]=10^{-3.3}[\text{mol/L}]$$

$$pH=-\log_{10}10^{-3.3}=3.3$$

(3) グルタミン酸の総濃度 $C=[A^+]+[A^\pm]+[A^-]$
……③とする。

　①式，②式を用いて，$[A^+]$と$[A^-]$を$[A^\pm]$で表すように変形すると，

①より $[A^+]=\frac{[H^+][A^\pm]}{K_1}$

②より $[A^-]=\frac{K_2[A^\pm]}{[H^+]}$

これらを③式へ代入して$[A^\pm]$でくくると，

$$C=\frac{[H^+][A^\pm]}{K_1}+[A^\pm]+\frac{K_2[A^\pm]}{[H^+]}$$

$$=[A^\pm]\left(\frac{[H^+]}{K_1}+1+\frac{K_2}{[H^+]}\right)$$

ここへ$[H^+]=10^{-3.3}$，$K_1=10^{-2.3}$，$K_2=10^{-4.3}$を代入

$$C=[A^\pm]\left(\frac{10^{-3.3}}{10^{-2.3}}+1+\frac{10^{-4.3}}{10^{-3.3}}\right)$$

$$=[A^\pm](0.1+1+0.1)$$

$$\therefore \quad C=1.2[A^\pm]$$

$$[A^\pm]=\frac{C}{1.2}\fallingdotseq 0.833 \quad \therefore \quad 83[\%]$$

(4) $[A^\pm]=\frac{C}{1.2}=\frac{1.0\times 10^{-3}}{1.2}$

$$\fallingdotseq 8.33\times 10^{-4}[\text{mol/L}]$$

①式より $[A^+]=\frac{[H^+][A^\pm]}{K_1}$

$$=\frac{10^{-3.3}\times 8.33\times 10^{-4}}{10^{-2.3}}$$

$$=8.33\times 10^{-5}\fallingdotseq 8.3\times 10^{-5}[\text{mol/L}]$$

参考
グルタミン酸の電離平衡
　グルタミン酸水溶液を強い酸性にすると，1価の陽イオン Glu^+ となる。これに NaOH 水溶

液を加えると，順次 H^+ を電離して，双性イオン $Glu^\pm$，1価の陰イオン Glu^-，2価の陰イオン Glu^{2-} と変化する。

$$HOOC-(CH_2)_2-\underset{\underset{NH_3^+}{|}}{\overset{\overset{H}{|}}{C}}-COOH \rightleftharpoons HOOC-(CH_2)_2-\underset{\underset{NH_3^+}{|}}{\overset{\overset{H}{|}}{C}}-COO^-$$
$$Glu^+ \qquad\qquad\qquad Glu^\pm$$

$$\rightleftharpoons {}^-OOC-(CH_2)_2-\underset{\underset{NH_3^+}{|}}{\overset{\overset{H}{|}}{C}}-COO^- \rightleftharpoons {}^-OOC-(CH_2)_2-\underset{\underset{NH_2}{|}}{\overset{\overset{H}{|}}{C}}-COO^-$$
$$Glu^- \qquad\qquad\qquad Glu^{2-}$$

α 位と γ 位の $-COOH$ のどちらが先に H^+ を電離するかは，両者の酸としての強さを比較すればよい。α 位の $-NH_3^+$ は電子求引性[*1]を示すから，より近い距離にある α 位の $-COOH$ の酸性が強められ，相対的に遠い γ 位の $-COOH$ の酸性が弱くなる。

　[*1]　$-NH_2$ では，N原子の非共有電子対により電子供与性を示すが，$-NH_3^+$ では，N原子に非共有電子対がないので，電子吸引性を示す。

したがって，Glu^+ は α 位の $-COOH$ から先に H^+ を電離して $Glu^\pm$ となり，続いて，γ 位の $-COOH$ から H^+ を電離して Gul^- となる。その後，α 位の $-NH_3^+$ から H^+ を電離して，Glu^{2-} となる。

▶**348** (1) **B アスパラギン酸，C フェニルアラニン**

(2) $$HOOC-CH_2-\underset{\underset{NH_2}{|}}{CH}-CONH-\underset{\underset{COOCH_3}{|}}{CH}-CH_2-\bigcirc$$

アスパルテームもアミノ酸と同様に，水溶液中ではカルボキシ基からアミノ基へ水素イオンが移動した双性イオンとなっているため，水に溶けやすい。

解説 (1) $C:H:N:O = \dfrac{57.1}{12}:\dfrac{6.2}{1.0}:\dfrac{9.5}{14}:\dfrac{27.2}{16}$

$=7.0:9.1:1.0:2.5 ≒ 14:18:2:5$

　∴　Aの組成式は，$C_{14}H_{18}N_2O_5$

A1分子中には，ペプチド結合1個とエステル結合を1個ずつ含む。

$$\begin{cases} A+2H_2O \xrightarrow{(H^+)} アミノ酸B+アミノ酸C \\ \qquad\qquad\qquad\qquad\qquad +メタノール \\ A+H_2O \xrightarrow{(酵素)} 酸性物質B+D \begin{pmatrix} Cのメチル \\ エステル \end{pmatrix} \end{cases}$$

以上より，Bは酸性アミノ酸。また，Cはキサントプロテイン反応が陽性より，ベンゼン環をもつアミノ酸。Dを加水分解したとするとCの分子式は，

$C_{10}H_{13}NO_2+H_2O \rightarrow CH_3OH = C_9H_{11}NO_2$

$$\underset{側鎖}{\boxed{R}}-\underset{\underset{NH_2}{|}}{CH}-COOH$$
$$共通部分 C_2H_4NO_2$$

α-アミノ酸Cの共通部分 $C_2H_4NO_2$ を差し引くと，

側鎖 $R=C_9H_{11}NO_2-C_2H_4NO_2=C_7H_7$

ベンゼン環をもつので，その残りの部分は，$C_7H_7-C_6H_5=CH_2$（メチレン基）となる。

Cとして考えられる構造は，

(i) $$\bigcirc-CH_2-\underset{\underset{NH_2}{|}}{CH}-COOH$$

(ii) $$\underset{\underset{CH_3}{|}}{\bigcirc}-\underset{\underset{NH_2}{|}}{CH}-COOH$$
$$(o,m,p)$$

Cにはメチル基は含まれないから，(ii) は不適。

　∴　Cは(i)のフェニルアラニンと決まる。

（フェニルアラニンの水溶液を濃硝酸と加熱しても，キサントプロテイン反応の呈色は弱い。そこで，本問のように，フェニルアラニンの結晶を濃硝酸に溶かして加熱すると，キサントプロテイン反応の黄色が現れる。）

アミノ酸Bの分子式は，

$C_{14}H_{18}N_2O_5+H_2O-C_{10}H_{13}NO_2(D)=C_4H_7NO_4$

アミノ酸の共通部分を差し引いて，側鎖($R-$)の分子式を求めると，$C_4H_7NO_4-C_2H_4NO_2=C_2H_3O_2$

さらに　$-COOH$ を含むから，残りの部分は，$C_2H_3O_2-CHO_2=CH_2$（メチレン基）となる。

(iii) $$HOOC-CH_2-\underset{\underset{NH_2}{|}}{CH}-COOH$$

(iv) $$HOOC-\underset{\underset{NH_2}{|}}{\overset{\overset{CH_3}{|}}{C}}-COOH$$

Bにもメチル基を含まないので，(iv) は不適。

　∴　Bは(iii)のアスパラギン酸と決まる。

(2) アスパルテームの構造として，次の(i)，(ii)の2通りのペプチド結合の仕方が考えられる。

$$\underset{(ii)}{\boxed{HOOC}}-CH_2-\underset{\underset{NH_2}{|}}{CH}-\underset{(i)}{\boxed{COOH}} \qquad \overset{D}{\bigcirc}-CH_2-\underset{\underset{NH_2}{|}}{CH}-COOCH_3$$

(i) Dの $-NH_2$ が，Bの α 位の $-COOH$(i)とペプチド結合したとすると，

$$HOOC-CH_2-\underset{\underset{NH_2}{|}}{\overset{\overset{\alpha}{}}{CH}}-CONH-\underset{\underset{COOCH_3}{|}}{\overset{\overset{\beta}{}}{CH}}-CH_2-\bigcirc$$
$$アスパルテーム$$

(ii) Dの $-NH_2$ が，Bの β 位の $-COOH$(ii)とペプチド結合したとすると，

$$HOOC-\underset{\underset{NH_2}{|}}{\overset{\overset{\alpha}{}}{CH}}-CH_2^{\beta}-CONH-\underset{\underset{COOCH_3}{|}}{CH}-CH_2-\bigcirc$$

（$-COOH$ の結合した炭素から順に，α，β，γ，…位という。β 位のC原子に $-NH_2$ 基が結合したアミノ酸を β-アミノ酸という。）

(i)で生じたAは β 位にアミノ基 $-NH_2$ をもつ。すなわち α-アミノ酸としての構造をもたない(β-アミノ酸としての構造をもつ)が，(ii)で生じたAは α 位

にアミノ基をもつ(α-アミノ酸としての構造をもつ)ので不適である。

よって，Aの構造式は(i)と決まる。

▶349 (1) 解説 参照 (2) A グルタミン酸，B グリシン，C リシン

解説 (1) グルタミン酸には，水溶液中で次のような平衡関係がある。

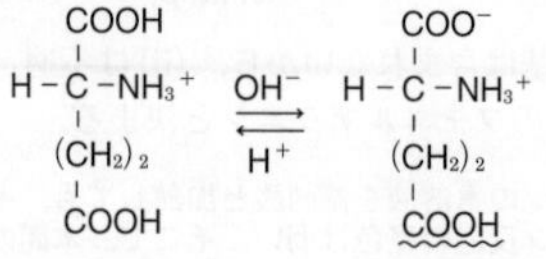

$$
\begin{array}{ccc}
\text{COOH} & & \text{COO}^- \\
| & \text{OH}^- & | \\
\text{H}-\text{C}-\text{NH}_3^+ & \underset{\text{H}^+}{\rightleftharpoons} & \text{H}-\text{C}-\text{NH}_3^+ \\
| & & | \\
(\text{CH}_2)_2 & & (\text{CH}_2)_2 \\
| & & | \\
\text{COOH} & & \underline{\underline{\text{COOH}}} \\
(a) & & (b)
\end{array}
$$

等電点

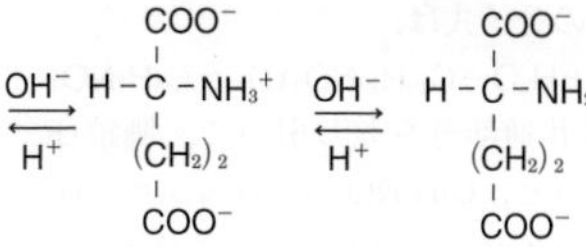

$$
\begin{array}{ccc}
& \text{COO}^- & & \text{COO}^- \\
\text{OH}^- & | & \text{OH}^- & | \\
\underset{\text{H}^+}{\rightleftharpoons} \text{H}-\text{C}-\text{NH}_3^+ & \underset{\text{H}^+}{\rightleftharpoons} & \text{H}-\text{C}-\text{NH}_2 \\
& | & & | \\
& (\text{CH}_2)_2 & & (\text{CH}_2)_2 \\
& | & & | \\
& \text{COO}^- & & \text{COO}^- \\
& (c) & & (d)
\end{array}
$$

グルタミン酸の結晶は，(b)のような双性イオンの状態にある。これを純水に溶かしたとすると，残りのCOOH(〜〜部分)が電離してH$^+$を放出するので，弱い酸性を示す。すなわち，弱い酸性の水溶液中でのグルタミン酸は(b)の状態にある。さらに強い酸性の水溶液にすると，(b)の-COO$^-$の部分がH$^+$を受け取って-COOHになるため，グルタミン酸は(a)のような陽イオンとなる。

一方，ほぼ中性(pH≒6)の緩衝溶液中では，(b)の-COOH(〜〜部分)からH$^+$が放出されて-COO$^-$となるため，(c)のような1価の陰イオンとなる。

ここへ塩基を加えて強い塩基性の水溶液にすると，最後に残った-NH$_3^+$からH$^+$が放出され，グルタミン酸は(d)のような2価の陰イオンとなる。

グルタミン酸水溶液のpH変化による各イオンの物質量の変化は次図の通りである。

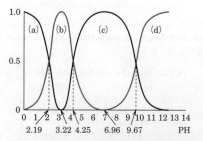

グルタミン酸水溶液の電離平衡は次式の通りで，グルタミン酸の等電点は，次のように求められる。

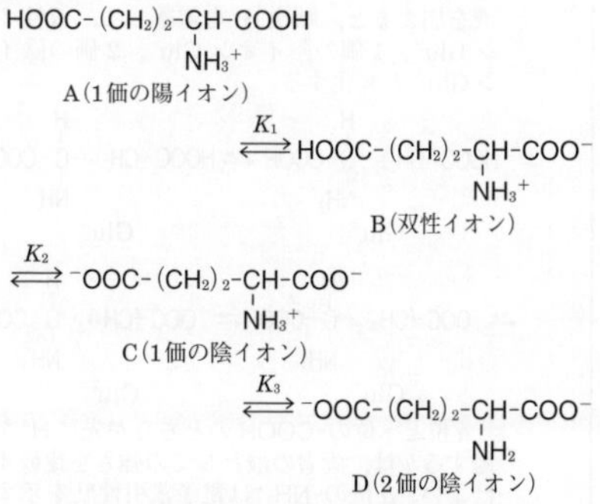

$$
\begin{array}{c}
\text{HOOC-}(\text{CH}_2)_2\text{-CH-COOH} \\
| \\
\text{NH}_2 \\
\text{A(1価の陽イオン)}
\end{array}
$$

$$
\underset{K_1}{\rightleftharpoons} \begin{array}{c}
\text{HOOC-}(\text{CH}_2)_2\text{-CH-COO}^- \\
| \\
\text{NH}_3^+ \\
\text{B(双性イオン)}
\end{array}
$$

$$
\underset{K_2}{\rightleftharpoons} \begin{array}{c}
{}^-\text{OOC-}(\text{CH}_2)_2\text{-CH-COO}^- \\
| \\
\text{NH}_3^+ \\
\text{C(1価の陰イオン)}
\end{array}
$$

$$
\underset{K_3}{\rightleftharpoons} \begin{array}{c}
{}^-\text{OOC-}(\text{CH}_2)_2\text{-CH-COO}^- \\
| \\
\text{NH}_2 \\
\text{D(2価の陰イオン)}
\end{array}
$$

それぞれの電離平衡における電離定数は，$K_1=10^{-2.19}\,\text{mol/L}$，$K_2=10^{-4.25}\,\text{mol/L}$，$K_3=10^{-9.67}\,\text{mol/L}$である。酸性アミノ酸の等電点は酸性側にあり，そのpHの水溶液中では，双性イオンであるBが最大濃度であり，AとCが極めてわずかであるが等量ずつ存在し，Dは痕跡量とみなせる。そこでDを無視すると，

$$K_1=\frac{[\text{B}]\,[\text{H}^+]}{[\text{A}]},\quad K_2=\frac{[\text{C}]\,[\text{H}^+]}{[\text{B}]}$$

$$K_1 \times K_2=\frac{[\text{H}^+]^2 \times [\text{C}]}{[\text{A}]}$$

等電点では，$[\text{A}]=[\text{C}]$であるから，

$$K_1 \times K_2=[\text{H}^+]^2$$

$$[\text{H}^+]=\sqrt{K_1 K_2}=\sqrt{10^{-2.19} \times 10^{-4.25}}$$

$$\text{pH}=\frac{1}{2} \times (2.19+4.25)=3.22$$

したがって，等電点はpH3.22である。

(2) 強い酸性の水溶液では，3つのアミノ酸はいずれも陽イオンとなり，陽イオン交換樹脂($\text{R-SO}_3\text{H}$)に次のように吸着されている。

$$\text{R-SO}_3{}^- \text{-----} \overset{+}{\text{H}_3}\text{N-CHR-COOH}$$

加える緩衝溶液のpHをしだいに大きくしていくと，上図より，グルタミン酸のような酸性アミノ酸では，かなり酸性側で双性イオンとなり，陽イオン樹脂から最初に溶出する。また，グリシンのような中性アミノ酸では，中性付近になると双性イオンとなって陽イオン交換樹脂から離れる。一方，次図のように，リシンのような塩基性アミノ酸では，かなり塩基性側で双性イオンとなり，陽イオン交換樹脂から溶出することになる。

$$
\begin{array}{ccc}
\text{(i)} & & \text{(ii)} \\
\text{COOH} & & \text{COO}^- \\
| & \text{OH}^- & | \\
\text{H}-\text{C}-\text{NH}_3^+ & \underset{\text{H}^+}{\rightleftharpoons} & \text{H}-\text{C}-\text{NH}_3^+ \\
| & & | \\
(\text{CH}_2)_4 & & (\text{CH}_2)_4 \\
| & & | \\
\text{NH}_3^+ & & \text{NH}_3^+
\end{array}
$$

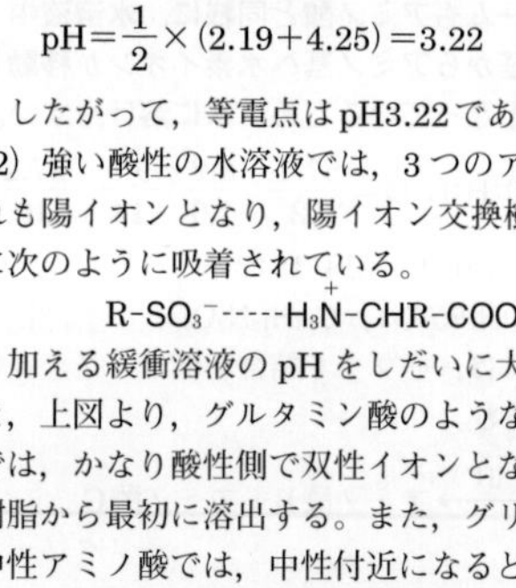

(iii)
$$\text{OH}^- \xrightleftharpoons[\text{H}^+]{} \begin{array}{c} \text{COO}^- \\ \text{H}-\text{C}-\text{NH}_2 \\ (\text{CH}_2)_4 \\ \text{NH}_3{}^+ \end{array} \xrightleftharpoons[\text{H}^+]{\text{OH}^-} \begin{array}{c} \text{(iv)} \\ \text{COO}^- \\ \text{H}-\text{C}-\text{NH}_2 \\ (\text{CH}_2)_4 \\ \text{NH}_2 \end{array}$$
(等電点)

したがって，加える緩衝溶液の pH を大きくしていくと，酸性アミノ酸であるグルタミン酸から先に，続いて，中性アミノ酸であるグリシンが，最後に，塩基性アミノ酸であるリシンの順に等電点に達して陽イオン交換樹脂から溶出する。

▶**350** (1) 5個
(2)・DNF とアミノ酸との化合物が水に不溶で，水に可溶な他のアミノ酸と分離しやすいから。
・DNF とアミノ酸との化合物が橙黄色で，クロマトグラフィーを用いると，他の無色のアミノ酸と区別しやすいから。
(3) A グリシン，B チロシン，
　　C メチオニン，D フェニルアラニン
(4) **Tyr-Gly-Gly-Phe-Met**

解説 (1) ①より，エンケファリン（X とおく）の加水分解より
$$X + x\text{H}_2\text{O} \longrightarrow A + B + C + D$$
X の物質量は $\dfrac{5.73}{573} = 0.01 \, [\text{mol}]$

加水分解に要した水の質量は，$6.45 - 5.73 = 0.72$ 〔g〕だから，H_2O の物質量は $\dfrac{0.72}{18} = 0.04 \, [\text{mol}]$

つまり，鎖状ペプチド X 1 mol を加水分解するのに H_2O 4 mol を必要としたから，X 1 mol 中にはペプチド結合が 4 mol 存在し，加水分解で生成するアミノ酸は 5 個である。よって，X はアミノ酸 5 個からなるペンタペプチドである。

(2) 多くのアミノ酸は水中では双性イオン $\text{RCH}(\text{NH}_3{}^+)\text{COO}^-$ の状態にあり水に溶けやすい。一方，疎水基のベンゼン環をもつジニトロフルオロベンゼン（DNF）とアミノ酸との化合物は水に溶けにくい代わりに，エーテルなどの有機溶媒に溶けやすいので，他のアミノ酸と分離しやすい。（アミノ酸のアセチル化物は水に可溶なので，他のアミノ酸との分離ができない。）

また，ジニトロフェニル基は，橙黄色に着色しているため，カラムクロマトグラフィーを用いると，他の無色のアミノ酸とは容易に分離することができる。

DNF を用いると，ペプチドの N 末端のアミノ酸の種類を同定できる。イギリスのサンガーは，この

方法によって，ウシのインスリンの 51 個のアミノ酸の配列順序を決定し，1958 年，ノーベル化学賞を受賞した。

(3)，(4) ③より，DNF とアミノ酸 B が縮合した化合物の分子量が 347 なので，アミノ酸 B の分子量は
$$347 + 20(\text{HF}) - 186(\text{DNF}) = 181$$
⑥の表より，アミノ酸 B はチロシン。

④より，芳香族アミノ酸 B, D のカルボキシ基側のペプチド結合を切断すると，アミノ酸 B, C とペプチド P が得られたことから，アミノ酸 B, C は X の両末端にあり，ペプチド P は X の中央部にある。また，X の N 末端のアミノ酸 B はチロシンと決定しているから，X の C 末端にはアミノ酸 C が存在する。ペプチド P はトリペプチドで，構成するアミノ酸を N 末端から順に，(i)，(ii)，(iii) とすると，

酵素キモトリプシンによる切断位置を↑とすると，C 末端の隣の (iii) は芳香族アミノ酸 D である。

⑤より，ペプチド P は不斉炭素原子を 1 個だけもち，アミノ酸 D が不斉炭素原子を 1 個もつことから，アミノ酸 A は不斉炭素原子をもたないグリシン。よって，ペプチド P の残る (i)，(ii) はどちらもアミノ酸 A である。

①より，エンケファリン 1 分子の加水分解には水4 分子が必要だから，生成したアミノ酸の分子量の総和は，$573 + (18 \times 4) = 645$。

よって，アミノ酸 C, D の分子量の和は $645 - 181$（B）$- 75$（A）$\times 2 = 314$。

〔1〕芳香族アミノ酸 D をフェニルアラニン（分子量165）とすれば，アミノ酸 C の分子量は 149 となり，メチオニンが該当する。

〔2〕芳香族アミノ酸 D をトリプトファン（分子量204）とすれば，アミノ酸 C の分子量は 110 となり，該当するアミノ酸は選択肢にはない。

よって，アミノ酸 C はメチオニン，アミノ酸 D はフェニルアラニン。

エンケファリンのアミノ酸配列は N 末端から C 末端の順に略号で表すと，Tyr-Gly-Gly-Phe-Met。

▶**351** (1) A

$$\text{HO}-\!\!\!\bigcirc\!\!\!-\text{CH}_2-\begin{array}{c} \text{H} \\ | \\ \text{C} \\ | \\ \text{NH}_2 \end{array}-\text{COOH}$$

B
$$\text{HOOC-CH}_2-\begin{array}{c} \text{H} \\ | \\ \text{C} \\ | \\ \text{NH}_2 \end{array}-\text{COOH}$$

C
$$\text{HSCH}_2-\begin{array}{c} \text{H} \\ | \\ \text{C} \\ | \\ \text{NH}_2 \end{array}-\text{COOH}$$

(2) **9 種類**

解説　(1)　トリペプチドD1.0×10⁻²molを完全にエステル化するのに，メタノール2.0×10⁻²molを要したので，Dにはペプチド結合に使われていない遊離の-COOHが2個存在する。もし，アミノ酸A，B，Cがすべて中性アミノ酸とすると，Dには-COOHは1個しか存在しないはずだから，A，B，Cのうち，いずれかが酸性アミノ酸である。Dの部分的な加水分解の結果より，Aの分子式は，

$$C_{16}H_{21}N_3O_7S + H_2O - C_7H_{12}N_2O_5S(E) = C_9H_{11}NO_3$$

α-アミノ酸の共通部分$C_2H_4NO_2$を差し引くと，側鎖(R-)部分の分子式は，

$$C_9H_{11}NO_3 - C_2H_4NO_2 = C_7H_7O$$

Aはベンゼン環に2種の置換基をもつので，ベンゼン環以外の部分は$C_7H_7O - C_6H_4 = CH_3O$となる。

Aの側鎖は，ベンゼンのパラ二置換体の構造をしており，次の(i)，(ii)，(iii)，(iv)が考えられる。

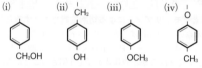

これらのうち，A1molを中和するのにNaOH2molを要したので，AにはCOOH基以外の側鎖の部分にも酸性を示す官能基が存在することを示す。また，Aにはメチル基が存在しないので，Aは，側鎖に(ii)の構造をもつチロシンである。

A　HO◯CH₂-CH-COOH
　　　　　　　　　　｜
　　　　　　　　　NH₂

アミノ酸Cの分子式が$C_3H_7NO_2S$なので，α-アミノ酸の共通部分$C_2H_4NO_2$を差し引くと，側鎖(R-)の部分の分子式は，

$$C_3H_7NO_2S - C_2H_4NO_2 = CH_3S$$

Cにはメチル基が存在しないので，Cは，次の構造をもつシステインである。

　　　　　　　　　H
　　　　　　　　　｜
C　HSCH₂-C-COOH
　　　　　　　　　｜
　　　　　　　　　NH₂

アミノ酸B，CからなるジペプチドEの分子式が$C_7H_{12}N_2O_5S$なので，アミノ酸Bの分子式は，

$$C_7H_{12}N_2O_5S + H_2O - C_3H_7NO_2S(C) = C_4H_7NO_4$$

α-アミノ酸の共通部分$C_2H_4NO_2$を差し引くと，側鎖(R-)部分の分子式は，

$$C_4H_7NO_4 - C_2H_4NO_2 = C_2H_3O_2$$

Bは酸性アミノ酸なので，R-の部分に-COOHを含むから-COOH以外の部分は，

$$C_2H_3O_2 - CHO_2 = CH_2（メチレン基）$$

∴　Bは酸性アミノ酸のアスパラギン酸である。

B　HOOC-CH₂-CH-COOH
　　　　　　　　　　｜
　　　　　　　　　NH₂

(2)　アミノ酸のチロシンをTyr，アスパラギン酸をAsp，システインをCysで表すと，各1分子からなる鎖状トリペプチドの結合順序は，次の(i)～(iii)の3通りあり，それぞれにペプチド結合の方向性の違いをN末端Ⓝ，C末端Ⓒで区別すると，次の12種類の構造異性体がある。

(i)　Ⓝ⟋Asp⟍C₁⟍N⟍Tyr⟍C-N⟍Cys⟍Ⓒ　　3種
　　　Ⓒ　　　　C₂　　　　N-C　　　　Ⓝ

(ii)　Ⓝ⟋Asp⟍C₁⟍N⟍Cys⟍C-N⟍Tyr⟍Ⓒ　　3種
　　　Ⓒ　　　　C₂　　　　N-C　　　　Ⓝ

(iii)　Ⓝ⟍Cys⟍C-N⟍Asp⟍C₁⟍N⟍Tyr⟍Ⓒ　　4種
　　　Ⓒ　　　N-C₁　　　　C₂　　　　N-C　　Ⓝ

(iv)　Ⓒ-Cys-N⟍C₁⟍Asp⟍C₁⟍N-Tyr-Ⓒ　　2種
　　　　　　　　　C₂　　　　C₁

アスパラギン酸のα位の-COOHをC_1，γ位の-COOHをC_2とすると，トリペプチドDには，(i)に3種，(ii)に3種，(iii)に4種の構造異性体がある。さらに，アスパラギン酸のC_1とC_2が同時にペプチド結合した(iv)の2種をあわせて，12種類の構造異性体が存在する。しかし，トリペプチドDを部分的に加水分解すると，アミノ酸AのTyrを生じるということは，Tyrが真ん中にある(i)は該当しない。

∴　9種類の構造異性体が存在する。

> **補足**　天然のタンパク質の加水分解で得られるペプチドはすべてα位の-COOHとα位の-NH₂から脱水縮合してできたペプチドであり，γ位の-COOHはペプチド結合には関与しない。ところで，本問のように，人工合成されたペプチドの場合，α位の-COOHだけでなく，γ位の-COOHもペプチド結合に関与するとして構造異性体の数を考える必要がある。

▶**352**　(1)　6個　(2)　グリシン：リシン＝1：2

解説　(1)　元素分析で得られたN_2の物質量の2倍が，ペプチド中に含まれるN原子の物質量，つまり-NH₂の物質量となる。発生したN_2の物質量を$n[mol]$とすると，

$$1.0×10^5×0.0250 = n×8.3×10^3×300$$

∴　$n ≒ 1.0×10^{-3}[mol]$

よって，ペプチド中に含まれる-NH₂の物質量が$2.0×10^{-3}[mol]$である。

一方，ペプチドを完全に加水分解して生じたアミノ酸からCO_2が脱離する反応(脱炭酸反応)により，発生したCO_2の物質量と，ペプチド中の-COOHの物質量は等しい。

発生したCO_2の物質量をx〔mol〕とすると，

$$1.0 \times 10^5 \times 0.0300 = x \times 8.3 \times 10^3 \times 300$$

$$\therefore \quad x \fallingdotseq 1.2 \times 10^{-3} \text{〔mol〕}$$

また，このペプチドの物質量は，

$$\frac{0.13}{644} = 2.0 \times 10^{-4} \text{〔mol〕である。}$$

このペプチド1分子中に含まれる-COOHの数は

$$\frac{1.2 \times 10^{-3}}{2.0 \times 10^{-4}} = 6 \text{〔個〕}$$

グリシン，リシンともに1分子中に1個の-COOH基を有するので，ペプチド1分子中にアミノ酸が6個含まれることを意味する。

ペプチド1分子中に含まれる-NH_2の数は

$$\frac{2.0 \times 10^{-3}}{2.0 \times 10^{-4}} = 10 \text{〔個〕}$$

リシンは分子中に2個の-NH_2をもつので，このペプチド中のグリシンをa個，リシンをb個とすると，

$$\begin{cases} a + b = 6 \quad \therefore \quad a = 2, \ b = 4 \\ a + 2b = 10 \quad \therefore \quad \text{Gly:Lys} = 1:2 \end{cases}$$

▶**353** ⑦ 6　⑦ 4

問　A　　CH_2OH
　　　　　$CHOCOCH_2NHCOCH_2NH_2$
　　　　　CH_2OH

　　　B　　$CH_2OCOCH_2NH_2$
　　　　　$CHOH$
　　　　　$CH_2OCOCH_2NH_2$

解説　グリセリンはヒドロキシ基を3個もち，グリシンとの間にエステル結合を形成する。また，グリシンどうしはペプチド結合も形成することに留意する。

グリセリン1molとグリシン2molからなる化合物について考えられる構造は次の通り。

```
 ①          ②          ③          ④
 C - Ⓖ      C - Ⓖ      C - Ⓖ      C - Ⓖ = Ⓖ
 |          |          |          |
*C - Ⓖ      C          *C         C
 |          |          |
 C          C - Ⓖ      C - Ⓖ = Ⓖ      C
```
（Ⓖはグリシン，-はエステル結合，=はペプチド結合）

⑦　上記の①〜④の構造異性体のほかに，①と③にはそれぞれ2種の鏡像異性体が存在するから，異性体の総数は6種類。

構造異性体は4種類であるが，異性体の総数と問われたら，立体異性体（シス-トランス異性体，鏡像異性体など）も含めて6種類と答える必要がある。

⑦　⑦のうち光学活性であるのは，①，③の鏡像異性体を含めた4種類。

〔問〕A，Bはともに光学不活性だから，不斉炭素原子をもたない②，④のいずれかである。

②のアセチル化合物とその加水分解生成物は，

```
CH₂ OCO  CH₂ NHCO  CH₃
|
CH  OCO  CH₃
|
CH₂ OCO  CH₂ NHCO  CH₃
```
エステル結合　アミド結合

3か所でアセチル化が起こるから，分子量は126（42×3）増える。この後，おだやかにエステル結合だけを加水分解すると，グリセリン：酢酸：アセチルグリシン（D）が1：1：2（物質量比）で生成する。

④のアセチル化合物とその加水分解生成物は，

```
CH₂ OCO  CH₃
|
CH  OCO  CH₂ NHCO  CH₂ NHCO  CH₃
|
CH₂ OCO  CH₃
```

やはり3か所でアセチル化が起こるから，分子量は126（42×3）増える。これをおだやかにエステル結合だけを加水分解すると，グリセリン：酢酸：アセチルグリシルグリシン（C）が1：2：1（物質量比）で生成する。∴　Aは④，Bは②と決まる。

▶**354** 問1.　酸性　$\overset{+}{H_3N}\text{-CH}(CH_3)\text{COOH}$
　　　　　中性　$\overset{+}{H_3N}\text{-CH}(CH_3)\text{-COO}^-$
　　　　　塩基性　$H_2N\text{-CH}(CH_3)\text{-COO}^-$

問2.　ペプチド断片（Ⅱ）　V-K
　　　ペプチド断片（Ⅲ）　E-G-R
　　　ペプチド断片（Ⅳ）　S-A-S-S-W

問3.　E-G-R-V-K-S-A-S-S-W

解説

問1.　アミノ酸Aはアラニンで，水溶液中では次のような平衡混合物になっている。

$$H_3N^+\text{-CH}(CH_3)\text{COOH} \underset{+H^+}{\overset{+OH^-}{\rightleftharpoons}} H_3N^+\text{-CH}(CH_3)\text{COO}^-$$
陽イオン　　　　　　　　双性イオン

$$\underset{+H^+}{\overset{+OH^-}{\rightleftharpoons}} H_2N\text{-CH}(CH_3)\text{COO}^-$$
陰イオン

アラニンは中性アミノ酸なので，pH2以下では平衡は左に偏り陽イオン，中性付近ではほとんど双性イオン，pH10以上では平衡は右に偏り陰イオンになっている。

問2.　問3　(1)より，ペプチド（Ⅰ）は，8種類のアミノ酸10個からなるデカペプチドである。

```
①-②-③-④-⑤-⑥-⑦-⑧-⑨-⑩
 （N末端が左，C末端が右とする）
```

(2)より，N末端①が酸性アミノ酸のグルタミン酸Eである。(3)の図より，C末端側のアミノ酸には，S：W：A：K＝3：1：1：1（物質量比）で存在する。

C末端から順にアミノ酸を切り離す酵素（カルボキシペプチダーゼ）を作用させた結果，反応直後にWのグラフの傾きが大きいので，C末端の⑩はアミノ酸W。続いて，Sのグラフの傾きがAのグラフの

傾きより大きいので、SはAよりもC末端に近い位置にある。6時間後、Sが2mol生成したとき、Aは約0.8molしか生成していないので、S 3molのうち、2mol分はAよりもC末端に近い位置にある。

したがって、⑨、⑧はともにSで、⑦がAである。

10時間後、Aが1mol生成したとき、Sは約2.6molしか生成していないので、S 1mol分はAよりC末端から遠い位置にある。したがって、⑥がSである。

Kのグラフの傾きが最も小さいので、C末端からさらに遠い位置にKが存在する。したがって、⑤がKである。

これまでにわかったアミノ酸配列を、N末端から順に示すと、次のようになる。

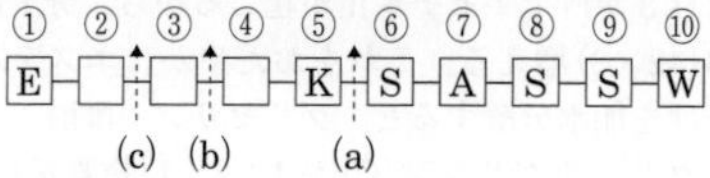

```
 ①   ②   ③   ④   ⑤   ⑥   ⑦   ⑧   ⑨   ⑩
┌E┐─┌ ┐─┌ ┐─┌ ┐─┌K┐─┌S┐─┌A┐─┌S┐─┌S┐─┌W┐
└─┘  └─┘  └─┘  └─┘  └─┘  └─┘  └─┘  └─┘  └─┘  └─┘
        (c)  (b)          (a)
```

(4)より、ペプチド断片(Ⅱ)は、ビウレット反応を示さないので、ジペプチドである。

塩基性アミノ酸のK、Rのカルボキシ基側のペプチド結合を特異的に切断する酵素はトリプシンである。まず、上図の(a)の位置のペプチド結合が切断される。さらに、ジペプチド(Ⅱ)が生成するための切断位置は、(b)と(c)の2通り考えられる。ジペプチド(Ⅱ)がK、Vを含むことから、切断位置として適当なのは(b)であり、④がVと決まる。

また、切断位置(b)の左側の③は塩基性アミノ酸のRでなければならない。最後に、②の位置にはアミノ酸Gが入る。

ペプチド断片(Ⅲ)に不斉炭素原子をもたないアミノ酸Gが含まれ、ペプチド断片(Ⅳ)のN末端から2番目がアミノ酸Aであることから、ペプチド(Ⅰ)のアミノ酸配列(N末端が左、C末端が右とする)と、ペプチド断片は次のように決まる。

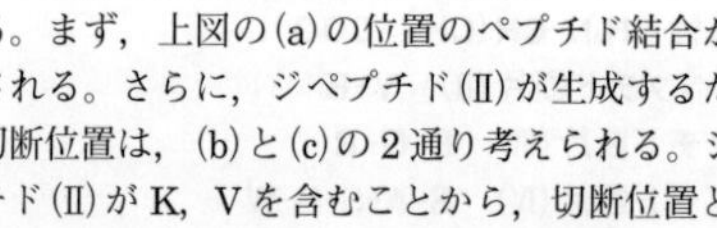

```
┌E┐─┌G┐─┌R┐─┌V┐─┌K┐─┌S┐─┌A┐─┌S┐─┌S┐─┌W┐
└─┘  └─┘  └─┘  └─┘  └─┘  └─┘  └─┘  └─┘  └─┘  └─┘
  ⇩         ⇩              ⇩
ペプチド断片  ペプチド断片    ペプチド断片
  (Ⅲ)        (Ⅱ)           (Ⅳ)
```

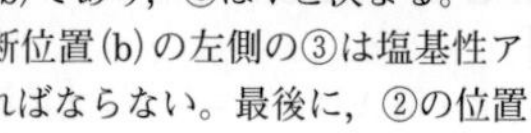

(……は、トリプシンによるペプチド結合の切断位置)

矢印のN原子だけである。その理由は、H⁺を受け取って生成した陽イオン(共役酸)が次式のように共鳴安定化(非局在化)するためである。

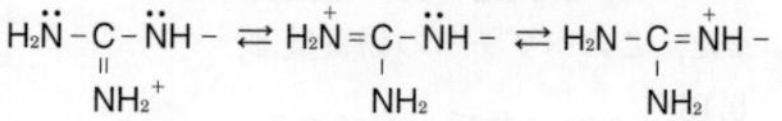

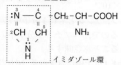

$$H_2\ddot{N}-C-\overset{+}{N}H- \rightleftarrows H_2\overset{+}{N}=C-\ddot{N}H- \rightleftarrows H_2\overset{+}{N}=C-\overset{+}{N}H-$$
$$\qquad NH_2^+ \qquad\qquad NH_2 \qquad\qquad NH_2$$

よって、アルギニンは塩基性アミノ酸のうち、最も強い塩基性(等電点10.8)を示す。

〔2〕ヒスチジンの塩基性

```
    ³      ⁴
   :N ── C -CH₂-CH-COOH
   │     ‖          │
  ²CH   CH          NH₂
   \   /
    ¹N
    │
    H        イミダゾール環
```

ヒスチジンの側鎖にはイミダゾール環が存在し、その1位と3位のN原子はいずれも非共有電子対をもつ。1位の非共有電子対はベンゼン環の安定性(芳香族性)に関与しており、非局在化しているので、電子密度は低く、塩基性を示さない。一方、3位の非共有電子対はベンゼン環の芳香族性に関与せず、局在化しているので、比較的電子密度は高く、塩基性を示す。

よって、ヒスチジンは塩基性アミノ酸のうち、最も弱い塩基性(等電点7.6)を示す。

▶355 Leu-Cys-Glu-Tyr-Lys-Ala-Gly-Ser

解説 いきなり、オクタペプチドのアミノ酸配列を決めるのは困難であるから、まず、ペプチド断片Ⅰ～Ⅲの配列順を決め、それらを題意に適（かな）うようにつないでいけばよい。

③より、ビウレット反応が陽性の断片Ⅰ、Ⅲはトリペプチド以上、断片Ⅱはビウレット反応が陰性よりジペプチド以下である。ところで、Ⅰ、Ⅱ、ⅢをつないだAがオクタペプチドだから、Ⅰ、Ⅲはいずれもトリペプチド、Ⅱはジペプチドで、これ以外の数の組み合わせは不適。

④断片Ⅰがすべて中性アミノ酸だけで構成されているとすると、中性付近のpHでの電気泳動ではどちらの電極へも移動しないはず。酸性アミノ酸を含むならば、側鎖の-COOHが-COO⁻として存在するため、陽極へ移動することになる。∴断片Ⅰはグルタミン酸を含む。(逆に、塩基性アミノ酸を含むならば、側鎖の-NH₂は-NH₃⁺として存在するため、陰極へ移動することになり、不適。)

⑤断片Ⅰは硫黄反応を示すので、含硫アミノ酸のシステインを含む。

⑥断片Ⅱはキサントプロテイン反応を示すので、芳香族アミノ酸のチロシンを含む。

⑦断片Ⅲを亜硝酸と反応させジアゾ化した後、加水分解すると、-NH₂→-N₂Cl→-OHと変化する。したがって、乳酸が得られることから、断片ⅢのN末端はアラニンである。

⑧断片Ⅲを部分的に加水分解して得られるジペプチドのいずれにもグリシンを含むということは，その中央部にグリシンが存在することを示す。

⑨酵素Xで切断した断片Ⅰ，Ⅱ，ⅢのC末端側は，酸性アミノ酸，または塩基性アミノ酸である。よって，断片ⅠのC末端は酸性アミノ酸のグルタミン酸である。さらに，断片Ⅱ，ⅢのC末端のいずれかは塩基性アミノ酸のリシン。また，オクタペプチドAのC末端はセリンだから，断片Ⅱ，ⅢのC末端のいずれかがセリンである。

以上より，断片ⅡのN末端は芳香族アミノ酸のチロシンと決まる。また，断片ⅢのN末端がアラニンだから，断片ⅠのN末端は，オクタペプチドAのN末端でもあるロイシンと決まる。残る断片Ⅰの中央部は，硫黄を含むアミノ酸のシステインと決まる。最後まで決まらないのは，断片Ⅱ，ⅢのC末端であるが，リシンかセリンのいずれかである。

(i) 断片ⅢのC末端がセリンとすると，オクタペプチドAの配列順は次のようになる。

Ⓝ—Leu|Cys|Glu—Tyr|Lys—Ala|Gly|Ser—Ⓒ
　　断片Ⅰ　　　断片Ⅱ　　断片Ⅲ

(ii) 断片ⅢのC末端がリシンとすると，

Ⓝ—Leu|Cys|Glu—Ala|Gly|Lys—Tyr|Ser—Ⓒ
　　断片Ⅰ　　　断片Ⅲ　　断片Ⅱ

⑨より，酵素Yで加水分解すると，チロシンのCOOH基側でペプチド結合が切れる。このとき生じるペプチド断片は次の通り。

(i)から，|Leu|Cys|Glu|Tyr|　|Lys|Ala|Gly|Ser|
(ii)から，|Leu|Cys|Glu|Ala|Gly|Lys|Tyr|　|Ser|

2つのペプチド断片がともにビウレット反応が陽性であるのは，(i)だけである。よって，オクタペプチドAの配列順は，(i)と決まる。

▶**356** (1) Gly-Tyr-Lys-Tyr-Cys-Asp
(2) 64種類　(3) 3種類　(4) 3種類
解説　(1) ①　N末端，C末端のアミノ酸は，不斉炭素原子をもたないため，旋光性が0のグリシン，または酸性アミノ酸のアスパラギン酸のいずれかである。
②　トリプシンは塩基性アミノ酸のリシンの-COOH側のペプチド結合のみを加水分解する。生成した2種類のペプチドはどちらもビウレット反応を示したので，トリペプチドである。これより，N末端から数えて3番目に塩基性アミノ酸のリシンが存在する。

③　キモトリプシンは，芳香族アミノ酸のチロシンの-COOH側のペプチド結合のみを加水分解する。生成した2種類のペプチドのうち，Aはビウレット反応が陰性なのでジペプチド，Bはビウレット反応が陽性なのでテトラペプチドである。これより，N末端から数えて，(i)2番目，あるいは(ii)4番目に芳香族アミノ酸のチロシンが存在する。

(i)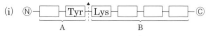

(ii)

④　Aはキサントプロテイン反応が陰性なので，チロシンを含まない。よって，上記の(ii)が正しい。
⑤　ヨードホルム反応が陽性なアミノ酸は，側鎖に-CH(OH)CH₃の構造をもつトレオニンのみである。よって，Bにはトレオニンを含む。①よりN末端はグリシンかアスパラギン酸であることから，N末端から数えて2番目にトレオニンが存在する。
⑥　pH6.0で電気泳動を行うと，中性アミノ酸はほぼ双性イオンの状態にあり，どちらの電極にも移動しない。酸性アミノ酸を含むペプチドは陰イオンの状態にあり，陽極へ移動する。一方，塩基性アミノ酸を含むペプチドは陽イオンの状態にあり，陰極へ移動する。

ペプチドAは陽極へ移動したので，酸性アミノ酸のアスパラギン酸を含み，その位置はC末端である。
∴　グリシンはペプチドXのN末端に存在する。
最後に残ったシステインの位置は，ペプチドXのN末端から数えて5番目に決まる。
よって，ペプチドXのアミノ酸配列順は
　Ⓝ-Gly-Thr-Lys-Tyr-Cys-Asp-Ⓒ
(2) ヘキサペプチドのアミノ酸配列が(1)で決定したので，その構造はただ1つに決まっている。ただし，グリシン以外のシステイン，リシン，チロシン，アスパラギン酸の4個のα-アミノ酸には，それぞれ1個ずつの不斉炭素原子が存在するので，それぞれに1組(D型，L型)の鏡像異性体が存在する。トレオニンには不斉炭素原子が2個存在するので，それぞれに2組(D,D)，(D,L)，(L,D)，(L,L)の4種類の立体異性体が存在する。よって，ヘキサペプチドXには，2⁴×4=64種類の立体異性体が存在する。
(3) システイン(上)2分子がジスルフィド結合してできたシスチン(下)の構造は次の通り。

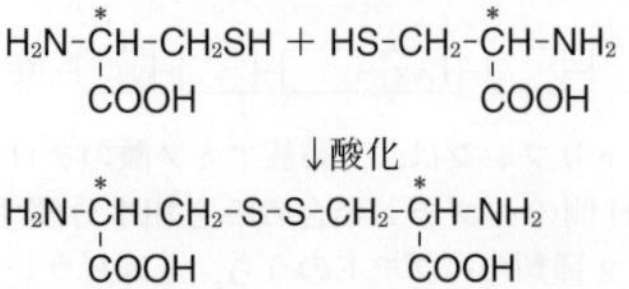

$$H_2N-\overset{*}{C}H-CH_2SH + HS-CH_2-\overset{*}{C}H-NH_2$$
$$\underset{COOH}{}\qquad\qquad\underset{COOH}{}$$

↓酸化

$$H_2N-\overset{*}{C}H-CH_2-S-S-CH_2-\overset{*}{C}H-NH_2$$
$$\underset{COOH}{}\qquad\qquad\qquad\underset{COOH}{}$$

シスチンには，不斉炭素原子が2個あるが，S-S結合の部分に対称面をもつメソ体（下図(c)と(d)は同一物質）があるので，立体異性体数は$2^2-1=3$種類。

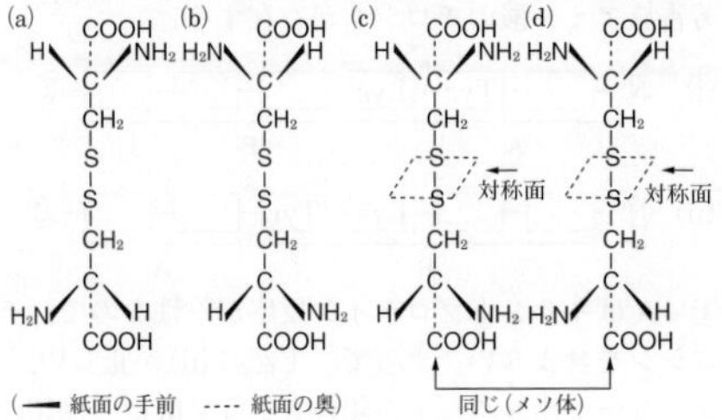

（——紙面の手前　‥‥紙面の奥）　　同じ（メソ体）

(4) ペプチドY 1molの加水分解によりアラニン2molが生成したので，Yはアラニンのジペプチドである。しかも，ニンヒドリン反応が陰性であるから，Yには遊離の-NH₂基が存在しない。つまり，Yはアラニンの環状ジペプチドである。（鎖状のペプチドの場合，必ず，遊離の-NH₂基が存在し，ニンヒドリン反応が陽性となる。）

アラニン2分子からなる環状ジペプチドの構造式は，右図の通りである。鎖状のジペプチドと同様に，2個の不斉炭素原子があり，4種類の立体異性体が考えられる。ただし，③と④には，対称中心があるので，紙面上で裏返すと重なるので同一物質である。

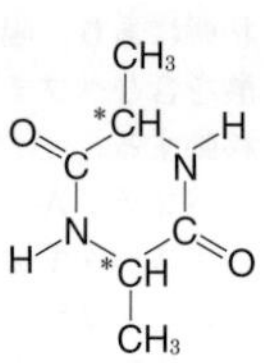

∴　立体異性体の数は，$2^2-1=3$〔種類〕

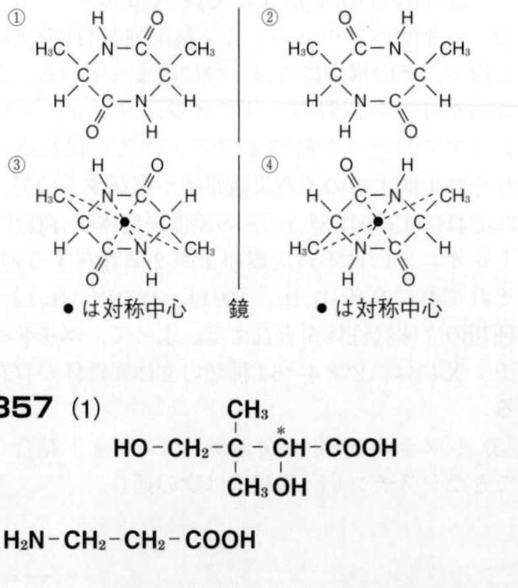

●は対称中心　　鏡　　●は対称中心

▶**357** (1)
$$HO-CH_2-\overset{CH_3}{\underset{CH_3}{\overset{|}{\underset{|}{C}}}}-\overset{*}{C}H-COOH$$
$$\underset{OH}{}$$

(2) $H_2N-CH_2-CH_2-COOH$

(3)
$$HO-CH_2-\overset{CH_3}{\underset{CH_3}{\overset{|}{\underset{|}{C}}}}-\overset{*}{C}H-\overset{O}{\overset{\|}{C}}-NH-CH_2-CH_2-COOH$$
$$\underset{OH}{}$$

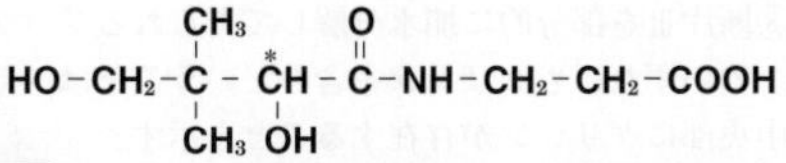

解説　(1) パントテン酸Aは，アミド結合を1個もつアミドで，その加水分解は次式で表される。

A＋H_2O──→ カルボン酸B＋アミノ酸C

カルボン酸Bの組成式は，

C　$66.0\times\dfrac{12}{44}=18$〔mg〕

H　$27.0\times\dfrac{2.0}{18}=3.0$〔mg〕

O　$37.0-(18+3.0)=16$〔mg〕

$C:H:O=\dfrac{18}{12}:\dfrac{3.0}{1.0}:\dfrac{16}{16}=1.5:3.0:1.0$

組成式は　$C_3H_6O_2$

$(C_3H_6O_2)_n=148$より　$74n=148$　∴　$n=2$

Bの分子式は，　$C_6H_{12}O_4$

カルボン酸Bにはアミド結合に関わる-COOH基以外に，酸化するとホルミル基となる第一級の-OH基(-CH₂OH)と，酸化するとカルボニル基となる第二級の-OH基(-CH(OH)-)，および2個のメチル基をもつ。これ以外の部分構造は，

$C_6H_{12}O_4-COOH-CH_2OH$
$\qquad\qquad\qquad -CH(OH)-2(CH_3)=C$

-COOH，-CH₂OH，-CH₃は炭素鎖の端に位置しなければならない，またBは不斉炭素原子を1個もつ。Bに考えられる部分構造は，

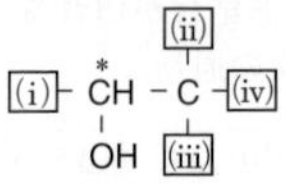

Bはヨードホルム反応が陰性なので，(i)にはメチル基は存在しない。よって，残る(ii)，(iii)，(iv)のうち2か所にメチル基が存在する。ただし，(ii)〜(iv)はすべて等価であるから，仮に，(ii)，(iii)にメチル基をつけると，(i)，(iv)には-COOHと-CH₂OHのどちらかが結合することになる。考えられる構造は次の通り。

(a)
$$HOOC-\overset{*}{C}H-\overset{CH_3}{\underset{CH_3}{\overset{|}{\underset{|}{C}}}}-CH_2OH$$
$$\underset{OH}{}$$

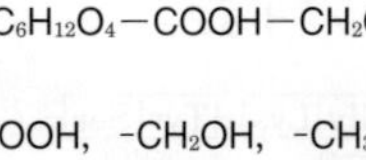

(b)
$$HOH_2C-\overset{*}{C}H-\overset{CH_3}{\underset{CH_3}{\overset{|}{\underset{|}{C}}}}-COOH$$
$$\underset{OH}{}$$

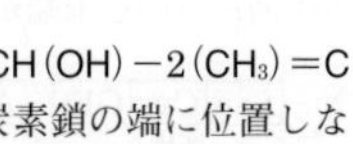

(a)は，OH基の隣接するCにHが結合しておらず，濃硫酸による脱水反応を受けない。｜(b)は，OH基の隣接するCにHが結合しており，濃硫酸による脱水反応を受ける。

題意より，Bの構造は(a)と決まる。

(2) β-アミノ酸Cの炭素数は3で，β-アミノ酸の構造，つまり，-COOH基が結合した炭素原子(α位)の隣り(β位)の炭素原子に-NH₂基が結合している

から，その構造が決まる。

$$H_2N-CH_2-CH_2-COOH$$

(3) A はカルボン酸 B の-COOH 基と，アミノ酸 C の-NH₂ 基が脱水結合してできたアミドである。

▶**358** (1) (ア) ヌクレオチド　(イ) リボース
(ウ) デオキシリボース　(エ) $C_5H_{10}O_4$
(オ) ヒドロキシ　(カ) 水素　(キ) リボ核酸
(ク) デオキシリボ核酸 (ケ) ウラシル (コ) チミン
(サ) 二重らせん　(シ) チミン　(ス) ウラシル
(セ) 相補性　(ソ) RNA
(2) 24通り　(3) UCAGAACAUC
(4) 22.5%
(5) Ⅲ (構造図)

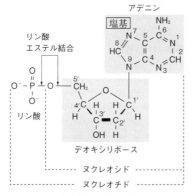

解説 (1) 生物の細胞には遺伝に深く関わる**核酸**とよばれる高分子化合物が存在する。核酸は，糖（五炭糖，ペントース），N 原子を含む環状構造の塩基（核酸塩基），リン酸各 1 分子が結合した化合物である**ヌクレオチド**が，多数脱水縮合してできた鎖状の高分子化合物である。DNA のヌクレオチドを次図に示す。RNA を構成する糖はリボース（$C_5H_{10}O_5$）であり，DNA を構成する糖はデオキシリボース（$C_5H_{10}O_4$）であるため，RNA を**リボ核酸**，DNA を**デオキシリボ核酸**とよぶ。

アデニン

塩基

リン酸
エステル結合

リン酸

デオキシリボース

ヌクレオシド

ヌクレオチド

DNAのヌクレオチド

ヌクレオチドでは，糖ではプライム(′)をつけた番号，塩基ではプライムをつけない番号で，構成原子の位置を区別する。

ヌクレオシドとヌクレオチド
　核酸塩基は，六員環構造を 1 つもつピリミジン塩基（シトシン(C)，チミン(T)，ウラシル(U)）と，六員環と五員環構造を合わせもつプリン塩基（アデニン(A)，グアニン(G)）の 2 種類がある。
　プリン塩基の 9 位，またはピリミジン塩基の 1 位の-NH 基と，五炭糖の 1′位の-OH の間で脱水縮合（**N-グリコシド結合**）した化合物をヌクレオシドという。その命名法は 364 **参考** を参照のこと。
　ヌクレオシドの五炭糖の 5′位の-OH とリン酸 H_3PO_4 の-OH との間で脱水縮合（**リン酸エステル結合**）した化合物をヌクレオチドという。
　その命名法は 364 **参考** を参照のこと。
　また，ヌクレオチドどうしは，五炭糖の 3′位の-OH と別のリン酸の-OH との間で脱水縮合（**リン酸エステル結合**）した鎖状の高分子を**ポリヌクレオチド**といい，リボースのヌクレオチド，デオキシリボースのヌクレオチドに対応するポリヌクレオチドを，それぞれ**RNA**（リボ核酸），**DNA**（デオキシリボ核酸）という。

　RNA と DNA を構成する塩基はどちらも 4 種類で，**アデニン，グアニン，シトシン**は共通であるが，残り 1 個は RNA では**ウラシル**，DNA では**チミン**である。核酸の遺伝情報は塩基配列で示される。また，各塩基は A と T，G と C のように，それぞれ決まった相手の塩基とのみ水素結合で結びつく。この関係を**相補性**という。
　構造は，DNA が 2 本鎖の構造であるが，RNA では多くは 1 本鎖の構造である。
　DNA は**二重らせん**構造をとっており，アデニンとチミンは 2 本の水素結合による塩基対を，グアニンとシトシンは 3 本の水素結合による塩基対をつくるが，アデニンは RNA の塩基ウラシルとの間でも塩基対を形成できる。
　多くの生物の DNA を構成する塩基の組成を調べた結果，A＝T，G＝C の関係が明らかとなった（**シャルガフの法則**）。また，DNA の X 線回折の研究から，DNA は規則的ならせん構造の繰り返しでできていることがわかった。以上のことから，**ワトソン**（アメリカ），**クリック**（イギリス）は，DNA は，2 本のポリペプチド鎖が，核酸塩基を互いに内側に向け，水素結合によって結ばれ，二重らせん構造をしていることを明らかにした（1953 年）。
(2) 単に，ヌクレオチド 4 個（塩基の種類は問わない）からなる DNA の塩基配列は，$4×4×4×4＝256$ 通りであるが，ヌクレオチド 4 個（塩基の種類はすべて異なる）からなる DNA の塩基配列は，$4！＝4 ×3×2×1＝24$〔通り〕となる。
(3) DNA→RNA の対応は，A→U，T→A，G→C，C→G となる。

DNA AGTCTTGTAG
↓↓↓↓↓↓↓↓↓↓
RNA UCAGAACAUC

(4) 二重らせん構造をとる DNA では，A＝T，G＝
Cの関係が成り立つ（シャルガフの法則）から，
　　A＝27.5〔％〕ということは，T＝27.5〔％〕
　残り，100−27.5×2＝45〔％〕
　これは，GとCの和を表し，G＝Cの関係より，
$$\frac{45}{2}＝22.5〔％〕$$　これがCのモル％である。

(5) 核酸塩基を構成する各原子の電気陰性度を比較
すると，O＞N＞C＞Hとなる。したがって，アミ
ノ基-NH$_2$，イミノ基-NHのHは正に帯電し，カル
ボニル基＞C＝OのOや，複素環（C以外の元素を
含む環構造）内のNは負に帯電している。水素結合
は，上記の正に帯電したH原子が負に帯電したO原
子，N原子との間で静電気的に引き合うことにより
形成される。

I〜Ⅳの塩基の極性を調べると，

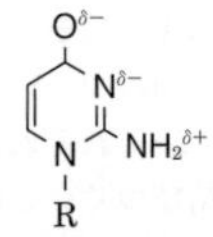

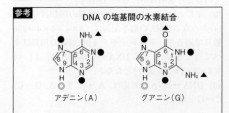

塩基Iには，δ−，δ−，δ＋がこの順に一直線上に
並んでいる。これと静電気的な結合（水素結合）を3
本形成しうる塩基には，δ＋，δ＋，δ−がこの順に
一直線に並んだ構造をもつ必要がある。
　よって，条件に適するのは塩基Ⅲだけである。

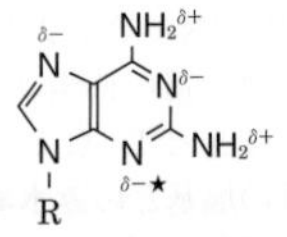

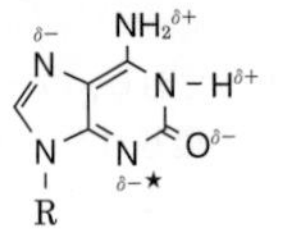

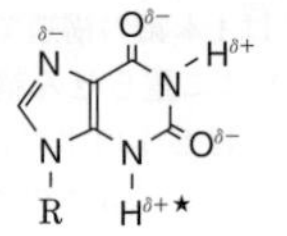

補足　R-はデオキシリボース部分を表すから，R-
に最も近い★印のN原子，H原子では，立体障
害によって水素結合は形成されにくくなってい
ると考えられる。

参考　DNA の塩基間の水素結合

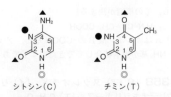

シトシン（C）　　　　チミン（T）

DNA を構成する4種類の塩基の中で，水素
結合が可能な部位は，カルボニル基＞C＝Oと
アミノ基-N$\begin{smallmatrix}H\\H\end{smallmatrix}$（▲と表す），およびNの二重結
合-N＝とイミノ基＞N-H（●と表す）である。
　まず，各塩基が糖（デオキシリボース）の1位
の-OHと結合できるのは，イミノ基N-H-のH
だけであり，生じた-C-N＜結合を N-グリコシ
ド結合という。糖と N-グリコシド結合をつく
るのは，2個の環構造をもつプリン塩基のアデ
ニンとグアニンでは9位，1個の環構造をもつ
ピリミジン塩基のシトシンとチミンでは1位と
決まっている（◎印）。
　実際に，塩基間で相補的な水素結合を形成し
ているのは，水素結合が可能な部位（▲または
●）が連続している部分でなければならない。
それは，糖と N-グリコシド結合をつくる位置
（◎印）からみて，最も遠い場所でもある。した
がって，アデニンでは1，6位，グアニンでは
1，2，6位，シトシンでは2，3，4位，チミン
では2，3，4位である。
　グアニンの（▲●▲）とシトシンの（▲●▲）で
　　　　　　　　6 1 2　　　　　　　　4 3 2
は相補的な3本の水素結合を形成する。
　アデニンの（▲●）とチミンの（▲●）では相補
　　　　　　　6 1　　　　　　4 3
的な2本の水素結合を形成する。
　したがって，グアニンとシトシンを多く含む
2本鎖の DNA は，グアニンとシトシンの少な
い同じ長さの2本鎖の DNA に比べて水素結合
の数が多く，熱を加えることによって起こる1
本鎖DNAへの変化（**DNAの変性**という）が起
こりにくい。

▶**359** (1) **15種類**

(2)
Gly-Ser-Cys-Phe-Lys-Cys-Met-Phe-Cys-Ala

Met-Cys-Ile-Phe-Cys-Ser-Phe-Asp-Cys-Gly

解説　(1) ペプチド Y1，Y2 中の Cys を左から順
に，①，②，③，および@，ⓑ，ⓒとする。
(i) Y1 と Y2 が1本の S-S 結合をつくった場合。
　Y1 中で S-S 結合している Cys の選び方は①，②，
③の3通り。
　Y2 中で S-S 結合している Cys の選び方は@，ⓑ，
ⓒの3通り。
　したがって，Y1 と Y2 の S-S 結合の種類は，3×
3＝9種類。
（Y1，Y2 に残った2個の Cys どうしで，もう2本の S-S）
（結合をつくる他はない。　　　　　　　　　　　　　）
(ii) Y1 と Y2 が2本の S-S 結合をつくった場合。

Y1, Y2 には各 1 個の Cys が残り, これらが 3 本目の S-S 結合をつくる他はないので, 次の 3 本の S-S 結合をつくった場合に含まれることになる。

(iii) Y1 と Y2 が 3 本の S-S 結合をつくった場合。

1 本目の S-S 結合をつくる Cys の選び方は 3 通りあるが, 2 本目の S-S 結合をつくる Cys の選び方は 2 通りで, 3 本目の S-S 結合をつくる Cys の選び方は 1 通り。したがって, Y1 と Y2 の S-S 結合の種類は, 3×2×1=6 種類。

∴ 考えられる 3 本のジスルフィド結合の位置は, 9＋6＝15 種類。

(2) Y1, Y2 をキモトリプシンで加水分解すると, 次のようになる。

Y1→Gly-Ser-①Cys-Phe　Lys-②Cys-Met-Phe
　③Cys-Ala

Y2→Met-@Cys-Ile-Phe　ⓑCys-Ser-Phe
　Asp-ⓒCys-Gly

表より, Z1 には, Cys が 2 個含まれるので S-S 結合が存在する。Z1 には Cys 以外に Ala, Gly, Phe, Ser が含まれるから, ①と③の Cys で S-S 結合している。

表より, Z2 には, Cys が 2 個含まれるので S-S 結合が存在する。Z2 には Cys 以外に Asp, Lys, Met, Phe, Gly が含まれるから, ②とⓒの Cys で S-S 結合している。

表より, Z3 には, Cys が 2 個含まれるので S-S 結合が存在する。Z3 には Cys 以外に Ile, Met, Phe, Phe, Ser が含まれるから, @とⓑの Cys で S-S 結合している。

∴ ポリペプチド X の構造は, 以下のように決定される。

Gly-Ser-Cys-Phe-Lys-Cys-Met-Phe-Cys-Ala

Met-Cys-Ile-Phe-Cys-Ser-Phe-Asp-Cys-Gly

▶**360** (1) **A** グルタミン酸, **B** グリシン,
C システイン
(2)

H₂N-CH-(CH₂)₂-CONH-CH-CONH-CH₂-COOH
　　COOH　　　　　CH₂
　　　　　　　　　SH

解説 (1) グルタチオンの部分的な加水分解により, ジペプチド D, E が生成する。
① ジペプチド D, E の両方に含まれるアミノ酸 C は, 中央部に位置している。
ジペプチド D, E の一方のみに含まれるアミノ酸 A, B は, 両端部に位置している。
よって, グルタチオンのアミノ酸配列には 2 通り

が考えられる。

E は, 不斉炭素原子を 2 個含むから, A と C は不斉炭素原子を 1 個ずつ含む。D は, 不斉炭素原子を 1 個含むから, 不斉炭素原子を含まない B はグリシン。
② フェーリング液を還元する性質 (還元性) をもつ C はシステイン。
その理由は, システインのチオール基 (-SH) どうしが酸化されると, ジスルフィド結合 (-S-S-) に変化し, システインの二量体であるシスチンに変化しやすいからである。

2H₂N-CH-CH₂SH ⇄(酸化/還元) H₂N-CH-CH₂-S-S-CH₂-CH-NH₂
　　COOH　　　　　　　　COOH　　　　　COOH
システイン　　　　　　　　　　シスチン

③ E の分子量を x とおくと, E 1 分子中には窒素原子を 2 個含むから, E 1 mol からはアンモニア 2 mol が発生する。

$$\frac{0.625}{x}\times2=\frac{112}{22400}　∴　x=250$$

④ E をエタノールでエステル化すると, ペプチド結合していない -COOH が -COOC₂H₅ に変化し, -COOH 1 か所あたり, 分子量が 28 増加する。よって, E は分子中に -COOH を 2 個もつ。したがって, アミノ酸 A は分子中に -COOH を 2 個もつ酸性アミノ酸である。

A の分子量は,
250＋18(H₂O)−121(システイン)＝147
アミノ酸の一般式 R-CH(NH₂)COOH より,
　　　　　　　　　分子量74
R の分子量は 147−74−45(-COOH)＝28
∴ R=-(CH₂)₂-COOH となる。
A はグルタミン酸。

(2) グルタミン酸とシステインのペプチド結合の仕方には, 次の 3 通り考えられる。

(i) H₂N-*CH-CONH-*CH-COOH
　　　(CH₂)₂　　　CH₂
　　　COOH　　　SH
　　　(Glu)　　　(Cys)

(ii) H₂N-*CH-(CH₂)₂-CONH-*CH-COOH
　　　COOH　　　　　　　CH₂
　　　　　　　　　　　　 SH
　　　(Glu)　　　　　　 (Cys)

(iii) HOOC-*CH-NHCO-*CH-NH₂
　　　(CH₂)₂　　　CH₂
　　　COOH　　　SH
　　　(Glu)　　　(Cys)

(i)～(iii)のうち，不斉炭素原子＊と結合した-COOH(-[COOH]で表す)がともにエタノールでエステル化されるのは，(ii)のみであるから，ジペプチドEの構造は(ii)と決まる。よって，グルタチオンは，(ii)のシステインの-COOHとグリシンの-NH₂がペプチド結合してできた鎖状のトリペプチドであり，次の構造と決定される。

$$H_2N-CH-(CH_2)_2-CONH-CH-CONH-CH_2-COOH$$

（COOH） （CH₂ / SH）

参考
グルタチオンの働き
　酸素呼吸を行う多くの生物がもつグルタチオンには，そのシステイン残基がチオール基(-SH)の状態にある単量体の還元型と，ジスルフィド結合(S-S)の状態にある二量体の酸化型とがある。
　$$2グルタチオン \rightleftharpoons (グルタチオン)_2+2e^-$$
　グルタチオンは，還元型から酸化型に変化しやすい性質(**還元作用**)があるので，生体内に生じた種々の**活性酸素**(不対電子をもつ反応性に富む酸素の総称)を還元して無害化し，活性酸素による酸化から守る**抗酸化作用**を示す。

▶361　(i) Ⅱ　(ii) ⅠとⅢ

解説　不斉炭素原子を1個もつ化合物では，不斉炭素原子に結合する4種の置換基の立体配置を奇数回入れ替えたものは元の化合物の鏡像異性体となり，偶数回入れ替えたものは元と同じ化合物となる。

　不斉炭素原子を2個もつ化合物において，不斉炭素原子の両方の立体配置を奇数回入れ替えた化合物は，元の化合物の鏡像異性体となるが，不斉炭素原子の一方の立体配置を奇数回入れ替えた化合物は，元の化合物のジアステレオ異性体(ジアステレオマー)となる。

　Ⅰは，L-トレオニンに対して，左側の不斉炭素原子の立体配置は同じだが，右側の不斉炭素原子の立体配置が1回入れ替わっている。よって，Ⅰは，L-トレオニンのジアステレオ異性体である。

　Ⅱは，L-トレオニンに対して，左側の不斉炭素原子も，右側の不斉炭素原子もそれぞれ立体配置が1回ずつ入れ替わっている。よって，ⅡはL-トレオニンの鏡像異性体のD-トレオニンである。

　Ⅲは，L-トレオニンに対して，右側の不斉炭素原子の立体配置は同じだが，左側の不斉炭素原子の立体配置が1回入れ替わっている。よって，ⅢはL-トレオニンのジアステレオ異性体である。

　Ⅱを左右方向に裏返すとⅡ′のようになり，L-トレオニンとは実像と鏡像の関係にあることがわかる。よってⅡはD-トレオニンである。

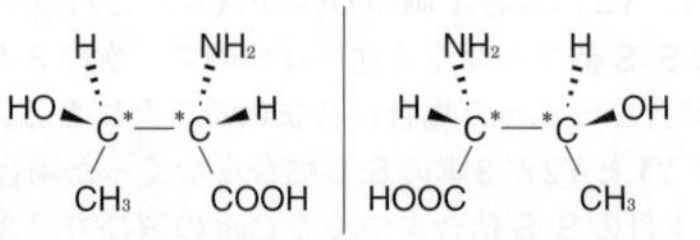

L-トレオニン　　鏡　　Ⅱ′

参考
トレオニンの立体異性体
　アミノ酸では-COOHの結合したC原子をα位，その隣をβ位，…といい，α位の立体配置によってD型，L型が区別されている。
　Ⅰのα位とⅡ(D-トレオニン)のα位の立体配置は同じだが，Ⅰのβ位の立体配置がⅡとは異なるので，ギリシャ語のallo-(非天然物)の接頭語をつけ，ⅠをD-アロトレオニンという。
　Ⅲのα位とL-トレオニンのα位の立体配置は同じだが，Ⅲのβ位の立体配置がL-トレオニンとは異なるので，ⅢをL-アロトレオニンという。
　L-トレオニンとD-トレオニンは鏡像異性体なので，旋光性を除く他の物理的性質は等しい。
　D-アロトレオニンやL-アロトレオニンはジアステレオ異性体(ジアステレオマー)なので，旋光性だけでなく他の物理的性質も異なる。

▶362

(1) A　　　　　　　　　　B

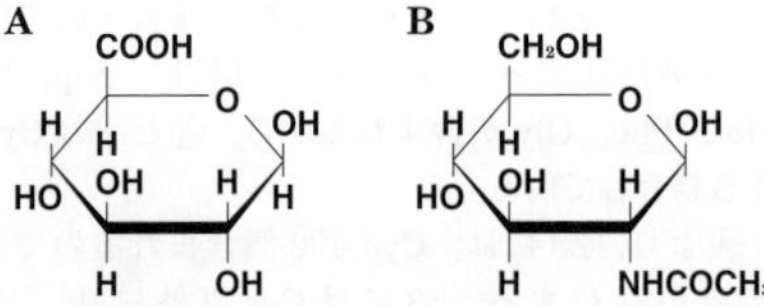

(2)

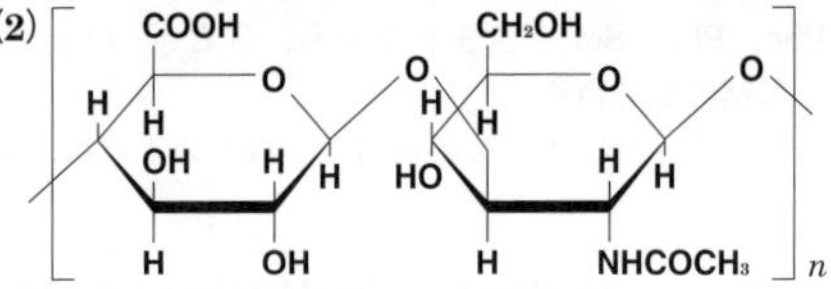

(3) 二糖類Cの右側部分にはヘミアセタール構造が存在するので，水溶液は還元性を示す。

解説　(1) AにNaHCO₃水溶液を加えると，気体(CO_2)が発生するので，Aは炭酸(H_2CO_3)よりも強いカルボン酸と推定される。

$$R-COOH+NaHCO_3 \longrightarrow R-COONa+H_2O+CO_2$$

よって，Aはβ-グルコースの6位の-CH₂OHが-COOHで置き換わった化合物(グルクロン酸)である。

　グルコースの6位の-CH₂OH以外の分子式は，
$$C_6H_{12}O_6-CH_2OH=C_5H_9O_5 だから，$$
$$C_6H_{10}O_7(A)-C_5H_9O_5=CHO_2 となり題意に合う。$$

　Bを加水分解すると酢酸を生じ，BにはN原子を含むからBはエステルではなくアミドである。Bの加水分解で生じたB′の分子式は，
$$C_8H_{15}NO_6+H_2O-C_2H_4O_2(酢酸)=C_6H_{13}NO_5$$
グルコースの2位の-OH以外の分子式は，

$C_6H_{12}O_6-OH=C_6H_{11}O_5$ だから，

$C_6H_{13}NO_5-C_6H_{11}O_5=NH_2$ となり，

B' は β-グルコースの 2 位の-OH が-NH_2 で置き換わった化合物(グルコサミン)である。

また，B はグルコサミンの 2 位の-NH_2 が酢酸でアセチル化された化合物(N-アセチルグルコサミン)である。

(2)

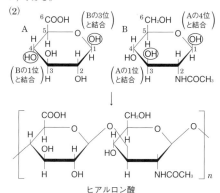

ヒアルロン酸

(3) ヒアルロン酸の β-$1,4$-結合だけを加水分解すると，次の二糖類Cが生成する。

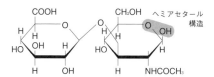

この二糖類の右側(N-アセチルグルコサミン)には，同一のC原子に-OHと-O-が結合した**ヘミアセタール構造**が存在する。水溶液中ではこの部分で開環して，ホルミル基をもつ鎖状構造に変化するので，水溶液は還元性を示す。

▶363 (1) ア $k[\mathbf{ES}]$　　イ $\dfrac{[\mathbf{ES}]}{[\mathbf{E}][\mathbf{S}]}$

ウ $[\mathbf{E}]+[\mathbf{ES}]$

エ $\dfrac{KC[\mathbf{S}]}{1+K[\mathbf{S}]}$　　オ $\dfrac{kKC[\mathbf{S}]}{1+K[\mathbf{S}]}$

(2)

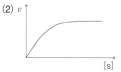

(3) (i) $1.4\times10^{-1}\,\text{mmol/}(\text{L·s})$

(ii) $1.5\,\text{mmol/}(\text{L·s})$　　(iii) $10\,\text{mmol/}(\text{L·s})$

解説 (1) ア **一次反応**とは，反応速度が反応物の濃度の 1 乗に比例する反応である。反応⑥の反応

物は[ES]であるから，$v=k[\text{ES}]$ ……①

イ　反応④に化学平衡の法則を適用すると

$$K=\frac{[\text{ES}]}{[\text{E}][\text{S}]}\quad……②$$

ウ　物質収支の条件より，反応中の酵素は，基質と結合していない遊離状態のもの[E]と，基質と複合体をつくったもの[ES]の和に等しい。

$$C=[\text{E}]+[\text{ES}]\quad……③$$

エ　$v=k[\text{ES}]$ の式中の[ES]を，既知濃度 C を使って表すと次のようになる。

③より，[E]$=C-$[ES]を②へ代入すると，

$$K=\frac{[\text{ES}]}{(C-[\text{ES}])[\text{S}]}$$

$$[\text{ES}]=KC[\text{S}]-K[\text{ES}][\text{S}]$$

$$[\text{ES}](1+K[\text{S}])=KC[\text{S}]$$

$$\therefore\ [\text{ES}]=\frac{KC[\text{S}]}{1+K[\text{S}]}\quad……④$$

オ　④を①式へ代入すると，

$$v=\frac{kKC[\text{S}]}{1+K[\text{S}]}\quad……⑤$$

(2) (i) 基質濃度[S]が小さいとき，⑤式の分母は，$1+K[\text{S}]≒1$ と近似できる。

$$v=\underset{\text{定数}}{\underline{kKC}}[\text{S}]$$

よって，v は[S]に比例する。

(ii) 基質濃度[S]が大きいとき，⑤式の分母・分子はともに大きくなるので，⑤式の分母・分子を[S]で割ると，

$$v=\frac{kKC}{\dfrac{1}{[\text{S}]}+K}\quad……⑥$$

[S]が大きくなると，⑥式の分母は，

$\dfrac{1}{[\text{S}]}+K≒K$ と近似できる。

$$v=\underset{\text{定数}}{\underline{kC}}\,(一定)$$

よって，v は一定となる。

[S]に対するvのグラフは解答のようになる。

(3) (i) ⑤式に，$k=5.0$，$K=0.10$，$C=0.30$

[S]$=1.0$(単位省略)を代入すると，

$$v=\frac{5.0\times0.10\times0.30\times1.0}{1+0.1\times1.0}$$

$$=1.36\times10^{-1}≒1.4\times10^{-1}\,[\text{mmol/}(\text{L·s})]$$

(ii) 酵素反応の反応速度が最大速度 $v_{\max}$ になるのは，[S]$\to\infty$ のときである。

⑥式で[S]$\to\infty$ とおくと，$\dfrac{1}{[\text{S}]}+K≒K$ となり，

$$v_{\max}=kC\quad……⑦$$

$$=5.0\times0.30=1.5\,[\text{mmol/}(\text{L·s})]$$

(iii) ⑦を⑤式へ代入し，分母・分子をKで割ると，

$$v = \frac{V_{max}K[S]}{1+K[S]} = \frac{V_{max}[S]}{\frac{1}{K}+[S]} \cdots\cdots ⑧$$

⑧式では，v が V_{max} となる $[S]$ の値は求められないが，V が $\frac{1}{2}V_{max}$ となる $[S]$ の値は求められる。

V が $\frac{1}{2}V_{max}$ になるには，$\frac{1}{K}=[S]$ であればよい。

$$[S] = \frac{1}{K} = \frac{1}{0.10} = 10 \text{[mmol/L]}$$

参考

ミカエリス定数 K_m について

⑧式の $\frac{1}{K}$ を新たに K_m（ミカエリス定数）という。②式より，$\frac{1}{K} = \frac{[E][S]}{[ES]}$ を表すので，K_m は，酵素基質複合体ESの解離のしやすさ（解離定数）を表している。

K_m が大きいほど，酵素と基質との親和力が小さいことを示し，K_m が小さいほど，酵素と基質との親和力が大きいことを示す。また，V_{max} は酵素反応の最大速度を示し，ある酵素が単位時間当たりに最大何個の生成物をつくれるかの触媒能力の大きさを示す。

（左図）縦軸 V，V_{max}，$\dfrac{V_{max}}{2}$，横軸 K_m（大） $[S]$

（右図）縦軸 v，V_{max}，$\dfrac{V_{max}}{2}$，横軸 K_m（小） $[S]$

▶**364** (1) リン酸，五炭糖，核酸塩基の各部分に極性があるため，水に溶解する。

(2) フェノールでは，極性がある親水基のヒドロキシ基に水分子が水和するため水に溶解するが，ベンゼン環は極性のない疎水基のため，全体として水への溶解度は小さい。

(3) **B**　（理由）重合体**A**では，2位にヒドロキシ基が存在するため，水に溶けやすく，フェノールに溶けにくい。一方，重合体**B**では，2位にヒドロキシ基の代わりに水素が結合しており，水に溶けにくく，フェノールに溶けやすい。

(4) 重合体**A**，**B**ともに，塩基性にすると，リン酸基の部分が中和されて塩（イオン）となり，水に溶けやすくなる。

(5)

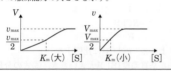

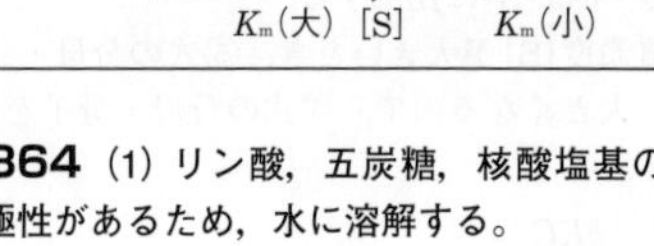

$$\text{HO}-\overset{\overset{\text{O}}{\|}}{\text{P}}-\text{O}-\overset{\overset{\text{O}}{\|}}{\text{P}}-\text{O}-\overset{\overset{\text{O}}{\|}}{\text{P}}-\text{O}-\text{CH}_2 \cdots (\text{塩基})$$

五炭糖のヒドロキシ基とリン酸のヒドロキシ基から脱水縮合して，リン酸エステル結合を生じるため。

---

(6) **Y**　（理由）アデニンはチミンと2本の水素結合をつくるが，**Y**では3本の水素結合をつくるので，DNAの熱的安定性が増大するため。

解説　核酸は，デオキシリボ核酸(DNA)とリボ核酸(RNA)に分けられる。化学構造の違いは，一部の核酸塩基の種類と糖の種類が異なることである。

核酸に含まれる環状構造の塩基は**核酸塩基**とよばれ，2個の環構造からなるプリン誘導体の①アデニン(A)，②グアニン(G)と，1個の環構造からなるピリミジン誘導体の③シトシン(C)，④チミン(T)(DNAのみ)，⑤ウラシル(U)(RNAのみ)があり，いずれも弱い塩基性を示す(358 **参考**)。核酸に含まれる糖は五炭糖で，DNAではデオキシリボース $C_5H_{10}O_4$，RNAではリボース $C_5H_{10}O_5$ である。前者は 2′ 位につく置換基が-Hであるが，後者は 2′ 位につく置換基が-OHである。

糖と核酸塩基が結合した化合物を**ヌクレオシド**という。ヌクレオシドの炭素の位置番号は，糖の炭素の番号に ′ をつけて塩基の番号(′なし)と区別する。

ヌクレオシドは，糖の 1′ 位の-OHと核酸塩基の-NH(プリン塩基は9位，ピリミジン塩基は1位)とが脱水縮合してできたもので，この結合を**N-グリコシド結合**という。

リン酸 H_3PO_4 は3つの-OHをもち，中程度の強さの酸性を示す。ヌクレオシドとリン酸が結合した化合物を**ヌクレオチド**という。

ヌクレオチドは，リン酸の-OHの1つが糖の 5′ 位の-OHとが脱水縮合してできたもので，この結合を**リン酸エステル結合**という。

参考

ヌクレオシド，ヌクレオチドの名称

ヌクレオシドの名称は，プリン塩基の場合は語尾を「シン」に変え，ピリミジン塩基の場合は語尾を「ジン」に変える。

例えば，アデニン→アデノシン，グアニン→グアノシン，シトシン→シチジン，チミン→チミジン，ウラシル→ウリジンとなる。

さらに，デオキシリボースからなるヌクレオシドの名称は，接頭語に「デオキシ」をつける。ヌクレオチドの名称は，「ヌクレオシド名」＋「リン酸の数(漢数字)」＋リン酸とする。例えば，アデノシン一リン酸(AMP)，アデノシン二リン酸(ADP)，アデノシン三リン酸(ATP)となる。

また，ヌクレオシド一リン酸については，アデニル酸，グアニル酸，シチジル酸，チミジル酸，ウリジル酸ということもある。

(1) リン酸，五炭糖には，極性のあるヒドロキシ基（-OH）が複数存在し，核酸塩基にもアミノ基（-NH₂），イミノ基（-NH-），カルボニル基（＞C=O）など極性のある官能基が存在するので，これらの部分に水分子が水和する。したがって，単量体a（RNAのヌクレオシド三リン酸）と単量体b（DNAのヌクレオシド三リン酸）のいずれも水に溶解する。

(3) 重合体A（RNA）と重合体B（DNA）ではリン酸と塩基の構造は共通しているが，糖の構造だけが異なる。糖の1′位は核酸塩基との結合に，5′位はリン酸との結合に，3′位は別のヌクレオチドとの結合に使われる。結合に使われずに残っているのは2′位のみである。重合体Aでは，2′位に-OHが残っているので，この部分に水分子が水和して水に溶けやすい。その代わりにフェノールには溶解しにくい。一方，重合体Bでは，2′位には-Hが結合しているので，この部分には水和が起こらず水に溶けにくい。その代わりにフェノールには溶解しやすい。

(4) 重合体A，重合体BはともにpH8.0程度の弱い塩基性にすると，リン酸基に残った-OHの部分が中和されて塩（イオン）となり，水に可溶となる。

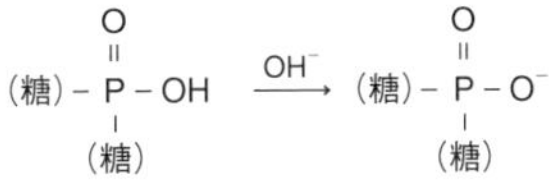

(5) 重合体A（RNA）は，RNAのヌクレオチドどうしが直接重合するのではない。実際には，単量体a（RNAのヌクレオシド三リン酸）が，ピロリン酸（H₂P₂O₇）を放出しながら重合体Aがつくられる。これは，RNAのヌクレオシド三リン酸のリン酸基の部分には，**高エネルギーリン酸結合**（→で示す部分）を含み，この結合が切れる際に放出されるエネルギーを利用して，RNAの合成が行われるからである。（DNAの合成も同様に行われる。）

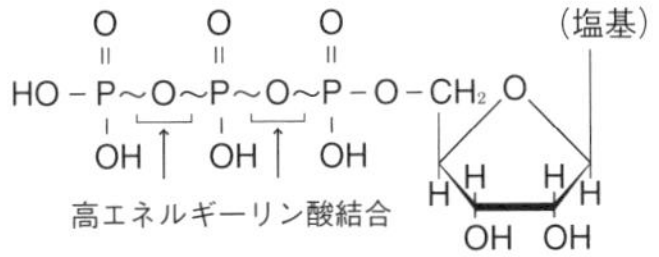

高エネルギーリン酸結合

単量体aから重合体Aが生じる反応は，次式のように表される。

このとき，五炭糖の3′位の-OHからH，リン酸基の-OHの1個からOHが脱水縮合して，**リン酸エステル結合**を生じることになる。

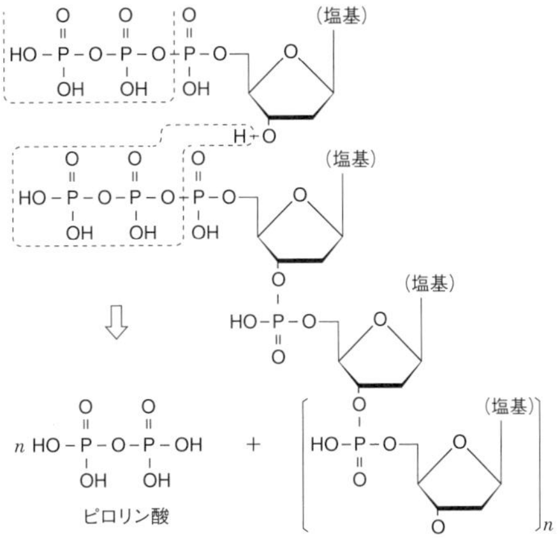

ピロリン酸

(6) 塩基W～Zの極性を調べると，

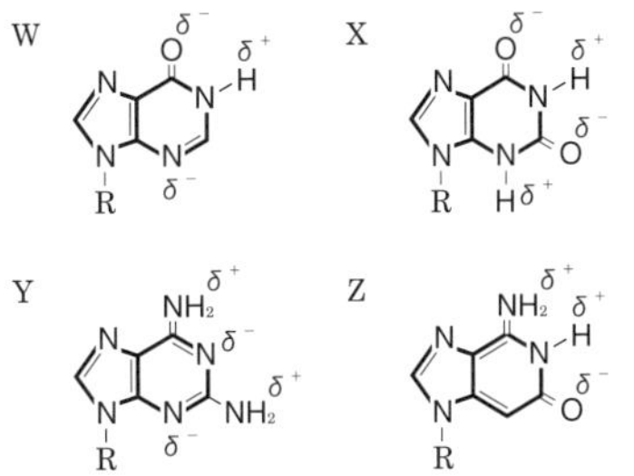

DNA中のアデニン①と相補的な水素結合をつくる塩基はチミン⑤である。

アデニン（A）　　チミン（T）

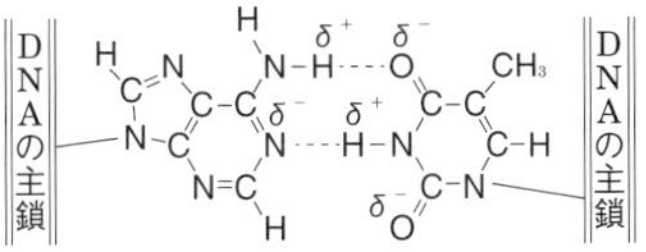

チミンには，水素結合をつくる連続した＞C=O$^{\delta-}$，＞N-H$^{\delta+}$，＞C=O$^{\delta-}$が存在する。

これと相補的な水素結合を形成するのは，＞NH₂$^{\delta+}$，≧N$^{\delta-}$，＞NH₂$^{\delta+}$が連続した塩基Yである。

アデニンとチミンは2本の水素結合を形成するが，チミンと塩基Yは3本の水素結合を形成するので，DNAの熱的安定性は増大する。

グアニン（G）　　シトシン（C）

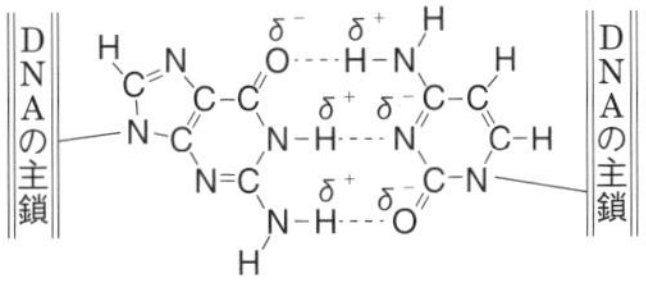

アデニンAとチミンTの含有量の多いDNAでは融解温度(2本鎖のDNAの50%が1本鎖のDNAに解離する温度)は低くなり，グアニンGとシトシンCの含有量が多いDNAでは融解温度は高くなる(下図)。これは，GとCの含有量が多くなると，1塩基対あたりの水素結合の数が多くなるためである。

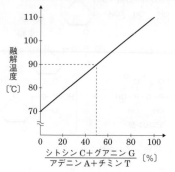

融解温度 [℃] （縦軸：70, 80, 90, 100, 110）

横軸：$\dfrac{\text{シトシンC}+\text{グアニンG}}{\text{アデニンA}+\text{チミンT}}$ [%] （0, 20, 40, 60, 80, 100）

参考

タンパク質の合成のしくみ

DNAの遺伝情報をもとに，目的とするタンパク質の合成は次のような順序で行われる。

①核のDNAの遺伝情報のうち，ほどけた二重らせんの一方を鋳型として，特定の塩基配列がRNAに写しとられる(遺伝情報の**転写**)。

このとき，DNAのA, G, C, Tに対して，RNAのU, C, G, Aが対応する。転写されたRNAは，不要な部分が除かれ，必要な部分だけからなる**mRNA**となる(この過程を**スプライシング**という)。

② mRNAは核から細胞質へ出ていき，タンパク質合成の細胞小器官である**リボソーム**に付着する。なお，mRNAの塩基配列において，3個並びの塩基配列が1つのアミノ酸を指定する遺伝暗号(**コドン**)となっている。

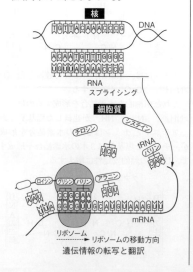

遺伝情報の転写と翻訳

③細胞質にある**tRNA**は，mRNAに相補的な3個並びの塩基配列(**アンチコドン**)をもっており，特定のアミノ酸と結合した後，これをリボソームまで運搬する。

④リボソーム上では，**mRNA**のコドンに基づいて特定のアミノ酸と結合したtRNAが順次配列し，**rRNA**によってアミノ酸どうしがペプチド結合でつながり，目的のタンパク質が合成される(遺伝情報の**翻訳**)。

※**mRNA**はメッセンジャーRNA，伝令RNA，**tRNA**はトランスファーRNA，運搬RNA，**rRNA**はリボソームRNAという。

第6編　高分子化合物

19　合成高分子化合物

▶365

A群	(1)	(2)	(3)	(4)	(5)	(6)	(7)	(8)	(9)	(10)
B群	(ス)	(ア)	(オ),(ク)	(エ),(ク)	(ウ),(ソ)	(ケ),(サ)	(イ)	(キ)	(イ),(カ)	(コ),(シ)
C群	(C)	(B)	(E)	(E)	(A)	(A)	(B)	(B)	(D)	(A)
D群	(c)	(h)	(g)	(a)	(m)	(j)	(i)	(e)	(l)	(k)

問　(3)，(4)，(10)

解説　低分子化合物から高分子化合物をつくる反応を**重合反応**という。このうち，ポリエチレンの合成のように，分子内の不飽和結合($C=C$, $C≡C$結合)が開裂することで付加反応を繰り返しながら進む重合を**付加重合**，ナイロン66やポリエステルの合成のように，単量体から水などの簡単な分子が脱離する縮合反応を繰り返しながら進む重合を**縮合重合**という。このほか，ナイロン6の合成のように，ε-カプロラクタムのような環状構造の単量体が環を開きながら進む重合を**開環重合**，スチレン-ブタジエンゴムの合成のように，2種類以上の単量体を任意の割合で混合して行う重合を，とくに**共重合**という。

また，フェノール樹脂の合成のように，付加反応と縮合反応を繰り返しながら進む重合を**付加縮合**といい，ホルムアルデヒドが関係している熱硬化性樹脂はすべて，付加縮合で生じたものである。

高分子化合物は，その熱に対する性質から**熱可塑性樹脂**と**熱硬化性樹脂**に分けられる。ポリエチレンやポリスチレンのような付加重合で得られる高分子(**付加重合体**)のすべてと，ナイロンやポリエステルのように2官能性モノマー(重合に関与する官能基を2個もつ単量体)どうしの間の縮合重合で得られる高分子(**縮合重合体**)は，**直鎖状構造**をもち，加熱すると分子間の結合が弱くなって軟化するが，冷却すると再び硬くなる。このような合成樹脂(プラスチック)を**熱可塑性樹脂**という。

一方，フェノール樹脂や尿素樹脂のように，重合に関与する官能基を3個以上もつ単量体（**多官能性モノマー**という）どうしが付加縮合や縮合重合によってできる高分子は，**立体網目構造**をもち，加熱するとさらに重合が進んで硬化し，溶媒にも不溶となる。また，加熱により立体網目構造がより発達するので，再び加熱しても熱運動によって分子間の結合が弱くなって軟化することはない。このような合成樹脂（プラスチック）を**熱硬化性樹脂**といい，上記のほかにメラミン樹脂，アルキド樹脂などがある。

熱可塑性樹脂	熱硬化性樹脂
・直鎖状構造。 ・溶媒に溶ける。 ・耐熱性が小さい。	・立体網目構造。 ・溶媒に溶けない。 ・耐熱性が大きい。

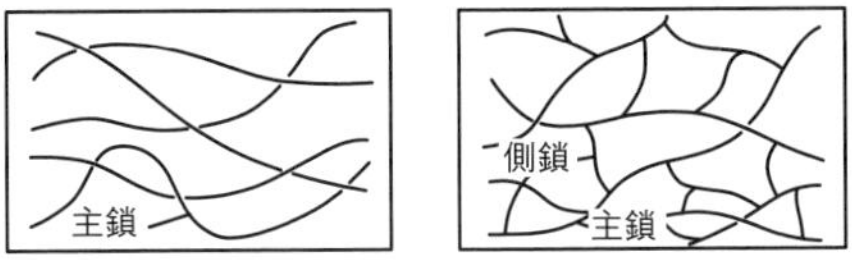

（主鎖／側鎖）

(1) **ナイロン** 分子中に多数のアミド結合-CONH-をもつポリアミド系合成繊維を**ナイロン**といい，炭素数6のポリアミド系合成繊維を**ナイロン6**という。
(2) **メタクリル酸メチル** メチルアクリル酸のメチルエステルのことで，ポリメタクリル酸メチル（**メタクリル樹脂**）は，透明度が高く有機ガラスとして利用される。

(3) **フェノール樹脂** フェノールのベンゼン環（o位やp位）の水素がホルムアルデヒドに付加してメチロール基(-CH_2OH)を生じる。これがさらに別のフェノールの水素（o位やp位）と脱水縮合して生じた立体網目構造の熱硬化性樹脂である。
(4) **尿素樹脂** 尿素$CO(NH_2)_2$の水素がホルムアルデヒドに付加してメチロール基(-CH_2OH)を生じる。これがさらに別の尿素の水素と脱水縮合して生じた熱硬化性樹脂である。
(5) **アラミド繊維** 脂肪族のポリアミド系合成繊維を**ナイロン**というのに対して，芳香族のポリアミド系合成繊維を**アラミド繊維**という。

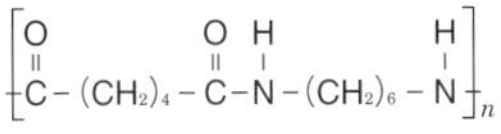

ナイロン66

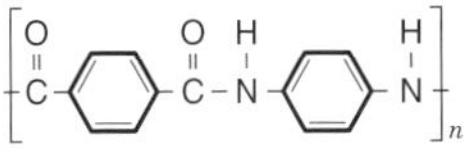

p-フェニレンテレフタルアミド

(6) **ポリエステル** 分子中の主鎖に多数のエステル結合-COO-をもつポリエステル系合成繊維を**ポリエステル**という。

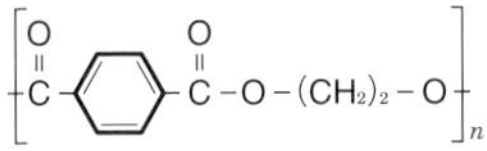

ポリエチレンテレフタラート

(7) **ポリスチレン** スチレンを付加重合して得られる合成樹脂。透明で，発泡させたものは断熱材や緩衝材などに用いられる。
(8)(9) **天然ゴム，合成ゴム** 二重結合を2個含む単量体の付加重合体であり，その繰り返し単位にも二重結合を1個ずつ含むのが特徴である。**天然ゴム**は，イソプレンC_5H_8（単量体）を付加重合した構造をもつ。**合成ゴム**には，2種類以上の単量体を共重合させて得られるものもある。
(10) **アルキド樹脂** 多価アルコールと多価カルボン酸との縮合重合で得られるポリエステル樹脂のことである。グリセリンと無水フタル酸からつくられる**グリプタル樹脂**はその代表で，自動車用の塗料などに用いられる。

▶**366** (ア) ポリアミド (イ) ヘキサメチレンジアミン (ウ) 縮合重合 (エ) ε-カプロラクタム (オ) 開環重合

(1) (a)

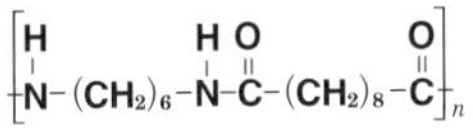

(b)

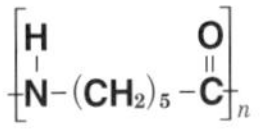

(2) $8.3×10^4$，$5.9×10^2$個 (3) $2.9×10^2$
(4) 向かい合った分子のアミド結合の間に多数の水素結合が形成されるから。
(5) アラミド繊維

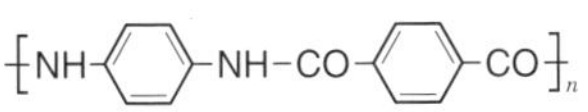

解説 (1) ナイロン610は，ヘキサメチレンジアミンとセバシン酸との**縮合重合**でつくられる。

$n H_2N(CH_2)_6NH_2+n HOOC(CH_2)_8COOH$
$\longrightarrow [HN(CH_2)_6NHCO(CH_2)_8CO]_n+2n H_2O$

ナイロン6は，ε-カプロラクタムの**開環重合**でつくられる。

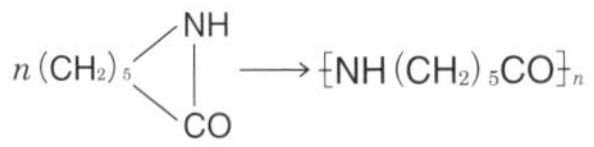

$n (CH_2)$ ... $\longrightarrow [NH(CH_2)_5CO]_n$

ナイロン66は，ヘキサメチレンジアミンとアジピン酸との**縮合重合**でつくられる。

$n H_2N(CH_2)_6NH_2+n HOOC(CH_2)_4COOH$

$$\longrightarrow \text{〔HN(CH}_2\text{)}_6\text{NHCO(CH}_2\text{)}_4\text{CO〕}_n+2n\text{H}_2\text{O}$$

(2) ナイロン 610 の平均分子量を M とおくと，浸透圧の公式 $\Pi V=nRT$ より，

$$6.0\times10^1\times0.10=\dfrac{0.20}{M}\times8.3\times10^3\times300$$

$$\therefore\quad M=8.3\times10^4$$

ナイロン 610 の繰り返し単位 $(C_{16}H_{30}N_2O_2)_n$ の式量は 282 であり，その重合度を n とすると，分子量は $282n+18\fallingdotseq282n$ である。

$$282n=8.3\times10^4$$

$$n=2.94\times10^2\fallingdotseq2.9\times10^2$$

上式より，ナイロン 610 分子中のアミド結合の数は，縮合反応によって脱離した水分子の数 $2n$〔個〕と等しい。

$$2n=2\times2.94\times10^2=5.88\times10^2$$

$$\fallingdotseq5.9\times10^2\text{〔個〕}$$

参考　高分子化合物の重合度の計算

$$n\text{H}_2\text{N-(CH}_2\text{)}_6\text{-NH}_2+n\text{HOOC-(CH}_2\text{)}_8\text{-COOH}$$

$$\longrightarrow \left[\text{H}\!-\!\underset{\text{H}}{\overset{\text{H}}{\text{N}}}\!-\!(\text{CH}_2)_6\!-\!\underset{}{\overset{\text{O}}{\text{N}}}\!-\!\underset{}{\overset{\text{O}}{\text{C}}}\!-\!(\text{CH}_2)_8\!-\!\overset{\text{O}}{\text{C}}\text{-OH}\right]$$

$$+\,(2n-1)\text{H}_2\text{O}$$

ナイロン 610 の分子量は，分子の末端の-H と-OH を考慮すると，$282n+18$ である。しかし，高分子化合物では分子量が大きいために，n の値が十分に大きくなるので，分子の末端の構造を無視して，$282n+18\fallingdotseq282n$ と近似して，n（重合度）を計算しても，その結果は有効数字 2〜3桁の範囲では全く変わらない。

（例）　$282n+18=8.3\times10^4$　　$n=294.2\fallingdotseq294$
　　　　$282n=8.3\times10^4$　　　$n=294.3\fallingdotseq294$

---

(3) 題意より，ナイロン 6 の 1 分子につきカルボキシ基は 1 個存在するから，その分子量を M' とすると，

$$\dfrac{100}{M'}=0.0030\quad\therefore\quad M'=3.3\times10^4$$

ナイロン 6 の繰り返し単位 $(C_6H_{11}NO)$ の式量は 113 であり，その重合度を n とすると，分子量は $113n+18\fallingdotseq113n$ である。

$$113n=3.3\times10^4\quad n=292\fallingdotseq2.9\times10^2$$

(4) ε-カプロラクタム（ラクタムとは環状アミド結合をもつ物質の総称で，カプロン酸 $C_6H_{11}COOH$ のラクタムを意味する。）に少量の水を加えて加熱すると，開環重合が起こりナイロン 6 が生成する。融解したナイロンを細孔から押し出して紡糸するとき，張力を与えることによって，ナイロンの分子鎖はアミド結合の部分が向かい合い，多くの水素結合ができるように配列し，より強い丈夫な繊維となる。

ナイロン 6 の分子間水素結合

(5) 芳香族のポリアミド系合成繊維を**アラミド繊維**といい，高強度，高耐熱性の性質をもつ。とくに，テレフタル酸ジクロリドと，*p*-フェニレンジアミンの縮合重合でつくられるポリ-*p*-フェニレンテレフタルアミドのようなパラ型のアラミド繊維をケブラー®という。

ケブラーは，同質量の鋼鉄線の 7 倍以上の強度をもつスーパー繊維である。メタ系のアラミド繊維のノーメックス®は，すぐれた高強度，耐熱性のほか，柔軟性もあるので，消防服などに利用される。

ポリ-*m*-フェニレンイソフタルアミド

アラミド繊維の分子間水素結合

▶**367** (1) 8　(2) 3　(3) 3　(4) 5　(5) 1　(6) 3　(7) 2　(8) 7　(9) 2

解説　(1) デンプン C，天然ゴム E，セルロース I，タンパク質 J，グリコーゲン K 以外は，すべて合成高分子である。　$13-5=8$〔種類〕

(2) 窒素 N を含むのは，ポリアミドの D と M，およびタンパク質 J の 3 種のみ。

(3) 炭化水素のモノマーが付加重合してできた高分子は，A，E，Hの3種のみ。

(4) OH基をもつのは，B，C，G，I，Kの5種。（高分子の末端のOH基は，題意より考慮しない。）

(5) ペプチド結合をもつのは，タンパク質Jの1種。

(6) デンプンC，セルロースI，グリコーゲンKの3種は，いずれも同一の分子式($C_6H_{10}O_5)_n$で表される。

　ナイロン66の分子式($C_{12}H_{22}N_2O_2)_n$（分子量$226n$）と，ナイロン6の分子式($C_6H_{11}NO)_n$（分子量$113n$）は異なるので注意すること（組成式は$C_6H_{11}NO$で同じである）。

(7) 縮合重合でできた鎖状高分子は，ポリアミドのDとポリエステルのFの2種である。ナイロン6のMは開環重合で合成されるので除くこと。

(8) 加水分解されるのは，エステル結合をもつFと，アミド結合をもつDとM，ペプチド結合をもつJ，およびグリコシド結合をもつC，I，Kの7種類。

（ポリ酢酸ビニルLは加水分解されるとポリビニルアルコールになるが，エステル結合が側鎖に含まれるので，これを除いて考えること。）

(9) フェノール樹脂や尿素樹脂および，ビニロン（アセタール化）などが該当する。

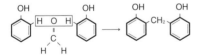

　上記のように書くと，縮合重合のように見えるが，厳密には下記のように，(i)HCHOのベンゼン環への付加反応と(ii)メチロール基(-CH₂OH)とベンゼン環のHとの間の縮合反応が交互に繰り返されて反応が進行するので，**付加縮合**という。

(i)
付加
メチロール化

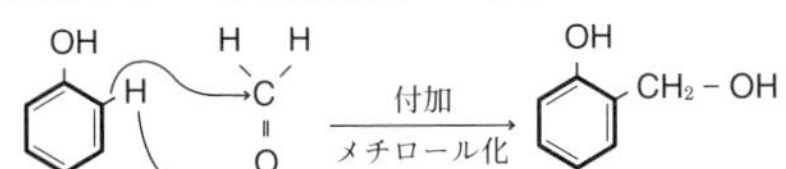

(ii)
縮合
−H₂O

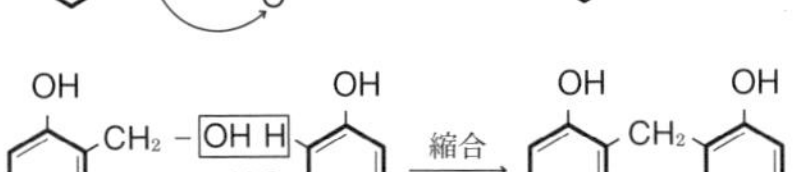

ポリビニルアルコールとホルムアルデヒドとの反

応（アセタール化）も，(i)HCHOへの-OHの付加反応と，(ii)メチロール基(-CH₂OH)と別の-OHとの縮合反応の繰り返しで反応が進行する。

▶**368** (a) (ト) セルロースを骨格とした繊維であるから，希硫酸によって十分に加水分解するとグルコースを生成し，中和後，塩基性条件では還元性を示す。

(b) (ロ) 分子中に炭素の含有率の大きいベンゼン環をもつので，空気中では不完全燃焼を起こし，その際，炭素の微粒子がすすとして発生する。

(c) (ハ) ハロゲンを含むために難燃性であり，高温で酸化銅(Ⅱ)と接触させると，揮発性の塩化銅(Ⅱ)を生成し，青緑色の銅の炎色反応が現れる。

(d) (イ) 鎖式飽和炭化水素(アルカン)の構造をもつため，空気中では完全燃焼し，明るい炎を上げロウソクに似た臭気を発する。

(e) (ホ) 硫黄を多く含むケラチンというタンパク質からできており，強塩基で分解すると，硫化物イオンを遊離し，これが鉛(Ⅱ)イオンと反応して黒色の硫化鉛(Ⅱ)の沈殿が生成する。

(f) (ヘ) 分子中にシアノ基をもつので，加熱すると熱分解して，窒息性のある有毒なシアン化水素(**HCN**)が発生する。

(g) (ニ) ポリアミド系の高分子は，強い塩基性の条件で分解してアンモニアが発生し，濃塩酸から揮発した塩化水素と反応して，塩化アンモニウムの白煙が生成する。

　解説　(a) アセテートレーヨンには，セルロースの-OHがアセチル化された部分と，アセチル化されていない部分を含んでいる。これに酸を加えて十分に煮沸すると，アセチルセルロースのエステル結合と，グルコース分子間のグルコシド結合がともに加水分解され，グルコースと酢酸が生成する。

(b) ベンゼン環は，鎖式飽和炭化水素(アルカン)に比べて水素の割合が少なく炭素の割合が多い。炭素の含有率が大きくなるほど，燃焼に多くのO_2を必要とするため，空気中で燃焼させると，炭素分が不完全燃焼を起こしやすい。

(c) この反応を**バイルシュタイン反応**といい，有機化合物中のハロゲン元素(Fを除く)の検出に利用される。**ポリ塩化ビニル**は難燃性であるが，燃やすと有毒なHClを発生する。

ジカルともよく結合するので，燃焼の連鎖反応を止めてしまう性質(**難燃性**)がある。

(d) 鎖式飽和炭化水素は，炭素に比べて水素の割合が多いので，空気中では完全燃焼しやすい。

(e) 有機化合物中の硫黄(S)を検出する反応である。硫黄(S)を含む有機化合物が強塩基によって分解されると，硫化物イオン(S^{2-})を生じ，これがPb^{2+}と反応して黒色の硫化鉛(II)PbSを生成する。硫黄を含まないナイロンではこの反応は見られない。

(f) 燃焼すると，シアノ基(-CN)が分解して，有毒なシアン化水素HCNを発生する。

$$\left[\begin{array}{c} CH_2-CH \\ | \\ C\equiv N \end{array}\right]_n$$

また，アクリル繊維を貴ガス中で高温に加熱すると，高強度・高弾性の**炭素繊維**(カーボンファイバー)が得られる。

(g) 有機化合物中の窒素を検出する反応である。厳密には，試料を強塩基で分解したときに，NH_3に変化し得るアミノ基-NH_2やアミド結合-NHCO-などがあれば，この反応が起こる。

(この反応は，(e)についても見られるが，重複せずに選ぶという条件にしたがうと，(ニ)が該当する。)

▶**369** (1) **42%**

(2) **2R-SO₃H+CaCl₂ ⇌ (R-SO₃)₂Ca+2 HCl,
0.20 mol/L**

(3) **塩酸を流したのち，純水で十分に樹脂を洗う。**

(4) **3.0×10⁻³ mol/g**

解説　スチレンと*p*-ジビニルベンゼン(少量)を共重合させると，水に不溶性の立体網目構造の高分子が生成する。この共重合体中では，反応性の大きいポリスチレン由来のベンゼン環のパラ位が，濃硫酸によってスルホン化されて，**陽イオン交換樹脂**が得られる。(*p*-ジビニルベンゼン由来のベンゼン環は，パラ位が塞がっており，オルト位は立体障害が大きく，事実上スルホン化されない。)

(1) スルホン化する前のポリマー(共重合体)の構造は，次式で表される。

$$\left[\begin{array}{c} CH_2-CH \\ | \\ \bigcirc \end{array}\right]_{9n}\left[\begin{array}{c} CH_2-CH \\ | \\ \bigcirc \\ | \\ CH_2-CH \end{array}\right]_n$$

分子量は
$104\times9n+130\times n$
$=1066n$

ポリマー76.0g中に含むベンゼン環の物質量は，

$$\frac{76.0}{1066n}\times10n\fallingdotseq0.713 \text{[mol]}$$

一方，スルホン化により$100-76.0=24$[g]の質量が増加したのは，次式のように，ベンゼン環1個あたり，分子量が80増加したことが原因である。

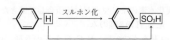

よって，結合したスルホ基の物質量は，

$$\frac{24}{80}=0.30 \text{[mol]}$$

∴　スルホン化の割合は，$\frac{0.30}{0.713}\times100\fallingdotseq42$[％]

(2) 2R-SO₃H+CaCl₂ ⇌ (R-SO₃)₂Ca+2 HCl

これより，$Ca^{2+}:H^+=1:2$(物質量比)でイオン交換が起こるから，CaCl₂水溶液の濃度をx[mol/L]とすると，

$$\left(x\times\frac{10}{1000}\right):\left(0.10\times\frac{40}{1000}\right)=1:2$$

∴　$x=0.20$[mol/L]

(3) (2)のイオン交換反応は可逆反応であるから，比較的濃い塩酸を陽イオン交換樹脂に十分に流すと，(2)の平衡は左に移動して，もとの樹脂の状態に戻る(**イオン交換樹脂の再生**)。この後，塩酸が流出しなくなるまで，純水で樹脂を洗う必要がある。

(4) この陰イオン交換樹脂とイオン交換されなかった硫酸イオンSO_4^{2-}の物質量は，生成したBaSO₄の物質量0.0035 molと等しい。

この樹脂1.0gとイオン交換されたSO_4^{2-}の物質量にその価数をかけると，このイオン交換樹脂の交換容量が求められる。

$$\left(0.010\times\frac{500}{1000}-0.0035\right)\times\underset{\uparrow}{2}=3.0\times10^{-3} \text{[mol/g]}$$
$$(SO_4^{2-}は2価であるから)$$

補足　　一般に，塩類(イオン)を含んだ水を，陽イオン交換樹脂と陰イオン交換樹脂の両方に通過させると，陽イオンはH^+に，陰イオンはOH^-に交換されて純水が得られる。この純水を**脱イオン水(イオン交換水)**といい，各種の研究室，工場などで用いられている。(ただし，非電解質や多くの有機物は除去できない。)

▶**370** (ア) **アセトアルデヒド** (イ) **付加重合**
(ウ) **エステル** (エ) **けん化(加水分解)** (オ) **ヒドロキシ** (カ) **コロイド** (キ) **ホルムアルデヒド** (ク) **アセタール化** (ケ) **吸湿** (コ) **綿** (サ) **水素結合**

(1) **220 kg** (2) **10.4 kg** (3) **2.56 kg**

解説　ポリビニル系合成繊維は，通常，単量体のビニル化合物の付加重合で合成される。ところが，ポリビニルアルコールの単量体のビニルアルコールは不安定な化合物で，ただちにアセトアルデヒドに変化する。したがって，ビニルアルコールの付加重

合でポリビニルアルコールはつくれない。そこで，ポリ酢酸ビニルの加水分解によって**ポリビニルアルコール**(PVA)を得ている。

　PVAにホルムアルデヒドを作用させると，-OHの一部がホルムアルデヒドのカルボニル基の部分に付加する。この付加反応で新たに生じたメチロール基(-CH$_2$OH)がPVA分子内に隣接する-OHと脱水縮合すると，疎水性の-O-CH$_2$-O-の構造に変化する。この一連の反応を，**アセタール化**という。

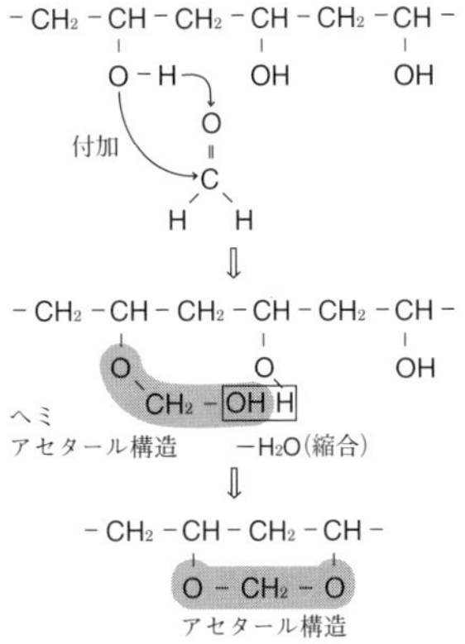

参考　ポリビニルアルコールのアセタール化
　ホルムアルデヒドHCHOのカルボニル基〉C=Oに，アルコールR-OHが付加すると，ヘミアセタールR-O-CH$_2$OH(同一のC原子に-O-と-OHが結合した化合物)を生じる。ヘミアセタールの-OHは，一般に不安定であるため，さらに別のアルコールR'-OHと縮合して**アセタール**R-O-CH$_2$-O-R'(同一のC原子に2個の-O-が結合した化合物)を生じる。ポリビニルアルコールからビニロンを製造するときにも，この2段階の反応が起こる。

　PVAはヒドロキシ基を多くもち，水に溶けやすい高分子であるが，アセタール化によって分子中のOH基を減らすと，水に溶けにくい繊維ビニロンができる。しかし，完全にOH基をなくすと，繊維に吸湿性がなくなってしまう。そこで，60〜70%のOH基を残すことによって，吸湿性や染色性が付与されるとともに，分子間にOH基による**水素結合**が形成され，引っ張っても分子と分子がずれにくくなり，強い丈夫な繊維となる。

(1)

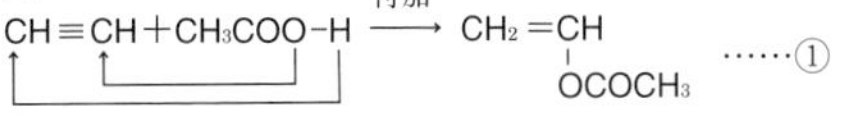

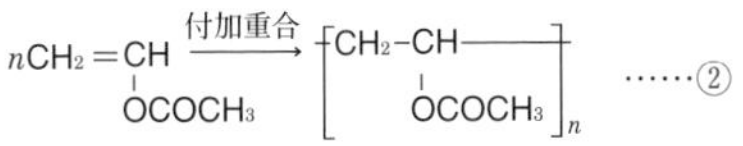

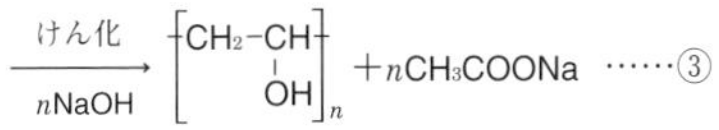

$$nCH_2=CH \xrightarrow{\text{付加重合}} \begin{bmatrix} CH_2-CH \\ | \\ OCOCH_3 \end{bmatrix}_n \quad \cdots\cdots②$$

$$\xrightarrow[nNaOH]{\text{けん化}} \begin{bmatrix} CH_2-CH \\ | \\ OH \end{bmatrix}_n + nCH_3COONa \quad \cdots\cdots③$$

　アセチレン130 kgから得られるPVAをx〔kg〕とおくと，①より，アセチレン1 molから酢酸ビニル1 molを生じ，②より，酢酸ビニルn〔mol〕からポリ酢酸ビニル1 molを生じ，③より，ポリ酢酸ビニル1 molからPVA 1 molが生成する。

　∴　アセチレン(分子量26)1 molから，PVA(分子量$44n$)が$\frac{1}{n}$〔mol〕生成するから，

$$\frac{130\times10^3}{26}\times\frac{1}{n}=\frac{x\times10^3}{44n} \quad ∴ \quad x=220〔kg〕$$

(2) PVAのOH基の30%をアセタール化したときの反応式は，

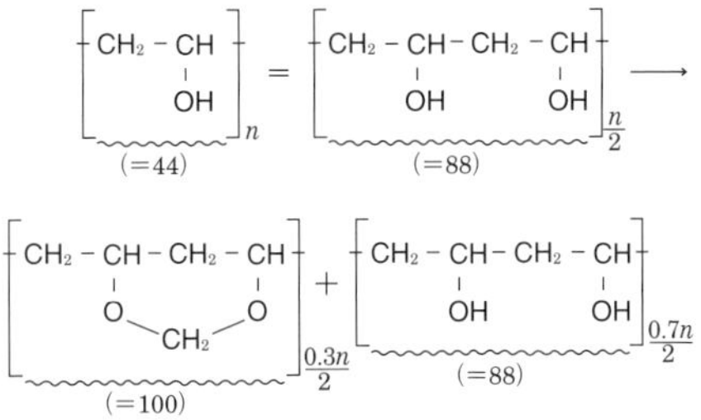

　PVAの分子量は$44n$，生成したビニロンの分子量は，$100\times0.15n+88\times0.35n=45.8n$
アセタール化しても，PVAとビニロンの物質量は変化しないので，得られるビニロンの質量をx〔kg〕とすると，次式が成り立つ。

$$\frac{10\times10^3}{44n}=\frac{x\times10^3}{45.8n}$$

$$x=10.409\times10^3〔g〕≒10.4〔kg〕$$

(注意) アセタール化の計算では，PVAの繰り返し単位を2倍に伸ばして考えるとよい。このとき，PVAの重合度nは$\frac{n}{2}$にしておかなければならない。

[**別解**] PVAのOH基の100%をホルムアルデヒドと反応させたビニロンをつくる反応式は，次のように表せる。

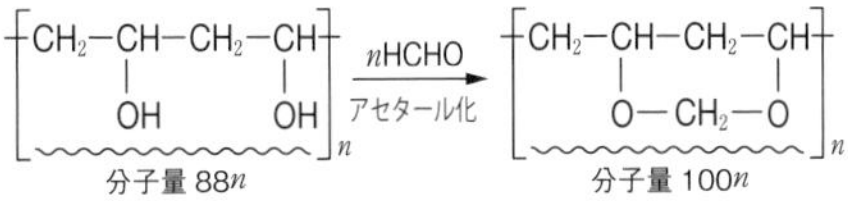

(ビニロンとPVAの繰り返し単位中の分子の長さを2倍に揃えておく。)

　PVA 10 kgを完全にアセタール化して得られるビニロンをy〔kg〕とおくと，アセタール化では，PVAとビニロンの物質量は変化しないので，次式が成り

立つ。

$$\frac{10\times10^3}{88n}=\frac{y\times10^3}{100n} \qquad y\fallingdotseq11.36\text{〔kg〕}$$

PVA 10 kg を完全にアセタール化したときの質量増加量は 1.36 kg。よって，PVA 10 kg の OH 基の 30%だけアセタール化したときの質量増加量は，

$$1.36\times0.30=0.408\text{〔kg〕である。}$$

よって，得られるビニロンの質量は，

$$10+0.408=10.408\fallingdotseq10.4\text{〔kg〕}$$

(3) PVA 10 kg 中の OH 基のすべてをアセタール化するのに必要な HCHO（分子量 30）の質量を z〔kg〕とおくと，

$$\left[\begin{array}{c}\text{CH}_2\text{-CH-CH}_2\text{-CH-}\\[-2pt]\quad\quad|\qquad\qquad|\\[-2pt]\quad\text{OH}\qquad\quad\text{OH}\end{array}\right]_n+n\text{HCHO}\longrightarrow$$

$$\left[\begin{array}{c}\text{CH}_2\text{-CH-CH}_2\text{-CH-}\\[-2pt]\quad\quad|\qquad\qquad|\\[-2pt]\quad\text{O-CH}_2\text{-O}\end{array}\right]_n+n\text{H}_2\text{O}$$

上記の反応式より，PVA 1 mol に対して HCHO は n〔mol〕必要なので

$$\frac{10\times10^3}{88n}\times n=\frac{z\times10^3}{30}$$

$$\therefore \quad z\fallingdotseq3.409\times10^3\text{〔g〕}=3.409\text{〔kg〕}$$

実際には，OH 基の 30%しかアセタール化していないので，必要な 40%ホルムアルデヒド水溶液を w〔kg〕とおくと

$$w\times0.40=3.409\times0.30$$

$$\therefore \quad w=2.557\fallingdotseq2.56\text{〔kg〕}$$

▶**371**　（ア）**18 g**　　（1）**2.5×10⁴**

(2) 高分子化合物は分子量が大きいため，溶液の沸点上昇度や凝固点降下度の値は極めて小さく，その測定が困難である。しかし，溶液の浸透圧は溶液柱の高さによって十分な精度で測定できるから。

(3) 生じたポリエステル分子の末端が -OH または -COOH ばかりになると，それ以上エステル結合をつくることができないから。

解説

$$n\text{HOOC}-\underset{}{\bigcirc}-\text{COOH}+n\text{HO}-(\text{CH}_2)_2-\text{OH}$$

$$\longrightarrow\left[\begin{array}{c}\text{O}\qquad\quad\text{O}\\[-2pt]\|\qquad\qquad\|\\[-2pt]\text{C}-\bigcirc-\text{C-O}-(\text{CH}_2)_2-\text{O}\end{array}\right]_n+2n\text{H}_2\text{O}$$

反応式より，テレフタル酸とエチレングリコールは物質量比 1:1 で過不足なく反応する。

$$\left[\begin{array}{l}\text{テレフタル酸}\quad\dfrac{92}{166}=0.55\text{〔mol〕}\\[8pt]\text{エチレングリコール}\quad\dfrac{31}{62}=0.50\text{〔mol〕}\end{array}\right.$$

以上より，テレフタル酸が過剰で，エチレングリコールは完全に反応し，生じた高分子にはさらにもう 1 分子のテレフタル酸が結合し，得られた重合体の両末端はいずれもカルボキシ基と考えられる。

$$\text{HO}-\overset{\text{O}}{\overset{\|}{\text{C}}}-\bigcirc-\overset{\text{O}}{\overset{\|}{\text{C}}}-\text{O}-(\text{CH}_2)_2-\left[\overset{\text{O}}{\overset{\|}{\text{C}}}-\bigcirc-\overset{\text{O}}{\overset{\|}{\text{C}}}-\text{OH}\right]$$

（ア）反応式より，反応したエチレングリコール n〔mol〕から，H_2O $2n$〔mol〕生成するから，

$$\therefore \quad 0.50\times2\times18=18\text{〔g〕}$$

(1) 得られた重合体 1 分子につき，COOH 基が 2 個存在するから，重合体の分子量を M とすると，

$$\frac{1.0}{M}\times2=8.0\times10^{-5} \qquad \therefore \quad M=2.5\times10^4$$

(2) 高分子化合物では分子量が非常に大きいため，希薄溶液の質量モル濃度が小さい。したがって，沸点上昇度や凝固点降下度は非常に小さい値となり，その測定が困難である。

　一方，希薄溶液であっても，浸透圧の測定では溶液柱の高さは十分な精度で測定できる。

　例えば，27℃で分子量 1 万の非電解質 1.0 g を水 1 kg に溶かしたとすると，凝固点降下度 $\Delta t=km$（k は水のモル凝固点降下 1.85 K・kg/mol，m は質量モル濃度）から

$$\Delta t=1.85\times\frac{1.0}{1\times10^4}=1.85\times10^{-4}\text{〔K〕}$$

となり，最小目盛り 10^{-2} K のベックマン温度計を用いてもこの温度差を測定することは困難である。希薄溶液では質量モル濃度≒モル濃度なので，27℃での浸透圧 $\Pi=CRT$ から

$$\Pi=\frac{1.0}{1\times10^4}\times8.3\times10^3\times300\fallingdotseq2.5\times10^2\text{〔Pa〕}$$

1.0×10^5 Pa=76 cmHg より，1.0×10^5 Pa を水柱 x〔cm〕の圧力に換算すると，76〔cm〕×13.6〔s/cm³〕 $=x\times1.0$〔g/cm³〕　∴　$x\fallingdotseq1034$〔cm〕

よって，2.5×10^2 Pa を水柱の圧力で表すと，

$$\frac{2.5\times10^2}{1.0\times10^5}\times1034=2.58\fallingdotseq2.6\text{〔cm〕}$$

2.6 cm の溶液柱は，十分な精度で測定することができる。

(3) 2 種の単量体のうち，一方の成分を多く与えて重合すると，その成分の官能基がすべての重合体の末端を占めるため，それ以上縮合重合が進まなくなる。したがって，縮合重合によって分子量の大きな

重合体を得るためには，テレフタル酸とエチレングリコールの物質量比をできるだけ 1：1 に近づける工夫が必要となる。

参考

高分子の平均分子量

高分子化合物では，反応条件により個々の分子の分子量にばらつきがあることが多く，いくつかの平均分子量が用いられる。[*1]

数平均分子量（Mn）は，各分子の分子量の総和をその総分子数で割ったものであり，高校段階で学習する平均分子量はすべてこれに該当する。

重量平均分子量（Mw）は，各分子の分子量に各分子の重量（分子量に比例）を掛けたものの総和を総重量で割ったものであり，高校段階では学習しない。

例えば，分子量 10 万のポリマー 1 本と分子量 100 万のポリマー 1 本からなる混合物の場合，

$$Mn = \frac{10〔万〕+100〔万〕}{2〔本〕} = 55〔万〕$$

$$Mw = \frac{\overset{分子量}{10〔万〕} \times \overset{重量}{10〔万〕} + \overset{分子量}{100〔万〕} \times \overset{重量}{100〔万〕}}{\underset{重量}{(10〔万〕+100〔万〕)}} \fallingdotseq 92〔万〕$$

Mn は単純に分子 1 本あたりの平均分子量であるのに対して，Mw は分子 1 本あたりの重量の影響度を加味した平均分子量といえる。

一般に，$Mn < Mw$ となり，$\dfrac{Mw}{Mn}$ が 1 より大きいほど高分子集団の分子量のばらつき（分散度）が大きいことを示す。

*1　浸透圧法で求められるのは Mn であるが，粘度法で求められるのは Mw に近い値を示す。

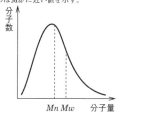

▶**372**（ア）ラテックス　（イ）凝析　（ウ）イソプレン　（エ）硫黄　（オ）架橋　（カ）加硫　（キ）エボナイト　（ク）共重合

(1) $2CH \equiv CH \longrightarrow CH_2 = CH - C \equiv CH$

$CH_2 = CH - C \equiv CH + H_2 \longrightarrow CH_2 = CH - CH = CH_2$

(2) **a**　　　　　　　　　　**b**

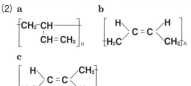

(3) **98.5 L**　(4) $x = 4.0$

(5) 大きくなる。(理由)NBR には，強い極性をも

つシアノ基（$-C \equiv N$）が存在するので，無極性の油の分子の浸透が防止され，耐油性（石油に侵されにくい性質）が大きくなる。(6) **解説** 参照

解説　ゴムの木から得られる白い樹液はラテックスとよばれ，炭化水素（ポリイソプレン）がタンパク質（保護コロイド）によっておおわれた状態で，水に分散したコロイド溶液である。ラテックスに酢酸などを加えると，表面を取り巻くタンパク質の負電荷が中和され，凝固・沈殿し，天然ゴム（生ゴム）が得られる。

参考

ラテックスの等電点沈殿

ゴムノキから得られる白色の樹液（ラテックス）は，ポリイソプレン 30〜35%，タンパク質約 2%，その他（脂質，無機塩類など）約 3%，水 60〜65% を含む。ラテックスは，ポリイソプレンからなる疎水コロイドの本体部分を，タンパク質からなる親水コロイド（保護コロイド）が取り巻いたような構造をしている。その表層部のタンパク質の等電点は約 4.7 であり，pH ＞ 4.7 では負に，pH ＜ 4.7 では正に帯電しやすい。採取した直後のラテックスは pH ≒ 7 で，コロイド粒子は負に帯電している。ここに有機酸を加えて pH が等電点に達すると，コロイド粒子の電荷が 0 となり，凝集・沈殿する。この現象は，牛乳を酸性にすると沈殿するのと同じ現象で，タンパク質の**等電点沈殿**といえる。

ブタジエン分子が付加重合する場合，1,2 付加と 1,4 付加との 2 通りが考えられる。1,4 付加では二重結合が中央部の 2，3 位に移り，C＝C 結合に関してシス形とトランス形の重合体ができる。

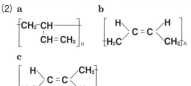

実際に，ブタジエンをふつうの触媒と重合開始剤を用いて付加重合すると，1,4 付加によるトランス形の構造のものが多くでき，ゴム弾性は強くない。現在では，$TiCl_4$-$Al(C_2H_5)_3$ を主成分とするチーグラー触媒の使用により，1,4 付加によるシス形の構造のものを優先的につくり出すことが可能となり，天然ゴムの弾性にも劣らない合成ゴムがつくられるようになった。

トランス形のポリイソプレンの構造をもつ重合体は**グッタペルカ**とよばれ，C＝C 結合の両側で分子鎖はほぼ真っすぐに伸びているために，分子がかなり規則的に並んで結晶化するので，弾性を示さない。一方，シス形のポリイソプレンの構造をもつ天

然ゴムでは，C=C 結合の両側で分子鎖は大きく折れ曲がっているために，分子が規則的に並ぶことができずに結晶化しにくい。したがって，この分子鎖の両端に外力を加えて引き伸ばしても，外力を除くと，自身の熱運動によってもとの状態に戻ろうとする**ゴム弾性**を示す。

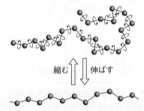
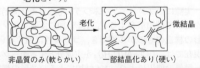
　ただし，このような高分子鎖の集合体に外力を加えても，1 本 1 本の分子鎖の両端に外力がきちんと加わるとは限らない。天然ゴム(生ゴム)では，すべての分子鎖どうしがつながっているわけではなく，互いにからみ合っているだけなので，引っ張ると分子鎖どうしがずるずると伸び，強い弾性を示さない。そこで，天然ゴムに数％の硫黄を加えて加熱しながら練ると，ゴムの分子鎖の二重結合の周辺部分

に硫黄原子による**架橋構造**ができる。この操作を**加硫**といい，ゴムの鎖状構造が立体網目構造になるので，物理的にも化学的にも強く，適度な弾性をもつ実用性のある**弾性ゴム**になる。

　加硫の際に加える硫黄の量を増やすと，ゴム分子の立体網目構造がさらに発達するため，弾性を失い黒褐色の硬くて樹脂状の物質(**エボナイト**)になる。

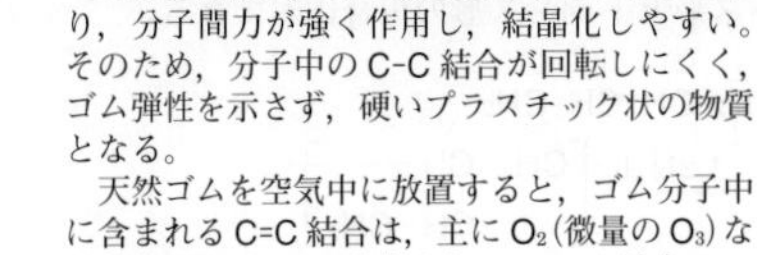

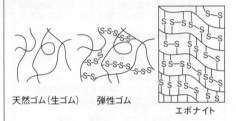

天然ゴム(生ゴム)　弾性ゴム　エボナイト

(1) 合成ゴムの原料物質の製法の一例は次の通り。

$$CH\equiv CH + CH\equiv CH \xrightarrow[\text{触媒①}]{(CuCl)} CH_2=CH-C\equiv CH$$

ビニルアセチレン

$$CH_2=CH-C\equiv CH$$
$$H_2 \diagup (Pd) 触媒② \qquad HCl$$
$$CH_2=CH-CH=CH_2 \qquad CH_2=CH-CCl=CH_2$$

1,3-ブタジエン　　　　　　　クロロプレン

触媒①では，CuCl+NH₄Cl を用いる。これは C≡C 結合に対する付加反応を促進するためである。
触媒②では，パラジウム Pd に Pb²⁺ などを加えて活性を弱めた触媒(リンドラー触媒)を用いる。これは C=C 結合に対する付加反応を抑制するためである。

(3) $2nCH\equiv CH \longrightarrow nCH_2=CH-CH=CH_2$
$$\longrightarrow [CH_2-CH=CH-CH_2]_n$$

　ブタジエンゴム(分子量 54n) 1 mol をつくるには，アセチレン 2n〔mol〕が必要だから，

$$\frac{108}{54n}\times 2n \times 22.4 \times \frac{300}{273} \fallingdotseq 98.5〔L〕$$

(4) 生成した SBR の構造式は以下の通りで，H₂ が付加するのは，ブタジエン部分のみである。

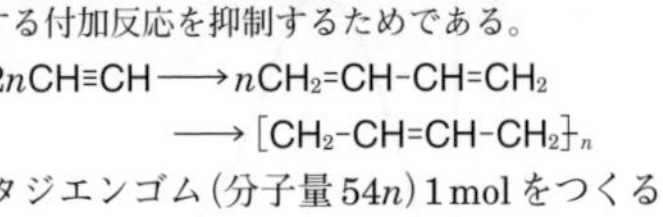

$$\left[CH_2-CH \atop \text{(=104)} \right]_n \left[CH_2-CH=CH-CH_2 \atop \text{(=54)} \right]_{xn}$$

この SBR 1 mol には，xn〔mol〕の H₂ が付加する。

$$\frac{4.0}{104n+54xn}\times xn = \frac{1.12}{22.4} \qquad \therefore \quad x=4.0$$

(SBR ではブタジエン部分が多いと弾性が大きくなり，スチレン部分が多いと硬く強度が大きくなる。)

(5) 天然ゴムを石油中に浸しておくと，分子鎖のすき間に油の分子が浸透して膨潤し弾性を失うので，使用できなくなる。

（6）ジクロロジメチルシラン $SiCl_2(CH_3)_2$ を水と反応させると加水分解が起こり，ジメチルシランジオール $Si(CH_3)_2(OH)_2$ が生じ，さらに -OH 基どうしの縮合重合によって**シリコーンゴム**となる。

CH₃   CH₃   CH₃
Cl–Si–Cl → HO–Si–O⬚ HO–Si–O⬚
CH₃   CH₂   CH₂

→ ⎡CH₃⎤
   ⎢Si–O⎥ 答
   ⎣CH₂⎦ₙ

シリコーンゴムは，分子中に C=C 結合を含まず，空気中に放置しても酸化されずに老化しない。また，このゴムの主鎖は，Si-O-Si という鉱物の石英と同じ結合をもち，高温・低温でも脆化しない。

> **参考**　**シリコーン**
> 　Si 原子と O 原子が交互に結合した骨格（主鎖）をもつ高分子を**シリコーン**といい，その原料には，(A) クロロトリメチルシラン $SiCl(CH_3)_3$，(B) ジクロロジメチルシラン $SiCl_2(CH_3)_2$，(C) トリクロロメチルシラン $SiCl_3(CH_3)$ などがある。これらが水と反応すると，Cl が OH となり，OH 基どうしが縮合重合を行い，高分子化合物となる。それぞれの Cl の数によって，一官能性，二官能性，三官能性モノマーである。
> 　原料が (A) と (B) のときは分子量の比較的小さい直鎖状の高分子となり**シリコーン油**が得られる。原料が (B) のみのときは，分子量が比較的大きい直鎖状の高分子となり，**シリコーンゴム**が得られる。原料が (B) と (C) のときは，分子量が大きく立体網目構造をもつ**シリコーン樹脂**が得られる。

▶**373** (1) $8.0×10^4$　(2) $6.0×10^4$　(3) **33%**
(4) $4.2×10^2$個

解説　(1) 浸透圧の公式 $\varPi V=nRT$ より，

$$2.94×10^2×0.10=\frac{0.946}{M}×8.3×10^3×300$$

$$∴\quad M=8.01×10^4≒80.0×10^4$$

(2) 溶液 50 mL 中には，ポリエステル 0.473 g が含まれている。ポリマーの片方の末端だけに -COOH が結合しているとすると，このポリエステルは中和滴定においては 1 価のカルボン酸として反応する。

$$\frac{0.473}{M'}×1=5.0×10^{-3}×\frac{1.57}{1000}$$

$$∴\quad M'=6.02×10^4≒6.0×10^4$$

(3) 分子の両末端に -COOH のついた重合体のモル分率を x とすると，片方の末端に -COOH のついた重合体のモル分率は $(1-x)$ となる。

　　∴　1 分子あたりの -COOH の数は，

$$2x+(1-x)=(1+x)〔個〕となる。$$

例えば，このポリエステル 1 g 中に含まれる

-COOH の物質量を求めてみると，

$$\frac{1}{8.0×10^4}×(1+x)=\frac{1}{6.0×10^4}$$

$$∴\quad x≒0.33\quad よって，\quad 33〔%〕$$

(4) このポリエチレンテレフタラートの繰り返し単位の構造は，下記の通り。

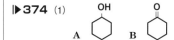

その分子量は $192n+18$ であるが，本問のように分子量が極めて大きい場合は，末端部の -H と -OH だけでなく，余分に結合したテレフタル酸の部分も無視して $192n$ と近似できる。また，このポリエステルの真の分子量は浸透圧の測定で求められた $8.0×10^4$ であって，中和滴定で求められた $6.0×10^4$ は見かけの分子量であることに留意すること。

$$192n=80000\quad ∴\quad n≒417$$

▶**374** (1)

OH　　　　　O
 △ A　　　　 △ B

C $HOOC-(CH_2)_4-COOH$　**D** $H_2N-(CH_2)_6-NH_2$
(2) **1.2 kg**

解説　(1) アルケンへの水素付加は，Ni などの触媒が存在すると常温・常圧下でも容易に反応が進行するが，ベンゼン環への水素付加は，Pt や Pd 触媒を添加しても，高温・高圧にするなど反応条件をかなり激しくしないと反応が進行しない。

OH   OH
 ⬡ + 3H₂ —(Pd)→ ⬡
      高温・高圧
              シクロヘキサノール(A)

シクロヘキサノールは第二級アルコールの性質をもち，$K_2Cr_2O_7$ や CrO_3 などを用いて酸化すると，脱水素されてケトンであるシクロヘキサノン B になる。

OH   O
 ⬡ —[O]→ ⬡ + H₂O

なお，シクロヘキサノンを硝酸などを用いて酸化すると，アジピン酸 C が生成する。この反応は，次のようなケト-エノール転位（**249** **参考**），および酸化剤による C=C 結合の酸化・開裂を考えるとわかりやすい。

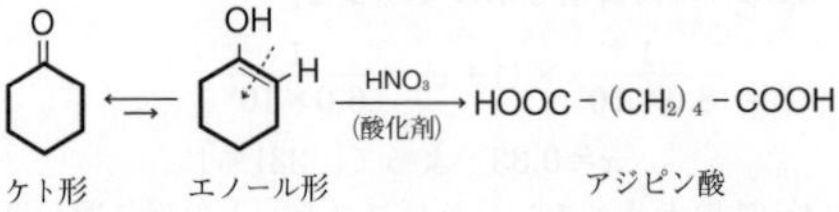

$$\text{ケト形} \rightleftharpoons \text{エノール形} \xrightarrow[\text{(酸化剤)}]{HNO_3} HOOC-(CH_2)_4-COOH \quad \text{アジピン酸}$$

また，シクロヘキサノールは中～塩基性の$KMnO_4$水溶液で酸化すると，シクロヘキサノンのエノール形を経由して，C=C結合が酸化・開裂して，アジピン酸カリウムが生成するから，強酸を加えるとアジピン酸が遊離する。

アジピン酸とアンモニアの混合気体を，リン酸系の触媒上で脱水反応させると，次のように反応してアジポニトリルが生成する。

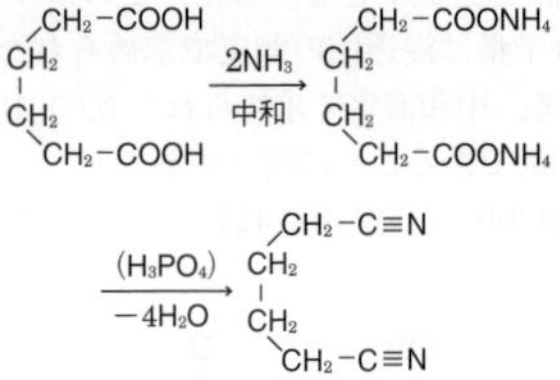

ニトリル基$-C≡N$ 1 mol あたりH_2 2 mol が付加するから，アジポニトリル1 molを完全に水素付加するのに4 molのH_2を必要とする。

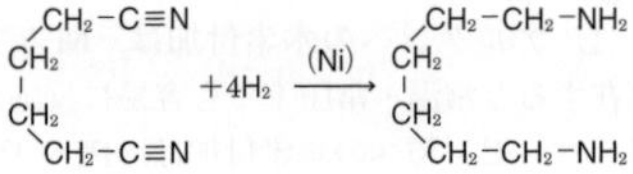

アジピン酸CとヘキサメチレンジアミンDとの縮合重合で，ナイロン66が生成する。
$$n\,HOOC\text{-}(CH_2)_4\text{-}COOH + n\,H_2N\text{-}(CH_2)_6\text{-}NH_2$$
$$\longrightarrow [-OC-(CH_2)_4-CONH-(CH_2)_6-NH-]_n + 2n\,H_2O$$

(2) 1 molのナイロン66をつくるには，アジピン酸とヘキサメチレンジアミンがそれぞれ n mol ずつ必要である。上記の反応経路を考えると，アジピン酸 n mol をつくるにはフェノール n mol が必要であり，ヘキサメチレンジアミン n mol をつくるにも，フェノール n mol が必要である。よって，フェノール（分子量94）$2n$ mol からナイロン66（分子量$226n$）1 molが生成するから，フェノール1.0 molから生成するナイロン66の物質量は，$\dfrac{1}{2n}$〔mol〕である。

フェノール1.0 kgから生成するナイロン66の質量は，
$$\frac{1.0\times10^3}{94}\times\frac{1}{2n}\times226n ≒ 1.2\times10^3\,\text{〔g〕} = 1.2\text{〔kg〕}$$

▶**375** (1)（ア）シス　（イ）熱可塑性　（ウ）大き（エ）高圧　（オ）小さ　（カ）開環
(2) Ⅰ. 天然ゴム　　Ⅱ. ポリエチレン

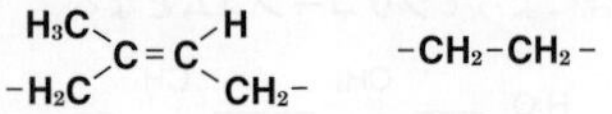

Ⅲ. ナイロン6　　Ⅳ. ビニロン

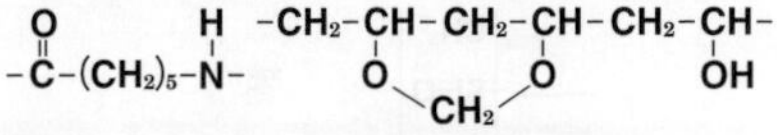

(3) **94.7%**　(4) **ナイロン66**　(5) **35.2%**

解説 (1)，(2)（A）**天然ゴム**（生ゴム）はイソプレンの1,4-付加重合体で，シス形の構造をもつ。

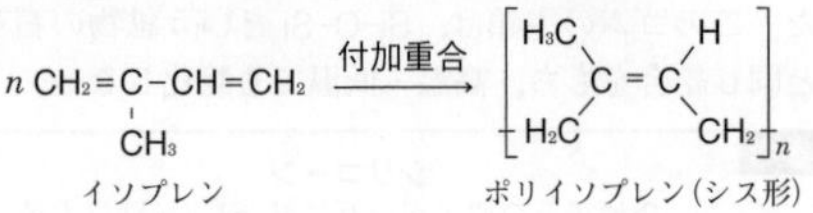

天然ゴムに数%の硫黄を加えて加熱する（**加硫**）と，ゴムの分子鎖の間に硫黄原子による架橋構造が生じ，**弾性ゴム**となる。
(B) **高密度ポリエチレン**はチーグラー触媒を用いて1×10^5～1×10^6Pa，60～$80℃$で重合させたもので，枝分かれが少なく結晶化度が大きい。密度は比較的大きく，硬質のプラスチックとなる。一方，**低密度ポリエチレン**は無触媒で1×10^8～3×10^8Pa，150～$300℃$で重合させたもので，枝分かれが多く結晶化度は小さい。密度は比較的小さく，軟質のプラスチックとなる（**377 解説** 参照）。
(C) **ナイロン6**は，カプロラクタム（炭素数6の飽和脂肪酸のカプロン酸のラクタム（環状構造のアミド）の開環重合で得られるポリアミド系合成繊維である。

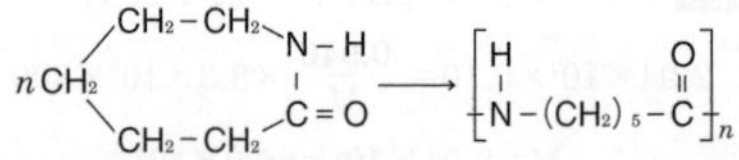

ナイロン66は，ヘキサメチレンジアミンとアジピン酸の縮合重合で得られるポリアミド系合成繊維である。

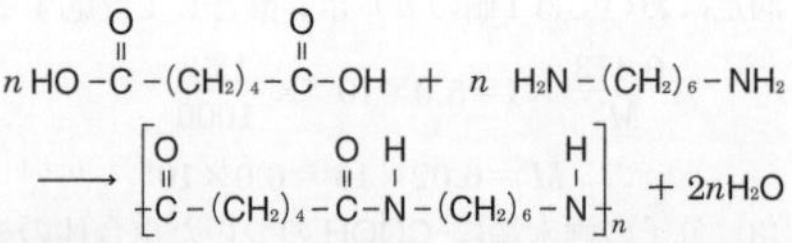

(D) **ビニロン**は，ポリビニルアルコールをホルムアルデヒドと反応（**アセタール化**）してできたポリビニル系合成繊維である。

$$\begin{bmatrix} CH_2-CH-CH_2-CH-CH_2-CH \\ \quad\quad | \quad\quad\quad | \quad\quad\quad\quad | \\ \quad\quad OH \quad\quad OH \quad\quad\quad OH \end{bmatrix}_n \xrightarrow[\text{アセタール化}]{n HCHO}$$

$$\begin{bmatrix} CH_2-CH-CH_2-CH-CH_2-CH \\ \quad\quad | \quad\quad\quad\quad | \quad\quad\quad\quad\quad | \\ \quad\quad O-CH_2-O \quad\quad\quad OH \end{bmatrix}_n$$

(3) 題意より，C=C 結合 1 個につき，S が 2 原子付加するので，

$$\begin{bmatrix} \quad\quad CH_3 \\ CH_2-C=CH-CH_2 \end{bmatrix}_n \xrightarrow{\text{加硫}} \begin{matrix} -C-C-C- \\ | \\ S \\ | \\ S \\ | \\ -C-C-C- \end{matrix}$$

ポリイソプレン 1 mol 中に，C=C 結合が n〔mol〕存在するとすると，そのすべてに S 原子が付加するには $2n$〔mol〕必要である。

いま，ポリイソプレン 100 g に付加しうる S 原子の最大質量を求めてみると　$\dfrac{100}{68n} \times 2n \times 32 ≒ 94.1$〔g〕

実際に，ポリイソプレン 100 g に反応した硫黄の質量は 5.0 g なので，残った C=C 結合の割合は，

$$\dfrac{(94.1-5.0)}{94.1} \times 100 ≒ 94.7〔\%〕$$

(4) ナイロン 6 の分子式は $(C_6H_{11}NO)_n$，ナイロン 66 の分子式は $(C_{12}H_{22}N_2O_2)_n$ で，いずれも組成式では $C_6H_{11}NO$ である。したがって，その性質はよく似ている。ただし，軟化点は，ナイロン 66 が約 250 ℃，ナイロン 6 が約 215 ℃で少し低い。

この違いは，アミド結合間のメチレン基-CH_2-の炭素数に関係があり，ナイロン 66 は偶数，ナイロン 6 は奇数であり，前者のほうが分子の対称性が少し高く，結晶格子に組み込まれやすく，軟化点が高くなると考えられている。

(5) 100 g の PVA に対して 12.0 g のホルムアルデヒドが反応させた場合の両物質の過不足を考えると，100 g の PVA に含まれる OH 基の物質量は，

$$\dfrac{100}{44n} \times n ≒ 2.273〔mol〕$$

12.0 g のホルムアルデヒドの物質量は，

$$\dfrac{12.0}{30} = 0.400〔mol〕$$

$$\begin{matrix} CH_2-CH-CH_2-CH- \\ \quad\quad | \quad\quad\quad\quad | \\ \quad\quad O\;H\;\;\;O\;\;H \\ \quad\quad\quad\quad\backslash\quad| \quad/ \\ \quad\quad\quad\quad\quad C \\ \quad\quad\quad\quad/ \;\;\backslash \\ \quad\quad\quad\quad H \quad\;\; H \end{matrix}$$ 　（HCHO 1 分子につき，PVA の OH 基 2 個の割合で反応する。）

よって，与えた HCHO の物質量の 2 倍，つまり 0.800 mol の OH 基がアセタール化されることになる。

∴　$\dfrac{\text{反応した OH 基〔mol〕}}{\text{最初の OH 基〔mol〕}}$ より，

$$\dfrac{0.800}{2.273} \times 100 ≒ 35.2〔\%〕$$

[別解]

$$\begin{bmatrix} CH_2-CH-CH_2-CH \\ \quad\quad | \quad\quad\quad\quad | \\ \quad\quad OH \quad\quad OH \end{bmatrix}_n \xrightarrow[\text{（分子量 30）}]{n HCHO}$$
　　　PVA（分子量 88n）

$$\begin{bmatrix} CH_2-CH-CH_2-CH \\ \quad\quad | \quad\quad\quad\quad | \\ \quad\quad O-CH_2-O \end{bmatrix}_n$$
　　　ビニロン（分子量 100n）

反応式より，PVA 1 mol を完全にアセタール化するには HCHO が n〔mol〕必要である。

PVA 100 g を完全にアセタール化するのに HCHO が x〔g〕必要だとすると，

$$\dfrac{100}{88n} \times n = \dfrac{x}{30} \quad ∴ \quad x ≒ 34.1〔g〕$$

実際に反応させた HCHO は 12 g であるから，アセタール化された PVA の OH 基の割合は，

$$\dfrac{12.0}{34.1} \times 100 ≒ 35.2〔\%〕$$

▶ **376** (1)

$$nH_2N\text{-}(CH_2)_6\text{-}NH_2 + nClOC\text{-}(CH_2)_4COCl \longrightarrow$$

$$\begin{bmatrix} H \quad\quad\quad\quad H \;\; O \quad\quad\quad\quad O \\ | \quad\quad\quad\quad | \;\; \| \quad\quad\quad\quad \| \\ N\text{-}(CH_2)_6\text{-}N\text{-}C\text{-}(CH_2)_4\text{-}C \end{bmatrix}_n + 2nHCl$$

(2) 反応によって生成する塩化水素を中和して，アミンの縮合重合反応の反応速度の低下を防ぐため。

(3) アジピン酸ジクロリドのジクロロメタン溶液に，ヘキサメチレンジアミン水溶液を静かに加える。

(4) アジピン酸ジクロリドは，アジピン酸に比べてヘキサメチレンジアミンとの反応性が大きく，常温でも十分に重合反応が進行するから。また，アジピン酸ジクロリドは水に不溶で有機溶媒に溶けやすいので，ヘキサメチレンジアミン水溶液とは二層に分離し，界面縮重合反応が行いやすいから。

(5) **1.85 g**

解説 (1) 界面縮重合は，互いに混じり合わない 2 種の溶媒の界面で縮合重合を行わせる方法で，高温を必要としないこと。一般の縮合重合のように反応物質の物質量を正確に合わせる必要がなく，一方の物質がなくなれば，反応は自動的に停止する。高融点の芳香族ポリアミド系合成繊維（**アラミド繊維**）は，この方法で初めてつくることが可能となった。

アジピン酸ジクロリドから Cl，ヘキサメチレンジアミンから H が，HCl として脱離しながら縮合重合が進行する。

(2) この反応での副生成物のHClは，反応物のアミンと反応して塩 RNH₃Clをつくる。このため，HClを除去しないと縮合重合の反応速度が著しく低下する。そこで，前もってヘキサメチレンジアミン水溶液に NaOH または Na₂CO₃ を適量加えておき，中和反応によってHClを反応系から除き，縮合重合の反応速度を低下させない工夫をしている。

> **参考**
> **ポリアミドの生成**
>
>
>
> 　　アミンのN原子の非共存電子対がカルボン酸塩化物のカルボニル基のC原子を求核攻撃後，N原子からH⁺が脱離すると，アミド結合-CONH-が生成する。このとき，副生成物のHClが反応物のアミンと中和反応して塩(R'-NH₃Cl)をつくると，N原子に非共有電子対がなくなり，カルボニル基のC原子を攻撃できなくなる。これを防ぐために塩基を加えて，副生成物のHClを中和して，アミンが塩酸塩を形成するのを防ぐ必要がある。

(3) 二液の界面にできるだけ薄い被膜ができるようにするため，シクロヘキサンなどのように密度が 1g/cm³ よりも小さい有機溶媒は，水層の上へ浮かせるように静かに注ぐ。一方，ジクロロメタンやクロロホルムなどのように密度が 1g/cm³ よりも大きな有機溶媒を用いるときは，有機層の上にヘキサメチレンジアミン水溶液を静かに注ぐようにする(逆にすると，界面が乱れ，ナイロン66の塊ができ，うまく糸として引き出すことができなくなる)。

最後に，取り出したナイロン66は，アセトンで表面に付着しているアジピン酸ジクロリドなどを除き，さらに水洗してHClを除いた後，乾燥させる。

(4)

　カルボン酸，カルボン酸塩化物は，いずれもカルボニル基が分極して，C原子が正電荷を帯びている。カルボン酸では OH 基から電子が供与されるので，C原子の正電荷は小さくなり，アミンのN原子の非共有電子対による求核攻撃は受けにくい。一方，カルボン酸塩化物では，Cl原子が電子を求引するので，C原子の正電荷は大きくなり，アミンのN原子による攻撃を受けやすくなる。

(5) ヘキサメチレンジアミン $\dfrac{1.0}{116}$

$\qquad\qquad = 8.62 \times 10^{-3}$〔mol〕

　　アジピン酸ジクロリド $\dfrac{1.5}{183}$

$\qquad\qquad = 8.20 \times 10^{-3}$〔mol〕

アジピン酸ジクロリドの物質量の方が少ないので，こちらがすべて反応する。

反応式より，アジピン酸ジクロリド n〔mol〕からナイロン66(分子量226n)1mol が生成するから，

$$8.20 \times 10^{-3} \times \frac{1}{n} \times 226n \fallingdotseq 1.85 〔g〕$$

▶**377** (a)（エ）　(b)（ウ）　(c)（ア）　(d)（カ）　(e)（キ）　(f)（ク）　(1) **76%**　(2) **83%**

解説　**高密度ポリエチレン(HDPE)**は，チーグラー触媒(TiCl₄ と Al(C₂H₅)₃)を用いて，$1 \times 10^5 \sim 1 \times 10^6$ Pa，$60 \sim 80$℃で付加重合させたもので，分子中に枝分かれが少なく，非晶質領域に比べて結晶領域の割合が多くなる。結晶領域が多いと，微結晶により光の散乱が起こりやすく，不透明で乳白色のプラスチックとなる。しかし，結晶領域が多いと，高密度で強度の大きな硬質のプラスチックとなるので，ポリ容器などに利用される。

低密度ポリエチレン(LDPE)は，無触媒で $1 \times 10^8 \sim 3 \times 10^8$ Pa，$150 \sim 300$℃で付加重合させたもので，分子中に枝分かれが多く，結晶領域に比べて非晶質領域の割合が多くなる。結晶領域が少ないと，微結晶による光の散乱は起こりにくく，透明なプラスチックとなる。しかし，非晶質領域が多いと，低密度で強度のやや小さな軟質のプラスチックとなるので，ポリ袋などに利用される。

高密度ポリエチレン	密度　0.94〜0.97g/cm³ 軟化点　約120〜130℃
低密度ポリエチレン	密度　0.91〜0.93g/cm³ 軟化点　約100〜110℃

(1) ポリエチレンを 1cm³ 取ったとき，結晶領域が x〔cm³〕とすると，非晶質領域は $1-x$〔cm³〕であるから，質量に関して次式が成り立つ。

$$1.0x + 0.85(1-x) = 0.96 \times 1$$
$$\therefore \quad x = 0.73 〔cm³〕$$

よって，結晶領域の質量百分率〔%〕は，

$$\frac{1.0 \times 0.73}{0.96 \times 1} \times 100 \fallingdotseq 76.0 = 76 〔\%〕$$

(2) ポリスチレン(C₈H₈)ₙ の分子量は 4.40×10^4 なので，生成したポリスチレンの物質量は，

$$\frac{3.64}{4.40 \times 10^4} = 8.27 \times 10^{-5} 〔mol〕$$

重合反応に用いられた重合開始剤の物質量と，生成した重合体(ポリスチレン)の物質量は等しいので，

重合反応に用いられた重合開始剤の割合は，

$$\frac{8.27\times10^{-5}}{1.00\times10^{-4}}\times100=82.7\fallingdotseq83〔\%〕$$

▶378 (1)

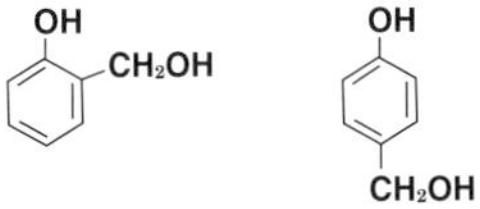

OH ／ CH₂OH（o位）　OH ／ CH₂OH（p位）

(2)

OH・CH₂・OH，OH・CH₂・OH，HO・CH₂・OH 等の二量体構造

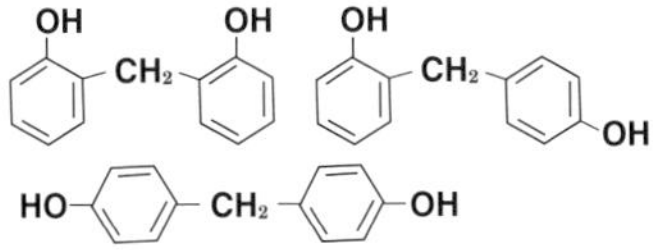

(3) **112g**

(4) 反応中間体 **Y** は，フェノールへのホルムアルデヒドの付加反応の比率が小さく，縮合反応を行っても立体網目構造ができにくいから。

解説　(1) フェノール（C₆H₆O）$\xrightarrow{反応1}$ 化 合 物 A（C₇H₈O₂）より，反応1では分子式で CH₂O だけ増加している。よって，A はフェノールにホルムアルデヒド HCHO が付加してできた化合物である。

　フェノールの -OH には電子供与性があるので，ベンゼン環に電子が流れ込む。したがって，ベンゼン環の o, p 位の電子密度が大きくなり，その反応性が大きくなる（**o, p-配向性**）。

(i) フェノールの o 位に HCHO が付加すると，

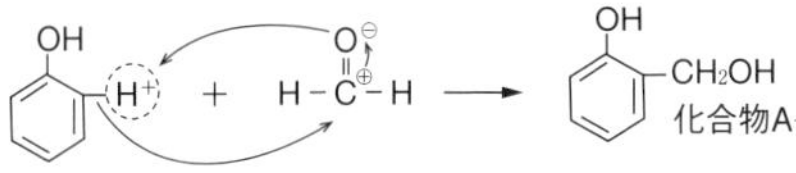

化合物A₁

(ii) フェノールの p 位に HCHO が付加すると，

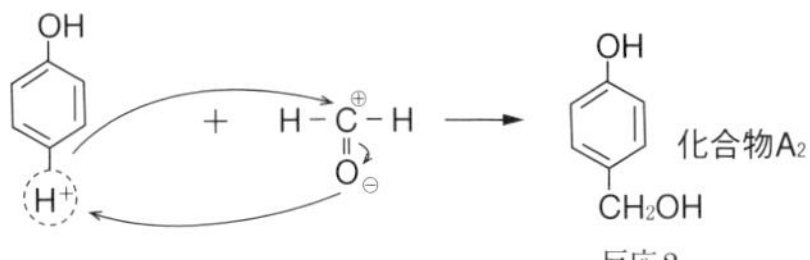

化合物A₂

(2) A（C₇H₈O₂）+フェノール（C₆H₆O）$\xrightarrow{反応2}$ 化合物 B（C₁₃H₁₂O₂）より，反応2では，分子式で H₂O だけ減少している。よって，B は A とフェノールが脱水縮合してできた化合物である。

① 化合物A₁ がフェノールの o 位で脱水縮合すると，

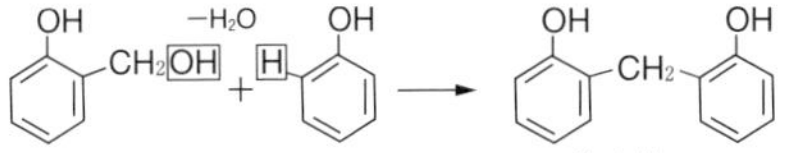

化合物B₁

② 化合物A₁ がフェノールの p 位で脱水縮合すると，

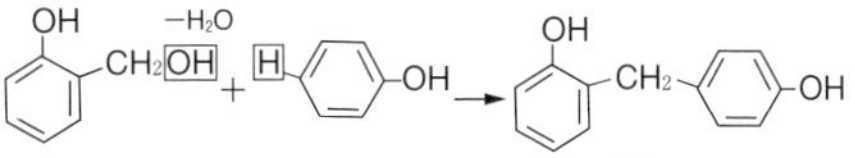

③ 化合物A₂ がフェノールの o 位で脱水縮合すると，

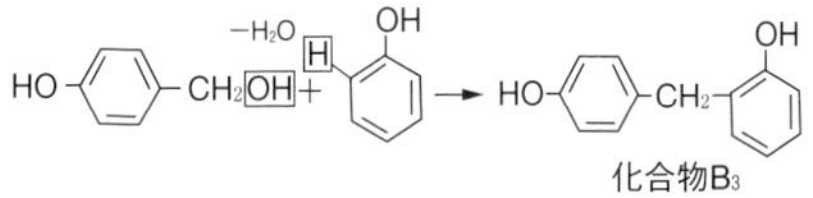

化合物B₂

④ 化合物A₂ がフェノールの p 位で脱水縮合すると，

化合物B₃

⑤ 化合物A₂ がフェノールの p 位で脱水縮合すると，

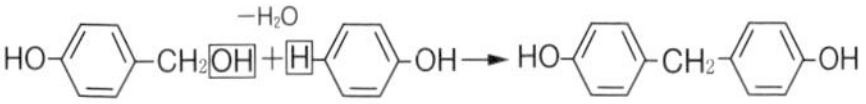

化合物B₄

（なお，化合物B₂ と化合物B₃ は同一物質である。）

フェノール樹脂は，フェノールとホルムアルデヒドとが(1)のような付加反応と(2)のような縮合反応を繰り返しながら，立体網目構造をもつ熱硬化性樹脂となる。このような重合反応を**付加縮合**という。

(3) フェノール 2分子とホルムアルデヒド 1分子が反応する（下図）が，

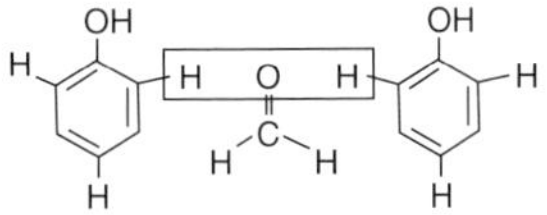

フェノールは，o, p-配向性で1分子中に反応場所が3か所ある3官能性モノマーである。したがって，フェノール1分子はホルムアルデヒド 1.5 分子と反応することができる。よって，フェノールとホルムアルデヒドが完全に重合したときの反応式は次の通りである。

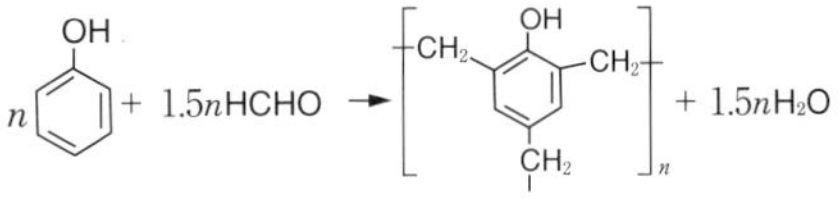

$$n\,\text{フェノール} + 1.5n\,\text{HCHO} \longrightarrow [\cdots]_n + 1.5n\,\text{H}_2\text{O}$$

したがって，フェノール 1mol と完全に重合するホルムアルデヒドは 1.5mol である。フェノールのモル質量は 94g/mol，HCHO のモル質量は 30g/mol より，

フェノールの物質量　$\dfrac{94}{94}=1.0〔\text{mol}〕$

HCHO の物質量　$\dfrac{45}{30}=1.5〔\text{mol}〕$

両者は過不足なく完全に反応する。生成する H₂O の物質量は，反応した HCHO の物質量と同じ 1.5mol である。よって，生成するフェノール樹脂の質量は，H₂O のモル質量は 18g/mol より，

$$94+45-(1.5\times18)=112〔\text{g}〕$$

(4) 塩基性条件では，フェノールは次のように電離

してフェノキシドイオンとなる。

$$C_6H_5OH \longrightarrow C_6H_5O^- + H^+$$

その結果，フェノールのo，p位の電子密度がさらに大きくなり，HCHO過剰の条件では，フェノールへのHCHOの付加反応が起こりやすい。したがって，その中間生成物X(**レゾール**という)は，そのo，p位に**メチロール基**(-CH$_2$OH)が多く結合した化合物と考えられる。

したがって，多くのメチロール基をもつXを加熱すれば，縮合反応が起こり，立体網目構造をもつフェノール樹脂が生成する。

酸性条件では，フェノールのo，p位の電子密度は塩基性条件のときよりも小さいから，フェノールへのHCHOの付加反応は起こりにくい。代わりに酸性条件では，メチロール基(-CH$_2$OH)からのH$_2$Oの脱離，すなわち縮合反応が起こりやすい。したがって，その中間生成物Y(**ノボラック**という)は，縮合反応がある程度進み，そのo，p位にメチロール基があまり残っていない化合物と考えられる。

(例)

したがって，メチロール基の少ないYをいくら加熱しても立体網目構造が発達せず，フェノール樹脂は生成しない。(硬化剤を加えて加熱しないと，立体網目構造をもつフェノール樹脂は生成しない。)

▶**379** (1) ABS樹脂は，いずれも二重結合をもつ単量体の共重合でつくられ，鎖状構造の高分子化合物であるため。
(2) 極性をもつシアノ基が存在するので，分子間に極性に基づく静電気力が生じるため，AS樹脂の方が耐熱性や機械的強度が大きくなる。
(3) 弾性が生じ，耐衝撃性が大きくなる。
(4) (i) **3.6%**　(ii) **0.61g**

解説　ABS樹脂は，スチレン，アクリロニトリル，ブタジエンの共重合によって得られる高分子化合物である。このように，3種類の単量体を混合して行う重合を**三元共重合**といい，得られた重合体を**三元共重合体**という。単量体の混合割合を変えることによって，さまざまな性質をもつ三元共重合体をつくることができる。

共重合体は，単量体の配列状態から，(1)不規則に配列した**ランダム共重合体**，(2)交互に規則的に配列した**交互共重合体**，(3)同種の単量体が連続し

たブロック共重合体，(4)幹となる重合体に枝となる重合体をつけた**グラフト共重合体**などがあり，それぞれ性質に違いが生じる。特別な触媒を使わずに共重合を行ったときは，ランダム共重合体が得られることが多い。

(1) スチレン　　アクリロニトリル　　　　ブタジエン

$$CH_2=CH \quad CH_2=CH \quad CH_2=CH-CH=CH_2$$
$$\qquad\qquad\qquad |$$
$$\qquad\qquad\quad CN$$

いずれの単量体もC=C結合をもつので，付加重合を繰り返すと，鎖状構造の高分子を生成する。

鎖状構造の高分子を加熱すると，分子の熱運動が盛んになり，やがて軟化する熱可塑性を示す。
(2) AS樹脂の方が耐熱性や機械的強度が大きいもう1つの理由として，側鎖のシアノ基-C$^{\delta+}$≡N$^{\delta-}$の極性によって，主鎖から電子を求引することにより，C-C結合にわずかな極性が生じ，その結合エネルギーが大きくなることがあげられる。
(3) ABS樹脂では，ブタジエンが結合した部分にC=C結合が残るため弾性を生じ，AS樹脂よりも耐衝撃性は大きくなる。しかし，C=C結合が残ることから，空気中のO$_2$に対する抵抗性(耐候性)は，AS樹脂よりも少し小さくなる。
(4) このABS樹脂は，スチレン：アクリロニトリル：ブタジエン=5：2：3(物質量比)の三元共重合体なので，次のような構造をもつ。

(i) $$\frac{14 \times 2}{104 \times 5 + 53 \times 2 + 54 \times 3} \times 100 = 3.55 \fallingdotseq 3.6\,(\%)$$

(ii) このABS樹脂の分子量は788nなので，ABS樹脂1.0gの物質量は$\dfrac{1.0}{788n}$〔mol〕

このABS樹脂1molには，3n〔mol〕のブタジエン部分があるので，3n〔mol〕の臭素Br$_2$(分子量160)が付加できる。

ABS樹脂1.0gに付加する臭素の質量は，臭素Br$_2$のモル質量は160g/molより，

$$\frac{1.0}{788n} \times 3n \times 160 = 0.609 \fallingdotseq 0.61\,〔g〕$$

▶**380** **問1**　架橋構造の数が一定以上になると，高分子鎖の立体網目構造が発達し，分子どうしが動

きにくくなるから。

問2　(1) **0.60S**　(2) **0.080S**　(3) **0.32S**
(4) **2：4：5**　(5) **2.3**

解説　問1　**天然ゴム（生ゴム）**は鎖状構造の高分子で，外力を加えると，分子鎖どうしがすべり合うため，その弾性は弱い。そこで数％の硫黄を加えて加熱すると，C＝C結合の周辺部分にS原子が結合して，ゴム分子間にS原子による**架橋構造**が形成され，外力によるすべりがなくなり，弾性・強度がいずれも向上する。この操作を**加硫**という。

問2　試薬A（還元剤）による硫黄の除去反応を，架橋構造を構成する硫黄原子の数（$x＝3$，2，1）ごとに図示すると，次のようになる。

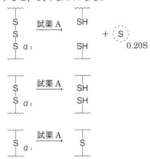

上図より，架橋構造に含まれるS原子の数をxとすると，$x＝3$のとき，試薬Aと反応し，S原子の放出が起こる。

$x＝2$のとき，試薬Aと反応するが，S原子の放出はない。

$x＝1$のとき，試薬Aとも反応せず，S原子の放出もない。

(1) 反応前の硫黄の全質量をSとし，生成物に含まれる硫黄の質量が反応前の硫黄の質量より20％減少したので，反応で除去された硫黄の質量が0.20Sである。

よって，$x＝3$の架橋構造に含まれていた硫黄の質量$a_3＝0.20S×3＝0.60S$

(2) （生成物に残った硫黄の質量）＝
（反応前の硫黄の全質量）－（除去された硫黄の質量）
$＝S－0.20S＝0.80S$

このうち，-SHとして存在する硫黄が90％だから，-S-として存在する硫黄は10％である。

よって，$x＝1$の架橋構造に含まれていた硫黄の質量$a_1＝0.80S×0.10＝0.080S$

(3) $x＝2$の架橋構造に含まれていた硫黄の質量a_2は，反応前の硫黄の全質量Sから，a_1とa_3の質量を差し引いたものに等しい。

$a_2＝S－(a_1＋a_3)$
$＝S－(0.60S＋0.080S)＝0.32S$

(4) $x＝1$，2，3の架橋構造の数n_1，n_2，n_3は，

$$n_1：n_2：n_3＝\frac{a_1}{1}：\frac{a_2}{2}：\frac{a_3}{3}$$

$$＝\frac{0.080S}{1}：\frac{0.32S}{2}：\frac{0.60S}{3}$$

$$＝0.080：0.16：0.20＝2：4：5$$

(5) $1×\underset{（x＝1の割合）}{\frac{2}{11}}＋2×\underset{（x＝2の割合）}{\frac{4}{11}}＋3×\underset{（x＝3の割合）}{\frac{5}{11}}$

　　$≒2.27≒2.3$

参考
ゴムの加硫

通常，ゴムの加硫では，加硫時間の短縮のために，ステアリン酸や酸化亜鉛などのさまざまな**加硫促進剤**を加えて行われることが多い。

ゴムの加硫を続けると，ポリスルフィド結合（$-S_x-$，約154 kJ/mol）からジスルフィド結合（$-S_2-$，約269 kJ/mol）やモノスルフィド結合（$-S-$，約286 kJ/mol）へと硫黄の架橋構造が変化する。これに伴ってS-S結合の結合エネルギーが増加するので，加硫時間が増加すると，ゴムの耐久性や強度などが向上する。

しかし，高温の加硫を長時間続けていると，硫黄の架橋構造が切断され，環状構造に変化することにより，耐久性・強度の低下が起こる（**加硫戻り**）。したがって，ゴムの加硫では最適の条件を選択して行われる。

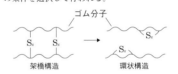

▶**381**　(1) ポリビニルアルコール
(2) **7.4×10⁴**
(3) **（ア），（ウ）**

解説　ポリビニルアルコールの-OHと，ケイ皮酸 $C_6H_5-CH=CH-COOH$ をエステル結合させたポリマーをポリケイ皮酸ビニルという。この高分子の薄膜に光を当てると，側鎖のビニレン基（-CH=CH-）どうしが付加反応して，シクロブタン環（四員環）の構造をもつ二量体となる。この反応により，このポリマーは鎖状構造から立体網目構造に変化し，各種の溶媒に対して不溶化する。このような高分子を**感光性高分子**という。

(1) 高分子化合物XのHとケイ皮酸塩化物のClからHClが脱離して，ポリケイ皮酸ビニルが生成しているから，もとの高分子化合物Xは右の構造をもつポリビニルアルコールである。

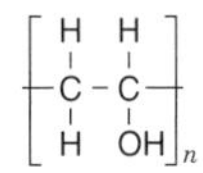

(2) ポリビニルアルコールの繰り返し単位の式量は，$C_2H_4O＝44$である。

ポリケイ皮酸ビニルの繰り返し単位の式量は，

$C_{11}H_{10}O_2=174$ である。

　分子量 $2.2×10^4$ のポリビニルアルコール中に存在する-OH基の数は，その重合度 n に等しい。

　　　$44n=2.2×10^4$　　　$n=500$（個）

　このうち，80％（400個）がケイ皮酸塩化物と反応し，20％（100個）はケイ皮酸塩化物とは反応しなかったので，この反応で得られるポリケイ皮酸ビニルの平均分子量は以下のようになる。

　　　$400×174+100×44=7.4×10^4$

(3)（ア）光照射しただけでは，ポリケイ皮酸ビニル中のエステル結合(-COO)は開裂しない。したがって，生成した OH 基間の水素結合によって高分子鎖間に架橋構造が形成されることもない。光照射によって，ポリケイ皮酸ビニルが溶媒に不溶化したのは，エステル結合の開裂が原因ではない。
（イ）化合物 Y の中にみられるシクロブタン環（四員環）の構造は，ポリケイ皮酸ビニル中のビニレン基(-CH=CH-)どうしが付加反応してできたと考えられる。　○
（ウ）この文章通りならば，ポリケイ皮酸ビニルは光を当てなくても高温に加熱するだけで硬化反応が起こることになるが，ポリケイ皮酸ビニルの硬化反応には，光の照射が必要である。　×
（エ）ポリケイ皮酸ビニル中の-C=C-結合どうしの付加反応は，同一分子内でも異なる分子間でも起こり得る。前者の場合，高分子鎖は鎖状構造のままであるが，後者の場合，高分子鎖間に架橋構造が生じて立体網目構造となる。これは，鎖状構造のゴム分子に硫黄を加えて加熱すると，硫黄原子による架橋構造が生じる現象（加硫）と同様の変化が起こっていると考えられる。　○
（オ）ポリケイ皮酸ビニルを強塩基の水溶液中で加熱すると，エステル結合(-COO-)の加水分解が進行するので，その生成物として，化合物 Y の塩とポリビニルアルコールも得られる。　○

▶**382** (1) A
$$CH_2 = CH - C - O - CH_3,\ (C=O)$$

B $CH_2 = CH - O - \overset{O}{\overset{\|}{C}} - CH_3$

C $CH_2 = CH - COOH$（$CH_3,\ H$）

D $CH_2 = C \overset{CH_3}{\underset{COOH}{<}}$

E
E：シクロブタン環構造 $\overset{O}{\overset{\|}{C}}$ と $H_2C,\ CH_2$

(2)（ア）付加重合　（イ）メタノール　（ウ）酢酸
（エ）アセチレン　（オ）ビニロン

(3) F $-\!\left[CH_2-CH\!\left(\overset{O}{\overset{\|}{C-OH}}\right)\right]_n-$　　G $-\!\left[CH_2-CH(OH)\right]_n-$

(4) **3.71×10⁵**
(4) $3.71×10^5$

(5) $CH_3-CHCl-CHCl-COOH$　　**4種類**

(6) $CH_3-\overset{O}{\overset{\|}{C}}-CH_2-\overset{O}{\overset{\|}{C}}-H$

解説　(1) 5種の化合物はいずれも分子式が $C_4H_6O_2$ であるから，C_4H_{10} に比べて H 原子が4個少ないので，不飽和度2であり，分子内に二重結合(C=C, C=O)，または環状構造が合わせて2つ存在する。また，(a)より，5種の化合物はいずれもエステルまたはカルボン酸であるから，エステル結合-COO-部分に C=O の二重結合が1つ存在しており，分子中には C=C 結合，または環状構造のいずれかを1つもつことがわかる。

A，B　(a)，(b)より，化合物 A と B は C=C 結合をもったエステルである。
　(e)より，「A の重合体の加水分解によりカルボキシ基をもつ高分子化合物 F ができる」ので，単量体 A には-COOH と C=C 結合を含む。また，A 中の C=C 結合は，エステルの一般式を R_1-COO-R_2 と表したときの R_1 側，すなわちカルボキシ基側に含まれることもわかる。したがって，化合物 A はアクリル酸メチル $CH_2=CHCOOCH_3$

$$nCH_2=CHCOOCH_3 \xrightarrow{付加重合} \left[CH_2-CH(COOCH_3)\right]_n$$
$$\xrightarrow{加水分解} \left[CH_2-CH(COOH)\right]_n + nCH_3OH$$

　一方(f)より，「B の重合体の加水分解によりヒドロキシ基をもつ高分子化合物 G ができる」ので，単量体 B には-OH と C=C 結合を含む。また，B 中の C=C 結合は，エステルの一般式を R_1-COO-R_2 と表したときの R_2 側，すなわちヒドロキシ基側に含まれることもわかる。さらに，(g)から，化合物 B は「ある化合物に酢酸を作用させることにより合成される」ので，炭素数4であることから考えて，アセチレンに酢酸を付加させて生じる酢酸ビニルとなる。よって，化合物 B は酢酸ビニル $CH_2=CHOCOCH_3$ である。

$$nCH_2=CHOCOCH_3 \xrightarrow{付加重合} \left[CH_2-CH(OCOCH_3)\right]_n$$
$$\xrightarrow{加水分解} \left[CH_2-CH(OH)\right]_n + nCH_3COOH$$

C, D　(a)より化合物はカルボン酸で, (b)より C=C 結合を有するから, 考えられる異性体は次の通り。

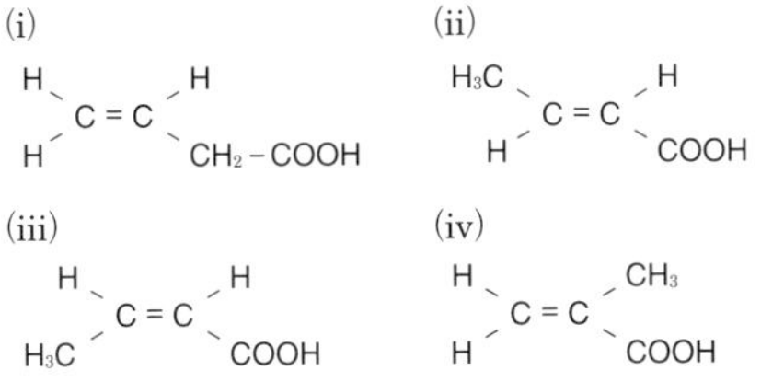

(i)　　　　　　　　　　(ii)

$$CH_3-C=C-H \quad \text{(構造図)}$$

(iii)　　　　　　　　　(iv)

C はシス-トランス異性体のトランス体だから (ii) クロトン酸が該当する。

D は残る (i), (iv) のどちらかであるが, 水素の付加生成物を調べると

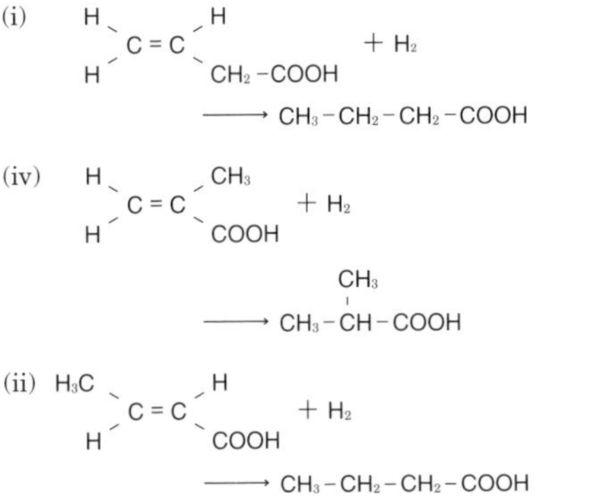

(i)

$$\longrightarrow CH_3-CH_2-CH_2-COOH$$

(iv)

$$\longrightarrow CH_3-CH-COOH \ (CH_3)$$

(ii)

$$\longrightarrow CH_3-CH_2-CH_2-COOH$$

C (クロトン酸) に水素を付加させると, 直鎖の脂肪酸の酪酸が生成する。
よって, D は C とは異なる枝分かれ状の炭素骨格をもつ (iv) メタクリル酸が該当する。

E　(a) より化合物 E はエステルで, (b) より C=C 結合をもっていないので, 環状構造をもつと考えられる。(d) に「E を加水分解し, 酸で中和すると HO-CH_2-CH_2-CH_2-COOH が生成する」とあるので, E はこの両端から H_2O を脱水した構造と推定される。

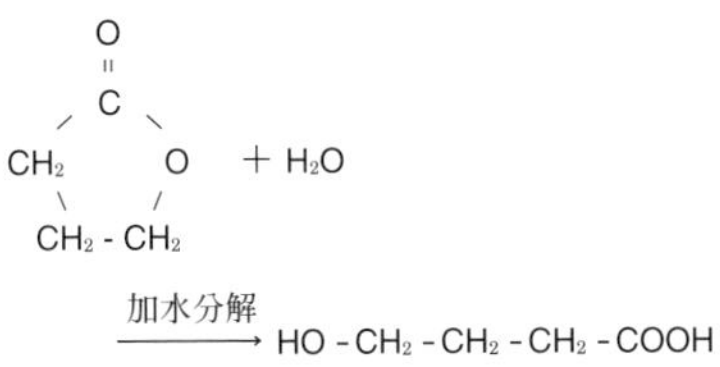

$$(構造図) + H_2O$$

$$\xrightarrow{\text{加水分解}} HO-CH_2-CH_2-CH_2-COOH$$

E のように, 環状構造をもつエステルをラクトンという。なお, ラクトンは五員環, 六員環のものが安定に存在する。

(2)　(エ) アセチレンと酢酸の付加反応の反応式は次のようになる。

$$CH\equiv CH + CH_3COOH \longrightarrow CH_2=CHOCOCH_3$$

(4)　ポリビニルアルコールにホルムアルデヒドを作用させると, 下図のような反応により, ビニロンが生成する。最初の段階は, ホルムアルデヒドのカルボニル基 (>C=O) へのヒドロキシ基の付加反応であり, メチロール基 (-CH_2OH) を生じる。次の段階は, このメチロール基と隣接するヒドロキシ基との間の脱水縮合反応ではアセタール構造 (-O-CH_2-O-) が生成するので, 全体の反応をアセタール化という。

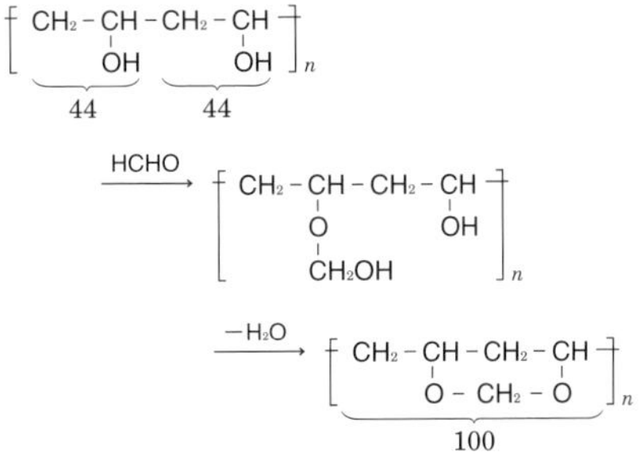

$$\left[\begin{array}{c}CH_2-CH-CH_2-CH\\ |\quad\quad\quad | \\ OH\quad\quad OH\end{array}\right]_n$$
　　　　44　　　　44

$$\xrightarrow{HCHO} \left[\begin{array}{c}CH_2-CH-CH_2-CH\\ |\quad\quad\quad | \\ O\quad\quad OH\\ |\\ CH_2OH\end{array}\right]_n$$

$$\xrightarrow{-H_2O} \left[\begin{array}{c}CH_2-CH-CH_2-CH\\ |\quad\quad\quad | \\ O-CH_2-O\end{array}\right]$$
　　　　　　　　100

ポリビニルアルコールの構成単位1つ分の式量は 44。ビニロン中のアセタール化が起こった部分の構成単位は, ポリビニルアルコールの構成単位2つ分に相当し, その式量は100である。したがって, アセタール化が起こった部分の「ポリビニルアルコールの構成単位1つ分」に相当する式量は, 100÷2＝50 となる。
　本問では, 残っているヒドロキシ基が60.0%であるから, アセタール化が起こったヒドロキシ基は全体の40.0%なので, ビニロンの分子量は,

$$\underline{8000\times0.600\times44} + \underline{8000\times0.400\times50}$$
(8000個のうち60%は式量44)　(8000個のうち40%は式量50)

$$\doteqdot 3.71\times10^5$$

(5)　C=C 結合への Cl_2 の付加反応が起こる。不斉炭素原子は＊印の2つ。

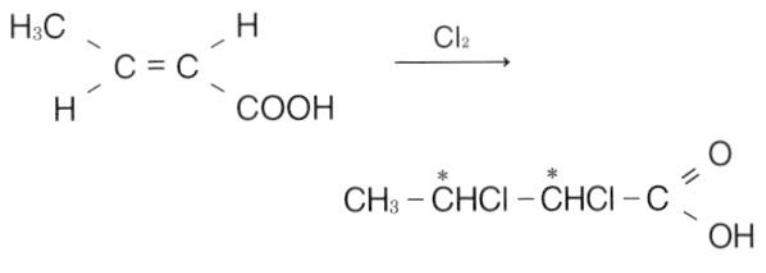

$$(構造図) \xrightarrow{Cl_2} CH_3-\overset{*}{C}HCl-\overset{*}{C}HCl-C\overset{O}{\underset{OH}{<}}$$

よって, 立体異性体は, 不斉炭素原子1個につき2種類ずつあるから, 不斉炭素原子2個では 2×2＝4 〔種類〕存在する。(対称面は存在しないので, メソ体も存在しない。)

(6)　銀鏡反応が陽性より　$-C\overset{O}{\underset{H}{<}}$

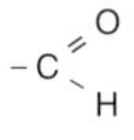

ヨードホルム反応が陽性より　$CH_3-\overset{O}{\overset{\|}{C}}-$

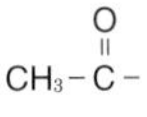

の構造が存在する。上記以外の構造は，C$_4$H$_6$O$_2$－CHO－C$_2$H$_3$O＝CH$_2$(メチレン基)である。これらを組み合わせればよい。

▶383 (1) 4種類

(2) C　HO-CH$_2$-CH$_2$-CH$_2$-COOH
　　D　HO-CH$_2$-CH$_2$-CH$_2$-CH$_2$-OH

(3) (ア) 60　(イ) ヘキサメチレンジアミン
(ウ) アミド　(エ) 3

(4)

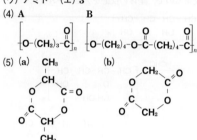

(5) (a)　CH$_3$　　(b)

(6) 8.0×10^{2}個

【解説】(1)，(2) ポリエステルAの加水分解で1種類の鎖状化合物のみが得られるから，Cは1分子中に-OHと-COOHとを1個ずつもつヒドロキシ酸。また，Cのナトリウム塩がC$_4$H$_7$O$_3$Naであるから，Cの分子式はC$_4$H$_8$O$_3$で，考えられる構造は，

① C-C-C*-COOH　　② C-C*-C-COOH
　　　　OH　　　　　　　　　OH

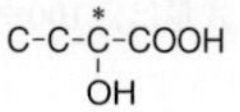

③ C-C-C-COOH　　④ C-C*-C-OH　　⑤ 　　OH
　　OH　　　　　　　　　　COOH　　　　C-C-C
　　　　　　　　　　　　　　　　　　　　　COOH

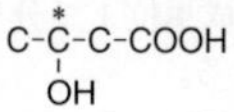

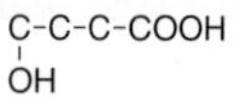

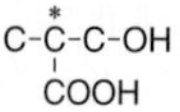

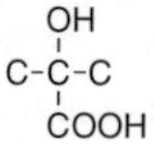

Cに不斉炭素原子がなく，その酸化でアルデヒドが得られるから，Cは第一級アルコールの構造をもつ③と決まる。なお，C以外の構造異性体数は4種類である。

　　　　E＋化合物(イ) ⟶ ナイロン66

Eはポリアミド(ナイロン)の原料に使われる化合物で，C，H，Oからできているから，アジピン酸のHOOC(CH$_2$)$_4$COOH。

　∴　(イ)はヘキサメチレンジアミン。

DとE(アジピン酸)からポリエステルBがつくられるので，Dは2価アルコールとわかる。Dの炭素数は4なので，C$_4$H$_x$(OH)$_2$＝90より，x＝8

Dとして考えられる構造は次の4種類。

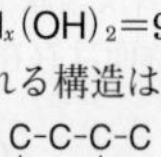

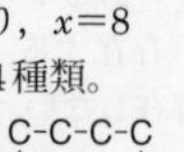

⑥ C-C-C-C　⑦ C-C-C-C　⑧ C-C-C-C
　　OHOH　　　OH　OH

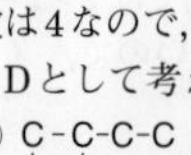

⑨ C-C-C-C ｜同一炭素に2個以上のOH基がつい
　　OHOH　｜た化合物(gem-ジオール)は不安定
　　　　　　｜なので除外した。

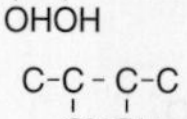

⑩ 　C　　⑪ 　C
　C-C-C　　C-C-C
　　OH OH　　　OH OH

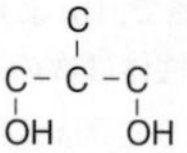

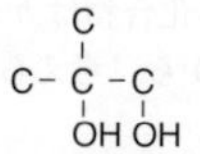

これらのうち，⑥，⑦，⑨，⑩，⑪にはメチル基が存在するので不適。

よって，Dはメチル基が存在しない⑧の1,4-ブタンジオールと決まる。

　∴　Bは，アジピン酸と1,4-ブタンジオールのポリエステルである。

(3) (ア) Dは2価アルコールであるから，0.020 molのDは0.040 molの無水酢酸と過不足なく反応し，0.040 molの酢酸が生成する。また，反応せずに残った無水酢酸0.010 molを加水分解すると，次式のように反応して，0.020 molの酢酸を生成する。

$$(CH_3CO)_2O＋H_2O ⟶ 2CH_3COOH$$

最終的に生成する酢酸は，0.040＋0.020＝0.060 mol
中和に必要なNaOH水溶液をx〔mL〕とすると，

$$0.060＝1.00×\frac{x}{1000}　∴　x＝60〔mL〕$$

(イ)，(ウ) アジピン酸Eとヘキサメチレンジアミンを縮合重合させると，アミド結合をもつナイロン66が生成する。

$nHOOC(CH_2)_4COOH ＋ nH_2N(CH_2)_6NH_2$
　　$⟶ \{CO(CH_2)_4CONH-(CH_2)_6NH\}_n ＋ 2nH_2O$

(エ) ラクチドには，不斉炭素原子＊が2個あるので立体異性体(光学異性体)としては，D-D，D-L，L-D，L-Lの4種類が考えられる。(a)，(b)には，対称面も対称中心も存在しないが，一方，(c)，(d)には，対称中心をもつため，両者は同一物質となり，立体異性体は全部で3種類となる。

(a)　　　　　　　　(b)

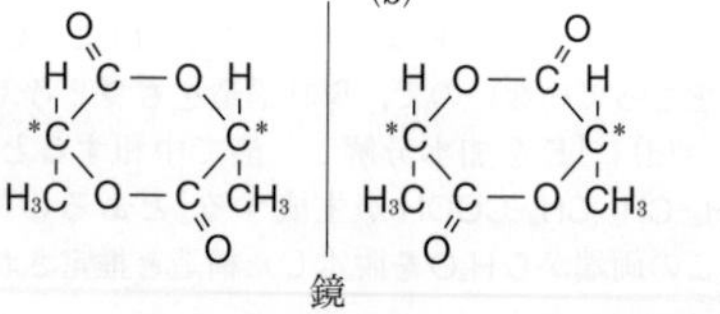

裏返しても回転しても重ならないので，異性体。

(c)　　　　　　　　(d)

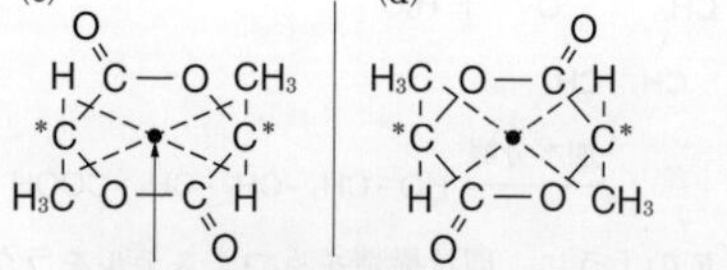

　対称中心　鏡

裏返すと重なるので同一物。

(4) A

$$n\text{HO-}(CH_2)_3\text{-C-OH}$$

縮合重合 →

$$\left[\text{O-}(CH_2)_3\text{-C} \right]_n + n H_2O$$

B

$$n\text{HO-}(CH_2)_4\text{-OH} + n\text{HO-C-}(CH_2)_4\text{-C-OH}$$

縮合重合 →

$$\left[\text{O-}(CH_2)_4\text{-O-C-}(CH_2)_4\text{-C} \right]_n + 2n H_2O$$

(5) L-乳酸2分子から水2分子が失われて脱水縮合すると，次のような六員環構造のL-乳酸のラクチドを生成する。

L-乳酸 — 加熱 →

$$\begin{array}{c} CH_3\;O \\ \text{HO-CH-C-OH} \\ \text{HO-C-CH-OH} \\ O\quad CH_3 \end{array}$$

$-2H_2O$ 加熱 →

L-乳酸のラクチド （ジラクチド）

開環重合 →

$$\left[\text{O-CH-C} \atop CH_3 \right]_n$$

高分子量の ポリ-L-乳酸

ラクチド ヒドロキシ酸の脱水縮合で得られる環状ジエステルの総称。単にラクチドというときは，乳酸のラクチドをさす。

乳酸を，直接，縮合重合させる方法では低分子量のポリ乳酸しか得られない。

そこで，乳酸の環状ジエステルであるラクチドをつくり，これを開環重合させる方法で高分子量のポリ乳酸がつくられる。

補足 乳酸を直接，縮合重合させると，ジ，トリ，テトラ…などの種々の環状ラクチドを生じ，これらはそれ以上脱水縮合しないため，高分子量のポリ乳酸が得られないためである。

一般に，脂肪族のポリエステルには生分解性があるが，とりわけ，直鎖の炭素骨格をもつヒドロキシ酸の縮合重合体には生分解性にすぐれたものが多い。

$$\begin{array}{c} CH_2 \\ O\quad C=O \\ C=O\quad O \\ CH_2 \end{array}$$

開環重合 (Sn^{2+}) →

$$\left[\text{O-CH_2-C} \right]$$

グリコール酸のラクチド （ジグリコリド）

ポリグリコール酸

乳酸とグリコール酸の共重合体 PLGA は，外科手術用の縫合糸として使用されている。一般に，乳酸の割合を大きくすると，糸の強度は大きくなるが生分解速度は小さくなる。一方，グリコール酸の割合を大きくすると，糸の強度は小さくなるが生分解速度は大きくなる。そこで，PLGA の乳酸とグリコール酸の組成比や分子量を変えることで，糸の強度や生分解速度を調節している。

(6) 乳酸：グリコール酸＝3：1のPLGAの構造は

$$\left[\text{O-CH-C-O-CH-C-O-CH-C-O-CH_2-C} \atop CH_3\quad CH_3\quad CH_3 \right]_n$$

乳酸　乳酸　乳酸　グリコール酸

PLGA の繰り返し単位の式量は，$72 \times 3 + 58 = 274$ より，PLGA の分子量は $274n$。

$$274n = 5.48 \times 10^4 \qquad n = 200$$

（このPLGAの分子量は，その末端の-H，-OHを考慮すると $274n + 18$ であるが，分子量が大きいので，$274n + 18 \fallingdotseq 274n$ と計算してもよい。）

PLGA の繰り返し単位中には，エステル結合(-COO-)は4個含むので，PLGA 1分子中のエステル結合の数は，

$$200 \times 4 = 800 = 8.0 \times 10^2 \text{〔個〕}$$

参考 **機能性高分子**

結合している官能基の化学変化などにより，特殊な機能を発揮する高分子を，**機能性高分子**といい，多方面で利用されている。

導電性高分子 ポリアセチレン$\left[CH=CH\right]_n$は単結合と二重結合が交互にあり，これを**共役二重結合**という。共役二重結合をつくっている電子は，金属の自由電子のように両隣りの炭素原子の間を移動できる。ここにヨウ素I_2などの物質を少量加えると電気伝導性がさらに増加し，金属と同程度になる。導電性高分子は，スマートフォンの二次電池や，さまざまな電子部品に利用されている。白川英樹博士は，2000年，この研究によりノーベル化学賞を受賞した。

感光性高分子 光を当てると，側鎖の部分に架橋構造を生じ，立体網目構造となり，溶媒に対して不溶となるような高分子である。印刷用の製版材料，プリント配線などに用いられる。

例えば鎖状構造のポリケイ皮酸ビニルに光(紫外線)が当たると，側鎖のC=C結合部分どうしが付加して二量体となり，立体網目構造となる。

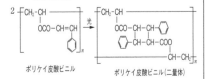

ポリケイ皮酸ビニル　　ポリケイ皮酸ビニル(二量体)

残したい部分に光(紫外線)を当てると，プラスチックが溶媒に不溶性になり，不要な部

分を溶媒に溶かしてしまえば印刷用の凸版ができる。また、歯科用の充填剤への利用もある。虫歯の部分を切削したあと、充填剤を詰め込み、紫外線を照射すると1分程度で硬化し、治療が終わる。

高吸水性高分子　ポリアクリル酸ナトリウム$\{CH_2\text{-}CH(COONa)\}_n$は、アクリル酸ナトリウム$CH_2\text{=}CHCOONa$の付加重合体を少量のエチレングリコールなどで架橋した立体網目構造をしている。吸水して-COONaが電離すると、$-COO^-$の反発により網目状構造が拡大し、多量の水が閉じこめられ、吸収された水は加圧しても外部へは容易に出てこない。紙おむつ、土壌保水剤に利用される。

吸水前　吸水後

生分解性高分子　ポリグリコール酸やポリ乳酸などの脂肪族のポリエステルは、芳香族のポリエステルに比べて生体や微生物による生分解性が大きい。特に、グリコール酸$HO\text{-}CH_2\text{-}COOH$、乳酸$HO\text{-}CH(CH_3)\text{-}COOH$などのヒドロキシ酸のポリエステルは生分解性高分子として、外科手術用の縫合糸や釣り糸、使い捨ての食器類などに用いられている。

ポリ乳酸　　ポリグリコール酸

光透過性高分子　ポリメタクリル酸メチルは大きな側鎖をもち結晶化しにくいので、光の透過性に優れており、有機ガラスとして、眼鏡レンズや医療用の光ファイバー、水族館の巨大水槽などに用いられる。

ポリメタクリル酸メチル

プラスチックのリサイクル
　プラスチックが多量に生産・使用されている今日、廃棄プラスチックの処理は大きな社会問題となっている。プラスチックは自然界ではほとんど分解されないため、長期間残留して地球環境を汚染する。また、焼却すると、有毒ガス（HClなど）や有害物質（ダイオキシンなど）を生成するものがある。また、埋め立て処理する場合、広大な場所が必要となり、処分場所が次第に少なくなっているのが現状である。プラスチックを有効に利用することは、ゴミの量を減らすだけでなく、限りある石油資源を節約することにもつながる。
　このような問題を解決するために、1997年、容器包装リサイクル法が施行され、プラスチックを資源として**リサイクル（再利用）**することが決められた。なお、プラスチックのリサイクル

を進めるために、プラスチック製品には識別マークが付けられ、一部のプラスチックでは分別回収が行われている[*]。プラスチックのリサイクルには、次のような方法がある。
(1) マテリアルサイクル　原料を粉砕してから融解し、再び成形加工して再利用する方法。加熱すると軟化する熱可塑性樹脂の再利用に有効である。
(2) ケミカルリサイクル　原料に熱や圧力を加えて化学反応により分解し、原料の単量体やその他の低分子に戻してから、再び新しい樹脂をつくり再利用する方法。加熱しても軟化しない熱硬化性樹脂の再利用に有効である。
(3) サーマルリサイクル　プラスチックを燃焼させ、発生した熱をエネルギーとして利用する方法。ゴミ発電、地域冷暖房などのほか、原料をガス化・油化したり、固形化するなどして燃料として利用する方法もある。プラスチックのリサイクルでは、(1)と(2)が推奨されており、これらができない場合(3)を行うべきとされている。
　プラスチックは、素材として耐腐食性、軽量性という長所をもっている反面、廃棄された場合、これらが短所となる。前者の問題点に対処するため、生分解性高分子の開発・利用が始まっている。また、後者の問題点に対処するため、熱・圧力・有機溶媒などによるプラスチックの減容化の研究が始められている。
[*] PETボトルについては、ガラスびん・金属カンの容器とともにリサイクルが義務づけられている。

高分子の立体構造と性質
　高分子化合物では、たとえ同一の物質であっても、単量体がどのような向きで結合したかによって、生じた重合体（ポリマー）の性質にかなりの違いが生じることがある。
　たとえば、ポリスチレン$\{CH_2\text{-}CH\}_n$において、ベンゼン環が結合したC[*]は不斉炭素原子であり、重合の際に用いる触媒の種類によって、次のような立体構造の異なる高分子が得られることが知られている。

立体構造	モデル図
アタクチックポリマー	
シンジオタクチックポリマー	
イソタクチックポリマー	

　日用品やCDケースなどに用いられる一般的なポリスチレンは、結晶化しにくく透明で、その分はベンゼン環の立体配置がランダムな**アタクチックポリマー**である。これに対して、ベンゼン環の立体配置が交互に入れ替わった**シンジオタクチックポリマー**は、結晶化しやすく乳白色で、強度が大きく、耐熱性にも優れた性質を示す。ベンゼン環の立体配置が全く同じである**イソタクチックポリマー**も結晶化するが、その速さはシンジオタクチックポリマーよりも少し遅い。

有効数字とその計算方法

化学の計算問題にでてくる数字のほとんどは，各種の計量器で求めた**測定値**である。私たちが，物体の長さや質量を測定する際，ふつう，最小目盛りの$\frac{1}{10}$までを目分量で読みとる。たとえば，測定値の52.4 mLのうち，末位の4という数は目分量で読みとったため，他の数に比べて多少不確実であるが，3や5とするよりも真の値に近い。

したがって，測定値の52.4という数は，すべて意味ある数と考えられ，このような，測定値のうちで信頼できる数字を**有効数字**という。なお，この数は，有効数字3桁である。有効数字の桁数が多くなるほど，その測定値の精度は高くなる。

有効数字は桁数をはっきりさせたいときは，$\boldsymbol{A \times 10^n}$の形，つまり，有効数字$A\,(1 \leqq A < 10)$と，位どりを表す数$10^n$との積で表すとよい。

  $120 \rightarrow 1.20 \times 10^2$（有効数字3桁）

  $0.012 \rightarrow 1.2 \times 10^{-2}$（有効数字2桁）

このように，有効数字を考えるときは，数字の0の扱いに注意する。つまり，0.012の0は位どりを示すだけなので有効数字とみなされないが，120の末位の0は有効数字とみなされることに留意したい。もし，計算結果が120 gと出た場合，問題に「有効数字2桁で答えよ」とあれば，1.2×10^2 gとしなければならない。

① 加法・減法の計算

測定値の加・減算では，四捨五入などにより，有効数字の末位の高い方にそろえてから計算する。

  囲 $36.54 + 2.8 = 36.5 + 2.8 = 39.3$

② 乗法・除法の計算

有効数字3桁の数と2桁の数のかけ算では，答えの有効数字は桁数の少ない方の，2桁までとなる。一般的には，多くの測定値の乗・除算では，有効数字の桁数の最少のものより1桁多くとって計算し，最後に答を出すときに，四捨五入して，最少の桁数に合わせるとよい。

  囲 $4.26 \times 0.82 = 3.49$ （答）3.5

③ 有効数字の例外

「水1 L，水1 mol」のように問題に与えられた数値や，「0℃」のように確定した数値などは，有効数字1桁と考えずに，1.00…であるとして，これらの数値は，有効数字の考えから除外して計算する。

問題文に有効数字3桁，3桁，2桁，2桁の数値が並んでいれば，答は最少の桁数の有効数字2桁まで答えればよい。ただし，有効数字の桁数について指示のある問題では，その指示に従って計算しなければならないことはいうまでもない。

原子量概数

水 素	H	……	1.0	ア ル ゴ ン	Ar	……	40
ヘ リ ウ ム	He	……	4.0	カ リ ウ ム	K	……	39
リ チ ウ ム	Li	……	7.0	カルシウム	Ca	……	40
炭 素	C	……	12	ク ロ ム	Cr	……	52
窒 素	N	……	14	マ ン ガ ン	Mn	……	55
酸 素	O	……	16	鉄	Fe	……	56
フ ッ 素	F	……	19	ニ ッ ケ ル	Ni	……	59
ネ オ ン	Ne	……	20	銅	Cu	……	63.5
ナトリウム	Na	……	23	亜 鉛	Zn	……	65.4
マグネシウム	Mg	……	24	臭 素	Br	……	80
アルミニウム	Al	……	27	銀	Ag	……	108
ケ イ 素	Si	……	28	ス ズ	Sn	……	119
リ ン	P	……	31	ヨ ウ 素	I	……	127
硫 黄	S	……	32	バ リ ウ ム	Ba	……	137
塩 素	Cl	……	35.5	鉛	Pb	……	207

基本定数

アボガドロ定数　$N_A = 6.0 \times 10^{23}$〔/mol〕

標準状態（0℃，1.013×10^5 hPa）の気体 1 mol の体積　22.4〔L/mol〕

水のイオン積　$K_W = [H^+] \cdot [OH^-] = 1.0 \times 10^{-14}$（mol/L）^{2}

ファラデー定数　$F = 9.65 \times 10^4$ C/mol

気体定数　$R = 8.3 \times 10^3$〔Pa·L/（K·mol）〕$= 8.3$〔J/（K·mol）〕

　　　　　体積の単位に〔m^3〕を用いると　8.3〔Pa·m^3/（K·mol）〕

単位の関係

長さ　　1 nm（ナノメートル）$= 10^{-7}$ cm $= 10^{-9}$ m

圧力　　1013 hPa（ヘクトパスカル）$= 1.013 \times 10^5$ Pa（パスカル）

　　　　　　　　　　　　　　$= 1$ atm $= 760$ mmHg

熱量　　1 cal $= 4.18$ J（ジュール），1 J $= 0.24$ cal

③